鸟哥的
LINUX
私房菜
基础学习篇（第四版）

U0381808

鸟哥 著

Linux 中国

李志鹏 郑思华 王兴宇 改编

人民邮电出版社

北京

图书在版编目（CIP）数据

鸟哥的Linux私房菜. 基础学习篇 / 鸟哥著；Linux
中国繁转简. -- 4版. -- 北京：人民邮电出版社，
2018.11
ISBN 978-7-115-47258-8

Ⅰ. ①鸟… Ⅱ. ①鸟… ②L… Ⅲ. ①Linux操作系统
Ⅳ. ①TP316.85

中国版本图书馆CIP数据核字(2018)第015411号

内 容 提 要

  本书是颇具知名度的 Linux 入门书《鸟哥的 Linux 私房菜 基础学习篇》的最新版，全面且详细
地介绍了 Linux 操作系统。

  全书分为五部分：第一部分着重说明计算机的基础知识、Linux 的学习方法，如何规划和安装
Linux 主机以及 CentOS 7.x 的安装、登录与求助方法；第二部分介绍 Linux 的文件系统、文件、目
录与磁盘的管理；第三部分介绍文字模式接口 shell 和管理系统的好帮手 shell 脚本，另外还介绍了
文字编辑器 vi 和 vim 的使用方法；第四部分介绍了对于系统安全非常重要的 Linux 账号的管理、磁
盘配额、高级文件系统管理、计划任务以及进程管理；第五部分介绍了系统管理员（root）的管理事
项，如了解系统运行状况、系统服务，针对登录文件进行解析，对系统进行备份以及核心的管理等。

  本书内容丰富全面，基本概念的讲解非常细致，深入浅出。各种功能和命令的介绍，都配以大
量的实例操作和详尽的解析。本书是初学者学习 Linux 不可多得的一本入门好书。

◆ 著　　　　鸟　哥

　　改　编　　Linux 中国　李志鹏　郑思华　王兴宇

　　责任编辑　俞　彬

　　责任印制　马振武

◆ 人民邮电出版社出版发行　　北京市丰台区成寿寺路 11 号

　　邮编　100164　电子邮件　315@ptpress.com.cn

　　网址　http://www.ptpress.com.cn

　　固安县铭成印刷有限公司印刷

◆ 开本：787×1092　1/16

　　印张：49.5　　　　　　　　2018 年 11 月第 4 版

　　字数：1540 千字　　　　　　2024 年 12 月河北第 31 次印刷

定价：118.00 元

读者服务热线：(010)81055410　印装质量热线：(010)81055316
反盗版热线：(010)81055315
广告经营许可证：京东市监广登字20170147号

序

关于本书

基础学习篇竟然已经进入第四版！这真得感谢各位网友、书友们的支持，否则不太容易进入第四版！不过，距离前一版使用 CentOS 5.x 来做解释的 2010 年，也已经相隔了多年之久，连 CentOS 都已经进入 7.x 的年代，整个省略一个版本(CentOS 6.x 没有出现在基础篇中)。其实早在 2014 年年中就有计划想要修改，无奈鸟哥平日杂事不少，离开办公室又容易懒病发作，直到 2015 年年初答应网友们要在该年年底完成基础篇，这才开始动手努力修改与撰写新内容。虽然整个 CentOS 7.x 的基础学习已经在 2015 年 11 月左右于网站上更新完成，但是在打印成册的过程中，校稿与排版又花了数个月，这才有机会面世，还望各位网友、书友们多多包涵。

那为何要修改新版呢？其实 CentOS 6.x 的使用与 CentOS 5.x 差异不大，所以当时没有动力想要修改。不过 7.x 以后使用的许多管理机制与软件都不一样了，最大的改变是使用了 systemd 来取代过去 System V 惯用的 init 功能，也没有了执行等级的概念，这个部分差异相当大，所以也不得不修改。基本上，比较大的差异在 Linux 核心的版本差异、bash 增加了 bash-completion 功能、使用了 xfs 文件系统取代 ext4 成为默认文件系统、使用了 xfs 用于 quota 与 LVM 的管理方式、使用了 systemd 机制的 systemctl 管理软件取代 init 与 chkconfig 等操作行为、使用了 grub version 2 取代 version 1.5，设置方面差异相当大、核心编译可以使用最新版本的 kernel 来取代目前的 3.x 以上的核心等。

由于本书想要试图将大家平时容易遇到的问题都写进里面，因此篇幅确实比较大。另外本书都是鸟哥一个人所做，当然无可避免地会有些疏漏之处，若有任何建议，欢迎到讨论区的书籍勘误向鸟哥汇报，以让小弟有机会更正错误。感谢大家。(不过因为鸟哥平日杂务忙碌，个人微博可能没时间立即回复留言，要请大家多多见谅！)

勘误汇报：http://phorum.vbird.org/viewforum.php?f=10

鸟哥微博：http://www.weibo.com/vbirdlinux

感谢

感谢自由软件社区的发展，让大家能够使用这么棒的操作系统。另外，对于本书来说，最要感谢的还是 netman 大哥。netman 是带领鸟哥进入 Linux 世界的启蒙老师。另外还有 Study-Area (酷学园) 的伙伴，以及讨论区上面所有帮忙的朋友，尤其是诸位版主，相当感谢大家的付出！

也感谢昆山科大信息传播系的主任与老师、同事以及学生们，这几年系里帮助鸟哥实践出许多电脑教室管理软件的环境，尤其是强者蔡董、小陈大大等，常常会提供给鸟哥一些实践技巧方向的思考。也感谢历届的研究生、实习生们，感谢你们支持经常没时间指导你们的鸟哥，很多软件都是学生们动手实践出来的呢！

读者们的勘误汇报以及经验分享，也是让鸟哥相当感动的一个环节，包括前辈们指导鸟哥进行文章的修订，以及读者们细心发现的笔误之处，都是让鸟哥有继续修订网站/书籍文章的动力。有您的支持，小弟也才有动力持续的成长。感谢大家！

还要感谢的是鸟哥的老婆，谢谢你，亲爱的鸟嫂，老是要你操持生活琐事，也谢谢你常常不厌其烦地帮鸟哥处理生活大小事。这几年鸟窝家里添了两个小公主，忙碌的工作后回到家看到鸟窝三美，一切疲劳一扫而空！感谢你，我最亲爱的老婆。

如何学习本书

这本书确实是为 Linux 新手所写的，里面包含了鸟哥从完全不懂 Linux 到现在的所有历程。因此，如果您对 Linux 有兴趣，那么这本书理论上应该是可以符合您的需求。由于 Linux 的基本功比较无聊，因此很多人在第一次接触就打退堂鼓了，非常可惜！您得要耐得住性子，要有刻苦耐劳的精神，才能够顺利地照着本书的流程阅读下去。

由于操作系统非常难，因此 Linux 并不好学。而且操作系统每个部分都是息息相关的，不论哪本书籍，章节的编排都很伤脑筋。建议您使用本书时，看不懂或者是很模糊的地方，可以先略过去，全部的文章都看完之后，再从头仔细地读一遍并做一遍，相信就能够豁然开朗起来。此外，"尽信书不如无书"，只读完这本书，相信您一定不可能学会 Linux，但如果照着这本书里面的范例实践过，且在实作时思考每个指令动作所代表的意义，并且实际自己去学习过在线文档，那么想不会 Linux 都不容易啊！这么说，您应该清楚如何学习了吧？没错，实践与观察才是王道。给自己机会到讨论区帮大家 debug 也是相当有帮助的，大家加油！

鸟哥

于台南

目　　录

第一部分　Linux 的规则与安装

第二部分 Linux 文件、目录与磁盘格式

第三部分 学习 shell 与 shell script

第五部分　Linux 系统管理员

第一部分

Linux 的规则与安装

0

第 0 章　计算机概论

在过去的经验当中，鸟哥发现因为兴趣或生活而必须要接触 Linux 的朋友，很多可能并非计算机相关专业出身，因此对于电脑软/硬件方面的概念不熟，然而操作系统这种东西跟硬件有相当程度的关联性，所以，如果不了解一下计算机概论，要很快地了解 Linux 的概念是有点难度的，因此，鸟哥就自作聪明地新增一个小章节来谈谈计算机概论。因为鸟哥也不是计算机相关专业出身，所以，写得不好的地方请大家多多指教。

0.1　电脑：辅助人脑的好工具

现在的人们几乎无时无刻不会碰电脑，不管是台式电脑、笔记本电脑、平板电脑还是智能手机等，这些东西都算是电脑。虽然接触的这么多，但是，你了解电脑里面的组件有什么吗？以台式电脑来说，电脑的机箱里面含有什么组件？不同的电脑可以使用在哪些方面？你生活的周围有哪些电器用品中是含有电脑相关组件的呢？下面我们就来谈一谈这些东西。

所谓的电脑就是一种计算机，而计算机其实是：**接受用户输入的命令与数据，经由中央处理器的算术与逻辑单元运算处理后，产生或存储成有用的信息**。因此，只要有输入设备（不管是键盘还是触摸屏）及输出设备（例如电脑屏幕或直接由打印机打印出来），让你可以输入数据使该机器产生信息的，那就是一台计算机了。

> 电脑可以协助人们进行大量的运算。以前如果要计算化学反应式都得要算个老半天，有了电脑仿真软件后，就有不一样的情况发生了。以下图为例，鸟哥的工作中，有一项是需要将人们排放的空气污染物输入电脑模型进行仿真后，计算出可能产生的空气污染并得到空气质量状态数据，最后经过数据分析软件得到各式各样的图表。这些图表可以让人们知道什么样的污染排放来源可能会产生什么样的空气质量变化。

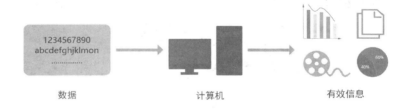

图 0.1.1　计算机的功能

好了，根据这个定义你知道哪些东西是计算机了吗？其实包括一般商店用的简易型加减乘除计算器、打电话用的手机、开车时用的卫星定位系统（GPS）、取款用的提款机（ATM）、你上课会使用的台式电脑、外出可能会带的笔记本电脑（包括 notebook 与 netbook），还有近几年（2015 前后）非常热门的平板电脑与智能手机，甚至是未来可能会非常流行的单板电脑（Xapple Pi, Banana Pi, Raspberry Pi）[注1] 与智能手表，甚至于更多的智能穿戴式电脑[注2] 等，这些都是计算机。

那么计算机主要的组成组件是什么呢？下面我们以常见的个人电脑主机或服务器工作站主机来作说明。

0.1.1　电脑硬件的五大单元

关于电脑的硬件组成部分，其实你可以观察你的台式电脑来分析一下，依外观来说这家伙主要可分为如下三部分。
- 输入单元：包括键盘、鼠标、读卡器、扫描仪、手写板、触控屏幕等；
- 主机部分：这个就是系统单元，被主机机箱保护着，里面含有一堆板子、CPU 与内存等；
- 输出单元：例如屏幕、打印机等。

我们主要通过输入设备，如鼠标与键盘，来将一些数据输入到主机里面，然后再由主机处理成为图表或文章等信息后，将结果传输到输出设备，如屏幕或打印机上面。那主机里面含有什么组件呢？如果你曾经拆开过电脑主机机箱（包括拆开你的智能手机也一样），会发现其实主机里面最重要的就是一块主板，上面安装了中央处理器（CPU）以及内存、硬盘（或存储卡）还有一些适配卡设备而已。当然大部分智能手机是将这些组件直接焊接在主板上面而不是插卡。

整台主机的重点在于中央处理器（Central Processing Unit, CPU），**CPU 为一个具有特定功能的芯片**，里面含有指令集，如果你想要让主机进行什么特殊的功能，就得要参考这块 CPU 是否有相关内置的指令集才可以。由于 CPU 的工作主要在于管理与运算，因此在 CPU 内又可分为两个主要的单元，分别是：**算术逻辑单元与控制单元**[注3]。其中算术逻辑单元主要负责程序运算与逻辑判断，控制单元则主要协调各周边组件与各单元间的工作。

既然 CPU 的重点是在进行运算与判断，那么要被运算与判断的数据是从哪里来的呢？**CPU 读取的数据都是从内存来的**，内存中的数据则是从输入单元所传输进来的，而 CPU 处理完毕的数据也必须要先写回内存，最后数据才从内存传输到输出单元。

> 为什么我们都会说，要加快系统性能，通常将内存容量加大就可以获得相当好的效果？如同下图以及上面的说明，因为所有的数据都要经过内存的传输，所以内存的容量如果太小，数据读写性能就不足，对性能的影响相当大。尤其在 Linux 作为服务器操作系统的环境下，这点要特别注意。

综合上面所说的，我们会知道其实电脑是由几个单元所组成的，包括**输入单元、输出单元、CPU 内部的控制单元、算术逻辑单元与内存**五大部分。这几个东西的关联性如下图所示。

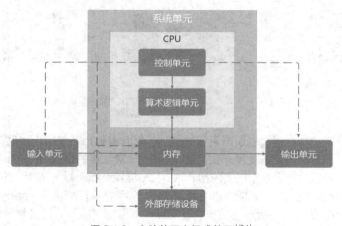

图 0.1.2 电脑的五大组成单元[注4]

上面图例中的系统单元其实指的就是电脑机箱内的主要组件，而重点在于 CPU 与内存。特别要注意的是实线部分的传输方向，**基本上数据都是通过内存再流出去的**。至于数据会流进/流出内存则是由 CPU 所发出的命令控制。而 CPU 实际要处理的数据则完全来自于内存（不管是程序还是一般文件数据）。这是个很重要的概念。这也是为什么当你的内存不足时，系统的性能就很糟糕；也是为什么现在人们买智能手机时，对于可用内存的要求都很高的原因。

而由上面的图我们也能知道，所有的单元都是由 CPU 内部的控制单元来负责协调的，因此 CPU 是整个电脑系统的最重要部分。那么目前世界上有哪些主流的 CPU 呢？是否刚刚我们谈到的硬件内全部都是相同的 CPU 架构呢？下面我们就来谈一谈。

0.1.2　一切设计的起点：CPU 的架构

如前面说过的，CPU 其实内部已经含有一些微指令，我们所使用的软件都要经过 CPU 内部的指令集来完成。那些指令集的设计又主要被分为两种设计理念，这就是目前世界上最常见的两种 CPU 架构，分别是：精简指令集（RISC）与复杂指令集（CISC）系统。下面我们就来谈谈这两种不同 CPU 架构的差异。

◆　精简指令集（Reduced Instruction Set Computer, RISC）[注5]

这种 CPU 的设计中，指令集较为精简，每个指令的运行时间都很短，完成的操作也很简单，指令的执行性能较佳；但是若要做复杂的事情，就要由多个指令来完成。常见的 RISC 指令集 CPU 主要有甲骨文（Oracle）公司的 SPARC 系列、IBM 公司的 Power Architecture（包括 PowerPC）系列与 ARM 公司（ARM Holdings）的 ARM CPU 系列等。

在应用方面，SPARC CPU 的电脑常用于学术领域的大型工作站中，包括银行金融体系的主服务器也都有这类的电脑架构；至于 PowerPC 架构的应用上，例如 Sony 公司出产的 Play Station 3（PS3）就是使用 PowerPC 架构的 Cell 处理器；那 ARM 公司的 ARM 呢？你常使用的各品牌手机、PDA、导航系统、网络设备（交换机、路由器）等，几乎都是使用 ARM 架构的 CPU。老实说，**目前世界上使用范围最广的 CPU 可能就是 ARM 这种架构**。[注6]

◆　复杂指令集（Complex Instruction Set Computer, CISC）[注7]

与 RISC 不同的是，CISC 在指令集的每个小指令可以执行一些较低级的硬件操作，指令数目多而且复杂，每条指令的长度并不相同。因为指令执行较为复杂，所以每条指令花费的时间较长，但每个单条指令可以处理的工作较为丰富。常见的使用 CISC 指令集的 CPU 有 AMD、Intel、VIA 等 x86 架构的 CPU。

由于 AMD、Intel、VIA 所开发出来的 x86 架构 CPU 被大量使用于个人电脑（Personal Computer），因此，个人电脑常被称为 x86 架构电脑。那为何称为 x86 架构[注8]？这是因为最早的那块 Intel 研发出来的 CPU 代号称为 8086，后来依此架构又开发出 80286、80386 等，因此这种架构的 CPU 就被称为 x86 架构了。

在 2003 年以前由 Intel 所开发的 x86 架构 CPU 由 8 位升级到 16、32 位，后来 AMD 依此架构修改新一代的 CPU 为 64 位，为了区别两者的差异，因此 64 位的个人电脑 CPU 又被统称为 x86-64 架构。

所谓的位（bit），指的是 CPU 一次读取数据的最大量。64 位 CPU 代表 CPU 一次可以读写 64 位的数据，32 位 CPU 则是 CPU 一次能读取 32 位的意思。因为 CPU 读取数据量有限制，因此能够从内存中读写的数据也就有所限制。所以，一般 32 位的 CPU 所能读写的最大数据量，大概就是 4GB。

那么不同的 x86 架构的 CPU 有什么差异呢？除了 CPU 的整体结构（如二级缓存、命令执行周期数等）之外，主要是在于指令集的不同。新的 x86 的 CPU 大多含有很先进的指令集，这些指令集可以加速多媒体程序的运行，也能够增强虚拟化的性能，而且某些指令集更能够增加能源利用效率，让 CPU 耗电量降低。由于电费越来越高，购买电脑时，除了整体的性能之外，节能省电的 CPU 也可以考虑。

例题

最新的 Intel/AMD 的 x86 架构中，请查询出多媒体、虚拟化、省电功能各有哪些重要的指令集？（仅供参考）

答：
- 多媒体指令集：MMX、SSE、SSE2、SSE3、SSE4、AMD−3DNow!
- 虚拟化指令集：Intel VT−x、AMD−V
- 省电功能：Intel SpeedStep、AMD PowerNow!
- 64/32 位兼容技术：AMD AMD64、Intel 64

0.1.3　其他单元的设备

五大单元中最重要的控制、算术逻辑被整合到了 CPU 的封装中，但系统当然不可能只有 CPU。那其他三个重要电脑单元的设备还有哪些？其实在主机机箱内的设备大多是通过主板（Motherboard）连接在一起，主板上面有个连接沟通所有设备的芯片组，这个芯片组可以将所有单元的设备连接起来，好让 CPU 可以通过这些设备执行命令。其他单元的重要设备主要有。

◆ 系统单元：如图 0.1.2 所示，系统单元包括 CPU 与内存及主板相关组件。而主板上面其实还有很多的硬件接口与相关的适配卡，包括鸟哥近期常使用的 PCI−E 10G 网卡、磁盘阵列卡、还有显卡等。尤其是显卡，这东西对于玩 3D 游戏来说是非常重要的组件，它与显示的精细度、色彩与分辨率都有关系。

◆ 存储单元：包括内存（Main Memory，RAM）与辅助存储，其中辅助存储其实就是大家常听到的存储设备，包括硬盘、软盘、光盘、磁带等。

◆ 输入、输出单元：同时涵盖输入输出的设备最常见的大概就是触摸屏了。至于单纯的输入设备除包括前面提到的键盘鼠标外，目前的体感设备也是重要的输入设备。至于输出设备方面，除了屏幕外，打印机、扬声器、HDMI 电视、投影仪、蓝牙耳机等都算。

更详细的各项主机与周边设备我们将在下个小节进行介绍。在这里我们先来了解一下各组件的关系。那就是，电脑是如何运行的呢？

0.1.4　运作流程

如果不是很了解电脑的运作流程的话，鸟哥拿个简单的比喻来说明好了，假设电脑是一个人体，那么每个组件对应到哪个地方？可以这样思考：

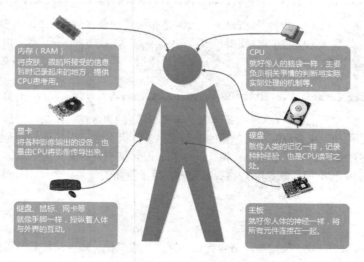

图 0.1.3　各组件运行示意图

- **CPU=脑袋**：每个人会做的事情都不一样（指令集的差异），但主要都是通过脑袋来判断与控制身体各部分的活动。
- **内存=脑袋中存放正在被思考的数据的区块**：在实际活动过程中，我们的脑袋需要有外界刺激的数据（例如光线、环境、语言等）来分析，那这些互动数据暂时存放的地方就是内存，主要是用来提供给脑袋判断用的信息。
- **硬盘=脑袋中存放回忆的记忆区块**：跟刚刚的内存不同，内存是提供脑袋目前要思考与处理的信息，但是有些生活琐事或其他没有要立刻处理的事情，就当成回忆先放置到脑袋的记忆深处吧！那就是硬盘。主要目的是将重要的数据记录起来，以便未来将这些重要的数据（经验）再次使用。
- **主板=神经系统**：好像人类的神经一样，将所有重要的组件连接起来，包括手脚的活动都是脑袋发布命令后，通过神经（主板）传导给手脚来进行活动。
- **各项接口设备=人体与外界沟通的手、脚、皮肤、眼睛等**：就好像手脚一般，是人体与外界互动的重要关键。
- **显卡=脑袋中的影像**：将来自眼睛的刺激转成影像后在脑袋中呈现，所以显卡所产生的数据源也是 CPU 控制的。
- **主机电源（Power）=心脏**：所有的组件要能运行得要有足够的电力供给才行。这电力供给就好像心脏一样，如果心脏不够有力，那么全身也就无法动弹。心脏不稳定呢？那你的身体当然可能就断断续续地不稳定了。

由这样的关系图当中，我们知道整个活动中最重要的就是脑袋。而脑袋当中与现在正在进行的工作有关的就是 CPU 与内存。任何外界的接触都必须要由脑袋中的内存记录下来，然后脑袋中的 CPU 依据这些数据进行判断后，再发布命令给各个接口设备。如果需要用到过去的经验，就得从过去的经验（硬盘）当中读取。

也就是说，整个人体最重要的地方就是脑袋，同样的，整部主机当中最重要的就是 CPU 与内存，而 CPU 的数据源通通来自于内存，**如果要由过去的经验来判断事情时，也要将经验（硬盘）挪到目前的记忆（内存）当中，再交由 CPU 来判断**，这点得要再次强调。下个章节当中，我们就对目前常见的个人电脑各个组件来进行说明。

0.1.5　电脑的分类

知道了电脑的基本组成与周边设备，也知道其实电脑的 CPU 种类非常的多，接下来我们想要了解的是，电脑如何分类？电脑的分类非常多样，如果以电脑的复杂度与计算能力进行分类的话，主要可以分为这几类。

- **超级计算机（Supercomputer）**
  超级计算机是运行速度最快的电脑，但是它的维护、使用费用也最高。主要是用于需要有高速计算的项目中。例如国防军事、气象预测、太空科技，用在仿真的领域也较多。详情也可以参考：国家超级计算广州中心 http://www.nscc-gz.cn 的介绍。至于全世界最快速的前 500 大超级电脑，则请参考：http://www.top500.org。
- **大型计算机（Mainframe Computer）**
  大型计算机通常也具有数个高速的 CPU，功能上虽不及超级计算机，但也可用来处理大量数据与复杂的计算。例如大型企业的主机、全国性的证券交易所等每天需要处理数百万条数据的企业机构，或是大型企业的数据库服务器等。
- **迷你计算机（Minicomputer）**
  迷你计算机仍保有大型计算机同时支持多用户的特性，但是主机可以放在一般工作环境中，不必像前两个大型电脑需要特殊的空调机房。通常用来作为科学研究、工程分析与工厂的流程管理等。
- **工作站（Workstation）**
  工作站的价格比迷你电脑便宜许多，是针对特殊用途而设计的电脑。在个人电脑的性能还没有提升到目前的状况之前，工作站电脑的性能/价格比是所有电脑当中较佳的，因此在学术研究与工程分析方面相当常见。

◆ 微电脑（Microcomputer）

个人电脑就属于这部分的电脑分类，也是我们本章主要探讨的目标。体积最小，价格最低，但功能还是五脏俱全的。大致又可分为桌面型（台式）、笔记本型等。

若光以性能来说，目前的个人电脑性能已经够快了，甚至已经比工作站等级以上的电脑还要快。但是工作站电脑强调的是稳定不宕机，并且运算过程要完全正确，因此工作站以上等级的电脑在设计时的考虑与个人电脑并不相同，这也是为什么工作站等级以上的电脑售价较贵的原因。

0.1.6　电脑上面常用的计算单位（容量、速度等）

电脑的运算能力除了 CPU 指令集设计的优劣之外，主要还是由速度来决定的，至于存放在电脑存储设备当中的数据也是有单位的。

◆ 容量单位

电脑对数据的判断主要依据有没有通电来记录信息，所以理论上对于每一个记录单位而言，它只认识 0 与 1 而已。0/1 这个二进制的的单位我们称为位（bit，亦称比特）。但位实在太小了，所以在存储数据时每份简单的数据都会使用到 8 个位的大小来记录，因此定义出字节（Byte）这个单位，它们的关系为：

1 字节 ＝ 8 位

不过同样的，字节还是太小了，在较大的容量情况下，使用字节不容易判别数据的大小，举例来说，1000000 字节这样的显示方式你能够看得出有几个零吗？所以后来就有一些常见的简化单位表示法，例如 K 代表 1024，M 代表 1024K 等。而这些单位在不同的进位制下有不同的数值表示，下面就列出常见的单位与进位制对应：

进位制	Kilo	Mega	Giga	Tera	Peta	Exa	Zetta
二进制	1024	1024K	1024M	1024G	1024T	1024P	1024E
十进制	1000	1000K	1000M	1000G	1000T	1000P	1000E

一般来说，数据容量使用的是二进制的方式，所以 1 GB 的文件大小实际上为：1024x1024x1024B 这么大。速度单位则常使用十进制，例如 1GHz 就是 1000x1000x1000 Hz 的意思。

> 那么什么是"进制"呢？以人类最常用的十进制为例，每个位置上面最多仅能有一个数值，这个数值不可以比 9 还要大。那比 9 还大怎么办？就用"第二个位置来装一个新的 1"。所以，9 还是只有一个位置，10 则是用了两个位置。那如果是 16 进位怎么办？由于每个位置只能出现一个数值，但是数字仅有 0~9 而已。因此 16 进位中，就以 A 代表 10 的意思，以 B 代表 11 的意思，所以 16 进位就是 0~9、A、B、C、D、E、F，有没有看到，"每个位置最多还是只有一个数值而已"。好了，那回来谈谈二进制，因为每个位置只能有 0 和 1 而已，不能出现 2（逢 2 进 1 位）。

◆ 速度单位

CPU 的命令周期常使用 MHz 或是 GHz 之类的单位，这个 Hz 其实就是"次数/秒"的意思。而在网络传输方面，由于网络使用的是位（bit）为单位，因此网络常使用的单位为 Mbit/s 是 Mbits per second，亦即是每秒多少 Mbit。举例来说，大家常听到的"20M/5M"光纤传输速度，如果转成数据容量的字节时，其实理论最大传输值为：每秒 2.5MB/每秒 625KB 的下载或上传速度。

例题

假设你今天购买了一块 500GB 的硬盘，但是格式化完毕后却只剩下 460GB 左右的容量，这是什么原因呢？

答：因为一般硬盘制造商会使用十进制的单位，所以 500GB 代表为 500*1000*1000*1000 字节之意。转成数据的容量单位时使用二进制（1024 为基数），所以就成为 466GB 左右的容量了。

硬盘厂商并非要骗人，只是因为硬盘的最小物理量为 512B，最小的组成单位为扇区（sector），通常硬盘容量的计算采用多少个扇区，所以才会使用十进制来处理的。有关的硬盘内容在这一章后面会提到的。

0.2　个人电脑架构与相关设备组件

一般消费者常说的电脑通常指的就是 x86 的个人电脑架构，因此我们有必要来了解一下这个架构的各个组件。事实上，Linux 最早在发展的时候，就是依据个人电脑的架构来发展的，所以真得要了解一下。另外，早期两大主流 x86 制造商（Intel 与 AMD）的 CPU 架构与设计理念都有些许差异，不过互相学习对方长处的结果就是两者间的架构已经比较类似了。由于目前市场占有率还是以 Intel 为主，因此下面以目前（2015）相对较新的 Intel 主板架构来谈谈：

由于主板是连接各组件的一个重要部分，因此在主板上连接各部分组件的芯片组，其设计优劣，就会影响性能。早期的芯片组通常分为两个网桥来控制各组件的通信，分别是：

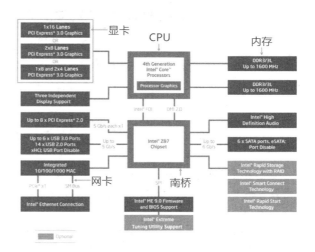

图 0.2.1　Intel 主板架构

（1）北桥，负责连接速度较快的 CPU、内存与显卡等组件；（2）南桥，负责连接速度较慢的设备接口，包括硬盘、USB 设备、网卡等。不过由于北桥最重要的就是 CPU 与内存之间的桥接，因此在目前的主流架构中，大多将北桥的内存控制器整合到了 CPU 当中，所以上图你只会看到 CPU 而没有看到以往的北桥芯片。

早期芯片组分南北桥，北桥可以连接 CPU、内存与显卡。只是如果 CPU 有读写到内存的操作，还需要北桥的支持，也就是 CPU 与内存的交流，会消耗掉北桥的总可用带宽。因此目前将内存控制器整合到 CPU 后，CPU 与内存之间的通信是直接交流，速度较快之外，也不会消耗更多的带宽。

毕竟目前世界上 x86 的 CPU 主要提供商为 Intel，所以下面鸟哥将以 Intel 的主板架构说明各组件。我们以华硕的型号为 Asus Z97-AR 的主板作为一个说明范例，再搭配图 0.2.1 的 Intel 主板架构图说明。主板各组件如下所示：

图 0.2.2　ASUS 主板（图片为华硕公司所有）

上述的图中，主板上面设计的插槽主要有 CPU（Intel LGA 1150 Socket）、内存（DDR3 3200 support）、显卡接口（PCIe 3.0）、SATA 接口插槽（SATA express）等。下面的组件在说明的时候，请参考上述两张示意图。

0.2.1　执行脑袋运算与判断的 CPU

华硕主板示意图上半部的中央部分，那就是 CPU 插槽。由于 CPU 负责大量运算，因此 CPU 通常是具有相当高发热量的组件。所以如果你曾经拆开过主板，应该就会看到 CPU 上面通常会安装一个风扇来主动地散热。

x86 个人电脑的 CPU 主要提供商为 Intel 与 AMD，目前（2015）主流的 CPU 都是双核以上的架构。原本的单内核 CPU 仅有一个运算单元，所谓的多内核则是在一块 CPU 封装当中嵌入了两个以上的运算内核，简单说，就是一个物理的 CPU 外壳中，含有两个以上的 CPU 单元。

不同的 CPU 型号大多具有不同的针脚（CPU 上面的插脚），能够搭配的主板芯片组也不同，所以当你想要将主机升级时，不能只考虑 CPU，还得要留意你的主板所支持的 CPU 型号。不然买了最新的 CPU 也不能够安插在你的旧主板上。目前在主流的 Intel 酷睿（Core）i3/i5/i7 系列的 CPU 产品中，甚至先后期出厂的类似型号的针脚也不同，例如 i7-2600 使用 LGA1155 针脚，而 i7-4790 则使用 FCLGA1150 针脚，挑选时必须要很小心。

我们前面谈到 CPU 内部含有指令集，不同的指令集会导致 CPU 工作效率的高低。除了这点之外，CPU 性能的比较还有什么呢？那就是 CPU 的频率。什么是频率？简单说，**频率就是 CPU 每秒钟可以进行的工作次数**。所以频率越高表示这块 CPU 单位时间内可以做更多的事情。举例来说，Intel 的 i7-4790 CPU 频率为 3.6GHz，表示这块 CPU 在一秒内可以进行 3.6×10^9 次工作，每次工作都可以进行少数的指令执行之意。

> 注意，不同的 CPU 之间不能单纯地以频率来判断运算性能。这是因为每块 CPU 的指令集不同，架构也不见得一样，可使用的二级缓存及其运算机制可能也不同，加上每一次频率能够进行的工作指令数也不同，所以，频率目前仅能用来比较同款 CPU 的速度。

◆　CPU 的工作频率：外频与倍频

　　早期的 CPU 架构主要通过北桥来连接系统最重要的 CPU、内存与显卡。因为所有的设备都得通过北桥来连接，因此每个设备的工作频率应该要相同。于是就有所谓的前端总线（FSB）这个东西的产生。但因为 CPU 的命令周期比其他的设备都要快，又为了要满足 FSB 的频率，因此厂商就在 CPU 内部再进行加速，于是就有所谓的外频与倍频。

　　总结来说，在早期的 CPU 设计中，所谓的外频指的是 CPU 与外部组件进行数据传输时的速度，倍频则是 CPU 内部用来加速工作性能的一个倍数，两者相乘才是 CPU 的频率速度。例如 Intel Core 2 E8400 的频率为 3.0GHz，而外频是 333MHz，因此倍频就是 9 倍。（3.0G=333Mx9，其中 1G=1000M。）

> 很多电脑硬件玩家很喜欢玩超频，所谓的超频指的是：将 CPU 的倍频或是外频通过主板提供的设置功能更改成较高频率的一种方式。但因为 CPU 的倍频通常在出厂时已经被锁定而无法修改，因此通常被超频的为外频。

　　举例来说，像上述 3.0GHz 的 CPU 如果想要超频，可以将它的外频 333MHz 调整成为 400MHz，这样整个主板的各个组件的运行频率可能都会被提高到额定频率的 1.333 倍（4/3），虽然 CPU 可能会达到 3.6GHz，但却因为频率并非正常速度，可能会造成宕机等问题。

　　但如此一来所有的数据都被北桥卡死了，北桥又不可能比 CPU 更快，因此这家伙常常是系统性能的瓶颈。为了解决这个问题，新的 CPU 设计中，已经将内存控制器整合到了 CPU 内部，而连接 CPU 与内存、显卡的控制器的设计，Intel 使用 QPI（Quick Path Interconnect）与 DMI 技术，而 AMD 则使用了 Hyper Transport 技术，这些技术都可以让 CPU 直接与内存、显卡等设备分别进行通信，而不需要通过外部的连接芯片。

　　因为现在没有所谓的北桥（已整合到 CPU 内），因此，CPU 的频率设计就无须考虑要同步的外频，只需要考虑整体的频率即可。所以，如果你经常有查看自己 CPU 频率的习惯，当使用 cpu-z[注9]这个软件时，应该会很惊讶地发现，怎么外频变成 100MHz 而倍频可以到达 30 以上，相当有趣。

> 现在 Intel 的 CPU 会主动帮你超频。例如 i7-4790 这块 CPU 的默认规格[注10]中，基本频率为 3.6GHz，但是最高可自动超频到 4GHz，使用的是 Intel 的 Turbo（睿频）技术。同时，如果你没有大量的运算需求，该 CPU 频率会降到 1.xGHz 而已，借此达到节能省电的目的。所以，各位朋友，不需要自己手动超频了，Intel 已经自动帮你进行超频了，所以，如果你用 cpu-z 查看 CPU 频率，发现该频率会一直自动变化，很正常，你的系统没坏掉。

◆　32 位与 64 位的 CPU 与总线 "位宽"

　　从前面的简易说明中，我们知道 CPU 的各项数据通通得要来自于内存。因此，如果内存能提供给 CPU 的数据量越大的话，当然整体系统的性能应该也会比较快。那如何知道内存能提供的数据量呢？此时还是得要借由 CPU 中的内存控制芯片与内存间的传输速度 "前端总线速度（Front Side Bus，FSB）"来说明。

　　与 CPU 的频率类似，内存也有其工作频率，这个频率的限制还是来自于 CPU 中的内存控制器所决定。以图 0.2.1 为例，CPU 内置的内存控制芯片对内存的工作频率最高可达到 1600MHz，这只是工作频率（每秒几次）。一般来说，每个时钟周期能够传输的数据量，大多为 64 位，这个 64 位就是所谓的 "位宽"了。因此，在图 0.2.1 这个系统中，CPU 可以从内存中取得的最快带宽就是 1600MHz×64bit

= 1600MHz×8B= 12.8GB/s。

与总线位宽相似的，CPU 每次能够处理的数据量称为字长（word size），字长依据 CPU 的设计而有 32 位与 64 位。我们现在所称的电脑是 32 或 64 位主要是依据这个 CPU 解析的字长而来的。早期的 32 位 CPU 中，因为 CPU 每次能够解析的数据量有限，因此由内存传来的数据量就有所限制，这也导致 32 位的 CPU 最多只能支持最大到 4GB 的内存。

> 得益于北桥整合到 CPU 内部的设计，CPU 得以单独与各个组件进行通信。因此，每种组件与 CPU 的通信具有很多不同的方式。例如内存使用系统总线带宽来与 CPU 通信，而显卡则通过 PCI-E 的序列信道设计来与 CPU 通信。详细说明我们在本章稍后的主板部分再来谈谈。

◆　CPU 等级

由于 x86 架构的 CPU 在 Intel 的 Pentium 系列（1993 年）后就有各异的针脚与设计，为了对不同种类的 CPU 规范等级，所以就有 i386、i586、i686 等名词出现。基本上，在 Intel Pentium MMX 与 AMD K6 年代的 CPU 称为 i586，而 Intel Celeron 与 AMD Athlon（K7）年代之后的 32 位 CPU 就称为 i686。至于目前的 64 位 CPU 则统称为 x86-64。

目前很多的程序都有对 CPU 做优化的设计，万一哪天你发现一些程序是注明给 x86-64 的 CPU 使用时，就不要将它安装在 i686 以下等级的电脑中，否则可能会无法运行该软件。不过，在 x86-64 的硬件下倒是可以安装 i386 的软件。也就是说，这些东西具有向下兼容的能力。

◆　超线程（Hyper-Threading, HT）

我们知道现在的 CPU 至少都是两个内核以上的多内核 CPU，但是 Intel 还有个很怪的东西，叫做 CPU 的超线程（Hyper-Threading）技术。这是啥鬼东西？我们知道现在的 CPU 命令执行周期都太短了，因此运算内核经常处于闲置状态下。而我们也知道现在的系统大多都是多任务的系统，同时间段有很多的程序会让 CPU 来执行。因此，若 CPU 可以假想地同时执行两个程序，不就可以让系统性能增加了吗？反正 CPU 的运算能力还是没有用完。

那 HT 功能是怎么实现的呢？强者鸟哥的同事蔡董大大用简单的说明来解释。在每一个 CPU 内部将重要的寄存器（register）分成两组，而让程序分别使用这两组寄存器。也就是说，可以有两个程序“同时竞争 CPU 的运算单元”，而非通过操作系统的多任务切换。这一过程就会让 CPU 好像“同时有两个内核”的样子。因此，虽然大部分 i7 级别的 CPU 其实只有四个物理内核，但通过 HT 技术，则操作系统可以检测到八个内核，并且让每个内核逻辑上分离，就可以同时运行八个程序。

虽然在很多研究与测试中，大多会发现 HT 可以提升性能，不过，有些情况下却可能导致性能降低。因为，实际上明明就仅有一个运算单元嘛。不过在鸟哥使用数值模型的情况下，因为鸟哥使用的数值模型主要为并行计算功能，且运算通常无法达到 100% 的 CPU 使用率，通常仅有大约 60% 运算量而已。因此在鸟哥的实际操作过程中发现，这个 HT 确实提升了相当多的性能，至少应该可以节省鸟哥 30%～50%的等待时间。不过在网络上大家的研究中，大多说这个是 case by case，而且受使用的软件影响很大。所以，在鸟哥的例子是启用 HT 帮助很大，您的案例就得要自行研究。

0.2.2　内存

如图 0.2.2 的华硕主板示意图中的右上方部分的那四根插槽，那就是内存的插槽了。内存插槽中间通常有个突起物将整个插槽稍微切分成为两个不等长的距离，这样的设计可以让用户在安装内存时，不至于前后针脚安插错误，是一种防误操作的设计。

前面提到 CPU 所使用的数据都是来自于内存（Main Memory），不论是软件程序还是文件数据，都必须要读入内存后 CPU 才能利用。**个人电脑的内存主要组件为动态随机存取内存**（Dynamic Random Access Memory, DRAM），随机读写内存只有在通电时才能记录与使用，断电之后数据就消失。因此我们也称这种 RAM 为挥发性内存。

DRAM 根据技术的更新又分好几代，而使用上较广泛的有所谓的 SDRAM 与 DDR SDRAM 两种。这两种内存的差别除了在于针脚与工作电压上的不同之外，DDR 是所谓的双倍数据传输速度（Double Data Rate），它可以在一次工作周期中进行两次数据的传输，感觉上就好像是 CPU 的倍频。所以传输频率方面比 SDRAM 还要好，新一代的 PC 大多使用 DDR 内存。下表列出 SDRAM 与 DDR SDRAM 的型号与频率及带宽之间的关系。[注11]

SDRAM/DDR	型号	数据位宽（bit）	内部频率（MHz）	频率速度	带宽（频率 x 位宽）
SDRAM	PC100	64	100	100	800MB/s
SDRAM	PC133	64	133	133	1064MB/s
DDR	DDR-266	64	133	266	2.1GB/s
DDR	DDR-400	64	200	400	3.2GB/s
DDR	DDR2-800	64	200	800	6.4GB/s
DDR	DDR3-1600	64	200	1600	12.8GB/s

DDR SDRAM 又依据技术的发展，有 DDR、DDR2、DDR3、DDR4 等。其中，DDR2 的频率倍数是 4 倍，而 DDR3 则是 8 倍。目前鸟哥用到服务器级别的内存，已经到 DDR4。

> 在图 0.2.1 中，内存的规格中提到 DDR3/DDR3L 同时支持，我们知道 DDR3 了，那 DDR3L 是什么？为了节省更多的电，新的制程中降低了内存的工作电压，因此 DDR3 标准电压为 1.5V，但 DDR3L 则仅须 1.35V。通常可以用在耗电量需求更低的笔记本电脑中，但并非所有的系统都同步支持，这就得要看主板的支持规格。否则你买了 DDR3L 安插在不支持的主板上，DDR3L 内存是可能会烧毁的。

内存除了频率/带宽与型号需要考虑之外，内存的容量也很重要。因为所有的数据都得要加载到内存当中才能够被 CPU 读取，如果内存容量不够大的话将会导致某些大容量数据无法被完整地加载，此时已存在内存当中但暂时没有被使用到的数据必须要先被释放，使得可用内存容量大于该数据，那份新数据才能够被加载。所以，通常越大的内存代表越快速的系统，这是因为系统不用常常释放一些内存中的数据。以服务器来说，内存的容量有时比 CPU 的速度还要重要。

◆ 多通道设计

由于所有的数据都必须要存放在内存，所以内存的数据位宽当然是越大越好。但传统的总线位宽一般大约仅为 64 位，为了要加大这个位宽，芯片组厂商就将两个内存集合在一起，如果一根内存可达 64 位，两根内存就可以达到 128 位，这就是双通道的设计理念。

如上所述，要启用双通道的功能你必须要安插两根（或四根）内存，这两条内存最好连型号都一模一样比较好，这是因为启动双通道内存功能时，数据是同步写入/读出这一对内存中，如此才能够提升整体的带宽。所以除了容量大小要一致之外，型号也最好相同。

观察自己的内存插槽，你有没有发现图 0.2.2 所示那四根内存插槽的颜色？是否分为两种颜色，且两两成对呢？为什么要这样设计呢？因为这种颜色的设计就是为了双通道。要启动双通道的功能时，你必须要将两根容量相同的内存插在相同颜色的插槽当中。

服务器所需要的内存速度更快。因此，除了双通道之外，中级服务器也经常提供三通道，甚至四通道的内存环境。例如 2014 年推出的服务器用 E5-2650 v3 的 Intel CPU 中，它可以接受的最大通道数就是四通道且为 DDR4。

◆ DRAM 与 SRAM

除了内存之外，事实上个人电脑当中还有许多类似内存的存储结构存在。最为我们所知的就是 CPU 内的二级高速缓存。我们现在知道 CPU 的数据都由内存提供，但 CPU 到内存之间还是得要通过内存控制器。如果某些很常用的程序或数据可以放置到 CPU 内部的话，那么 CPU 数据的读取就不需要跑到内存重新读取。这对于性能来说不就可以大大地提升了吗？这就是二级缓存的设计概念。二级缓存与内存及 CPU 的关系如右图所示。

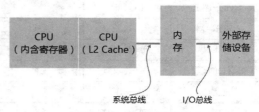

图 0.2.3　内存相关性

因为二级缓存（L2 Cache）整合到 CPU 内部，因此这个 L2 内存的速度必须要与 CPU 频率相同。使用 DRAM 是无法达到这个频率速度的，此时就需要静态随机存取内存（Static Random Access Memory, SRAM）的帮忙。SRAM 在设计上使用的晶体管数量较多，价格较高，且不易做成大容量，不过由于其速度快，因此整合到 CPU 内成为高速缓存以加快数据的读写是个不错的方式。新一代的 CPU 都有内置容量不等的 L2 缓存在 CPU 内部，以加快 CPU 的运行性能。

◆ 只读存储器（ROM）

主板上面的组件是非常多的，而每个组件的参数又具有可调整性。举例来说，CPU 与内存的频率是可调整的；而主板上面如果有内置的网卡或显卡时，该功能是否要启动与该功能的各项参数，是被记录到主板上面的一个称为 CMOS 的芯片中，这个芯片需要借着额外的电源来使用记录功能，这也是为什么你的主板上面会有一块纽扣电池的缘故。

那 CMOS 内的数据如何读取与更新呢？还记得你的电脑在开机的时候可以按下[Del]按键来进入一个名为 BIOS 的界面吧？BIOS（Basic Input Output System）是一个程序，这个程序是写死到主板上面的一个存储芯片中，这个存储芯片在没有通电时也能够记录数据，这就是只读存储器（Read Only Memory, ROM）。ROM 是一种非易失性的存储。另外，BIOS 对于个人电脑来说是非常重要的，因为它是系统在启动的时候首先会去读取的一个小程序。

另外，固件（firmware）[注12] 很多也是使用 ROM 来进行软件的写入。固件像软件一样也是一个被电脑所执行的程序，然而它是对于硬件内部而言更加重要的部分。例如 BIOS 就是一个固件，BIOS 虽然对于我们日常操作电脑系统没有什么太大的关系，但是它却控制着启动时各项硬件参数的获取。所以我们会知道很多的硬件上面都会有 ROM 来存储固件。

BIOS 对电脑系统来讲是非常重要的，因为它掌握了系统硬件的详细信息与启动设备的选择等。但是电脑发展的速度太快了，因此 BIOS 程序代码也可能需要作适度的修改才行，所以你才会在很多主板官网找到 BIOS 的更新程序。但是 BIOS 原本使用的是无法改写的 ROM，因此根本无法修改 BIOS 程序代码。而现在的 BIOS 通常是写入类似闪存（flash）或 EEPROM [注13] 存储硬件中。[注14]

很多硬件上面都会有固件，例如鸟哥常用的磁盘阵列卡、10G 的网卡、交换机等，你可以简单地这么想，固件就是固定在硬件上面的控制软件。

0.2.3 显卡

显卡插槽如图 0.2.2 所示，在中左方有个 PCIe 3.0 的地方，这块主板中提供了两个显卡插槽。

显卡又称为 VGA（Video Graphics Array），它对于图形影像的显示扮演着相当关键的角色。一般对于图形影像的显示重点在于分辨率与颜色深度，因为每个图像显示的颜色会占用内存，因此显卡上面会有集成内存并被称为显存，**这个显存容量将会影响到你的屏幕分辨率与颜色深度。**

除了显存之外，现在由于 3D 游戏与一些 3D 动画的流行，因此显卡的运算能力越来越重要。一些 3D 的运算任务早期是由 CPU 完成，但是 CPU 并非完全针对这些 3D 运算需求来进行设计的，而且 CPU 平时已经非常忙碌了。所以后来显卡厂商直接在显卡上面嵌入一个 3D 加速芯片，这就是所谓的 GPU 称谓的由来。

显卡主要也是通过 GPU 的控制芯片来与 CPU、内存等通信。如前面提到的，对于图形影像（尤其是 3D 游戏）来说，显卡也是需要高速运算的一个组件，所以数据的传输也是越快越好。因此显卡的规格由早期的 PCI 升级为 AGP，近期 AGP 又被 PCI-Express 所取代。如前面华硕主板图当中看到的就是 PCI-Express 的插槽，这些插槽最大的差异在于数据传输的带宽，如下所示：

规　　格	位　宽	速　　度	带　　宽
PCI	32 bits	33 MHz	133 MB/s
PCI 2.2	64 bits	66 MHz	533 MB/s
PCI-X	64 bits	133 MHz	1064 MB/s
AGP 4x	32 bits	66x4 MHz	1066 MB/s
AGP 8x	32 bits	66x8 MHz	2133 MB/s
PCIe 1.0 x1	无	无	250 MB/s
PCIe 1.0 x8	无	无	2 GB/s
PCIe 1.0 x16	无	无	4 GB/s

比较特殊的是，PCIe（PCI-Express）使用的是类似管道的概念来处理，在 PCIe 第一版（PCIe 1.0）中，每条管道可以具有 250MBytes/s 的带宽性能，管道越多（通常设计到 16x 管道）则总带宽越高。另外，为了提升更多的带宽，因此 PCIe 还有高级版本，目前主要的版本为第三版，相关的带宽如下：[注15]

规　　格	1x 带宽	16x 带宽
PCIe 1.0	250MB/s	4GB/s
PCIe 2.0	500MB/s	8GB/s
PCIe 3.0	约 1GB/s	约 16GB/s
PCIe 4.0	约 2GB/s	约 32GB/s

若以图 0.2.2 的主板为例，它使用的是 PCIe 3.0 的 16x，因此最大带宽就可以到达接近 32GB/s 的传输速度，比起 AGP 是快很多，好可怕的传输数据量。

如果你的主机是用来玩 3D 游戏的，那么显卡的选购非常重要。如果你的主机是用来做网络服务器的，那么简单的入门级显卡对你的主机来说已经够用。因为网络服务器很少用到 3D 与图形影像功能。

例题

假设你的显示器使用 1024x768 分辨率，且使用全彩（每个像素占用 3B 的容量），请问你的显卡至少需要多少内存才能使用这样的饱和度？

答：因为 1024x768 分辨率中会有 786432 个像素，每个像素占用 3B，所以总共需要 2.25MB 以上才行。但如果考虑屏幕的刷新率（每秒钟屏幕的刷新次数），显卡的内存还是越大越好。

除了显卡与主板的连接接口需要知道外，那么显卡是通过什么格式与电脑屏幕（或电视）连接的呢？目前主要的连接接口有：

◆ D-Sub（VGA 接口）：为较早之前的连接接口，主要为 15 针的接口，为模拟信号的传输所使用。当初设计是针对传统的 CRT 显示器而来，主要的规格标准有 640x350px @70Hz、1280x1024px @85Hz 及 2048x1536px @85Hz 等。

◆ DVI：共有四种以上的接口，不过市面上比较常见的仅为提供数字信号的 DVI-D，以及整合数字与模拟信号的 DVI-I 两种。DVI 常见于液晶屏幕的连接，标准规格主要有：1920x1200px @60Hz、2560x1600px @60Hz 等。

◆ HDMI：相对于 D-Sub 与 DVI 仅能传输影像数据，HDMI 可以同时传输影像与声音，因此被广泛地使用于电视屏幕中，电脑屏幕目前也经常都会支持 HDMI 格式。

◆ DisplayPort：与 HDMI 相似，可以同时传输声音与影像，不过这种接口目前在市面上还是比较少有屏幕的支持。

0.2.4　硬盘与存储设备

电脑总是需要记录与读取数据的，而这些数据当然不可能每次都由用户经过键盘来打字，所以就需要有存储设备。电脑系统上面的存储设备有：硬盘、软盘、MO、CD、DVD、磁带机、U 盘，还有新一代的蓝光光驱等，乃至于大型计算机的局域网络存储设备（SAN 与 NAS）等，都是可以用来存储数据的，而其中最常见的应该就是硬盘了吧！

◆ 硬盘的物理组成

大家应该都看过硬盘吧！硬盘依据桌面与移动电脑而分为 3.5 英寸与 2.5 英寸的大小。我们以台式电脑使用的 3.5 英寸的硬盘来说明。硬盘其实是由许许多多的圆形碟片、机械手臂、磁头与主轴马达所组成的，整个内部如图 0.2.4 所示：

实际的数据都是写在具有磁性物质的碟片上面，而读写主要是通过在机械手臂上的磁头（head）来完成。实际运行时，主轴马达让碟片转动，然后机械手臂可伸展让磁头在碟片上面进行读写的操作。另外，由于单一碟片的容量有限，因此有的硬盘内部会有两个以上的碟片。

◆ 碟片上的数据

既然数据都是写入碟片上面，那么碟片上面的数据又是如何写入的呢？其实碟片上面的数据有点像图 0.2.5 所示。

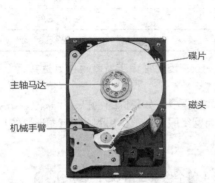

图 0.2.4　硬盘物理构造（图片取自维基百科）

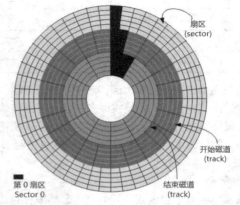

图 0.2.5　碟片上的数据格式（图片取自维基百科）

由于碟片是圆的，并且通过机器手臂去读写数据，碟片要转动才能够让机器手臂读写。因此，通常数据写入当然就是以圆圈转圈的方式读写。所以，当初设计就是在类似碟片同心圆上面切出一个一个的小区块，这些小区块整合成一个圆形，让机器手臂上的磁头去读写。这个小区块就是磁盘的最小物理存储单位，称之为扇区（sector），同一个同心圆的扇区组合成的圆就是所谓的磁道（track）。由于磁盘里面可能会有多个碟片，因此在所有碟片上面的同一个磁道可以组合成所谓的柱面（cylinder）。

我们知道同心圆外圈的圆比较大，占用的面积比内圈多。所以，为了合理利用这些空间，外围的圆会具有更多的扇区^{（注16）}，就如同图 0.2.5 的图示一样。此外，当碟片转一圈时，外圈的扇区数量比较多，因此如果数据写入在外圈，转一圈能够读写的数据量当然比内圈还要多。因此通常数据的读写会由外圈开始往内写，这是默认方式。

另外，原本硬盘的扇区都是设计成 512B 的大小，但因为近期以来硬盘的容量越来越大，为了减少数据量的拆解，所以目前绝大部分的高容量硬盘已经使用了 4KB 大小的扇区设计，购买的时候也需要注意一下。也因为这个扇区的设计不同，因此在磁盘的分区方面，目前有旧式的 MBR 模式(MS-DOS 兼容模式)，以及较新的 GPT 模式。在较新的 GPT 模式下，磁盘的分区通常使用扇区号码来划分，跟过去旧的 MS-DOS 是通过柱面号码来划分的情况不同。相关的说明我们谈到磁盘管理（第 7 章）时再来聊。

◆ 传输接口

为了提升磁盘的传输速度，磁盘与主板的连接接口也经过多次的改良，因此有许多不同的接口。传统磁盘接口包括有 SATA、SAS、IDE 与 SCSI 等。若考虑外接式磁盘，那就还包括了 USB、eSATA 等接口。不过目前 IDE 已经被 SATA 取代，而 SCSI 则被 SAS 替换，因此我们下面将仅介绍 SATA、USB 与 SAS 接口。

● SATA 接口

如同华硕主板示意图右下方所示，即为 SATA 硬盘的接口插槽。这种插槽所使用的连接线比较窄小，而且每个设备需要使用一条 SATA 连接线。因为 SATA 连接线比较窄小之故，所以对于安装与机箱内的通风都比较好，因此原本的 IDE 粗排线接口已被 SATA 所取代。SATA 的插槽示意图如图 0.2.6 所示。

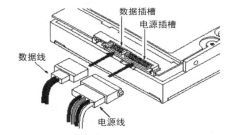

SATA cabling with separate power and signal attachments

图 0.2.6 SATA 接口的连接线（图取自 Seagate 网站）

由于 SATA 一条连接线仅接一块硬盘，所以你不需要调整跳针。不过一块主板上面 SATA 插槽的数量并不是固定的，且每个插槽都有编号，在连接 SATA 硬盘与主板的时候，还是需要留意一下。此外，目前的 SATA 版本已经到了第三代^{（注17）}，每一代之间的传输速度如下所示，而且每一代都可以向下兼容，只是速度上会差很多而已。目前主流都是使用SATA 3.0 这个接口，其速度可达 600MB/s。

版　　本	带宽（Gbit/s）	速度（MB/s）
SATA 1.0	1.5	150
SATA 2.0	3	300
SATA 3.0	6	600

因为 SATA 传输接口传输时，通过数据算法的关系，当传输 10 位编码时，仅有 8 位为数据，其余 2 位为校验之用。因此带宽的计算上面，使用的换算（bit 转 B）为 1:10 而不是 1B=8bits，上表的对应要稍微注意一下。另外，虽然这个 SATA 3.0 接口理论上可达 600MB/s 的传输速度，不过目前传统的硬盘由于其物理组成的限制，一般极限速度在 150～200MB/s 之间，所以厂商们才要发展固态硬盘。

● SAS 接口

早期工作站或大型电脑上面，为了读写速度与稳定性,因此在这样的机器上面,大多使用的是 SCSI

这种高级的接口。不过这种接口的速度后来被 SATA 打败。但是 SCSI 有其值得开发的功能，因此后来就有串行式 SCSI（Serial Attached SCSI，SAS）接口的发展。这种接口的速度比 SATA 快，而且连接的 SAS 硬盘的碟片转速与传输的速度也都比 SATA 硬盘好。只是比较贵。而且一般个人电脑的主板上面通常没有内置 SAS 接口，得要通过外接转接卡才能够支持，因此一般个人电脑主机还是以 SATA 接口为主要的磁盘连接接口。

版　　本	带宽（Gbit/s）	速度（MB/s）
SAS 1	3	300
SAS 2	6	600
SAS 3	12	1200

因为这种接口的速度确实比较快，而且还支持热插拔等功能，因此，许多的设备连接会使用这种接口。例如我们经常会听到的磁盘阵列卡的连接插槽，就是利用这种 SAS 接口开发出来，支持 SFF-8087 设备等[注18]。

● USB 接口

如果你的磁盘是外接式的接口，那么很可能跟主板连接的就是 USB 这种接口。这也是目前（2015）最常见到的外接式磁盘接口。不过传统的 USB 速度挺慢的，即使是比较慢的传统硬盘，其传输率在 80～120MB/s，但传统的 USB 2.0 仅有大约 60MB/s 的理论传输率，通常实际在主板上面的连接口，都仅有 30～40MB/s 的传输速度而已，实在发挥不出磁盘的性能。

为了改善 USB 的传输率，因此新一代的 USB 3.0 速度就快了很多，据说还有更新的 USB 3.1 正在发展中。这几代版本的带宽与速度如下表所示[注19]：

版　　本	带宽（Mbit/s）	速度（MB/s）
USB 1.0	12	1.5
USB 2.0	480	60
USB 3.0	5G	500
USB 3.1	10G	1000

跟 SATA 接口一样，不是理论速度到达该数值，实际上就可以跑到这么高。USB 3.0 虽然速度很快，但如果你去市面上买 USB 的传统磁盘或 U 盘，其实它的读写速度在 100MB/s 左右。不过这样已经超级快了，因为一般 USB 2.0 的 U 盘读写速度大约是 4～10MB/s。在购买这方面的外接磁盘时，要特别考虑。

◆ 固态硬盘（Solid State Disk, SSD）

传统硬盘有个很致命的问题，就是需要驱动马达去转动碟片，这会造成很严重的磁盘读取延迟。想想看，你得要知道数据在哪个扇区上面，然后再命令马达开始转，之后再让磁头去读取正确的数据。另外，如果数据放置的比较离散（扇区分布比较广又不连续），那么读写的速度就会延迟更明显，速度快不起来。因此，后来就有厂商拿闪存去制作成高容量的设备，这些设备的连接接口也使用 SATA 或 SAS，而且外型还做的跟传统磁盘一样。所以，虽然这类的设备已经不能称为是磁盘（因为没有磁头与碟片，都是闪存），但是为了方便大家称呼，所以还是称为磁盘。只是跟传统的机械磁盘（Hard Disk Drive，HDD）不同，就称为固态硬盘（Solid State Disk 或 Solid State Driver，SSD）。

固态硬盘最大的好处是，它没有马达不需要转动，而是通过闪存直接读写的特性，因此除了没数据延迟且快速之外，还很省电。不过早期的 SSD 有个很重要的致命伤，就是这些闪存有写入次数的限制，因此通常 SSD 的寿命大概两年也顶天了。所以数据存放时，需要考虑到备份或是可能要使用 RAID 的机制来防止 SSD 的损坏[注20]。但是现在 SSD 的使用寿命早已超过了两年，只要使用的是正规厂商的产品，使用五六年是没问题的。

　　SSD 真的好快。鸟哥曾经买过 Intel 较顶级的 SSD 来做过服务器的读取系统盘，然后使用类似 dd 的命令去看看读写的速度，竟然得到如同 Intel 自己官网说的，极速可以到达 500MB/s，几乎就是 SATA 3.0 的理论极限速度。所以，近来在需要大量读写的环境中，鸟哥都是使用 SSD 来处理。

　　其实我们在读写磁盘时，通常没有连续读写，大部分的情况下都是读写一大堆小文件，因此，你不要妄想传统磁盘每次少转几圈就可以读到所有的数据。通常很多小文件的读写，会很消耗硬盘，因为碟片要转好多圈。这也很费时间，SSD 就没有这个问题。也因为如此，近年来在测试磁盘的性能时，有个很特殊的度量单位，称为每秒读写操作次数（Input/Output Operations Per Second, IOPS）。这个数值越大，代表可操作次数较高，当然性能也越好。

◆　选购与使用须知

　　如果你想要增加一块硬盘在你的主机里面时，除了需要考虑你的主板可接受的插槽接口（SATA/SAS）之外，还有什么要注意的呢？

● 　HDD 或 SSD

　　毕竟 HDD 与 SSD 的价格与容量真的差很多，不过，速度也差很多。因此，目前大家的使用方式大多是这样的，使用 SSD 作为系统盘，然后数据存储大多存放在 HDD 上面，这样系统运行快速（SSD），而数据存储量也大（HDD）。

● 　容量

　　毕竟目前数据量越来越大，所以购买磁盘通常首先要考虑的就是容量的问题。目前（2015）主流市场 HDD 容量已经到达 2TB 以上，甚至有的厂商已经生产高达 8TB 的产品。硬盘可能可以算是一种消耗品，要注意重要数据还是得常常备份出来。至于 SSD 方面，目前的主流容量还是在 128 ~ 256GB。

● 　缓冲存储器（缓存）

　　硬盘上面含有一个缓冲存储器，这个内存主要可以将硬盘内常使用的数据缓存起来，以加速系统的读写性能。通常这个缓冲存储器越大越好，因为缓冲存储器的速度要比数据从碟片中被找出来要快得多。目前主流的产品可达 64MB 左右的大小。

● 　转速

　　因为硬盘主要是利用主轴马达转动碟片来读写数据，因此转速的快慢会影响到性能。主流的桌面电脑硬盘为每分钟 7200 转，笔记本电脑则是每分钟 5400 转。有的厂商也有推出高达每分钟 10000 转的硬盘，若有高性能的数据存取需求，可以考虑购买高转速硬盘。

● 　使用须知

　　由于硬盘内部机械手臂上的磁头与碟片的接触是很细微的空间，如果有抖动或是污物附着在磁头与碟片之间就会造成数据的损坏或是物理硬盘整个损坏，因此，正确的使用电脑的方式，应该是在电脑通电之后，就绝对不要移动主机，避免震动硬盘，而导致整个硬盘数据发生问题。另外，也不要随便将插头拔掉就以为是顺利关机。因为机械手臂必须要回归原位，所以使用操作系统的正常关机方式，才能够比较好地保护硬盘，因为它会让硬盘的机械手臂回归原位。

　　可能因为环境的关系，电脑内部的风扇常常会因为灰尘而造成一些声响。很多朋友只要听到这种声响都是二话不说"用力拍几下机箱"就没有声音了，现在你知道了，这么做的后果常常就是你的硬盘容易坏掉，下次千万不要再这样做。

0.2.5　扩展卡与接口

你的服务器可能因为某些特殊的需求，需要使用主板之外的其他适配卡。所以主板上面通常会预留多个扩展接口的插槽，这些插槽规格依据其来历，又包括 PCI、AGP、PCI-X、PCIe 等。但是由于 PCIe 速度太快，因此几乎所有的卡都以 PCIe 来设计。但是有些比较老旧的卡可能还需要使用，因此一般主板大多还是会保留一两个 PCI 插槽，其他的则是依据 PCIe 来设计。

由于各组件的价格直落，现在主板上面通常已经集成了相当多的设备组件。常见的集成到主板的组件包括声卡、网卡、USB 控制器、显卡、磁盘阵列卡等。你可以在主板上面发现很多方形的芯片，那通常是一些个别的设备芯片。

不过，因为某些特殊的需求，有时你可能还是需要增加额外的扩展卡。举例来说，我们如果需要一台个人电脑连接多个网络时（比如用作 Linux 服务器），恐怕就得要有多个网卡。当你想要买网卡时，大卖场上有好多。而且速度一样都是千兆（Giga）网卡（Gbit/s），但价格差很多。观察规格，主要有 PCIe x1 以及 PCI 接口的，你要买哪种接口呢？

在 0.2.3 显卡的章节内，你会发现到 PCI 接口的理论传输率最高到 133MB/s 而已，而 PCIe 2.0 x1 就高达 500MB/s 的速度。鸟哥实测的结果也发现，PCI 接口的千兆网卡极限速度大约只到 60MB/s 而已，而 PCIe 2.0 x1 的千兆网卡确实可以到达大约 110MB/s 的速度。所以，购买设备时，还是要查清楚接口类型才行。

在 0.2.3 节也谈到 PCIe 有不同的通道数，基本上常见的就是 x1、x4、x8、x16 等，个人电脑主板常见是 x16，一般中级服务器则大多有多个 x8 的接口，x16 反而比较少见。这些接口在主板上面的设计，主要是以插槽的长度来区分，例如华硕主板示意图中，左侧有 2 个 PCI 接口，其他的则是 3 个 x16 的插槽，以及 2 个 x1 的插槽，看长度就知道了。

◆　多通道卡（例如 x8 的卡）安装在少通道插槽（例如 x4 的插槽）的可用性

再回头看看图 0.2.1 的示意图，你可以发现 CPU 最多仅能支持 16 个 PCIe 3.0 的通道数，因此在图当中就明白地告诉你，你可以设计（1）一个 x16，（2）或是两个 x8，（3）或是两个 x4 加上一个 x8 的方式来增加扩展卡。这是可以直接连接到 CPU 的通道。那为何图 0.2.2 可以有 3 个 x16 的插槽？因为前两个属于 CPU 支持，而后面两个可能就是南桥提供的 PCIe 2.0 的接口。那明明最多仅能支持一个 x16 的接口，怎么可能设计 3 个 x16 呢？

因为要让所有的扩展卡都可以安插在主板上面，所以在比较高级一些的主板上面，它们都会做出 x16 的插槽，但是该插槽内其实只有 x8 或 x4 的通道有用。其他的都是空的没有金手指（接触电路的意思），那如果我的 x16 的卡安装在 x16 的插槽，但是这个插槽仅有 x4 的电路设计，那我这块卡可以运行吗？当然可以，这就是 PCIe 的好处。它可以让你的这块卡仅使用 x4 的速度来传输数据，而不会无法使用。只是你的这块卡的极限性能，就会只剩下 4/16 = 1/4。

因为一般服务器常用的扩展卡，大多数都使用 PCIe x8 的接口（因为也没有什么设备可以将 PCIe 3.0 的 x8 速度用完），为了增加扩展卡的数量，因此服务器级的主板才会大多使用到 x8 的插槽。反正，要发挥扩展卡的能力，就得要搭配相对应的插槽才行。

鸟哥近年来在搞小型云教室，为了加速，需要有 10GB 的网卡，这些网卡标准的接口为 PCIe 2.0 x8。有台主机上面需要安插三块这样的卡，结果该主机上面仅有一个 x16，一个 x8 以及一个 x4 的 PCIe 接口，其中 x4 的那个接口使用的是 x8 的插槽，所以好在三块卡都可以安装在主板上面，且都可以运行。只是在极速运行时，实测的性能结果发现，那个安插在 x4 接口的网卡性能下降好多，所以才会发现这些问题，提供给大家参考。

0.2.6 主板

这个小节我们特别再将主板拿出来说明一下，特别要讲的就是芯片组与扩展卡之间的关系。

◆ 发挥扩展卡性能须考虑的插槽位置

如同图 0.2.1 所示，其实主板上面可能会有多个 x8 的插槽，那么到底你的卡插在哪个插槽上面性能最好？我们以该图来说，如果你是安插在左上方跟 CPU 直接连接的那几个插槽，那性能最佳。如果你是安插在左侧由上往下数的第五个 PCIe 2.0 x8 的插槽呢？那个插槽是与南桥连接，所以你的扩展卡数据需要先进入南桥跟大家抢带宽，之后要传向 CPU 时，还得要通过 CPU 与南桥的通信管道，那条管道称为 DMI 2.0 总线。

根据 Intel 方面的数据来看，DMI 2.0 的传输率是 4GB/s，换算成文件传输量时，大约仅有 2GB/s 的速度，要知道 PCIe 2.0 x8 的理论速度已经达到 4GB/s，但是与 CPU 的数据带宽竟然仅有 2GB，性能的瓶颈就这样发生在 CPU 与南桥的带宽上面。因此，卡安装在哪个插槽上面，对性能而言也是影响很大。所以插卡时，请详细阅读您主板上面的逻辑图例（类似本章的 Intel 芯片组示意图），尤其 CPU 与南桥通信的带宽方面，特别重要。

> 因为鸟哥的 Linux 服务器，目前很多都需要执行一些虚拟化技术等会大量读写数据的服务，所以需要额外的磁盘阵列卡来提供数据的存放。同时得要提供 10G 网络让内部的多台服务器互相通过网络链接。过去没有这方面的经验时，扩展卡都随意乱插，反正能动就好。但实际分析过性能之后，哇！现在都不敢随便乱插了，性能差太多。每次在选购新的系统时，也都会优先去查看芯片逻辑图，确认性能瓶颈不会卡在主板上，这才下手去购买。

◆ 设备 I/O 地址与 IRQ 中断请求

主板是负责各个电脑组件之间的通信，但是电脑组件实在太多，有输出/输入/不同的存储设备等，主板芯片组怎么知道如何负责通信呢？这个时候就需要用到所谓的 I/O 地址与 IRQ。

I/O 地址有点类似每个设备的门牌号码，每个设备都有它自己的地址，一般来说，不能有两个设备使用同一个 I/O 地址，否则系统就会不晓得该如何运行这两个设备。而除了 I/O 地址之外，还有 IRQ 中断（Interrupt）。

如果把 I/O 地址想成是各设备的门牌号码的话，那么 IRQ 就可以想成是各个门牌连接到邮件中心（CPU）的专门路径。各设备可以通过 IRQ 中断请求来告知 CPU 该设备的工作情况，以方便 CPU 进行工作分配的任务。老式的主板芯片组 IRQ 只有 15 个，如果你的周边接口太多时可能就会不够用，这个时候你可以选择将一些没有用到的周边接口关闭，以空出一些 IRQ 来给真正需要使用的接口。当然，也有所谓的 sharing IRQ 的技术。

◆ CMOS 与 BIOS

前面介绍内存时我们提过 CMOS 与 BIOS 的功能，在这里我们再来强调一下：CMOS 主要的功能为记录主板上面的重要参数，包括系统时间、CPU 电压与频率、各项设备的 I/O 地址与 IRQ 等，由于这些数据的记录要用电，因此主板上面才有电池。BIOS 是写入到主板上某一块 flash 或 EEPROM 的程序，它可以在计算机启动的时候执行，以加载 CMOS 当中的参数，并尝试调用存储设备中的引导程序，进一步进入操作系统当中。BIOS 程序也可以修改 CMOS 中的数据，每种主板进入 BIOS 设置程序的按键都不同，一般桌面电脑常见的是使用[Del]按键进入 BIOS 设置界面。

◆ 连接外置设备的接口

主板与各项输出/输入设备的连接主要都是在主机机箱的后方，主要有：

● PS/2 接口：这原本是常见的键盘与鼠标的接口，不过目前渐渐被 USB 接口取代，甚至较新的主板可能就不再提供 PS/2 接口；

- **USB 接口**：通常只剩下 USB 2.0 与 USB 3.0，为了方便区分，USB 3.0 的插槽颜色为蓝色；
- **声音输出、输入与麦克风**：这是一些圆形的插孔，只看主板上面有内置音效芯片时，才会有这三个插孔；
- RJ-45 **网络头**：如果有内置网络芯片的话，那么就会有这种接头出现。这种接头有点类似电话接头，不过内部有 8 个芯片触点，接上网线后在这个接头上会有信号灯亮起来；
- HDMI：如果有内置显示芯片的话，可能就会提供这个与屏幕连接的接口。这种接口可以同时传输声音与影像，目前也是电视机屏幕的主流接口。

我们以华硕主板的提供的接口来看的话，主要有这些：

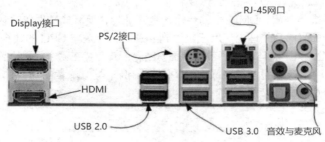

图 0.2.7　华硕主板外置接口

0.2.7　主机电源

除了上面这些组件之外，其实还有一个很重要的组件也要来谈一谈，那就是主机电源（Power）。在你的机箱内，有个大大的铁盒子，上面有很多电源线会跑出来，那就是主机电源。我们的 CPU、RAM、主板、硬盘等都需要用电，而近来的电脑组件耗电量越来越高，以前很早的 230W 电源已经不够用了，有的系统甚至得要有 500W 以上的电源才能够运行。

主机电源的差价非常大。贵一点的 300W 可以到 500 元，便宜一点的 300W 只要 100 元不到。怎么差这么多呢？因为主机电源的用料不同，电源供应的稳定性也会差很多。如前所述，主机电源相当于你的心脏，心脏差的话，活动力就会不足。所以，稳定性差的主机电源甚至是造成电脑不稳定的元凶。所以，尽量不要使用太差的主机电源。

◆ 能源转换率

主机电源本身也会使用一部分的电力。如果你的主机系统需要 300W 的电力，因为主机电源本身也会消耗掉一部分的电力，因此你最好要挑选 400W 以上的主机电源。主机电源出厂前会有一些测试数据，最好挑选高转换率的主机电源。所谓的高转换率指的是"输出功率/输入功率"。意思是说假如你的主板用电量为 250W，但是主机电源其实已经使用掉 320W 的电力，则转换率为：250/320=0.78的意思。这个数值越高表示被主机电源"玩掉"的电力越少，那就符合能源效益。

0.2.8　选购须知

在购买主机时应该需要进行整体的考虑，很难依照某一项标准来选购。老实说，如果你的公司需要一台服务器的话，建议不要自行组装，买品牌电脑的服务器比较好。这是因为自行组装的电脑虽然比较便宜，但是每项设备之间的适合性是否完美则有待自行测试。

另外，在性能方面并非仅考虑 CPU 的能力而已，速度的快慢与整体系统的最慢的那个设备有关，如果你是使用最快速的 Intel i7 系列产品，使用最快的 DDR3-1600 内存，但是配上一个过时显卡，那么整体的 3D 性能将会卡在那块显卡上面。所以，在购买整台主机时，请特别留意需要全部的接口都考虑进去。尤其是当您想要升级时，要特别注意这个问题，并非所有的旧的设备都适合继续使用的。

例题

你的系统使用 i7 的 4790 CPU，使用了 DDR3-1600 内存，使用了 PCIe 2.0 x8 的磁盘阵列卡，这块卡上面安装了 8 块 3TB 的理论速度可达 200MB/s 的硬盘（假设为可叠加访问速度的 RAID 0 配置），是安插在 CPU 控制芯片相连的插槽中。网络使用千兆网卡，安插在 PCIe 2.0 x1 的接口上。在这样的设备环境中，上述的哪个环节速度可能是你的瓶颈呢？

答：

- DDR3-1600 的带宽可达：12.8GB/s
- 磁盘阵列卡理论传输率：PCIe 2.0 x8 为 4GB/s
- 磁盘每块 200MB/s，共 8 块，总效率为：200MB×8 ~ 1.6GB/s
- 网络接口使用 PCIe 2.0 1x 所以接口速度可达 500MB/s，但是千兆网络最高为 125MB/s

通过上述分析，我们知道，速度最慢的为网络的 125MB/s。所以，如果想要让整体性能提升，网络恐怕就是需要解决的一环。

◆ 系统不稳定的可能原因

除此之外，到底哪个组件特别容易造成系统的不稳定呢？有几个常见的系统不稳定的因素是：

- 系统超频：这个行为很不好，不要这么做；
- 主机电源不稳：这也是个很严重的问题，当您测试完所有的组件都没有啥大问题时，记得测试一下主机电源的稳定性；
- 内存无法负荷：不同的内存质量差很多，差一点的内存，可能会造成您的主机在忙碌地工作时，产生不稳定或宕机的现象；
- 系统过热：热是造成电子零件运行不稳定的主因之一，如果您的主机在夏天容易宕机，冬天却还好，那么考虑一下加几个风扇吧！这样有助于机箱内的散热，系统会比较稳定。这个问题也是很常见的系统宕机的元凶。（例 1：鸟哥之前的一台服务器老是容易宕机，后来拆开机箱研究后才发现原来是北桥上面的小风扇坏掉了，导致北桥温度太高，后来换掉风扇就稳定多了。例 2：还有一次整个实验室的网络都停了，检查了好久，才发现原来是网络交换机（Switch）在夏天热到宕机，后来只好用小电风扇一直吹它。）

事实上，要了解每个硬件的详细架构与构造是很难的，这里鸟哥仅是列出一些比较基本的概念而已。另外，要知道某个硬件的制造商是哪家公司时，可以看该硬件上面的信息。举例来说，主板上面都会印刷这个主板的生产商与主板的型号，知道这两个信息就可以找到驱动程序。另外，显卡上面有个小小的芯片，上面也会列出显卡厂商与芯片信息。

0.3　数据表示方式

事实上我们的电脑只认识 0 与 1，记录的数据也是只能记录 0 与 1 而已，所以电脑常用的数制是二进制。但是我们人类常用的数制是十进制。文字方面则有非常多的语言，如英文、中文（又分繁体中文与简体中文）等。那么电脑如何记录与显示这些数制或文字呢？就得要通过一系列的转换才可以。下面我们就来谈谈数制与文字的编码系统。

0.3.1　数字系统

早期的电脑使用的是利用通电与否的特性制造的电子管，如果通电就是 1，没有通电就是 0，后来沿用至今，我们称这种只有 0 和 1 的环境为二进制，英文称为 binary。所谓的十进制指的是逢十进一位，因此在个位数归为零而十位数写成 1。所以所谓的二进制，就是逢二进一位的意思。

那二进制怎么用呢？我们先以十进制来解释好了。如果以十进制来说，3456 的意义为：

$3456 = 3 \times 10^3 + 4 \times 10^2 + 5 \times 10^1 + 6 \times 10^0$

特别注意：**任何数值的零次方为 1**，所以 10^0 的结果就是 1。同样，将这个原理带入二进制的环境中，我们来解释一下 1101010 的数值转为十进制的话，结果如下：

$1101010 = 1 \times 2^6 + 1 \times 2^5 + 0 \times 2^4 + 1 \times 2^3 + 0 \times 2^2 + 1 \times 2^1 + 0 \times 2^0$

$= 64 + 32 + 0 \times 16 + 8 + 0 \times 4 + 2 + 0 \times 1 = 106$

这样你了解二进制的意义了吗？二进制是电脑基础中的基础。了解了二进制后，八进制、十六进制就依此类推。那么知道二进制转成十进制后，那如果有十进制数值转为二进制的环境时，该如何计算呢？刚刚是乘法，现在则是除法就对了。我们同样地使用十进制的 106 转成二进制来测试一下好了：

最后的写法就如同上面的箭头，由最后的数字向上写，因此可得到 1101010 的数字。这些数字的转换系统是非常重要的，因为电脑的加减乘除都是使用这些机制来处理的。有兴趣的朋友可以再参考一下其他计算机概论的书籍，关于 1 的补码与 2 的补码等计算方式。

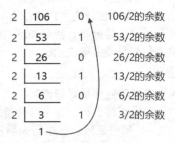

图 0.3.1　十进制转二进制的方法

0.3.2　字符编码系统

既然电脑都只有记录 0 和 1 而已，甚至记录的数据都是使用字节或位等单位来记录的，那么文字该如何记录呢？事实上文本文件也是被记录为 0 与 1 而已，而这个文件的内容被读取查看时，必须要经过一个编码系统的处理才行。所谓的编码系统可以想成是一个字码对照表，它的概念有点像下图所示：

当我们要写入文件的字符数据时，该文字数据会由编码对照表将该字符转成数字后，再存入文件当中。同样，当我们要将文件内容的数据读出时，也会经过编码对照表将该数字转成对应的字符后，再显示到屏幕中。现在你知道为什么浏览器上面如果编码写错时，会出现乱码了吗？这是因为编码对照表写错，导致对照的字符产生误差之故。

常用的英文编码表为 ASCII 系统，这个编码系统中，每个符号（英文、数字或符号等）都会占用

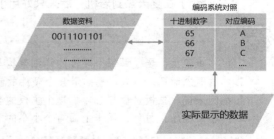

图 0.3.2　数据参考编码表的示意图

1 字节的记录，因此总共会有 $2^8 = 256$ 种变化。至于中文当中的编码系统早期最常用的是 Big5 这个编码表（注，Big5 编码为台湾地区使用的编码方案，大陆地区使用 GB2312 或 GBK 编码方案）。每个汉字会占用 2 字节，理论上最多可以有 $2^{16} = 65536$，亦即最多可达 6 万多个汉字。但是因为 Big5 编码系统并非将所有的位都拿来使用成为对照，所以并非可达这么多的汉字码。目前 Big5 仅定义了一万三千多个汉字，很多汉字利用 Big5 是无法成功显示的，所以才会有造字程序。

Big5 码的中文编码对于某些数据库系统来说是很有问题的，某些汉字例如"许、盖、功"等字，由于这几个字的内部编码会被误判为单或双引号，在写入还不成问题，在读出数据的对照表时，常常

就会变成乱码。不只是中文，其他非英语系国家也常常会有这样的问题出现。

为了解决这个问题，国际组织 ISO/IEC 制订了所谓的 Unicode 编码系统，我们常常称呼的 UTF-8
或万国码的编码就是这个东西。因为这个编码系统打破了所有国家的不同编码，因此目前互联网网站
大多以此编码系统为主。所以各位亲爱的朋友，记得将你的编码系统自定义一下。

0.4　软件程序运行

鸟哥在上课时常常会开玩笑地问：“我们知道没有插电的电脑是一堆废铁,那么插了电的电脑是什么呢？”
答案是：“一堆会电人的废铁”。这是因为没有软件的运行，电脑的功能就无从发挥之故。就好像没有了灵魂
的躯体也不过就是行尸走肉，重点在于软件（灵魂）。所以下面咱们就得要了解一下软件是什么。

一般来说，目前的电脑系统将软件分为两大类，一类是系统软件，另一类是应用程序。但鸟哥认
为我们还是得要了解一下什么是程序，尤其是机器语言程序，了解了之后再来探讨一下为什么现今的
电脑系统需要操作系统这玩意儿。

0.4.1　机器语言程序与编译型程序

我们前面谈到电脑只认识 0 与 1 而已,而且电脑最重要的运算与逻辑判断是在 CPU 内部,而 CPU
其实具有指令集。因此，我们需要 CPU 帮忙工作时，就得要参考指令集的内容，然后编写让 CPU 读
得懂的脚本给 CPU 执行，这样就能够让 CPU 运行。

不过这样的流程有几个很麻烦的地方，包括。

- **需要了解机器语言**：机器只认识 0 与 1，因此你必须要学习直接写给机器看的语言，这个相当难。
- **需要了解所有硬件的相关功能函数**：因为你的程序必须要写给机器看，当然你就得要参考机器本
  身的功能，然后针对该功能去编写程序代码。例如你要让 DVD 影片能够播放，那就得要参考 DVD
  光驱的硬件信息才行。万一你的系统有比较冷门的硬件，光是参考技术手册可能会昏倒。
- **程序不具有可移植性**：每个 CPU 都有独特的指令集，同样的，每个硬件都有其功能函数。因此，
  你为 A 电脑写的程序，理论上是没有办法在 B 电脑上面运行，而且程序代码的修改非常困难。因
  为是机器码，并不是人类看得懂的程序语言。
- **程序具有专一性**：因为这样的程序必须要针对硬件功能函数来编写，如果已经开发了一个浏览器
  程序，想要再开发文件管理程序时，还是得从头再参考硬件的功能函数来继续编写。

那怎么解决呢？为了解决这个问题，电脑科学家设计出一种让人类看得懂的程序语言，然后创造
一种编译器来将这些人类写的程序语言转译成为机器能看懂得机器码，如此一来我们修改与编写程序
就变的容易多了。目前常见的编译器有 C、C++、Java、Fortran 等。机器语言与高级程序语言的差别
如下图所示。

从图中我们可以看到高级程序语言的程序代码是很容易查看的。鸟哥已经将程序代码（英文）写
成了中文，这样比较好理解。所以这样已经将程序的修改问题处理完毕。问题是，在这样的环境下面
我们还是得要考虑整体的硬件系统来设计程序。

举例来说，当你需要将运行的数据写入内存中，你就得要自行分配一个内存区块出来让自己的数
据能够填上去，所以你还得要了解到内存的地址是如何定位。眼泪还是不知不觉地流了下来，怎么写
程序这么麻烦?

为了要解决硬件方面老是需要重复编写句柄的问题，所以就有操作系统(Operating System, OS)
的出现了。什么是操作系统呢。下面就来谈一谈。

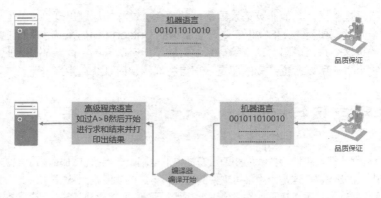

图 0.4.1　编译器的角色

0.4.2　操作系统

如同前面提到的，在早期想要让电脑执行程序就得要参考一堆硬件功能函数，并且学习机器语言才能够编写程序。同时每次写程序时都必须要重新改写，因为硬件与软件功能不见得都一致之故。那如果我能够将所有的硬件都驱动，并且提供一个软件的参考接口来给工程师开发软件的话，那开发软件不就变得非常的简单了吗？这就是操作系统。

◆　操作系统内核（Kernel）

操作系统（Operating System，OS）其实也是一组程序，这组程序的重点在于管理电脑的所有活动以及驱动系统中的所有硬件。我们刚刚谈到电脑没有软件只是一堆废铁，那么操作系统的功能就是让 CPU 可以开始判断逻辑与运算数值、让内存可以开始加载/读出数据与程序代码、让硬盘可以开始被存取、让网卡可以开始传输数据、让所有外置设备可以开始运转等。总之，硬件的所有操作都必须要通过操作系统来实现。

上述的功能就是操作系统的内核（Kernel）完成的。你的电脑能不能做到某些事情，都与内核有关。只有内核提供的功能，你的电脑系统才能帮你完成。举例来说，如果你的内核并不支持 TCP/IP 的网络协议，那么无论你购买了什么样的网卡，这个内核都无法提供网络功能。

但是单有内核我们用户也不知道能做什么事情，因为内核主要在管理硬件与提供相关的功能（例如读写硬盘、网络功能、CPU 资源分配等），这些管理的操作都非常重要，如果用户能够直接使用到内核的话，万一用户不小心将内核程序停止或破坏，将会导致整个系统的崩溃。因此内核程序放置到内存当中的区块是受保护的，并且启动后就一直常驻在内存当中。

> 所以整个系统只有内核的话，我们就只能看着已经准备好运行（Ready）的电脑系统，但无法操作它。好像有点望梅止渴的那种感觉，这个时候就需要软件的帮忙。

◆　系统调用（System Call）

既然硬件都是由内核管理的，那么如果我想要开发软件的话，自然就得要去参考这个内核的相关功能。如此一来不是从原本的参考硬件函数变成参考内核功能，还是很麻烦，有没有简单的方法？

为了解决这个问题，操作系统通常会提供一套应用程序编程接口（Application Programming Interface，API）给程序员来开发软件，工程师只要遵守该 API 那就很容易开发软件了。举例来说，我们学习 C 语言只要参考 C 语言的函数即可，不需要再去考虑其他内核的相关功能，因为内核的系统调用接口会主动地将 C 语言的相关语法转成内核可以了解的任务函数，那内核自然就能够顺利运行该程序。

如果我们将整个电脑系统的相关软件或硬件绘制成图的话，它的关系有点像这样：

电脑系统主要由硬件构成，然后内核程序主要在管理硬件，提供合理的电脑系统资源分配（包括 CPU 资源、内存资源等），因此只要硬件不同（如 x86 架构与 RISC 架构的 CPU），内核就得要进行修改才行。而由于内核只会进行电脑系统的资源分配，所以在上面还需要有应用程序的提供，用户才能够使用系统。

为了保护内核，并且能让程序员比较容易开发软件，操作系统除了内核程序之外，通常还会提供一套 API，那就是系统调用层。程序员只要遵循公认的系统调用参数来开发软件，该软件就能够在该内核上运行。所以你可以发现，软件与内核有比较大的关系，与硬件关系则不大，硬件也与内核有比较大的关系，至于与用户有关的是应用程序。

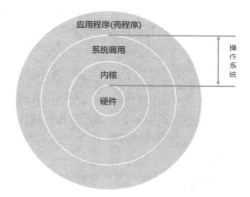

图 0.4.2　操作系统的角色

在定义上，只要能够让电脑硬件正确无误地运行，那就算是操作系统。所以说，操作系统其实就是内核及其提供的接口工具。不过就如同上面所说，因为最普通的内核缺乏与用户沟通的接口，所以在目前，一般我们提到的操作系统都会包含内核与相关的用户应用软件。

简单说，上面的图可以带给我们下面的概念。

- 操作系统的内核层直接参考硬件规格写成，所以同一个操作系统程序不能够在不一样的硬件架构下运行。举例来说，Windows 8.1 不能直接在 ARM 架构（手机与平板设备）的电脑中运行。
- 操作系统只是管理整个硬件资源，包括 CPU、内存、输入输出设备及文件系统等。如果没有其他的应用程序辅助，操作系统只能让电脑主机准备妥当（Ready）而已，无法运行其他功能。所以你现在知道为何 Windows 上面要完成图像的处理还需要类似 PhotoImpact 或 Photoshop 之类的软件了吧？
- 应用程序的开发都是参考操作系统提供的 API，所以该应用程序只能在该操作系统上面运行而已，不可以在其他操作系统上运行。现在您知道为何去购买游戏光盘时，光盘上面会明明白白写着该软件适用于哪一种操作系统？也该知道某些游戏为什么不能够在 Linux 上面安装了吧？

◆ 内核功能

既然内核主要是在负责整个电脑系统相关的资源分配与管理，那我们知道其实整个电脑系统最重要的就是 CPU 与内存，因此，内核至少也要有以下这些功能。

- 系统调用接口（System call interface）

刚刚谈过，这是为了方便程序员可以轻易地通过与内核的沟通，将硬件的资源进一步地利用，于是需要有这个简易的接口来方便程序员使用。

- 进程管理（Process control）

总有听过所谓的多任务环境吧？一台电脑可能同时有很多的任务跑到 CPU 等待运算处理，内核这个时候必须要能够控制这些任务，让 CPU 的资源作有效的分配才行。另外，良好的 CPU 调度机制（就是 CPU 先运行哪个工作的排列顺序）将会有效地加快整体系统性能。

- 内存管理（Memory management）

控制整个系统的内存管理，内存控制非常重要，因为系统所有的程序代码与数据都必须要先存放在内存当中。通常内核会提供虚拟内存的功能，当内存不足时可以提供交换分区（swap）的功能。

● **文件系统管理**（Filesystem management）

文件系统的管理，例如数据的输入与输出（I/O）等工作，还有不同文件格式的支持等。如果你的内核不支持某个文件系统，那么您将无法使用该格式的文件。例如：Windows 98 就不支持 NTFS 文件格式的硬盘。

● **设备驱动**（Device drivers）

就如同上面提到的，硬件的管理是内核的主要工作之一，当然，设备的驱动程序就是内核需要做的事情。好在目前都有所谓的可加载模块功能，可以将驱动程序编译成模块，就不需要重新的编译内核，这个也会在后续的第 19 章当中提到。

> 事实上，驱动程序的提供应该是硬件厂商的事情。硬件厂商要推出硬件时，应该要自行参考操作系统的驱动程序的 API，开发完毕后将该驱动程序连同硬件一同销售给用户才对。举例来说，当你购买显卡时，显卡包装盒都会附上一块光盘，让你可以在进入 Windows 之后进行驱动程序的安装。

◆ **操作系统与驱动程序**

驱动程序可以说是操作系统里面相当重要的一环。不过，硬件可是持续在进步当中的，包括主板、显卡、硬盘等。那么比较晚推出的较新的硬件，例如显卡，我们的操作系统当然就不支持。那操作系统该如何驱动这块新的显卡呢？为了解决这个问题，操作系统通常会提供一个 API 给硬件开发商，让他们可以根据这个接口，设计可以驱动硬件的驱动程序，如此一来，只要用户安装驱动程序后，自然就可以在他们的操作系统上面驱动这块显卡了。

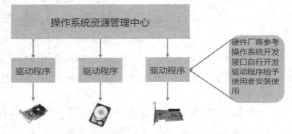

图 0.4.3　驱动程序与操作系统的关系

由上图我们可以得到几个小重点：

● 操作系统必须要能够驱动硬件，如此应用程序才能够使用该硬件功能；
● 一般来说，操作系统会提供 API，让开发商编写他们的驱动程序；
● 要使用新硬件功能，必须要安装厂商提供的驱动程序才行；
● 驱动程序是由厂商提供，与操作系统无关。

所以，如果你想要在某个操作系统上面使用一块新的显卡，那么请要求该硬件厂商提供适当的驱动程序。为什么要强调适当的驱动程序？因为驱动程序仍然是根据操作系统而开发，所以，给 Windows 用的驱动程序当然不能用于 Linux 操作系统。

0.4.3　应用程序

应用程序是参考操作系统提供的 API 所开发出来的软件，这些软件可以让用户操作，以实现某些功能。举例来说，办公软件（Office）主要是用来让用户办公；图像处理软件主要是让用户处理图像数据；浏览器软件主要是让用户浏览网页等。

需要注意的是，应用程序是与操作系统有关系的，如同上面的图当中的说明。因此，如果你想要购买新软件，请务必参考软件上面的说明，看看该软件是否能够支持你的操作系统。举例来说，如果你想要购买游戏光盘，务必参考一下该光盘是否支持你的操作系统，例如是否支持 Windows XP、Windows 7、Mac、Linux 等，不要购买了才发现该软件无法安装在你的操作系统中。

我们拿常见的微软的产品来说明。你知道 Windows 8.1 与 Office 2013 之间的关系了吗？

- Windows 8.1 是一个操作系统，它必须先安装到个人电脑中，否则电脑无法开机运行；
- Windows 7 与 Windows 8.1 是两个不同的操作系统，所以能在 Windows 7 上安装的软件不见得可在 Windows 8.1 上安装；
- Windows 8.1 安装好后，就只有很少的功能，并没有专业的办公软件；
- Office 2013 是一个应用程序，要安装前必须要了解它能在哪些操作系统中运行。

0.5　重点回顾

- 计算机的定义为：接受用户输入命令与数据，经由中央处理器的数学与逻辑单元运算处理后，以产生或存储成有用的信息。
- 电脑的五大单元包括：输入单元、输出单元、控制单元、算术逻辑单元、记忆单元五大部分，其中 CPU 包含控制、算术逻辑单元，记忆单元又包含内存与辅助存储。
- 数据会流进或流出内存是 CPU 所发布的控制命令，而 CPU 实际要处理的数据则完全来自于内存；
- CPU 依设计理念主要分为：精简指令集（RISC）与复杂指令集（CISC）系统。
- 关于 CPU 的频率部分：外频指的是 CPU 与外部组件进行数据传输时的速度，倍频则是 CPU 内部用来加速工作性能的一个倍数，两者相乘才是 CPU 的频率速度。
- 新的 CPU 设计中，已经将北桥的内存控制芯片整合到 CPU 内，而 CPU 与内存、显卡通信的总线通常称为系统总线。南桥就是所谓的输入输出（I/O）总线，主要在连接硬盘、USB、网卡等设备。
- CPU 每次能够处理的数据量称为字长（word size），字长依据 CPU 的设计而有 32 位与 64 位。我们现在所称的电脑是 32 或 64 位主要是依据这个 CPU 解析的字长而来。
- 个人电脑的内存主要组件为动态随机存取内存（Dynamic Random Access Memory，DRAM），至于 CPU 内部的二级缓存则使用静态随机存取内存（Static Random Access Memory，SRAM）。
- BIOS（Basic Input Output System）是一个程序，这个程序是写死到主板上面的一个内存芯片中，这个内存芯片在没有通电时也能够将数据记录下来，那就是只读存储器（Read Only Memory，ROM）。
- 目前主流的外接卡接口大多为 PCIe 接口，且最新为 PCIe 3.0，单通道速度高达 1GB/s。
- 常见的显卡连接到屏幕的接口有 HDMI、DVI、D-Sub、DisplayPort 等。HDMI 可同时传送影像与声音。
- 传统硬盘的组成为：圆形碟片、机械手臂、磁头与主轴马达所组成的，其中碟片的组成为扇区、磁道与柱面。
- 磁盘连接到主板的接口大多为 SATA 或 SAS，目前桌面电脑主流使用的为 SATA 3.0，理论极速可达 600MB/s。
- 常见的字符编码为 ASCII，简体中文编码主要有 GB2312 及 UTF-8 两种，目前主流为 UTF-8。
- 操作系统（Operating System，OS）其实也是一组程序，这组程序的重点在于管理电脑的所有操作以及驱动系统中的所有硬件。
- 电脑主要以二进制为单位，常用的磁盘容量单位为字节（Byte），其单位换算为 1 字节= 8 位。
- 最普通的操作系统仅在驱动与管理硬件，而要使用硬件时，就得需要通过应用软件或是壳程序（Shell）的功能，来调用操作系统操作硬件工作。目前称为操作系统的除了上述功能外，通常已经包含了日常工作所需的应用软件在内。

0.6　本章习题

- 根据本章中的说明，请找出目前全世界跑得最快的超级电脑的：（1）系统名称；（2）所在位置；（3）使用的 CPU 型号与规格；（4）总共使用的 CPU 数量；（5）全功率运行 1 天时，可能使用的电费（请上相关网站查询相关电价来计算）。

◆ 动动手实践题：假设你不知道主机内部的各项组件数据，请拆开你的主机机箱，并将内部所有的组件拆开，并且依序列出：
  ● CPU 的品牌、型号、最高频率；
  ● 内存的容量、接口（DDR、DDR2、DDR3 等）；
  ● 显卡的接口（AGP、PCIe、集成）与容量；
  ● 主板的品牌、南北桥的芯片型号、BIOS 的品牌、有无集成的网卡或声卡等；
  ● 硬盘的连接接口（SATA、SAS 等）、硬盘容量、转速、缓存容量等；
  然后再将它组装回去。注意，拆装前务必先取得你主板的说明书，因此你可能必须要上网查询上述的各项数据。

◆ 利用软件：假设你不想要拆开主机机箱，但想了解你的主机内部各组件的信息时，该如何是好呢？如果使用的是 Windows 操作系统，可使用 CPU-Z（http://www.cpuid.com/cpuz.php）这个软件，如果是 Linux 环境下，可以使用 cat /proc/cpuinfo 及使用 lspci 等命令来查看各项组件的型号。

◆ 如本章图 0.2.1 所示，找出第四代 Intel i7 4790 CPU 的：（1）与南桥沟通的 DMI 带宽有多大？（2）二级缓存的容量多大？（3）最大 PCIe 通道数量有多少？并据以说明主板上面 PCIe 插槽的数量限制。（请通过搜索引擎搜索此 CPU 相关数据即可发现。）

◆ 由搜索引擎查询 Intel SSD 520 固态硬盘相关的功能列表，了解（1）连接接口；（2）最大读写速度，以及（3）最大随机读写数据（IOPS）等信息。

0.7　参考资料与扩展阅读

◆ 注 1：卡片型电脑或单板电脑，香蕉派官网。
http://www.bananapi.org/
◆ 注 2：可穿戴式计算机。
https://en.wikipedia.org/wiki/Wearable_computer
◆ 注 3：对于 CPU 的原理有兴趣的读者，可以参考维基百科的说明。
https://en.wikipedia.org/wiki/CPU
◆ 注 4：图片参考。
Wiki book: https://en.wikibooks.org/wiki/IB/Group_4/Computer_Science/Computer_Organisation
作者：陈锦辉，计算机概论：探索未来 2008，金禾信息，2007 出版
◆ 注 5：有关 RISC 架构的详细说明。
https://en.wikipedia.org/wiki/Reduced_instruction_set_computing
其他相关 CPU 类型介绍。
Oracle SPARC: https://en.wikipedia.org/wiki/SPARC
IBM Power CPU: https://en.wikipedia.org/wiki/IBM_POWER_microprocessors
◆ 注 6：有关 ARM 架构的详细介绍。
https://en.wikipedia.org/wiki/ARM_architecture
◆ 注 7：有关 CISC 架构的详细介绍。
https://en.wikipedia.org/wiki/Complex_instruction_set_computing
◆ 注 8：有关 x86 架构的详细介绍。
https://en.wikipedia.org/wiki/X86
◆ 注 9：用来查看 CPU 相关信息的 CPU-Z 软件官网。
http://www.cpuid.com/softwares/cpu-z.html
◆ 注 10：Intel i7 4790 CPU 的详细规格介绍。

http://ark.intel.com/zh-cn/products/80806/Intel-Core-i7-4790-Processor-8M-Cache-up-to-4_00-GHz

- ◆ 注 11：有关 DDR 内存的详细介绍。
  https://en.wikipedia.org/wiki/DDR_SDRAM
- ◆ 注 12：有关固件的详细介绍。
  https://en.wikipedia.org/wiki/Firmware
- ◆ 注 13：有关 EEPROM 的详细介绍。
  https://en.wikipedia.org/wiki/EEPROM
- ◆ 注 14：有关 BIOS 的详细介绍。
  https://en.wikipedia.org/wiki/BIOS
- ◆ 注 15：有关 PCIe 的详细介绍。
  https://en.wikipedia.org/wiki/PCI_Express
- ◆ 注 16：有关磁盘碟片的 Zone bit recording 详细说明。
  https://en.wikipedia.org/wiki/Zone_bit_recording
- ◆ 注 17：有关 SATA 磁盘接口的详细介绍。
  https://en.wikipedia.org/wiki/Serial_ATA
- ◆ 注 18：有关 SAS 磁盘接口的详细介绍。
  https://en.wikipedia.org/wiki/SCSI#SCSI-EXPRESS
  https://en.wikipedia.org/wiki/Serial_Attached_SCSI
- ◆ 注 19：有关 USB 接口的详细介绍。
  https://en.wikipedia.org/wiki/USB
- ◆ 注 20：有关 SSD 的详细说明。
  https://en.wikipedia.org/wiki/Solid-state_drive

感谢：本章当中使用的示意图，很多是从 Tom's Hardware（http://www.tomshardware.com/）网站获取，在此特别感谢。

1

第 1 章　Linux 是什么与如何学习

　　众所皆知，Linux 的内核原型是 1991 年由林纳斯·托瓦兹（Linus Torvalds）编写的，但是托瓦兹为何可以写出 Linux 这个操作系统呢？为什么他要选择 386 的计算机来开发？为什么 Linux 的发展可以这么迅速？又为什么 Linux 是免费且可以自由使用的？以及目前为什么有这么多的 Linux 发行版本（distributions）？了解这些之后，才能够知道为什么 Linux 可以避免专利软件之争，并且了解到 Linux 为什么可以同时在个人计算机与大型主机上大放异彩。所以，在实际进入 Linux 的世界前，先来谈一谈这些有趣的历史故事吧！

1.1　Linux 是什么

我们知道 Linux 这玩意儿是在计算机上面运行的，所以说 Linux 就是一组软件。问题是这个软件是操作系统还是应用程序？Linux 可以在哪些种类的计算机硬件上面运行？而 Linux 源自哪里？为什么使用 Linux 还不用花钱？这些我们都得先来谈一谈！免得下次人家问你，为什么复制软件不会违法时，你会答不出来！

1.1.1　Linux 是什么？操作系统/应用程序？

我们在第 0 章"计算机概论"里面提到过整个计算机系统的概念，计算机主机由一堆硬件所组成，为了有效地控制这些硬件资源，于是乎就有操作系统的产生。操作系统除了有效地控制这些硬件资源的分配，并提供计算机运行所需要的功能（如网络功能）之外，为了要提供程序员更容易开发软件的环境，所以操作系统也会提供一整组系统调用接口来给程序员开发用！

知道为什么要讲这些了吗？嘿嘿！没错，因为 Linux 就是**一个操作系统**！如右图所示，Linux 就是内核与系统调用接口那两层，至于应用程序算不算 Linux？当然不算！这点要特别注意！

由上图中我们可以看到其实内核与硬件的关系非常紧密。早期的 Linux 是针对 386 的计算机来开发的，由于 Linux 只是一个操作系统，并不含有其他的应用程序，因此很多工程师在下载了 Linux 内

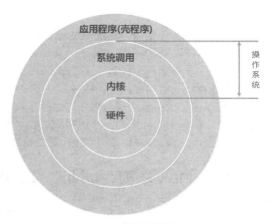

图 1.1.1　操作系统的角色

核并且实际安装之后，就只能看着计算机开始运行！接下来这些高级工程师为了自己的需求，再在 Linux 上面安装它们所需要的软件即可。

> Torvalds 先生在 1991 年写出 Linux 内核的时候，其实该内核仅能"驱动 386 所有的硬件"而已，所谓的"让 386 计算机开始运行，并且等待用户命令输入"而已，事实上，当时能够在 Linux 上面运行的软件还很少！

由于不同的硬件它的功能函数并不相同，例如 IBM 的 Power CPU 与 Intel 的 x86 架构就不一样，所以同一个操作系统是无法在不同硬件平台上面运行的！举例来说，如果你想要让 x86 上面运行的那个操作系统也能够在 Power CPU 上运行时，就得要将该操作系统进行修改才行。如果能够参考硬件的功能函数并以此修改你的操作系统程序代码，那经过改版后的操作系统就能够在另一个硬件平台上运行，这个过程我们通常就称为"软件移植"。

例题

请问 Windows 操作系统能否在苹果的 Macintosh 计算机（Mac）上面安装与运行？
答：由上面的说明中，我们知道硬件是由"内核"来控制，而每种操作系统都有它自己的内核。在 2006 年以前苹果使用 IBM 的 PowerPC CPU 硬件架构，而苹果则在该硬件架构上发展了自家的操

作系统（Mac OS）。Windows 则是基于 x86 架构的操作系统之一，因此 Windows 无法安装到 Mac 计算机。

不过，在 2006 年以后，苹果计算机转而使用 Intel 的硬件架构，其硬件架构已经转为 x86 系统，因此 2006 年以后的苹果计算机若使用 x86 架构时，其硬件可以安装 Windows 操作系统。

> Windows 操作系统本来就是针对 x86 硬件架构进行的设计，所以它当然只能在 x86 的计算机上面运行，在不同的硬件架构平台当然就无法运行。也就是说，每种操作系统都是在它专门的硬件架构上面运行的，这点得要先了解。不过，Linux 由于是开源（Open Source）的操作系统，所以它的程序代码可以被修改成适合在各种硬件架构上面运行，也就是说，Linux 是具有"可移植性"，这可是很重要的一个功能！

Linux 提供了一个操作系统中最底层的硬件控制与资源管理的完整架构，这个架构是继承了 UNIX 良好的传统而来，所以相当的稳定且功能强大。此外，由于这个优秀的架构可以在目前的个人计算机（x86 系统）上面运行，所以很多的软件开发者渐渐地将它们的工作重心移转到这个架构上面，所以 Linux 操作系统也有很多的应用软件。

虽然 Linux 仅是其内核与内核提供的工具，不过由于内核、内核工具与这些软件开发者提供的软件的整合，使得 Linux 成为一个更完整的、功能强大的操作系统。大致了解 Linux 是何物之后，接下来，我们要谈一谈，"为什么说 Linux 是很稳定的操作系统？它是如何来的？"

1.1.2 Linux 之前，UNIX 的历史

早在 Linux 出现之前的二十年（大约在 20 世纪 70 年代），就有一个相当稳定而成熟的操作系统存在，那就是 Linux 的老大哥 UNIX。它们这两个家伙有什么关系呀？这里就说一说。

众所皆知，Linux 的内核是由林纳斯·托瓦兹在 1991 年编写，并且上传到网络上供大家下载，后来大家觉得这个小东西（Linux 内核）相当的小而精巧，所以慢慢的就有相当多的朋友投入这个小东西的研究领域里面去了。但是为什么这个小东西这么棒？又为什么大家都可以免费的下载这个东西？嗯，等鸟哥慢慢道来。

◆ 1969 年以前：一个伟大的梦想——Bell，MIT 与 GE 的"Multics"系统

早期的计算机并不像现在的个人计算机一样普遍，它可不是一般人碰得起的，除非是军事或是高科技用途，或是科研单位的学术研究，否则真的很难接触到。非但如此，早期的计算机架构还很难使用，除了运行速度并不快之外，操作方式也很单一。因为那个时候的输入设备只有读卡机，输出设备只有打印机，用户也无法与操作系统互动（批处理型操作系统）。

在那个时候，写程序是件很可怜的事情，因为程序员必须要将程序相关的信息在读卡纸上面打洞，然后再将读卡纸插入读卡机来将信息读入主机中运算。光是这样就很麻烦了，如果程序有个小地方写错，哈哈，光是重新打卡就很惨，加上主机少，用户众多，光是等待就耗去很多的时间。

在那之后，硬件与操作系统的改良，使得后来可以使用键盘来进行信息的输入。不过，在一间学校里面，主机毕竟可能只有一台，如果多人等待使用，那怎么办呢？大家还是得要等待。好在 20 世纪 60 年代初期麻省理工学院（MIT）发展了所谓的：**兼容分时系统**（Compatible Time-Sharing System，CTSS），它可以让大型主机通过提供数个终端（Terminal）以连接进入主机，利用主机的资源进行运算工作。架构如下图所示。

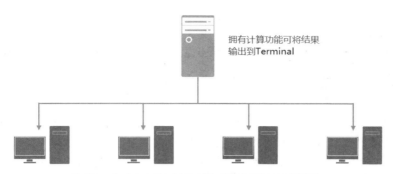

这些Terminals仅有输入/输出功能，并无相关软件与计算能力。

图 1.1.2　早期主机与终端的相关性示意图

　　这个兼容分时系统可以说是近代操作系统的始祖，它可以让多个用户在某一段时间内分别使用 CPU 的资源，感觉上你会觉得大家是同时使用该主机的资源，实际上是 CPU 在每个用户的工作之间进行切换，在当时这可是个划时代的技术。

　　如此一来，无论主机在哪里，只要在终端前面进行输入或输出的操作，就可利用主机提供的功能。不过需要注意的是，此时终端只具有输入与输出的功能，本身完全不具任何运算或软件安装的能力，而且比较先进的主机大概也只能提供 30 个左右的终端而已。

　　为了更加强化大型主机的功能，以便让主机的资源可以提供给更多用户来使用，在 1965 年前后，贝尔实验室（Bell）、麻省理工学院（MIT）及通用电器公司（GE）共同发起了 Multics 计划[注1]，Multics 计划的目的是想要让大型主机可以实现提供 300 个以上的终端用于联机使用的目标。不过到了 1969 年前后，计划进度落后，资金也短缺，所以该计划虽然继续在研究，但贝尔实验室还是退出了该计划的研究工作。（注：Multics 也有复杂、多数的意思。）

　　最终 Multics 还是成功地开发出了它们的系统，完整的历史说明可以参考：http://www.multicians.org/ 网站内容。Multics 计划虽然后来没有受到很大的重视，但是它培养出来的人才却相当优秀。

◆　1969 年：Ken Thompson 的小型 file server system

　　在认为 Multics 计划不可能成功之后，贝尔实验室就退出该计划。不过，原本参与 Multics 计划的人员中，已经从该计划当中获得一些启发，Ken Thompson（肯·汤普逊）[注2]就是其中一位。

　　Thompson 因为自己的需要，希望开发一个小小的操作系统以提供自己使用。在开发时有一台DEC（Digital Equipment Corporation）公司推出的 PDP-7 刚好没人使用，于是它就准备针对这台主机进行操作系统内核程序的编写。本来 Thompson 应该是没时间的（家有小孩的宿命？），凑巧的是在 1969 年 8 月份左右，刚好 Thompson 的妻儿去了美国西部探亲，于是他有了额外的一个月时间好好地待在家将一些构想实现出来。

　　经过 4 个星期的奋斗，他终于以汇编语言（Assembler）写出了一组内核程序，同时包括一些内核工具程序，以及一个小小的文件系统，这个系统就是 UNIX 的原型。当时 Thompson 将 Multics 庞大的复杂系统简化了不少，于是同实验室的朋友都戏称这个系统为：Unics（当时尚未有 UNIX 的名称，Unics 的意思是单一的，相对于 Multics 来说）。

Thompson 的这个文件系统有两个重要的概念，分别是：

- 所有的程序或系统设备都是文件；
- 不管程序本身还是附属文件，所写的程序只有一个目的，且要有效地完成目标。

这些概念在后来对于 Linux 的发展有相当重要的影响。

> 套一句常听到的广告词："科技，以人为本"，当初 Thompson 会写这个 UNIX 内核程序，却是想要移植一个名为"太空旅游"的游戏。

◆ 1973 年：UNIX 的正式诞生，Ritchie 等人用 C 语言写出第一个正式 UNIX 内核

由于 Thompson 写的那个操作系统实在太好用了，所以在贝尔实验室内部广为流传，并且数度经过改版。但是因为 Unics 本来是以汇编语言写成的，而如第 0 章"计算机概论"谈到的，汇编语言具有专一性，加上当时的计算机架构都不太相同，所以**每次要安装到不同的机器都得要重新编写汇编语言**，真不方便。

后来 Thompson 与 Ritchie 合作想将 Unics 改以高级程序语言来编写，当时现成的高级程序语言有 B 语言。但是由 B 语言所编译出来的内核性能不是很好，后来 Dennis Ritchie[注3] 将 B 语言重新改写成 C 语言，再以 C 语言重新改写并编译了 Unics 的内核，最后命名并发行了 UNIX 的正式版本。

> 这群高级黑客实在很厉害，因为自己的需求来开发出这么多好用的工具。C 程序语言开发成功后，甚至一直沿用至今，你说厉不厉害。这个故事也告诉我们，不要小看自己的潜能，你想做的但是现实生活中没有的，就动手自己搞一个来玩吧！

由于贝尔实验室是隶属于美国电信巨头 AT&T 公司，只是 AT&T 当时忙于其他商业活动，对于 UNIX 并不支持也不排斥。此外，UNIX 在这个时期的开发者都是贝尔实验室的工程师，这些工程师对于程序当然相当有研究，所以，UNIX 在此时当然是不容易被一般人所接受。不过对于学术界的学者来说，这个 UNIX 真是学者们进行研究的福音，因为程序代码可改写并且可作为学术研究之用。

需要特别强调的是，由于 UNIX 是以较高级的 C 语言编写，相对于汇编语言需要与硬件有密切的配合，高级的 C 语言与硬件的相关性没有这么大。所以，**这个改变也使得 UNIX 很容易被移植到不同的机器上面**。

◆ 1977 年：重要的 UNIX 分支——BSD 的诞生

虽然贝尔实验室属于 AT&T，但是 AT&T 此时对于 UNIX 是采取较开放的态度，此外，UNIX 是以高级的 C 语言写成的，理论上是具有可移植性。即只要取得 UNIX 的源代码，并且针对大型主机的特性加以定制原有的源代码（source code），就可能将 UNIX 移植到另一台不同的主机。所以在 1973 年以后，UNIX 便得以与学术界合作开发，最重要的接触就是与加州伯克利（Berkeley）大学的合作。

伯克利大学的 Bill Joy[注4] 在取得了 UNIX 的内核源代码后，着手修改成适合自己机器的版本，并且同时增加了很多工具软件与编译器，最终将它命名为 Berkeley Software Distribution（BSD）。这个 BSD 是 UNIX 很重要的一个分支，Bill Joy 也是 UNIX 行业 Sun Microsystem（太阳微系统）这家公司的创办者。Sun Microsystem 公司即是以 BSD 开发的内核进行自己的商业 UNIX 版本的开发。（后来可以安装在 x86 硬件架构上面的 FreeBSD 即是 BSD 改版而来的。）

◆ 1979 年：重要的 System V 架构与版权声明

由于 UNIX 的高度可移植性与强大的性能，加上当时并没有版权的纠纷，所以让很多商业公司开始了 UNIX 操作系统的开发，例如 AT&T 自家的 System V、IBM 的 AIX 以及 HP 与 DEC 等公司，都有推出自家的主机搭配自己的 UNIX 操作系统。

　　但是，如同我们前面提到的，**操作系统的内核（Kernel）必须要跟硬件配合，与提供及控制硬件的资源进行良好的工作。**而在早期每一家生产计算机硬件的公司还没有所谓的"协议"的概念，所以每一个计算机公司出产的硬件自然就不相同，因此它们必须要为自己的计算机硬件开发合适的 UNIX 系统。例如在学术机构相当有名的 Sun、Cray 以及 HP 就是这一种情况，它们开发出来的 UNIX 操作系统以及内含的相关软件并没有办法在其他的硬件架构下工作。另外，由于没有厂商针对个人计算机设计 UNIX 系统，因此在早期，并没有支持个人计算机的 UNIX 操作系统出现。

　　　　如同兼容分时系统的功能一样，UNIX 强调的是多人多任务的环境。但早期的 286 个人计算机架构下的 CPU 是没有能力处理多任务的操作，因此，并没有人对移植 UNIX 到 x86 的计算机上有兴趣。

　　每一家公司自己出的 UNIX 虽然在架构上面大同小异，但是却仅能支持自身的硬件，所以，**早先的 UNIX 只能与服务器（Server）或是大型工作站（Workstation）划上等号。**但到了 1979 年时，AT&T 推出 System V 第七版 UNIX 后，这个情况就有点改善了。这一版最重要的特色是可以支持 x86 架构的个人计算机，也就是说 System V 可以在个人计算机上面安装与运行。

　　因为商业的考虑，以及在当时现实环境下的思考，AT&T 于是想将 UNIX 的版权收回去。因此，AT&T 在 1979 年发行的第七版 UNIX 中，特别提到**"不可对学生提供源代码"**的严格限制。同时，也造成 UNIX 业界之间的紧张气氛，并且也引发了很多的商业纠纷。

　　　　目前被称为"纯种的 UNIX"指的就是 System V 以及 BSD 这两套软件。

◆　**1984 年之一：x86 架构的 Minix 操作系统开始编写并于两年后诞生**

　　关于 1979 年的版权声明中，影响最大的当然就是学校教 UNIX 内核源代码相关知识的教授了。想一想，如果没有内核源代码，那么如何教学生认识 UNIX 呢？这问题对于 Andrew S.Tanenbaum（安德鲁·斯图尔特·塔能鲍姆）[注5]教授来说，实在是很伤脑筋。不过学校的课程还是得继续，那怎么办呢？

　　既然 1979 年的 UNIX 第七版可以移植到 Intel 的 x86 架构上面，**那么是否意味着可以将 UNIX 改写并移植到 x86 上面呢？**有这个想法之后，Tanenbaum 教授于是自己动手写了 Minix 这个 UNIX-like 的内核程序。在编写的过程中，为了避免版权纠纷，Tanenbaum 完全不参照 UNIX 内核源代码，并且强调它的 Minix 必须能够与 UNIX 兼容。Tanenbaum 在 1984 年开始编写内核程序，到了 1986 年终于完成，并于次年出版 Minix 相关书籍，同时与新闻组（BBS 及 News）相结合。

　　　　之所以称为 Minix 的原因，是因为它是个 Mini（微小的）的 UNIX 系统。

　　这个 Minix 版本比较有趣的地方是，它并不是完全免费的，无法在网络上提供下载，必须要通过磁盘/磁带购买才行。虽然真的很便宜，不过，毕竟因为没有在网络上流传，所以 Minix 的传播速度并不很快。此外，购买时随磁盘还会附上 Minix 的源代码，这意味着用户可以学习 Minix 的内核程序设计概念。（这个特色对于 Linux 的初始阶段，可是有很大的关系。）

　　此外，Minix 操作系统的开发者仅有 Tanenbaum 教授，因为学者很忙（鸟哥当了老师之后才发现，真的忙），加上 Tanenbaum 始终认为 Minix 主要用于教育，所以对于 Minix 是点到为止。没错，Minix 是很受欢迎，不过，用户的要求或需求可能就无法上升到比较高的程度了。

◆　**1984 年之二：GNU 计划与 FSF 基金会的成立**

Richard Mathew Stallman（理查德·马修·斯托曼）在 1984 年发起的 GNU 计划，对于现今的自由软件风潮，真有不可磨灭的推动。目前我们所使用的很多自由软件或开源软件，几乎均直接或间接受益于 GNU 这个计划。那么斯托曼是何许人也？为何他会发起这个 GNU 计划？

- **一个分享的环境**

Richard Mathew Stallman（生于 1953 年，网络上自称的 ID 为 RMS）[注6] 从小就很聪明。他在 1971 年的时候，进入黑客圈中相当出名的人工智能实验室（AI Lab.），这个时候的黑客专指计算机能力很强的人，而非破坏计算机的骇客（Cracker）。

当时的黑客圈对于软件的着眼点几乎都是在"分享"，黑客们都认为互相学习对方的程序代码，这样才是产生更优秀的程序代码的最佳方式，所以 AI 实验室的黑客们通常会将自己的程序代码公布出来跟大家讨论，这个习惯对于斯托曼的影响很大。

不过，后来由于管理层以及黑客们自己的生涯规划等问题，导致实验室的优秀黑客离开该实验室，并且进入其他商业公司继续开发优秀的软件。但斯托曼并不服输，仍然持续在原来的实验室开发新的程序与软件。后来，他发现自己一个人无法完成所有的工作，于是想要成立一个开放的团体来共同努力。

- **使用 UNIX 开发阶段**

1983 年以后，因为实验室硬件的更换，斯托曼无法继续以原有的硬件与操作系统自由地编写程序，而且他进一步发现到，过去他所使用的 Lisp 操作系统是麻省理工学院的专利软件，无法共享，这对于想要成立一个开放团体的斯托曼是个阻碍，于是他便放弃了 Lisp 这个系统。后来，他接触到 UNIX 这个系统，并且发现 UNIX 在理论与实际上，都可以在不同的机器间进行移植。虽然 UNIX 依旧是专利软件，但至少 UNIX 在架构上还是比较开放的，于是他开始转而使用 UNIX 系统。

因为 Lisp 与 UNIX 是不同的系统，所以，他原本已经编写完的软件无法在 UNIX 上面运行。为此，他就开始将软件移植到 UNIX 上，并且为了让软件可以在不同的平台上运行，斯托曼将他开发的软件均编写成可以移植的形式，也就是说，他都会将程序的源代码公布出来。

- **GNU 计划的推广**[注7]

1984 年，斯托曼开始发起 GNU 计划，**这个计划的目的是：建立一个自由、开放的 UNIX 操作系统（Free UNIX）**。但是建立一个操作系统谈何容易，而且当时的 GNU 计划仅有一个单打独斗的斯托曼，这实在太麻烦，但又不想放弃这个计划，那可怎么办？

聪明的斯托曼干脆反其道而行，"既然操作系统太复杂，我就先写可以在 UNIX 上面运行的小程序，这总可以了吧？"在这个想法上，斯托曼开始参考 UNIX 上面现有的软件，并依据这些软件的作用开发出功能相同的软件，且开发期间斯托曼绝不看其他软件的源代码，以避免吃上官司。后来一堆人知道了免费的 GNU 软件，并且实际使用后发现与原有的专利软件也差不了太多，于是便转而使用 GNU 软件，于是 GNU 计划逐渐打开知名度。

虽然 GNU 计划渐渐打开了知名度，但是能见度还是不够。这时斯托曼又想：不论是什么软件，都得要进行编译成为二进制文件（binary program）后才能够执行，如果能够写出一个不错的编译器，那不就是大家都需要的软件了吗？因此他便开始编写 C 语言的编译器，那就是现在相当有名的 GNU C Compiler（gcc），这点相当的重要。这是因为 C 语言编译器版本众多，但都是专利软件，如果他写的 C 语言编译器够棒，性能够佳，那么让 GNU 计划出现在众人眼前的机会非常大。如果忘记啥是编译器，请回到第 0 章去看看编译器吧！

但开始编写 gcc 时并不顺利，为此，他先转而将他原先就已经开发好的 Emacs 编辑器写成可以在 UNIX 上面运行的软件，并公布源代码。Emacs 是一种程序编辑器，它可以在用户编写程序的过程中就进行程序语法的检验，此功能可以减少程序员除错的时间。因为 Emacs 太优秀了，因此，很多人便直接向他购买。

此时互联网尚未流行，所以，**斯托曼便借着 Emacs 以磁带（tape）方式出售，赚了一点钱**，进而开始全力编写其他软件，并且成立了**自由软件基金会（Free Software Foundation，FSF）**，请更多工程师与志愿者编写软件，并最终还是完成了 gcc，这比 Emacs 还更有帮助。此外，他还编写了更多可以被调用的 C 函数库（GNU C library），以及可以被用来运行操作系统的基本接口的 Bash shell，这些都在 1990 年左右完成。

> 如果纯粹使用文本编辑器来编辑程序的话，那么程序语法如果写错，只能利用编译时发生的错误信息来修改，这样实在很没有效率。Emacs 则是一个很棒的编辑器，注意，是编辑（editor）而非编译（compiler）。它可以很快地显示出你写入的语法可能有错误的地方，这对于程序员来说，实在是一个好到不能再好的工具，所以才会这么受到欢迎。

● **GNU 的通用公共许可证**

到了 1985 年，为了避免 GNU 所开发的自由软件被其他人所利用而成为专利软件，所以他与律师草拟了有名的**通用公共许可证**（General Public License，GPL），并且称呼它为 copyleft（相对于专利软件的 copyright）。关于 GPL 的相关内容我们在下一个小节继续谈论，在这里必须要说明的是，由于有 GNU 所开发的几个重要软件，如：

◆ Emacs
◆ GNU C Compiler（gcc）
◆ GNU C Library（glibc）
◆ Bash shell

造成后来很多的软件开发者可以通过这些基础的工具来进行程序开发，进一步壮大了自由软件团体，这是很重要的。不过，对于 GNU 的最初构想"建立一个自由的 UNIX 操作系统"来说，有这些优秀的程序仍无法满足，因为，当下并没有"自由的 UNIX 内核"存在，所以这些软件仍只能在那些有专利的 UNIX 平台上工作，一直到 Linux 的出现。更多的 FSF 开发的软件可以参考如下网页：

◆ https://www.fsf.org/resources

> 事实上，GNU 自己开发的内核称为 hurd，是一个架构相当先进的内核。不过由于开发者在开发的过程中对于系统的要求太过于严谨，因此推出的时间一再延后，所以才有后来 Linux 的开发。

◆ **1988 年：图形用户界面模式 XFree86 计划**

有鉴于图形用户接口（Graphical User Interface, GUI）的需求日益高涨，在 1984 年由 MIT 与其他第三方首次发表了 X Window System，并且在 1988 年成立了非营利性质的 XFree86 这个组织，所谓的 XFree86 其实是 X Window System + Free + x86 的整合名称。而这个 XFree86 的 GUI 接口更在 Linux 的内核 1.0 版于 1994 年发布时，整合于 Linux 操作系统当中。

> 为什么称图形用户接口为 X？因为由英文单字来看，Window（窗口，不是指微软的 Windows）的 W 字母接的就是 X，意指 Window 的下一版，需注意的是，是 X Window，而不是 X Windows（没有复数的 s）。

◆ **1991 年：芬兰大学生 Linus Torvalds 的一则简讯**

到了 1991 年，芬兰赫尔辛基大学的 Linus Torvalds 在 BBS 上面贴了一则消息，宣称他以 bash、gcc 等 GNU 的工具写了一个小小的内核程序，该内核程序单纯是个玩具，不像 GNU 那么专业。不过该内核程序可以在 Intel 的 386 机器上面运行，这让很多人很感兴趣，从此开始了 Linux 不平凡的路程。

1.1.3　关于 GNU 计划、自由软件与开放源代码

GNU 计划对于整个自由软件与开源软件来说，占有非常重要的角色，下面我们就来谈谈吧！

◆　自由软件的活动

1984 年创立 GNU 计划与 FSF 基金会的斯托曼先生认为，写程序最大的快乐就是让自己开发的好软件供大家来使用。另外，如果使用者编写程序的能力比自己强，那么当对方修改完自己的程序并且回传修改后的程序代码给自己，那自己的程序编写能力无形中就会提高。这就是最早之前 AI 实验室的黑客风格。

程序是想要分享给大家使用的，不过，每个人所使用的计算机软硬件并不相同。既然如此，那么该程序的源代码（source code）就应该要同时发布，这样才能方便大家修改而适用于每个人的计算机。这个将源代码连同软件程序发布的举动，在 GNU 计划的范畴之内就称为自由软件（free software）运动。

此外，斯托曼同时认为，将源代码分享出来时，若该程序很优秀，那么将会有很多人使用，而每个人对于该程序都可以查看源代码，无形之中，就会有一帮人帮你除错，你的这个程序将会越来越好，越来越优秀。

◆　自由软件的版权 GNU GPL

为了避免自己开发出来的开源（open source）自由软件被拿去做成专利软件，于是斯托曼同时将 GNU 与 FSF 开发出来的软件，都使用 GPL 的版权声明，这个 FSF 的内核观念是"**版权制度是促进社会进步的手段，版权本身不是自然权力。**"对于 FSF 有兴趣或对于 GNU 想要更深入的了解时，请参考 GNU 官网 http://www.gnu.org 的详细说明。

> 为什么要称为 GNU？其实 GNU 是 GNU's Not UNIX 的缩写，意思是说，GNU 并不是 UNIX。那么 GNU 又是什么？就是 GNU's Not UNIX 嘛！如果你写过程序就会知道，这个 GNU = GNU's Not UNIX 可是无穷递归。
>
> 另外，什么是开源？所谓的源代码是程序员写出的并没有编译的代码，开源就是软件在发布时，同时将源代码一起公布的意思。

◆　自由（Free）的真谛

那么这个 GPL（GNU General Public License，GPL）是什么？为什么要将自由软件使用 GPL 的"版权声明"？这个版权声明对于作者有何好处？首先，斯托曼对 GPL 一直是强调 Free 的，这个 Free 的意思是这样的：

"Free software" is a matter of liberty, not price. To understand the concept, you should think of "free speech", not "free beer". "Free software" refers to the users' freedom to run, copy, distribute, study, change, and improve the software。

意思是说，free software（自由软件）是一种自由的权力，并非是"价格"。举例来说，你可以拥有自由呼吸的权力、你拥有自由发表言论的权力，但是，这并不代表你可以到处喝"免费的啤酒（free beer）"，也就是说，**自由软件的重点并不是指"免费"，而是指具有"自由度（freedom）"的软件**，斯托曼进一步说明了自由的意义是：**用户可以自由地执行、复制、再发行、学习、修改与强化自由软件。**

这无疑是个好消息，因为如此一来，你所拿到的软件可能原先只能在 UNIX 上面运行，但是经过源代码的修改之后，你将可以拿它在 Linux 或是 Windows 上面来运行。总之，一个软件使用了 GPL 版权声明之后，它自然就成了自由软件，这个软件就具有下面的特色：

● **取得软件与源代码**：你可以根据自己的需求来使用这个自由软件；

- 复制：你可以自由地复制该软件；
- 修改：你可以将取得的源代码进行程序修改工作，使之适合你的工作；
- 再发行：你可以将你修改过的程序，再度自由发行，而不会与原先的编写者冲突；
- 回馈：你应该将你修改过的程序代码回馈于社区。

但请特别留意，你所修改的任何一个自由软件都不应该也不能这样：

- 修改授权：你不能将一个 GPL 授权的自由软件，在你修改后而将它取消 GPL 授权；
- 单纯销售：你不能单纯销售自由软件。

也就是说，既然 GPL 是站在互助互利的角度上去开发的，你当然不应该将大家的成果占为己有，因此你当然不可以将一个 GPL 软件的授权取消，即使你已经对该软件进行大幅度的修改。那么自由软件也不能销售吗？当然不是。还记得上一个小节里面，我们提到斯托曼通过销售 Emacs 取得一些经费，让自己生活不至于贫困吧？是的，自由软件是可以销售的，不过，不可仅销售该软件，应同时搭配售后服务与相关手册，这些可就需要工本费了。

- ◆　自由软件与商业行为

很多人还是有疑问，目前不是有很多 Linux 开发商吗？为何他们可以销售 Linux 这个 GPL 授权的软件呢？原因很简单，因为他们大多都是销售“售后服务”，所以，他们所使用的自由软件，都可以在他们的网站上面下载。(当然，每个厂商他们自己开发的工具软件就不是 GPL 的授权软件了。) 但是，你可以购买他们的 Linux 光盘，如果你购买了光盘，他们会提供相关的手册说明文件，同时也会提供你数年不等的咨询、售后服务、软件升级与其他辅助工作等附加服务。

所以说，目前自由软件工作者，他们所赖以维生的，几乎都是在“服务”这个领域。毕竟自由软件并不是每个人都会编写，有人需要你的自由软件时，就会请求你的协助，此时，你就可以通过服务来收费。这样来说，**自由软件确实还是具有商业空间的**。

> 很多人对于 GPL 授权一直很疑惑，对于 GPL 的商业行为更是无法接受。关于这一点，鸟哥在这里还是要再次申明，GPL 是可以从事商业行为的。而很多的作者也是通过这些商业行为来取得生活所需，更进一步去开发更优秀的自由软件。千万不要听到“商业”就排斥，这对于发展优秀软件的朋友来说，是不礼貌的。

上面提到的大多是与用户有关的项目，那么 GPL 对于自由软件的作者有何优点？大致的优点有这些：

- 软件安全性较好；
- 软件运行性能较好；
- 软件除错时间较短；
- 贡献的源代码永远都存在。

这是因为既然是提供源代码的自由软件，那么你的程序代码将会有很多人帮你检查，如此一来，程序的漏洞与程序的优化将会进展得很快。所以，在安全性与性能上面，自由软件一点都不输给商业软件。此外，因为 GPL 授权当中，修改者并不能修改授权，因此，你如果曾经贡献过程序代码，你将名留青史。不错吧！

对于程序开发者来说，GPL 实在是一个非常好的授权，因为大家可以互相学习对方的程序编写技巧，而且自己写的程序也有人可以帮忙除错。那你会问，对于我们这些广大的终端用户，GPL 有没有什么好处？有，当然有，虽然终端用户或许不会自己编译程序代码或是帮人家除错，但是终端用户使用的软件绝大部分就是 GPL 的软件，全世界有一大票的工程师在帮你维护你的系统，这难道不是一件非常棒的事吗？

就跟人类社会的科技会进步一样，授权也会进步。为了应对源代码划分与重组的问题，与其他开源软件的授权包容性，以及最重要的数字版权管理（Digital Rights Management，DRM）等问题，GPL 目前已经出到第三版 GPLv3，但是，目前使用最广泛的，还是 GPLv2，包括 Linux 内核就还是使用 GPLv2。

◆ 开放源代码

由于自由软件使用的英文为 free software，这个"free"在英文中有两种以上不同的意义，除了自由之外，免费也是这个单词。因为有这些额外的联想，许多的商业公司对于投入自由软件方面确实是有些疑虑存在。许多人对于这个情况总是有些担心。

为了解决这个困扰，1998 年成立的开放源代码促进会（Open Source Initiative）提出了开放源代码（open source，亦可简称开源或开源软件）这一名词。另外，并非软件可以被读取源代码就可以被称为开源软件。该软件的授权必须要符合下面的基本需求，才可以算是开源软件。

- 公布源代码且用户具有修改权：用户可以任意地修改与编译程序代码，这点与自由软件差异不大。
- 任意地再发布：该程序代码全部或部分可以被销售，且程序代码可成为其他软件的组件之一，作者不该宣称具有拥有权或收取其他额外费用；
- 必须允许修改或衍生的作品，且可让再发布的软件使用相似的授权来发表；
- 承上，用户可使用与原本软件不同的名称或编号来发布；
- 不可限制某些个人或团体的使用权；
- 不可限制某些领域的应用：例如不可限制不能用于商业行为或是学术行为等特殊领域；
- 不可限制在某些产品当中，亦即程序代码可以应用于多种不同产品中；
- 不可具有排它条款，例如不可限制本程序代码不能用于教育类的研究中，诸如此类。

根据上面的定义，GPL 自由软件也可以算是开源软件的一个，只是对于商业应用的限制稍微多一些而已。与 GPL 自由软件相比，其他开源软件的授权可能比较轻松。比较轻松的部分包括：再发布的授权可以跟原本的软件不同；另外，开源软件的全部或部分可作为其他软件的一部分，且其他软件无须使用与开源软件相同的授权来发布，这跟 GPL 自由软件差异就大了。自由软件的 GPL 授权规定，任何软件只要用了 GPL 的全部或部分程序代码，那么该软件就得要使用 GPL 的授权，这对于自由软件的保障相当大。但对于想要保有商业公司自己的商业机密的专属软件来说，要使用 GPL 授权还是可怕的。这也是后来商业公司拥抱其他开源软件授权的缘故，因为可以用于商业行为，更多的差异或许可以参考一下开源促进会的说明[注8]。

另外，开源（open source）这个名词只是一个指引，而实际上并不是先有开源才有相关的授权，早在开源出来之前就有些开源软件的授权存在（例如 GPL），不过有开源这个名词之后，大家才更了解到开源软件授权的意义。那常见的开放源代码授权有哪些?

- Apache License 2.0
- BSD 3-Clause "New" or "Revised" License
- BSD 2-Clause "Simplified" or "FreeBSD" License
- GNU General Public License（GPL）
- GNU Library or "Lesser" General Public License（LGPL）
- MIT License
- Mozilla Public License 2.0
- Common Development and Distribution License

鸟哥也不是软件授权的高手，每个授权详细的内容也可以参考 OSI 协会的介绍[注9]。

如前所述，GPL 也是合乎开源所定义的授权之一，只是它更着重于保护自由软件本身的学习与发展。如果你想要开发开源软件，到底使用哪种授权比较好？其实跟你对这个软件的未来走向的定义有关。简单来说，如果未来你允许它用于商业活动中，可以考虑 BSD 之类的授权，如果你的软件希望少一些商业色彩，GPLv2 大概是不二选择。如果你的软件允许分支开发，甚至可以考虑分成两种版本分别授权。

◆　闭源软件/专利软件（close source）

相对于开源软件会公布源代码，闭源软件则仅推出可执行的二进制程序（binary program）而已。这种软件的优点是有专人维护，你不需要去修改它；缺点则是灵活度大打折扣，用户无法变更该程序为自己想要的样式。此外，若有木马程序或安全漏洞，将会花上相当长的一段时间来除错。这也是所谓专利软件（copyright）常见的软件出售方式。

虽然闭源软件常常意味着需要花钱去购买，不过有些闭源软件还是可以免费提供大众使用的，免费的闭源软件代表的授权模式有：

● Freeware

https://en.wikipedia.org/wiki/Freeware

不同于 free software，Freeware 为"免费软件"而非"自由软件"。虽然它是免费的软件，但是不见得要公布其源代码，要看发布者的意见，这个东西与开源毕竟是不太相同的东西。此外，目前很多标榜免费软件的程序很多都有小问题。例如假借免费软件的名义，实施用户数据窃取的目的，所以**来路不明的软件请勿安装**。

● Shareware

https://en.wikipedia.org/wiki/Shareware

共享软件这个名词就有趣了。与免费软件有点类似的是，Shareware 在使用初期也是免费的，但是，到了所谓的试用期限之后，你就必须要选择"付费后继续使用"或"将它删除"，通常，这些共享件都会自行编写失效程序，让你在试用期限之后就无法使用。

1.2　托瓦兹的 Linux 的发展

我们前面一节当中，提到了 UNIX 的历史，也提到了 Linux 是由托瓦兹这个芬兰人所发明。那么为何托瓦兹可以发明 Linux？凭空想象而来的？还是有什么渊源？这里我们就来谈一谈。

1.2.1　与 Minix 之间

林纳斯·托瓦兹（Linus Torvalds，1969 年出生）[注10]的外祖父是赫尔辛基大学的统计学家，他的外祖父为了让自己的小孙子能够学点东西，从小就将托瓦兹带到身边来管理一些微计算机。在这个时期，托瓦兹接触了汇编语言（Assembly Language），那是一种直接与芯片交互的程序语言，也就是所谓的低级语言，用户必须要很了解硬件的架构，否则很难用汇编语言编写程序。

在 1988 年间，托瓦兹顺利进入了赫尔辛基大学，并选读了计算机科学系。在上学期间，因为学业的需要与自己的兴趣，托瓦兹接触到了 UNIX 这个操作系统。当时整个赫尔辛基只有一台最新的 UNIX 系统，同时仅提供 16 个终端（Terminal）。还记得我们上一节刚刚提过的，早期的计算机仅有主机具有运算功能，终端仅负责提供输入和输出而已。在这种情况下，实在很难满足托瓦兹的需求，因为，光是等待使用 UNIX 的时间就很耗时，为此，他不禁想到："我何不自己搞一台 UNIX 来玩？"不过，就如同斯托曼当初的 GNU 计划一样，要写内核程序，谈何容易？

不过，幸运之神并未背离托瓦兹，因为不久之后，他就知道有一个类似 UNIX 的系统，并且与 UNIX 完全兼容，还可以在 Intel 386 机器上面运行，那就是我们上一节提过的 Tanenbaum 教授为了教学需要而编写的 Minix 系统。他在购买了 Intel 386 的个人计算机后，就立即安装了 Minix 这个操作系统。另外，上个小节当中也谈到，Minix 这个操作系统提供源代码，所以托瓦兹也通过公布的源代码学习到了很多的内核程序设计的概念。

1.2.2　对 386 硬件的多任务测试

事实上，托瓦兹对于个人计算机的 CPU 其实并不满意，因为他之前接触的计算机都是工作站型的计算机，这类计算机的 CPU 特色就是可以进行"多任务处理"的能力。什么是多任务？理论上，一个 CPU 在一个时间内仅能运行一个程序，那如果有两个以上的程序同时出现到系统中呢？举例来说，你可以在现今的计算机中同时开启两个以上的办公软件，例如电子表格与文字处理软件，这个同时开启的操作代表着这两个程序同时要交给 CPU 来处理。

CPU 一个时间点内仅能处理一个程序，那怎么办？没关系，这个时候具有多任务能力的 CPU 就会在不同的程序间切换，还记得前一章谈到的 CPU 频率吧？假设 CPU 频率为 1GHz 的话，那表示 CPU 一秒钟可以进行 10^9 次工作。假设 CPU 对每个程序都只进行 1000 次运行周期，然后就得要切换到下个程序的话，那么 CPU 一秒钟就能够切换 10^6 次。（当然，切换工作这件事情也会花去一些 CPU 时间，不过这里暂不讨论。）这么快的处理速度下，你会发现两个程序感觉上几乎是同步在进行。

> 为什么有的时候我同时打开两个文件（假设为 A 与 B 文件）所花的时间，要比打开完 A 再去打开 B 文件的时间还要多？现在是否稍微可以理解？因为如果同时开启的话，CPU 就必须要在两个工作之间不停地切换，而切换的操作还是会耗去一些 CPU 的时间。所以，在一个 CPU 上同时启用两个以上的工作，要比一个个地执行还要耗时一点，这也是为何现在 CPU 开发商要整合多个 CPU 核心于一个芯片中，也是为什么在运行情况比较复杂的服务器上，需要使用比较多的 CPU 的原因。

早期 Intel x86 架构计算机不是很受重视的原因，就是因为 x86 的芯片对于多任务的处理不佳，CPU 在不同的工作之间切换不是很顺畅。但是这个情况在 386 计算机推出后，有很大的改善。托瓦兹在得知新的 386 芯片的相关信息后，他认为以性能价格比的观点来看，Intel 的 386 相当便宜，所以在性能上也就稍微可以将就将就，最终他就贷款去买了一台 Intel 的 386 来玩。

早期的计算机性能没有现在这么好，所以压榨计算机性能就成了工程师的一项癖好。托瓦兹本人早期是玩汇编语言的，汇编语言对于硬件有很密切的关系，托瓦兹自己也说："我始终是个性能癖"。为了彻底发挥 386 的性能，托瓦兹花了不少时间在测试 386 机器，他的主要测试就是在测试 386 的多任务性能。首先，他写了三个小程序，一个程序会持续输出 A，一个会持续输出 B，最后一个会将两个程

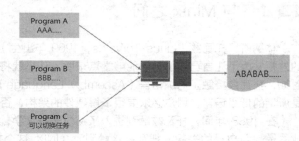

图 1.2.1　386 计算机的多任务测试

序进行切换。他将三个程序同时执行，结果，他看到屏幕上很顺利一直出现 ABABAB。他知道，他成功了。

要实现多任务（multitasking）的环境，除了硬件（主要是 CPU）需要能够具有多任务的特性外，操作系统也需要支持这个功能。一些不具有多任务特性的操作系统，想要同时执行两个程序是不可能的，除非先被执行的程序执行完毕，否则，后面的程序不可能被主动执行。

至于多任务的操作系统中，每个程序被执行时，都会有一个最大 CPU 使用时间，若该任务运行的时间超过这个 CPU 使用时间时，该任务就会先被移出 CPU 的运行队列，而再度进入内核计划任务中等待下一次被 CPU 使用来运行。

这有点像在开记者会，主持人（CPU）会问"谁要发问？"一群记者（任务程序）就会举手（看谁的工作重要），先举手的自然就被允许发问，问完之后，主持人又会问一次谁要发问，当然，所有人（包括刚刚那个记者）都可以举手，如此一次一次地将工作给他完成，多任务的环境对于复杂的工作情况，帮助很大。

1.2.3　初次发布 Linux 0.02

探索完 386 的硬件性能之后，终于拿到 Minix，并且安装在 386 计算机上之后，托瓦兹跟 BBS 上面那些工程师一样，他发现 Minix 虽然真的很棒，但是 Tanenbaum 教授就是不愿意进行功能的加强，导致那些工程师在操作系统功能上面的需求无法满足。这个时候年轻的托瓦兹就想："既然如此，那我何不自己来改写一个我想要的操作系统？"于是他就开始了内核程序的编写。

编写程序需要什么？首先需要的是能够进行工作的环境，再来则是可以将源代码编译成为可执行文件的编译程序。好在有 GNU 计划提供的 bash 以及 gcc 编译器等自由软件，让托瓦兹得以顺利地编写内核程序。他参考 Minix 的设计理念与书上的程序代码，仔细研究出 386 个人计算机的性能优化，然后使用 GNU 的自由软件将内核程序代码与 386 紧紧地结合在一起，最终写出他所需要的内核程序。而这个小玩意竟然真的可以在 386 上面顺利地运行起来，还可以读取 Minix 的文件系统。真是太好了，不过还不够，他希望这个程序可以获得大家的一些修改建议，于是他便将这个内核放置在网络上提供大家下载，同时在 BBS 上面贴了一则消息：

```
Hello everybody out there using minix-
I'm doing a (free) operation system (just a hobby,
won't be big and professional like gnu) for 386 (486) AT clones.
I've currently ported bash (1.08) and gcc (1.40),
and things seem to work. This implies that i'll get
something practical within a few months, and I'd like to know
what features most people want. Any suggestions are welcome,
but I won't promise I'll implement them :-)
```

他说，他完成了一个小小的操作系统，这个内核用在 386 机器上，同时，他真的仅是好玩，并不是想要做一个跟 GNU 一样大的计划。另外，他希望能够得到更多人的建议与反馈来发展这个操作系统，这个概念跟 Minix 刚好背道而驰。这则新闻引起很多人的注意，他们也去托瓦兹提供的网站上下载了这个内核来安装。有趣的是，因为托瓦兹放置内核的那个 FTP 网站的管理员将放置的目录起名为 Linux（意即 Linus 的 UNIX），从此，大家便称这个内核为了 Linux。（请注意，此时的 Linux 只是那个内核，另外，托瓦兹所存放到该目录下的第一个内核版本为 0.02。）

同时，为了让自己的 Linux 能够兼容于 UNIX 系统，托瓦兹开始将一些能够在 UNIX 上面运行的软件拿来在 Linux 上面运行。不过，他发现很多的软件无法在 Linux 这个内核上运行。这个时候他有两种做法，**一种是修改软件**，让该软件可以在 Linux 上运行，**另一种则是修改 Linux**，让 Linux 符合软件能够运行的规范。由于 Linux 希望能够兼容 UNIX，于是托瓦兹选择了第二个做法"修改 Linux"。为了让所有的软件都可以在 Linux 上执行，于是托瓦兹开始参考标准的 POSIX 规范。

> POSIX 是可移植操作系统接口（Portable Operating System Interface）的缩写，重点在于规范内核与应用程序之间的接口，这是由美国电器与电子工程师学会（IEEE）所发布的一项标准。

这个正确的决定让 Linux 在起步的时候体质就比别人优秀，因为 POSIX 标准主要是针对 UNIX 与一些软件运行时的标准规范，只要依据这些标准规范来设计的内核与软件，理论上就可以搭配在一起执行。而 Linux 的开发就是依据这个 POSIX 的标准规范，UNIX 上面的软件也是遵循这个规范来设计，如此一来，让 Linux 很容易地能与 UNIX 兼容共享互有的软件。同时，因为 Linux 直接发布到了网络上，提供大家下载，所以在流通的速度上相当快，导致 Linux 的使用率大增，这些都是造成 Linux 大受欢迎的几个重要因素。

> 其实托瓦兹有意无意之间常常会透露他自己是个只喜欢玩（Just for Fun）的怪人。Linux 一开始也只是托瓦兹的一个作业发展而来的玩具而已。他也说，如果 Minix 或 hurd 这两个中的任何一个系统可以提早开发出他想要的功能与环境，也许他根本不会想要自己开发一个 Linux。哇，人类智能真是没有极限。各位：1）要先有基础知识与技能；2）有了第一点后，要勇于挑战权威；3）把你们的玩具发扬光大吧！

1.2.4 Linux 的发展：虚拟团队的产生

Linux 能够成功，除了托瓦兹个人的理念与力量之外，其实还有个最重要的团队。

◆ 单个人维护阶段

Linux 虽然由托瓦兹发明，而且内容还绝不会涉及专利软件的版权问题。不过，如果单靠托瓦兹自己一个人的话，那么 Linux 要茁壮成长实在很困难，因为一个人的力量是很有限的，好在托瓦兹选择 Linux 的开发方式相当务实。首先，他将发布的 Linux 内核放置在 FTP 上面，并告知大家新的版本信息，等到用户下载了这个内核并且安装之后，如果发生问题，或是由于特殊需求急需某些硬件的驱动程序，那么这些用户就会主动反馈给托瓦兹。在托瓦兹能够解决的问题范围内，他都能很快速地进行 Linux 内核的更新与除错。

◆ 广大黑客志愿者加入阶段

不过，托瓦兹总是有些硬件无法取得，那么他当然无法帮助进行驱动程序的编写与相关软件的改进。这个时候，就会有些志愿者跳出来说：“这个硬件我有，我来帮忙写相关的驱动程序。”因为 Linux 的内核是开源的，黑客志愿者们很容易就能够跟随 Linux 的原本设计架构，并且写出兼容的驱动程序或软件。志愿者们写完的驱动程序与软件，托瓦兹是如何看待的呢？首先，他将该驱动程序或软件带入内核中，并且加以测试，只要测试可以运行，并且没有什么主要的大问题，那么他就会很乐意将志愿者们写的程序代码加入内核中。

总之，托瓦兹是个很务实的人，对于 Linux 内核所欠缺的项目，他总是“先求有且能运行，再求进一步改良”的心态，这让 Linux 用户与志愿者得到相当大的鼓励，因为 Linux 的进步太快了。用户要求虚拟内存功能，结果不到一个星期推出的新版 Linux 就有了，这不得不让人佩服。

另外，为应对这种随时都有程序代码加入的状况，于是 Linux 便逐渐发展成具有模块的功能。亦即是将某些功能独立出于内核外，在需要的时候才加载到内核中。如此一来，如果有新的硬件驱动程序或其他协议的程序代码进来时，就可以模块化，大大增加了 Linux 内核的可维护能力。

　　内核是一组程序，如果这组程序每次加入新的功能都得要重新编译与改版的话会变得如何？想象一下，如果你只是换了显卡就得要重新安装新的 Windows 操作系统，会不会傻眼？模块化之后，原本的内核程序不需要修改，你可以直接将它想成是"驱动程序"即可。

◆　内核功能详细分工发展阶段

　　后来，因为 Linux 内核加入了太多的功能，光靠托瓦兹一个人进行内核的实际测试并加入内核原始程序实在太费力，结果，就有很多的朋友跳出来帮忙测试任务。例如考克斯（Alan Cox）与崔迪（Stephen Tweedie）等，这些重要的副手先将来自志愿者们的补丁程序或新功能的程序代码进行测试，并将结果上传给托瓦兹看，让托瓦兹做最后内核源代码加入的选择与整合。这个分层负责的结果，让 Linux 的开发更加容易。

　　特别值得注意的是，这些托瓦兹的 Linux 开发副手，以及自愿发送补丁程序的黑客志愿者，其实都没有见过面，而且彼此在地球的各个角落，大家群策群力的共同发展出现今的 Linux，我们称这群人为虚拟团队，而为了虚拟团队数据的传输，于是 Linux 便成立了内核网站：https://www.kernel.org。

　　而这群素未谋面的虚拟团队们，在 1994 年终于完成了 Linux 的内核正式版，Version 1.0。这一版同时还加入了 X-Window System 的支持。且于 1996 年完成了 2.0 版、2011 年发布 3.0 版，更于 2015 年 4 月发布了 4.0 版，发展相当迅速。此外，托瓦兹指明了企鹅为 Linux 的吉祥物。

　　奇怪的是，托瓦兹是因为小时候去动物园被企鹅咬了一口念念不忘，而正式的 2.0 推出时，大家要他想一个吉祥物，他在怎么想也想不到什么动物的情况下，就将这个念念不忘的企鹅当成了 Linux 的吉祥物。

　　由于托瓦兹是针对 386 写的，跟 386 硬件的相关性很强，所以，早期的 Linux 确实是不具有移植性的。不过，大家知道开源的好处就是，可以修改程序代码去适合的操作环境。因此，在 1994 年以后，Linux 便被移植到很多的硬件上。目前除了 x86 之外，IBM、HP 等公司出的硬件也都被 Linux 所支持。甚至于小型单板计算机（树莓派/香蕉派等）与移动设备（智能手机、平板电脑）的 ARM 架构系统，大多也是使用 Linux 内核。

1.2.5　Linux 的内核版本

　　Linux 的内核版本编号有点类似如下的样子：

```
3.10.0-123.el7.x86-64
主版本.次版本.发布版本-修改版本
```

　　虽然编号就是如上的方式来编的，不过依据 Linux 内核的发展历程，内核版本的定义有点不太相同。

◆　奇数、偶数版本分类

　　在 2.6.x 版本以前，托瓦兹将内核的发展方向分为两类，并根据这两类内核的发展分别给予不同的内核编号，那就是：

●　主、次版本为奇数：开发中版本（development）

　　如 2.5.xx，这种内核版本主要用于测试与发展新功能，所以通常这种版本仅有内核开发工程师会使用。如果有新增的内核程序代码，会加到这种版本当中，等到众多工程师测试没问题后，才加入下一版的稳定内核中；

● **主、次版本为偶数：稳定版本（stable）**

如 2.6.xx，等到内核功能发展成熟后会加到这类的版本中，主要用在一般家庭计算机以及企业版本中，重点在于提供用户一个相对稳定的 Linux 操作环境平台。

至于发布版本则是在主、次版本架构不变的情况下，新增的功能累积到一定的程度后所新发布的内核版本。而由于 Linux 内核是使用 GPL 的授权，因此大家都能够进行内核程序代码的修改。因此，如果你有针对某个版本的内核修改过部分程序代码，那么这个被修改过的新内核版本就可以加上所谓的修改版本。

◆ **主线版本、长期维护版本（longterm version）**

不过，这种奇数、偶数的编号格式在 3.0 版推出之后就不再使用了。从 3.0 版开始，内核主要依据主线版本（MainLine）来开发，开发完毕后会往下一个主线版本进行。例如 3.10 就是在 3.9 的架构下继续开发出来的新的主线版本，通常新一版的主线版本在 2～3 个月会被提出，之所以会有新的主线版本，是因为加入新功能之故。现在（2016/08）最新的主线版本已经是 4.7 版了。

而旧的版本在新的主线版本出现之后，会有两种机制来处理。一种机制为结束开发（End of Live，EOL），亦即该程序代码已经结束，不会有继续维护的状态。另外一种机制为保持该版本的持续维护，亦即为长期维护版本（Longterm）。例如 3.10 即为一个长期维护版本，这个版本的程序代码会被持续维护更长的时间，若程序代码有 bug 或其他问题，内核维护者会持续进行程序代码的更新维护。

所以，如果你想要使用 Linux 内核来开发你的系统，那么当然要选择长期支持的版本才行。要判断你的 Linux 内核是否为长期支持的版本，可以使用"uname –r"来查看内核版本，然后对照下列链接来了解其对应值。

● https://www.kernel.org/releases.html

◆ **Linux 内核版本与 Linux 发行版本**

Linux 内核版本与发行版（distribution）的版本并不相同（下个小节会谈到），很多朋友常常上网问到："我的 Linux 是 7.x 版，请问……"之类的留言，这是不对的提问方式，因为所谓的 Linux 版本指的应该是内核版本，而目前最新的内核版本应该是 4.7.2（2016/08）才对，并不会有 7.x 的版本出现。

你常用的 Linux 系统则应该说明为发行版。因此，如果以 CentOS 这个发行版来说，你应该说："我用的 Linux 是 CentOS 这个发行版，版本为 7.x，请问……"才对。

> 当你有任何问题想要在 Linux 论坛发言时，请务必仔细说明你的发行版版本，因为虽然各家发行版使用的都是 Linux 内核，不过每家发行版所选用的软件以及它们自己开发的工具各不相同，多少还是有点差异，所以留言时得要先声明发行版的版本。

1.2.6　Linux 发行版

好了，经过上面的说明，我们知道了 Linux 其实就是一个操作系统最底层的内核及其提供的内核工具。它是 GNU GPL 授权模式，所以，任何人均可取得源代码与可执行这个内核程序，并且可以修改。此外，因为 Linux 参考 POSIX 设计规范，于是兼容 UNIX 操作系统，故亦可称之为 UNIX-like（类 UNIX）的一种。

> 鸟哥曾在上课的时候问过同学："什么是 UNIX-like"？可爱的同学们回答的答案是："就是很喜欢（like）UNIX。"那个 like 是"很像"，所以 UNIX-like 是"很像 UNIX 的操作系统"。

◆　可完全安装的 Linux 发行版

Linux 的出现让 GNU 计划放下了心里的一块大石头，因为 GNU 一直以来就是缺乏内核程序，导致它们的 GNU 自由软件只能在其他的 UNIX 上面运行。既然目前有 Linux 出现，且 Linux 也用了很多的 GNU 相关软件，所以斯托曼认为 Linux 的全名应该称之为 GNU/Linux。不管怎么说，Linux 实在很不错，让 GNU 软件大多以 Linux 为主要操作系统来进行开发，此外，很多其他的自由软件团队，例如 postfix、vsftpd、apache 等也都有以 Linux 为开发测试平台的计划出现。如此一来，Linux 除了主要的内核程序外，可以在 Linux 上面运行的软件也越来越多，如果有心，就能够将一个完整的 Linux 操作系统搞定。

虽然由托瓦兹负责开发的 Linux 仅具有内核与内核所提供的工具，不过，如上所述，很多的软件已经可以在 Linux 上面运行，因此，"Linux + 各种软件"就是一个相当完整的操作系统。不过，要完成这样的操作系统还真难，因为 Linux 早期都是由黑客工程师所开发维护，他们并没有考虑到一般用户的能力。

为了让用户能够接触到 Linux，于是很多的商业公司或非营利团体，就将 Linux 内核（及其工具）与可运行的软件整合起来，加上自己具有创意的工具程序，这个工具程序可以让用户以 CD/DVD 或通过网络直接安装/管理 Linux 系统。这个"内核+ 软件+ 工具+ 可完全安装程序"的东西，我们称之为 Linux distribution，一般中文翻译成 Linux 发行版，或 Linux 发布商套件等。

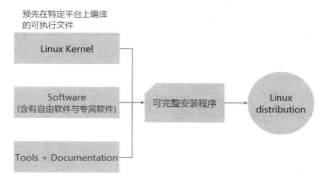

图 1.2.2　Linux 发行版

> Linux 内核是由黑客工程师所写，要将源代码安装到 x86 计算机上面成为可以执行的二进制文件，这个过程可不是人人都会，所以早期确实只有工程师对 Linux 有兴趣。一直到一些社区与商业公司将 Linux 内核配合自由软件，并提供完整的安装程序，且制成 CD/DVD 后，对于一般用户来说，Linux 才越来越具有吸引力，因为只要一直"下一步"就可以将 Linux 安装完成。

由于 GNU 的 GPL 授权并非不能从事商业行为，于是很多商业公司便专门来销售 Linux 发行版。而由于 Linux 的 GPL 版权声明，因此，商业公司所销售的 Linux 发行版通常也都可以从互联网上面来下载。此外，如果你想要其他商业公司的服务，那么直接向该公司购买光盘来安装，也是一个很不错的方式。

◆　各大 Linux 发行版的主要异同：支持标准

不过，由于发展 Linux 发行版的社区与公司实在太多，例如有名的 Red Hat、SUSE、Ubuntu、Fedora、Debian 等，所以很多人都很担心，如此一来每个发行版是否都不相同呢？这就不需要担心了，因为每个 Linux 发行版使用的内核都由 https://www.kernel.org 网站所发布，而它们所选择的软件，几乎都是目前很知名的软件，重复性相当的高，例如网页服务器的 Apache，电子邮件服务器的 Postfix/sendmail，文件服务器的 Samba 等。

此外，为了让所有的 Linux 发行版开发不致于差异太大，且让这些开发商在开发的时候有所依据，还有 Linux Standard Base（LSB）等标准来规范开发者，以及目录结构的 File system Hierarchy Standard（FHS）标准规范。唯一的差别，可能就是该厂商所开发出来的管理工具，以及套件管理的模式。所以说，基本上，每个 Linux 发行版除了架构的严谨度与选择的套件内容外，其实差异并不太大，大家可以选择自己喜好的发行版来安装即可。

- FHS: http://www.pathname.com/fhs/
- LSB: https://wiki.linuxfoundation.org/lsb/start

事实上鸟哥认为发行版主要分为两大家族，一种是使用 RPM 方式安装软件的系统，包括 Red Hat、Fedora、SUSE 等都是这类；一种则是使用 Debian 的 dpkg 方式安装软件的系统，包括 Debian、Ubuntu、B2D 等。若是加上商业公司或网络社区的分类，那么我们可以简单的用下表来做个说明。

	RPM 软件管理	DPKG 软件管理	其他未分类
商业公司	RHEL（Red Hat） SUSE（Micro Focus）	Ubuntu（Canonical Ltd.）	
网络社区	Fedora CentOS openSUSE	Debian B2D	Gentoo

下面列出几个主要的 Linux 发行版官方网址：

- Red Hat: https://www.redhat.com/
- SUSE: https://www.suse.com/
- Fedora: https://getfedora.org/
- CentOS: https://www.centos.org/
- Debian: http://www.debian.org/
- Ubuntu: http://www.ubuntu.com/
- Gentoo: https://www.gentoo.org/

到底是要买商业版还是社区版的 Linux 发行版呢？如果是要装在个人计算机上面做为桌面计算机用，建议使用社区版，包括 Fedora、Ubuntu、openSUSE 等。如果是用在服务器上面，建议使用商业版本，包括 Red Hat、SUSE 等。这是因为社区版通常开发者会加入最新的软件，这些软件可能会有一些 bug 存在。至于商业版则是经过一段时间的磨合后，才将稳定的软件放进去。

举例来说，Fedora 自带的软件经过一段时间的维护后，到该软件稳定到不容易发生错误后，Red Hat 才将该软件放到它们最新的企业版的发布版本中。所以，Fedora 的软件经常更新，Red Hat 的企业版发布版本就较少更新。

◆ Linux 在中国

当然发行套件者不仅于此，但是值得大书特书的，是中文 Linux 的扩展计划：CLE 这个套件。早期的 Linux 因为是工程师开发，而这些工程师大多以英文语系的国家为主，所以国人学习 Linux 是比较麻烦一点。中文的 Linux 爱好者做了很多汉化工作，例如中国台湾地区发起的 CLE 计划，开发很多的中文软件及翻译了很多的英文文档，使得我们目前得以使用中文的 Linux。另外，目前正在开发中的还有台南县卧龙小三等老师们发起的众多自由软件计划，真是造福很多的朋友。

- B2D: http://b2d-linux.com/

此外，如果只想看看 Linux 的话，还可以选择可启动光盘进入 Linux 的 Live CD 版本，亦即是 KNOPPIX 这个 Linux 发行版。台湾地区也有阿里巴巴兄维护的中文 Live CD。

- http://www.knoppix.net/
- 洪老师解释 KNOPPIX: http://people.ofset.org/~ckhung/b/sa/knoppix.php

> 　　对于没有额外的硬盘或是没有额外的主机的朋友来说，KNOPPIX 这个可以利用光盘启动而进入 Linux 操作系统的 Live CD 真的是一个不错的选择。你只要下载了 KNOPPIX 的镜像文件，然后将它刻录成为 CD，放入你主机的光驱，并在 BIOS 内设置光盘为第一个启动选项，就可以使用 Linux 系统。

如果你还想要知道更多的 Linux 发行版的下载与使用信息，可以参考：

- http://distrowatch.com/

◆　选择适合你的 Linux 发行版

　　那我到底应该要选择哪一个 Linux 发行版呢？就如同我们上面提到的，其实每个 Linux 发行版差异性并不大。不过，由于软件管理的方式主要分为 Debian 的 dpkg 及 Red Hat 系统的 RPM 方式，目前鸟哥的建议是，先学习以 RPM 软件管理为主的 RHEL、Fedora、SUSE、CentOS 等用户较多的版本，这样一来，发生问题时，可以提供解决的管道比较多。如果你已经接触过 Linux，还想要探讨更严谨的 Linux 版本，那可以考虑使用 Debian，如果你是以性能至上来考虑，那么或许 Gentoo 是不错的选择。

　　总之，发行版很多，但是各 Linux 发行版差异其实不大，建议你一定要先选定一个 Linux 发行版后，先彻头彻尾地了解它，那在继续玩其他的 Linux 发行版时，就可以很快进入状况。鸟哥的网站仅提供了一个 Linux 发行版，不过是以比较基础的方式来介绍，因此，如果能够熟练使用这个网站的话，哪一个 Linux 发行版对你来说，都不成问题。

　　不过，如果依据计算机主机的用途来分的话，鸟哥会这样建议：

- 用于企业环境：建议使用商业版本，例如 Red Hat 的 RHEL 或是 SUSE 都是很不错的选择。毕竟企业的环境强调的是稳定的运行，你可不希望网管人员走了之后整个机房的主机都没有人管理。由于商业版本都会提供客户服务，所以可以降低企业的风险。
- 用于个人或教学的服务器环境：要是你的服务器所在环境如果宕机还不会造成太大的问题的话，加上你的环境是在教学的场合当中时（就是说，经费不足的环境），那么可以使用号称完全兼容商业版 RHEL 的 CentOS。因为 CentOS 是使用了 RHEL 的源代码来重新编译发布的一个 Linux 发行版，所以号称兼容 RHEL。这一版的软件完全与 RHEL 相同，且改版的幅度较小，适合于服务器系统的环境。
- 用于个人的计算机：想要尝鲜吗？建议使用很炫的 Fedora、Ubuntu 等桌面环境使用的版本。如果不想要安装 Linux 的话，那么 Fedora 或 CentOS 也有推出 Live CD，也很容易学习。

1.3　Linux 当前应用的角色

　　了解了什么是 Linux 之后，再来谈谈，目前 Linux 用在哪里呢？由于 Linux 内核实在是非常的小巧精致，可以在很多强调省电以及配置较低硬件资源的环境下面执行；此外，由于 Linux 发行版整合了非常多、非常棒的软件（收费软件或自由软件），因此也相当适合目前个人计算机的使用。传统上，Linux 常见的应用可大概分为企业应用与个人应用两方面，但这几年很流行的云计算，让 Linux 似乎又更有着力点。

1.3.1　企业环境的使用

企业对于数字化的目标在于提供给消费者或员工一些产品方面的信息（例如网页介绍），以及整合整个企业内部的数据统一性（例如统一的账号管理或文件管理系统等）。另外，某些企业，例如金融业等，则强调数据库、安全稳定等重大关键应用，学术单位则很需要强大的计算能力等，企业环境运用Linux 做些什么呢？

◆　网络服务器

这是 Linux 当前最热门的应用。承袭了 UNIX 高稳定性的良好传统，Linux 上面的网络功能特别稳定与强大。此外，由于 GNU 计划与 Linux 的 GPL 授权模式，让很多优秀的软件都在 Linux 上面开发，且这些在 Linux 上面的服务器软件几乎都是自由软件。因此，做为一台网络服务器，例如网站服务器、邮件服务器、文件服务器等，Linux 绝对是上上之选，当然，这也是 Linux 的强项。由于 Linux 服务器的需求强烈，因此许多硬件厂商推出产品时，还得要特别说明所支持的 Linux 发行版，方便企业采购部门的规划。例如下面的链接可以看看。

- Dell 公司的服务器对 Linux 的支持：

http://www.dell.com/support/contents/cn/zh/cndhs1/article/Product-Support/Self-support-Knowledgebase/enterprise-resource-center/server-operating-system-support

- HP 公司的支持：

https://www.hpe.com/us/en/services/it-support.html

- IBM 公司的支持：

https://www.ibm.com/services/us/en/it-services/technical-support-services/support-line-for-linux-with-linux-subscription/

- VMware 的虚拟化支持：

https://www.vmware.com/support/ws55/doc/intro_supguest_ws.html

从上面几个大厂的 Linux 支持情况来看，目前（2015）支持度比较广泛的依旧是 Red Hat 以及SUSE 两个大厂，提供给企业采购的时候参考。

> 前一阵子参加一个座谈会，会上许多企业界的前辈们在聊，如果想要选择某个 Linux 发行版时，哪个发行版会是企业采购时的最爱呢？与会的朋友说，要采购吗？看看服务器大厂对于该发行版的支持度就知道了，答案是什么？就是上面许多链接的结果。

◆　关键任务的应用（金融数据库、大型企业网络环境）

由于个人计算机的性能大幅提升且价格便宜，所以金融业与大型企业的环境为了要建设自己机房的机器设备，因此很多企业渐渐地走向 Intel 兼容的 x86 主机环境。而这些企业所使用的软件大多使用 UNIX 操作系统平台的软件，总不能连过去开发的软件都一口气全部换掉吧！所以，这个时候符合 UNIX 操作系统标准并且可以在 x86 上运行的 Linux 就渐渐崭露头角了。

目前很多金融业界都已经使用 Linux 做为他们的关键任务应用，所谓的关键任务就是该企业最重要的业务。举例来说，金融业最重要的就是那些投资者的账户数据，这些数据大多使用数据库系统来作为读写接口，这些数据很重要，很多金融业将这么重要的任务交给了 Linux，你说 Linux 厉不厉害？

◆　学术机构的高性能计算任务

学术机构的研究常常需要自行开发软件，所以对于可作为开发环境的操作系统需求非常的迫切。举例来说，非常多技职体系的科技大学就很需要这方面的环境，好进行一些毕业设计的制作。又例如工程界流体力学的数值模型计算、电影娱乐业的特效功能处理、软件开发者的工作平台等。由于 Linux 的创造者本身就是个计算机性能癖，所以 Linux 有强大的运算能力，并且 Linux 具有支持度相当广泛的 gcc 编译软件，因此 Linux 在这方面的优势可是相当明显。

举个鸟哥自己的案例好了，鸟哥之前待的研究室有运行一个空气质量模型的数值仿真软件。这个软件原本只能在 Sun 的 SPARC 机器上面运行，后来该软件转向 Linux 操作系统平台开发，鸟哥也将自己实验室的数值模型程序由 Sun 的 Solaris 平台移植到 Linux。据美国环保署内部人员的测试，发现 Linux 平台的整体硬件费用不但比较便宜（x86 系统），而且速度还比较快。

另外，为了加强整体系统的性能，计算机集群系统（Cluster）的并行计算能力在近年来一直被拿出来讨论[注11]。所谓的并行计算指的是"将原本的工作分成多份，然后交给多台主机去计算，最终再将结果收集起来"的一种方式。由于通过高速网络连接到多台主机，能够让原本需要很长计算时间的工作，大幅地降低等待的时间。例如气象局的气象预报就很需要这样的系统来帮忙，而 Linux 操作系统则是这种架构下相当重要的一个环境平台。

> 由于服务器的 CPU 数量可以增加许多，而且也能实现到比较省电的功能，因此鸟哥最近更换了昆山科大资传系的模型运算服务器组，通过 20 核 40 线程以及 12 核 24 线程的两套系统，搭配 10G 网卡来处理模型的计算。用的是本书谈到的 CentOS Linux，运行的模型是美国环保署公布、现行于世界最流行的 CMAQ 空气质量模型。

1.3.2　个人环境的使用

知道你平时接触的电子产品中，哪些东西里面有 Linux 系统存在呢？其实相当的多。我们就来谈一谈吧！

◆　桌面计算机

所谓的桌面计算机，其实就是你我在办公室使用的计算机。一般我们称之为桌面系统。那么这个桌面系统平时都在做什么？大概都是这些工作吧：

- 网页浏览+即时通信（Skype、FaceBook、Google、Yahoo……）；
- 公文处理；
- 网络工具的公文处理系统；
- 办公软件（Office Software）处理数据；
- 收发电子邮件。

进行这些计算机工作时，你的桌面环境需要什么东西？很简单，"就是需要桌面环境"。因为上网浏览、文本编辑的所见即所得界面，以及电子公文系统等，如果没有桌面环境的辅助，那么将对用户造成很大的困扰。而众所皆知的是，Linux 早期都是由工程师所使用，对于桌面环境的需求并不强，所以造成 Linux 不太亲和的印象。

好在为了要强化桌面计算机的使用率，Linux 与 X-Window System 结合了。要注意的是，X-Window System 仅仅是 Linux 上面的一个软件，而不是内核。所以即使 X-Window System 挂了，对 Linux 也可能不会有直接的影响。更多关于 X-Window System 的详细信息我们留待第 23 章再来介绍。

近年来在各大社区的团结合作之下，Linux 的窗口系统上面能够运行的软件实在是多的吓人，而且也能够应付的了企业的办公环境。例如美观的 KDE 与 GNOME，搭配可兼容微软 Office 的 OpenOffice（https://www.openoffice.org/zh-cn/）或 LibreOffice（https://zh-cn.libreoffice.org/）等软件，这些自由的办公软件包含文件处理、电子表格、演示文稿等，功能齐全，然后配合功能强大速度又快的 Firefox 浏览器，以及可收发邮件的雷鸟（ThunderBird）软件（类似微软的 Outlook），还有可连上多种实时通信的 Pidgin，Linux 能够做到企业所需要的各项功能。

鸟哥真的垂垂老已，前一阵子（2014 年）上课时，跟学生说："各位，你们考取的证书也转一份给老师来备份，用 email 寄给鸟哥。"结果有几个学生竟然举手说："老师，我知道 email ，不过，从来没有用过 email 发送附件，所以才没有传给你。"哇！"那你们怎么传送文件？用 FTP？"鸟哥问，他说"没，就用 FaceBook 或是 Line，或 dropbox，真没用过 email。"，时代不同了。

◆ 手持系统（PDA、手机）

自从 iPhone 4 在 2010 年面世之后，整个手机市场开始大变，智能手机市场将原本商务用的 PDA 市场整个吃掉，然后原本在 2010 年前后很热门的上网本也被平板电脑打败。在这个潮流下，Google 成立了开放手机联盟（Open Handset Alliance），并且推出 Android 操作系统。而 Android 其实就是 Linux 内核的分支，只是专门用来针对手机或平板这类的 ARM 机器所设计的[注12]。

2015 最新的 Android 系统 6.x 使用的就是 Linux kernel 3.4.x 版本，另外，调查中也显示，从 2013 年之后，Android 系统已经是全球使用人数最多的手机操作系统。也就是说，现在手机市场的主流操作系统是 Linux 分支出来的 Android ，那么怎么能说 Linux 很少人用？哈哈，天天都在用。

如果你的手机是 Android 系统的话，请拿出来，然后点选"设置"--> "关于" --> "软件信息"，你就会看到 Android 版本，然后又点选"更多"，这时你就会看到类似 3.4.10-xxx 的代号，那是什么？查一查上面提到的 Linux 版本，就知道那是啥了。

◆ 嵌入式系统

在第 0 章当中我们谈到过硬件系统，而要让硬件系统顺利运行就得要编写合适的操作系统才行。那硬件系统除了我们常看到的计算机之外，其实家电产品、PDA、手机、数码相机以及其他微型的计算机设备也是硬件系统。这些计算机设备也都是需要操作系统来控制，而操作系统是直接嵌入于产品当中，理论上你不应该会修改到这个操作系统，所以就称为嵌入式系统。

包括路由器、防火墙、手机、交换机、机器人控制芯片、家电产品的微计算机控制器等，都可以是 Linux 操作系统。酷学园内的 Hoyo 大大就曾经介绍过如何在嵌入式设备上面加载 Linux，你桌面上用来备份的 NAS 说不定内部也是精简化过的 Linux 系统。

虽然嵌入式设备很多，大家也想要转而使用 Linux 操作系统。要玩嵌入式系统必须要很熟悉 Linux 内核与驱动程序的结合才行，这方面的学习可就不是那么简单。

1.3.3 云端应用

自从个人计算机的 CPU 内置的核数越来越多，单一主机的能力太过强大，导致硬件资源经常闲置，这个现象让虚拟化技术得以快速发展。而由于硬件资源大量集中化，移动办公之类的需求越来越多，因此让办公数据集中于云程序中，让企业员工仅须通过终端设备联机到云中去使用运算资源，这样就变成无时无地不可以办公。（其实很惨…… 永远不得休息，真可怜。）

这就是三国演义里面谈到的"天下大势，分久必合、合久必分"的名言。从（1）早期的很贵的大型主机分配数个终端的集中运算机制；到（2）2010 年前个人计算机运算能力增强后，大部分的运算都是在桌面计算机或笔记本上自行完成，再也不需要去大型主机取得运算资源了；到现在（3）由于移动设备的发达，产生的庞大数据需要集中处理，因而产生云端系统的需求。让信息或资源集中管理，这不是分分合合的过程吗？

◆　云程序

许多公司都有将资源集中管理的打算，之前参与一场座谈会，有幸遇到阿里巴巴的架构师，鸟哥偷偷问他说，他们机房里面有多少计算机主机？他说不多，差不多 2 万台主机而已，鸟哥正在搞的可提供 200 个左右的虚拟机的系统，使用大约 7 台主机就觉得麻烦了，他们家至少有 2 万台，这么多的设备底层使用的就是 Linux 操作系统来统一管理。

另外，除了公司自己内部的私有云之外，许多大型互联网服务提供商（ISP）也提供了所谓的公有云来让企业用户或个人用户来使用 ISP 的虚拟化产品。因此，如果公司内部缺乏专业管理维护人才，很有可能就将自家所需要的关键应用如网站、邮件、系统开发环境等操作系统交由 ISP 代管，自家公司员工仅须远程登录该系统进行网站内容维护或程序开发而已。那这些虚拟化后的系统，也经常是 Linux，因为跟上面企业环境利用提到的功能是相同的。

所以说云程序的底层就是 Linux，而云程序搭建出来的虚拟机，大多也是 Linux 操作系统，且用的越来越多。

所谓的"虚拟化"指的是：在一台物理主机上面模拟出多个逻辑上完全独立的硬件，这个假的虚拟出来的硬件主机，可以用来安装一台逻辑上完全独立的操作系统。因此，通过虚拟化技术，你可以将一台物理主机安装多个同时运行的操作系统（非多重引导），以达到将硬件资源完整利用的效果，很多 ISP 就是通过销售这个虚拟机的使用权来赚钱。

◆　终端设备

既然运算资源都集中在云中，那我需要联机到云程序的设备应该可以越来越轻量级吧？当然没错，所以智能手机才会这么热门。很多时候你只要有智能手机或是平板，联机到公司的云中，就可以开始办公。

此外，还有更便宜的终端设备。那就是近年来很热门又流行的树莓派（Raspberry Pi）与香蕉派（Banana Pi），这两个小东西售价都不到 50 美元。这个 Raspberry Pi 其实就是一台小型的计算机，只要加上 USB 键盘、鼠标与 HDMI 的屏幕，立刻就是可以让小朋友学习程序语言的环境。如果加上通过网络去取得具有更强大运算资源的云端虚拟机，不就可以做任何事了吗？所以，终端设备理论上会越来越轻量化。

鸟哥近几年来做的主要研究，就是通过一组不是很贵的服务器系统完成开启多个虚拟机的环境，然后让学生可以在教室利用类似 Banana Pi 的设备来联机到服务器，这时学生就可以通过网络来取得一个完整的操作系统，可以拿来上课、回家实践练习、上机考试等，相当有趣，鸟哥称之为虚拟计算机教室。而服务器与 Banana Pi 的内部操作系统当然就是 Linux。

1.4　Linux 该如何学习

为什么大家老是建议学习 Linux 最好能够先舍弃 X-Window 的环境呢？这是因为 X-Window 了不起也只是 Linux 内的"一个软件"而不是"Linux 内核"。此外，目前开发出来的 X-Window 在系统的管理上还是有无法掌握的地方，举个例子来说，如果 Linux 本身识别不到网卡的时候，请问如何以 X-Window 来识别这个硬件并且驱动它呢？

还有，如果需要以 Tarball（源代码安装包）的方式来安装软件并加以设置，请以 X-Window 来完成，这可能吗？当然可能，但是这是在考验"X-Window 开发商"的技术能力，对于了解 Linux 架构与内核并没有多大的帮助。所以说，如果只是想要"会使用 Linux"的角度来看，那么确实使用 X-Window 也就足够了，反正搞不定的话，花钱请专家来搞定即可，但是如果想要更深入 Linux 的话，那么命令行模式才是不二的学习方式。

以服务器或是嵌入式系统的应用来说，X-Window 是非必备的软件，因为服务器是要提供客户端来联机的，并不是要让用户直接在这台服务器前面按键盘或鼠标来操作的，所以图形用户界面模式当然就不是这么重要了。更多的时候甚至大家会希望你不要在服务器主机上启动 X-Window，这是因为 X-Window 通常会使用很多系统资源的缘故。

再举个例子，假如你是个软件服务的工程师，你的客户人在台北，而你人在远方的台南。某一天客户来电说他的 Linux 服务器出了问题，要你马上解决，请问：要您亲自上台北去修理？还是他搬机器下来让你修理？或是直接请他开个账号给你远程登录进去设置即可？理所当然，就会选择开账号给你进入设置即可，因为这是最简单而且迅速的方法。这个方法通常使用命令行模式会较为简单，使用图形用户界面模式则非常麻烦。所以，这时候就得要学学命令行模式来操作 Linux 比较好。

另外，在服务器的应用上，文件的安全性、人员账号的管理、软件的安装/修改/设置、日志文件的分析以及计划任务与程序的编写等，都是需要学习，而且这些东西都还未涉及服务器软件。这些东西真的很重要，所以，建议你依据下面的介绍来学习。

> 这里是站在要让 Linux 成为自己好用的工具（服务器或开发软件的程序学习平台）为出发点去介绍如何学习的。所以，不要以旧有的 MS Windows 角度来思考，也不要说"你都只有碰过触摸式设备"的角度来思考。

1.4.1　从头学习 Linux 基础

其实，不论学什么系统，"从头学起"很重要。还记得你刚刚接触微软的 Windows 都在干什么吗？还不就是由文件资源管理器学起，然后慢慢玩到控制面板、玩到桌面管理，然后还去学办公软件，我想，你总该不会直接就跳过这一段学习吧？那么 Linux 的学习其实也差不多，就是要从头慢慢学起。不能够还不会走路之前就想要学飞了吧！

常常有些朋友会写信来问鸟哥一些问题，不过，邮件中大多数的问题都很基础。例如："为什么我的用户个人网页显示我没有权限进入？"、"为什么我执行一个命令的时候，系统告诉我找不到该命令？"、"我要如何限制用户的权限"等的问题，这些问题其实都不是很难，只要了解了 Linux 的基础之后，应该就可以很轻易地解决掉这方面的问题。所以请耐心慢慢的、将后面的所有章节内容都看完，自然你就知道如何解决。

此外，网络基础与安全也很重要，例如 TCP/IP 的基础知识，网络路由的相关概念等。很多的朋友一开始问的问题就是"为什么我的邮件服务器主机无法收到邮件？"这种问题相当的困扰，因为可能的原因太多，而朋友们常常一接触 Linux 就是希望"搭建网站"，根本没有想到要先了解一下 Linux 的基础，这是相当伤脑筋的问题。尤其最近计算机骇客（Cracker）相当多，一不小心您的主机就被当成骇客跳板，甚至发生被警告的事件也层出不穷。这些都是没能好好的注意一下网络基础的原因。

所以，鸟哥希望大家能够更了解 Linux，好让它可以为你做更多的事情，而且这些基础知识是学习更深入的技巧的必备条件，因此建议：

1.　计算机概论与硬件相关知识

因为既然想要走 Linux 这条路，信息技术相关的基础技能也不能没有，所以先理解一下基础的硬件知识，不用一定要全懂。又不是真的要你去组装计算机，但是至少要"听过、有概念"即可。

2.　先从 Linux 的安装与命令学起

没有 Linux 怎么学习 Linux ？所以好好地先安装一个你需要的 Linux 吧！虽然说 Linux 发行版很多，不过基本上架构都是大同小异，差别在于界面的亲和力与软件的选择不同罢了。选择一个你喜欢的就好，倒是没有哪一个特别好这一说。

3.　Linux 操作系统的基础技能

这些包含了"用户、用户组的概念"、"权限的观念"、"程序的定义"等，尤其是权限的概念，由于不同的权限设置会影响你的用户的便利性，但是太过于便利又会导致入侵的可能，所以这里需要了解一下你的系统。

4.　务必学会 vi 文本编辑器

Linux 的文本编辑器多到会让你数到生气，不过，vi 却是强烈建议要先学习的，这是因为 vi 会被很多软件所调用，加上所有的 UNIX-like 系统上面都有 vi，所以你一定要学会才好。

5.　Shell 与 Shell 脚本的学习

其实鸟哥上面一直谈到的"命令行模式"说穿了就是一个名为 Shell 的软件。既然要玩命令行模式，当然就是要会使用 Shell 的意思。但是 Shell 上面的知识太多了，包括"正则表达式"、"管道命令"与"数据流重定向"等，真的需要了解比较好。此外，为了帮助你未来的管理服务器的便利性，Shell脚本也是挺重要的，要学！

6.　一定要会软件管理

因为玩 Linux 常常会面临到要自己安装驱动程序或是安装额外软件的时候，尤其是嵌入式设备或是学术研究单位等。这个时候了解 Tarball、RPM、DPKG、YUM、APT 等软件管理的安装方式，对你来说就非常重要。

7.　网络基础的建立

如果上面你都通过了，那么网络的基础就是下一阶段要接触的东西，这部分包含了"IP 概念"、"路由概念"等。

8.　如果连网络基础都通过了，那么网站的搭建对你来说，简直就是"太简单"。

在一些基础知识上，可能的话当然得去书店找书来读。如果您想要由网络上面阅读的话，那么这里推荐一下由 Netman 大哥主笔的 Study-Area 里面的基础文章，相当实用。

◆　计算机基础（http://www.study-area.org/compu/compu.htm）

◆　网络基础（http://www.study-area.org/network/network.htm）

1.4.2　选择一本易读的工具书

正所谓："好的书本带你上天堂、坏的书本让你穷瞎忙。"一本好的工具书是需要的，不论是未来作为查询之用，还是在正确的学习方法上。可惜的是，目前坊间的书大多强调速成的 Linux 教育，或是强调 Linux 的网络功能，却欠缺了大部分的 Linux 基础管理，鸟哥在这里还是要再次强调，Linux 的学习历程并不容易，它需要比较长的时间来适应、学习与熟悉，但是只要能够学会这些简单的技巧，这些技巧却可以帮助您在各个不同的操作系统之间遨游。

您既然看到这里，应该是已经取得了《鸟哥的 Linux 私房菜　基础学习篇》了吧！希望这本书可以帮助您缩短基础学习的历程，也希望能够带给您一个有效的学习观念。而在这本书看完之后，或许还可以参考一下 Netman 推荐的相关网络书籍：

◆　推荐有关网络的书

http://linux.vbird.org/linux_basic/0120howtolinux/0120howtolinux_1.php

不过，要强调的是，每个人的阅读习惯都不太一样，所以，除了大家推荐的书籍之外，您必须要亲眼看过该本书籍，确定您可以吸收得了书上的内容，再去购买。

其实鸟哥买科技类书籍比较喜欢买基础书，因为基础学好了，其他的部分大概找个关键词，再去搜索引擎搜索一下，一大堆数据就可以让你去分析判断。你会说，既然如此，那基础书籍内的项目不是搜索就是一大堆？不要忘记"最开始你是要用什么关键词去搜索的？"。所以，阅读基础书籍的重点，就是让自己能够掌握住那些关键词。

1.4.3　实践再实践

要增强自己的体力，就只有运动；要增加自己的知识，就只有读书。当然，要提高自己对于 Linux 的认识，大概就只有实践经验了。所以，赶快找一台计算机，安装一个 Linux 发行版，然后快点进入 Linux 的世界里面晃一晃，相信对于你自己的 Linux 能力必然大有斩获。除了自己的实践经验之外，也可以参考网络上一些善心人士整理的实践经验分享，例如最有名的 Study-Area（http://www.study-area.org）等网站。

此外，人脑不像计算机的硬盘，除非硬盘坏掉了或是数据被你抹掉，否则存储的数据将永远而且立刻记忆在硬盘中。在人类记忆的曲线中，**你必须要"不断的重复练习"才会将一件事情记得比较熟**。同样的，学习 Linux 也一样，如果你无法经常摸索的话，那么，抱歉的是学了后面的，前面的忘光光，学了等于没学，这也是为什么鸟哥当初要架设"鸟哥的私房菜"这个网站的主要原因，因为，鸟哥的忘性似乎比一般人还要大，所以，除了要实践之外，还得要常摸，才会熟悉 Linux 而且不会怕它。

鸟哥上课时，常常有学生问到："老师，到底要听过你的课几次之后，才能学的会？"鸟哥的标准答案是："你永远学不会"，因为你是用"听"的，没有动手做，那么永远不会知道"经验"两个字怎么写。很多时候计算机或网络都会有一些莫名其妙的突发情况，没有实际碰触过，怎么可能会理解？所以"永远是不可能听会的"，为啥要实验？因为实验过后你才会有经验，否则实验结果课本都有。不是背一背就好了，干嘛实验？浪费钱吗？

1.4.4　发生问题怎么处理

我们是人不是神，所以在学习的过程中发生问题很常见。重点是，我们该如何处理在自身所发生的 Linux 问题？在这里鸟哥的建议这样的学习流程：

1. **在自己的主机/网络资料库上查询 HowTo 或 FAQ**

其实，在 Linux 主机及网络上面已经有相当多整理出来的 FAQ。所以，当你发生任何问题的时候，除了自己检查，或到上述的实践网站上面查询一下是否有设置错误的问题之外，最重要的当然就是到各大 FAQ 的网站上查询。以下列出一些有用的 FAQ 与 HowTo 网站给您参考一下：

◆　Linux 自己的文件数据：/usr/share/doc（在你的 Linux 系统中）
◆　The Linux Documentation Project：http://www.tldp.org/

上面比较有趣的是那个 TLDP（The Linux Documentation Project），它几乎列出了所有 Linux 上面可以看到的文献数据，各种 HowTo 的做法等，虽然是英文，不过很有参考价值。

除了这些基本的 FAQ 之外，其实，还有更重要的问题查询方法，那就是利用 Google 帮您去查找答案。在鸟哥学习 Linux 的过程中，有什么奇怪的问题发生时，第一个想到的，就是去搜索引擎查找是否有相关的信息。举例来说，我想要找出 Linux 下面的 NAT，只要在上述的搜索引擎网站内，输入 Linux 跟 NAT，立刻就会显示一大堆资料，真的相当的优秀好用。您也可以通过搜索引擎来找鸟哥网站上的数据。

◆　Google：http://www.google.com

◆　鸟哥网站：http://linux.vbird.org/Searching.php

2．注意信息输出，自行解决疑难杂症

一般而言，Linux 在执行命令的过程当中，或是 log file（日志文件）里面就可以自己查得错误信息，举个例子来说，当你执行：

```
[root@centos ~]# ls -l /vbird
```

由于系统并没有 /vbird 这个目录，所以会在屏幕前面显示：

```
ls: /vbird: No such file or directory
```

这个错误信息够明确了吧！系统很完整地告诉您"查无该数据"。所以，请注意，发生错误的时候，请先自行以屏幕前面的信息来进行 debug（除错）的操作，然后，如果是网络服务的问题时，请到 /var/log/这个目录里面去查看一下 log file（日志文件），这样可以几乎解决大部分的问题。

3．查找过后，注意网络礼节，讨论区大胆的发言

一般来说，如果发生错误现象，一定会有一些信息对吧！那么当您要请教别人之前，就得要将这些信息整理整理，否则网络上人家也无法告诉您解决的方法，这一点很重要。

万一经过了自己的查询，却找不到相关的信息，那么就发问吧！不过，在发问之前建议您最好先看一下"提问的智慧 http://phorum.vbird.org/viewtopic.php?t=96"这一篇讨论，然后，你可以到下面几个讨论区发问看看：

◆　酷学园讨论区 http://phorum.study-area.org

◆　鸟哥的私房菜馆讨论区 http://phorum.vbird.org

不过，基本上去每一个讨论区回答问题的熟手，都差不多是那几个，所以，您的问题"**不要重复发表在各个主要的讨论区。**"举例来说，鸟园与酷学园讨论区上的朋友重复性很高，如果您两边都发问，可能会得到反效果，因为大家都觉得，另外一边已经回答您的问题了。

4．Netman 大大给的建议

此外，Netman 兄提供的一些学习的基本方针，提供给大家参考：

◆　**有系统地设计文件目录**，不要随便到处保存文件以至于以后不知道放哪里了，或找到文件也不知道为何物。

◆　**养成一个做记录的习惯**。尤其是发现问题的时候，把错误信息和引发状况以及解决方法记录清楚，同时最后归类及定期整理。别以为您还年轻，等再多弄几年计算机，您将会非常庆幸有此习惯。

◆　如果在网络上看到任何好文章，可以为自己留一份备份，同时定好题目，归类存盘。（鸟哥注：需要注意知识产权）。

◆　作为一个用户，人要迁就机器；做为一个开发者，要机器迁就人。

◆　学写脚本的确没设置服务器那么好玩，不过以我自己的感觉是：关键是会得"偷"，偷了会得改，改了会得变，变则通矣。

◆　在 Windows 里面，设置不好设备，您可以骂它；在 Linux 里面，如果设置好设备，您得要感激它。

1.4.5　鸟哥的建议（重点在 solution 的学习）

除了上面的学习建议之外，还有其他的建议吗？确实是有的。其实，无论做什么事情，对人类而言，两个重要的因素是造成我们学习的原动力：

◆　成就感；

◆　兴趣。

很多人问过我，鸟哥是怎么学习 Linux 的？由上面鸟哥悲惨的 Linux 学习之路你会发现，原来我本人对于计算机就蛮有兴趣，加上工作的需要，而鸟哥又从中得到了相当多的成就感，所以就一发不可收拾地爱上了 Linux。因此，鸟哥个人认为，**学习 Linux 如果玩不出兴趣，它对你也不是什么重要的生财工具，那么就不要再玩下去了**，因为很累人。而如果你真的想要玩这么一个优秀的操作系统，除了前面提到的一些建议之外，说真的，得要培养出兴趣与成就感才行。那么如何培养出兴趣与成就感呢？可能有几个方向可以提供给你参考：

◆ 建立兴趣

Linux 上面可以玩的东西真的太多了，你可以选择一个有趣的课题来深入地玩一玩。不论是 Shell 还是图形用户界面模式等，只要能够玩出兴趣，那么再怎么苦你都不会觉得。

◆ 成就感

成就感是怎么来的？说实在话，就是被认同来的。怎么被认同？写心得分享。当你写了心得分享，并且公告在 BBS 上面，自然有朋友会到你的网页去看一看，当大家觉得你的网页内容很棒的时候，哈哈，你肯定会加油继续的分享下去而无法自拔的，那就是我。

就鸟哥的经验来说，你"学会一样东西"与"要教人家会一样东西"思考的思路是不太一样的，学会一样东西可能学一学会了就算了，但是要"教会"别人，那可就不是闹着玩的。得要思考相当多的理论性与实务性方面的东西，这个时候，你所能学到的东西就更深入了。鸟哥常常说，我这个网站对我在 Linux 的了解上面真的帮助很大。

◆ 协助回答问题

另一个创造成就感与满足感的方法就是"助人为快乐之本"。当你在 BBS 上面告诉一些新手，回答他们的问题，你可以获得的可能只是一句"谢谢，感恩。"但是那句话真的会让人很有快乐的气氛。很多的老手都是因为有这样的满足感，才会不断地协助新来的朋友。此外，回答别人问题的时候，就如同上面的说明一般，你会更深入地去了解每个项目，哈哈，又多学会了好多东西。

◆ 参与讨论

参与大家的技术讨论一直是一条提升自己能力的快速道路。因为有这些技术讨论，你提出了意见，不论讨论的结果你的意见是对是错，对你而言，都是一次次的知识成长，这很重要。目前台湾地区办活动的能力是数一数二的 Linux 社区"酷学园（Study Area, SA）"，每个月不定期的在台北、台中、台南举办自由软件相关活动，有兴趣的朋友可以看看：

http://phorum.study-area.org/index.php/board,22.0.html

除了这些基本的初学者建议外，其实，对于未来的学习，这里建议大家要"眼光看远"。一般来说，公司环境会发生问题时，他们绝不会只要求各位"单独解决一台主机的问题"而已，他们需要的是整体环境的总体解决（Total Solution）。而我们目前学习的 Linux 其实仅是在一台主机上面进行各项设置而已，还没有到达解决整体公司所有问题的状态。当然，得要先学会 Linux 相关技巧后，才有办法将这些技巧用之于其他的方案上面。

所以，大家在学习 Linux 的时候，千万不要有门户之见，认为微软的东西就比较不好，否则，未来在职场上，竞争力会比人家弱。有办法的话，多接触，不排斥任何学习的机会，都会带给自己很多的成长。而且要谨记："不同的环境下，**解决问题的方法有很多种，只要行的通，就是好方法。**"

> 另外，不要再说没兴趣了。没有花时间去了解一下，不要跟人家说你没兴趣，而且，兴趣也是靠培养来的。除了某些特殊人物之外，没有花时间趣培养兴趣，怎么可能会有兴趣。

1.5　重点回顾

◆ 操作系统（Operation System）主要在管理与驱动硬件，因此必须要能够管理内存、管理设备、负责任务管理以及系统调用等。因此，只要能够让硬件准备妥当（Ready）的情况，就是一个普通的操作系统。

◆ UNIX 的前身是由贝尔实验室（Bell lab.）的 Ken Thompson 利用汇编语言编写完成，后来在 1971~1973 年间由 Dennis Ritchie 以 C 程序语言进行改写，才称为 UNIX。

◆ 1977 年由 Bill Joy 发布 BSD（Berkeley Software Distribution），这些称为 UNIX-like 的操作系统。

◆ 1984 年由 Andrew S.Tanenbaum 开始开发 Minix 操作系统，该系统可以提供源代码以及软件。

◆ 1984 年由 Richard Stallman 提倡 GNU 计划，倡导自由软件（free software），强调其软件可以"自由的取得、复制、修改与再发行"，并规范出 GPL 授权模式，任何 GPL（General Public License）软件均不可单纯仅销售其软件，也不可修改软件授权。

◆ 1991 年由芬兰人 Linus Torvalds 开发出 Linux 操作系统，简而言之，Linux 成功的地方主要在于：Minix（UNIX）、GNU、Internet、POSIX 及虚拟团队的产生。

◆ 符合开源理念的授权相当多，比较知名的如 Apache、BSD、GPL、MIT 等。

◆ Linux 本身就是个最普通的操作系统，其开发网站是 https://www.kernel.org，我们亦称 Linux 操作系统最底层的数据为"内核（Kernel）"。

◆ 从 Linux Kernel 3.0 开始,已经舍弃奇数、偶数的内核版本规划,新的规划使用主线版本（MainLine）为依据，并提供长期支持版本（Longterm）来加强某些功能的持续维护。

◆ Linux 发行版的组成含有："Linux 内核+ 自由软件+ 文档（工具） + 可完全安装的程序"所制成的一个完整的系统。

◆ 常见的 Linux 发行版有"商业、社区"分类法，或"RPM、DPKG"分类法。

◆ 学习 Linux 最好从头由基础开始学习，找到一本适合自己的书籍，加强实践才能学会。

1.6　本章习题

实践题部分

◆ 请上网找出目前 Linux 内核的最新稳定版与开发中版本的版本号码，请注明查询的日期与对应的版本。

◆ 请上网找出 Linux 吉祥物企鹅的名字，以及最原始的图形文件。（提示：请前往 http://www.linux.com 查看。）

◆ 请上网找出 Andriod 与 Linux 内核版本间的关系。（提示：请前往 https://en.wikipedia.org/wiki/Android_（operating_system）查看。）

简答题部分

◆ 你在主机上面安装了一块网卡，但是开机之后，系统却无法使用，你确定网卡是好的，那么可能的问题出在哪里？该如何解决？

◆ 一个操作系统至少能够完整地控制整个硬件，请问，操作系统应该要控制硬件的哪些单元？

◆ 我在 Windows 上面玩的游戏，可不可以拿到 Linux 去玩？

◆ Linux 本身仅是一个内核与相关的内核工具而已，不过，它已经可以驱动所有的硬件，所以，可以算是一个很普通的操作系统了，经过其他应用程序的开发之后，被整合成为 Linux 发行版，请问众多的发行版之间，有何异同？

◆ UNIX 是谁写出来的？ GNU 计划是谁发起的？

◆ GNU 的全名是什么？ 它主要由哪个基金会支持？

◆ 何谓多用户（Multi-user）、多任务（Multitask）？

◆ 简单说明 GNU General Public License（GPL）与开源的精神。

◆ 什么是 POSIX ?为何说 Linux 使用 POSIX 对于发展有很好的影响？

◆ 简单说明 Linux 成功的因素。

1.7　参考资料与扩展阅读

- 注 1：Multics 计划网站：http://www.multicians.org/
- 注 2：Ken Thompson 的维基百科简介：https://en.wikipedia.org/wiki/Ken_Thompson
- 注 3：Dennis Ritchie 的维基百科简介：https://en.wikipedia.org/wiki/Dennis_Ritchie
- 注 4：Bill joy 的维基百科简介：https://en.wikipedia.org/wiki/Bill_Joy
- 注 5：Andrew S.Tanenbaum 的维基百科简介：https://en.wikipedia.org/wiki/Andrew_S._Tanenbaum
- 注 6：Richard Stallman 的个人网站：http://www.stallman.org/
- 注 7：GNU 计划的官网：http://www.gnu.org/
- 注 8：开放源代码促进会针对 open source 的说明：https://opensource.org/definition
  以及 open source 与 free software 的差异：https://opensource.org/faq#free-software
- 注 9：开放源代码促进会针对开源授权协议的介绍：https://opensource.org/licenses
- 注 10：Linus Torvalds 的维基百科介绍：https://en.wikipedia.org/wiki/Linus_Torvalds
- 注 11：Cluster Computer 的维基百科介绍：https://en.wikipedia.org/wiki/Computer_cluster
- 注 12：Android 的维基百科介绍：https://en.wikipedia.org/wiki/Android_（operating_system）
- 美 格林·穆迪著，朱正茂等译，天才莱纳斯:Linux 传奇，机械工业出版社。
- XFree86 官网：http://www.xfree86.org/
- POSIX 的相关介绍。
  维基百科介绍：https://en.wikipedia.org/wiki/POSIX
  IEEE 中的 POSIX 标准介绍：http://standards.ieee.org/develop/wg/POSIX.html

第 2 章 主机规划与磁盘分区

事实上，要安装好一台 Linux 主机并不是那么简单的事情，你必须要针对 Linux 发行版的特性、服务器软件的能力、未来的升级需求、硬件扩展性需求等来考虑，还得要知道磁盘分区、文件系统、Linux 操作较频繁的目录等，都得要有一定程度的了解才行，所以，安装 Linux 并不是那么简单的工作。不过，要学习 Linux 总得要有 Linux 系统存在吧？所以鸟哥在这里还是得要提前说明如何安装一台 Linux 练习机。在这一章里，鸟哥会介绍，在开始安装 Linux 之前，您应该要先思考哪些工作？好让您后续的主机维护轻松愉快。此外，要了解这个章节的重要性，您至少需要了解到 Linux 文件系统的基本概念，这部分初学者是不可能具备的。所以初学者在这个章节里面可能会觉得很多部分都莫名其妙。没关系，在您完成了后面的相关章节之后，记得要再回到这里看看如何规划主机。

2.1　Linux 与硬件的搭配

虽然个人计算机各组件的主要接口大同小异，包括前面第 0 章"计算机概论"讲到的种种接口等，但是由于新技术来得太快，Linux 内核针对新硬件所采用的驱动程序模块比不上硬件更新的速度，加上硬件厂商针对 Linux 所推出的驱动程序较慢，因此你在选购新的个人计算机（或服务器）时，应该要选择已经通过 Linux 测试的硬件比较好。

此外，在安装 Linux 之前，你最好了解一下你的 Linux 预计想完成什么工作，这样在选购硬件时才会知道哪个组件是最重要的。举例来说，桌面计算机（Desktop）的用户，应该会用到 X-Window 系统，此时，显卡的优劣与内存的大小可就占有很重大的影响。如果是想要做成文件服务器，那么硬盘或是其他的存储设备，应该就是您最想要增购的组件，所以说，准备工作还是需要做的。

鸟哥在这里要不厌其烦地再次强调，Linux 对于计算机各组件或设备的识别，与大家常用的 Windows 系统完全不一样。因为，**各个组件或设备在 Linux 下面都是一个文件**，这个概念我们在第 1 章里面已经提过，这里我们再次强调。因此，你在认识各个设备之后，学习 Linux 的设备文件名之前，务必要先将 Windows 对于设备名称的概念先拿掉，否则会很难理解。

2.1.1　认识计算机的硬件设备

什么？学 Linux 还得要玩硬件？呵呵，没错，这也是为什么鸟哥要将计算机概论搬上台面之故。我们这里主要是介绍较为普遍的个人计算机架构来设置 Linux 服务器，因为比较便宜。至于各相关的硬件组件说明，已经在第 0 章"计算机概论"里讲过了，这里不再重复说明，仅将重要的主板与组件的相关性做如图 2.1.1 所示。

那么我们应该如何挑选计算机硬件呢？随便买买就好，还是有特殊的考虑？下面有些思考点可以提供给大家参考。

◆　游戏机/工作机的考虑

事实上，计算机主机的硬件设备与这台主机未来的功能是很有相关性的。举例来说，家里有小孩，或自己仍然算是小孩的朋友大概都知道：**要用来玩游戏的"游戏电脑"所需要的设备一定比办公室用的"工作电脑"设备更高**，为什么？因为现在一般的三维（3D）计算机游戏所需要的 3D 图形运算太多了，所以显卡与 CPU 资源都会被消耗的非常多。当然就需要比较高级的设备，尤其是在显卡、CPU（例如 Intel 的 i5、i7 系列）及主板芯片组方面的功能。

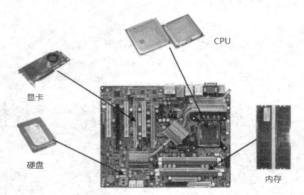

图 2.1.1　个人计算机各组件的相关性
（上图主要取自 Tom's 硬件指南，
各组件图片分属个自公司所有。）

至于办公室的工作环境中，最常使用到的软件大多是办公软件（Office），最常使用的网络功能是浏览器，这些软件所需要的运算能力并不高，理论上目前的入门级计算机都能够运行得非常顺畅。甚至很多企业都喜欢购买将显卡、主板芯片组整合在一起的整合芯片型的计算机，因为便宜又好用。

◆　性能/价格比与性能/消耗的瓦数比的考虑

并不是贵就比较好。在目前电费居高不下的情况，如何兼顾省钱与计算机硬件的性能问题，是很重要的。如果你喜欢购买最新最快的计算机配件，这些刚出炉的配件都非常贵，而且操作系统还不见得能够完整地支持。所以，鸟哥比较喜欢购买主流级的产品而非最高设备，因为我们最好能够考虑到性能/价格比。如果高一级的产品让你的花费多一倍，但是提升的性能却只有 10% 而已，那这个性能/

价格的比值太低，不建议。

此外，由于电价越来越高，如何省电就很重要。因此目前硬件评论界有所谓的"每瓦性能"的单位，每瓦电力所发挥的性能越高，当然代表越省电，这也是购买硬件时的考虑之一。要知道，如果是做为服务器用，一年 365 天中时时刻刻都运行，则你的计算机多花费 50 瓦的功率，每年就得要多使用 450 度左右的电（50W*365 天*24 小时/天/1000W=438 度电），如果以企业来讲，每百台计算机每年多花 4.5 万度电的话，每年得多花两万多元以上的电费（以一度电 0.5 元来计算），所以这也需要考虑。

◆　支持度的考虑

并非所有的产品都会支持特定的操作系统，这牵涉到硬件开发商是否有意愿提供适当的驱动程序。因此，当我们想要购买或是升级某些计算机组件时，应该要特别注意该硬件是否有针对您的操作系统提供适当的驱动程序，否则，买了无法使用，那才是叫麻烦。因此，针对 Linux 来说，下面的硬件分析就很重要。

因为鸟哥会自己编译驱动程序，所以上次买家用桌面计算机时，就委托鸟嫂全权处理（因为钱全是鸟嫂负责的嘛，嘿嘿，省的麻烦）。反正最多就是自己去找驱动程序来编译，那也没什么，您说是吧？没想到买来的主板上面内置的那块网卡驱动程序，网卡开发商的官网上面并没有提供源代码。鸟哥赶紧回去查一下该主板的说明，结果说明书上面明明白白地说，这块主板仅提供支持 Windows 的驱动程序而已，还建议不要拿来装 Linux 之用，所以还是默默地去找了一块 PCIe 网卡来用，连源代码都没有，怎么编译？巧妇难为无米之炊，这个故事告诉我们，做人不要太草率，硬件该查看的工作还是要做。

2.1.2　选择与 Linux 搭配的主机设备

硬件的加速发展与操作系统内核功能的增强，导致较早期的计算机已经没有能力再负荷运行新的操作系统。举例来说，Pentium III 以前的硬件设备可能已经不再适合现在的新 Linux 发行版。而且较早期的硬件设备也可能由于保存的问题或是电子元件老化的问题，导致这样的计算机系统反而非常容易在运行过程中出现不明的宕机情况，因此在利用旧零件拼凑 Linux 使用的计算机时，真的得要特别留意。

不过由于 Linux 运行所需的硬件设备实在不需要太高配置，因此，如果有近期淘汰下来的五年内的计算机，不必急着丢弃。由于 CPU 为 i3 等级的硬件不算太老旧，在性能方面其实也算得上非常 OK 了，所以，鸟哥建议您如果有五年内的计算机被淘汰，可以拿下来测试一下，说不定能够作为你日常生活的 Linux 服务器，或是备用服务器。

但是由于不同的任务主机所需要的硬件设备并不相同，举例来说，如果你的 Linux 主机是要作为企业内部的邮件服务器或是代理服务器时，或是需要使用到图形用户界面模式的计算（X-Window 内的 OpenGL 等功能），那么你就必须要选择配置比较高的计算机，使用旧计算机组件可能并不适合。

下面我们稍微谈一下，如果你的 Linux 主要是作为小型服务器使用，并不提供学术方面的大量运算需求，而且也没有使用 X-Window 的图形用户界面模式，那你的硬件需求只要像下面这样就差不多了：

◆　CPU

CPU 只要不是老旧到会让你的硬件系统宕机都能够支持。如同前面谈到的，目前的环境中，Intel i3 系列的 CPU 不算太旧而且性能也不错。

◆　内存

内存是越大越好。事实上在 Linux 服务器中，内存的重要性比 CPU 还要高得多。因为如果内存不够大，就会使用到硬盘的内存交换分区（swap）。而由计算机概论的内容我们知道硬盘比内存的速度要慢得多，所以内存太小可能会影响到整体系统的性能。尤其是如果你还想要玩 X-Window 的话，那内存的容量就更不能少。对于一般的小型服务器来说，建议至少也要 512MB 的内存容量较佳。老实说，目前 DDR3 的硬件环境中，新购系统动不动就是 4~8GB 的内存，真的是很够用了。

◆ 硬盘

由于数据量与数据读写频率的不同，对于硬盘的要求也不相同。举例来说，如果是一般小型服务器，通常重点在于容量，硬盘容量大于 20GB 就够用了。但如果你的服务器是作为备份或是小企业的文件服务器，那么你可能就要考虑较高级的磁盘阵列（RAID）模式。

磁盘阵列（RAID）是利用硬件技术将数个硬盘整合成为一个大硬盘的方法，操作系统只会看到最后被整合起来的大硬盘。由于磁盘阵列是由多个硬盘组成，所以可以完成提升速度和性能、备份等任务。更多相关的磁盘阵列我们会在第 14 章中介绍的。

◆ 显卡

对于不需要 X-Window 的服务器来说，显卡算是最不重要的一个组件。你只要有显卡能够让计算机启动，那就够了。但如果需要 X-Window 系统时，你的显卡最好能够拥有 32MB 以上的显存容量，否则运行 X-Window 系统会很慢。

◆ 网卡

网卡是服务器上面最重要的组件之一。目前的主板大多拥有内置 10/100/1000Mbit/s 的超高速以太网卡。但要注意的是不同的网卡，其功能还是有点差异。举例来说，鸟哥曾经需要具有可以设置 Bonding（网卡聚合技术）功能的网卡，结果，某些较低级的千兆网卡并没有办法提供这个功能的支持，真是伤脑筋。此外，比较好的网卡通常 Linux 驱动程序也做得比较好，用起来会比较顺畅。因此，如果你的服务器是网络 I/O 操作非常频繁的网站，好一点的 Intel 或 Broadcom 等公司的网卡应该是比较适合的选择。

◆ 光盘、软盘、键盘与鼠标

不要旧到你的计算机不支持就好，因为这些设备都是非必备的组件。举例来说，鸟哥安装好 Linux 系统后，可能就将该系统的光驱、鼠标、软驱等通通拔除，只有网线连接在计算机后面而已，其他的都是通过网络联机来控制。因为通常服务器这东西最需要的就是稳定，而稳定的最理想状态就是平时没事不要去动它。

下面鸟哥针对一般你可能会接触到的计算机主机的用途与相关硬件设备的基本要求来说明一下。

◆ 一般小型主机且不含 X-Window 系统
- 用途：家庭用 NAT 主机（路由器功能）或小型企业的非图形用户界面模式小型主机。
- CPU：五年内出产的产品即可。
- 内存：至少 512MB，不过还是 1GB 以上比较妥当。
- 网卡：一般的以太网卡即可应付。
- 显卡：只要能够被 Linux 识别的显卡即可，例如 NVIDIA 或 ATI 的主流显卡均可。
- 硬盘：20GB 以上即可。
◆ 桌面型（Desktop） Linux 系统/含 X-Window
- 用途：Linux 的练习机或办公室工作机。（一般我们会用到的环境。）
- CPU：最好等级高一点，例如 Intel i5、i7 以上等级。
- 内存：一定要大于 1GB 比较好，否则容易有图形用户界面模式卡顿的现象。
- 网卡：普通的以太网卡就好。
- 显卡：使用 256MB 以上内存的显卡。（入门级的都这个容量以上了。）
- 硬盘：越大越好，最好有 60GB。
◆ 中型以上 Linux 服务器

- 用途：中小型企业或学校的 FTP、邮件、网页等网络服务主机。
- CPU：最好等级高一点，例如 Intel i5、i7 以上的多核 CPU。
- 内存：最好能够大于 1GB 以上，大于 4GB 更好。
- 网卡：知名的 Broadcom 或 Intel 等品牌，比较稳定，性能较佳。
- 显卡：如果有使用到图形功能，则一块 64MB 显存的显卡是必须的。
- 硬盘：越大越好，如果可能的话，使用磁盘阵列或网络硬盘等的系统架构，能够具有更稳定安全的传输环境则更佳。
- 建议企业用计算机不要自行组装，购买商用服务器较佳，因为商用服务器已经通过制造商的散热、稳定性等测试，对于企业来说，会是一个比较好的选择。

总之，鸟哥在这里仅是提出一个方向：如果你的 Linux 主机是小型环境使用，即便宕机也不太会影响到企业环境的运行时，那么使用升级后被淘汰下来的零件组成计算机系统来运行，那是非常好的回收再利用的案例。但如果你的主机系统是非常重要的，你想要一台更稳定的 Linux 服务器，那考虑系统的整体搭配与运行性能的考虑，购买已组装测试过的商用服务器会是一个比较好的选择。

> 一般来说，目前的入门计算机，CPU 至少都是 Intel i3 的 2GHz 系列的等级以上，内存至少有 2GB，显存也有 512MB 以上，所以如果您是新购置的计算机，那么该计算机用来作为 Linux 的练习机，而且安装 X-Window 系统，肯定可以运行。

此外，Linux 开发商在发布 Linux 发行版之前，都会针对该版默认可以支持的硬件做说明，因此，你除了可以在 Linux 的 HowTo 文件中查询硬件的支持情况之外，也可以到各个相关的 Linux 发行版网站去查询。下面鸟哥列出几个常用的硬件与 Linux 发行版搭配的网站，建议大家在想要了解你的主机支不支持该版 Linux 时，务必到相关的网站去查找一下。

- Red Hat 的硬件支持：https://hardware.redhat.com/?pagename=hcl
- openSUSE 的硬件支持：https://en.opensuse.org/Hardware?LANG=en_UK
- Linux 对笔记本电脑的支持：http://www.linux-laptop.net/
- Linux 对打印机的支持：https://wiki.linuxfoundation.org/openprinting/start

总之，如果是自己维护的一个小网站，考虑到经济因素，你可以自行组装一台主机来搭建。而如果是中、大型企业，那么主机的钱不要省，因为，省了这些钱而导致未来主机挂掉时，光是要找出哪个组件出问题，或是系统过热的问题就会气死人。而且，要注意的就是用你的 Linux 主机未来规划的"用途"来决定你的 Linux 主机硬件设备，相当的重要。

2.1.3　各硬件设备在 Linux 中的文件名

选择好你所需要的硬件设备后，接下来得要了解一下各硬件在 Linux 当中所扮演的角色。这里鸟哥再次强调一下："在 Linux 系统中，每个设备都被当成一个文件来对待"。举例来说，SATA 接口的硬盘的文件名即为/dev/sd[a-d]，其中，括号内的字母为 a-d 当中的任意一个，亦即有/dev/sda、/dev/sdb、/dev/sdc 及/dev/sdd 这四个文件的意思。

> 这种中括号 [ ]形式的表示法在后面的章节当中会使用得很频繁，请特别留意。另外先提出来强调一下，在 Linux 这个系统当中，几乎所有的硬件设备文件都在/dev 这个目录内，所以你会看到/dev/sda、/dev/sr0 等的文件名。

那么打印机与软盘呢？分别是/dev/lp0、/dev/fd0。好了，其他接口的设备呢？下面列出几个常见的设备与其在 Linux 当中的文件名：

设　备	设备在 Linux 中的文件名
SCSI、SATA、USB 磁盘驱动器	/dev/sd[a–p]
U 盘	/dev/sd[a–p]（与 SATA 相同）
Virtio 接口	/dev/vd[a–p]（用于虚拟机内）
软盘驱动器	/dev/fd[0–7]
打印机	/dev/lp[0–2]（25 针打印机） /dev/usb/lp[0–15]（USB 接口）
鼠标	/dev/input/mouse[0–15]（通用） /dev/psaux（PS/2 接口） /dev/mouse（当前鼠标）
CD-ROM、DVD-ROM	/dev/scd[0–1]（通用） /dev/sr[0–1]（通用，CentOS 较常见） /dev/cdrom（当前 CD-ROM）
磁带机	/dev/ht0（IDE 接口） /dev/st0（SATA/SCSI 接口） /dev/tape（当前磁带）
IDE 磁盘驱动器	/dev/hd[a–d]（旧式系统才有）

时至今日，由于 IDE 接口的磁盘驱动器几乎已经被淘汰，因此现在连 IDE 接口的磁盘文件名也都被模拟为/dev/sd[a–p]。此外，如果你的机器使用的是跟互联网服务提供商（ISP）申请使用的云端机器，这时可能会得到的是虚拟机。为了加速，虚拟机内的磁盘是使用模拟器产生的，该模拟器产生的磁盘文件名可能为 /dev/vd[a–p] 系列的文件名，要注意。

更多 Linux 内核支持的硬件设备与文件名，可以参考如下网页：
https://www.kernel.org/doc/Documentation/devices.txt

2.1.4　使用虚拟机学习

由于近年来硬件虚拟化技术的成熟，目前普通的中档个人计算机的 CPU 指令集中，就已经整合了硬件虚拟化指令集。所以，随便一台计算机就能够虚拟化出好几台逻辑独立的系统，很赞。

因为虚拟化系统可以很简单地制作出相似的硬件资源，因此我们在学习的时候，能够取得相同的环境来查看学习的效果。所以，在本书的后续所有操作中，我们都是使用虚拟化系统来做说明。毕竟未来你实际接触到 Linux 系统时，很可能公司提供给你的就是虚拟机，趁早学也不错。

由于虚拟化的软件非常之多，网络上也有一堆朋友的教程。如果你的系统是 Windows 系列的话，鸟哥个人推荐你使用 VirtualBox 这个软件。至于如果你原本就用 Linux 系统，例如 Fedora 或 Ubuntu 等系列的话，那么建议你使用原本系统内就有的虚拟系统管理器来处理即可。目前 Linux 系统大多使用 KVM 这个虚拟化软件，下面提供一些网站给您学习。鸟哥之后的章节所使用的机器，就是通过 KVM 创建出来的系统，提供给你做参考。

◆ VirtualBox 官网（https://www.virtualbox.org）
◆ VirtualBox 官网教程（https://www.virtualbox.org/manual/ch01.html）

◆ Fedora 官网教程（https://docs.fedoraproject.org/en-US/Fedora/13/html/Virtualization_Guide/part-Virtualization-Virtualization_Reference_Guide.html）

2.2　磁盘分区

这一章规划的重点是为了要安装 Linux，那 Linux 系统是安装在计算机组件的哪个部分呢？就是磁盘（也就是硬盘），所以我们当然要来认识一下磁盘。我们知道一块磁盘可以被划分成多个分区（partition），以 Windows 观点来看，你可能会有一块磁盘并且将它划分成为 C、D、E 盘。那个 C、D、E 就是分区。但是 Linux 的设备都是以文件的形式存在，那分区的文件名又是什么呢？如何进行磁盘分区？磁盘分区又有哪些限制？目前的 BIOS 与 UEFI 分别是啥？MBR 与 GPT 又是啥？都是我们这一节所要探讨的内容。

2.2.1　磁盘连接方式与设备文件名的关系

由第 0 章提到的磁盘说明，我们知道个人计算机常见的磁盘接口有两种，分别是 SATA 与 SAS，目前主流的是 SATA 接口，不过更老旧的计算机则有可能是已经不再流行的 IDE 接口。以前的 IDE 接口与 SATA 接口在 Linux 的磁盘代号并不相同，不过近年来为了统一处理，大部分 Linux 发行版已经将 IDE 接口的磁盘文件名模拟成跟 SATA 一样，所以你不用太担心磁盘设备文件名的问题。

时代在改变，既然 IDE 接口都可以消失，那磁盘文件名还有什么可谈的呢？嘿嘿，有，如同上一小节谈到的，虚拟化是目前很常见的一项技术，因此你在使用的机器很可能就是虚拟机，这些虚拟机使用的虚拟磁盘并不是正规的磁盘接口，这种情况下，你的磁盘文件名就不一样了。**正常的物理机器大概使用的都是 /dev/sd[a-p] 的磁盘文件名，至于虚拟机环境中，为了加速，可能就会使用 /dev/vd[a-p] 这种设备文件名**。因此在实际处理你的系统时，可能得要了解为啥会有两种不同磁盘文件名的原因。

例题

假设你的主机为虚拟机，里面仅有一块 virtio 接口的磁盘，请问它在 Linux 操作系统里面的设备文件名是什么？

答：参考 2.1.3 小节的介绍，虚拟机使用 virtio 接口时，磁盘文件名应该是 /dev/vda 才对。

再以 SATA 接口来说，由于 SATA、USB、SAS 等磁盘接口都是使用 SCSI 模块来驱动的，因此这些接口的磁盘设备文件名都是/dev/sd[a-p]的格式。所以 SATA 或 USB 接口的磁盘根本就没有一定的顺序，那如何决定它的设备文件名呢？这个时候就得要**根据 Linux 内核检测到磁盘的顺序**来命名，这里以下面的例子来说明。

例题

如果你的 PC 上面有两个 SATA 磁盘以及一个 USB 磁盘，而主板上面有六个 SATA 的插槽。这两个 SATA 磁盘分别安插在主板上的 SATA1、SATA5 插槽上，请问这三个磁盘在 Linux 中的设备文件名是什么？

答：由于是使用检测到的顺序来决定设备文件名，并非与实际插槽顺序有关，因此设备的文件名如下。

1. SATA1 插槽上的文件名：/dev/sda
2. SATA5 插槽上的文件名：/dev/sdb
3. USB 磁盘（系统启动完成后才被系统识别）：/dev/sdc

通过上面的介绍后，你应该知道了在 Linux 系统下的各种不同接口的磁盘的设备文件名了。OK，好像没问题了？才不是，问题很大。因为如果你的磁盘被划分成两个分区，那么每个分区的设备文件名又是什么？在了解这个问题之前，我们先来复习一下磁盘的组成，因为现今磁盘的划分与它物理的组成很有关系。

我们在"计算机概论"一章中谈过磁盘主要由碟片、机械手臂、磁头与主轴马达所组成，而数据的写入其实是在碟片上面。**碟片上面又可细分出扇区（Sector）与磁道（Track）两种单位，其中扇区的物理大小设计有两种，分别是 512 字节与 4K 字节。**假设磁盘只有一个碟片，那么碟片有点像图 2.2.1 这样。

那么是否每个扇区都一样重要？其实整块磁盘的第一个扇区特别重要，因为它记录了整块磁盘的重要信息。早期磁盘第一个扇区里面含有的重要信息我们称为 MBR（Master Boot Record）格式，但是由于近年来磁盘的容量不断扩大，造成读写上的一些困扰，甚至有些 2TB 以上的磁盘分区已经让某些操作系统无法存取，因此后来又多了一个新的磁盘分区格式，称为 GPT（GUID partition table），这两种分区格式与限制不太相同。

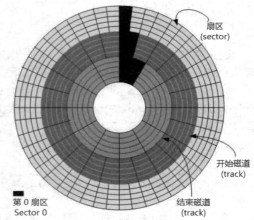

图 2.2.1　碟片组成示意图

那么分区表又是啥？其实你刚刚拿到的整块硬盘就像一根原木，你必须要在这根原木上面切割出你想要的区段，这个区段才能够再制作成为你想要的家具，如果没有进行切割，那么原木就不能被有效地使用。同样的道理，你必须要针对你的硬盘进行分区，这样硬盘才可以被你使用。

2.2.2　MBR（MS-DOS）与 GPT 磁盘分区表（partition table）

但是硬盘总不能真的拿锯子来切割吧？那硬盘还真的是会坏掉。那怎么办？在前一小节的图中，我们有看到"开始与结束磁道"吧？而通常磁盘可能有多个碟片，所有碟片的同一个磁道我们称为柱面（Cylinder），通常那是文件系统的最小单位，也就是分区的最小单位。为什么说"通常"？因为近来有 GPT 这个可达到 64 位记录功能的分区表，现在我们甚至可以使用扇区（Sector）号码来作为分区单位。所以说，我们就是利用参考对照柱面或扇区号码的方式来处理。

也就是说，分区表其实目前有两种格式，我们就依序来谈谈这两种分区表格式。

◆　MBR（MS-DOS）分区表格式与限制

早期的 Linux 系统为了兼容 Windows 的磁盘，因此使用的是支持 Windows 的 MBR(Master Boot Record，主引导记录）的方式来处理启动引导程序与分区表。而启动引导程序记录区与分区表则通通放在磁盘的第一个扇区，这个扇区通常是 512 字节的大小（旧的磁盘扇区都是 512 字节），所以说，第一个扇区的 512 字节主要会有这两个东西：

- 主引导记录（Master Boot Record，MBR）：可以安装启动引导程序的地方，有 446 字节；
- 分区表（partition table）：记录整块硬盘分区的状态，有 64 字节。

由于分区表所在区块仅有 64 字节容量，因此最多仅能有四组记录区，每组记录区记录了该区段的启始与结束的柱面号码。若将硬盘以长条形来看，然后将柱面以柱形图来看，那么那 64 字节的记录区段有点像下面的图：

假设上面的硬盘设备文件名为/dev/sda 时，那么这四个分区在 Linux 系统中的设备文件名如下所示，重点在于文件名后面会再接一个数字，这个数字与该分区所在的位置有关。

- P1:/dev/sda1
- P2:/dev/sda2

- P3:/dev/sda3
- P4:/dev/sda4

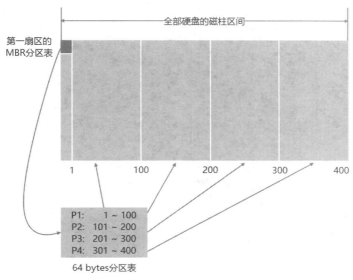

图 2.2.2　磁盘分区表的作用示意图

上图中我们假设硬盘只有 400 个柱面，共划分成为四个分区，第四个分区所在为第 301~400 号柱面的范围。当你的操作系统为 Windows 时，那么第一到第四个分区的代号应该就是 C、D、E、F。当你有数据要写入 F 分区时，你的数据会被写入这块磁盘的 301~400 号柱面之间的意思。

由于分区表就只有 64 字节而已，最多只能容纳四组分区记录，这四个分区的记录被称为主要（Primary）或扩展（Extended）分区。根据上面的图与说明，我们可以得到几个重点信息：

- 其实所谓的分区只是针对那个 64 字节的分区表进行设置而已。
- 硬盘默认的分区表仅能写入四组分区信息。
- 这四组划分信息我们称为主要（Primary）或扩展（Extended）分区。
- 分区的最小单位通常为柱面（Cylinder）。
- 当系统要写入磁盘时，一定会参考磁盘分区表，才能针对某个分区进行数据的处理。

你会不会突然想到，为啥要分区？基本上你可以这样思考分区的角度：

1．数据的安全性

因为每个分区的数据是分开的。所以，当你需要将某个分区的数据重新整理时，例如你要将计算机中 Windows 的 C 盘重新安装一次系统时，可以将其他重要数据移动到其他分区，例如将邮件、桌面数据移动到 D 盘，那么 C 盘重新安装系统并不会影响到 D 盘，所以善用分区，可以让你的数据更安全。

2．系统的性能考虑

由于分区将数据集中在某个柱面区段中，例如图 2.2.2 当中第一个分区位于柱面号码 1~100 号，如此一来当有数据要读取自该分区时，磁盘只会查找前面 1~100 的柱面范围，由于数据集中，将有助于数据读取的速度与性能，所以说，分区是很重要的。

既然分区表只有记录四组数据的空间，那么是否代表一块硬盘最多只能划分出四个分区呢？当然不是。有经验的朋友都知道，你可以将一块硬盘划分成十个以上的分区。那又是如何达到的呢？在 Windows 与 Linux 系统中，我们是通过刚刚谈到的扩展分区（Extended）的方式来处理。扩展分区的意思是：**既然第一个扇区所在的分区表只能记录四组数据，那我可否利用额外的扇区来记录更多的分区信息？**实际上示意图有点像下面这样：

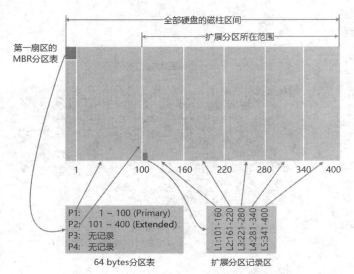

图 2.2.3　磁盘分区表的作用示意图

实际上扩展分区并不是只占一个区块，而是会分布在每个分区的最前面几个扇区来记录分区信息。只是为了方便读者记忆，鸟哥在上图就将它简化了。有兴趣的读者可以到下面的链接看一看实际扩展分区的记录方式：https://en.wikipedia.org/wiki/extended_boot_record。

在图 2.2.3 当中，我们知道硬盘的四个分区记录区仅使用到两个，P1 为主要分区，而 P2 则为扩展分区。请注意，**扩展分区的目的是使用额外的扇区来记录分区信息，扩展分区本身并不能被拿来格式化**。然后我们可以通过扩展分区所指向的那个区块继续做分区的记录。

如图 2.2.3 右下方那个区块继续划分出五个分区，这五个由扩展分区继续切出来的分区，就被称为**逻辑分区**（logical partition）。同时注意一下，由于逻辑分区是由扩展分区继续划分出来的，所以它可以使用的柱面范围就是扩展分区所设置的范围，也就是图中的 101～400。

同样，上述的分区在 Linux 系统中的设备文件名分别如下：

- P1:/dev/sda1
- P2:/dev/sda2
- L1:/dev/sda5
- L2:/dev/sda6
- L3:/dev/sda7
- L4:/dev/sda8
- L5:/dev/sda9

仔细看看，怎么设备文件名没有/dev/sda3 与/dev/sda4？因为前面四个号码都是保留给主要分区或扩展分区用的，所以**逻辑分区的设备名称号码就由 5 号开始**。这在 MBR 方式的分区表中是个很重要的特性，不能忘记。

MBR 主要分区、扩展分区与逻辑分区的特性我们做个简单的定义。

- 主要分区与扩展分区最多可以有 4 个（硬盘的限制）；
- 扩展分区最多只能有 1 个（操作系统的限制）；
- 逻辑分区是由扩展分区持续划分出来的分区；
- 能够被格式化后作为数据存取的分区是主要分区与逻辑分区，扩展分区无法格式化；

- 逻辑分区的数量依操作系统而不同，在 Linux 系统中 SATA 硬盘已经可以突破 63 个以上的分区限制。

事实上，分区是个很麻烦的东西，因为它是以柱面为单位的连续磁盘空间，且扩展分区又是个类似独立的磁盘空间，所以在分区的时候要特别注意。我们举下面的例子来解释一下好了。

例题

在 Windows 操作系统当中，如果你想要将 D 与 E 盘整合成为一个新的分区，而如果有两种分区的情况如图 2.2.4 所示，图中的特殊颜色区块为 D 与 E 盘的示意，请问这两种方式是否均可将 D 与 E 整合成为一个新的分区？

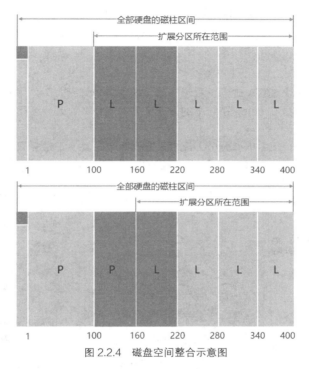

图 2.2.4　磁盘空间整合示意图

答：

- 上图可以整合：因为上图的 D 与 E 同属于扩展分区内的逻辑分区，因此只要将两个分区删除，然后再重新建立一个新的分区，就能够在不影响其他分区的情况下，将两个分区的容量整合成为一个。
- 下图不可整合：因为 D 与 E 分属主要分区与逻辑分区，两者不能够整合在一起，除非将扩展分区破坏掉后再重新划分。但如此一来会影响到所有的逻辑分区，要注意的是：**如果扩展分区被破坏，所有逻辑分区将会被删除，因为逻辑分区的信息都记录在扩展分区里面。**

由于第一个扇区所记录的分区表与 MBR 是这么的重要，几乎只要读取硬盘都会先由这个扇区先读起。因此，如果整块硬盘的第一个扇区（就是 MBR 与分区表所在的扇区）有损坏，那这个硬盘大概就没有用了。因为系统如果找不到分区表，怎么知道如何读取柱面区间？您说是吧！下面还有一些例题您可以思考看看：

例题

如果我想将一块大硬盘暂时划分成为四个分区，同时还有其他的剩余容量可以让我在未来的时候进行规划，我能不能划分出四个主分区呢？若不行，那么你建议该如何划分？

答：
- 由于主分区与扩展分区最多只能有四个，其中扩展分区最多只能有一个，这个例题想要划分出四个分区且还要预留剩余容量，因此 P+P+P+P 的划分方式是不适合的。**因为如果使用到四个 P，则即使硬盘还有剩余容量，因为无法再继续划分，所以剩余容量就会被浪费。**
- 假设你想要将所有的四组记录都用完，那么 P+P+P+E 就比较适合。所以可以用的四个分区有三个主要及一个扩展分区，剩余的容量在逻辑分区中。
- 如果你要划分超过四分区时，一定要有扩展分区，而且必须将所有剩下的空间都分配给扩展分区，然后再以逻辑分区的方式来划分扩展分区的空间。另外，考虑到磁盘的连续性，一般**建议将扩展分区的柱面号码分配在最后面的柱面内。**

例题

假如我的计算机有两块 SATA 硬盘，我想在第二块硬盘划分出六个可用的分区（可以被格式化来存取数据之用），那每个分区在 Linux 系统下的设备文件名是什么？且分区类型各是什么？至少写出两种不同的划分方式。

答：由于 P（主分区）+E（扩展分区）最多只能有四个，其中 E 最多只能有一个。现在题目要求六个可用的分区，因此不可能分出四个 P。下面我们假设两种环境，一种是将前四个号全部用完，一种是仅使用一个 P 及一个 E 的情况：

- P+P+P+E 的环境：

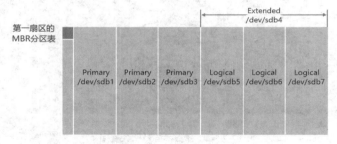

图 2.2.5　分区示意图

实际可用的是/dev/sdb1、/dev/sdb2、/dev/sdb3、/dev/sdb5、/dev/sdb6、/dev/sdb7 这六个，至于/dev/sdb4 这个扩展分区本身仅是提供来给逻辑分区建立之用。

- P+E 的环境：

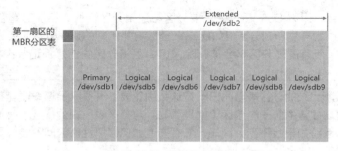

图 2.2.6　分区示意图

注意到了吗？因为 1~4 号是保留给主要/扩展分区的，因此第一个逻辑分区一定是由 5 号开始的，再次强调，所以/dev/sdb3、/dev/sdb4 就会被保留下来没有用到。

MBR 分区表除了上述的主要分区、扩展分区、逻辑分区需要注意之外，由于每组分区表仅有 16 字节而已，因此可记录的信息真的是相当有限。所以，在过去 MBR 分区表的限制中经常可以发现如下的问题：

- 操作系统无法使用 2.2TB 以上的磁盘容量；
- MBR 仅有一个区块，若被破坏后，经常无法或很难恢复；
- MBR 内的存放启动引导程序的区块仅 446 字节，无法存储较多的程序代码。

这个 2.2TB 限制的现象在早期并不会很严重。但是，近年来硬盘厂商推出的磁盘容量动不动就高达好几个 TB。目前（2015 年）单一磁盘最高容量甚至高达 8TB。如果使用磁盘阵列的系统，像鸟哥的一个系统中，用了 24 块 4TB 磁盘搭建出磁盘阵列，那在 Linux 下面就会看到有一块 70TB 左右的磁盘。如果使用 MBR 的话，那得要 2TB/2TB 地划分下去，虽然 Linux kernel 现在已经可以通过某些机制让磁盘分区高过 63 个以上，但是这样就得要划分出将近 40 个分区，真要命，为了解决这个问题，所以后来就有 GPT 这个磁盘分区的格式出现。

◆　GPT（GUID partition table）磁盘分区表[注1]

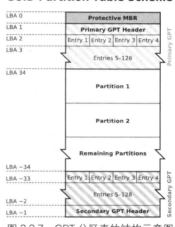

GUID Partition Table Scheme

图 2.2.7　GPT 分区表的结构示意图

因为过去一个扇区大小就是 512 字节而已，不过目前已经有 4K 的扇区设计出现。为了兼容所有的磁盘，因此在扇区的定义上面，大多会使用所谓的逻辑区块地址（Logical Block Address，LBA）来处理。GPT 将磁盘所有区块以此 LBA（默认为 512 字节）来规划，而第一个 LBA 称为 LBA0（从 0 开始编号）。

与 MBR 仅使用第一个 512 字节区块来记录不同，GPT 使用了 34 个 LBA 区块来记录分区信息。同时与过去 MBR 仅有一个区块，被干掉就死光光的情况不同，GPT 除了前面 34 个 LBA 之外，整个磁盘的最后 34 个 LBA 也拿来作为另一个备份。这样或许会比较安全些吧！详细的结构有点像右图的模样。

上述图例的解释说明如下：

- LBA0（MBR 兼容区块）

与 MBR 模式相似，这个兼容区块也分为两个部分，一个就是跟之前 446 字节相似的区块，**存储了第一阶段的启动引导程序**。而在原本的分区表的记录区内，这个兼容模式仅放入一个特殊标志符，用来表示此磁盘为 GPT 格式之意。而不懂 GPT 分区表的磁盘管理程序，就不会认识这块磁盘，除非用户有特别要求要处理这块磁盘，否则该管理软件不能修改此分区信息，进一步保护了磁盘。

- LBA1（GPT 表头记录）

这个部分记录了分区表本身的位置与大小，同时记录了备份用的 GPT 分区（就是前面谈到的在最后 34 个 LBA 区块）放置的位置，同时放置了分区表的校验码（CRC32），操作系统可以根据这个校验码来判断 GPT 是否正确。若有错误，还可以通过这个记录区来获取备份的 GPT（磁盘最后的那个备份区块）来恢复 GPT 的正常运行。

- LBA2-33（实际记录分区信息处）

从 LBA2 区块开始，每个 LBA 都可以记录 4 组分区记录，所以在默认的情况下，总共可以有 4×32 = 128 组分区记录。因为每个 LBA 有 512 字节，因此每组记录用到 128 字节 的空间，除了每组记录所需要的标识符与相关的记录之外，GPT 在每组记录中分别提供了 64 位来记载开始/结束的扇区号码，因此，GPT 分区表对于单一分区来说，它的最大容量限制就会在【2^{64} × 512 字节 ＝ 2^{63} × 1K 字节 ＝ 2^{33}×TB ＝ 8 ZB】，要注意 1ZB ＝ 2^{30}TB，你说够不够大？

现在 GPT 分区默认可以提供多达 128 组记录，而在 Linux 本身的内核设备记录中，针对单一磁盘来说，虽然过去最多只能到达 15 个分区，不过由于 Linux 内核通过 udev 等方式的处理，现在 Linux 也已经没有这个限制了。此外，GPT 分区已经没有所谓的主、扩展、逻辑分区的概念，既然每组记录都可以独立存在，当然每个都可以视为是主要分区，每一个分区都可以拿来格式化使用。

> 鸟哥一直以为内核识别的设备主要与次要号码就一定是连续的，因此一直没有注意到由于新机制的关系，分区已经可以突破内核限制的状况，感谢大陆网友微博代号"学习日记博客"的提醒。此外，为了验证正确性，鸟哥还真的注意到网络上有朋友实际拿一块磁盘分区出 130 个以上的分区，结果它发现 120 个以前的分区均可以格式化使用，但是 130 之后的似乎不能够使用了，或许跟默认的 GPT 共 128 个号有关。

虽然新版的 Linux 大多支持 GPT 分区表，没办法，我们的服务器常常需要比较高容量的磁盘。不过，在磁盘管理工具上面，fdisk 这个老牌的软件并不支持 GPT。要使用 GPT 的话，得要运行类似 gdisk 或是 parted 命令才行，这部分我们会在第二部分再来谈一谈。另外，启动引导程序方面，grub 第一版并不支持 GPT。得要 grub2 以后版本才会支持，启动引导程序这部分在第五部分再来谈。

并不是所有的操作系统都可以读取到 GPT 的磁盘分区格式。同时，也不是所有的硬件都可以支持 GPT 格式，是否能够读写 GPT 格式又与启动的检测程序有关。那启动的检测程序又分成什么呢？就是 BIOS 与 UEFI。那这两个又是什么？就让我们来聊一聊。

2.2.3　启动流程中的 BIOS 与 UEFI 启动检测程序

我们在"计算机概论"一章里面谈到了，没有运行软件的硬件是没有用的，除了会电人之外。而为了计算机硬件系统的资源合理分配，因此有了操作系统这个系统软件的产生。由于操作系统会控制所有的硬件并且提供内核功能，因此我们的计算机就能够认识硬盘内的文件系统，并且进一步地读取硬盘内的软件与运行该软件来完成各项软件的运行目的。

问题是，你有没有发现，既然操作系统也是软件，那么我的计算机又是如何认识这个操作系统软件并且执行它的呢？明明启动时我的计算机还没有任何软件系统，那它要如何读取硬盘内的操作系统文件？嘿嘿，这就得要牵涉到计算机的启动程序了。下面就让我们来谈一谈这个启动程序吧！

基本上，目前的主机系统在加载硬件驱动方面的程序，主要有早期的 BIOS 与新的 UEFI 两种机制，我们分别来谈谈。

◆　BIOS 搭配 MBR/GPT 的启动流程

在"计算机概论"里面我们谈到过那个可爱的 BIOS 与 CMOS 这两个东西，CMOS 是记录各项硬件参数且嵌入在主板上面的存储器，BIOS 则是一个写入到主板上的一个固件（再次说明，固件就是写入到硬件上的一个软件程序）。**这个 BIOS 就是在启动的时候，计算机系统会主动执行的第一个程序**。

接下来 BIOS 会去分析计算机里面有哪些存储设备，我们以硬盘为例，BIOS 会依据用户的设置去取得能够启动的硬盘，并且到该硬盘里面去读取第一个扇区的 MBR 位置。MBR 这个仅有 446 字节的硬盘容量里面会放置最基本的启动引导程序，此时 BIOS 就功成圆满，而接下来就是 MBR 内的启动引导程序的工作了。

这个启动引导程序的目的是在加载（load）内核文件，由于启动引导程序是操作系统在安装的时候所提供的，所以它会认识硬盘内的文件系统格式，因此就能够读取内核文件，然后接下来就是内核文件的工作，启动引导程序与 BIOS 也功成圆满，将之后的工作就交给大家所知道的操作系统。

简单地说，整个启动流程到操作系统之前的过程应该是这样的。

1. BIOS：启动主动执行的固件，会认识第一个可启动的设备；
2. MBR：第一个可启动设备的第一个扇区内的主引导记录块，内含启动引导代码；
3. 启动引导程序（boot loader）：一个可读取内核文件来执行的软件；
4. 内核文件：开始启动操作系统。

要注意，如果你的分区表为 GPT 格式的话，那么 BIOS 也能够从 LBA0 的 MBR 兼容区块读取第一阶段的启动引导程序代码，如果你的启动引导程序能够支持 GPT 的话，那么使用 BIOS 同样可以读取到正确的操作系统内核。换句话说，如果启动引导程序不懂 GPT，例如 Windows XP 的环境，那自然就无法读取内核文件，就无法启动操作系统。

> 由于 LBA0 仅提供第一阶段的启动引导程序代码，因此如果你使用类似 grub 的启动引导程序的话，那么就得要额外划分出一个 "BIOS boot" 的分区，这个分区才能够放置其他开机过程所需的程序，在 CentOS 当中，这个分区通常占用 2MB 左右而已。

由上面的说明我们知道，BIOS 与 MBR 都是硬件本身会支持的功能，至于 Boot loader 则是操作系统安装在 MBR 上面的一个软件。由于 MBR 仅有 446 字节而已，因此这个启动引导程序是非常小而高效。这个 Boot loader 的主要任务有下面这些：

- 提供选项：用户可以选择不同的启动选项，这也是多重引导的重要功能；
- 加载内核文件：直接指向可使用的程序区段来启动操作系统；
- 转交其他启动引导程序：将启动管理功能转交给其他启动引导程序负责。

上面前两点还容易理解，但是第三点很有趣。那表示你的计算机系统里面可能具有两个以上的启动引导程序。有可能吗？我们的硬盘不是只有一个 MBR 而已？是没错，但是启动引导程序除了可以安装在 MBR 之外，还可以安装在每个分区的启动扇区（boot sector）。什么？分区还有各自的启动扇区？没错，这个特性才能造就 "多重引导" 的功能。

我们举一个例子来说，假设你的个人计算机只有一个硬盘，里面分成四个分区，其中第一、二分区分别安装了 Windows 及 Linux，你要如何在开机的时候选择用 Windows 还是 Linux 启动？假设 MBR 内安装的是可同时认识 Windows 与 Linux 操作系统的启动引导程序，那么整个流程如图 2.2.8 所示。

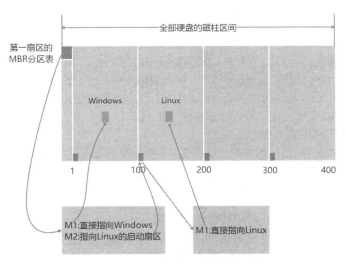

图 2.2.8　启动引导程序的工作执行示意图

在图 2.2.8 中我们可以发现，MBR 的启动引导程序提供两个选项，选项一（M1）可以直接加载 Windows 的内核文件来开机；选项二（M2）则是将开机管理工作交给第二个分区的启动扇区（boot sector）。当用户在开机的时候选择选项二时，那么整个开机管理工作就会交给第二分区的启动引导程序。当第二个启动引导程序启动后，该启动引导程序内（图 2.2.8 中）仅有一个启动选项，因此就能够使用 Linux 的内核文件来启动。这就是多重引导的工作情况。我们将上图做个总结：

- 每个分区都拥有自己的启动扇区（boot sector）；
- 图中的系统分区为第一及第二分区；
- 实际可启动的内核文件是放置到各分区中的；
- 启动引导程序只会认识自己的系统分区内的可启动的内核文件，以及其他启动引导程序而已；
- 启动引导程序可直接指向或是间接将管理权转交给另一个管理程序。

那现在请你想一想，为什么人家常常说："如果要安装多重引导，最好先安装 Windows 再安装 Linux"？这是因为：

- Linux 在安装的时候，你可以选择将启动引导程序安装在 MBR 或各别分区的启动扇区，而且 Linux 的启动引导程序可以手动设置选项（就是图 2.2.8 的 M1、M2），所以你可以在 Linux 的启动引导程序里面加入 Windows 启动的选项；
- Windows 在安装的时候，它的安装程序会主动地覆盖掉 MBR 以及自己所在分区的启动扇区，你没有选择的机会，而且它没有让我们自己选择选项的功能。

因此，如果先安装 Linux 再安装 Windows 的话，那 MBR 的启动引导程序就只会有 Windows 的选项，而不会有 Linux 的选项（因为原本在 MBR 内的 Linux 的启动引导程序就会被覆盖掉）。那需要重新安装 Linux 一次吗？当然不需要，你只要用尽各种方法来处理 MBR 的内容即可。例如利用 Linux 的恢复模式来修复 MBR。

启动引导程序与引导扇区是非常重要的概念，我们会在第 19 章分别介绍，您在这里只要先对于（1）启动需要启动引导程序，而（2）启动引导程序可以安装在 MBR 及引导扇区两处这两个概念有基本的认识即可，一开始就记太多东西会很混乱。

◆ UEFI BIOS 搭配 GPT 启动的流程[注2]

我们现在知道 GPT 可以提供 64 位的寻址，然后也能够使用较大的区块来处理启动引导程序，但是 BIOS 其实不懂 GPT。还得要通过 GPT 提供兼容模式才能够读写这个磁盘设备，而且 BIOS 仅是 16 位的程序，在与现阶段新的操作系统接轨方面有点弱。为了解决这个问题，因此就有了 UEFI（Unified extensible Firmware Interface）这个统一可扩展固件接口的产生。

UEFI 主要是想要取代 BIOS 这个固件接口，因此我们也称 UEFI 为 UEFI BIOS。UEFI 使用 C 程序语言编写，比起使用汇编语言的传统 BIOS 要更容易开发。也因为使用 C 语言来编写，因此如果开发者够厉害，甚至可以在 UEFI 启动阶段就让该系统了解 TCP/IP 而直接上网，根本不需要进入操作系统，这让小型系统的开发充满各式各样的可能性。

基本上，传统 BIOS 与 UEFI 的差异可以用《T 客帮》杂志整理的表格来说明：

比 较 项 目	传统 BIOS	UEFI
使用程序语言	汇编语言	C 语言
硬件资源控制	使用中断（IRQ）管理 不可变的内存存取 不可变的输入/输出存取	使用驱动程序与协议
处理器运行环境	16 位	CPU 保护模式
扩充方式	通过 IRQ 连接	直接加载驱动程序
第三方厂商支持	较差	较佳且可支持多平台
图形能力	较差	较佳
内置简化操作系统环境	不支持	支持

从上面我们可以发现，与传统的 BIOS 不同，UEFI 简直就像是一个低级的操作系统，甚至于连主板上面的硬件资源的管理，也跟操作系统相当类似，只需要加载驱动程序即可控制操作。同时由于其功能特性，一般来说，使用 UEFI 的主机，在开机的速度上要比 BIOS 快上许多。因此很多人都觉得 UEFI 似乎可以发展成为一个很有用的操作系统，不过，关于这个你无须担心未来除了 Linux 之外，还得要增加学一个 UEFI 的操作系统，为啥？

UEFI 当初在开发的时候，就制定了一些规则在里面，包括硬件资源使用轮询（Polling）的方式来管理，与 BIOS 直接使用 CPU 以中断的方式来管理比较，这种轮询的效率稍微低一些。另外，UEFI 并不能提供完整的缓存功能，因此执行效率也没有办法提升。不过由于加载所有的 UEFI 驱动程序之后，系统会启动一个类似操作系统的 Shell 环境，用户可以在此环境中执行任意的 UEFI 应用程序，而且效果比 MS-DOS 更好。

所以，因为效果华丽但性能不佳，这个 UEFI 大多用来实现启动操作系统之前的硬件检测、启动管理、软件设置等目的，基本上是比较难的。同时，当加载操作系统后，一般来说，UEFI 就会停止工作，并将系统交给操作系统，这与早期的 BIOS 差异不大。比较特别的是，在某些特定的环境下，这些 UEFI 程序是可以部分继续执行，从而在某些操作系统无法找到特定设备时，该设备还可以持续运行。

此外，由于过去骇客（Cracker）经常借由 BIOS 启动阶段来破坏系统，并取得系统的控制权，因此 UEFI 加入了一个所谓的安全启动（secure boot）功能，这个功能代表着即将启动的操作系统必须要被 UEFI 所验证，否则就无法顺利启动。微软用了很多这样的功能来管理硬件。不过加入这个功能后，许多的操作系统，包括 Linux，就很有可能无法顺利启动。所以，某些时刻，你可能得要将 UEFI 的 secure boot 功能关闭，才能够顺利地进入 Linux。

另外，与 BIOS 模式相比，虽然 UEFI 可以直接获取 GPT 的分区表，不过最好依旧拥有 BIOS boot 的分区支持，同时，为了与 Windows 兼容，并且提供其他第三方厂商所使用的 UEFI 应用程序存储的空间，你必须要格式化一个 FAT 格式的文件系统分区，大约提供 512MB 到 1GB 左右的大小，以让其他 UEFI 执行较为方便。

> 由于 UEFI 已经解决了 BIOS 的 1024 柱面的问题，因此你的启动引导程序与内核可以放置在磁盘开始的前 2TB 位置内即可。加上之前提到的 BIOS boot 以及 UEFI 支持的分区，基本上你的 /boot 目录几乎都是 /dev/sda3 之后的号码。这样启动还是没有问题的，所以要注意，与以前熟悉的分区情况已经不同，/boot 不再是 /dev/sda1。

2.2.4　Linux 安装模式下，磁盘分区的选择（极重要）

在 Windows 系统重新安装之前，你可能会事先考虑，到底系统盘 C 盘要有多大容量？而数据盘 D 盘又要给多大容量等，然后实际安装的时候，你会发现其实 C 盘之前会有个 100MB 的分区被独立出来，所以实际上你就会有三个分区，那 Linux 下面又该如何设计类似的东西呢？

◆　目录树结构（directory tree）

我们前面有谈过 Linux 内的所有数据都是以文件的形式来呈现，所以，整个 Linux 系统最重要的地方就是在于目录树架构。所谓的目录树架构（directory tree）就是以根目录为主，然后向下呈现为分支状的目录结构的一种文件架构。所以，**整个目录树架构最重要的就是那个根目录（root directory），这个根目录的表示方法为一条斜线"/"**，所有的文件都与目录树有关。目录树的呈现方式如图 2.2.9 所示。

如图 2.2.9 所示，所有的文件都是由根目录（/）衍生来的，而子目录之下还能够有其他的数据存在。

图 2.2.9 中长方形为目录，波浪形则为文件。那当我们想要取得 mydata 那个文件时，系统就得由根目录开始找，然后找到 home 接下来找到 dmtsai，最终的文件名为：/home/dmtsai/mydata。

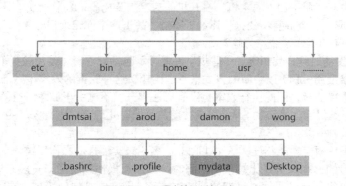

图 2.2.9　目录树相关性示意图

我们现在知道整个 Linux 系统使用的是目录树架构，但是我们的文件数据其实是放置在磁盘分区当中，现在的问题是"**如何结合目录树的架构与磁盘内的数据**"？这个时候就牵扯到挂载（mount）的问题。

◆ 文件系统与目录树的关系（挂载）

所谓的"挂载"就是利用一个目录当成进入点，将磁盘分区的数据放置在该目录下；也就是说进入该目录就可以读取该分区的意思。这个操作我们称为"挂载"，那个进入点的目录我们称为"挂载点"。由于整个 Linux 系统最重要的是根目录，因此根目录一定需要挂载到某个分区，至于其他的目录则可依用户自己的需求挂载到不同的分区，我们以图 2.2.10 作为一个说明：

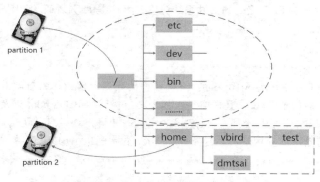

图 2.2.10　目录树与分区之间的相关性

上图中假设我的硬盘分为两个分区，分区 1 是挂载到根目录，至于分区 2 则是挂载到 /home 这个目录。这也就是说，当我的数据放置在 /home 内的各层目录时，数据是放置到分区 2 中的，如果不是放在 /home 下面的目录，那么数据就会被放置到 partition 1。

> Windows 也是用挂载的概念。鸟哥上课经常谈到的范例就是，当你拿 U 盘连接到你的 Windows 时，系统会检测到一个 F 盘，那你想要读取 U 盘的数据，要去哪里？当然就去 F 盘。同样的这个 U 盘，当你拿到学校的 Windows 时，却显示的是 H 盘好了，那你要读取 U 盘的数据还是去 F 盘吗？当然不是，你会去 H 盘。这个"设备与磁盘分区对应的关系，就是 Windows 概念下的挂载"。这样说，有没有比较容易理解呢？

其实判断某个文件在哪个分区下面是很简单的，通过反向追踪即可。以上图来说，当我想要知道 /home/vbird/test 这个文件在哪个分区时，由 test --> vbird --> home --> /，**看哪个"进入点"先被查到那就是使用的进入点**。所以 test 使用的是/home 这个进入点而不是/。

例题

现在让我们来想一想，我的计算机系统如何读取光盘内的数据？在 Windows 里面使用的是"光驱"的代号方式处理（假设为 E 盘时），但在 Linux 下面我们依旧使用目录树。在默认的情况下，Linux 是将光驱的数据放置到/media/cdrom 里面。如果光盘里面有个文件名为"我的文件"的文件，那么这个文件是在哪里？

答：这个文件最终会在如下的完整文件名中：
- Windows：**桌面\我的计算机\E:\我的文件**
- Linux：/media/cdrom/**我的文件**

如果光驱并非被挂载到/media/cdrom，而是挂载到/mnt 这个目录时，刚刚读取的这个文件的文件名会变成：
- /mnt/**我的文件**

如果你了解这个文件名，这表示你已经知道了挂载的意义。初次接触 Linux 时，这里最容易搞混，因为它与 Windows 的分区代号完全不一样。

◆　发行版安装时，挂载点与磁盘分区的规划

既然我们在 Linux 系统下使用的是目录树系统，所以安装的时候自然就得要规划磁盘分区与目录树的挂载。实际上，在 Linux 安装的时候已经提供了相当多的默认模式让你选择分区的方式，不过，无论如何，分区的结果可能都不是很能符合自己主机的样子。因为毕竟每个人的"想法"都不太一样。因此，**强烈建议使用"自定义安装（Custom）"这个安装模式**。在某些 Linux 发行版中，会将这个模式写得很厉害，称为"Expert，专家模式"，这个就厉害了，请相信您自己，了解上面的说明后，就请自称为专家了吧，没有问题。

- 自定义安装"Custom"
- A：**初次接触 Linux：只要划分"/"及"交换分区"即可**

通常初次安装 Linux 系统的朋友们，我们都会建议它直接以一个最大的分区"/"来安装系统。这样做有个好处，就是不怕分区错误造成无法安装的困境。例如/usr 是 Linux 的可执行程序及相关的文件存放的目录，所以它的容量需求蛮大的，万一你划分了一块分区给/usr，但是却给得不够大，那么就伤脑筋了。因为会造成无法将数据完全写入的问题，就有可能会无法安装。因此如果你是初次安装的话，那么可以仅划分成两个分区"/与交换分区"即可。

- B：**建议分区的方法：预留一个备用的剩余磁盘容量**

在想要学习 Linux 的朋友中，最麻烦的可能就是得要常常处理分区的问题，因为分区是系统管理员很重要的一个任务。但如果你将整个硬盘的容量都用光了，那么你要如何练习分区呢？所以鸟哥在后续的练习中也会这样做，就是请你特别预留一些未划分的磁盘容量，作为后续练习时可以用来分区之用。

此外，预留的分区也可以拿来做为备份之用。我们在实际操作 Linux 系统的过程中，如果发现某些脚本或是重要的文件很值得备份时，就可以使用这个剩余的容量划分出新的分区，并使用来备份重要的配置文件或是脚本。这有个最大的好处，就是当我的 Linux 重新安装的时候，我的一些软件或工具程序马上就可以直接在硬盘当中找到，这样重新安装比较便利。为什么要重新安装？因为没有安装过 Linux 十次以上，不要说你学会了 Linux，慢慢体会这句话吧！

- 选择 Linux 安装程序提供的默认硬盘分区方式

对于首次接触 Linux 的朋友们，鸟哥通常不建议使用各个发行版所提供默认的 Server 安装方式，

因为会让你无法得知 Linux 在搞什么,而且也不见得可以符合你的需求。而且要注意的是,选择 Server 的时候,请确定你的硬盘数据是不再需要,因为 Linux 会自动地把你的硬盘里面旧有的数据全部删除。

现在你知道 Linux 为什么不好学了吧?因为很多基础知识都得要先了解。否则连安装都不知道怎么安装。现在你知道 Linux 的可爱了吧?因为如果你学会了,嘿嘿,很多计算机系统与操作系统的概念都很清晰,转换到不同的工作岗位比较容易哦。

2.3 安装 Linux 前的规划

安装最重要的第一件事,就是要取得 Linux 发行版的安装文件,该如何去下载?目前有这么多的发行版,你应该要选择哪一个版本比较好?为什么会比较好?目前,你可以在哪里下载你所需要的 Linux 发行版?这是这一小节所要讨论的内容。

2.3.1 选择适当的 Linux 发行版

就如同第 1 章里面提到的发行版,事实上每个 Linux 发行版使用的都是来自于 https://www.kernel.org 官方网站所提供的 Linux 内核,各家发行版使用的软件其实也都是大同小异,最大的差别或许就是在于软件的安装模式而已。所以,您只要选择其中一个,并且玩得出神入化,那么 Linux 肯定可以学成。

不过,由于近年来网络环境实在不太安全,因此你在选择发行版时,特别要了解到该发行版适合的环境,并且最好选择**最新的**发行版较佳。以鸟哥来说,如果是将 Linux 定位在服务器上面的话,那么 Red Hat Enterprise Linux 及 SUSE Enterprise Linux 应该是很不错的选择,因为它的版本修改幅度较小,并且更新支持的期限较长。

在我们这次的练习中,不想给大家太沉重的费用负担,所以鸟哥选择 CentOS 这一个号称与 RHEL 完全兼容的版本来练习,目前(2015/05)最新的版本是 CentOS 7.1 版。不过,从 CentOS 7.0 版本开始,安装文件已经不再提供 32 位兼容版本,即仅有 64 位的硬件才能够使用该安装文件来装系统。旧的 32 位硬件系统已经不再提供安装文件。

改编者注:目前(2016/08),CentOS 官方有提供 32 位版本的 CentOS 7 安装文件,但是此版本非原生版本。

你可以选择到 CentOS 的官方网站去下载最新的版本,不过现在大陆有镜像站(mirror site),所以由镜像站来下载比较快。下面列出 CentOS 的下载地址:

◆ CentOS 官方网站:http://mirror.centos.org/centos/7/isos/
◆ 中科大镜像站:http://centos.ustc.edu.cn/centos/7/isos/
◆ 清华大学镜像站:https://mirrors.tuna.tsinghua.edu.cn/centos/7/isos/

CentOS 7.x 提供了完整版本(everything)以及大部分安装软件的 DVD 版本,鸟哥建议如果你的网络速度够快,下载 everything 版本即可。如果你得要使用光驱来安装的话,那直接下载 DVD 版本并且刻录到 DVD 光盘上面即可安装。如果不想要安装,只想要看看到底启动会是什么 Linux 环境,可以下载 Live CD/LiveGNOME/LiveKDE 等版本来测试。如果想要练习,可以直接使用最小安装光盘版(Minimal)来安装。

不知道你有没有发现,怎么我想要下载的文件名会是 CentOS-7-x86_64-Everything-1503-01.iso 这样的格式?那个 1503 是啥东西?其实从 CentOS 7 之后,版本命名的依据就跟发表的日期有关。那个 CentOS-7 指的是 7.x 版本,x86_64 指的是 64 位操作系统,Everything 指全功能版本，1503 指的是 2015 年的 3 月发布版本，01.iso 则得要与 CentOS 7 搭配，所以是 CentOS 7.1 版的意思。

你所下载的文件扩展名是.iso，这就是所谓的 image 文件（镜像文件）。这种镜像文件是由光盘直接刻录成的文件，文件非常大，建议你不要使用浏览器（IE 或 Firefox）来下载，可以使用 FTP 客户端程序来下载，例如 FileZilla（https://filezilla-project.org/download.php）等，这样就不需要担心掉线的问题，因为可以断点续传。

此外，这种镜像文件不能以数据格式刻录成为 CD/DVD。你必须要使用刻录程序的功能，将它以"镜像文件格式"刻录成为 CD 或 DVD 才行，切记不要使用刻录数据文件格式来刻录。

2.3.2　主机的服务规划与硬件的关系

我们前面已经提过，由于主机的服务目的不同，所需要的硬件等级与配置自然也就不一样。下面鸟哥简单提一提每种服务可能会需要的硬件设备规划，当然，还是得提醒，每个朋友的需求都不一样，所以设计您的主机之前，请先针对自己的需求进行考虑。如果您不知道自己的考虑是什么，那么就先拿一台普通的计算机来玩一玩吧！不过要记得，**不要将重要数据放在练习用的 Linux 主机上面。**

◆ 打造 Windows 与 Linux 共存的环境

在某些情况之下，你可能会想要在"**一台主机上面安装两个以上的操作系统**"，例如下面这些状况：

● 我的环境里面仅能允许我拥有一台主机，不论是经济问题还是空间问题；

● 因为目前各主要硬件还是针对 Windows 进行驱动程序的开发，我想要同时拥有 Windows 操作系统与 Linux 操作系统，以确定在 Linux 下面的硬件应该使用哪个 I/O 端口或是 IRQ 的分配等；

● 我的工作需要同时使用到 Windows 与 Linux 操作系统。

果真如此的话，那么刚刚我们在上一个小节谈到的**启动流程与多重引导**的数据就很重要了，因为需要如此你才能够在一台主机上面操作两种不同的操作系统。

如果你的 Linux 主机已经是想要拿来作为某些服务之用时，那么务必不要选择太旧的硬件。前面谈到过，太旧的硬件可能会有电子元件老化的问题，另外，如果你的 Linux 主机必须要全年无休地运行，那么摆放这台主机的位置也需要选择。好了，下面再来谈一谈，在一般小型企业或学校单位中，常见的某些服务与你的硬件关系有哪些？

◆ NAT（完成 IP 分享器的功能）

通常小型企业或是学校大多仅会有一条对外的连线，然后全公司或学校内的计算机全部通过这条连线连接到互联网。此时我们就要使用 IP 分享器来将这一条对外连线分享给所有的内部人员使用。那么 Linux 是否具备 IP 分享的功能呢？当然可以，通过 NAT 服务即可完成这项任务。

在这种环境中，由于 Linux 作为一个内/外分离的实体，因此网络流量会比较大一点。此时 Linux 主机的网卡就需要比较好些的设备，其他的 CPU、内存、硬盘等的影响就小很多。事实上，单利用 Linux 作为 NAT 主机来共享 IP 是很不明智的，因为 PC 的耗电能力比路由器要大得多。

那么为什么你还要使用 Linux 作为 NAT？因为 Linux NAT 还可以额外地安装很多分析软件，可以用来分析客户端的连线，或是用来控制带宽与流量，达到更公平的带宽使用。更多的功能则有待后续更多的学习，你也可以参考我们在《服务器架设篇》当中的内容。

◆ SAMBA（加入 Windows 网络邻居）

在你的 Windows 系统之间如何传输数据？当然就是通过网络邻居来完成，这也是学校老师在上课过程中要分享数据给同学常用的功能。问题是 Windows 7 的网络邻居一般只能同时分享给十个客户端，超过的话就要等待，真不人性化。

我们可以使用 Linux 上面的 SAMBA 这个软件来完成加入 Windows 网络邻居的功能。SAMBA 的性能不错，也没有客户端数量的限制，相当适合于一般学校环境的文件服务器（file server）的角色。

这种服务器由于分享的数据量较大，系统的网卡与硬盘的大小及速度就比较重要，如果你还针对不同的用户提供文件服务器功能，那么/home 这个目录可以考虑独立出来，并且加大容量。

◆ Mail（邮件服务器）

邮件服务器是非常重要的，尤其对于现代人来说，电子邮件几乎已经取代了传统的人工邮件寄送。拜硬盘价格大跌及 Google、Yahoo、Microsoft 公平竞争所赐，一般免费的 email 邮箱几乎都提供了很不错的邮件服务，包括 Web 界面的传输、大于 2GB 以上的容量空间及全年无休的服务等，例如非常多人使用的 Gmail 就是一例：https://gmail.com。

虽然免费的邮箱已经够用，老实说，鸟哥也不建议您搭建邮件服务器了。问题是，如果你是一私人公司，你的公司内发送的 email 是具有商业机密或隐私性，那你还想要交给免费邮箱去管理吗？此时才有需要搭建邮件服务器。在邮件服务器上面，重要的也是硬盘容量与网卡速度，在此情境中，也可以将/var 目录独立出来，并加大容量。

◆ Web（WWW 服务器）

WWW 服务器几乎是所有的网络主机都会安装的一个功能，因为它除了可以提供互联网的 WWW 连接之外，很多在网络主机上面的软件功能（例如某些分析软件所提供的最终分析结果的界面）也都使用 WWW 作为显示的接口，所以这家伙也非常重要。

CentOS 使用的是 Apache 这个软件来完成 WWW 网站的功能。在 WWW 服务器上面，如果你还有提供数据库系统的话，那么 CPU 的等级就不能太低，而最重要的则是内存，要增加 WWW 服务器的性能，通常提升内存是一个不错的考虑。

◆ DHCP（提供客户端自动获取 IP 的功能）

如果你是个局域网络管理员，你的网络内共有 20 台以上的计算机给一般员工使用，这些员工假设并没有计算机网络的维护技能。那你想要让这些计算机在连上互联网时需要手动去设置 IP 还是让它自动地获取 IP？当然是自动获取比较方便，这就是 DHCP 的功能。客户端计算机只要选择"自动获取 IP"，其他的就是你系统管理员在 DHCP 服务器上面设置一下即可，这个东西的硬件要求可以不必很高。

◆ FTP

常常看到很多朋友喜欢架设 FTP 去进行网络数据的传输，甚至很多人会私下架设 FTP 网站去传输些违法的文件。老实说，FTP 传输再怎么地下化也是很容易被查到，所以，鸟哥相当不建议您架设 FTP。不过，对于大专院校来说，因为常需要分享给全校师生一些免费的资源，此时匿名用户的 FTP 软件功能就很需要存在了。对于 FTP 的硬件需求来说，硬盘容量与网卡好坏相关性较高。

大致上我们会安装的服务器软件就是这些。当然，还是那句老话，在目前你刚接触 Linux 的这个阶段中，还是以 Linux 基础为主，鸟哥也希望你先了解 Linux 的相关主机操作技巧，其他的搭建网站等需求，未来再谈吧！而上面列出的各项服务，仅是提供给你如果想要架设某种网络服务的主机时，你应该如何规划主机比较好。

2.3.3　主机硬盘的主要规划

系统对于硬盘的需求跟刚刚提到的主机开放的服务有关，那么除了这点之外，还有没有其他的注意事项？当然有，那就是数据的分类与数据安全性的考虑。所谓的数据安全并不是指数据被骇客（Cracker）所破坏，而是指"当主机系统的硬件出现问题时，你的文件数据能否安全地保存"之意。

常常会发现网络上有些朋友在问"我的 Linux 主机因为断电的关系，造成不正常的关机，结果导致无法开机，这该如何是好？"幸运一点的可以使用 fsck 工具来解决硬盘的问题，麻烦一点的可能还需要重新安装 Linux。另外，由于 Linux 是多人多任务的环境，因此很可能上面已经有很多人的数据在其中，如果需要重新安装的话，光是迁移与备份数据就会疯掉，所以硬盘的分区考虑是相当重要的。

虽然我们在本章的第二小节部分谈论过磁盘分区，但是，**硬盘的规划对于 Linux 新人而言，那将是造成你头疼的主要凶手之一。**因为硬盘的分区技巧需要对 Linux 文件结构有相当程度的认知之后才能够做比较完善的规划。所以，在这里你只要有个基础的认识即可。老实说，没有安装过十次以上的 Linux 系统，是学不会 Linux 与磁盘分区的。

无论如何，下面还是说明一下基本硬盘分区的模式吧！

◆　**最简单的分区方法**

这个在上面第二节已经谈过了，就是仅划分出根目录与内存交换分区（ / 与 swap ）即可，然后再预留一些剩余的磁盘空间以供后续的练习之用。不过，这当然是不保险的分区方法了（所以鸟哥常常说这是"懒人分区法"）。因为如果任何一个小细节坏掉（例如坏道的产生），你的根目录将可能整个的损坏，挽救方面较困难。

◆　**稍微麻烦一点的方式**

较麻烦一点的分区方式就是先分析这台主机的未来用途，然后根据用途去分析需要较大容量的目录，以及读写较为频繁的目录，将这些重要的目录分别独立出来而不与根目录放在一起，那当这些读写较频繁的磁盘分区有问题时，至少不会影响到根目录的系统数据，那恢复方面就比较容易。在默认的 CentOS 环境中，下面的目录是比较符合容量大且（或）读写频繁的特征的目录：

- /boot
- /
- /home
- /var
- swap

以鸟哥为例，通常我会希望我的邮件主机大一些，因此我的/var 通常会给数个 GB 的大小，如此一来就可以不担心会有邮件空间不足的情况。另外，由于我开放 samba 服务，给每个研究室内人员提供数据备份空间，所以/home 所开放的空间也很大。至于/usr/的容量，大概只要给 2 ~ 5GB 即可。凡此种种均与您当初规划的主机服务有关，因此，**请特别注意您的服务种类，然后才进行硬盘的规划。**

2.3.4　鸟哥的两个实际案例

这里说一下鸟哥的两个实际的案例，这两个案例是目前还在运行的主机。要先声明的是，鸟哥的范例不见得是最好的，因为每个人的考虑并不一样，我只是提供相对可以使用的方案而已。

案例一：家用的小型 Linux 服务器，IP 共享与文件共享中心

◆　**提供服务**

提供家里的多台计算机的网络联机共享，所以需要 NAT 功能。提供家庭成员的数据存放容量，由于家里使用 Windows 系统的成员不少，所以创建 Samba 服务器，提供网络邻居的网络驱动器功能。

◆　**主机硬件设备**

- CPU 使用 AMD Athlon 4850e 省电型 CPU；
- 内存大小为 4GB；
- 两块网卡，控制芯片为常见的螃蟹卡（ Realtek ）；
- 只有一块 640GB 的磁盘；
- 显卡为 CPU 集成的显卡（ Radeon HD 3200 ）；
- 安装完毕后将屏幕、键盘、鼠标、DVD-ROM 等设备均移除，仅剩下网线与电源线。

第一部分
Linux 的规则与安装　　第二部分
Linux 文件、目录与磁盘格式　　第三部分
学习 shell 与 shell script　　第四部分
Linux 使用者管理　　第五部分
Linux 系统管理员

- ◆ 硬盘分区
  - 分成 /、/usr、/var、/tmp 等目录均独立；
  - 1 GB 的交换分区；
  - 安装比较过时的 CentOS 5.x 最新版。

  案例二：提供 Linux 的 PC 集群（Cluster）
- ◆ 提供服务

  提供研究室成员对于模型仿真的软、硬件平台，主要提供的服务并非因特网服务，而是研究室内部的研究工作分析。
- ◆ 主机硬件设备
  - 利用两台多核处理器（一台 20 核 40 线程，一台 12 核 24 线程），搭配 10G 网卡组合而成；
  - 使用集成显卡；
  - 计算用主机仅一块磁盘，存储用主机提供 8 块 2TB 磁盘组成的磁盘阵列；
  - 一台 128GB 内存，一台 96GB 内存。
- ◆ 硬盘分区
  - 计算主机方面，整块磁盘仅分/boot、/及交换分区而已；
  - 存储主机方面，磁盘阵列分成两块磁盘，一块 100GB 给系统用，一块 12TB 存放数据用。系统磁盘划分出/boot、/、/home、/tmp、/var 等分区，数据磁盘全部容量规划在同一个分区。
  - 安装最新的 CentOS 7.x 版。

在上面的案例中，案例一是属于小规模的主机系统，因此只要使用预计被淘汰的设备即可进行主机的架设。唯一可能需要购买的大概是网卡吧！而在案例二中，由于我需要大量的数值计算，且计算结果的数据非常的庞大，因此就需要比较大的磁盘容量与较佳的网络系统。以上的数据请先记得，因为下一章节在实际安装 Linux 之前，你得先进行主机的规划。

2.4　重点回顾

- ◆ 新添购计算机硬件设备时，需要考虑的角度有游戏机/工作机、性能/价格比、性能/消耗瓦数、支持度等。
- ◆ 旧的硬件设备可能由于保存的问题或是电子元件老化的问题，导致计算机系统非常容易在运行过程中出现不明的宕机情况。
- ◆ Red Hat 的硬件支持情况：https://hardware.redhat.com/?pagename=hcl。
- ◆ 在 Linux 系统中，每个设备都被当成一个文件来对待，每个设备都会有设备文件名。
- ◆ 磁盘设备文件名通常分为两种，实际 SATA 与 USB 设备文件名为/dev/sd[a-p]，而虚拟机的设备可能为/dev/vd[a-p]。
- ◆ 磁盘的第一个扇区主要记录了两个重要的信息，分别是：（1）主引导记录（Master Boot Record，MBR）：可以安装启动引导程序的地方，有 446 字节；（2）分区表（partition table）：记录整块硬盘分区状态，有 64 字节。
- ◆ 磁盘的 MBR 分区方式中，主要与扩展分区最多可以有四个，逻辑分区的设备文件名号码，一定由 5 号开始。
- ◆ 如果磁盘容量大于 2TB 以上时，系统会自动使用 GPT 分区方式来处理磁盘分区。
- ◆ GPT 分区已经没有扩展与逻辑分区的概念，你可以想象成所有的分区都是主要分区。
- ◆ 某些操作系统要使用 GPT 分区时，必须要搭配 UEFI 固件才可以安装使用。
- ◆ 开机的流程由：BIOS-->MBR-->引导启动程序-->内核文件。
- ◆ 引导启动程序的功能主要有：提供选项、加载内核、转交控制权给其他引导启动程序。
- ◆ 引导启动程序可以安装的地点有两个，分别是 MBR 与引导扇区。

◆　Linux 操作系统的文件使用目录树系统，与磁盘的对应需要有挂载的操作才行。
◆　新手的简单分区，建议只要有/及交换分区两个分区即可。

2.5　本章习题

实践题部分

◆　请分析你的家用计算机，以你的硬件设备来计算可能产生的耗电量，最终再以计算出来的总瓦数乘上你可能运行的时间，以推估出一年你可能会在你的这台主机上面花费的电费？

问答题部分

◆　一台计算机主机是否只要 CPU 够快，整体速度就会提高？
◆　Linux 对于硬件的要求需要的考虑是什么？是否一定要很好的设备才能安装 Linux ？
◆　一台好的主机在安装之前，最好先进行规划，哪些是必须要注意的 Linux 主机规划事项？
◆　请写下下列设备中，在 Linux 的设备文件名：
SATA 硬盘；
CD-ROM；
打印机；
◆　目前在个人计算机上面常见的硬盘与主板的连接接口有哪两个？

2.6　参考资料与扩展阅读

◆　注 1：维基百科上关于 GUID、GPT 磁盘分区表与 MBR 限制的介绍。
https://en.wikipedia.org/wiki/GUID_Partition_Table
https://en.wikipedia.org/wiki/Globally_unique_identifier
◆　注 2：有关 UEFI 的介绍。
维基百科介绍：https://en.wikipedia.org/wiki/Unified_Extensible_Firmware_Interface
Arch 官网的介绍：https://wiki.archlinux.org/index.php/Unified_Extensible_Firmware_Interface
Ubuntu 官网的介绍：https://help.ubuntu.com/community/UEFI
openSUSE 官网的介绍：https://en.opensuse.org/openSUSE:UEFI
Debian 官网的介绍：https://wiki.debian.org/UEFI

3

第3章　安装 CentOS 7.x

　　Linux 发行版越做越成熟，所以在安装方面也越来越简单。虽然安装非常简单，但是刚刚前一章所谈到的基础认知还是需要了解，包括 MBR/GPT、硬盘分区、启动引导程序、挂载、软件的选择等。这一章鸟哥的安装目标定义为"一台练习机"，所以安装的方式都是以最简单的方式来处理。另外，鸟哥选择的是以 CentOS 7.x 来安装。在本书中，只要标题内含有（可选），代表是鸟哥额外的说明，你应该看看就好，不需要实践。

3.1　本练习机的规划（尤其是分区参数）

　　读完"主机规划与磁盘分区"章节之后，相信你对于安装 Linux 之前要做的事情已经有了基本的概念。

　　如果你已经读完了第 2 章，那么下面就实际针对第 2 章的介绍来一一规划我们所要安装的练习机。请大家注意，我们后续的章节与本章的安装都有相关性，所以，请务必要了解到我们这一章的做法。

◆　Linux 主机的角色定位

　　本主机架设的主要目的在于练习 Linux 的相关技术，所以几乎所有的软件都要安装，因此连较耗系统资源的 X Window System 也必须要安装才行。

◆　选择合适的 Linux 发行版

　　由于我们对于 Linux 的定位为服务器的角色，因此选择号称完全兼容于商业版 RHEL 的社区版本，即 CentOS 7.x，请回到 2.3.1 节去获得下载信息。

◆　计算机系统硬件设备

　　由于虚拟机越来越流行，因此鸟哥这里使用的是 Linux 原生的 KVM 所搭建出来的虚拟硬件环境。对于 Linux 还不熟的朋友来说，建议你使用 2.4 节提到的 VirtualBox 来进行练习。至于鸟哥使用的方式可以参考文末的扩展阅读，里面有许多的文章可参考[注1]。鸟哥的虚拟机硬件设备如下。

●　CPU 等级类别

　　通过 Linux 原生的虚拟系统管理器，使用本机的 CPU 类型。本机 CPU 为 Intel i7 2600，这是块三四年前很流行的 CPU，至于芯片组则由 KVM 自行设置。

●　内存

　　通过虚拟化技术提供大约 1.2GB 的内存。

●　硬盘

　　使用一块 40GB 的 Virtio 接口的磁盘，因此磁盘文件名应该会是 /dev/vda。同时提供一块 2GB 左右的 IDE 接口的磁盘，这块磁盘仅是作为测试之用，并不安装系统，因此还有一块 /dev/sda。

●　网卡

　　使用 Bridge（桥接）的方式设置了对外网卡，网卡同样使用 Virtio 接口，还好 CentOS 本身就有提供驱动程序，所以可以直接识别网卡。

●　显卡

　　使用的是在 Linux 环境下运行还算流畅的 QXL 显卡，给予 60MB 左右的显存。

●　其他输入/输出设备

　　还有模拟光驱、USB 鼠标、USB 键盘以及 17 英寸屏幕输出等设备。

◆　磁盘分区的配置

　　在第 2 章里面谈到了 MBR 与 GPT 磁盘分区表配置的问题，在目前的 Linux 环境下，如果你的磁盘没有超过 2TB 的话，那么 Linux 默认是会使用 MBR 分区表格式。由于我们仅分出 40GB 的磁盘来玩，所以默认上会以 MBR 来配置。这点鸟哥不喜欢，因为就无法练习新的环境了，因此，我们得在安装的时候加上某些参数，强制系统使用 GPT 的分区表来配置我们的磁盘，而预计实际分区的情况如下：

所需目录/设备	磁 盘 容 量	文 件 系 统	分 区 格 式
BIOS boot	2MB	系统自定义	主要分区
/boot	1GB	xfs	主要分区
/	10GB	xfs	LVM 方式
/home	5GB	xfs	LVM 方式
交换分区	1GB	swap	LVM 方式

由于使用 GPT 的关系，因此根本无须考虑主要、扩展、逻辑分区的差异。不过，由于 CentOS 默认还是会使用 LVM 的方式来管理你的文件系统，而且我们后续的章节也会介绍如何管理这东西，因此，我们这次就使用 LVM 管理机制来安装操作系统。

◆ 启动引导程序（boot loader）

练习机的启动引导程序使用 CentOS 7.x 默认的 grub2，并且安装于 MBR，也必须要安装到 MBR 上面才行，因为我们的硬盘空间全部用在 Linux 上面。

◆ 选择软件

我们预计这台练习机是要作为服务器之用，同时可能会用到图形用户界面模式来管理系统，因此使用的是"带 GUI 的服务器"的软件方式来安装。要注意的是，从 7.x 开始，默认选择的软件模式会是最小安装，所以千万记得软件安装时，要特别选择一下才行。

◆ 检查列表

最后，你可以使用下面的表格来检查一下，你要安装的内容与实际的硬件是否吻合：

详 细 项 目	是与否，或详细信息
01. 是否已下载且刻录所需的 Linux 发行版？（DVD 或 CD）	是，DVD 版
02. Linux 发行版的版本是什么？（如 CentOS 7.1 x86-64 版本）	CentOS 7.1，x64
03. 硬件等级是什么（如 i386、x86-64、SPARC 等，以及 DVD 或 CD-ROM）	x64
04. 前三项安装媒介、操作系统、硬件需求，是否吻合？	是，均为 x86-64
05. 硬盘数据是否可以全部被删除？	是
06. 硬盘分区是否做好确认（包括/与交换分区等容量）	已确认分区方式
硬盘数量: 1 块 40GB 硬盘，并使用 GPT 分区表 BIOS boot （2MB） /boot （1GB） / （10GB） /home （5GB） 交换分区 （1GB）	
07. 是否具有特殊的硬件设备（如 SCSI 磁盘阵列卡等）	有，使用 Virtio
08. 若有上述特殊硬件，是否已下载驱动程序？	CentOS 已内置
09. 启动引导程序与安装的位置是什么？	grub2，MBR
10. 网络信息（IP 参数等）是否已取得？	未取得 IP 参数
未取得 IP 的情况下，可以套用如下的 IP 参数： 是否使用 DHCP：无 IP:192.168.1.100 子网掩码：255.255.255.0 主机名:study.centos.vbird	
11. 所需要的软件有哪些？	Server with X

如果上面列表确认过都没有问题的话，那么我们就可以开始来安装咱们的 CentOS 7.x x86_64 版本了。

3.2　开始安装 CentOS 7

由于本章的内容主要是针对安装一台 Linux 练习机来设置的，所以安装的分区等过程较为简单。如果你已经不是第一次接触 Linux，并且想要使用一台要上线的 Linux 主机，请务必前往第 2 章看一下整体规划的想法。在本章中，你只要依照前一小节的检查列表，检查你所需要的安装媒介、硬件、软件信息等，然后就能够安装。

安装的步骤在各主要 Linux 发行版都差不多，主要的内容大概是：

1. 调整 BIOS：务必要使用 CD 或 DVD 光盘启动，通常需要调整 BIOS；
2. 选择安装模式并启动：包括图形用户界面或命令行模式等，也可加入特殊参数来启动进入安装界面；
3. 选择语言：由于不同地区的键盘按键不同，此时需要调整语系、键盘、鼠标等设备；
4. 软件选择：需要什么样的软件？全部安装还是默认安装即可？
5. 磁盘分区：最重要的地方之一，记得将刚刚的规划单拿出来设置；
6. 启动引导程序、网络、时区设置与 root 密码：一些需要的系统基础设置；
7. 安装后的首次设置：安装完毕后还有一些事项要处理，包括用户、SELinux 与防火墙等。

大概就是这样子吧！好了，下面我们就真的要来安装。

3.2.1　调整 BIOS 与虚拟机创建流程

因为鸟哥是使用虚拟机来做这次的练习，因此是在虚拟系统管理器的环境下选择"Boot Options"来调整启动顺序。基本上，就是类似调整 BIOS 让 CD 作为优先启动设备的意思。至于物理机器的处理方面，请参考您主板说明书，理论上都有介绍如何调整的说明。

另外，因为 DVD 实在太慢，所以，比较聪明的朋友或许会将前一章下载的镜像文件通过类似 dd 或是其他刻录软件，直接刻录到 U 盘上面，然后在 BIOS 里面调整成为 USB 设备优先启动的模式，这样就可以使用速度较快的 USB 设备来安装 Linux。Windows 上面或许可以使用类似 UNetbootin 或是 ISOtoUSB 等软件来处理。如果你已经有 Linux 的经验与系统，那么可以使用下面的方式来制作启动 U 盘：

```
# 假设你的 USB 设备为/dev/sdc，而 ISO 文件名为 centos7.iso 的话.
[root@study ~]# dd if=centos7.iso of=/dev/sdc
```

上面的过程会运行好长一段时间，时间的长短与你的 USB 设备读写速度有关。一般 USB 2.0 的写入速度大约不到 10MB/s 左右，而 USB3.0 可能可以在 50MB/s 左右，因此会等待好几分钟的时间。完成之后，这个 USB 设备就能够拿来作为启动与安装 Linux 之用。

一般的主板环境中，使用 USB 2.0 的 U 盘设备并没有什么问题，它就是被识别为便携设备。不过如果是 USB 3.0 的设备，那主板可能会将该设备识别为一块磁盘。所以在 BIOS 的设置中，你可能得要使用"磁盘启动"，并将这块 USB"磁盘"指定为第一优先启动设备，这样才能够使用这块 USB 设备来安装 Linux。

如果你暂时找不到主板说明书，那也没关系。当你的计算机重新启动后，看到屏幕上面会有几个文字告诉你如何进入设置（Setting）模式中。一般常用的进入按钮大概都是【Delete】键或是【F2】功能键，按下之后就可以看到 BIOS 界面，大概选择关键词为【Boot】的选项，就能够找到启动顺序的选项。

在调整完 BIOS 内的启动设备的顺序后，理论上你的主机已经可以使用可启动的光盘来启动计算机了。如果发生一些错误信息导致无法以 CentOS 7.x 的 DVD 来启动，很可能是由于：1）**计算机硬件不支持**；2）**光驱会挑盘**；3）**光盘有问题**。如果是这样，那么建议你再仔细地确认一下你的硬件是否有超频，或其他不正常的现象？另外，你的光盘来源也需要再次的确认。

◆ 在 Linux KVM 上面建立虚拟机的流程

如果你已经在物理机器上面创建好了 CentOS 7，然后想要依照我们这个基础篇的内容来实验一下学习的进度，那么可以使用下面的流程来建立与课程相似的虚拟机。创建流程不会很困难，看一看即可。

首先，你得从【应用程序】里面的【系统工具】找到【虚拟系统管理器】，点下它就会出现如下的图：

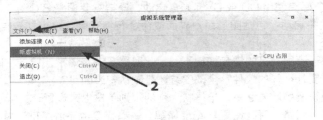

图 3.2.1　启动虚拟系统管理器示意图

因为我们是想要建立新的虚拟机，因此你要像上图那样，点选【文件】然后点选【新虚拟机】，接下来就能够看到如下图的模样来建立新机器。

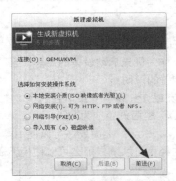 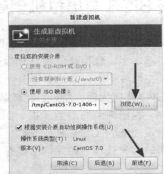

图 3.2.2　选择使用光盘来安装，并选择实际 CentOS 镜像文件所在

如上图所示，左图可以让你选择这个新的机器安装的时候，要安装的是哪个来源媒介，包括直接从网络来源安装、从硬盘安装等，我们当然是选择光盘镜像文件。按下前进就会进入选择光盘镜像文件的界面，这时请按【浏览】并且选择【文件系统】，再慢慢一个一个选择即可，之后就继续前进吧！

图 3.2.3　设置内存大小、CPU 数量、磁盘容量等重要项目

接下来如上图所示，你可以设置内存容量、CPU 核数以及磁盘的容量等。比较有趣的地方是你会看到上图右侧鸟哥写了 40GB 的容量，但可用容量只有 28GB，这样有没有关系？当然没关系。现在的虚拟机的磁盘驱动器，大多使用 qcow2 这个虚拟磁盘格式，这种格式是"用多少记录多少"，与你的实际使用量有关。既然我们才刚刚要使用，所以这个虚拟磁盘当然没有数据，既然没有数据需要写入，那就不会占用到实际的磁盘容量，尽管用，没关系。

在出现的界面中，选择【高级选项】之后，选择主机设备设置，然后点选桥接功能，如此一来才有办法让你的虚拟机网卡具有直接对外连接的功能。同时如果你想要更改设置的话，那么可以勾选【在安装前自定义配置】的复选框，之后按完成会出现如下图所示。

图 3.2.4　使用桥接的功能设置网络

图 3.2.5　设置完成的示意图

从图 3.2.5 当中，我们可以看到这台机器的相关硬件设备。不过，竟然没有发现光驱，真怪，那请按下上图中指针指的地方，加入一个新硬件，新硬件增加的示意图如图 3.2.6 所示。

如图 3.2.6 所示，我们来建立一个 IDE 接口的光驱，并且将光盘镜像文件加入其中。加入完成之后按下【完成】即可出现如下的最终界面。

这时你的虚拟机已经跟鸟哥的差不多了。如图 3.2.7 箭头所示选择启动设备为光驱，然后按下【开始安装】就能够获得与鸟哥在下面提供的各种设置环境了。

图 3.2.6　添加新虚拟硬件示意图

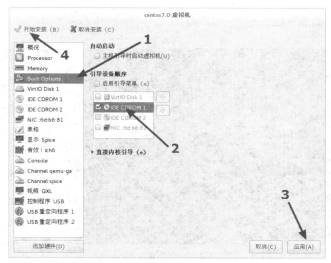

图 3.2.7　虚拟机最终创建完成示意图

为了方便维护与管理，鸟哥的虚拟机实际上是使用 Gocloud（http://www.gocloud.com.tw/）虚拟计算机教室系统所建立的。因此上述的流程与鸟哥实际创建的虚拟机有一些差异，不过差异不是很大，这里要先跟大家解释一下。

3.2.2　选择安装模式与启动（inst.gpt）

如果一切都顺利没问题的话，那么使用光盘镜像文件启动后，就会出现图 3.2.8 所示的界面。你有 60 秒的时间可以选择不同的操作选项，从上而下分别是：

1. 正常安装 CentOS 7；
2. 测试此光盘后再进入 CentOS 7 安装步骤；
3. 进入除错模式。选择此模式会出现更多的选项，分别是：

- 以基本图形用户界面模式安装 CentOS 7（使用标准显卡来设置安装步骤图示）；
- 恢复 CentOS 系统；
- 运行内存测试程序；
- 由本地磁盘正常启动，不由光盘启动。

基本上，除非你的硬件系统有问题，包括拥有比较特别的显卡外，否则使用"正常安装 CentOS 7"的步骤即可。如果你怀疑光盘有问题，就可以选择测试光盘后再进入 CentOS 7 安装的程序。如果你确信此光盘没问题，就不要测试了。假如你不在乎花费一两分钟的时间去测试看看光盘有没有问题，就使用测试后安装的步骤。不过要进入安装程序前请先等等，先进行下面的步骤再继续。

◆ 加入强制使用 GPT 分区表的安装参数

如前所述，如果磁盘容量小于 2TB 的话，系统默认会使用 MBR 分区表来安装。鸟哥的虚拟机仅有 40GB 的磁盘容量，所以默认肯定会用 MBR 分区表来安装。那如果想要强制使用 GPT 分区表的话，你就得这样做：

1. 使用箭头键，将图 3.2.8 的光标移动到【Install CentOS 7】选项；
2. 按下键盘的【Tab】按键，让光标移动到界面最下方输入额外的内核参数；
3. 在出现的界面中，输入如图 3.2.9 的参数（注意，各个参数之间要有空格，最后一个是光标本身而非下划线）。

图 3.2.8　光盘启动后安装界面之选择　　　图 3.2.9　加入额外的内核参数修改安装程序

其实重点就是输入"inst.gpt"这个关键词。输入之后系统会运行一段检测的画面，这段检测的流程依据你的光驱速度、硬件复杂度而有不同，反正就是等待个几秒钟到一两分钟就是了，如图 3.2.10 所示。

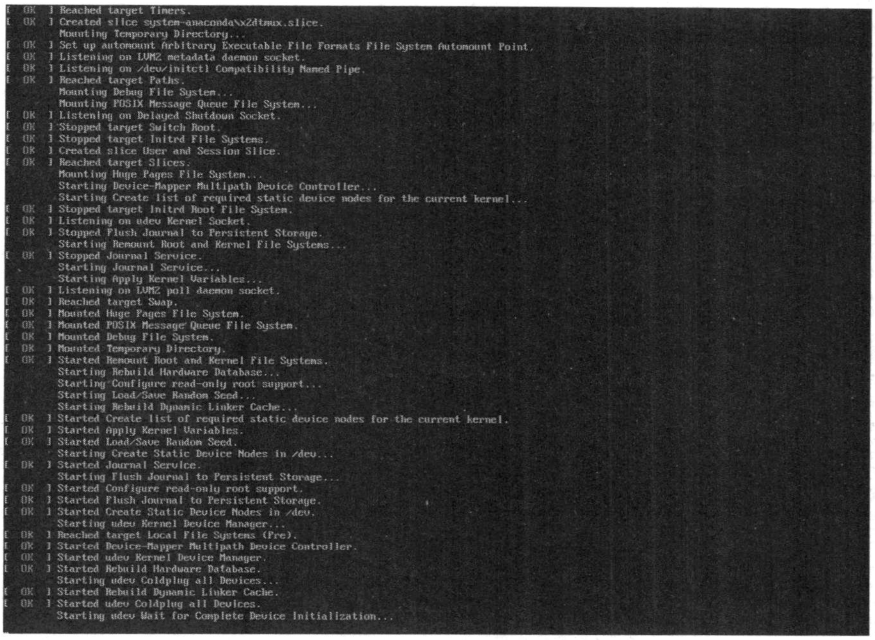

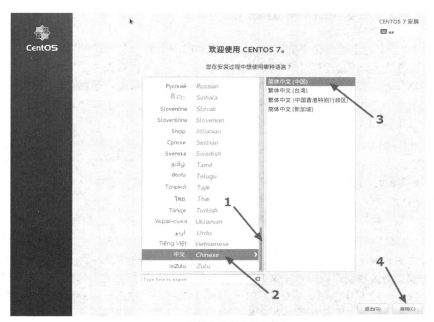

图 3.2.10　安装程序的检测系统过程

进入安装流程的第一个界面就是选择你熟悉的语言，这个选择还挺重要的，因为将来的默认语言、默认用户环境等，都跟这里有关，当然将来是可以改变的，如图 3.2.11 所示，你可以依据箭头的指示选择我们大陆常用的简体中文，然后就可以按下【继续】。

图 3.2.11　选择安装程序的语言显示

在 CentOS 7 的安装步骤中，已经将所有的可选步骤以按钮形式通通集中在了第一页。如图 3.2.12 所示，所以你可以在同一个界面中看完所有的设置，也可以跳着修改各个设置，不用被约束一项一项处理。下面我们就来谈谈每一个项目的设置方式。

图 3.2.12　统一按钮展示的安装界面

3.2.3　设置时区、语言与键盘布局

按图 3.2.12 当中的【本地化】类别中的【日期和时间】后，会出现世界地图。

你可以直接在世界地图上面选择到你想要的时区位置，也可以在图中【地区、城市】的下拉中列表选择你的城市即可。如果日期与时间不对，可以在相应处分别修改。虽然在有网络时，可以打开自动校准时间功能，不过因为我们的网络尚未设置好，所以【网络时间】按钮无法顺利开启。操作完毕后，按下【完成】按钮，即可回到图 3.2.12 中。

说实在的，我们这些老人家以前接触的界面，确认钮通常在右下方。第一次接触 CentOS 7 的安装界面时，花了将近一分钟去找确认按钮，还以为程序出错了，后来才发现在左上方，这……真是欺负老人的设计吗？哈哈哈哈。

时区选择之后，接下来请点选图 3.2.12 内的【键盘】，出现的界面如下：

这个很重要，因为我们需要输入中文，所以常常打字会在中/英文之间切换。过去我们经常使用的键盘布局是【Ctrl + 空格】按钮，或是【Ctrl + Shift】按钮，不过这一版的窗口界面，默认并没有提供任何的切换按钮，所以这里得要预先来设置一下比较妥当。如图中的箭头顺序去调整，不过鸟哥一直找不到习惯的【Ctrl + 空格】的组合键，只好用次习惯的【Ctrl + Shift】组合键，确认后可以按完成按钮即可。不过，如果你想要有其他语言的输入法的话，可以选择图中左下方用圆圈勾起来的地方，按下去就会出现如图 3.2.14 界面。

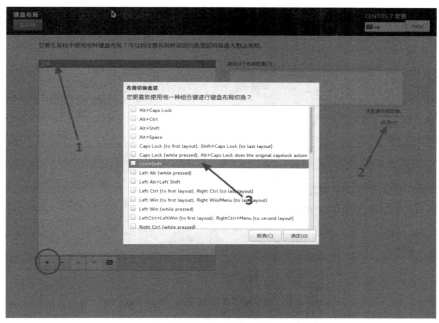

图 3.2.13　键盘设置

图 3.2.14　新增其他语言的键盘布局

里面有很多国家或地区的键盘布局可以选择，很有趣，有需要的朋友可以选择看看。至于【语言支持】的界面则与图 3.2.11 相同，所以这里就不多说了。

3.2.4　安装源设置与软件选择

回到图 3.2.12 后，按下【安装源】按钮之后，你会看到如下的界面：

因为我们是使用光盘启动，同时还没有设置网络，因此默认就会选择光盘（sr0 所在的设备）。如果你的主机系统当中还有其他安装程序可以识别的磁盘文件系统，镜像文件也可以放在这些文件系统中，通过镜像文件也能够提供软件的安装，因此就有如同下图的【ISO 文件】的选项。最后，如果你的安装程序已经预先设置好了网络，那么就可以选择【在网络上】的选项，并且填写正确的网址(URL)，那么安装程序就可以直接从网络中下载安装。

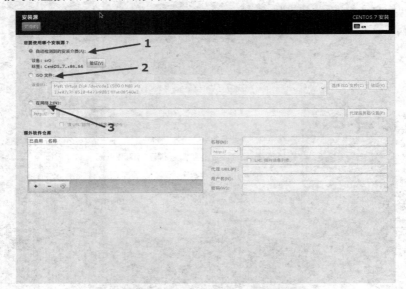

图 3.2.15　选择准备要被安装的软件所在媒介

> 其实如果局域网络里面你可以自己设置一个安装服务器的话，那么使用网络安装的速度恐怕会比其他方式快速，毕竟千兆网络速度可达到 100MB/s，这个速度是 DVD 或 USB 2.0 都远远不及的。

按下完成并回到图 3.2.12 之后，就得要选择【软件选择】的界面了，如下图所示。

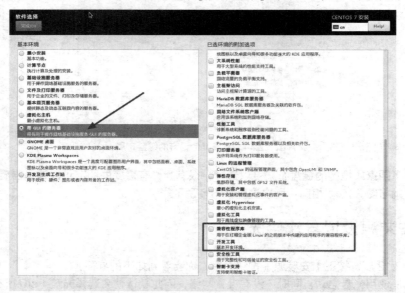

图 3.2.16　选择要安装的软件

因为默认是【最小安装】的模式，这种模式只安装最简单的功能，很适合高手慢慢搭建自己的环境之用。但是我们是初学者，没有图形用户界面模式来看实在有点怪，所以建议可以选择如下的选项：

◆ 带 GUI 的服务器（GUI 就是用户图形用户界面模式，默认搭载 GNOME）；
◆ GNOME 桌面：Linux 常见的图形用户界面软件；
◆ KDE Plasma Workspaces：另一个常见的图形用户界面软件。

上面这几个设置拥有图形用户界面模式，鸟哥这里主要是以【带 GUI 的服务器】作为介绍。选择完毕之后按下完成，安装程序会开始检查光盘里面有没有你所选择的软件，而且解决软件依赖性的检查（就是将你所选择的大分类下面的其他支持软件通通加载），之后就会再次的回到图 3.2.12 的界面中。

3.2.5 磁盘分区与文件系统设置

再来就是我们的重头戏，当然就是磁盘分区。由图 3.2.12 当中，点选【系统】分类下的【安装位置】，点选之后会进入如下所示界面。

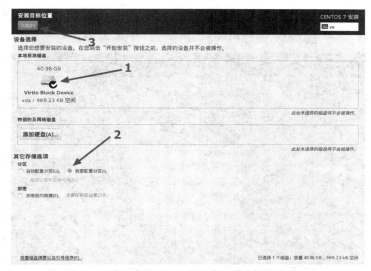

图 3.2.17 选择要安装 Linux 的硬盘，并选择手动分区模式

由于鸟哥的虚拟机系统共有两块硬盘，因此安装的时候你得要特别选择正确的硬盘才能够顺利地安装。所以如上图 1 号箭头所指，点选之后就会出现打勾的符号。因为我们要学习分区的方式，不要让系统自动分区，因此请点选 2 号箭头所指处：【我要配置分区】的选项，点选完毕后按下【完成】，即可出现如下的磁盘分区界面。

其实鸟哥故意将硬盘先乱安装一个系统，然后再安装 CentOS 7，就是为了要在这里展示给各位朋友们看一看，如何在安装时观察与删除分区。如上图所示，你会发现到 1 号箭头处有个操作系统名称，点选该名称（你的系统可能不会有这个选项，也有可能是其他选项。不过，如果是全新硬盘，你就可以略过这部分），它就会出现该系统拥有的分区，依序分别点选下面的 /boot、/、swap（交换分区）三个项目，然后点选 3 号箭头处的减号【−】，就可以删除掉该分区了，删除的时候会出现图 3.2.19 的警告窗口。

因为前一个系统鸟哥安装的也是旧版的 CentOS 6.x 的版本，所以 CentOS 7 可以自动识别所有该系统的挂载点，于是就会出现如上所示的图，会特别询问你要不要同时删除其他的分区，我们原本有 3 个分区需要删除，点选上图 1 号箭头然后按下【删除】，三个分区全部会被删除干净。之后就会回图 3.2.18 的界面中，之后你就可以开始建立文件系统。同时请注意，分区的时候请参考本章 3.1 节的介绍，根据该小节的建议去设置好分区。下面我们先来制作第一个 GPT 分区表最好要有的 BIOS boot 分区，如图 3.2.20 所示。

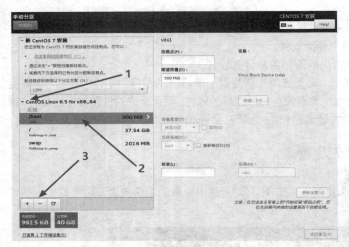

图 3.2.18　删除已经存在系统当中的分区

图 3.2.19　删除分区时出现的警告窗口示意图

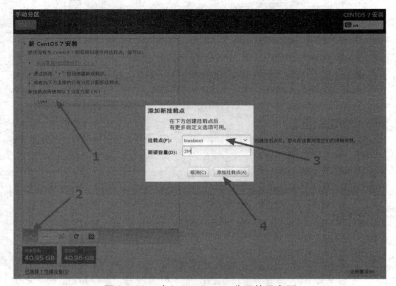

图 3.2.20　建立 BIOS boot 分区的示意图

先点选 1 号箭头处的选项，不要使用默认的 LVM。请点选【标准分区】的选项，并按下 2 号箭头的【＋】符号，就会出现中间的弹出式窗口，在该窗口中 3 号箭头处，点选下拉选项然后选择你在界面中看到的 biosboot（不要手动输入界面中的文字，请使用既有的选项来选择），同时输入大约 2M 的容量，按下【添加挂载点】后，就会显示出该分区的详细数据，如图 3.2.21 所示。

如上图所示，界面的右边就是 biosboot 分区的详细数据。由于是 BIOS 使用，因此没有挂载点（你看界面中该字段是空空如也的），同时文件系统的部分也是会变成【BIOS Boot】的关键词，并不会是 Linux 的文件系统。接下来，我们要来设置其他的分区。所以如上图所示，请按下【＋】符号。下面的示意图鸟哥就不全图截取了，只截取弹出式窗口的内容来给大家看看。

另外，图中的【设备类型】其实共有 3 种，我们的练习机实际使用标准分区与 LVM 而已，那三种设备类型的意义分别如下。

◆ **标准分区**：就是我们一直谈的分区，类似 /dev/vda1 之类的分区。

图 3.2.21　单一分区划分完成详细选项示意图

◆ LVM：这是一种可以弹性增加或缩小文件系统容量的分区，我们会在后面的章节持续介绍 LVM 这个有趣的东西。

◆ LVM 精简配置（Thin Provisioning）：这个名词翻译的挺奇怪的，其实这个是 LVM 的高级版。与传统 LVM 直接分配固定的容量不同，这个【LVM 精简配置】的选项，可以让你在使用多少容量才分配磁盘多少容量给你，所以如果 LVM 设备内的数据量较少，那么你的磁盘其实还可以作更多的数据存储，而不会被平白无故的占用，这部分我们也在后续谈到 LVM 的时候再来强调。

另外，图中的文件系统就是实际【格式化】的时候，我们可以格式化成什么文件系统的意思。下面分别谈谈各个文件系统选项（详细的选项会在后续章节说明）：

◆ ext2/ext3/ext4：这是 Linux 早期使用的文件系统类型。由于 ext3/ext4 文件系统多了日志功能，对于系统的恢复比较快速，不过由于磁盘容量越来越大，ext 系列似乎有点挡不住了，所以除非你有特殊的设置需求，否则近来比较少使用 ext4。

◆ swap：就是磁盘模拟为内存的交换分区，由于交换分区并不会使用到目录树的挂载，所以用交换分区就不需要指定挂载点。

◆ BIOS Boot：就是 GPT 分区表可能会使用到的东西，若你使用 MBR，那就不需要这个东西。

◆ xfs：这个是目前 CentOS 7 默认的文件系统，最早是为大型服务器所开发。它对于大容量的磁盘管理非常好，而且格式化的时候速度相当快，很适合当今动不动就是好几个 TB 的磁盘的环境，因此我们主要用这玩意儿。

◆ vfat：同时被 Linux 与 Windows 所支持的文件系统类型。如果你的主机硬盘内同时存在 Windows 与 Linux 操作系统，为了数据的交换，确实可以创建一个 vfat 的文件系统。

依据 3.1 节的建议，接下来是建立/boot 挂载点的文件系统。容量的部分你可以输入 1G 或是 1024M 都可以，然后按下【新增】，就会回到类似图 3.2.21 的界面。接下来依序建立另外所需要的根目录【/】的分区吧！

如图 3.2.21 所示，就输入根目录的容量吧！依据 3.1 节的建议给予 10GB 的容量。接下来要注意，我们的/、/home、交换分区都希望使用 CentOS 提供的 LVM 磁盘管理方式，因此当你按下上图的【添加挂载点】之后，回到下面的详细设置选项时，得要更改一下相关的选项才行，如下所示：

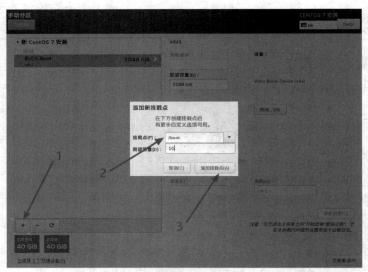

图 3.2.22　建立 /boot 分区的示意图　　　　　图 3.2.23　建立根目录【/】的分区

　　如图 3.2.24 所示，你得先确认 1 号箭头指的地方为【/】才对，然后点选 2 号箭头处，将它改为【LVM】才好。由于 LVM 默认会取一个名为 centos 的 LVM 设备，因此该选项不用修改，只要按下 3 号箭头处的【修改】即可，接下来会出现如下的界面，要让你处理 LVM 的相关设置。

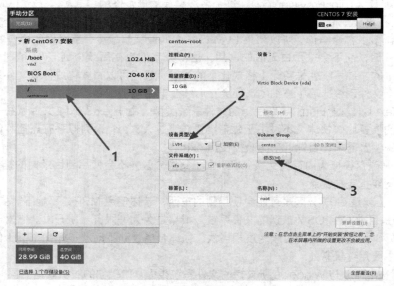

图 3.2.24　将设备类型改为 LVM

　　再次说明，我们这里是要建立一个让你在未来可以持续使用的练习机环境，因此不建议将分区用完。所以，如图 3.2.24 所示，1 号箭头处请选择【固定】容量（改编者注，上图中文字本地化翻译有误，英文是【Fixed】，应为【固定】而非【已修复】），然后填入【30G】左右的容量，这样我们就还有剩下将近 10G 的容量可以继续未来的章节内容练习，其他的就留默认值，点选【保存】来确定吧！然后回到类似图 3.2.22 的界面，继续点选【+】来持续新增分区，如下所示：

　　建立好【/home】分区之后，同样需要调整 LVM 设备才行，因此在你按下图 3.2.24 的【添加挂载点】之后，回到下面的界面来操作。

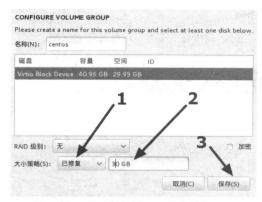

图 3.2.25　修改与设置 LVM 设备的容量

图 3.2.26　建立【/home】分区

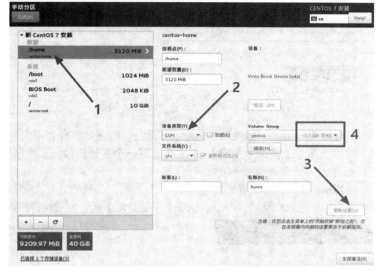

图 3.2.27　调整 /home 也使用 LVM 设备

　　如上图所示，确定 1 号箭头是【/home】，然后选择 2 号箭头成为 LVM，之后确定 4 号箭头还有
剩余容量（也是为了未来要练习之用），之后就可以按下 3 号箭头的更新
设置来确认，其实要先按 3 号箭头处，4 号箭头区域才会顺利显示。
　　swap（交换分区）是当物理内存容量不够用时，可以拿这个部分来
存放内存中较少被使用的数据，以前都建议交换分区需要内存的 2 倍容
量较佳。虽然现在的内存都够大了，交换分区最好还是保持比较好，不
过也不需要太大，1~2GB 就好。老实说，如果你的系统竟然会使用到交
换分区，那代表钱花得不够多，需要继续扩展内存。

图 3.2.28　建立 swap 分区

　　内存交换分区的功能是：当有数据被存放在物理内存里面，但是这些数据又不是常被
CPU 所使用时，那么这些不常被使用的数据将会被扔到硬盘的交换分区当中，而将速度较
快的物理内存空间释放出来给真正需要的程序使用，所以，如果你的系统不很忙，而内存
又很大，自然不需要交换分区。

如图 3.2.29 所示，我们也需要交换分区使用 LVM，请按照箭头依序处理各个选项吧！上述的操作做完之后，我们的分区就准备完成。接下来，看看你的分区是否与下图类似，需要有 /home、/boot、/、swap 等项目。

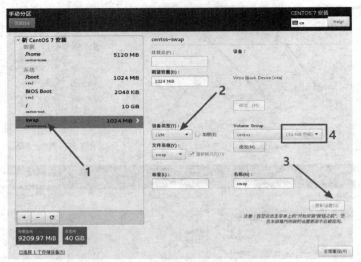

图 3.2.29　设置 swap 也使用 LVM 设备

　　如图 3.2.29 所示，仔细看一下左下角的两个方块，可用空间的部分还有剩下大约 9GB，这样才对。如果一切顺利正常，按下上图左上方的【完成】，系统会出现一个警告窗口，提醒你是否要真的进行这样的分区与格式化的操作，如图 3.2.30 所示：

　　图 3.2.31 中你可以特别观察一下分区表的类型，可以发现方框圈起来的地方，删除了 MSDOS（MBR）而建立了 GPT，嘿嘿，没错，是我们要的。所以，按下【接受更改】吧！之后就会回到图 3.2.12 的界面。

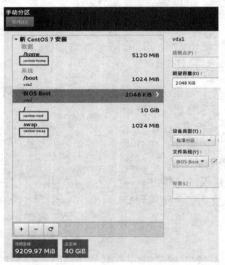

图 3.2.30　完成分区之后的示意图

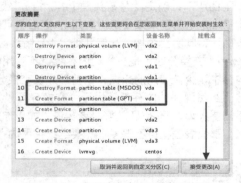

图 3.2.31　是否确定分区正确的示意图

3.2.6　内核管理与网络设置

　　回到图 3.2.12 的界面后，点选【系统】分类下的【KDUMP】，这个选项主要是处理当 Linux 系统因为内核问题导致的宕机事件时会将该宕机事件的内存中的数据保存的一项功能。不过，这个功能似乎比较偏向内核开发者在除错之用，如果你有需要的话，也可以启动它。若不需要，也能够关闭它，对系统的影响似乎并不太大。所以，如图 3.2.32 所示，点选之后，鸟哥是使用【启用】的默认值。

再次回到图 3.2.12 的界面点选【系统】下的【网络和主机名】的设置，会出现如图 3.2.33 所示界面：

因为鸟哥这边使用的是虚拟机，因此看到的网卡就会是旧式的 eth0 之类的网卡代号。如果是物理网卡，那你可能会看到类似 p1p1、em1 等比较特殊

图 3.2.32　KDUMP 的选择示意图

的网卡代号。这是因为新的设计中，它是以网卡安插的插槽来作为网卡名称[注2]，这部分未来我们学到网络再来谈，这里先知道一下即可。

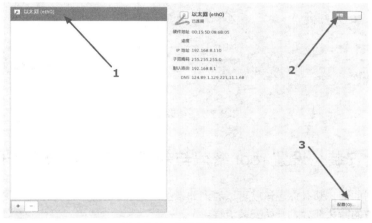

图 3.2.33　网络设置示意图

上图中先选择正确的网卡，然后在 2 号箭头处选择【开启】之后，3 号箭头处才能够开始设置，现在请按下【配置】选项，然后参考 3.1 小节的介绍，来给予一个特别的 IP 吧！

现在 CentOS 7 启动后，默认不启动网络，因此你得要在上图中选择 2 号箭头的【可用时自动链接到这个网络】的选项才行。

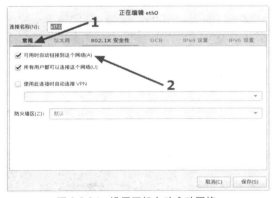

图 3.2.34　设置开机自动启动网络

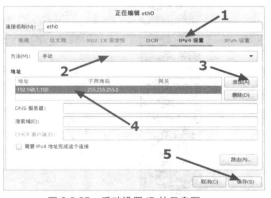

图 3.2.35　手动设置 IP 的示意图

如图 3.2.35 所示，选择 IPv4 设置的选项，然后调整 2 号箭头成为【手动】，接下来按下 3 号箭头添加选项后，才能够在 4 号箭头输入所需要的 IP 地址与子网掩码，写完之后其他选项不要修改，就按下 5 号箭头的保存吧！然后回到如同下图的界面：

如图 3.2.36 所示，右边的网络参数部分已经是正确的了，然后在箭头处输入 3.1 小节谈到的主机

名吧！写完就点选【完成】。

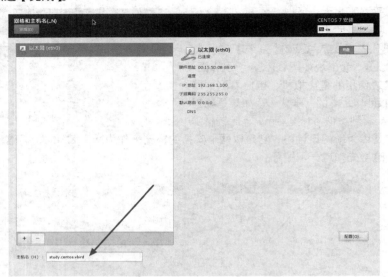

图 3.2.36　修改主机名

3.2.7　开始安装、设置 root 密码与新增可切换身份之一般用户

如果一切顺利的话，那么你应该就可以看到如下的示意图，所有的一切都是正常的状态，因此你就可以按下下图中的箭头部分，开始安装流程。

图 3.2.37　设置完毕并准备开始安装示意图

现在的安装界面做的还挺简单的，省略了一堆步骤。上述界面按下【开始安装】后，这时你就可以一边让系统安装，同时去设置其他选项，可以节省时间。如图 3.2.38 所示，还有两件重要的事情要处理，一个是 root 密码，一个是一般身份用户的建立。

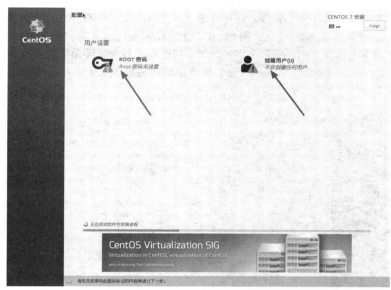

图 3.2.38　进行安装程序中，还可以持续进行其他任务

在上图界面中，按下 root 密码，可以看到图 3.2.39 的界面来修改系统管理员的密码。

基本上，你可以设置任何密码内容，只是系统会主动帮你判断你的密码设置的好不好。如果不够好，那么界面就会告诉你，你的密码很弱，你还是可以坚持你的简易密码，只是就得要按下两次【完成】，安装程序才会真得帮你设置该密码。

什么是好的密码？基本上，密码字符长度设置至少 8 个字符以上，而且含有特殊符号更好，且不要是个人的常见信息（如电话号码、身份证、生日等，就是比较差的密码）。例如：l&my_dog 之类，有点怪，但是对你又挺好记的密码，就是还不错的密码设置。

图 3.2.39　设置系统管理员 root 的密码

好的习惯还是从头就开始养成比较好，以前鸟哥上课为了简易的操作，所以给学生操作的系统中，选了个 1234 作为密码。后来鸟哥的实习生在实际上线的计算机中，竟然密码还是使用 1234，一上线之后的后果，当然就是被入侵了。还有什么说的呢？所以，还是一开始就养成好习惯比较好。

管理员密码设置妥当后，接下来鸟哥建议你还是得要建立一个日常登录系统的常用一般账号比较好。为什么？因为通常远程管理流程中，我们都会建议将管理员直接登录的权限拿掉，有需要时才用特殊命令（如 su、sudo 等命令，后续会谈到）切换成管理员身份，所以，你一定得要建立一个一般账号才好。鸟哥这里使用自己的名字 dmtsai 来作为一个账号。

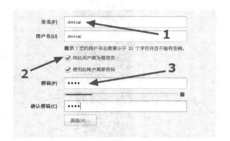

图 3.2.40　建立一个一般账号

这个账号既然是你要使用的，那么这个账号应该就是你认可的管理员使用的一般账号。所以你或许会希望这个账号可以使用自己的密码来切换身份成为 root，而不用知道 root 的密码。果真如此的话，那么上面的 2 号箭头处，就得要勾选才好。未来你就可以直接使用 dmtsai

的密码变成 root 身份，方便你自己管理，这样即使 root 密码忘记，你依旧可以切换身份为 root。

等到安装完成之后，你应该就会见到图 3.2.41，上方的箭头比较有趣。仔细看，你会发现有个【将创建管理员 dmtsai】的选项，那就是因为你勾选了【将此用户做为管理员】的缘故。当然，这个账号的密码也就很重要，不要随便流出去。确定一切事情都顺利搞定，按下箭头处的【重启】，准备来使用 CentOS Linux 吧！

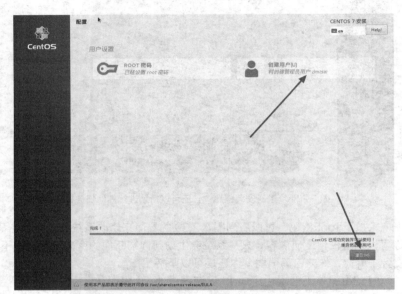

图 3.2.41　安装完毕的示意图

3.2.8　准备使用系统前的授权同意

重新启动完毕后，系统会进入第一次使用的许可证接受界面，如图 3.2.42 所示。

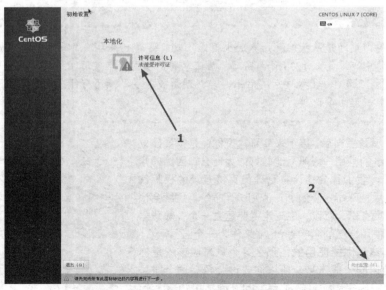

图 3.2.42　第一次使用 CentOS 7 的接受许可证过程

点选上图中的 1 号箭头后，就会出现如图 3.2.43 所示的许可协议。

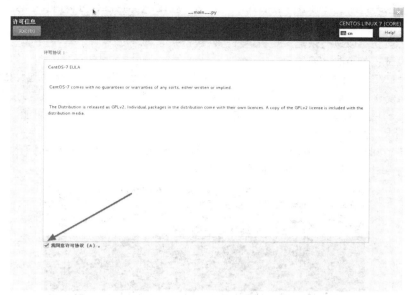

图 3.2.43 同意许可协议

再次确认后，你就会发现如图 3.2.44 所示的界面，等待登录，第一次登录系统的相关内容就请看下一个小节。

图 3.2.44 等待用户登录示意图

先提醒你自己记一下，你刚刚在上面所选择的选项，包括 root 的密码等，通通都会被记录到 /root/anaconda-ks.cfg 这个文件内。这个文件可以在你未来想要重建一个一模一样的系统时，就可以帮助你参考该文件来重建。当然，你也可以通过搜索引擎搜索一下，找 kickstart 这个关键词，会得到很多帮助。

3.2.9　其他功能：RAM 测试，安装笔记本电脑的内核参数（可选）

其实安装光盘还可以进行恢复、烧机等任务，赶紧来看看。

◆　内存压力测试：memtest86[注3]

CentOS 的 DVD 除了提供为计算机安装 Linux 之外，还提供了不少有趣的东西，其中一个就是进行"烧机"的任务。当你组装了一台新的个人计算机，想要测试这台主机是否稳定时，就在这台主机上面运行一些比较耗系统资源的程序，让系统在高负载的情况下去运行一阵子（可能是一天），去测试稳定性的一种情况，称为"烧机"。

那要如何进行呢？让我们重新启动并回到图 3.2.8 的界面中，然后依序选择【Troubleshooting】、【Run a memory test】的选项，你的界面就会变成如下的模样：

图 3.2.45　memory test 的示意图

界面中的右上角数据会一直跑，直到你按下【Esc】按钮为止，它会一直去读写内存。由于内存是服务器当中一个相当重要的组件，它只要不出事，系统总是很稳定。所以，通过这个方式来测试内存，让内存一直保持在忙碌的状态，等待一天过去，你就可以说，嗯，这台计算机硬件应该还算稳定吧！

◆　安装笔记本电脑或其他类 PC 计算机的参数

由于笔记本电脑加入了非常多的省电功能或是其他硬件的管理功能，比如显卡常常是集成显卡，因此在笔记本电脑上面的硬件常常与一般台式计算机不怎么相同。所以当你使用适合于一般台式计算机的 DVD 来安装 Linux 时，可能常常会出现一些问题，导致无法顺利地安装 Linux 到你的笔记本电脑中，那怎么办？

其实很简单，只要在安装的时候，告诉安装程序，Linux 内核不要加载一些特殊功能即可。最常使用的方法就是，在使用 DVD 启动时，选择【Install CentOS 7】然后按下【Tab】按键后，加入下面这些参数：

```
nofb apm=off acpi=off pci=noacpi
```

APM（Advanced Power Management）是早期的电源管理模块，ACPI（Advanced Configuration and Power Interface）则是最近的电源管理模块。这两者都是硬件本身就支持的，但是笔记本电脑可能不使用这些机制，因此，当安装时启动这些机制将会造成一些错误，导致无法顺利安装，因此可以关闭试试。

nofb 则是取消显卡上面的缓存检测。因为笔记本电脑的显卡常常是集成型的，Linux 安装程序本身可能就无法检测到该显卡，此时加入 nofb 将可能使得你的安装过程顺利一些。

对于这些在启动的时候所加入的参数，我们称为"内核参数"，这些内核参数是有意义的。如果你对这些内核参数有兴趣的话，可以参考文末的参考资料来查询更多信息[注4]。

3.3　多重引导安装步骤与管理（可选）

有鉴于自由软件的蓬勃发展以及专利软件越来越贵，所以企业单位也慢慢地希望各部门在选购计算机时，能够考虑同时含有两种以上操作系统的机器。加上很多朋友其实也常常有需要两种不同操作系统来处理日常生活与工作的事情。那我是否需要两台主机来操作不同的操作系统？不需要的，我们可以通过多重引导来选择登录不同的操作系统，一台机器搞定不同操作系统。

> 你可能会问："既然虚拟机这么热门，应用面也广，那为啥不能安装 Linux 上面使用的 Windows 虚拟机？或反过来使用？"原因无它，因为"虚拟机的图形显示性能依旧不足"。所以，某些时刻你还是得要使用物理机器去安装不同的操作系统。

不过，就如同鸟哥之前提过的，多重引导系统是有很多风险存在的，而且你也不能随时变动这个多重操作系统的启动扇区，这对于初学者想要"很猛地"玩 Linux 是有点妨碍，所以，鸟哥不是很建议新手使用多重引导。所以，下面仅是提出一个大概，你可以看一看，未来我们谈到后面的章节时，你自然就会豁然开朗。

3.3.1　安装 CentOS 7.x + Windows 7 的规划

由于鸟哥身边没有使用 UEFI 的机器，加上 Linux 对于 UEFI 的支持还有待持续进步，因此，下面鸟哥是使用虚拟机创建 200GB 的磁盘，然后使用传统 BIOS 搭配 MBR 分区表来实践多重引导的实验。预计创建 CentOS 7.x 以及一个 Windows 7 的多重操作系统，同时拥有一个共享的数据磁盘。

> 为什么要用 MBR 而不用本章之前介绍的 GPT 呢？这是因为 Windows 8.1 以前的版本，不能够在非 UEFI 的 BIOS 环境下使用 GPT 分区格式来启动。我们既然没有 UEFI 的环境，那自然就无法使用 GPT 来安装 Windows 系统。但其实 Windows 还是可以使用 GPT，只是启动的那块硬盘，必须要在 MBR 的磁盘中。例如 C 盘单块硬盘使用 MBR，而数据磁盘 D 盘使用 GPT，那就没问题。

另外，与过去传统安装步骤不同，这次鸟哥希望保留 Linux（因为启动管理是由 Linux 管的）在前面，Windows 在后面的分区内，因此需要先安装 Linux 后再安装 Windows，然后通过修改系统配置文件来让系统完成多重引导。基本上鸟哥的分区是这样规划的（因为不用 GPT，所以无须 BIOS Boot）：

Linux 设备文件名	Linux 挂载点	Windows 设备	实 际 内 容	文 件 系 统	容　　量
/dev/vda1	/boot	–	Linux 启动信息	xfs	2GB
/dev/vda2	/	–	Linux 根目录	xfs	50GB
/dev/vda3	–	C	Windows 系统盘	NTFS	100GB
/dev/vda5	/data	D	共享数据磁盘	VFAT	其他剩余

再次强调，我们得要先安装 Linux 后，再通过后续维护的方案来处理。而且，为了强制 Windows 安装在我们要求的分区，所以在 Linux 安装时，得要将上述的所有分区先划分出来。

3.3.2　高级安装 CentOS 7.x 与 Windows 7

请依据本章前面的方式一项一项来进行各项安装操作，比较需要注意的地方就是安装时，不可以加上 inst.gpt，我们单纯使用 MBR。

进行到图 3.2.12 的选项时，先不要选择分区，请按下[Ctrl]+[Alt]+[F2]组合键来进入安装过程的 Shell 环境，然后进行如下的操作来预先处理好你的分区。因为鸟哥使用图形化界面的分区模式，老是没有办法调出满意的顺序，只好通过如下的手动方式来创建，但是你得要了解 parted 这个命令才行。

```
[anaconda root@localhost /]# parted /dev/vda mklabel msdos          # 建立 MBR。
[anaconda root@localhost /]# parted /dev/vda mkpart primary 1M 2G     # 建立/boot。
[anaconda root@localhost /]# parted /dev/vda mkpart primary 2G 52G    # 建立/。
[anaconda root@localhost /]# parted /dev/vda mkpart primary 52G 152G  # 建立 C。
[anaconda root@localhost /]# parted /dev/vda mkpart extended 152G 100% # 建立扩展分区。
[anaconda root@localhost /]# parted /dev/vda mkpart logical 152G 100%  # 建立逻辑分区。
[anaconda root@localhost /]# parted /dev/vda print                    # 显示分区结果。
```

如果按照上面的处理流程，由于原本是 MBR 分区表，因此通过 mklabel 的功能，将 MBR 强制改为 GPT 后，所有的分区就死光光，因此不用删除就不会有剩余空间。接下来就是建立五个分区，最终的 print 操作就是列出分区结果，结果应该有点像下面这样。

接下来再次按下[Ctrl]+[Alt]+[F6]组合键来回到原本的安装步骤中，然后一步一步进行到分区那边，然后依据相关的设备文件名来进行"重新格式化"并填入正确的挂载点，最终结果有点像下面这样：

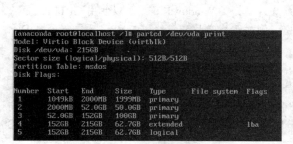

图 3.3.1　本范例的分区结果

图 3.3.2　安装步骤的分区情况

你会看到有个【重新格式化】的选项，那个一定要勾选，之后就继续安装下去，直到装好为止。安装完毕之后，你也无须进入到设置的选项，在重新启动后，插入 Windows 7 的安装光盘，之后持续安装下去。要注意，得要选择那个 100GB 容量的分区安装才行。最重要的那个安装界面有点像图 3.3.3 这样。

同样，让 Windows 自己安装到完毕吧！

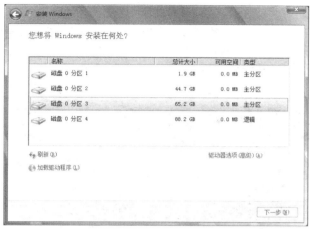

图 3.3.3 安装 Windows 的分区示意图

3.3.3 恢复 MBR 内的启动引导程序与设置多重引导选项

为了应对分区工作，所以我们是先安装 Linux 再安装 Windows。只是，如此一来，整块硬盘的 MBR 部分就会被 Windows 的启动引导程序占用。因此，安装好了 Windows 之后，我们得要开始恢复 MBR，同时编辑一下启动选项才行。

◆ 恢复回 Linux 的启动引导程序

恢复 Linux 启动引导程序并不难，首先，放入安装光盘，重新启动并且进入类似图 3.2.8 的界面中，然后依据下面的方式来处理恢复模式。进入【Troubleshooting】，选择【Rescue a CentOS system】，等待几秒钟的启动过程，之后系统会出现如下的界面，请选择【Continue】。

如果真的找到 Linux 的操作系统，那么就会出现如下的界面，告诉你，你原本的系统放置于 /mnt/sysimage 当中。

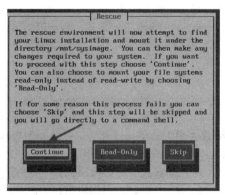

图 3.3.4 如何使用找到的 Linux 磁盘系统，
建议用 Continue（RW）模式

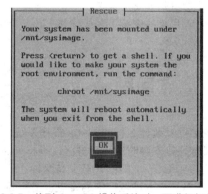

图 3.3.5 找到 CentOS 操作系统时，可进行任务了

接着下来准备要恢复 MBR 的启动引导程序，处理的方法命令如下：

```
sh-4.2# chroot /mnt/sysimage
sh-4.2# grub2-install /dev/vda
Installing for i386-pc platform.
Installation finished. No error reported.
sh-4.2# exit
sh-4.2# reboot
```

◆ 修改启动选项任务

接下来我们可以修改启动选项，不然启动还是仅有 Linux 而已，先以正常流程登录 Linux 系统，切换身份成为 root 之后，开始进行下面的任务：

```
[root@study ~]# vim /etc/grub.d/40_custom
#!/bin/sh
exec tail -n +3 $0
# This file provides an easy way to add custom menu entries. Simply type the
# menu entries you want to add after this comment. Be careful not to change
# the 'exec tail' line above.
menuentry "Windows 7" {
  set root='(hd0,3)'
  chainloader +1
}
[root@study ~]# vim /etc/default/grub
GRUB_TIMEOUT=30   # 将 5 秒改成 30 秒长一些。
...
[root@study ~]# grub2-mkconfig -o /boot/grub2/grub.cfg
```

接下来就可以测试能否成功了，如果一切顺利的话，理论上就能够看到如下的界面，并且可以顺利地进入 Linux 或 Windows。

图 3.3.6　多重引导的启动选项示意图

◆ 后续维护的注意事项

多重引导设置完毕后请特别注意，(1) 在 Windows 的环境中最好将 Linux 的根目录与交换分区取消挂载（也就是删除其盘符），否则未来你打开文件管理器时，该软件会要求你“格式化”，如果一个不留神，你的 Linux 系统就毁了。(2) 你的 Linux 不可以随便删除，因为 grub 会去读取 Linux 根目录下的 /boot/ 目录的内容，如果你将 Linux 删除，你的 Windows 也就无法启动，因为整个启动选项都没了。

3.4　重点回顾

- 不论你要安装什么样的 Linux 操作系统，都应该要事先规划，例如硬盘分区、启动引导程序等；
- 建议练习机安装时的磁盘分区能有/、/boot、/home、交换分区等四个分区；
- 安装 CentOS 7.x 的模式至少有两种，分别是图形用户界面模式与命令行模式；
- CentOS 7 会主动依据你的磁盘容量判断要用 MBR 或 GPT 分区格式，你也可以强制使用 GPT；
- 若安装笔记本电脑时失败，可尝试在开机时加入【Linux nofb apm=off acpi=off】来关闭电源管理功能；
- 安装过程进入磁盘分区后，请以“自定义的分区模式”来处理自己规划的分区方式；
- 在安装的过程中，可以建立逻辑卷管理器（LVM）；
- 一般要求交换分区应该是物理内存的 1.5~2 倍，但即使没有交换分区依旧能够安装与运行 Linux 操作系统；
- CentOS 7 默认使用 xfs 作为文件系统；
- 没有连上互联网时，可尝试关闭防火墙，但 SELinux 最好选择“强制”状态；

- 设置时不要选择启动 kdump，因为那是给内核开发者查看宕机数据之用；
- 可加入时间服务器来同步时间，中国大陆地区可选择 s2m.time.edu.cn；
- 尽量使用一般用户来操作 Linux，有必要时再转换身份成为 root；
- 即使是练习机，在创建 root 密码时，建议依旧能够保持良好的密码规则，不要随便设置简易密码。

3.5　本章习题

- Linux 的目录配置以"树状目录"来配置，至于磁盘分区（partition）则需要与树状目录相配合。请问，在默认的情况下，在安装的时候系统会要求你一定要划分出来的两个分区，这是为什么？
- 默认使用 MBR 分区方式的情况下，在第二块 SATA 磁盘中，划分六个有用的分区（具有文件系统），此外，已知有两个主分区，请问六个分区的文件名？
- 什么是 GMT 时间？与北京时间差几个小时？
- 软件磁盘阵列的设备文件名是什么？
- 如果我的磁盘分区是使用 MBR 分区方式，且设置了四个主分区，但是磁盘还有空间，请问我还能不能使用这些空间？

3.6　参考资料与扩展阅读

- 注 1：使用虚拟系统管理器创建一台虚拟机的流程。
  http://www.cyberciti.biz/faq/kvm-virt-manager-install-centos-Linux-guest/
  http://www.itzgeek.com/how-tos/linux/centos-how-tos/install-kvm-qemu-on-centos-7-rhel-7.html#axzz3Yf6il9S2
  https://virt-manager.org/screenshots/
- 注 2：CentOS 7 网卡的命名规则。
  https://access.redhat.com/documentation/en-US/Red_Hat_Enterprise_Linux/7/html/Networking_Guide/sec-Understanding_the_Predictable_Network_Interface_Device_Names.html
- 注 3：高级内存测试软件的网站。
  http://www.memtest.org/
- 注 4：更多的内核参数可以参考如下链接中的内容。
  http://www.faqs.org/docs/Linux-HOWTO/BootPrompt-HOWTO.html
  如对安装过程所使用的参数有兴趣的话，则可以参考下面这个链接中的详细内容。
  http://polishLinux.org/choose/laptop/
- 操作系统安装流程的相关教程。
  http://www.tecmint.com/centos-7-installation/
  https://access.redhat.com/documentation/en-US/Red_Hat_Enterprise_Linux/7/html/Installation_Guide/sect-disk-partitioning-setup-x86.html

4

第 4 章　首次登录与在线求助

　　终于可以开始使用 Linux 这个有趣的系统了。由于 Linux 系统使用了异步的磁盘/内存
数据传输模式，同时又是个多人多任务的环境，所以你不能随便地不正常关机，关机有一定
的顺序，错误的关机方法可能会造成磁盘数据的损坏。此外，Linux 有多种不同的操作方式，
图形用户界面模式与命令行模式的操作有何不同？我们能否在命令行模式下获得大量的命
令说明，而不需要硬背某些命令的选项与参数等，这都是这一章要来介绍的。

4.1　首次登录系统

　　登录系统有这么难吗？并不难。虽然这样说，然而很多人第一次登录 Linux 的感觉都是"**接下来我要干啥？**"如果是以图形用户界面模式登录的话，或许还有很多好玩的事，但要是以命令行模式登录的话，面对着一片黑手手的屏幕，还真不晓得要干嘛。为了让大家了解如何正确地使用 Linux，正确的登录与注销系统还是需要说明。

4.1.1　首次登录 CentOS 7.x 图形用户界面模式

　　开机就开机呀，怎么还有所谓的登录与注销呀？不是开机就能够用计算机了吗？开什么玩笑，在 Linux 系统中由于是多人多任务的环境，所以系统随时都有很多不同的用户所执行的任务在进行，因此正确的开关机可是很重要的。不正常的关机可能会导致文件系统错乱，造成数据的毁损，这也是为什么通常我们的 Linux 主机都会加挂一个 UPS（不间断电源）的缘故。

　　如果在第 3 章一切都顺利地将 CentOS 7.x 完成安装并且重新启动后，应该就会出现如下的等待登录的图形界面才对。界面中 1 号箭头所示目前的日期与时间，2 号箭头则是辅助功能、语系、音量与关机钮，3 号箭头就是我们可以使用账号登录的输入框，至于 4 号箭头则是在使用特别的账号登录时才会用到的按钮。

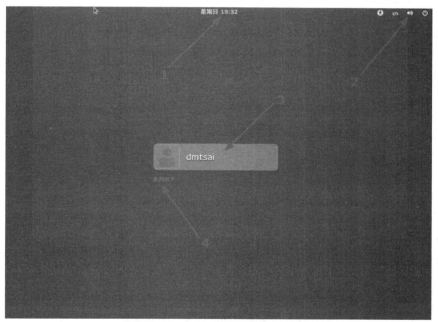

图 4.1.1　X 等待登录的界面示意图

　　接下来让我们来了解一下这个登录界面的相关功能吧！首先，在箭头 1 的地方，如果你移动鼠标过去点一下，就会出现如下的窗口，主要告诉你日期、日历与时间而已，如图 4.1.2 所示，鸟哥截取这张图的时间就是在 2016/05/29 晚上。

　　然后看一下右上角的角落，你会发现有个小人形图标，那个是协助登录的无障碍选项界面。如果你的键盘暂时出了点问题，某些按键无法按，那就可以使用如图 4.1.3 所示界面的"屏幕键盘"的选项，将它 On 一下，那未来在登录的时候有打字的需求时，屏幕就会出现类似手机键盘界面。

图 4.1.2　X 等待登录的界面示意图-日历、时间显示　　　　图 4.1.3　X 等待登录的界面示意图-无障碍登录选项

有看到那个 zh 嘛？那个是语言的选择，点下去你会看到这个系统支持的语言数据有多少。至于那个类似喇叭的小图标，就是代表着声音的大小控制，而最右边那个有点像是关机的小图标又是干嘛的呢？没关系，别紧张，用力点下去看看，就会出现如图 4.1.4 所示界面，其实就是准备要关机的一些功能按钮，挂起是进入休眠模式，重启就是重新启动，关机当然就是关闭计算机。所以，你不需要登录系统，也能够通过这个界面来关机。

接下来看到图 4.1.1 的地方，图中的箭头 3、4 指的地方就是可以登录的账号。一般来说，能够让你输入账户密码的正常账号，都会出现在这个界面当中，所以列表可能会非常长。有些特殊账号，例如我们在第 3 章介绍安装过程中，曾经有创建过两个账号，一个是 root，一个是 dmtsai，那个 dmtsai 可以列出来没问题，但是 root 因为身份比较特殊，所以就没有被列出来。因此，如果你想要使用 root 的身份来登录，就得要点选箭头 4 的地方，然后分别输入账户密码即可。

如果是一般的可登录正常使用的账号，如界面中的 dmtsai 的话，那你就直接点选该账号，然后输入密码即可开始使用我们的系统了，使用 dmtsai 账号来输入密码的界面示意如图 4.1.5 所示。

图 4.1.4　X 等待登录的界面示意图-　　　　　　图 4.1.5　X 等待登录的界面示意图-
　　　　登录界面的关机与重启选项　　　　　　　　　　　使用一般账号登录系统

在你输入正确的密码之后，按下【登入】按钮，就可以进入 Linux 的图形界面，并开始准备操作系统。

　　一般来说，我们不建议您直接使用 root 的身份登录系统，请使用一般账号登录，等到需要修改或是新建系统相关的管理任务时，才切换身份成为 root。为什么？因为系统管理员的权限太高了，而 Linux 下面很多的命令操作是"没有办法恢复"的，所以，使用一般账号时，"手滑"的情况会比较不严重。

4.1.2　GNOME 的操作与注销

在每一个用户第一次以图形用户界面模式登录系统时，系统都会询问用户的操作环境，以依据用户的国家、语言与区域等制定与系统默认值不同的环境。如图 4.1.6 所示，第一个问题就是选择操作系统的语言环境，当然我们都选汉语（中国）（安装的时候选择的默认值），如果有不同的选择，请自行选择你想要的环境，然后按下【前进】即可。

　　再来则是选择输入法，除非你有特殊需求，否则不需要修改设置值。若是需要有其他不同的输入法，请看下图左侧箭头指的【＋】符号，按下它就可以开始选择其他的输入法，一切顺利的话，请点选【前进】，如图 4.1.7 所示。

图 4.1.6　每个用户第一次登录系统的语言环境设置

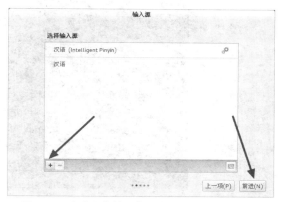

图 4.1.7　每个用户第一次登录系统的输入法设置

　　上述的环境选择妥当之后，系统会出现一个确认的界面，然后就出现【入门】的类似网页的界面来给你看一看如何快速入门，如图 4.1.8 所示。如果你有需要，请一个一个链接去点选查看，如果已经知道这是啥东西，也可以单击图中的箭头处，直接关闭即可。

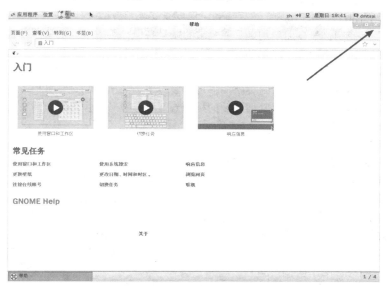

图 4.1.8　每个用户第一次登录系统的入门介绍

　　要注意，上述的界面其实是 GNOME 的帮助软件窗口，并不是浏览器窗口。第一次接触到这个界面的学生，直接在类似地址栏的框中写入 URL 网址，结果当然是找不到数据，当学生问鸟哥时，鸟哥也被唬住了，以为是浏览器。

终于看到图形用户界面啦！真是很开心吧！如下图所示，整个 GNOME 的界面大约分为三个部分。

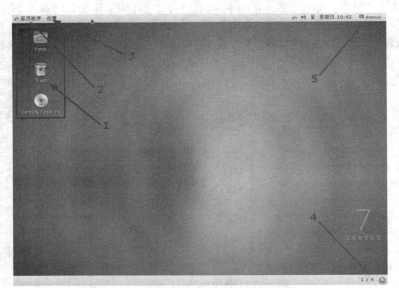

图 4.1.9 图形用户界面介绍

- 上方任务栏（control panel）

上半部左侧有【应用程序】与【位置】，右侧则有【输入法切换】、声音、网络、日期、账号相关设置切换等，这个位置可以看成是任务栏。举例来说，你可以使用鼠标在 2 号箭头处（应用程序）点击一下，就会有更多的程序列表出现，然后移动鼠标就能够使用各个软件。至于 5 号箭头所指的地方，就是系统时间与声音控制，最右上角则是目前登录的账号身份，可以取得很多的设置信息。

- 桌面

整个界面中央就是桌面。在桌面上默认有两个小按钮，例如箭头 1 所指的地方，常见的就是目前这个账号的家目录，你可以使用双击鼠标就能够打开该目录，另一个则是垃圾桶（Trash）。如果你的安装光盘没有退出，那么该光盘以及其他可能的移动式 USB 设备，也可能显示在桌面上。例如图中的【CentOS 7 x86_64】的光盘图标，就是你没有退出的光盘。

- 下方任务栏

下方任务栏的目的是将各任务显示在这里，可以方便用户快速地在各个任务间切换。另外，我们还有多个可用的虚拟桌面（Virtual Desktop），就是界面中右下角那个 1/4 的东西。该数字代表的意思是，共有 4 个虚拟桌面，目前在第一个的意思。你可以点一下该处，就知道那是啥东西了。

Linux 桌面的使用方法几乎跟 Windows 一模一样，你可以在桌面上按下右键就可以有额外的选项出现；你也可以直接按下桌面上的【主文件夹（home）】，就会出现类似 Windows 的【文件资源管理器】的文件与目录管理窗口，里面则出现你自己的家目录；下面我们就来谈谈几个在图形用户界面里面经常使用的功能与特色吧！

关于【主文件夹】的内容，记得我们之前说过 Linux 是多人多任务的操作系统吧？每个人都会有自己的【工作目录】，这个目录是用户可以完全掌控的，所以就称为【用户个人家目录】。一般来说，家目录都在 /home 下面，以鸟哥这次的登录为例，我的账号是 dmtsai，那么我的家目录就应该在 /home/dmtsai/。

◆　上方工具栏：应用程序（Applications）

让我们点击一下【应用程序】那个按钮吧！看看下拉式选项列表中有什么软件可用，如图 4.1.10 所示。

你要注意的是，这一版的 CentOS 在应用程序的设计上，层级变化间并没有颜色的区分，左侧也没有深色三角形的示意图，因此如图 4.1.10 所示，如果你想要打开计算器软件，那得先在左边第一层先移动到【附件】之后，鼠标水平横向移动到右边，才可以点选计算器。鸟哥一开始在这里确实容易将鼠标垂直乱移动，导致老是没办法移动到正确的按钮上。

基本上，这个【应用程序】按钮已经将大部分的软件功能分类，你可以在里面找到你常用的软件来使用。例如想要使用 Office 的办公软件，就到【办公】选项上，就可以看到许多已经软件存在。此外，你还会看到最下面有个【活动概览】，那个并没有任何分类的子选项在内，那是啥东西？没关系，基本上练习机你怎么玩都没关系。所以，这时就给它点点看，会像出现下图这样：

图 4.1.11 中左侧 1 号箭头处，其实就是类似快速按钮的地方，可以让你快速地选择你所常用的软件。右侧 2 号箭头处，就是刚刚我们

图 4.1.10　应用程序列表当中，需要注意有二级列表

上面谈到的虚拟桌面，共有四个，而目前图中显示的是最上面那个一号桌面的意思。如果仔细看该区域，就会发现其实鸟哥在第三个虚拟桌面当中也有打开几个软件在操作。有没有发现？至于界面中的 3 号箭头处，就是目前这个活动中的虚拟桌面上，拥有的几个已经启动的软件。你可以点选任何你想要的软件，就可以开始操作该软件了。所以使用这个【活动概览】，可以让你在打开好多窗口的环境下，快速地回到你所需要的软件窗口中。

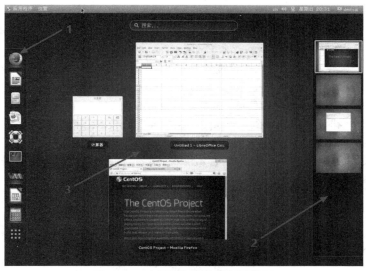

图 4.1.11　应用程序的概述界面示意图

◆　上方工具栏：位置（就是文件资源管理器）

如果你想要知道系统上面还有哪些文件，以及你目前这个账号的基本子目录，那就得要打开文件资源管理器（file manager）。打开文件资源管理器很简单，就是选择左上方那个【位置】的按钮选项即可。在这个选项中主要有几个列表可以直接打开目录的内容，主文件夹、下载、图片、视频等，其实除了主文件夹之外，下面的子目录【就是主文件夹下的子目录】，所以你可以直接打开主文件夹即可，如图 4.1.12 所示。

如图 4.1.12 所示，1 号箭头处可以让你选择不同的目录或数据源，2 号箭头则以小图标的方式显示该对象可能是什么数据，3 号箭头则可以将目前的小图标变成详细信息列表显示，4 号箭头就是目前小图标的显示模式，5 号箭头可以进行图标的放大、缩小、排序方式、是否显示隐藏文件等重要功能，6 号箭头则是其他额外的功能选项。好了，先再让我们来操作一下这个软件吧！如果你想要观察每个文件名的详细信息，并且显示【显示隐藏文件】的话，那该如何处理？使用如图 4.1.13 所示的方式处理：

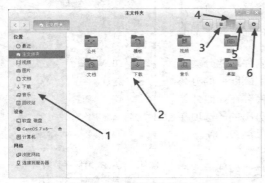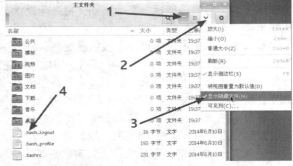

图 4.1.12　文件资源管理器操作示意图　　　图 4.1.13　文件资源管理器操作示意图

按照上面的三个步骤点选完毕后，你就会看到如 4 号箭头处指的，有一些额外的文件名显示出来。而且，这些显示出来的文件名共同的特点就是"文件名前面开头是小数点 ."没错，你猜对了，只要文件名的开头是由小数点，那么该文件名就不会在一般观察模式被显示出来。所以说，在 Linux 下面，隐藏文件并不是什么特殊的权限，单纯是因为文件名命名的处理方式来搞定，这样理解了么？

如果你想要查看系统有多少不同的文件系统，那就看一下文件资源管理器左侧【设备】的分类下，有几个项目就是有几个设备。现在让我们来查看一下【计算机】内有什么数据吧！请按下它，然后查看下图：

如图 4.1.14 所示，点下 1 号箭头后，右边就出现一堆目录文件夹。注意看，2 号箭头处指的是正常的一般目录，3 号箭头则指的是有【链接文件】的数据，这个链接文件可以想象成 Windows 的"快捷方式"功能，如果你的账号没有权限进入该目录时，该目录就会出现一个 X 的符号，如同 4 号箭头处。很清楚吧！好，让我们来观察一下有没有 /etc -> sysconfig -> network-scripts 这个目录下的数据呢？

如果你可以依序双击每个正确的目录，就可以得到如图 4.1.15 所示。界面中的 1 号箭头处，可以让你"回到上一个目录"中，不是回到上一层目录，而是"上一个目录"，其实就是后退功能，这点要注意。至于 2 号区域处，你可以发现有不同颜色的显示，最右边的是目前所在目录，所以 3 号区域就显示该目录下的文件信息。你可以快速地点选 2 号区块处的任何一个目录，就可以快速地回到该层目录中去查看文件。

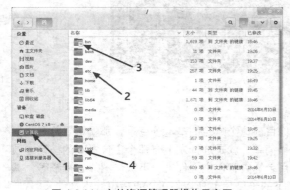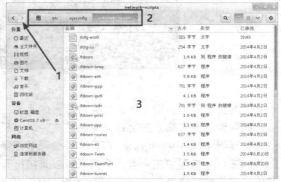

图 4.1.14　文件资源管理器操作示意图　　　图 4.1.15　文件资源管理器操作示意图

◆　中文输入法与设置

如果你在安装的时候就选择中文，并且处理过切换中/英文的快捷键，那这个选项几乎可以不用理它。但是如果你都使用默认值来安装时，可能会发生没办法使用常用的【Ctrl+Shift】或【Ctrl+Space】组合键来切换中文的问题。同时，也可能没办法找到你想要的中文输入法，那怎么办？没关系，请在图 4.1.9 中右上角的账号名称处点一下，然后选择【设置】，或从【应用程序】、【系统工具】、【设置】中也可以打开它，之后选择【区域和语言】项目，就可以出现如图 4.1.16 所示界面。

在上面的界面中，你可以按下箭头所指的地方，就可以增加或减少输入法的项目。但是，如果想要切换不同的语言？那请回到原本的设置界面，之后请选择【键盘】，并按下【快捷键】，出现如图 4.1.17 所示的界面，点选在界面中的左侧【打字】，并在【切换至下个输入源】点选一两下，等到出现如 3 号箭头处出现【新建加速键】时，按下你所需要的组合键，例如鸟哥习惯按【Crtl + Space】组合键，那就自己按下组合键，之后你就可以使用自己习惯的输入法切换快捷键，来变更你所需要的输入法。

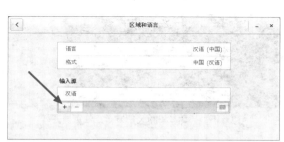

图 4.1.16　区域与语言设置

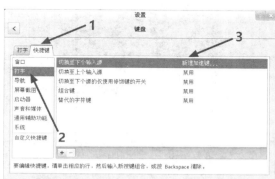

图 4.1.17　输入法切换之快捷键设置

◆　一些常见的练习

下面的例题请大家自行参考并且实践一下，题目很简单，所以鸟哥就不额外截图了。

1. 由【设置】的【显示】选项中，确认一下目前的分辨率，并且尝试自己更改一下屏幕分辨率；

2. 由【设置】的【背景】选项中，修改一下桌面的桌面壁纸；

3. 由【设置】的【电源】选项中，修改一下进入空白屏幕锁定的时间，将它改成【从不】的设置值；

4. 由【应用程序】的【工具】分类下的【优化工具】中，将【工作区】类别下的【工作区数量】选项，由原本的 4 个虚拟桌面，更改成 6 个虚拟桌面看看；

5. 由【应用程序】的【工具】项目下的【优化工具】中，使用【打字】项目，并选择【杀死 X 服务器的按键序列】从【已禁用】改成【Control+Alt+Backspace】的设置，这可以让你按下三个按键就能够重新启动 X 窗口管理器；

6. 请将/etc/crontab 这个文件【复制】到你的家目录中；

7. 从【应用程序】的【附件】点选【gedit】编辑器，按下 gedit 的【打开】按钮，选择【家目录（就是你的账号名称）】后，点选刚刚复制过来的 crontab 文件，在界面中随意使用中文输入法输入几个字，然后保存离开看看。

8. 从【应用程序】的【收藏】当中打开【终端】，在终端中输入【gsettings set org.gnome.desktop.interface enable-animations false】，这个操作会将 GNOME 默认的界面切换的动画功能关闭，在虚拟机的环境下，有助于提升界面的切换速度。

上述的练习中，第三个练习还挺重要的。因为在默认的状态中，你的图形用户界面会在 5 分钟后自动被锁定。这是为了要避免你暂时离开座位，有人偷偷使用你的计算机而要解除锁定的缘故，所以要输入你这个账号的密码才行。这个功能最好不要取消，但因为我们系统是单纯的练习机，而且又是虚拟机，如果经常锁定屏幕，老是要解开很烦，那就使用上述的 3 号练习题，应该可以处理完毕。

至于第 8 点，对于初次接触 Linux 的朋友来说，会有点困难，如果你不知道如何执行命令，没关系，等到本章后面的小节读完，你就知道如何处理。

◆ 注销 GNOME、重新启动 X 窗口管理器或关机

如果你不想继续玩 X Window，那就注销吧！如果不想要继续使用系统了，那就关机吧！如何注销/关机？如图 4.1.18 所示，点选右上角你的账号名称，然后在出现的界面中选择即可。要记得的是，注销前最好将所有不需要的程序都关闭了再注销或关机。

不论是注销还是关闭电源（关机），都会有一个警告窗口来告知你 60 秒内没有任何操作的话，就会被注销了，如图 4.1.19 所示，当然，你也可以按下确定来进行操作。注销后，系统又会回到原本的等待登录的界面。

图 4.1.18　离开图形界面或
Linux 的方式：注销、锁定与关机

图 4.1.19　离开图形界面或 Linux 的方式：注销提醒

请注意，注销并不是关机，只是让你的账号离开系统而已。

◆ 重新启动 X Window 的组合键

一般来说，我们是可以手动来直接修改 X Window 的配置文件，不过，修改完成之后的设置选项并不会立刻被加载，必须要重新启动 X Window 才行（特别注意，不是重新启动计算机，而是重新启动 X Window）。那么如何重新启动 X Window？最简单的方法就是：

● 直接注销，然后再重新登录即可；
● 在 X Window 中直接按下【Alt + Ctrl + Backspace】组合键；

第二个方法比较有趣，【Backspace】是退格键，你按下三个按钮后 X Window 立刻会被重新启动。如果你的 X Window 因为不明原因导致有点问题时，也可以利用这个方法来重新启动 X Window。不过，这个方法要生效，必须要先进行本节稍早之前的练习第五题才行。

4.1.3　X Window 与命令行模式的切换

我们前面一直谈到的是 X Window 的窗口管理器环境，那么在这里面有没有命令行界面的环境？因为听说服务器通常是命令行界面，当然有，但是，要怎么切换 X Window 与命令行模式？注意，通常我们也称命令行界面为终端界面、Terminal 或 Console。Linux 默认的情况下会提供六个终端来让用户登录，切换的方式为使用：【Ctrl + Alt + F1~F6】的组合键。

那这六个终端界面如何命名，系统会将[F1]~[F6]命名为 tty1~tty6 的操作接口环境。也就是说，当你按下【Crtl + Alt + F1】组合键时（按着[Ctrl]与[Alt]不放，再按下[F1]功能键），就会进入到 tty1 的终端界面中了，同样的[F2]就是 tty2。那么如何回到刚刚的 X Window 呢？很简单，按下【Ctrl + Alt + F1】就可以了。我们整理一下登录的环境如下：

● 【Ctrl + Alt + F2~F6】：命令行模式登录 tty2~tty6 终端；
● 【Ctrl + Alt + F1】：图形用户界面模式。

由于系统默认的登录界面不同，因此你想要进入 X Window 的终端名称也可能会有些许差异。以 CentOS 7 为例，由于我们这次安装的练习机默认启动图形界面，因此这个 X Window 将会出现在 tty1 界面中。如果你的 Linux 默认使用命令行界面，那么 tty1~tty6 就会被命令行界面占用。

> 在 CentOS 7 环境下，当启动完成之后，默认系统只会提供给你一个 tty 而已，因此无论是命令行界面还是图形界面，都是会出现在 tty1。tty2~tty6 其实一开始是不存在的，但是当你要切换时（按下【Ctrl+Alt+F2】组合键），系统才产生出额外的 tty2、tty3。

若你在命令行环境中启动 X Window，那么图形界面就会出现在当时的那个 tty 上面。举例来说，你在 tty3 登录系统，然后输入【startx】启动个人的图形界面，那么这个图形界面就会产生在 tty3 上面，这样说可以理解吗？

```
# 纯命令行界面下（不能有 X 存在）启动图形界面的做法。
[dmtsai@study ~]$ startx
```

不过 startx 这个命令并非万灵丹，你要让 startx 生效至少需要下面这几件事情的配合：
- 并没有其他的 X Window 被启用；
- 你必须要已经安装了 X Window，并且 X Server 能够顺利启动；
- 你最好要有窗口管理器，例如 GNOME、KDE 或是普通的 TWM 等。

其实，所谓的图形环境，就是：【命令行界面加上 X Window 软件】的组合。因此，命令行界面是一定会存在的，只是图形界面软件就看你要不要启动而已。所以，我们才有办法在纯命令行环境下启动 X Window，因为这个【startx】是任何人都可以执行的，并不一定需要管理员身份的。所以，是否默认要使用图形界面，只要在后续管理服务的程序中，将【graphical.target】这个目标服务设置为默认，就能够默认使用图形界面。

> 从这一版 CentOS 7 开始，已经取消了使用多年的 System V 的服务管理方式，也就是说，从这一版开始，已经没有所谓的"运行级别（runlevel）"的概念。新的管理方法使用的是 systemd 的模式，这个模式将很多的服务进行依赖性管理。以命令行与图形界面为例，就是要不要加入图形软件的服务启动而已，对于熟悉之前 CentOS 6.x 版本的老家伙们，要重新摸一摸 systemd 这个方式，因为不再有 /etc/inittab，注意注意。

4.1.4　在终端登录 Linux

刚刚你如果有按下【Ctrl + Alt + F2】组合键就可以来到 tty2 的登录界面，而如果你并没有启用图形窗口界面的话，那么默认就是会来到 tty1 这个环境中。这个纯命令行环境的登录的界面(鸟哥用 dmtsai 账号登录)有点像下面这样：

```
CentOS Linux 7 (Core)
Kernel 3.10.0-229.el7.x86_64 on an x86_64
study login: dmtsai
Password: <==这里输入你的密码。
Last login: Fri May 29 11:55:05 on tty1 <==上次登录的情况。
[dmtsai@study ~]$ _  <==光标闪烁，等待你的命令输入。
```

上面显示的内容是这样的：

1. **CentOS Linux 7 （Core）**

显示 Linux 发行版的名称（CentOS）与版本（7）。

2. **Kernel 3.10.0-229.el7.x86_64 on an x86_64**

显示 Linux 内核的版本为 3.10.0-229.el7.x86_64，且目前这台主机的硬件架构为 x86-64。

3. **study login:**

那个 study 是你的主机名。我们在第 3 章安装时有填写主机名为：study.centos.vbird，主机名的显示通常只取第一个小数点前的字母，所以就成为 study，至于 login: 则是一个可以让我们登录的提示符，你可以在 login: 后面输入你的账号。以鸟哥为例，我输入的就是在第 3 章建立的 dmtsai 那个账号。当然，你也可以使用 root 这个账号来登录，不过【root】这个账号代表在 Linux 系统下无穷的权力，所以尽量不要使用 root 账号来登录。

4. **Password:**

这一行则在第三行的 dmtai 输入后才会出现，要你输入密码。请注意，在输入密码的时候，屏幕上面"不会显示任何的字样"，所以不要以为你的键盘坏掉了。很多初学者一开始到这里都会拼命地问，我的键盘怎么不能用。

5. **Last login: Fri May 29 11:55:05 on tty1**

当用户登录系统后，系统会列出上一次这个账号登录系统的时间与终端名称。建议大家还是得要看看这个信息，是否真的是自己的登录所致。

6. **[dmtsai@study ~]$ _**

这一行则是正确登录之后才显示的信息，最左边的 dmtsai 显示的是【目前用户的账号】，而【@】之后接的 study 则是【主机名】，至于最右边的 ~ 则指的是【目前所在的目录】，那个 $ 则是我们常常讲的【提示字符】。

> 那个 ~ 符号代表的是"用户的家目录"的意思，它是个变量，其相关的意义我们会在后续的章节依序介绍。举例来说，root 的家目录在/root，所以 ~ 就代表/root 的意思。而 dmtsai 的家目录在/home/dmtsai，所以如果你以 dmtsai 登录时，它看到的 ~ 就会等于/home/dmtsai。至于提示字符方面，在 Linux 当中，默认 root 的提示字符为 #，而一般身份用户的提示字符为 $。还有，上面的第一、第二行的内容其实是来自于/etc/issue 这个文件。

好了这样就是登录主机了，很高兴吧！

另外，再次强调在 Linux 系统下最好使用一般账号来登录，所以上例中鸟哥是以自己的账号 dmtsai 来登录。因为系统管理员账号（root）具有无穷大的权力，例如它可以删除任何一个文件或目录。因此若你以 root 身份登录 Linux 系统，一个不小心输错命令，这个时候可不是"欲哭无泪"就能够解决得了的问题。

因此，一个称职的网络或系统管理人员，通常都会具有两个账号，平时以自己的一般账号来使用 Linux 主机的任何资源，有需要动用到系统功能设置时，才会转换身份为 root，所以，鸟哥强烈建议你建立一个普通的账号来供平时使用。更详细的账号信息，我们会在后续的第 13 章"账号管理"再次提及，这里先有概念即可。

那么如何离开系统？其实应该说【注销 Linux】才对，注销很简单，直接这样做：

```
[dmtsai@study ~]$ exit
```

就能够注销 Linux 了，但是请注意：离开系统并不是关机。基本上，Linux 本身已经有相当多的任务在进行，你的登录也仅是其中的一个任务而已，所以当你离开时，这次这个登录的任务就停止了，但此时 Linux 其他的任务还是在继续进行中。本章后面我们再来提如何正确地关机，这里先建立起这个概念即可。

4.2 命令行模式下命令的执行

其实我们都是通过程序在跟系统做沟通的，本章上面提到的窗口管理器或命令行模式都是一组或一个程序在负责我们所想要完成的任务。命令行模式登录后所运行的程序被称为壳（Shell），这是因为这个程序负责最外面跟用户（我们）沟通，所以才被戏称为壳程序。更多与操作系统及壳程序的相关性可以参考第 0 章"计算机概论"内的说明。

我们 Linux 的壳程序就是厉害的 BASH，关于更多的 BASH 我们在第三部分再来介绍，现在让我们来练一练打字吧！

> 练打字真的是开玩笑的。各位观众朋友，千万不要只是"观众朋友"而已，您得要自己亲身体验，看看命令执行之后所输出的信息，并且理解一下"我敲这个命令的目的是想要完成什么任务？"，再看看输出的结果是否符合你的需求，这样才能学到东西。不是单纯的鸟哥写什么，你就打什么，那只是"练打字"不是"学 Linux"。

4.2.1 开始执行命令

其实整个命令执行的方式很简单，你只要记得几个重要的概念就可以。举例来说，你可以这样执行命令：

```
[dmtsai@study ~]$ command  [-options]  parameter1 parameter2 ...
                 命令        选项        参数（1）      参数（2）
```

上述命令详细说明如下：

1. 一行命令中第一个输入的部分绝对是命令（command）或可执行文件（例如 shell 脚本）

2. command 为命令的名称，例如变换工作目录的命令为 cd 等；

3. 中扩号[]并不存在于实际的命令中，表示是可选的，而加入选项设置时，通常选项前会带 – 号，例如 –h；有时候会使用选项的完整全名，则选项前带有 –– 符号，例如 ––help；

4. parameter1 parameter2 为依附在选项后面的参数，或是 command 的参数；

5. 命令、选项、参数等这几个东西中间以空格来区分，不论空几格 shell 都视为一格，**所以空格是很重要的特殊字符。**

6. 按下回车键后，该命令就立即执行，**回车键代表着一行命令的开始启动。**

7. 命令太长的时候，可以使用反斜杠（\）来转义回车键，使命令连续到下一行，注意，反斜杠后就立刻接着特殊字符才能转义。

8. 其他：

a. 在 Linux 系统中，**英文大小写字母是不一样的**，举例来说，cd 与 CD 并不同；

b. 更多的介绍等到第 10 章"认识与学习 BASH"时，再来详述。

注意到上面的说明当中，**第一个被输入的字符绝对是命令或是可执行的文件**，这个是很重要的概念。还有，按下回车键表示要开始执行此命令的意思。我们来实际操作一下：以 ls 这个【命令】列出【自己家目录（~）】下的【所有隐藏文件与相关的文件属性】，要完成上述的要求需要加入 -al 这样的选项，所以：

```
[dmtsai@study ~]$ ls -al ~
[dmtsai@study ~]$ ls         -al  ~
[dmtsai@study ~]$ ls -a  -l ~
```

上面这三个命令的执行方式是一模一样的执行结果。为什么呢？请参考上面的说明。关于更详细的命令行模式使用方式，我们会在第 10 章"认识与学习 BASH"中再来强调。此外，**请特别留意，在 Linux 的环境中大小写字母是不一样的东西**，也就是说在 Linux 下面，VBird 与 vbird 这两个文件是完全不一样的文件。所以，你在执行命令的时候千万要注意到命令是大写还是小写。例如当输入下面这个命令的时候，看看有什么现象：

```
[dmtsai@study ~]$ date    <==结果显示日期与时间。
[dmtsai@study ~]$ Date    <==结果显示找不到命令。
[dmtsai@study ~]$ DATE    <==结果显示找不到命令。
```

很好玩吧，只是改变小写成为大写而已，该命令就变得不存在了，因此，请千万记得这个状态。

◆ 语系的支持

另外，很多时候你会发现，咦，怎么我输入命令之后显示的结果的是乱码？这跟鸟哥说的不一样，呵呵，不要紧张，我们前面提到过，Linux 是支持多国语系，若可能的话，屏幕的信息会以该支持语系来输出。但是，我们的终端（Terminal）在默认的情况下，无法支持以中文编码输出数据。这个时候，我们就得将支持语系改为英文，才能够以英文显示出正确的信息。那怎么做呢？你可以这样做：

```
1．显示目前所支持的语系。
[dmtsai@study ~]$ locale
LANG=zh_CN.utf8              # 语言语系的输出。
LC_CTYPE="zh_CN.utf8"        # 下面为许多信息的输出使用的特别语系。
LC_NUMERIC=zh_CN.UTF-8
LC_TIME=zh_CN.UTF-8          # 时间方面的语系。
LC_COLLATE="zh_CN.utf8"
……中间省略……
LC_ALL=                      # 全部的数据同步更新的设置值。
# 上面的意思是说，目前的语系（LANG）为 zh_CN.UTF-8，亦即简体中文的 UTF-8。
[dmtsai@study ~]$ date
鎏? 5??29 14:24:36 CST 2015 # 纯命令行界面下，无法显示中文字，所以前面是乱码。
2．修改语系成为英文语系。
[dmtsai@study ~]$ LANG=en_US.utf8
[dmtsai@study ~]$ export LC_ALL=en_US.utf8
# LANG 只与输出信息有关，若需要更改其他不同的信息，要同步更新 LC_ALL。
[dmtsai@study ~]$ date
Fri May 29 14:26:45 CST 2015 # 顺利显示出正确的英文日期时间。
[dmtsai@study ~]$ locale
LANG=en_US.utf8
LC_CTYPE="en_US.utf8"
LC_NUMERIC="en_US.utf8"
……中间省略……
LC_ALL=en_US.utf8
# 再次确认一下，结果出现，确实是 en_US.utf8 这个英文语系。
```

注意一下，那个【LANG=en_US.utf8】是连续输入，等号两边并没有空格，这样一来，就能够在【这次的登录】查看英文信息。为什么说是【这次的登录】？因为，如果你注销 Linux 后，刚刚执行的命令就没有用，这个我们会在第 10 章再好好聊一聊。下面我们来练习一下一些简单的命令，好让你可以了解命令执行方式的模式。

4.2.2 基础命令的操作

下面我们立刻来操作几个简单的命令看看，同时请注意，我们已经使用了英文语系作为默认输出的语言。

● 显示日期与时间的命令：date
● 显示日历的命令：cal
● 简单好用的计算器：bc

◆　显示日期的命令：date

如果在命令行模式中想要知道目前 Linux 系统的时间，那么就直接在命令行模式输入 date 即可显示：

```
[dmtsai@study ~]$ date
Fri May 29 14:32:01 CST 2015
```

上面显示的是：星期五、五月二十九日、14:32 分、01 秒，在 2015 年的 CST 时区，中国在 CST 时区中，请赶快动手做做看。好了，那么如果我想要让这个程序显示出【2015/05/29】这样的日期显示方式？那么就使用 date 的格式化输出功能吧！

```
[dmtsai@study ~]$ date +%Y/%m/%d
2015/05/29
[dmtsai@study ~]$ date +%H:%M
14:33
```

那个【+%Y%m%d】就是 date 命令的一些参数功能，很好玩吧！那你问我，鸟哥怎么知道这些参数的呢？要背起来吗？当然不必，下面再告诉你怎么查这些参数。

从上面的例子当中我们也可以知道，命令之后的选项除了前面带有减号【-】之外，某些特殊情况下，选项或参数前面也会带有正号【+】的情况，这部分可不要轻易的忘记。

◆　显示日历的命令：cal

那如果我想要列出目前这个月份的日历？呵呵，直接执行 cal 即可。

```
[dmtsai@study ~]$ cal
      May 2015
Su Mo Tu We Th Fr Sa
                1  2
 3  4  5  6  7  8  9
10 11 12 13 14 15 16
17 18 19 20 21 22 23
24 25 26 27 28 29 30
31
```

除了本月的日历之外，连同今日所在日期处都会有反白的显示，cal（calendar）这个命令可以做的事情还很多，例如你可以显示整年的日历情况：

```
[dmtsai@study ~]$ cal 2015
                         2015
      January             February             March
Su Mo Tu We Th Fr Sa  Su Mo Tu We Th Fr Sa  Su Mo Tu We Th Fr Sa
             1  2  3   1  2  3  4  5  6  7   1  2  3  4  5  6  7
 4  5  6  7  8  9 10   8  9 10 11 12 13 14   8  9 10 11 12 13 14
11 12 13 14 15 16 17  15 16 17 18 19 20 21  15 16 17 18 19 20 21
18 19 20 21 22 23 24  22 23 24 25 26 27 28  22 23 24 25 26 27 28
25 26 27 28 29 30 31                        29 30 31
      April                May                 June
Su Mo Tu We Th Fr Sa  Su Mo Tu We Th Fr Sa  Su Mo Tu We Th Fr Sa
          1  2  3  4               1  2      1  2  3  4  5  6
 5  6  7  8  9 10 11   3  4  5  6  7  8  9   7  8  9 10 11 12 13
12 13 14 15 16 17 18  10 11 12 13 14 15 16  14 15 16 17 18 19 20
19 20 21 22 23 24 25  17 18 19 20 21 22 23  21 22 23 24 25 26 27
26 27 28 29 30        24 25 26 27 28 29 30  28 29 30
                      31
……（以下省略）……
```

基本上 cal 这个命令的语法为：

```
[dmtsai@study ~]$ cal [month] [year]
```

所以，如果我想要知道 2015 年 10 月的日历，可以直接执行：

```
[dmtsai@study ~]$ cal 10 2015
   October 2015
```

```
Su Mo Tu We Th Fr Sa
          1  2  3
 4  5  6  7  8  9 10
11 12 13 14 15 16 17
18 19 20 21 22 23 24
25 26 27 28 29 30 31
```

那请问今年有没有 13 月？来测试一下这个命令的正确性吧！执行下列命令看看：

```
[dmtsai@study ~]$ cal 13 2015
cal: illegal month value: use 1-12
```

cal 竟然会告诉我们【错误的月份，请使用 1-12】这样的信息。所以，未来你可以很轻易地就以 cal 来取得日历上面的日期，简直就是万年历。另外，由这个 cal 命令的练习我们也可以知道，某些命令有特殊的参数存在，若输入错误的参数，则该命令会有错误信息的提示，通过这个提示我们可以借以了解命令执行错误之处。这个练习的结果请牢记在心中。

◆ 简单好用的计算器：bc

如果在命令行模式当中，突然想要作一些简单的加减乘除，偏偏手边又没有计算器。这个时候要笔算吗？不需要，我们的 Linux 有提供一个计算程序，那就是 bc。你在命令行输入 bc 后，屏幕会显示出版本信息，之后就进入到等待输入的阶段，如下所示：

```
[dmtsai@study ~]$ bc
bc 1.06.95
Copyright 1991-1994, 1997, 1998, 2000, 2004, 2006 Free Software Foundation, Inc.
This is free software with ABSOLUTELY NO WARRANTY.
For details type `warranty'.
_  <==这个时候，光标会停留在这里等待你的输入。
```

事实上，我们是【进入到 bc 这个软件的工作环境当中】了，就好像我们在 Windows 里面使用【计算器】一样。所以，我们下面尝试输入的数据，都是在 bc 程序当中在进行运算的操作。所以，你输入的数据当然就得要符合 bc 的要求才行。在基本的 bc 计算器操作之前，先看看几个使用的运算符好了：

- ＋ 加法
- － 减法
- * 乘法
- / 除法
- ^ 指数
- % 余数

好。让我们来使用 bc 计算一些东西吧！

```
[dmtsai@study ~]$ bc
bc 1.06.95
Copyright 1991-1994, 1997, 1998, 2000, 2004, 2006 Free Software Foundation, Inc.
This is free software with ABSOLUTELY NO WARRANTY.
For details type `warranty'.
1+2+3+4   <==只有加法时。
10
7-8+3
2
10*52
520
10%3      <==计算【余数】
1
10^2
100
10/100    <==这个最奇怪，不是应该是 0.1 吗？
0
quit      <==离开 bc 这个计算器。
```

在上表当中，粗体字表示输入的数据，而在每个粗体字的下面就是输出的结果，每个计算都还算正确，怎么 10/100 会变成 0？这是因为 bc 默认仅输出整数，如果要输出小数点下位数，那么就必须要执行 scale=number 命令，那个 number 就是小数点位数，例如：

```
[dmtsai@study ~]$ bc
bc 1.06.95
Copyright 1991-1994, 1997, 1998, 2000, 2004, 2006 Free Software Foundation, Inc.
This is free software with ABSOLUTELY NO WARRANTY.
For details type `warranty'.
scale=3      <==没错，就是这里。
1/3
.333
340/2349
.144
quit
```

注意，要离开 bc 回到命令行界面时，务必要输入【quit】来离开 bc 的软件环境。好了，就是这样子。简单吧！以后你可以轻轻松松地进行加减乘除。

从上面的练习我们大概可以知道在命令行模式里面执行命令时，会有两种主要的情况：

- 一种是该命令会直接显示结果，然后回到命令提示字符等待下一个命令的输入；
- 一种是进入到该命令的环境，直到结束该命令才回到命令行界面的环境；

我们以一个简单的图例来说明：

如图 4.2.1 所示，上方命令执行后立即显示信息且立刻回到命令提示字符的环境。如果有进入软件功能的环境（例如上面的 bc 软件），那么就得要使用该软件的结束命令（例

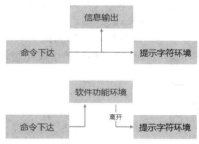

图 4.2.1　命令执行的环境，上图为直接显示结果，下图为进入软件功能

如在 bc 环境中输入 quit）才能够回到命令提示字符中。那你怎么知道你是否在命令提示字符的环境？很简单，你只要看到光标是在【[dmtsai@study ~]$】这种提示字符后面，那就是等待输入命令的环境。很容易判断吧！不过初学者还是很容易忘记。

4.2.3　重要的几个热键[Tab]、[Ctrl]-c、[Ctrl]-d

在继续后面章节的学习之前，这里很需要跟大家再来报告一件事，那就是我们的命令行模式里面具有很多的功能组合键，这些按键可以辅助我们进行命令的编写与程序的中断，这几个按键请大家务必要记住，很重要。

◆ [Tab]按键

[Tab]按键就是在键盘的大小写切换按键（[Caps Lock]）上面的那个按键。在各种 UNIX-like 的 Shell 当中，这个[Tab]按键算是 Linux 的 Bash shell 最棒的功能之一。它具有命令补全与文件补齐的功能。重点是，可以避免我们打错命令或文件名。但是[Tab]按键在不同的地方输入，会有不一样的结果，我们举下面的例子来说明。上一小节我们不是提到 cal 这个命令吗？如果我在命令行输入 ca 后连续按下两次 [Tab] 按键，会出现什么信息？

```
[dmtsai@study ~]$ ca[tab][tab]    <==[tab]按键是紧接在 a 字母后面。
cacertdir_rehash     cairo-sphinx       cancel            case
cache_check          cal                cancel.cups       cat
cache_dump           calibrate_ppa      capsh             catchsegv
cache_metadata_size  caller             captoinfo         catman
# 上面的 [tab] 指的是【按下那个 tab 键】，不是要你输入中括号内的 tab。
```

发现什么事？所有以 ca 为开头的命令都被显示出来。那如果你输入【ls -al ~/.Bash】再加两个

[tab]会出现什么呢?

```
[dmtsai@study ~]$ ls -al ~/.Bash[tab][tab]
.Bash_history  .Bash_logout  .Bash_profile  .Bashrc
```

咦,在该目录下面所有以 .Bash 为开头的文件名都会被显示出来。注意看上面两个例子,我们按[tab]按键的地方如果是在 command(第一个输入的数据)后面时,它就代表着【命令补全】,如果是接在第二个字段后面就会变成【文件补齐】的功能。但是在某些特殊的命令下面,文件补齐的功能可能会变成【参数/选项补齐】,我们同样使用 date 这个命令来查一下:

```
[dmtsai@study ~]$ date --[tab][tab]   <==[tab]按键是紧接在--后面。
--date        --help        --reference= --rfc-3339=  --universal
--date=       --iso-8601    --rfc-2822   --set=       --version
# 看,系统会列出来date 这个命令可以使用的参数有哪些,包括未来会用到的--date 等参数。
```

总结一下:
- [Tab]接在一串命令的第一个字段后面,则为【命令补全】;
- [Tab]接在一串命令的第二个字段后面,则为【文件补齐】;
- 若安装了 Bash-completion 软件,则在某些命令后面使用 [Tab] 按键时,可以进行【选项/参数的补齐】功能;

善用[Tab]按键真得是个很好的习惯,可以让你避免很多输入错误的情况发生。

> 在这一版的 CentOS 7.x 当中,由于多了一个名为 Bash_completion 的软件,这个软件会主动的去检测【各个命令可以执行的选项与参数】等操作,因此,那个【文件补齐】的功能可能会变成【选项、参数补齐】的功能,不一定会主动补齐文件名了,这点得要特别留意。乌哥第一次接触 CentOS 7 的时候,曾经为了无法补齐文件名而觉得奇怪,烦恼了老半天。

◆ [Ctrl]-c 按键

如果你在 Linux 下面输入了错误的命令或参数,有的时候这个命令或程序会在系统下面"跑不停"这个时候怎么办?别担心,如果你想让当前的程序"停掉"的话,可以输入:[Ctrl]与 c 按键(先按着[Ctrl]不放再按下 c 键,是组合按键),那就是**中断目前程序的按键**。举例来说,如果你输入了【find /】这个命令时,系统会开始运行一些东西(先不要理会这个命令的意义),此时你给它按下 [Ctrl]-c 组合按键,嘿嘿,是否立刻发现这个命令被终止了,就是这样的意思。

```
[dmtsai@study ~]$ find /
……(一堆东西都省略)……
# 此时屏幕会很花,你看不到命令提示字符,直接按下[ctrl]-c 即可。
[dmtsai@study ~]$   <==此时提示字符就会回来了,find 程序就被中断了。
```

不过你应该要注意的是,这个组合键是可以将正在运行中的命令中断,如果你正在运行比较重要的命令,可别急着使用这个组合按键。

◆ [Ctrl]-d 按键

那么[Ctrl]-d 是什么呢?就是[Ctrl]与 d 按键的组合。这个组合按键通常代表着:**键盘输入结束**(End Of File,EOF 或 End Of Input)的意思。另外,它也可以用来取代 exit 的输入。例如你想要**直接离开命令行模式**,可以直接按下[Ctrl]-d 就能够直接离开(相当于输入 exit)。

◆ [Shift]+{[Page UP]|[Page Down]}按键

如果你在纯命令行的界面中执行某些命令,这个命令的输出信息相当长。所以导致前面的部分已经不在目前的屏幕中,所以你想想要回头去看一看输出的信息,那怎么办?其实,你可以使用[Shift]+[Page Up]来往前翻页,也能够使用 [Shift]+[Page Down]来往后翻页。这两个组合键也是可以记忆一下,在你要稍微往前翻屏幕时,相当有帮助。

因为目前学生常用图形界面的系统，所以当鸟哥谈到 [Shift]+[Page UP] 的功能时，他们很不能理解。说都有鼠标滚轮了，要这组合键干嘛？唉，真是没见过世面的小朋友。

总之，在 Linux 下面，命令行模式的功能是很强悍的。要多多地学习它，而要学习它的基础要诀就是多使用、多熟悉。

4.2.4　错误信息的查看

万一我执行了错误的命令怎么办？不要紧呀！你可以借由屏幕上面显示的错误信息来了解你的问题，那就很容易知道如何改善这个错误信息。举个例子来说，假如想执行 date 却因为大小写打错成为 DATE 时，这个错误的信息是这样显示的：

```
[dmtsai@study ~]$ DATE
Bash: DATE: command not found...  # 这里显示错误的信息。
Similar command is: 'date'        # 这里竟然给你一个可能的解决方案。
```

上面那个 Bash: 表示的是我们的 Shell 的名称，本小节一开始就谈到过 Linux 的默认壳程序就是 Bash。那么上面的例子说明了 Bash 有错误，什么错误呢？Bash 告诉你：

DATE: command not found

字面上的意思是说“命令找不到”，哪个命令？就是 DATE 这个命令。所以说，系统上面可能并没有 DATE 这个命令，就是这么简单。通常出现【command not found】的可能原因为：

◆　这个命令不存在，因为该软件没有安装之故，解决方法就是安装该软件；
◆　这个命令所在的目录目前的用户并没有将它加入命令查找路径中，请参考第 10 章的 PATH 说明；
◆　很简单，因为你打错字了。

从 CentOS 7 开始，Bash 竟然会尝试帮我们找解答。看一下上面输出的第二行【Similar command is: 'date'】，它说，相似的命令是 date，没错，我们就是输入错误的大小写而已，这就已经帮我们找到答案了。看了输出，你也应该知道如何解决问题了吧？

介绍这几个命令让你玩一玩先，更详细的命令操作方法我们会在第三篇的时候再进行介绍。现在让我们来想一想，万一我在操作 date 这个命令的时候，手边又没有这本书，我要怎么知道要如何加那些奇怪的参数，好让输出的结果符合我想要的输出格式？嘿嘿，到下一节鸟哥来告诉你怎么办吧！

4.3　Linux 系统的在线求助 man page 与 info page

先来了解一下 Linux 有多少命令？在命令行模式下，你可以输入 g 之后直接连续按下两个[Tab]按键，看看总共有多少以 g 开头的命令可以让你用。

在 CentOS 7.x 中，不输入任何内容仅按下两次 [Tab] 按键来显示所有命令的功能被取消，所以鸟哥以 g 为开头来说明。

```
[dmtsai@study ~]$ g[tab][tab]<==在 g 之后直接输入两次[tab]按键。
Display all 217 possibilities?（y or n）<==如果不想要看，按 n 离开。
```

如上所示，鸟哥安装的这个系统中，少说也有 200 多个以 g 为开头的命令可以让 dmtsai 这个账号使用。那在 Linux 里面到底要不要背命令？可以，你背，这种事，鸟哥这个"忘性"特佳的老人家实在是背不起来，当然，有的时候为了要考试（例如一些认证考试等）还是需要背一些重要的命令与选项。不过，鸟哥主要还是以理解**"在什么情况下，应该要使用哪方面的命令"**为准。

既然鸟哥说不需要背命令，那么我们如何知道每个命令的详细用法呢？还有，某些配置文件的内容到底是什么？这个可就不需要担心。因为在 Linux 上开发的软件大多数都是自由软件或开源软件，而这些软件的开发者为了让大家能够了解命令的用法，都会自行制作很多的帮助文件，而这些文件也可以直接在线就能够轻易地被用户查询出来。很不赖吧，这根本就是【联机帮助文件】嘛。哈哈，没错，确实如此。我们下面就来谈一谈，Linux 到底有多少的在线帮助文件呢？

4.3.1 命令的 --help 求助说明

事实上，几乎 Linux 上面的命令，在开发的时候，开发者就将可以使用的命令语法与参数写入命令操作过程中。你只要使用【--help】这个选项，就能够将该命令的用法作一个大致的理解。举例来说，我们来看看 date 这个命令的基本用法与选项参数的介绍：

```
[dmtsai@study ~]# date --help
Usage: date [OPTION]... [+FORMAT]                      # 这里有基本语法。
  or: date [-u|--utc|--universal] [MMDDhhmm[[CC]YY][.ss]]  # 这是设置时间的语法。
Display the current time in the given FORMAT, or set the system date.
# 下面是主要的选项说明
Mandatory arguments to long options are mandatory for short options too.
  -d, --date=STRING         display time described by STRING, not 'now'
  -f, --file=DATEFILE       like --date once for each line of DATEFILE
……（中间省略）……
  -u, --utc, --universal    print or set Coordinated Universal Time (UTC)
      --help     显示此帮助说明并离开。
      --version  显示版本信息并离开。
# 下面则是重要的格式（FORMAT）的主要项目。
FORMAT controls the output.  Interpreted sequences are:
  %%    a literal %
  %a    locale's abbreviated weekday name (e.g., Sun)
  %A    locale's full weekday name (e.g., Sunday)
……（中间省略）……
# 下面是几个重要的范例（Example）。
Examples:
Convert seconds since the epoch (1970-01-01 UTC) to a date
  $ date --date='@2147483647'
……（下面省略）……
```

看一下上面的显示，首先一开始是执行命令的语法（Usage），这个 date 有两种基本语法，一种是直接执行并且取得日期返回值，且可以+FORAMAT 的方式来显示。至于另一种方式，则是加上 MMDDhhmmCCYY 的方式来设置日期时间，它的格式是【月月日日时时分分公元年】的格式。再往下看，会说明主要的选项，例如-d 的意义等，后续又会出现+FORMAT 的用法，从里面你可以查到我们之前曾经用过得【date +%Y%m%d】这个命令与选项的说明。

基本上如果是命令，那么通过这个简单的【--help】就可以很快速地取得你所需要的选项、参数的说明，这很重要。我们说过，在 Linux 下面你需要学习完成任务的方式，不用硬背命令参数。不过常用的命令你还是得要记忆一下，而选项就通过【--help】来快速查询即可。

同样的，通过【cal --help】你也可以取得相同的解释，相当好用。不过，如果你使用【bc -help】的话，虽然也有简单的解释，但是就没有类似 scale 的用法说明，同时也不会有 +、-、*、/、% 等运算符的说明了。因此，虽然【--help】已经相当好用，不过，通常【--help】用在协助你查询"你曾经使用的命令所具备的选项与参数"而已，如果你要使用的是从来没有用过得命令，或是你要查询的根本就不是命令，而是文件的格式时，那就得要通过【man page】命令了。

4.3.2　man page

咦，【date --help】没有告诉你 STRING 是什么？嘿嘿，不要担心，除了【--help】之外，我们 Linux 上面的其他在线求助系统已经都帮你想好要怎么办了，所以你只要使用简单的方法去寻找一下说明的内容，马上就清清楚楚地知道该命令的用法了。这个 man 是 manual（操作说明）的简写。只要执行：【man date】马上就会有清楚的说明出现在你面前，如下所示：

```
[dmtsai@study ~]$ LANG="en_US.utf8"
# 还记得这个东西的用意吧？前面提过了，是为了【语系】的需要，执行过一次即可。
[dmtsai@study ~]$ man date
DATE（1）                        User Commands                        DATE（1）
# 请注意上面这个括号内的数字。
NAME  <==这个命令的完整全名，如下所示为 date 且说明简单用途为设置与显示日期/时间。
      date - print or set the system date and time
SYNOPSIS  <==这个命令的基本用法如下所示
      date [OPTION]... [+FORMAT]                        <==第一种单纯显示的用法。
      date [-u|--utc|--universal] [MMDDhhmm[[CC]YY][.ss]]  <==这种可以设置系统时间的用法。
DESCRIPTION  <==详细说明刚刚用法谈到的选项与参数
      Display the current time in the given FORMAT, or set the system date.
Mandatory arguments to long options are mandatory for short options too.
-d, --date=STRING  <==左边-d 为短选项名称，右边--date 为完整选项名称
                display time described by STRING, not 'now'
-f, --file=DATEFILE
                like --date once for each line of DATEFILE
-I[TIMESPEC], --iso-8601[=TIMESPEC]
                output date/time in ISO 8601 format.  TIMESPEC='date' for date only (the
                default), 'hours', 'minutes', 'seconds', or 'ns' for date and time to the
                indicated precision.
……（中间省略）……
      # 找到了，下面就是格式化输出的详细信息。
      FORMAT controls the output.  Interpreted sequences are:
%%    a literal %
%a    locale's abbreviated weekday name （e.g., Sun）
%A    locale's full weekday name （e.g., Sunday）
……（中间省略）……
ENVIRONMENT  <==与这个命令相关的环境参数有如下的说明。
      TZ    Specifies the timezone, unless overridden by command line parameters.
            If neither is specified, the setting from /etc/localtime is used.
EXAMPLES    <==一堆可用的范本。
      Convert seconds since the epoch （1970-01-01 UTC） to a date
$ date --date='@2147483647'
……（中间省略）……
DATE STRING  <==上面曾提到的--date 的格式说明。
      The --date=STRING is a mostly free format human readable date string such as "Sun, 29
      Feb 2004 16:21:42 -0800" or "2004-02-29 16:21:42" or even "next  Thursday".  A  date
      string  may  contain  items  indicating calendar date, time of day, time zone, day of
AUTHOR  <==这个命令的作者。
      Written by David MacKenzie.
COPYRIGHT  <==受到著作权法的保护，用的就是 GPL。
      Copyright © 2013 Free Software Foundation, Inc.  License GPLv3+: GNU GPL version 3 or
      later <http://gnu.org/licenses/gpl.html>.
      This  is free software: you are free to change and redistribute it.  There is NO WAR-
      RANTY, to the extent permitted by law.
SEE ALSO  <==这个重要，你还可以从哪里查到与 date 相关的说明文件。
      The full documentation for date is maintained as a Texinfo manual.  If the  info  and
      date programs are properly installed at your site, the command
info coreutils 'date invocation'
should give you access to the complete manual.
GNU coreutils 8.22              June 2014                                DATE（1）
```

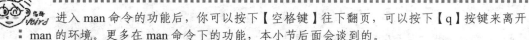

 进入 man 命令的功能后，你可以按下【空格键】往下翻页，可以按下【q】按键来离开 man 的环境。更多在 man 命令下的功能，本小节后面会谈到的。

看（鸟哥没骂人），马上就知道一大堆的用法了。如此一来，不就可以知道 date 的相关选项与参数了吗？真方便。而出现的这个屏幕界面，我们称呼它为 man page，你可以在里面查询它的用法与相关的参数说明。如果仔细一点来看这个 man page 的话，你会发现几个有趣的东西。

首先，在上个表格的第一行，你可以看到的是：【DATE（1）】，DATE 我们知道是命令的名称，那么（1）代表什么？它代表的是"一般用户可使用的命令"的意思。咦，还有这个用意，呵呵，没错，在查询数据的后面的数字是有意义的，它可以帮助我们了解或是直接查询相关的数据。常见的几个数字的意义是这样的：

代　号	代　表　内　容
1	用户在 shell 环境中可以操作的命令或可执行文件
2	系统内核可调用的函数与工具等
3	一些常用的函数（function）与函数库（library），大部分为 C 的函数库（libc）
4	设备文件的说明，通常在/dev 下的文件
5	配置文件或是某些文件的格式
6	游戏（games）
7	惯例与协议等，例如 Linux 文件系统、网络协议、ASCII 代码等的说明
8	系统管理员可用的管理命令
9	跟内核有关的文件

上述的表格内容可以使用【man man】来更详细地取得说明。通过这张表格的说明，未来你如果使用 man page 在查看某些数据时，就会知道该命令/文件所代表的基本意义是什么了。举例来说，如果你执行了【man null】时，会出现的第一行是：【NULL（4）】，对照一下上面的数字意义，嘿嘿，原来 null 这个玩意儿竟然是一个设备文件，很容易了解了吧！

 上表中的 1、5、8 这三个号码特别重要，也请读者要将这三个数字所代表的意义背下来。

再来，man page 的内容也分成好几个部分来加以介绍该命令。就是上面【man date】那个表格内，以 NAME 作为开始介绍，最后还有个 SEE ALSO 来作为结束。基本上 man page 大致分成下面这几个部分：

代　号	内　容　说　明
NAME	简短的命令、数据名称说明
SYNOPSIS	简短的命令语法（syntax）简介
DESCRIPTION	较为完整的说明，这部分最好仔细看看
OPTIONS	针对 SYNOPSIS 部分中，有列举的所有可用的选项说明
COMMANDS	当这个程序（软件）在执行的时候，可以在此程序（软件）中执行的命令
FILES	这个程序或数据所使用或参考或链接到的某些文件
SEE ALSO	可以参考跟这个命令或数据有相关的其他说明
EXAMPLE	一些可以参考的范例

有时候除了这些外，还可能会看到 Authors 与 Copyright 等，不过也有很多时候仅有 NAME 与 DESCRIPTION 等部分，通常鸟哥在查询某个数据时是这样来查看的：

1. 先查看 NAME 的部分，约略看一下这个数据的意思；
2. 再详看一下 DESCRIPTION，这个部分会提到很多相关的数据与使用时机，从这个地方可以学到很多小细节；
3. 而如果这个命令其实很熟悉了（例如上面的 date），那么鸟哥主要就是查询关于 OPTIONS 的部分了。可以知道每个选项的意义，这样就可以执行比较详细的命令内容；
4. 最后，鸟哥会再看一下，跟这个数据有关的还有哪些东西可以使用？举例来说，上面的 SEE ALSO 就告知我们还可以利用【info coreutils date】来进一步查看帮助；
5. 某些说明内容还会列举有关的文件（FILES 部分）来提供我们参考，这些都是很有帮助的。

大致上了解了 man page 的内容后，那么在 man page 当中我还可以利用哪些按键来帮忙查看呢？首先，如果要向下翻页的话，可以按下键盘的空格键，也可以使用[Page Up]与[Page Down]来翻页。同时，如果你知道某些关键词的话，那么可以在任何时候输入【/word】，来主动查找关键词。例如在上面的查找当中，我输入了【/date】会变成怎样？

```
DATE(1)                      User Commands                      DATE(1)
NAME
     date - print or set the system date and time
SYNOPSIS
     date [OPTION]... [+FORMAT]
     date [-u|--utc|--universal] [MMDDhhmm[[CC]YY][.ss]]
DESCRIPTION
     Display the current time in the given FORMAT, or set the system date.
……（中间省略）……
/date <==只要按下/，光标就会跑到这个地方来，你就可以开始输入查找字符。
```

看到了吗，当你按下【/】之后，光标就会移动到屏幕的最下面一行，并等待你输入查找的字符串了。此时，输入 date 后，man page 就会开始查找跟 date 有关的字符串，并且移动到该区域。很方便吧！最后，如果要离开 man page 时，直接按下【q】就能够离开。我们将一些在 man page 常用的按键给它整理整理：

按　键	进 行 工 作
空格键	向下翻一页
[Page Down]	向下翻一页
[Page Up]	向上翻一页
[Home]	去到第一页
[End]	去到最后一页
/string	向【下】查找 string 这个字符串，如果要查找 vbird 的话，就输入 /vbird
?string	向【上】查找 string 这个字符串
n, N	利用 / 或 ? 来查找字符串时，可以用 n 来继续下一个查找（不论是 / 或 ?），可以利用 N 来进行【反向】查找。举例来说，我以 /vbird 查找 vbird 字符串，那么可以按下 n 继续往下查询，用 N 往上查询。若以 ?vbird 向上查询 vbird 字符串，那我可以用 n 继续【向上】查询，用 N 反向查询
q	结束这次的 man page

要注意，上面的按键是在 man page 的界面当中才能使用的。比较有趣的是那个查找，我们可以往下或是往上查找某个字符串，例如要在 man page 内查找 vbird 这个字符串，可以输入 /vbird 或是 ?vbird，只不过一个是往下，而一个是往上来查找的。而要重复查找某个字符串时，可以使用 n 或是 N 来操作即可，很方便吧！

既然有 man page，自然就是因为有一些文件数据，所以才能够让 man page 读出来。那么这些 man page 的数据存放在哪里呢？不同的发行版通常可能有点差异性，不过，通常是放在 /usr/share/man 这个目录里，然而，我们可以通过修改它的 man page 查找路径来改善这个目录的问题，修改/etc/man_db.conf（有的版本为 man.conf 或 manpath.conf 或 man.config 等）即可。至于更多的关于 man 的信息你可以使用【man man】来查询，关于更详细的设置，我们会在第 10 章当中继续说明。

◆ 查找特定命令/文件的 man page 说明文件

在某些情况下，你可能知道要使用某些特定的命令或是修改某些特定的配置文件，但是偏偏忘记了该命令的完整名称，有些时候则是你只记得该命令的部分关键词。这个时候你要如何查出来你所想要知道的 man page？我们以下面的几个例子来说明 man 这个命令的作用。

例题

你可否查出来，系统中还有哪些跟【man】这个命令有关的说明文件？
答：你可以使用下面的命令来查询一下：

```
[dmtsai@study ~]$ man -f man
man (1)              - an interface to the on-line reference manuals
man (1p)             - display system documentation
man (7)              - macros to format man pages
```

使用-f 这个选项就可以取得更多与 man 相关的信息，而上面这个结果当中也有提示（数字）的内容，举例来说，第三行的【man（7）】表示有个 man（7）的说明文件存在，但是也有个 man（1）存在。那当我们执行【man man】的时候，到底是指向哪一个说明文件？其实，你可以指定不同的文件，举例来说，上表当中的两个 man 你可以这样将它的文件显示出来：

```
[dmtsai@study ~]$ man 1 man   <==这里是用 man（1）的文件说明。
[dmtsai@study ~]$ man 7 man   <==这里是用 man（7）的文件说明。
```

你可以自行将上面两个命令输入一次看看就知道，两个命令输出的结果是不同的。那个 1、7 就是分别取出在 man page 里面关于 1 与 7 相关数据的文件。好了，那么万一我真的忘记了执行数字，只有输入【man man】时，那么取出的数据到底是 1 还是 7？这个就跟查找的顺序有关了。查找的顺序是记录在/etc/man_db.conf 这个配置文件当中，**先查找到的哪个说明文件，就会先被显示出来**。一般来说，通常会先找到数字较小的那个，因为排序的关系，所以，man man 会跟 man 1 man 结果相同。

除此之外，我们还可以利用关键词找到更多的说明文件数据。什么是关键词？从上面的【man -f man】输出的结果中，我们知道其实输出的数据是：

● 左边部分：命令（或文件）以及该命令所代表的意义（就是那个数字）；
● 右边部分：这个命令的简易说明，例如上述的【-macros to format man pages】；

当使用【man -f 命令】时，man 只会找数据中的左边那个命令（或文件）的完整名称，有一点不同都不行。但如果我想要找的是关键词呢？也就是说，我想要同时找上面说的两个地方的内容，只要该内容有关键词存在，不需要完全相同的命令（或文件）就能够找到时，该怎么办？请看下个范例。

例题

找出系统的说明文件中，只要有 man 这个关键词就将该说明列出来。
答：

```
[dmtsai@study ~]$ man -k man
fallocate (2)        - manipulate file space
zshall (1)           - the Z shell meta-man page
……（中间省略）……
yum-config-manager (1) - manage yum configuration options and yum repositories
```

```
yum-groups-manager (1) - create and edit yum's group metadata
yum-utils (1)          - tools for manipulating repositories and Extended package management
```

看到了吧，很多对吧！因为这个是利用关键词将说明文件里面只要含有 man 那个字眼的（不见得是完整字符串）就将它取出来，很方便吧！（上面的结果有特殊字体的显示是为了方便读者查看，实际的输出结果并不会有特别的颜色显示。）

事实上，还有两个命令与 man page 有关，而这两个命令是 man 的简略写法，就是这两个：

```
[dmtsai@study ~]$ whatis  [命令或是文件]    <==相当于 man -f [命令或是文件]。
[dmtsai@study ~]$ apropos [命令或是文件]    <==相当于 man -k [命令或是文件]。
```

而要注意的是，这两个特殊命令要能使用，必须要有建立 whatis 数据库才行，这个数据库的建立需要以 root 的身份执行如下的命令：

```
[root@study ~]# mandb
# 旧版的 Linux 这个命令是使用 makewhatis。这一版开使用 mandb 了。
```

　　一般来说，鸟哥是真得不会去背命令，只会去记住几个常见的命令而已，那么鸟哥是怎么找到所需要的命令？举例来说，打印的相关命令，鸟哥其实仅记得 lp （line print）而已。那我就由 man lp 开始，去找相关的说明，然后再以 lp[tab][tab] 找到任何以 lp 为开头的命令，找到我认为可能有点相关的命令后，先以--help 去查基本的用法。若有需要再以 man 去查询命令的用法，呵呵，所以，如果是实际在管理 Linux，那么真的只要记得几个很重要的命令即可，其他需要的，嘿嘿，努力地用 man 命令吧！

4.3.3　info page

在所有的 UNIX-like 系统当中，都可以利用 man 来查询命令或是相关文件。 但是，在 Linux 里面则又额外提供了一种在线求助的方法，那就是利用 info 这个好用的工具。

基本上，info 与 man 的用途其实差不多，都是用来查询命令的用法或是文件的格式。但是与 man page 一口气输出一堆信息不同的是，info page 则是将文件数据拆成一个一个的段落，每个段落用自己的页面来编写，并且在各个页面中还有类似网页的超链接来跳到各不同的页面中，每个独立的页面也被称为一个节点（node）。所以，你可以将 info page 想成是命令行模式的网页显示数据。

不过你要查询的目标数据的说明文件必须要以 info 的格式来写成才能够使用 info 的特殊功能（例如超链接），而这个支持 info 命令的文件默认是放置在/usr/share/info/这个目录当中。举例来说，info 这个命令的说明文件有写成 info 格式，所以，你使用【info info】可以得到如下的画面：

```
[dmtsai@study ~]$ info info
File: info.info, Node: Top, Next: Getting Started, Up: (dir)
Info: An Introduction
**********************
The GNU Project distributes most of its on-line manuals in the "Info
format", which you read using an "Info reader". You are probably using
an Info reader to read this now.
……（中间省略）……
If you are new to the Info reader and want to learn how to use it,
type the command 'h' now. It brings you to a programmed instruction
sequence. # 这一段在说明，按下 h 可以有简易的命令说明，很好用。
……（中间省略）……
* Menu:
* Getting Started::           Getting started using an Info reader.
```

```
* Advanced::                        Advanced Info commands.
* Expert Info::                     Info commands for experts.
* Index::                           An index of topics, commands, and variables.
--zz-Info: (info.info.gz) Top, 52 lines --Bot--------------------------------------
```

仔细地看到上面这个显示的结果，里面的第一行显示了很多的信息，第一行里面的数据意义是：

- File：代表这个 info page 的数据是来自 info.info 文件所提供；
- Node：代表目前的这个页面是属于 Top 节点，意思是 info.info 内含有很多信息，而 Top 仅是 info.info 文件内的一个节点内容而已；
- Next：下一个节点的名称为 Getting Started，你也可以按【N】到下个节点去；
- Up：回到上一层的节点总揽画面，你也可以按下【U】回到上一层；
- Prev：前一个节点，但由于 Top 是 info.info 的第一个节点，所以上面没有前一个节点的信息；

从第一行你可以知道这个节点的内容、来源与相关链接的信息。更有用的信息是，**你可以通过直接按下 N、P、U 去到下一个、上一个与上一层的节点（node），非常得方便**，第一行之后就是针对这个节点的说明。在上表的范例中，第二行以后的说明就是针对 info.info 内的 Top 这个节点所做的。另外，无论你在任何一个页面，只要不知道怎么使用 info，直接按下 h，系统就能够提供一些基本按键功能的介绍。

```
      copy of the license to the document, as described in section 6 of
      the license.
* Menu:
* Getting Started::                 Getting started using an Info reader.
* Advanced::                        Advanced Info commands.
* Expert Info::                     Info commands for experts.
* Index::                           An index of topics, commands, and variables.
--zz-Info: (info.info.gz) Top, 52 lines --Bot--------------------------------------
Basic Info command keys  # 这里是按下 h 之后才会出现的一堆简易按钮说明。
x            Close this help window.      # 按下 x 就可以关闭这个 help 的环境。
q            Quit Info altogether.        # 完全离开 info page。
H            Invoke the Info tutorial.
Up           Move up one line.
Down         Move down one line.
DEL          Scroll backward one screenful.
SPC          Scroll forward one screenful.
-----Info: *Info Help*, 405 lines --Top--------------------------------------
```

再来，你也会看到有【Menu】那个东西吧！下面共分为 4 小节，分别是 Getting Started 等，我们可以使用上下左右按键来将光标移动到该文字或【*】上面，按下 Enter，就可以前往该小节。另外，**也可以按下【Tab】键，就可以快速的将光标在上面画面中的节点间移动，真的是非常方便好用。**如果将 info.info 内的各个节点串在一起并绘制成图表的话，情况有点像下面这样：

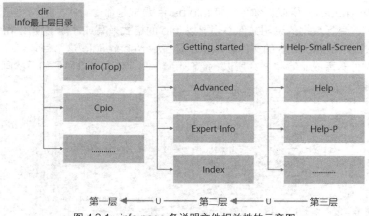

图 4.3.1　info page 各说明文件相关性的示意图

如图 4.3.1 所示，info 的说明文件将内容分成多个 node，并且每个 node 都有定位与链接。在各

链接之间还可以具有类似超链接的快速按钮，可以通过【Tab】键在各个超链接间移动，也可以使用
U、P、N 来在各个层级与相关链接中显示，非常不错。至于在 info page 当中可以使用的按键，可以
看下面的表格，事实上，你也可以在 info page 中按下 h。

按　　键	进 行 工 作
空格键	向下翻一页
[Page Down]	向下翻一页
[Page Up]	向上翻一页
[Tab]	在节点之间移动，有节点的地方，通常会以 * 显示
[Enter]	当光标在节点上面时，按下 Enter 可以进入该节点
b	移动光标到该 info 界面当中的第一处
e	移动光标到该 info 界面当中的最后一个节点处
n	前往下一个节点处
p	前往上一个节点处
u	向上移动一层
s (/)	在 info page 当中进行查找
h, ?	显示帮助选项
q	结束这次的 info page

info page 是只有 Linux 上面才有的产物，而且易读性增强很多，不过查询的命令说明要具有 info page
功能的话，得用 info page 的格式来写成在线求助文件才行。CentOS 7 将 info page 的文件放置到
/usr/share/info/目录中，至于以非 info page 格式写成的说明文件（就是 man page），虽然也能够使用
info 来显示，不过其结果就会跟 man 相同。举例来说，你可以执行【info man】就知道结果了。

4.3.4　其他有用的文件（documents）

刚刚前面说，一般而言，命令或软件制作者，都会将自己的命令或是软件的说明制作成联机帮助
文件。但是，毕竟不是每个东西都需要做成联机帮助文件的，还有相当多的说明需要额外的文件。此
时，这个所谓的 HowTo（如何做的意思）就很重要。还有，某些软件不只告诉你如何做，还会有一些
相关的原理会说明。

那么这些说明文件要摆在哪里呢？哈哈，就是摆在/usr/share/doc 这个目录。所以说，你只要到
这个目录下面，就会发现好多好多的说明文件，还不需要到网络上面找数据。举例来说，你可能会先
想要知道 grub2 这个新版的启动管理程序有什么能使用的命令？那可以到下面的目录看看：

- /usr/share/doc/grub2-tools-2.02

另外，很多原版软件发布的时候，都会有一些安装须知、计划工作事项、未来工作规划等的东西，
还有包括可安装的程序等，这些文件也都放置在 /usr/share/doc 当中。而且/usr/share/doc 这个目录
下的数据主要是以软件包（packages）为主，例如 nano 这个软件的相关信息在 /usr/share/doc/nano-
xxx（那个 xxx 表示版本的意思）。

总结上面的三个东西（man、info、/usr/share/doc/），请记住：

- 在命令行模式中，如果你知道某个命令，但却忘记了相关选项与参数，请先使用【--help】
  的功能来查询相关信息；
- 当有任何你不知道的命令或文件格式这种玩意儿，但是你想要了解它，请赶快使用 man 或
  是 info 来查询；
- 而如果你想要架设一些其他的服务，或想要利用一整组软件来完成某项功能时，请赶快到

/usr/share/doc 下面查一查有没有该服务的说明文件；

- 另外，再次强调，因为 Linux 毕竟是外国人发明的，所以中文文档确实是比较少，但是不要害怕，拿本英文字典在身边吧！随时查看不要害怕英文。

4.4 超简单的文本编辑器：nano

在 Linux 系统当中有非常多的文本编辑器，其中最重要的就是后续章节我们会谈到的 vim 这家伙。不过其实还有很多不错的文本编辑器存在，在这里我们就介绍一下简单的 nano 这一个文本编辑器。

nano 的使用其实很简单，你可以直接加上文件名就能够打开一个旧文件或新文件。下面我们就来打开一个名为 text.txt 的文件来看看：

```
[dmtsai@study ~]$ nano text.txt
# 不管 text.txt 存不存在都没有关系，存在就打开旧文件，不存在就创建新文件。

GNU nano 2.3.1                     File: text.txt

 <==这个是光标所在处




[ New File ]
^G Get Help    ^O WriteOut   ^R Read File  ^Y Prev Page  ^K Cut Text   ^C Cur Pos
^X Exit        ^J Justify    ^W Where Is   ^V Next Page  ^U UnCut Te   ^T To Spell
# 上面两行是命令说明列，其中^代表的是[Ctrl]的意思。
```

如上所示，你可以看到第一行反白的部分，那仅是在声明 nano 的版本与文件名（File: text.txt）而已。之后你会看到最下面的三行，分别是文件的状态（New File）与两行命令说明列。命令说明列反白的部分就是组合键，接着则是该组合键的功能，那个指数符号（^）代表的是键盘的[Ctrl]按键。下面先来说说比较重要的几个组合按键：

- [Ctrl]-G：取得联机帮助（help），很有用的；
- [Ctrl]-X：离开 nano 软件，若有修改过文件会提示是否需要保存；
- [Ctrl]-O：保存文件，若你有权限的话就能够保存文件了；
- [Ctrl]-R：从其他文件读入数据，可以将某个文件的内容贴在本文件中；
- [Ctrl]-W：查找字符串，这个也是很有帮助的命令；
- [Ctrl]-C：说明目前光标所在处的行数与列数等信息；
- [Ctrl]-_：可以直接输入行号，让光标快速移动到该行；
- [Alt]-Y：语法校验功能开启或关闭（单击开、再单击关）；
- [Alt]-M：可以支持鼠标来移动光标的功能。

比较常见的功能是这些，如果你想要取得更完整的说明，可以在 nano 的界面中按下[Ctrl]-G 或是[F1]按键，就能够显示出完整的 nano 内的命令说明了。好了，请你在上述的界面中随便输入一些字，输入完毕之后就保存后离开，如下所示：

```
 GNU nano 2.3.1                     File: text.txt

Type some words in this nano editor program.
You can use [ctrl] plus some keywords to go to some functions.
Hello every one.
Bye bye.
  <==这个是光标所在处

^G Get Help    ^O WriteOut   ^R Read File  ^Y Prev Page  ^K Cut Text   ^C Cur Pos
^X Exit        ^J Justify    ^W Where Is   ^V Next Page  ^U UnCut Te   ^T To Spell
```

此时按下【Crtl】-X 组合键会出现类似下面的界面：

```
 GNU nano 2.3.1                          File: text.txt

Type some words in this nano editor program.
You can use [ctrl] plus some keywords to go to some functions.
Hello every one.
Bye bye.



Save modified buffer （ANSWERING "No" WILL DESTROY CHANGES） ?
 Y Yes
 N No                    ^C Cancel
```

如果不要保存数据只想要离开，可以按下 N 即可离开。如果确实是需要保存的，那么按下 Y 后，最后三行会变成如下界面：

```
File Name to Write: text.txt      <==可在这里修改文件名或直接按[enter].
^G Get Help        M-D DOS Format       M-A Append            M-B Backup File
^C Cancel          M-M Mac Format       M-P Prepend
```

如果是单纯地想要保存而已，直接按下[Enter]即可保存后离开 nano 程序。不过上表中最下面还有两行，我们知道指数符号^代表[Ctrl]，那个 M 是代表什么呢？其实就是[Alt]，其实 nano 也不需要记太多命令。只要知道怎么进入 nano，怎么离开，怎么查找字符串即可，未来我们还会学习更有趣的 vi/vim。

4.5　正确的关机方法

大概知道开机的方法，也知道基本的命令操作，而且还已经知道在线查询，好累呦，想去休息。那么如何关机呢？我想，很多朋友在 DOS 年代已经有在玩计算机了。在当时我们关闭 DOS 的系统时，常常是直接关闭电源开关，而 Windows 在你不爽的时候，按着电源开关四秒也可以关机，但是在 Linux 则不建议这么做。

为什么？在 Windows（非 NT 内核）系统中，由于是单人假多任务的情况，所以即使你的计算机关机，对于别人应该不会有影响才对。不过，在 Linux 下面，由于每个程序（或说是服务）都是在后台执行，因此，在你看不到的屏幕背后其实可能有相当多人同时在你的主机上面工作，例如浏览网页、发送邮件以及 FTP 传输文件等，如果你直接按下电源开关来关机时，则其他人的数据可能就此中断，那可就伤脑筋了。

此外，最大的问题是，若不正常关机，则可能造成文件系统的毁损（因为来不及将数据回写到文件中，所以有些服务的文件会有问题）。所以正常情况下，要关机时需要注意下面几件事。

● 观察系统的使用状态

如果要看目前有谁在线，可以执行【who】这个命令，而如果要看网络的联机状态，可以执行【netstat -a】这个命令，而要看后台执行的程序可以执行【ps -aux】这个命令，使用这些命令可以让你稍微了解主机目前的使用状态。当然，就可以让你判断是否可以关机（这些命令在后面 Linux 常用命令中会提及）。

● 通知在线用户关机的时刻

要关机前总得给在线的用户一些时间来结束它们的工作，所以，这个时候你可以使用 shutdown 的特别命令来达到此功能。

● 正确的关机命令使用

例如 shutdown 与 reboot 两个命令。

所以下面我们就来谈一谈几个与关机或重新启动相关的命令。

● 将数据同步写入硬盘中的命令：sync
● 常用的关机命令：shutdown
● 重新启动，关机：reboot、halt、poweroff

> 由于 Linux 系统的关机或重新启动是很重大的系统操作，因此只有 root 才能够执行例如 shutdown、reboot 等命令。不过在某些发行版当中，例如我们这里谈到的 CentOS 系统，它允许你在本机前的 tty1~tty7 当中（无论是命令行界面或图形界面），可以用一般账号来关机或重新启动，但某些发行版则在你要关机时，它会要你输入 root 的密码。

◆ 数据同步写入磁盘：sync

在第 0 章"计算机概论"里面我们谈到过数据在计算机中运行的模式，所有的数据都得要被读入内存后才能够被 CPU 所处理，但是数据又常常需要由内存写回硬盘当中（例如保存的操作）。由于硬盘的速度太慢（相对于内存来说），如果常常让数据在内存与硬盘中来回写入或读出，系统的性能就不会太好。

因此在 Linux 系统中，为了加快数据的读取速度，所以在默认的情况中，某些已经加载内存中的数据将不会直接被写回硬盘，而是先暂存在内存当中，如此一来，如果一个数据被你重复改写，那么由于它尚未被写入硬盘中，因此可以直接由内存当中读取出来，在速度上一定是快很多的。

不过，如此一来也造成些许的困扰，那就是万一你的系统因为某些特殊情况造成不正常关机（例如停电或是不小心碰到电源）时，由于数据尚未被写入硬盘当中，所以就会造成数据的更新不正常。那要怎么办？这个时候就需要 sync 这个命令来进行数据的写入操作。直接在命令行模式下输入 sync，那么在内存中尚未被更新的数据，就会被写入硬盘中。所以，这个命令在系统关机或重新启动之前，最好多执行几次。

虽然目前的 shutdown、reboot、halt 等命令均已经在关机前进行了 sync 这个程序的调用，不过，多做几次总是比较放心点。

```
[dmtsai@study ~]$ su -       # 这个命令在让你的身份变成 root，下面请输入 root 的密码。
Password:  # 就这里，请输入安装时你所设置的 root 密码。
Last login: Mon Jun  1 16:10:12 CST 2015 on pts/0
[root@study ~]# sync
```

> 事实上 sync 也可以被一般账号使用，只不过一般账号用户所更新的硬盘数据就仅有自己的数据，不像 root 可以更新整个系统中的数据。

◆ 常用的关机命令：shutdown

由于 Linux 的关机是那么重要的工作，因此除了你是在主机前面以物理终端（tty1~tty6）来登录系统时，不论用什么身份都能够关机之外，若你是使用远程管理工具（如通过 pietty 使用 ssh 服务来从其他计算机登录主机），那关机就只有 root 有权力而已。

嗯，那么就来关机试试看吧！我们较常使用的是 shutdown 这个命令，而这个命令会通知系统内的各个进程（processes），并且将通知系统中的一些服务来关闭。shutdown 可以完成如下的工作：

● 可以自由选择关机模式：是要关机或重启均可；
● 可以设置关机时间：可以设置成现在立刻关机，也可以设置某一个特定的时间才关机；
● 可以自定义关机信息：在关机之前，可以将自己设置的信息发送给在线用户；
● 可以仅发出警告信息：有时有可能你要进行一些测试，而不想让其他的用户干扰，或是明白地告诉用户某段时间要注意一下，这个时候可以使用 shutdown 来吓一吓用户，但却不是真得要关机。

那么 shutdown 的语法是如何？聪明的读者随时随地地执行 man 命令，是很不错的功能。好了，简单的语法规则为：

```
[root@study ~]# /sbin/shutdown [-krhc] [时间] [警告信息]
选项与参数:
-k    : 不要真的关机，只是发送警告信息出去。
```

```
-r     : 在将系统的服务停掉之后就重新启动（常用）。
-h     : 将系统的服务停掉后，立即关机（常用）。
-c     : 取消已经在进行的 shutdown 命令内容。
时间   : 指定系统关机的时间，时间的范例下面会说明。若没有这个项目，则默认 1 分钟后自动进行。
范例：
[root@study ~]# /sbin/shutdown -h 10 'I will shutdown after 10 mins'
Broadcast message from root@study.centos.vbird (Tue 2015-06-02 10:51:34 CST):
I will shutdown after 10 mins
The system is going down for power-off at Tue 2015-06-02 11:01:34 CST!
```

在执行 shutdown 之后，系统告诉大家，这台机器会在十分钟后关机，并且会将信息显示在目前
登录者的屏幕上。你可以输入【shutdown –c】来取消这次的关机命令，而如果你什么参数都没有加，
单纯执行 shutdown 之后，系统默认会在 1 分钟后进行关机的操作。我们也提供几个常见的时间参数
给你参考。

> 与旧版不同的地方在于，以前 shutdown 后面一定得要加时间参数才行，如果没有加上
> 的话，系统会进入单人维护模式中。在 7.x 中，shutdown 会以 1 分钟为限，进行自动关机的
> 操作，真得很不一样，所以时间参数可以不用加。

```
[root@study ~]# shutdown -h now
立刻关机，其中 now 相当于时间为 0 的状态。
[root@study ~]# shutdown -h 20:25
系统在今天的 20:25 分会关机，若在 21:25 才执行此命令，则隔天才关机。
[root@study ~]# shutdown -h +10
系统再过十分钟后自动关机。
[root@study ~]# shutdown -r now
系统立刻重新开机。
[root@study ~]# shutdown -r +30 'The system will reboot'
再过三十分钟系统会重新启动，并显示后面的信息给所有在线的使用者。
[root@study ~]# shutdown -k now 'This system will reboot'
仅发出警告邮件的参数，系统并不会关机，吓唬人。
```

◆　重新启动，关机：reboot、halt、poweroff

还有三个命令可以进行重新启动与关机的任务，那就是 reboot、halt、poweroff。其实这三个命令
调用的函数库都差不多，所以当你使用【man reboot】时，会同时出现三个命令的用法给你看，其实鸟
哥通常都只有记 poweroff 与 reboot 这两个命令。一般鸟哥在重新启动时，都会执行如下的命令：

```
[root@study ~]# sync; sync; sync; reboot
```

既然这些命令都能够关机或重新启动，那它有没有什么差异呢？基本上，在默认的情况下，这几
个命令都会完成一样的工作（全部的操作都是去调用 systemctl 这个重要的管理命令）。所以，你只
要记得其中一个就好，重点是，你自己习惯即可。

```
[root@study ~]# halt       # 系统停止，屏幕可能会保留系统已经停止的信息。
[root@study ~]# poweroff   # 系统关机，所以没有提供额外的电力，屏幕空白。
```

更多 halt 与 poweroff 的选项功能，请务必使用 man 去查询一下。

◆　实际使用管理工具 systemctl 关机

如果你跟鸟哥一样是个老人家，那么可能会知道有个名为 init 的命令，这个命令可以切换不同的
运行级别，运行级别共有 0~6 七个，其中 0 就是关机、6 就是重新启动等。不过，这个 init 目前只是
一个兼容模式而已，所以在 CentOS 7 当中，虽然你依旧可以使用【init 0】来关机，但是那已经跟所
谓的运行级别无关了。

那目前系统中所有服务的管理是使用哪个命令？那就是 systemctl。这个命令相当复杂，我们会在
很后面系统管理员部分才讲到，目前你只要学习 systemctl 当中与关机有关的部分即可。要注意，上
面谈到的 halt、poweroff、reboot、shutdown 等，其实都是调用 systemctl 这个命令。这个命令与关

机有关的语法如下：

```
[root@study ~]# systemctl [命令]
命令项目包括如下：
halt        进入系统停止的模式，屏幕可能会保留一些信息，这与你的电源管理模式有关。
poweroff    进入系统关机模式，直接关机。
reboot      直接重新启动。
suspend     进入休眠模式。
[root@study ~]# systemctl reboot      # 系统重新启动。
[root@study ~]# systemctl poweroff    # 系统关机。
```

4.6　重点回顾

◆ 为了避免瞬间断电造成的 Linux 系统危害，建议做为服务器的 Linux 主机应该加上 UPS 来持续提供稳定的电源；

◆ 养成良好的操作习惯，尽量不要使用 root 直接登录系统，应使用一般账号登录系统，有需要再转换身份；

◆ 可以通过"活动概览"查看系统所有使用的软件及快速启用常用软件；

◆ 在 X Window 的环境下想要强制重新启动 X 的组合按键为：[Alt]+[Ctrl]+[Backspace]；

◆ 默认情况下，Linux 提供 tty1～tty6 的终端界面；

◆ 在终端环境中，可依据提示字符为 $ 或 # 判断为一般账号或 root 账号；

◆ 取得终端支持的语系数据可执行【echo $LANG】或【locale】命令；

◆ date 可显示日期、cal 可显示日历、bc 可以做为计算器；

◆ 组合按键中，[Tab]按键可做为：（1）命令补齐或（2）文件名补齐或（3）参数选项补齐，[Crtl]−[c]可以中断目前正在运行中的程序；

◆ Linux 系统上的英文大小写为不同的内容；

◆ 联机帮助系统有 man 及 info 两个常见的命令；

◆ man page 说明后面的数字中，1 代表一般账号可用命令，8 代表系统管理员常用命令，5 代表系统配置文件格式；

◆ info page 可将一份说明文件拆成多个节点（node）显示，并具有类似超链接的功能，增加易读性；

◆ 系统需正确的关机比较不容易损坏，可使用 shutdown、poweroff 等命令关机。

4.7　本章习题

情境仿真题

　　我们在命令行界面，例如 tty2 里面看到的欢迎界面，就是在那个 login: 之前的界面（ CentOS Linux 7 ... ）是怎么来的？

◆ 目标：了解到终端的欢迎信息是怎么来的？

◆ 前提：欢迎信息的内容，记录在/etc/issue 当中的。

◆ 需求：利用 man 找到该文件当中的变量内容。

　　情境仿真题的解决步骤：

　　1. 欢迎界面是在/etc/issue 文件中，你可以使用【nano /etc/issue】看看该文件的内容（注意，不要修改这个文件内容，看完就离开），这个文件的内容有点像下面这样：

```
\S
Kernel \r on an \m
```

　　2. 与 tty3 比较之下，发现到内核版本使用的是 \r 而硬件等级则是 \m 来取代，这两者代表的意义是什么？由于这个文件的文件名是 issue，所以我们使用【man issue】来查看这个文件的格式；

　　3. 通过上一步的查询我们会知道反斜杠（\）后面接的字符是与 agetty（8）及 mingetty（8）有关，故进行【man agetty】这个命令的查询。

　　4. 由于反斜杠（\）的英文为 escape，因此在上个步骤的 man 环境中，你可以使用【/escape】来查找各反斜杠后面所接字符所代表的意义是什么。

　　5. 请自行找出：如果我想要在 /etc/issue 文件内表示【时间（localtime）】与【tty 号码（如 tty1，tty2 的号码）】的话，应该要找到哪个字符来表示（通过反斜杠的功能）？

简答题部分

- 简单查询一下，Physical console、Virtual console、Terminal 的说明是什么？
- 请问如果我以命令行模式登录 Linux 主机时，我有几个终端接口可以使用？如何切换各个不同的终端界面？
- 在 Linux 系统中，/VBird 与/vbird 是否为相同的文件？
- 我想要知道 date 如何使用，应该如何查询？
- 我想要在今天的 1:30 让系统自己关机，要怎么做？
- 如果 Linux 的 X Window 突然发生问题而挂掉，但 Linux 本身还是好好的，那么我可以按下哪三个按键来让 X Window 重新启动？
- 我想要知道 2010 年 5 月 2 日是星期几？该怎么做？
- 使用 man date 然后找出显示目前的日期与时间的参数，成为类似：2015/10/16-20:03
- 若以 X Window 为默认的登录方式，那请问如何进入虚拟终端？
- 简单说明在 bash shell 的环境下，[Tab] 按键的用途？
- 如何强制中断一个程序的进行？（利用组合键，非利用 kill 命令）
- Linux 提供相当多的在线查询功能，称为 man page，请问，我如何知道系统上有多少关于 passwd 的说明？或者可以使用其他的程序来取代 man 的这个功能吗？
- 在 man 的时候，man page 显示的内容中，命令（或文件）后面会接一组数字，这个数字若为 1、5、8，表示该查询的命令（或文件）意义是什么？
- man page 显示的内容的文件是放置在哪些目录中？
- 请问这一串命令【foo1 -foo2 foo3 foo4】中，各代表什么意义？
- 当我输入 man date 时，在我的终端却出现一些乱码，请问可能的原因是什么？如何修改？
- 我输入这个命令【ls -al /vbird】，系统回复我这个结果：【ls: /vbird: No such file or directory】请问发生了什么事？
- 我想知道目前系统有多少命令是以 bz 开头的，可以怎么做？
- 承上题，在出现的许多命令中，请问 bzip2 是干嘛用的？
- 在终端里面登录后，看到的提示字符$与 # 有何不同？平时操作应该使用哪一个？
- 我使用 dmtsai 这个账号登录系统了，请问我能不能使用 reboot 来重新启动？若不能，请说明原因，若可以，请说明命令如何执行？

4.8　参考资料与扩展阅读

- 为了让 Linux 的窗口显示效果更好，很多团体开始开发桌面应用的环境，GNOME 与 KDE 就是。它们的目标就是开发出类似 Windows 桌面的一整套可以工作的桌面环境，它可以进行窗口的定位、放大、缩小、同时还提供很多的桌面应用软件，下面是 KDE 与 GNOME 的相关链接。
https://www.kde.org/
https://www.gnome.org/

第二部分

Linux 文件、目录与磁盘格式

5

第二部分
Linux 文件、目录与磁盘格式

第 5 章　Linux 的文件权限与目录配置

　　Linux 最优秀的地方之一就在于它的多人多任务环境。而为了让各个用户具有保密的文件数据，因此文件权限管理就变得很重要了。Linux 一般将文件可读写的身份分为三个类别，分别是 拥有者（owner）、所属群组（group）、其他人（others），且三种身份各有读（read）、写（write）、执行（execute）等权限。若管理不当，你的 Linux 主机将会变得很"不舒服"。另外，你如果首次接触 Linux 的话，那么在 Linux 下面这么多的目录与文件，到底每个目录与文件代表什么意义呢？ 下面我们就来一一介绍。

5.1　用户与用户组

经过第 4 章的洗礼之后，你应该可以在 Linux 的命令行模式下面输入命令了吧？接下来，当然是要让你好好浏览一下 Linux 系统里面有哪些重要的文件。不过，每个文件都有相当多的属性与权限，其中最重要的概念可能就是文件的拥有者了。所以，在开始文件相关信息的介绍前，鸟哥先就简单地从（1）用户及（2）用户组与（3）非本用户组外的其他人等概念做个说明，好让你快点进入状态。

1.　文件拥有者

初次接触 Linux 的朋友大概会觉得很怪异，怎么"Linux **有这么多用户，还分什么用户组，有什么用呢？**"，这个"用户与用户组"的功能可是相当健全而且好用的一个安全防护措施。怎么说呢？由于 Linux 是个多人多任务的系统，因此可能常常会有多人同时使用这台主机来进行工作的情况发生，为了考虑每个人的隐私权以及每个人喜好的工作环境，因此，这个文件拥有者的角色就显得相当重要。

例如当你将你的 email 情书转存成文件之后，放在你自己的家目录，你总不希望被其他人看见自己的情书吧？这个时候，你就把该文件设置成"只有文件拥有者，就是我，才能看与修改这个文件的内容"，那么即使其他人知道你有这个相当有趣的文件，不过由于你有设置适当的权限，所以其他人自然也就无法知道该文件的内容。

2.　用户组概念

那么用户组呢？为何要配置文件还有所属的用户组？其实，**用户组最有用的功能之一，就是当你在团队进行协同工作的时候。**举例来说，假设有两组实习生在我的主机里面，第一个实习组别为 projecta，里面的成员有 class1、class2、class3 三个；第二个实习组别为 projectb，里面的成员有 class4、class5、class6。这两个实习组之间具有竞争性质，但却要提交同一份报告。每组的组员之间必须要能够互相修改对方的数据，但是其他组的组员则不能看到本组自己的文件内容，此时该如何是好？

在 Linux 下面这样的限制很简单。我可以经由简易的文件权限设置，就能限制非自己团队（亦即是用户组）的其他人不能够阅览内容，而且亦可让自己的团队成员可以修改我所建立的文件。同时，如果我自己还有私人隐密的文件，仍然可设置成让自己的团队成员也看不到我的文件，很方便吧！

另外，如果 teacher 这个账号是 projecta 与 projectb 是负责这两个实习组的老师，它想要同时观察两者的进度，因此需要能够进入这两个用户组的权限时，你可以设置 teacher 这个账号，同时支持 projecta 与 projectb 这两个用户组，也就是说：**每个账号都可以有多个用户组的支持。**

这样说或许你还不容易理解这个用户与用户组的关系吧？没关系，我们可以使用目前"家庭"的概念来进行说明。假设有一家人，家里只有三兄弟，分别是王大毛、王二毛与王三毛三个人，而这个家庭是登记在王大毛的名下。所以，"王大毛家有三个人，分别是王大毛、王二毛与王三毛"，而且这三个人都有自己的房间，并且共同拥有一个客厅。

- 用户的意义：由于王家三人各自拥有自己的房间，所以，王二毛虽然可以进入王三毛的房间，但是二毛不能翻三毛的抽屉，那样会被三毛打的。因为抽屉里面可能有三毛自己私人的东西，例如情书，日记等，这是私人的空间，所以当然不能让二毛拿。
- 用户组的概念：由于共同拥有客厅，所以王家三兄弟可以在客厅打开电视机、看报纸、坐在沙发上面发呆等。反正，只要是在客厅的玩意儿，三兄弟都可以使用，因为大家都是一家人嘛。

这样说来应该有点了解了吧！那个"王大毛家"就是所谓的用户组，至于三兄弟就是分别为三个用户，而这三个用户是在同一个用户组里面的。而三个用户虽然在同一用户组内，但是我们可以设置权限，好让某些用户个人的信息不被用户组的拥有者查询，以保有个人私人的空间，而设置用户组共享，则可让大家共同分享。

3.　其他人的概念

好了，那么今天又有个人，名叫做张小猪，它是张小猪家的人，与王家没有关系。这个时候，除非王家认识张小猪，然后开门让张小猪进来王家，否则张小猪永远没有办法进入王家，更不要说进到王三毛的房间。不过，如果张小猪通过关系认识了三毛，并且跟王三毛成为好朋友，那么张小猪就可以通过三毛进入王家。呵呵，没错，那个张小猪就是所谓的"其他人（Others）"。

　　因此，我们就可以知道，在 Linux 里面，任何一个文件都具有用户（User）、所属群组（Group）及其他人（Others）三种身份的个别权限，我们可以将上面的说明以下面的图来解释：

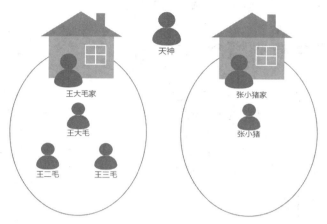

图 5.1.1　每个文件的拥有者、用户组与其他人（Others）的示意图

　　我们以王三毛为例，王三毛这个"文件"的拥有者为王三毛，它属于王大毛这个用户组，而张小猪相对于王三毛，则只是一个其他人（Others）而已。

　　不过，这里有个特殊的人物要来介绍，那就是"万能的天神"。这个天神具有无限的神力，所以它可以到达任何它想要去的地方，呵呵，那个人在 Linux 系统中的身份代号是 root。所以要小心，这个 root 可是"万能的天神"。

　　无论如何，用户身份与该用户所支持的用户组概念，在 Linux 的世界里面是相当得重要，它可以帮助你让你的多任务 Linux 环境变得更容易管理。更详细的身份与用户组设置，我们将在第 13 章账号管理再进行说明，下面我们将针对文件系统与文件权限来进行说明。

　　现在鸟哥常以台湾地区常见的社交网站 Facebook 或是 Google+作为解释。（1）你在 Facebook 注册一个账号，这个账号可以类比为 Linux 的账号；（2）你可以新增一个社团，这个社团的隐私权是可以由您自己指定的，看是要公开还是要隐藏，这就可以类比为 Linux 的用户组概念，这个用户组的权限可以自己设置；（3）那么其他在 Facebook 注册的人，没有加入你的社团，它就是 Linux 上所谓的"其他人"。最后，在 Facebook 上面的每一条留言，就可以想成 Linux 下面的"文件"。

　　那么上面谈到的用户组有啥帮助呢？想想看，你在 Facebook 上面，你的 StudyArea 社团是隐藏的，你想让 dmtsai 可以进来查看每一个留言（想成是文件），最简单的做法是什么？对，让 dmstai 加入这个社团即可，没错，只要让 Linux 某个账号加入某个用户组，该账号就可以使用该用户组能够读写的资源。每个账号可以加入的用户组个数基本上是没有限制的。

◆　Linux 用户身份与用户组记录的文件

　　在我们 Linux 系统当中，默认的情况下，所有的系统上的账号与一般身份用户，还有那个 root 的相关信息，都记录在/etc/passwd 这个文件内，至于个人的密码则是记录在/etc/shadow 这个文件内。此外，Linux 所有的组名都记录在/etc/group 中。这三个文件可以说是 Linux 系统里面账号、密码、用户组信息的集中地，不要随便删除这三个文件。

至于更多的与账号用户组有关的设置，还有这三个文件的格式，不要急，我们在第 13 章的账号管理时，会再跟大家详细的介绍，这里先有概念即可。

5.2 Linux 文件权限概念

大致了解了 Linux 的用户与用户组之后，接着下来，我们要来谈一谈，这个文件的权限要如何针对这些所谓的用户与用户组来设置？这个部分是相当重要的，尤其对于初学者来说，因为文件的权限与属性是学习 Linux 的一个相当重要的关卡，如果没有这部分的概念，那么你将老是听不懂别人在讲什么。尤其是当你在你的屏幕前面出现了【Permission deny】的时候，不要担心"肯定是权限设置错误"。呵呵，好了，闲话不多聊，赶快来看一看先。

5.2.1 Linux 文件属性

嗯，既然要让你了解 Linux 的文件属性，那么有个重要的也是常用的命令就必须要先跟你说，哪一个呢？就是【ls】这一个查看文件的命令。在你以 dmtsai 登录系统，然后使用 su - 切换身份成为 root 后，执行【ls –al】看看，会看到下面的几个东西：

```
[dmtsai@study ~]$ su -  # 先来切换一下身份看看。
Password:
Last login: Tue Jun  2 19:32:31 CST 2015 on tty2
[root@study ~]# ls -al
total 48
dr-xr-x---.  5   root     root     4096  May 29 16:08  .
dr-xr-xr-x. 17   root     root     4096  May  4 17:56  ..
-rw-------.  1   root     root     1816  May  4 17:57  anaconda-ks.cfg
-rw-------.  1   root     root      927  Jun  2 11:27  .bash_history
-rw-r--r--.  1   root     root       18  Dec 29 2013  .bash_logout
-rw-r--r--.  1   root     root      176  Dec 29 2013  .bash_profile
-rw-r--r--.  1   root     root      176  Dec 29 2013  .bashrc
drwxr-xr-x.  3   root     root       17  May  6 00:14  .config          <=范例说明处。
drwx------.  3   root     root       24  May  4 17:59  .dbus
-rw-r--r--.  1   root     root     1864  May  4 18:01  initial-setup-ks.cfg  <=范例说明处。
[   1    ][  2  ][   3   ][   4  ][   5   ][    6    ][       7        ]
[  权限   ][链接][拥有者][用户组][文件容量][ 修改日期 ][      文件名      ]
```

由于本章后续的 chgrp、chown 等命令可能都需要使用 root 的身份才能够处理，所以这里建议您以 root 的身份来学习。要注意的是，我们还是不建议你直接使用 root 登录系统，建议使用 su-这个命令来切换身份，离开 su-则使用 exit 回到 dmtsai 的身份即可。

ls 是 list 的意思，重点在显示文件的文件名与相关属性，而选项【-al】则表示列出所有的文件详细的权限与属性（包含隐藏文件，就是文件名第一个字符为【.】的文件）。如上所示，在你第一次以 root 身份登录 Linux 时，如果你输入上述命令后，应该有上列的几个东西，先解释一下上面七个字段每个的意思。

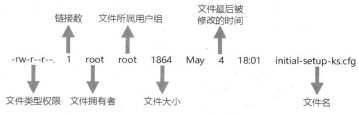

图 5.2.1　文件属性的示意图

◆　第一栏代表这个文件的类型与权限（permission）

这个地方最需要注意了，仔细看的话，你应该可以发现这一栏其实共有十个字符：（图 5.2.1 及图 5.2.2 内的权限并无关系。）

- 第一个字符代表这个文件是**目录、文件或链接文件**等：
- 当为 [d] 则是目录，例如上表文件名为【.config】的那一行；
- 当为 [-] 则是文件，例如上表文件名为【initial-setup-ks.cfg】那一行；
- 若是 [l] 则表示为链接文件（link file）；
- 若是 [b] 则表示为设备文件里面的可供存储的周边设备（可按块随机读写的设备）；

图 5.2.2　文件的类型与权限之内容

- 若是 [c] 则表示为设备文件里面的串行端口设备，例如键盘、鼠标（一次性读取设备）；
- 接下来的字符中，以三个为一组，且均为【rwx】的三个参数的组合。其中，[r] 代表可读（read）、[w] 代表可写（write）、[x] 代表可执行（execute）。要注意的是这三个权限的位置不会改变，如果没有权限，就会出现减号 [-] 而已。
- 第一组为文件拥有者可具备的权限，以【initial-setup-ks.cfg】这个文件为例，该文件的拥有者可以读写，但不可执行；
- 第二组为加入此用户组之账号的权限；
- 第三组为非本人且没有加入本用户组的其他账号的权限；

请你特别注意，不论是那一组权限，基本上，都是针对某些账号来设计的权限。以用户组来说，它规范的是加入这个用户组的账号具有什么样的权限之意，以学校社团为例，假设学校有个电脑社的社团办公室，"加入电脑社的同学就可以进出社办"，主角是"学生（账号）"而不是电脑社本身，这样可以理解吗？

例题

若有一个文件的类型与权限数据为【-rwxr-xr--】，请说明其意义是什么？
答：先将整个类型与权限数据分开查看，并将十个字符整理成为如下所示：

```
[-] [rwx] [r-x] [r--]
1   234   567  890
```

1 为：代表这个文件名为目录或文件，本例中为文件（-）；
234 为：拥有者的权限，本例中为可读、可写、可执行（rwx）；
567 为：同用户组的用户权限，本例中为可读可执行（rx）；
890 为：其他用户权限，本例中为可读（r），就是只读之意。

同时注意到，rwx 所在的位置是不会改变的，有该权限就会显示字符，没有该权限就变成了减号（-）。

另外，目录与文件的权限意义并不相同，这是因为目录与文件所记录的数据内容不相同所致。由于目录与文件的权限意义非常重要，所以鸟哥将它独立到 5.2.3 节中的目录与文件之权限意义中再来谈。

◆ 第二栏表示有多少文件名链接到此节点（inode）

每个文件都会将它的权限与属性记录到文件系统的 inode 中，不过，我们使用的目录树却是使用文件名来记录，因此每个文件名就会链接到一个 inode，这个属性记录的就是有多少不同的文件名链接到相同的一个 inode 号码。关于 inode 的相关数据我们会在第 7 章谈到文件系统时再加强介绍。

◆ 第三栏表示这个文件（或目录）的拥有者账号
◆ 第四栏表示这个文件的所属用户组

在 Linux 系统下，你的账号会加入一个或多个的用户组中。举刚刚我们提到的例子，class1、class2、class3 均属于 projecta 这个用户组，假设某个文件所属的用户组为 projecta，且该文件的权限如图 5.2.2 所示（-rwxrwx---），则 class1、class2、class3 三人对于该文件都具有可读、可写、可执行的权限（看用户组权限）。但如果是不属于 projecta 的其他账号，对于此文件就不具有任何权限。

◆ 第五栏为这个文件的容量大小，默认单位为 Bytes
◆ 第六栏为这个文件的创建日期或是最近的修改日期

这一栏的内容分别为日期（月/日）及时间，如果这个文件被修改的时间距离现在太久，那么时间部分会仅显示年份而已，如下所示：

```
[root@study ~]# ll /etc/services /root/initial-setup-ks.cfg
-rw-r--r--. 1 root root 670293 Jun  7  2013 /etc/services
-rw-r--r--. 1 root root   1864 May  4 18:01 /root/initial-setup-ks.cfg
# 如上所示，/etc/services 为 2013 年所修改过的文件，离现在太远之故，所以只显示年份；
# 至于/root/initial-setup-ks.cfg是今年（2015）所建立的，所以就显示完整的时间了。
```

如果想要显示完整的时间格式，可以利用 ls 的选项，亦即：【ls -l --full-time】就能够显示出完整的时间格式，包括年、月、日、时间。另外，如果你当初是以简体中文安装你的 Linux 系统，那么日期字段将会以中文来显示。可惜的是中文并没有办法在纯命令行的终端模式中正确地显示，所以此栏会变成乱码。那你就得要使用【export LC_ALL=en_US.utf8】来修改语系。

如果想要让系统默认的语系变成英文的话，那么你可以修改系统配置文件【/etc/locale.conf】，利用第 4 章谈到的 nano 来修改该文件的内容，使 LANG 这个变量成为上述的内容即可。

◆ 第七栏为这个文件名

这个字段就是文件名，比较特殊的是：如果文件名之前多一个【.】，则代表这个文件为隐藏文件，例如上表中的【.config】那一行，该文件就是隐藏文件，你可以使用【ls】及【ls -a】这两个命令去感受一下什么是隐藏文件。

> 对于更详细的 ls 用法，还记得怎么查询吗？对，使用 ls --help 或 man ls 或 info ls 去看看它的基础用法。自我学习是很重要的，因为"师傅带进门，修行看个人"，自古只有天才学生，没有明星老师，加油吧！

这七个字段的意义是很重要的，务必清楚地知道各个字段代表的意义，尤其是第一个字段的九个权限，那是整个 Linux 文件权限的重点之一。下面我们来做几个简单的练习，你就会比较清楚。

例题

假设 test1、test2、test3 同属于 testgroup 这个用户组，如果有下面的两个文件，请说明两个文件的拥有者与其相关的权限是什么？

```
-rw-r--r--  1 root      root        238 Jun 18 17:22 test.txt
-rwxr-xr--  1 test1     testgroup  5238 Jun 19 10:25 ping_tsai
```

答：

◆　文件 test.txt 的拥有者为 root，所属用户组为 root，至于权限方面则只有 root 这个账号可以读写
　　此文件，其他人则仅能读此文件；
◆　另一个文件 ping_tsai 的拥有者为 test1，而所属用户组为 testgroup。其中：
　　● test1 可以针对此文件具有可读可写可执行的权力；
　　● 而同用户组的 test2、test3 两个人与 test1 同样是 testgroup 的用户组账号，则仅可读、可
　　　 执行但不能写（亦即不能修改）；
　　● 至于没有加入 testgroup 这一个用户组的其他人则仅可以读，不能写也不能执行。

例题

承上一题如果我的目录为下面的样式，请问 testgroup 这个用户组的成员与其他人（others）是否
可以进入本目录？

```
drwxr-xr--  1 test1     testgroup  5238 Jun 19 10:25 groups/
```

答：

● 文件拥有者 test1[rwx]可以在本目录中进行任何工作；
● 而 testgroup 这个用户组[r-x]的账号，例如 test2、test3 亦可以进入本目录进行工作，但是
　 不能在本目录下进行写入的操作；
● 至于 other 的权限中[r--]虽然有 r，但是由于没有 x 的权限，因此 others 的用户，并不能进
　 入此目录。

◆　Linux 文件权限的重要性
　　与 Windows 系统不一样的是，在 Linux 系统当中，每一个文件都多添加了很多的属性，尤其是用
户组的概念，这样有什么用途呢？其实，最大的用途是在数据安全性上面。
　　● **系统保护的功能**
　　举个简单的例子，在你的系统中，关于系统服务的文件通常只有 root 才能读写或是执行，例如
/etc/shadow 这一个账号管理的文件，由于该文件记录了你系统中所有账号的数据，因此是很重要的
一个配置文件，当然不能让任何人读取（否则密码会被窃取），只有 root 才能够来读取，所以该文件
的权限就会成为[----------]。咦，所有人都不能使用？没关系，root 基本上是不受系统的权限
所限制，所以无论文件权限是什么，默认 root 都可以读写。
　　● **团队开发软件或数据共享的功能**
　　此外，如果你有一个软件开发团队，在你的团队中，你希望每个人都可以使用某一些目录下的文
件，而非你的团队的其他人则不予以开放呢？以上面的例子来说，testgroup 的团队共有三个人，分别
是 test1、test2、test3，那么我就可以将团队所需的文件权限设置为[-rwxrws---]来提供给 testgroup
的工作团队使用。（怎么会有 s 呢？没关系，这个我们在后续章节再讲给你听。）
　　● **未将权限设置妥当的危害**
　　再举个例子来说，如果你的目录权限没有做好的话，可能造成其他人都可以在你的系统上面乱搞。
例如本来只有 root 才能做的开关机、ADSL 的拨号程序、新增或删除用户等的命令，若被你改成任何
人都可以执行的话，那么如果用户不小心给你重新启动，重新拨号，那么你的系统不就会常常莫名其
妙得挂掉？而且万一你的用户的密码被其他不明人士取得的话，只要它登录你的系统就可以轻而易举
地执行一些 root 的工作。

可怕吧！因此，在你修改你的 Linux 文件与目录的属性之前，一定要先搞清楚，什么数据是可变的，什么是不可变的，千万注意。接下来我们来看看如何进行文件属性与权限的修改吧！

5.2.2 如何修改文件属性与权限

我们现在知道文件权限对于一个系统的安全重要性了，也知道文件的权限对于用户与用户组的相关性，那么如何修改一个文件的属性与权限？有多少文件的权限我们可以修改？其实一个文件的属性与权限有很多。我们先介绍几个常用于用户组、拥有者、各种身份的权限之修改的命令，如下所示：

- chgrp：修改文件所属用户组；
- chown：修改文件拥有者；
- chmod：修改文件的权限，SUID、SGID、SBIT 等的特性。

◆ 修改所属用户组，chgrp

修改一个文件的用户组真是很简单，直接使用 chgrp 命令来修改即可，咦，这个命令就是 change group 的缩写嘛，这样就很好记了吧！不过，请记得，要被修改的组名必须要在 /etc/group 文件中存在才行，否则就会显示错误。

假设你已经是 root 的身份了，那么在你的家目录内有一个名为 initial-setup-ks.cfg 的文件，如何将该文件的用户组修改一下呢？假设你已经知道在/etc/group 里面已经存在一个名为 users 的用户组，但是 testing 这个用户组名字就不在/etc/group 当中了，此时修改用户组成为 users 与 testing 分别会有什么现象发生？

```
[root@study ~]# chgrp [-R] dirname/filename ...
选项与参数：
-R : 进行递归（recursive）修改，亦即连同子目录下的所有文件、目录都更新成为这个用户组之意，
     常常用在修改某一目录内所有的文件之情况。
范例：
[root@study ~]# chgrp users initial-setup-ks.cfg
[root@study ~]# ls -l
-rw-r--r--. 1 root users 1864 May  4 18:01 initial-setup-ks.cfg
[root@study ~]# chgrp testing initial-setup-ks.cfg
chgrp: invalid group: `testing' <== 发生错误信息，找不到这个用户组名。
```

发现了吗？文件的用户组被改成了 users，但是要改成 testing 的时候，就会发生错误。注意，发生错误信息还是要努力的查一查错误信息的内容才好，将英文翻译成为中文，就知道问题出在哪里了。

◆ 修改文件拥有者，chown

如何修改一个文件的拥有者？很简单，既然修改用户组是 change group，那么修改拥有者就是 change owner，BINGO，那就是 chown 这个命令的用途，要注意的是，用户必须是已经存在系统中的账号，也就是在/etc/passwd 这个文件中有记录的用户名称才能修改。

chown 的用途还蛮多的，它还可以顺便直接修改用户组的名称。此外，**如果要连目录下的所有子目录或文件同时更改文件拥有者的话，直接加上 -R 的选项即可**，我们来看看语法与范例：

```
[root@study ~]# chown [-R] 账号名称 文件或目录
[root@study ~]# chown [-R] 账号名称:用户组名称 文件或目录
选项与参数：
-R : 进行递归（recursive）修改，亦即连同子目录下的所有文件都修改。
范例：将 initial-setup-ks.cfg 的拥有者改为 bin 这个账号。
[root@study ~]# chown bin initial-setup-ks.cfg
[root@study ~]# ls -l
-rw-r--r--. 1 bin  users 1864 May  4 18:01 initial-setup-ks.cfg
范例：将 initial-setup-ks.cfg 的拥有者与用户组改回为 root。
[root@study ~]# chown root:root initial-setup-ks.cfg
[root@study ~]# ls -l
-rw-r--r--. 1 root root 1864 May  4 18:01 initial-setup-ks.cfg
```

事实上，chown 也可以使用【chown user.group file】，亦即在拥有者与用户组间加上小数点【.】也行。不过很多朋友设置账号时，喜欢在账号当中加入小数点（例如 vbird.tsai 这样的账号格式），这就会造成系统的误判，所以我们比较建议使用冒号【:】来隔开拥有者与用户组。此外，chown 也能单纯的修改所属用户组。例如【chown .sshd initial-setup-ks.cfg】就是修改用户组，看到了吗？就是那个小数点的用途。

知道如何修改文件的用户组与拥有者了，那么什么时候要使用 chown 或 chgrp？或许你会觉得奇怪吧？是的，确实有时候需要修改文件的拥有者，最常见的例子就是在复制文件给你之外的其他人时，我们使用最简单的 cp 命令来说明：

```
[root@study ~]# cp 源文件 目标文件
```

假设你今天要将.bashrc 这个文件复制成为.bashrc_test 文件名，且是要给 bin 这个人，你可以这样做：

```
[root@study ~]# cp .bashrc .bashrc_test
[root@study ~]# ls -al .bashrc*
-rw-r--r--. 1 root root 176 Dec 29  2013 .bashrc
-rw-r--r--. 1 root root 176 Jun  3 00:04 .bashrc_test   <==新文件的属性没变。
```

由于复制操作（cp）会复制执行者的属性与权限，所以，怎么办？.bashrc_test 还是属于 root 所拥有，如此一来，即使你将文件拿给 bin 这个用户，那它仍然无法修改（看属性/权限就知道了吧），所以你就必须要将这个文件的拥有者与用户组修改一下，知道如何修改了吧？

◆ 修改权限，chmod

文件权限的修改使用的是 chmod 这个命令，但是，权限的设置方法有两种，分别可以使用数字或是符号来进行权限的修改，我们就来谈一谈。

● 数字类型修改文件权限

Linux 文件的基本权限就有 9 个，分别是拥有者（owner）、所属群组（group）、其他人（others）三种身份各有自己的读（read）、写（write）、执行（execute）权限，先复习一下刚刚上面提到的数据：文件的权限字符为：【-rwxrwxrwx】，这九个权限是三个三个一组。其中，我们可以使用数字来代表各个权限，各权限的数字对照表如下：

```
r:4
w:2
x:1
```

每种身份（owner、group、others）各自的三个权限（r、w、x）数字是需要累加的，例如当权限为：[-rwxrwx---] 数字则是：

```
owner = rwx = 4+2+1 = 7
group = rwx = 4+2+1 = 7
others= --- = 0+0+0 = 0
```

所以等一下我们设置权限时，该文件的权限数字就是 770，修改权限的命令 chmod 的语法是：

```
[root@study ~]# chmod [-R] xyz 文件或目录
选项与参数：
xyz : 就是刚刚提到的数字类型的权限属性，为 rwx 属性数值的相加。
-R : 进行递归（recursive）修改，亦即连同子目录下的所有文件都会修改。
```

举例来说，如果要将.bashrc 这个文件所有的权限都设置启用，那么就执行：

```
[root@study ~]# ls -al .bashrc
-rw-r--r--. 1 root root 176 Dec 29  2013 .bashrc
[root@study ~]# chmod 777 .bashrc
```

```
[root@study ~]# ls -al .bashrc
-rwxrwxrwx. 1 root root 176 Dec 29 2013 .bashrc
```

那如果要将权限变成【-rwxr-xr--】？那么权限的数字就成为[4+2+1][4+0+1][4+0+0]=754，所以你需要执行【chmod 754 filename】。另外，在实际的系统运行中最常发生的一个问题就是，常常我们以 vim 编辑一个 shell 的脚本文件后，它的权限通常是 -rw-rw-r--，也就是 664，如果要将该文件变成可执行文件，并且不要让其他人修改此一文件的话，那么就需要-rwxr-xr-x 这样的权限，此时就得要执行：【chmod 755 test.sh】的命令。

另外，如果有些文件你不希望被其他人看到，那么应该将文件的权限设置为：【-rwxr-----】，那就执行【chmod 740 filename】。

例题

将刚刚你的.bashrc 这个文件的权限修改回-rw-r--r--的情况吧！

答：-rw-r--r--的分数是 644，所以命令为：

```
chmod 644 .bashrc
```

- 符号类型修改文件权限

还有一个修改权限的方法。从之前的介绍中我们可以发现，基本上就九个权限分别是（1）user（2）group（3）others 三种身份，那么我们就可以借由 u、g、o 来代表三种身份的权限。此外，a 则代表 all 亦即全部的身份。那么读写的权限就可以写成 r、w、x，也就是可以使用下面的方式来看：

chmod	u g o a	+（加入） -（移除） =（设置）	r w x	文件或目录

来实践一下吧！假如我们要设置一个文件的权限成为【-rwxr-xr-x】时，基本上就是：
- user（u）：具有可读、可写、可执行的权限；
- group 与 others（g/o）：具有可读与执行的权限。

所以就是：

```
[root@study ~]# chmod u=rwx,go=rx .bashrc
# 注意，那个 u=rwx,go=rx 是连在一起的，中间并没有任何空格。
[root@study ~]# ls -al .bashrc
-rwxr-xr-x. 1 root root 176 Dec 29 2013 .bashrc
```

那么假如是【-rwxr-xr--】这样的权限？可以使用【chmod u=rwx,g=rx,o=r filename】来设置。此外，如果我不知道原先的文件属性，而我只想要增加 .bashrc 这个文件的每个人均可写入的权限，那么我就可以使用：

```
[root@study ~]# ls -al .bashrc
-rwxr-xr-x. 1 root root 176 Dec 29 2013 .bashrc
[root@study ~]# chmod a+w .bashrc
[root@study ~]# ls -al .bashrc
-rwxrwxrwx. 1 root root 176 Dec 29 2013 .bashrc
```

而如果是要将权限去掉而不修改其他已存在的权限？例如要拿掉全部人的可执行权限，则：

```
[root@study ~]# chmod a-x .bashrc
[root@study ~]# ls -al .bashrc
-rw-rw-rw-. 1 root root 176 Dec 29 2013 .bashrc
[root@study ~]# chmod 644 .bashrc  # 测试完毕得要改回来。
```

知道+、−、=的不同点了吗？对，+与−的状态下，只要是没有指定到的项目，则该权限不会被变动，例如上面的例子中，由于仅以 − 拿掉 x 则其他两个保持当时的值不变。多多操作一下，你就会知道如何修改权限。这在某些情况下面很好用，举例来说，你想要教一个朋友如何让一个程序可以拥有执行的权限，但你又不知道该文件原本的权限是什么，此时，利用【chmod a+x filename 】，就可以让该程序拥有执行的权限了，是否很方便呢？

5.2.3　目录与文件的权限意义

现在我们知道了 Linux 系统内文件的三种身份（拥有者、用户组与其他人），知道每种身份都有三种权限（rwx），也知道能够使用 chown、chgrp、chmod 修改这些权限与属性，当然，利用 ls −l 去查看文件也没问题。前两小节也谈到了这些文件权限对于数据安全的重要性。那么，这些文件权限对于一般文件与目录文件有何不同呢？有大大的不同，下面就让鸟哥来说清楚，讲明白。

◆　权限对文件的重要性

文件是实际含有数据的地方，包括一般文本文件、数据库文件、二进制可执行文件（binary program）等。因此，权限对于文件来说，它的意义是这样的：

- r（read）：可读取此文件的实际内容，如读取文本文件的文字内容等；
- w（write）：可以编辑、新增或是修改该文件的内容（但不含删除该文件）；
- x（eXecute）：该文件具有可以被系统执行的权限。

那个可读（r）代表读取文件内容是还好了解，那么可执行（x）？这里你就必须要小心。因为在 Windows 下面一个文件是否具有执行的能力是借由**扩展名**来判断的，例如：.exe、.bat、.com 等，但是在 Linux 下面，**我们的文件是否能被执行，则是借由是否具有【 x 】这个权限来决定，跟文件名是没有绝对的关系的。**

至于最后一个 w 这个权限？当你对一个文件具有 w 权限时，你可以具有写入、编辑、新增、修改文件内容的权限，**但并不具备有删除该文件本身的权限。**对于文件的 rwx 来说，主要都是针对文件的内容而言，与文件名的存在与否没有关系，因为文件记录的是实际的数据嘛。

◆　权限对目录的重要性

文件是存放实际数据的所在，那么目录主要是存储什么？**目录主要的内容在记录文件名列表，文件名与目录有强烈的关联。**所以如果是针对目录时，那个 r、w、x 对目录是什么意义呢？

- r（read contents in directory）

表示具有读取目录结构列表的权限，所以当你具有读取（r）一个目录的权限时，表示你可以查询该目录下的文件名数据，所以你就可以利用 ls 这个命令将该目录的内容列表显示出来。

- w（modify contents of directory）

这个可写入的权限对目录来说，是很了不起的，**因为它表示你具有改动该目录结构列表的权限，**也就是下面这些权限：

- 建立新的文件与目录；
- 删除已经存在的文件与目录（不论该文件的权限是什么）；
- 将已存在的文件或目录进行更名；
- 移动该目录内的文件、目录位置；

总之，目录的 w 权限就与该目录下面的文件名的变动有关。

- x（access directory）

咦，目录的执行权限有啥用途？目录只是记录文件名而已，总不能拿来执行吧？没错，目录不可以被执行，**目录的 x 代表的是用户能否进入该目录成为工作目录的用途，**所谓的工作目录（work directory）就是你目前所在的目录。举例来说，当你登录 Linux 时，你所在的家目录就是你当前的工作目录，而变换目录的命令是【cd】（change directory）。

上面的东西这么说，太枯燥了，有没有清晰一点的说明？好，让我们来思考一下人类社会使用的东西好了。现在假设文件是一堆文件盒，所以你可能可以在上面写/改一些数据，而目录是一堆抽屉，因此你可以将文件盒分类放置到不同的抽屉里面，因此抽屉最大的目的是拿出/放入文件盒。现在让我们汇整一下内容：

组件	内容	替代对象	r	w	x
文件	详细数据 data	文件夹	读到文件内容	修改文件内容	执行文件内容
目录	文件名	可分类抽屉	读到文件名	修改文件名	进入该目录的权限（key）

根据上述的分析，你可以看到，对一般文件来说，rwx 主要是针对文件的内容来设计权限，对目录来说，rwx 则是针对目录内的文件名列表来设计权限。其中最有趣的大概就属目录的 x 权限了，文件名怎么执行？没道理嘛。其实这个 x 权限设计，就相当于该目录——也就是该抽屉的 "钥匙"，没有钥匙你怎么能够打开抽屉？对吧！

大致的目录权限概念是这样，下面我们来看几个范例，让你了解一下啥是目录的权限。

例题

有个目录的权限如下所示：

```
drwxr--r-- 3 root root 4096 Jun 25 08:35 .ssh
```

系统有个账号名称为 vbird，这个账号并没有支持 root 用户组，请问 vbird 对这个目录有何权限？是否可切换到此目录中？

答：vbird 对此目录仅具有 r 的权限，因此 vbird 可以查询此目录下的文件名列表，因为 vbird 不具有 x 的权限，亦即 vbird 没有这个抽屉的钥匙，因此 vbird 并不能切换到此目录内。（相当重要的概念。）

上面这个例题中因为 vbird 具有 r 的权限，因为是 r 乍看之下好像就具有可以进入此目录的权限，其实那是错的。能不能进入某一个目录，只与该目录的 x 权限有关。此外，工作目录对于命令的执行是非常重要的，如果你在某目录下不具有 x 的权限，那么你就无法切换到该目录下，也就无法执行该目录下的任何命令，即使你具有该目录的 r 或 w 的权限。

很多朋友在搭建网站的时候都会卡在一些权限的设置上，它们开放目录数据给因特网的任何人来浏览，却只开放 r 的权限，如上面的范例所示那样，那样的结果就是导致网站服务器软件无法到该目录下读取文件（最多只能看到文件名），最终用户总是无法正确地查看到文件的内容（显示权限不足）。要注意：要开放目录给任何人浏览时，应该至少也要给予 r 及 x 的权限，但 w 权限不可随便给，为什么 w 不能随便给，我们来看下一个例子。

例题

假设有个账号名称为 dmtsai，它的家目录在/home/dmtsai/，dmtsai 对此目录具有[rwx]的权限。若在此目录下有个名为 the_root.data 的文件，该文件的权限如下：

```
-rwx------ 1 root root 4365 Sep 19 23:20 the_root.data
```

请问 dmtsai 对此文件的权限是什么？可否删除此文件？

答：如上所示，由于 dmtsai 对此文件来说是 others 的身份，因此这个文件它无法读、无法编辑也无法执行，也就是说，它无法变动这个文件的内容。

但是由于这个文件在它的家目录下，它在此目录下具有 rwx 的完整权限，因此对于 the_root.data 这个文件名来说，它是能够删除的。结论就是，dmtsai 这个用户能够删除 the_root.data 这个文件。

上述的例子解释是这样的，假设有个莫名其妙的人，拿着一个完全密封的文件盒放到你的办公室抽屉中，因为完全密封你也打不开、看不到这个文件盒的内部数据（对文件来说，你没有权限）。但是因为这个文件盒是放在你的抽屉中，你当然可以在这个抽屉中拿出/放入任何数据（对目录来说，你具有所有权限）。所以，情况就是：你打开抽屉、拿出这个没办法看到的文件盒、将它丢到走廊上的垃圾桶，搞定了（顺利删除）。

还是看不太懂？没关系，我们下面就来设计一个练习，让你实际玩玩看，应该就能够比较明白了。不过，由于很多命令我们还没有教，所以下面的命令有的先了解即可，详细的命令用法我们会在后面继续介绍。

- **先用 root 的身份建立所需要的文件与目录环境**

我们用 root 的身份在所有人都可以工作的/tmp 目录中建立一个名为 testing 的目录，该目录的权限为 744 且目录拥有者为 root。另外，在 testing 目录下建立一个空文件，文件名亦为 testing。建立目录可用 mkdir（make directory），建立空文件可用 touch（下一章会说明）来完成。所以过程如下所示：

```
[root@study ~]# cd /tmp                      <==切换工作目录到/tmp。
[root@study tmp]# mkdir testing              <==建立新目录。
[root@study tmp]# chmod 744 testing          <==修改权限。
[root@study tmp]# touch testing/testing      <==建立空文件。
[root@study tmp]# chmod 600 testing/testing  <==修改权限。
[root@study tmp]# ls -ald testing testing/testing
drwxr--r--. 2 root root 20 Jun  3 01:00 testing
-rw-------. 1 root root  0 Jun  3 01:00 testing/testing
# 仔细看一下，目录的权限是 744，且所属用户组与使用者均是 root。
# 那么在这样的情况下面，一般身份使用者对这个目录/文件的权限是什么？
```

- **一般用户的读写权限是什么？观察中**

在上面的例子中，虽然目录是 744 的权限设置，一般用户应该能有 r 的权限，但这样的权限用户能做啥事？由于鸟哥的系统中含有一个名为 dmtsai 的账户，请再开另外一个终端，使用 dmtsai 登录来操作下面的任务。

```
[dmtsai@study ~]$ cd /tmp
[dmtsai@study tmp]$ ls -l testing/
ls: cannot access testing/testing: Permission denied
total 0
?????????? ? ? ? ?              ? testing
# 虽然有告知权限不足，但因为具有 r 的权限可以查询文件名，由于权限不足（没有 x），所以会有一堆问号。
[dmtsai@study tmp]$ cd testing/
-bash: cd: testing/: Permission denied
# 因为不具有 x，所以当然没有进入的权限，有没有联想到前面的权限说明？
```

- **如果该目录属于用户本身，会有什么状况？**

上面的练习我们知道了只有 r 确实可以让用户读取目录的文件名列表，不过详细的信息却还是读不到，同时也不能将该目录变成工作目录（用 cd 进入该目录之意）。那如果我们让该目录变成用户的，那么用户在这个目录下面是否能够删除文件？下面的练习做做看：

```
# 1. 先用 root 的身份来搞定/tmp/testing 的属性、权限设置。
[root@study tmp]# chown dmtsai /tmp/testing
[root@study tmp]# ls -ld /tmp/testing
drwxr--r--. 2 dmtsai root 20  6月  3 01:00 /tmp/testing  # dmtsai 是具有全部权限的。
# 2. 再用 dmtsai 的账号来处理一下/tmp/testing/testing 这个文件看看。
```

```
[dmtsai@study tmp]$ cd /tmp/testing
[dmtsai@study testing]$ ls -l   <==确实是可以进入目录。
-rw-------. 1 root root 0 Jun 3 01:00 testing   <==文件不是 vbird 的。
[dmtsai@study testing]$ rm testing     <==尝试删除这个文件看看。
rm: remove write-protected regular empty file 'testing'? y
# 竟然可以删除，这样理解了吗？
```

通过上面这个简单的步骤，你就可以清楚地知道，x 在目录当中是与能否进入该目录有关，至于那个 w 则具有相当重要的权限，因为它可以让用户删除、更新、新建文件或目录，是个很重要的参数，这样可以理解了吗？

◆ 用户操作功能与权限

刚刚讲这样如果你还是搞不懂，没关系，我们来处理个特殊的案例。假设两个文件名，分别是下面这样：

- /dir1/file1
- /dir2

假设你现在在系统使用 dmtsai 这个账号，那么这个账号针对/dir1、/dir1/file1、/dir2 这三个文件名来说，分别需要哪些最小的权限才能完成各项任务？鸟哥汇整如下，如果你看得懂，恭喜你，如果你看不懂，没关系，未来再来继续学。

操　　作	/dir1	/dir1/file1	/dir2	重　　点
读取 file1 内容	x	r	－	要能够进入/dir1 才能读到里面的文件数据
修改 file1 内容	x	rw	－	能够进入/dir1 且修改 file1 才行
执行 file1 内容	x	rx	－	能够进入/dir1 且 file1 能运行才行
删除 file1 文件	wx	－	－	能够进入/dir1 具有目录修改的权限即可
将 file1 复制到/dir2	x	r	wx	要能够读 file1 且能够修改 /dir2 内的数据

你可能会问，上面的表格当中，很多时候/dir1 都不必有 r，为啥？我们知道/dir1 是个目录，也是个抽屉。那个抽屉的 r 代表"这个抽屉里面有灯光"，所以你能看到的抽屉内的所有文件盒名称（非内容）。但你已经知道里面的文件盒放在那个地方，那有没有灯光有区别？你还是可以摸黑拿到该文件盒的，对吧！因此，上面很多操作中，你只要具有 x 即可，r 是非必备的，只是没 r 的话，使用[tab]时，它就无法自动帮你补齐文件名了，这样理解了吗？

看了上面这个表格，你应该会觉得很可怕。因为要读一个文件时，你得要具有这个文件所在目录的 x 权限才行。所以，通常要开放的目录，至少会具备 rx 这两个权限，现在你知道为啥了吧！

5.2.4　Linux 文件种类与扩展名

我们在基础篇一直强调一个概念，那就是：任何设备在 Linux 下面都是文件，不仅如此，连数据沟通的接口也有专属的文件在负责，所以，你会了解到，Linux 的文件种类真得很多，除了前面提到的一般文件（－）与目录文件（d）之外，还有哪些种类的文件？

◆ 文件种类

我们在刚刚提到使用【ls –l】观察到第一栏那十个字符中，第一个字符为文件的类型，除了常见的一般文件（－）与目录文件（d）之外，还有哪些种类的文件类型呢？

- 常规文件（regular file）

就是一般我们在进行读写的类型的文件，在由 ls -al 所显示出来的属性方面，第一个字符为 [-]，例如[-rwxrwxrwx]。另外，依照文件的内容，又大概可以分为：

  - **纯文本文件**（ASCII）：这是 Linux 系统中最多的一种文件类型，称为纯文本文件是因为内容为我们人类可以直接读到的数据，例如数字、字母等，几乎只要我们可以用来做为设置的文件都属于这一种文件类型。举例来说，你可以执行【cat ~/.bashrc】就可以看到该文件的内容。(cat 是将一个文件内容读出来的命令。)
  - **二进制文件**（binary）：还记得我们在第 0 章"计算机概论"里面的软件程序的运行中提过，我们的系统其实仅认识且可以执行二进制文件（binary file）吧？没错，你的 Linux 当中的可执行文件（scripts，脚本文件不算）就是这种格式，举例来说，刚刚执行的命令 cat 就是一个二进制文件。
  - **数据文件**（data）：有些程序在运行的过程当中会读取某些特定格式的文件，那些特定格式的文件可以被称为数据文件（data file）。举例来说，我们的 Linux 在用户登录时，都会将登录的数据记录在 /var/log/wtmp 这个文件内，该文件是一个数据文件，它能够通过 last 这个命令读出来。但是使用 cat 时，会读出乱码，因为它是属于一种特殊格式的文件。

- 目录（directory）

就是目录，第一个属性为[d]，例如 [drwxrwxrwx]。

- 链接文件（link）

就是类似 Windows 系统下面的快捷方式，第一个属性为[l]（英文 L 的小写），例如 [lrwxrwxrwx]。

- 设备与设备文件（device）

与系统周边及存储等相关的一些文件，通常都集中在/dev 这个目录之下，通常又分为两种：

  - **区块（block）设备文件**：就是一些存储数据，以提供系统随机存取的接口设备，举例来说硬盘与软盘等就是。你可以随机地在硬盘的不同区块读写，这种设备就是块设备。你可以自行查一下/dev/sda 看看，会发现第一个属性为[b]。
  - **字符（character）设备文件**：亦即是一些串行端口的接口设备，例如键盘、鼠标等。这些设备的特色就是一次性读取，不能够截断输出。举例来说，你不可能让鼠标跳到另一个画面，而是连续性滑动到另一个地方，第一个属性为 [c]。

- 数据接口文件（sockets）

既然被称为数据接口文件，这种类型的文件通常被用在网络上的数据交换了。我们可以启动一个程序来监听客户端的要求，而客户端就可以通过这个 socket 来进行数据的沟通了，第一个属性为 [s]，最常在/run 或/tmp 这些个目录中看到这种文件类型。

- 数据输送文件（FIFO, pipe）

FIFO 也是一种特殊的文件类型，它主要的目的是解决多个程序同时读写一个文件所造成的错误问题，FIFO 是先进先出（first-in-first-out）的缩写，即管道，第一个属性为[p]。

除了设备文件是我们系统中很重要的文件，最好不要随意修改之外（通常它也不会让你修改），另一个比较有趣的文件就是链接文件。如果你常常将应用程序放置到桌面来的话，你就应该知道在 Windows 下面有所谓的**快捷方式**。同样，你可以将 Linux 下的链接文件简单地视为一个文件或目录的快捷方式，至于 socket 与 FIFO 文件比较难理解，因为这两个东西与进程（process）比较有关系，这个等到未来你了解进程之后，再回来查看吧！此外，你也可以通过 man fifo 及 man socket 来查看系统上的说明。

- Linux 文件扩展名

基本上，Linux 的文件是没有所谓的扩展名，我们刚刚就谈过，**一个 Linux 文件能不能被执行，与它的第一栏的十个属性有关，与文件名根本一点关系也没有**，这个观念跟 Windows 的情况不相同。在 Windows 中，能被执行的文件扩展名通常是.com、.exe、.bat 等，而在 Linux 下面，**只要你的权限当**

中具有 x 的话，例如[−rwxr−xr−x]即代表这个文件具有可以被执行的能力。

> 具有可执行的权限以及具有可执行的程序代码是两回事。在 Linux 下面，你可以让一个文本文件，例如我们之前写的 text.txt 具有可执行的权限（加入 x 权限即可），但是这个文件明显地无法执行，因为它不具备可执行的程序代码。而如果你将上面提到的 cat 这个可以执行的命令，将它的 x 拿掉，那么 cat 将无法被你执行。

不过，可以被执行与可以执行成功是不一样的，举例来说，在 root 家目录下的 initial-setup-ks.cfg 是一个纯文本文件，如果经由修改权限成为 −rwxrwxrwx 后，这个文件能够真得执行成功吗？当然不行，因为它的内容根本就没有可以执行的数据。所以说，这个 x 代表这个文件具有可执行的能力，但是能不能执行成功，当然就得要看该文件的内容。

虽然如此，不过我们仍然希望可以借由扩展名来了解该文件是什么东西，所以，通常我们还是会以适当的扩展名来表示该文件是什么种类，下面有数种常用的扩展名：

- *.sh：脚本或批处理文件（ scripts ），因为批处理文件使用 shell 写成，所以扩展名就编成 .sh；
- *Z、*.tar、*.tar.gz、*.zip、*.tgz：经过打包的压缩文件，这是因为压缩软件分别为 gunzip、tar 等，由于不同的压缩软件，而取其相关的扩展名；
- *.html、*.php：网页相关文件，分别代表 HTML 语法与 PHP 语法的网页文件。.html 的文件可使用网页浏览器来直接开启，至于.php 的文件，则可以通过客户端的浏览器来服务端浏览，以得到运算后的网页结果。

基本上，Linux 系统上的文件名只是让你了解该文件可能的用途而已，真正的执行与否仍然需要权限的规范才行。例如虽然有一个文件为可执行文件，如常见的/bin/ls 这个显示文件属性的命令，不过，如果这个文件的权限被修改成无法执行时，那么 ls 就变成不能执行。

上述的这种问题最常发生在文件传送的过程中，例如你在网络上下载一个可执行文件，但是偏偏在你的 Linux 系统中就是无法执行，那么就是可能文件的属性被修改了。不要怀疑，从网络上下载到你的 Linux 系统中，文件的属性与权限确实是会被修改。

◆ Linux 文件名长度限制[注1]

在 Linux 下面，使用传统的 ext2、ext3、ext4 文件系统以及近来被 CentOS 7 当作默认文件系统的 xfs 而言，针对文件的文件名长度限制为：

- 单一文件或目录的最大容许文件名为 255 字节，以一个 ASCII 英文占用一个字节来说，则大约可达 255 个字符长度。若是以每个汉字占用 2 字节来说，最大文件名就是大约在 128 个汉字之间。

这是相当长的文件名，我们希望 Linux 的文件名可以一看就知道该文件是干嘛的，所以文件名通常是很长很长。而用惯了 Windows 的人可能会受不了，因为文件名通常真的都很长，对于用惯 Windows 而导致打字速度不快的朋友来说，嗯，真的是很困扰，不过，只得劝你好好的加强打字的训练。

◆ Linux 文件名的限制

由于 Linux 在命令行模式下的一些命令操作关系，一般来说，你在设置 Linux 下面的文件名时，最好可以避免一些特殊字符比较好，例如下面这些：

```
* ? > < ; & ! [,] | \ ' " ` ( ) { }
```

因为这些符号在命令行模式下，是有特殊意义。另外，文件名的开头为小数点【 . 】时，代表这个文件为隐藏文件。同时，由于命令执行当中，常常会使用到 −option 之类的选项，所以你最好也避免将文件名的开头以 − 或 + 来命名。

5.3 Linux 目录配置

在了解了每个文件的相关种类与属性，以及了解了如何修改文件属性与权限的相关信息后，再来要了解的就是，为什么每个 Linux 发行版它们的配置文件、执行文件、每个目录内放置的东西，其实都差不多？原来是有一套标准依据，我们下面就来看一看。

5.3.1 Linux 目录配置的依据——FHS

因为利用 Linux 来开发产品或发行版的社区、公司及个人实在太多了，如果每个人都用自己的想法来配置文件放置的目录，那么将可能造成很多管理上的困扰。你能想象，你进入一个企业之后，所接触到的 Linux 目录配置方法竟然跟你以前学的完全不同吗？很难想象吧！所以，后来就有所谓的 Filesystem Hierarchy Standard（FHS）标准的出炉。

根据 FHS[注2] 的标准文件指出，它们的主要目的是希望让用户可以了解到已安装软件通常放置于哪个目录下，所以它们希望独立的软件开发商、操作系统制作者以及想要维护系统的用户，都能够遵循 FHS 的标准。也就是说，FHS 的重点在于规范每个特定的目录下应该要放置什么样子的数据而已。这样做好处非常多，因为 Linux 操作系统就能够在既有的面貌下（目录架构不变）发展出开发者想要的独特风格。

事实上，FHS 是根据过去的经验一直在持续地改版，FHS 依据文件系统使用的频繁与否与是否允许用户随意修改，而将目录定义成为四种交互作用的形态，用表格来说有点像下面这样：

	可分享（shareable）	不可分享（unshareable）
不变（static）	/usr（软件存放处）	/etc（配置文件）
	/opt（第三方辅助软件）	/boot（启动与内核文件）
可变动（variable）	/var/mail（用户邮箱）	/var/run（程序相关）
	/var/spool/news（新闻组）	/var/lock（程序相关）

上表中的目录就是一些代表性的目录，该目录下面所放置的数据在下面会谈到，这里先略过不谈。我们要了解的是，那四个类型是什么？

- **可分享**：可以分享给其他系统挂载使用的目录，所以包括执行文件与用户的邮件等数据，是能够分享给网络上其他主机挂载用的目录；
- **不可分享**：自己机器上面运行的设备文件或是与程序有关的 socket 文件等，由于仅与自身机器有关，所以当然就不适合分享给其他主机；
- **不变**：有些数据是不会经常变动的，跟随着发行版而不变动。例如函数库、文件说明、系统管理员所管理的主机服务配置文件等；
- **可变动**：经常修改的数据，例如日志文件、一般用户可自行接收的新闻组等。

事实上，FHS 针对目录树架构仅定义出三层目录下面应该放置什么数据而已，分别是下面这三个目录的定义：

- /（root，**根目录**）：与启动系统有关；
- /usr（unix software resource）：与软件安装/执行有关；
- /var（variable）：与系统运行过程有关；

为什么要定义出这三层目录？其实是有意义的，每层目录下面应该要放置的目录也都有特定的规定。由于我们尚未介绍完整的 Linux 系统，所以下面的介绍你可能会看不懂。没关系，先有个概念即可，等到你将基础篇全部看完后，就重头将基础篇再看一遍，到时候你就会豁然开朗了。

这个 root 在 Linux 里面的意义很多很多，多到让人搞不懂那是啥玩意儿。如果以账号的角度来看，所谓的 root 指的是系统管理员的身份，如果以目录的角度来看，所谓的 root 意即指的是根目录，就是 /，要特别留意。

◆ 根目录（/）的意义与内容

根目录是整个系统最重要的一个目录，因为不但所有的目录都是由根目录衍生出来，同时**根目录也与启动、还原、系统修复等操作有关**。由于系统启动时需要特定的启动软件、内核文件、启动所需程序、函数库等文件数据，若系统出现错误时，根目录也必须要包含有能够修复文件系统的程序才行。因为根目录这么重要，所以在 FHS 的要求方面，它希望根目录不要放在非常大的分区内，因为越大的分区你会放入越多的数据，如此一来根目录所在分区就可能会有较多发生错误的机会。

因此 FHS 标准建议：**根目录（/）所在分区应该越小越好，且应用程序所安装的软件最好不要与根目录放在同一个分区内，保持根目录越小越好**。如此不但性能较佳，根目录所在的文件系统也较不容易发生问题。

有鉴于上述的说明，因此 FHS 定义出根目录（/）下面应该要有下面这些子目录的存在才好，即使没有物理目录，FHS 也希望至少有链接（link）目录存在才好。

目录	应放置文件内容
第一部分：FHS 要求必须要存在的目录	
/bin	系统有很多存放执行文件的目录，但/bin 比较特殊。因为/bin 放的是在单人维护模式下还能够被使用的命令。在/bin 下面的命令可以被 root 与一般账号所使用，主要有：cat、chmod、chown、date、mv、mkdir、cp、bash 等常用的命令
/boot	这个目录主要在放置启动会使用到的文件，包括 Linux 内核文件以及启动选项与启动所需配置文件等。Linux **内核常用的文件名为**：vmlinuz，如果使用的是 grub2 这个启动引导程序，则还会存在/boot/grub2/这个目录
/dev	在 Linux 系统上，任何设备与接口设备都是以文件的形式存在于这个目录当中。你只要通过读写这个目录下面的某个文件，就等于读写某个设备，比较重要的文件有/dev/null、/dev/zero、/dev/tty、/dev/loop*、/dev/sd*等
/etc	系统主要的配置文件几乎都放置在这个目录内，例如人员的账号密码文件、各种服务的启动文件等。一般来说，这个目录下的各文件属性是可以让一般用户查看的，但是只有 root 有权力修改。FHS 建议**不要放置可执行文件（binary）在这个目录中**。比较重要的文件有：/etc/modprobe.d/、/etc/passwd、/etc/fstab、/etc/issue 等。另外 FHS 还规范几个重要的目录最好要存在 /etc/ 目录下： ● /etc/opt（**必要**）：这个目录在放置第三方辅助软件 /opt 的相关配置文件； ● /etc/X11/（**建议**）：与 X Window 有关的各种配置文件都在这里，尤其是 xorg.conf 这个 X Server 的配置文件； ● /etc/sgml/（**建议**）：与 SGML 格式有关的各项配置文件； ● /etc/xml/（**建议**）：与 XML 格式有关的各项配置文件
/lib	系统的函数库非常多，而/lib 放的则是在启动时会用到的函数库，以及在/bin 或/sbin 下面的命令会调用的函数库而已。什么是函数库？你可以将它想成是外挂，某些命令必须要有这些外挂才能够顺利完成程序的执行之意，另外 FSH 还要求下面的目录必须要存在： ● /lib/modules/：这个目录主要放置可抽换式的内核相关模块（驱动程序）
/media	media 是媒体的英文，顾名思义，这个/media 下面放置的就是可删除的设备，包括软盘、光盘、DVD 等设备都暂时挂载于此。常见的文件名有：/media/floppy、/media/cdrom 等
/mnt	如果你想要暂时挂载某些额外的设备，一般建议你可以放置到这个目录中。在早些时候，这个目录的用途与/media 相同。只是有了/media 之后，这个目录就暂时用来挂载

续表

目　录	应放置文件内容
/opt	这个是给第三方辅助软件放置的目录。什么是第三方辅助软件？举例来说，KDE 这个桌面管理系统是一个独立的软件，不过它可以安装到 Linux 系统中，因此 KDE 的软件就建议放置到此目录下。另外，如果你想要自行安装额外的软件（非原本的发行版提供），那么也能够将你的软件安装到这里来。不过，以前的 Linux 系统中，我们还是习惯放置在/usr/local 目录下
/run	早期的 FHS 规定系统启动后所产生的各项信息应该要放置到/var/run 目录下，新版的 FHS 则规范到 /run 下面，由于/run 可以使用内存来模拟，因此性能上会好很多
/sbin	Linux 有非常多命令是用来设置系统环境的，这些命令只有 root 才能够用来设置系统，其他用户最多只能用来查询而已。放在/sbin 下面的为启动过程中所需要的，里面包括了启动、修复、还原系统所需要的命令。至于某些服务器软件程序，一般则放置到/usr/sbin/当中。至于本机自行安装的软件所产生的系统执行文件(system binary)，则放置到/usr/local/sbin/当中了。常见的命令包括：fdisk、fsck、ifconfig、mkfs 等
/srv	srv 可以视为 service 的缩写，是一些网络服务启动之后，这些服务所需要使用的数据目录，常见的服务例如 WWW、FTP 等。举例来说，WWW 服务器需要的网页数据就可以放置在/srv/www/里面。不过，系统的服务数据如果尚未要提供给因特网任何人浏览的话，默认还是建议放置到 /var/lib 下面即可
/tmp	这是让一般用户或是正在执行的程序暂时放置文件的地方。这个目录是任何人都能够存取的，所以你需要定期地清理一下。当然，重要数据不可放置在此目录。因为 FHS 甚至建议在启动时，应该要将/tmp 下的数据都删除
/usr	第二层 FHS 设置，后续介绍
/var	第二层 FHS 设置，主要为放置变动性的数据，后续介绍

第二部分：FHS 建议可以存在的目录

目　录	应放置文件内容
/home	这是系统默认的用户家目录（ home directory ）。在你新增一个一般用户账号时，默认的用户家目录都会规范到这里来，比较重要的是家目录有两种代号： ● 　~：代表目前这个用户的家目录； ● 　~dmtsai：则代表 dmtsai 的家目录
/lib\<qual\>	用来存放与 /lib 不同的格式的二进制函数库，例如支持 64 位的 /lib64 函数库等
/root	系统管理员（ root ）的家目录，之所以放在这里，是因为如果进入单人维护模式而仅挂载根目录时，该目录就能够拥有 root 的家目录，所以我们会希望 root 的家目录与根目录放置在同一个分区中

　　事实上 FHS 针对根目录所定义的标准就仅有上面的东西，不过我们的 Linux 下面还有许多目录你也需要了解一下。下面是几个在 Linux 当中也非常重要的目录：

目　录	应放置文件内容
/lost+found	这个目录是使用标准的 ext2、ext3、ext4 文件系统格式才会产生的一个目录，目的在于当文件系统发生错误时，将一些遗失的片段放置到这个目录下，不过如果使用的是 xfs 文件系统的话，就不会存在这个目录
/proc	这个目录本身是一个虚拟文件系统（ virtual filesystem ），它放置的数据都是在内存当中，例如系统内核、进程信息（ process ）、外接设备的状态及网络状态等。因为这个目录下的数据都是在内存当中，所以本身不占任何硬盘空间。比较重要的文件例如：/proc/cpuinfo、/proc/dma、/proc/interrupts、/proc/ioports、/proc/net/*等
/sys	这个目录其实跟/proc 非常类似，也是一个虚拟的文件系统，主要也是记录内核与系统硬件信息相关的内容。包括目前已加载的内核模块与内核检测到的硬件设备信息等，这个目录同样不占硬盘容量

　　早期 Linux 在设计的时候，若发生问题时，恢复模式通常仅挂载根目录而已，因此有五个重要的目录被要求一定要与根目录放置在一起，那就是/etc、/bin、/dev、/lib、/sbin 这五个重要目录。现在许多的 Linux 发行版由于已经将许多非必要的文件移出了/usr 之外，所以/usr 也是越来越精简，同时

因为/usr 被建议为"即使挂载成为只读，系统还是可以正常运行"的模样，所以恢复模式也能同时挂载/usr。例如我们的这个 CentOS 7.x 版本在恢复模式的情况下就是这样，因此那个五大目录的限制已经被打破了。例如 CentOS 7.x 就已经将/sbin、/bin、/lib 通通移动到了/usr 下面。

好了，谈完了根目录，接下来我们就来谈谈/usr 以及/var，先看/usr 里面有些什么内容。

◆ /usr 的意义与内容

依据 FHS 的基本定义，/usr 里面放置的数据属于可分享与不可变动（shareable，static），如果你知道如何通过网络进行分区的挂载（例如在服务器篇会谈到的 NFS 服务器），那么/usr 确实可以分享给局域网络内的其他主机来使用。

很多读者都会误以为/usr 为 user 的缩写，其实 usr 是 UNIX Software Resource 的缩写，也就是 UNIX 操作系统软件资源所放置的目录，而不是用户的数据，这点要注意。FHS 建议所有软件开发者，应该将他们的数据合理地分别放置到这个目录下的子目录，而不要自行建立该软件自己独立的目录。

因为是所有系统默认的软件（发行版发布者提供的软件）都会放置到/usr 下面，因此这个目录有点类似 Windows 系统 "C:\Windows\ （当中的一部分）＋ C:\Program Files\" 这两个目录的综合体，系统刚安装完毕时，这个目录会占用最多的硬盘容量。一般来说，/usr 的子目录建议有下面这些。

目　　录	应放置文件内容
第一部分：FHS 要求必须要存在的目录	
/usr/bin/	所有一般用户能够使用的命令都放在这里。目前新的 CentOS 7 已经将全部的用户命令放置于此，而使用链接文件的方式将/bin 链接至此。也就是说，/usr/bin 与/bin 是一模一样的。另外，FHS 要求在此目录下不应该有子目录
/usr/lib/	基本上，与 /lib 功能相同，所以/lib 就是链接到此目录中的
/usr/local/	系统管理员在本机安装自己下载的软件（非发行版默认提供者），建议安装到此目录，这样会比较便于管理。举例来说，你的发行版提供的软件较旧，你想安装较新的软件但又不想删除旧版，此时你可以将新版软件安装于/usr/local/目录下，可与原先的旧版软件有分别。你可以自行到/usr/local 去看看，该目录下也是具有 bin、etc、include、lib... 的子目录
/usr/sbin/	非系统正常运行所需要的系统命令，最常见的就是某些网络服务器软件的服务命令（daemon）。不过基本功能与 /sbin 也差不多，因此目前 /sbin 就是链接到此目录中的
/usr/share/	主要放置只读的数据文件，当然也包括共享文件，在这个目录下放置的数据几乎是不分硬件架构均可读取的数据，因为几乎都是文本文件。在此目录下常见的还有这些子目录： ● /usr/share/man：在线帮助文件； ● /usr/share/doc：软件的说明文档； ● /usr/share/zoneinfo：与时区有关的时区文件
第二部分：FHS 建议可以存在的目录	
/usr/games/	与游戏比较相关的数据放置处
/usr/include/	c/c++等程序语言的头文件（header）与包含文件（include）放置处，当我们以 Tarball 方式（*.tar.gz 的方式安装软件）安装某些程序时，会使用到里面的许多文件
/usr/libexec/	某些不被一般用户常用的执行文件或脚本（script）等，都会放置在此目录中。例如大部分的 X 窗口下面的操作命令，很多都是放在此目录下
/usr/lib\<qual\>/	与 /lib\<qual\>/功能相同，因此目前 /lib\<qual\> 就是链接到此目录中
/usr/src/	一般源代码建议放置到这里，src 有 source 的意思。至于内核源代码则建议放置到/usr/src/Linux/目录下

◆ /var 的意义与内容

如果说/usr 是安装时会占用较大硬盘容量的目录，那么/var 就是在系统运行后才会渐渐占用硬盘容量的目录。因为/var 目录主要针对经常性变动的文件，包括缓存（cache）、日志文件（log file）以及某些软件运行所产生的文件，包括程序文件（lock file、run file），或例如 MySQL 数据库的文件等。
常见的子目录有。

目　　录	应放置文件内容
第一部分：FHS 要求必须要存在的目录	
/var/cache/	应用程序本身运行过程中会产生的一些缓存
/var/lib/	程序本身执行的过程中，需要使用到的数据文件放置的目录。在此目录下各自的软件应该要有各自的目录。举例来说，MySQL 的数据库放到/var/lib/mysql/而 rpm 的数据库则放到/var/lib/rpm 中
/var/lock/	某些设备或是文件资源一次只能被一个应用程序所使用，如果同时有两个程序使用该设备时，就可能产生一些错误的状况，因此就得要将该设备上锁（lock），以确保该设备只会给单一软件所使用。举例来说，刻录机正在刻录一张光盘，你想一下会不会有两个人同时在使用一个刻录机刻盘？如果两个人同时刻录，那光盘写入的是谁的数据？所以当第一个人在刻录时刻录机就会被上锁，第二个人就得要该设备被解除锁定（就是前一个人用完了）才能够继续使用，目前此目录也已经挪到/run/lock 中
/var/log/	重要到不行。这是日志文件放置的目录，里面比较重要的文件有/var/log/messages、/var/log/wtmp（记录登录信息）等
/var/mail/	放置个人电子邮箱的目录，不过这个目录也被放置到/var/spool/mail/目录中，通常这两个目录是互为链接文件
/var/run/	某些程序或是服务启动后，会将它们的 PID 放置在这个目录下，至于 PID 的意义我们会在后续章节提到，与 /run 相同，这个目录链接到 /run 目录
/var/spool/	这个目录通常放置一些队列数据，所谓的队列就是排队等待其他程序使用的数据，这些数据被使用后通常都会被删除。举例来说，系统收到新邮件会放置到/var/spool/mail/中，但用户收下该邮件后该封信原则上就会被删除，邮件如果暂时寄不出去会被放到/var/spool/mqueue/中，等到被送出后就被删除。如果是计划任务数据（crontab），就会被放置到/var/spool/cron/目录中

建议在你读完整个基础篇之后，可以挑战 FHS 官方英文文档（参考本章参考资料），相信会让你对于 Linux 操作系统的目录有更深入的了解。

◆　针对 FHS，各家发行版的异同，与 CentOS 7 的变化

由于 FHS 仅是定义出最上层（/）及次层（/usr 与/var）的目录内容应该要放置的文件或目录数据，因此，在其他子目录层级内，就可以随开发者自行来配置。举例来说，CentOS 的网络设置数据放在/etc/sysconfig/network-scripts/ 目录下，但是 SUSE 则是将网络放置在 /etc/sysconfig/network/ 目录下，目录名称是不同的。不过只要记住大致的 FHS 标准，差异性其实有限。

此外，CentOS 7 在目录的排列上与过去的版本不同。本节稍早之前已经介绍过，这里做个汇总。比较大的差异在于将许多原本应该要在根目录（/）里面的目录，将它内部数据全部移到 /usr 里面去，然后进行链接（link）设置。包括下面这些：

- /bin --> /usr/bin
- /sbin --> /usr/sbin
- /lib --> /usr/lib
- /lib64 --> /usr/lib64
- /var/lock --> /run/lock
- /var/run --> /run

5.3.2　目录树（directory tree）

另外，在 Linux 下面，所有的文件与目录都是由根目录开始的。那是所有目录与文件的源头，然后再一个一个的分支下来，有点像是树枝状，因此，我们也称这种目录配置方式为：目录树（directory tree），这个目录树有什么特性？它主要的特性有：

◆ 目录树的启始点为根目录（/, root）；
◆ 每一个目录不止能使用本地分区的文件系统，也可以使用网络上的文件系统。举例来说，可以利用 Network File System（NFS）服务器挂载某特定目录等；
◆ 每一个文件在此目录树中的文件名（包含完整路径）都是独一无二的。

好，谈完了 FHS 的标准之后，实际来看看 CentOS 在根目录下面会有什么样子的数据吧！我们可以执行以下的命令来查询：

```
[dmtsai@study ~]$ ls -l /
lrwxrwxrwx.   1 root root    7 May  4 17:51 bin -> usr/bin
dr-xr-xr-x.   4 root root 4096 May  4 17:59 boot
drwxr-xr-x.  20 root root 3260 Jun  2 19:27 dev
drwxr-xr-x. 131 root root 8192 Jun  2 23:51 etc
drwxr-xr-x.   3 root root   19 May  4 17:56 home
lrwxrwxrwx.   1 root root    7 May  4 17:51 lib -> usr/lib
lrwxrwxrwx.   1 root root    9 May  4 17:51 lib64 -> usr/lib64
drwxr-xr-x.   2 root root    6 Jun 10  2014 media
drwxr-xr-x.   2 root root    6 Jun 10  2014 mnt
drwxr-xr-x.   3 root root   15 May  4 17:54 opt
dr-xr-xr-x. 154 root root    0 Jun  2 11:27 proc
dr-xr-x---.   5 root root 4096 Jun  3 00:04 root
drwxr-xr-x.  33 root root  960 Jun  2 19:27 run
lrwxrwxrwx.   1 root root    8 May  4 17:51 sbin -> usr/sbin
drwxr-xr-x.   2 root root    6 Jun 10  2014 srv
dr-xr-xr-x.  13 root root    0 Jun  2 19:27 sys
drwxrwxrwt.  12 root root 4096 Jun  3 19:48 tmp
drwxr-xr-x.  13 root root 4096 May  4 17:51 usr
drwxr-xr-x.  22 root root 4096 Jun  2 19:27 var
```

上述目录相关的介绍都在上一个小节，要记得回去查看看。如果我们将整个目录树以图的方法来显示，并且将较为重要的文件数据列出来的话，那么目录树架构有点像图 5.3.1 这样。

鸟哥只对各目录进行简单的介绍，看看就好，详细的介绍请回到刚刚说明的表格中去查看。看完了 FHS 标准之后，现在回到第 2 章里面去看看安装前 Linux 规划的分区情况，对于当初为何需要将磁盘划分为这样的情况，有点想法了吗？根据 FHS 的定义，你最好能够将/var 独立出来，这样对于系统的数据还有一些安全性的保护。因为至少/var 死掉时，你的根目录还会活着，还能够进入恢复模式。

5.3.3　绝对路径与相对路径

除了需要特别注意的 FHS 目录配置外，在文件名部分我们也要特别注意。因为**根据文件名写法的不同，也可将所谓的路径（path）定义为绝对路径（absolute）与相对路径（relative）**。这两种文件名/路径的写法依据是这样的：

◆ **绝对路径**：由根目录（/）开始写起的文件名或目录名称，例如/home/dmtsai/.bashrc；
◆ **相对路径**：相对于目前路径的文件名写法，例如./home/dmtsai 或 ../../home/dmtsai/ 等，反正开头不是 / 就属于相对路径的写法。

而你必须要了解，相对路径是以你当前所在路径的相对位置来表示的。举例来说，你目前在 /home 这个目录下，如果想要进入 /var/log 这个目录时，可以怎么写？

1. cd /var/log（absolute）
2. cd ../var/log（relative）

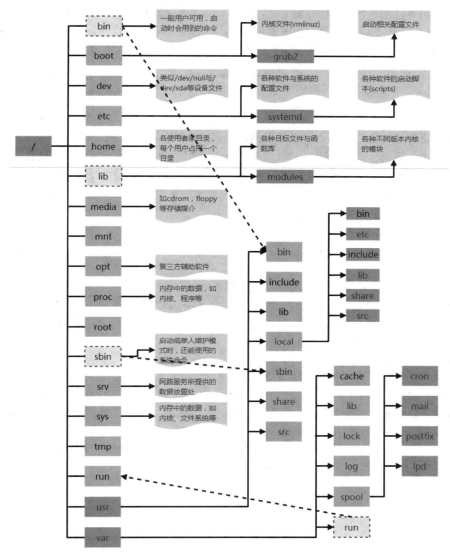

图 5.3.1　目录树架构示意图

因为你在/home 下面，所以要回到上一层（.. /）之后，才能继续往 /var 来移动。特别注意这两个特殊的目录：

◆ . ：代表当前的目录，也可以使用 ./ 来表示；

◆ .. ：代表上一层目录，也可以 ../ 来代表。

这个 . 与 .. 是很重要的目录概念，你常常会看到 cd .. 或 ./command 之类的命令执行方式，就是代表上一层与目前所在目录的工作状态，这是很重要的概念。

例题

如何先进入/var/spool/mail/目录，再进入到/var/spool/cron/目录中呢？

答：由于/var/spool/mail 与/var/spool/cron 是同样在/var/spool/目录中，因此最简单的命令执行方法为：

1. cd /var/spool/mail

2. cd .. /cron

如此就不需要在由根目录开始写起了，这个相对路径是非常有帮助的，尤其对于某些软件开发商来说。一般来说，软件开发商会将数据放到/usr/local/里面的各相对目录，你可以参考图 3.2.1 的相对位置。但如果用户想要安装到不同目录？就得要使用相对路径。

例题

网络文件常常提到类似 "./run.sh" 之类的数据，这个命令的意义是什么？

答：由于命令的执行需要变量（bash 章节才会提到）的支持，若你的执行文件放置在本目录，并且本目录并非常规的执行文件目录（/bin、/usr/bin 等为常规），此时要执行命令就得要严格指定该执行文件。"./" 代表 "本目录" 的意思，所以 "./run.sh" 代表 "执行本目录下名为 run.sh 的文件"。

5.3.4　CentOS 的观察

如同在第 1 章谈到的 Linux 发行版的差异性，除了 FHS 之外，还有个 Linux Standard Base（LSB）的标准是可以依循的，我们可以简单地使用 ls 来查看 FHS 规范的目录是否正确地存在于你的 Linux 系统中，那么 Linux 内核、LSB 的标准又该如何查看？基本上，LSB 团队列出了正确支持 LSB 标准的 Linux 发行版，详细信息在如下的网页中：

◆　https://www.linuxbase.org/lsb-cert/productdir.php?by_lsb

不过，如果你想要知道确切的内核与 LSB 所需求的几种重要的标准的话，恐怕就得要使用诸如 uname 与 lsb_release 等命令来查看。不过，这个 lsb_release 命令已经不是默认安装的软件了，所以你得要自己安装该软件才行。因为我们尚未讲到网络与挂载等操作，所以下面的安装步骤在你的机器上面应该是无法执行的（除非你确实可以连上网络才行），因为 CentOS 7 在这个软件上面实在有太多的依赖软件，所以无法单纯使用 rpm 来安装。若你有公开的网络，那么下面的命令才能够顺利运行。

```
# 1. 通过 uname 检查 Linux 内核与操作系统的架构版本。
[dmtsai@study ~]$ uname -r      # 查看内核版本。
3.10.0-229.el7.x86-64
[dmtsai@study ~]$ uname -m      # 查看操作系统的架构版本。
x86-64
# 2. 假设你的 CentOS 7 确实有网络可以使用的情况下（要用 root 的身份）。
[root@study ~]# yum install redhat-lsb   # yum 的用法后面章节才会介绍。
……（前面省略）……
Install  1 Package  (+85 Dependent packages)
Upgrade            (  4 Dependent packages)
Total size: 47 M
Total download size: 31 M
Is this ok [y/d/N]: y
……（后面省略）……
Retrieving key from file:///etc/pki/rpm-gpg/RPM-GPG-KEY-CentOS-7
Importing GPG key 0xF4A80EB5:
 Userid     : "CentOS-7 Key（CentOS 7 Official Signing Key）<security@centos.org>"
 Fingerprint: 6341 ab27 53d7 8a78 a7c2 7bb1 24c6 a8a7 f4a8 0eb5
 Package    : centos-release-7-0.1406.el7.centos.2.3.x86-64 （@anaconda）
 From       : /etc/pki/rpm-gpg/RPM-GPG-KEY-CentOS-7
Is this ok [y/N]: y
……（后面省略）……
[root@study ~]# lsb_release -a
LSB Version:    :core-4.1-amd64:core-4.1-noarch:cxx-4.1-amd64:cxx-4.1-noarch:
```

```
desktop-4.1-amd64:desktop-4.1-noarch:languages-4.1-amd64:languages-4.1-noarch:
printing-4.1-amd64:printing-4.1-noarch  # LSB 的相关版本。
Distributor ID: CentOS
Description:    CentOS Linux release 7.0.1406 (Core)
Release:       7.0.1406
Codename:      Core
```

这个 lsb_release 的软件大家先看看就好，因为牵涉后面的 yum 软件安装的东西，这部分我们还没有谈到，而且如果你现在就直接安装，未来我们谈网络与软件的阶段时，恐怕有些地方会跟我们的测试机环境不同，所以先看看就好。

> 在这里要跟大家说抱歉，因为不想破坏整体测试机器的环境，所以鸟哥使用了另一台虚拟机来安装 redhat-lsb 这个软件，而另一台虚拟机是使用 CentOS 7.0 而非 CentOS 7.1 的版本，因此你应该会发现到上面使用 lsb_release 命令的输出中，竟然出现了 7.0.1406 的东西，真是不好意思。

5.4　重点回顾

- ◆ Linux 的每个文件中，可分别给予用户、用户组与其他人三种身份的 rwx 权限；
- ◆ 用户组最有用的功能之一，就是当你在团队协同工作的时候，且每个账号都可以有多个用户组的支持；
- ◆ 利用 ls –l 显示的文件属性中，第一个字段是文件的权限，共有十个位，第一个位是文件类型，接下来三个为一组共三组，为用户、用户组、其他人的权限，权限有 r、w、x 三种；
- ◆ 如果文件名之前多一个 "."，则代表这个文件为隐藏文件；
- ◆ 若需要 root 的权限时，可以使用 su – 这个命令来切换身份，操作完毕则使用 exit 离开 su 的命令环境。
- ◆ 更改文件的用户组支持可用 chgrp，修改文件的拥有者可用 chown，修改文件的权限可用 chmod；
- ◆ chmod 修改权限的方法有两种，分别是符号法与数字法，数字法中 r、w、x 数字分别为 4、2、1；
- ◆ 对文件来讲，权限的性能为：
  - ● r：可读取此一文件的实际内容，如读取文本文件的文字内容等；
  - ● w：可以编辑、新增或是修改该文件的内容（但不含删除该文件）；
  - ● x：该文件具有可以被系统执行的权限。
- ◆ 对目录来说，权限的功能为：
  - ● r：读取目录中的内容；
  - ● w：修改目录中的内容；
  - ● x：访问目录。
- ◆ 要开放目录给任何人浏览时，应该至少也要给予 r 及 x 的权限，但 w 权限不可随便给；
- ◆ 能否读取到某个文件内容，跟该文件所在的目录权限也有关系（目录至少需要有 x 的权限）；
- ◆ Linux 文件名的限制为：单一文件或目录的最大容许文件名为 255 个英文字符或 128 个中文字符；
- ◆ 根据 FHS 的官方文件指出，它们的主要目的是希望让用户可以了解到已安装软件通常放置于哪个目录；
- ◆ FHS 制定出来的四种目录为：shareable、unshareable、static、variable 等四类；
- ◆ FHS 所定义的三层主目录为：/、/var、/usr 三层；

◆ 绝对路径为从根目录/开始写起，否则就是相对路径。

5.5　本章练习

◆ 早期的 UNIX 系统文件名最多允许 14 个字符，而新的 UNIX 与 Linux 系统中，文件名最多可以使用几个字符？
◆ 当一个一般文件权限为 -rwxrwxrwx 则表示这个文件的意义是什么？
◆ 我需要将一个文件的权限改为 -rwxr-xr--，请问该如何执行命令？
◆ 若我需要更改一个文件的拥有者与用户组，该用什么命令？
◆ 请问下面的目录主要放置什么数据：
/etc/、/boot、/usr/bin、/bin、/usr/sbin、/sbin、/dev、/var/log、/run
◆ 若一个文件的文件名开头为 "."，例如.bashrc 这个文件，代表什么呢？另外，如何显示出这个文件名与它的相关属性？

5.6　参考资料与扩展阅读

◆ 注 1：维基百科中各种文件系统的文件名长度限制介绍。
https://en.wikipedia.org/wiki/Comparison_of_file_systems
◆ 注 2：FHS 标准的相关说明。
● 维基百科
https://en.wikipedia.org/wiki/Filesystem_Hierarchy_Standard
● FHS 2.3 （2004 年）的标准文件
http://www.pathname.com/fhs/pub/fhs-2.3.html
● FHS 3.0 （2015 年）的标准文件
http://refspecs.linuxfoundation.org/FHS_3.0/fhs-3.0.pdf
◆ 关于 Journaling 日志式文件系统的相关说明。
http://www.linuxplanet.com/linuxplanet/reports/3726/1/

6

第 6 章　Linux 文件与目录管理

在前一章我们认识了 Linux 系统下的文件权限概念以及目录的配置说明。在本章节当中，我们就直接来进一步地操作与管理文件及目录，包括在不同的目录间切换、建立与删除目录、建立与删除文件，还有寻找文件、查看文件内容等，都会在这个章节作简单介绍。

6.1　目录与路径

由前一章 Linux 的文件权限与目录配置中通过 FHS 了解了 Linux 的树状目录概念之后，接下来就得要实际地来搞定一些基本的路径问题了。这些目录的问题当中，最重要的莫过于前一章也谈过的绝对路径与相对路径的意义。绝对/相对路径的写法并不相同，要特别注意。此外，当你执行命令时，该命令是如何找到的？这与 PATH 这个变量有关，下面就让我们来谈谈。

6.1.1　相对路径与绝对路径

在开始目录的切换之前，你必须要先了解一下所谓的路径（PATH），有趣的是：什么是**相对路径**与**绝对路径**？虽然前一章已经针对这个问题提过一次，不过，这里不厌其烦地再次强调一下。

- **绝对路径**：路径的写法"**一定由根目录/写起**"，例如：/usr/share/doc 这个目录。
- **相对路径**：路径的写法"**不是由/写起**"，例如由 /usr/share/doc 要到 /usr/share/man 下面时，可以写成："cd ../man"这就是相对路径的写法，相对路径意指相对于目前工作目录的路径。

◆　相对路径的用途

那么相对路径与绝对路径有什么了不起呀？呵，那可真的是了不起。假设你编写了一个软件，这个软件共需要三个目录，分别是 etc、bin、man 这三个目录，然而由于不同的人喜欢安装在不同的目录之下，假设甲安装的目录是/usr/local/packages/etc、/usr/local/packages/bin 及 /usr/local/packages/man，不过乙却喜欢安装在/home/packages/etc、/home/packages/bin、/home/packages/man 这三个目录中，请问如果需要用到绝对路径的话，那么是否很麻烦？是的，如此一来每个目录下的东西就很难对应起来，这个时候相对路径的写法就显得特别的重要了。

此外，如果你跟鸟哥一样，喜欢将路径的名字写得很长，好让自己知道哪个目录是在干什么的，例如：/cluster/raid/output/taiwan2006/smoke 这个目录，而另一个目录在 /cluster/raid/output/taiwan2006/cctm，那么我从第一个要到第二个目录去的话，怎么写比较方便？当然是"cd ../cctm"比较方便，对吧！

◆　绝对路径的用途

但是对于文件名的正确性来说，**绝对路径的正确度要比较好**。一般来说，鸟哥会建议你，如果是在写程序（shell 脚本）来管理系统的条件下，务必使用绝对路径。怎么说？因为绝对路径的写法虽然比较麻烦，但是可以肯定这个写法绝对不会有问题。如果使用相对路径在程序当中，则可能由于你执行的工作环境不同，导致一些问题的发生。这个问题在计划任务（at 与 cron，第 15 章）当中尤其重要，且这个现象我们在 12 章 shell 脚本时，也会再次提醒你。

6.1.2　目录的相关操作

我们之前提到切换目录的命令是 cd，还有哪些可以进行目录操作的命令呢？例如建立目录、删除目录之类，还有要先知道的就是有哪些比较特殊的目录？举例来说，下面这些就是比较特殊的目录，得要用力地记下来才行：

```
.          代表此层目录。
..         代表上一层目录。
-          代表前一个工作目录。
~          代表目前使用者身份所在的家目录。
~account   代表 account 这个使用者的家目录（account 是个账号名称）。
```

需要特别注意的是：**在所有目录下面都会存在的两个目录，分别是"."与".."分别代表此层与上层目录的意思。**那么来思考一下下面这个例题：

例题

请问在 Linux 下面，根目录下有没有上层目录（..）存在？

答：若使用"ls -al /"去查询，可以看到根目录下确实存在 . 与 .. 两个目录，再仔细查看，可发现这两个目录的属性与权限完全一致，这代表**根目录的上一层（..）与根目录自己（.）是同一个目录。**

下面我们就来谈一谈几个常见的处理目录的命令：

- cd：**切换目录**
- pwd：**显示当前目录**
- mkdir：**建立一个新目录**
- rmdir：**删除一个空目录**

◆ cd（change directory，切换目录）

我们知道 dmtsai 这个用户的家目录是/home/dmtsai/，而 root 家目录则是/root/，假设我以 root 身份在 Linux 系统中，那么简单说明一下这几个特殊目录的意义是：

```
[dmtsai@study ~]$ su -    # 先切换身份成为 root 看看。
[root@study ~]# cd [相对路径或绝对路径]
# 最重要的就是目录的绝对路径与相对路径，还有一些特殊目录的符号。
[root@study ~]# cd ~dmtsai
# 代表进入 dmtsai 这个使用者的家目录，亦即/home/dmtsai。
[root@study dmtsai]# cd ~
# 表示回到自己的家目录，亦即是/root 这个目录。
[root@study ~]# cd
# 没有加上任何路径，也还是代表回到自己家目录的意思。
[root@study ~]# cd ..
# 表示去到目前的上层目录，亦即是/root 的上层目录的意思。
[root@study /]# cd -
# 表示回到刚刚的那个目录，也就是/root。
[root@study ~]# cd /var/spool/mail
# 这个就是绝对路径的写法。直接指定要去的完整路径名称。
[root@study mail]# cd ../postfix
# 这个是相对路径的写法，我们由/var/spool/mail 到/var/spool/postfix 就这样写。
```

cd 是 Change Directory 的缩写，这是用来切换工作目录的命令，注意目录名称与 cd 命令之间存在一个空格。当登录 Linux 系统后，每个账号都会在自己账号的家目录中，那回到上一层目录可以用"cd .."。**利用相对路径的写法必须要确认你目前的路径才能正确地去到想要去的目录。**例如上表当中最后一个例子，你必须要确认你是在/var/spool/mail 当中，并且知道在/var/spool 当中有个 mqueue 的目录才行，这样才能使用 cd ../postfix 进入正确的目录，否则就要直接输入 cd /var/spool/postfix。

其实，我们的提示字符，亦即那个 [root@study ~]# 当中，就已经有指出当前目录了，刚登录时会到自己的家目录，而家目录还有一个符号，那就是"~"。例如上面的例子可以发现，使用"cd ~"可以回到自己的家目录里面。另外，针对 cd 的使用方法，如果仅输入 cd 时，代表的就是"cd ~"的意思，亦即回到自己的家目录。而那个"cd -"比较难以理解，请自行多做几次练习，就会明白了。

还是要一再地提醒，我们的 Linux 的默认命令行模式（bash shell）具有文件补齐功能，你要常常利用 [Tab] 按键来自动补全目录路径。这可是个好习惯，可以避免你按错键盘输入错字。

◆ pwd（显示目前所在的目录）

```
[root@study ~]# pwd [-P]
选项与参数：
-P ：显示出真正的路径，而非使用链接（link）路径。

范例：单纯显示出目前的工作目录。
[root@study ~]# pwd
/root    <== 显示出目录。
范例：显示出实际的工作目录，而非链接文件本身的目录名而已。
[root@study ~]# cd /var/mail    <==注意，/var/mail 是一个链接文件。
[root@study mail]# pwd
/var/mail          <==列出目前的工作目录。
[root@study mail]# pwd -P
/var/spool/mail    <==怎么回事？有没有加-P 差很多。
[root@study mail]# ls -ld /var/mail
lrwxrwxrwx. 1 root root 10 May  4 17:51 /var/mail -> spool/mail
# 看到这里应该知道为啥了吧？因为/var/mail 是链接文件，链接到/var/spool/mail。
# 所以，加上 pwd -P 的选项后，不会显示链接文件的路径，而是显示正确的完整路径。
```

    pwd 是 Print Working Directory 的缩写，也就是显示目前所在目录的命令，例如在上面最后的目录是/var/mail，但是提示字符仅显示 mail，如果你想要知道目前所在的目录，可以输入 pwd 即可。此外，由于很多的软件所使用的目录名称都相同，例如 /usr/local/etc 和/etc，但是通常 Linux 仅列出最后面那一个目录而已，这个时候你就可以使用 pwd 来知道你的所在目录，免得搞错目录，造成损失。

    其实有趣的是那个 -P 的选项。它可以让我们取得正确的目录名称，而不是以链接文件的路径来显示的。如果你使用的是 CentOS 7.x 的话，刚好/var/mail 是/var/spool/mail 的链接文件，通过到/var/mail 执行 pwd -P 就能够知道这个选项的意义。

◆ mkdir（建立新目录）

```
[root@study ~]# mkdir [-mp] 目录名称
选项与参数：
-m ：设置文件的权限。直接设置，不使用默认权限（umask）。
-p ：帮助你直接将所需要的目录（包含上层目录）递归创建。

范例：请到/tmp 下面尝试建立数个新目录看看：
[root@study ~]# cd /tmp
[root@study tmp]# mkdir test     <==建立一名为 test 的新目录。
[root@study tmp]# mkdir test1/test2/test3/test4
mkdir: cannot create directory 'test1/test2/test3/test4': No such file or directory
# 话说，系统告诉我们，不可能建立这个目录，就是没有目录才要建立的，见鬼嘛？
[root@study tmp]# mkdir -p test1/test2/test3/test4
# 原来是要建 test4 上层没先建 test3 的原因，加了这个-p 的选项，可以自行帮你建立多层目录。

范例：建立权限为 rwx--x--x 的目录。
[root@study tmp]# mkdir -m 711 test2
[root@study tmp]# ls -ld test*
drwxr-xr-x. 2 root    root  6 Jun  4 19:03 test
drwxr-xr-x. 3 root    root 18 Jun  4 19:04 test1
drwx--x--x. 2 root    root  6 Jun  4 19:05 test2
# 仔细看上面的权限部分，如果没有加上-m 来强制设置属性，系统会使用默认属性。
# 那么你的默认属性是什么？这要通过下面介绍的 umask 才能了解。
```

    如果想要建立新的目录的话，那么就使用 mkdir（make directory）吧！不过，在默认的情况下，你所需要的目录得一层一层地建立才行。例如：假如你要建立一个目录为/home/bird/testing/test1，那么首先必须要有/home 然后/home/bird，再来/home/bird/testing 都必须要存在，才可以建立/home/bird/testing/test1 这个目录。假如没有/home/bird/testing 时，就没有办法建立 test1 的目录。

    不过，现在有个更简单有效的方法，那就是加上-p 这个选项，你可以直接执行："mkdir -p /home/bird/testing/test1"则系统会自动帮你将/home、/home/bird、/home/bird/testing 依序地建立起目录。并且，如果该目录本来就已经存在时，系统也不会显示错误信息。挺快乐吧！不过鸟哥不建议常用-p 这个选项，因为担心如果你打错字，那么目录名称就会变得乱七八糟。

另外，有个地方你必须要先有概念，那就是默认权限。我们可以利用 -m 来强制设置一个新目录相关的权限，例如上表当中，我们给予 -m 711 来给予新的目录 drwx--x--x 的权限。不过，如果没有使用 -m 选项时，那么默认的新建目录权限又是什么？这个跟 umask 有关，我们在本章后面会加以介绍。

◆ rmdir（删除"空"的目录）

```
[root@study ~]# rmdir [-p] 目录名称
选项与参数：
-p ：连同上层"空的"目录也一起删除。

范例：将于 mkdir 范例中建立的目录（/tmp 下面）删除掉。
[root@study tmp]# ls -ld test*   <==看看有多少目录存在？
drwxr-xr-x. 2 root   root  6 Jun  4 19:03 test
drwxr-xr-x. 3 root   root 18 Jun  4 19:04 test1
drwx--x--x. 2 root   root  6 Jun  4 19:05 test2
[root@study tmp]# rmdir test   <==可直接删除掉，没问题。
[root@study tmp]# rmdir test1  <==因为尚有内容，所以无法删除。
rmdir: failed to remove 'test1': Directory not empty
[root@study tmp]# rmdir -p test1/test2/test3/test4
[root@study tmp]# ls -ld test*   <==您看看，下面的输出中 test 与 test1 不见了。
drwx--x--x. 2 root   root  6 Jun  4 19:05 test2
# 使用-p 选项，立刻可将 test1/test2/test3/test4 一次删除，不过要注意，这个 rmdir 仅能"删除空目录"。
```

如果想要删除旧有的目录时，就使用 rmdir。例如将刚刚建立的 test 删掉，使用【rmdir test】即可。请注意，目录需要一层一层的删除才行，而且被删除的目录里面必定不能存在其他的目录或文件，这也是所谓的空目录（empty directory）的意思。那如果要将所有目录下的东西都删除？这个时候就必须使用【rm -r test】。不过，还是使用 rmdir 比较安全，你也可以尝试以-p 选项来删除上层空的目录。

6.1.3 关于执行文件路径的变量：$PATH

经过前一章 FHS 的说明后，我们知道查看文件属性的命令 ls 完整文件名为：/bin/ls（这是绝对路径），那你会不会觉得很奇怪："为什么我可以在任何地方执行/bin/ls 这个命令？"为什么我在任何目录下输入 ls 就一定可以显示出一些信息而不会说找不到该 /bin/ls 命令？这是因为环境变量 PATH 的帮助所致。

当我们在执行一个命令的时候，举例来说 ls 好了，系统会依照 PATH 的设置去每个 PATH 定义的目录下查找文件名为 ls 的可执行文件，如果在 PATH 定义的目录中含有多个文件名为 ls 的可执行文件，那么先查找到的同名命令先被执行。

现在，请执行【echo $PATH】来看看到底有哪些目录被定义出来了？echo 有"显示、打印"的意思，而 PATH 前面加的 $ 表示后面接的是变量，所以会显示出目前的 PATH。

```
范例：先用 root 的身份列出查找的路径是什么？
[root@study ~]# echo $PATH
/usr/local/sbin:/usr/local/bin:/sbin:/bin:/usr/sbin:/usr/bin:/root/bin

范例：用 dmtsai 的身份列出查找的路径是什么？
[root@study ~]# exit   # 由之前的 su -离开，变回原本的账号，或再取得一个终端皆可。
[dmtsai@study ~]$ echo $PATH
/usr/local/bin:/usr/bin:/usr/local/sbin:/usr/sbin:/home/dmtsai/.local/bin:/home/dmtsai/bin
# 记不记得我们前一章说过，目前/bin 是链接到/usr/bin 当中。
```

PATH（一定是大写）这个变量的内容是由一堆目录所组成，每个目录中间用冒号（:）来隔开，每个目录有顺序之分。仔细看一下上面的输出，你可以发现到无论是 root 还是 dmtsai 都有 /bin 或 /usr/bin 这个目录在 PATH 变量内，所以当然就能够在任何地方执行 ls 来找到/bin/ls 执行文件。因为

/bin 在 CentOS 7 当中就是链接的/usr/bin，所以这两个目录内容会一模一样。

我们用几个范例来让你了解一下，为什么 PATH 是那么重要的项目。

例题

假设你是 root，如果你将 ls 由/bin/ls 移动成为/root/ls（可用【mv /bin/ls /root】命令完成），然后你自己本身也在/root 目录下，请问（1）你能不能直接输入 ls 来执行？（2）若不能，你该如何执行 ls 这个命令？（3）若要直接输入 ls 即可执行，又该如何进行？

答：由于这个例题的重点是将某个执行文件移动到非正规目录去，所以我们先要进行下面的操作才行（务必先使用 su - 切换成为 root 的身份）：

```
[root@study ~]# mv /bin/ls /root
# mv 为移动，可将文件在不同的目录间进行移动操作。
```

（1）接下来不论你在哪个目录下面输入任何与 ls 相关的命令，都没有办法顺利地执行 ls。也就是说，你不能直接输入 ls 来执行，因为/root 这个目录并不在 PATH 指定的目录中，所以，即使你在/root 目录下，也不能够查找到 ls 这个命令。

（2）因为这个 ls 确实存在于/root 下面，并不是被删除了。所以我们可以通过使用绝对路径或是相对路径直接指定这个执行文件，下面的两个方法都能够执行 ls 这个命令：

```
[root@study ~]# /root/ls    <==直接用绝对路径指定该文件名。
[root@study ~]# ./ls        <==因为在/root 目录下，就用./ls 来指定。
```

（3）如果想要让 root 在任何目录均可执行/root 下面的 ls，那么就将/root 加入 PATH 当中即可。加入的方法很简单，就像下面这样：

```
[root@study ~]# PATH="${PATH}:/root"
```

上面这个做法就能够将/root 加入到执行文件查找路径 PATH 中了，不相信的话请您自行使用【echo $PATH】去查看。另外，除了 $PATH 之外，如果想要更明确地定义出变量的名称，可以使用大括号 ${PATH} 来处理变量的调用。如果确定这个例题进行的没有问题，请将 ls 移回/bin 下面，不然系统会挂。

```
[root@study ~]# mv /root/ls /bin
```

某些情况下，即使你已经将 ls 移回了 /bin 目录，不过系统还是会告知你无法处理 /root/ls。很可能是因为指向参数被缓存的关系。不要紧张，只要注销（exit）再登录（su -）就可以继续快乐地使用 ls 命令了。

例题

如果我有两个 ls 命令在不同的目录中，例如/usr/local/bin/ls 与/bin/ls 那么当我执行 ls 的时候，哪个 ls 会被执行？

答：那还用说，就找出 ${PATH} 里面哪个目录先被查询，则那个目录下的命令就会被先执行。所以用 dmtsai 账号为例，它最先查找的是 /usr/local/bin，所以 /usr/local/bin/ls 会先被执行。

例题

为什么 ${PATH} 查找的目录不加入本目录（.）？加入本目录的查找不是也不错？

答：如果在 PATH 中加入本目录（.）后，确实我们就能够在命令所在目录进行命令的执行。但是由于你的工作目录并非固定（常常会使用 cd 来切换到不同的目录），因此能够执行的命令会有变动（因为每个目录下面的可执行文件都不相同），这对用户来说并非好事。

　　另外，如果有个别有用心的用户在/tmp 下面做了一个命令，因为/tmp 是大家都能够写入的环境，所以他当然可以这样做。假设该命令可能会窃取用户的一些数据，如果你使用 root 的身份来执行这个命令，那不是很糟糕？如果这个命令的名称又是经常会被用到的 ls 时，那"中标"的机率就更高了。

　　所以，为了安全起见，不建议将"."加入 PATH 的查找目录中，这一点同 Windows 的习惯不同。

　　而由上面的几个例题我们也可以知道几件事情：
◆　不同身份用户默认的 PATH 不同，默认能够随意执行的命令也不同（如 root 与 dmtsai）；
◆　PATH 是可以修改的；
◆　使用绝对路径或相对路径直接指定某个命令的文件名来执行，会比查找 PATH 来的正确；
◆　命令应该要放置到正确的目录下，执行才会比较方便；
◆　本目录（.）最好不要放到 PATH 当中。
　　关于 PATH 更详细的变量说明，我们会在第三篇的 bash shell 中详细介绍。

6.2　文件与目录管理

　　谈了谈目录与路径之后，再来讨论一下关于文件的一些基本管理。文件与目录的管理上，不外乎显示属性、复制、删除文件及移动文件或目录等，由于文件与目录的管理在 Linux 当中是很重要的内容，尤其是每个人自己家目录的数据也都需要注意管理，所以我们来谈一谈有关文件与目录的一些基础管理部分。

6.2.1　文件与目录的查看：ls

```
[root@study ~]# ls [-aAdfFhilnrRSt] 文件名或目录名称
[root@study ~]# ls [--color={never,auto,always}] 文件名或目录名称
[root@study ~]# ls [--full-time] 文件名或目录名称
选项与参数：
-a ：全部的文件，连同隐藏文件（开头为 . 的文件）一起列出来（常用）；
-A ：全部的文件，连同隐藏文件，但不包括.与..这两个目录；
-d ：仅列出目录本身，而不是列出目录内的文件数据（常用）；
-f ：直接列出结果，而不进行排序（ls 默认会以文件名排序）；
-F ：根据文件、目录等信息，给予附加数据结构，例如：
     *:代表可执行文件； /:代表目录； =:代表 socket 文件； |:代表 FIFO 文件；
-h ：将文件容量以人类较易读的方式（例如 GB、KB 等）列出来；
-i ：列出 inode 号码，inode 的意义下一章将会介绍；
-l ：详细信息显示，包含文件的属性与权限等数据；（常用）；
-n ：列出 UID 与 GID 而非使用者与用户组的名称（UID 与 GID 会在账号管理提到）；
-r ：将排序结果反向输出，例如：原本文件名由小到大，反向则为由大到小；
-R ：连同子目录内容一起列出来，等于该目录下的所有文件都会显示出来；
-S ：以文件容量大小排序，而不是用文件名排序；
-t ：依时间排序，而不是用文件名。
--color=never ：不要依据文件特性给予颜色显示；
--color=always ：显示颜色；
--color=auto ：让系统自行依据设置来判断是否给予颜色；
--full-time ：以完整时间模式（包含年、月、日、时、分）输出；
--time={atime,ctime} ：输出 access 时间或改变权限属性时间（ctime），而非内容修改时间（modification time）；
```

　　在 Linux 系统当中，这个 ls 命令可能是最常被执行的吧！因为我们随时都要知道文件或是目录的相关信息，不过，我们 Linux 的文件所记录的信息实在是太多了，ls 没有需要全部都列出来，所以，当你只有执行 ls 时，默认显示的只有：非隐藏文件的文件名、以文件名进行排序及文件名代表的颜色显示如此而已。举例来说，你执行【ls /etc】之后，只有经过排序的文件名，并以蓝色显示目录及白色显示一般文件，如此而已。

那如果我还想要加入其他的显示信息时，可以加入上面提到的那些有用的选项，举例来说，我们之前一直用到的 -l 这个显示详细信息，以及将隐藏文件也一起列示出来的 -a 选项等。下面则是一些常用的范例，实际试做看看：

```
范例一：将家目录下的所有文件列出来（含属性与隐藏文件）。
[root@study ~]# ls -al ~
total 56
dr-xr-x---.  5 root root 4096 Jun  4 19:49 .
dr-xr-xr-x. 17 root root 4096 May  4 17:56 ..
-rw-------.  1 root root 1816 May  4 17:57 anaconda-ks.cfg
-rw-------.  1 root root 6798 Jun  4 19:53 .bash_history
-rw-r--r--.  1 root root   18 Dec 29  2013 .bash_logout
-rw-r--r--.  1 root root  176 Dec 29  2013 .bash_profile
-rw-rw-rw-.  1 root root  176 Dec 29  2013 .bashrc
-rw-r--r--.  1 root root  176 Jun  3 00:04 .bashrc_test
drwx------.  4 root root   29 May  6 00:14 .cache
drwxr-xr-x.  3 root root   17 May  6 00:14 .config
# 这个时候你会看到以.为开头的几个文件，以及目录文件（.）（..）、.config 等。
# 不过，目录文件文件名都是以深蓝色显示，有点不容易看清楚。

范例二：承上题，不显示颜色，但显示出该文件名代表的类型（type）
[root@study ~]# ls -alF --color=never  ~
total 56
dr-xr-x---.  5 root root 4096 Jun  4 19:49 ./
dr-xr-xr-x. 17 root root 4096 May  4 17:56 ../
-rw-------.  1 root root 1816 May  4 17:57 anaconda-ks.cfg
-rw-------.  1 root root 6798 Jun  4 19:53 .bash_history
-rw-r--r--.  1 root root   18 Dec 29  2013 .bash_logout
-rw-r--r--.  1 root root  176 Dec 29  2013 .bash_profile
-rw-rw-rw-.  1 root root  176 Dec 29  2013 .bashrc
-rw-r--r--.  1 root root  176 Jun  3 00:04 .bashrc_test
drwx------.  4 root root   29 May  6 00:14 .cache/
drwxr-xr-x.  3 root root   17 May  6 00:14 .config/
# 注意看到显示结果的第一行，嘿嘿，知道为何我们会执行类似./command 之类的命令吧？
# 因为./代表的是【当前目录下】的意思，至于什么是 FIFO/Socket？请参考前一章节的介绍。
# 另外，那个.bashrc 时间仅写 2013，能否知道详细时间？

范例三：完整的显示文件的修改时间（modification time）。
[root@study ~]# ls -al --full-time  ~
total 56
dr-xr-x---.  5 root root 4096 2015-06-04 19:49:54.520684829 +0800 .
dr-xr-xr-x. 17 root root 4096 2015-05-04 17:56:38.888000000 +0800 ..
-rw-------.  1 root root 1816 2015-05-04 17:57:02.326000000 +0800 anaconda-ks.cfg
-rw-------.  1 root root 6798 2015-06-04 19:53:41.451684829 +0800 .bash_history
-rw-r--r--.  1 root root   18 2013-12-29 10:26:31.000000000 +0800 .bash_logout
-rw-r--r--.  1 root root  176 2013-12-29 10:26:31.000000000 +0800 .bash_profile
-rw-rw-rw-.  1 root root  176 2013-12-29 10:26:31.000000000 +0800 .bashrc
-rw-r--r--.  1 root root  176 2015-06-03 00:04:16.916684829 +0800 .bashrc_test
drwx------.  4 root root   29 2015-05-06 00:14:56.960764950 +0800 .cache
drwxr-xr-x.  3 root root   17 2015-05-06 00:14:56.975764950 +0800 .config
# 请仔细看，上面的【时间】栏位变了。变成较为完整的格式。一般来说，ls -al 仅列出目前短格式的时间，
# 有时不会列出年份，借由--full-time 可以查看到比较正确的完整时间格式。
```

其实 ls 的用法还有很多，包括查看文件 inode 号码的 ls -i 选项，以及用来进行文件排序的 -S 选项，还有用来查看不同时间的操作的 --time=atime 等选项（更多时间说明请参考本章后面 touch 的说明）。而这些选项的存在都是因为 Linux 文件系统记录了很多有用的信息的缘故。那么 Linux 的文件系统中，这些与权限、属性有关的数据放在哪里？放在 inode 里面。关于这部分，我们会在下一章继续为你作比较深入的介绍。

无论如何 ls 最常被使用到的功能还是那个 -l 的选项，为此很多 Linux 发行版在默认的情况中，已经将 ll（L 的小写）设置成为 ls -l 的意思。其实，那个功能是 Bash shell 的 alias 功能，也就是说，我们直接输入 ll 就等于是输入 ls -l，关于这部分，我们会在后续 Bash shell 时再次强调。

6.2.2　复制、删除与移动：cp、rm、mv

要复制文件，请使用 cp（copy）这个命令即可，不过，cp 这个命令的用途可多了，除了单纯的复制之外，还可以建立链接文件（就是快捷方式），比对两文件的新旧而予以更新，以及复制整个目录等的功能。至于移动目录与文件，则使用 mv（move），这个命令也可以直接拿来做重命名（rename）的操作。至于删除吗？那就是 rm（remove）这个命令，下面我们就来先看一看。

◆　cp（复制文件或目录）

```
[root@study ~]# cp [-adfilprsu] 源文件 (source) 目标文件 (destination)
[root@study ~]# cp [options] source1 source2 source3 .... directory
选项与参数：
-a  ：相当于-dr --preserve=all 的意思，至于 dr 请参考下列说明（常用）；
-d  ：若源文件为链接文件的属性（link file），则复制链接文件属性而非文件本身；
-f  ：为强制（force）的意思，若目标文件已经存在且无法开启，则删除后再尝试一次；
-i  ：若目标文件（destination）已经存在时，在覆盖时会先询问操作的进行（常用）；
-l  ：进行硬链接（hard link）的链接文件建立，而非复制文件本身；
-p  ：连同文件的属性（权限、用户、时间）一起复制过去，而非使用默认属性（备份常用）；
-r  ：递归复制，用于目录的复制操作（常用）；
-s  ：复制成为符号链接文件（symbolic link），亦即 "快捷方式" 文件；
-u  ：destination 比 source 旧才更新 destination，或 destination 不存在的情况下才复制；
--preserve=all ：除了-p 的权限相关参数外，还加入 SELinux 的属性，links、xattr 等也复制；
最后需要注意的是，如果源文件有两个以上，则最后一个目标文件一定要是 "目录" 才行。
```

复制（cp）这个命令是非常重要的，不同身份者执行这个命令会有不同的结果产生，尤其是那个-a、-p 的选项，对于不同身份来说，差异则非常大。下面的练习中，有的身份为 root，有的身份为一般账号（在我这里用 dmtsai 这个账号），练习时请特别注意身份的差别。好，开始来做复制的练习与观察：

```
范例一：用 root 身份，将家目录下的.bashrc 复制到/tmp 下，并更名为 bashrc。
[root@study ~]# cp ~/.bashrc /tmp/bashrc
[root@study ~]# cp -i ~/.bashrc /tmp/bashrc
cp: overwrite '/tmp/bashrc'? n  <==n 不覆盖，y 为覆盖。
# 重复作两次操作，由于/tmp 下面已经存在 bashrc 了，加上-i 选项后，
# 则在覆盖前会询问使用者是否确定，可以按下 n 或 y 来二次确认。

范例二：切换目录到/tmp，并将/var/log/wtmp 复制到/tmp 且观察属性。
[root@study ~]# cd /tmp
[root@study tmp]# cp /var/log/wtmp . <==想要复制到目前的目录，最后的.不要忘。
[root@study tmp]# ls -l /var/log/wtmp wtmp
-rw-rw-r--. 1 root utmp 28416 Jun 11 18:56 /var/log/wtmp
-rw-r--r--. 1 root root 28416 Jun 11 19:01 wtmp
# 注意上面的特殊字体，在不加任何选项的情况下，文件的某些属性/权限会改变。
# 这是个很重要的特性，要注意，还有，连文件建立的时间也不一样了。
# 那如果你想要将文件的所有特性都一起复制过来该怎么办？可以加上-a，如下所示：
[root@study tmp]# cp -a /var/log/wtmp wtmp_2
[root@study tmp]# ls -l /var/log/wtmp wtmp_2
-rw-rw-r--. 1 root utmp 28416 Jun 11 18:56 /var/log/wtmp
-rw-rw-r--. 1 root utmp 28416 Jun 11 18:56 wtmp_2
# 了解了吧！整个数据特性完全一模一样。真是不赖，这就是-a 的特性。
```

这个 cp 的功能很多，由于我们常常会进行一些数据的复制，所以也会常常用到这个命令。一般来说，我们如果去复制别人的数据（当然，该文件你必须要有 read 的权限才行）时，总是希望复制到的数据最后是我们自己的，所以，**在默认的条件中，cp 的源文件与目标文件的权限是不同的，目标文件的拥有者通常会是命令操作者本身**。举例来说，上面的范例二中由于我是 root 的身份，因此复制过来的文件拥有者与用户组就改变成了 root 所有。

由于具有这个特性，因此当我们在进行备份的时候，某些需要特别注意的特殊权限文件，例如密码文件（/etc/shadow）以及一些配置文件，就不能直接以 cp 来复制，而必须要加上 -a 或是 -p 等可以

完整复制文件权限的选项才行。另外，如果你想要复制文件给其他的用户，也必须要注意到文件的权限（包含读、写、执行以及文件拥有者等），否则，其他人还是无法针对你给予的文件进行自定义的操作。

```
范例三：复制/etc/这个目录下的所有内容到/tmp下面。
[root@study tmp]# cp /etc/ /tmp
cp: omitting directory `/etc'    <== 如果是目录则不能直接复制，要加上-r的选项。
[root@study tmp]# cp -r /etc/ /tmp
# 还是要再次的强调，-r 是可以复制目录，但是，文件与目录的权限可能会被改变。
# 所以，也可以利用【cp -a /etc /tmp】来执行命令，尤其是在备份的情况下。
```

```
范例四：将范例一复制的 bashrc 建立一个符号链接文件（symbolic link）。
[root@study tmp]# ls -l bashrc
-rw-r--r--. 1 root root 176 Jun 11 19:01 bashrc    <== 先观察一下文件情况。
[root@study tmp]# cp -s bashrc bashrc_slink
[root@study tmp]# cp -l bashrc bashrc_hlink
[root@study tmp]# ls -l bashrc*
-rw-r--r--. 2 root root 176 Jun 11 19:01 bashrc           <== 与原始文件不太一样了。
-rw-r--r--. 2 root root 176 Jun 11 19:01 bashrc_hlink
lrwxrwxrwx. 1 root root   6 Jun 11 19:06 bashrc_slink -> bashrc
```

范例四可有趣了，使用-l 及-s 都会建立所谓的链接文件（link file），但是这两种链接文件却有不一样的情况。这是怎么一回事？那个-l 就是所谓的硬链接（hard link），至于-s 则是符号链接（symbolic link），简单来说，bashrc_slink 是一个快捷方式，这个快捷方式会链接到 bashrc。所以你会看到文件名右侧会有个指向（->）的符号。

至于 bashrc_hlink 文件与 bashrc 的属性与权限完全一模一样，与尚未进行链接前的差异则是第二栏的 link 数由 1 变成了 2。鸟哥这里先不介绍硬链接，因为硬链接涉及 inode 的相关知识，我们下一章谈到文件系统（filesystem）时再来讨论这个问题。

```
范例五：若~/.bashrc 比/tmp/bashrc 新，才复制过来。
[root@study tmp]# cp -u ~/.bashrc /tmp/bashrc
# 这个-u 的特性，是在目标文件与源文件有差异时，才会复制的。所以，常被用于备份的工作当中。
```

```
范例六：将范例四造成的 bashrc_slink 复制成为 bashrc_slink_1 与 bashrc_slink_2。
[root@study tmp]# cp bashrc_slink bashrc_slink_1
[root@study tmp]# cp -d bashrc_slink bashrc_slink_2
[root@study tmp]# ls -l bashrc bashrc_slink*
-rw-r--r--. 2 root root 176 Jun 11 19:01 bashrc
lrwxrwxrwx. 1 root root   6 Jun 11 19:06 bashrc_slink -> bashrc
-rw-r--r--. 1 root root 176 Jun 11 19:09 bashrc_slink_1           <== 与原始文件相同。
lrwxrwxrwx. 1 root root   6 Jun 11 19:10 bashrc_slink_2 -> bashrc  <== 是链接文件。
# 这个例子也是很有趣。原本复制的是链接文件，但是却将链接文件的实际文件复制过来了。
# 也就是说，如果没有加上任何选项时，cp 复制的是原始文件，而非链接文件的属性。
# 若要复制链接文件的属性，就得要使用-d 的选项了，如 bashrc_slink_2 所示。
```

```
范例七：将家目录的 .bashrc 及 .bash_history 复制到/tmp下面。
[root@study tmp]# cp ~/.bashrc ~/.bash_history /tmp
# 可以将多个文件一次复制到同一个目录，最后面一定是目录。
```

例题

你能否使用 dmtsai 的身份，完整地复制/var/log/wtmp 文件到/tmp 下面，并更名为 dmtsai_wtmp?
答：实际做的结果如下：

```
[dmtsai@study ~]$ cp -a /var/log/wtmp /tmp/dmtsai_wtmp
[dmtsai@study ~]$ ls -l /var/log/wtmp /tmp/dmtsai_wtmp
-rw-rw-r--. 1 dmtsai dmtsai 28416  6 月 11 18:56 /tmp/dmtsai_wtmp
-rw-rw-r--. 1 root   utmp   28416  6 月 11 18:56 /var/log/wtmp
```

由于 dmtsai 的身份并不能随意修改文件的拥有者与用户组，因此虽然能够复制 wtmp 的相关权限与时间等属性，但是与拥有者、用户组相关，原本 dmtsai 身份无法进行的操作，即使加上-a 选项，也是无法完成完整权限的复制。

总之，由于 cp 有种种的文件属性与权限的特性，所以，在复制时，你必须要清楚地了解到：

- 是否需要完整的保留源文件的信息？
- 源文件是否为符号链接文件（symbolic link file）？
- 源文件是否为特殊的文件，例如 FIFO、socket 等？
- 源文件是否为目录？

◆ rm（删除文件或目录）

```
[root@study ~]# rm [-fir] 文件或目录
选项与参数：
-f  : 就是 force 的意思，忽略不存在的文件，不会出现警告信息。
-I  : 交互模式，在删除前会询问使用者是否操作。
-r  : 递归删除，最常用于目录的删除，这是非常危险的选项。

范例一：将刚刚在 cp 的范例中建立的 bashrc 删除掉。
[root@study ~]# cd /tmp
[root@study tmp]# rm -i bashrc
rm: remove regular file `bashrc'? y
# 如果加上-i 的选项就会主动询问，避免你删除到错误的文件名。

范例二：通过通配符*的帮忙，将/tmp 下面开头为 bashrc 的文件名通通删除。
[root@study tmp]# rm -i bashrc*
# 注意那个星号，代表的是 0 到无穷多个任意字符，很好用的东西。

范例三：将 cp 范例中所建立的/tmp/etc/这个目录删除掉。
[root@study tmp]# rmdir /tmp/etc
rmdir: failed to remove '/tmp/etc': Directory not empty   <== 删不掉，因为这不是空的目录。
[root@study tmp]# rm -r /tmp/etc
rm: descend into directory `/tmp/etc'? y
rm: remove regular file `/tmp/etc/fstab'? y
rm: remove regular empty file `/tmp/etc/crypttab'? ^C  <== 按下[crtl]+c 中断。
……（中间省略）……
# 因为身份是 root，默认已经加入了-i 的选项，所以你要一直按 y 才会删除。
# 如果不想要继续按 y，可以按下[ctrl]-c 来终止 rm 的工作。
# 这是一种保护的操作，如果确定要删除掉此目录而不要询问，可以这样操作。
[root@study tmp]# \rm -r /tmp/etc
# 在命令前加上反斜线，可以忽略掉 alias 的指定选项，至于 alias 我们在 bash 再谈。
# 拜托，这个范例很可怕，你不要删错了，删除/etc 系统会挂掉。

范例四：删除一个带有-开头的文件。
[root@study tmp]# touch ./-aaa-  <==touch 这个命令可以建立空文件。
[root@study tmp]# ls -l
-rw-r--r--. 1 root    root       0 Jun 11 19:22 -aaa-  <==文件大小为 0，所以是空文件。
[root@study tmp]# rm -aaa-
rm: invalid option -- 'a'                <== 因为"-"是选项嘛，所以系统误判了。
Try 'rm ./-aaa-' to remove the file '-aaa-'. <== 新的 bash 有给建议的。
Try 'rm --help' for more information.
[root@study tmp]# rm ./-aaa-
```

这是删除的命令（remove），要注意的是，通常在 Linux 系统下，为了怕文件被 root 误删，所以很多 Linux 发行版都已经默认加入了-i 这个选项。而如果要连目录下的东西都一起删除的话，例如子目录里面还有子目录时，那就要使用-r 这个选项。**不过，使用 rm -r 这个命令之前，请千万注意了，因为该目录或文件肯定会被 root 删除**。因为系统不会再次询问你是否要删除，所以那是个超级严重的命令，得特别注意。不过，如果你确定该目录不要了，那么使用 rm -r 来递归删除是不错的方式。

另外，范例四也是很有趣的例子，我们在之前就谈过，文件名最好不要使用 "-" 号开头，因为 "-" 后面接的是选项，因此，单纯的使用【rm -aaa-】系统的命令就会误判，那如果使用后面会谈到的正则表达式时，还是会出问题。所以，只能用避过首位字符是"-"的方法，就是加上本目录 "./" 即可。如果 man rm 的话，其实还有一种方法，那就是【rm -- -aaa-】也可以。

◆ mv（移动文件与目录，或重命名）

```
[root@study ~]# mv [-fiu] source destination
[root@study ~]# mv [options] source1 source2 source3 .... directory
选项与参数：
-f ：force 强制的意思，如果目标文件已经存在，不会询问而直接覆盖。
-i ：若目标文件（destination）已经存在时，就会询问是否覆盖。
-u ：若目标文件已经存在，且 source 比较新，才会更新（update）。

范例一：复制一文件，建立一目录，将文件移动到目录中。
[root@study ~]# cd /tmp
[root@study tmp]# cp ~/.bashrc bashrc
[root@study tmp]# mkdir mvtest
[root@study tmp]# mv bashrc mvtest
# 将某个文件移动到某个目录去，就是这样做。

范例二：将刚刚的目录名称更名为 mvtest2。
[root@study tmp]# mv mvtest mvtest2 <== 这样就重命名了。
# 其实在 Linux 下面还有个有趣的命令，名称为 rename，
# 该命令专职进行多个文件名的同时重命名，并非针对单一文件名修改，与 mv 不同，请 man rename。

范例三：再建立两个文件，再全部移动到/tmp/mvtest2 当中。
[root@study tmp]# cp ~/.bashrc bashrc1
[root@study tmp]# cp ~/.bashrc bashrc2
[root@study tmp]# mv bashrc1 bashrc2 mvtest2
# 注意到这边，如果有多个源文件或目录，则最后一个目标文件一定是【目录】。
# 意思是说，将所有的文件移动到该目录的意思。
```

这是移动（move）的意思，当你要移动文件或目录的时候，这个命令就很重要。同样，你也可以使用-u（update）来测试新旧文件，看看是否需要移动。另外一个用途就是修改文件名，我们可以很轻易地使用 mv 来修改一个文件的文件名。不过，在 Linux 中有个 rename 命令，可以用来更改大量文件的文件名，你可以利用 man rename 来查看一下，也是挺有趣的命令。

6.2.3 获取路径的文件名与目录名称

每个文件的完整文件名包含了前面的目录与最终的文件名，而每个文件名的长度都可以到达 255 个字符。那么你怎么知道哪个是文件名？哪个是目录名？嘿嘿，就是利用反斜线（/）来辨别。其实，获取文件名或是目录名称，一般的用途应该是在写程序的时候用来判断之用，所以，这部分的命令可以用在第三篇内的 shell 脚本里面。下面我们简单地以几个范例来谈一谈 basename 与 dirname 的用途。

```
[root@study ~]# basename /etc/sysconfig/network
network        <== 很简单，就取得最后的文件名。
[root@study ~]# dirname /etc/sysconfig/network
/etc/sysconfig <== 取得的变成了目录名。
```

6.3 文件内容查看

如果我们要查看一个文件的内容时，该如何是好？这里有相当多有趣的命令可以来分享一下：最常使用的显示文件内容的命令可以说是 cat 与 more 及 less 了。此外，如果我们要查看一个很大的文件（好几百 MB 时），但是我们只需要后面的几行字而已，那么该如何是好？呵呵，用 tail 呀。此外，tac 这个命令也可以达到这个目的。好了，说说各个命令的用途。

◆ cat 由第一行开始显示文件内容。

◆　tac 从最后一行开始显示，可以看出 tac 是 cat 的倒着写。
◆　nl 显示的时候，同时输出行号。
◆　more 一页一页地显示文件内容。
◆　less 与 more 类似，但是比 more 更好的是，它可以往前翻页。
◆　head 只看前面几行。
◆　tail 只看后面几行。
◆　od 以二进制的方式读取文件内容。

6.3.1　直接查看文件内容

直接查看一个文件的内容可以使用 cat/tac/nl 这几个命令。
◆　cat（concatenate）

```
[root@study ~]# cat [-AbEnTv]
选项与参数：
-A　：相当于-vET 的整合选项，可列出一些特殊字符而不是空白而已；
-b　：列出行号，仅针对非空白行做行号显示，空白行不标行号；
-E　：将结尾的换行符$显示出来；
-n　：打印出行号，连同空白行也会有行号，与-b 的选项不同；
-T　：将[tab]按键以^I 显示出来；
-v　：列出一些看不出来的特殊字符；

范例一：查看/etc/issue 这个文件的内容。
[root@study ~]# cat /etc/issue
\S
Kernel \r on an \m

范例二：承上题，如果还要打印行号？
[root@study ~]# cat -n /etc/issue
     1  \S
     2  Kernel \r on an \m
     3
# 所以这个文件有三行，看到了吧！可以列出行号。这对于大文件要找某个特定的行时，有点用处。
# 如果不想要显示空白行的行号，可以使用【cat -b /etc/issue】，自己测试看看。

范例三：将/etc/man_db.conf 的内容完整的显示出来（包含特殊字符）。
[root@study ~]# cat -A /etc/man_db.conf
# $
……（中间省略）……
MANPATH_MAP^I/bin^I^I/usr/share/man$
MANPATH_MAP^I/usr/bin^I^I/usr/share/man$
MANPATH_MAP^I/sbin^I^I/usr/share/man$
MANPATH_MAP^I/usr/sbin^I^I/usr/share/man$
……（下面省略）……
# 上面的结果限于篇幅，鸟哥删除掉很多数据。另外，输出的结果并不会有特殊字体，
# 鸟哥上面的特殊字体是要让您发现差异点在哪里，基本上，在一般的环境中，
# 使用[tab]与空格键的效果差不多，都是一堆空白。我们无法知道两者的差别。
# 此时使用 cat -A 就能够发现那些空白的地方是啥鬼东西了。[tab]会以^I 表示，换行符则是以$表示，
# 所以你可以发现每一行后面都是$。不过换行符在 Windows/Linux 则不太相同，Windows 的换行符是^M$。
# 这部分我们会在第九章 vim 软件的介绍时，再次说明。
```

嘿嘿，Linux 里面有"猫"命令？不是的，cat 是 Concatenate（串联）的简写，主要的功能是将一个文件的内容连续打印在屏幕上面。例如上面的例子中，我们将 /etc/issue 打印出来，如果加上 -n 或-b 的话，则每一行前面还会加上行号。

鸟哥个人比较少用 cat。毕竟当你的文件内容的行数超过 40 行以上，根本来不及在屏幕上看到结果。所以，配合等一下要介绍的 more 或是 less 来执行比较好。此外，如果是一般的 DOS 文件时，就需要特别留意一些奇怪的符号了，例如换行与 [Tab] 等要显示出来，就得加入-A 之类的选项。

◆ tac（反向列示）

```
[root@study ~]# tac /etc/issue
Kernel \r on an \m
\S
# 与刚刚上面的范例一比较，是由最后一行先显示。
```

　　tac 这个好玩了。怎么说？详细看一下，cat 与 tac，有没有发现？对，tac 刚好是将 cat 反写过来，所以它的功能就跟 cat 相反，cat 是由第一行到最后一行连续显示在屏幕上，而 tac 则是**由最后一行到第一行反向在屏幕上显示出来**，很好玩吧！

◆ nl（添加行号打印）

```
[root@study ~]# nl [-bnw] 文件
选项与参数：
-b ：指定行号指定的方式，主要有两种：
      -b a ：表示不论是否为空行，也同样列出行号（类似 cat -n）；
      -b t ：如果有空行，空的那一行不要列出行号（默认值）；
-n ：列出行号表示的方法，主要有三种：
      -n ln ：行号在屏幕的最左方显示；
      -n rn ：行号在自己栏位的最右方显示，且不加 0；
      -n rz ：行号在自己栏位的最右方显示，且加 0；
-w ：行号栏位的占用的字符数。

范例一：用 nl 列出 /etc/issue 的内容。
[root@study ~]# nl /etc/issue
     1  \S
     2  Kernel \r on an \m
# 注意看，这个文件其实有三行，第三行为空白（没有任何字符），
# 因为它是空白行，所以 nl 不会加上行号，如果确定要加上行号，可以这样做。
[root@study ~]# nl -b a /etc/issue
     1  \S
     2  Kernel \r on an \m
     3
# 呵呵，行号加上来，那么如果要让行号前面自动补上 0？可以这样。
[root@study ~]# nl -b a -n rz /etc/issue
000001  \S
000002  Kernel \r on an \m
000003
# 嘿嘿，自动在自己栏位的地方补上 0 了，默认栏位是六位数，如果想要改成 3 位数？
[root@study ~]# nl -b a -n rz -w 3 /etc/issue
001    \S
002    Kernel \r on an \m
003
# 变成仅有 3 位数。
```

　　nl 可以将输出的文件内容自动地加上行号，其默认的结果与 cat -n 有点不太一样，nl 可以将行号做比较多的显示设计，包括位数与是否自动补齐 0 等的功能。

6.3.2　可翻页查看

　　前面提到的 nl 与 cat、tac 等，都是一次性地将数据一口气显示到屏幕上面，那有没有可以进行一页一页翻动的命令？让我们可以一页一页的观察，才不会前面的数据看不到。有，那就是 more 与 less。

◆ more（一页一页翻动）

```
[root@study ~]# more /etc/man_db.conf
#
#
# This file is used by the man-db package to configure the man and cat paths.
# It is also used to provide a manpath for those without one by examining
# their PATH environment variable. For details see the manpath (5) man page.
```

```
#
……（中间省略）……
--More--（28%）  <== 重点在这一行，你的光标也会在这里等待你的命令。
```

仔细地给它看到上面的范例，如果 more 后面接的文件内容行数大于屏幕输出的行数时，就会出现类似上面的图例。重点在最后一行，最后一行会显示出目前显示的百分比，而且还可以在最后一行输入一些有用的命令。在 more 这个程序的运行过程中，你有几个按键可以使用：

- **空格键**（space）：代表向下翻一页；
- Enter ：代表向下翻一行；
- /字符串 ：代表在这个显示的内容当中，向下查找字符串这个关键词；
- :f：立刻显示出文件名以及目前显示的行数；
- q：代表立刻离开 more，不再显示该文件内容；
- b 或 [ctrl]-b：代表往回翻页，不过这操作只对文件有用，对管道无用。

要离开 more 这个命令的显示工作，可以按下 q 就能够离开。而要向下翻页，使用空格键即可。比较有用的是查找字符串的功能，举例来说，我们使用 more /etc/man_db.conf 来观察该文件，若想要在该文件内查找 MANPATH 这个字符串时，可以这样做：

```
[root@study ~]# more /etc/man_db.conf
#
#
# This file is used by the man-db package to configure the man and cat paths.
# It is also used to provide a manpath for those without one by examining
# their PATH environment variable. For details see the manpath(5) man page.
#
……（中间省略）……
/MANPATH   <== 输入了/之后，光标就会自动跑到最下面一行等待输入。
```

如同上面的说明，输入了 / 之后，光标就会跑到最下面一行，并且等待你的输入，你输入了字符串并按下[enter]之后，more 就会开始向下查找该字符串，而重复查找同一个字符串，可以直接按下 n 即可。最后，不想要看了，就按下 q 即可离开 more。

- less
- （一页一页翻动）

```
[root@study ~]# less /etc/man_db.conf
#
#
# This file is used by the man-db package to configure the man and cat paths.
# It is also used to provide a manpath for those without one by examining
# their PATH environment variable. For details see the manpath(5) man page.
#
……（中间省略）……
:  <== 这里可以等待你输入命令。
```

less 的用法比起 more 又更加有弹性，在 more 的时候，我们并没有办法向前面翻，只能往后面看，但若使用了 less 时，就可以使用 [pageup]、[pagedown] 等按键的功能来往前往后翻看文件，你看是不是更容易观看一个文件的内容了。

除此之外，在 less 里面可以拥有更多的查找功能。不止可以向下查找，也可以向上查找，实在是很不错，基本上，可以输入的命令有：

- **空格键**：向下翻动一页；
- [pagedown]：向下翻动一页；
- [pageup]：向上翻动一页；
- /字符串：向下查找字符串的功能；
- ?字符串：向上查找字符串的功能；
- n：重复前一个查找（与/或?有关）；

- N：反向的重复前一个查找（与/或?有关）；
- g：前进到这个数据的第一行；
- G：前进到这个数据的最后一行去（注意大小写）；
- q：离开 less 这个程序。

查看文件内容还可以进行查找的操作，看，less 是否很不错？其实 less 还有很多的功能，详细的使用方式请使用 man less 查询一下。

你是否会觉得 less 使用的画面与环境与 man page 非常类似？没错，因为 man 这个命令就是调用 less 来显示说明文件的内容，现在你是否觉得 less 很重要？

6.3.3　数据截取

我们可以将输出的数据作一个最简单的截取，那就是取出文件前面几行（head）或取出后面几行（tail）文字的功能。不过，要注意的是 head 与 tail 都是以"行"为单位来进行数据截取的。

◆ head（取出前面几行）

```
[root@study ~]# head [-n number] 文件
选项与参数:
-n  : 后面接数字，代表显示几行的意思。
[root@study ~]# head /etc/man_db.conf
# 默认的情况中，显示前面十行，若要显示前 20 行，就得要这样。
[root@study ~]# head -n 20 /etc/man_db.conf

范例: 如果后面 100 行的数据都不打印，只打印/etc/man_db.conf 的前面几行，该如何是好?
[root@study ~]# head -n -100 /etc/man_db.conf
```

head 的英文意思就是"头"，那么这个东西的用法自然就是显示出一个文件的前几行，没错，就是这样。若没有加上 -n 这个选项时，默认只显示十行，若只要一行？那就加入"head -n 1 filename"即可。

另外那个 -n 选项后面的参数较有趣，如果接的是负数，例如上面范例的 -n -100 时，代表列出前面所有行数，但不包括后面 100 行。举例来说 CentOS 7.1 的 /etc/man_db.conf 共有 131 行，则上述的命令"head -n -100 /etc/man_db.conf"就会列出前面 31 行，后面 100 行不会打印出来了。这样说，比较容易懂了吧？

◆ tail（取出后面几行）

```
[root@study ~]# tail [-n number] 文件
选项与参数:
-n : 后面接数字，代表显示几行的意思。
-f : 表示持续刷新显示后面所接文件中的内容，要等到按下[ctrl]-c 才会结束。
[root@study ~]# tail /etc/man_db.conf
# 默认的情况中，显示最后的十行。若要显示最后的 20 行，就得要这样:
[root@study ~]# tail -n 20 /etc/man_db.conf

范例一: 如果不知道/etc/man_db.conf 有几行，却只想列出 100 行以后的数据时?
[root@study ~]# tail -n +100 /etc/man_db.conf

范例二: 持续检测/var/log/messages 的内容。
[root@study ~]# tail -f /var/log/messages
 <==要等到输入[crtl]-c 之后才会结束执行 tail 这个命令。
```

有 head 自然就有 tail（尾巴），没错，这个 tail 的用法跟 head 的用法类似，只是显示的是后面几行。默认也是显示十行，若要显示非十行，就加-n number 的选项即可。

范例一的内容就有趣啦，其实与 head-n-xx 有异曲同工之妙。当执行 tail -n +100 /etc/man_db.conf 代表该文件从 100 行以后都会被列出来，同样，在 man_db.conf 共有 131 行，因此第 100～131 行就会被列出来，前面的 99 行都不会被显示出来。

至于范例二中，由于/var/log/messages 随时会有数据写入，你想要让该文件有数据写入时就立刻

显示到屏幕上，就利用 -f 这个选项，它可以一直刷新显示/var/log/messages 这个文件，新加入的
数据都会被显示到屏幕上，直到你按下[crtl]-c 才会结束 tail 这个命令的执行，由于 messages 必须
要 root 权限才能看，所以该范例得要使用 root 来查询。

　　假如我想要显示 /etc/man_db.conf 的第 11 到第 20 行?
　　答：这个应该不算难，想一想，在第 11 到第 20 行，那么我取前 20 行，再取后十行，所以结果就是：
head -n 20 /etc/man_db.conf | tail -n 10，这样就可以得到第 11 到第 20 行之间的内容了。
　　这两个命令中间有个管道 (|) 的符号存在，这个管道的意思是：**前面的命令所输出的信息，通过
管道交由后续的命令继续使用**。所以，head -n 20 /etc/man_db.conf 会将文件内的 20 行取出来，但
不输出到屏幕上，而是转交给后续的 tail 命令继续处理。因此 tail 不需要接文件名，因为 tail 所需要的
数据是来自于 head 处理后的结果，这样说，有没有理解?
　　更多的管道命令，我们会在第三篇继续解释。

　　承上一题,那如果我想要列出正确的行号? 就是屏幕上仅列出 /etc/man_db.conf 的第 11 到第 20
行，且有行号存在?
　　答：我们可以通过 cat -n 来显示出行号，然后再通过 head/tail 来截取数据即可，所以就变成了
如下的模样：

```
cat -n /etc/man_db.conf | head -n 20 | tail -n 10
```

6.3.4　非纯文本文件：od

　　我们上面提到的都是在查看纯文本文件的内容。那么万一我们想要查看非文本文件，举例来说，
例如/usr/bin/passwd 这个执行文件的内容时，又该如何去读出信息呢? 事实上，由于执行文件通常是
二进制文件（binary file），使用上面提到的命令来读取它的内容时，确实会产生类似乱码的数据。那
怎么办? 没关系，我们可以利用 od 这个命令来读取。

```
[root@study ~]# od [-t TYPE] 文件
选项或参数：
-t ：后面可以接各种【类型（TYPE）】的输出，例如：
    a        ：利用默认的字符来输出；
    c        ：使用 ASCII 字符来输出；
    d[size]  ：利用十进制（decimal）来输出数据，每个整数占用 size Bytes；
    f[size]  ：利用浮点数值（floating）来输出数据，每个数占用 size Bytes；
    o[size]  ：利用八进制（octal）来输出数据，每个整数占用 size Bytes；
    x[size]  ：利用十六进制（hexadecimal）来输出数据，每个整数占用 size Bytes；

范例一：请将/usr/bin/passwd 的内容使用 ASCII 方式来显示。
[root@study ~]# od -t c /usr/bin/passwd
0000000 177   E   L   F 002 001 001  \0  \0  \0  \0  \0  \0  \0  \0  \0
0000020 003  \0   >  \0 001  \0  \0  \0 364   3  \0  \0  \0  \0  \0  \0
0000040   @  \0  \0  \0  \0  \0  \0  \0   x   e  \0  \0  \0  \0  \0  \0
0000060  \0  \0  \0  \0   @  \0   8  \0  \t  \0   @  \0 035  \0 034  \0
0000100 006  \0  \0  \0 005  \0  \0  \0   @  \0  \0  \0  \0  \0  \0  \0
……（后面省略）……
# 最左边第一列是以八进制来表示 Bytes 数。
```

```
# 以上面范例来说，第二栏 0000020 代表开头是第 16 个 byte（2x8）的内容之意。

范例二：请将/etc/issue 这个文件的内容以八进制列出存储值与 ASCII 的对照表。
[root@study ~]# od -t oCc /etc/issue
0000000 134 123 012 113 145 162 156 145 154 040 134 162 040 157 156 040
         \   S  \n  K   e   r   n   e   l       \   r       o   n
0000020 141 156 040 134 155 012 012
         a   n       \   m  \n  \n
0000027
# 如上所示，可以发现每个字符可以对应到的数值是什么。要注意的是，该数值是八进制。
# 例如 S 对应的记录数值为 123，转成十进制：1x8^2+2x8+3=83。
```

利用这个命令，可以将数据文件（data file）或是二进制文件（binary file）的内容数据读出来。虽然读出来的数值默认是使用非文本文件，亦即是十六进制的数值来显示，不过，我们还是可以通过 -tc 的选项与参数来将数据内的字符以 ASCII 类型的字符来显示，虽然对于一般用户来说，这个命令的用处可能不大，但是对于工程师来说，这个命令可以将二进制文件（binary file）的内容作一个大致的输出，他们可以看得出其中的意义。

如果对纯文本文件使用这个命令，你甚至可以发现 ASCII 与字符的对照表，非常有趣，例如上述的范例二，你可以发现到每个英文字 S 对照到的数字都是 123，转成十进制你就能够发现那是 83。如果你有任何程序语言的书，拿出来对照一下 ASCII 的对照表，就能够发现真是正确。

例题

我不想查 Google，想要立刻找到 password 这几个字的 ASCII 对照，该如何通过 od 来判断？
答：其实可以通过刚刚上一个小节谈到的管道命令来处理。如下所示：

```
echo password | od -t oCc
```

echo 可以在屏幕上面显示任何信息，而这个信息不由屏幕输出，而是传给 od 去继续处理，就可以得到 ASCII code 对照。

6.3.5　修改文件时间或创建新文件：touch

我们在介绍 ls 这个命令时，提到每个文件在 Linux 下面都会记录许多的时间参数，其实是有三个主要的变动时间，那么三个时间的意义是什么？

◆ 修改时间（modification time, mtime）：

当该文件的【内容数据】变更时，就会更新这个时间，内容数据指的是文件的内容，而不是文件的属性或权限。

◆ 状态时间（status time, ctime）：

当该文件的【状态（status）】改变时，就会更新这个时间，举例来说，像是权限与属性被更改了，都会更新这个时间。

◆ 读取时间（access time, atime）：

当【该文件的内容被读取】时，就会更新这个读取时间（access），举例来说，我们使用 cat 去读取/etc/man_db.conf，就会更新该文件的 atime。

这是个挺有趣的现象，举例来说，我们来看一看你自己的 /etc/man_db.conf 这个文件的时间吧！

```
[root@study ~]# date; ls -l /etc/man_db.conf ; ls -l --time=atime /etc/man_db.conf ; \
> ls -l --time=ctime /etc/man_db.conf  # 这两行其实是同一行，用分号隔开。
Tue Jun 16 00:43:17 CST 2015  # 目前的时间。
-rw-r--r--. 1 root root 5171 Jun 10  2014 /etc/man_db.conf  # 在 2014/06/10 建立的内容（mtime）
-rw-r--r--. 1 root root 5171 Jun 15 23:46 /etc/man_db.conf  # 在 2015/06/15 读取过内容（atime）
-rw-r--r--. 1 root root 5171 May  4 17:54 /etc/man_db.conf  # 在 2015/05/04 更新过状态（ctime）
```

为了要让数据输出比较好看，所以鸟哥将三个命令同时依序执行，三个命令中间用分号（；）隔开即可。

看到了吗？在默认的情况下，ls 显示出来的是该文件的 mtime，也就是这个文件的内容上次被修改的时间。至于鸟哥的系统是在 5 月 4 号的时候安装，因此，这个文件被产生导致状态被修改的时间就回溯到那个时间点了（ctime）。而还记得刚刚我们使用的范例当中，有使用到 man_db.conf 这个文件，所以，它的 atime 就会变成刚刚使用的时间了。

文件的时间是很重要的，因为，如果文件的时间错误的话，可能会造成某些程序无法顺利的运行。那么万一我发现了一个文件来自未来，该如何让该文件的时间变成【现在】的时刻呢？很简单，就用【touch】这个命令即可。

> 嘿嘿，不要怀疑系统时间会"来自未来"，很多时候会有这个问题。举例来说，在安装过后系统时间可能会被改变，因为中国时区在国际标准时间"格林威治时间, GMT"的右边，所以会比较早看到阳光，也就是说中国时间比 GMT 时间快了 8 小时。如果安装不当，我们的系统可能会快 8 小时，你的文件就有可能来自 8 小时后了。

至于某些情况下，由于 BIOS 的设置错误，导致系统时间跑到未来时间，并且你又建立了某些文件，等你将时间改回正确的时间时，该文件不就变成来自未来了吗？

```
[root@study ~]# touch [-acdmt] 文件
选项与参数:
-a : 仅自定义 access time;
-c : 仅修改文件的时间, 若该文件不存在则不建立新文件;
-d : 后面可以接欲自定义的日期而不用目前的日期, 也可以使用--date="日期或时间";
-m : 仅修改 mtime;
-t : 后面可以接欲自定义的时间而不用目前的时间, 格式为[YYYYMMDDhhmm];
范例一: 新建一个空文件并观察时间。
[dmtsai@study ~]# cd /tmp
[dmtsai@study tmp]# touch testtouch
[dmtsai@study tmp]# ls -l testtouch
-rw-rw-r--. 1 dmtsai dmtsai 0 Jun 16 00:45 testtouch
# 注意到, 这个文件的大小是 0。在默认的状态下, 如果 touch 后面有接文件,
# 则该文件的三个时间 (atime/ctime/mtime) 都会更新为目前的时间。若该文件不存在,
# 则会主动的建立一个新的空文件, 例如上面这个例子。
范例二: 将~/.bashrc 复制成为 bashrc, 假设复制完全的属性, 检查其日期。
[dmtsai@study tmp]# cp -a ~/.bashrc bashrc
[dmtsai@study tmp]# date; ll bashrc; ll --time=atime bashrc; ll --time=ctime bashrc
Tue Jun 16 00:49:24 CST 2015                    <==这是目前的时间。
-rw-r--r--. 1 dmtsai dmtsai 231 Mar  6 06:06 bashrc  <==这是 mtime。
-rw-r--r--. 1 dmtsai dmtsai 231 Jun 15 23:44 bashrc  <==这是 atime。
-rw-r--r--. 1 dmtsai dmtsai 231 Jun 16 00:47 bashrc  <==这是 ctime。
```

在上面这个案例当中我们使用了【ll】这个命令（两个英文 L 的小写），这个命令其实就是【ls -l】的意思，ll 本身不存在，是被【创造出】的一个命令别名。相关的命令别名我们会在 bash 章节当中详谈，这里先知道 ll="ls -l"即可，至于分号【；】则代表连续命令的执行。你可以在一行命令当中写入多重命令，这些命令可以依序执行，由上面的命令我们会知道 ll 那一行有三个命令在同一行中被执行。

至于执行的结果当中，我们可以发现数据的内容与属性是被复制过来的，因此文件修改时间（mtime）与原本文件相同。但是由于这个文件是刚刚被建立的，因此状态时间（ctime）就变成现在的时间。那如果你想要变更这个文件的时间？可以这样做：

```
范例三: 修改案例二的 bashrc 文件, 将日期调整为两天前。
[dmtsai@study tmp]# touch -d "2 days ago" bashrc
[dmtsai@study tmp]# date; ll bashrc; ll --time=atime bashrc; ll --time=ctime bashrc
Tue Jun 16 00:51:52 CST 2015
-rw-r--r--. 1 dmtsai dmtsai 231 Jun 14 00:51 bashrc
```

```
-rw-r--r--. 1 dmtsai dmtsai 231 Jun 14 00:51 bashrc
-rw-r--r--. 1 dmtsai dmtsai 231 Jun 16 00:51 bashrc
# 跟上个范例比较看看, 本来是 16 日变成了 14 日 (atime/mtime), 不过, ctime 并没有跟着改变。
范例四: 将上个范例的 bashrc 日期改为 2014/06/15 2:02。
[dmtsai@study tmp]# touch -t 201406150202 bashrc
[dmtsai@study tmp]# date; ll bashrc; ll --time=atime bashrc; ll --time=ctime bashrc
Tue Jun 16 00:54:07 CST 2015
-rw-r--r--. 1 dmtsai dmtsai 231 Jun 15  2014 bashrc
-rw-r--r--. 1 dmtsai dmtsai 231 Jun 15  2014 bashrc
-rw-r--r--. 1 dmtsai dmtsai 231 Jun 16 00:54 bashrc
# 注意看看, 日期在 atime 与 mtime 都改变了, 但是 ctime 则是记录目前的时间。
```

通过 touch 这个命令，我们可以轻易地自定义文件的日期与时间，并且也可以建立一个空文件。不过，要注意的是，即使我们复制一个文件时，复制所有的属性，但也没有办法复制 ctime 这个属性。ctime 可以记录这个文件最近的状态（status）被改变的时间。无论如何，还是要告知大家，我们平时看的文件属性中，比较重要的还是 mtime。我们关心的常常是这个文件的内容是什么时候被修改，了解了吗？

无论如何，touch 这个命令最常被使用的情况是：

◆ 建立一个空文件；
◆ 将某个文件日期自定义为目前（mtime 与 atime）。

6.4 文件与目录的默认权限与隐藏权限

由第 5 章 Linux 文件权限的内容我们可以知道一个文件有若干个属性，包括读、写、执行（r、w、x）等基本权限以及是否为目录（d）与文件（-）或是链接文件（l）等的属性。要修改属性的方法在前面也约略提过了（chgrp、chown、chmod），本小节会再加强补充一下。

除了基本 r、w、x 权限外，在 Linux 传统的 ext2、ext3、ext4 文件系统下，我们还可以设置其他的系统隐藏属性，这部分可使用 chattr 来设置，而以 lsattr 来查看，最重要的属性就是可以设置其不可修改的特性，让连文件的拥有者都不能进行修改。这个属性可是相当的重要，尤其是在安全功能上面。比较可惜的是，在 CentOS 7.x 当中利用 xfs 作为默认文件系统，但是 xfs 就没有支持所有的 chattr 的参数了，仅有部分参数还有支持而已。

首先，来复习一下上一章谈到的权限概念，先看一看下面的例题：

例题

你的系统有个一般身份用户 dmtsai，他的用户组属于 dmtsai，他的根目录在 /home/dmtsai，你是 root，你想将你的~/.bashrc 复制给它，可以怎么做？

答：由上一章的权限概念我们可以知道 root 虽然可以将这个文件复制给 dmtsai，但这个文件在 dmtsai 的根目录中却可能让 dmtsai 没有办法读写（因为该文件属于 root 的嘛，而 dmtsai 又不能使用 chown 之故）。此外，我们又担心覆盖掉 dmtsai 自己的 .bashrc 配置文件，因此，我们可以进行如下的操作：

复制文件：cp ~/.bashrc ~dmtsai/bashrc
修改属性：chown dmtsai:dmtsai ~dmtsai/bashrc

例题

我想在 /tmp 下面建立一个目录，这个目录名称为 chapter6_1，并且这个目录拥有者为 dmtsai，用户组为 dmtsai，此外，任何人都可以进入该目录浏览文件，不过除了 dmtsai 之外，其他人都不能修改该目录下的文件。

答：因为除了 dmtsai 之外，其他人不能修改该目录下的文件，所以整个目录的权限应该是

drwxr-xr-x 才对，因此你应该这样做：

　　建立目录：mkdir /tmp/chapter6_1

　　修改属性：chown -R dmtsai:dmtsai /tmp/chapter6_1

　　修改权限：chmod -R 755 /tmp/chapter6_1

　　在上面这个例题当中，如果你知道 755 那个数字是怎么计算出来的，那么你应该对于权限有一定程度的概念了。如果你不知道 755 怎么来的？那么赶快回去前一章看看 chmod 那个命令的介绍部分，这部分很重要。你得要先清楚地了解到才行，否则就进行不下去，假设你对于权限都认识的差不多了，那么下面我们就要来谈一谈，**新增一个文件或目录时，默认的权限是什么？** 这个问题。

6.4.1　文件默认权限：umask

　　OK，那么现在我们知道如何建立或是改变一个目录或文件的属性了，不过，你知道当你建立一个**新的文件或目录**时，它的默认权限会是什么吗？呵呵，那就与 umask 这个玩意儿有关了，那么 umask 是在做什么？基本上，umask 就是指定**目前用户在建立文件或目录时候的权限默认值**，那么如何得知或设置 umask？它的指定条件以下面的方式来指定：

```
[root@study ~]# umask
0022            <==与一般权限有关的是后面三个数字。
[root@study ~]# umask -S
u=rwx,g=rx,o=rx
```

　　查看的方式有两种，一种可以直接输入 umask，就可以看到数字类型的权限设置值，一种则是加入 -S（Symbolic）这个选项，就会以符号类型的方式来显示出权限了。奇怪的是，怎么 umask 会有四组数字？不是只有三组吗？是没错，第一组是特殊权限用的，我们先不要理它，所以先看后面三组即可。

　　在默认权限的属性上，目录与文件是不一样的，从第 5 章我们知道 x 权限对于目录是非常重要的。但是一般文件的建立则不应该有执行的权限，因为一般文件通常是用于数据的记录，当然不需要执行的权限了。因此，默认的情况如下：

● 若用户建立为文件则默认没有可执行（x）权限，即只有 rw 这两个项目，也就是最大为 666，默认权限如下：

```
-rw-rw-rw-
```

● 若用户建立为目录，则由于 x 与是否可以进入此目录有关，因此默认为所有权限均开放，即 777，默认权限如下：

```
drwxrwxrwx
```

　　要注意的是，umask 的数字指的是**该默认值需要减掉的权限**。因为 r、w、x 分别是 4、2、1，所以，当要拿掉能写的权限，就是输入 2；而如果要拿掉能读的权限，也就是 4；那么要拿掉读与写的权限，也就是 6；而要拿掉执行与写入的权限，也就是 3。这样了解吗？请问你，5 是什么？呵呵，就是读与执行的权限。

　　如果以上面的例子来说明的话，因为 umask 为 022，所以 user 并没有被拿掉任何权限，不过 group 与 others 的权限被拿掉了 2（也就是 w 这个权限），那么当用户：

● 建立文件时：（-rw-rw-rw-） -（-----w--w-）==> -rw-r--r--

● 建立目录时：（drwxrwxrwx）-（d----w--w-）==> drwxr-xr-x

不相信吗？我们就来测试看看吧！

```
[root@study ~]# umask
0022
[root@study ~]# touch test1
[root@study ~]# mkdir test2
[root@study ~]# ll -d test*
```

```
-rw-r--r--. 1 root root 0  6月 16 01:11 test1
drwxr-xr-x. 2 root root 6  6月 16 01:11 test2
```

呵呵，看见了吧！确定新建文件的权限是没有错的。

◆ umask 的利用与重要性：课题制作

想象一个状况，如果你跟你的同学在同一台主机里面工作时，因为你们两个正在进行同一个课题，老师也帮你们两个的账号建立好了相同用户组的状态，并且将 /home/class/ 目录做为你们两个人的课题目录。想象一下，有没有可能你所制作的文件你的同学无法编辑？果真如此的话，那就伤脑筋了。

这个问题经常发生。举上面的案例来看，你看一下 test1 的权限数值是什么？644，意思是如果 umask 制定为 022，那新建的数据只有用户自己具有 w 的权限，同用户组的人只有 r 这个可读的权限而已，并无法修改。这样要怎么共同制作课题，您说是吧！

所以，当我们需要新建文件给同用户组的用户共同编辑时，那么 umask 的用户组就不能拿掉 2 这个 w 的权限。所以，umask 就得是 002 之类的才可以。这样新建的文件才能够是 -rw-rw-r-- 的权限样式，那么如何设置 umask 呢？很简单，直接在 umask 后面输入 002 就好。

```
[root@study ~]# umask 002
[root@study ~]# touch test3
[root@study ~]# mkdir test4
[root@study ~]# ll -d test[34]    # 中括号 [ ]代表中间有个指定的字符，而不是任意字符的意思。
-rw-rw-r--. 1 root root 0  6月 16 01:12 test3
drwxrwxr-x. 2 root root 6  6月 16 01:12 test4
```

所以说，这个 umask 对于新建文件与目录的默认权限是很有关系的。这个概念可以用在任何服务器上面，尤其是未来在你搭建文件服务器（file server），举例来说，SAMBA 服务器或是 FTP 服务器时，都是很重要的概念，这牵涉到你的用户是否能够将文件进一步利用的问题，不要等闲视之。

例题

假设你的 umask 为 003，请问该 umask 情况下，建立的文件与目录权限是什么？

答：umask 为 003，所以拿掉的权限为 --------wx，因此：

文件：（-rw-rw-rw-）- （--------wx）= -rw-rw-r--

目录：（drwxrwxrwx）- （d-------wx）= drwxrwxr—

关于 umask 与权限的计算方式中，教科书喜欢使用二进制的方式来进行逻辑与和逻辑否的计算，不过，鸟哥还是比较喜欢使用符号方式来计算，联想上面比较容易一点。

但是，有的书籍或是 BBS 上面的朋友，喜欢使用文件默认属性 666 与目录默认属性 777 来与 umask 进行相减的计算，这是不好的。以上面例题来看，如果使用默认属性相加减，则文件变成：666-003=663，即-rw-rw--wx，这可是完全不对的。想想看，原本文件就已经去除 x 的默认的属性，怎么可能突然间冒出来了？所以，这个地方要特别小心。

在默认的情况中，root 的 umask 会拿掉比较多的属性，root 的 umask 默认是 022，这是基于安全的考虑，至于一般身份用户，通常它们的 umask 为 002，即保留同用户组的写入权力。其实，关于默认 umask 的设置可以参考 /etc/bashrc 这个文件的内容，不过，不建议修改该文件，你可以参考第 10 章 bash shell 提到的环境参数配置文件（~/.bashrc）的说明。

6.4.2　文件隐藏属性

什么？文件还有隐藏属性？光是那 9 个权限就快要疯掉了，竟然还有隐藏属性，真是要命，但是没办法，就是有文件的隐藏属性存在。不过，这些隐藏的属性确实对于系统有很大的帮助的，尤其是在系统安全（Security）上面，非常的重要。**不过要先强调的是，下面的 chattr 命令只能在 ext2、ext3、ext4 的 Linux 传统文件系统上面完整生效，其他的文件系统可能就无法完整的支持这个命令了**，例如 xfs 仅支持部分参数而已，下面我们就来谈一谈如何设置与检查这些隐藏的属性。

◆　chattr（配置文件隐藏属性）

```
[root@study ~]# chattr [+-=][ASacdistu] 文件或目录名称
选项与参数：
+  ：增加某一个特殊参数，其他原本存在参数则不动。
-  ：删除某一个特殊参数，其他原本存在参数则不动。
=  ：直接设置参数，且仅有后面接的参数。
A  ：当设置了 A 这个属性时，若你在存取此文件（或目录）时，它的存取时间 atime 将不会被修改，
     可避免 I/O 较慢的机器过度的读写磁盘。（目前建议使用文件系统挂载参数处理这个项目）
S  ：一般文件是非同步写入磁盘的（原理请参考前一章 sync 的说明），如果加上 S 这个属性时，
     当你进行任何文件的修改，该修改会【同步】写入磁盘中。
a  ：当设置 a 之后，这个文件将只能增加数据，而不能删除也不能修改数据，只有 root 才能设置此属性。
c  ：这个属性设置之后，将会自动的将此文件【压缩】，在读取的时候将会自动解压缩，
     但是在存储的时候，将会先进行压缩后再存储（看来对于大文件似乎蛮有用的）。
d  ：当 dump 程序被执行的时候，设置 d 属性将可使该文件（或目录）不会被 dump 备份。
i  ：这个 i 可就很厉害了。它可以让一个文件【不能被删除、改名、设置链接也无法写入或新增数据。】
     对于系统安全性有相当大的助益，只有 root 能设置此属性。
s  ：当文件设置了 s 属性时，如该文件被删除，它将会被完全的从硬盘删除，所以如果误删，完全无法恢复。
u  ：与 s 相反的，当使用 u 来配置文件时，如果该文件被删除了，则数据内容其实还存在磁盘中，可以使用来
恢复该文件。
注意 1：属性设置常见的是 a 与 i 的设置值，而且很多设置值必须要是 root 才能设置。
注意 2：xfs 文件系统仅支持 AadiS 而已。
范例：请尝试到/tmp 下面建立文件，并加入 i 的参数，尝试删除看看。
[root@study ~]# cd /tmp
[root@study tmp]# touch attrtest          <==建立一个空文件。
[root@study tmp]# chattr +i attrtest <==给予 i 的属性。
[root@study tmp]# rm attrtest             <==尝试删除看看。
rm: remove regular empty file 'attrtest'? y
rm: cannot remove 'attrtest': Operation not permitted
# 看到了吗？连 root 也没有办法将这个文件删除，赶紧取消参数设置。
范例：请将该文件的 i 属性取消。
[root@study tmp]# chattr -i attrtest
```

这个命令是很重要的，尤其是在系统的数据安全上面。由于这些属性是隐藏的性质，所以需要以 lsattr 才能看到该属性。其中，个人认为最重要的当属+i 与 +a 这个属性了。+i 可以让一个文件无法被修改，对于需要强烈的系统安全的人来说，真是相当的重要，里面还有相当多的属性是需要 root 才能设置的。

此外，对于 logfile 这样的日志文件，就更需要+a 这个可以增加但是不能修改旧数据与删除的参数。怎样？很棒吧！未来提到日志文件（第 18 章）的认知时，我们再来聊一聊如何设置它。

◆　lsattr（显示文件隐藏属性）

```
[root@study ~]# lsattr [-adR] 文件或目录
选项与参数：
-a ：将隐藏文件的属性也显示出来；
-d ：如果接的是目录，仅列出目录本身的属性而非目录内的文件名；
-R ：连同子目录的数据也一并列出来；
[root@study tmp]# chattr +aiS attrtest
[root@study tmp]# lsattr attrtest
--S-ia---------- attrtest
```

使用 chattr 设置后，可以利用 lsattr 来查看隐藏的属性。不过，这两个命令在使用上必须要特别小心，否则会造成很大的困扰。例如：某天你心情好，突然将 /etc/shadow 这个重要的密码记录文件设置成为具有 i 的属性，那么过了若干天之后，你突然要新增用户，却一直无法新增，别怀疑，赶快去将 i 的属性拿掉。

6.4.3 文件特殊权限：SUID、SGID、SBIT

我们前面一直提到关于文件的重要权限，那就是 r、w、x 这三个读、写、执行的权限。但是，眼尖的朋友们在第 5 章的目录树章节中，一定注意到了一件事，那就是，怎么我们的 /tmp 权限怪怪的？还有，那个 /usr/bin/passwd 也怪怪的？怎么回事？先看看：

```
[root@study ~]# ls -ld /tmp ; ls -l /usr/bin/passwd
drwxrwxrwt. 14 root root 4096 Jun 16 01:27 /tmp
-rwsr-xr-x. 1 root root 27832 Jun 10  2014 /usr/bin/passwd
```

不是应该只有 r、w、x 吗？还有其他的特殊权限（ s 跟 t ）？头又开始头晕了，因为 s 与 t 这两个权限的意义与系统的账号（第 13 章）及系统的进程管理（第 16 章）较为相关，所以等到后面的章节谈完后你才会比较有概念。下面的说明先看看就好，如果看不懂也没有关系，先知道 s 放在那里称为 SUID 与 SGID 以及如何设置即可，等系统程序章节读完后，再回来看看。

◆ Set UID

当 s 这个标志出现在文件拥有者的 x 权限上时，例如刚刚提到的 /usr/bin/passwd 这个文件的权限状态：【-rwsr-xr-x】，此时就被称为 Set UID，简称为 SUID 的特殊权限。那么 SUID 的权限对于一个文件的特殊功能是什么？基本上 SUID 有这样的限制与功能：

- SUID 权限仅对二进制程序（binary program）有效；
- 执行者对于该程序需要具有 x 的可执行权限；
- 本权限仅在执行该程序的过程中有效（run-time）；
- 执行者将具有该程序拥有者（owner）的权限。

讲这么生硬的东西你可能对于 SUID 还是没有概念，没关系，我们举个例子来说明好了。我们的 Linux 系统中，所有账号的密码都记录在/etc/shadow 这个文件里面，这个文件的权限为：【---------- 1 root root】，意思是这个文件仅有 root 可读且仅有 root 可以强制写入而已。既然这个文件仅有 root 可以修改，那么鸟哥的 dmtsai 这个一般账号用户能否自行修改自己的密码？你可以使用你自己的账号输入【passwd】这个命令来看看，嘿嘿，一般用户当然可以修改自己的密码。

唔，有没有冲突，明明 /etc/shadow 就不能让 dmtsai 这个一般账户去读写的，为什么 dmtsai 还能够修改这个文件内的密码？这就是 SUID 的功能。借由上述的功能说明，我们可以知道：

1. dmtsai 对于 /usr/bin/passwd 这个程序来说是具有 x 的权限，表示 dmtsai 能执行 passwd；
2. passwd 的拥有者是 root 这个账号；
3. dmtsai 执行 passwd 的过程中，会【暂时】获得 root 的权限；
4. /etc/shadow 就可以被 dmtsai 所执行的 passwd 所修改。

但如果 dmtsai 使用 cat 去读取/etc/shadow 时，它能够读取吗？因为 cat 不具有 SUID 的权限，所以 dmtsai 执行【cat /etc/shadow】时，是不能读取/etc/shadow 的。我们用一张示意图来说明如下：

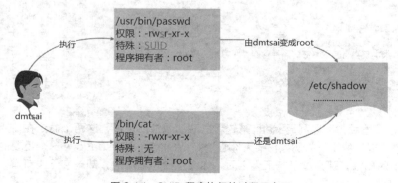

图 6.4.1 SUID 程序执行的过程示意图

另外，SUID 仅可用在二进制程序上，不能够用在 shell 脚本上面。这是因为 shell 脚本只是将很多的二进制执行文件调用执行而已。所以 SUID 的权限部分，还是要看 shell 脚本调用进来的程序的设置，而不是 shell 脚本本身。当然，SUID 对于目录也是无效的，这点要特别留意。

◆ Set GID

当 s 标志在文件拥有者的 x 项为 SUID，那 s 在用户组的 x 时则称为 Set GID（SGID），是这样没错，举例来说，你可以用下面的命令来观察到具有 SGID 权限的文件：

```
[root@study ~]# ls -l /usr/bin/locate
-rwx--s--x. 1 root slocate 40496 Jun 10  2014 /usr/bin/locate
```

与 SUID 不同的是，SGID 可以针对文件或目录来设置。如果是对文件来说，SGID 有如下的功能：

● SGID 对二进制程序有用；
● 程序执行者对于该程序来说，需具备 x 的权限；
● 执行者在执行的过程中将会获得该程序用户组的支持。

举例来说，上面的 /usr/bin/locate 这个程序可以去查找 /var/lib/mlocate/mlocate.db 这个文件的内容（详细说明会在下节讲述），mlocate.db 的权限如下：

```
[root@study ~]# ll /usr/bin/locate /var/lib/mlocate/mlocate.db
-rwx--s--x. 1 root slocate   40496 Jun 10  2014 /usr/bin/locate
-rw-r-----. 1 root slocate 2349055 Jun 15 03:44 /var/lib/mlocate/mlocate.db
```

与 SUID 非常的类似，若我使用 dmtsai 这个账号去执行 locate 时，那 dmtsai 将会取得 slocate 用户组的支持，因此就能够去读取 mlocate.db，非常有趣吧！

除了二进制程序之外，事实上 SGID 也能够用在目录中，这也是非常常见的一种用途。当一个目录设置了 SGID 的权限后，它将具有如下的功能：

● 用户若对于此目录具有 r 与 x 的权限时，该用户能够进入此目录；
● 用户在此目录下的有效用户组（effective group）将会变成该目录的用户组；
● 用途：若用户在此目录下具有 w 的权限（可以新建文件），则用户所建立的新文件，该新文件的用户组与此目录的用户组相同。

SGID 对于项目开发来说是非常重要的。因为这涉及用户组权限的问题，您可以参考一下本章后续情境模拟的案例，应该就能够对于 SGID 有一些了解的。

◆ Sticky Bit

这个 Sticky Bit（SBIT）目前只针对目录有效，对于文件已经没有效果了，SBIT 对于目录的作用是：

● 当用户对于此目录具有 w、x 权限，即具有写入的权限；
● 当用户在该目录下建立文件或目录时，仅有自己与 root 才有权力删除该文件。

换句话说：当甲这个用户对于 A 目录具有用户组或其他人的身份，并且拥有该目录 w 的权限，这表示甲用户对该目录内任何人建立的目录或文件均可进行删除、更名、移动等操作。不过，如果将 A 目录加上了 SBIT 的权限选项时，则甲只能够针对自己建立的文件或目录进行删除、更名、移动等操作，而无法删除它人的文件。

举例来说，我们的 /tmp 本身的权限是【drwxrwxrwt】，在这样的权限内容下，任何人都可以在 /tmp 内新增、修改文件，但仅有该文件/目录建立者与 root 能够删除自己的目录或文件。这个特性也是挺重要的，你可以这样做个简单的测试：

1. 以 root 登录系统，并且进入 /tmp 当中；
2. touch test，并且更改 test 权限成为 777 ；
3. 以一般用户登录，并进入 /tmp；
4. 尝试删除 test 这个文件。

由于 SUID、SGID、SBIT 牵涉到程序的概念，因此再次强调，这部分的内容在您读完第 16 章关于程序方面的知识后，要再次回来看。目前，你先有个简单的基础概念就好，文末的参考资料也建议阅读一番。

◆ SUID/SGID/SBIT 权限设置

前面介绍过 SUID 与 SGID 的功能，那么如何配置文件使成为具有 SUID 与 SGID 的权限？这就需要第 5 章的数字更改权限的方法了。现在你应该已经知道数字形式更改权限的方式为【三个数字】的组合，那么如果在这三个数字之前再加上一个数字的话，最前面的那个数字就代表这几个权限了。

- 4 为 SUID
- 2 为 SGID
- 1 为 SBIT

假设要将一个文件权限改为【-rwsr-xr-x】时，由于 s 在用户权限中，所以是 SUID，因此，在原先的 755 之前还要加上 4，也就是【chmod 4755 filename】来设置。此外，还有大 S 与大 T 的产生，参考下面的范例。

> 注意：下面的范例只是练习而已，所以鸟哥使用同一个文件来设置，你必须了解 SUID 不是用在目录上，而 SBIT 不是用在文件上。

```
[root@study ~]# cd /tmp
[root@study tmp]# touch test                        <==建立一个测试用空文件。
[root@study tmp]# chmod 4755 test; ls -l test <==加入具有 SUID 的权限。
-rwsr-xr-x 1 root root 0 Jun 16 02:53 test
[root@study tmp]# chmod 6755 test; ls -l test <==加入具有 SUID/SGID 的权限。
-rwsr-sr-x 1 root root 0 Jun 16 02:53 test
[root@study tmp]# chmod 1755 test; ls -l test <==加入 SBIT 的功能。
-rwxr-xr-t 1 root root 0 Jun 16 02:53 test
[root@study tmp]# chmod 7666 test; ls -l test <==具有空的 SUID/SGID 权限。
-rwSrwSrwT 1 root root 0 Jun 16 02:53 test
```

最后一个例子就要特别小心。怎么会出现大写的 S 与 T？不都是小写的吗？因为 s 与 t 都是取代 x 这个的权限，但是你有没有发现，我们是执行 7666。也就是说，user、group 以及 others 都没有 x 这个可执行的标志（因为 666 嘛），所以，这个 S 与 T 代表的就是空的。怎么说呢？SUID 是表示该文件在执行的时候，具有文件拥有者的权限，但是文件的拥有者都无法执行了，哪里来的权限给其他人使用？当然就是空的。

而除了数字法之外，你也可以通过符号法来处理。其中 SUID 为 u+s，而 SGID 为 g+s 和 SBIT 则是 o+t。来看看如下的范例：

```
# 设置权限成为-rws--x--x 的模样。
[root@study tmp]# chmod u=rwxs,go=x test; ls -l test
-rws--x--x 1 root root 0 Jun 16 02:53 test
# 承上，加上 SGID 与 SBIT 在上述的文件权限中。
[root@study tmp]# chmod g+s,o+t test; ls -l test
-rws--s--t 1 root root 0 Jun 16 02:53 test
```

6.4.4 观察文件类型：file

如果你想要知道某个文件的基本信息，例如是属于 ASCII 或是数据文件或是二进制文件，且其中有没有使用到动态链接库（share library）等信息，就可以利用 file 这个命令来查看。举例来说：

```
[root@study ~]# file ~/.bashrc
/root/.bashrc: ASCII text  <==告诉我们是 ASCII 的纯文本文件。
[root@study ~]# file /usr/bin/passwd
/usr/bin/passwd: setuid ELF 64-bit LSB shared object, x86-64, version 1（SYSV）, dynamically
linked（uses shared libs）, for GNU/Linux 2.6.32,
BuildID[sha1]=0xbf35571e607e317bf107b9bcf65199988d0ed5ab, stripped
# 执行文件的数据可就多的不得了，包括这个文件的 SUID 权限、兼容 Intel x86-64 等级的硬件平台，
```

```
# 使用的是 Linux 内核 2.6.32 的动态链接库等。
[root@study ~]# file /var/lib/mlocate/mlocate.db
/var/lib/mlocate/mlocate.db: data  <== 这是 data 文件。
```

通过这个命令，我们可以简单地先判断这个文件的格式是什么。包括未来你也可以用来判断 tar 包使用的是哪一种压缩方式。

6.5　命令与文件的查找

文件的查找可就厉害了，因为我们常常需要知道哪个文件放在哪里，才能够对该文件进行一些修改或维护等操作。有时候某些软件配置文件的文件名是不变的，但是各 Linux 发行版放置的目录则不同。此时就要利用一些查找命令将该配置文件的完整文件名找出来，这样才能修改，您说是吧！

6.5.1　脚本文件的查找

我们知道在命令行模式当中，连续输入两次[Tab]按键就能够知道用户有多少命令可以执行。那你知不知道这些命令的完整文件名放在哪里？举例来说，ls 这个常用的命令放在哪里？可以通过 which 或 type 来查找。

◆　which（查找【执行文件】）

```
[root@study ~]# which [-a] command
选项或参数:
-a : 将所有由 PATH 目录中可以找到的命令均列出，而不止第一个被找到的命令名称。
范例一: 查找 ifconfig 这个命令的完整文件名。
[root@study ~]# which ifconfig
/sbin/ifconfig
范例二: 用 which 去找出 which 的文件名是什么?
[root@study ~]# which which
alias which='alias | /usr/bin/which --tty-only --read-alias --show-dot --show-tilde'
        /bin/alias
        /usr/bin/which
# 竟然会有两个 which，其中一个是 alias 这玩意儿。那是啥? 那就是所谓的【命令别名】,
# 意思是输入 which 会等于后面接的那串命令，更多的内容我们会在 bash 章节中再来谈。
范例三: 请找出 history 这个命令的完整文件名。
[root@study ~]# which history
/usr/bin/which: no history in (/usr/local/sbin:/usr/local/bin:/sbin:/bin:
/usr/sbin:/usr/bin:/root/bin)
[root@study ~]# history --help
-bash: history: --: invalid option
history: usage: history [-c] [-d offset] [n] or history -anrw [filename] or history -ps arg
# 什么? 怎么可能没有 history，我明明就能够用 root 执行 history。
```

这个命令是根据【PATH】这个环境变量所规范的路径，去查找执行文件的文件名，所以，重点是找出执行文件而已，且 which 后面接的是完整文件名。若加上 -a 选项，则可以列出所有的可以找到的同名执行文件，而非仅显示第一个而已。

最后一个范例最有趣，怎么 history 这个常用的命令竟然找不到。为什么? 这是因为 history 是 bash 内置的命令。但是 which 默认是找 PATH 内所设置的目录，所以当然一定找不到的（有 bash 就有 history）。那怎么办? 没关系，我们可以通过 type 这个命令。关于 type 的用法我们将在第 10 章的 bash 再来谈。

6.5.2　文件的查找

再来谈一谈怎么查找文件吧! 在 Linux 下面也有相当优异的查找命令，通常 find 不很常用。除速度慢之外，也影响硬盘性能。一般我们都是先使用 whereis 或是 locate 来检查，如果真的找不到了，才以 find 来查找。为什么？因为 whereis 只找系统中某些特定目录下面的文件而已，locate 则是利用数据库来查找文件名，当然两者就相当的快速，并且没有实际查找硬盘内的文件系统状态，比较省时间。

◆ whereis（由一些特定的目录中查找文件）

```
[root@study ~]# whereis [-bmsu] 文件或目录名
选项与参数:
-l   :可以列出 whereis 会去查询的几个主要目录;
-b   :只找 binary（二进制）格式的文件;
-m   :只找在说明文件 manual 路径下的文件;
-s   :只找 source 源文件;
-u   :查找不在上述三个项目当中的其他特殊文件;
范例一: 请找出 ifconfig 这个文件名。
[root@study ~]# whereis ifconfig
ifconfig: /sbin/ifconfig /usr/share/man/man8/ifconfig.8.gz
范例二: 只找出跟 passwd 有关的【说明文件】文件名（man page）。
[root@study ~]# whereis passwd        # 全部的文件名通通列出来。
passwd: /usr/bin/passwd /etc/passwd /usr/share/man/man1/passwd.1.gz
/usr/share/man/man5/passwd.5.gz
[root@study ~]# whereis -m passwd   # 只有在 man 里面的文件名才显示出来。
passwd: /usr/share/man/man1/passwd.1.gz /usr/share/man/man5/passwd.5.gz
```

等一下我们会提到 find 这个查找命令，find 是很强大的查找命令，但是所用时间很多。（因为 find 是直接查找硬盘，如果你的硬盘比较老旧的话，嘿嘿，有的等。）这个时候 whereis 就相当好用了。另外，whereis 可以加入选项来查找相关的数据，例如，如果你是要找可执行文件（binary），那么加上 -b 就可以。如果不加任何选项的话，那么就将所有的数据显示出来。

那么 whereis 到底使用什么东西？为何查找的速度会比 find 快这么多？其实也没有什么，只是因为 whereis 只找几个特定的目录而已，并没有全系统去查询之故。所以说，whereis 主要是针对 /bin /sbin 下面的执行文件，以及 /usr/share/man 下面的 man page 文件，跟几个比较特定的目录来处理而已，所以速度当然快得多。不过，有某些文件是你找不到的。想要知道 whereis 到底查了多少目录？可以使用 whereis -l 来确认一下。

◆ locate / updatedb

```
[root@study ~]# locate [-ir] keyword
选项与参数:
-i  :忽略大小写的差异;
-c  :不输出文件名，仅计算找到的文件数量;
-l  :仅输出几行的意思，例如输出五行则是-l 5;
-S  :输出 locate 所使用的数据库文件的相关信息，包括该数据库记录的文件/目录数量等;
-r  :后面可接正则表达式的显示方式;
范例一: 找出系统中所有与 passwd 相关的文件名，且只列出 5 个。
[root@study ~]# locate -l 5 passwd
/etc/passwd
/etc/passwd-
/etc/pam.d/passwd
/etc/security/opasswd
/usr/bin/gpasswd
范例二: 列出 locate 查询所使用的数据库文件之文件名与各数据数量。
[root@study ~]# locate -S
Database /var/lib/mlocate/mlocate.db:
        8,086 directories      # 总记录目录数。
        109,605 files          # 总记录文件数。
        5,190,295 Bytes in file names
        2,349,150 Bytes used to store database
```

这个 locate 的使用更简单，直接在后面输入文件的部分名称后，就能够得到结果。举上面的例子来说，我输入 locate passwd，那么在完整文件名（包含路径名称）当中，只要有 passwd 在其中，就会被显示出来。这也是个很方便好用的命令，尤其是在你忘记某个文件的完整文件名时。

　　但是，这个东西还是有使用上的限制。为什么？你会发现使用 locate 来寻找数据特别快，这是因为 locate 寻找的数据是由已建立的数据库 /var/lib/mlocate/里面的数据所查找到的，所以不用直接再去硬盘当中读取数据，呵呵，当然是很快速的。

　　那么有什么限制？就是因为它是经由数据库来查找的，而数据库的建立默认是在每天执行一次(每个 Linux 发行版都不同，CentOS 7.x 是每天更新数据库一次)，所以当你新建立起来的文件，却还在数据库更新之前查找该文件，那么 locate 会告诉你【找不到】，呵呵，因为必须要更新数据库呀！

　　那能否手动更新数据库？当然可以，更新 locate 数据库的方法非常简单，直接输入【updatedb】就可以。updatedb 命令会去读取 /etc/updatedb.conf 这个配置文件的设置，然后再去硬盘里面进行查找文件名的操作，最后就更新整个数据库文件。因为 updatedb 会去查找硬盘，所以当你执行 updatedb 时，可能会等待数分钟的时间。

- updatedb：根据 /etc/updatedb.conf 的设置去查找系统硬盘内的文件，并更新 /var/lib/mlocate 内的数据库文件；
- locate：依据 /var/lib/mlocate 内的数据库记录，找出用户所输入关键词的文件名。

◆　find

```
[root@study ~]# find [PATH] [option] [action]
选项与参数:
1. 与时间有关的选项: 共有-atime、-ctime 与-mtime, 以-mtime 说明。
  -mtime  n : n 为数字, 意义为在 n 天之前的【一天之内】被修改过内容的文件;
  -mtime +n : 列出在 n 天之前 (不含 n 天本身) 被修改过内容的文件;
  -mtime -n : 列出在 n 天之内 (含 n 天本身) 被修改过内容的文件;
  -newer file : file 为一个存在的文件, 列出比 file 还要新的文件;
范例一: 将过去系统上面 24 小时内有修改过内容 (mtime) 的文件列出。
[root@study ~]# find / -mtime 0
# 那个 0 是重点。0 代表目前的时间, 所以, 从现在开始到 24 小时前,
# 有变动过内容的文件都会被显示。那如果是三天前那一天的 24 小时内?
# find / -mtime 3 有变动过的文件都被显示的意思。
范例二: 寻找/etc 下面的文件, 如果文件日期比/etc/passwd 新就列出。
[root@study ~]# find /etc -newer /etc/passwd
# -newer 用在辨别两个文件之间的新旧关系是很有用的。
```

　　时间参数真是挺有意思的。我们现在知道 atime、ctime 与 mtime 的意义，如果你想要找出一天内被修改过的文件，可以使用上述范例一的做法。但如果我想要找出 4 天内被修改过的文件？那可以使用【find /var -mtime -4】。那如果是 4 天前的那一天就用【find /var -mtime 4】，有没有加上【+, -】差别很大。我们可以用简单的图例来说明一下：

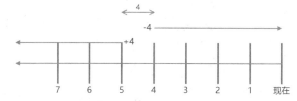

图 6.5.1　find 相关的时间参数意义

　　图中最右边为目前的时间，越往左边则代表越早之前的时间轴，由图 6.5.1 我们可以清楚的知道：

- +4 代表大于等于 5 天前的文件：ex> find /var -mtime +4
- -4 代表小于等于 4 天内的文件：ex> find /var -mtime -4
- 4 则是代表 4-5 那一天的文件：ex> find /var -mtime 4

　　非常有趣吧！你可以在 /var/ 目录下查找一下，感受一下输出文件的差异，再来看看其他 find 的用法。

```
选项与参数:
2. 与使用者或用户组名称有关的参数:
  -uid n    : n 为数字, 这个数字是使用者的账号 ID, 亦即 UID, 这个 UID 是记录在/etc/passwd 里面
```

与账号名称对应的数字,这方面我们会在第四篇介绍。

  -gid n   : n 为数字,这个数字是用户组名称的 ID,亦即 GID,这个 GID 记录在/etc/group,相关的介绍我们会第四篇说明。

  -user name : name 为使用者账号名称。例如 dmtsai;

  -group name: name 为用户组名称,例如 users;

  -nouser   : 查找文件的拥有者不在/etc/passwd 中;

  -nogroup   : 查找文件的拥有用户组不存在于/etc/group 的文件。当你自行安装软件时,很可能该软件的属性当中并没有文件拥有者,这是可能的。在这个时候,就可以使用-nouser 与-nogroup 查找。

范例三:查找/home 下面属于 dmtsai 的文件。

```
[root@study ~]# find /home -user dmtsai
# 这个东西也很有用的,当我们要找出任何一个用户在系统当中的所有文件时,
# 就可以利用这个命令将属于某个用户的所有文件都找出来。
```

范例四:查找系统中不属于任何人的文件。

```
[root@study ~]# find / -nouser
# 通过这个命令,可以轻易的就找出那些不太正常的文件。如果有找到不属于系统任何用户的文件时,
# 不要太紧张,那有时候是正常的,尤其是你曾经以源代码自行编译软件时。
```

如果你想要找出某个用户在系统下面建立了啥东西,使用上述的选项与参数,就能够找出来。至于那个 -nouser 或 -nogroup 的选项功能中,除了你自行由网络上面下载文件时会发生之外,如果你将系统里面某个账号删除了,但是该账号已经在系统内放了很多文件时,就可能会产生 "无主孤魂"的文件存在。此时你就得使用这个 -nouser 来找出该类型的文件。

```
选项与参数:
3. 与文件权限及名称有关的参数:
   -name filename: 查找文件名称为 filename 的文件;
   -size [+-]SIZE: 查找比 SIZE 还要大 (+) 或小 (-) 的文件。这个 SIZE 的规格有:
            c: 代表 Bytes, k:代表 1024Bytes。所以,要找比 50KB 还要大的文件,就是【-size
+50k】
   -type TYPE   : 查找文件的类型为 TYPE 的,类型主要有: 一般正规文件 (f), 设备文件 (b,c),目录
(d), 链接文件 (l), socket (s), 及 FIFO (p) 等属性。
   -perm mode   : 查找文件权限【刚好等于】mode 的文件,这个 mode 为类似 chmod 的属性值,举例来
说, -rwsr-xr-x 的属性为 4755。
   -perm -mode  : 查找文件权限【必须要全部囊括 mode 的权限】的文件,举例来说,我们要查找-rwxr-
r--,亦即 0744 的文件,使用-perm -0744,当一个文件的权限为-rwsr-xr-x,亦即
4755 时,也会被列出来,因为-rwsr-xr-x 的属性已经囊括了-rwxr--r--的属性了。
   -perm /mode  : 查找文件权限【包含任一 mode 的权限】的文件,举例来说,我们查找-rwxr-xr-x,亦即
-perm /755 时,但一个文件属性为-rw-------也会被列出来,因为它有-rw....的属性存在。
范例五: 找出文件名为 passwd 这个文件。
[root@study ~]# find / -name passwd
范例五-1: 找出文件名包含了 passwd 这个关键字的文件。
[root@study ~]# find / -name "*passwd*"
# 利用这个-name 可以查找文件名。默认是完整文件名,如果想要找关键字,
# 可以使用类似*的任意字符来处理。
范例六: 找出/run 目录下,文件类型为 socket 的文件名有哪些?
[root@study ~]# find /run -type s
# 这个-type 的属性也很有帮助。尤其是要找出那些怪异的文件。
# 例如 socket 与 FIFO 文件,可以用 find /run -type p 或-type s 来找。
范例七: 查找文件当中含有 SGID、SUID 或 SBIT 的属性。
[root@study ~]# find / -perm /7000
# 所谓的 7000 就是---s--s--t,那只要含有 s 或 t 的就列出,所以当然要使用/7000,
# 使用-7000 表示要同时含有---s--s--t 的所有三个权限,如果只需要任意一个,就是/7000,了解了吗?
```

上述范例中比较有趣的就属 -perm 这个选项,它的重点在找出特殊权限的文件。我们知道 SUID 与 SGID 都可以设置在二进制程序上,假设我想要找出来 /usr/bin、/usr/sbin 这两个目录下,只要具有 SUID 或 SGID 就找到该文件,你可以这样做:

```
[root@study ~]# find /usr/bin /usr/sbin -perm /6000
```

因为 SUID 是 4,SGID 2,总共为 6,因此可用 /6000 来处理这个权限,至于 find 后面可以接多个目录来进行查找。另外,find **本来就会查找子目录**,这个特色也要特别注意。最后,我们再来看一下 find 还有什么特殊功能吧!

```
选项与参数:
4. 额外可进行的操作:
  -exec command : command 为其他命令, -exec 后面可再接额外的命令来处理查找到的结果。
  -print         : 将结果打印到屏幕上, 这个操作是默认操作。
范例八: 将上个范例找到的文件使用 ls -l 列出来。
[root@study ~]# find /usr/bin /usr/sbin -perm /7000 -exec ls -l {} \;
# 注意到, 那个-exec 后面的 ls -l 就是额外的命令, 命令不支持命令别名,
# 所以仅能使用 ls -l 不可以使用 ll, 注意注意。
范例九: 找出系统中, 大于 1MB 的文件。
[root@study ~]# find / -size +1M
```

　　find 的特殊功能就是能够进行额外的操作 (action)。我们将范例八的例子以图例来说明如下:
该范例中特殊的地方有 {} 以及 \; 还有 -exec 这个关键词, 这些东西的意义为:

- {} 代表的是由 find 找到的内容, 如上图所示, find 的结果会被放置到 {} 位置中;
- -exec 一直到 \; 是关键词, 代表 find 额外操作的开始 (-exec) 到结束 (\;), 在这中间的
  就是 find 命令内的额外操作。在本例中就是【ls -l {}】;
- 因为【 ; 】在 bash 环境下是有特殊意义的, 因此利用反斜杠来转义;

　　通过图 6.5.2 你应该就比较容易了解 -exec 到 \; 之
间的意义了吧!

　　如果你要找的文件是具有特殊属性的, 例如 SUID 、
文件拥有者、文件大小等, 那么利用 locate 没有办法完
成你的查找, 此时 find 就显得很重要。另外, find 还可

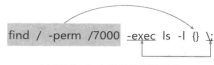

图 6.5.2　find 相关的额外操作

以利用通配符来查找文件名。举例来说, 你想要找出 /etc 下面文件名包含 httpd 的文件, 那么你就可
以这样做:

```
[root@study ~]# find /etc -name '*httpd*'
```

　　不但可以指定查找的目录(连同子目录), 并且可以利用额外的选项与参数来找到最正确的文件名,
真是很好用。不过由于 find 在查找数据的时候相当消耗硬盘资源, 所以没事不要使用 find。有更棒的
命令可以使用, 那就是上面提到的 whereis 与 locate。

6.6　极重要的复习, 权限与命令间的关系

　　我们知道权限对于用户账号来说是非常重要的, 因为它可以限制用户能不能读取、建立、删除、
修改文件或目录。在这一章我们介绍了很多文件系统的管理命令, 第 5 章则介绍了很多文件权限的意
义。在这个小节当中, 我们就将这两者结合起来, 说明一下什么命令在什么样的权限下才能够运行吧。

　　一、让用户能进入某目录成为可工作目录的基本权限是什么?

- 可使用的命令: 例如 cd 等变换工作目录的命令;
- 目录所需权限: 用户对这个目录至少需要具有 x 的权限;
- 额外需求: 如果用户想要在这个目录内利用 ls 查看文件名, 则用户对此目录还需要 r 的权限。

　　二、用户在某个目录内读取一个文件的基本权限是什么?

- 可使用的命令: 例如本章谈到的 cat、more、less 等;
- 目录所需权限: 用户对这个目录至少需要具有 x 权限;
- 文件所需权限: 用户对文件至少需要具有 r 的权限才行。

　　三、让用户可以修改一个文件的基本权限是什么?

- 可使用的命令: 例如 nano 或未来要介绍的 vi 编辑器等;
- 目录所需权限: 用户在该文件所在的目录至少要有 x 权限;
- 文件所需权限: 用户对该文件至少要有 r、w 权限

四、让一个用户可以建立一个文件的基本权限是什么?
- 目录所需权限:**用户在该目录要具有 w、x 的权限,重点在 w**;

五、让用户进入某目录并执行该目录下的某个命令之基本权限是什么?
- 目录所需权限:用户在该目录至少要有 x 的权限;
- 文件所需权限:用户在该文件至少需要有 x 的权限;

例题

让一个用户 dmtsai 能够进行【cp /dir1/file1 /dir2】的命令时,请说明 dir1、file1、dir2 的最小所需要的权限是什么?

答:执行 cp 时,dmtsai 要能够读取源文件,并且写入目标文件,所以应参考上述第二点与第四点的说明。因此各文件或目录的最小权限应该是:
- dir1:至少需要有 x 权限;
- file1:至少需要有 r 权限;
- dir2:至少需要有 w、x 权限;

例题

有一个文件全名为 /home/student/www/index.html,各相关文件/目录的权限如下:

```
drwxr-xr-x 23 root    root    4096 Sep 22 12:09 /
drwxr-xr-x  6 root    root    4096 Sep 29 02:21 /home
drwx------  6 student student 4096 Sep 29 02:23 /home/student
drwxr-xr-x  6 student student 4096 Sep 29 02:24 /home/student/www
-rwxr--r--  6 student student  369 Sep 29 02:27 /home/student/www/index.html
```

请问 vbird 这个账号(不属于 student 用户组)能否读取 index.html 这个文件?

答:虽然 www 与 index.html 是有让 vbird 读取的权限,但是因为目录结构是由根目录一层一层读取的,因此 vbird 可进入/home 但是却不可进入/home/student/,既然连进入 /home/student 都不可以,当然就读不到 index.html 了,所以答案是 vbird 不会读取到 index.html 的内容。

那要如何修改权限?其实只要将 /home/student 的权限修改为最小 711,或直接给予 755 就可以。这可是很重要的概念。

6.7　重点回顾

- 绝对路径:一定由根目录/写起;相对路径:不由/写起,而是由相对当前目录写起;
- 特殊目录有:.、..、-、~、~account 需要注意;
- 与目录相关的命令有:cd、mkdir、rmdir、pwd 等重要命令;
- rmdir 仅能删除空目录,要删除非空目录需使用【rm –r】命令;
- 用户能使用的命令是依据 PATH 变量所规定的目录去查找的;
- ls 可以查看文件的属性,尤其-d、-a、-l 等选项特别重要;
- 文件的复制、删除、移动可以分别使用:cp、rm、mv 等命令来操作;
- 检查文件的内容(读文件)可使用的命令包括有:cat、tac、nl、more、less、head、tail、od 等;
- cat -n 与 nl 均可显示行号,但默认的情况下,空白行会不会编号并不相同;
- touch 的目的在修改文件的时间参数,但亦可用来建立空文件;

- 一个文件记录的时间参数有三种，分别是读取时间（access time，atime）、状态时间（status time，ctime）、修改时间（modification time，mtime），ls 默认显示的是 mtime；
- 除了传统的 rwx 权限之外，在 ext2、ext3、ext4、xfs 文件系统中，还可以使用 chattr 与 lsattr 设置及观察隐藏属性，常见的有只能新增数据的 +a 与完全不能修改文件的 +i 属性；
- 新建文件/目录时，新文件的默认权限使用 umask 来规范，默认目录的完全权限为 drwxrwxrwx，文件则为 -rw-rw-rw-；
- 文件具有 SUID 的特殊权限时，代表当用户执行此二进制程序时，在执行过程中用户会暂时具有程序拥有者的权限；
- 目录具有 SGID 的特殊权限时，代表用户在这个目录下面新建的文件的用户组都会与该目录的组名相同；
- 目录具有 SBIT 的特殊权限时，代表在该目录下用户建立的文件只有自己与 root 能够删除；
- 观察文件的类型可以使用 file 命令来观察；
- 查找命令的完整文件名可用 which 或 type，这两个命令都是通过 PATH 变量来查找文件名；
- 查找文件的完整文件名可以使用 whereis 找特定目录或 locate 到数据库去查找，而不实际查找文件系统；
- 利用 find 可以加入许多选项来直接查询文件系统，以获得自己想要知道的文件。

6.8　本章习题

情境模拟题

假设系统中有两个账号，分别是 alex 与 arod，这两个人除了自己用户组之外还共同支持一个名为 project 的用户组。假设这两个用户需要共同拥有 /srv/ahome/ 目录的使用权，且该目录不许其他人进入查看。请问该目录的权限设置应是什么？请先以传统权限说明，再以 SGID 的功能说明。

- 目标：了解到为何项目开发时，目录最好需要设置 SGID 的权限；
- 前提：多个账号支持同一用户组，且共同拥有目录的使用权；
- 需求：需要使用 root 的身份来进行 chmod、chgrp 等帮用户设置好它们的开发环境才行，这也是管理员的重要任务之一。

首先我们得要先制作出这两个账号的相关数据，账号和用户组的管理在后续我们会介绍，您这里先照着下面的命令来制作即可：

```
[root@study ~]# groupadd project          <==增加新的用户组。
[root@study ~]# useradd -G project alex <==建立 alex 账号，且支持 project。
[root@study ~]# useradd -G project arod <==建立 arod 账号，且支持 project。
[root@study ~]# id alex                    <==查看 alex 账号的属性。
uid=1001(alex) gid=1002(alex) groups=1002(alex),1001(project) <==确实有支持。
[root@study ~]# id arod
uid=1002(arod) gid=1003(arod) groups=1003(arod),1001(project) <==确实有支持。
```

然后开始来解决我们所需要的环境。

1. 首先建立所需要开发的项目目录：

```
[root@study ~]# mkdir /srv/ahome
[root@study ~]# ll -d /srv/ahome
drwxr-xr-x. 2 root root 6 Jun 17 00:22 /srv/ahome
```

2. 从上面的输出结果可发现 alex 与 arod 都不能在该目录内建立文件，因此需要进行权限与属性的修改。由于其他人均不可进入此目录，因此该目录的用户组应为 project，权限应为 770 才合理。

```
[root@study ~]# chgrp project /srv/ahome
[root@study ~]# chmod 770 /srv/ahome
[root@study ~]# ll -d /srv/ahome
```

```
drwxrwx---. 2 root project 6 Jun 17 00:22 /srv/ahome
# 从上面的权限结果来看，由于 alex/arod 均支持 project，因此似乎没问题。
```

3. 实际分别以两个用户来测试看看，情况会是如何呢？先用 alex 建立文件，然后用 arod 去处理看看。

```
[root@study ~]# su - alex          <==先切换身份成为 alex 来处理。
[alex@www ~]$ cd /srv/ahome        <==切换到用户组的工作目录去。
[alex@www ahome]$ touch abcd       <==建立一个空文件出来。
[alex@www ahome]$ exit             <==退出 alex 用户。
[root@study ~]# su - arod
[arod@www ~]$ cd /srv/ahome
[arod@www ahome]$ ll abcd
-rw-rw-r--. 1 alex alex 0 Jun 17 00:23 abcd
# 仔细看一下上面的文件，由于用户组是 alex、arod 并不支持。
# 因此对于 abcd 这个文件来说，arod 应该只是其他人，只有 r 的权限而已。
[arod@www ahome]$ exit
```

由上面的结果我们可以知道，若单纯使用传统的 rwx 而已，则对刚刚 alex 建立的 abcd 这个文件来说，arod 可以删除它，但是却不能编辑它，这不是我们要的样子，赶紧来重新规划一下。

4. 加入 SGID 的权限在里面，并进行测试看看：

```
[root@study ~]# chmod 2770 /srv/ahome
[root@study ~]# ll -d /srv/ahome
drwxrwxs---. 2 root project 17 Jun 17 00:23 /srv/ahome
测试：使用 alex 去建立一个文件，并且查看文件权限看看。
[root@study ~]# su - alex
[alex@www ~]$ cd /srv/ahome
[alex@www ahome]$ touch 1234
[alex@www ahome]$ ll 1234
-rw-rw-r--. 1 alex project 0 Jun 17 00:25 1234
# 没错，这才是我们要的样子。现在 alex、arod 建立的新文件所属用户组都是 project，
# 由于两人均属于此用户组，加上 umask 都是 002，这样两人才可以互相修改对方的文件。
```

所以最终的结果显示，此目录的权限最好是【2770】，所属文件拥有者属于 root 即可，至于用户组必须要为两人都支持的 project 这个用户组才行。

简答题部分

- 什么是绝对路径与相对路径。
- 如何更改一个目录的名称？例如由 /home/test 变为 /home/test2。
- PATH 这个环境变量的意义？
- umask 有什么用处与优点？
- 当一个用户的 umask 分别为 033 与 044，它所建立的文件与目录的权限是什么？
- 什么是 SUID？
- 当我要查询 /usr/bin/passwd 这个文件的一些属性时（1）传统权限；（2）文件类型与（3）文件的隐藏属性，可以使用什么命令来查询？
- 尝试用 find 找出目前 Linux 系统中，所有具有 SUID 的文件有哪些？
- 找出/etc 下面，文件大小介于 50KB 到 60KB 之间的文件，并且将权限完整的列出（ls -l）。
- 找出/etc 下面，文件容量大于 50KB 且文件所属人不是 root 的文件名，且将权限完整的列出（ls -l）。
- 找出/etc 下面，容量大于 1500KB 以及容量等于 0 的文件。

6.9　参考资料与扩展阅读

- 有关 SUID 与 SGID 可参考如下链接内容。
  https://linux.cn/thread-15181-1-1.html

第 7 章　Linux 磁盘与文件系统管理

　　系统管理员很重要的任务之一就是管理好自己的磁盘文件系统，每个分区不可太大也不能太小，太大会造成磁盘容量的浪费，太小则会产生文件无法存储的困扰。此外，我们在前面几章谈到的文件权限与属性中，这些权限与属性分别记录在文件系统的哪个区块内？这就要谈到文件系统中的 inode 与数据区块（block）了。同时，为了虚拟化与大容量磁盘，现在的 CentOS 7 默认使用大容量时性能较佳的 xfs 作为默认文件系统，这也得了解一下。在本章我们的重点在于如何创建文件系统，包括分区、格式化与挂载等，是很重要的一个章节。

7.1　认识 Linux 文件系统

Linux 最传统的磁盘文件系统（filesystem）使用的是 ext2，所以要了解 Linux 的文件系统就得要由认识 ext2 开始。而文件系统是建立在磁盘上面的，因此我们得了解磁盘的物理组成才行。磁盘物理组成的部分我们在第 0 章谈过了，至于磁盘分区则在第 2 章谈过，所以下面只会很快地复习这两部分，重点在于 inode、数据区块（block）还有超级区块（superblock）等文件系统的基本部分。

7.1.1　磁盘组成与分区的复习

由于各项磁盘的物理组成我们在第 0 章里面就介绍过，同时第 2 章也谈过分区的概念，所以这个小节我们就拿之前的重点出来介绍，详细的信息请您回去那两章自行复习。好了，首先说明一下磁盘的物理组成，整块磁盘的组成主要有：

- 圆形的碟片（主要记录数据的部分）；
- 机械手臂，与在机械手臂上的磁头（可擦写碟片上的数据）；
- 主轴马达，可以转动碟片，让机械手臂的磁头在碟片上读写数据；

从上面我们知道数据存储与读取的重点在于碟片，而碟片上的物理组成则为（假设此磁盘为单盘片，碟片图例请参考第 2 章图 2.2.1 所示内容）：

- 扇区（Sector）为最小的物理存储单位，且依据磁盘设计的不同，目前主要有 512B 与 4KB 两种格式；
- 将扇区组成一个圆，那就是柱面（Cylinder）；
- 早期的分区主要以柱面为最小分区单位，现在的分区通常使用扇区为最小分区单位（每个扇区都有其号码，就好像座位一样）；
- 磁盘分区表主要有两种格式，一种是限制较多的 MBR 分区表，一种是较新且限制较少的 GPT 分区表；
- MBR 分区表中，第一个扇区最重要，里面有：主引导记录（Master boot record，MBR）及分区表（partition table），其中 MBR 占有 446B，而分区表则占有 64B；
- GPT 分区表除了分区数量扩充较多之外，支持的磁盘容量也可以超过 2TB；

至于磁盘的文件名部分，基本上，所有物理磁盘的文件名都已经被模拟成/dev/sd[a-p]的格式，第一块磁盘文件名为/dev/sda，而分区的文件名若以第一块磁盘为例，则为/dev/sda[1-128]。除了物理磁盘之外，虚拟机的磁盘通常为/dev/vd[a-p]的格式。若有使用到软件磁盘阵列的话，那还有/dev/md[0-128]的磁盘文件名，使用 LVM 时，文件名则为/dev/VGNAME/LVNAME 等格式。关于软件磁盘阵列与 LVM 我们会在后面继续介绍，这里主要介绍的以物理磁盘及虚拟磁盘为主。

- /dev/sd[a-p][1-128]：为物理磁盘的文件名；
- /dev/vd[a-d][1-128]：为虚拟磁盘的文件名；

复习完物理组成后，来复习一下磁盘分区吧！如前所述，以前磁盘分区最小单位经常是柱面，但 CentOS 7 的分区软件，已经将最小单位改成了扇区，所以分区容量的大小可以划分的更细，此外，由于新的大容量磁盘大多要使用 GPT 分区表才能够使用全部的容量，因此过去那个 MBR 的传统磁盘分区表限制就不会存在了，不过，由于还是有小磁盘。因此，你在处理分区的时候，还是得要先查询一下，你的分区是 MBR 分区表，还是 GPT 的分区表。在第 3 章的 CentOS 7 安装中，鸟哥建议强制使用 GPT 分区表。所以本章后续的操作，大多还是以 GPT 为主来介绍，旧的 MBR 相关限制可以去看第 2 章。

7.1.2　文件系统特性

我们都知道磁盘分区完毕后还需要进行格式化（format），之后操作系统才能够使用这个文件系统。为什么需要进行格式化？这是因为每种操作系统所设置的文件属性/权限并不相同，为了存放这些文件所需的数据，因此就需要将分区进行格式化，以成为操作系统能够利用的文件系统格式（filesystem）。

由此我们也能够知道，每种操作系统能够使用的文件系统并不相同。举例来说，Windows 98 以前的微软操作系统主要使用的文件系统是 FAT（或 FAT16），Windows 2000 以后的版本有所谓的 NTFS 文件系统，至于 Linux 的正统文件系统则为 ext2（Linux second Extended file system，ext2fs）。此外，在默认的情况下，Windows 操作系统不支持 Linux 的 ext2 文件系统。

传统的磁盘与文件系统应用中，一个分区就只能够被格式化成为一个文件系统，所以我们可以说一个文件系统就是一个硬盘分区。但是由于新技术的利用，例如我们常听到的 LVM 与软件磁盘阵列（software raid），这些技术可以将一个分区格式化为多个文件系统（例如 LVM），也能够将多个分区合成一个文件系统（LVM，RAID）。所以说，目前我们在格式化时已经不再说成针对硬盘分区来格式化了，通常我们可以称呼**一个可被挂载的数据为一个文件系统而不是一个分区**。

那么文件系统是如何运行的呢？这与操作系统的文件有关。较新的操作系统的文件除了文件实际内容外，通常含有非常多的属性，例如 Linux 操作系统的文件权限（rwx）与文件属性（拥有者、用户组、时间参数等）。**文件系统通常会将这两部分的数据分别存放在不同的区块，权限与属性放置到 inode 中，至于实际数据则放置到数据区块中**。另外，还有一个超级区块（superblock）会记录整个文件系统的整体信息，包括 inode 与数据区块的总量、使用量、剩余量等。

每个 inode 与区块都有编号，至于这三个数据的意义可以简略说明如下：
- **超级区块**：记录此文件系统的整体信息，包括 inode 与数据区块的总量、使用量、剩余量，以及文件系统的格式与相关信息等；
- **inode**：记录文件的属性，一个文件占用一个 inode，同时记录此文件的数据所在的区块号码；
- **数据区块**：实际记录文件的内容，若文件太大时，会占用多个区块。

由于每个 inode 与数据区块都有编号，而每个文件都会占用一个 inode，inode 内则有文件数据放置的区块号码。因此，我们可以知道的是，如果能够找到文件的 inode 的话，那么自然就会知道这个文件所放置数据的区块号码，当然也就能够读出该文件的实际数据了。这是个比较有效率的做法，因为如此一来我们的磁盘就能够在短时间内读取出全部的数据，读写的性能比较好。

我们将 inode 与数据区块用图解来说明一下，如图 7.1.1 所示，文件系统先格式化出 inode 与数据区块，假设某一个文件的属性与权限数据是放置到 inode 4 号（下图较小方格内），而这个 inode 记录了文件数据的实际放置点为 2、7、13、15 这 4 个区块号码，此时我们的操作系统就能够据此来排列磁盘的读取顺序，可以一口气将四个区块内容读出来，那么数据的读取就如同下图中的箭头所指定的模样。

这种数据存取的方法我们称为**索引式文件系统**（indexed allocation）。那有没有其他的常用文件系统可以比较一下？有的，那就是我们常用的 U 盘，U 盘使用的文件系统一般为 FAT 格式。FAT 这种格式的文件系统并没有 inode 存在，所以 FAT 没有办法将这个文件的所有区块在一开始就读取出来。每个区块号码都记录在前一个区块当中，它的读取方式有点像下面这样：

上图中我们假设文件的数据依序写入 1->7->4->15 号这 4 个区块号码中，但这个文件系统没有办法一口气就知道四个区块的号码，它要一个一个地将区块读出后，才会知道下一个区块在何处。如果同一个文件数据写入的区块太分散，则我们的磁头将无法在磁盘转一圈就读到所有的数据，因此磁盘就会多转好几圈才能完整地读取到这个文件的内容。

常常会听到所谓的碎片整理吧？需要碎片整理的原因就是文件写入的区块太过于离散，此时文件读取的性能将会变得很差所致。这个时候可以通过碎片整理将同一个文件所属的区块集合在一起，这样数据的读取会比较容易。因此，FAT 的文件系统需要不时地碎片整理一下，那么 ext2 是否需要磁盘整理呢？

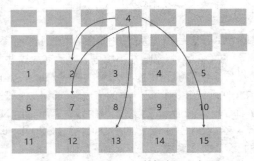

图 7.1.1　inode/block 数据存取示意图

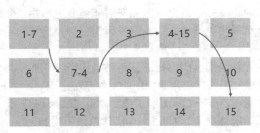

图 7.1.2　FAT 文件系统数据存取示意图

　　由于 ext2 是索引式文件系统，基本上不太需要进行碎片整理。但是如果文件系统使用太久，常常删除、编辑、新增文件时，那么还是可能会造成文件数据太过于离散的问题，此时或许会需要进行整理一下。不过，老实说，鸟哥倒是没有在 Linux 操作系统上面进行过 ext2 或 ext3 文件系统的碎片整理，似乎不太需要。

7.1.3　Linux 的 ext2 文件系统（inode）

　　在第 5 章当中我们介绍过 Linux 的文件除了原有的数据内容外，还含有非常多的权限与属性，这些权限与属性是为了保护每个用户所拥有数据的隐密性，而前一小节我们知道文件系统里面可能含有的 inode、数据区块、超级区块等。为什么要谈这个？因为标准的 ext2 就是使用这种 inode 为基础的 Linux 文件系统。

　　而如同前一小节所说，inode 的内容在记录文件的权限与相关属性，至于数据区块则是在记录文件的实际内容。而且**文件系统一开始就将 inode 与数据区块规划好了**，除非重新格式化（或利用 resize2fs 等命令修改其大小），否则 inode 与数据区块固定后就不再变动。但是如果仔细考虑一下，如果我的文件系统高达数百 GB 时，那么将所有的 inode 与数据区块通通放置在一起将是很不明智的决定，因为 inode 与数据区块的数量太庞大，不容易管理。

　　因此，ext2 文件系统格式化的时候基本上是区分为多个区块群组（block group），每个区块群组都有独立的 inode、数据区块、超级区块系统。感觉上就好像我们在当兵时，一个营分成数个连，每个连有自己的联络系统，但最终都向营部汇报信息一样，这样分成一群群的比较好管理。整个来说，ext2 格式化后有点像下面这样：

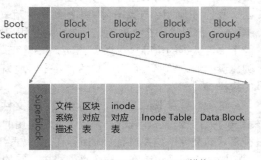

图 7.1.3　ext2 文件系统示意图[注1]

　　在整体的规划当中，文件系统最前面有一个启动扇区（boot sector），这个启动扇区可以安装启动引导程序，这是个非常重要的设计，因为如此一来我们就能够将不同的启动引导程序安装到别的文件系统最前端，而不用覆盖整块磁盘唯一的 MBR，这样也才能够制作出多重引导的环境。至于每一个区块群组（block group）的六个主要内容如下：

◆　数据区块（data block）

　　数据区块是用来放置文件数据地方，在 ext2 文件系统中所支持的区块大小有 1K、2K 及 4K 三种。在格式化时区块的大小就固定了，且每个区块都有编号，以方便 inode 的记录。不过要注意的是，区块大小的差异，会导致该文件系统能够支持的最大磁盘容量与最大单一文件容量并不相同，因为区块大小而产生的 ext2 文件系统限制如下[注2]：

Block 大小	1KB	2KB	4KB
最大单一文件限制	16GB	256GB	2TB
最大文件系统总容量	2TB	8TB	16TB

你需要注意的是，虽然 ext2 已经能够支持大于 2GB 以上的单一文件容量，不过某些应用程序依然使用旧的限制，也就是说，某些程序只能够识别小于 2GB 以下的文件而已，这就跟文件系统无关了。举例来说，鸟哥在环境工程方面的应用中有一个图片编辑软件称为 PAVE，这个软件就无法识别鸟哥在数值模型仿真后产生的大于 2GB 以上的文件，所以后来只能找更新的软件来替换它。

除此之外 ext2 文件系统的区块还有什么限制？有的，基本限制如下：

- 原则上，区块的大小与数量在格式化完就不能够再修改（除非重新格式化）；
- 每个区块内最多只能够放置一个文件的数据；
- 承上，如果文件大于区块的大小，则一个文件会占用多个区块数量；
- 承上，若文件小于区块，则该区块的剩余容量就不能够再被使用了（磁盘空间会浪费）。

如上第四点所说，由于每个区块仅能容纳一个文件的数据，因此如果你的文件都非常小，但是你的区块在格式化时却使用 4K 大小时，可能会产生一些空间的浪费。我们以下面的一个简单例题来算一下空间的浪费吧！

例题

假设你的 ext2 文件系统使用 4K 区块，而该文件系统中有 10000 个小文件，每个文件大小均为 50B，请问此时你的磁盘浪费多少容量？

答：由于 ext2 文件系统中一个区块仅能容纳一个文件，因此每个区块会浪费【4096 － 50 = 4046（字节）】，系统中总共有一万个小文件，所有文件容量为：50（B）x 10000 = 488.3KB，但此时浪费的容量为：【4046（B）x 10000 = 38.6MB】。想一想，不到 1MB 的总文件容量却浪费将近 40MB 的空间，且文件越多将造成越多的磁盘空间浪费。

什么情况会产生上述的状况？例如 BBS 网站的数据。如果 BBS 上面的数据使用的是纯文本文件来记录每篇留言，而留言内容如果都写上【如题】时，想一想，是否就会产生很多小文件？

好，既然大的区块可能会产生较严重的磁盘容量浪费，那么我们是否就将区块大小设置为 1K 即可？这也不妥，因为如果区块较小的话，那么大型文件将会占用数量更多的区块，而 inode 也要记录更多的区块号码，此时将可能造成文件系统读写性能不佳。

所以我们可以说，在您进行文件系统的格式化之前，请先想好该文件系统预计使用的情况。以鸟哥来说，我的数值模型仿真平台随便一个文件都好几百 MB，那么区块容量当然选择较大的，至少文件系统就不必记录太多的区块号码，读写起来也比较方便。

 事实上，现在的磁盘容量都太大了，所以，大概大家都只会选择 4K 的区块大小吧，呵呵。

- inode table（inode 表）

再来讨论一下 inode 这个玩意儿吧！如前所述 inode 的内容在记录文件的属性以及该文件实际数据是放置在哪几个区块内，基本上，inode 记录的数据至少有下面这些：[注3]

- 该文件的读写属性（read、write、excute）；
- 该文件的拥有者与用户组（owner、group）；
- 该文件的大小；
- 该文件建立或状态改变的时间（ctime）；

- 最近一次的读取时间（atime）；
- 最近修改的时间（mtime）；
- 定义文件特性的标识（flag），如 SetUID；
- 该文件真正内容的指向（pointer）；

inode 的数量与大小也是在格式化时就已经固定了，除此之外 inode 还有些什么特色？

- 每个 inode 大小均固定为 128B（新的 ext4 与 xfs 可设置到 256B）；
- 每个文件都仅会占用一个 inode 而已；
- 承上，因此文件系统能够建立的文件数量与 inode 的数量有关；
- 系统读取文件时需要先找到 inode，并分析 inode 所记录的权限与用户是否符合，若符合才能够读取区块的内容。

我们约略来分析一下 ext2 的 inode、数据区块与文件大小的关系。inode 要记录的数据非常多，但偏偏又只有 128B 而已，而 inode 记录一个数据区块要使用 4B，假设一个文件有 400MB 且每个区块为 4K 时，那么至少也要十万个区块的记录。inode 哪有这么多可记录的信息？为此我们的系统很聪明地将 inode 记录区块号码的区域定义为 12 个直接、一个间接、一个双间接与一个三间接记录区。这是什么？我们将 inode 的结构图绘制出来看一下。

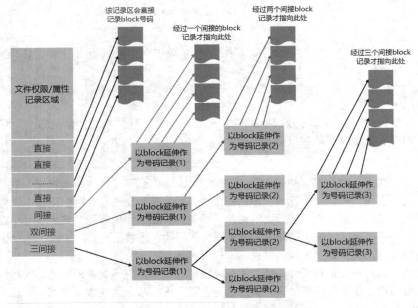

图 7.1.4　inode 结构示意图

上图最左边为 inode 本身（128B），里面有 12 个直接指向区块号码的对照，这 12 条记录就能够直接取得区块号码。至于所谓的间接就是**再拿一个区块来当作记录区块号码的记录区，如果文件太大，就会使用间接的区块来记录编号**。如图 7.1.4 所示，间接只是拿一个区块来记录额外的号码而已。同理，如果文件持续变大，那么就会利用所谓的双间接，第一个区块仅再指出下一个记录编号的区块在那里，实际记录的在第二个区块当中。依此类推，三间接就是利用第三层区块来记录编号。

这样子 inode 能够指定多少个区块？我们以较小的 1K 区块来说明，可以指定的情况如下：

- 12 个直接指向：12×1K=12K

由于是直接指向，所以总共可记录 12 条记录，因此总额大小为如上所示；

- 间接：256×1K=256K

每条区块号码的记录会使用 4B，因此 1K 的大小能够记录 256 条记录，因此一个间接可以记录的文件大小如上；

- 双间接：$256×256×1K=256^2K$

第一层区块会指定 256 个第二层，每个第二层可以指定 256 个号码，因此总额大小如上；

- 三间接：$256×256×256×1K=256^3K$

第一层区块会指定 256 个第二层，每个第二层可以指定 256 个第三层，每个第三层可以指定 256 个号码，因此总额大小如上；

- 总额：将直接、间接、双间接、三间接相加，得到 12 + 256 + 256×256 + 256×256×256 （K） = 16GB；

此时我们知道当文件系统将区块格式化为 1K 大小时，能够容纳的最大文件为 16GB，比较一下文件系统限制表的结果可发现是一致的。但这个方法不能用在 2K 及 4K 区块大小的计算中，因为大于 2K 的区块将会受到 ext2 文件系统本身的限制，所以计算的结果会不太符合。

> 如果你的 Linux 依旧使用 ext2、ext3、ext4 文件系统的话，例如鸟哥之前的 CentOS 6.x 系统，那么默认还是使用 ext4 文件系统。ext4 文件系统的 inode 容量已经可以扩大到 256B，更大的 inode 容量，可以记录更多的文件系统信息，包括新的 ACL 以及 SELinux 类型等，当然，可以记录的单一文件达 16TB 且单一文件系统总大小可达 1EB。

◆　Superblock（超级区块）

超级区块是记录整个文件系统相关信息的地方，没有超级区块，就没有这个文件系统，它记录的信息主要有：

- 数据区块与 inode 的总量；
- 未使用与已使用的 inode 与数据区块 数量；
- 数据区块与 inode 的大小（block 为 1、2、4K，inode 为 128B 或 256B）；
- 文件系统的挂载时间、最近一次写入数据的时间、最近一次检验磁盘（fsck）的时间等文件系统的相关信息；
- 一个有效位数值，若此文件系统已被挂载，则有效位为 0，若未被挂载，则有效位为 1；

超级区块非常的重要，因为我们这个文件系统的基本信息都存储在这里，因此，如果超级区块损坏，你的文件系统可能就需要花费很多时间去恢复。一般来说，超级区块的大小为 1024B。相关的超级区块信息，我们等一下会使用 dumpe2fs 命令做说明。

此外，每个区块群组（block group）都可能含有超级区块。但是我们也说一个文件系统应该仅有一个超级区块而已，那是怎么回事？事实上除了第一个区块群组内会含有超级区块之外，后续的区块群组不一定含有超级区块，而若含有超级区块则该超级区块主要是做为第一个区块群组内超级区块的备份，这样可以进行超级区块的恢复。

◆　Filesystem Description（文件系统描述说明）

这个区段可以描述每个区块群组的开始与结束的区块，以及说明每个区段（超级区块、对照表、inode 对照表、数据区块）分别介于哪一个区块之间，这部分也能够用 dumpe2fs 来观察。

◆　区块对照表（block bitmap）

新增文件时总会用到区块，那你要使用哪个区块来记录？当然是选择空区块来记录新文件的数据。那你怎么知道哪个区块是空的呢？这就要通过区块对照表的辅助了。从区块对照表当中可以知道哪些区块是空的，因此我们的系统就能够很快速地找到可使用的空间来处理文件。

同样，如果你删除某些文件时，那么那些文件原本占用的区块号码就要释放出来，此时在区块对照表当中对应到该区块号码的标志就要修改成为【未使用中】，这就是对照表的功能。

◆　inode 对照表（inode bitmap）

这个其实与区块对照表的功能类似，只是区块对照表记录的是使用与未使用的区块号码，inode

对照表则是记录使用与未使用的 inode 号码。

◆ dumpe2fs：查询 ext 系列超级区块信息的命令

了解了文件系统的概念之后，再来当然是观察这个文件系统。刚刚谈到的各部分数据都与区块号码有关。每个区段与超级区块的信息都可以使用 dumpe2fs 这个命令来查询。不过很可惜的是，我们的 CentOS 7 现在是以 xfs 为默认文件系统，所以目前你的系统应该无法使用 dumpe2fs 去查询任何文件系统。没关系，鸟哥先找自己的一台机器来跟大家介绍，你可以在后续的格式化内容讲完之后，自己划分一个 ext4 的文件系统去查询看看即可。鸟哥这个文件系统是 1GB 的容量，使用默认方式来进行格式化，观察的内容如下：

```
[root@study ~]# dumpe2fs [-bh] 设备文件名
选项与参数:
-b : 列出保留为坏道的部分（一般用不到）。
-h : 仅列出 superblock 的数据，不会列出其他的区段内容。
范例：鸟哥的一块 1GB ext4 文件系统内容。
[root@study ~]# blkid    <==这个命令可以显示出目前系统被格式化的设备。
/dev/vda1: LABEL="myboot" UUID="ce4dbf1b-2b3d-4973-8234-73768e8fd659" TYPE="xfs"
/dev/vda2: LABEL="myroot" UUID="21ad8b9a-aaad-443c-b732-4e2522e95e23" TYPE="xfs"
/dev/vda3: UUID="12y99K-bv2A-y7RY-jhEW-rIWf-PcH5-SaiApN" TYPE="LVM2_member"
/dev/vda5: UUID="e20d65d9-20d4-472f-9f91-cdcfb30219d6" TYPE="ext4"   <==看到 ext4 了。
[root@study ~]# dumpe2fs /dev/vda5
dumpe2fs 1.42.9 (28-Dec-2013)
Filesystem volume name:    <none>              # 文件系统的名称（不一定会有）。
Last mounted on:           <not available>     # 上一次挂载的目录位置。
Filesystem UUID:           e20d65d9-20d4-472f-9f91-cdcfb30219d6
Filesystem magic number:   0xEF53              # 上方的 UUID 为 Linux 对设备的定义码。
Filesystem revision #:     1 (dynamic)         # 下方的 features 为文件系统的特征数据。
Filesystem features:       has_journal ext_attr resize_inode dir_index filetype extent 64bit
 flex_bg sparse_super large_file huge_file uninit_bg dir_nlink extra_isize
Filesystem flags:          signed_directory_hash
Default mount options:     user_xattr acl    # 默认在挂载时会主动加上的挂载参数。
Filesystem state:          clean               # 这块文件系统的状态是什么，clean 是没问题。
Errors behavior:           Continue
Filesystem OS type:        Linux
Inode count:               65536               # inode 的总数。
Block count:               262144              # 区块的总数。
Reserved block count:      13107               # 保留的区块总数。
Free blocks:               249189              # 还有多少的区块可用数量。
Free inodes:               65525               # 还有多少的 inode 可用数量。
First block:               0
Block size:                4096                # 单个区块的大小。
Fragment size:             4096
Group descriptor size:     64
……（中间省略）……
Inode size:                256                 # inode 的容量大小，已经是 256 了。
……（中间省略）……
Journal inode:             8
Default directory hash:    half_md4
Directory Hash Seed:       3c2568b4-1a7e-44cf-95a2-c8867fb19fbc
Journal backup:            inode blocks
Journal features:          (none)
Journal size:              32M                 # Journal 日志的可供存储大小。
Journal length:            8192
Journal sequence:          0x00000001
Journal start:             0
Group 0: (Blocks 0-32767)                     # 第一块区块群组位置。
  Checksum 0x13be, unused inodes 8181
  Primary superblock at 0, Group descriptors at 1-1   # 主要超级区块的所在。
  Reserved GDT blocks at 2-128
  Block bitmap at 129 (+129), Inode bitmap at 145 (+145)
  Inode table at 161-672 (+161)                        # inode table 的所在。
```

```
  28521 free blocks, 8181 free inodes, 2 directories, 8181 unused inodes
  Free blocks: 142-144, 153-160, 4258-32767          # 下面两行说明剩余的容量有多少。
  Free inodes: 12-8192
Group 1: (Blocks 32768-65535) [INODE_UNINIT]         # 后续为更多其他的区块群组。
……（下面省略）……
# 由于数据量非常的庞大，因此鸟哥将一些信息省略输出了，上表与你的输出会有点差异。
# 前半部在显示超级区块的内容，包括卷标 Label）以及 inode 与区块的相关信息
# 后面则是每个区块群组的信息了，您可以看到各区段数据所在的号码。
# 也就是说，基本上所有的数据还是与区块的号码有关，很重要。
```

如上所示，利用 dumpe2fs 可以查询到非常多的信息，不过依内容主要可以划分为上半部分的超级区块内容，下半部分则是每个区块群组的信息。从上面的表格中我们可以观察到鸟哥这个 /dev/vda5 使用的区块为 4K，第一个区块号码为 0 号，且区块群组内的所有信息都以区块的号码来表示，然后在超级区块中还有谈到目前这个文件系统的可用区块与 inode 数量。

至于区块群组的内容我们单纯看 Group0 信息好了，从上表中我们可以发现：

- Group0 所占用的区块号码由 0 到 32767，超级区块则在第 0 号的区块区块内；
- 文件系统描述说明在第 1 号区块中；
- 区块对照表与 inode 对照表 则在 129 及 145 的区块中；
- 至于 inode table 分布于 161-672 的区块中；
- 由于（1）一个 inode 占用 256 字节，（2）总共有 672 − 161 + 1（161 本身） = 512 个区块，（3）每个区块的大小为 4096 字节（4K）。由这些数据可以算出 inode 的数量共有 512 * 4096 / 256 = 8192 个 inode；
- 这个 Group0 目前可用的区块有 28521 个，可用的 inode 有 8181 个；
- 剩余的 inode 号码为 12 到 8192；

如果你对文件系统的详细信息还有更多想要了解的话，那么请参考本章最后一小节的介绍，否则文件系统看到这里对于基础认知您应该是已经相当足够了。下面则是要探讨一下，那么这个文件系统概念与实际的目录树应用有啥关联呢？

7.1.4　与目录树的关系

由前一小节的介绍我们知道在 Linux 系统下，每个文件（不管是一般文件还是目录文件）都会占用一个 inode，且可依据文件内容的大小来分配多个区块给该文件使用。而由第 5 章的权限说明中我们知道目录的内容在记录文件名，一般文件才是实际记录数据内容的地方。那么目录与文件在文件系统当中是如何记录数据的呢？基本上可以这样说：

◆　目录

当我们在 Linux 下的文件系统建立一个目录时，**文件系统会分配一个 inode 与至少一块区块给该目录**。其中，inode 记录该目录的相关权限与属性，并可记录分配到的那块区块号码，而区块则是记录在这个目录下的文件名与该文件名占用的 inode 号码数据，也就是说目录所使用的区块记录如下的信息：

inode number	文件名
53735697 53745858	anaconda-ks.cfg initial-setup-ks.cfg ....

图 7.1.5　记录于目录所属的区块内的文件名与 inode 号码对应示意图

如果想要实际观察 root 根目录内的文件所占用的 inode 号码时，可以使用 ls -i 这个选项来处理：

```
[root@study ~]# ls -li
total 8
53735697 -rw-------. 1 root root 1816 May  4 17:57 anaconda-ks.cfg
53745858 -rw-r--r--. 1 root root 1864 May  4 18:01 initial-setup-ks.cfg
```

由于每个人所使用的计算机并不相同，系统安装时选择的项目与磁盘分区都不一样，因此你的环境不可能与我的 inode 号码一模一样，上表的左边所列出的 inode 仅是鸟哥的系统所显示的结果而已。

而由这个目录的区块结果我们现在就能够知道，当你使用【ll /】时，出现的目录几乎都是 1024 的倍数，为什么？因为每个区块的数量都是 1K、2K、4K，看一下鸟哥的环境：

```
[root@study ~]# ll -d / /boot /usr/sbin /proc /sys
dr-xr-xr-x.  17 root root  4096 May  4 17:56 /          <== 1 个 4K 区块。
dr-xr-xr-x.   4 root root  4096 May  4 17:59 /boot      <== 1 个 4K 区块。
dr-xr-xr-x. 155 root root     0 Jun 15 15:43 /proc      <== 这两个为内存中数据，不占磁盘容量。
dr-xr-xr-x.  13 root root     0 Jun 15 23:43 /sys
dr-xr-xr-x.   2 root root 16384 May  4 17:55 /usr/sbin  <== 4 个 4K 区块。
```

由于鸟哥的根目录使用的区块大小为 4K，因此每个目录几乎都是 4K 的倍数，其中由于 /usr/sbin 的内容比较复杂因此占用了 4 个区块。至于奇怪的 /proc 我们在第 5 章就讲过该目录不占磁盘容量，所以当然使用的区块就是 0。

> 由上面的结果我们知道目录并不只会占用一个区块而已，也就是说：在目录下面的文件数如果太多而导致一个区块无法记录得下所有的文件名与 inode 对照表时，Linux 会多给该目录一个区块来继续记录相关的数据。

◆ 文件

当我们在 Linux 下的 ext2 建立一个一般文件时，ext2 会分配一个 inode 与相对于该文件大小的区块数量给该文件。例如：假设我的一个区块为 4 KB，而我要建立一个 100 KB 的文件，那么 Linux 将分配一个 inode 与 25 个区块来存储该文件。但同时请注意，由于 inode 仅有 12 个直接指向，因此还要需要一个区块来记录区块号码。

◆ 目录树读取

好了，经过上面的说明你也应该要很清楚地知道 inode 本身并不记录文件名，文件名的记录是在目录的区块当中。因此在第 5 章文件与目录的权限说明中，我们才会提到新增、删除、修改文件名与目录的 w 权限有关的特点。那么因为文件名是记录在目录的区块当中，因此当我们要读取某个文件时，就务必会经过目录的 inode 与区块，然后才能够找到那个待读取文件的 inode 号码，最终才会读取到该文件的区块中的数据。

由于目录树是由根目录开始读起，因此系统通过挂载的信息可以找到挂载点的 inode 号码，此时就能够得到根目录的 inode 内容，并依据该 inode 读取根目录的区块内的文件名数据，再一层一层的往下读到正确的文件名。举例来说，如果我想要读取 /etc/passwd 这个文件时，系统是如何读取的呢？

```
[root@study ~]# ll -di / /etc /etc/passwd
     128 dr-xr-xr-x.  17 root root 4096 May  4 17:56 /
33595521 drwxr-xr-x. 131 root root 8192 Jun 17 00:20 /etc
36628004 -rw-r--r--.   1 root root 2092 Jun 17 00:20 /etc/passwd
```

在鸟哥的系统上面与 /etc/passwd 有关的目录与文件数据如上表所示，该文件的读取流程为（假设读取者身份为 dmtsai 这个一般身份用户）：

1. /的 inode：

通过挂载点的信息找到 inode 号码为 128 的根目录 inode，且 inode 规范的权限让我们可以读取该区块的内容（有 r 与 x）；

2. / 的区块：

经过上个步骤取得区块的号码，并找到该内容有 etc/目录的 inode 号码（33595521）；

3. etc/ 的 inode：

读取 33595521 号 inode 得知 dmtsai 具有 r 与 x 的权限，因此可以读取 etc/ 的区块内容；

4. etc/的区块：

经过上个步骤取得区块号码，并找到该内容有 passwd 文件的 inode 号码（36628004）；

5. passwd 的 inode：

读取 36628004 号 inode 得知 dmtsai 具有 r 的权限，因此可以读取 passwd 的区块内容；

6. passwd 的区块：

最后将该区块内容的数据读出来；

◆　文件系统大小与磁盘读取性能

另外，关于文件系统的使用效率，当你的一个文件系统规划得很大时，例如 100GB 这么大时，由于磁盘上面的数据总是来来去去的，所以，整个文件系统上面的文件通常无法连续写在一起（区块号码不会连续的意思），而是填入式地将数据写入没有被使用的区块当中。如果文件写入的区块真的很分散，此时就会有所谓的**文件数据离散**的问题发生了。

如前所述，虽然我们的 ext2 在 inode 处已经将该文件所记录的区块号码都记上了，所以数据可以一次性读取，但是如果文件真的太过离散，确实还是会发生读取效率下降的问题，因为磁头还是得要在整个文件系统中来来去去地频繁读取。果真如此，那么可以将整个文件系统内的数据全部复制出来，将该文件系统重新格式化，再将数据给它复制回去即可解决这个问题。

此外，如果文件系统真的太大，那么当一个文件分别记录在这个文件系统的最前面与最后面的区块号码中，此时会造成磁盘的机械手臂移动幅度过大，也会造成数据读取性能的下降。而且磁头在查找整个文件系统时，也会花费比较多的时间去查找。因此，磁盘分区的规划并不是越大越好，而是要针对您的主机用途来进行规划才行。

7.1.5　ext2/ext3/ext4 文件的存取与日志式文件系统的功能

上一小节谈到的仅是读取而已，那么如果是新建一个文件或目录时，我们的文件系统是如何处理的呢？这个时候就得要区块对照表及 inode 对照表的帮忙了。假设我们想要新增一个文件，此时文件系统的操作是：

1. 先确定用户对于欲新增文件的目录是否具有 w 与 x 的权限，若有的话才能新增；

2. 根据 inode 对照表找到没有使用的 inode 号码，并将新文件的权限/属性写入；

3. 根据区块对照表找到没有使用中的区块号码，并将实际的数据写入区块中，且更新 inode 的区块指向数据；

4. 将刚刚写入的 inode 与区块数据同步更新 inode 对照表与区块对照表，并更新超级区块的内容。

一般来说，我们将 inode 对照表与数据区块称为数据存放区域，至于其他例如超级区块、区块对照表与 inode 对照表等区段就被称为元数据（metadata），因为超级区块、inode 对照表及区块对照表的数据是经常变动的，每次新增、删除、编辑时都可能会影响到这三个部分的数据，因此才被称为元数据。

◆　数据的不一致（Inconsistent）状态

在一般正常的情况下，上述的新增操作当然可以顺利的完成。但是如果有个万一怎么办？例如你的文件在写入文件系统时，因为某些原因导致系统中断（例如突然的停电、系统内核发生错误等的怪事发生时），所以写入的数据仅有 inode 对照表及数据区块而已，最后一个同步更新元数据的步骤并没有完成，此时就会发生元数据的内容与实际数据存放区产生**不一致**（Inconsistent）的情况。

既然有不一致当然就得要解决。在早期的 ext2 文件系统中，如果发生这个问题，那么系统在重新启动的时候，就会借由超级区块当中记录的有效位（是否有挂载）与文件系统状态（正确卸载与否）等状态来判断是否强制进行数据一致性的检查，若有需要检查时则以 e2fsck 这个程序来进行。

不过，这样的检查真的是很费时，因为要针对元数据区域与实际数据存放区来进行比对，呵呵，得要查找整个文件系统，如果你的文件系统有 100GB 以上，而且里面的文件数量又多时，哇，系统真忙碌，而且在对提供网络服务的服务器主机上面，这样的检查真的会造成主机恢复时间的拉长，真是麻烦，这也就造成后来所谓日志式文件系统的兴起。

◆ 日志式文件系统（Journaling filesystem）

为了避免上述提到的文件系统不一致的情况发生，我们的前辈们想到一个方式，如果在我们的文件系统当中规划出一个区块，该区块专门记录写入或修改文件时的步骤，那不就可以简化一致性检查的步骤了？也就是说：

1. 预备：当系统要写入一个文件时，会先在日志记录区块中记录某个文件准备要写入的信息；
2. 实际写入：开始写入文件的权限与数据；开始更新 metadata 的数据；
3. 结束：完成数据与 metadata 的更新后，在日志记录区块当中完成该文件的记录；

在这样的程序当中，万一数据的记录过程当中发生了问题，那么我们的系统只要去检查日志记录区块，就可以知道哪个文件发生了问题，针对该问题来做一致性的检查即可，而不必针对整个文件系统进行检查，这样就可以达到快速修复文件系统的目的，这就是日志式文件最基础的功能。

那么我们的 ext2 可实现这样的功能吗？当然可以，使用 ext3 与 ext4 即可。ext3 与 ext4 是 ext2 的升级版本，并且可向下兼容 ext2 版本。所以，目前我们才建议大家，可以直接使用 ext4 这个文件系统，如果你还记得 dumpe2fs 输出的信息，可以发现超级区块里面含有下面这样的信息：

```
Journal inode:          8
Journal backup:         inode blocks
Journal features:        (none)
Journal size:           32M
Journal length:         8192
Journal sequence:        0x00000001
```

看到了吧！通过 inode 8 号记录日志区块的区块指向，而且该日志区块具有 32MB 的容量来记录日志信息。这样对于所谓的日志式文件系统有没有一点概念呢？

7.1.6　Linux 文件系统的运行

我们现在知道了目录树与文件系统的关系，但是由第 0 章的内容我们也知道，所有的数据要加载到内存后 CPU 才能够进行处理。想一想，如果你常常编辑一个好大的文件，在编辑的过程中又频繁地要系统来写入到磁盘中，由于磁盘写入的速度要比内存慢很多，因此你会常常耗在等待磁盘的读写上，真没效率。

为了解决这个效率的问题，Linux 使用一个称为异步处理（asynchronously）的方式。所谓的异步处理是这样的：

当系统加载一个文件到内存后，如果该文件没有被修改过，则在内存区段的文件数据会被设置为【干净（clean）】。但如果内存中的文件数据被更改过了（例如你用 nano 去编辑过这个文件），此时该内存中的数据会被设置为【脏的（Dirty）】，此时所有的操作都还在内存中执行，并没有写入到磁盘中。系统会不定时的将内存中设置为【Dirty】的数据写回磁盘，以保持磁盘与内存数据的一致性。你也可以利用第 4 章谈到的 sync 命令来手动强制写入磁盘。

我们知道内存的速度要比磁盘快得多，因此如果能够将常用的文件放置到内存当中，这不就会提高系统性能了吗？没错，是有这样的想法。因此我们 Linux 系统上面的文件系统与内存有非常大的关系：

● 系统会将常用的文件数据放置到内存的缓冲区，以加速文件系统的读写操作；
● 承上，因此 Linux 的物理内存最后都会被用光，这是正常的情况，可加速系统性能；
● 你可以手动使用 sync 来强制内存中设置为 Dirty 的文件回写到磁盘中；
● 若正常关机时，关机命令会主动调用 sync 来将内存的数据回写入磁盘内；
● 但若不正常关机（如断电、宕机或其他不明原因），由于数据尚未回写到磁盘内，因此重新启动后可能会花很多时间在进行磁盘校验，甚至可能导致文件系统的损坏（非磁盘损坏）。

7.1.7　挂载点的意义（mount point）

每个文件系统都有独立的 inode、区块、超级区块等信息，这个文件系统要能够链接到目录树才能被我们使用。将文件系统与目录树结合的操作我们称为【挂载】。关于挂载的一些特性我们在第 2 章稍微提过，重点是：挂载点一定是目录，该目录为进入该文件系统的入口。因此并不是你有任何文件系统都能使用，必须要挂载到目录树的某个目录后，才能够使用该文件系统。

举例来说，如果你是依据鸟哥的方法安装你的 CentOS 7.x 的话，那么应该会有三个挂载点才是，分别是 /、/boot、/home 三个（鸟哥的系统上对应的设备文件名为 LVM、LVM、/dev/vda2）。那如果观察这三个目录的 inode 号码时，我们可以发现如下的情况：

```
[root@study ~]# ls -lid / /boot /home
128 dr-xr-xr-x. 17 root root 4096 May  4 17:56 /
128 dr-xr-xr-x.  4 root root 4096 May  4 17:59 /boot
128 drwxr-xr-x.  5 root root   41 Jun 17 00:20 /home
```

看到了吧！由于 xfs 文件系统最顶层的目录的 inode 一般为 128 号，因此可以发现 /、/boot、/home 为三个不同的文件系统，因为每一行的文件属性并不相同，且三个目录的挂载点也均不相同。我们在第 6 章一开始的路径中曾经提到根目录下的 . 与 .. 是相同的东西，因为权限是一模一样。如果使用文件系统的观点来看，同一个文件系统的某个 inode 只会对应到一个文件内容而已（因为一个文件占用一个 inode），因此我们可以通过判断 inode 号码来确认不同文件名是否为相同的文件，所以可以这样看：

```
[root@study ~]# ls -ild / /. /..
128 dr-xr-xr-x. 17 root root 4096 May  4 17:56 /
128 dr-xr-xr-x. 17 root root 4096 May  4 17:56 /.
128 dr-xr-xr-x. 17 root root 4096 May  4 17:56 /..
```

上面的信息中由于挂载点均为 /，因此三个文件（/、/.、/..）均在同一个文件系统内，而这三个文件的 inode 号码均为 128 号，因此这三个文件名都指向同一个 inode 号码，当然这三个文件的内容也就完全一模一样。也就是说，根目录的上层（/..）就是它自己，这么说，看的懂了吗？

7.1.8　其他 Linux 支持的文件系统与 VFS

虽然 Linux 的标准文件系统是 ext2，且还有增加了日志功能的 ext3 与 ext4，事实上，Linux 还支持很多其他的文件系统格式，尤其是最近这几年推出了好几种速度很快的日志式文件系统，包括 SGI 的 xfs 文件系统，可以适用更小型文件的 Reiserfs 文件系统，以及 Windows 的 FAT 文件系统等，都能够被 Linux 所支持。常见的支持文件系统有：

- 传统文件系统：ext2、minix、FAT（用 vfat 模块）、iso9660（光盘）等
- 日志式文件系统：ext3、ext4、ReiserFS、Windows' NTFS、IBM's JFS、SGI's XFS、ZFS
- 网络文件系统：NFS、SMBFS

想要知道你的 Linux 支持的文件系统有哪些，可以查看下面这个目录：

```
[root@study ~]# ls -l /lib/modules/$(uname -r)/kernel/fs
```

系统目前已加载到内存中支持的文件系统则有：

```
[root@study ~]# cat /proc/filesystems
```

◆　Linux VFS（Virtual Filesystem Switch）

了解了我们使用的文件系统之后，再来则是要提到，Linux 的内核又是如何管理这些识别的文件系统呢？其实，所有 Linux 系统都是通过一个名为 Virtual Filesystem Switch 的内核功能去读取文件系统。也就是说，整个 Linux 识别的文件系统其实都是 VFS 在进行管理，我们用户并不需要知道每个硬盘分区上面的文件系统是什么，VFS 会主动帮我们做好读取的操作。

假设你的/使用的是/dev/hda1，采用 ext3 文件系统，而/home 使用/dev/hda2，采用 reiserfs 文件系统，那么你使用/home/dmtsai/.bashrc 时，有特别指定要用什么文件系统的模块来读取吗？应该是没有吧！这个就是 VFS 的功能。通过这个 VFS 的功能来管理所有的文件系统，省去我们需要自行设置读取文件系统的行为，方便很多。整个 VFS 可以大概用下图来说明：

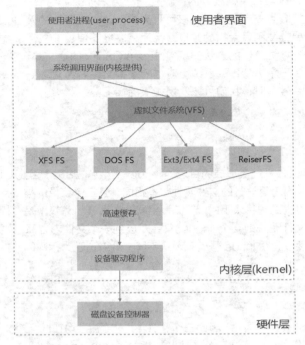

图 7.1.6 VFS 文件系统的示意图

老实说，文件系统真的不好懂，如果你想要对文件系统有更深入的了解，文末的相关链接[注4]务必要好好参考。

7.1.9 XFS 文件系统简介

CentOS 7 开始，默认的文件系统已经由原本的 ext4 变成了 xfs 文件系统，为啥 CentOS 要舍弃对 Linux 支持度最完整的 ext 系列而改用 xfs 呢？这是有一些原因存在的。

◆ ext 系列当前较伤脑筋的地方：支持度最广，但格式化超慢

ext 文件系统系列对于文件格式化的处理方面，采用的是预先规划出所有的 inode、区块、元数据等数据，未来系统可以直接使用，不需要再进行动态配置的做法。这个做法在早期磁盘容量还不大的时候还算 OK，没啥问题。但时至今日，磁盘容量越来越大，连传统的 MBR 都已经被 GPT 所取代，连我们这些老人家以前听到的超大 TB 容量也已经不够了，现在都已经到 PB 或 EB 以上的容量了。那你可以想象得到，当你的 TB 以上等级的传统 ext 系列文件系统在格式化的时候，光是系统要预先分配 inode 与区块就消耗你好多时间。

> 之前格式化过一个 70TB 以上的磁盘阵列成为 ext4 文件系统，按下格式化，去喝了咖啡、吃了饭才回来看做完了没有，所以，后来立刻改用 xfs 文件系统。

另外，由于虚拟化的应用越来越广泛，而作为虚拟化磁盘来源的巨型文件（单一文件好几个 GB 以

上）也就越来越常见，这种巨型文件在处理上需要考虑到性能问题，否则虚拟磁盘的效率就会不太好。因此，从 CentOS 7.x 开始，文件系统已经由默认的 ext4 变成了 xfs 这一个较适合高容量磁盘与巨型文件，且性能较佳的文件系统。

> 其实鸟哥有几个虚拟计算机教室服务器系统，里面运行的确实是 ext4 文件系统，老实说，并不觉得比 xfs 慢。所以，对鸟哥来说，性能并不是主要改变文件系统的考虑。文件系统的恢复速度、创建速度，可能才是鸟哥改换成 xfs 的原因所在。

◆　XFS 文件系统的配置[注5]

基本上 xfs 就是一个日志式文件系统，而 CentOS 7.x 拿它当默认的文件系统，自然就是因为最早之前，这个 xfs 就是被开发来用于高容量磁盘以及高性能文件系统之用，因此，相当适合现在的系统环境。此外，几乎所有 ext4 文件系统有的功能，xfs 都可以具备。也因此在本小节前几部分谈到文件系统时，其实大部分的操作依旧是在 xfs 文件系统环境下介绍给各位的。

xfs 文件系统在数据的分布上，主要规划为三个部分，一个数据区（data section）、一个文件系统活动登录区（log section）以及一个实时运行区（realtime section），这三个区域的数据内容如下：

● 数据区（data section）

基本上，数据区就跟我们之前谈到的 ext 系列一样，包括 inode、数据区块、超级区块等数据，都放置在这个区块。这个数据区与 ext 系列的区块群组类似，也是分为多个存储区群组（allocation groups）来分别放置文件系统所需要的数据。每个存储区群组都包含了（1）整个文件系统的超级区块、（2）剩余空间的管理机制、（3）inode 的分配与追踪。此外，inode 与区块都是系统需要用到时才动态配置产生，所以格式化操作超级快。

另外，与 ext 系列不同的是，xfs 的区块与 inode 有多种不同的容量可供设置，区块容量可在 512B～64KB 调整，不过，在 Linux 的环境下，由于存储控制的关系（页面文件 pagesize 的容量之故），因此最高可以使用的区块大小为 4K 而已。（鸟哥尝试格式化区块成为 16K 是没问题的，不过，Linux 内核不给挂载，所以格式化完成后也无法使用），至于 inode 容量可在 256B～2MB，不过，大概还是保留 256B 的默认值就够用了。

> 总之，xfs 的这个数据区的存储区群组（allocation groups，AG），你就将它想成是 ext 系列的区块群组（block groups）就对了，本小节之前讲的都可以在这个区块内使用，只是 inode 与区块是动态产生，并非一开始于格式化就完成配置的。

● 文件系统活动登录区（log section）

在登录区这个区域主要被用来记录文件系统的变化，其实有点像是日志区。文件的变化会在这里记录下来，直到该变化完整地写入到数据区后，该条记录才会被结束。如果文件系统因为某些缘故（例如最常见的停电）而损坏时，系统就会拿这个登录区块来进行检验，看看系统挂掉之前，文件系统正在运行些啥操作，借以快速地修复文件系统。

因为系统所有的操作都会在这个区块做个记录，因此这个区块的磁盘活动相当频繁。xfs 设计有点有趣，在这个区域中，你可以指定外部的磁盘来作为 xfs 文件系统的日志区块。例如，你可以将 SSD 磁盘作为 xfs 的登录区，这样当系统需要进行任何活动时，就可以更快速的进行工作，相当有趣。

● 实时运行区（realtime section）

当有文件要被建立时，xfs 会在这个区段里面找一个到数个的 extent 区块，将文件放置在这个区块内，等到分配完毕后，再写入到 data section 的 inode 与区块中。这个 extent 区块的大小要在格式化的时候就先指定,最小值是 4K 最大可到 1G。一般非磁盘阵列的磁盘默认为 64K 容量,而具有类似磁盘阵列的 stripe 情况下,则建议将 extent 设置为与 stripe 一样大,这个 extent 最好不要乱动,因为可能会影响到物理磁盘的性能。

◆ XFS 文件系统的描述数据观察

刚刚讲了这么多,完全无法理解,有没有像 ext 系列的 dumpe2fs 去观察超级区块内容的相关命令可以查看?有,可以使用 xfs_info 去观察,详细的命令用法可以参考如下:

```
[root@study ~]# xfs_info 挂载点|设备文件名
范例一:找出系统/boot 这个挂载点下面的文件系统的超级区块记录。
[root@study ~]# df -T /boot
Filesystem      Type 1K-blocks   Used Available Use% Mounted on
/dev/vda2       xfs    1038336 133704    904632  13% /boot
# 没错,可以看得出来是 xfs 文件系统,来观察一下内容吧!
[root@study ~]# xfs_info /dev/vda2
1 meta-data=/dev/vda2            isize=256    agcount=4, agsize=65536 blks
2          =                     sectsz=512   attr=2, projid32bit=1
3          =                     crc=0        finobt=0
4 data     =                     bsize=4096   blocks=262144, imaxpct=25
5          =                     sunit=0      swidth=0 blks
6 naming   =version 2            bsize=4096   ascii-ci=0 ftype=0
7 log      =internal             bsize=4096   blocks=2560, version=2
8          =                     sectsz=512   sunit=0 blks, lazy-count=1
9 realtime =none                 extsz=4096   blocks=0, rtextents=0
```

上面的输出信息可以这样解释:

- 第 1 行里面的 isize 指的是 inode 的容量,每个有 256B 这么大。至于 agcount 则是前面谈到的存储区群组(allocation group)的个数,共有 4 个,agsize 则是指每个存储区群组具有 65536 个区块,配合第 4 行的区块设置为 4K,因此整个文件系统的容量应该就是 4*65536*4K 这么大。
- 第 2 行里面 sectsz 指的是逻辑扇区(sector)的容量设置为 512B 这么大的意思。
- 第 4 行里面的 bsize 指的是区块的容量,每个区块为 4K 的意思,共有 262144 个区块在这个文件系统内。
- 第 5 行里面的 sunit 与 swidth 与磁盘阵列的 stripe 相关性较高,这部分我们下面格式化的时候会举一个例子来说明。
- 第 7 行里面的 internal 指的是这个登录区的位置在文件系统内,而不是外部设备的意思,且占用了 4K * 2560 个区块,总共约 10M 的容量。
- 第 9 行里面的 realtime 区域,里面的 extent 容量为 4K,不过目前没有使用。

由于我们并没有使用磁盘阵列,因此上面这个设备里面的 sunit 与 extent 就没有额外的指定特别的值。根据 xfs(5)的说明,这两个值会影响到你的文件系统性能,所以格式化的时候要特别留意。上面的说明大致上看看即可,比较重要的部分已经用特殊字体圈起来了,你可以先看一看。

7.2 文件系统的简单操作

大概了解了文件系统后,再来我们要知道如何查询文件系统的总容量与每个目录所占用的容量。此外,前两章谈到的文件类型中尚未讲得很清楚的链接文件(link file)也会在这一小节当中介绍。

7.2.1 磁盘与目录的容量

现在我们知道磁盘的整体数据是在超级区块中,但是每个文件的容量则在 inode 当中记载。那在命令行模式下面该如何显示这几个数据？下面就让我们来谈一谈这两个命令：

- df：列出文件系统的整体磁盘使用量；
- du：查看文件系统的磁盘使用量（常用在查看目录所占磁盘空间）；

◆　df

```
[root@study ~]# df [-ahikHTm] [目录或文件名]
选项与参数：
-a  : 列出所有的文件系统，包括系统特有的/proc 等文件系统；
-k  : 以 KBytes 的容量显示各文件系统；
-m  : 以 MBytes 的容量显示各文件系统；
-h  : 以人们较易阅读的 GBytes、Mbytes、KBytes 等格式自行显示；
-H  : 以 M=1000K 替换 M=1024K 的进位方式；
-T  : 连同该硬盘分区的文件系统名称（例如 xfs）也列出；
-i  : 不用磁盘容量，而以 inode 的数量来显示；
范例一：将系统内所有的文件系全列出来。
[root@study ~]# df
Filesystem                1K-blocks   Used Available Use% Mounted on
/dev/mapper/centos-root   10475520 3409408   7066112  33% /
devtmpfs                    627700       0    627700   0% /dev
tmpfs                       637568      80    637488   1% /dev/shm
tmpfs                       637568   24684    612884   4% /run
tmpfs                       637568       0    637568   0% /sys/fs/cgroup
/dev/mapper/centos-home    5232640   67720   5164920   2% /home
/dev/vda2                  1038336  133704    904632  13% /boot
# 在 Linux 下面如果 df 没有加任何选项，那么默认会将系统内所有的（不含特殊的内存内的文件系统与 swap）都
# 以 1 KBytes 的容量来列出来，至于那个/dev/shm 是与内存有关的挂载，先不要理它。
```

先来说明一下范例一所输出的结果信息为：

- Filesystem：代表该文件系统是在哪个硬盘分区，所以列出设备名称；
- 1k-blocks：说明下面的数字单位是 1KB，可利用 −h 或 −m 来改变容量；
- Used：顾名思义，就是使用掉的磁盘空间；
- Available：也就是剩下的磁盘空间大小；
- Use%：就是磁盘的使用率，如果使用率高达 90% 以上，最好需要注意一下，免得容量不足造成系统问题，例如最容易被占满的 /var/spool/mail 这个保存邮件的目录；
- Mounted on：就是磁盘的挂载目录。（挂载点）

```
范例二：将容量结果以易读的格式显示出来。
[root@study ~]# df -h
Filesystem                Size  Used Avail Use% Mounted on
/dev/mapper/centos-root    10G  3.3G  6.8G  33% /
devtmpfs                  613M     0  613M   0% /dev
tmpfs                     623M   80K  623M   1% /dev/shm
tmpfs                     623M   25M  599M   4% /run
tmpfs                     623M     0  623M   0% /sys/fs/cgroup
/dev/mapper/centos-home   5.0G   67M  5.0G   2% /home
/dev/vda2                1014M  131M  884M  13% /boot
# 不同于范例一，这里会以 G/M 等容量格式显示出来，比较容易看。
范例三：将系统内的所有特殊文件格式及名称都列出来。
[root@study ~]# df -aT
Filesystem      Type       1K-blocks     Used Available Use% Mounted on
rootfs          rootfs      10475520  3409368   7066152  33% /
proc            proc               0        0         0   - /proc
sysfs           sysfs              0        0         0   - /sys
devtmpfs        devtmpfs      627700        0    627700   0% /dev
securityfs      securityfs         0        0         0   - /sys/kernel/security
tmpfs           tmpfs         637568       80    637488   1% /dev/shm
devpts          devpts             0        0         0   - /dev/pts
tmpfs           tmpfs         637568    24684    612884   4% /run
tmpfs           tmpfs         637568        0    637568   0% /sys/fs/cgroup
……（中间省略）……
```

```
/dev/mapper/centos-root xfs         10475520 3409368    7066152  33% /
seLinuxfs            seLinuxfs            0        0          0   - /sys/fs/seLinux
……（中间省略）……
/dev/mapper/centos-home xfs          5232640   67720    5164920   2% /home
/dev/vda2            xfs            1038336  133704     904632  13% /boot
binfmt misc          binfmt misc          0        0          0   - /proc/sys/fs/binfmt misc
# 系统里面其实还有很多特殊的文件系统存在。那些比较特殊的文件系统几乎都是在内存当中，
# 例如/proc 这个挂载点。因此，这些特殊的文件系统都不会占据磁盘空间。
范例四：将/etc 下面的可用的磁盘容量以易读的容量格式显示。
[root@study ~]# df -h /etc
Filesystem               Size  Used Avail Use% Mounted on
/dev/mapper/centos-root  10G  3.3G  6.8G  33% /
# 这个范例比较有趣一点，在 df 后加上目录或是文件时，
# df 会自动的分析该目录或文件所在的硬盘分区，并将该硬盘分区的容量显示出来，
# 所以，您就可以知道某个目录下面还有多少容量可以使用了。
范例五：将目前各个硬盘分区可用的 inode 数量列出。
[root@study ~]# df -ih
Filesystem              Inodes IUsed IFree IUse% Mounted on
/dev/mapper/centos-root   10M  108K  9.9M    2% /
devtmpfs                 154K   397  153K    1% /dev
tmpfs                    156K     5  156K    1% /dev/shm
tmpfs                    156K   497  156K    1% /run
tmpfs                    156K    13  156K    1% /sys/fs/cgroup
# 这个范例则主要列出可用的 inode 剩余量与总容量。分析一下与范例一的关系，
# 你可以清楚地发现到，通常 inode 的剩余数量都比区块还要多。
```

由于 df 主要读取的数据几乎都是针对一整个文件系统，因此读取的范围主要是在超级区块内的信息，所以这个命令显示结果的速度非常快。在显示的结果中你需要特别留意的是根目录（/）的剩余容量。因为我们所有的数据都是由根目录衍生出来的，因此当根目录的剩余容量剩下 0 时，你的 Linux 可能就问题很大了。

说个陈年老笑话，鸟哥还在念书时，别的研究室有个管理 Sun 工作站的研究生发现，它的磁盘明明还有好几 GB，但是就是没有办法将光盘内几 MB 的数据复制进去，他就去跟老板说机器坏了，嘿，明明才来维护过几天而已为何会坏了，结果他老板就将维护商叫来骂了 2 小时左右吧！

后来，维护商发现原来磁盘的【总空间】还有很多，只是某个分区填满了，偏偏该研究生就是要将数据复制去那个分区，呵呵，后来这个研究生就被命令再也不许碰 Sun 主机。

另外需要注意的是，如果使用 -a 这个参数时，系统出现/proc 这个挂载点，但是里面的东西都是 0，不要紧张。/proc 的东西都是 Linux 系统所需要加载的系统数据，而且是挂载在内存当中，所以当然没有占任何的磁盘空间。

至于那个 /dev/shm/ 目录，其实是利用内存虚拟出来的磁盘空间，通常是总物理内存的一半。由于是通过内存模拟出来的磁盘，因此你在这个目录下面建立任何数据文件时，访问速度是非常快的。（在内存中工作。）不过，也由于它是内存模拟出来的，因此这个文件系统的大小在每台主机上都不一样，而且建立的东西在下次启动时就会消失，因为是在内存中嘛。

◆ du

```
[root@study ~]# du [-ahskm] 文件或目录名称
选项与参数：
-a ：列出所有的文件与目录容量，因为默认仅统计目录下面的文件量；
-h ：以人们较易读的容量格式（G/M）显示；
-s ：仅列出总量，而不列出每个各别的目录占用容量；
-S ：不包括子目录下的总计，与-s 有点差别；
-k ：以 KBytes 列出容量显示；
-m ：以 MBytes 列出容量显示；
```

```
范例一：列出目前目录下的所有文件容量。
[root@study ~]# du
4        ./.cache/dconf  <==每个目录都会列出来。
4        ./.cache/abrt
8        ./.cache
……（中间省略）……
0        ./test4
4        ./.ssh           <==包括隐藏文件的目录。
76       .                <==这个目录（.）所占用的总量。
# 直接输入 du 没有加任何选项时，则 du 会分析【目前所在目录】的文件与目录所占用的磁盘空间。
# 但是，实际显示时，仅会显示目录容量（不含文件），因此（.）目录有很多文件没有被列出来，
# 所以全部的目录相加不会等于（.）的容量，此外，输出的数值数据为 1K 大小的容量单位。
范例二：同范例一，但是将文件的容量也列出来。
[root@study ~]# du -a
4        ./.bash_logout          <==有文件的列表。
4        ./.bash_profile
4        ./.bashrc
……（中间省略）……
4        ./.ssh/known_hosts
4        ./.ssh
76       .
范例三：检查根目录下面每个目录所占用的容量。
[root@study ~]# du -sm /*
0        /bin
99       /boot
……（中间省略）……
du: cannot access '/proc/17772/task/17772/fd/4': No such file or directory
du: cannot access '/proc/17772/fdinfo/4': No such file or directory
0        /proc       <==不会占用硬盘空间。
1        /root
25       /run
……（中间省略）……
3126     /usr        <==系统初期最大的就是它了。
117      /var
# 这是个经常被使用的功能，利用通配符*来代表每个目录，如果想要检查某个目录下，
# 哪个子目录占用最大的容量，可以用这个方法找出来。值得注意的是，如果刚刚安装好 Linux 时，
# 那么整个系统容量最大的应该是 /usr。而 /proc 虽然有列出容量，但是它的容量是在内存中，
# 不占磁盘空间。至于 /proc 里面会列出一堆【No such file or directory】的错误，
# 别担心，因为是内存中的程序，程序执行结束就会消失，因此会有些目录找不到是正确的。
```

与 df 不一样的是，du 这个命令其实会直接到文件系统内去查找所有的文件数据，所以上述第三个范例命令的运行会执行一小段时间。此外，在默认的情况下，容量的输出是以 KB 为单位，如果你想要知道目录占了多少 MB，那么就使用 -m 这个参数即可。如果你只想要知道该目录占了多少容量的话，使用 -s 就可以。

至于 -S 这个选项部分，由于 du 默认会将所有文件的大小均列出，因此假设你在 /etc 下面使用 du 时，所有的文件大小，包括 /etc 下面的子目录容量也会被计算一次。然后最终的容量（/etc）也会相加一次，因此很多朋友都会误会 du 分析的结果不太对劲，所以，如果想要列出某目录下的全部数据，或许也可以加上 -S 的选项，减少子目录的相加。

7.2.2 硬链接与符号链接：ln

关于链接（link）数据我们在第 5 章的 Linux 文件属性及 Linux 文件种类与扩展名当中提过一些信息，不过当时由于尚未讲到文件系统，因此无法较完整地介绍链接文件。不过在上一小节谈完了文件系统后，我们可以来了解一下链接文件这玩意儿了。

在 Linux 下面的链接文件有两种，一种是类似 Windows 的快捷方式功能的文件，可以让你快速地链接到目标文件（或目录）；另一种则是通过文件系统的 inode 链接来产生新文件名，而不是产生新文

件，这种称为硬链接（hard link），这两种玩意儿是完全不一样的东西，现在就分别来谈谈。

◆ 硬链接（Hard Link，硬式链接或实际链接）

　　在前一小节当中，我们知道几件重要的信息，包括：

● 每个文件都会占用一个 inode，文件内容由 inode 的记录来指向；

● 想要读取该文件，必须要经过目录记录的文件名来指向到正确的 inode 号码才能读取。

　　也就是说，其实文件名只与目录有关，但是文件内容则与 inode 有关。那么想一想，有没有可能有多个文件名对应到同一个 inode 号码？有的，那就是硬链接的由来，所以简单地说：**硬链接只是在某个目录下新增一条文件名链接到某 inode 号码的关联记录而已。**

　　举个例子来说，假设我系统有个/root/crontab 它是/etc/crontab 的硬链接，也就是说这两个文件名链接到同一个 inode，自然这两个文件名的所有相关信息都会一模一样（除了文件名之外），实际的情况可以如下所示：

```
[root@study ~]# ll -i /etc/crontab
34474855 -rw-r--r--. 1 root root 451 Jun 10  2014 /etc/crontab
[root@study ~]# ln /etc/crontab .    <==建立硬链接的命令。
[root@study ~]# ll -i /etc/crontab crontab
34474855 -rw-r--r--. 2 root root 451 Jun 10  2014 crontab
34474855 -rw-r--r--. 2 root root 451 Jun 10  2014 /etc/crontab
```

　　你可以发现两个文件名都链接到 34474855 这个 inode 号码，所以您看看，是否文件的权限与属性完全一样？因为这两个文件名其实是一模一样的文件，而且你也会发现第二个字段由原本的 1 变成 2，那个字段称为链接，这个字段的意义为：**有多少个文件名链接到这个 inode 号码。**如果将读取到正确数据的方式画成示意图，就类似图 7.2.1：

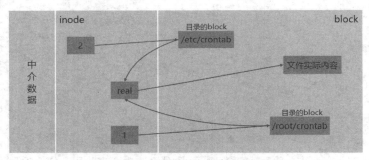

图 7.2.1　硬链接的文件读取示意图

　　上图的意思是，你可以通过 1 或 2 的目录的 inode 指定的区块找到两个不同的文件名，而不管使用哪个文件名均可以指到那个 inode 去读取到最终数据。那这样有什么好处？最大的好处就是安全，如同上图中，**如果你将任何一个文件名删除**，其实 inode 与区块都还是存在的。此时你可以通过另一个文件名来读取到正确的文件数据。此外，不论你使用哪个文件名来编辑，最终的结果都会写入到相同的 inode 与区块中，因此均能进行数据的修改。

　　一般来说，使用硬链接设置链接文件时，磁盘的空间与 inode 的数目都不会改变。我们还是由图 7.2.1 来看，由图中可以知道，硬链接只是在某个目录下的区块多写入一个关联数据而已，既不会增加 inode 也不会消耗区块数量。

> 硬链接的制作中，其实还是可能会改变系统的区块，那就是当你新增这条数据却刚好将目录的区块填满时，就可能会新加一个区块来记录文件名关联性，而导致磁盘空间的变化。不过，一般硬链接所用掉的关联数据量很小，所以通常不会改变 inode 与磁盘空间的大小。

　　由图 7.2.1 其实我们也能够知道，事实上硬链接应该仅能在单一文件系统中进行，应该是不能够跨文件系统才对，因为图 7.2.1 就是在同一个文件系统上嘛，所以硬链接是有限制的：

● 不能跨文件系统；
● 不能链接目录；

　　不能跨文件系统还好理解，那不能硬链接到目录又是怎么回事？这是因为如果使用硬链接到目录时，链接的数据需要连同被链接目录下面的所有数据都建立链接，举例来说，如果你要将 /etc 使用硬链接建立一个 /etc_hd 的目录时，那么在 /etc_hd 下面的所有文件名同时都与 /etc 下面的文件名要建立硬链接，而不是仅链接到 /etc_hd 与 /etc 而已。并且，未来如果需要在 /etc_hd 下面建立新文件时，连带 /etc 下面的数据又要建立一次硬链接，因此造成相当大的环境复杂度。所以，目前硬链接对于目录暂时还是不支持的。

◆ 符号链接（Symbolic Link,亦即是快捷方式）

　　相对于硬链接，符号链接可就好理解多了。基本上，**符号链接就是建立一个独立的文件，而这个文件会让数据的读取指向它链接的那个文件的文件名。**由于只是利用文件来做为指向的操作，所以，**当源文件被删除之后，符号链接的文件会【打不开了】**，会一直说【无法打开某文件】，实际上就是找不到原始文件名而已。

　　举例来说，我们先建立一个符号链接文件链接到 /etc/crontab 去看看：

```
[root@study ~]# ln -s /etc/crontab crontab2
[root@study ~]# ll -i /etc/crontab /root/crontab2
34474855 -rw-r--r--. 2 root root 451 Jun 10  2014 /etc/crontab
53745909 lrwxrwxrwx. 1 root root  12 Jun 23 22:31 /root/crontab2 -> /etc/crontab
```

　　由上表的结果我们可以知道两个文件指向不同的 inode 号码，当然就是两个独立的文件存在。而**且链接文件的重要内容就是它会写上目标文件的文件名**，你可以发现上表中链接文件的大小为 12B。因为箭头（-->）右边的文件名【/etc/crontab】总共有 12 个字母，每个字母占用 1 个字节，所以文件大小就是 12B 了。

　　关于上述的说明，我们以如下图例来解释：

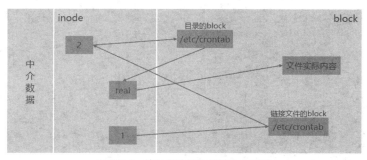

图 7.2.2　符号链接的文件读取示意图

　　由 1 号 inode 读取到链接文件的内容仅有文件名，根据文件名链接到正确的目录去取得目标文件的 inode，最终就能够读取到正确的数据了。你可以发现的是，如果目标文件（/etc/crontab）被删除了，那么整个环节就会无法继续进行下去，所以就会发生无法通过链接文件读取的问题。

　　这里还是得特别留意，这个**符号链接与 Windows 的快捷方式可以给它划上等号，由符号链接所建立的文件为一个独立的新的文件，所以会占用 inode 与区块。**

　　由上面的说明来看，似乎硬链接比较安全，因为即使某一个目录下的关联数据被删除，也没有关系，只要有任何一个目录下存在着关联数据，那么该文件就不会不见。举上面的例子来说，我的 /etc/crontab 与 /root/crontab 指向同一个文件，如果我删除了 /etc/crontab 这个文件，该删除的操作其实只是将 /etc 目录下关于 crontab 的关联数据拿掉而已，crontab 所在的 inode 与区块其实都没有被变动。

不过由于硬链接的限制太多，包括无法链接目录等，所以在用途上面是比较受限的，反而是符号链接的使用方面较广。好了，说得天花乱坠，看你也差不多快要昏倒了。没关系，实践一下就知道怎么回事了。要制作链接文件就必须要使用 ln 这个命令。

```
[root@study ~]# ln [-sf] 源文件 目标文件
选项与参数：
-s  ：如果不加任何参数就进行链接，那就是硬链接，至于-s 就是符号链接；
-f  ：如果目标文件存在时，就主动的将目标文件直接删除后再建立；
范例一：将/etc/passwd 复制到/tmp 下面，并且观察 inode 与区块。
[root@study ~]# cd /tmp
[root@study tmp]# cp -a /etc/passwd .
[root@study tmp]# du -sb ; df -i .
6602    .   <==先注意一下这里的容量是多少。
Filesystem              Inodes   IUsed   IFree IUse% Mounted on
/dev/mapper/centos-root 10485760 109748 10376012    2% /
# 利用 du 与 df 来检查一下目前的参数，那个 du -sb 是计算整个/tmp 下面有多少 Bytes 容量的命令。
范例二：将/tmp/passwd 制作硬链接成为 passwd-hd 文件，并查看文件与容量。
[root@study tmp]# ln passwd passwd-hd
[root@study tmp]# du -sb ; df -i .
6602    .
Filesystem              Inodes   IUsed   IFree IUse% Mounted on
/dev/mapper/centos-root 10485760 109748 10376012    2% /
# 仔细看，即使多了一个文件在/tmp 下面，整个 inode 与区块的容量并没有改变。
[root@study tmp]# ls -il passwd*
2668897 -rw-r--r--. 2 root root 2092 Jun 17 00:20 passwd
2668897 -rw-r--r--. 2 root root 2092 Jun 17 00:20 passwd-hd
# 原来是指向同一个 inode，这是个重点，另外，那个第二栏的链接数也会增加。
范例三：将/tmp/passwd 建立一个符号链接。
[root@study tmp]# ln -s passwd passwd-so
[root@study tmp]# ls -li passwd*
2668897 -rw-r--r--. 2 root root 2092 Jun 17 00:20 passwd
2668897 -rw-r--r--. 2 root root 2092 Jun 17 00:20 passwd-hd
2668898 lrwxrwxrwx. 1 root root    6 Jun 23 22:40 passwd-so -> passwd
# passwd-so 指向的 inode number 不同了。这是一个新的文件，这个文件的内容是指向 passwd 这个文件。
# passwd-so 的大小是 6Bytes，因为【passwd】这个单词共有六个字符之故。
[root@study tmp]# du -sb ; df -i .
6608    .
Filesystem              Inodes   IUsed   IFree IUse% Mounted on
/dev/mapper/centos-root 10485760 109749 10376011    2% /
# 呼呼，整个容量与 inode 使用数都改变，确实如此。
范例四：删除原始文件 passwd，其他两个文件是否能够开启？
[root@study tmp]# rm passwd
[root@study tmp]# cat passwd-hd
.....（正常显示完毕。）
[root@study tmp]# cat passwd-so
cat: passwd-so: No such file or directory
[root@study tmp]# ll passwd*
-rw-r--r--. 1 root root 2092 Jun 17 00:20 passwd-hd
lrwxrwxrwx. 1 root root    6 Jun 23 22:40 passwd-so -> passwd
# 怕了吧！符号链接果然无法打开。如果符号链接的目标文件不存在，其实文件名的部分就会有特殊的颜色显示。
```

还记得第 5 章当中，我们提到的/tmp 这个目录是干嘛用的吗？是给大家作为缓存用的。所以，您会发现，过去我们在进行测试时，都会将文件移动到/tmp 下面去练习，嘿嘿，因此，有事没事，先记得将/tmp 下面的一些无用的文件清一清。

要注意，使用 ln 如果不加任何参数的话，那么就是硬链接。如同范例二的情况，增加了硬链接 之后，可以发现使用 ls -l 时，显示的 link 那一栏属性增加了。而如果这个时候删除 passwd 会发生什么事情？passwd-hd 的内容还是会跟原来 passwd 相同，但是 passwd-so 就会找不到该文件。

而如果 ln 使用-s 的参数时，就做成差不多是 Windows 下面的快捷方式的意思。当你修改 Linux 下的符号链接文件时，则修改的其实是原始文件，所以不论你的这个原始文件被链接到哪里去，只要你修改了链接文件，原始文件就跟着变。以上面为例，由于你使用-s 的参数建立一个名为 passwd-so 的文件，则你修改 passwd-so 时，其内容与 passwd 完全相同，并且，当你按下保存之后，被改变的将是 passwd 这个文件。

此外，如果你做了下面这样的链接：

```
ln -s /bin /root/bin
```

那么如果你进入 /root/bin 这个目录下，请注意，**该目录其实是 /bin 这个目录**，因为你做了链接文件。所以，如果你进入 /root/bin 这个刚刚建立的链接目录，并且将其中的数据删除时，/bin 里面的数据就通通不见了，这点请千万注意。所以赶紧利用【rm /root/bin】将这个链接文件删除吧！

基本上，符号链接的用途比较广，所以您要特别留意符号链接的用法，未来一定还会常常用到。

◆　关于目录的链接数量

或许您已经发现了，那就是，当我们以硬链接进行文件的链接时，可以发现，在 ls -l 所显示的第二字段会增加一才对，那么请教，如果建立目录时，它默认的链接数量会是多少？让我们来想一想，一个空目录里面至少会存在些什么？呵呵，就是存在. 与 .. 这两个目录。那么，当我们建立一个新目录名称为 /tmp/testing 时，基本上会有三个东西，那就是：

- /tmp/testing
- /tmp/testing/.
- /tmp/testing/..

而其中 /tmp/testing 与 /tmp/testing/. 其实是一样的。都代表该目录，而 /tmp/testing/.. 则代表 /tmp 这个目录，所以说，当我们建立一个新的目录时，【新的目录的链接数为 2，而上层目录的链接数则会增加 1】 不信的话，我们来做个测试看看：

```
[root@study ~]# ls -ld /tmp
drwxrwxrwt. 14 root root 4096 Jun 23 22:42 /tmp
[root@study ~]# mkdir /tmp/testing1
[root@study ~]# ls -ld /tmp
drwxrwxrwt. 15 root root 4096 Jun 23 22:45 /tmp   # 这里的链接数量加 1 了。
[root@study ~]# ls -ld /tmp/testing1
drwxr-xr-x. 2 root root 6 Jun 23 22:45 /tmp/testing1/
```

看，原本的所谓上层目录/tmp 的链接数量由 14 增加为 15，至于新目录 /tmp/testing 则为 2。这样可以理解目录链接数量的意义了吗？

7.3　磁盘的分区、格式化、检验与挂载

对于一个系统管理者而言，磁盘的管理是相当重要的一环，尤其近来磁盘已经渐渐被当成是消耗品。如果我们想要在系统里面新增一块磁盘时，应该有哪些操作需要做：

1. 对磁盘进行划分，以建立可用的硬盘分区；
2. 对该硬盘分区进行格式化（format），以建立系统可用的文件系统；
3. 若想要仔细一点，则可对刚刚建立好的文件系统进行检验；
4. 在 Linux 系统上，需要建立挂载点（亦即是目录），并将它挂载上来；

当然，在上述的过程当中，还有很多需要考虑的，例如硬盘分区（partition）需要定多大？是否需要加日志功能？inode 与区块的数量应该如何规划等问题。但是这些问题的决定，都需要与你的主机用途来加以考虑的，所以，在这个小节里面，鸟哥仅会介绍几个操作而已，更详细的设置，则需要以你未来的经验来参考。

7.3.1 观察磁盘分区状态

由于目前磁盘分区主要有 MBR 以及 GPT 两种格式，这两种格式所使用的分区工具不太一样。你当然可以使用本章预计最后才介绍的 parted 这个通通有支持的工具来处理，不过，我们还是比较习惯使用 fdisk 或是 gdisk 来处理分区。因此，我们自然就要去确定一下目前系统都有哪些磁盘，这些磁盘是 MBR 还是 GPT 等信息，这样才能处理。

◆ lsblk 列出系统上的所有磁盘列表

lsblk 可以看成【list block device】的缩写，就是列出所有存储设备的意思，这个工具软件真的很好用，来看一看。

```
[root@study ~]# lsblk [-dfimpt] [device]
选项与参数：
-d ：仅列出磁盘本身，并不会列出该磁盘的分区数据；
-f ：同时列出该磁盘内的文件系统名称；
-i ：使用 ASCII 的字符输出，不要使用复杂的编码（在某些环境下很有用）；
-m ：同时输出该设备在/dev 下面的权限信息（rwx 的数据）；
-p ：列出该设备的完整文件名，而不是仅列出最后的名字而已；
-t ：列出该磁盘设备的详细数据，包括磁盘阵列机制、预读写的数据量大小等；
范例一：列出本系统下的所有磁盘与磁盘内的分区信息。
[root@study ~]# lsblk
NAME            MAJ:MIN RM  SIZE RO TYPE MOUNTPOINT
sr0              11:0   1 1024M  0 rom
vda             252:0   0   40G  0 disk               # 一整块磁盘。
|-vda1          252:1   0    2M  0 part
|-vda2          252:2   0    1G  0 part /boot
`-vda3          252:3   0   30G  0 part
  |-centos-root 253:0   0   10G  0 lvm  /             # 在 vda3 内的其他文件系统。
  |-centos-swap 253:1   0    1G  0 lvm  [SWAP]
  `-centos-home 253:2   0    5G  0 lvm  /home
```

从上面的输出我们可以很清楚地看到，目前的系统主要有个 sr0 以及一个 vda 的设备，而 vda 的设备下面又有三个分区，其中 vda3 甚至还有因为 LVM 而产生的文件系统，相当的完整吧！从范例一我们来谈谈默认输出的信息有哪些。

- NAME：就是设备的文件名，会省略/dev 等前导目录；
- MAJ:MIN：其实内核识别的设备都是通过这两个代码来实现的，分别是主要与次要设备代码；
- RM：是否为可卸载设备（removable device），如光盘、USB 磁盘等；
- SIZE：当然就是容量；
- RO：是否为只读设备的意思；
- TYPE：是磁盘（disk）、分区（partition）还是只读存储器（rom）等输出；
- MOUNTPOINT：就是前一章谈到的挂载点；

```
范例二：仅列出/dev/vda 设备内的所有数据的完整文件名。
[root@study ~]# lsblk -ip /dev/vda
NAME                        MAJ:MIN RM  SIZE RO TYPE MOUNTPOINT
/dev/vda                     252:0   0   40G  0 disk
|-/dev/vda1                  252:1   0    2M  0 part
|-/dev/vda2                  252:2   0    1G  0 part /boot
`-/dev/vda3                  252:3   0   30G  0 part
  |-/dev/mapper/centos-root 253:0   0   10G  0 lvm  /
  |-/dev/mapper/centos-swap 253:1   0    1G  0 lvm  [SWAP]
  `-/dev/mapper/centos-home 253:2   0    5G  0 lvm  /home   # 完整的文件名，由/开始写。
```

◆ blkid 列出设备的 UUID 等参数

虽然 lsblk 已经可以使用-f 来列出文件系统与设备的 UUID 数据，不过，鸟哥还是比较习惯直接使用 blkid 来找出设备的 UUID，什么是 UUID 呢？UUID 是全局唯一标识符（universally unique identifier），Linux 会将系统内所有的设备都给予一个独一无二的标识符，这个标识符就可以拿来作为挂载或是使用这个设备或文件系统。

```
[root@study ~]# blkid
/dev/vda2: UUID="94ac5f77-cb8a-495e-a65b-2ef7442b837c" TYPE="xfs"
/dev/vda3: UUID="WStYq1-P93d-oShM-JNe3-KeDl-bBf6-RSmfae" TYPE="LVM2_member"
/dev/sda1: UUID="35BC-6D6B" TYPE="vfat"
/dev/mapper/centos-root: UUID="299bdc5b-de6d-486a-a0d2-375402aaab27" TYPE="xfs"
/dev/mapper/centos-swap: UUID="905dc471-6c10-4108-b376-a802edbd862d" TYPE="swap"
/dev/mapper/centos-home: UUID="29979bf1-4a28-48e0-be4a-66329bf727d9" TYPE="xfs"
```

如上所示，每一行代表一个文件系统，主要列出设备名称、UUID 名称以及文件系统的类型（TYPE）。这对于管理员来说，相当有帮助，对于查看系统上面的文件系统来说，真是一目了然。

◆　parted 列出磁盘的分区表类型与分区信息

虽然我们已经知道了系统上面的所有设备，并且通过 blkid 也知道了所有的文件系统。不过，还是不清楚磁盘的分区类型，这时我们可以通过简单的 parted 来输出。我们这里仅简单地利用它的输出而已，本章最后才会详细介绍这个命令的用法。

```
[root@study ~]# parted device_name print
范例一：列出/dev/vda 磁盘的相关信息。
[root@study ~]# parted /dev/vda print
Model: Virtio Block Device（virtblk）    # 磁盘的模块名称（厂商）。
Disk /dev/vda: 42.9GB                   # 磁盘的总容量。
Sector size（logical/physical）: 512B/512B   # 磁盘的每个逻辑/物理扇区容量。
Partition Table: gpt                    # 分区表的格式（MBR/GPT）。
Disk Flags: pmbr_boot
Number  Start    End      Size     File system  Name  Flags      # 下面才是分区数据。
 1      1049kB   3146kB   2097kB                      bios_grub
 2      3146kB   1077MB   1074MB   xfs
 3      1077MB   33.3GB   32.2GB                      lvm
```

看到上表的说明，你就知道，我们用的就是 GPT 分区格式。这样会观察磁盘分区了吗？接下来要来操作磁盘分区了。

7.3.2　磁盘分区：gdisk/fdisk

接下来我们想要进行磁盘分区。要注意的是：MBR 分区表请使用 fdisk 分区，GPT 分区表请使用 gdisk 分区。这个不要搞错，否则会导致分区失败。另外，这两个工具软件的操作很类似，执行了该软件后，可以通过该软件内部的说明数据来操作，因此不需要硬背，只要知道方法即可。刚刚从上面 parted 的输出结果，我们也知道鸟哥这个测试机使用的是 GPT 分区表，因此下面通通得要使用 gdisk 来分区。

◆　gdisk

```
[root@study ~]# gdisk 设备名称
范例：由前一小节的 lsblk 输出，我们知道系统有个/dev/vda，请观察该磁盘的分区与相关信息。
[root@study ~]# gdisk /dev/vda  <==仔细看，不要加上数字。
GPT fdisk（gdisk）version 0.8.6
Partition table scan:
  MBR: protective
  BSD: not present
  APM: not present
  GPT: present
Found valid GPT with protective MBR; using GPT.  <==找到了 GPT 的分区表。
Command（? for help）:    <==这里可以让你输入命令操作，可以按问号（?）来查看可用命令。
Command（? for help）: ?
b       back up GPT data to a file
c       change a partition's name
d       delete a partition                # 删除一个分区
```

```
i      show detailed information on a partition
l      list known partition types
n      add a new partition              # 增加一个分区。
o      create a new empty GUID partition table （GPT）
p      print the partition table        # 打印出分区表（常用）。
q      quit without saving changes      # 不保存分区就直接离开 gdisk。
r      recovery and transformation options （experts only）
s      sort partitions
t      change a partition's type code
v      verify disk
w      write table to disk and exit     # 保存分区操作后离开 gdisk。
x      extra functionality （experts only）
?      print this menu
Command （? for help）:
```

　　你应该要通过 lsblk 或 blkid 先找到磁盘，再用 parted /dev/xxx print 来找出内部的分区表类型，之后才用 gdisk 或 fdisk 来操作系统。上表中可以发现 gdisk 会扫描 MBR 与 GPT 分区表，不过这个软件还是单纯使用在 GPT 分区表的磁盘中比较好。

　　老实说，使用 gdisk 这个程序是完全不需要背命令的。如同上面的表格中，你只要按下问号（?）就能够看到所有的操作，比较重要的操作在上面已经用下划线标注了，你可以参考看看，其中比较不一样的是【q】与【w】这两个操作。不管你进行了什么操作，只要离开 gdisk 时按下【q】，那么所有的操作都不会生效，相反，按下【w】就是写入、操作生效的意思。所以，你可以随便玩 gdisk，只要离开时按下的是【q】即可。好了，先来看看分区表信息吧！

```
Command （? for help）: p  <== 这里可以输出目前磁盘的状态。
Disk /dev/vda: 83886080 sectors, 40.0 GiB              # 磁盘文件名/扇区数与总容量。
Logical sector size: 512 Bytes                         # 单一扇区大小为 512 Bytes。
Disk identifier （GUID）: A4C3C813-62AF-4BFE-BAC9-112EBD87A483  # 磁盘的 GPT 标识码。
Partition table holds up to 128 entries
First usable sector is 34, last usable sector is 83886046
Partitions will be aligned on 2048-sector boundaries
Total free space is 18862013 sectors （9.0 GiB）
Number  Start （sector）    End （sector）   Size       Code  Name # 下面为完整的分区信息。
   1        2048             6143      2.0 MiB     EF02        # 第一个分区信息。
   2        6144          2103295    1024.0 MiB    0700
   3     2103296         65026047    30.0 GiB      8E00
# 分区编号  开始扇区号码  结束扇区号码  容量大小
Command （? for help）: q
# 想要不保存离开吗？按下 q 就对了，不要随便按 w。
```

　　使用【p】可以列出目前这块磁盘的分区表信息，这个信息的上半部分在显示整体磁盘的状态。以鸟哥这块磁盘为例，这个磁盘共有 40GB 左右的容量，共有 83886080 个扇区，每个扇区的容量为 512B。要注意的是，现在的分区主要是以扇区为最小的单位。

　　下半部分的分区表信息主要在列出每个分区的信息，每个项目的意义为：

- Number：分区编号，1 号指的是 /dev/vda1 这样计算；
- Start （sector）：每一个分区的开始扇区号码位置；
- End （sector）：每一个分区的结束扇区号码位置，与 start 之间可以算出分区的总容量；
- Size：就是分区的容量；
- Code：在分区内的可能的文件系统类型，Linux 为 8300，swap 为 8200，不过这个项目只是一个提示而已，不见得真的代表此分区内的文件系统；
- Name：文件系统的名称等；

从上表我们可以发现几件事情：

- 整个磁盘还可以进行额外的划分，因为最大扇区为 83886080，但只使用到 65026047 号而已；
- 分区的设计中，新分区通常选用上一个分区的结束扇区号码数加 1 作为起始扇区号码。

这个 gdisk 只有 root 才能执行，此外，请注意，使用的设备文件名请不要加上数字，因为磁盘分区是针对整个磁盘设备而不是某个分区。所以执行【gdisk /dev/vda1】就会发生错误，要使用 gdisk /dev/vda 才对。

> 再次强调，你可以使用 gdisk 在您的磁盘上面胡搞瞎搞地进行实际操作，都不要紧，但是请千万记住，不要按下 w 即可，离开的时候按下 q 就万事无妨。此外，不要在 MBR 分区上面使用 gdisk，因为如果命令按错，恐怕你的分区记录会全部消失。也不要在 GPT 上面使用 fdisk，切记切记。

◆　用 gdisk 新增分区

如果你是按照鸟哥建议的方式去安装你的 CentOS 7，那么你的磁盘应该会预留一块空间来做练习。如果没有的话，那么你可能需要找另外一块磁盘来让你练习才行，而经过上面的观察，我们也确认系统还有剩下的容量可以来操作练习分区，假设我需要有如下的分区需求：

- 1GB 的 xfs 文件系统（Linux）
- 1GB 的 vfat 文件系统（Windows）
- 0.5GB 的 swap（Linux swap）（这个分区等一下会被删除）

那就来操作吧！

```
[root@study ~]# gdisk /dev/vda
Command (? for help): p
Number  Start (sector)    End (sector)  Size        Code  Name
   1         2048            6143      2.0 MiB      EF02
   2         6144          2103295    1024.0 MiB   0700
   3       2103296         65026047    30.0 GiB     8E00
# 找出最后一个 sector 的号码是很重要的。
Command (? for help): ?  # 查一下新增分区的命令是什么。
Command (? for help): n  # 就是这个，所以开始新增的操作。
Partition number (4-128, default 4): 4  # 默认就是 4 号，所以也能回车即可。
First sector (34-83886046, default = 65026048) or {+-}size{KMGTP}: 65026048  # 也能回车。
Last sector (65026048-83886046, default = 83886046) or {+-}size{KMGTP}: +1G  # 绝不要回车。
# 这个地方可有趣了，我们不需要自己去计算扇区号码，通过+容量的这个方式，
# 就可以让 gdisk 主动去帮你算出最接近你需要容量的扇区号码。
Current type is 'Linux filesystem'
Hex code or GUID (L to show codes, Enter = 8300): # 使用默认值即可，直接回车下去。
# 这里在让你选择未来这个分区预计使用的文件系统，默认都是 Linux 文件系统的 8300。
Command (? for help): p
Number  Start (sector)    End (sector)  Size        Code  Name
   1         2048            6143      2.0 MiB      EF02
   2         6144          2103295    1024.0 MiB   0700
   3       2103296         65026047    30.0 GiB     8E00
   4       65026048        67123199    1024.0 MiB   8300  Linux filesystem
```

重点在【Last sector】那一行，那行绝对不要使用默认值，因为默认值会将所有的容量用光，因此它默认选择最大的扇区号码。因为我们仅要 1GB 而已，所以你得要加上+1G 这样即可。不需要计算扇区的数量，gdisk 会根据你填写的数值，直接计算最接近该容量的扇区数。每次新增完毕后，请立即【p】查看一下结果，请继续处理后续的两个分区，最终出现的画面会有点像下面这样才对。

```
Command (? for help): p
Number  Start (sector)    End (sector)  Size        Code  Name
   1         2048            6143      2.0 MiB      EF02
   2         6144          2103295    1024.0 MiB   0700
   3       2103296         65026047    30.0 GiB     8E00
   4       65026048        67123199    1024.0 MiB   8300  Linux filesystem
   5       67123200        69220351    1024.0 MiB   0700  Microsoft basic data
   6       69220352        70244351    500.0 MiB    8200  Linux swap
```

⬚

基本上，几乎都用默认值，然后通过+1G、+500M 来创建所需的另外两个分区，比较有趣的是文件系统的 ID。一般来说，Linux 大概都是 8200、8300、8e00 等三种格式，Windows 几乎都用 0700，如果忘记这些数字，可以在 gdisk 中按下【L】来显示。如果一切的分区状态都正常的话，那么就直接写入磁盘分区表吧！

```
Command (? for help): w
Final checks complete. About to write GPT data. THIS WILL OVERWRITE EXISTING
PARTITIONS!!
Do you want to proceed? (Y/N): y
OK; writing new GUID partition table (GPT) to /dev/vda.
Warning: The kernel is still using the old partition table.
The new table will be used at the next reboot.
The operation has completed successfully.
# gdisk 会先警告你可能的问题，我们确定分区是对的，这时才按下 y，不过怎么还有警告呢？
# 这是因为这块磁盘目前正在使用当中，因此系统无法立即加载新的分区表。
[root@study ~]# cat /proc/partitions
major minor  #blocks  name
252        0   41943040 vda
 252       1       2048 vda1
 252       2    1048576 vda2
 252       3   31461376 vda3
 253       0   10485760 dm-0
 253       1    1048576 dm-1
 253       2    5242880 dm-2
# 你可以发现，并没有 vda4、vda5、vda6，因为内核还没有更新。
```

因为 Linux 此时还在使用这块磁盘，因为担心系统出问题，所以分区表并没有被更新，这个时候我们有两个方式可以来处理，其中一个是重新启动，不过很讨厌。另外一个则是通过 partprobe 这个命令来处理即可。

◆ partprobe 更新 Linux 内核的分区表信息

```
[root@study ~]# partprobe [-s]   # 你可以不要加-s，那么屏幕不会出现信息。
[root@study ~]# partprobe -s     # 不过还是建议加上-s 比较清晰。
/dev/vda: gpt partitions 1 2 3 4 5 6
[root@study ~]# lsblk /dev/vda   # 实际的磁盘分区状态。
NAME             MAJ:MIN RM  SIZE RO TYPE MOUNTPOINT
vda              252:0    0   40G  0 disk
|-vda1           252:1    0    2M  0 part
|-vda2           252:2    0    1G  0 part /boot
|-vda3           252:3    0   30G  0 part
| |-centos-root 253:0    0   10G  0 lvm  /
| |-centos-swap 253:1    0    1G  0 lvm  [SWAP]
| `-centos-home 253:2    0    5G  0 lvm  /home
|-vda4           252:4    0    1G  0 part
|-vda5           252:5    0    1G  0 part
`-vda6           252:6    0  500M  0 part
[root@study ~]# cat /proc/partitions  # 内核的分区记录。
major minor  #blocks  name
252        0   41943040 vda
 252       1       2048 vda1
 252       2    1048576 vda2
 252       3   31461376 vda3
 252       4    1048576 vda4
 252       5    1048576 vda5
 252       6     512000 vda6
# 现在内核也正确的识别了分区参数。
```

◆ 用 gdisk 删除一个分区

已经学会了新增分区，那么删除分区呢？好，现在让我们将刚刚建立的 /dev/vda6 删除，你该如何进行？鸟哥下面很快地处理一遍，大家赶紧先来看一看。

```
[root@study ~]# gdisk /dev/vda
Command (? for help): p
Number  Start (sector)      End (sector)  Size        Code  Name
   1          2048              6143   2.0 MiB     EF02
   2          6144           2103295   1024.0 MiB  0700
   3       2103296          65026047   30.0 GiB    8E00
   4      65026048          67123199   1024.0 MiB  8300  Linux filesystem
   5      67123200          69220351   1024.0 MiB  0700  Microsoft basic data
   6      69220352          70244351   500.0 MiB   8200  Linux swap
Command (? for help): d
Partition number (1-6): 6
Command (? for help): p
# 你会发现/dev/vda6 不见了，非常棒，没问题就写入吧！
Command (? for help): w
# 同样会有一堆信息，鸟哥就不重复输出了，自己选择 y 来处理吧！
[root@study ~]# lsblk
# 你会发现，怪了，怎么还是有/dev/vda6 呢？没办法，还没有更新内核的分区表，所以当然有错。
[root@study ~]# partprobe -s
[root@study ~]# lsblk
# 这个时候，那个/dev/vda6 才真的消失不见了，了解吧！
```

> 万分注意，不要去处理一个正在使用中的分区。例如，我们的系统现在已经使用了 /dev/vda2，那如果你要删除 /dev/vda2 的话，必须要先将 /dev/vda2 卸载，否则直接删除该分区的话，虽然磁盘还是会写入正确的分区信息，但是内核会无法更新分区表的信息。另外，文件系统与 Linux 系统的稳定性，恐怕也会变得怪怪的，反正，千万不要处理正在活动的文件系统就对了。

◆ fdisk

虽然 MBR 分区表在未来应该会慢慢的被淘汰，毕竟现在磁盘容量随便都大于 2T 以上了。而对于在 CentOS 7.x 中还无法完整支持 GPT 的 fdisk 来说，这家伙真的英雄无用武之地了。不过依旧有些旧的系统，以及虚拟机的使用上面，还是有小磁盘存在的空间。这时处理 MBR 分区表，就得要使用 fdisk。

因为 fdisk 跟 gdisk 使用的方式几乎一样。只是一个使用? 作为显示命令提示信息，一个使用 m 显示提示而已。此外，fdisk 有时会使用柱面（cylinder）作为分区的最小单位，与 gdisk 默认使用扇区不太一样，大致上只是这点差别。另外，MBR 是有限制的（Primary、Extended、Logical...），不要忘记了，鸟哥这里不做范例了，毕竟示范机上面也没有 MBR 分区表，这里仅列出相关的命令给大家对照参考。

```
[root@study ~]# fdisk /dev/sda
Command (m for help): m  <== 输入 m 后，就会看到下面这些命令介绍。
Command action
  a   toggle a bootable flag
  b   edit bsd disklabel
  c   toggle the dos compatibility flag
  d   delete a partition          <==删除一个磁盘分区。
  l   list known partition types
  m   print this menu
  n   add a new partition         <==新增一个磁盘分区。
  o   create a new empty DOS partition table
  p   print the partition table   <==在屏幕上显示分区表。
  q   quit without saving changes <==不保存离开 fdisk 程序。
  s   create a new empty Sun disklabel
  t   change a partition's system id
```

```
u   change display/entry units
v   verify the partition table
w   write table to disk and exit  <==将刚刚的操作写入分区表。
x   extra functionality (experts only)
```

7.3.3 磁盘格式化（创建文件系统）

分区完毕后自然就是要进行文件系统的格式化。格式化的命令非常简单，那就是【make filesystem，mkfs】这个命令。这个命令其实是个综合命令，它会去调用正确的文件系统格式化工具软件。因为 CentOS 7 使用 xfs 作为默认文件系统，下面我们会先介绍 mkfs.xfs，之后介绍新一代的 ext 系列成员 mkfs.ext4，最后再聊一聊 mkfs 这个综合命令吧！

◆ XFS 文件系统 mkfs.xfs

我们常听到的格式化其实应该称为创建文件系统（make filesystem）才合适，所以使用的命令是 mkfs。那我们要创建的其实是 xfs 文件系统，因此使用的是 mkfs.xfs 这个命令才对。这个命令是这样使用的：

```
[root@study ~]# mkfs.xfs [-b bsize] [-d parms] [-i parms] [-l parms] [-L label] [-f] \
                [-r parms] 设备名称
选项与参数:
关于单位: 下面只要谈到【数值】时，没有加单位则为 Bytes 值，可以用 k、m、g、t、p（小写）等来解释
         比较特殊的是 s 这个单位，它指的是扇区的【个数】。
-b  : 后面接的是区块容量，可由 512 到 64k，不过最大容量限制为 Linux 的 4k。
-d  : 后面接的是重要的 data section 的相关参数值，主要的值有:
      agcount=数值  : 设置需要几个存储群组的意思（AG），通常与 CPU 有关。
      agsize=数值   : 每个 AG 设置为多少容量的意思，通常 agcount/agsize 只选一个设置即可。
      file          : 指的是【格式化的设备是个文件而不是个设备】的意思。（例如虚拟磁盘）
      size=数值     : data section 的容量，亦即你可以不将全部的设备容量用完的意思。
      su=数值       : 当有 RAID 时，那个 stripe 数值的意思，与下面的 sw 搭配使用。
      sw=数值       : 当有 RAID 时，用于保存数据的磁盘数量（须扣除备份盘与备用盘）。
      sunit=数值    : 与 su 相当，不过单位使用的是【几个 sector（512Bytes 大小）】的意思。
      swidth=数值   : 就是 su*sw 的数值，但是以【几个 sector（512Bytes 大小）】来设置。
-f  : 如果设备内已经有文件系统，则需要使用这个-f 来强制格式化才行。
-i  : 与 inode 有较相关的设置，主要的设置值有:
      size=数值     : 最小是 256Bytes 最大是 2k，一般保留 256 就足够使用了。
      internal=[0|1]: log 设备是否为内置? 默认为 1 内置，如果要用外部设备，使用下面设置。
      logdev=device : log 设备为后面接的那个设备上面的意思，需设置 internal=0 才可。
      size=数值     : 指定这块登录区的容量，通常最小得要有 512 个区块，大约 2M 以上才行。
-L  : 后面接这个文件系统的标头名称 Label name 的意思。
-r  : 指定 realtime section 的相关设置值，常见的有:
      extsize=数值  : 就是那个重要的 extent 数值，一般不需设置，但有 RAID 时，
                     最好设置与 swidth 的数值相同较佳。最小为 4K 最大为 1G。
范例: 将前一小节分出来的/dev/vda4 格式化为 xfs 文件系统。
[root@study ~]# mkfs.xfs /dev/vda4
meta-data=/dev/vda4        isize=256    agcount=4, agsize=65536 blks
         =                 sectsz=512   attr=2, projid32bit=1
         =                 crc=0        finobt=0
data     =                 bsize=4096   blocks=262144, imaxpct=25
         =                 sunit=0      swidth=0 blks
naming   =version 2        bsize=4096   ascii-ci=0 ftype=0
log      =internal log     bsize=4096   blocks=2560, version=2
         =                 sectsz=512   sunit=0 blks, lazy-count=1
realtime =none             extsz=4096   blocks=0, rtextents=0
# 很快格式化完毕，都用默认值，较重要的是 inode 与区块的数值。
[root@study ~]# blkid /dev/vda4
/dev/vda4: UUID="39293f4f-627b-4dfd-a015-08340537709c" TYPE="xfs"
# 确定创建好 xfs 文件系统了。
```

使用默认的 xfs 文件系统参数来创建系统即可，速度非常快。如果我们有其他额外想要处理的选

238

项，才需要加上一堆设置值。举例来说，因为 xfs 可以使用多个数据流来读写系统，以增加速度，因此那个 agcount 可以跟 CPU 的内核数来做搭配。举例来说，如果我的服务器仅有 4 个物理内核，但是使用 Intel 超线程技术，则系统会模拟出 8 个 CPU 时，那个 agcount 就可以设置为 8。举个例子来看看：

```
范例：找出你系统的 CPU 数，并据以设置你的 agcount 数值。
[root@study ~]# grep 'processor' /proc/cpuinfo
processor       : 0
processor       : 1
# 所以就是有两块 CPU 的意思，那就来设置设置我们的 xfs 文件系统格式化参数。
[root@study ~]# mkfs.xfs -f -d agcount=2 /dev/vda4
meta-data=/dev/vda4             isize=256    agcount=2, agsize=131072 blks
        =                       sectsz=512   attr=2, projid32bit=1
        =                       crc=0        finobt=0
……（下面省略）……
# 可以跟前一个范例对照看看，可以发现 agcount 变成 2。
# 此外，因为已经格式化过一次，因此 mkfs.xfs 可能会出现不给你格式化的警告，因此需要使用-f。
```

◆ XFS 文件系统 for RAID 性能优化（Optional）

我们在第 14 章会持续谈到高级文件系统的设置，其中就有磁盘阵列这个东西。磁盘阵列是多块磁盘组成一块大磁盘的意思，利用同步写入到这些磁盘的技术，不但可以加快读写速度，还可以让某一块磁盘坏掉时，整个文件系统还是可以持续运行，这就是所谓的容错。

基本上，磁盘阵列（RAID）就是通过将文件先细分为数个小型的分区区块（stripe）之后，然后将众多的 stripes 分别放到磁盘阵列里面的所有磁盘，所以一个文件是被同时写入到多个磁盘中，当然性能会好一些。为了文件的安全性，所以在这些磁盘里面，会保留数个（与磁盘阵列的规划有关）校验磁盘（parity disk），以及可能会保留一个以上的备用磁盘（spare disk），这些区块基本上会占用掉磁盘阵列的总容量，不过对于数据的安全会比较有保障。

那个分区区块 stripe 的数值大多介于 4K 和 1M 之间，这与你的磁盘阵列卡支持的选项有关。stripe 与你的文件数据容量以及性能相关性较高。当你的系统大多是大型文件时，一般建议 stripe 可以设置大一些，这样磁盘阵列读写的频率会降低，性能会提升。如果是用于系统，那么小文件比较多的情况下，stripe 建议大约在 64K 左右可能会有较佳的性能。不过，还是都须要经过测试，完全是 case by case 的情况，更多详细的磁盘阵列我们在第 14 章再来谈，这里先有个大概的认识即可，第 14 章看完之后，再回来这个小节看看。

文件系统的读写要能够有优化，最好能够搭配磁盘阵列的参数来设计，这样性能才能够起来。也就是说，你可以先在文件系统就将 stripe 规划好，那交给 RAID 去存取时，它就无须重复进行文件的 stripe 过程，性能当然会更好。那格式化时，优化性能与什么东西有关呢？我们来假设个环境好了：

● 我有两个线程的 CPU 数量，所以 agcount 最好指定为 2；
● 当初设置 RAID 的 stripe 指定为 256K 这么大，因此 su 最好设置为 256K；
● 设置的磁盘阵列有 8 块，因为是 RAID 5 的设置，所以有一个 parity（校验盘），因此指定 sw 为 7；
● 由上述的数据中，我们可以发现数据宽度（swidth）应该就是 256K*7 得到 1792K，可以指定 extsize 为 1792K。

相关数据的来源可以参考文末[注6]的说明，这里仅快速地使用 mkfs.xfs 的参数来处理格式化的操作。

```
[root@study ~]# mkfs.xfs -f -d agcount=2,su=256k,sw=7 -r extsize=1792k /dev/vda4
meta-data=/dev/vda4             isize=256    agcount=2, agsize=131072 blks
        =                       sectsz=512   attr=2, projid32bit=1
        =                       crc=0        finobt=0
data    =                       bsize=4096   blocks=262144, imaxpct=25
        =                       sunit=64     swidth=448 blks
naming  =version 2              bsize=4096   ascii-ci=0 ftype=0
```

```
log      =internal log          bsize=4096  blocks=2560, version=2
         =                      sectsz=512  sunit=64 blks, lazy-count=1
realtime =none                  extsz=1835008 blocks=0, rtextents=0
```

从输出的结果来看，agcount 没啥问题，sunit 结果是 64 个区块，因为每个区块为 4K，所以算出来容量就是 256K 也没错，那个 swidth 也相同，使用 448 × 4K 得到 1792K，那个 extsz 则是算成 Bytes 的单位，换算结果也没错，上面是个方式，那如果使用 sunit 与 swidth 直接套用在 mkfs.xfs 当中呢？那你得小心了，因为命令中的这两个参数用的是几个 512B 的扇区数量的意思，是数量单位而不是容量单位，因此先计算为：

- sunit = 256K/512Bytes*1024（Bytes/K） = 512 个 sector
- swidth = 7 个磁盘 * sunit = 7 * 512 = 3584 个 sector

所以命令就得要变成如下模样：

```
[root@study ~]# mkfs.xfs -f -d agcount=2,sunit=512,swidth=3584 -r extsize=1792k /dev/vda4
```

再说一次，这边你大概先有个概念即可，看不懂也没关系。等到第 14 章看完后，再回到这里，应该就能够看得懂了，多看几次，多做几次，操作系统的练习就是这样才能学得会，看得懂。

◆ ext4 文件系统 mkfs.ext4

如果想要格式化为 ext4 的传统 Linux 文件系统的话，可以使用 mkfs.ext4 这个命令即可，这个命令的参数快速的介绍一下。

```
[root@study ~]# mkfs.ext4 [-b size] [-L label] 设备名称
选项与参数：
-b  ：设置区块的大小，有 1K、2K、4K 的容量。
-L  ：后面接这个设备的标头名称。
范例：将/dev/vda5 格式化为 ext4 文件系统。
[root@study ~]# mkfs.ext4 /dev/vda5
mke2fs 1.42.9（28-Dec-2013）
Filesystem label=                        # 显示 Label name。
OS type: Linux
Block size=4096（log=2）                  # 每一个区块的大小。
Fragment size=4096（log=2）
Stride=0 blocks, Stripe width=0 blocks    # 跟 RAID 相关性较高。
65536 inodes, 262144 blocks               # 总计 inode/区块的数量。
13107 blocks（5.00%）reserved for the super user
First data block=0
Maximum filesystem blocks=268435456
8 block groups                            # 共有 8 个区块群组。
32768 blocks per group, 32768 fragments per group
8192 inodes per group
Superblock backups stored on blocks:
       32768, 98304, 163840, 229376
Allocating group tables: done
Writing inode tables: done
Creating journal（8192 blocks）: done
Writing superblocks and filesystem accounting information: done
[root@study ~]# dumpe2fs -h /dev/vda5
dumpe2fs 1.42.9（28-Dec-2013）
Filesystem volume name:    <none>
Last mounted on:           <not available>
Filesystem UUID:           3fd5cc6f-a47d-46c0-98c0-d43b072e0e12
……（中间省略）……
Inode count:               65536
Block count:               262144
Block size:                4096
Blocks per group:          32768
Inode size:                256
Journal size:              32M
```

由于数据量较大，因此鸟哥只列出比较重要的项目而已，提供给你参考。另外，本章稍早之前介绍的 dumpe2fs 现在也可以测试练习了。查看一下相关的数据吧！因为 ext4 的默认值已经相当适合我们系统使用，大部分的默认值写入至/etc/mke2fs.conf 这个文件中，有兴趣可以自行前往查看。也因此，我们无须额外指定 inode 的容量，系统都帮我们做好了默认值，只需要得到 uuid 这个东西即可。

◆　其他文件系统 mkfs

　　mkfs 其实是个综合命令而已，当我们使用 mkfs -t xfs 时，它就会跑去找 mkfs.xfs 相关的参数给我们使用。如果想要知道系统还支持哪种文件系统的格式化功能，直接按 [tab] 就很清楚了。

```
[root@study ~]# mkfs[tab][tab]
mkfs         mkfs.btrfs   mkfs.cramfs  mkfs.ext2    mkfs.ext3    mkfs.ext4
mkfs.fat     mkfs.minix   mkfs.msdos   mkfs.vfat    mkfs.xfs
```

　　所以系统还有支持 ext2/ext3/vfat 等多种常用的文件系统，那如果要将刚刚的 /dev/vda5 重新格式化为 VFAT 文件系统呢？

```
[root@study ~]# mkfs -t vfat /dev/vda5
[root@study ~]# blkid /dev/vda5
/dev/vda5: UUID="7130-6012" TYPE="vfat" PARTLABEL="Microsoft basic data"
[root@study ~]# mkfs.ext4 /dev/vda5
[root@study ~]# blkid /dev/vda4 /dev/vda5
/dev/vda4: UUID="e0a6af55-26e7-4cb7-a515-826a8bd29e90" TYPE="xfs"
/dev/vda5: UUID="899b755b-1da4-4d1d-9b1c-f762adb798e1" TYPE="ext4"
```

　　上面就是我们这个章节最后的结果了，/dev/vda4 是 xfs 文件系统，而 /dev/vda5 是 ext4 文件系统，都有练习妥当了嘛？

> 越来越多同学上课都不听讲，只是很单纯地将鸟哥在屏幕操作的过程【拍照】下来而已，当鸟哥说【开始操作，等一下要检查】，大家就拼命地从手机里面将刚刚的照片拿出来，一个一个命令照着打，不过，屏幕并不能告诉你[Tab] 按钮其实不是按下回车的结果，如上所示，同学拼命按下 mkfs 之后，却没有办法得到下面出现的众多命令，就开始举手——老师，我没办法做到你讲的画面——拜托读者们，请注意，我们是要练习 Linux 系统，不是要练习"英文打字"，英文打字回家练就好了。

7.3.4　文件系统检验

　　由于系统在运行时谁也说不准啥时硬件或是电源会有问题，所以宕机可能是难免的情况（不管是硬件还是软件）。现在我们知道文件系统运行时会有磁盘与内存数据异步的状况发生，因此莫名其妙的宕机非常可能导致文件系统的错乱。问题来了，如果文件系统真的发生错乱的话，那该如何是好？就……挽救啊。不同的文件系统恢复的命令不太一样，我们主要针对 xfs 及 ext4 这两个主流文件系统来说明。

◆　xfs_repair 处理 XFS 文件系统

　　当有 xfs 文件系统错乱才需要使用这个命令，所以，这个命令最好是不要用到，但有问题发生时，这个命令却又很重要。

```
[root@study ~]# xfs_repair [-fnd] 设备名称
选项与参数：
-f  ：后面的设备其实是个文件而不是实体设备。
-n  ：单纯检查并不修改文件系统的任何数据（检查而已）。
-d  ：通常用在单人维护模式下面，针对根目录（/）进行检查与修复的操作，很危险，不要随便使用。
范例：检查一下刚刚建立的/dev/vda4 文件系统。
[root@study ~]# xfs_repair /dev/vda4
Phase 1 - find and verify superblock...
```

```
Phase 2 - using internal log
Phase 3 - for each AG...
Phase 4 - check for duplicate blocks...
Phase 5 - rebuild AG headers and trees...
Phase 6 - check inode connectivity...
Phase 7 - verify and correct link counts...
done
# 共有 7 个重要的检查流程，详细的流程介绍 man xfs_repair 即可。
范例：检查一下系统原本就有的 /dev/centos/home 文件系统。
[root@study ~]# xfs_repair /dev/centos/home
xfs repair: /dev/centos/home contains a mounted filesystem
xfs repair: /dev/centos/home contains a mounted and writable filesystem
fatal error -- couldn't initialize XFS library
```

    xfs_repair 可以检查/修复文件系统，不过，因为修复文件系统是个很庞大的任务。因此，修复时该文件系统不能被挂载。所以，检查与修复 /dev/vda4 没啥问题，但是修复 /dev/centos/home 这个已经挂载的文件系统时，嘿嘿，就出现上述的问题了。没关系，若可以卸载，卸载后再处理即可。

    Linux 系统有个设备无法被卸载，那就是根目录。如果你的根目录有问题怎么办？这时要进入单人维护或恢复模式，然后通过-d 这个选项来处理。加入-d 这个选项后，系统会强制检验该设备，检验完毕后就会自动重新启动。不过，鸟哥完全不打算要进行这个命令的操作，永远都不希望操作这东西。

◆ fsck.ext4 处理 ext4 文件系统

    fsck 是个综合命令，如果是针对 ext4 的话，建议直接使用 fsck.ext4 来检测比较妥当，那 fsck.ext4 的选项有下面几个常见的项目：

```
[root@study ~]# fsck.ext4 [-pf] [-b 超级区块] 设备名称
选项与参数：
-p ：当文件系统在修复时，若有需要回覆 y 的操作时，自动回覆 y 来继续进行修复操作。
-f ：强制检查，一般来说，如果 fsck 没有发现任何 unclean 的标识，不会主动进入
     详细检查的，如果您想要强制 fsck 详细检查，就得加上-f 标识。
-D ：针对文件系统下的目录进行最佳化配置。
-b ：后面接超级区块的位置，一般来说这个选项用不到。但是如果你的超级区块因故损坏时，
     通过这个参数即可利用文件系统内备份的超级区块来尝试恢复，一般来说，超级区块备份在：
     1K 区块放在 8193，2K 区块放在 16384，4K 区块放在 32768。
范例：找出刚刚创建的/dev/vda5 的另一块超级区块，并据以检测系统。
[root@study ~]# dumpe2fs -h /dev/vda5 | grep 'Blocks per group'
Blocks per group:       32768
# 看起来每个区块群组会有 32768 个区块，因此第二个超级区块应该就在 32768 上。
# 因为 block 号码从 0 号开始编的。
[root@study ~]# fsck.ext4 -b 32768 /dev/vda5
e2fsck 1.42.9 (28-Dec-2013)
/dev/vda5 was not cleanly unmounted, check forced.
Pass 1: Checking inodes, blocks, and sizes
Deleted inode 1577 has zero dtime.  Fix<y>? yes
Pass 2: Checking directory structure
Pass 3: Checking directory connectivity
Pass 4: Checking reference counts
Pass 5: Checking group summary information
/dev/vda5: ***** FILE SYSTEM WAS MODIFIED *****  # 文件系统被改过，所以这里会有警告。
/dev/vda5: 11/65536 files (0.0% non-contiguous), 12955/262144 blocks
# 好巧，鸟哥使用这个方式来检验系统，恰好遇到文件系统出问题，于是可以有比较多的解释方向。
# 当文件系统出问题，它就会要你选择是否修复，如果修复如上所示，按下 y 即可。
# 最终系统会告诉你，文件系统已经被更改过，要注意该项目的意思。
范例：已默认设置强制检查一次/dev/vda5。
[root@study ~]# fsck.ext4 /dev/vda5
e2fsck 1.42.9 (28-Dec-2013)
/dev/vda5: clean, 11/65536 files, 12955/262144 blocks
# 文件系统状态正常，它并不会进入强制检查，会告诉你文件系统没问题（clean）。
[root@study ~]# fsck.ext4 -f /dev/vda5
e2fsck 1.42.9 (28-Dec-2013)
```

```
Pass 1: Checking inodes, blocks, and sizes
……（下面省略）……
```

　　无论是 xfs_repair 或 fsck.ext4，这都是用来检查与修正文件系统错误的命令。**注意：通常只有身为 root 且你的文件系统有问题的时候才使用这个命令**，否则在正常状况下使用此命令，可能会造成对系统的危害。通常使用这个命令的场合都是在系统出现极大的问题，导致你在 Linux 启动的时候得进入单人单机模式下进行维护的操作时，才必须使用此一命令。

　　另外，如果你怀疑刚刚格式化成功的磁盘有问题的时候，也可以使用 xfs_repair 与 fsck.ext4 来检查磁盘。其实就有点像是 Windows 的 scandisk。此外，由于 xfs_repair 与 fsck.ext4 在扫描磁盘的时候，可能会造成部分文件系统的改变，所以执行 xfs_repair 与 fsck.ext4 时，**被检查的硬盘分区务必不可挂载到系统上，亦即是需要在卸载的状态**。

7.3.5　文件系统挂载与卸载

　　我们在本章一开始时的挂载点的意义当中提过挂载点是目录，而这个目录是进入磁盘分区（其实是文件系统）的入口。不过要进行挂载前，你最好先确定几件事：

- **单一文件系统不应该被重复挂载在不同的挂载点（目录）中；**
- **单一目录不应该重复挂载多个文件系统；**
- **要作为挂载点的目录，理论上应该都是空目录才行；**

　　尤其是上述的后两点，如果你要用来挂载的目录里面并不是空的，**那么挂载了文件系统之后，原目录下的东西就会暂时地消失**。举个例子来说，假设你的/home 原本与根目录（/）在同一个文件系统中，下面原本就有 /home/test 与/home/vbird 两个目录。然后你想要加入新的磁盘，并且直接挂载 /home 下面，那么当你挂载上新的分区时，则/home 目录显示的是新分区内的数据。至于原先的 test 与 vbird 这两个目录就会暂时的被隐藏，注意，并不是被覆盖掉，而是暂时地隐藏了起来，等到新分区被卸载之后，则 /home 原本的内容就会再次跑出来。

　　而要将文件系统挂载到我们的 Linux 系统上，就要使用 mount 这个命令。不过，这个命令真的是博大精深，很难，我们学简单一点。

```
[root@study ~]# mount -a
[root@study ~]# mount [-l]
[root@study ~]# mount [-t 文件系统] LABEL=''  挂载点
[root@study ~]# mount [-t 文件系统] UUID=''  挂载点  # 鸟哥近期建议用这种方式。
[root@study ~]# mount [-t 文件系统] 设备文件名  挂载点
选项与参数:
-a ：依照配置文件/etc/fstab 的数据将所有未挂载的磁盘都挂载上来。
-l ：单纯的输入 mount 会显示目前挂载的信息，加上-l 可增列 Label 名称。
-t ：可以加上文件系统种类来指定欲挂载的类型，常见的 Linux 支持类型有: xfs、ext3、ext4、reiserfs、
vfat、iso9660（光盘格式）、nfs、cifs、smbfs（后三种为网络文件系统类型）。
-n ：在默认的情况下，系统会将实际挂载的情况即时写入/etc/mtab 中，以利其他程序的运行，
     但在某些情况下（例如单人维护模式）为了避免问题会刻意不写入，此时就得要使用 -n 选项。
-o ：后面可以接一些挂载时额外加上的参数。比方说账号、密码、读写权限等:
   async, sync:   此文件系统是否使用同步写入（sync）或非同步（async）的
                    内存机制，请参考文件系统运行方式，默认为 async。
   atime,noatime: 是否修改文件的读取时间（atime）。为了性能，某些时刻可使用 noatime。
   ro, rw:  挂载文件系统成为只读（ro）或可读写（rw）。
   auto, noauto:  允许此文件系统被以 mount -a 自动挂载（auto）。
   dev, nodev:  是否允许此文件系统可建立设备文件? dev 为可允许。
   suid, nosuid: 是否允许此文件系统含有 suid/sgid 的文件格式?
   exec, noexec: 是否允许此文件系统上拥有可执行二进制文件?
   user, nouser: 是否允许此文件系统让任何使用者执行 mount? 一般来说，mount 仅有 root 可以进行，
但执行 user 参数，则可让一般 user 也能够对此分区进行 mount。
   defaults:  默认值为: rw、suid、dev、exec、auto、nouser、and async。
   remount:  重新挂载，这在系统出错，或重新更新参数时很有用。
```

基本上，CentOS 7 已经太聪明了，因此你不需要加上 -t 这个选项，系统会自动分析最恰当的文件系统来尝试挂载你需要的设备，这也是使用 blkid 就能够显示正确的文件系统的缘故。那 CentOS 是怎么找出文件系统类型的呢？由于文件系统几乎都有超级区块，我们的 Linux 可以通过分析超级区块搭配 Linux 自己的驱动程序去测试挂载，如果测试成功，就立刻自动使用该类型的文件系统挂载起来。那么系统有没有指定哪些类型的文件系统才需要进行上述挂载测试？主要是参考下面这两个文件：

- /etc/filesystems：系统指定的测试挂载文件系统类型的优先级；
- /proc/filesystems：Linux 系统已经加载的文件系统类型；

那我怎么知道我的 Linux 有没有相关文件系统类型的驱动程序？我们 Linux 支持的文件系统的驱动程序都写在如下的目录中：

- /lib/modules/$（uname -r）/kernel/fs/

例如 ext4 的驱动程序就写在【/lib/modules/$（uname -r）/kernel/fs/ext4/】这个目录下。

另外，过去我们都习惯使用设备文件名然后直接用该文件名挂载，不过近期以来鸟哥比较建议使用 UUID 来识别文件系统，会比设备名称与标头名称还要更可靠，因为是独一无二的。

◆　挂载 xfs/ext4/vfat 等文件系统

```
范例：找出/dev/vda4 的 UUID 后，用该 UUID 来挂载文件系统到/data/xfs 内。
[root@study ~]# blkid /dev/vda4
/dev/vda4: UUID="e0a6af55-26e7-4cb7-a515-826a8bd29e90" TYPE="xfs"
[root@study ~]# mount UUID="e0a6af55-26e7-4cb7-a515-826a8bd29e90" /data/xfs
mount: mount point /data/xfs does not exist  # 非正规目录，所以手动建立它。
[root@study ~]# mkdir -p /data/xfs
[root@study ~]# mount UUID="e0a6af55-26e7-4cb7-a515-826a8bd29e90" /data/xfs
[root@study ~]# df /data/xfs
Filesystem     1K-blocks  Used Available Use% Mounted on
/dev/vda4        1038336 32864   1005472   4% /data/xfs
# 顺利挂载，且容量约为 1G 左右没问题。
范例：使用相同的方式，将/dev/vda5 挂载于/data/ext4。
[root@study ~]# blkid /dev/vda5
/dev/vda5: UUID="899b755b-1da4-4d1d-9b1c-f762adb798e1" TYPE="ext4"
[root@study ~]# mkdir /data/ext4
[root@study ~]# mount UUID="899b755b-1da4-4d1d-9b1c-f762adb798e1" /data/ext4
[root@study ~]# df /data/ext4
Filesystem     1K-blocks  Used Available Use% Mounted on
/dev/vda5         999320  2564    927944   1% /data/ext4
```

◆　挂载 CD 或 DVD 光盘

请拿出你的 CentOS 7 安装光盘出来，然后放入到光驱当中，我们来测试一下这个玩意儿。

```
范例：将你用来安装 Linux 的 CentOS 安装光盘拿出来挂载到/data/cdrom。
[root@study ~]# blkid
……（前面省略）……
/dev/sr0: UUID="2015-04-01-00-21-36-00" LABEL="CentOS 7 x86-64" TYPE="iso9660" PTTYPE="dos"
[root@study ~]# mkdir /data/cdrom
[root@study ~]# mount /dev/sr0 /data/cdrom
mount: /dev/sr0 is write-protected, mounting read-only
[root@study ~]# df /data/cdrom
Filesystem     1K-blocks     Used Available Use% Mounted on
/dev/sr0         7413478  7413478         0 100% /data/cdrom
# 怎么会使用掉 100%？是，因为是 DVD，所以无法再写入了。
```

光驱一挂载之后就无法退出光盘了，除非你将它卸载才能够退出。从上面的数据你也可以发现，因为是光盘，所以磁盘使用率达到 100%，所以你无法直接写入任何数据到光盘当中。此外，如果你使用的是图形界面，那么系统会自动帮你挂载这个光盘到 /media 目录。也可以不卸载就直接退出，但是命令行界面没有这个福利。

　　话说当时年纪小（其实是刚接触 Linux 的那一年, 1999 年前后），摸 Linux 到处碰壁，连将 CD-ROM 挂载后，光驱竟然都不让我退盘，那个时候难过得要死，还用曲别针插入光驱让光盘弹出，不过如此一来光驱就无法被使用了。若要再次使用光驱，当时的解决的方法竟然是重新启动，真是囧得可以。

◆　挂载 vfat 中文移动磁盘（USB 磁盘）

　　请拿出你的 USB 移动磁盘并插入 Linux 主机的 USB 接口中，注意，你的这个 USB 移动磁盘不能够是 NTFS 文件系统，接下来让我们测试吧！

```
范例：找出你的 USB 移动磁盘设备的 UUID，并挂载到/data/usb 目录中
[root@study ~]# blkid
/dev/sda1: UUID="35BC-6D6B" TYPE="vfat"
[root@study ~]# mkdir /data/usb
[root@study ~]#  mount -o codepage=950,iocharset=utf8 UUID="35BC-6D6B" /data/usb
[root@study ~]# # mount -o codepage=950,iocharset=big5 UUID="35BC-6D6B" /data/usb
[root@study ~]# df /data/usb
Filesystem       1K-blocks  Used Available Use% Mounted on
/dev/sda1         2092344      4   2092340   1% /data/usb
```

　　如果是中文文件名的数据，那么可以在挂载时指定挂载文件系统所使用的语系。在 man mount 找到 vfat 文件格式当中可以使用 codepage 来处理。中文语系的代码为 950，另外，如果想要指定中文是 Unicode 还是 Big5，就要使用 iocharset 为 UTF-8 还是 Big5 两者择一了，因为鸟哥的移动硬盘使用 UTF-8 编码，因此将上述的 Big5 前面加上 # 符号，代表注释该行的意思。

　　万一你使用的 USB 磁盘被格式化为 NTFS，那可能就要动点手脚，因为默认的 CentOS 7 并没有支持 NTFS 文件系统格式。所以你要安装 NTFS 文件系统的驱动程序后，才有办法处理。这部分我们留待第 22 章讲到 YUM 服务器时再来谈，因为目前我们还没有网络，也没有讲软件安装。

◆　重新挂载根目录与挂载不特定目录

　　整个目录树最重要的地方就是根目录，所以根目录根本就不能够被卸载。问题是，如果你的挂载参数要改变或是根目录出现【只读】状态时，如何重新挂载？最可能的处理方式就是重新启动（reboot）。不过你也可以这样做：

```
范例：将/重新挂载，并加入参数为 rw 与 auto。
[root@study ~]# mount -o remount,rw,auto /
```

　　重点是那个【-o remount,xx】的选项与参数。请注意，要重新挂载（remount）时，这是个非常重要的机制。尤其是当你进入单人维护模式时，你的根目录常会被系统挂载为只读，这个时候这个命令就太重要了。

　　另外，我们也可以利用 mount 来将某个目录挂载到另外一个目录。这并不是挂载文件系统，而是额外挂载某个目录的方法。虽然下面的方法也可以使用符号链接来做链接，不过在某些不支持符号链接的程序运行中，还是要通过这样的方法才行。

```
范例：将/var 这个目录暂时挂载到/data/var 下面。
[root@study ~]# mkdir /data/var
[root@study ~]# mount --bind /var /data/var
[root@study ~]# ls -lid /var /data/var
16777346 drwxr-xr-x. 22 root root 4096 Jun 15 23:43 /data/var
16777346 drwxr-xr-x. 22 root root 4096 Jun 15 23:43 /var
# 内容完全一模一样，因为挂载目录的缘故。
[root@study ~]# mount | grep var
/dev/mapper/centos-root on /data/var type xfs (rw,relatime,seclabel,attr2,inode64,noquota)
```

　　看起来，其实两者链接到同一个 inode，没错，通过这个 mount --bind 的功能，您可以将某个

目录挂载到其他目录，而并不是整个文件系统，所以从此进入 /data/var 就是进入 /var 的意思。

◆ umount（将设备文件卸载）

```
[root@study ~]# umount [-fn] 设备文件名或挂载点
选项与参数：
-f ：强制卸载。可用在类似网络文件系统（NFS）无法读取到的情况下；
-l ：立刻卸载文件系统，比-f 还强；
-n ：不更新/etc/mtab 情况下卸载；
```

就是直接将已挂载的文件系统卸载，卸载之后，可以使用 df 或 mount 看看是否还存在于目录树中。卸载的方式，可以输入设备文件名或挂载点，均可接受。下面的范例可以做来看看吧！

```
范例：将本章之前自行挂载的文件系统全部卸载。
[root@study ~]# mount
……（前面省略）……
/dev/vda4 on /data/xfs type xfs （rw,relatime,seclabel,attr2,inode64,logbsize=256k,sunit=512
,..）
/dev/vda5 on /data/ext4 type ext4 （rw,relatime,seclabel,data=ordered）
/dev/sr0 on /data/cdrom type iso9660 （ro,relatime）
/dev/sda1 on /data/usb type vfat （rw,relatime,fmask=0022,dmask=0022,codepage=950,iocharset=
...）
/dev/mapper/centos-root on /data/var type xfs （rw,relatime,seclabel,attr2,inode64,noquota）
# 先找一下已经挂载的文件系统，如上所示，特殊字体即为刚刚挂载的设备。
# 基本上，卸载后面接设备或挂载点都可以。不过最后一个 centos-root 由于有其他挂载，
# 因此，该选项一定要使用挂载点来卸载才行。
[root@study ~]# umount /dev/vda4        <==用设备文件名来卸载。
[root@study ~]# umount /data/ext4       <==用挂载点来卸载。
[root@study ~]# umount /data/cdrom      <==因为挂载点比较好记忆。
[root@study ~]# umount /data/usb
[root@study ~]# umount /data/var        <==一定要用挂载点，因为设备有被其他方式挂载。
```

由于通通卸载了，此时你才可以退出光盘、软盘、U 盘等设备。如果你遇到这样的情况：

```
[root@study ~]# mount /dev/sr0 /data/cdrom
[root@study ~]# cd /data/cdrom
[root@study cdrom]# umount /data/cdrom
umount: /data/cdrom: target is busy.
    (In some cases useful info about processes that use
    the device is found by lsof(8) or fuser(1))
[root@study cdrom]# cd /
[root@study /]# umount /data/cdrom
```

由于你目前正在/data/cdrom/的目录内，也就是说其实【你正在使用该文件系统】，所以自然无法卸载这个设备。那该如何是好？就【离开该文件系统的挂载点】即可。以上述的案例来说，使用【cd /】回到根目录，就能够卸载 /data/cdrom 了，简单吧！

7.3.6 磁盘/文件系统参数自定义

某些时刻，你可能会希望修改一下目前文件系统的一些相关信息，举例来说，你可能要修改 Label name 或是 journal 的参数，或是其他磁盘/文件系统运行时的相关参数（例如 DMA 启动与否），这个时候，就需要下面这些相关的命令功能。

◆ mknod

还记得我们说过，在 Linux 下面所有的设备都以文件来表示。但是那个文件如何代表该设备？很简单，就是通过文件的 major 与 minor 数值来替代。所以，这个 major 与 minor 数值是有特殊意义的，不能随意设置。我们在 lsblk 命令的用法里面也谈过这两个数值，举例来说，在鸟哥的这个测试机当中，用到的磁盘 /dev/vda 的相关设备代码如下：

```
[root@study ~]# ll /dev/vda*
brw-rw----. 1 root disk 252, 0 Jun 24 02:30 /dev/vda
```

```
brw-rw----. 1 root disk 252, 1 Jun 24 02:30 /dev/vda1
brw-rw----. 1 root disk 252, 2 Jun 15 23:43 /dev/vda2
brw-rw----. 1 root disk 252, 3 Jun 15 23:43 /dev/vda3
brw-rw----. 1 root disk 252, 4 Jun 24 20:00 /dev/vda4
brw-rw----. 1 root disk 252, 5 Jun 24 21:15 /dev/vda5
```

上表当中 252 为主要设备代码（major），而 0~5 则为次要设备代码（minor）。我们的 Linux 内核支持的设备数据就是通过这两个数值来决定的。举例来说，常见的磁盘文件名 /dev/sda 与 /dev/loop0 的设备代码如下所示：

磁盘文件名	major	minor
/dev/sda	8	0~15
/dev/sdb	8	16~31
/dev/loop0	7	0
/dev/loop1	7	1

如果你想要知道更多内核支持的硬件设备代码（major 与 minor）请参考内核官网的链接[注7]。基本上，Linux 内核 2.6 版以后，硬件文件名已经都可以被系统自动地实时产生了，我们根本不需要手动建立设备文件。不过某些情况下面我们可能还是要手动处理设备文件，例如在某些服务被 chroot 到特定目录下时，就需要这样做了，此时这个 mknod 就要知道如何操作才行。

```
[root@study ~]# mknod 设备文件名 [bcp] [Major] [Minor]
选项与参数:
设备种类:
   b : 设置设备名称成为一个外接存储设备文件，例如磁盘等;
   c : 设置设备名称成为一个外接输入设备文件，例如鼠标/键盘等;
   p : 设置设备名称成为一个 FIFO 文件;
Major : 主要设备代码;
Minor : 次要设备代码;
范例: 由上述的介绍我们知道/dev/vda10 设备代码 252, 10，请建立并查看此设备。
[root@study ~]# mknod /dev/vda10 b 252 10
[root@study ~]# ll /dev/vda10
brw-r--r--. 1 root root 252, 10 Jun 24 23:40 /dev/vda10
# 上面那个 252 与 10 是有意义的，不要随意设置。
范例: 建立一个 FIFO 文件，文件名为 /tmp/testpipe
[root@study ~]# mknod /tmp/testpipe p
[root@study ~]# ll /tmp/testpipe
prw-r--r--. 1 root root 0 Jun 24 23:44 /tmp/testpipe
# 注意，这个文件可不是一般文件，不可以随便就放在这里;
# 测试完毕之后请删除这个文件。看一下这个文件的类型，是 p。
[root@study ~]# rm /dev/vda10 /tmp/testpipe
rm: remove block special file '/dev/vda10' ? y
rm: remove fifo '/tmp/testpipe' ? y
```

◆　xfs_admin 修改 XFS 文件系统的 UUID 与 Label name

如果你当初格式化的时候忘记加上标头名称，后来想要再次加入时，不需要重复格式化，直接使用这个 xfs_admin 即可，这个命令直接拿来设置 LABEL name 以及 UUID 即可。

```
[root@study ~]# xfs_admin [-lu] [-L label] [-U uuid] 设备文件名
选项与参数:
-l : 列出这个设备的 label name;
-u : 列出这个设备的 UUID;
-L : 设置这个设备的 Label name;
-U : 设置这个设备的 UUID;
范例: 设置/dev/vda4 的 label name 为 vbird_xfs，并测试挂载。
[root@study ~]# xfs_admin -L vbird_xfs /dev/vda4
writing all SBs
new label = "vbird_xfs"                # 产生新的 LABEL 名称。
[root@study ~]# xfs_admin -l /dev/vda4
label = "vbird_xfs"
```

```
[root@study ~]# mount LABEL=vbird xfs /data/xfs/
范例: 利用 uuidgen 产生新 UUID 来设置/dev/vda4,并测试挂载。
[root@study ~]# umount /dev/vda4        # 使用前,请先卸载。
[root@study ~]# uuidgen
e0fa7252-b374-4a06-987a-3cb14f415488    # 很有趣的命令,可以产生新的 UUID。
[root@study ~]# xfs_admin -u /dev/vda4
UUID = e0a6af55-26e7-4cb7-a515-826a8bd29e90
[root@study ~]# xfs_admin -U e0fa7252-b374-4a06-987a-3cb14f415488 /dev/vda4
Clearing log and setting UUID
writing all SBs
new UUID = e0fa7252-b374-4a06-987a-3cb14f415488
[root@study ~]# mount UUID=e0fa7252-b374-4a06-987a-3cb14f415488 /data/xfs
```

不知道你会不会有这样的疑问:【鸟哥,既然 mount 使用设备文件名(/dev/vda4)也可以挂载成功,那你为什么要用很讨厌的很长一串的 UUID 来作为挂载时写入的设备名称呢?】问得好!原因是这样的:【因为你没有办法设置这个磁盘在所有的 Linux 系统中,文件名一定都会是 /dev/vda】

举例来说,我们刚刚使用的移动硬盘在鸟哥这个测试系统当中查询到的文件名是/dev/sda,但是当这个移动硬盘放到其他的已经有/dev/sda 文件名的 Linux 系统下,它的文件名就会被指定成为 /dev/sdb 或/dev/sdc 等,反正,不会是 /dev/sda 了,那我怎么用同一个命令去挂载这个移动硬盘呢? 当然有问题吧! 但是 UUID 可是很难重复的,看看上面 uuidgen 产生的结果你就知道了,所以你可以确定该名称不会被重复,这对系统管理可是相当有帮助的,它也比 LABEL name 要更精准得多。

◆ tune2fs 修改 ext4 的 label name 与 UUID

```
[root@study ~]# tune2fs [-l] [-L Label] [-U uuid] 设备文件名
选项与参数:
-l : 类似 dumpe2fs -h 的功能,将 superblock 内的数据读出来;
-L : 修改 LABEL name;
-U : 修改 UUID;
范例: 列出/dev/vda5 的 label name 之后,将它改成 vbird_ext4。
[root@study ~]# dumpe2fs -h /dev/vda5 | grep name
dumpe2fs 1.42.9 (28-Dec-2013)
Filesystem volume name:   <none>    # 果然是没有设置。
[root@study ~]# tune2fs -L vbird_ext4 /dev/vda5
[root@study ~]# dumpe2fs -h /dev/vda5 | grep name
Filesystem volume name:   vbird_ext4
[root@study ~]# mount LABEL=vbird_ext4 /data/ext4
```

这个命令的功能其实很广泛,上面鸟哥仅列出很简单的一些参数而已,更多的用法请自行参考 man tune2fs。

7.4　设置启动挂载

手动处理挂载不是很人性化,我们总是需要让系统【自动】在启动时进行挂载。本小节就是在谈它。另外,从 FTP 服务器下载下来的镜像文件能否不用刻录就读取内容呢? 我们也需要先谈谈。

7.4.1　启动挂载/etc/fstab 及 /etc/mtab

刚刚上面说了许多,那么可不可以在启动的时候就将我要的文件系统都挂载好呢? 这样我就不需要每次进入 Linux 系统都还要再挂载一次呀! 当然可以,直接到 /etc/fstab 里面去修改就行。不过,在开始说明前,这里要先跟大家说一说系统挂载的一些限制:

● 根目录 / 是必须挂载的,而且一定要先于其他挂载点(mount point)被挂载进来。
● 其他挂载点必须为已建立的目录,可任意指定,但一定要遵守必需的系统目录架构原则(FHS)。
● 所有挂载点在同一时间之内,只能挂载一次。

- 　所有硬盘分区在同一时间之内，只能挂载一次。
- 　如若进行卸载，您必须先将工作目录移到挂载点（及其子目录）之外。

让我们直接查看一下 /etc/fstab 这个文件的内容。

```
[root@study ~]# cat /etc/fstab
# Device                              Mount point  filesystem parameters    dump fsck
/dev/mapper/centos-root               /            xfs        defaults      0 0
UUID=94ac5f77-cb8a-495e-a65b-2ef7442b837c /boot    xfs        defaults      0 0
/dev/mapper/centos-home               /home        xfs        defaults      0 0
/dev/mapper/centos-swap               swap         swap       defaults      0 0
```

其实/etc/fstab（filesystem table）就是在我们利用 mount 命令进行挂载时，将所有的选项与参数写入的文件。除此之外/etc/fstab 还加入了 dump 这个备份用命令的支持，与启动时是否进行文件系统检验 fsck 等命令有关。这个文件的内容共有六个字段，这六个字段非常重要，你【一定要背下来】才好。各个字段的概述与详细信息如下：

　　鸟哥比较较真一点，因为某些 Linux 发行版的/etc/fstab 文件排列方式蛮丑的，虽然每一栏之间只要以空格符分开即可，但就是觉得丑，所以通常鸟哥就会自己排列整齐，并加上注释符号（就是 # ），来帮我记忆这些信息。

[设备/UUID 等]　[挂载点]　[文件系统]　[文件系统参数]　[dump]　[fsck]

◆　**第一栏：磁盘设备文件名/UUID/LABEL name**
这个字段可以填写的数据主要有三个项目：
- 　文件系统或磁盘的设备文件名，如 /dev/vda2 等；
- 　文件系统的 UUID 名称，如 UUID=xxx；
- 　文件系统的 LABEL 名称，例如 LABEL=xxx；

因为每个文件系统都可以有上面三个项目，所以你喜欢哪个项目就填哪个项目，无所谓，只是从鸟哥测试机的 /etc/fstab 里面看到的，在挂载点 /boot 使用的已经是 UUID 了。那你会说不是还有多个写的是 /dev/mapper/xxx 的吗？怎么回事呢？因为这个是 LVM，LVM 的文件名在你的系统中也算是独一无二的，这部分我们在后续章节再来谈。不过，如果为了一致性，将它改成 UUID 也没问题，（鸟哥还是比较建议使用 UUID），要记得使用 blkid 或 xfs_admin 来查询 UUID。

◆　**第二栏：挂载点（mount point）**
挂载点是什么？一定是目录，要知道，忘记的话，请回本章稍早之前的内容看看。

◆　**第三栏：磁盘分区的文件系统**
在手动挂载时可以让系统自动测试挂载，但在这个文件当中我们必须要手动写入文件系统才行，包括 xfs、ext4、vfat、reiserfs、nfs 等。

◆　**第四栏：文件系统参数**
记不记得我们在 mount 这个命令中谈到很多特殊的文件系统参数？还有我们使用过的【-o codepage=950】？这些特殊的参数就是写在这个字段。虽然之前在 mount 已经提过一次，这里我们利用表格的方式再梳理一下：

参　　数	内 容 意 义
async/sync 异步/同步	设置磁盘是否以异步方式运行，默认为 async（性能较佳）
auto/noauto 自动/非自动	当执行 mount -a 时，此文件系统是否会被主动测试挂载，默认为 auto

续表

参　　数	内　容　意　义
rw/ro 可擦写/只读	让该分区以可读写或只读的状态挂载上来，如果你想要分享的数据是不给用户随意变更，这里也能够设置为只读，则不论在此文件系统的文件是否设置 w 权限，都无法写入
exec/noexec 可执行/不可执行	限制在此文件系统内是否可以进行【执行】的工作？如果是纯粹用来存储数据的目录，那么可以设置为 noexec 会比较安全。不过，这个参数也不能随便使用，因为你不知道该目录下是否默认会有执行文件。 举例来说，如果你将 noexec 设置在 /var，当某些软件将一些执行文件放置于 /var 下时，那就会产生很大的问题。因此，建议这个 noexec 最多仅设置于你自定义或分享的一般数据目录
user/nouser 允许/不允许用户挂载	是否允许用户使用 mount 命令来挂载？一般而言，我们当然不希望一般身份的 user 能使用 mount，因为太不安全了，因此这里应该要设置为 nouser
suid/nosuid 具有/不具有 suid 权限	该文件系统是否允许 SUID 的存在？如果不是执行文件放置目录，也可以设置为 nosuid 来取消这个功能
defaults	同时具有 rw、suid、dev、exec、auto、nouser、async 等参数，基本上，默认情况使用 defaults 设置即可

◆ **第五栏：能否被 dump 备份命令作用**

dump 是一个用来做为备份的命令，不过现在有太多的备份方案，所以这个项目可以不要理会，直接输入 0 就好。

◆ **第六栏：是否以 fsck 检验扇区**

早期启动的流程中，会有一段时间去检验本机的文件系统，看看文件系统是否完整（clean）。不过这个阶段主要是通过 fsck 去完成，我们现在用的 xfs 文件系统就没有办法适用，因为 xfs 会自己进行检验，不需要额外进行这个操作，所以直接填 0 就好了。

好了，那么让我们来处理一下我们新建的文件系统，看看能不能启动被挂载。

例题

假设我们要每次启动都将/dev/vda4 自动挂载到 /data/xfs，该如何进行？

答： 首先，请用 nano 将下面这一行写入 /etc/fstab 最后面中；

```
[root@study ~]# nano /etc/fstab
UUID="e0fa7252-b374-4a06-987a-3cb14f415488"  /data/xfs  xfs  defaults  0 0
```

再来看看 /dev/vda4 是否已经挂载，如果挂载了，请务必卸载再说。

```
[root@study ~]# df
Filesystem            1K-blocks    Used Available Use% Mounted on
/dev/vda4              1038336    32864   1005472   4% /data/xfs
# 竟然不知道何时被挂载了？赶紧给它卸载。
# 因为，如果要被挂载的文件系统已经被挂载（无论挂载在哪个目录），那测试就不会进行。
[root@study ~]# umount /dev/vda4
```

最后测试一下刚刚我们写入 /etc/fstab 的语法有没有错误，这点很重要。**因为这个文件如果写错了，则你的 Linux 很可能将无法顺利启动完成，所以请务必要测试测试。**

```
[root@study ~]# mount -a
[root@study ~]# df /data/xfs
```

最终看到 /dev/vda4 被挂载起来的信息才是成功挂载了，而且以后每次启动都会顺利地将此文件系统挂载起来。现在，你可以执行 reboot 重新启动，然后看一下默认有没有多一个/dev/vda4。

/etc/fstab 是启动时的配置文件,不过,实际文件系统的挂载是记录到 /etc/mtab 与 /proc/mounts 这两个文件中的。每次我们在修改文件系统的挂载时,也会同时修改这两个文件。但是,万一发生你在 /etc/fstab 输入的数据错误,导致无法顺利启动成功,而进入单人维护模式当中,那时候的/可是只读的状态,当然你就无法修改/etc/fstab,也无法更新/etc/mtab,怎么办? 没关系,可以利用下面这一招:

```
[root@study ~]# mount -n -o remount,rw /
```

7.4.2　特殊设备 loop 挂载（镜像文件不刻录就挂载使用）

如果有光盘镜像文件,或是使用文件作为磁盘的方式时,那就要使用特别的方法来将它挂载起来,不需要刻录。

◆　挂载 CD/DVD 镜像文件

想象一下如果今天我们从中科大镜像站（http://mirrors.ustc.edu.cn）下载了 Linux 或是其他所需 CD/DVD 的镜像文件后,难道一定需要刻录成为光盘才能够使用该文件里面的数据吗? 当然不是,我们可以通过 loop 设备来挂载。

那要如何挂载? 鸟哥将整个 CentOS 7.x 的 DVD 镜像文件上传到测试机上面,然后利用这个文件来挂载给大家参考看看。

```
[root@study ~]# ll -h /tmp/CentOS-7.0-1406-x86-64-DVD.iso
-rw-r--r--. 1 root root 3.9G Jul  7  2014 /tmp/CentOS-7.0-1406-x86-64-DVD.iso
# 看到上面的结果吧! 这个文件就是镜像文件，文件非常的大吧!
[root@study ~]# mkdir /data/centos_dvd
[root@study ~]# mount -o loop /tmp/CentOS-7.0-1406-x86-64-DVD.iso /data/centos_dvd
[root@study ~]# df /data/centos_dvd
Filesystem     1K-blocks      Used Available Use% Mounted on
/dev/loop0       4050860   4050860         0 100% /data/centos_dvd
# 就是这个项目，.iso 镜像文件内的所有数据可以在/data/centos_dvd 看到。
[root@study ~]# ll /data/centos_dvd
total 607
-rw-r--r--. 1 500 502    14 Jul 5 2014 CentOS_BuildTag <==看，就是 DVD 的内容。
drwxr-xr-x. 3 500 502  2048 Jul 4 2014 EFI
-rw-r--r--. 1 500 502   611 Jul 5 2014 EULA
-rw-r--r--. 1 500 502 18009 Jul 5 2014 GPL
drwxr-xr-x. 3 500 502  2048 Jul 4 2014 images
……（下面省略）……
[root@study ~]# umount /data/centos_dvd/
# 测试完成，记得将数据给它卸载，同时这个镜像文件也被鸟哥删除了，因为测试机容量不够大。
```

非常方便吧! 如此一来我们不需要将这个文件刻录成为光盘或是 DVD 就能够读取内部的数据了。换句话说,你也可以在这个文件内【动手脚】去修改文件。这也是为什么很多镜像文件提供后,还得要提供验证码（MD5）给用户确认该镜像文件没有问题。

◆　建立大文件以制作 loop 设备文件

想一想,既然能够挂载 DVD 的镜像文件,那么我能不能制作出一个大文件,然后将这个文件格式化后挂载? 好问题,这是个有趣的操作,而且还能够帮助我们解决很多系统的分区不合理的情况。举例来说,如果当初在分区时,你只有划分出一个根目录,假设你已经没有多余的容量可以进行额外的分区,偏偏根目录的容量还很大。此时你就能够制作出一个大文件,然后将这个文件挂载,如此一来感觉上你就多了一个分区,用途非常广泛。

下面我们在 /srv 下建立一个 512MB 左右的大文件,然后将这个大文件格式化并且实际挂载来玩一玩,这样你会比较清楚鸟哥在讲什么。

◆　建立大型文件

首先,我们得先有一个大的文件吧! 怎么建立这个大文件? 在 Linux 下面我们有一个很好用的程序 dd，它可以用来建立空文件。详细的说明请先翻到下一章压缩命令的运用来查看，这里鸟哥仅作一个简单的范例而已，假设我要在/srv/loopdev 建立一个空的文件，那可以这样做：

```
[root@study ~]# dd if=/dev/zero of=/srv/loopdev bs=1M count=512
512+0 records in    <==读入 512 条数据。
512+0 records out   <==输出 512 条数据。
536870912 Bytes（537 MB）copied, 12.3484 seconds, 43.5 MB/s
# 这个命令的简单意义如下：
# if    是 input file，输入文件，那个/dev/zero 是会一直输出 0 的设备。
# of    是 output file，将一堆零写入到后面接的文件中。
# bs    是每个 block 大小，就像文件系统那样的 block 意义。
# count 则是总共几个 bs 的意思，所以 bs*count 就是这个文件的容量。
[root@study ~]# ll -h /srv/loopdev
-rw-r--r--. 1 root root 512M Jun 25 19:46 /srv/loopdev
```

dd 就好像在叠砖块一样，将 512 块、每块 1MB 的砖块堆砌成为一个大文件（/srv/loopdev），最终就会出现一个 512MB 的文件，很简单吧！

◆ 大型文件的格式化

默认 xfs 是不能够格式化文件的，所以要格式化文件得要加入特别的参数才行，让我们来看看。

```
[root@study ~]# mkfs.xfs -f /srv/loopdev
[root@study ~]# blkid /srv/loopdev
/srv/loopdev: UUID="7dd97bd2-4446-48fd-9d23-a8b03ffdd5ee" TYPE="xfs"
```

其实很简单，所以鸟哥就不输出格式化的结果了，要注意 UUID 的数值，未来会用到。

◆ 挂载

那要如何挂载？利用 mount 的特殊参数，就是 -o loop 的参数来处理。

```
[root@study ~]# mount -o loop UUID="7dd97bd2-4446-48fd-9d23-a8b03ffdd5ee" /mnt
[root@study ~]# df /mnt
Filesystem     1K-blocks  Used Available Use% Mounted on
/dev/loop0        520876 26372    494504   6% /mnt
```

通过这个简单的方法，感觉上你就可以在不修改原有环境的情况下，在原分区中制作出你想要的分区，这东西很好用的。尤其是想要玩 Linux 上面的【虚拟机】的话，也就是以一台 Linux 主机再分割成为数个独立的主机系统时，类似 VMware 这类的软件，在 Linux 上使用 Xen 这个软件，它就可以配合这种 loop device 的文件类型来进行根目录的挂载，真的非常有用。

比较特别的是，CentOS 7.x 越来越聪明了，现在你不需要执行-o loop 这个选项与参数，它同样可以被系统挂上来。连直接输入 blkid 都会列出这个文件内部的文件系统，相当有趣。不过，为了考虑向下兼容性，鸟哥还是建议你加上 loop 比较妥当。现在，请将这个文件系统永远地自动挂载起来吧！

```
[root@study ~]# nano /etc/fstab
/srv/loopdev /data/file xfs defaults,loop  0 0
# 毕竟系统大多仅查询 block device 去找出 UUID 而已，因此使用文件创建的文件系统，
# 最好还是使用原本的文件名来处理，应该比较不容易出现错误信息。
[root@study ~]# umount /mnt
[root@study ~]# mkdir /data/file
[root@study ~]# mount -a
[root@study ~]# df /data/file
Filesystem     1K-blocks  Used Available Use% Mounted on
/dev/loop0        520876 26372    494504   6% /data/file
```

7.5　内存交换分区（**swap**）之创建

以前的年代内存不足，因此那个可以将内存中的数据拿到硬盘中暂时存放的内存交换分区（swap）就显得非常重要。否则，如果突然间某个程序用掉你大部分的内存，那你的系统恐怕会有损坏的情况

发生。所以，早期在安装 Linux 之前，大家常常会告诉你：安装时一定需要的两个硬盘分区，一个是根目录，另外一个就是内存交换分区。关于内存交换分区的解释在第 3 章安装 Linux 内的磁盘分区时大致提过，请你自行回头看看吧！

　　一般来说，如果硬件的设备资源足够的话，那么 swap 应该不会被我们的系统所使用到，swap 会被利用到的时刻通常就是物理内存不足的情况。从第 0 章的计算机概论当中，我们知道 CPU 所读取的数据都来自于内存，那么内存不足的时候，为了让后续的程序可以顺利运行，需要将暂不使用的程序与数据挪到内存交换分区中，此时内存就会空出来给需要执行的程序加载。由于内存交换分区是用磁盘来暂时放置内存中的信息，所以用到它时，你的主机磁盘灯就会开始闪个不停。

　　虽然目前主机的内存都很大，至少都有 4GB 以上。因此在个人使用上，你不在你的 Linux 上设置内存交换分区应该也没有什么太大的问题。不过服务器可就不这么想了，由于你不会知道何时会有大量来自网络的请求，因此最好还是能够预留一些内存交换分区来缓冲一下系统的内存使用量，至少达到【备而不用】的地步。

　　现在想象一个情况，你已经将系统建立起来了，此时却才发现你没有创建内存交换分区，那该如何是好？通过本章上面谈到的方法，你可以使用如下的方式来建立你的内存交换分区。

- 设置一个内存交换分区
- 建立一个虚拟内存的文件

不多说了，就立刻来处理处理吧！

7.5.1　使用物理分区创建内存交换分区

　　建立内存交换分区的方式也是非常的简单，通过下面几个步骤就搞定：

　　1. 分区：先使用 gdisk 在你的磁盘中划分出一个分区给系统作为内存交换分区，由于 Linux 的 gdisk 默认会将分区的 ID 设置为 Linux 的文件系统，所以你可能还得要设置一下 system ID。

　　2. 格式化：利用建立内存交换分区格式的【mkswap 设备文件名】就能够格式化该分区成为内存交换分区格式。

　　3. 使用：最后将该 swap 设备启动，方法为【swapon 设备文件名】。

　　4. 观察：最终通过 free 与 swapon -s 这个命令来观察一下内存的使用量。

　　不多说了，立刻来实践看看。既然我们还有多余的磁盘容量可以划分，那么让我们继续划分出 512MB 的磁盘分区，然后将这个磁盘分区做成内存交换分区。

◆　1. 先进行分区操作

```
[root@study ~]# gdisk /dev/vda
Command（? for help）: n
Partition number（6-128, default 6）:
First sector（34-83886046, default = 69220352）or {+-}size{KMGTP}:
Last sector（69220352-83886046, default = 83886046）or {+-}size{KMGTP}: +512M
Current type is 'Linux filesystem'
Hex code or GUID（L to show codes, Enter = 8300）: 8200
Changed type of partition to 'Linux swap'
Command（? for help）: p
Number  Start（sector）     End（sector）  Size      Code  Name
  6      69220352          70268927  512.0 MiB  8200  Linux swap  # 重点就是产生这东西。
Command（? for help）: w
Do you want to proceed?（Y/N）: y
[root@study ~]# partprobe
[root@study ~]# lsblk
NAME            MAJ:MIN RM  SIZE RO TYPE MOUNTPOINT
vda             252:0    0   40G 0 disk
……（中间省略）……
`-vda6          252:6    0  512M 0 part   # 确定这里是存在的才行。
# 鸟哥有简化输出，结果可以看到我们多了一个/dev/vda6 可以使用于内存交换分区。
```

◆　2. 开始创建 swap 格式

```
[root@study ~]# mkswap /dev/vda6
Setting up swapspace version 1, size = 524284 KiB
no label, UUID=6b17e4ab-9bf9-43d6-88a0-73ab47855f9d
[root@study ~]# blkid /dev/vda6
/dev/vda6: UUID="6b17e4ab-9bf9-43d6-88a0-73ab47855f9d" TYPE="swap"
# 确定格式化成功，且使用 blkid 确实可以识别这个设备。
```

◆　3. 开始观察与加载看看

```
[root@study ~]# free
            total     used      free    shared  buff/cache  available
Mem:      1275140   227244    330124      7804     717772      875536  # 物理内存
Swap:     1048572   101340    947232                                  # swap 相关
# 我有 1275140K 的物理内存，使用 227244K，剩余 330124K，使用掉的内存有
# 717772K 被缓存使用，至于内存交换分区已经有 1048572K，这样会看了吧?
[root@study ~]# swapon /dev/vda6
[root@study ~]# free
            total     used      free    shared  buff/cache  available
Mem:      1275140   227940    329256      7804     717944      874752
Swap:     1572856   101260   1471596   <==有看到增加了没?
[root@study ~]# swapon -s
Filename              Type          Size     Used   Priority
/dev/dm-1             partition   1048572   101260    -1
/dev/vda6             partition    524284      0     -2
# 上面列出目前使用的内存交换分区设备有哪些的意思。
[root@study ~]# nano /etc/fstab
UUID="6b17e4ab-9bf9-43d6-88a0-73ab47855f9d"  swap  swap  defaults  0  0
# 当然要写入配置文件，只不过不是文件系统，所以没有挂载点，第二个栏位写入 swap 即可。
```

7.5.2　使用文件创建内存交换文件

　　如果是在物理分区无法支持的环境下，此时前一小节提到的 loop 设备创建方法就派上用场了。与物理分区不一样，这个方法只是利用 dd 去创建一个大文件而已。多说无益，我们就再通过文件创建的方法建立一个 128 MB 的内存交换文件。

◆　1. 使用 dd 这个命令在 /tmp 下面新增一个 128MB 的文件

```
[root@study ~]# dd if=/dev/zero of=/tmp/swap bs=1M count=128
128+0 records in
128+0 records out
134217728 Bytes （134 MB） copied, 1.7066 seconds, 78.6 MB/s
[root@study ~]# ll -h /tmp/swap
-rw-r--r--. 1 root root 128M Jun 26 17:47 /tmp/swap
```

　　这样一个 128MB 的文件就创建妥当了，若忘记上述的各项参数的意义，请回前一小节查看一下。

◆　2. 使用 mkswap 将 /tmp/swap 这个文件格式化为内存交换文件的文件格式

```
[root@study ~]# mkswap /tmp/swap
Setting up swapspace version 1, size = 131068 KiB
no label, UUID=4746c8ce-3f73-4f83-b883-33b12fa7337c
# 这个命令执行时请【特别小心】，因为写错字符，将可能使您的文件系统挂掉。
```

◆　3. 使用 swapon 来将 /tmp/swap 启动

```
[root@study ~]# swapon /tmp/swap
[root@study ~]# swapon -s
Filename              Type          Size     Used   Priority
/dev/dm-1             partition   1048572   100380    -1
/dev/vda6             partition    524284      0     -2
/tmp/swap             file         131068      0     -3
```

◆　4. 使用 swapoff 关闭 swap file，并设置自动启用

```
[root@study ~]# nano /etc/fstab
/tmp/swap  swap  swap  defaults  0  0
# 为何这里不要使用 UUID? 这是因为系统仅会查询区块设备 (block device) 不会查询文件。
# 所以，这里千万不要使用 UUID，不然系统会查不到。
[root@study ~]# swapoff /tmp/swap /dev/vda6
[root@study ~]# swapon -s
Filename                       Type            Size    Used    Priority
/dev/dm-1                      partition       1048572 100380  -1
# 确定已经回复到原本的状态了，然后准备来测试。
[root@study ~]# swapon -a
[root@study ~]# swapon -s
# 最终你又会看正确的三个内存交换分区出现，这也才确定你的/etc/fstab 设置无误。
```

说实话，内存交换分区对目前的桌面计算机来讲，存在的意义已经不大了。这是因为目前的 x86 主机所含的内存实在都太大了（一般入门级至少也都有 4GB），所以，我们的 Linux 系统大概都用不到内存交换分区这个玩意儿。不过，如果是针对服务器或是工作站这些常年运行的系统来说的话，那么，无论如何内存交换分区还是需要建立的。

因为内存交换分区主要的功能是当物理内存不够时，则某些在内存当中的程序会暂时被移动到内存交换分区当中，让物理内存可以被需要的程序来使用。另外，如果你的主机支持电源管理模式，也就是说你的 Linux 主机系统可以进入【休眠】模式的话，那么，运行当中的程序状态则会被记录到内存交换分区中，以作为【唤醒】主机的状态依据。另外，某些程序在运行时，本来就会利用内存交换分区的特性来存放一些数据，所以，内存交换分区还是需要建立的，只是不需要太大。

7.6　文件系统的特殊观察与操作

文件系统实在是非常有趣的东西，鸟哥学了好几年还是有很多东西不太懂。在学习的过程中很多朋友在讨论区都提供过一些想法，将这些想法归纳起来有下面几点可以参考。

7.6.1　磁盘空间之浪费问题

我们在前面的 ext2 数据区块介绍中谈到了一个区块只能放置一个文件，因此太多小文件将会浪费非常多的磁盘容量。但你有没有注意到，整个文件系统中的超级区块、inode 对照表与其他中介数据等其实都会浪费磁盘容量。所以当我们在 /dev/vda4、/dev/vda5 建立 xfs 或 ext4 文件系统时，一挂载就立刻有很多容量被使用。

另外，不知道你有没有发现，当你使用 ls -l 去查询某个目录下的数据时，第一行都会出现一个【total】的字样。那是啥东西？其实那就是该目录下的所有数据所耗用的实际区块数量 * 区块大小的值。我们可以通过 ll -s 来观查看看上述的意义：

```
[root@study ~]# ll -sh
total 12K
4.0K -rw-------. 1 root root 1.8K May  4 17:57 anaconda-ks.cfg
4.0K -rw-r--r--. 2 root root  451 Jun 10 2014 crontab
   0 lrwxrwxrwx. 1 root root   12 Jun 23 22:31 crontab2 -> /etc/crontab
4.0K -rw-r--r--. 1 root root 1.9K May  4 18:01 initial-setup-ks.cfg
   0 -rw-r--r--. 1 root root    0 Jun 16 01:11 test1
   0 drwxr-xr-x. 2 root root    6 Jun 16 01:11 test2
   0 -rw-rw-r--. 1 root root    0 Jun 16 01:12 test3
   0 drwxrwxr-x. 2 root root    6 Jun 16 01:12 test4
```

上面的特殊字体部分，就是每个文件使用掉的区块的容量。举例来说，那个 crontab 虽然仅有 451 字节，不过它却占用了整个数据区块（每个区块为 4K），所以将所有的文件的所有区块相加就得到 12KB

这个数值。如果计算每个文件实际容量的相加结果，其实只有不到 5KB 而已，所以，这样就浪费掉好多容量。未来大家在讨论小磁盘、大磁盘，文件容量的损耗时，要回想到这块内容。

7.6.2 利用 GNU 的 parted 进行分区操作（可选）

虽然你可以使用 gdisk/fdisk 快速划分分区，不过 gdisk 主要针对 GPT，而 fdisk 主要支持 MBR，对 GPT 的支持还不够。所以使用不同的分区类型时，得要先查询到正确的分区表才能用适合的命令，好麻烦，有没有同时支持的命令？有的，那就是 parted。

> 老实说，若不是后来有推出支持 GPT 的 gdisk，鸟哥其实已经爱用 parted 来进行分区操作，虽然很多命令都需要同时开一个终端去查 man page，不过至少所有的分区表都能够支持。

parted 可以直接在一行命令行就完成分区，是一个非常好用的命令，它常用的语法如下：

```
[root@study ~]# parted [设备] [命令 [参数]]
选项与参数:
命令功能:
    新增分区: mkpart [primary|logical|Extended] [ext4|vfat|xfs] 开始 结束
    显示分区: print
    删除分区: rm [partition]
范例一: 以 parted 列出目前本机的分区表信息。
[root@study ~]# parted /dev/vda print
Model: Virtio Block Device (virtblk)        <==磁盘类型与型号。
Disk /dev/vda: 42.9GB                        <==磁盘文件名与容量。
Sector size (logical/physical): 512B/512B    <==每个扇区的大小。
Partition Table: gpt                         <==是 GPT 还是 MBR 分区表
Disk Flags: pmbr_boot
Number  Start   End     Size     File system    Name                     Flags
1       1049kB  3146kB  2097kB                                            bios_grub
2       3146kB  1077MB  1074MB   xfs
3       1077MB  33.3GB  32.2GB                                           lvm
4       33.3GB  34.4GB  1074MB   xfs            Linux filesystem
5       34.4GB  35.4GB  1074MB   ext4           Microsoft basic data
6       35.4GB  36.0GB  537MB    Linux-swap(v1) Linux swap
[ 1 ]   [ 2 ]   [ 3 ]   [ 4 ]  [ 5 ]           [ 6 ]
```

上面是最简单的 parted 命令功能简介，你可以使用【 man parted 】或是【 parted /dev/vda help mkpart 】去查询更详细的数据，比较有趣的地方在于分区表的信息，我们将上述的分区表示意拆成六部分来说明：

1. Number：这个就是分区的号码。举例来说，1 号代表的是/dev/vda1 的意思。
2. Start：分区的起始位置在这块磁盘的多少 MB 处？有趣吧，它以容量作为单位。
3. End：此分区的结束位置在这块磁盘的多少 MB 处？
4. Size：由上述两者的分析，得到这个分区有多少容量。
5. File system：分析可能的文件系统类型是什么的意思。
6. Name：就如同 gdisk 的 System ID 之意。

不过 start 与 end 的单位竟然不一致。如果你想要固定单位，例如都用 MB 显示的话，可以这样做：

```
[root@study ~]# parted /dev/vda unit mb print
```

如果你想要将原本的 MBR 改成 GPT 分区表，或原本的 GPT 分区表改成 MBR 分区表，也能使用 parted，但是请不要使用 vda 来测试，因为分区表格式不能转换。因此进行下面的测试后，该磁盘的

文件系统应该是会损坏的,所以鸟哥拿一块没有使用的移动硬盘来测试,所以文件名会变成 /dev/sda,
再说一次,不要恶搞。

```
范例二:将 /dev/sda 这个原本的 MBR 分区表变成 GPT 分区表。(危险,危险,勿乱搞,无法恢复。)
[root@study ~]# parted /dev/sda print
Model: ATA QEMU HARDDISK (scsi)
Disk /dev/sda: 2148MB
Sector size (logical/physical): 512B/512B
Partition Table: msdos      # 确实显示的是 MBR 的 msdos 格式。
[root@study ~]# parted /dev/sda mklabel gpt
Warning: The existing disk label on /dev/sda will be destroyed and all data on
this disk will be lost. Do you want to continue?
Yes/No? y
[root@study ~]# parted /dev/sda print
# 你应该就会看到变成 gpt 的样子,只是后续的分区就全部都死掉了。
```

接下来我们尝试来建立一个全新的分区吧!再次的建立一个 512MB 的分区用来格式化为 vfat,且
挂载于 /data/win。

```
范例三:建立一个约为 512MB 容量的分区。
[root@study ~]# parted /dev/vda print
……(前面省略)……
Number  Start    End      Size     File system    Name              Flags
……(中间省略)……
 6      35.4GB   36.0GB   537MB    Linux-swap(v1)  Linux swap   # 要先找出来下一个分区的起始点。
[root@study ~]# parted /dev/vda mkpart primary fat32 36.0GB 36.5GB
# 由于新的分区的起始点在前一个分区的后面,所以当然要先找出前面那个分区的结束位置。
# 然后再请参考 mkpart 的命令功能,就能够处理好相关的操作。
[root@study ~]# parted /dev/vda print
……(前面省略)……
Number  Start    End      Size     File system    Name              Flags
 7      36.0GB   36.5GB   522MB                    primary
[root@study ~]# partprobe
[root@study ~]# lsblk /dev/vda7
NAME MAJ:MIN RM  SIZE RO TYPE MOUNTPOINT
vda7 252:7   0  498M 0 part      # 要确定它是真的存在才行。
[root@study ~]# mkfs -t vfat /dev/vda7
[root@study ~]# blkid /dev/vda7
/dev/vda7: SEC TYPE="msdos" UUID="6032-BF38" TYPE="vfat"
[root@study ~]# nano /etc/fstab
UUID="6032-BF38" /data/win vfat defaults  0 0
[root@study ~]# mkdir /data/win
[root@study ~]# mount -a
[root@study ~]# df /data/win
Filesystem     1K-blocks  Used Available Use% Mounted on
/dev/vda7        509672     0    509672   0% /data/win
```

事实上,你应该使用 gdisk 来处理 GPT 分区就好。不过,某些特殊时刻,例如你要自己写一个脚
本,让你的分区全部一口气建立,不需要 gdisk 一条一条命令去进行时,那么 parted 就非常有效果
了。因为它可以直接进行硬盘分区而不需要跟用户互动,这就是它的最大好处,鸟哥还是建议,至少
你要操作过几次 parted,知道这家伙的用途,未来有需要再回来查,或使用 man parted 去处理。

7.7　重点回顾

◆　一个可以被挂载的数据通常称为【文件系统,filesystem】而不是硬盘分区(partition)。
◆　基本上 Linux 的传统文件系统为 ext2,该文件系统内的信息主要有:
　●　超级区块:记录此文件系统的整体信息,包括 inode/区块的总量、使用量、剩余量,以及文
　　　件系统的格式与相关信息等;

- inode：记录文件的属性，一个文件占用一个 inode，同时记录此文件的数据所在的区块号码；
- 数据区块：实际记录文件的内容，若文件太大时，会占用多个数据区块；

◆ ext2 文件系统的数据存取为索引式文件系统（indexed allocation）；
◆ 需要碎片整理的原因就是文件写入的数据区块太过于离散，此时文件读取的性能将会变的很差，这个时候可以通过碎片整理将同一个文件所属的区块集合在一起。
◆ ext2 文件系统主要有：引导扇区、超级区块、inode 对照表、区块对照表、inode 表、数据区块等六大部分；
◆ 数据区块是用来放置文件内容数据地方，在 ext2 文件系统中所支持的区块大小有 1K、2K 及 4K 三种；
◆ inode 记录文件的属性/权限等数据，其他重要特性为：每个 inode 大小均为固定，有 128/256 字节两种基本容量。每个文件都仅会占用一个 inode 而已，因此文件系统能够建立的文件数量与 inode 的数量有关；
◆ 文件的数据区块在记录文件的实际数据，目录的数据区块则在记录该目录下面文件名与其 inode 号码的对照表；
◆ 日志式文件系统（journal）会多出一块记录区，随时记载文件系统的主要活动，可加快系统恢复时间；
◆ Linux 文件系统为增加性能，会让内存作为磁盘高速缓存；
◆ 硬链接只是多了一个文件名对该 inode 号码的链接而已；
◆ 符号链接就类似 Windows 的快捷方式功能；
◆ 磁盘的使用必要需要经过：分区、格式化与挂载，分别常用的命令为：gdisk、mkfs、mount 3 个命令。
◆ 启动自动挂载可参考 /etc/fstab 之设置，设置完毕务必使用 mount -a 测试语法是否正确。

7.8　本章习题

情境模拟题一

恢复本章的各例题进行练习，本章例题新增了非常多硬盘分区，请将这些硬盘分区删除，恢复到原本刚安装好时的状态。
◆ 目标：了解到删除分区需要注意的各项信息；
◆ 前提：本章的各项范例练习你都必须要做过，才会看到/dev/vda4 ~ /dev/vda7 出现；
◆ 需求：熟悉 gdisk、parated、umount、swapoff 等命令。

由于本章处理完毕后，将会有许多新增的硬盘分区，所以请删除掉这两个硬盘分区，删除的过程需要注意的是：

1. 需先以 free / swapon -s / mount 等命令查看，要被处理的文件系统不可以被使用。如果有被使用，则你必须要使用 umount 卸载文件系统。如果是内存交换分区，则需使用 swapon -s 找出被使用的分区，再以 swapoff 去卸载它。

```
[root@study ~]# umount /data/ext4 /data/xfs /data/file /data/win
[root@study ~]# swapoff /dev/vda6 /tmp/swap
```

2. 观察/etc/fstab，该文件新增的行全部删除或注释。

```
[root@study ~]# nano /etc/fstab
……（前面省略）……
/dev/mapper/centos-swap swap                swap    defaults      0 0 # 从这行之后全删除
UUID="e0fa7252-b374-4a06-987a-3cb14f415488" /data/xfs xfs  defaults    0 0
/srv/loopdev                                /data/file xfs  defaults,loop 0 0
UUID="6b17e4ab-9bf9-43d6-88a0-73ab47855f9d" swap     swap defaults      0 0
/tmp/swap                                   swap     swap defaults      0 0
UUID="6032-BF38"                            /data/win vfat defaults     0 0
```

3. 使用【 gdisk /dev/vda 】删除，也可以使用【 parted /dev/vda rm 号码】删除。

```
[root@study ~]# parted /dev/vda rm 7
[root@study ~]# parted /dev/vda rm 6
[root@study ~]# parted /dev/vda rm 5
[root@study ~]# parted /dev/vda rm 4
[root@study ~]# partprobe
[root@study ~]# rm /tmp/swap /srv/loopdev
```

情境模拟题二

由于我的系统原本的分区不够好，我的用户希望能够独立一个文件系统挂载到 /srv/myproject 目录下。那你该如何建立新的文件系统，并且让这个文件系统每次启动都能够自动挂载到 /srv/myproject，且该目录是给 project 这个用户组共享的，其他人不可具有任何权限，同时该文件系统具有 1GB 的容量。

◆ 目标：理解文件系统的创建、自动挂载文件系统与项目开发必须要的权限；
◆ 前提：你需要进行过第 6 章的情境模拟才可以继续本章；
◆ 需求：本章的所有概念必须要清楚；
　　那就让我们开始来处理这个流程吧！

1. 首先，我们必须要使用 gdisk /dev/vda 来建立新的硬盘分区，然后按下【 n 】，按下【回车】选择默认的分区号码，再按【回车】选择默认的启始磁柱，按下【+1G】建立 1GB 的磁盘分区，再按下【回车】选择默认的文件系统 ID，可以多按一次【 p 】看看是否正确，若无问题则按下【 w 】写入分区表；
2. 避免重新启动，因此使用【 partprobe 】强制内核更新分区表；
3. 建立完毕后，开始进行如下格式化的操作【 mkfs.xfs –f /dev/vda4 】，这样就 OK 了；
4. 开始建立挂载点，利用【 mkdir /srv/myproject 】来建立即可；
5. 编写自动挂载的配置文件【 nano /etc/fstab 】，这个文件最下面新增一行，内容如下：

```
/dev/vda4 /srv/myproject xfs defaults 0 0
```

6. 测试自动挂载【 mount –a 】，然后使用【 df /srv/myproject 】观查看看有无挂载即可。
7. 设置最后的权限，使用【 chgrp project /srv/myproject 】以及【 chmod 2770 /srv/myproject 】即可。

简答题部分
◆ 我们常常说，启动的时候，【发现磁盘有问题】，请问，这个问题的产生是【文件系统的损坏】，还是【磁盘的损坏】？
◆ 当我有两个文件，分别是 file1 与 file2，这两个文件互为硬链接的文件，请问，若我将 file1 删除，然后再以类似 vi 的方式重新建立一个名为 file1 的文件，则 file2 的内容是否会被修改？

7.9　参考资料与扩展阅读

◆ 注 1：根据 The Linux Document Project 的文档所绘制的示意图，详细内容可以参考如下链接。
http://tldp.org/HOWTO/Filesystems-HOWTO-6.html
◆ 注 2：维基百科中有关 ext2 文件系统的介绍。
https://en.wikipedia.org/wiki/Ext2
◆ 注 3：有关 inode 所包含的详细数据可以参考如下链接。
John's spec of the second extended filesystem
http://uranus.it.swin.edu.au/~jn/explore2fs/es2fs.htm

◆ 注 4：其他值得参考的 ext2 相关文件系统文章。

- 【Design and Implementation of the Second Extended Filesystem 】http://e2fsprogs.sourceforge.net/ext2intro.html

- The Second Extended File System – An introduction
http://www.freeos.com/articles/3912/

- 维基百科有关文件系统比较的说明
https://en.wikipedia.org/wiki/Comparison_of_file_systems

- ext2/ext3 文件系统
http://linux.vbird.org/linux_basic/1010appendix_B.php

◆ 注 5：参考资料如下。

- man xfs 详细内容。

- xfs 官网介绍文档链接。
http://xfs.org/docs/xfsdocs-xml-dev/XFS_User_Guide/tmp/en-US/html/index.html

◆ 注 6：计算 RAID 的 sunit 与 swidth 的方式。

- 计算 sunit 与 swidth 的方法。
http://xfs.org/index.php/XFS_FAQ

- 计算 raid 与 sunit/swidth 博客。
http://blog.tsunanet.net/2011/08/mkfsxfs-raid10-optimal-performance.html

◆ 注 7：Linux 内核所支持的硬件之设备代号（Major，Minor）查询。
https://www.kernel.org/doc/Documentation/devices.txt

◆ 注 8：与 Boot sector 及 Superblock 探讨有关的讨论文章。

- The Second Extended File System
http://www.nongnu.org/ext2-doc/ext2.html

- Rob's ext2 documentation
http://www.landley.net/code/toybox/ext2.html

第 8 章　文件与文件系统的压缩

在 Linux 下面有相当多的压缩命令可以运行，这些压缩命令可以让我们更方便地从网络上面下载容量较大的文件。此外，我们知道在 Linux 下面，扩展名没有什么特殊的意义。不过，针对这些压缩命令所产生的压缩文件，为了方便记忆，还是会有一些特殊的命名方式，就让我们来看看吧！

8.1　压缩文件的用途与技术

你是否有过文件太大，导致无法以正常的 E-mail 方式发送？又或学校、厂商要求使用 CD 或 DVD 来做数据归档之用，但是你的单一文件却都比这些传统的一次性存储媒介还要大，那怎么分成多块来刻录？还有，你是否有过要备份某些重要数据，偏偏这些数据量太大，使用了你很多的磁盘空间？这个时候，这个好用的文件压缩技术可就派的上用场了。

这些比较大型的文件通过所谓的文件压缩技术之后，可以将它的磁盘使用量降低，从而达到降低文件容量的效果。此外，有的压缩程序还可以进行容量限制，使一个大型文件可以划分成为数个小型文件，以方便携带。

那么什么是文件压缩呢？我们来稍微谈一谈它的原理，目前我们使用的计算机系统中都是使用所谓的字节单位来计量。不过，事实上，计算机最小的计量单位应该是 bit 才对，此外，我们也知道 1B=8bit，但是如果今天我们只是记忆一个数字，即 1 这个数字？它会如何记录？假设一个字节可以看成下面的模样：

　　　　□□□□□□□□

> 由于 1B=8bit，所以每个字节当中会有 8 个空格，而每个空格可以是 0、1，这里仅是做为一个大概的介绍，更多的详细内容请参考第 0 章的计算机概论吧！

由于我们记录数字是 1，考虑计算机所谓的二进制，如此一来，1 会在最右边占据 1 个位，而其他的 7 个位将会自动地被填上 0。你看看，其实在这样的例子中，那 7 个位应该是空的才对。不过，为了要满足目前我们的操作系统数据的读写，所以就会将该数据转为字节的形式来记录。而一些聪明的计算机工程师就利用一些复杂的计算方式，将这些没有使用到的空格【丢】出来，以让文件占用的空间变小，这就是压缩的技术。

另外一种压缩技术也很有趣，它是将重复的数据进行统计记录。举例来说，如果你的数据为【111……】共有 100 个 1 时，那么压缩技术会记录为【100 个 1】而不是真的有 100 个 1 的位存在。这样也能够精简文件记录的容量，非常有趣吧！

简单地说，你可以将它想成，其实文件里面有相当多的空间存在，并不是完全填满的，而压缩的技术就是将这些空间填满，以让整个文件占用的容量下降。不过，这些压缩过的文件并无法直接被我们的操作系统所使用，因此，若要使用这些被压缩过的文件数据，则必须将它还原回来未压缩前的模样，那就是所谓的解压缩。而至于**压缩后与压缩的文件所占用的磁盘空间大小，就可以被称为是压缩比**，更多的技术文档或许你可以参考一下以下链接：

● 　RFC 1952 文件。

http://www.ietf.org/rfc/rfc1952.txt

● 　鸟哥网站上的备份。

http://linux.vbird.org/linux_basic/0240tarcompress/0240tarcompress_gzip.php

这个压缩与解压缩的操作有什么好处呢？最大的好处就是压缩过的文件容量变小了，所以你的硬盘容量无形之中就可以容纳更多的数据。此外，在一些网络数据的传输中，也会由于数据量的降低，好让网络带宽可以用来做更多的工作，而不是老卡在一些大型的文件传输上面，目前很多的 WWW 网站也是利用文件压缩的技术来进行数据的传送，好让网站带宽的利用率上升。

上述的 WWW 网站压缩技术蛮有趣的，它让你网站上面看得到的数据在经过网络传输时，使用的是压缩过的数据，等到这些压缩过的数据到达你的计算机主机时，再进行解压缩，由于目前的计算机命令周期相当快速，因此其实在网页浏览的时候，时间都是花在数据的传输上面，而不是 CPU 的运算，如此一来，由于压缩过的数据量降低了，自然传输的速度就会变快不少。

若你是一位软件工程师，那么相信你也会喜欢将你自己的软件压缩之后提供大家下载来使用，毕竟没有人喜欢自己的网站天天都是带宽满载的吧？举个例子来说，Linux 3.10.81（CentOS 7 用的扩展版本）完整的内核大小约有 570MB 左右，而由于内核主要多是 ASCII 的纯文本文件，这种文件的多余空间最多，而一个提供下载的压缩的 3.10.81 内核大约仅有 76MB 左右，差了多少？你可以自己算一算。

8.2　Linux 系统常见的压缩命令

在 Linux 的环境中，压缩文件的扩展名大多是：*.tar、*.tar.gz、*.tgz、*.gz、*.Z、*.bz2、*.xz。为什么会有这样的扩展名？不是说 Linux 的扩展名没有什么作用吗？

这是因为 Linux 支持的压缩命令非常多，且不同的命令所用的压缩技术并不相同，当然彼此之间可能就无法互通压缩/解压缩文件。所以，当你下载到某个压缩文件时，自然就需要知道该文件是由哪种压缩命令所制作出来的，好用来对照着解压缩，也就是说，虽然 Linux 文件的属性基本上是与文件名没有绝对关系的，但是为了帮助我们人类小小的脑袋，所以适当的扩展名还是必要的，下面我们就列出几个常见的压缩文件扩展名：

```
*.Z        compress 程序压缩的文件;
*.zip      zip 程序压缩的文件;
*.gz       gzip 程序压缩的文件;
*.bz2      bzip2 程序压缩的文件;
*.xz       xz 程序压缩的文件;
*.tar      tar 程序打包的文件，并没有压缩过;
*.tar.gz   tar 程序打包的文件，并且经过 gzip 的压缩;
*.tar.bz2  tar 程序打包的文件，并且经过 bzip2 的压缩;
*.tar.xz   tar 程序打包的文件，并且经过 xz 的压缩;
```

Linux 上常见的压缩命令就是 gzip、bzip2 以及最新的 xz，至于 compress 已经不流行了。为了支持 Windows 常见的 zip，其实 Linux 也早就有 zip 命令了。gzip 是由 GNU 计划所开发出来的压缩命令，该命令已经替换了 compress。后来 GNU 又开发出 bzip2 及 xz 这几个压缩比更好的压缩命令。不过，这些命令通常仅能针对一个文件来压缩与解压缩，如此一来，每次压缩与解压缩都要一大堆文件，岂不烦人？此时，这个所谓的【打包软件，tar】就显得很重要。

这个 tar 可以将很多文件打包成为一个文件，甚至是目录也可以这么玩。不过，单纯的 tar 功能仅是打包而已，即将很多文件结合为一个文件，事实上，它并没有提供压缩的功能，后来，GNU 计划中，将整个 tar 与压缩的功能结合在一起，如此一来提供用户更方便并且更强大的压缩与打包功能，下面我们就来谈一谈这些在 Linux 下面基本的压缩命令。

8.2.1　gzip，zcat/zmore/zless/zgrep

gzip 可以说是应用最广的压缩命令了，目前 gzip 可以解开 compress、zip 与 gzip 等软件所压缩的文件，至于 gzip 所建立的压缩文件为*.gz，让我们来看看这个命令的语法：

```
[dmtsai@study ~]$ gzip [-cdtv#] 文件名
[dmtsai@study ~]$ zcat 文件名.gz
选项与参数：
-c ：将压缩的数据输出到屏幕上，可通过数据流重定向来处理；
-d ：解压缩的参数；
-t ：可以用来检验一个压缩文件的一致性，看看文件有无错误；
-v ：可以显示出原文件/压缩文件的压缩比等信息；
-# ：# 为数字的意思，代表压缩等级，-1 最快，但是压缩比最差，-9 最慢，但是压缩比最好，默认是-6;
范例一：找出/etc 下面（不含子目录）容量最大的文件，并将它复制到/tmp，然后以 gzip 压缩。
[dmtsai@study ~]$ ls -ldSr /etc/*   # 忘记选项意义？请自行 man。
……（前面省略）……
-rw-r--r--. 1 root root   25213 Jun 10  2014 /etc/dnsmasq.conf
-rw-r--r--. 1 root root   69768 May  4 17:55 /etc/ld.so.cache
-rw-r--r--. 1 root root  670293 Jun  7  2013 /etc/services
[dmtsai@study ~]$ cd /tmp
[dmtsai@study tmp]$ cp /etc/services .
[dmtsai@study tmp]$ gzip -v services
services:       79.7% -- replaced with services.gz
[dmtsai@study tmp]$ ll /etc/services /tmp/services*
-rw-r--r--. 1 root   root   670293 Jun  7  2013 /etc/services
-rw-r--r--. 1 dmtsai dmtsai 136088 Jun 30 18:40 /tmp/services.gz
```

当你使用 gzip 进行压缩时，在默认的状态下原本的文件会被压缩成为.gz 后缀的文件，源文件就**不再存在了**，这点与一般习惯使用 Windows 做压缩的朋友所熟悉的情况不同，要注意。此外，使用 gzip 压缩的文件在 Windows 系统中，竟然可以被 WinRAR 或 7zip 这些软件解压缩，很好用，其他的用法如下：

```
范例二：由于 services 是文本文件，请将范例一的压缩文件的内容读出来。
[dmtsai@study tmp]$ zcat services.gz
# 由于 services 这个原本的文件是文本文件，因此我们可以尝试使用 zcat/zmore/zless 去读取。
# 此时屏幕上会显示 servcies.gz 解压缩之后的原始文件内容。
范例三：将范例一的文件解压缩。
[dmtsai@study tmp]$ gzip -d services.gz
# 不要使用 gunzip 这个命令，不好背，使用 gzip -d 来进行解压缩。
# 与 gzip 相反，gzip -d 会将原本的 .gz 删除，恢复到原本的 services 文件。
范例四：将范例三解开的 services 用最佳的压缩比压缩，并保留原本的文件。
[dmtsai@study tmp]$ gzip -9 -c services > services.gz
范例五：由范例四再次建立的 services.gz 中，找出 http 这个关键词在哪几行？
[dmtsai@study tmp]$ zgrep -n 'http' services.gz
14:#      http://www.iana.org/assignments/port-numbers
89:http          80/tcp          www www-http    # WorldWideWeb HTTP
90:http          80/udp          www www-http    # HyperText Transfer Protocol
……（下面省略）……
```

其实 gzip 的压缩已经优化过了，所以虽然 gzip 提供 1~9 的压缩等级，不过使用默认的 6 就非常好用了。因此上述的范例四可以不要加入那个-9 的选项。范例四的重点在那个-c 与>的使用，-c 可以将原本要转成压缩文件的数据内容，将它变成文字类型从屏幕输出，然后我们可以通过大于（>）这个符号，将原本应该由屏幕输出的数据，转成输出到文件而不是屏幕，所以就能够建立出压缩文件了。只是文件名也要自己写，当然最好还是遵循 gzip 的压缩文件名要求较佳，更多的 > 这个符号的应用，我们会在 bash 章节再次提及。

cat/more/less 可以使用不同的方式来读取纯文本文件，那个 zcat/zmore/zless 则可以对应于 cat/more/less 的方式来读取纯文本文件被压缩后的压缩文件，由于 gzip 这个压缩命令主要想要用来替换 compress，所以不但 compress 的压缩文件可以使用 gzip 来解开，同时 zcat 这个命令可以同时读取 compress 与 gzip 的压缩文件。

另外，如果你还想要从文字压缩文件当中找数据的话，可以通过 egrep 来查找关键词，而不需要将压缩文件解开才以 grep 进行，这对查询备份中的文本文件数据相当有用。

时至今日，应该也没有人使用 compress 这个老的命令。因此，这一章已经去掉了 compress 的介绍，而如果你还有备份数据使用的是 compress 创建出来的.Z 文件，那也无须担心，使用 znew 可以将该文件转成 gzip 的格式。

8.2.2 bzip2，bzcat/bzmore/bzless/bzgrep

若说 gzip 是为了替换 compress 并提供更好的压缩比而成立的，那么 bzip2 则是为了替换 gzip 并提供更佳的压缩比而来。bzip2 真是很不错的东西，这玩意的压缩比竟然比 gzip 还要好，至于 bzip2 的用法几乎与 gzip 相同，看看下面的用法吧！

```
[dmtsai@study ~]$ bzip2 [-cdkzv#] 文件名
[dmtsai@study ~]$ bzcat 文件名.bz2
选项与参数：
-c  ：将压缩的过程产生的数据输出到屏幕上；
-d  ：解压缩的参数；
-k  ：保留原始文件，而不会删除原始的文件；
-z  ：压缩的参数（默认值，可以不加）；
-v  ：可以显示出源文件/压缩文件的压缩比等信息；
-#  ：与 gzip 同样的，都是计算压缩比的参数，-9 最佳，-1 最快；
范例一：将刚刚 gzip 范例留下来的/tmp/services 以 bzip2 压缩。
[dmtsai@study tmp]$ bzip2 -v services
  services:  5.409:1,  1.479 bits/Bytes, 81.51% saved, 670293 in, 123932 out.
[dmtsai@study tmp]$ ls -l services*
-rw-r--r--. 1 dmtsai dmtsai 123932 Jun 30 18:40 services.bz2
-rw-rw-r--. 1 dmtsai dmtsai 135489 Jun 30 18:46 services.gz
# 此时 services 会变成 services.bz2 之外，你也可以发现 bzip2 的压缩比要较 gzip 好。
# 压缩率由 gzip 的 79%提升到 bzip2 的 81% 。
范例二：将范例一的文件内容读出来。
[dmtsai@study tmp]$ bzcat services.bz2
范例三：将范例一的文件解压缩。
[dmtsai@study tmp]$ bzip2 -d services.bz2
范例四：将范例三解开的 services 用最佳的压缩比压缩，并保留原本的文件。
[dmtsai@study tmp]$ bzip2 -9 -c services > services.bz2
```

看上面的范例，你会发现到 bzip2 连选项与参数都跟 gzip 一模一样，只是扩展名由 .gz 变成.bz2 而已。其他的用法都大同小异，所以鸟哥就不一一介绍了，你也可以发现到 bzip2 的压缩率确实比 gzip 要好些，不过，对于大容量文件来说，bzip2 压缩时间会花比较久，至少比 gzip 要久的多，这没办法，要有更多可用容量，就要花费相对应的时间。

8.2.3 xz，xzcat/xzmore/xzless/xzgrep

虽然 bzip2 已经具有很棒的压缩比，不过显然某些自由软件开发者还不满足，因此后来还推出了 xz 这个压缩比更高的软件。这个软件的用法也跟 gzip/bzip2 几乎一模一样，那我们就来看一看。

```
[dmtsai@study ~]$ xz [-dtlkc#] 文件名
[dmtsai@study ~]$ xcat 文件名.xz
选项与参数：
-d   就是解压缩；
-t  ：测试压缩文件的完整性，看有没有错误；
-l  ：列出压缩文件的相关信息；
-k  ：保留原本的文件不删除；
-c  ：同样的，就是将数据在屏幕上输出的意思；
```

```
-#  : 同样的,也有较佳的压缩比的意思;
范例一: 将刚刚由 bzip2 所遗留下来的/tmp/services 通过 xz 来压缩。
[dmtsai@study tmp]$ xz -v services
services (1/1)
  100 %        97.3 KiB / 654.6 KiB = 0.149
[dmtsai@study tmp]$ ls -l services*
-rw-rw-r--. 1 dmtsai dmtsai 123932 Jun 30 19:09 services.bz2
-rw-rw-r--. 1 dmtsai dmtsai 135489 Jun 30 18:46 services.gz
-rw-r--r--. 1 dmtsai dmtsai  99608 Jun 30 18:40 services.xz
# 各位观众,看到没有,容量又进一步下降的更多,好棒的压缩比。
范例二: 列出这个压缩文件的信息,然后读出这个压缩文件的内容。
[dmtsai@study tmp]$ xz -l services.xz
Strms  Blocks   Compressed Uncompressed  Ratio  Check   Filename
    1      1      97.3 KiB    654.6 KiB  0.149  CRC64   services.xz
# 竟然可以列出这个文件的压缩前后的容量,真是太人性化了,这样观察就方便多了。
[dmtsai@study tmp]$ xzcat services.xz
范例三: 将它解压缩吧!
[dmtsai@study tmp]$ xz -d services.xz
范例四: 保留原文件的文件名,并且建立压缩文件。
[dmtsai@study tmp]$ xz -k services
```

　　xz 这个压缩比真的好太多太多了,鸟哥选择的这个 services 文件为范例,它可以将 gzip 压缩比(压缩后/压缩前)的 21% 更进一步优化到 15%,差非常非常多。不过,xz 最大的问题是时间花太久了。如果你曾经使用过 xz 的话,应该会发现,它的运算时间真的比 gzip 久很多。

　　鸟哥以自己的系统,通过【time [gzip|bzip2|xz] -c services > services. [gz|bz2|xz]】去执行运算,结果发现这三个命令的运行时间依序是: 0.019s、0.042s、0.261s。看最后一个数字,差了 10 倍的时间。所以,如果你并不觉得时间是你的成本考虑,那么使用 xz 会比较好。如果时间是你的重要成本,那么 gzip 恐怕是比较适合的压缩软件。

8.3　打包命令:**tar**

　　前一小节谈到的命令大多仅能针对单一文件来进行压缩,虽然 gzip、bzip2、xz 也能够针对目录来进行压缩,不过,这两个命令对目录的压缩指的是将目录内的所有文件【分别】进行压缩的操作。而不像在 Windows 的系统,可以使用类似 WinRAR 这一类的压缩软件来将好多数据包成一个文件的样式。

　　这种将多个文件或目录包成一个大文件的命令功能,我们可以称它是一种打包命令,那 Linux 有没有这种打包命令? 有,那就是鼎鼎大名的 tar,tar 可以将多个目录或文件打包成一个大文件,同时还可以通过 gzip、bzip2、xz 的支持,将该文件同时进行压缩。更有趣的是,由于 tar 的使用太广泛了,目前 Windows 的 WinRAR 也支持.tar.gz 文件名的解压缩。很不错吧! 所以下面我们就来玩一玩这个东西。

tar

　　tar 的选项与参数非常多,我们只讲几个常用的选项,更多选项您可以自行 man tar 查询。

```
[dmtsai@study ~]$ tar [-z|-j|-J] [cv] [-f 待建立的新文件名] filename... <==打包与压缩。
[dmtsai@study ~]$ tar [-z|-j|-J] [tv] [-f 既有的 tar 文件名]          <==查看文件名。
[dmtsai@study ~]$ tar [-z|-j|-J] [xv] [-f 既有的 tar 文件名] [-C 目录]  <==解压缩。
选项与参数:
-c : 建立打包文件,可搭配 -v 来查看过程中被打包的文件名(filename);
-t : 查看打包文件的内容含有哪些文件名,重点在于查看【文件名】;
-x : 解包或解压缩的功能,可以搭配-C (大写)在特定目录解压,特别留意的是,-c、-t、-x 不可同时出现在一串命令行中;
-z : 通过 gzip  的支持进行压缩/解压缩: 此时文件名最好为 *.tar.gz;
```

```
-j  ：通过 bzip2 的支持进行压缩/解压缩：此时文件名最好为 *.tar.bz2;
-J  ：通过 xz 的支持进行压缩/解压缩：此时文件名最好为 *.tar.xz, 特别留意, -z、-j、-J 不可以同时出现在一串命
令行中;
-v  ：在压缩/解压缩的过程中，将正在处理的文件名显示出来;
-f filename: -f 后面要立刻接着被处理的文件名，建议-f 单独写一个选项。（比较不会忘记）;
-C 目录   ：这个选项用在解压缩，若要在特定目录解压缩，可以使用这个选项。
其他后续练习会使用到的选项介绍:
-p（小写）：保留备份数据的原本权限与属性，常用于备份（-c）重要的配置文件;
-P（大写）：保留绝对路径，亦即允许备份数据中含有根目录存在之意;
--exclude=FILE: 在压缩的过程中，不要将 FILE 打包;
```

其实最简单的使用 tar 就只要记住下面的命令即可：

● 压缩：tar -jcv -f filename.tar.bz2 要被压缩的文件或目录名称；
● 查询：tar -jtv -f filename.tar.bz2;
● 解压缩：tar -jxv -f filename.tar.bz2 -C 欲解压缩的目录。

那个 filename.tar.bz2 是我们自己取的文件名，tar 并不会主动的产生建立的文件名，我们要自定义，所以扩展名就显的很重要了。如果不加 [-z|-j|-J] 的话，文件名最好取为 *.tar 即可。如果是 -j 选项，代表有 bzip2 的支持，因此文件名最好就取为 *.tar.bz2，因为 bzip2 会产生 .bz2 的扩展名之故。至于如果是加上了 -z 的 gzip 的支持，那文件名最好为 *.tar.gz，了解了吗？

另外，由于【-f filename】是紧接在一起的，过去很多文章常会写成【-jcvf filename】，这样是对的，但由于选项的顺序理论上是可以变换的，所以很多读者会误认为【-jvfc filename】也可以，事实上这样会导致产生的文件名变成 c，因为 -fc 嘛。所以，建议您在学习 tar 时，将【-f filename】与其他选项独立出来，会比较不容易发生问题。

闲话少说，让我们来测试几个常用的 tar 方法。

◆ 使用 tar 加入-z、-j 或-J 的参数备份 /etc/ 目录

有事没事备份一下/etc 这个目录是件好事，备份/etc 最简单的方法就是使用 tar，让我们先来玩玩：

```
[dmtsai@study ~]$ su -   # 因为备份/etc 需要 root 的权限，否则会出现一堆错误。
[root@study ~]# time tar -zpcv -f /root/etc.tar.gz /etc
tar: Removing leading `/' from member names  <==注意这个警告信息。
/etc/
……（中间省略）……
/etc/hostname
/etc/aliases.db
real    0m0.799s   # 多了 time 会显示程序运行的时间，看 real 就好了，花去了 0.799s。
user    0m0.767s
sys     0m0.046s
# 由于加上-v 这个选项，因此正在作用中的文件名就会显示在屏幕上。
# 如果你可以翻到第一页，会发现出现上面的错误信息，下面会讲解。
# 至于-p 的选项，重点在于【保留原本文件的权限与属性】之意。
[root@study ~]# time tar -jpcv -f /root/etc.tar.bz2 /etc
……（前面省略）……
real    0m1.913s
user    0m1.881s
sys     0m0.038s
[root@study ~]# time tar -Jpcv -f /root/etc.tar.xz  /etc
……（前面省略）……
real    0m9.023s
user    0m8.984s
sys     0m0.086s
# 显示的信息会跟上面一模一样，不过时间会花比较多，使用了-J 时，会花更多时间。
[root@study ~]# ll /root/etc*
-rw-r--r--. 1 root root 6721809 Jul  1 00:16 /root/etc.tar.bz2
-rw-r--r--. 1 root root 7758826 Jul  1 00:14 /root/etc.tar.gz
-rw-r--r--. 1 root root 5511500 Jul  1 00:16 /root/etc.tar.xz
[root@study ~]# du -sm /etc
28     /etc  # 实际目录约占有 28MB 的意思。
```

　　压缩比越好当然要花费的运算时间越多。我们从上面可以看到，虽然使用 gzip 的速度相当快，总时间花费不到 1 秒，但是压缩率最糟糕。如果使用 xz 的话，虽然压缩比最佳，不过竟然花了 9 秒的时间。这还仅是备份 28MB 的 /etc 而已，如果备份的数据很大，那你真的要考虑时间成本才行。

　　至于加上【-p】这个选项的原因是为了保存原本文件的权限与属性。我们曾在第 6 章的 cp 命令介绍时谈到权限与文件类型（例如链接文件）对复制的不同影响。同样的，在备份重要的系统数据时，这些原本文件的权限需要做完整的备份比较好。此时-p 这个选项就派的上用场了，接下来让我们看看打包文件内有什么数据存在？

◆　　查看 tar 文件的数据内容（可查看文件名），与备份文件名有否根目录的意义
　　要查 tar 文件内部的文件列表非常的简单，可以这样做：

```
[root@study ~]# tar -jtv -f /root/etc.tar.bz2
……（前面省略）……
-rw-r--r-- root/root        131 2015-05-25 17:48 etc/locale.conf
-rw-r--r-- root/root         19 2015-05-04 17:56 etc/hostname
-rw-r--r-- root/root      12288 2015-05-04 17:59 etc/aliases.db
```

　　如果加上-v 这个选项时，详细的文件权限/属性都会被列出来。如果只是想要知道文件名而已，那么就将-v 拿掉即可。从上面的数据我们可以发现一件很有趣的事情，那就是每个文件名都没了根目录。这也是上一个练习中出现的那个警告信息【tar: Removing leading `/' from member names（删除了文件名开头的 `/'）】所告知的情况。

　　那为什么要去掉根目录？主要是为了安全。我们使用 tar 备份的数据可能会需要解压缩回来使用，在 tar 所记录的文件名（就是我们刚刚使用 tar –jtvf 所查看到的文件名）那就是解压缩后的实际文件名。如果拿掉了根目录，假设你将备份数据在 /tmp 解开，那么解压缩的文件名就会变成【/tmp/etc/xxx】。但如果没有去掉根目录，解压缩后的文件名就会是绝对路径，即解压缩后的数据一定会被放置到 /etc/xxx 去，如此一来，你的原本的 /etc/ 下面的数据，就会被备份数据所覆盖。

　　你会说，既然是备份数据，那么还原回来也没有什么问题吧？想象一个状况，你备份的数据是两年前的旧版 CentOS 6.x，你只是想要了解一下过去的备份内容究竟有哪些数据而已，结果一解开该文件，却发现你目前新版的 CentOS 7.x 下面的 /etc 被旧版的备份数据覆盖。此时你该如何是好？大概除了哭你也不能做啥事吧？所以，当然是拿掉根目录比较安全一些。

　　如果你确定你就是需要备份根目录到 tar 的文件中，那可以使用-P（大写）这个选项，请看下面的例子分析：

```
范例：将文件名中的（根）目录也备份下来，并查看一下备份文件的内容文件名。
[root@study ~]# tar -jpPcv -f /root/etc.and.root.tar.bz2 /etc
[root@study ~]# tar -jtf /root/etc.and.root.tar.bz2
/etc/locale.conf
/etc/hostname
/etc/aliases.db
# 这次查看文件名不含-v 选项，所以仅有文件名而已，没有详细属性/权限等参数。
```

　　有发现不同点了吧？如果加上 –P 选项，那么文件名内的根目录就会存在。不过，鸟哥个人建议，还是不要加上 –P 这个选项来备份。毕竟很多时候，我们备份是为了要未来追踪问题用的，倒不一定需要还原回原本的系统中。所以拿掉根目录后，备份数据的应用会比较有弹性，也比较安全。

◆　　将备份的数据解压缩，并考虑特定目录的解压缩操作（–C 选项的应用）
　　那如果想要解打包？很简单的操作就是直接进行解打包嘛。

```
[root@study ~]# tar -jxv -f /root/etc.tar.bz2
[root@study ~]# ll
```

```
……（前面省略）……
drwxr-xr-x. 131 root root    8192 Jun 26 22:14 etc
……（后面省略）……
```

此时该打包文件会在**本目录下进行解压缩的操作**。所以，你等一下就会在根目录下面发现一个名为 etc 的目录。所以，如果你想要将该文件在/tmp 下面解开，可以 cd /tmp 后，再执行上述的命令即可。不过，这样好像很麻烦，有没有更简单的方法可以指定欲解开的目录？有，可以使用 -C 这个选项。举例来说：

```
[root@study ~]# tar -jxv -f /root/etc.tar.bz2 -C /tmp
[root@study ~]# ll /tmp
……（前面省略）……
drwxr-xr-x. 131 root  root    8192 Jun 26 22:14 etc
……（后面省略）……
```

这样一来，你就能够将该文件在不同的目录解开，鸟哥个人是认为，这个 -C 的选项务必要记忆一下，好了，处理完毕后，请记得将这两个目录删除一下。

```
[root@study ~]# rm -rf /root/etc /tmp/etc
```

再次强调，这个【rm -rf】是很危险的命令，执行时请务必要确认一下后面接的文件名，我们要删除的是 /root/etc 与 /tmp/etc，您可不要将 /etc/ 删除了，系统会死掉的。

◆ 仅解开单一文件的方法

刚刚上面我们解压缩都是将整个打包文件的内容全部解开。想象一个情况，如果我只想要解开打包文件内的其中一个文件而已，那该如何做？很简单，你只要使用 -jtv 找到你要的文件名，然后将该文件名解开即可，我们用下面的例子来说明一下：

```
# 1. 先找到我们要的文件名，假设解开 shadow 文件。
[root@study ~]# tar -jtv -f /root/etc.tar.bz2 | grep 'shadow'
---------- root/root    721 2015-06-17 00:20 etc/gshadow
---------- root/root    1183 2015-06-17 00:20 etc/shadow-
---------- root/root    1210 2015-06-17 00:20 etc/shadow  <==这是我们要的。
---------- root/root    707 2015-06-17 00:20 etc/gshadow-
# 先查找重要的文件名，其中那个 grep 是【截取】关键词的功能，我们会在第三篇说明。
# 这里您先有个概念即可，那个管道 | 配合 grep 可以截取关键词的意思。
# 2. 将该文件解开，语法与实际做法如下。
[root@study ~]# tar -jxv -f 打包文件.tar.bz2 待解开文件名
[root@study ~]# tar -jxv -f /root/etc.tar.bz2 etc/shadow
etc/shadow
[root@study ~]# ll etc
total 4
----------. 1 root root 1210 Jun 17 00:20 shadow
# 很有趣。此时只会解开一个文件而已不过，重点是那个文件名，你要找到正确的文件名。
# 在本例中，你不能写成/etc/shadow，因为记录在 etc.tar.bz2 内的并没有/。
```

> 在这个练习之前，你可能要先将前面练习所产生的 /root/etc 删除才行，不然 /root/etc/shadow 会重复存在，而其他的前面实验的文件也会存在，那就看不出什么了。

◆ 打包某目录，但不含该目录下的某些文件之做法

假设我们想要打包 /etc/ /root 这几个重要的目录，但却不想要打包 /root/etc* 开头的文件，因为该文件都是刚刚我们才建立的备份文件。而且假设这个新的打包文件要放置成为 /root/system.tar.bz2，当然这个文件自己不要打包自己（因为这个文件放置在/root 下面），此时我们可以通过 --exclude 的帮忙。这个 exclude 就是不包含的意思，所以你可以这样做：

```
[root@study ~]# tar -jcv -f /root/system.tar.bz2 --exclude=/root/etc* \
> --exclude=/root/system.tar.bz2 /etc /root
```

上面的命令是一整列，其实你可以打成【tar -jcv -f /root/system.tar.bz2 --exclude=/root/etc*
--exclude=/root/system.tar.bz2 /etc /root】，如果想要两行输入时，最后面加上反斜杠（\）并立刻按
下[Enter]，就能够到第二行继续输入了，这个命令执行的方式我们会在第 3 章再仔细说明。通过这个
--exclude="file" 的操作，我们可以将几个特殊的文件或目录排除在打包之列，让打包的操作变的更
简便。

◆ 仅备份比某个时刻还要新的文件

某些情况下你会想要备份新的文件而已，并不想要备份旧文件，此时 --newer-mtime 这个选项
就很重要。其实有两个选项，一个是【--newer】，另一个就是【--newer-mtime】，这两个选项有何
不同？我们在第 6 章的 touch 介绍中谈到过三种不同的时间参数，当使用 --newer 时，表示后续的
日期包含 mtime 与 ctime，而 --newer-mtime 则仅是 mtime 而已，这样知道了吧！那就让我们来尝
试处理一下。

```
# 1. 先由 find 找出比/etc/passwd 还要新的文件。
[root@study ~]# find /etc -newer /etc/passwd
……（过程省略）……
# 此时会显示出比/etc/passwd 这个文件的 mtime 还要新的文件名，
# 这个结果在每台主机都不相同，您先自行查看自己的主机即可，不会跟鸟哥一样。
[root@study ~]# ll /etc/passwd
-rw-r--r--. 1 root root 2092  Jun 17 00:20 /etc/passwd
# 2. 好了，那么使用 tar 来进行打包吧！日期为上面看到的 2015/06/17。
[root@study ~]# tar -jcv -f /root/etc.newer.then.passwd.tar.bz2 \
> --newer-mtime="2015/06/17" /etc/*
tar: Option --newer-mtime: Treating date `2015/06/17' as 2015-06-17 00:00:00
tar: Removing leading `/' from member names
/etc/abrt/
……（中间省略）……
/etc/alsa/
/etc/yum.repos.d/
……（中间省略）……
tar: /etc/yum.repos.d/CentOS-fasttrack.repo: file is unchanged; not dumped
# 最后行显示的是【没有被备份的】，亦即 not dumped 的意思。
# 3. 显示出文件即可
[root@study ~]# tar -jtv -f /root/etc.newer.then.passwd.tar.bz2 | grep -v '/$'
# 通过这个命令可以调用出 tar.bz2 内的结尾非/的文件名，就是我们要的。
```

现在你知道这个命令的好用了吧！甚至可以进行差异文件的记录与备份，这样的备份就会显得更
容易。你可以这样想象，如果我在一个月前才进行过一次完整的数据备份，那么这个月想要备份时，
当然可以仅备份上个月进行备份的那个时间点之后的更新的文件即可。为什么？因为原本的文件已经
有备份了，干嘛还要进行一次？只要备份新数据即可，这样可以降低备份的容量。

◆ 基本名称：tarfile、tarball？

另外值得一提的是，tar 打包出来的文件有没有进行压缩所得到文件称呼不同。如果仅是打包而已，
就是【tar -cv -f file.tar】而已，这个文件我们称呼为 tarfile，如果还有进行压缩的支持，例如【tar -jcv
-f file.tar.bz2】时，我们就称呼为 tarball。这只是一个基本的称谓而已，不过很多书籍与网络都会使
用到这个 tarball 的名称，所以得要跟您介绍介绍。

此外，tar 除了可以将数据打包成为文件之外，还能够将文件打包到某些特别的设备中，举例来
说，磁带（tape）就是一个常见的例子。磁带由于是一次性读取/写入的设备，因此我们不能够使用类
似 cp 等命令来复制。那如果想要将/home、/root、/etc 备份到磁带（/dev/st0）时，就可以使用：【tar
-cv -f /dev/st0 /home /root /etc】，很简单吧！磁带用在备份（尤其是企业应用）是很常见的工作。

◆ 特殊应用：利用管道命令与数据流

在 tar 的使用中，有一种方式最特殊，那就是通过标准输入输出的数据流重定向（standard
input/standard output），以及管道命令（pipe）的方式，将待处理的文件一边打包一边解压缩到目标
目录。关于数据流重定向与管道命令更详细的说明我们会在第 10 章 bash 再跟大家介绍，下面先来看

一个例子。

```
# 1. 将/etc整个目录一边打包一边在 /tmp 解开
[root@study ~]# cd /tmp
[root@study tmp]# tar -cvf - /etc | tar -xvf -
# 这个操作有点像是 cp -r /etc /tmp，依旧是有其有用途的。
# 要注意的地方在于输出文件变成-而输入文件也变成-，又有一个|存在，
# 这分别代表 standard output、standard input 与管道命令，
# 简单的想法中，你可以将-想成是在内存中的一个设备（缓冲区）。
# 更详细的数据流与管道命令，请翻到 bash 章节。
```

在上面的例子中，我们想要将/etc 下面的数据直接复制到目前所在的路径，也就是 /tmp 下面，但是又觉得使用cp-r有点麻烦，那么就直接以这个打包的方式来打包，其中，命令里面的 − 就表示这个被打包的文件。由于我们不想让中间文件存在，所以就以这个方式来进行复制的操作。

◆　例题：系统备份范例

系统上有非常多的重要目录需要进行备份，而且其实我们也不建议你将备份的数据放置到 /root目录下。假设目前你已经知道重要的目录有下面这几个：

- /etc/（配置文件）
- /home/（用户的家目录）
- /var/spool/mail/（系统中所有账号的邮箱）
- /var/spool/cron/（所有账号的定时任务配置文件）
- /root（系统管理员的家目录）

然后我们也知道，由于第 7 章曾经做过练习的关系，/home/loop* 不需要备份，而且/root 下面的压缩文件也不需要备份，另外假设你要将备份的数据放置到/backups，并且该目录仅有 root 有权限进入。此外，每次备份的文件名都希望不相同，例如使用：backup-system-20150701.tar.bz2 之类的文件名来处理，那你该如何处理这个备份数据呢？（请先动手做做看，再来查看一下下面的参考解答。）

```
# 1. 先处理要放置备份数据的目录与权限。
[root@study ~]# mkdir /backups
[root@study ~]# chmod 700 /backups
[root@study ~]# ll -d /backups
drwx------. 2 root root 6 Jul  1 17:25 /backups
# 2. 假设今天是 2015/07/01，则建立备份的方式如下。
[root@study ~]# tar -jcv -f /backups/backup-system-20150701.tar.bz2 \
> --exclude=/root/*.bz2 --exclude=/root/*.gz --exclude=/home/loop* \
> /etc /home /var/spool/mail /var/spool/cron /root
……（过程省略）……
[root@study ~]# ll -h /backups/
-rw-r--r--. 1 root root 21M Jul  1 17:26 backup-system-20150701.tar.bz2
```

◆　解压缩后的 SELinux 问题

如果，鸟哥是说如果，因为某些缘故，你的系统必须要以备份的数据来恢复到原本的系统中，那么要特别注意恢复后，系统的 SELinux 问题，尤其是在系统文件上面，例如 /etc 下面的文件。SELinux是比较特别的详细权限设置，相关的介绍我们会在第 16 章好好的介绍一下，在这里，你只要先知道，SELinux 的权限问题可能会让你的系统无法读取某些配置文件内容，导致影响到系统的正常使用。

最近（2015/07）接到一个网友的 E-mail，他说他使用鸟哥介绍的方法通过 tar 去备份了/etc 的数据，然后尝试在另一台系统上面恢复。恢复倒是没问题，但是恢复完毕之后，无论如何就是无法正常登录系统。明明使用单人维护模式去操作系统时，看起来一切正常，但就是无法顺利登录。其实这个问题倒是很常见，大部分原因就是/etc/shadow 这个密码文件的 SELinux 类型在还原时被更改了，导致系统的登录程序无法顺利的读取它，才造成无法登录的窘境。

那如何处理？简单的处理方式有这几个：

- 通过各种可行的恢复方式登录系统，然后修改 /etc/selinux/config 文件，将 SELinux 改成permissive 模式，重新启动后系统就正常了；

- 在第一次恢复系统后，不要立即重新启动，先使用 restorecon –Rv /etc 自动修复一下 SELinux 的类型即可。
- 通过各种可行的方式登录系统，建立/.autorelabel 文件，重新启动后系统会自动修复 SELinux 的类型，并且又会再次重新启动之后就正常了。

鸟哥个人是比较偏好第 2 个方法，不过如果忘记了该步骤就重新启动？那鸟哥比较偏向使用第 3 个方法来处理，这样就能够解决恢复后的 SELinux 问题，至于更详细的 SELinux，我们要讲完进程（process）之后，你才会有比较清楚的认知，因此还请慢慢学习，到第 16 章你就知道问题点了。

8.4　**XFS** 文件系统的备份与还原

使用 tar 通常是针对目录树系统来进行备份的工作，那么如果想要针对整个文件系统来进行备份与还原？由于 CentOS 7 已经使用 xfs 文件系统作为默认文件系统，所以那个好用的 xfsdump 与 xfsrestore 两个工具对 CentOS 7 来说，就是挺重要的工具软件了，下面就让我们来谈一谈这个命令的用法。

8.4.1　XFS 文件系统备份 xfsdump

其实 xfsdump 的功能颇强，它除了可以进行文件系统的完整备份（full backup）之外，还可以进行增量备份（Incremental backup）。啥是增量备份？这么说好了，假设你的/home 是独立的一个文件系统，那你在第一次使用 xfsdump 进行完整备份后，等过一段时间的文件系统自然运行后，你再进行第二次 xfsdump 时，就可以选择增量备份了。此时新备份的数据只会记录与第一次完整备份所有差异的文件而已，看不懂吗？没关系，我们用一张图来说明。

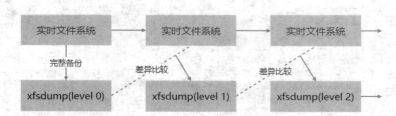

图 8.4.1　xfsdump 运行时，完整备份与增量备份示意图

如图 8.4.1 所示，上方的实时文件系统是一直随着时间而变化的数据，例如在 /home 里面的文件数据会一直变化一样。而下面的方块则是 xfsdump 备份起来的数据，**第一次备份一定是完整备份，完整备份在 xfsdump 当中被定义为** level 0 。等到第二次备份时，/home 文件系统内的数据已经与 level 0 不一样了，而 level 1 仅只是比较目前的文件系统与 level 0 之间的差异后，备份有变化过的文件而已，至于 level 2 则是与 level 1 进行比较。这样了解吗？至于各个 level 的记录文件则放置于 /var/lib/xfsdump/inventory 中。

另外，使用 xfsdump 时，请注意下面的限制：

- xfsdump 不支持没有挂载的文件系统备份，所以只能备份已挂载的文件系统；
- xfsdump 必须使用 root 的权限才能操作（涉及文件系统的关系）；
- xfsdump 只能备份 xfs 文件系统；
- xfsdump 备份下来的数据（文件或存储媒介）只能让 xfsrestore 解析；
- xfsdump 是通过文件系统的 UUID 来辨别各备份文件，因此不能备份两个具有相同 UUID 的文件系统。

xfsdump 的选项虽然非常的繁复，不过如果只是想要简单的操作时，您只要记得下面的几个选项就够了。

```
[root@study ~]# xfsdump [-L S_label] [-M M_label] [-l #] [-f 备份文件] 待备份数据
[root@study ~]# xfsdump -I
选项与参数：
-L ： xfsdump 会记录每次备份的 session 标头，这里可以填写针对此文件系统的简易说明。
-M ： xfsdump 可以记录存储媒介的标头，这里可以填写此媒介的简易说明。
-l ： 是 L 的小写，就是指定等级，有 0~9 共 10 个等级。（默认为 0，即完整备份）
-f ： 有点类似 tar，后面接产生的文件，亦可接例如 /dev/st0 设备文件名或其他一般文件文件名等。
-I ： 从 /var/lib/xfsdump/inventory 列出目前备份的信息状态。
```

特别注意，xfsdump 默认仅支持文件系统的备份，并不支持特定目录的备份，所以你不能用
xfsdump 去备份 /etc，因为 /etc 从来就不是一个独立的文件系统，注意。

◆　用 xfsdump 备份完整的文件系统

现在就让我们来做几个范例，假设你跟鸟哥一样将 /boot 划分出自己的文件系统，要整个文件系
统备份可以这样作：

```
# 1. 先确定 /boot 是独立的文件系统。
[root@study ~]# df -h /boot
Filesystem      Size  Used Avail Use% Mounted on
/dev/vda2      1014M  131M  884M  13% /boot        # 挂载 /boot 的是 /dev/vda 设备。
# 看，确实是独立的文件系统，/boot 是挂载点。
# 2. 将完整备份的文件名记录成为 /srv/boot.dump。
[root@study ~]# xfsdump -l 0 -L boot_all -M boot_all -f /srv/boot.dump /boot
xfsdump -l 0 -L boot_all -M boot_all -f /srv/boot.dump /boot
xfsdump: using file dump (drive_simple) strategy
xfsdump: version 3.1.4 (dump format 3.0) - type ^C for status and control
xfsdump: level 0 dump of study.centos.vbird:/boot        # 开始备份本机 /boot。
xfsdump: dump date: Wed Jul  1 18:43:04 2015             # 备份的时间。
xfsdump: session id: 418b563f-26fa-4c9b-98b7-6f57ea0163b1 # 这次 dump 的 ID。
xfsdump: session label: "boot_all"                       # 简单给予一个名称。
xfsdump: ino map phase 1: constructing initial dump list # 开始备份程序。
xfsdump: ino map phase 2: skipping (no pruning necessary)
xfsdump: ino map phase 3: skipping (only one dump stream)
xfsdump: ino map construction complete
xfsdump: estimated dump size: 103188992 Bytes
xfsdump: creating dump session media file 0 (media 0, file 0)
xfsdump: dumping ino map
xfsdump: dumping directories
xfsdump: dumping non-directory files
xfsdump: ending media file
xfsdump: media file size 102872168 Bytes
xfsdump: dump size (non-dir files) : 102637296 Bytes
xfsdump: dump complete: 1 seconds elapsed
xfsdump: Dump Summary:
xfsdump:   stream 0 /srv/boot.dump OK (success)
xfsdump: Dump Status: SUCCESS
# 在命令的执行方面，你也可以不加 -L 及 -M，只是那就会进入交互模式，要求你回车。
# 而执行 xfsdump 的过程中会出现如上的一些信息，您可以自己仔细的观察。
[root@study ~]# ll /srv/boot.dump
-rw-r--r--. 1 root root 102872168 Jul  1 18:43 /srv/boot.dump
[root@study ~]# ll /var/lib/xfsdump/inventory
-rw-r--r--. 1 root root 5080 Jul  1 18:43 506425d2-396a-433d-9968-9b200db0c17c.StObj
-rw-r--r--. 1 root root  312 Jul  1 18:43 94ac5f77-cb8a-495e-a65b-2ef7442b837c.InvIndex
-rw-r--r--. 1 root root  576 Jul  1 18:43 fstab
# 使用了 xfsdump 之后才会有上述 /var/lib/xfsdump/inventory 内的文件产生。
```

这样很简单地就建立起来 /srv/boot.dump 文件，该文件将整个 /boot/文件系统都备份下来了。并
且将备份的相关信息（文件系统/时间/session ID 等）写入 /var/lib/xfsdump/inventory 中，准备让下次
备份时可以作为一个参考依据，现在让我们来进行一个测试，检查看看能否真的建立 level 1 的备份？

◆　用 xfsdump 进行增量备份（Incremental backups）

你一定要进行过完整备份后（-l 0）才能够继续有其他增量备份（-l 1~9）的能力，所以，请确定上面的实践已经完成，接下来让我们来试一试增量备份功能。

```
# 0. 看一下有没有任何文件系统被 xfsdump 过的数据？
[root@study ~]# xfsdump -I
file system 0:
    fs id:          94ac5f77-cb8a-495e-a65b-2ef7442b837c
    session 0:
        mount point:    study.centos.vbird:/boot
        device:         study.centos.vbird:/dev/vda2
        time:           Wed Jul  1 18:43:04 2015
        session label:  "boot_all"
        session id:     418b563f-26fa-4c9b-98b7-6f57ea0163b1
        level:          0
        resumed:        NO
        subtree:        NO
        streams:        1
        stream 0:
                pathname:       /srv/boot.dump
                start:          ino 132 offset 0
                end:            ino 2138243 offset 0
                interrupted:    NO
                media files:    1
                media file 0:
                        mfile index:    0
                        mfile type:     data
                        mfile size:     102872168
                        mfile start:    ino 132 offset 0
                        mfile end:      ino 2138243 offset 0
                        media label:    "boot_all"
                        media id:       a6168ea6-1ca8-44c1-8d88-95c863202eab
xfsdump: Dump Status: SUCCESS
# 我们可以看到目前仅有一个 session 0 的备份数据而已，而且是 level 0。
# 1. 先恶搞一下，建立一个大约 10 MB 的文件在 /boot 内。
[root@study ~]# dd if=/dev/zero of=/boot/testing.img bs=1M count=10
10+0 records in
10+0 records out
10485760 Bytes（10 MB）copied, 0.166128 seconds, 63.1 MB/s
# 2. 开始建立差异备份文件，此时我们使用 level 1。
[root@study ~]# xfsdump -l 1 -L boot_2 -M boot_2 -f /srv/boot.dump1 /boot
……（中间省略）……
[root@study ~]# ll /srv/boot*
-rw-r--r--. 1 root root 102872168 Jul  1 18:43 /srv/boot.dump
-rw-r--r--. 1 root root  10510952 Jul  1 18:46 /srv/boot.dump1
# 看看文件大小，岂不是就是刚刚我们所建立的那个大文件的容量吗？
# 3. 最后再看一下是否有记录 level 1 备份的时间点？
[root@study ~]# xfsdump -I
file system 0:
    fs id:          94ac5f77-cb8a-495e-a65b-2ef7442b837c
    session 0:
        mount point:    study.centos.vbird:/boot
        device:         study.centos.vbird:/dev/vda2
……（中间省略）……
session 1:
        mount point:    study.centos.vbird:/boot
        device:         study.centos.vbird:/dev/vda2
        time:           Wed Jul  1 18:46:21 2015
        session label:  "boot_2"
        session id:     c71d1d41-b3bb-48ee-bed6-d77c939c5ee8
        level:          1
        resumed:        NO
        subtree:        NO
```

```
        streams:         1
        stream 0:
            pathname:      /srv/boot.dump1
            start:         ino 455518 offset 0
……（下面省略）……
```

通过这个简单的方式，我们就能够仅备份差异文件的部分。

8.4.2　XFS 文件系统还原 xfsrestore

备份文件在急用时可以恢复系统的重要数据，所以有备份当然就要学学如何恢复了，xfsdump 的恢复使用的是 xfsrestore 这个命令，这个命令的选项也非常的多，您可以自行 man xfsrestore 看看，鸟哥在这里仅作个简单的介绍。

```
[root@study ~]# xfsrestore -I                                    <==用来查看备份文件。
[root@study ~]# xfsrestore [-f 备份文件] [-L S_label] [-s] 待恢复目录 <==单一文件全系统恢复。
[root@study ~]# xfsrestore [-f 备份文件] -r 待恢复目录               <==通过增量备份文件来恢复系统。
[root@study ~]# xfsrestore [-f 备份文件] -i 待恢复目录               <==进入交互模式。
选项与参数：
-I ：跟 xfsdump 相同的输出，可查询备份数据，包括 Label 名称与备份时间等。
-f ：后面接的就是备份文件。企业界很有可能会接/dev/st0 等磁带机，我们这里接文件名。
-L ：就是 session 的 Label name，可用-I 查询到的数据，在这个选项后输入。
-s ：需要接某特定目录，亦即仅恢复某一个文件或目录之意。
-r ：如果用文件来存储备份数据，则不需要使用，如果是一个磁带内有多个文件，需要此选项来完成累积恢复。
-i ：进入交互模式，高级管理员使用的，一般我们不太需要操作它。
```

◆　用 xfsrestore 观察 xfsdump 后的备份数据内容

要找出 xfsdump 的内容就使用 xfsrestore -I 来查看即可，不需要加任何参数，因为 xfsdump 与 xfsrestore 都会到 /var/lib/xfsdump/inventory/ 里面去取数据来显示，因此两者输出是相同的。

```
[root@study ~]# xfsrestore -I
file system 0:
    fs id:          94ac5f77-cb8a-495e-a65b-2ef7442b837c
    session 0:
        mount point:    study.centos.vbird:/boot
        device:         study.centos.vbird:/dev/vda2
        time:           Wed Jul  1 18:43:04 2015
        session label:  "boot_all"
        session id:     418b563f-26fa-4c9b-98b7-6f57ea0163b1
        level:          0
                pathname:       /srv/boot.dump
                    mfile size:     102872168
                    media label:    "boot_all"
    session 1:
        mount point:    study.centos.vbird:/boot
        device:         study.centos.vbird:/dev/vda2
        time:           Wed Jul  1 18:46:21 2015
        session label:  "boot_2"
        session id:     c71d1d41-b3bb-48ee-bed6-d77c939c5ee8
        level:          1
                pathname:       /srv/boot.dump1
                    mfile size:     10510952
                    media label:    "boot_2"
xfsrestore: Restore Status: SUCCESS
# 鸟哥已经将不重要的选项删除了，所以上面的输出是经过经简化的结果。
# 我们可以看到这个文件系统是/boot 挂载点，然后有两个备份，一个 level 0 一个 level 1。
# 也看到这两个备份的数据它的内容大小，更重要的就是那个 session label。
```

这个查询重点是找出到底那个文件是哪个挂载点？而该备份文件又是什么 level 等，接下来，让我们实践一下从备份还原系统。

◆ 简单恢复 level 0 的文件系统

先来处理一个简单的任务，就是将 /boot 整个恢复到最原本的状态，你该如何处理？其实很简单，我们只要知道想要被恢复的那个文件，以及该文件的 session label name，就可以恢复，我们从上面的观察已经知道 level 0 的 session label 是【boot_all】，那整个流程是这样：

```
# 1. 直接将数据给它覆盖回去即可。
[root@study ~]# xfsrestore -f /srv/boot.dump -L boot all /boot
xfsrestore: using file dump (drive simple) strategy
xfsrestore: version 3.1.4 (dump format 3.0) - type ^C for status and control
xfsrestore: using online session inventory
xfsrestore: searching media for directory dump
xfsrestore: examining media file 0
xfsrestore: reading directories
xfsrestore: 8 directories and 327 entries processed
xfsrestore: directory post-processing
xfsrestore: restoring non-directory files
xfsrestore: restore complete: 1 seconds elapsed
xfsrestore: Restore Summary:
xfsrestore:   stream 0 /srv/boot.dump OK (success)    # 是否是正确的文件?
xfsrestore: Restore Status: SUCCESS
# 2. 将备份数据在/tmp/boot 下面解开。
[root@study ~]# mkdir /tmp/boot
[root@study ~]# xfsrestore -f /srv/boot.dump -L boot all /tmp/boot
[root@study ~]# du -sm /boot /tmp/boot
109     /boot
99      /tmp/boot
# 噫，两者怎么大小不一致? 没关系，我们来检查看看。
[root@study ~]# diff -r /boot /tmp/boot
Only in /boot: testing.img
# 看吧，原来是/boot 我们增加过一个文件。
```

因为原本 /boot 里面的东西我们没有删除，直接恢复的结果就是：同名的文件会被覆盖，其他系统内新的文件会被保留。所以，那个 /boot/testing.img 就会一直在里面，如果备份的目的地是新的位置，当然就只有原本备份的数据而已，而 diff -r 可以比较两个目录内的文件差异，通过该命令我们可以找到两个目录的差异处。

```
# 3. 仅恢复备份文件内的 grub2 到/tmp/boot2/里面去。
[root@study ~]# mkdir /tmp/boot2
[root@study ~]# xfsrestore -f /srv/boot.dump -L boot_all -s grub2 /tmp/boot2
```

如果只想要恢复某一个目录或文件的话，直接加上-s 目录这个选项与参数即可，相当简单好用。

◆ 恢复增量备份数据

其实恢复增量备份与恢复单一文件系统相似。如果备份数据是由 level 0 -> level 1 -> level 2... 去进行的，当然恢复就得要相同的流程来恢复。因此当我们恢复了 level 0 之后，接下来当然就要恢复 level 1 到系统内，我们可以从前一个案例恢复 /tmp/boot 的情况来继续往下处理：

```
# 继续恢复 level 1 到/tmp/boot 当中。
[root@study ~]# xfsrestore -f /srv/boot.dump1 /tmp/boot
```

◆ 仅还原部分文件的 xfsrestore 交互模式

刚刚的 -s 可以接部分数据来还原，但是，如果我就根本不知道备份文件里面有啥文件，那该如何选择？猜？又如果要恢复的文件数量太多时，用-s 似乎也是笨笨的，那怎么办？有没有比较好的方式？有，就通过-i 这个交互界面。举例来说，我们想要知道 level 0 的备份数据里面有哪些东西，然后再少量的还原回来的话。

```
# 1. 先进入备份文件内，准备找出需要备份的文件，同时预计还原到/tmp/boot3 当中。
[root@study ~]# mkdir /tmp/boot3
[root@study ~]# xfsrestore -f /srv/boot.dump -i /tmp/boot3
```

```
========================= subtree selection dialog =========================
the following commands are available:
      pwd
      ls [ <path> ]
      cd [ <path> ]
      add [ <path> ]          # 可以加入恢复文件列表中。
      delete [ <path> ]       # 从恢复列表去掉文件，并非删除。
      extract                 # 开始恢复操作。
      quit
      help
-> ls
       455517 initramfs-3.10.0-229.el7.x86-64kdump.img
          138 initramfs-3.10.0-229.el7.x86-64.img
          141 initrd-plymouth.img
          140 vmlinuz-0-rescue-309eb890d09f440681f596543d95ec7a
          139 initramfs-0-rescue-309eb890d09f440681f596543d95ec7a.img
          137 vmlinuz-3.10.0-229.el7.x86-64
          136 symvers-3.10.0-229.el7.x86-64.gz
          135 config-3.10.0-229.el7.x86-64
          134 System.map-3.10.0-229.el7.x86-64
          133 .vmlinuz-3.10.0-229.el7.x86-64.hmac
      1048704 grub2/
          131 grub/
-> add grub
-> add grub2
-> add config-3.10.0-229.el7.x86-64
-> extract
[root@study ~]# ls -l /tmp/boot3
-rw-r--r--. 1 root root 123838 Mar  6 19:45 config-3.10.0-229.el7.x86-64
drwxr-xr-x. 2 root root     26 May  4 17:52 grub
drwxr-xr-x. 6 root root    104 Jun 25 00:02 grub2
# 就只会有 3 个文件被恢复，当然，如果文件是目录，那下面的子文件当然也会被还原回来的。
```

事实上，这个-i 是很有帮助的一个选项。可以从备份文件里面找出你所需要的数据来恢复，相当有趣，当然，如果你已经知道文件名，使用-s 不需要进入备份文件就能够处理掉这部分了。

8.5 光盘写入工具

事实上，企业还是挺爱用磁带来进行备份的，容量高、存储时限长、挺耐摔等，至于以前很热门的 DVD/CD 等，则因为存储速度慢、容量没有大幅度提升，所以目前除了行政部门为了归档而需要的工作之外，这东西的存在性已经被 U 盘所取代了。你可能会谈到说，不是还有蓝光嘛？但它目前主要应用还是在多媒体影音方面，如果要大容量的存储，个人建议，还是使用 USB 外接式硬盘，一块好几个 TB 给你用，不是更爽嘛？所以，鸟哥是认为，DVD/CD 虽然还是有存在的价值（例如前面讲的归档），不过，越来越少人使用了。

虽然很少使用，不过，某些特别的情况下，没有这东西又不行，因此，我们还是来介绍一下建立光盘镜像文件以及刻录软件。否则，偶而需要用到时，找不到软件数据还挺伤脑筋的。命令行模式的刻录操作要怎么处理呢？通常的做法是这样的：

● 先将所需要备份的数据创建成为一个镜像文件（iso），利用 mkisofs 命令来处理；
● 将该镜像文件刻录至 CD 或 DVD 当中，利用 cdrecord 命令来处理；
下面我们就分别来谈谈这两个命令的用法吧！

8.5.1 mkisofs：建立镜像文件

刻录可启动与不可启动的光盘，使用的方法不太一样。

◆ 制作一般数据光盘镜像文件

我们从 FTP 站下载的 Linux 镜像文件（不管是 CD 还是 DVD）都要继续刻录成为物理的 CD/DVD 后，才能够进一步使用，包括安装或更新你的 Linux。同样的道理，你想要利用刻录机将你的数据刻录到 DVD 时，也得要先将你的数据制作成镜像文件，这样才能够写入 DVD 中，而将你的数据制作成镜像文件的方式就通过 mkisofs 这个命令实现。mkisofs 的使用方式如下：

```
[root@study ~]# mkisofs [-o 镜像文件] [-Jrv] [-V vol] [-m file] 待备份文件... \
> -graft-point isodir=systemdir ...
选项与参数：
-o ：后面接你想要产生的那个镜像文件。
-J ：产生较兼容 Windows 的文件名结构，可增加文件名长度到 64 个 unicode 字符。
-r ：通过 Rock Ridge 产生支持 UNIX/Linux 的文件数据，可记录较多的信息（如 UID/GID 等）。
-v ：显示创建 ISO 文件的过程。
-V vol ：建立 Volume，有点像 Windows 在文件资源管理器内看到的 CD 卷标。
-m file ：-m 为排除文件（exclude）的意思，后面的文件不备份到镜像文件中，也能使用 * 通配符。
-graft-point: graft 有转嫁或移植的意思，相关内容在下面文章内说明。
```

其实 mkisofs 有非常多好用的选项可以选择，不过如果我们只是想要制作数据光盘时，上述的选项也就够用了。光盘的格式一般称为 iso9660，这种格式一般仅支持旧版的 DOS 文件名，亦即文件名只能以 8.3（文件名 8 个字符，扩展名 3 个字符）的方式存在。如果加上-r 的选项之后，那么文件信息能够被记录的比较完整，可包括 UID/GID 与权限等。所以，记得加这个-r 的选项。

此外，一般默认的情况下，所有要被加到镜像文件中的文件都会被放置到镜像文件中的根目录，如此一来可能会造成刻录后的文件分类不易的情况。所以，你可以使用 -graft-point 这个选项，当你使用这个选项之后，可以利用如下的方法来定义位于镜像文件中的目录，例如：

- 镜像文件中的目录所在等于实际 Linux 文件系统的目录所在；
- /movies/=/srv/movies/（在 Linux 的/srv/movies/ 内的文件，加至镜像文件中的/movies/目录）；
- /linux/etc=/etc（将 Linux 中的/etc/内的所有数据备份到镜像文件中的 /linux/etc/ 目录）。

我们通过一个简单的范例来说明一下，如果你想要将/root、/home、/etc 等目录内的数据通通刻录起来的话，先得要处理一下镜像文件，我们先不使用-graft-point 的选项来处理这个镜像文件试看看：

```
[root@study ~]# mkisofs -r -v -o /tmp/system.img /root /home /etc
I: -input-charset not specified, using utf-8 (detected in locale settings)
genisoimage 1.1.11 (Linux)
Scanning /root
……（中间省略）……
Scanning /etc/scl/prefixes
Using SYSTE000.;1 for  /system-release-cpe (system-release)          # 被改名了。
Using CENTO000.;1 for  /centos-release-upstream (centos-release)     # 被改名了。
Using CRONT000.;1 for  /crontab (crontab)
genisoimage: Error: '/etc/crontab' and '/root/crontab' have the same Rock Ridge name 'crontab'.
Unable to sort directory                                # 文件名不可一样
NOTE: multiple source directories have been specified and merged into the root
of the filesystem. Check your program arguments. genisoimage is not tar.
# 看到没？因为文件名一模一样，所以就不给你建立 ISO 文件了。
# 请先删除/root/crontab 这个文件，然后再重复执行一次 mkisofs。
[root@study ~]# rm /root/crontab
[root@study ~]# mkisofs -r -v -o /tmp/system.img /root /home /etc
……（前面省略）……
 83.91% done, estimate finish Thu Jul  2 18:48:04 2015
 92.29% done, estimate finish Thu Jul  2 18:48:04 2015
Total translation table size: 0
Total rockridge attributes Bytes: 600251
Total directory Bytes: 2150400
Path table size (Bytes): 12598
Done with: The File (s)                      Block (s)    58329
```

```
Writing:  Ending Padblock              Start Block 59449
Done with: Ending Padblock             Block(s)    150
Max brk space used 548000
59599 extents written (116 MB)
[root@study ~]# ll -h /tmp/system.img
-rw-r--r--. 1 root root 117M Jul  2 18:48 /tmp/system.img
[root@study ~]# mount -o loop /tmp/system.img /mnt
[root@study ~]# df -h /mnt
Filesystem      Size  Used Avail Use% Mounted on
/dev/loop0      117M  117M     0 100% /mnt
[root@study ~]# ls /mnt
abrt            festival        mail.rc                   rsyncd.conf
adjtime         filesystems     makedumpfile.conf.sample  rsyslog.conf
alex            firewalld       man_db.conf               rsyslog.d
# 看吧，一堆数据都放置在一起，包括有的没有的目录与文件等。
[root@study ~]# umount /mnt
# 测试完毕要记得卸载。
```

　　由上面的范例我们可以看到，三个目录（/root、/home、/etc）的数据通通放置到了镜像文件的最顶层目录中。真是不方便，尤其由于/root/etc 的存在，导致那个/etc 的数据似乎没有被包含进来的样子，真不合理，此时我们可以使用-graft-point 来处理。

```
[root@study ~]# mkisofs -r -V 'linux_file' -o /tmp/system.img \
> -m /root/etc -graft-point /root=/root /home=/home /etc=/etc
[root@study ~]# ll -h /tmp/system.img
-rw-r--r--. 1 root root 92M Jul  2 19:00 /tmp/system.img
# 上面的命令会建立一个大文件，其中-graft-point 后面接的就是我们要备份的数据。
# 必须要注意的是那个等号的两边，等号左边是在镜像文件内的目录，右侧则是实际的数据。
[root@study ~]# mount -o loop /tmp/system.img /mnt
[root@study ~]# ll /mnt
dr-xr-xr-x. 131 root root 34816 Jun 26 22:14 etc
dr-xr-xr-x.   5 root root  2048 Jun 17 00:20 home
dr-xr-xr-x.   8 root root  4096 Jul  2 18:48 root
# 看，数据是分门别类的在各个目录中的，这样了解吗？最后将目录卸载一下。
[root@study ~]# umount /mnt
```

　　如果你想要将实际的数据直接写入 iso 文件中，那就要使用这个-graft-point 来处理比较妥当。不然没有分第一层目录，后面的数据管理实在是很麻烦。如果你是有自己要制作的数据内容，其实最简单的方法，就是将所有的数据预先处理到某一个目录中，再刻录该目录即可。例如上述的/etc、/root、/home 先全部复制到/srv/cdrom 当中，然后跑到/srv/cdrom 当中，再使用类似【mkisofs -r -v -o /tmp/system.img .】的方式来处理即可，这样也比较单纯。

◆　制作/修改可启动光盘镜像文件

　　在鸟哥的研究室中，学生常被要求要制作【一键安装】的安装光盘。也就是说，要修改原版的光盘镜像文件，改成可以自动加载某些程序的流程，让这个光盘放入主机光驱后，只要开机利用光盘来启动，那就直接安装系统，不再需要询问管理员一些有的没有的，等于是自动化处理，那些流程比较麻烦，因为要知道 kickstart 的相关技术等，这个我们先不谈，这里要谈的是，如何让这张光盘的内容被修改之后，还可以刻录成为可启动的模样呢？

　　因为鸟哥这部测试机的容量比较小，又仅是测试而已，因此鸟哥选择 CentOS-7-x86_64-Minimal-1511.iso 这个最小安装光盘镜像文件来测试给各位看看。假设你已经到中科大镜像站 http://mirrors.ustc.edu.cn/centos/7/isos/x86_64/下载了最小安装的镜像文件，而且放在/home 目录，之后我们要将里面的数据进行修改，假设新的镜像文件目录放置于 /srv/newcd，那你应该要这样做：

```
# 1. 先观察一下这个光盘里面有啥东西？是否是我们需要的光盘系统。
[root@study ~]# isoinfo -d -i /home/CentOS-7-x86_64-Minimal-1511.iso
CD-ROM is in ISO 9660 format
System id: LINUX
Volume id: CentOS 7 x86-64
Volume set id:
```

```
Publisher id:
Data preparer id:
Application id: GENISOIMAGE ISO 9660/HFS FILESYSTEM CREATOR （C）1993 E.YOUNGDALE （C）...
Copyright File id:
……（中间省略）……
Eltorito defaultboot header:
    Bootid 88 （bootable）
    Boot media 0 （No Emulation Boot）
    Load segment 0
    Sys type 0
    Nsect 4
# 2. 开始挂载这张光盘到/mnt，并且将所有数据完整复制到/srv/newcd目录中。
[root@study ~]# mount /home/CentOS-7-x86_64-Minimal-1511.iso /mnt
[root@study ~]# mkdir /srv/newcd
[root@study ~]# rsync -a /mnt/ /srv/newcd
[root@study ~]# ll /srv/newcd/
-rw-r--r--. 1 root root    16 Apr  1 07:11 CentOS_BuildTag
drwxr-xr-x. 3 root root    33 Mar 28 06:34 EFI
-rw-r--r--. 1 root root   215 Mar 28 06:36 EULA
-rw-r--r--. 1 root root 18009 Mar 28 06:36 GPL
drwxr-xr-x. 3 root root    54 Mar 28 06:34 images
drwxr-xr-x. 2 root root  4096 Mar 28 06:34 isoLinux
drwxr-xr-x. 2 root root    41 Mar 28 06:34 LiveOS
drwxr-xr-x. 2 root root 20480 Apr  1 07:11 Packages
drwxr-xr-x. 2 root root  4096 Apr  1 07:11 repodata
-rw-r--r--. 1 root root  1690 Mar 28 06:36 RPM-GPG-KEY-CentOS-7
-rw-r--r--. 1 root root  1690 Mar 28 06:36 RPM-GPG-KEY-CentOS-Testing-7
-r--r--r--. 1 root root  2883 Apr  1 07:15 TRANS.TBL
# rsync 可以完整的复制所有的权限属性等数据，也能够进行镜像处理，相当好用的命令。
# 这里先了解一下即可，现在 newcd/目录内已经是完整的镜像文件内容。
# 3. 假设已经处理完毕你在/srv/newcd里面所要进行的各项修改操作，准备建立 iso 文件。
[root@study ~]# ll /srv/newcd/isolinux/
-r--r--r--. 1 root root     2048 Apr  1 07:15 boot.cat       # 启动的安全编录文件。
-rw-r--r--. 1 root root       84 Mar 28 06:34 boot.msg
-rw-r--r--. 1 root root      281 Mar 28 06:34 grub.conf
-rw-r--r--. 1 root root 35745476 Mar 28 06:31 initrd.img
-rw-r--r--. 1 root root    24576 Mar 28 06:38 isoLinux.bin  # 相当于启动引导程序。
-rw-r--r--. 1 root root     3032 Mar 28 06:34 isoLinux.cfg
-rw-r--r--. 1 root root   176500 Sep 11  2014 memtest
-rw-r--r--. 1 root root      186 Jul  2  2014 splash.png
-r--r--r--. 1 root root     2438 Apr  1 07:15 TRANS.TBL
-rw-r--r--. 1 root root 33997348 Mar 28 06:33 upgrade.img
-rw-r--r--. 1 root root   153104 Mar  6 13:46 vesamenu.c32
-rwxr-xr-x. 1 root root  5029136 Mar  6 19:45 vmlinuz       # Linux 内核文件。
[root@study ~]# cd /srv/newcd
[root@study newcd]# mkisofs -o /custom.iso -b isolinux/isoLinux.bin -c isolinux/boot.cat \
> -no-emul-boot -V 'CentOS 7 x86_64' -boot-load-size 4 -boot-info-table -R -J -v -T .
```

此时你就有一个 /custom.img 的文件存在，可以将该光盘刻录出来，就这么简单。

8.5.2 cdrecord：光盘刻录工具

新版的 CentOS 7 使用的是 wodim 这个命令来进行刻录的操作。不过为了兼容于旧版的 cdrecord 这个命令，因此 wodim 也被链接到 cdrecord，因此，你还是可以使用 cdrecord 这个命令，不过，鸟哥建议还是改用 wodim 比较干脆，这个命令常见的选项有下面几个：

```
[root@study ~]# wodim --devices dev=/dev/sr0...            <==查询刻录机的 bus 位置。
[root@study ~]# wodim -v dev=/dev/sr0 blank=[fast|all]     <==抹除重复读写盘。
[root@study ~]# wodim -v dev=/dev/sr0 -format             <==格式化 DVD+RW。
[root@study ~]# wodim -v dev=/dev/sr0 [可用选项功能] file.iso
选项与参数：
```

```
--devices        : 用在扫描磁盘总线并找出可用的刻录机，后续的设备为 ATA 接口；
-v               : 在 cdrecord 运行的过程中显示过程；
dev=/dev/sr0     : 可以找出此光驱的 bus 地址，非常重要；
blank=[fast|all]: blank 为抹除可重复写入的 CD/DVD-RW，使用 fast 较快，all 较完整；
-format          : 对光盘进行格式化，但是仅针对 DVD+RW 这种格式的 DVD 而已；
[可用选项功能] 主要是写入 CD/DVD 时可使用的选项，常见的选项包括有：
   -data    : 指定后面的文件以数据格式写入，不是以 CD 音轨 (-audio) 方式写入；
   speed=X  : 指定刻录速度，例如 CD 可用 speed=40 为 40 倍数，DVD 则可用 speed=4 之类；
   -eject   : 指定刻录完毕后自动推出光盘；
   fs=Ym    : 指定缓冲内存大小，可用在将镜像文件先暂存至缓冲内存，默认为 4m，
              一般建议可增加到 8m，不过，还是得视你的刻录机而定。
针对 DVD 的选项功能：
   driveropts=burnfree : 打开 Buffer Underrun Free 模式的写入功能；
   -sao                : 支持 DVD-RW 的格式；
```

◆　检测你的刻录机所在位置

　　命令行模式的刻录确实是比较麻烦的，因为没有所见即所得的环境，要刻录首先就要找到刻录机才行，而由于早期的刻录机都是使用 SCSI 接口，因此查询刻录机的方法就要配合着 SCSI 接口的标识来处理，查询刻录机的方式为：

```
[root@study ~]# ll /dev/sr0
brw-rw----+ 1 root cdrom 11, 0 Jun 26 22:14 /dev/sr0 # 一般 Linux 光驱名称。
[root@study ~]# wodim --devices dev=/dev/sr0
-------------------------------------------------------------------------
 0  dev='/dev/sr0'      rwrw-- : 'QEMU' 'QEMU DVD-ROM'
-------------------------------------------------------------------------
[root@demo ~]# wodim --devices dev=/dev/sr0
wodim: Overview of accessible drives (1 found) :
-------------------------------------------------------------------------
 0  dev='/dev/sr0'      rwrw-- : 'ASUS' 'DRW-24D1ST'
-------------------------------------------------------------------------
# 你可以发现到其实鸟哥做了两个测试。上面的那台主机系统是虚拟机，当然光驱也是模拟的，没法用。
# 因此在这里与下面的 wodim 用法，鸟哥只能使用另一台 Demo 机器测试给大家看了。
```

　　因为上面那台机器是虚拟机内的虚拟光驱（QEMU DVD-ROM），无法插入真正的光盘。所以鸟哥只好找另一台物理 CentOS 7 的主机系统来测试。因此你可以看到下面那台使用的就是正统的华硕光驱。这样会查看了吗？注意，一定要有 dev=/dev/xxx 那一段，不然系统会告诉你找不到光盘，这真的是很奇怪。不过，反正我们知道光驱的文件名为/dev/sr0 之类的，直接使用即可。

◆　进行 CD/DVD 的刻录操作

　　好了，那么现在要如何将 /tmp/system.img 刻录到 CD/DVD 里面呢？因为要省省空间与避免浪费，鸟哥拿之前多买的可重复读写的 4X DVD 盘来操作，由于是可擦写的 DVD，因此可能要在刻录前先抹除 DVD 盘里面的数据才行。

```
# 0. 先抹除光盘的原始内容。(非可重复读写则可略过此步骤)
[root@demo ~]# wodim -v dev=/dev/sr0 blank=fast
# 中间会跑出一堆信息告诉你抹除的进度，而且会有 10 秒钟的时间等待你的取消。
# 1. 开始刻录。
[root@demo ~]# wodim -v dev=/dev/sr0 speed=4 -dummy -eject /tmp/system.img
……（前面省略）……
Waiting for reader process to fill input buffer ... input buffer ready.
Starting new track at sector: 0
Track 01:    86 of    86 MB written (fifo 100%) [buf  97%]   4.0x.      # 这里有流程时间。
Track 01: Total Bytes read/written: 90937344/90937344 (44403 sectors).
Writing  time:   38.337s                                  # 写入的总时间。
Average write speed   1.7x.                               # 换算下来的写入时间。
Min drive buffer fill was 97%
Fixating...
Fixating time:  120.943s
wodim: fifo had 1433 puts and 1433 gets.
wodim: fifo was 0 times empty and 777 times full, min fill was 89%.
```

```
# 因为有加上-eject 这个选项的缘故，因此刻录完成后，DVD 会被推出光驱，记得推回去。
# 2．刻录完毕后，测试挂载一下，检验内容。
[root@demo ~]# mount /dev/sr0/mnt
[root@demo ~]# df -h /mnt
Filesystem            Size  Used Avail Use% Mounted on
Filesystem      Size  Used Avail Use% Mounted on
/dev/sr0        87M   87M     0 100% /mnt
[root@demo ~]# ll /mnt
dr-xr-xr-x. 135 root root 36864 Jun 30 04:00 etc
dr-xr-xr-x. 19 root root 8192 Jul  2 13:16 root
[root@demo ~]# umount /mnt      <==不要忘了卸载
```

基本上，光盘刻录的命令越来越简单，虽然有很多的参数可以使用，不过，鸟哥认为，学习上面的语法就很足够了。一般来说，如果有刻录的需求，大多还是使用图形界面的软件来处理比较妥当，使用命令行界面的刻录，真的大部分都是刻录数据光盘较多，因此，上面的语法已经足够工程师的使用。

如果你的 Linux 是用来做为服务器之用的话，那么无时无刻不去想如何备份重要数据是相当重要的。关于备份我们会在第 5 篇再仔细的谈一谈，这里你要会使用这些工具即可。

8.6　其他常见的压缩与备份工具

还有一些很好用的工具要跟大家介绍介绍，尤其是 dd 这个玩意儿。

8.6.1　dd

我们在第 7 章当中的特殊 loop 设备挂载时使用过 dd 这个命令对吧？不过，这个命令可不只是制作一个文件而已，这个 dd 命令最大的功能，鸟哥认为，应该是在于备份，因为 dd 可以读取磁盘设备的内容（几乎是直接读取扇区），然后将整个设备备份成一个文件，真的是相当好用，dd 的用途有很多，但是我们仅讲一些比较重要的选项，如下：

```
[root@study ~]# dd if="input_file" of="output_file" bs="block_size" count="number"
选项与参数：
if  : 就是 input file，也可以是设备；
of  : 就是 output file，也可以是设备；
bs  : 设置的一个 block 的大小，若未指定则默认是 512 Bytes（一个扇区的大小）；
count: 多少个 bs 的意思；
范例一：将/etc/passwd 备份到/tmp/passwd.back 当中。
[root@study ~]# dd if=/etc/passwd of=/tmp/passwd.back
4+1 records in
4+1 records out
2092 Bytes （2.1 kB） copied, 0.000111657 s, 18.7 MB/s
[root@study ~]# ll /etc/passwd /tmp/passwd.back
-rw-r--r--. 1 root root 2092 Jun 17 00:20 /etc/passwd
-rw-r--r--. 1 root root 2092 Jul  2 23:27 /tmp/passwd.back
# 仔细的看一下，我的/etc/passwd 文件大小为 2092 Bytes，因为我没有设置 bs，
# 所以默认是 512 Bytes 为一个单位，因此，上面那个 4+1 表示有 4 个完整的 512 Bytes，
# 以及未满 512 Bytes 的另一个 block 的意思。事实上，感觉好像是 cp 这个命令。
范例二：将刚刚刻录的光盘的内容，再次备份下来成为镜像文件。
[root@study ~]# dd if=/dev/sr0 of=/tmp/system.iso
177612+0 records in
177612+0 records out
90937344 Bytes （91 MB） copied, 22.111 s, 4.1 MB/s
# 要将数据抓下来用这个方法，如果是要将镜像文件写入 U 盘，就会变如下一个范例。
范例三：假设你的 USB 是/dev/sda 好了，请将刚刚范例二的 image 刻录到 U 盘。
[root@study ~]# lsblk /dev/sda
NAME MAJ:MIN RM SIZE RO TYPE MOUNTPOINT
```

```
sda    8:0    0   2G  0 disk            # 确实是 disk 而且有 2GB。
[root@study ~]# dd if=/tmp/system.iso of=/dev/sda
[root@study ~]# mount /dev/sda /mnt
[root@study ~]# ll /mnt
dr-xr-xr-x. 131 root root 34816 Jun 26 22:14 etc
dr-xr-xr-x.   5 root root  2048 Jun 17 00:20 home
dr-xr-xr-x.   8 root root  4096 Jul  2 18:48 root
# 如果你不想要使用 DVD 来作为启动设备，那可以将镜像文件使用这个 dd 写入 USB 磁盘，
# 该磁盘就会变成跟可启动光盘一样的功能，可以让你用 U 盘来安装 Linux，速度快很多。
范例四：将你的/boot 整个文件系统通过 dd 备份下来。
[root@study ~]# df -h /boot
Filesystem      Size  Used Avail Use% Mounted on
/dev/vda2       1014M 149M  866M  15% /boot        # 请注意，备份的容量会到 1G。
[root@study ~]# dd if=/dev/vda2 of=/tmp/vda2.img
[root@study ~]# ll -h /tmp/vda2.img
-rw-r--r--. 1 root root 1.0G Jul  2 23:39 /tmp/vda2.img
# 等于是将整个/dev/vda2 通通保存下来的意思，所以，文件容量会跟整块磁盘的最大量一样大。
```

其实使用 dd 来备份是无可奈何的情况，很笨。因为默认 dd 是一个一个扇区去读写的，而且即使没有用到的扇区也会被写入备份文件中，因此这个文件会变得跟原本的磁盘一模一样大，不像使用 xfsdump 只备份文件系统中使用到的部分。不过，dd 就是因为不理会文件系统，单纯有啥记录啥，所以不论该磁盘内的文件系统你是否识别，它都可以备份、还原。因此，鸟哥认为，上述的第三个案例是比较重要的。

例题

你想要将你的 /dev/vda2 完整地复制到另一个硬盘分区上，请使用你的系统上面未划分完毕的容量再建立一个与 /dev/vda2 差不多大小的分区（只能比 /dev/vda2 大，不能比它小），然后将之进行完整的复制（包括需要复制 boot sector 的区块）。

答：因为我们的 /dev/sda 也是个测试的 U 盘，可以随意搞。我们刚刚也才测试过将光盘镜像文件给它复制进去而已，现在，请你划分 /dev/sda1 出来，然后将 /dev/vda2 完整的复制进 /dev/sda1。

```
# 1. 先进行分区的操作
[root@study ~]# fdisk /dev/sda
Command (m for help): n
Partition type:
   p   primary (0 primary, 0 extended, 4 free)
   e   Extended
Select (default p): p
Partition number (1-4, default 1): 1
First sector (2048-4195455, default 2048): Enter
Using default value 2048
Last sector, +sectors or +size{K,M,G} (2048-4195455, default 4195455): Enter
Using default value 4195455
Partition 1 of type Linux and of size 2 GiB is set
Command (m for help): p
   Device Boot      Start         End      Blocks   Id  System
/dev/sda1           2048     4195455     2096704   83  Linux
Command (m for help): w
[root@study ~]# partprobe
# 2. 不需要格式化，直接进行 sector 表面的复制。
[root@study ~]# dd if=/dev/vda2 of=/dev/sda1
2097152+0 records in
2097152+0 records out
1073741824 Bytes (1.1 GB) copied, 71.5395 s, 15.0 MB/s
[root@study ~]# xfs_repair -L /dev/sda1  # 一定要先清除一堆 log 才行。
[root@study ~]# uuidgen                  # 下面两行在给予一个新的 UUID。
896c38d1-bcb5-475f-83f1-172ab38c9a0c
[root@study ~]# xfs_admin -U 896c38d1-bcb5-475f-83f1-172ab38c9a0c /dev/sda1
# 因为 xfs 文件系统主要使用 UUID 来识别文件系统，但我们使用 dd 复制，连 UUID 也都复制成为相同。
```

```
# 当然得要使用上述的 xfs_repair 及 xfs_admin 来自定义一下。
[root@study ~]# mount /dev/sda1 /mnt
[root@study ~]# df -h /boot /mnt
Filesystem      Size  Used Avail Use% Mounted on
/dev/vda2      1014M  149M  866M  15% /boot
/dev/sda1      1014M  149M  866M  15% /mnt
# 这两个玩意儿会【一模一样】。
# 3. 接下来，让我们将文件系统放大吧！
[root@study ~]# xfs_growfs /mnt
[root@study ~]# df -h /boot /mnt
Filesystem      Size  Used Avail Use% Mounted on
/dev/vda2      1014M  149M  866M  15% /boot
/dev/sda1       2.0G  149M  1.9G   8% /mnt
[root@study ~]# umount /mnt
```

　　非常有趣的范例，新划分出来的硬盘分区不需要经过格式化，因为 dd 可以在原本旧的硬盘分区上面将扇区的数据整个复制过来。当然连同超级区块、启动扇区、元数据等通通也会复制过来。是否很有趣？未来你想要创建两块一模一样的磁盘时，只要执行类似 dd if=/dev/sda of=/dev/sdb，就能够让两块磁盘一模一样，甚至 /dev/sdb 不需要分区与格式化，因为该命令可以将 /dev/sda 内的所有数据，包括 MBR 与分区表也复制到 /dev/sdb 。

　　话说，用 dd 来处理这方面的事情真的是很方便，你也不需考虑到啥有的没的，通通是磁盘表面的复制而已。不过如果真的用在文件系统上面，例如上面这个案例，那么再次挂载时，恐怕要理解一下每种文件系统的挂载要求。以上面的案例来说，你就得要先清除 xfs 文件系统内的 log，重新给予一个跟原本不一样的 UUID 后，才能够顺利挂载。同时，为了让系统继续利用后续没有用到的磁盘空间，那个 xfs_growfs 就要理解一下，关于 xfs_growfs 我们会在后续第 14 章继续强调，这里先理解即可。

8.6.2　cpio

　　这个命令挺有趣的，因为 cpio 可以备份任何东西，包括设备文件，不过 cpio 有个大问题，那就是 cpio 不会主动地去找文件来备份，那怎么办？所以，一般来说，cpio 要配合类似 find 等可以查找文件的命令来告知 cpio 该被备份的数据在哪里。有点小麻烦，因为牵涉我们在第 3 篇才会谈到的数据流重定向，所以这里你就先背一下语法，等到第 3 讲讲完你就知道如何使用 cpio。

```
[root@study ~]# cpio -ovcB > [file|device] <==备份。
[root@study ~]# cpio -ivcdu < [file|device] <==还原。
[root@study ~]# cpio -ivct < [file|device] <==查看。
备份会使用到的选项与参数:
 -o : 将数据复制输出到文件或设备上。
 -B : 让默认的 blocks 可以增加至 5120 字节，默认是 512 字节。
      这样的好处是可以让大文件的存储速度加快 (请参考 inodes 的概念)。
还原会使用到的选项与参数:
 -i : 将数据自文件或设备复制出来到系统当中。
 -d : 自动建立目录，使用 cpio 所备份的内容不见得会在同一层目录中，因此我们
      必须要让 cpio 在还原时可以建立新目录，此时就需要 -d 选项的帮助。
 -u : 自动的将较新的文件覆盖较旧的文件。
 -t : 需配合 -i 选项，可用在"查看" 以 cpio 建立的文件或设备的内容。
一些可共用的选项与参数:
 -v : 让存储的过程中文件名称可以在屏幕上显示。
 -c : 一种较新的 portable format 方式存储。
```

　　你应该会发现一件事情，就是上述的选项与命令中怎么会没有指定需要备份的数据呢？还有那个大于（>）与小于（<）符号是怎么回事？因为 cpio 会将数据整个显示到屏幕上，所以我们可以通过将这些屏幕的数据重新导向（>）一个新的文件，至于还原？就是将备份文件读进来 cpio（<）进行处理之意，我们来进行几个案例你就知道啥是啥了。

```
范例：找出/boot下面的所有文件，然后将它备份到/tmp/boot.cpio中。
[root@study ~]# cd /
[root@study /]# find boot -print
boot
boot/grub
boot/grub/splash.xpm.gz
……（以下省略）……
# 通过find我们可以找到boot下面应该要存在的文件名，包括文件与目录，但请千万不要是绝对路径。
[root@study /]# find boot | cpio -ocvB > /tmp/boot.cpio
[root@study /]# ll -h /tmp/boot.cpio
-rw-r--r--. 1 root root 108M Jul  3 00:05 /tmp/boot.cpio
[root@study ~]# file /tmp/boot.cpio
/tmp/boot.cpio: ASCII cpio archive （SVR4 with no CRC）
```

我们使用 find boot 可以找出文件名，然后通过那条管道（|，即键盘上的 shift+\ 的组合），就能将文件名传给 cpio 来进行处理。最终会得到 /tmp/boot.cpio 这个文件，你可能会觉得奇怪，为啥鸟哥要先转换目录到/再去找 boot 呢？为何不能直接找 /boot 呢？这是因为 cpio 很笨，它不会理会你给的是绝对路径还是相对路径的文件名，所以如果你加上绝对路径的/开头，那么未来解开的时候，它就一定会覆盖掉原本的 /boot，那就太危险了。我们在 tar 也稍微讲过这个-P 的选项，理解了吧！好了，那接下来让我们来进行解压缩看看。

```
范例：将刚刚的文件给它在/root/目录下解开。
[root@study ~]# cd ~
[root@study ~]# cpio -idvc < /tmp/boot.cpio
[root@study ~]# ll /root/boot
# 你可以自行比较一下/root/boot 与/boot 的内容是否一模一样。
```

事实上 cpio 可以将系统的数据完整的备份到磁带中，如果你有磁带设备的话。

- 备份：find / | cpio –ocvB > /dev/st0
- 还原：cpio –idvc < /dev/st0

这个 cpio 好像不怎么好用，但是，它可是备份的一项利器。因为它可以备份任何的文件，包括 /dev 下面的任何设备文件，所以它可是相当重要的，而由于 cpio 必须要配合其他的程序，例如 find 来查找文件，所以 cpio 与管道命令及数据流重定向的相关性就相当的重要了。

其实系统里面已经含有一个使用 cpio 建立的文件，那就是/boot/initramfs-xxx 这个文件。现在让我们来将这个文件解压缩看看，看你能不能发现该文件的内容是什么？

```
# 1. 我们先来看看该文件是属于什么文件格式，然后再加以处理。
[root@study ~]# file /boot/initramfs-3.10.0-229.el7.x86-64.img
/boot/initramfs-3.10.0-229.el7.x86-64.img: ASCII cpio archive （SVR4 with no CRC）
[root@study ~]# mkdir /tmp/initramfs
[root@study ~]# cd /tmp/initramfs
[root@study initramfs]# cpio -idvc < /boot/initramfs-3.10.0-229.el7.x86-64.img
.
kernel
kernel/x86
kernel/x86/microcode
kernel/x86/microcode/GenuineIntel.bin
early_cpio
22 blocks
# 看，这样就将这个文件解开，这样了解吗？
```

8.7　重点回顾

- 压缩命令为通过一些计算方法将原本的文件进行压缩，以减少文件所占用的磁盘容量，压缩前与压缩后的文件所占用的磁盘容量比值，就可以被称为是压缩比；

- 压缩的好处是可以减少磁盘容量的浪费，在网站也可以利用文件压缩的技术来进行数据的传送，好让网站带宽的可利用率上升；
- 压缩文件的扩展名大多是：*.gz、*.bz2、*.xz、*.tar、*.tar.gz、*.tar.bz2、*.tar.xz；
- 常见的压缩命令有 gzip、bzip2、xz，压缩率最佳的是 xz，若可以不计时间成本，建议使用 xz 进行压缩；
- tar 可以用来进行文件打包，并可支持 gzip、bzip2、xz 的压缩；
- 压缩：tar −Jcv −f filename.tar.xz 要被压缩的文件或目录名称；
- 查询：tar −Jtv −f filename.tar.xz；
- 解压缩：tar −Jxv −f filename.tar.xz −C 欲解压缩的目录；
- xfsdump 命令可备份文件系统或单一目录；
- xfsdump 的备份若针对文件系统时，可进行 0~9 的 level 差异备份，其中 level 0 为完整备份；
- xfsrestore 命令可还原被 xfsdump 创建的备份文件；
- 要建立光盘刻录数据时，可通过 mkisofs 命令来创建；
- 可通过 wodim 来写入 CD 或 DVD 刻录机；
- dd 可备份完整的硬盘或硬盘分区，因为 dd 可读取磁盘的扇区表面数据；
- cpio 为相当优秀的备份命令，不过必须要搭配类似 find 命令来读入欲备份的数据，方可进行备份操作。

8.8　本章习题

情境模拟题一：
请将本章练习过程中产生的不必要的文件删除，以保持系统容量不要被恶搞。

- rm /home/CentOS-7-x86_64-Minimal-1503-01.iso
- rm −rf /srv/newcd/
- rm /custom.iso
- rm −rf /tmp/vda2.img /tmp/boot.cpio /tmp/boot /tmp/boot2 /tmp/boot3
- rm −rf /tmp/services* /tmp/system.*
- rm −rf /root/etc* /root/system.tar.bz2 /root/boot

情境模拟题二：
你想要定时备份 /home 这个目录内的数据，又担心每次备份的信息太多，因此想要使用 xfsdump 的方式来逐一备份数据到 /backups 这个目录，该如何处理？

- 目标：了解到 xfsdump 以及各个不同 level 的作用；
- 前提：被备份的数据为单一硬盘分区，即本例中的 /home；

实际处理的方法其实还挺简单的，我们可以这样做看看：

1. 先替该目录制作一些数据，亦即复制一些东西过去。

```
mkdir /home/chapter8; cp -a /etc /boot /home/chapter8
```

2. 开始进行 xfsdump，记得一开始是使用 level 0 的完整备份。

```
mkdir /backups
xfsdump -l 0 -L home_all -M home_all -f /backups/home.dump /home
```

3. 尝试将 /home 这个文件系统加大，将 /var/log/ 的数据复制进去。

```
cp -a /var/log/ /home/chapter8
```

此时原本的 /home 已经被改变了，继续进行备份看看。

4. 将 /home 以 level 1 来进行备份：

```
xfsdump -l 1 -L home_1 -M home_1 -f /backups/home.dump.1 /home
ls -l /backups
```

你应该就会看到两个文件，其中第二个文件（home.dump.1）会小的多，这样就搞定备份数据了。

情境模拟题三：

假设过了一段时间后，你的 /home 变得怪怪的，你想要将该文件系统以刚刚的备份数据还原，此时该如何处理呢？你可以这样做：

1. 由于 /home 这个硬盘分区是用户只要有登录就会使用，因此你应该无法卸载这个东西。因此，你必须要注销所有的一般用户，然后在 tty2 直接以 root 登陆系统，不要使用一般账号来登录后 su 转成 root，这样才有办法卸载 /home。

2. 先将 /home 卸载，并且将该硬盘分区重新格式化。

```
df -h /home
/dev/mapper/centos-home 5.0G 245M 4.8G 5% /home
umount /home
mkfs.xfs -f /dev/mapper/centos-home
```

3. 重新挂载原本的硬盘分区，此时该目录内容应该是空的。

```
mount -a
```

你可以自行使用 df 以及 ls -l /home 查看一下该目录的内容，是空的。

4. 将完整备份的 level 0 的文件 /backups/home.dump 还原回来：

```
cd /home
xfsrestore -f /backups/home.dump .
```

此时该目录的内容为第一次备份的状态，还需要进行后续的处理才行。

5. 将后续的 level 1 的备份也还原回来：

```
xfsrestore -f /backups/home.dump.1 .
```

此时才是恢复到最后一次备份的阶段，如果还有 level 2、level 3 时，就得要一个一个的依序还原。

6. 最后删除本章练习的复制文件：

```
rm -rf /home/chapter8
```

8.9　参考资料与扩展阅读

- 熊宝贝工作记录之：Linux 刻录实践
  http://csc.ocean-pioneer.com/docum/linux_burn.html
- Archlinux 的 wiki 有关光盘刻录内容
  https://wiki.archlinux.org/index.php/Optical_disc_drive
- CentOS 7.x 之 man xfsdump
- CentOS 7.x 之 man xfsrestore

第三部分

学习 shell 与 shell script

9

第 9 章　vim 程序编辑器

　　系统管理员的重要工作就是要修改与设置某些重要软件的配置文件，因此至少要学会一种以上的命令行模式下的文本编辑器。在所有的 Linux 发行版上面都会有的一个文本编辑器，那就是 vi，而且很多软件默认也是使用 vi 做为它们的编辑工具，因此鸟哥建议您务必要学会使用 vi 这个正规的文本编辑器。此外，vim 是高级版的 vi，vim 不但可以用不同颜色显示文字内容，还能够进行诸如 shell 脚本、C 语言等程序编辑，你可以将 vim 视为一种程序编辑器，鸟哥也是用 vim 编辑鸟站的网页文章。

9.1　vi 与 vim

由前面一路走来，我们一直建议使用命令行模式来处理 Linux 系统的设置问题，因为不但可以让你比较容易了解到 Linux 的运行情况，也比较容易了解整个设置的基本精神，更能保证你的修改可以顺利地被运行。所以，在 Linux 的系统中使用文本编辑器来编辑你的 Linux 参数配置文件，可是一件很重要的事情，也因此，系统管理员至少应该要熟悉一种文本处理工具。

> 这里要再次强调，不同的 Linux 发行版各有其不同的附带软件，例如 Red Hat Enterprise Linux 以及 Fedora 的 ntsysv 与 setup 等，而 SUSE 则有 YaST 管理工具等。因此，如果你只会使用此种类型的软件来控制你的 Linux 系统，当使用不同的 Linux 发行版时，呵呵，那可就苦恼了。

在 Linux 的世界中，绝大部分的配置文件都是以 ASCII 的纯文本文件形式存在，因此利用简单的文字编辑软件就能够修改设置了。与微软的 Windows 系统不同的是，如果你用惯了 Microsoft Word 或 Corel Wordperfect 的话，那么除了 X Window 里面的图形用户界面模式编辑程序（如 xemacs）用起来尚可应付外，在 Linux 的命令行模式下，会觉得文本编辑程序都没有窗口界面来的直观与方便。

> 什么是纯文本文件？其实文件记录的就是 0 与 1，而我们通过编码系统来将这些 0 与 1 转成我们认识的文字。纯文本文件中只有换行、制表符等少数格式控制字符和一般可见字符。在第 0 章里面的数据表示方式有较多说明，请自行查看。ASCII 就是其中一种广为使用的文字编码系统，在 ASCII 系统中的图例与代码可以参考 https://en.wikipedia.org/wiki/ASCII。

那么 Linux 在命令行模式下的文本编辑器有哪些呢？其实有非常多。常常听到的就有 emacs、pico、nano、joe 与 vim 等[注1]。既然有这么多命令行模式的文本编辑器，那么我们为什么一定要学 vi 呢？还有那个 vim 是做啥用的？下面就来谈一谈。

为何要学 vim

文本编辑器那么多，我们之前在第 4 章也曾经介绍过简单好用的 nano，既然已经学会了 nano，干嘛鸟哥还一直要你学这不是很友善的 vi？其实是有原因的，因为：
- 所有的 UNIX-like 系统都会内置 vi 文本编辑器，其他的文本编辑器则不一定会存在；
- 很多软件的编辑接口都会主动调用 vi（例如未来会谈到的 crontab、visudo、edquota 等命令）；
- vim 具有程序编辑的能力，可以主动地以字体颜色辨别语法的正确性，方便程序设计；
- 因为程序简单，编辑速度相当快速；

其实重点是上述的第二点，因为有太多 Linux 上面的命令都默认使用 vi 作为数据编辑的接口，所以你一定要学会 vi，否则很多命令你根本就无法操作。这样说，有刺激到你务必要学会 vi 的热情了吗？

那么什么是 vim？其实你可以将 vim 视作 vi 的高级版本，vim 可以用颜色或下划线的方式来显示一些特殊的信息。举例来说，当你使用 vim 去编辑一个 C 语言程序的文件，或是我们后续会谈到的 shell

脚本程序时，vim 会依据文件的扩展名或是文件内的开头信息，判断该文件的内容而自动调用该程序的语法判断样式，再以颜色来显示程序代码与一般信息，也就是说，这个 vim 是个程序编辑器，甚至一些 Linux 基础配置文件内的语法，都能够用 vim 来检查，例如我们在第 7 章谈到的 /etc/fstab 这个文件的内容。

简单来说，vi 是老式的文本编辑器，不过功能已经很齐全了，但是还是有可以进步的地方。vim 则可以说是程序开发者的一项很好用的工具，就连 vim 的官方网站（http://www.vim.org）自己也说 vim 是一个程序开发工具而不是文本处理软件。因为 vim 里面加入了很多额外的功能，例如支持正则表达式的查找方式、多文件编辑、区块复制等。这对于我们在 Linux 上面进行一些配置文件的自定义工作时，是很棒的一项功能。

> 什么时候会使用到 vim？其实鸟哥的整个网站都是在 vim 的环境下一字一字地建立起来的。早期鸟哥使用网页制作软件在制作网页时老是发现网页编辑软件都不怎么好用，尤其是写到 PHP 方面的程序代码时，后来就干脆不使用所见即所得的编辑软件，直接使用 vim，然后 HTML 标签（tag）也都自行用键盘输入，这样整个文件也比较干净。所以说，鸟哥我是很喜欢 vim 的。

下面鸟哥会先就简单的 vi 做个介绍，然后再向大家介绍一下 vim 的额外功能与用法。

9.2　vi 的使用

基本上 vi 共分为 3 种模式，分别是**一般命令模式、编辑模式与命令行模式**。这 3 种模式的作用分别是：

◆ **一般命令模式**（command mode）

以 vi 打开一个文件就直接进入一般命令模式了（这是默认的模式，也简称为一般模式）。在这个模式中，你可以使用【上下左右】按键来移动光标，你可以使用【删除字符】或【删除整行】来处理文件内容，也可以使用【复制、粘贴】来处理你的文件内容。

◆ **编辑模式**（insert mode）

在一般命令模式中可以进行删除、复制、粘贴等的操作，但是却无法编辑文件的内容。要等到你按下【i、I、o、O、a、A、r、R】等任何一个字母之后才会进入编辑模式。注意了，通常在 Linux 中，按下这些按键时，在界面的左下方会出现【INSERT】或【REPLACE】的字样，此时才可以进行编辑，而如果要回到一般命令模式时，则必须要按下【Esc】这个按键即可退出编辑模式。

◆ **命令行模式**（command-line mode）

在一般模式当中，输入【: / ?】三个中的任何一个按钮，就可以将光标移动到最下面那一行。在这个模式当中，可以提供你【查找数据】的操作，而读取、保存、批量替换字符、退出 vi、显示行号等的操作则是在此模式中完成。

简单地说，我们可以将这 3 个模式想成右面的图例来表示：

注意到右面的图例，你会发现**一般命令模式可与编辑模式及命令行模式切换，但编辑模式与命令行模式之间不可互相切换**，这非常重要。闲话不多说，我们下面以一个简单的例子来进行说明吧！

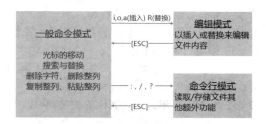

图 9.2.1　vi 3 种模式的相互关系

鸟哥的前一版本中，一般命令模式被称为一般模式。但是英文版的 vi/vim 说明中，一般模式其实是【command mode】的意思，中文直译会变成命令模式。之所以称为命令模式，主因是我们可以在一般模式中按下很多特殊的命令功能，例如删除、复制、可视区块等。只是这个模式很容易跟命令行模式（command-line）混淆，所以鸟哥过去才称为一般模式而已，不过真的很容易误解，所以这一版开始，这一模式被鸟哥改为【一般命令模式】了，要尊重英文原文。

9.2.1 简易执行范例

如果你想要使用 vi 来建立一个名为 welcome.txt 的文件时，你可以这样做：

◆ 1. 使用【vi filename】进入一般命令模式

```
[dmtsai@study ~]$ /bin/vi welcome.txt
# 在 CentOS 7 当中，由于一般账号默认 vi 已经被 vim 替换了，因此得要输入绝对路径来执行才行。
```

直接输入【vi 文件名】就能够进入 vi 的一般命令模式。不过请注意，由于一般账号默认已经使用 vim 来替换，因此如上表所示，如果使用一般账号来测试，得要使用绝对路径的方式来执行 /bin/vi 才好。另外，请注意，记得 vi 后面一定要加文件名，不管该文件名存在与否。

整个界面主要分为两部分，上半部分与最下面一行两者可以视为独立的。如图 9.2.2 所示，图中那个虚线是不存在的，鸟哥用来说明而已。上半部分显示的是文件的实际内容，最下面一行则是状态显示行（图 9.2.3 所示的[New File]信息），或是命令执行行。

如果你打开的文件是已经存在的文件，则可能会出现如下的信息：

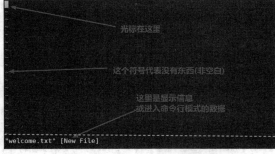 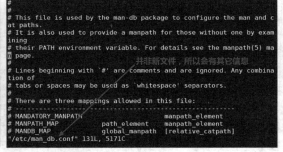

图 9.2.2 用 vi 打开一个新文件 　　　　图 9.2.3 用 vi 打开一个旧文件

如图 9.2.3 所示，箭头所指的那个【"/etc/man_db.conf" [readonly] 131L, 5171C】代表的是现在打开的文件名为 /etc/man_db.conf，由于打开者的身份缘故，目前文件为只读状态，且文件内有 131 行以及具有 5171 个字符的意思。那一行的内容并不是在文件内，而是 vi 显示一些信息的地方，此时是在一般命令模式的环境下，接下来开始来输入吧！

◆ 2. 按下 i 进入编辑模式，开始编辑文字

在一般命令模式之中，只要按下 i、o、a 等字符就可以进入编辑模式了，在编辑模式当中，你可以发现在左下角状态栏中会出现–INSERT–的字样，那就是可以输入任意字符的提示。这个时候，键盘上除了[Esc]这个按键之外，其他的按键都可以视作为一般的输入按钮，所以你可以进行任何的编辑。

◆ 3. 按下 [Esc] 键回到一般命令模式

好了，假设我已经按照上面的样式给它编辑完毕了，那么应该要如何退出呢？是的，没错，就是给它按下[Esc]这个键即可，马上你就会发现界面左下角的– INSERT–不见了。

◆ **4．进入命令行模式，文件保存并退出 vi 环境**

OK，我们要保存了，保存（write）并退出（quit）的命令很简单，输入【:wq】即可保存退出。（注意了，按下 : 该光标就会移动到最下面一行去）这时你在提示字符后面输入【ls -l】即可看到我们刚刚建立的 welcome.txt 文件，整个图有点像下面这样：

图 9.2.4　开始用 vi 来进行编辑

图 9.2.5　在命令行模式进行保存及退出 vi 环境

如此一来，你的文件 welcome.txt 就已经建立。需要注意的是，如果你的文件权限不对，例如为 -r--r--r-- 时，那么可能会无法写入，此时可以使用【强制写入】的方式吗？可以，使用【:wq!】多加一个感叹号即可。不过，需要特别注意，那个是在你的权限可以改变的情况下才能成立的。关于权限的概念，请自行回去翻一下第 5 章的内容吧！

9.2.2　按键说明

除了上面简易示范的 i、[Esc]、:wq 之外，其实 vi 还有非常多的按键可以使用。在介绍之前还是要再次强调，vi 的三种模式只有一般命令模式可以与编辑、命令行模式切换，编辑模式与命令行模式之间并不能切换。这点在图 9.2.1 里面有介绍到，注意去看看，下面就来谈谈 vi 软件中会用到的按键功能吧！

◆ **第一部分：一般命令模式可用的功能按键说明，光标移动、复制粘贴、查找替换等**

移动光标的方法	
h 或向左箭头键（←）	光标向左移动一个字符
j 或向下箭头键（↓）	光标向下移动一个字符
k 或向上箭头键（↑）	光标向上移动一个字符
l 或向右箭头键（→）	光标向右移动一个字符
如果你将右手放在键盘上的话，你会发现 hjkl 是排行在一起的，因此可以使用这四个按键来移动光标。如果想要进行多次移动的话，例如向下移动 30 行，可以使用 "30j" 或 "30↓" 的组合按键，亦即加上想要进行的次数（数字）后，按下操作即可	
[Ctrl] + [f]	屏幕【向下】移动一页，相当于[Page Down]按键（常用）
[Ctrl] + [b]	屏幕【向上】移动一页，相当于[Page Up]按键（常用）
[Ctrl] + [d]	屏幕【向下】移动半页
[Ctrl] + [u]	屏幕【向上】移动半页
+	光标移动到非空格符的下一行
−	光标移动到非空格符的上一行
n<space>	那个 n 表示【数字】，例如 20，按下数字后再按空格键，光标会向右移动这一行的 n 个字符，例如 20<space> 则光标会向后面移动 20 个字符距离

续表

移动光标的方法	
0 或功能键[Home]	这是数字【0】：移动到这一行的最前面字符处（常用）
$ 或功能键[End]	移动到这一行的最后面字符（常用）
H	光标移动到这个屏幕的最上方那一行的第一个字符
M	光标移动到这个屏幕的中央那一行的第一个字符
L	光标移动到这个屏幕的最下方那一行的第一个字符
G	移动到这个文件的最后一行（常用）
nG	n 为数字，移动到这个文件的第 n 行，例如 20G 则会移动到这个文件的第 20 行（可配合 :set nu）
gg	移动到这个文件的第一行，相当于 1G（常用）
n<Enter>	n 为数字，光标向下移动 n 行（常用）
查找与替换	
/word	向光标之下寻找一个名称为 word 的字符串。例如要在文件内查找 vbird 这个字符串，就输入 /vbird 即可（常用）
?word	向光标之上寻找一个字符串名称为 word 的字符串
n	这个 n 是英文按键，代表【重复前一个查找的操作】。举例来说，如果刚刚我们执行/vbird 去向下查找 vbird 这个字符串，则按下 n 后，会向下继续查找下一个名称为 vbird 的字符串，如果是执行 ?vbird 的话，那么按下 n 则会向上继续查找名称为 vbird 的字符串
N	这个 N 是英文按键，与 n 刚好相反，为【反向】进行前一个查找操作，例如 /vbird 后，按下 N 则表示【向上】查找 vbird
使用 /word 配合 n 及 N 是非常有帮助的，可以让你重复的找到一些你查找的关键词	
:n1,n2s/word1/word2/g	n1 与 n2 为数字，在第 n1 与 n2 行之间寻找 word1 这个字符串，并将该字符串替换为 word2，举例来说，在 100 到 200 行之间查找 vbird 并替换为 VBIRD 则："：100,200s/vbird/VBIRD/g"（常用）
:1,$s/word1/word2/g	从第一行到最后一行寻找 word1 字符串，并将该字符串替换为 word2（常用）
:1,$s/word1/word2/gc	从第一行到最后一行寻找 word1 字符串，并将该字符串替换为 word2，且在替换前显示提示字符给用户确认（confirm）是否需要替换（常用）
删除、复制与粘贴	
x 与 X	在一行当中，x 为向后删除一个字符（相当于[del]按键），X 为向前删除一个字符（相当于[Backspace] 即退格键）（常用）
nx	n 为数字，连续向后删除 n 个字符。举例来说，我要连续删除 10 个字符，【10x】
dd	删除（剪切）光标所在的那一整行（常用）
ndd	n 为数字，删除（剪切）光标所在的向下 n 行，例如 20dd 则是删除（剪切）20 行（常用）
d1G	删除（剪切）光标所在到第一行的所有数据
dG	删除（剪切）光标所在到最后一行的所有数据
d$	删除（剪切）光标所在处，到该行的最后一个字符
d0	那个是数字的 0，删除（剪切）光标所在处，到该行的最前面一个字符
yy	复制光标所在的那一行（常用）
nyy	n 为数字，复制光标所在的向下 n 行，例如 20yy 则是复制 20 行（常用）

续表

删除、复制与粘贴	
y1G	复制光标所在行到第一行的所有数据
yG	复制光标所在行到最后一行的所有数据
y0	复制光标所在的那个字符到该行行首的所有数据
y$	复制光标所在的那个字符到该行行尾的所有数据
p 与 P	p 为将已复制的数据在光标下一行粘贴，P 则为贴在光标上一行。举例来说，我目前光标在第 20 行，且已经复制了 10 行数据，则按下 p 后，那 10 行数据会贴在原本的 20 行之后，即由 21 行开始贴，但如果是按下 P 呢？那么原本的第 20 行会被推到变成 30 行（常用）
J	将光标所在行与下一行的数据结合成同一行
c	重复删除多个数据，例如向下删除 10 行，[10cj]
u	恢复前一个操作（常用）
[Ctrl]+r	重做上一个操作（常用）

这个 u 与 [Ctrl]+r 是很常用的命令。一个是恢复，另一个则是重做一次，利用这两个功能按键，你的编辑，嘿嘿，很快乐的啊。

.	不要怀疑，这就是小数点，意思是重复前一个操作的意思。如果你想要重复删除、重复粘贴等操作，按下小数点【 . 】就好（常用）

◆　**第二部分：一般命令模式切换到编辑模式的可用的按键说明**

进入插入或替换的编辑模式	
i 与 I	进入插入模式（ Insert mode ）： i 为【从目前光标所在处插入】，I 为【在目前所在行的第一个非空格符处开始插入】（常用）
a 与 A	进入插入模式（ Insert mode ）： a 为【从目前光标所在的下一个字符处开始插入】，A 为【从光标所在行的最后一个字符处开始插入】（常用）
o 与 O	进入插入模式（ Insert mode ）： 这是英文字母 o 的大小写，o 为【在目前光标所在的下一行处插入新的一行】；O 为在目前光标所在处的上一行插入新的一行（常用）
r 与 R	进入替换模式（ Replace mode ）： r 只会替换光标所在的那一个字符一次；R 会一直替换光标所在的文字，直到按下 Esc 为止（常用）

上面这些按键中，在 vi 界面的左下角处会出现【--INSERT--】或【--REPLACE--】的字样。由名称就知道该操作了吧！特别注意的是，我们上面也提过，你想要在文件里面输入字符时，一定要在左下角处看到 INSERT 或 REPLACE 才能输入。

[Esc]	退出编辑模式，回到一般命令模式中（常用）

◆　**第三部分：一般命令模式切换到命令行模式的可用按键说明**

命令行模式的保存、退出等命令	
:w	将编辑的数据写入硬盘文件中（常用）
:w!	若文件属性为【只读】时，强制写入该文件。不过，到底能不能写入，还是跟你对该文件的文件权限有关
:q	退出 vi（常用）

续表

命令行模式的保存、退出等命令	
:q!	若曾修改过文件，又不想保存，使用 ! 为强制退出不保存
注意一下，那个感叹号（!）在 vi 当中，常常具有【强制】的意思。	
:wq	保存后退出，若为 :wq! 则为强制保存后退出（常用）
ZZ	这是大写的 Z，若文件没有修改，则不保存退出，若文件已经被修改过，则保存后退出
:w [filename]	将编辑的数据保存成另一个文件（类似另存新文件）
:r [filename]	在编辑的数据中，读入另一个文件的数据，亦即将【filename】这个文件内容加到光标所在行后面
:n1,n2 w [filename]	将 n1 到 n2 的内容保存为 filename 这个文件
:! command	暂时退出 vi 到命令行模式下执行 command 的显示结果。例如 【:! ls /home】即可在 vi 当中查看 /home 下面以 ls 输出的文件信息
vim 环境的修改	
:set nu	显示行号，设置之后，会在每一行的前缀显示该行的行号
:set nonu	与 set nu 相反，为取消行号

　　特别注意，在 vi 中，【数字】是很有意义的，数字通常代表重复做几次的意思，也有可能是代表去到第几个什么什么的意思。举例来说，要删除（剪切）50 行，则是用【50dd】。数字加在操作之前，那我要向下移动 20 行呢？那就是【20j】或是【20↓】即可。

　　OK，会这些命令就已经很厉害了，因为常用到的命令也只有不到一半。通常 vi 的命令除了上面鸟哥注明"常用"的几个外，其他是不用背的，你可以做一张简单的命令表在你的屏幕壁纸上，一有疑问可以马上查询，这也是当初鸟哥使用 vim 的方法。

9.2.3　一个案例练习

　　来来来，赶紧测试一下你是否已经熟悉 vi 这个命令？请依照下面的需求进行命令操作。（下面的操作为使用 CentOS 7.1 中的 man_db.conf 来做练习，该文件你可以在这里下载：http://linux.vbird.org/linux_basic/0310vi/man_db.conf）看看你的显示结果与鸟哥的结果是否相同？

1. 请在/tmp 这个目录下建立一个名为 vitest 的目录；
2. 进入 vitest 这个目录当中；
3. 将/etc/man_db.conf 复制到本目录下面（或由上述的链接下载 man_db.conf 文件）；
4. 使用 vi 打开本目录下的 man_db.conf 这个文件；
5. 在 vi 中设置一下行号；
6. 移动到第 43 行，向右移动 59 个字符，请问你看到的小括号内是哪个文字？
7. 移动到第一行，并且向下查找一下【gzip】这个字符串，请问它在第几行？
8. 接着下来，我要将 29 到 41 行之间的【小写 man 字符】改为【大写 MAN 字符】，并且一个一个确定是否需要修改，如何执行命令？如果在确定过程中一直按【y】，结果会在最后一行出现改变了几个 man？
9. 修改完之后，突然反悔了，要全部恢复，有哪些方法？
10. 我要复制 66 到 71 这 6 行的内容（含有 MANDB_MAP），并且粘贴到最后一行之后；
11. 113 到 128 行之间的开头为#符号的注释数据我不要了，要如何删除？
12. 将这个文件另存成一个 man.test.config 的文件名；
13. 去到第 25 行，并且删除 15 个字符，结果出现的第一个单词是什么？

14.　在第一行新增一行，该行内容输入【 I am a student... 】；

15.　保存后退出吧！

整个步骤可以如下显示：

1.【 mkdir /tmp/vitest 】

2.【 cd /tmp/vitest 】

3.【 cp /etc/man_db.conf . 】

4.【 /bin/vi man_db.conf 】

5.【 :set nu" 然后你会在界面中看到左侧出现数字即为行号。

6.　先按下【 43G 】再按下【 59→ 】会看到【 as 】这个字母在小括号内。

7.　先执行【 1G 】或【 gg 】后，直接输入【 /gzip 】，则会去到第 93 行才对。

8.　直接执行【 :29,41s/man/MAN/gc 】即可，若一直按【 y 】最终会出现【 13 次替换，共 13 行 】的说明。

9.（1）简单的方法可以一直按【 u 】恢复到原始状态，（2）使用不保存退出【 :q! 】之后，再重新读取一次该文件。

10.【 66G 】然后再【 6yy 】之后最后一行会出现【 复制了 6 行 】之类的说明字样，按下【 G 】到最后一行，再给它【 p 】粘贴 6 行。

11.　因为 113～128 共 16 行，因此【 113G 】→【 16dd 】就能删除 16 行，此时你会发现光标所在 113 行的地方变成了【 # Flags. 】开头；

12.【 :w man.test.config 】，你会发现最后一行出现"man.test.config" [New].. 的字样。

13.【 25G 】之后，再给它【 15x 】即可删除 15 个字符，出现【 tree 】的字样。

14.　先【 1G 】去到第一行，然后按下大写的【 O 】便新增一行且在插入模式；开始输入【 I am a student... 】后，按下[Esc]回到一般命令模式等待后续工作。

15.【 :wq 】

如果你的结果都可以查得到，那么 vi 的使用上面应该没有太大的问题，剩下的问题会是打字练习。

9.2.4　vim 的缓存、恢复与打开时的警告信息

目前主要的文本编辑软件都会有恢复的功能，即当你的系统因为某些原因而导致类似宕机的情况时，还可以通过某些特别的机制来让你将之前未保存的数据【 救 】回来，这就是鸟哥这里所谓的恢复功能。那么 vim 有没有恢复功能？有的，vim 就是通过缓存来恢复。

当我们在使用 vim 编辑时，vim 会在与被编辑的文件的目录下，再建立一个名为 .filename.swp 的文件。比如说我们在上一个小节谈到的编辑 /tmp/vitest/man_db.conf 这个文件时，vim 会主动的建立 /tmp/vitest/.man_db.conf.swp 的缓存，你对 man_db.conf 做的操作就会被记录到这个.man_db.conf.swp 当中。如果你的系统因为某些原因掉线了，导致你编辑的文件还没有保存，这个时候 .man_db.conf.swp 就能够发挥恢复功能了。我们来测试一下吧！下面的练习有些部分的命令我们尚未谈到，没关系，你先照着做，后续再回来了解。

```
[dmtsai@study ~]$ cd /tmp/vitest
[dmtsai@study vitest]$ vim man_db.conf
# 此时会进入到 vim 的界面，请在 vim 的一般命令模式下按下【 [ctrl]-z 】的组合键
[1]+  Stopped                vim man_db.conf  <==按下[ctrl]-z 会告诉你这个信息。
```

当我们在 vim 的一般命令模式下按下 [ctrl]-z 的组合按键时，你的 vim 会被丢到后台去执行。这部分的功能我们会在第 16 章的进程管理当中谈到，你这里先知道一下即可。回到命令提示字符后，接下来我们来模拟将 vim 的工作不正常的中断吧！

```
[dmtsai@study vitest]$ ls -al
drwxrwxr-x.  2 dmtsai dmtsai   69 Jul  6 23:54 .
drwxrwxrwt. 17 root   root   4096 Jul  6 23:53 ..
```

```
-rw-r--r--. 1 dmtsai dmtsai  4850 Jul  6 23:47 man_db.conf
-rw-r--r--. 1 dmtsai dmtsai 16384 Jul  6 23:54 .man_db.conf.swp  <==就是它，缓存文件。
-rw-rw-r--. 1 dmtsai dmtsai  5442 Jul  6 23:35 man.test.config
[dmtsai@study vitest]$ kill -9 %1 <==这里模拟 vim 停止工作。
[dmtsai@study vitest]$ ls -al .man_db.conf.swp
-rw-r--r--. 1 dmtsai dmtsai 16384 Jul  6 23:54 .man_db.conf.swp  <==缓存文件还是会存在。
```

这个 kill 可以模拟将系统的 vim 工作删除的情况，你可以模拟宕机。由于 vim 的工作被不正常地中断，导致缓存无法借由正常流程来结束，所以缓存就不会消失，而继续保留下来，此时如果你继续编辑那个 man_db.conf，会出现什么情况？会出现如下所示的状态：

```
[dmtsai@study vitest]$ vim man_db.conf
E325: ATTENTION  <==错误代码。
Found a swap file by the name ".man_db.conf.swp"  <==下面数行说明有缓存文件的存在。
          owned by: dmtsai   dated: Mon Jul  6 23:54:16 2015
          file name: /tmp/vitest/man_db.conf  <==这个缓存文件属于哪个实际的文件？
          modified: no
          user name: dmtsai   host name: study.centos.vbird
          process ID: 31851
While opening file "man_db.conf"
             dated: Mon Jul  6 23:47:21 2015
下面说明可能发生这个错误的两个主要原因与解决方案。
(1) Another program may be editing the same file.  If this is the case,
   be careful not to end up with two different instances of the same
   file when making changes.  Quit, or continue with caution.
(2) An edit session for this file crashed.
   If this is the case, use ":recover" or "vim -r man_db.conf"
   to recover the changes (see ":help recovery").
   If you did this already, delete the swap file ".man_db.conf.swp"
   to avoid this message.
Swap file ".man_db.conf.swp" already exists! 下面说明你可进行的操作。
[O]pen Read-Only, (E)dit anyway, (R)ecover, (D)elete it, (Q)uit, (A)bort:
```

由于缓存存在的关系，因此 vim 会主动的判断你的这个文件可能有些问题，在上面的图例中 vim 提示两点主要的问题与解决方案，分别是这样的：

● 问题一：可能有其他人或程序同时在编辑这个文件：

由于 Linux 是多人多任务的环境，因此很可能有很多人同时在编辑同一个文件。如果在多人共同编辑的情况下，万一大家同时保存，那么这个文件的内容将会变的乱七八糟。为了避免这个问题，因此 vim 会出现这个警告窗口，解决的方法则是：

● **找到另外那个程序或人员，请它将该 vim 的工作结束，然后你再继续处理。**

● 如果你只是要看该文件的内容并不会有任何修改编辑的操作，那么可以选择开启成为只读（O）**文件，即上述界面反白部分输入英文【o】即可，其实就是[O]pen Read-Only 的选项。**

● 问题二：在前一个 vim 的环境中，可能因为某些不知名原因导致 vim 中断（crashed）：

这就是常见的不正常结束 vim 产生的后果，解决方案依据不同的情况而不同，常见的处理方法为：

● 如果你之前的 vim 处理操作尚未保存，此时你应该要按下【R】，亦即使用（R）ecover 的选项，此时 vim 会加载.man_db.conf.swp 的内容，让你自己来决定要不要保存，这样就能够救回来你之前未保存的信息。不过这个.man_db.conf.swp 并不会在你结束 vim 后自动删除，所以你退出 vim 后还得要自行删除.man_db.conf.swp 才能避免每次打开这个文件都会**出现这样的警告。**

● 如果你确定这个缓存是没有用的，那么你可以直接按下【D】删除掉这个缓存，即（D）elete it 这个选项即可。此时 vim 会加载 man_db.conf，并且将旧的.man_db.conf.swp 删除后，建立这次会使用的新的.man_db.conf.swp。

至于这个发现缓存警告信息的界面中，有出现六个可用按键，各按键的说明如下：

● [O]pen Read-Only：打开此文件成为只读文件，可以用在你只是想要查看该文件内容并不想要进行编辑操作时。一般来说，在上课时，如果你是登录到同学的计算机去看它的配置文件，结果发现其实同学它自己也在编辑时，可以使用这个模式；

- （E）dit anyway：还是用正常的方式打开你要编辑的那个文件，并不会加载缓存的内容，不过很容易出现两个用户互相改变对方的文件等问题。
- （R）ecover：就是加载缓存的内容，用在你要救回之前未保存的工作，不过当你救回来并且保存退出 vim 后，还是要手动自行删除那个缓存。
- （D）elete it：你确定那个缓存是无用的，那么打开文件前会先将这个缓存删除，这个操作其实是比较常做。因为你可能不确定这个缓存是怎么来的，所以就删除掉它吧！
- （Q）uit：按下 q 就退出 vim，不会进行任何操作回到命令提示字符。
- （A）bort：忽略这个编辑操作，感觉上与 quit 非常类似，也会送你回到命令提示字符。

9.3　vim 的额外功能

其实，目前大部分的 Linux 发行版都以 vim 替换 vi 的功能了。如果你使用 vi 后，却看到界面的右下角有显示目前光标所在行的行号，那么你的 vi 已经被 vim 所替换，为什么要用 vim？因为 vim 具有颜色显示的功能，并且还支持许多的程序语法（syntax），因此，当你使用 vim 编辑程序时（不论是 C 语言，还是 shell 脚本），我们的 vim 将可帮你直接进行【程序除错（debug）】的功能，真的很不赖吧！

如果你在命令行模式下，输入 alias 时，出现这样的画面：

```
[dmtsai@study ~]$ alias
……其他省略……
alias vi='vim'    <==重点在这行。
```

这表示当你使用 vi 这个命令时，其实就是执行 vim。如果你没有这一行，那么你就必须要使用 vim filename 来启动 vim，基本上，vim 的一般用法与 vi 完全一模一样，没有不同。那么我们就来看看 vim 的界面是怎样的，假设我想要编辑 /etc/services，则输入【vim /etc/services】看看：

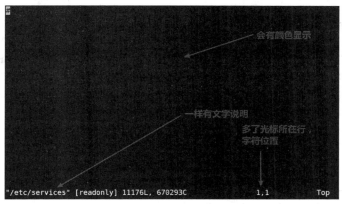

图 9.3.1　使用 vim 编辑系统配置文件的示范

上面是 vim 的界面示意图，在这个界面中有几点特色要说明：

1. 由于/etc/services 是系统规划的配置文件，因此 vim 会进行语法检验，所以你会看到界面中内部主要为深蓝色，且深蓝色那一行是以注释符号（#）为开头；
2. 界面中的最下面一行，在左边显示该文件的属性，包括只读文件、内容共有 11176 行与 670293 个字符；
3. 最下面一行的右边出现的 1,1 表示光标所在为第一行，第一个字符位置之意（请看上图中的光标所在）；

所以，如果你向下移动到其他位置时，出现的非注释的数据就会有点像这样：

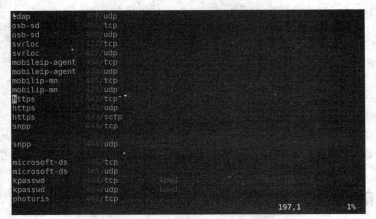

图 9.3.2　使用 vim 编辑系统配置文件的示范

看到了吧！除了注释之外，其他的行就会有特别的颜色显示，可以避免你打错字，而且，最右下角的 1%代表目前这个界面占整体文件的 1%之意，这样了解吗？

9.3.1　可视区块（Visual Block）

刚刚我们提到简单的 vi 操作过程中，几乎提到的都是以行为单位的操作，那么如果我想要搞定的是一个区块（也就是以列为操作单位）范围呢？举例来说，像下面这种格式的文件：

```
192.168.1.1      host1.class.net
192.168.1.2      host2.class.net
192.168.1.3      host3.class.net
192.168.1.4      host4.class.net
……中间省略……
```

这个文件我将它放置到 http://linux.vbird.org/linux_basic/0310vi/hosts，你可以自行下载来看一看这个文件。现在我们来玩一玩这个文件吧！假设我想要将 host1、host2 等复制起来，并且加到每一行的后面，即每一行的结果要是【192.168.1.2 host2.class.net host2】这样的情况时，在传统或现代的图形编辑器似乎不容易达到这个需求，但是咱们的 vim 是办的到的，那就使用可视区块（Visual Block）。当我们按下 v 或 V 或[Ctrl]+v 时，这个时候光标移动过的地方就会开始反白，这三个按键的意义分别是：

可视区块的按键意义	
v	字符选择，会将光标经过的地方反白选择
V	行选择，会将光标经过的行反白选择
[Ctrl]+v	可视区块，可以用矩形的方式选择数据
y	将反白的地方复制起来
d	将反白的地方删除掉
p	将刚刚复制的区块，在光标所在处粘贴

来实际进行我们需要的操作吧！就是将 host 再加到每一行的最后面，你可以这样做：

1. 使用 vim hosts 来打开该文件，记得该文件请由上述的链接先下载。
2. 将光标移动到第一行的 host 那个 h 上面，然后按下[ctrl]-v，左下角出现可视块示意字样如图 9.3.3 所示。

3. 将光标移动到最底部，此时光标移动过的区域会反白，如图 9.3.4 所示。

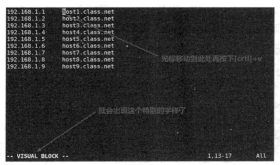 

图 9.3.3　vim 的可视区块、复制、粘贴等功能操作　　图 9.3.4　vim 的可视区块、复制、粘贴等功能操作

4. 此时你可以按下【y】来进行复制，当你按下 y 之后，反白的区块就会消失不见。

5. 最后，将光标移动到第一行的最右边，并且再用编辑模式向右按两个空格键，回到一般命令模式后，再按下【p】后，你会发现很有趣，如图 9.3.5 所示。

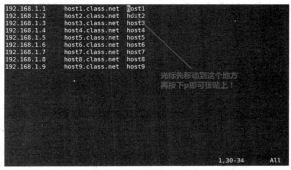

通过上述的功能，你可以复制一个区块，并且是贴在某个【区块的范围】内，而不是以行为单位来处理你的整份文件。鸟哥个人是觉得这玩意儿非常的有帮助，至少在进行排列整齐的文本文件中复制或删除区块时，会是一个非常棒的功能。

图 9.3.5　vim 的可视区块、复制、粘贴等功能操作

9.3.2　多文件编辑

假设一个例子，你想要将刚刚我们的 hosts 文件内的 IP 复制到你的/etc/hosts 这个文件去，那么该如何编辑？我们知道在 vi 内可以使用:r filename 来读入某个文件的内容，不过，这样毕竟是将整个文件读入。如果我只是想要部分内容？呵呵，这个时候多文件同时编辑就很有用了，我们可以使用 vim 后面同时接好几个文件来同时打开，相关的按键有：

多文件编辑的按键	
:n	编辑下一个文件
:N	编辑上一个文件
:files	列出目前这个 vim 开启的所有文件

在过去，鸟哥想要将 A 文件内的 10 条数据移动到 B 文件去，通常要开两个 vim 窗口来复制，偏偏每个 vim 都是独立的，因此并没有办法在 A 文件执行【nyy】再跑到 B 文件去【p】，在这种情况下最常用的方法就是通过鼠标选定，复制后粘贴。不过这样一来还是有问题，因为鸟哥超级喜欢使用 [Tab] 按键进行格式对齐操作，通过鼠标却会将 [Tab] 转成空格键，这样内容就不一样了，此时这个多文件编辑就派上用场了。

现在你可以做一下练习看看说，假设你要将刚刚鸟哥提供的 hosts 内的前四行 IP 数据复制到你的/etc/hosts 文件内，那可以怎么进行？可以这样：

1. 通过【vim hosts /etc/hosts】命令来使用一个 vim 打开两个文件；

2. 在 vim 中先使用【:files】查看一下编辑的文件数据有啥？结果如图 9.3.6 所示，至于下图的最后一行显示的是【按下任意键】就会回到 vim 的一般命令模式中。

3. 在第一行输入【4yy】复制四行；

4. 在 vim 的环境下输入【:n】会来到第二个编辑的文件，亦即/etc/hosts 内；

5. 在/etc/hosts 下按【G】到最后一行，再输入【p】粘贴；

6. 按下多次的【u】来还原原本的文件数据；

7. 最终按下【:q】来退出 vim 的多文件编辑吧！

图 9.3.6　vim 的多文件编辑中，查看同时编辑的文件数据

看到了么？利用多文件编辑的功能，可以让你很快速地就将需要的数据复制到正确的文件内，当然，这个功能也可以利用窗口界面来达到，那就是下面要提到的多窗口功能。

9.3.3　多窗口功能

在开始这个小节前，先来想象两个情况：

- 当我有一个文件非常的大，我查看到后面的数据时，想要对照前面的数据，是否需要使用 [ctrl]+f 与[ctrl]+b（或 PageUp、PageDown 功能键）来跑前跑后查看？
- 我有两个需要对照着看的文件，不想使用前一小节提到的多文件编辑功能；

在一般窗口界面下的编辑软件大多有【划分窗口】或是【冻结窗口】的功能来将一个文件划分成多个窗口的展现，那么 vim 能不能达到这个功能？可以，但是如何划分窗口并放入文件？很简单，在命令行模式输入【:sp {filename}】即可。这个 filename 可有可无，如果想要在新窗口启动另一个文件，就加入文件名，否则仅输入:sp 时，出现的则是同一个文件在两个窗口间。

让我们来测试一下，你先使用【vim /etc/man_db.conf】打开这个文件，然后【1G】去到第一行，之后输入【:sp】再次的打开这个文件一次，然后再输入【G】，结果会变成图 9.3.7。

万一你再输入【:sp /etc/hosts】时，就会变成图 9.3.8。

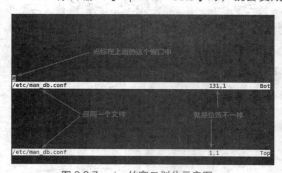

图 9.3.7　vim 的窗口划分示意图

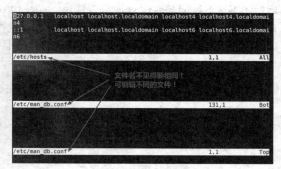

图 9.3.8　vim 的窗口划分示意图

怎么样呢？帅吧！两个文件同时在一个屏幕上面显示，你还可以利用"【ctrl】+w+↑】及【[ctrl]+w+↓】在两个窗口之间移动。这样的话，复制、查看等就变得很简单，划分窗口的相关命令功能有很多，不过你只要记得这几个就好：

多窗口情况下的按键功能
:sp [filename]	打开一个新窗口，如果有加 filename，表示在新窗口创建一个新文件，否则表示两个窗口为同一个文件内容（同步显示）

续表

多窗口情况下的按键功能	
[ctrl]+w+ j [ctrl]+w+↓	按键的按法是：先按下 [ctrl] 不放，再按下 w 后放开所有的按键，之后再按下 j（或向下箭头键），则光标可移动到下方的窗口
[ctrl]+w+ k [ctrl]+w+↑	同上，不过光标移动到上面的窗口
[ctrl]+w+ q	其实就是 :q 结束退出，举例来说，如果我想要结束下方的窗口，那么利用 [ctrl]+w+↓ 移动到下方窗口后，输入 :q 即可退出，也可以按下 [ctrl]+w+q，此外也可是输入:close 关闭所在的窗口

鸟哥第一次玩 vim 的划分窗口时，真是很高兴，竟然有这种功能，太棒了。

9.3.4　vim 的关键词补全功能

我们知道 bash 的环境下面可以按下[tab]按键来完成命令、参数、文件名的补全，而我们也知道很多的程序编辑器，例如鸟哥用来在 Windows 系统上面教网页设计、javascript 等很好用的 notepad++（https://notepad-plus-plus.org/）这种类型的程序编辑器，都会有（1）可以进行语法检验及（2）可以根据扩展名来进行关键词补全的功能。这两个功能对于程序设计者来说是很有帮助的，毕竟偶尔某些特定的关键词老是背不起来。

在语法检验方面，vim 已经使用颜色来完成了，这部分不用伤脑筋。比较伤脑筋的应该是在关键字补全上面，就是上面谈到的可以根据语法来挑选可能的关键词，包括程序语言的语法以及特定的语法关键词等。既然 notepad++都有支持，没道理 vim 不支持吧？呵呵，没错，是有支持的，只是你可能要多背两个组合键。

鸟哥建议可以记忆的主要 vim 补齐功能，大致有下面几个：

组　合　键	补齐的内容
[ctrl]+x -> [ctrl]+n	通过目前正在编辑的这个【文件的内容文字】作为关键词，予以补齐
[ctrl]+x -> [ctrl]+f	以当前目录内的【文件名】作为关键词，予以补齐
[ctrl]+x -> [ctrl]+o	以扩展名作为语法补充，以 vim 内置的关键词，予以补齐

在鸟哥的认知中，比较有用的是第 1 与 3 这两个组合键，第一个组合按键中，你可能会在同一个文件里面重复出现许多相同的关键词，那么就能够通过这个补全的功能来处理。如果你是想要使用 vim 内置的语法检验功能来处理取得关键词的补齐，那么第三个选项就很有用。不过要注意，如果你想要使用第三个功能，就得要注意你编辑的文件的扩展名，我们下面来做个简单测试。

假设你想要编写网页，正要使用到 CSS 的美化功能时，突然想到有个后台的东西要处理,但是突然忘记掉后台的 CSS 关键语法，那可以使用如下的方式来处理。请注意，一定要使用.html 或.php 的扩展名,否则 vim 不会调用正确的语法检验功能,因此下面我们建立的文件名为 html.html。

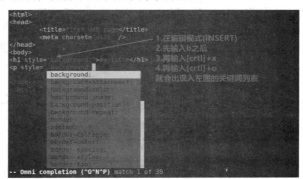

图 9.3.9　vim 的关键词补全功能

由于网页通常会支持 CSS 的语法，而 CSS 的美化语法使用的是 style 这个关键词，这个关键词后面接的就是 CSS 的元素与元素值。若想要取得可能的元素，例如后台（background）的语法中，想要了解有哪些跟它有关的内置元素，如图 9.3.9 所示，直接输入 b 然后按下[crtl]+x 再按下

[crtl]+o 就会出现如上的相关字词可以选择，此时你就能够使用上下按键来挑选所需要的关键元素，这样使用上当然方便很多。只是要注意，一定要使用正确的扩展名，否则会无法出现任何关键词。

9.3.5 vim 环境设置与记录：~/.vimrc、~/.viminfo

有没有发现，如果我们以 vim 软件来查找一个文件内部的某个字符串时，这个字符串会被反白，而下次我们再次以 vim 编辑这个文件时，该查找的字符串反白情况还是存在。甚至于在编辑其他文件时，如果其他文件内也存在这个字符串，哇，竟然还是主动反白，真神奇。另外，当我们重复编辑同一个文件时，当第二次进入该文件时，光标竟然就在上次退出的那一行上面。真是好方便，但是，怎么会这样呢？

这是因为我们的 vim 会主动地将你曾经做过的操作记录下来，好让你下次可以轻松地作业，这个记录操作的文件就是：~/.viminfo。如果你曾经使用过 vim，那你的根目录应该会存在这个文件才对。这个文件是自动产生的，你不必自行建立。而你在 vim 里面所做过的操作，就可以在这个文件内部查询得到。

此外，每个 Linux 发行版对 vim 的默认环境都不太相同，举例来说，某些版本在查找到关键词时并不会高亮度反白，有些版本则会主动帮你进行缩进的操作。但这些其实都可以自行设置的，那就是 vim 的环境设置，vim 的环境设置参数有很多，如果你想要知道目前的设置值，可以在一般命令模式时输入【:set all】来查看，不过，设置选项实在太多了，所以，鸟哥在这里仅列出一些平时比较常用的一些简单的设置值，提供给你参考。

> 所谓的缩进，就是当你按下 Enter 编辑新的一行时，光标不会在行首，而是在与上一行的第一个非空格符处对齐。

vim 的环境设置参数	
:set nu :set nonu	就是设置与取消行号
:set hlsearch :set nohlsearch	hlsearch 就是 high light search（高亮度查找），这个就是设置是否将查找的字符串反白的设置值，默认值是 hlsearch
:set autoindent :set noautoindent	是否自动缩进？autoindent 就是自动缩进
:set backup	是否自动保存备份文件？一般是 nobackup 的，如果设置 backup 的话，那么当你修改任何一个文件时，则源文件会被另存成一个文件名为 filename~ 的文件。举例来说，我们编辑 hosts，设置:set backup，那么当修改 hosts 时，在同目录下，就会产生 hosts~文件名的文件，记录原始的 hosts 文件内容
:set ruler	还记得我们提到的右下角的一些状态栏说明？这个 ruler 就是在显示或不显示该设置值的
:set showmode	这个则是，是否要显示 --INSERT-- 之类的字眼在左下角的状态栏
:set backspace=（012）	一般来说，如果我们按下 i 进入编辑模式后，可以利用退格键（Backspace）来删除任意字符。但是，某些 Linux 发行版则不许如此。此时，我们就可以通过 backspace 来设置，当 backspace 为 2 时，就是可以删除任意值；0 或 1 时，仅可删除刚刚输入的字符，而无法删除原本就已经存在的文字
:set all	显示目前所有的环境参数设置值
:set	显示与系统默认值不同的设置参数，一般来说就是你有自行变动过的设置参数
:syntax on :syntax off	是否依据程序相关语法显示不同颜色？举例来说，在编辑一个纯文本文件时，如果开头是以 # 开始，那么该行就会变成蓝色。如果你懂得写程序，那么这个 :syntax on 还会主动的帮你除错。但是，如果你仅是编写纯文本文件，要避免颜色对你的屏幕产生的干扰，则可以取消这个设置

续表

vim 的环境设置参数	
:set bg=dark :set bg=light	可用以显示不同的颜色色调，默认是【light】，如果你常常发现注释的深蓝色实字体在很不容易看，那么这里可以设置为 dark，试看看，会有不同的样式

总之，这些设置值很有用处。但是，我是否每次使用 vim 都要重新设置一次各个参数值？这不太合理吧？没错，所以，我们可以通过配置文件来直接规定我们习惯的 vim 操作环境。**整体 vim 的设置值一般是放置在 /etc/vimrc 这个文件中**，不过，不建议你修改它，你可以修改~/.vimrc 这个文件（默认不存在，请你自行手动建立），将你所希望的设置值写入。举例来说，可以是这样的一个文件：

```
[dmtsai@study ~]$ vim ~/.vimrc
"这个文件的双引号（"）是注释
set hlsearch            "高亮度反白
set backspace=2         "可随时用退格键删除
set autoindent          "自动缩进
set ruler               "可显示最后一行的状态
set showmode            "左下角那一行的状态
set nu                  "可以在每一行的最前面显示行号
set bg=dark             "显示不同的底色色调
syntax on               "进行语法检验，颜色显示
```

在这个文件中，使用【set hlsearch】或【:set hlsearch】，即最前面有没有冒号【:】效果都是一样的。至于双引号则是注释符号，不要用错注释符号，否则每次使用 vim 时都会发生警告信息。建立好这个文件后，当你下次重新以 vim 编辑某个文件时，该文件的默认环境设置就是上面写的，这样，是否很方便你的操作？多多利用 vim 的环境设置功能。

9.3.6　vim 常用命令示意图

为了方便大家查询在不同的模式下可以使用的 vim 命令，鸟哥查询了一些 vim 与 Linux 教育培训手册，发现下面这张图非常值得大家参考，可以更快速有效地查询到需要的功能，看看吧！

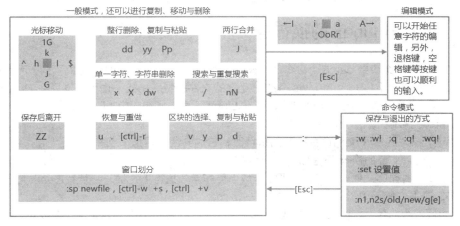

图 9.3.10　vim 常用命令示意图

9.4　其他 vim 使用注意事项

vim 其实不是那么好学，虽然它的功能确实非常强大，所以下面我们还有一些需要注意的地方要

来跟大家分享。

9.4.1　中文编码的问题

很多朋友常常哀嚎，说它们的 vim 里面怎么无法显示正常的中文？其实这很有可能是因为编码的问题。因为中文编码有 Big5、GBK 与 UTF-8 等几种，如果你的文件是使用 GBK 编码，但在 vim 的终端界面中你使用的是 UTF-8，由于编码的不同，你的中文内容当然就是一堆乱码了，怎么办？这时你要考虑许多东西。有这些：

1. 你的 Linux 系统默认支持的语系数据：这与/etc/locale.conf 有关；
2. 你的终端（bash）的语系：这与 LANG、LC_ALL 这几个变量有关；
3. 你的文件原本的编码；
4. 打开终端的软件，例如在 GNOME 下面的窗口界面；

事实上最重要的是上面的第三与第四点，只要这两点的编码一致，你就能够正确的看到与编辑你的中文文件，否则就会看到一堆乱码。

一般来说，中文编码使用 GBK 时，在写入某些数据库系统中，在【许、盖、功】这些字上面会发生错误，所以近期以来大多希望大家能够使用 UTF-8 来进行中文编码。但是在中文 Windows 上的软件常常默认使用 GBK 的编码（不一定是 Windows 系统的问题，有时候是某些中文软件的默认值的原因），包括鸟哥由于使用以前的文件资料（简体中文），也大多使用 GBK 的编码，此时就得要注意上述的这些东西。

在 Linux 本机前的 tty1～tty6 原本默认就不支持中文编码，所以不用考虑这个问题，因为你一定会看到乱码。呵呵，现在鸟哥假设俺的文件编码为 GBK 时，而且我的环境是使用 Linux 的 GNOME，启动的终端界面为 GNOME-terminal 软件，那鸟哥通常是这样来修正语系编码的：

```
[dmtsai@study ~]$ LANG=zh_CN.gb18030
[dmtsai@study ~]$ export LC_ALL=zh_CN.gb18030
```

然后在终端工具栏的【终端】-->【设置字符编码】-->【中文（简体）】选项点选一下，如果一切都没有问题了，再用 vim 去打开那个 GBK 编码的文件，就没有问题了。

9.4.2　DOS 与 Linux 的换行符

我们在第 6 章里面谈到 cat 这个命令时，曾经提到过 DOS 与 Linux 换行符的不同。而我们也可以利用 cat -A 来观察以 DOS（Windows 系统）建立的文件的特殊格式，也可以发现在 DOS 使用的换行符为^M$，我们称为 CR 与 LF 两个符号，而在 Linux 下面，则是仅有 LF（$）这个换行符，这个换行符对于 Linux 的影响很大，为什么呢？

我们说过，在 Linux 下面的命令在开始执行时，它的判断依据是【回车】，而 Linux 的回车为 LF 符号，不过，由于 DOS 的换行符是 CRLF，也就是多了一个 ^M 的符号出来，在这样的情况下，如果是一个 shell 脚本的程序文件，呵呵，将可能造成【程序无法执行】的状态，因为它会误判程序所执行的命令内容，这很伤脑筋吧！

那怎么办呢？很简单，将格式转换成为 Linux 即可。这当然大家都知道，但是，要以 vi 进入该文件，然后一个一个删除每一行的 CR 吗？当然没有这么没麻烦，我们可以通过简单的命令来进行格式的转换。

不过，由于我们要操作的命令默认并没有安装，鸟哥也无法预期你有没有网络，因此假设你没有网络的状况下，请拿出你的安装光盘，放到光驱里面去，然后使用下面的方式来安装我们所需要的这个软件。

```
[dmtsai@study ~]$ su -    # 安装软件一定要是 root 的权限才行。
[root@study ~]# mount /dev/sr0 /mnt
[root@study ~]# rpm -ivh /mnt/Packages/dos2unix-*
warning: /mnt/Packages/dos2unix-6.0.3-4.el7.x86-64.rpm: Header V3 RSA/SHA256 ....
Preparing...                          ################################# [100%]
```

```
Updating / installing...
   1:dos2unix-6.0.3-4.el7              ################################# [100%]
[root@study ~]# umount /mnt
[root@study ~]# exit
```

那就开始来玩一玩这个字符转换吧！

```
[dmtsai@study ~]$ dos2unix [-kn] file [newfile]
[dmtsai@study ~]$ unix2dos [-kn] file [newfile]
选项与参数：
-k ：保留该文件原本的 mtime 时间格式（不更新文件上次内容经过自定义的时间）。
-n ：保留原本的旧文件，将转换后的内容输出到新文件，如：dos2unix -n old new。
范例一：将/etc/man_db.conf 重新复制到/tmp/vitest/下面，并将其修改成为 dos 换行。
[dmtsai@study ~]# cd /tmp/vitest
[dmtsai@study vitest]$ cp -a /etc/man_db.conf .
[dmtsai@study vitest]$ ll man_db.conf
-rw-r--r--. 1 root root 5171 Jun 10  2014 man_db.conf
[dmtsai@study vitest]$ unix2dos -k man_db.conf
unix2dos: converting file man_db.conf to DOS format ...
# 屏幕会显示上述的信息，说明换行转为 DOS 格式。
[dmtsai@study vitest]$ ll man_db.conf
-rw-r--r--. 1 dmtsai dmtsai 5302 Jun 10  2014 man_db.conf
# 换行符多了个^M，所以容量增加了。
范例二：将上述的 man_db.conf 转成 Linux 换行符，并保留旧文件，新文件放于 man_db.conf.linux。
[dmtsai@study vitest]$ dos2unix -k -n man_db.conf man_db.conf.linux
dos2unix: converting file man_db.conf to file man_db.conf.Linux in UNIX format ...
[dmtsai@study vitest]$ ll man_db.conf*
-rw-r--r--. 1 dmtsai dmtsai 5302 Jun 10  2014 man_db.conf
-rw-r--r--. 1 dmtsai dmtsai 5171 Jun 10  2014 man_db.conf.Linux
[dmtsai@study vitest]$ file man_db.conf*
man_db.conf:       ASCII text, with CRLF line terminators  # 很清楚说明是 CRLF 换行。
man_db.conf.Linux: ASCII text
```

因为换行符以及 DOS 与 Linux 操作系统下面一些字符的定义不同，因此，不建议你在 Windows 系统当中将文件编辑好之后，才上传到 Linux 系统，会容易发生错误问题。而且，如果你在不同的系统之间复制一些纯文本文件时，千万记得要使用 unix2dos 或 dos2unix 来转换一下换行格式。

9.4.3　语系编码转换

很多朋友都会有的问题，就是想要将语系编码进行转换。举例来说，想要将 Big5 编码转成 UTF-8，这个时候怎么办？难不成要每个文件打开会转存成 UTF-8 吗？不需要这样做，使用 iconv 这个命令即可，鸟哥将之前的 vi 章节做成 Big5 编码的文件，你可以照下面的链接先来下载：

- http://linux.vbird.org/linux_basic/0310vi/vi.big5

在终端的环境下你可以使用 wget 网址来下载上述的文件，鸟哥将它下载在 /tmp/vitest 目录下，接下来让我们来使用 iconv 这个命令来玩一玩编码转换吧！

```
[dmtsai@study ~]$ iconv --list
[dmtsai@study ~]$ iconv -f 原本编码 -t 新编码 filename [-o newfile]
选项与参数：
--list ：列出 iconv 支持的语系数据
-f ： from，亦即来源之意，后接原本的编码格式；
-t ： to，亦即后来的新编码要是什么格式；
-o file：如果要保留原本的文件，那么使用 -o 新文件名，可以建立新编码文件；
范例一：将/tmp/vitest/vi.big5 转成 UTF-8 编码。
[dmtsai@study ~]$ cd /tmp/vitest
[dmtsai@study vitest]$ iconv -f big5 -t utf8 vi.big5 -o vi.utf8
[dmtsai@study vitest]$ file vi*
vi.big5: ISO-8859 text, with CRLF line terminators
vi.utf8: UTF-8 Unicode text, with CRLF line terminators
# 是吧，有明显的不同吧！
```

这命令支持的语系非常之多，除了繁体中文的 Big5、UTF-8 编码之外，也支持简体中文的 GB2312，所以大陆的朋友可以简单的将鸟站的网页数据下载后，利用这个命令来转成简体，就能够轻松地读取文件数据。不过，不要将转成简体的文件又上传成为您自己的网页，这明明是鸟哥写的不是吗？

不过如果是要将繁体中文的 UTF-8 转成简体中文的 UTF-8 编码时，那就得费些功夫了。举例来说，如果要将刚刚那个 vi.utf8 转成简体的 UTF-8 时，可以这样做：

```
[dmtsai@study vitest]$ iconv -f utf8 -t big5 vi.utf8 | \
> iconv -f big5 -t gb2312 | iconv -f gb2312 -t utf8 -o vi.gb.utf8
```

9.5　重点回顾

- ◆ Linux 下面的配置文件多为文本文件，故使用 vim 即可进行设置编辑；
- ◆ vim 可视为程序编辑器，可用以编辑 shell 脚本，配置文件等，避免打错字；
- ◆ vi 为所有 UNIX-like 的操作系统都会存在的编辑器，且执行速度快；
- ◆ vi 有三种模式，一般命令模式可变换到编辑与命令行模式，但编辑模式与命令行模式不能互换；
- ◆ 常用的按键有 i、[Esc]、:wq 等；
- ◆ vi 的界面大略可分为两部分，（1）上半部分的本文与（2）最后一行的状态+命令行模式；
- ◆ 数字是有意义的，用来说明重复进行几次操作的意思，如 5yy 为复制 5 行之意；
- ◆ 光标的移动中，大写的 G 经常使用，尤其是 1G 与 G 移动到文章的头/尾功能。
- ◆ vi 的替换功能也很棒，:n1,n2s/old/new/g 要特别注意学习起来；
- ◆ 小数点【.】为重复进行前一次操作，也是经常使用的按键功能；
- ◆ 进入编辑模式几乎只要记住：i、o、R 三个按键即可，尤其是新增一行的 o 与替换的 R；
- ◆ vim 会主动的建立 swap 缓存，所以不要随意掉线；
- ◆ 如果在文章内有对齐的区块，可以使用 [ctrl]-v 进行复制、粘贴、删除的操作；
- ◆ 使用:sp 功能可以划分窗口；
- ◆ 若使用 vim 来编写网页，若需要 CSS 元素数据，可通过[crtl]+x、[crtl]+o 这两个连续组合键来取得关键词；
- ◆ vim 的环境设置可以写入在 ~/.vimrc 文件中；
- ◆ 可以使用 iconv 进行文件语系编码的转换；
- ◆ 使用 dos2unix 及 unix2dos 可以变更文件每一行的行尾换行符。

9.6　本章练习

实践题部分

在第 7 章的情境模拟题二的第五点，编写 /etc/fstab 时，当时使用 nano 这个命令，请尝试使用 vim 去编辑 /etc/fstab，并且将第 7 章新增的那一行的 defatuls 改成 default，会出现什么状态？退出前请务必要修改成原本正确的信息。此外，如果将该行注释掉（最前面加 #），你会发现字体颜色也有变化。

尝试在你的系统中，你习惯使用的那个账号的家目录下，将本章介绍的 vimrc 内容进行一些常用设置，包括：

- ◆ 设置查找高亮度反白
- ◆ 设置语法检验启动
- ◆ 设置默认打开行号显示
- ◆ 设置有两行状态栏（一行状态+一行命令行） :set laststatus=2

简答题部分

◆ 我用 vi 开启某个文件后，要在第 34 行向右移动 15 个字符，应该在一般命令模式中执行什么命令？

◆ 在 vi 打开的文件中，如何去到该文件的页首或页尾？

◆ 在 vi 打开的文件中，如何在光标所在行中，移动到行头及行尾？

◆ vi 的一般命令模式情况下，按下 "r" 有什么功能？

◆ 在 vi 的环境中，如何将目前正在编辑的文件另存新文件名为 newfilename？

◆ 在 Linux 下面最常使用的文本编辑器为 vi，请问如何进入编辑模式？

◆ 在 vi 软件中，如何由编辑模式返回一般命令模式？

◆ 在 vi 环境中，若上下左右键无法使用时，请问如何在一般命令模式移动光标？

◆ 在 vi 的一般命令模式中，如何删除一行、n 行；如何删除一个字符？

◆ 在 vi 的一般命令模式中，如何复制一行、n 行并加以粘贴？

◆ 在 vi 的一般命令模式中如何查找 string 这个字符串？

◆ 在 vi 的一般命令模式中，如何替换 word1 成为 word2，而若需要用户确认机制，又该如何呢？

◆ 在 vi 目前的编辑文件中，在一般命令模式下，如何读取一个文件进来？

◆ 在 vi 的一般命令模式中，如何保存、退出、保存后退出、强制保存后退出？

◆ 在 vi 下面做了很多的编辑操作之后，却想还原成原来的文件内容，应该怎么进行？

◆ 我在 vi 这个程序当中，不想退出 vi，但是想执行 ls /home 这个命令，vi 有什么额外的功能可以
   达到这个目的？

9.7 参考资料与扩展阅读

◆ 注 1：常见文本编辑器项目网站链接地址。

  ● emacs

http://www.gnu.org/software/emacs/

  ● pico

https://en.wikipedia.org/wiki/Pico_（text_editor）

  ● nano

https://sourceforge.net/projects/nano/

  ● joe

https://sourceforge.net/projects/joe-editor/

  ● vim

http://www.vim.org

  ● 常见文本编辑器比较

http://encyclopedia.thefreedictionary.com/List+of+text+editors

  ● 维基百科中的文本编辑器比较说明

https://en.wikipedia.org/wiki/Comparison_of_text_editors

◆ 维基百科中有关 ASCII 编码与图例对应表。

https://en.wikipedia.org/wiki/ASCII

◆ vim 补齐功能介绍。

http://www.openfoundry.org/en/tech-column/2215

10

第 10 章　认识与学习 BASH

在 Linux 的环境下，如果你不懂 bash 是什么，那么其他的东西就不用学了。因为前面几章我们使用终端执行命令的方式，是通过 bash 的环境来处理的，所以说，它很重要。bash 的东西非常的多，包括变量的设置与使用、bash 操作环境的创建、数据流重定向的功能，还有那好用的管道命令。好好清一清脑门，准备用功去，这个章节几乎是所有命令行模式（command line）与未来主机维护与管理的重要基础，一定要仔细地阅读。

10.1　认识 BASH 这个 Shell

我们在第 1 章中提到了：管理整个计算机硬件的其实是操作系统的内核（kernel），这个内核是需要被保护的。所以我们一般用户就只能通过 Shell 来跟内核沟通，以让内核完成我们所想要实现的任务。那么系统有多少 Shell 可用呢？为什么我们要使用 bash？下面分别来谈一谈。

10.1.1　硬件、内核与 Shell

这应该是个蛮有趣的话题：什么是 Shell？相信只要摸过计算机，对于操作系统（不论是 Linux、UNIX 或是 Windows）有点概念的朋友们大多听过这个名词，因为只要有操作系统那么就离不开 Shell 这个东西。不过，在讨论 Shell 之前，我们先来了解一下计算机的运行情况吧！举个例子来说：**当你要计算机播放出来音乐的时候，你的计算机需要什么东西？**

1. 硬件：当然就是需要你的硬件有声卡这个设备，否则怎么会有声音；
2. 内核管理：操作系统的内核可以支持这个芯片组，当然还需要提供芯片的驱动程序；
3. 应用程序：需要用户（就是你）输入发生声音的命令；

这就是基本的一个输出声音所需要的步骤，也就是说，你必须要输入一个命令之后，硬件才会通过你执行的命令来工作。那么硬件如何知道你执行的命令？那就是内核（kernel）的管理工作了，也就是说，**我们必须要通过 Shell 将我们输入的命令与内核沟通，好让内核可以控制硬件来正确无误地工作。**基本上，我们可以通过图 10.1.1 来说明一下：

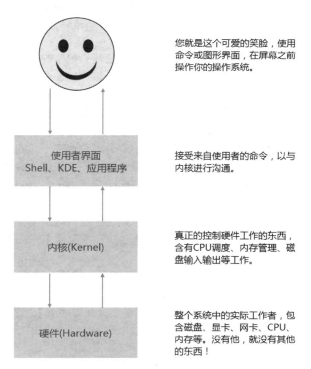

您就是这个可爱的笑脸，使用命令或图形界面，在屏幕之前操作你的操作系统。

使用者界面
Shell、KDE、应用程序

接受来自使用者的命令，以与内核进行沟通。

内核(Kernel)

真正的控制硬件工作的东西，含有CPU调度、内存管理、磁盘输入输出等工作。

硬件(Hardware)

整个系统中的实际工作者，包含磁盘、显卡、网卡、CPU、内存等。没有他，就没有其他的东西！

图 10.1.1　硬件、内核与用户的相关性图例

我们在第 0 章内的操作系统小节曾经提到过，**操作系统其实是一组软件**，由于这组软件在控制整个硬件与管理系统的活动监测，如果这组软件能被用户随意操作，若用户应用不当，将会使得整个系

统崩溃。因为操作系统管理的就是整个硬件功能嘛，所以当然不能够随便被一些没有管理能力的终端用户随意使用。

但是我们总是需要让用户使用操作系统的，所以就有了在操作系统上面发展的应用程序。用户可以通过应用程序来指挥内核，让内核完成我们所需要的硬件任务。如果考虑如第零章所提供的操作系统图例（图 0.4.2），我们可以发现应用程序其实是在最外层，就如同鸡蛋的外壳一样，因此这个东西也就被称呼为壳程序（shell）。

其实壳程序的功能只是提供用户操作系统的一个界面，因此这个壳程序需要可以调用其他软件才好。我们在第 4 章到第 9 章提到过很多命令，包括 man、chmod、chown、vi、fdisk、mkfs 等命令，这些命令都是独立的应用程序，但是我们可以通过壳程序（就是命令行模式）来操作这些应用程序，让这些应用程序调用内核来执行所需的任务，这样对于壳程序是否有了一定的概念了？

也就是说，只要能够操作应用程序的软件都能够称为壳程序。狭义的壳程序指的是命令行方面的软件，包括本章要介绍的 bash 等，广义的壳程序则包括图形用户界面模式的软件，因为图形用户界面模式其实也能够操作各种应用程序来调用内核工作，不过在本章中，我们主要还是在使用 bash。

10.1.2　为何要学命令行模式的 Shell?

命令行模式的 shell 是很不好学的，但是学了之后好处多多。所以，在这里鸟哥要先对您进行一些心理建设，先来了解一下为啥学习 shell 是有好处的，这样你才会有信心继续玩下去。

◆ 命令行模式的 shell：大家都一样

鸟哥常常听到这个问题：【我干嘛要学习 shell？不是已经有很多的工具可以提供我设置我的主机了吗？我为何要花这么多时间去学命令？不是以 X Window 按一按几个按钮就可以搞定了吗？】唉，还是得一再地强调，X Window 还有 Web 接口的设置工具例如 Webmin（注1）是真的好用的家伙，它真的可以帮助我们很简单地设置好我们的主机，甚至是一些很高级的设置都可以帮我们搞定。

但是鸟哥在前面的章节里面也已经提到过相当多次了，X Window 与 Web 接口的工具，它的界面虽然易用，功能虽然强大，但毕竟它是将所有利用到的软件都整合在一起的一组应用程序而已，并非是一个完整的程序，所以某些时候当你升级或是使用其他程序管理模块（例如 tarball 而非 rpm 文件等）时，就会造成设置的困扰。甚至不同的 Linux 发行版所设计的 X Window 界面也都不相同，这样也造成学习方面的困扰。

命令行模式的 shell 就不同了，几乎各家 Linux 发行版使用的 bash 都是一样的。如此一来，你就能够轻轻松松的转换不同的 Linux 发行版，就像武侠小说里面提到的【一法通，万法通。】

◆ 远程管理：命令行模式就是比较快

此外，Linux 的管理常常需要通过远程联机，而联机时命令行模式的传输速度一定比较快，而且，较不容易出现掉线或是信息外流的问题，因此，shell 真的是得学习的一项工具。而且它可以让您更深入 Linux，更了解它，而不是只会按一按鼠标而已，所谓【天助自助者】多摸一点命令行模式的东西，会让你与 Linux 更亲近。

◆ Linux 的"任督二脉"：shell 是也

有些朋友也很可爱，常会说："我学这么多干什么？又不常用，也用不到"，嘿嘿，有没有听过【书到用时方恨少？】当你的主机一切安然无恙的时候，您当然会觉得好像学这么多的东西一点帮助也没有。万一，某一天真的不幸它被黑了，您该如何是好？是直接重新安装？还是先追踪入侵来源后进行漏洞的修补？或是干脆就关站好了？这当然涉及很多的考虑，但以鸟哥的观点来看，多学一点总是好的，尤其我们可以有备而无患嘛。甚至学得不精也没有关系，了解概念也就 OK，毕竟没有人要您一定要背这么多的内容，了解概念就很了不起了。

此外，**如果你真的有心想要将您的主机管理得好，那么良好的 shell 程序编写是一定需要的。**就鸟哥自己来说，鸟哥管理的主机虽然还不算多，只有区区不到 10 台，但是如果每台主机都要花上几十分钟来查看它的日志文件信息以及相关的信息，那么鸟哥可能会疯掉。基本上，也太没有效率了。这个时候，如果能够借由 shell 提供的数据流重定向以及管道命令，呵呵，那么鸟哥分析登录信息只要花费不到 10 分钟就可以看完所有的主机之重要信息了，相当好用。

由于学习 shell 的好处真的是多多。所以，如果你是个系统管理员，或有心想要管理系统的话，那么 shell 与 shell 脚本这个东西真的有必要看一看，因为它就像打通任督二脉，任何武功都能随你应用。

10.1.3　系统的合法 shell 与 /etc/shells 功能

知道什么是 shell 之后，那么我们来了解一下 Linux 使用的是哪一个 shell？什么，哪一个？难道说 shell 不就是一个 shell 吗？哈哈，那可不，在早年的 UNIX 年代发展者众多，所以 shell 依据发展者的不同就有许多的版本，例如常听到的 Bourne shell（sh）、在 Sun 里面默认的 C shell、商业上常用的 K shell，还有 TCSH 等，每一种 Shell 都各有其特点。至于 Linux 使用的这一种版本就称为【Bourne Again SHell（简称 bash）】，这个 shell 是 Bourne shell 的增强版本，也是基准于 GNU 的架构下发展出来的呦。

在介绍 shell 的优点之前，先来说一说 shell 的简单历史吧[注2]：第一个流行的 shell 是由 Steven Bourne 发展出来的，为了纪念它所以就称为 Bourne shell，或直接简称为 sh，而后来另一个广为流传的 shell 是由伯克利大学的 Bill Joy 设计依附于 BSD 版的 UNIX 系统中的 shell，这个 shell 的语法有点类似 C 语言，所以才得名为 C shell，简称为 csh，由于在学术界 Sun 主机势力相当庞大，而 Sun 是主要的 UNIX 分支之一，所以 C shell 也是另一个很重要而且流传很广的 shell 之一。

> 由于 Linux 由 C 语言编写，很多程序员使用 C 来开发软件，因此 C shell 相对的就很热门了。另外，还记得我们在第 1 章提到的吧？Sun 公司的创始人就是 Bill Joy，而 BSD 最早就是 Bill Joy 发展出来的。

那么目前我们的 Linux（以 CentOS 7.x 为例）有多少我们可以使用的 shells 呢？你可以检查一下 /etc/shells 这个文件，至少就有下面这几个可以用的 shells（鸟哥省略了重复的 shell 了，包括 /bin/sh 等于 /usr/bin/sh）：

- /bin/sh（已经被 /bin/bash 所替换）
- /bin/bash（就是 Linux 默认的 shell）
- /bin/tcsh（整合 C Shell，提供更多的功能）
- /bin/csh（已经被 /bin/tcsh 所替换）

虽然各家 shell 的功能都差不多，但是在某些语法的执行方面则有所不同，因此建议你还是得要选择某一种 shell 来熟悉一下较佳。Linux 默认就是使用 bash，所以最初你只要学会 bash 就非常了不起了。另外，咦？为什么我们系统上合法的 shell 要写入 /etc/shells 这个文件？这是因为系统某些服务在运行过程中，会去检查用户能够使用的 shells，而这些 shell 的查询就是借由 /etc/shells 这个文件。

举例来说，某些 FTP 网站会去检查用户的可用 shell，而如果你不想要让这些用户使用 FTP 以外的主机资源时，可能会给予该用户一些怪怪的 shell，让用户无法以其他服务登录主机，这个时候，你就得将那些怪怪的 shell 写到 /etc/shells 当中了。举例来说，我们的 CentOS 7.x 的 /etc/shells 里面就有个 /sbin/nologin 文件的存在，这个就是我们说的怪怪的 shell。

那么，再想一想，我这个用户什么时候可以取得 shell 来工作？还有，我这个用户默认会取得哪一个 shell？还记得我们在第 4 章的在终端界面登录 Linux 小节当中提到的登录操作吧？当我登录的时候，系统就会给我一个 shell 让我来工作，而这个登录取得的 shell 就记录在 /etc/passwd 这个文件内，这个文件的内容是啥？

```
[dmtsai@study ~]$ cat /etc/passwd
root:x:0:0:root:/root:/bin/bash
bin:x:1:1:bin:/bin:/sbin/nologin
daemon:x:2:2:daemon:/sbin:/sbin/nologin
……（下面省略）……
```

如上所示，在每一行的最后一个数据，就是你登录后可以取得的默认的 shell。那你也会看到，root 是 /bin/bash，不过系统账号 bin 与 daemon 等，就使用那个怪怪的 /sbin/nologin，关于用户这部分的内容，我们留在第 13 章的账号管理时提供更多的说明。

10.1.4 Bash shell 的功能

既然 /bin/bash 是 Linux 默认的 shell，那么总是得了解一下这个玩意儿吧！bash 是 GNU 计划中重要的工具软件之一，目前也是 Linux Linux 发行版的标准 shell。bash 主要兼容于 sh，并且依据一些用户需求而加强的 shell 版本。不论你使用的是哪个 Linux 发行版，你都难逃需要学习 bash 的宿命。那么这个 shell 有什么好处，干嘛 Linux 要使用它作为默认的 shell 呢？bash 主要的优点有下面几个：

◆ 历史命令（history）

bash 的功能里面，鸟哥个人认为相当棒的一个就是它能记录使用过的命令，这功能真的相当的棒。因为我只要在命令行按【上下键】就可以找到前后一个输入的命令。而在很多 Linux 发行版 里面，默认的命令记录条目可以到达 1000 个，也就是说，你曾经执行过的命令几乎都被记录下来。

这么多的命令记录在哪里？在你的家目录内的.bash_history，不过，需要留意的是，~/.bash_history 记录的是前一次登录以前所执行过的命令，而至于这一次登录所执行的命令都被缓存在内存中，当你成功的注销系统后，该命令才会记录到.bash_history 当中。

这有什么优点？最大的好处就是可以查询曾经做过的操作，如此可以知道你的执行步骤，那么就可以追踪你曾执行过的命令，以作为除错的重要流程。但如此一来也有个烦恼，就是如果被黑客入侵了，那么它只要翻你曾经执行过的命令，刚好你的命令又跟系统有关（例如直接输入 MySQL 的密码在命令行上面），那你的服务器就有危险了。到底记录命令的条数越多还是越少好？这部分是见仁见智，没有绝对的答案。

◆ 命令与文件补全功能：（[Tab] 按键的好处）

还记得我们在第 4 章内的重要的几个热键小节当中提到的 [Tab] 这个按键吗？这个按键的功能就是在 bash 里面才有的。常常在 bash 环境中使用 [Tab] 是个很好的习惯，因为至少可以让你 1）少打很多字；2）确定输入的数据是正确的。使用 [Tab] 按键的时机根据 [Tab] 接在命令后或参数后而有所不同，我们再复习一次：

- [Tab] 接在一串命令的第一个字的后面，则为命令补全；
- [Tab] 接在一串命令的第二个字的后面，则为【文件补齐】；
- 若安装 bash-completion 软件，则在某些命令后面使用 [Tab] 按键时，可以进行【选项/参数的补齐】功能；

所以说，如果我想要知道我的环境当中所有以 c 为开头的命令？就按下【c[Tab][Tab]】就好，是的，真的是很方便的功能，所以，有事没事，在 bash shell 下面，多按几次[Tab]是一个不错的习惯。

◆ 命令别名设置功能：（alias）

假如我需要知道这个目录下面的所有文件（包含隐藏文件）及所有的文件属性，那么我就必须要执行【ls -al】这样的命令，唉，真麻烦，有没有更快的替换方式？呵呵，就使用命令别名。例如鸟哥最喜欢直接以 lm 这个自定义的命令来替换上面的命令，也就是说，lm 会等于 ls -al 这样的一个功能，嘿，那么要如何做？就使用 alias 即可。你可以在命令行输入 alias 就可以知道目前的命令别名有哪些了，也可以直接执行命令来设置别名：

```
alias lm='ls -al'
```

◆　任务管理、前台、后台控制：（job control、foreground、background）

这部分我们在第 16 章 Linux 过程控制中再提及。使用前、后台的控制可以让任务进行的更为顺利，至于任务管理（jobs）的用途则更广，可以让我们随时将任务丢到后台中执行，而不怕不小心使用了[Ctrl] + c 来停掉该程序，真是不错。此外，也可以在单一登录的环境中，达到多任务的目的。

◆　程序化脚本：（shell scripts）

在 DOS 年代还记得将一堆命令写在一起的所谓的批处理文件吧？在 Linux 下面的 shell 脚本则发挥更为强大的功能，可以将你平时管理系统常需要执行的连续命令写成一个文件，该文件并且可以通过交互式的方式来进行主机的检测工作，也可以借由 shell 提供的环境变量及相关命令来进行设计。哇！整个设计下来几乎就是一个小型的程序语言了。该脚本的功能真的是超乎鸟哥的想象之外，以前在 DOS 下面需要程序语言才能写的东西，在 Linux 下面使用简单的 shell 脚本就可以帮你完成了，真的厉害，这部分我们在第 12 章再来谈。

◆　通配符：（Wildcard）

除了完整的字符串之外，bash 还支持许多的通配符来帮助用户查询与命令执行。举例来说，想要知道/usr/bin 下面有多少以 X 为开头的文件吗？使用：【ls -l /usr/bin/X*】就能够知道，此外，还有其他可供利用的通配符，这些都能够加快用户的操作。总之，bash 这么好，不学吗？怎么可能，快来学吧！

10.1.5　查询命令是否为 Bash shell 的内置命令：type

我们在第 4 章提到关于 Linux 的联机帮助文件部分，也就是 man page 的内容，那么 bash 有没有什么说明文件？开玩笑，这么棒的东西怎么可能没有说明文件。请你在 shell 的环境下，直接输入 man bash 看一看，嘿嘿，不是盖的吧！让你看个几天几夜也无法看完的 bash 说明文件，可是很详细的文档。

不过，在这个 bash 的 man page 当中，不知道你是否有察觉到，咦？怎么这个说明文件里面有其他命令的说明？举例来说，那个 cd 命令的说明就在这个 man page 内？然后我直接输入 man cd 时，怎么出现的画面中，最上方竟然出现一堆命令的介绍？这是怎么回事？为了方便 shell 的操作，其实 bash 已经内置了很多命令，例如上面提到的 cd，还有例如 umask 等命令，都是内置在 bash 中。

那我怎么知道这个命令是来自于外部命令（指的是其他非 bash 所提供的命令）或是内置在 bash 中呢？嘿嘿，利用 type 这个命令来观察即可，举例来说：

```
[dmtsai@study ~]$ type [-tpa] name
选项与参数：
    ：不加任何选项与参数时，type 会显示出 name 是外部命令还是 bash 内置命令；
-t  ：当加入-t 参数时，type 将 name 以下面这些字眼显示出它的意义：
    file    ：表示为外部命令；
    alias   ：表示该命令为命令别名所设置的名称；
    builtin ：表示该命令为 bash 内置的命令功能；
-p  ：如果后面接的 name 为外部命令时，才会显示完整文件名；
-a  ：会由 PATH 变量定义的路径中，将所有含 name 的命令都列出来，包含 alias；
范例一：查询一下 ls 这个命令是否为 bash 内置？
[dmtsai@study ~]$ type ls
ls is aliased to `ls --color=auto' <==未加任何参数，列出 ls 的最主要使用情况
[dmtsai@study ~]$ type -t ls
alias                    <==仅列出 ls 执行时的依据。
```

```
[dmtsai@study ~]$ type -a ls
ls is aliased to `ls --color=auto'   <==最先使用 alias。
ls is /usr/bin/ls                    <==还有找到外部命令在/bin/ls。
范例二: 那么 cd?
[dmtsai@study ~]$ type cd
cd is a shell builtin                <==看到了吗? cd 是 shell 内置命令。
```

通过 type 这个命令我们可以知道每个命令是否为 bash 的内置命令。此外，由于利用 type 查找后面的名称时，如果后面接的名称并不能以执行文件的状态被找到，那么该名称是不会被显示出来的，也就是说，type 主要在找出执行文件而不是一般文件名。呵呵，所以，这个 type 也可以用来作为类似 which 命令的用途，找命令用的。

10.1.6　命令的执行与快速编辑按钮

我们在第 4 章的开始执行命令小节已经提到过在 shell 环境下的命令执行方法，如果你忘记了请回到第 4 章再去阅读一下，这里不重复说明了，鸟哥这里仅就反斜杠(\ )来说明一下命令执行的方式。

```
范例: 如果命令串太长的话，如何使用两行来输出?
[dmtsai@study ~]$ cp /var/spool/mail/root /etc/crontab \
> /etc/fstab /root
```

上面这个命令用途是将三个文件复制到 /root 这个目录下而已。不过，因为命令太长，于是鸟哥就利用【\[Enter]】来将[Enter]这个按键转义开来，让[Enter]按键不再具有开始执行的功能，好让命令可以继续在下一行输入。**需要特别留意，[Enter]键是紧接着反斜杠（\）的，两者中间没有其他字符，因为\仅转义紧接着的下一个字符而已。**所以，万一我写成:【\ [Enter] 】，即 [Enter] 与反斜杠中间有一个空格时，则\转义的是空格键而不是 [Enter] 键，这个地方请再仔细的看一遍，很重要。

如果顺利转义 [Enter] 后，下一行最前面就会主动出现 > 的符号，你可以继续输入命令，也就是说，那个 > 是系统自动出现的，你不需要输入。

另外，当你所需要执行的命令特别长，或是你输入了一串错误的命令时，你想要快速的将这串命令整个删除，一般来说，我们都是使用删除键。有没有其他的快速组合键可以使用呢? 有，常见的有下面这些:

组　合　键	功能与示范
[ctrl]+u/[ctrl]+k	分别是从光标处向前删除命令串（[Ctrl]+u）及向后删除命令串（[Ctrl]+k）
[ctrl]+a/[ctrl]+e	分别是让光标移动到整个命令串的最前面（[Ctrl]+a）或最后面（[Ctrl]+e）

总之，当我们顺利的在终端（tty）上面登录后，Linux 就会根据 /etc/passwd 文件的设置给我们一个 shell（默认是 bash），然后我们就可以根据上面的命令执行方式来操作 shell，然后我们就可以通过 man 这个在线查询来查询命令的使用方法与参数说明，很不错吧! 那么我们就赶紧更进一步来操作 bash 这个好玩的东西。

10.2　Shell 的变量功能

变量是 bash 环境中非常重要的一个玩意儿，我们知道 Linux 是多人多任务的环境，每个人登录系统都能取得一个 bash shell，每个人都能够使用 bash 执行 mail 这个命令来接收自己的邮件等。问题是，bash 是如何得知你的邮箱是哪个文件? 这就需要变量的帮助。所以，你说变量重不重要? 下面我们将介绍重要的环境变量、变量的使用与设置等数据，呼呼，动脑时间又来到了。

10.2.1　什么是变量？

那么，什么是变量？简单地说，就是让某一个特定字符串代表不固定的内容。举个大家在中学都会学到的数学例子，那就是【 y = ax + b 】这东西，在等号左边的（y）就是变量，在等号右边的（ax+b）就是变量内容，要注意的是，左边是未知数，右边是已知数。讲的更简单一点，我们可以用**一个简单的 "字眼" 来替换另一个比较复杂或是容易变动的数据**。这有什么好处？最大的好处就是方便。

◆　变量的可变性与方便性

举例来说，我们每个账号的邮箱默认是以 MAIL 这个变量来进行存取的，当 dmtsai 这个用户登录时，它便会取得 MAIL 这个变量，而这个变量的内容其实就是/var/spool/mail/dmtsai，那如果 vbird 登录？它取得的 MAIL 这个变量的内容其实就是 /var/spool/mail/vbird。而我们使用邮件读取命令 mail 来读取自己的邮箱时，嘿嘿，这个程序可以直接读取 MAIL 这个变量的内容，就能够自动地分辨出属于自己的邮箱。这样一来，设计程序的程序员就真的很方便。

如图 10.2.1 所示，由于系统已经帮我们规划好 MAIL 这个变量，所以用户只要知道 mail 这个命令如何使用即可，mail 会主动使用 MAIL 这个变量，就能够如上图所示取得自己的邮箱了。（注意大小写，小写的 mail 是命令，大写的 MAIL 则是变量名称。）

图 10.2.1　程序、变量与不同用户的关系

那么使用变量真的比较好吗？这是当然的，想象一个例子，如果 mail 这个命令将 root 收信的邮箱（mailbox）文件名为 /var/spool/mail/root 直接写入程序代码中，那么当 dmtsai 要使用 mail 时，将会取得 /var/spool/mail/root 这个文件的内容。不合理吧！所以你就需要帮 dmtsai 也设计一个 mail 的程序，将 /var/spool/mail/dmtsai 写死到 mail 的程序代码当中。天呐，那系统要有多少个 mail 命令？反过来说，使用变量就变的很简单了，因为你不需要修改到程序代码，只要将 MAIL 这个变量带入不同的内容即可让所有用户通过 mail 取得自己的邮件，当然简单多了。

◆　影响 bash 环境操作的变量

某些特定变量会影响到 bash 的环境。举例来说，我们前面已经提到过很多次的那个 PATH 变量。你能不能在任何目录下执行某个命令，与 PATH 这个变量有很大的关系。例如你执行 ls 这个命令时，系统就是通过 PATH 这个变量里面的内容所记录的路径顺序来查找命令。如果在查找完 PATH 变量内的路径还找不到 ls 这个命令时，就会在屏幕上显示【 command not found 】的错误信息。

如果说得专业一点，那么由于在 Linux 下面，所有的线程都是需要一个执行码，而就如同上面提到的，你**真正以 shell 来跟 Linux 沟通**，是在正确的登录 Linux 之后。这个时候你就有一个 bash 的执行程序，也才可以真正的经由 bash 来跟系统沟通。而在进入 shell 之前，也正如同上面提到的，由于系统需要一些变量来提供它数据的读写（或是一些环境的设置参数值，例如是否要显示彩色等），所以就有一些所谓的**环境变量**需要来读入系统中了。这些环境变量例如 PATH、HOME、MAIL、SHELL 等，都是很重要的，为了区别与自定义变量的不同，环境变量通常以大写字符来表示。

◆　脚本程序设计（shell script）的好帮手

这些还都只是系统默认的变量的目的，如果是个人的设置方面的应用：例如你要写一个大型的脚本时，有些数据因为可能由于用户习惯的不同而有差异，比如说路径，由于该路径在脚本被使用在相当多的地方，如果下次换了一台主机，都要修改脚本里面的所有路径，那么我一定会疯掉。这个时候如果使用变量，而将该变量的定义写在最前面，后面相关的路径名称都以变量来替换，嘿嘿，那么你只要修改一行就等于修改了整篇脚本，方便得很，所以，良好的程序员都会善用变量的定义。

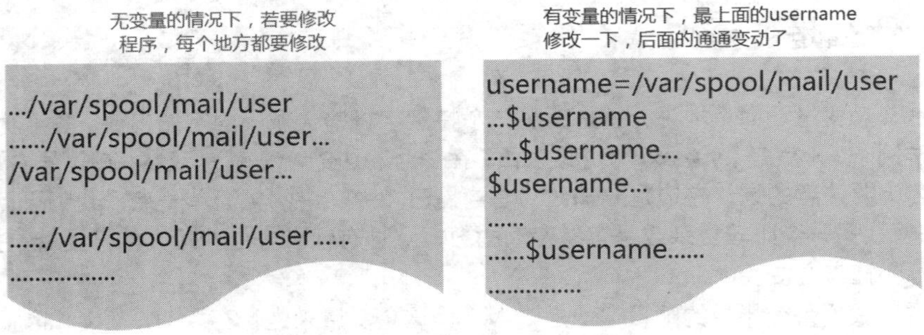

无变量的情况下，若要修改
程序，每个地方都要修改

有变量的情况下，最上面的username
修改一下，后面的通通变动了

```
.../var/spool/mail/user
......./var/spool/mail/user...
/var/spool/mail/user...
......
......./var/spool/mail/user......
..............
```

```
username=/var/spool/mail/user
...$username
.....$username...
$username...
......
......$username......
..............
```

图 10.2.2　变量应用于 shell 脚本的示意图

最后我们就简单的对**变量作个简单定义：变量就是以一组文字或符号等，来替换一些设置或一串保留的数据**，例如：我设置了【myname】就是【VBird】，所以当你读取 myname 这个变量时，系统自然就会知道，那就是 Vbird，那么如何显示变量？这就需要使用到 echo 这个命令。

10.2.2　变量的使用与设置：echo、变量设置规则、unset

说得口沫横飞的，也不知道变量与变量代表的内容有啥关系？那我们就将变量的内容拿出来给您看看。你可以利用 echo 这个命令来使用变量，但是，变量在被使用时，前面必须要加上美元符号【$】才行，举例来说，要知道 PATH 的内容，该如何是好？

◆　变量的使用: echo

```
[dmtsai@study ~]$ echo $variable
[dmtsai@study ~]$ echo $PATH
/usr/local/bin:/usr/bin:/usr/local/sbin:/usr/sbin:/home/dmtsai/.local/bin:/home/dmtsai/bin
[dmtsai@study ~]$ echo ${PATH}  # 近年来，鸟哥比较偏向使用这种格式。
```

变量的使用就如同上面的范例，利用 echo 就能够读出，只是需要在变量名称前面加上 $，或是以 ${变量} 的方式来使用都可以。当然，那个 echo 的功能可是很多的，我们这里单纯是拿 echo 来读出变量的内容而已，更多的 echo 使用，请自行给它 man echo 吧！

> **例题**
>
> 请在屏幕上面显示出您的环境变量 HOME 与 MAIL：
> **答：**
> ```
> echo $HOME 或是 echo ${HOME}
> echo $MAIL 或是 echo ${MAIL}
> ```

现在我们知道了变量与变量内容之间的相关性了，好了，那么我要如何设置或是修改某个变量的内容？很简单，用等号（＝）连接变量与它的内容就好，举例来说：我要将 myname 这个变量名称的内容设置为 VBird，那么：

```
[dmtsai@study ~]$ echo ${myname}
      <==这里并没有任何数据，因为这个变量尚未被设置，是空的。
[dmtsai@study ~]$ myname=VBird
[dmtsai@study ~]$ echo ${myname}
VBird  <==出现了，因为这个变量已经被设置了。
```

看，如此一来，这个变量名称 myname 的内容就带有 VBird 这个数据，而由上面的例子当中，我们也可以知道：在 bash 当中，当一个变量名称尚未被设置时，默认的内容是【空】，另外，变量在设置时，还是需要符合某些规定的，否则会设置失败，这些规则如下所示。

请各位读者注意，每一种 shell 的语法都不相同，在变量的使用上，bash 在你没有设置的变量中强制去 echo 时，它会显示出空的值。在其他某些 shell 中，随便去 echo 一个不存在的变量，它是会出现错误信息的，要注意。

◆　变量的设置规则

● 变量与变量内容以一个等号【=】来连接，如下所示：

myname=VBird

● 等号两边不能直接接空格，如下所示为错误：

myname = VBird 或 myname=VBird Tsai

● 变量名称只能是英文字母与数字，但是开头字符不能是数字，如下为错误：

2myname=VBird

● 变量内容若有空格可使用双引号【"】或单引号【'】将变量内容结合起来，但：

◆ 双引号内的特殊字符如 $ 等，可以保有原本的特性，如下所示：

var="lang is $LANG"则 echo $var 可得 lang is zh_CN. UTF-8

◆ 单引号内的特殊字符则仅为一般字符（纯文本），如下所示：

var='lang is $LANG'则 echo $var 可得 lang is $LANG

● 可用转义符【\】将特殊符号（如 [Enter]、$、\、空格、' 等）变成一般字符，如：

myname=VBird\ Tsai

● 在一串命令的执行中，还需要借由其他额外的命令所提供的信息时，可以使用反单引号【`命令`】或【$（命令）】。特别注意，那个 ` 是键盘上方的数字键 1 左边那个按键，而不是单引号。例如想要取得内核版本的设置：

version=$（uname -r）再 echo $version 可得 3.10.0-229.el7.x86-64

● 若该变量为扩增变量内容时，则可用 "$变量名称" 或 ${变量} 累加内容，如下所示：

PATH="$PATH":/home/bin 或 PATH=${PATH}:/home/bin

● 若该变量需要在其他子程序执行，则需要以 export 来使变量变成环境变量：

export PATH

● 通常大写字符为系统默认变量，自行设置变量可以使用小写字符，方便判断（纯粹依照用户兴趣与嗜好）；

● 取消变量的方法为使用 unset：【unset 变量名称】例如取消 myname 的设置：

unset myname

下面让鸟哥举几个例子来让你试看看，就知道该怎么设置变量了。

```
范例一：设置变量 name，且内容为 Vbird.
[dmtsai@study ~]$ 12name=VBird
bash: 12name=VBird: command not found...   <==屏幕会显示错误，因为不能以数字开头。
[dmtsai@study ~]$ name = VBird              <==还是错误，因为有空白。
[dmtsai@study ~]$ name=VBird                <==OK 的。
范例二：承上题，若变量内容为 VBird's name，就是变量内容含有特殊符号时。
[dmtsai@study ~]$ name=VBird's name
# 单引号与双引号必须要成对，在上面的设置中仅有一个单引号，因此当你按下回车后，
# 你还可以继续输入变量内容，这与我们所需要的功能不同，失败。
# 记得，失败后要恢复请按下[ctrl]-c 结束。
[dmtsai@study ~]$ name="VBird's name"     <==OK 的。
# 命令是由左边向右找，先遇到的引号先有用，因此如上所示，单引号变成一般字符。
[dmtsai@study ~]$ name='VBird's name'      <==失败的。
# 因为前两个单引号已成对，后面就多了一个不成对的单引号了，因此也就失败了。
[dmtsai@study ~]$ name=VBird\'s\ name       <==OK 的。
```

```
# 利用反斜线（\）转义特殊字符，例如单引号与空格，这也是 OK 的。
范例三：我要在 PATH 这个变量当中【累加】:/home/dmtsai/bin 这个目录。
[dmtsai@study ~]$ PATH=$PATH:/home/dmtsai/bin
[dmtsai@study ~]$ PATH="$PATH":/home/dmtsai/bin
[dmtsai@study ~]$ PATH=${PATH}:/home/dmtsai/bin
# 上面这三种格式在 PATH 里面的设置都是 OK 的，但是下面的例子就不见得。
范例四：承范例三，我要将 name 的内容多出 "yes"？
[dmtsai@study ~]$ name=$nameyes
# 知道了吧？如果没有双引号，那么变量成了啥？name 的内容是 $nameyes 这个变量。
# 呵呵，我们可没有设置过 nameyes 这个变量，所以，应该是下面这样才对。
[dmtsai@study ~]$ name="$name"yes
[dmtsai@study ~]$ name=${name}yes  <==以此例较佳。
范例五：如何让我刚刚设置的 name=VBird 可以用在下个 shell 的程序？
[dmtsai@study ~]$ name=VBird
[dmtsai@study ~]$ bash            <==进入到所谓的子进程。
[dmtsai@study ~]$ echo $name      <==子进程：再次的 echo 一下。
          <==嘿嘿，并没有刚刚设置的内容。
[dmtsai@study ~]$ exit            <==子程序：离开这个子进程。
[dmtsai@study ~]$ export name
[dmtsai@study ~]$ bash            <==进入到所谓的子进程。
[dmtsai@study ~]$ echo $name      <==子进程：在此执行。
VBird  <==看吧！出现设置值了。
[dmtsai@study ~]$ exit            <==子进程：离开这个子进程。
```

什么是子进程？就是说，在我目前这个 shell 的情况下，去启用另一个新的 shell，新的那个 shell 就是子进程。在一般的状态下，父进程的自定义变量是无法在子进程内使用的，但是通过 export 将变量变成环境变量后，就能够在子进程下面使用。很不赖吧！至于进程的相关概念，我们会在第 16 章进程管理当中提到。

```
范例六：如何进入到您目前内核的模块目录？
[dmtsai@study ~]$ cd /lib/modules/`uname -r`/kernel
[dmtsai@study ~]$ cd /lib/modules/$(uname -r)/kernel  # 以此例较佳。
```

每个 Linux 都能够拥有多个内核版本，且几乎 Linux 发行版的内核版本都不相同。以 CentOS 7.1（未更新前）为例，它的默认内核版本是 3.10.0-229.el7.x86-64，所以内核模块目录在 /lib/modules/3.10.0-229.el7.x86-64/kernel/。也由于每个 Linux 发行版的这个值都不相同，但是我们却可以利用 uname -r 这个命令先取得版本信息。所以，就可以通过上面命令当中的内含命令 $(uname -r) 先取得版本输出到 cd 那个命令当中，就能够顺利的进入目前内核的驱动程序所放置的目录，很方便吧！

其实上面的命令可以说是做了两次操作，即：
1. 先进行反单引号内的操作【uname -r】并得到内核版本为 3.10.0-229.el7.x86-64
2. 将上述的结果带入原命令，故得命令为：【cd /lib/modules/3.10.0-229.el7.x86-64/kernel/】

为什么鸟哥比较建议记住 $(command)？还记得小时候学数学的加减乘除，我们都知道要先乘除后加减。那如果硬要先加减再乘除？当然就是加上括号（）来处理即可。所以，这个命令的处理方式也差不多，只是括号左边得要加个美元符号。

```
范例七：取消刚刚设置的 name 这个变量内容。
[dmtsai@study ~]$ unset name
```

根据上面的案例你可以试试看，就可以了解变量的设置，这个是很重要的呦，请勤加练习。其中，较为重要的一些特殊符号的使用，例如单引号、双引号、转义符、美元符号、反单引号等，在下面的例题中想一想吧！

例题

在变量的设置当中，单引号与双引号的用途有何不同？

答：单引号与双引号的最大不同在于双引号仍然可以保有变量的内容，但单引号内仅能是一般字符，而不会有特殊符号。我们以下面的例子做说明：假设您定义了一个变量，name=VBird，现在想以 name 这个变量的内容定义出 myname 显示 VBird its me 这个内容，要如何制定？

```
[dmtsai@study ~]$ name=VBird
[dmtsai@study ~]$ echo $name
VBird
[dmtsai@study ~]$ myname="$name its me"
[dmtsai@study ~]$ echo $myname
VBird its me
[dmtsai@study ~]$ myname='$name its me'
[dmtsai@study ~]$ echo $myname
$name its me
```

发现了吗？没错，使用了单引号的时候，那么 $name 将失去原有的变量内容，仅为一般字符的显示形式而已，这里必需要特别小心注意。

例题

在命令执行的过程中，反单引号（`）这个符号代表的意义是什么？

答：在一串命令中，在`之内的命令将会被先执行，而其执行出来的结果将做为外部的输入信息。例如 uname -r 会显示出目前的内核版本，而我们的内核版本在 /lib/modules 里面，因此，你可以先执行 uname -r 找出内核版本，然后再以【cd 目录】到该目录下，当然也可以执行如同上面范例六的执行内容。

另外再举个例子，我们也知道，locate 命令可以列出所有相关文件的文件名，但是，如果我想要知道各个文件的权限？举例来说，我想要知道每个 crontab 相关文件名的权限：

```
[dmtsai@study ~]$ ls -ld `locate crontab`
[dmtsai@study ~]$ ls -ld $(locate crontab)
```

如此一来，先以 locate 将文件名数据都列出来，再以 ls 命令来处理的意思，了解了吗？

例题

若你有一个常去的工作目录名称为：【/cluster/server/work/taiwan_2015/003/】，如何进行该目录的简化？

答：在一般的情况下，如果你想要进入上述目录要【cd /cluster/server/work/taiwan_2015/003/】，以鸟哥自己的案例来说，鸟哥跑数值模型常常会设置很长的目录名称（避免忘记），但如此一来变换目录就很麻烦。此时，鸟哥习惯利用下面的方式来降低命令执行错误的问题：

```
[dmtsai@study ~]$ work="/cluster/server/work/taiwan_2015/003/"
[dmtsai@study ~]$ cd $work
```

未来我想要使用其他目录作为我的模式工作目录时，只要变更 work 这个变量即可。而这个变量又可以在 bash 的配置文件（~/.bashrc）中直接指定，那我每次登录只要执行【cd $work】就能够进入数值模型仿真的工作目录，是否很方便呢？

10.2.3　环境变量的功能

环境变量可以帮我们实现很多功能，包括根目录（主文件夹）的变换、提示字符的显示、执行文件查找的路径等，还有很多很多。那么，既然环境变量有那么多的功能，问一下，目前我的 shell 环境中，有多少默认的环境变量？我们可以利用两个命令来查看，分别是 env 与 export。

◆　用 env 观察环境变量与常见环境变量说明

```
范例一：列出目前的 shell 环境下的所有环境变量与其内容。
[dmtsai@study ~]$ env
HOSTNAME=study.centos.vbird    <== 这台主机的主机名称。
TERM=xterm                     <== 这个终端使用的环境是什么类型。
SHELL=/bin/bash                <== 目前这个环境下，使用的 Shell 是哪一个程序？
HISTSIZE=1000                  <==【记录命令的条数】在 CentOS 默认可记录 1000 条。
OLDPWD=/home/dmtsai            <== 上一个工作目录的所在。
LC_ALL=en_US.utf8              <== 由于语系的关系，鸟哥偷偷放上来的一个设置。
USER=dmtsai                    <== 使用者的名称。
LS_COLORS=rs=0:di=01;34:1n=01;36:mh=00:pi=40;33:so=01;35:do=01;35:bd=40;33;01:cd=40;33;01:
or=40;31;01:mi=01;05;37;41:su=37;41:sg=30;43:ca=30;41:tw=30;42:ow=34;42:st=37;44:ex=01;32:
*.tar=01...                    <== 一些颜色显示。
MAIL=/var/spool/mail/dmtsai    <== 这个使用者所使用的 mailbox 位置。
PATH=/usr/local/bin:/usr/bin:/usr/local/sbin:/usr/sbin:/home/dmtsai/.local/bin:/home/dmtsai
/bin
PWD=/home/dmtsai               <== 目前使用者所在的工作目录（使用 pwd 获取）。
LANG=zh_CN.UTF-8               <== 这个与语系有关，下面会再介绍。
HOME=/home/dmtsai              <== 这个使用者的家目录。
LOGNAME=dmtsai                 <== 登录者用来登录的账号名称。
_=/usr/bin/env                 <== 上一次使用的命令的最后一个参数（或命令本身）。
```

env 是 environment（环境）的简写，上面的例子当中，是列出来所有的环境变量。当然，如果使用 export 也会是一样的内容，只不过，export 还有其他额外的功能，我们等一下再提这个 export 命令。那么上面这些变量有些什么功用？下面我们就一个一个来分析分析。

- HOME

代表用户的根目录。还记得我们可以使用 cd ~去到自己的根目录吗？或利用 cd 就可以直接回到用户的根目录。那就是使用这个变量，有很多程序都可能会使用到这个变量的值。

- SHELL

告知我们，目前这个环境使用的 SHELL 是哪个程序？Linux 默认使用 /bin/bash。

- HISTSIZE

这个与历史命令有关，即我们曾经执行过的命令可以被系统记录下来，而记录的条数则是由这个值来设置的。

- MAIL

当我们使用 mail 这个命令在收信时，系统会去读取的邮箱文件（mailbox）。

- PATH

就是执行文件查找的路径，目录与目录中间以冒号（:）分隔，由于文件的查找是依序由 PATH 的变量内的目录来查询，所以，目录的顺序也是重要的。

- LANG

这个重要，就是语系数据，很多信息都会用到它，举例来说，当我们在启动某些 perl 的程序语言文件时，它会主动地去分析语系数据文件，如果发现有它无法解析的编码语系，可能会产生错误。一般来说，我们中文编码通常是 zh_CN.GB2312 或是 zh_CN.UTF-8，这两个编码偏偏不容易被解码出来，所以，有的时候，可能需要自定义一下语系数据，这部分我们会在下个小节做介绍。

- RANDOM

这个玩意儿就是随机数的变量。目前大多数的 Linux 发行版 都会有随机数生成器，那就是

/dev/random 这个文件。我们可以通过这个随机数文件相关的变量（$RANDOM）来随机取得随机数值。在 BASH 的环境下，这个 RANDOM 变量的内容，介于 0～32767，所以，你只要 echo $RANDOM 时，系统就会主动地随机取出一个介于 0～32767 的数值，万一我想要使用 0～9 的数值？呵呵，利用 declare 声明数值类型，然后这样做就可以了：

```
[dmtsai@study ~]$ declare -i number=$RANDOM*10/32768 ; echo $number
8    <== 此时会随机取出 0~9 之间的数值。
```

大致上是有这些环境变量，里面有些比较重要的参数，在下面我们都会另外进行一些说明。

◆ 用 set 观察所有变量（含环境变量与自定义变量）

bash 可不只有环境变量，还有一些与 bash 操作界面有关的变量，以及用户自己定义的变量存在。那么这些变量如何观察？这个时候就得要使用 set 这个命令。set 除了环境变量之外，还会将其他在 bash 内的变量通通显示出来，信息很多，下面鸟哥仅列出几个重要的内容：

```
[dmtsai@study ~]$ set
BASH=/bin/bash                                <== bash 的主程序路径。
BASH_VERSINFO=（[0]="4" [1]="2" [2]="46" [3]="1" [4]="release" [5]="x86-64-redhat-Linux-gnu"）
BASH_VERSION='4.2.46（1）-release'              <== 这两行是 bash 的版本。
COLUMNS=90                                    <== 在目前的终端环境下，使用的栏位有几个字符长度。
HISTFILE=/home/dmtsai/.bash_history          <== 历史命令记录的放置文件，隐藏文件。
HISTFILESIZE=1000                            <== 存起来（与上个变量有关）的文件之命令的最大记录数。
HISTSIZE=1000                                <== 目前环境下，内存中记录的历史命令最大条数。
IFS=$' \t\n'                                  <== 默认的分隔符号。
LINES=20                                      <== 目前的终端下的最大行数。
MACHTYPE=x86-64-redhat-Linux-gnu             <== 安装的机器类型。
OSTYPE=Linux-gnu                             <== 操作系统的类型。
PS1='[\u@\h \W]\$ '                          <== PS1 就厉害了，这个是命令提示字符，也就是我们常见的
[root@www ~]#或[dmtsai ~]$的设置值，其可以修改。
PS2='> '                                     <== 如果你使用转义符（\），这是第二行以后的提示字符。
$                                            <== 目前这个 shell 所使用的 PID。
?                                            <== 刚刚执行完命令的返回值。
...
# 有许多可以使用的函数库功能被鸟哥取消，请自行查看。
```

一般来说，不论是否为环境变量，只要跟我们目前这个 shell 的操作界面有关的变量，通常都会被设置为大写字符，也就是说，基本上，在 Linux 默认的情况中，使用{大写的字母}来设置的变量一般为系统内定需要的变量。OK，那么上面那些变量当中，有哪些是比较重要的呢？大概有这几个吧！

● PS1：（提示字符的设置）

这是 PS1（数字的 1 不是英文字母），这个东西就是我们的命令提示字符。当我们每次按下[Enter]按键去执行某个命令后，最后要再次出现提示字符时，就会主动去读取这个变量值。上面 PS1 内显示的是一些特殊符号，这些特殊符号可以显示不同的信息，每个 Linux 发行版的 bash 默认的 PS1 变量内容可能有些许的差异，不要紧，习惯你自己的习惯就好。你可以用 man bash[注3]去查询一下 PS1 的相关说明，以理解下面的一些符号意义。

● \d：可显示出【星期 月 日】的日期格式，如：【Mon Feb 2】；
● \H：完整的主机名。举例来说，鸟哥的练习机为【study.centos.vbird】；
● \h：仅取主机名在第一个小数点之前的名字，如鸟哥主机则为【study】后面省略；
● \t：显示时间，为 24 小时格式的【HH:MM:SS】；
● \T：显示时间，为 12 小时格式的【HH:MM:SS】；
● \A：显示时间，为 24 小时格式的【HH:MM】；
● \@：显示时间，为 12 小时格式的【am/pm】样式；
● \u：目前用户的账号名称，如【dmtsai】；
● \v：BASH 的版本信息，如鸟哥的测试主机版本为 4.2.46（1）-release，仅取【4.2】显示；
● \w：完整的工作目录名称，由根目录写起的目录名称，但根目录会以~替换；
● \W：利用 basename 函数取得工作目录名称，所以仅会列出最后一个目录名；

- \#：执行的第几个命令；
- \$：提示字符，如果是 root 时，提示字符为 #，否则就是 $；

好了，让我们来看看 CentOS 默认的 PS1 内容吧!【[\u@\h \W]\$】，现在你知道那些反斜杠后的参数意义了吧？要注意，那个反斜杠后的参数为 PS1 的特殊功能，与 bash 的变量设置没关系，不要搞混了，那你现在知道为何你的命令提示字符是【[dmtsai@study ~]$】了吧？好了，那么假设我想要有类似下面的提示字符：

```
[dmtsai@study /home/dmtsai 16:50 #12]$
```

那个 # 代表第 12 次执行的命令，那么应该如何设置 PS1 呢？可以这样：

```
[dmtsai@study ~]$ cd /home
[dmtsai@study home]$ PS1='[\u@\h \w \A #\#]\$ '
[dmtsai@study /home 17:02 #85]$
# 看到了吗？提示字符变了，变的很有趣吧! 其中，那个#85比较有趣，
# 如果您再随便输入几次 ls 后，该数字就会增加，为啥？上面有说明滴。
```

- $：（关于本 shell 的 PID）

美元符号本身也是个变量。这个东西代表的是目前这个 shell 的进程号，即所谓的 PID（Process ID）。更多有关的进程概念，我们会在第 4 篇的时候提及。想要知道我们的 shell 的 PID，就可以用：【echo $$】，出现的数字就是你的 PID 号码。

- ?：（关于上个执行命令的返回值）

什么？问号也是一个特殊的变量？没错，在 bash 里面这个变量可重要的很。这个变量是上一个执行的命令所返回的值，上面这句话的重点是【上一个命令】与【返回值】两个地方。当我们执行某些命令时，这些命令都会返回一个执行后的代码。一般来说，如果成功的执行该命令，则会返回一个 0 值，如果执行过程发生错误，就会返回错误代码才对，一般就是以非 0 的数值来替换，我们以下面的例子来看看：

```
[dmtsai@study ~]$ echo $SHELL
/bin/bash                              <==可顺利显示，没有错误。
[dmtsai@study ~]$ echo $?
0                                      <==因为没问题，所以返回值为 0。
[dmtsai@study ~]$ 12name=VBird
bash: 12name=VBird: command not found...   <==发生错误了，bash 报告有问题。
[dmtsai@study ~]$ echo $?
127                                    <==因为有问题，返回错误代码（非为 0）。
# 错误代码返回值根据软件而有不同，我们可以利用这个代码来查找错误的原因。
[dmtsai@study ~]$ echo $?
0
# 咦，怎么又变成正确了？这是因为问号只与【上一个执行命令】有关，
# 所以，我们上一个命令是执行【echo $?】，当然没有错误，所以是 0 没错。
```

- OSTYPE, HOSTTYPE, MACHTYPE：（主机硬件与内核的等级）

我们在第 0 章计算机概论内的 CPU 等级说明中谈过 CPU，目前个人计算机的 CPU 主要分为 32 与 64 位，其中 32 位又可分为 i386、i586、i686，而 64 位则称为 x86-64。由于不同等级的 CPU 指令集不太相同，因此你的软件可能会针对某些 CPU 进行优化，以求取较佳的软件性能。所以软件就有 i386、i686 及 x86-64 之分。以目前（2015）的主流硬件来说，几乎都是 x86-64 的天下。因此 CentOS 7 开始，已经不支持 i386 兼容模式的安装光盘了，哇呜，进步的太快了。

要留意的是，较高级的硬件通常会向下兼容老版本的软件，但较高级的软件可能无法在旧机器上面安装。我们在第 2 章就曾说明过，这里再强调一次，你可以在 x86-64 的硬件上安装 i386 的 Linux 操作系统，但是你无法在 i686 的硬件上安装 x86-64 的 Linux 操作系统，这点得要牢记在心。

- export：自定义变量转成环境变量

谈了 env 与 set 现在知道有所谓的环境变量与自定义变量，那么这两者之间有啥差异？其实这两者的差异在于【该变量是否会被子进程所继续引用】。唔，那么啥是父进程？子进程？这就得要了解一

下命令的执行操作了。

　　当你登录 Linux 并取得一个 bash 之后，你的 bash 就是一个独立的进程，这个进程的识别使用的是进程标识符，也就是 PID。接下来你在这个 bash 下面所执行的任何命令都是由这个 bash 所衍生出来的，那些被执行的命令就被称为子进程。我们可以用右面的图来简单的说明一下父进程与子进程的概念。

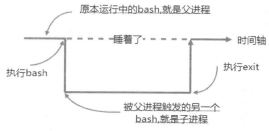

　　如图 10.2.3 所示，我们在原本的 bash 下面执行另一个 bash，结果操作的环境界面会跑到第二个 bash 去（就是子进程），那原本的 bash 就会在暂停的情况（睡着了，就是 sleep），整个命令运行的环境是实线的部分。若要回到原本的 bash 去，就只有将第二个 bash 结束掉（执行 exit 或 logout）才行。更多的进程概念我们会在第四部分谈及，这里只要有这个概念即可。

图 10.2.3　进程相关性示意图

　　这个进程概念与变量有啥关系？关系可大了。因为**子进程仅会继承父进程的环境变量，子进程不会继承父进程的自定义变量**。所以你在原本 bash 的自定义变量在进入了子进程后就会消失不见，一直到你离开子进程并回到原本的父进程后，这个变量才会又出现。

　　换个角度来想，也就是说，如果我能将自定义变量变成环境变量的话，那不就可以让该变量值继续存在于子进程了吗？呵呵，没错。此时，那个 export 命令就很有用。如你想要让该变量内容继续的在子进程中使用，那么就请执行：

```
[dmtsai@study ~]$ export 变量名称
```

　　这东西用在共享自己的变量设置给后来调用的文件或其他进程。像鸟哥常常在自己的主文件后面调用其他附属文件（类似函数的功能），但是主文件与附属文件内都有相同的变量名称，若一再重复设置时，要修改也很麻烦，此时只要在原本的第一个文件内设置好 export 变量，后面所调用的文件就能够使用这个变量设置了。而不需要重复设置，这在 shell 脚本当中非常实用。如果仅执行 export 而没有接变量时，那么此时将会把所有的环境变量显示出来，例如：

```
[dmtsai@study ~]$ export
declare -x HISTSIZE="1000"
declare -x HOME="/home/dmtsai"
declare -x HOSTNAME="study.centos.vbird"
declare -x LANG="zh_CN.UTF-8"
declare -x LC_ALL="en_US.utf8"
# 后面的鸟哥就都直接省略了，不然……浪费版面。
```

　　那如何将环境变量转成自定义变量？可以使用本章后续介绍的 declare。

10.2.4　影响显示结果的语系变量（locale）

　　还记得我们在第 4 章里面提到的语系问题吗？就是当我们使用 man command 的方式去查询某个数据的说明文件时，该说明文件的内容可能会因为我们使用的语系不同而产生乱码。另外，利用 ls 查询文件的时间时，也可能会有乱码出现在时间的部分，这个问题其实就是语系的问题。

　　目前大多数的 Linux 发行版已经都是支持日渐流行的 Unicode 了，也都支持大部分的国家语系。那么我们的 Linux 到底支持了多少的语系？这可以由 locale 命令来查询。

```
[dmtsai@study ~]$ locale -a
……（前面省略）……
zh_CN
zh_CN.gb18030     <==GBK 的中文编码。
zh_CN.gb2312
zh_CN.utf8     <==Unicode 的简体中文编码。
```

```
zu_ZA
zu_ZA.iso88591
zu_ZA.utf8
```

繁体中文语系至少支持了两种以上的编码，一种是目前还是很常见的 Big5，另一种则是越来越热门的 UTF-8 编码。那么我们如何自定义这些编码？其实可以通过下面这些变量的说：

```
[dmtsai@study ~]$ locale  <==后面不加任何选项与参数即可。
LANG=en_US              <==主语言的环境。
LC_CTYPE="en_US"           <==字符（文字）辨识的编码。
LC_NUMERIC="en_US"          <==数字系统的显示信息。
LC_TIME="en_US"            <==时间系统的显示数据。
LC_COLLATE="en_US"          <==字符的比较与排序等。
LC_MONETARY="en_US"         <==币值格式的显示等。
LC_MESSAGES="en_US"         <==信息显示的内容，如功能表、错误信息等。
LC_ALL=               <==整体语系的环境。
……（后面省略）……
```

基本上，你可以逐一设置每个与语系有关的变量数据，但事实上，如果其他的语系变量都未设置，且你有设置 LANG 或是 LC_ALL 时，则其他的语系变量就会被这两个变量所替换。这也是为什么我们在 Linux 当中，通常说明仅设置 LANG 或 LC_ALL 这两个变量而已，因为它是最主要的设置变量。好了，那么你应该要觉得奇怪的是，为什么在 Linux 主机的终端界面(tty1~tty6)的环境下，如果设置【LANG=zh_CN.utf8】这个设置值生效后，使用 man 或其他信息输出时，都会有一堆乱码，尤其是使用 ls -l 这个参数时。

因为在 Linux 主机的终端环境下是无法显示像中文这么复杂的编码文字，所以就会产生乱码。也就是如此，我们才会必须要在 tty1~tty6 的环境下，安装一些中文界面的软件，才能够看到中文。不过，如果你是微软的 Windows 主机，以远程连接服务器的软件连接到主机的话，那么，嘿嘿，其实命令行模式确实是可以看到中文的，此时反而你得要在 LC_ALL 设置中文编码才好。

> 无论如何，如果发生一些乱码的问题，那么设置系统里面保有的语系编码，例如 en_US 或 en_US.utf8 等的设置，应该就 OK 的。好了，那么系统默认支持多少种语系呢？当我们使用 locale 时，系统是显示目前 Linux 主机内包含的语系文件，这些语系文件都放置在 /usr/lib/locale/ 这个目录中。

你当然可以让每个用户自己去调整自己喜好的语系，但是整体系统默认的语系定义在哪里呢？其实就是在 /etc/locale.conf 里面。这个文件在 CentOS 7.x 的内容有点像这样：

```
[dmtsai@study ~]$ cat /etc/locale.conf
LANG=zh_CN.utf8
LC_NUMERIC=zh_CN.UTF-8
LC_TIME=zh_CN.UTF-8
LC_MONETARY=zh_CN.UTF-8
LC_PAPER=zh_CN.UTF-8
LC_MEASUREMENT=zh_CN.UTF-8
```

因为鸟哥在第 3 章的安装时选择的是中文语系安装界面，所以这个文件默认就会使用中文编码，你也可以自行将它改成你想要的语系编码即可。

> 假设你有一个纯文本文件原本是在 Windows 下面建立的，那么这个文件默认可能是 GBK 的编码格式。在你将这个文件上传到 Linux 主机后，在 X Window 下面打开时，咦，怎么中文字通通变成了乱码？别担心。因为如上所示，Linux 目前大多默认是 Unicode 显示，你只要将开启该文件的软件编码由 UTF-8 改成 GBK 就能够看到正确的中文了。

例题

鸟哥原本是中文语系，所有显示的数据通通是中文。但为了网页显示的关系，需要将输出转成英文（en_US.utf8）的语系来展示才行，但鸟哥又不想要写入配置文件，毕竟是暂时显示用的，那该如何处理？

答：其实不很难，重点是 LANG 及 LC_ALL 而已。但在 CentOS 7 当中，你要让 LC_ALL 生效时，得要使用 export 转成环境变量才行，所以就是这样搞：

```
[dmtsai@study ~]$ locale
LANG=zh_CN.UTF-8
LC_CTYPE="zh_CN.UTF-8"
LC_NUMERIC="zh_CN.UTF-8"
LC_TIME="zh_CN.UTF-8"
[dmtsai@study ~]$ LANG=en_US.utf8; locale
[dmtsai@study ~]$ export LC_ALL=en_US.utf8; locale   # 你就会看到与上面有不同的语系。
```

10.2.5　变量的有效范围

什么？变量也有使用的范围？没错，我们在上面的 export 命令说明中，就提到了这个概念。如果在运行程序的时候,有父进程与子进程的不同进程关系时,则变量可否被引用与 export 有关,被 export 后的变量，我们可以称它为环境变量，环境变量可以被子进程所引用，但是其他的自定义变量内容就不会存在于子进程中。

> 在某些不同的书籍会谈到【全局变量，global variable】与【局部变量，local variable】。在鸟哥的这个章节中，基本上你可以这样看待：
> 环境变量=全局变量
> 自定义变量=局部变量

为什么环境变量的数据可以被子进程所引用？这是因为内存配置的关系，理论上是这样的：
- 当启动一个 shell，操作系统会分配一内存区域给 shell 使用，此内存中的变量可让子进程使用；
- 若在父进程利用 export 功能，可以让自定义变量的内容写到上述的内存区域当中（环境变量）；
- 当加载另一个 shell 时（即启动子进程，而离开原本的父进程），子 shell 可以将父 shell 的环境变量所在的内存区域导入自己的环境变量区块当中。

通过这样的关系，我们就可以让某些变量在相关的进程之间存在，以帮助自己更方便地操作环境。不过要提醒的是，这个【环境变量】与【bash 的操作环境】意思不太一样，举例来说，PS1 并不是环境变量，但是这个 PS1 会影响到 bash 的界面（提示字符嘛），所以这些变量的相关性要梳理清楚。

10.2.6　变量键盘读取、数组与声明：read、array、declare

我们上面提到的变量设置功能，都是由命令行直接设置的，那么，可不可以让用户能够经由键盘输入？什么意思？是否记得某些程序执行的过程当中，会等待用户输入 "yes/no" 之类的信息？在 bash 里面也有相对应的功能。此外，我们还可以定义这个变量的属性，例如数组或是数字等，下面就来看看吧！

◆ read

要读取来自键盘输入的变量,就是用 read 这个命令。这个命令最常被用在 shell 脚本的编写当中,想要跟用户交互? 用这个命令就对了,关于脚本的写法,我们会在第 13 章介绍,下面先来看一看 read 的相关语法吧!

```
[dmtsai@study ~]$ read [-pt] variable
选项与参数:
-p  : 后面可以接提示字符。
-t  : 后面可以接等待的【秒数】,这个比较有趣,不会一直等待使用者。
范例一: 让使用者由键盘输入一内容,将该内容变成名为 atest 的变量
[dmtsai@study ~]$ read atest
This is a test         <==此时光标会等待你输入,请输入左侧文字看看。
[dmtsai@study ~]$ echo ${atest}
This is a test         <==你刚刚输入的数据已经变成一个变量内容。
范例二: 提示使用者 30 秒内输入自己的大名,将该输入字符作为名为 named 的变量内容。
[dmtsai@study ~]$ read -p "Please keyin your name: " -t 30 named
Please keyin your name: VBird Tsai   <==注意看,会有提示字符。
[dmtsai@study ~]$ echo ${named}
VBird Tsai          <==输入的数据又变成一个变量的内容了。
```

read 之后不加任何参数,直接加上变量名称,那么下面就会主动出现一个空白行等待你的输入(如范例一)。如果加上 -t 后面接秒数,例如上面的范例二,那么 30 秒之内没有任何操作时,该命令就会自动略过了,如果是加上 -p,嘿嘿,在输入的光标前就会有比较多的提示字符给我们参考,在命令的执行里面,比较美观。

◆ declare, typeset

declare 或 typeset 是一样的功能,就是声明变量的类型。如果使用 declare 后面并没有接任何参数,那么 bash 就会主动的将所有的变量名称与内容通通显示出来,就好像使用 set 一样。那么 declare 还有什么语法呢? 看看先:

```
[dmtsai@study ~]$ declare [-aixr] variable
选项与参数:
-a  : 将后面名为 variable 的变量定义成为数组( array )类型。
-i  : 将后面名为 variable 的变量定义成为整数( integer )类型。
-x  : 用法与 export 一样,就是将后面的 variable 变成环境变量。
-r  : 将变量设置成为 readonly 类型,该变量不可被更改内容,也不能 unset。
范例一: 让变量 sum 进行 100+300+50 的求和结果。
[dmtsai@study ~]$ sum=100+300+50
[dmtsai@study ~]$ echo ${sum}
100+300+50  <==咦,怎么没有帮我计算求和呢? 因为这是文字形式的变量属性。
[dmtsai@study ~]$ declare -i sum=100+300+50
[dmtsai@study ~]$ echo ${sum}
450         <==了解吗?
```

由于在默认的情况下面,bash 对于变量有几个基本的定义:

● 变量类型默认为字符串,所以若不指定变量类型,则 1+2 为一个字符串而不是计算式。所以上述第一个执行的结果才会出现那种情况;

● bash 环境中的数值运算,默认最多仅能到达整数形态,所以 1/3 结果是 0;

现在你晓得为啥你需要进行变量声明了吧? 如果需要非字符串类型的变量,那就得要进行变量的声明才行。下面继续来玩些其他的 declare 功能。

```
范例二: 将 sum 变成环境变量。
[dmtsai@study ~]$ declare -x sum
[dmtsai@study ~]$ export | grep sum
declare -ix sum="450"  <==果然出现了,包括有 i 与 x 的定义。
范例三: 让 sum 变成只读属性,不可修改。
[dmtsai@study ~]$ declare -r sum
[dmtsai@study ~]$ sum=tesgting
-bash: sum: readonly variable  <==老天爷,不能改这个变量了。
```

```
范例四: 让 sum 变成非环境变量的自定义变量吧!
[dmtsai@study ~]$ declare +x sum    <== 将-变成+可以进行【取消】操作。
[dmtsai@study ~]$ declare -p sum    <== -p 可以单独列出变量的类型。
declare -ir sum="450" <== 看吧，只剩下 i, r 的类型，不具有 x。
```

declare 也是个很有用的功能，尤其是当我们需要使用到下面的数组功能时，它也可以帮我们声明数组的属性。不过，老话一句，数组在 shell 脚本也比较常用的。比较有趣的是，如果你不小心将变量设置为【只读】，通常要注销再登录才能恢复该变量的类型。

◆ 数组（array）变量类型

某些时候，我们必须使用数组来声明一些变量，这有什么好处？在一般人的使用上，是看不出来有什么好处的。不过，如果您曾经写过程序的话，那才会比较了解数组的意义，数组对写数值程序的程序员来说，可是不能错过的重点之一。好，不多说了，那么要如何设置数组的变量与内容呢？在 bash 里面，数组的设置方式是：

```
var[index]=content
```

意思是说，我有一个数组名为 var，而这个数组的内容为 var[1]=小明，var[2]=大明，var[3]=好明等，那个 index 就是一些数字，重点是用中刮号（[ ]）来设置。目前我们 bash 提供的是一维数组。老实说，如果您不必写一些复杂的程序，那么这个数组的地方，可以先略过，等到有需要再来学习即可。因为要制作出数组，通常与循环或其他判断式交互使用才有比较大的存在意义。

```
范例: 设置上面提到的 var[1], var[3]的变量。
[dmtsai@study ~]$ var[1]="small min"
[dmtsai@study ~]$ var[2]="big min"
[dmtsai@study ~]$ var[3]="nice min"
[dmtsai@study ~]$ echo "${var[1]}, ${var[2]}, ${var[3]}"
small min, big min, nice min
```

数组的变量类型比较有趣的地方在于【读取】，一般来说，建议直接以 ${数组} 的方式来读取，比较正确无误，这也是为啥鸟哥一开始就建议你使用 ${变量} 来记忆的原因。

10.2.7　与文件系统及程序的限制关系：ulimit

想象一个状况：我的 Linux 主机里面同时登录了十个人，这十个人不知怎么搞的，同时开启了 100 个文件，每个文件的大小约 10MB，请问一下，我的 Linux 主机的内存要有多大才够？10*100*10 = 10000 MB = 10GB，老天爷，这样，操作系统不挂才有鬼。为了要预防这个情况的发生，所以我们的 bash 是可以限制用户的某些系统资源的，包括可以开启的文件数量，可以使用的 CPU 时间，可以使用的内存总量等，如何设置呢？用 ulimit 吧！

```
[dmtsai@study ~]$ ulimit [-SHacdfltu] [配额]
选项与参数:
-H : hard limit, 严格的设置，必定不能超过这个设置的数值。
-S : soft limit, 警告的设置，可以超过这个设置值，但是若超过则有警告信息。
     在设置上，通常 soft 会比 hard 小，举例来说，soft 可设置为 80 而 hard 设置为 100,
     那么你可以使用到 90（因为没有超过 100），但介于 80~100 之间时，系统会有警告信息通知你。
-a : 后面不接任何选项与参数，可列出所有的限制额度;
-c : 当某些程序发生错误时，系统可能会将该程序在内存中的信息写成文件（除错用），
     这种文件就被称为内核文件（core file）。此为限制每个内核文件的最大容量。
-f : 此 shell 可以建立的最大文件容量（一般可能设置为 2GB）单位为 Kbytes。
-d : 程序可使用的最大段内存（segment）容量。
-l : 可用于锁定（lock）的内存量。
-t : 可使用的最大 CPU 时间（单位为秒）。
-u : 单一使用者可以使用的最大进程（process）数量。
范例一: 列出你目前身份（假设为一般账号）的所有限制数据数值
[dmtsai@study ~]$ ulimit -a
core file size          (blocks, -c) 0              <==只要是 0 就代表没限制。
```

```
data seg size              (kBytes, -d) unlimited
scheduling priority              (-e) 0
file size                  (blocks, -f) unlimited  <==可建立的单一文件的大小。
pending signals                  (-i) 4903
max locked memory          (kBytes, -l) 64
max memory size            (kBytes, -m) unlimited
open files                       (-n) 1024         <==同时可开启的文件数量。
pipe size            (512 Bytes, -p) 8
POSIX message queues       (Bytes, -q) 819200
real-time priority               (-r) 0
stack size                 (kBytes, -s) 8192
cpu time                  (seconds, -t) unlimited
max user processes               (-u) 4096
virtual memory             (kBytes, -v) unlimited
file locks                       (-x) unlimited
范例二：限制使用者仅能建立10MBytes以下的容量的文件
[dmtsai@study ~]$ ulimit -f 10240
[dmtsai@study ~]$ ulimit -a | grep 'file size'
core file size             (blocks, -c) 0
file size                  (blocks, -f) 10240  <==最大量为10240Kbyes，相当10Mbytes。
[dmtsai@study ~]$ dd if=/dev/zero of=123 bs=1M count=20
File size limit exceeded (core dumped)  <==尝试建立20MB的文件，结果失败了。
[dmtsai@study ~]$ rm 123  <==赶快将这个文件删除，同时你得要注销再次的登录才能解除10M的限制。
```

还记得我们在第 7 章 Linux 磁盘文件系统里面提到过，单一文件系统能够支持的单一文件大小与 block 的大小有关，但是文件系统的限制容量都允许的太大了。如果想要让用户建立的文件不要太大时，我们是可以考虑用 ulimit 来限制用户可以建立的文件大小，使用 ulimit –f 就可以来设置。例如上面的范例二，要注意单位是 KBytes。若改天你一直无法建立一个大容量的文件，记得看一看 ulimit 的信息。

> 想要恢复 ulimit 的设置最简单的方法就是注销再登录，否则就是得要重新以 ulimit 设置才行。不过，要注意的是，一般身份用户如果以 ulimit 设置了 -f 的文件大小，那么它【只能继续减小文件容量，不能增加文件容量】。另外，若想要管控用户的 ulimit 限值，可以参考第 13 章的 pam 的介绍。

10.2.8　变量内容的删除、取代与替换（可选）

变量除了可以直接设置来修改原本的内容之外，有没有办法通过简单的操作来将变量的内容进行微调？举例来说，进行变量内容的删除、替换与替换等，是可以的，我们可以通过几个简单的小步骤来进行变量内容的微调。下面就来试试看。

◆ 变量内容的删除与替换

变量的内容可以很简单的通过几个东西来进行删除，我们使用 PATH 这个变量的内容来做测试，请你依序进行下面的几个例子来玩玩，比较容易感受得到鸟哥在这里想要表达的意义：

```
范例一：先让小写的 path 自定义变量设置的与 PATH 内容相同。
[dmtsai@study ~]$ path=${PATH}
[dmtsai@study ~]$ echo ${path}
/usr/local/bin:/usr/bin:/usr/local/sbin:/usr/sbin:/home/dmtsai/.local/bin:/home/dmtsai/bin
范例二：假设我不喜欢 local/bin，所以要将前1个目录删除掉，如何显示？
[dmtsai@study ~]$ echo ${path#/*local/bin:}
/usr/bin:/usr/local/sbin:/usr/sbin:/home/dmtsai/.local/bin:/home/dmtsai/bin
```

上面这个范例很有趣的。它的重点可以用下面这张表格来说明：

```
${variable#/*local/bin:}
    上面的特殊字体部分是关键字，用在这种删除模式所必须存在的。
${variable#/*local/bin:}
    这就是原本的变量名称，以上面范例二来说，这里就填写 path 这个【变量名称】。
${variable#/*local/bin:}
    这是重点。代表【从变量内容的最前面开始向右删除】，且仅删除最短的那个。
${variable#/*local/bin:}
    代表要被删除的部分，由于#代表由前面开始删除，所以这里便由开始的/写起。
    需要注意的是，我们还可以通过通配符*来替换 0 到无穷多个任意字符。
以上面范例二的结果来看，path 这个变量被删除的内容如下所示：
/usr/local/bin:/usr/bin:/usr/local/sbin:/usr/sbin:/home/dmtsai/.local/bin:/home/dmtsai/bin
```

很有趣吧！这样了解了 # 的功能了吗？接下来让我们来看看下面的范例三。

```
范例三：我想要删除前面所有的目录，仅保留最后一个目录。
[dmtsai@study ~]$ echo ${path#/*:}
/usr/bin:/usr/local/sbin:/usr/sbin:/home/dmtsai/.local/bin:/home/dmtsai/bin
# 由于一个#仅删除掉最短的那个，因此它删除的情况可以用下面的删除线来看。
# /usr/local/bin:/usr/bin:/usr/local/sbin:/usr/sbin:/home/dmtsai/.local/bin:/home/dmtsai/bin
[dmtsai@study ~]$ echo ${path##/*:}
/home/dmtsai/bin
# 嘿，多加了一个#变成##之后，它变成【删除掉最长的那个数据】，亦即是。
# /usr/local/bin:/usr/bin:/usr/local/sbin:/usr/sbin:/home/dmtsai/.local/bin:/home/dmtsai/bin
```

非常有趣，不是吗？因为在 PATH 这个变量的内容中，每个目录都是以冒号【:】隔开的，所以要从头删除掉目录就是介于斜线（/）到冒号（:）之间的数据。但是 PATH 中不止一个冒号（:），所以#与##就分别代表：

- # ：符合替换文字的【最短的】那一个；
- ## ：符合替换文字的【最长的】那一个；

上面谈到的是从前面开始删除变量内容，那么如果想要从后面向前删除变量内容？这个时候就得使用百分比（%）符号了，来看看范例四怎么做吧！

```
范例四：我想要删除最后面那个目录，亦即从:到 bin 为止的字符。
[dmtsai@study ~]$ echo ${path%:*bin}
/usr/local/bin:/usr/bin:/usr/local/sbin:/usr/sbin:/home/dmtsai/.local/bin
# 注意，最后面一个目录不见去。
# 这个%符号代表由最后面开始向前删除，所以上面得到的结果其实是来自如下。
# /usr/local/bin:/usr/bin:/usr/local/sbin:/usr/sbin:/home/dmtsai/.local/bin:/home/dmtsai/bin
范例五：那如果我只想要保留第一个目录？
[dmtsai@study ~]$ echo ${path%%:*bin}
/usr/local/bin
# 同样的，%%代表的则是最长的符合字符，所以结果其实是来自如下。
# /usr/local/bin:/usr/bin:/usr/local/sbin:/usr/sbin:/home/dmtsai/.local/bin:/home/dmtsai/bin
```

由于我是想要由变量内容的后面向前面删除，而我这个变量内容最后面的结尾是【/home/dmtsai/bin】，所以你可以看到上面我删除的数据最终一定是【bin】，即【:*bin】那个 * 代表通配符，至于 % 与 %% 的意义其实与 # 及 ## 类似，这样理解否？

例题

假设你是 dmtsai，那你的 MAIL 变量应该是 /var/spool/mail/dmtsai，假设你只想要保留最后面那个文件名（dmtsai），前面的目录名称都不要了，如何利用 $MAIL 变量来完成？
答：题意其实是这样【/var/spool/mail/dmtsai】，即删除掉两条斜线间的所有数据（最长符合），这个时候你就可以这样做即可：

```
[dmtsai@study ~]$ echo ${MAIL##/*/}
```

相反，如果你只想要拿掉文件名，保留目录的名称，即【/var/spool/mail/dmtsai】（最短符合）。

但假设你并不知道结尾的字母是什么，此时你可以利用通配符来处理即可，如下所示：

```
[dmtsai@study ~]$ echo ${MAIL%/*}
```

了解了删除功能后，接下来谈谈替换吧！继续玩玩范例六。

```
范例六: 将 path 的变量内容内的 sbin 替换成大写 SBIN。
[dmtsai@study ~]$ echo ${path/sbin/SBIN}
/usr/local/bin:/usr/bin:/usr/local/SBIN:/usr/sbin:/home/dmtsai/.local/bin:/home/dmtsai/bin
# 这个部分就容易理解了，关键字在于那两个斜线，两斜线中间的是旧字符
# 后面的是新字符，所以结果就会出现如上述的特殊字体部分。
[dmtsai@study ~]$ echo ${path//sbin/SBIN}
/usr/local/bin:/usr/bin:/usr/local/SBIN:/usr/SBIN:/home/dmtsai/.local/bin:/home/dmtsai/bin
# 如果是两条斜线，那么就变成所有符合的内容都会被替换。
```

我们将这部分做个总结说明一下：

变量设置方式	说　明
${变量#关键词}	若变量内容从头开始的数据符合【关键词】，则将符合的最短数据删除
${变量##关键词}	若变量内容从头开始的数据符合【关键词】，则将符合的最长数据删除
${变量%关键词}	若变量内容从尾向前的数据符合【关键词】，则将符合的最短数据删除
${变量%%关键词}	若变量内容从尾向前的数据符合【关键词】，则将符合的最长数据删除
${变量/旧字符串/新字符串}	若变量内容符合【旧字符串】则【第一个旧字符串会被新字符串替换】
${变量//旧字符串/新字符串}	若变量内容符合【旧字符串】则【全部的旧字符串会被新字符串替换】

◆　变量的测试与内容替换

在某些时刻我们常常需要【判断】某个变量是否存在，若变量存在则使用既有的设置，若变量不存在则给予一个常用的设置。我们举下面的例子来说明好了，看看能不能较容易被你所理解。

```
范例一: 测试一下是否存在 username 这个变量，若不存在则给予 username 内容为 root。
[dmtsai@study ~]$ echo ${username}
        <==由于出现空白，所以 username 可能不存在，也可能是空字符。
[dmtsai@study ~]$ username=${username-root}
[dmtsai@study ~]$ echo ${username}
root      <==因为 username 没有设置，所以主动给予名为 root 的内容。
[dmtsai@study ~]$ username="vbird tsai" <==主动设置 username 的内容。
[dmtsai@study ~]$ username=${username-root}
[dmtsai@study ~]$ echo ${username}
vbird tsai <==因为 username 已经设置了，所以使用旧的设置而不以 root 替换。
```

在上面的范例中，重点在于减号【-】后面接的关键词。基本上你可以这样理解：

```
new_var=${old_var-content}
  新的变量，主要用来替换旧变量，新旧变量名称其实常常是一样的。
new_var=${old_var-content}
  这是本范例中的关键字部分，必须要存在的。
new_var=${old_var-content}
  旧的变量，被测试的项目。
new_var=${old_var-content}
  变量的【内容】，在本范例中，这个部分是在【给予未设置变量的内容】。
```

不过这还是有点问题。因为 username 可能已经被设置为【空字符串】了。果真如此的话，那你还可以使用下面的范例来给予 username 的内容成为 root。

```
范例二: 若 username 未设置或为空字符，则将 username 内容设置为 root。
[dmtsai@study ~]$ username=""
[dmtsai@study ~]$ username=${username-root}
[dmtsai@study ~]$ echo ${username}
    <==因为 username 被设置为空字符了，所以当然还是保留为空字符。
```

```
[dmtsai@study ~]$ username=${username:-root}
[dmtsai@study ~]$ echo ${username}
root  <==加上【:】后若变量内容为空或是未设置,都能够以后面的内容替换。
```

在大括号内有没有冒号【:】的差别是很大的。加上冒号后,被测试的变量未被设置或是已被设置为空字符串时,都能够用后面的内容(本例中是使用 root 为内容)来替换与设置。这样可以了解了吗?除了这样的测试之外,还有其他的测试方法,鸟哥将它整理如下:

> 下面的例子当中,那个 var 与 str 为变量,我们想要针对 str 是否有设置来决定 var 的值。一般来说,str: 代表【str 没设置或为空的字符串时】,至于 str 则仅为【没有该变量】。

变量设置方式	str 没有设置	str 为空字符串	str 已设置非为空字符串
var=${str-expr}	var=expr	var=	var=$str
var=${str:-expr}	var=expr	var=expr	var=$str
var=${str+expr}	var=	var=expr	var=expr
var=${str:+expr}	var=	var=	var=expr
var=${str=expr}	str=expr	str 不变	str 不变
	var=expr	var=	var=$str
var=${str:=expr}	str=expr	str=expr	str 不变
	var=expr	var=expr	var=$str
var=${str?expr}	expr 输出至 stderr	var=	var=$str
var=${str:?expr}	expr 输出至 stderr	expr 输出至 stderr	var=$str

根据上面这张表,我们来进行几个范例的练习吧! 首先让我们来测试一下,如果旧变量(str)不存在时,我们要给予新变量一个内容,若旧变量存在则新变量内容以旧变量来替换,结果如下:

```
测试: 先假设 str 不存在(用 unset),然后测试一下减号(-)的用法。
[dmtsai@study ~]$ unset str; var=${str-newvar}
[dmtsai@study ~]$ echo "var=${var}, str=${str}"
var=newvar, str=    <==因为 str 不存在,所以 var 为 newvar。
测试: 若 str 已存在,测试一下 var 会变怎样?
[dmtsai@study ~]$ str="oldvar"; var=${str-newvar}
[dmtsai@study ~]$ echo "var=${var}, str=${str}"
var=oldvar, str=oldvar <==因为 str 存在,所以 var 等于 str 的内容。
```

关于减号(-)其实上面我们谈过了。这里的测试只是要让你更加了解,这个减号的测试并不会影响到旧变量的内容。如果你想要将旧变量内容也一起替换掉的话,那么就使用等号(=)吧!

```
测试: 先假设 str 不存在(用 unset),然后测试一下等号(=)的用法。
[dmtsai@study ~]$ unset str; var=${str=newvar}
[dmtsai@study ~]$ echo "var=${var}, str=${str}"
var=newvar, str=newvar <==因为 str 不存在,所以 var/str 均为 newvar。
测试: 如果 str 已存在了,测试一下 var 会变怎样?
[dmtsai@study ~]$ str="oldvar"; var=${str=newvar}
[dmtsai@study ~]$ echo "var=${var}, str=${str}"
var=oldvar, str=oldvar  <==因为 str 存在,所以 var 等于 str 的内容。
```

那如果我只是想知道,如果旧变量不存在时,整个测试就告知我【有错误】,此时就能够使用问号【?】的帮忙,下面这个测试先练习一下。

```
测试: 若 str 不存在时,则 var 的测试结果直接显示 "无此变量"。
[dmtsai@study ~]$ unset str; var=${str?无此变量}
-bash: str: 无此变量    <==因为 str 不存在,所以输出错误信息。
测试: 若 str 存在时,则 var 的内容会与 str 相同。
```

```
[dmtsai@study ~]$ str="oldvar"; var=${str?novar}
[dmtsai@study ~]$ echo "var=${var}, str=${str}"
var=oldvar, str=oldvar  <==因为 str 存在，所以 var 等于 str 的内容。
```

基本上这种变量的测试也能够通过 shell 脚本内的 if...then... 来处理，不过既然 bash 有提供这么简单的方法来测试变量，那我们也可以多学一些嘛。不过这种变量测试通常是在程序设计当中比较容易出现，如果这里看不懂就先略过，未来有用到判断变量值时，再回来看看吧！

10.3 命令别名与历史命令

我们知道在早期的 DOS 年代，清除屏幕上的信息可以使用 cls，但是在 Linux 里面，我们则是使用 clear 来清除画面。那么可否让 cls 等于 clear？可以，用啥方法？链接文件还是什么的？别急。下面我们介绍不用链接文件的方式来完成命令别名的设置。那么什么又是历史命令？曾经做过的操作我们可以将它记录下来。那就是历史命令，下面分别来谈一谈这两条命令。

10.3.1 命令别名设置：alias、unalias

命令别名是一个很有趣的东西，特别是你的常用命令特别长的时候。还有，增设默认的选项在一些常用的命令上面，可以预防一些不小心误杀文件的情况发生的时候。举个例子来说，如果你要查询隐藏文件，并且需要长的列出与一页一页翻看，那么需要执行【ls -al | more】这个命令，鸟哥是觉得很烦，要输入好几个单词。那可不可以使用 lm 来简化？当然可以，你可以在命令行下面执行：

```
[dmtsai@study ~]$ alias lm='ls -al | more'
```

立刻多出了一个可以执行的命令。这个命令名称为 lm，且其实它是执行 ls -al | more 这串命令，真是方便。不过，要注意的是：【alias 的定义规则与变量定义规则几乎相同】，所以你只要在 alias 后面加上你的{【别名】='命令 选项...'}，以后你只要输入 lm 就相当于输入了 ls -al|more 这一串命令，很方便吧！

另外，命令别名的设置还可以替换既有的命令。举例来说，我们知道 root 可以删除（rm）任何数据。所以当你以 root 的身份在进行工作时，需要特别小心，但是总有失手的时候，那么 rm 提供了一个选项来让我们确认是否删除该文件，那就是 -i 这个选项。所以，你可以这样做：

```
[dmtsai@study ~]$ alias rm='rm -i'
```

那么以后使用 rm 的时候，就不用太担心会有错误删除的情况了，这也是命令别名的优点。那么如何知道目前有哪些的命令别名呢？就使用 alias 呀。

```
[dmtsai@study ~]$ alias
alias egrep='egrep --color=auto'
alias fgrep='fgrep --color=auto'
alias grep='grep --color=auto'
alias l.='ls -d .* --color=auto'
alias ll='ls -l --color=auto'
alias lm='ls -al | more'
alias ls='ls --color=auto'
alias rm='rm -i'
alias vi='vim'
alias which='alias | /usr/bin/which --tty-only --read-alias --show-dot --show-tilde'
```

由上面的列表当中，你也会发现一件事情，我们在第 9 章的 vim 程序编辑器里面提到 vi 与 vim 是不太一样的，vim 可以完成语法校验并显示颜色。一般用户会有 vi=vim 的命令别名，但是 root 则是单纯使用 vi 而已。如果你想要使用 vi 就直接以 vim 来打开文件的话，使用【alias vi='vim'】这个设置即可。至于如果要取消命令别名的话，那么就使用 unalias。例如要将刚刚的 lm 命令别名删除，就使用：

```
[dmtsai@study ~]$ unalias lm
```

那么命令别名与变量有什么不同？命令别名是新创一个新的命令，你可以直接执行该命令，至于变量则需要使用类似【echo】命令才能够调用出变量的内容，这两者当然不一样。很多初学者在这里老是搞不清楚，要注意。

例题

DOS 年代，列出目录与文件就是 dir，而清除屏幕就是 cls，那么如果我想要在 Linux 里面也使用相同的命令？

答：很简单，通过 clear 与 ls 来进行命令别名的创建：

```
alias cls='clear'
alias dir='ls -l'
```

10.3.2　历史命令：history

前面我们提过 bash 有提供命令历史的服务，那么如何查询我们曾经执行过的命令呢？就使用 history，当然，如果觉得 histsory 要输入的字符太多太麻烦，可以使用命令别名来设置，不要跟我说还不会设置呦。

```
[dmtsai@study ~]$ alias h='history'
```

如此则输入 h 等于输入 history，好了，我们来谈一谈 history 的用法吧！

```
[dmtsai@study ~]$ history [n]
[dmtsai@study ~]$ history [-c]
[dmtsai@study ~]$ history [-raw] histfiles
选项与参数:
n  : 数字,意思是【要列出最近的 n 条命令行表】的意思。
-c : 将目前的 shell 中的所有 history 内容全部清除。
-a : 将目前新增的 history 命令新增入 histfiles 中,若没有加 histfiles,则默认写入~/.bash_history。
-r : 将 histfiles 的内容读到目前这个 shell 的 history 记录中。
-w : 将目前的 history 记录内容写入 histfiles 中。
范例一: 列出目前内存内的所有 history 记录。
[dmtsai@study ~]$ history
# 前面省略
 1017  man bash
 1018  ll
 1019  history
 1020  history
# 列出的信息当中,共分两栏,第一栏为该命令在这个 shell 当中的历史,
# 另一个则是命令本身的内容。至于会显示几条命令记录,则与 HISTSIZE 有关。
范例二: 列出目前最近的 3 条数据。
[dmtsai@study ~]$ history 3
 1019  history
 1020  history
 1021  history 3
范例三: 立刻将目前的数据写入 histfile 当中。
[dmtsai@study ~]$ history -w
# 在默认的情况下,会将历史记录写入~/.bash_history 当中。
[dmtsai@study ~]$ echo ${HISTSIZE}
1000
```

在正常的情况下，历史命令的读取与记录是这样的：

- 当我们以 bash 登录 Linux 主机之后，系统会主动地由家目录的 ~/.bash_history 读取以前曾经执行过的命令，那么 ~/.bash_history 会记录几条数据？这就与你 bash 的 HISTFILESIZE 这个变量设置值有关了。

- 假设我这次登录主机后，共执行过 100 次命令，等我注销时，系统就会将 101~1100 这总共 1000 条历史命令更新到~/.bash_history 当中。也就是说，历史命令在我注销时，会将最近的 HISTFILESIZE 条记录到我的记录文件当中。
- 当然，也可以用 history –w 强制立刻写入。那为何用【更新】两个字？因为 ~/.bash_history 记录的条数永远都是 HISTFILESIZE 那么多，旧的信息会被主动的删除，仅保留最新的。

那么 history 这个历史命令只可以让我查询命令而已吗？呵呵，当然不止，我们可以利用相关的功能来帮我们执行命令，举例来说：

```
[dmtsai@study ~]$ !number
[dmtsai@study ~]$ !command
[dmtsai@study ~]$ !!
选项与参数：
number  : 执行第几条命令的意思。
command : 由最近的命令向前查找【命令串开头为 command】的那个命令，并执行。
!!      : 就是执行上一个命令（相当于按向上键后，按回车）。
[dmtsai@study ~]$ history
  66  man rm
  67  alias
  68  man history
  69  history
[dmtsai@study ~]$ !66   <==执行第 66 条命令。
[dmtsai@study ~]$ !!    <==执行上一个命令，本例中亦即!66。
[dmtsai@study ~]$ !al   <==执行最近以 al 为开头的命令（上面列出的第 67 个）。
```

经过上面的介绍，有了解了吗？历史命令用法可多了。如果我想要执行上一个命令，除了使用上下键之外，我可以直接以【!!】来执行上个命令的内容，此外，我也可以直接选择执行第 n 个命令，【!n】来执行，也可以使用命令标头，例如【!vi】来执行最近命令开头是 vi 的命令行，相当的方便而好用。

基本上 history 的用途很大，但是需要小心安全的问题，尤其是 root 的历史记录文件，这是骇客（Cracker）的最爱。因为如果不小心会将 root 下执行的很多重要命令记录在~/.bash_history 当中，如果这个文件被解析的话，后果不堪。无论如何，使用 history 配合【!】曾经使用过的命令执行是很有效率的一个命令执行方法。

◆ 同一账号同时多次登录的 history 写入问题

有些朋友在练习 Linux 的时候喜欢同时开好几个 bash 界面，这些 bash 的身份都是 root，这样会有~/.bash_history 的写入问题吗？想一想，因为这些 bash 同时以 root 的身份登录，因此所有的 bash 都有自己的 1000 条记录在内存中。因为等到注销时才会更新记录文件，所以，最后注销的那个 bash 才会是最后写入的数据，唔，如此一来其他 bash 的命令操作就不会被记录下来了（其实有被记录，只是被后来的最后一个 bash 所覆盖更新了）。

由于多重登录有这样的问题，所以很多朋友都习惯单一 bash 登录，再用任务管理（job control，第 4 篇会介绍）来切换不同任务。这样才能够将所有曾经执行过的命令记录下来，也才方便未来系统管理员进行命令的 debug。

◆ 无法记录时间

历史命令还有一个问题，那就是无法记录命令执行的时间。由于这 1000 条历史命令是依序记录的，但是并没有记录时间，所以在查询方面会有一些不方便。如果读者们有兴趣，其实可以通过~/.bash_logout 来进行 history 的记录，并加上 date 来增加时间参数，也是一个可以应用的方向。有兴趣的朋友可以先看看情境模拟题一吧！

鸟哥经常需要设计在线题目给学生考试用，所以需要登录系统去设计环境，设计完毕后再将该硬盘分派给学生来考试使用。只是，经常很担心同学不小心输入 history 就会得知鸟哥要考试的重点文件与命令，因此就得要使用 history -c; history -w 来强制更新记录文件。

10.4 **Bash shell** 的操作环境

是否记得我们登录主机的时候，屏幕上面会有一些说明文字，告知我们的 Linux 版本什么的，还有，登录的时候我们还可以给予用户一些信息或欢迎文字。此外，我们习惯的环境变量、命令别名等，是否可以登录就主动地帮我设置好？这些都是需要注意的。另外，这些设置值又可以分为系统全局设置值与各人喜好设置值，仅是一些文件放置的地点不同，这我们后面也会来谈一谈。

10.4.1 路径与命令查找顺序

我们在第 5 章与第 6 章都曾谈过相对路径与绝对路径的关系，在本章的前几小节也谈到了 alias 与 bash 的内置命令。现在我们知道系统里面其实有不少的 ls 命令，或是包括内置的 echo 命令，那么来想一想，如果一个命令（例如 ls）被执行时，到底是哪一个 ls 被拿来运行呢？很有趣吧！基本上，命令运行的顺序可以这样看：

1. 以相对/绝对路径执行命令，例如【/bin/ls】或【./ls】；
2. 由 alias 找到该命令来执行；
3. 由 bash 内置的（builtin）命令来执行；
4. 通过$PATH 这个变量的顺序查找到的第一个命令来执行。

举例来说，你可以执行 /bin/ls 及单纯的 ls 看看，会发现使用 ls 有颜色但是 /bin/ls 则没有颜色。因为/bin/ls 是直接使用该命令来执行，而 ls 会因为【alias ls='ls --color=auto'】这个命令别名而先使用。如果想要了解命令查找的顺序，其实通过 type −a ls 也可以查询的到。上述的顺序最好先了解。

> **例题**
>
> 设置 echo 的命令别名成为 echo −n，然后再观察 echo 执行的顺序
> 答：
>
> ```
> [dmtsai@study ~]$ alias echo='echo -n'
> [dmtsai@study ~]$ type -a echo
> echo is aliased to 'echo -n'
> echo is a shell builtin
> echo is /usr/bin/echo
> ```
>
> 看，很清楚吧！先 alias 再 builtin 再由 $PATH 找到 /bin/echo。

10.4.2 bash 的登录与欢迎信息：/etc/issue、/etc/motd

bash 也有登录画面与欢迎信息？真假？真的。还记得在终端界面（tty1～tty6）登录的时候，会有几行提示的字符串吗？那就是登录画面。那个字符串写在哪里呢？呵呵，在/etc/issue 里面，先来看看：

```
[dmtsai@study ~]$ cat /etc/issue
\S
Kernel \r on an \m
```

鸟哥是以完全未更新过的 CentOS 7.1 作为范例，里面默认有三行，有趣的地方在于\r 与\m，就如同$PS1这变量一样,issue 这个文件的内容也是可以使用反斜杠作为变量使用,你可以man issue 配合 man agetty 得到下面的结果：

---

issue 内的各代码意义

\d 本地端时间的日期；

\l 显示第几个终端界面；

\m 显示硬件的等级（i386/i486/i586/i686...）；

\n 显示主机的网络名称；

\O 显示 domain name；

\r 操作系统的版本（相当于 uname -r）

\t 显示本地端时间的时间；

\S 操作系统的名称；

\v 操作系统的版本。

做一下下面这个练习，看看能不能取得你要的登录画面？

例题

如果你在 tty3 的登录画面看到如下显示，该如何设置才能得到如下画面？

```
CentOS Linux 7 (Core) (terminal: tty3)
Date: 2015-07-08 17:29:19
Kernel 3.10.0-229.el7.x86-64 on an x86-64
Welcome!
```

注意，tty3 在不同的 tty 有不同显示，日期则是再按下[Enter]后就会所有不同。

答：很简单，用 root 的身份，并参考上述的反斜杠功能去修改 /etc/issue 成为如下模样即可（共五行）：

```
\S (terminal: \l)
Date: \d \t
Kernel \r on an \m
Welcome!
```

曾有鸟哥的学生在这个/etc/issue 内修改数据，光是利用简单的英文字母做出属于它自己的登录画面，画面里面有它的中文名字，非常厉害，也有学生做成类似很大一个【囧】在登录画面，都非常有趣。

你要注意的是，除了/etc/issue 之外还有个/etc/issue.net，这是啥？这个是提供给 telnet 这个远程登录程序用的。当我们使用 telnet 连接到主机时，主机的登录画面就会显示/etc/issue.net 而不是/etc/issue。

至于如果您想要让用户登录后取得一些信息，例如您想要让大家都知道的信息，那么可以将信息加入 /etc/motd 里面。例如：当登录后，告诉登录者，系统将会在某个固定时间进行维护工作，可以这样做（一定要用 root 的身份才能修改）：

```
[root@study ~]# vim /etc/motd
Hello everyone,
Our server will be maintained at 2015/07/10 0:00 ~ 24:00.
Please don't login server at that time.
```

那么当你的用户（包括所有的一般账号与 root）登录主机后，就会显示这样的信息出来：

```
Last login: Wed Jul  8 23:22:25 2015 from 127.0.0.1
Hello everyone,
Our server will be maintained at 2015/07/10 0:00 ~ 24:00.
Please don't login server at that time.
```

10.4.3　bash 的环境配置文件

你是否会觉得奇怪，怎么我们什么操作都没有进行，但是一进入 bash 就取得一堆有用的变量了呢？这是因为系统有一些环境配置文件的存在，让 bash 在启动时直接读取这些配置文件，以规划好 bash 的操作环境。而这些配置文件又可以分为全局系统配置文件以及用户个人偏好配置文件。要注意的是，我们前几个小节谈到的命令别名、自定义的变量，在你注销 bash 后就会失效，所以你想要保留你的设置，就得要将这些设置写入配置文件才行。下面就让我们来聊聊吧！

◆　login 与 non-login shell

　　在开始介绍 bash 的配置文件前，我们一定要先知道的就是 login shell 与 non-login shell，重点在于有没有登录（login）。

- login shell：取得 bash 时需要完整的登录流程，就称为 login shell。举例来说，你要由 tty1 ~ tty6 登录，需要输入用户的账号与密码，此时取得的 bash 就称为【login shell】。
- non-login shell：取得 bash 的方法不需要重复登录的操作，举例来说，（1）你以 X Window 登录 Linux 后，再以 X 的图形化接口启动终端，此时这个终端接口并没有需要再次的输入账号与密码，该 bash 的环境就称为 non-login shell。（2）你在原本的 bash 环境下再次执行 bash 这个命令，同样的也没有输入账号密码，那第二个 bash（子进程）也是 non-login shell。

为什么要介绍 login，non-login shell？这是因为这两个取得 bash 的情况中，读取的配置文件并不一样所致。由于我们需要登录系统，所以先谈谈 login shell 会读取哪些配置文件？一般来说，login shell 其实只会读取这两个配置文件：

1.　/etc/profile：这是系统整体的设置，你最好不要修改这个文件；

2.　~/.bash_profile 或 ~/.bash_login 或~/.profile：属于用户个人设置，你要添加自己的数据，就写入这里；

　　那么，就让我们来聊一聊这两个文件吧！这两个文件的内容可是非常繁复的。

◆　/etc/profile（login shell 才会读）

　　你可以使用 vim 去阅读一下这个文件的内容。这个配置文件可以利用用户标识符（UID）来决定很多重要的变量数据，这也是每个用户登录取得 bash 时一定会读取的配置文件。所以如果你想要帮所有用户设置整体环境，那就是改这里。不过，没事还是不要随便改这个文件，该文件设置的变量主要有：

- PATH：会根据 UID 决定 PATH 变量要不要含有 sbin 的系统命令目录；
- MAIL：根据账号设置好用户的 mailbox 到 /var/spool/mail/账号名；
- USER：根据用户的账号设置此变量内容；
- HOSTNAME：根据主机的 hostname 命令决定此变量内容；
- HISTSIZE：历史命令记录条数，CentOS 7.x 设置为 1000；
- umask：包括 root 默认为 022 而一般用户为 002 等；

/etc/profile 可不止会做这些事而已，它还会去调用外部的配置文件，在 CentOS 7.x 默认的情况下，下面这些文件会依序被调用：

- /etc/profile.d/*.sh

其实这是个目录内的众多文件。只要在 /etc/profile.d/ 这个目录内且扩展名为 .sh，另外，用户能够具有 r 的权限，那么该文件就会被 /etc/profile 调用。在 CentOS 7.x 中，这个目录下面的文件规范了 bash 操作界面的颜色、语系、ll 与 ls 命令的命令别名、vi 的命令别名、which 的命令别名等。如果你需要帮所有用户设置一些共享的命令别名时，可以在这个目录下面自行建立扩展名为 .sh 的文件，并将所需要的数据写入即可。

- /etc/locale.conf

这个文件是由 /etc/profile.d/lang.sh 调用的，这也是我们决定 bash 默认使用何种语系的重要配置文件。文件里最重要的就是 LANG/LC_ALL 这些个变量的设置，我们在前面的 locale 讨论过这个文件，自行回去看看先。

- /usr/share/bash-completion/completions/*

记得我们上面谈过[tab]的妙用吧？除了命令补齐、文件名补齐之外，还可以进行命令的选项/参数补齐功能。那就是从这个目录里面找到相对应的命令来处理，其实这个目录下面的内容是由 /etc/profile.d/bash_completion.sh 这个文件加载的。

反正你只要记得，bash 的 login shell 情况下所读取的整体环境配置文件其实只有 /etc/profile，但是 /etc/profile 还会调用出其他的配置文件，所以让我们的 bash 操作界面变的非常的友善。接下来，让我们来看看，那么个人偏好的配置文件又是怎么回事？

◆ ~/.bash_profile（login shell 才会读）

bash 在读完了整体环境设置的 /etc/profile 并借此调用其他配置文件后，接下来则是会读取用户的个人配置文件。在 login shell 的 bash 环境中，所读取的个人偏好配置文件其实主要有三个，依序分别是：

- ~/.bash_profile
- ~/.bash_login
- ~/.profile

其实 bash 的 login shell 设置只会读取上面三个文件的其中一个，而读取的顺序则是依照上面的顺序。也就是说，如果 ~/.bash_profile 存在，那么其他两个文件不论有无存在，都不会被读取。如果 ~/.bash_profile 不存在才会去读取 ~/.bash_login，而前两者都不存在才会读取 ~/.profile 的意思。会有这么多的文件，其实是因应其他 shell 转换过来的用户的习惯而已。先让我们来看一下 dmtsai 的 /home/dmtsai/.bash_profile 的内容是怎样的？

```
[dmtsai@study ~]$ cat ~/.bash_profile
# .bash_profile
# Get the aliases and functions
if [ -f ~/.bashrc ]; then        <==下面这三行在判断并读取~/.bashrc。
      . ~/.bashrc
fi
# User specific environment and startup programs
PATH=$PATH:$HOME/.local/bin:$HOME/bin        <==下面这几行在处理个人设置。
export PATH
```

这个文件内有设置 PATH 这个变量，而且还使用了 export 将 PATH 变成环境变量。由于 PATH 在 /etc/profile 当中已经设置过，所以在这里就以累加的方式增加用户家目录下的 ~/bin/ 为额外的执行文件放置目录。这也就是说，你可以将自己建立的执行文件放置到你自己家目录下的 ~/bin/ 目录，那就可以直接执行该文件而不需要使用绝对或相对路径来执行该文件。

这个文件的内容比较有趣的地方在于 if ... then ... 那一段。那一段程序代码我们会在第 12 章 shell 脚本谈到，假设你现在看不懂。该段的内容指的是判断家目录下的 ~/.bashrc 存在否，若存在则读入 ~/.bashrc 的设置。bash 配置文件的读入方式比较有趣，主要是通过一个命令【source】来读取，也就是说 ~/.bash_profile 其实会再调用 ~/.bashrc 的设置内容。最后，我们来看看整个 login shell 的读取流程：

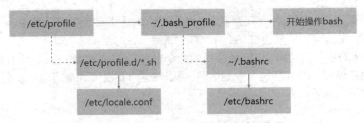

图 10.4.1　login shell 的配置文件读取流程

实线的方向是主线流程，虚线的方向则是被调用的配置文件。从上面我们也可以清楚地知道，在 CentOS 的 login shell 环境下，最终被读取的配置文件是【~/.bashrc】这个文件，所以，你当然可以将自己的偏好设置写入该文件即可，下面我们还要讨论一下 source 与 ~/.bashrc。

◆ source ：读入环境配置文件的命令

```
[dmtsai@study ~]$ source 配置文件文件名
范例：将家目录的~/.bashrc 的设置读入目前的 bash 环境中。
[dmtsai@study ~]$ source ~/.bashrc  <==下面这两个命令是一样的。
[dmtsai@study ~]$  .  ~/.bashrc
```

　　由于/etc/profile 与~/.bash_profile 都是在取得 login shell 的时候才会读取的配置文件，所以，如果你将自己的偏好设置写入上述的文件后，通常都是得注销再登录后，该设置才会生效。那么，能不能直接读取配置文件而不注销登录呢？可以，那就得要利用 source 这个命令了。

　　利用 source 或小数点（ . ）都可以将配置文件的内容读进来目前的 shell 环境中。举例来说，我修改了~/.bashrc，那么不需要注销，立即以 source ~/.bashrc 就可以将刚刚最新设置的内容读入目前的环境中，很不错吧！还有，包括~/bash_profile 以及/etc/profile 的设置中，很多时候也都是利用到这个 source（或小数点）的功能。

　　有没有可能会使用到不同环境配置文件？有，经常出现在一个人有多个工作环境的时候了。举个例子来说，在鸟哥的大型主机中，常常需要负责两到三个不同的案例，每个案例所需要处理的环境变量制定并不相同，那么鸟哥就将这两三个案例分别编写属于该案例的环境变量配置文件，当需要该环境时，就直接【 source 变量文件 】，如此一来，环境变量的设置就变的更简便而灵活了。

◆ ~/.bashrc（ non-login shell 会读 ）

　　谈完了 login shell 后，那么 non-login shell 这种非登录情况取得 bash 操作界面的环境配置文件又是什么？当你取得 non-login shell 时，该 bash 配置文件仅会读取~/.bashrc 而已，那么默认的 ~/.bashrc 内容是如何？

```
[root@study ~]# cat ~/.bashrc
# .bashrc
# User specific aliases and functions
alias rm='rm -i'              <==使用者的个人设置。
alias cp='cp -i'
alias mv='mv -i'
# Source global definitions
if [ -f /etc/bashrc ]; then   <==整体的环境设置。
        . /etc/bashrc
fi
```

　　特别注意一下，由于 root 的身份与一般用户不同，鸟哥是以 root 的身份取得上述的数据，如果是一般用户的 ~/.bashrc 会有些许不同。看一下，你会发现在 root 的 ~/.bashrc 中其实已经规范了较为安全的命令别名。此外，咱们的 CentOS 7.x 还会主动地调用 /etc/bashrc 这个文件。为什么需要调用 /etc/bashrc 呢？因为 /etc/bashrc 帮我们的 bash 定义出下面的内容：

● 根据不同的 UID 设置 umask 的值；
● 根据不同的 UID 设置提示字符（就是 PS1 变量）；
● 调用 /etc/profile.d/*.sh 的设置；

　　你要注意的是，这个/etc/bashrc 是 CentOS 特有的（ 其实是 Red Hat 系统特有的 ），其他不同的 Linux 发行版可能会使用不同的文件名。由于这个~/.bashrc 会调用 /etc/bashrc 及 /etc/profile.d/*.sh，所以，万一你没有~/.bashrc（ 可能自己不小心将它删除了 ），那么你会发现你的 bash 提示字符可能会变成这个样子：

```
-bash-4.2$
```

　　不要太担心，这是正常的，因为你并没有调用 /etc/bashrc 来规范 PS1 变量，而且这样的情况也不会影响你的 bash 使用。如果你想要显示命令提示字符，那么可以复制 /etc/skel/.bashrc 到你的根目录，再自定义一下你所想要的内容，并使用 source 去调用~/.bashrc，那你的命令提示字符就会回来。

◆ 其他相关配置文件

　　事实上还有一些配置文件可能会影响到你的 bash 操作的，下面就来谈一谈：

- /etc/man_db.conf

这个文件乍看之下好像跟 bash 没相关性，但是对于系统管理员来说，却也是很重要的一个文件。这文件的内容规范了使用 man 的时候，man page 的路径到哪里去寻找所以说的简单一点，这个文件规定了执行 man 的时候，该去哪里查看数据的路径设置。

那么什么时候要来修改这个文件？如果你是以 tarball 的方式来安装你的软件，那么你的 man page 可能会放置在 /usr/local/softpackage/man 里面，这个 softpackage 是你的软件名称，这个时候你就得以手动的方式将该路径加到/etc/man_db.conf 里面，否则使用 man 的时候就会找不到相关的说明文件。

- ~/.bash_history

还记得我们在历史命令提到过这个文件吧？默认的情况下，我们的历史命令就记录在这里。而这个文件能够记录几条数据，则与 HISTFILESIZE 这个变量有关。每次登录 bash 后，bash 会先读取这个文件，将所有的历史命令读入内存，因此，当我们登录 bash 后就可以查知上次使用过哪些命令。至于更多的历史命令，请自行回去参考。

- ~/.bash_logout

这个文件则记录了【当我注销 bash 后，系统再帮我做完什么操作后才离开】的意思。你可以去读取一下这个文件的内容，默认的情况下，注销时，bash 只是帮我们清掉屏幕的信息而已。不过，你也可以将一些备份或是其他你认为重要的任务写在这个文件中（例如清空缓存），那么当你离开 Linux 的时候，就可以解决一些烦人的事情。

10.4.4　终端的环境设置：stty、set

我们在第 4 章首次登录 Linux 时就提过，可以在 tty1～tty6 这六个命令行模式的终端（Terminal）环境中登录，登录的时候我们可以取得一些字符设置的功能。举例来说，我们可以利用退格键（Backspace，就是那个←符号的按键）来删除命令行上的字符，也可以使用 [ctrl]+c 来强制终止一个命令的运行，当输入错误时，就会有声音警告。这是怎么办到的呢？很简单，因为登录终端的时候，会自动获取一些终端的输入环境的设置。

事实上，目前我们使用的 Linux 发行版都帮我们设置好了最棒的用户环境，所以大家可以不用担心操作环境的问题。不过，在某些 UNIX-like 的机器中，还是可能需要动一些手才能够让我们的输入比较快乐。举例来说，利用 [Backspace] 删除，要比利用 [Del] 按键来的顺手。但是某些 UNIX 偏偏是以 [del] 来进行字符的删除，所以，这个时候就可以动动手。

那么如何查看目前的一些按键内容？可以利用 stty（setting tty 终端的意思），stty 也可以帮助设置终端的输入按键代表的意义。

```
[dmtsai@study ~]$ stty [-a]
选项与参数：
-a ：将目前所有的 stty 参数列出来；
范例一：列出所有的按键与按键内容。
[dmtsai@study ~]$ stty -a
speed 38400 baud; rows 20; columns 90; line = 0;
intr = ^C; quit = ^\; erase = ^?; kill = ^U; eof = ^D; eol = <undef>; eol2 = <undef>;
swtch = <undef>; start = ^Q; stop = ^S; susp = ^Z; rprnt = ^R; werase = ^W; lnext = ^V;
flush = ^O; min = 1; time = 0;
……（以下省略）……
```

我们可以利用 stty -a 来列出目前环境中所有的按键列表，在上面的列表当中，需要注意的是特殊字体那几个，此外，如果出现 ^ 表示 [Ctrl] 那个按键的意思。举例来说，intr = ^C 表示利用 [ctrl]+c 来完成的，几个重要关键词的意义是：

- intr：发送一个 interrupt（中断）的信号给目前正在 run 的程序（就是终止）；
- quit：发送一个 quit 的信号给目前正在 run 的程序；

- erase：向后删除字符；
- kill：删除在目前命令行上的所有文字；
- eof：End of file 的意思，代表【结束输入】；
- start：在某个程序停止后，重新启动它的 output；
- stop：停止目前屏幕的输出；
- susp：送出一个 terminal stop 的信号给正在运行的程序。

记不记得我们在第 4 章讲过几个 Linux 快捷键？没错，就是这个 stty 设置值内的 intr（[ctrl]+c）/ eof（[ctrl]+d），至于删除字符，就是 erase 这个设置值。如果你想要用 [ctrl]+h 来进行字符的删除，那么可以执行：

```
[dmtsai@study ~]$ stty erase ^h  # 这个设置看看就好，不必真的实践，不然还要改回来。
```

那么从此之后，你的删除字符就得要使用 [ctrl]+h，按下 [Backspace] 则会出现 ^? 字样。如果想要回复利用 [Backspace]，就执行 stty erase ^?即可。至于更多的 stty 说明，记得参考一下 man stty 的内容。

例题

问：

因为鸟哥的工作经常在 Windows 与 Linux 之间切换，在 Windows 下面，很多软件默认的存储快捷键是 [crtl]+s，所以鸟哥习惯按这个组合键来处理。不过，在 Linux 下面使用 vim 时，却也经常不小心就按下[crtl]+s，问题来了，按下这个组合键之后，整个 vim 就不能动了（整个界面死锁），请问鸟哥该如何处理？

答：

参考一下 stty -a 的输出中，有个 stop 的选项就是按下 [crtl]+s 的，那么恢复成 start 就是 [crtl]+q，因此，尝试按下 [crtl]+q 应该就可以让整个界面重新恢复正常咯。

除了 stty 之外，其实我们的 bash 还有自己的一些终端设置值，那就是利用 set 来设置的。我们之前提到一些变量时，可以利用 set 来显示，除此之外，其实 set 还可以帮我们设置整个命令输出/输入的环境。例如记录历史命令、显示错误内容等。

```
[dmtsai@study ~]$ set [-uvCHhmBx]
选项与参数：
-u ：默认不启用，若启用后，当使用未设置变量时，会显示错误信息；
-v ：默认不启用，若启用后，在信息被输出前，会先显示信息的原始内容；
-x ：默认不启用，若启用后，在命令被执行前，会显示命令内容（前面有++符号）；
-h ：默认启用，与历史命令有关；
-H ：默认启用，与历史命令有关；
-m ：默认启用，与任务管理有关；
-B ：默认启用，与中括号[]的作用有关；
-C ：默认不启用，若使用>等，则若文件存在时，该文件不会被覆盖。
范例一：显示目前所有的 set 设置值
[dmtsai@study ~]$ echo $-
himBH
# 那个$-变量内容就是 set 的所有设置，bash 默认是 himBH。
范例二：设置"若使用未定义变量时，则显示错误信息"。
[dmtsai@study ~]$ set -u
[dmtsai@study ~]$ echo $vbirding
-bash: vbirding: unbound variable
# 默认情况下，未设置/未声明的变量都会是【空的】，不过，若设置-u 参数，
# 那么当使用未设置的变量时，就会有问题。很多的 shell 都默认启用-u 参数。
# 若要取消这个参数，输入 set +u 即可。
范例三：执行前，显示该命令内容。
[dmtsai@study ~]$ set -x
++ printf '\033]0;%s@%s:%s\007' dmtsai study '~'    # 这个是在列出提示字符的控制码。
```

343

```
[dmtsai@study ~]$ echo ${HOME}
+ echo /home/dmtsai
/home/dmtsai
++ printf '\033]0;%s@%s:%s\007' dmtsai study '~'
# 看见了么？要输出的命令都会先被打印到屏幕上，前面会多出+的符号。
```

另外，其实我们还有其他的按键设置功能，就是在前一小节提到的 /etc/inputrc 这个文件里面设置。还有例如 /etc/DIR_COLORS* 与 /usr/share/terminfo/* 等，也都是与终端有关的环境配置文件。不过，事实上，鸟哥并不建议您修改 tty 的环境，这是因为 bash 的环境已经设置的很好用了，我们不需要额外的设置或修改，否则反而会产生一些困扰。不过，这里的配置信息只是希望大家能够清楚地知道我们的终端是如何进行设置的。最后，我们将 bash 默认的组合键汇整如下：

组 合 按 键	执 行 结 果
Ctrl + C	终止目前的命令
Ctrl + D	输入结束（EOF），例如邮件结束的时候
Ctrl + M	就是回车
Ctrl + S	暂停屏幕的输出
Ctrl + Q	恢复屏幕的输出
Ctrl + U	在提示字符下，将整列命令删除
Ctrl + Z	暂停目前的命令

10.4.5 通配符与特殊符号

在 bash 的操作环境中还有一个非常有用的功能，那就是通配符（wildcard）。我们利用 bash 处理数据就更方便了，下面我们列出一些常用的通配符：

符 号	意 义
*	代表【0 个到无穷多个】任意字符
?	代表【一定有一个】任意字符
[]	同样代表【一定有一个在括号内】的字符（非任意字符）。例如 [abcd] 代表【一定有一个字符，可能是 a、b、c、d 这四个任何一个】
[-]	若有减号在中括号内时，代表【在编码顺序内的所有字符】。例如[0-9] 代表 0 和 9 之间的所有数字，因为数字的语系编码是连续的
[^]	若中括号内的第一个字符为指数符号（^），那表示【反向选择】，例如 [^abc] 代表 一定有一个字符，只要是非 a、b、c 的其他字符就接受的意思

接下来让我们利用通配符来玩些东西吧！首先，利用通配符配合 ls 找文件名看看：

```
[dmtsai@study ~]$ LANG=C                <==由于与编码有关，先设置语系一下。
范例一：找出/etc/下面以 cron 为开头的文件名。
[dmtsai@study ~]$ ll -d /etc/cron*      <==加上-d 是为了仅显示目录而已。
范例二：找出/etc/下面文件名【刚好是五个字母】的文件名。
[dmtsai@study ~]$ ll -d /etc/?????      <==由于?一定有一个，所以五个?就对了。
范例三：找出/etc/下面文件名含有数字的文件名。
[dmtsai@study ~]$ ll -d /etc/*[0-9]*    <==记得中括号左右两边均需*。
范例四：找出/etc/下面，文件名开头非为小写字母的文件名。
[dmtsai@study ~]$ ll -d /etc/[^a-z]*    <==注意中括号左边没有*。
范例五：将范例四找到的文件复制到/tmp/upper 中。
[dmtsai@study ~]$ mkdir /tmp/upper; cp -a /etc/[^a-z]* /tmp/upper
```

除了通配符之外，bash 环境中的特殊符号有哪些？下面我们先集合一下：

符　号	内　容
#	注释符号：这个最常被使用在脚本当中，视为说明，在后的数据均不执行
\	转义符：将【特殊字符或通配符】还原成一般字符
|	管道（pipe）：分隔两个管道命令的符号（后两节介绍）
;	连续命令执行分隔符：连续性命令的界定（注意，与管道命令并不相同）
~	用户的家目录
$	使用变量前导符：亦即是变量之前需要加的变量替换值
&	任务管理（job control）：将命令变成后台任务
!	逻辑运算意义上的【非】not 的意思
/	目录符号：路径分隔的符号
>、>>	数据流重定向：输出定向，分别是【替换】与【累加】
<、<<	数据流重定向：输入定向（这两个留待下节介绍）
' '	单引号，不具有变量替换的功能（$ 变为纯文本）
" "	具有变量替换的功能，（$ 可保留相关功能）
` `	两个【`】中间为可以先执行的命令，亦可使用 $( )
( )	在中间为子 shell 的起始与结束
{ }	在中间为命令区块的组合

以上为 bash 环境中常见的特殊符号集合，理论上，你的【文件名】尽量不要使用到上述的字符。

10.5　数据流重定向

数据流重定向（redirect）由字面上的意思来看，好像就是将【数据给它定向到其他地方去】的样子？没错，数据流重定向就是将某个命令执行后应该要出现在屏幕上的数据，给它传输到其他的地方，例如文件或是设备（例如打印机之类的）。这玩意儿在 Linux 的命令行模式下面很重要，尤其是如果我们想要将某些数据存储下来时，就更有用了。

10.5.1　什么是数据流重定向

什么是数据流重定向？这得要由命令的执行结果谈起。一般来说，如果你要执行一个命令，通常它会是这样的：

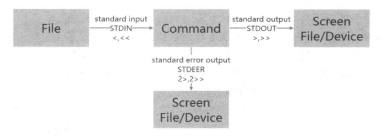

图 10.5.1　命令执行过程的数据传输情况

我们执行一个命令的时候，这个命令可能会由文件读入数据，经过处理之后，再将数据输出到屏幕上。在上图当中，standard output 与 standard error output 分别代表【标准输出（STDOUT）】与【标准错误输出（STDERR）】，这两个玩意儿默认都是输出到屏幕上面来的，那么什么是标准输出与标准错误输出？

◆ standard output 与 standard error output

简单地说，标准输出指的是命令执行所返回的正确信息，而标准错误输出可理解为命令执行失败后，所返回的错误信息。举个简单例子来说，我们的系统默认有 /etc/crontab 但却无 /etc/vbirdsay，此时若执行【cat /etc/crontab /etc/vbirdsay】这个命令时，cat 会进行：

- 标准输出：读取 /etc/crontab 后，将该文件内容显示到屏幕上；
- 标准错误输出：因为无法找到 /etc/vbirdsay，因此在屏幕上显示错误信息；

不管正确或错误的数据都是默认输出到屏幕上，所以屏幕当然是乱的。那能不能通过某些机制将这两股数据分开？当然可以，那就是数据流重定向的功能，数据流重定向可以将 standard output（简称 stdout）与 standard error output（简称 stderr）分别传送到其他的文件或设备，而分别传送所用的特殊字符则如下所示：

- **标准输入**（stdin）：代码为 0，使用 < 或 <<；
- **标准输出**（stdout）：代码为 1，使用 > 或 >>；
- **标准错误输出**（stderr）：代码为 2，使用 2> 或 2>>；

为了理解 stdout 与 stderr，我们先来进行一个范例的练习：

```
范例一：观察你的系统根目录（/）下各目录的文件名、权限与属性，并记录下来。
[dmtsai@study ~]$ ll /    <==此时屏幕会显示出文件名信息。
[dmtsai@study ~]$ ll / > ~/rootfile <==屏幕并无任何信息。
[dmtsai@study ~]$ ll  ~/rootfile <==有个新文件被建立了。
-rw-rw-r--. 1 dmtsai dmtsai 1078 Jul  9 18:51 /home/dmtsai/rootfile
```

怪了，屏幕怎么会完全没有数据？这是因为原本【ll /】所显示的数据已经被重定向到 ~/rootfile 文件中了，这个~/rootfile 的文件名可以随便你取。如果你执行【cat ~/rootfile】那就可以看到原本应该在屏幕上面的数据。如果我再次执行：【ll /home > ~/rootfile】后，这个~/rootfile 文件的内容变成什么呢？它将变成【仅有 ll /home 的数据】而已。咦？原本的【ll /】数据就不见了吗？是的，因为该文件的建立方式是：

- 该文件（本例中是 ~/rootfile）若不存在，系统会自动地将它建立起来。
- 当这个文件存在的时候，那么系统就会先将这个文件内容清空，然后再将数据写入。
- 也就是若以>输出到一个已存在的文件中，这个文件就会被覆盖掉。

那如果我想要将数据累加而不想要将旧的数据删除，那该如何是好？利用两个大于的符号（>>）就好。以上面的范例来说，你应该要改成【ll / >> ~/rootfile】即可。如此一来，当（1）~/rootfile 不存在时系统会主动建立这个文件；（2）若该文件已存在，则数据会在该文件的最下方累加进去。

上面谈到的是标准输出的正确数据，那如果是标准错误的错误数据？那就通过 2> 及 2>>，同样是覆盖（2>）与累加（2>>）的特性。我们在刚刚才谈到 stdout 代码是 1 而 stderr 代码是 2，所以这个 2> 是很容易理解的，而如果仅存在 > 时，则代表默认的代码 1，也就是说：

- 1> ：以覆盖的方法将【正确的数据】输出到指定的文件或设备上；
- 1>>：以累加的方法将【正确的数据】输出到指定的文件或设备上；
- 2> ：以覆盖的方法将【错误的数据】输出到指定的文件或设备上；
- 2>>：以累加的方法将【错误的数据】输出到指定的文件或设备上；

要注意，【1>>】以及【2>>】中间是没有空格的，OK，有些概念之后让我们继续聊一聊这家伙怎么应用吧！当你以一般身份执行 find 这个命令的时候，由于权限的问题可能会产生一些错误信息，例如执行【find / -name testing】时，可能会产生类似【find: /root: Permission denied】之类的信息，例如下面这个范例：

```
范例二：利用一般身份账号查找/home 下面是否有名为.bashrc 的文件存在。
[dmtsai@study ~]$ find /home -name .bashrc <==身份是 dmtsai。
```

```
find: '/home/arod': Permission denied      <== Standard error output
find: '/home/alex': Permission denied      <== Standard error output
/home/dmtsai/.bashrc                        <== Standard output
```

由于 /home 下面还有我们之前建立的账号存在，这些账号的根目录你当然不能进入，所以就会有错误及正确数据，好了，那么假如我想要将数据输出到 list 这个文件中？执行【find /home -name .bashrc > list】会有什么结果？呵呵，你会发现 list 里面存了刚刚那个【正确】的输出数据，至于屏幕上还是会有错误的信息出现，伤脑筋。如果想要将正确的与错误的数据分别存入不同的文件中需要怎么做？

范例三：承范例二，将 stdout 与 stderr 分别存到不同的文件中。
```
[dmtsai@study ~]$ find /home -name .bashrc > list_right 2> list_error
```

注意，此时屏幕上不会出现任何信息。因为刚刚执行的结果中，有 Permission 的那几行错误信息都会跑到 list_error 这个文件中，至于正确的输出数据则会存到 list_right 这个文件中。这样可以了解了吗？如果有点混乱的话，去休息一下再回来看看吧！

◆ /dev/null 垃圾桶黑洞设备与特殊写法

想象一下，如果我知道错误信息会发生，所以要将错误信息忽略掉而不显示或存储？这个时候黑洞设备/dev/null 就很重要了，这个 /dev/null 可以吃掉任何导向这个设备的信息。将上述的范例自定义一下：

范例四：承范例三，将错误的数据丢弃，屏幕上显示正确的数据。
```
[dmtsai@study ~]$ find /home -name .bashrc 2> /dev/null
/home/dmtsai/.bashrc    <==只有 stdout 会显示到屏幕上，stderr 被丢弃了。
```

再想象一下，如果我要将正确与错误数据通通写入同一个文件中？这个时候就得要使用特殊的写法了。我们同样用下面的案例来说明：

范例五：将命令的数据全部写入名为 list 的文件中。
```
[dmtsai@study ~]$ find /home -name .bashrc > list 2> list    <==错误。
[dmtsai@study ~]$ find /home -name .bashrc > list 2>&1        <==正确。
[dmtsai@study ~]$ find /home -name .bashrc &> list            <==正确。
```

上述表格第一行错误的原因是，由于两股数据同时写入一个文件，又没有使用特殊的语法，此时两股数据可能会交叉写入该文件内，造成次序的错乱。所以虽然最终 list 文件还是会产生，但是里面的数据排列就会怪怪的，而不是原本屏幕上的输出排序。至于写入同一个文件的特殊语法如上表所示，你可以使用 2>&1 也可以使用 &>，一般来说，鸟哥比较习惯使用 2>&1。

◆ standard input ：< 与 <<

了解了 stderr 与 stdout 后，那么那个 < 又是什么呀？呵呵，以最简单的语法来说，那就是【将原本需要由键盘输入的数据，改由文件内容来替换】的意思。我们先由下面的 cat 命令操作来了解一下什么叫做键盘输入吧！

范例六：利用 cat 命令来建立一个文件的简单流程。
```
[dmtsai@study ~]$ cat > catfile
testing
cat file test
<==这里按下[ctrl]+d 来退出。
[dmtsai@study ~]$ cat catfile
testing
cat file test
```

由于加入 > 在 cat 后，所以这个 catfile 会被主动地建立，而内容就是刚刚键盘上面输入的那两行数据了。唔，那我能不能用纯文本文件替换键盘的输入，也就是说，用某个文件的内容来替换键盘的敲击？可以的，如下所示：

范例七：用 stdin 替换键盘的输入以建立新文件的简单流程。
```
[dmtsai@study ~]$ cat > catfile < ~/.bashrc
[dmtsai@study ~]$ ll catfile ~/.bashrc
```

```
-rw-r--r--. 1 dmtsai dmtsai 231 Mar  6 06:06 /home/dmtsai/.bashrc
-rw-rw-r--. 1 dmtsai dmtsai 231 Jul  9 18:58 catfile
# 注意看，这两个文件的大小会一模一样，几乎像是使用 cp 来复制一般。
```

这东西非常有帮助，尤其是用在类似 mail 这种命令的使用上。理解 < 之后，再来则是怪可怕的 << 这个连续两个小于的符号了，它代表的是【结束的输入字符】的意思。举例来讲：我要用 cat 直接将输入的信息输出到 catfile 中，且当由键盘输入 eof 时，该次输入就结束，那我可以这样做：

```
[dmtsai@study ~]$ cat > catfile << "eof"
> This is a test.
> OK now stop
> eof  <==输入这关键词，立刻就结束而不需要输入[ctrl]+d。
[dmtsai@study ~]$ cat catfile
This is a test.
OK now stop  <==只有这两行，不会存在关键词那一行。
```

看到了吗？利用 << 右侧的控制字符，我们可以终止一次输入，而不必按下 [crtl]+d 来结束，这对程序写作很有帮助。好了，那么为何要使用命令输出重定向？我们来说一说吧！

- 屏幕输出的信息很重要，而且我们需要将它存下来的时候；
- 后台执行中的程序，不希望它干扰屏幕正常的输出结果时；
- 一些系统的计划任务命令（例如写在 /etc/crontab 中的文件）的执行结果，希望它可以存下来时；
- 一些执行命令的可能已知错误信息时，想以【2> /dev/null】将它丢掉时；
- 错误信息与正确信息需要分别输出时。

当然还有很多的功能，最简单的就是网友们常常问到的：为何我的 root 都会收到系统 crontab 传来的错误信息？这个东西是常见的错误，而如果我们已经知道这个错误信息是可以忽略的时候，嗯，【2> errorfile】这个功能就很重要了。了解了吗？

例题

问：
假设我要将 echo "error message" 以标准错误的格式来输出，该如何处置？
答：
既然有 2>&1 来将 2> 转到 1> 去，那么应该也会有 1>&2 吧？没错，就是这个概念，因此你可以这样做：

```
[dmtsai@study ~]$ echo "error message" 1>&2
[dmtsai@study ~]$ echo "error message" 2> /dev/null 1>&2
```

你会发现第一条有信息输出到屏幕上，第二条则没有信息，这表示该信息已经通过 2> /dev/null 丢到垃圾桶中了，可以肯定是错误信息。

10.5.2　命令执行的判断根据：;、&&、||

在某些情况下，很多命令我想要一次输入去执行，而不想要分次执行时，该如何是好？基本上你有两个选择，一个是通过第 12 章要介绍的 shell 脚本脚本去执行，一种则是通过下面的介绍来一次输入多个命令。

- cmd ; cmd（不考虑命令相关性的连续命令执行）
在某些时候，我们希望可以一次执行多个命令，例如在关机的时候我希望可以先执行两次 sync 同步写入磁盘后才 shutdown 计算机，那么可以怎么做？这样做：

```
[root@study ~]# sync; sync; shutdown -h now
```

在命令与命令中间利用分号（；）来隔开，这样一来，分号前的命令执行完后就会立刻接着执行后面的命令。这真是方便，再来，换个角度来想，万一我想要在某个目录下面建立一个文件，也就是说，如果该目录存在的话，那我才建立这个文件；如果不存在，那就算了。也就是说这两个命令彼此之间是有相关性的，前一个命令是否成功执行与后一个命令是否要执行有关，那就得动用到&&或||。

◆　$?（命令返回值）与&&或||

如同上面谈到的，两个命令之间有依赖性，而这个依赖性主要判断的地方就在于前一个命令执行的结果是否正确。还记得本章之前我们曾介绍过命令返回值吧！嘿嘿，没错，您真聪明，就是通过这个返回值。再复习一次【若前一个命令执行的结果为正确，在 Linux 下面会返回一个 $? = 0 的值】。那么我们怎么通过这个返回值来判断后续的命令是否要执行？这就得要借由【 && 】及【 || 】的帮忙了。注意，两个&之间是没有空格的，这个| 则是[Shift]+[\] 的按键结果。

命令执行情况	说　明
cmd1 && cmd2	1. 若 cmd1 执行完毕且正确执行（ $?=0），则开始执行 cmd2 2. 若 cmd1 执行完毕且为错误 （ $?≠0），则 cmd2 不执行
cmd1 || cmd2	1. 若 cmd1 执行完毕且正确执行（ $?=0），则 cmd2 不执行 2. 若 cmd1 执行完毕且为错误（ $?≠0），则开始执行 cmd2

上述的 cmd1 及 cmd2 都是命令。好了，回到我们刚刚假想的情况，就是想要：（1）先判断一个目录是否存在；（2）若存在才在该目录下面建立一个文件。由于我们尚未介绍判断式（ test ）的使用，在这里我们使用 ls 以及返回值来判断目录是否存在，让我们进行下面这个练习看看：

```
范例一：使用 ls 查看目录/tmp/abc 是否存在，若存在则用 touch 建立/tmp/abc/hehe。
[dmtsai@study ~]$ ls /tmp/abc && touch /tmp/abc/hehe
ls: cannot access /tmp/abc: No such file or directory
# ls 很干脆的说明找不到该目录，但并没有 touch 的错误，表示 touch 并没有执行。
[dmtsai@study ~]$ mkdir /tmp/abc
[dmtsai@study ~]$ ls /tmp/abc && touch /tmp/abc/hehe
[dmtsai@study ~]$ ll /tmp/abc
-rw-rw-r--. 1 dmtsai dmtsai 0 Jul  9 19:16 hehe
```

看到了吧？如果 /tmp/abc 不存在时，touch 就不会被执行，若 /tmp/abc 存在的话，那么 touch 就会开始执行，很不错吧！不过，我们还得手动自行建立目录，伤脑筋，能不能自动判断，如果没有该目录就给予建立？参考一下下面的例子：

```
范例二：测试/tmp/abc 是否存在，若不存在则予以建立，若存在就不做任何事情。
[dmtsai@study ~]$ rm -r /tmp/abc               <==先删除此目录以方便测试。
[dmtsai@study ~]$ ls /tmp/abc || mkdir /tmp/abc
ls: cannot access /tmp/abc: No such file or directory  <==真的不存在。
[dmtsai@study ~]$ ll -d /tmp/abc
drwxrwxr-x. 2 dmtsai dmtsai 6 Jul  9 19:17 /tmp/abca   <==结果出现了，有进行 mkdir。
```

如果你一再重复执行【 ls /tmp/abc || mkdir /tmp/abc 】也不会出现重复 mkdir 的错误，这是因为 /tmp/abc 已经存在，所以后续的 mkdir 就不会进行。这样理解了么？好了，让我们再次讨论一下，如果我想要建立 /tmp/abc/hehe 这个文件，但我并不知道 /tmp/abc 是否存在，那该如何是好？试试看：

```
范例三：我不清楚/tmp/abc 是否存在，但就是要建立/tmp/abc/hehe 文件。
[dmtsai@study ~]$ ls /tmp/abc || mkdir /tmp/abc && touch /tmp/abc/hehe
```

上面这个范例三总是会尝试建立 /tmp/abc/hehe，不论 /tmp/abc 是否存在。那么范例三应该如何解释？由于 Linux 下面的命令都是由左往右执行，所以范例三有几种结果我们来分析一下：

- （1）若 /tmp/abc 不存在故返回 $?≠0，则（2）因为 || 遇到非为 0 的$? 故开始 mkdir /tmp/abc，由于 mkdir /tmp/abc 会成功进行，所以返回 $?=0（3）因为&&遇到 $?=0 故会执行 touch /tmp/abc/hehe，最终 hehe 就被建立了；
- （1）若 /tmp/abc 存在故返回 $?=0，则（2）因为 || 遇到 0 的 $? 不会进行，此时 $?=0 继

续向后传，故（3）因为&&遇到 $?=0 就开始建立 /tmp/abc/hehe 了，最终 /tmp/abc/hehe 被建立。

整个流程图示如下：

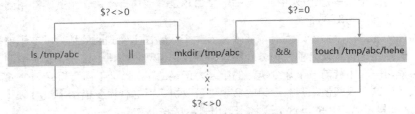

图 10.5.2　命令依序执行的关系示意图

上面这张图显示的两股数据中，上方的线段为不存在 /tmp/abc 时所进行的命令操作，下方的线段则是存在 /tmp/abc 所在的命令操作。如上所述，下方线段由于存在 /tmp/abc 所以导致 $?=0，让中间的 mkdir 就不执行了，并将 $?=0 继续往后传给后续的 touch 去利用。了解了吗？在任何时刻你都可以拿上面这张图作为示意。让我们来想想下面这个例题吧！

例题

以 ls 测试 /tmp/vbirding 是否存在，若存在则显示 "exist"；若不存在，则显示 "not exist"。

答：这又牵涉到逻辑判断的问题，如果存在就显示某个数据，若不存在就显示其他数据，那我可以这样做：

ls /tmp/vbirding && echo "exist" || echo "not exist"

意思是说，当 ls /tmp/vbirding 执行后，若正确，就执行 echo "exist"，若有问题，就执行 echo "not exist"，那如果写成如下的状况会出现什么？

ls /tmp/vbirding || echo "not exist" && echo "exist"

这其实是有问题的，为什么呢？由图 10.5.2 的流程介绍我们知道命令是一个一个往后执行，因此在上面的例子当中，如果 /tmp/vbirding 不存在时，它会进行如下操作：

1. 若 ls /tmp/vbirding 不存在，因此返回一个非 0 的数值；

2. 接下来经过 || 的判断，发现前一个命令返回非 0 的数值，因此，程序开始执行 echo "not exist"，而 echo "not exist" 程序肯定可以执行成功，因此会返回一个 0 值给后面的命令；

3. 经过 && 的判断，咦，是 0，所以就开始执行 echo "exist"；

所以，嘿嘿，第二个例子里面竟然会同时出现 not exist 与 exist，真神奇。

经过这个例题的练习，你应该会了解，由于命令是一个接着一个去执行的，因此，如果真要使用判断，那么这个 && 与 || 的顺序就不能搞错。一般来说，假设判断式有三个，也就是：

```
command1 && command2 || command3
```

而且顺序通常不会变，因为一般来说，command2 与 command3 会使用肯定可以执行成功的命令，因此，根据上面例题的逻辑分析，您就会晓得为何要如此使用，这很有用的，而且考试也很常考。

10.6　管道命令（pipe）

就如同前面所说，bash 命令执行的时候有输出的数据会出现。那么如果这些数据必须要经过几道处理之后才能得到我们所想要的格式，应该如何来设置？这就牵涉到管道命令的问题了（pipe），管道命令使用的是【|】这个界定符号。另外，管道命令与【连续执行命令】是不一样的，这点下面我们会

再说明。下面我们先举一个例子来说明一下简单的管道命令。

假设我们想要知道/etc/下面有多少文件，那么可以利用 ls /etc 来查看，不过，因为/etc 下面的文件太多，导致一口气就将屏幕塞满了，不知道前面输出的内容是啥？此时，我们可以通过 less 命令的协助：

```
[dmtsai@study ~]$ ls -al /etc | less
```

如此一来，使用 ls 命令输出后的内容，就能够被 less 读取，并且利用 less 的功能，我们就能够前后翻动相关的信息了。很方便是吧？我们就来了解一下这个管道命令【|】的用途吧！其实这个管道命令【|】仅能处理经由前面一个命令传来的正确信息，也就是标准输出的信息，对于标准错误并没有直接处理的能力。那么整体的管道命令可以使用下图表示：

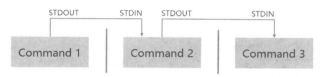

图 10.6.1　管道命令的处理示意图

在每个管道后面接的第一个数据必定是【命令】，而且这个命令必须要能够接受标准输入的数据才行，这样的命令才可为管道命令，例如 less、more、head、tail 等都是可以接受标准输入的管道命令，至于例如 ls、cp、mv 等就不是管道命令。因为 ls、cp、mv 并不会接受来自 stdin 的数据，也就是说，管道命令主要有两个比较需要注意的地方：

- 管道命令仅会处理标准输出，对于标准错误会予以忽略；
- 管道命令必须要能够接受来自前一个命令的数据成为标准输入继续处理才行。

> 想一想，如果你硬要让标准错误可以被管道命令所使用，那该如何处理？其实就是通过上一小节的数据流重定向，让 2>&1 加入命令中，就可以让 2> 变成 1>，了解了吗？

多说无益，让我们来玩一些管道命令吧！下面的东西对系统管理非常有帮助。

10.6.1　选取命令：cut、grep

什么是选取命令？说穿了，就是将一段数据经过分析后，取出我们所想要的，或是经由分析关键词，取得我们所想要的那一行。不过，要注意的是，一般来说，选取信息通常是针对【一行一行】来分析的，并不是整篇信息分析，下面我们介绍两个很常用的信息选取命令：

◆ cut

cut 不就是【切】吗？没错，这个命令可以将一段信息的某一段给它【切】出来，处理的信息是以【行】为单位，下面我们就来谈一谈：

```
[dmtsai@study ~]$ cut -d'分隔字符' -f fields <==用于有特定分隔字符。
[dmtsai@study ~]$ cut -c 字符区间            <==用于排列整齐的信息。
选项与参数：
-d ：后面接分隔字符，与-f 一起使用；
-f ：根据-d 的分隔字符将一段信息划分成为数段，用-f 取出第几段的意思；
-c ：以字符（characters）的单位取出固定字符区间；
范例一：将 PATH 变量取出，我要找出第五个路径。
[dmtsai@study ~]$ echo ${PATH}
/usr/local/bin:/usr/bin:/usr/local/sbin:/usr/sbin:/home/dmtsai/.local/bin:/home/dmtsai/bin
#      1            2          3             4            5                        6
[dmtsai@study ~]$ echo ${PATH} | cut -d ':' -f 5
# 如同上面的数字显示，我们是以【:】作为分隔，因此会出现/home/dmtsai/.local/bin
# 那么如果想要列出第 3 与第 5？，就是这样：
```

```
[dmtsai@study ~]$ echo ${PATH} | cut -d ':' -f 3,5
范例二：将 export 输出的信息，取得第 12 字符以后的所有字符
[dmtsai@study ~]$ export
declare -x HISTCONTROL="ignoredups"
declare -x HISTSIZE="1000"
declare -x HOME="/home/dmtsai"
declare -x HOSTNAME="study.centos.vbird"
……（其他省略）……
# 注意看，每个数据都是排列整齐的输出。如果我们不想要【declare -x】时，就得这么做。
[dmtsai@study ~]$ export | cut -c 12-
HISTCONTROL="ignoredups"
HISTSIZE="1000"
HOME="/home/dmtsai"
HOSTNAME="study.centos.vbird"
……（其他省略）……
# 知道怎么回事了吧？用 -c 可以处理比较具有格式的输出数据。
# 我们还可以指定某个范围的值，例如第 12-20 的字符，就是 cut -c 12-20 等。
范例三：用 last 将显示的登录者的信息中，仅留下使用者大名。
[dmtsai@study ~]$ last
root   pts/1   192.168.201.101  Sat Feb  7 12:35   still logged in
root   pts/1   192.168.201.101  Fri Feb  6 12:13 - 18:46  (06:33)
root   pts/1   192.168.201.254  Thu Feb  5 22:37 - 23:53  (01:16)
# last 可以输出【账号/终端/来源/日期时间】的数据，并且是排列整齐的。
[dmtsai@study ~]$ last | cut -d ' ' -f 1
# 由输出的结果我们可以发现第一个空白分隔的栏位代表账号，所以使用如上命令。
# 但是因为 root   pts/1 之间空格有好几个，并非仅有一个，所以，如果要找出
# pts/1 其实不能以 cut -d ' ' -f 1,2，输出的结果会不是我们想要的。
```

　　cut 主要的用途在于将同一行里面的数据进行分解，最常使用在分析一些数据或文字数据的时候。这是因为有时候我们会以某些字符当作划分的参数，然后来将数据加以分割，以取得我们所需要的数据。鸟哥也很常使用这个功能。尤其是在分析日志文件的时候。不过，cut 在处理多空格相连的数据时，可能会比较吃力一点，所以某些时刻可能会使用下一章的 awk 来替换。

◆ grep
　　刚刚的 cut 是将一行信息当中，取出某部分我们想要的，而 grep 则是分析一行信息，若当中有我们所需要的信息，就将该行拿出来，简单的语法是这样的：

```
[dmtsai@study ~]$ grep [-acinv] [--color=auto] '查找字符' filename
选项与参数：
-a ：将二进制文件以文本文件的方式查找数据。
-c ：计算找到 '查找字符' 的次数。
-i ：忽略大小写的不同，所以大小写视为相同。
-n ：顺便输出行号。
-v ：反向选择，亦即显示出没有 '查找字符' 内容的那一行。
--color=auto ：可以将找到的关键字部分加上颜色的显示。
范例一：将 last 当中，有出现 root 的那一行就显示出来。
[dmtsai@study ~]$ last | grep 'root'
范例二：与范例一相反，只要没有 root 的就取出。
[dmtsai@study ~]$ last | grep -v 'root'
范例三：在 last 的输出信息中，只要有 root 就取出，并且仅取第一栏。
[dmtsai@study ~]$ last | grep 'root' |cut -d ' ' -f1
# 在取出 root 之后，利用上个命令 cut 的处理，就能够仅取得第一栏。
范例四：取出/etc/man_db.conf 内含 MANPATH 的那几行。
[dmtsai@study ~]$ grep --color=auto 'MANPATH' /etc/man_db.conf
……（前面省略）……
MANPATH_MAP    /usr/games            /usr/share/man
MANPATH_MAP    /opt/bin              /opt/man
MANPATH_MAP    /opt/sbin             /opt/man
# 神奇的是，如果加上--color=auto 的选项，找到的关键字部分会用特殊颜色显示。
```

　　grep 是个很棒的命令，它支持的语法实在是太多了，用在正则表达式里面，能够处理的数据实在是多得很。不过，我们这里先不谈正则表达式，下一章再来说明，您先了解一下，grep 可以解析一行

文字，取得关键词，若该行有存在关键词，就会整行列出来。另外，CentOS 7 当中，默认的 grep 已经主动使用 --color=auto 选项在 alias 中了。

10.6.2 排序命令：sort、wc、uniq

很多时候，我们都会去计算一次数据里面的相同形式的数据总数，举例来说，使用 last 可以查得系统上面有登录主机者的身份。那么我可以针对每个用户查出它们的总登录次数吗？此时就要排序与计算之类的命令来辅助，下面我们介绍几个好用的排序与统计命令。

◆ sort

sort 是很有趣的命令，它可以帮我们进行排序，而且可以根据不同的数据形式来排序，例如数字与文字的排序就不一样。此外，排序的字符与语系的编码有关，因此，如果您需要排序时，建议使用 LANG=C 来让语系统一，数据排序比较好一些。

```
[dmtsai@study ~]$ sort [-fbMnrtuk] [file or stdin]
选项与参数：
-f ：忽略大小写的差异，例如 A 与 a 视为编码相同；
-b ：忽略最前面的空格字符部分；
-M ：以月份的名字来排序，例如 JAN、DEC 等的排序方法；
-n ：使用【纯数字】进行排序（默认是以文字形式来排序的）；
-r ：反向排序；
-u ：就是 uniq，相同的数据中，仅出现一行代表；
-t ：分隔符号，默认是用[Tab]键来分隔；
-k ：以哪个区间（field）来进行排序的意思；
范例一：个人账号都记录在/etc/passwd下，请将账号进行排序。
[dmtsai@study ~]$ cat /etc/passwd | sort
abrt:x:173:173::/etc/abrt:/sbin/nologin
adm:x:3:4:adm:/var/adm:/sbin/nologin
alex:x:1001:1002::/home/alex:/bin/bash
# 鸟哥省略很多的输出，由上面的信息看起来，sort 是默认【以第一个】条信息来排序，
# 而且默认是以【文字】形式来排序的，所以由 a 开始排到最后。
范例二：/etc/passwd 内容是以:来分隔的，我想以第三栏来排序，该如何？
[dmtsai@study ~]$ cat /etc/passwd | sort -t ':' -k 3
root:x:0:0:root:/root:/bin/bash
dmtsai:x:1000:1000:dmtsai:/home/dmtsai:/bin/bash
alex:x:1001:1002::/home/alex:/bin/bash
arod:x:1002:1003::/home/arod:/bin/bash
# 看到特殊字体的输出部分了吧？怎么会这样排列？呵呵，没错，
# 如果是以文字形式来排序的话，原本就会是这样，想要使用数字排序：
# cat /etc/passwd | sort -t ':' -k 3 -n 这样才行，用那个-n来告知 sort 以数字来排序。
范例三：利用 last，将输出的数据仅显示账号，并加以排序。
[dmtsai@study ~]$ last | cut -d ' ' -f1 | sort
```

sort 同样是很常用的命令，因为我们常常需要比较一些信息。举个上面的第二个例子来说，今天假设你有很多的账号，而且你想要知道最大的用户 ID 目前到哪一个了。呵呵，使用 sort 一下子就可以知道答案。当然其使用还不止此，有空的话不妨玩一玩。

◆ uniq

如果我排序完成了，想要将重复的数据仅列出一个显示，可以怎么做？

```
[dmtsai@study ~]$ uniq [-ic]
选项与参数：
-i ：忽略大小写字符的不同；
-c ：进行计数；
范例一：使用 last 将账号列出，仅取出账号栏，进行排序后仅取出一位。
[dmtsai@study ~]$ last | cut -d ' ' -f1 | sort | uniq
范例二：承上题，如果我还想要知道每个人的登录总次数？
[dmtsai@study ~]$ last | cut -d ' ' -f1 | sort | uniq -c
    1
```

```
     6 (unknown
    47 dmtsai
     4 reboot
     7 root
     1 wtmp
# 从上面的结果可以发现 reboot 有 4 次，root 登录则有 7 次，大部分是以 dmtsai 来操作。
# wtmp 与第一行的空白都是 last 的默认字符，那两个可以忽略的。
```

这个命令用来将重复的行删除掉只显示一个，举个例子来说，你要知道这个月份登录你主机的用户有谁，而不在乎它的登录次数，那么就使用上面的范例，（1）先将所有的数据列出；（2）再将人名独立出来；（3）经过排序；（4）只显示一个。由于这个命令是在将重复的东西减少，所以当然需要配合排序过的文件来处理。

◆ wc

如果我想要知道 /etc/man_db.conf 这个文件里面有多少字？多少行？多少字符的话，可以怎么做？其实可以利用 wc 这个命令来完成，它可以帮我们计算输出信息的整体数据。

```
[dmtsai@study ~]$ wc [-lwm]
选项与参数:
-l : 仅列出行;
-w : 仅列出多少字（英文字母）;
-m : 多少字符;
范例一: 那个/etc/man_db.conf 里面到底有多少相关字、行、字符数?
[dmtsai@study ~]$ cat /etc/man_db.conf | wc
    131    723    5171
# 输出的三个数字中，分别代表【行、字数、字符数】
范例二: 使用 last 可以输出登录者, 但是 last 最后两行并非账号内容, 那么请问,
       我该如何以一行命令串取得登录系统的总人次?
[dmtsai@study ~]$ last | grep [a-zA-Z] | grep -v 'wtmp' | grep -v 'reboot' | \
> grep -v 'unknown' |wc -l
# 由于 last 会输出空白行、wtmp、unknown、reboot 等无关账号登录的信息, 因此, 我利用
# grep 取出非空白行, 以及去除上述关键字那几行, 再计算行数, 就能够了解。
```

wc 也可以当作命令？这可不是上洗手间的 WC，这是相当有用的计算文件内容的一个工具。举个例子来说，当你要知道目前你的账号文件中有多少个账号时，就使用这个方法：【cat /etc/passwd | wc -l】。因为 /etc/passwd 里面一行代表一个用户，所以知道行数就晓得有多少的账号在里面了，而如果要计算一个文件里面有多少个字符时，就使用 wc-m 这个选项。

10.6.3　双向重定向：tee

想个简单的东西，我们由前一节知道>会将数据流整个传送给文件或设备，因此我们除非去读取该文件或设备，否则就无法继续利用这个数据流。万一我想要将这个数据流的处理过程中将某段信息存下来,应该怎么做？利用 tee 就可以，我们可以这样简单的看一下：

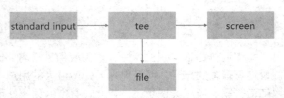

图 10.6.2　tee 的工作流程示意图

tee 会同时将数据流分送到文件与屏幕（screen），而输出到屏幕的，其实就是 stdout，那就可以让下个命令继续处理。

```
[dmtsai@study ~]$ tee [-a] file
选项与参数:
-a : 以累加（append）的方式, 将数据加入 file 当中。
[dmtsai@study ~]$ last | tee last.list | cut -d " " -f1
# 这个范例可以让我们将 last 的输出存一份到 last.list 文件中;
[dmtsai@study ~]$ ls -l /home | tee ~/homefile | more
# 这个范例则是将 ls 的数据存一份到~/homefile, 同时屏幕也有输出信息。
[dmtsai@study ~]$ ls -l / | tee -a ~/homefile | more
# 要注意, tee 后接的文件会被覆盖, 若加上-a 这个选项则能将信息累加。
```

tee 可以让 standard output 转存一份到文件内并将同样的数据继续送到屏幕去处理,这样除了可以让我们同时分析一份数据并记录下来之外,还可以作为处理一份数据的中间缓存记录之用,tee 这家伙在很多选择/填空的认证考试中很容易考。

10.6.4　字符转换命令：tr、col、join、paste、expand

我们在 vim 程序编辑器当中,提到过 DOS 换行符与 UNIX 换行符的不同,并且可以使用 dos2unix 与 unix2dos 来完成转换。好了,那么思考一下,是否还有其他常用的字符替代? 举例来说,要将大写改成小写,或是将数据中的 [Tab] 按键转成空格键? 还有,如何将两个文档整合成一个? 下面我们就来介绍一下这些字符转换命令在管道当中的使用方法：

◆　tr

tr 可以用来删除一段信息当中的文字，或是进行文字信息的替换。

```
[dmtsai@study ~]$ tr [-ds] SET1 ...
选项与参数:
-d : 删除信息当中的 SET1 这个字符;
-s : 替换掉重复的字符;
范例一: 将 last 输出的信息中，所有的小写变成大写字符。
[dmtsai@study ~]$ last | tr '[a-z]' '[A-Z]'
# 事实上，没有加上单引号也是可以执行的，如:【last | tr [a-z] [A-Z]】
范例二: 将/etc/passwd输出的信息中，将冒号 (:) 删除。
[dmtsai@study ~]$ cat /etc/passwd | tr -d ':'
范例三: 将 /etc/passwd 转存成 dos 换行到 /root/passwd 中，再将^M 符号删除。
[dmtsai@study ~]$ cp /etc/passwd ~/passwd && unix2dos ~/passwd
[dmtsai@study ~]$ file /etc/passwd ~/passwd
/etc/passwd:         ASCII text
/home/dmtsai/passwd: ASCII text, with CRLF line terminators  <==就是 DOS 换行。
[dmtsai@study ~]$ cat ~/passwd | tr -d '\r' > ~/passwd.Linux
# 那个\r 指的是 DOS 的换行符，关于更多的字符，请参考 man tr。
[dmtsai@study ~]$ ll /etc/passwd ~/passwd*
-rw-r--r--. 1 root   root   2092 Jun 17 00:20 /etc/passwd
-rw-r--r--. 1 dmtsai dmtsai 2133 Jul  9 22:13 /home/dmtsai/passwd
-rw-rw-r--. 1 dmtsai dmtsai 2092 Jul  9 22:13 /home/dmtsai/passwd.Linux
# 处理过后，发现文件大小与原本的/etc/passwd 就一致了。
```

其实这个命令也可以写在正则表达式里面,因为它也是由正则表达式的方式来替换数据的。以上面的例子来说,使用[]可以设置一串字,**也常常用来替换文件中的怪异符号**。例如上面第三个例子当中,可以去除 DOS 文件留下来的^M 这个换行符,这东西相当有用。相信处理 Linux 和 Windows 系统中的人们最麻烦的一件事就是这个事情,即 DOS 下面会自动地在每行行尾加入^M 这个换行符号。这个时候除了以前讲过的 dos2unix 之外,我们也可以使用这个 tr 来将^M 去除,^M 可以使用\r 来代替之。

◆　col

```
[dmtsai@study ~]$ col [-xb]
选项与参数:
-x : 将 tab 键转换成对等的空格键。
范例一: 利用 cat -A 显示出所有特殊按键，最后以 col 将[tab]转成空白。
[dmtsai@study ~]$ cat -A /etc/man_db.conf  <==此时会看到很多^I 的符号，那就是 tab。
[dmtsai@study ~]$ cat /etc/man_db.conf | col -x | cat -A | more
# 嘿嘿，如此一来，[tab]按键会被替换成为空格键，输出就美观多了。
```

虽然 col 有它特殊的用途,不过,很多时候,它可以用来简单地处理将 [tab] 按键替换成为空格键。例如上面的例子当中,如果使用 cat -A 则[tab]会以^I 来表示。但经过 col -x 的处理,则会将 [tab] 替换成为对等的空格键。

◆　join

join 看字面上的意义（加入/参加）就可以知道，它是在处理两个文件之间的数据，而且，主要是在处理【两个文件当中，有相同数据的那一行，才将它加在一起】的意思。我们利用下面的简单例子来说明：

```
[dmtsai@study ~]$ join [-ti12] file1 file2
选项与参数：
-t  : join 默认以空格字符分隔数据，并且比对【第一个栏位】的数据，
      如果两个文件相同，则将两条数据连成一行，且第一个栏位放在第一个。
-i  : 忽略大小写的差异。
-1  : 这个是数字的 1，代表【第一个文件要用哪个栏位来分析】的意思。
-2  : 代表【第二个文件要用哪个栏位来分析】的意思。
范例一：用 root 的身份，将/etc/passwd 与/etc/shadow 相关数据整合成一栏。
[root@study ~]# head -n 3 /etc/passwd /etc/shadow
==> /etc/passwd <==
root:x:0:0:root:/root:/bin/bash
bin:x:1:1:bin:/bin:/sbin/nologin
daemon:x:2:2:daemon:/sbin:/sbin/nologin
==> /etc/shadow <==
root:$6$wtbCCce/PxMeE5wm$KE2IfSJr...:16559:0:99999:7:::
bin:*:16372:0:99999:7:::
daemon:*:16372:0:99999:7:::
# 由输出的数据可以发现这两个文件的最左边栏位都是相同账号，且以:分隔。
[root@study ~]# join -t ':' /etc/passwd /etc/shadow | head -n 3
root:x:0:0:root:/root:/bin/bash:$6$wtbCCce/PxMeE5wm$KE2IfSJr...:16559:0:99999:7:::
bin:x:1:1:bin:/bin:/sbin/nologin:*:16372:0:99999:7:::
daemon:x:2:2:daemon:/sbin:/sbin/nologin:*:16372:0:99999:7:::
# 通过上面这个操作，我们可以将两个文件第一栏位相同者整合成一行。
# 第二个文件的相同栏位并不会显示（因为已经在最左边的栏位出现了）。
范例二：我们知道/etc/passwd 第四个栏位是 GID，这个 GID 记录在/etc/group 当中的第三个栏位，请问如何将两个文件
整合？
[root@study ~]# head -n 3 /etc/passwd /etc/group
==> /etc/passwd <==
root:x:0:0:root:/root:/bin/bash
bin:x:1:1:bin:/bin:/sbin/nologin
daemon:x:2:2:daemon:/sbin:/sbin/nologin
==> /etc/group <==
root:x:0:
bin:x:1:
daemon:x:2:
# 从上面可以看到，确实有相同的部分。赶紧来整合一下。
[root@study ~]# join -t ':' -1 4 /etc/passwd -2 3 /etc/group | head -n 3
0:root:x:0:root:/root:/bin/bash:root:x:
1:bin:x:1:bin:/bin:/sbin/nologin:bin:x:
2:daemon:x:2:daemon:/sbin:/sbin/nologin:daemon:x:
# 同样的，相同的栏位部分被移动到最前面了，所以第二个文件的内容就没再显示。
# 请读者们配合上述显示两个文件的实际内容来比对。
```

这个 join 在处理两个相关的数据文件时，就真的是很有帮助的。例如上面的案例当中，我的/etc/passwd、/etc/shadow、/etc/group 都有相关性，其中 /etc/passwd、/etc/shadow 以账号为相关性，至于 /etc/passwd、/etc/group 则以所谓的 GID（账号的数字定义）来作为它的相关性。根据这个相关性，我们可以将有关系的数据放置在一起，这在处理数据可是相当有帮助的。但是上面的例子有点难，希望您可以静下心好好的看一看原因。

此外，需要特别注意的是，在使用 join 之前，你所需要处理的文件应该要事先经过排序（sort）处理，否则有些比对的项目会被忽略，特别注意了。

◆ paste

这个 paste 就要比 join 简单多了。相对于 join 必须要比对两个文件的数据相关性，paste 就直接将两行贴在一起，且中间以 [Tab] 键隔开而已，简单的使用方法：

```
[dmtsai@study ~]$ paste [-d] file1 file2
选项与参数：
```

```
-d  : 后面可以接分隔字符，默认是以[Tab]来分隔。
-   : 如果 file 部分写成-，表示来自标准输入的数据的意思。
范例一：用 root 身份，将/etc/passwd 与/etc/shadow 同一行贴在一起。
[root@study ~]# paste /etc/passwd /etc/shadow
root:x:0:0:root:/root:/bin/bash root:$6$wtbCCce/PxMeE5wm$KE2IfSJr...:16559:0:99999:7:::
bin:x:1:1:bin:/bin:/sbin/nologin        bin:*:16372:0:99999:7:::
daemon:x:2:2:daemon:/sbin:/sbin/nologin daemon:*:16372:0:99999:7:::
# 注意，同一行中间是以[Tab]按键隔开。
范例二：先将/etc/group 读出（用 cat），然后与范例一贴上一起，且仅取出前三行。
[root@study ~]# cat /etc/group|paste /etc/passwd /etc/shadow -|head -n 3
# 这个例子的重点在这个-的使用，那玩意儿常常代表 stdin。
```

◆ expand

这玩意儿就是在将 [tab] 按键转成空格键，可以这样玩：

```
[dmtsai@study ~]$ expand [-t] file
选项与参数：
-t  : 后面可接数字，一般来说一个 Tab 按键可以用 8 个空格键替换，我们也可以自行定义一个[Tab]按键代表多少个字符。
范例一：将/etc/man_db.conf 内行首为 MANPATH 的字样就取出；仅取前三行。
[dmtsai@study ~]$ grep '^MANPATH' /etc/man_db.conf | head -n 3
MANPATH_MAP     /bin            /usr/share/man
MANPATH_MAP     /usr/bin        /usr/share/man
MANPATH_MAP     /sbin           /usr/share/man
# 行首的代表标志为^，这个我们留待下节介绍，先有概念即可。
范例二：承上，如果我想要将所有的符号都列出来？（用 cat）
[dmtsai@study ~]$ grep '^MANPATH' /etc/man_db.conf | head -n 3 |cat -A
MANPATH_MAP^I/bin^I^I^I/usr/share/man$
MANPATH_MAP^I/usr/bin^I^I/usr/share/man$
MANPATH_MAP^I/sbin^I^I^I/usr/share/man$
# 发现差别了吗？没错，[Tab]按键可以被 cat -A 显示成为^I。
范例三：承上，我将 [tab] 按键设置成 6 个字符的话？
[dmtsai@study ~]$ grep '^MANPATH' /etc/man_db.conf | head -n 3 | expand -t 6 - | cat -A
MANPATH_MAP /bin          /usr/share/man$
MANPATH_MAP /usr/bin         /usr/share/man$
MANPATH_MAP /sbin          /usr/share/man$
123456123456123456123456123456123456123456123456...
# 仔细看一下上面的数字说明，因为我是以 6 个字符来代表一个[Tab]的长度，
# 所以，MAN... 到/usr 之间会隔 12（两个[Tab]）个字符。如果 tab 改成 9 的话，
# 情况就又不同了，这里也不好理解，您可以多设置几个数字来查看就晓得。
```

expand 也是挺好玩的，它会自动将[Tab]转成空格键，所以，以上面的例子来说，使用 cat -A 就会查不到^I 的字符，此外，因为[Tab]最大的功能就是格式排列整齐。我们转成空格键后，这个空格键也会依据我们自己的定义来增加大小，并不是一个^I 就会换成 8 个空格，这个地方要特别注意，此外，您也可以参考一下 unexpand 这个将空格转成[Tab]的命令。

10.6.5 划分命令：split

如果你有文件太大，导致携带不太方便的话，嘿嘿，找 split 就对了，它可以帮你将一个大文件，依据文件大小或行数来划分，就可以将大文件划分成为小文件了，快速又有效，真不错。

```
[dmtsai@study ~]$ split [-bl] file PREFIX
选项与参数：
-b  : 后面可接欲划分成的文件大小，可加单位，例如 b、k、m 等。
-l  : 以行数来进行划分。
PREFIX : 代表前缀字符的意思，可作为划分文件的前缀文字。
范例一：我的/etc/services 有六百多 K，若想要分成 300K 一个文件时？
[dmtsai@study ~]$ cd /tmp; split -b 300k /etc/services services
[dmtsai@study tmp]$ ll -k services*
-rw-rw-r--. 1 dmtsai dmtsai 307200 Jul  9 22:52 servicesaa
-rw-rw-r--. 1 dmtsai dmtsai 307200 Jul  9 22:52 servicesab
-rw-rw-r--. 1 dmtsai dmtsai  55893 Jul  9 22:52 servicesac
```

```
# 这个文件名可随意取，我们只要写上前缀文字，小文件就会以 xxxaa、xxxab、xxxac 等方式来建立小文件。
范例二: 如何将上面的三个小文件合成一个文件，文件名为 servicesback。
[dmtsai@study tmp]$ cat services* >> servicesback
# 很简单吧？就用数据流重定向就好，简单。
范例三: 使用 ls -al /输出的信息中，每十行记录成一个文件。
[dmtsai@study tmp]$ ls -al / | split -l 10 - lsroot
[dmtsai@study tmp]$ wc -l lsroot*
  10 lsrootaa
  10 lsrootab
   4 lsrootac
  24 total
# 重点在这个-号，一般来说，如果需要 stdout 或 stdin 时，但偏偏又没有文件，
# 有的只是-时，那么这个-就会被当成 stdin 或 stdout。
```

在 Windows 操作系统下，你要将文件划分需要如何操作呢？伤脑筋吧！在 Linux 下面就简单得多了。你要将文件划分的话，那么就使用-b size 来将一个划分的文件限制其大小，如果是行数的话，那么就使用-l line 来划分，好用得很，如此一来，你就可以轻易将你的文件划分成某些软件能够支持的最大容量（例如 gmail 单一邮件 25MB 之类的），方便你复制。

10.6.6 参数代换: xargs

xargs 是在做什么的？就以字面上的意义来看，x 是加减乘除的乘号，args 则是 arguments（参数）的意思，所以说，这个玩意儿就是在产生某个命令的参数的意思。xargs 可以读入 stdin 的数据，并且以空格符或换行符作为识别符，将 stdin 的数据分隔成为参数。因为是以空格符作为分隔，所以，如果有一些文件名或是其他意义的名词内含有空格符的时候，xargs 可能就会误判了，它的用法其实也还蛮简单的，就来看一看。

```
[dmtsai@study ~]$ xargs [-0epn] command
选项与参数:
-0 : 如果输入的 stdin 含有特殊字符，例如 `、\、空格等字符时，这个-0 参数
     可以将它还原成一般字符，这个参数可以用于特殊状态。
-e : 这是 EOF（end of file）的意思，后面可以接一个字符，当 xargs 分析到这个字符时，就会停止工作。
-p : 在执行每个命令时，都会询问使用者的意思;
-n : 后面接次数，每次 command 命令执行时，要使用几个参数的意思。
当 xargs 后面没有接任何的命令时，默认是以 echo 来进行输出。
范例一: 将/etc/passwd 内的第一栏取出，仅取三行，使用 id 这个命令将每个账号内容显示来。
[dmtsai@study ~]$ id root
uid=0（root）gid=0（root）groups=0（root）      # 这个 id 命令可以查询使用者的 UID/GID 等信息。
[dmtsai@study ~]$ id $（cut -d ':' -f 1 /etc/passwd | head -n 3）
# 虽然使用$（cmd）可以预先取得参数，但可惜的是，id 这个命令【仅】能接受一个参数而已。
# 所以上述的这个命令执行会出现错误。根本不会显示用户的 ID。
[dmtsai@study ~]$ cut -d ':' -f 1 /etc/passwd | head -n 3 | id
uid=1000（dmtsai）gid=1000（dmtsai）groups=1000（dmtsai）,10（wheel）    # 我不是要查自己。
# 因为 id 并不是管道命令，因此在上面这个命令执行后，前面的东西通通不见，只会执行 id。
[dmtsai@study ~]$ cut -d ':' -f 1 /etc/passwd | head -n 3 | xargs id
# 依旧会出现错误。这是因为 xargs 一口气将全部的数据通通丢给 id 处理，但 id 就接受 1 个最多。
[dmtsai@study ~]$ cut -d ':' -f 1 /etc/passwd | head -n 3 | xargs -n 1 id
uid=0（root）gid=0（root）groups=0（root）
uid=1（bin）gid=1（bin）groups=1（bin）
uid=2（daemon）gid=2（daemon）groups=2（daemon）
# 通过-n 来处理，一次给予一个参数，因此上述的结果就 OK 正常地显示。
范例二: 同上，但是每次执行 id 时，都要询问使用者是否操作?
[dmtsai@study ~]$ cut -d ':' -f 1 /etc/passwd | head -n 3 | xargs -p -n 1 id
id root ?...y
uid=0（root）gid=0（root）groups=0（root）
id bin ?...y
……（下面省略）……
# 呵呵，这个 -p 的选项可以让使用者的使用过程中，被询问到每个命令是否执行。
范例三: 将所有的/etc/passwd 内的账号都以 id 查看，但查到 sync 就结束命令串。
```

```
[dmtsai@study ~]$ cut -d ':' -f 1 /etc/passwd | xargs -e'sync' -n 1 id
# 仔细与上面的案例做比较，也同时注意，那个-e'sync'是连在一起的，中间没有空格。
#上个例子当中，第六个参数是 sync，那么我们执行-e'sync'后，则分析到 sync 这个字符时，
# 后面的其他 stdin 的内容就会被 xargs 舍弃掉了。
```

其实，在 man xargs 里面就有三四个小范例，您可以自行参考一下内容。此外，xargs 真的是很好用的一个玩意儿，您真的需要好好地参详。要使用 xargs 的原因是，很多命令其实并不支持管道命令，因此我们可以通过 xargs 来提供该命令使用 标准输入。举例来说，我们使用如下的范例来说明：

```
范例四：找出/usr/sbin下面具有特殊权限的文件名，并使用 ls -l 列出详细属性。
[dmtsai@study ~]$ find /usr/sbin -perm /7000 | xargs ls -l
-rwx--s--x. 1 root lock     11208 Jun 10  2014 /usr/sbin/lockdev
-rwsr-xr-x. 1 root root    113400 Mar  6 12:17 /usr/sbin/mount.nfs
-rwxr-sr-x. 1 root root     11208 Mar  6 11:05 /usr/sbin/netreport
……（下面省略）……
# 聪明的读者应该会想到使用【ls -l $(find /usr/sbin -perm /7000)】来处理这个范例。
# 都 OK 啦，能解决问题的方法，就是好方法。
```

10.6.7　关于减号【 - 】的用途

管道命令在 bash 的连续的处理程序中是相当重要的。另外，在日志文件的分析当中也是相当重要的一环，所以请特别留意。另外，在管道命令当中，常常会使用到前一个命令的 stdout 作为这次的 stdin，某些命令需要用到文件名（例如 tar）来进行处理时，该 stdin 与 stdout 可以利用减号 "−" 来替代，举例来说：

```
[root@study ~]# mkdir /tmp/homeback
[root@study ~]# tar -cvf - /home | tar -xvf - -C /tmp/homeback
```

上面这个例子是说：【我将/home 里面的文件给它打包，但打包的数据不是记录到文件，而是传送到 stdout，经过管道后，将 tar −cvf − /home 传送给后面的 tar −xvf −】。后面的这个−则是使用前一个命令的 stdout，因此，我们就不需要使用文件名了，这是很常见的例子，注意注意。

10.7　重点回顾

- 由于内核在内存中是受保护的区块，因此我们必须要通过【shell】将我们输入的命令与内核沟通，好让内核可以控制硬件来正确无误地工作。
- 学习 shell 的原因主要有：命令行模式的 shell 在各大 Linux 发行版都一样；远程管理时命令行模式速度较快；shell 是管理 Linux 系统非常重要的一环，因为 Linux 中很多管理命令都是以 shell 编写的。
- 操作系统合法的 shell 均写在/etc/shells 文件中。
- 用户默认登录取得的 shell 记录于/etc/passwd 的最后一个字段。
- bash 的功能主要有：历史命令、命令与文件补全功能、命令别名设置功能、任务管理、前台后台控制、程序化脚本、通配符。
- type 可以用来找到执行命令为何种类型，亦可用于与 which 相同的功能。
- 变量就是以一组文字或符号等，来替换一些设置或是一串保留的数据。
- 变量主要有环境变量与自定义变量，或称为全局变量与局部变量。
- 使用 env 与 export 可观察环境变量，其中 export 可以将自定义变量转成环境变量。
- set 可以观察目前 bash 环境下的所有变量。
- $? 亦为变量，是前一个命令执行完毕后的返回值，在 Linux 返回值为 0 代表执行成功。
- locale 可用于观察语系数据。

- 可用 read 让用户由键盘输入变量的值。
- ulimit 可用以限制用户使用系统的资源情况。
- bash 的配置文件主要分为 login shell 与 non-login shell，login shell 主要读取/etc/profile 与 ~/.bash_profile、non-login shell 则仅读取 ~/.bashrc。
- 在使用 vim 时，若不小心按了[crtl]+s 则画面会被冻结，你可以使用 [ctrl]+q 来解除。
- 通配符主要有：*、?、[] 等。
- 数据流重定向通过 >、2>、< 之类的符号将输出的信息转到其他文件或设备中。
- 连续命令的执行可通过 ;&&|| 等符号来处理。
- 管道命令的重点是：管道命令仅会处理标准输出，对于标准错误会予以忽略、管道命令必须要能够接受来自前一个命令的数据成为标准输入继续处理才行。
- 本章介绍的管道命令主要有：cut、grep、sort、wc、uniq、tee、tr、col、join、paste、expand、split、xargs 等。

10.8　本章习题

情境模拟题

由于~/.bash_history 仅能记录命令，我想要在每次注销时都记录时间，并将后续的 50 条命令记录下来，可以如何处理?

- 目标：了解 history，并通过数据流重定向的方式记录历史命令。
- 前提：需要了解本章的数据流重定向，以及了解 bash 的各个环境配置文件信息。

其实处理的方式非常简单，我们可以了解 date 可以输出时间，而利用~/.myhistory 来记录所有历史记录，而目前最新的 50 条历史记录可以使用 history 50 来显示，故可以修改~/.bash_logout 成为下面的模样：

```
[dmtsai@study ~]$ vim ~/.bash_logout
date >> ~/.myhistory
history 50 >> ~/.myhistory
clear
```

简答题部分

- 在 Linux 上可以找到哪些 shell(举出三个)? 哪个文件记录可用的 shell? 而 Linux 默认的 shell 是?
- 你输入一串命令之后，发现前面写的一长串数据是错的，你想要删除光标所在处到最前面的命令串内容，应该如何处理?
- 在 shell 环境下，有个提示字符（prompt），它可以修改吗? 要改什么? 默认的提示字符内容是?
- 如何显示 HOME 这个环境变量?
- 如何得知目前的所有变量与环境变量的设置值?
- 我是否可以设置一个变量名称为 3myhome?
- 在这样的练习中【A=B】且【B=C】，若我执行【unset $A】，则取消的变量是 A 还是 B?
- 如何取消变量与命令别名的内容?
- 如何设置一个变量名称为 name 内容为 It's my name?
- bash 环境配置文件主要分为哪两种类型的读取? 分别读取哪些重要文件?
- CentOS 7.x 的 man page 的路径配置文件?
- 试说明 ""、""、与 "`" 这些符号在变量定义中的用途?
- 转义符 \ 有什么用途?
- 连续命令中，【;】、【&&】、【||】有何不同?
- 如何将 last 的结果中，独立出账号，并且显示曾经登录过的账号?

- 请问 foo1 && foo2 | foo3 > foo4，这个命令串当中，foo1、foo2、foo3、foo4 是命令还是文件？整串命令的意义是什么？
- 如何显示在 /bin 下面任何以 a 为文件名开头的文件的详细数据？
- 如何显示 /bin 下面，文件名为四个字符的文件？
- 如何显示 /bin 下面，文件名开头不是 a~d 的文件？
- 我想要让终端的登录提示字符修改成我自己喜好的模样，应该要改哪里？（filename）
- 承上题，如果我是想要让用户登录后，才显示欢迎信息，又应该要改哪里？

10.9　参考资料与扩展阅读

- 注 1：Webmin 的官方网站。
  http://www.webmin.com/
- 注 2：关于 shell 的相关历史可以参考网络农夫兄所整理的优秀文章。不过由于网络农夫兄所创建的网站暂时关闭，因此下面的链接为鸟哥到网络上找到的部分内容。若有任何侵权事宜，请来信告知，谢谢。
  http://linux.vbird.org/linux_basic/0320bash/csh/
- 注 3：使用 man bash，再以 PS1 为关键词去查询，按下数次 n 往后查询后，可以得到 PS1 的变量说明。
- 在语系数据方面，i18n 是由一些 Linux 发行版贡献者共同发起的大型计划，目的在于让众多的 Linux 发行版能够有良好的 Unicode 语系的支持。详细的信息可以参考以下链接。
  - i18n 的维基百科介绍
  https://en.wikipedia.org/wiki/Internationalization_and_localization
  - 剑桥大学 Dr Markus Kuhn 的文献
  http://www.cl.cam.ac.uk/~mgk25/unicode.html
  - Debian 社区所提供的文档说明
  http://www.debian.org/doc/manuals/intro-i18n/
- GNU 计划的 BASH 说明。
  http://www.gnu.org/software/bash/manual/bash.html
- man bash

11

第 11 章　正则表达式与文件格式化处理

正则表达式（Regular Expression，或称为常规表示法）是通过一些特殊字符的排列，用以【查找、替换、删除】一行或多行文字字符串，简单地说，正则表达式就是用在字符串的处理上面的一项【表示式】。正则表达式并不是一个工具程序，而是一个字符串处理的标准依据，如果您想要以正则表达式的方式处理字符串，就得要使用支持正则表达式的工具程序才行，这类的工具程序很多，例如 vi、sed、awk 等。

正则表达式对于系统管理员来说实在是很重要。因为系统会产生很多的信息，这些信息有的重要，有的仅是通知，此时，管理员可以通过正则表达式的功能来将重要信息选取出来，并产生便于查看的报表来简化管理流程。此外，很多的软件包也都支持正则表达式，例如邮件服务器的过滤机制（过滤垃圾邮件）就是很重要的一个例子，所以，您最好要了解正则表达式的相关技能，在未来管理主机时，才能够更精简处理您的日常事务。

注：本章节用户需要多加练习，因为目前很多的软件都是使用正则表达式来完成其【过滤、分析】的目的，为了未来主机管理的便利性，用户至少要能看的懂正则表达式的意义。

11.1 开始之前：什么是正则表达式

大概了解了 Linux 的基本命令（BASH）并且熟悉了 vim 之后，相信你对于敲击键盘的打字与命令执行比较不陌生了吧？接下来，下面要开始介绍一个很重要的观念，那就是所谓的【正则表达式（Regular Expression）】。

◆ 什么是正则表达式

任何一个有经验的系统管理员，都会告诉你【正则表达式真是挺重要的】，为什么很重要呢？因为日常生活就使用得到。举个例子来说，在你日常使用 vim 作文字编辑或程序编写时使用到的【查找、替换】等功能，这些操作要做的漂亮，就要配合正则表达式来操作。

简单地说，正则表达式就是处理字符串的方法，它以行为单位来进行字符串的处理操作，正则表达式通过一些特殊符号的辅助，可以让用户轻易地完成【查找、删除、替换】某特定字符串的处理过程。

举例来说，我只想找到 VBird（前面两个大写字符）或 Vbird（仅有一个大写字符）这个字样，但是不要其他的字符串（例如 VBIRD、vbird 等不需要），该如何办理？如果在没有正则表达式的环境中（例如 MS word），你或许就要使用忽略大小写的办法，或是分别以 VBird 及 Vbird 查找两遍。但是，忽略大小写可能会查找到 VBIRD、vbird、VbIrD 等不需要的字符串而造成困扰。

再举个系统常见的例子，假设你发现系统在启动的时候，老是会出现一个关于 mail 程序的错误，而启动过程的相关程序都是在 /lib/systemd/system/ 下面，也就是说，在该目录下面的某个文件内具有 mail 这个关键词，你想要将该文件识别出来进行查询修改的操作。此时你怎么找出来含有这个关键词的文件？你当然可以一个文件一个文件地开启，然后去查找 mail 这个关键词，只是该目录下面的文件可能不止 100 个，如果了解正则表达式的相关技巧，那么只要一行命令就找出来：【grep 'mail' /lib/systemd/system/*】，这个 grep 就是支持正则表达式的工具程序之一。如何，很简单吧！

谈到这里就要进一步说明了，正则表达式基本上是一种【表示法】，只要程序支持这种表示法，那么该程序就可以用来作为正则表达式的字符串处理之用。例如 vi、grep、awk、sed 等程序，因为它们有支持正则表达式，所以，这些程序就可以使用正则表达式的特殊字符来进行字符串的处理。但例如 cp、ls 等命令并未支持正则表达式，所以就只能使用 bash 自己本身的通配符而已。

◆ 正则表达式对于系统管理员的用途

那么为何我需要学习正则表达式？对于一般用户来说，由于使用到正则表达式的机会可能不怎么多，因此感受不到它的魅力，不过，对于身为系统管理员的你来说，正则表达式则是一个不可不学的好东西。怎么说呢？由于系统如果在繁忙的情况之下，每天产生的信息会多到你无法想象的地步，而我们也都知道，系统的错误信息日志文件（第 18 章）的内容记载了系统产生的所有信息，当然，这包含你的系统是否被入侵的记录信息。

但是系统的数据量太大了，要身为系统管理员的你每天去看这么多的信息数据，从千百行的数据里面找出一行有问题的信息，呵呵，光是用肉眼去看，想不疯掉都很难。这个时候，我们就可以通过正则表达式的功能，将这些登录的信息进行处理，仅取出有问题的信息来进行分析，哈哈，如此一来，你的系统管理工作将会【快乐得不得了】，当然，正则表达式的优点还不止于此，等你有一定程度的了解之后，你会爱上它。

◆ 正则表达式的广泛用途

正则表达式除了可以让系统管理员管理主机更为便利之外，事实上，由于正则表达式强大的字符串处理能力，目前一堆软件都支持正则表达式，最常见的就是邮件服务器。

如果你留意因特网上的消息，那么应该不难发现，目前造成网络大堵塞的主因之一就是垃圾广告邮件，而如果我们可以在服务器端，就将这些问题邮件拦截的话，客户端就会减少很多不必要的带宽耗损。那么如何拦截广告邮件？由于广告邮件几乎都有一定的标题或是内容，因此，只要每次有来信时，都先将来信的标题与内容进行特殊字符串的比对，发现有不良邮件就予以屏蔽，嘿，这个工作怎么达到？就使用正则表达式，目前两大邮件服务器软件 sendmail 与 postfix 以及支持邮件服务器的相关分析软件，都支持正则表达式的比对功能。

当然还不止于此，很多的服务器软件都支持正则表达式。当然，虽然各家软件都支持它，不过，这些字符串的比对还是需要系统管理员来加入比对规则的，所以，身为系统管理员的你，为了自身的工作以及客户端的需求，正则表达式实在是很需要也很值得学习的一项工具。

◆ 正则表达式与 shell 在 Linux 当中的角色定位

说实在的，我们在学数学的时候，一个很重要但是很难的东西是一定要背的，那就是九九乘法表，背成功了之后，未来在数学应用的路途上，真是一帆风顺。这个九九乘法表我们在小学的时候几乎背了一整年才背下来，并不是这么好背的，但它却是基础当中的基础，你现在一定受益颇多。

而我们谈到的这个正则表达式，与前一章的 BASH 就有点像是数学的九九乘法表一样，是 Linux 基础当中的基础，虽然也是最难的部分，不过，如果学成了之后，一定是有帮助的。这就好像是金庸小说里面的学武难关：任督二脉。打通任督二脉之后，武功立刻成倍成长。所以，不论是对于系统的认识与系统的管理部分，它都有很棒的辅助，请好好的学习这个基础吧！

◆ 扩展正则表达式

唔，正则表达式还有分类？没错，**正则表达式的字符串表示方式依照不同的严谨度而分为：基础正则表达式与扩展正则表达式**。扩展正则表达式除了简单的一组字符串处理之外，还可以作群组的字符串处理，例如进行查找 VBird 或 netman 或 lman 的查找，注意是【或（or）】而不是【和（and）】的处理，此时就需要扩展正则表达式的帮助。借由特殊的【()】与【|】等字符的协助，就能够达到这样的目的。不过，我们在这里主要仅是介绍最基础的基础正则表达式而已。好，清清脑门，咱们用功去。

> 有一点要向大家说明的，那就是正则表达式与通配符是完全不一样的东西，这很重要。因为【通配符（wildcard）代表的是 bash 操作接口的一个功能】，但正则表达式则是一种字符串处理的表示方式，这两者要分的很清楚才行。所以，学习本章，请将前一章 bash 的通配符意义先忘掉吧！

老实说，鸟哥以前刚接触正则表达式时，老想着要将这两者归纳在一起，结果就是——错误认知一大堆，所以才会建议您学习本章先忘记通配符再来学习。

11.2 基础正则表达式

既然正则表达式是处理字符串的一种表示方式，那么对字符排序有影响的语系数据就会对正则表达式的结果有影响。此外，正则表达式也需要支持程序来辅助才行，所以，我们这里就先介绍一个最简单的字符串选取功能的程序，那就是 grep。前一章已经介绍过 grep 的相关选项与参数，本章着重在较高级的 grep 选项说明。介绍完 grep 的功能之后，就进入正则表达式的特殊字符的处理能力了。

11.2.1　语系对正则表达式的影响

为什么语系的数据会影响到正则表达式的输出结果？我们在第 0 章计算机概论的文字编码系统里面谈到，文件其实记录的仅有 0 与 1，我们看到的字符文字与数字都是通过编码表转换来的。由于不同语系的编码数据并不相同，所以就会造成数据选取结果的差异。举例来说，在英文大小写的编码顺序中，zh_CN.big5 及 C 这两种语系的输出结果分别如下：

- LANG=C 时：0 1 2 3 4 … A B C D … Z a b c d …z
- LANG=zh_CN 时：0 1 2 3 4 … a A b B c C d D … z Z

上面的顺序是编码的顺序，我们可以很清楚地发现这两种语系明显就是不一样。如果你想要选取大写字符而使用 [A-Z] 时，会发现 LANG=C 确实可以仅识别到大写字符（因为是连续的），但是如果 LANG=zh_CN.gb18030 时，就会发现到，连同小写的 b-z 也会被选取出来。因为就编码的顺序来看，big5 语系可以选取到【A b B c C … z Z】这一堆字符。所以，**使用正则表达式时，需要特别留意当时环境的语系是什么，否则可能会发现与别人不相同的选取结果**。

由于一般我们在练习正则表达式时，使用的是兼容于 POSIX 的标准，因此就使用【C】这个语系[注1]。因此，下面的很多练习都是使用【LANG=C】这个语系来进行的。另外，为了要避免这样编码所造成的英文与数字的选取问题，因此有些特殊的符号我们要了解一下，这些符号主要有下面这些意义：

特 殊 符 号	代 表 意 义
[:alnum:]	代表英文大小写字符及数字，亦即 0~9、A~Z、a~z
[:alpha:]	代表任何英文大小写字符，亦即 A~Z、a~z
[:blank:]	代表空格键与 [Tab] 按键两者
[:cntrl:]	代表键盘上面　控制按键，包括 CR、LF、Tab、Del 等
[:digit:]	代表数字而已，即 0~9
[:graph:]	除了空格符（空格键与 [Tab] 按键）外的其他所有按键
[:lower:]	代表小写字符，即 a~z
[:print:]	代表任何可以被打印出来的字符
[:punct:]	代表标点符号（punctuation symbol），亦即："'?!;:#$
[:upper:]	代表大写字符，即 A~Z
[:space:]	任何会产生空白的字符，包括空格键、[Tab]、CR 等
[:xdigit:]	代表十六进制的数字类型，因此包括 0~9、A~F、a~f 的数字与字符

尤其上表中的[:alnum:]、[:alpha:]、[:upper:]、[:lower:]、[:digit:]这几个一定要知道代表什么意思，因为它要比 a~z 或 A~Z 的用途要确定。好了，下面就让我们开始来玩玩高级版的 grep。

11.2.2　grep 的一些高级选项

我们在第 10 章 BASH 里面的 grep 谈论过一些基础用法，但其实 grep 还有不少的高级用法，下面我们仅列出较高级的 grep 选项与参数给大家参考，基础的 grep 用法请参考前一章的说明。

```
[dmtsai@study ~]$ grep [-A] [-B] [--color=auto] '查找字符' filename
选项与参数：
-A ：后面可加数字，为 after 的意思，除了列出该行外，后续的 n 行也列出来；
-B ：后面可加数字，为 befer 的意思，除了列出该行外，前面的 n 行也列出来；
--color=auto 可将正确的那个选取数据列出颜色；
```

范例一：用 dmesg 列出内核信息，再以 grep 找出内含 qxl 那行。
```
[dmtsai@study ~]$ dmesg | grep 'qxl'
[    0.522749] [drm] qxl: 16M of VRAM memory size
[    0.522750] [drm] qxl: 63M of IO pages memory ready（VRAM domain）
[    0.522750] [drm] qxl: 32M of Surface memory size
[    0.650714] fbcon: qxldrmfb（fb0）is primary device
[    0.668487] qxl 0000:00:02.0: fb0: qxldrmfb frame buffer device
# dmesg 可列出内核产生的信息，包括硬件检测的流程也会显示出来。
# 鸟哥使用的显卡是 QXL 这个虚拟显卡，通过 grep 来 qxl 的相关信息，可发现如上信息。
范例二：承上题，要将识别到的关键字显色，且加上行号来表示。
[dmtsai@study ~]$ dmesg | grep -n --color=auto 'qxl'
515:[    0.522749] [drm] qxl: 16M of VRAM memory size
516:[    0.522750] [drm] qxl: 63M of IO pages memory ready（VRAM domain）
517:[    0.522750] [drm] qxl: 32M of Surface memory size
529:[    0.650714] fbcon: qxldrmfb（fb0）is primary device
539:[    0.668487] qxl 0000:00:02.0: fb0: qxldrmfb frame buffer device
# 除了 qxl 会有特殊颜色来表示之外，最前面还有行号，其实颜色显示已经是默认在 alias 当中了。
范例三：承上题，在关键字所在行的前两行与后三行也一起识别出来显示。
[dmtsai@study ~]$ dmesg | grep -n -A3 -B2 --color=auto 'qxl'
# 你会发现关键字之前与之后的数行也被显示出来，这样可以让你将关键字前后数据识别出来进行分析。
```

　　grep 是一个很常见也很常用的命令，它最重要的功能就是进行字符串数据的比对，然后将符合用户需求的字符串打印出来。需要说明的是 grep 在数据中查寻一个字符串时，是以【整行】为单位来进行数据的选取，也就是说，假如一个文件内有 10 行，其中有两行具有你所查找的字符串，则将那两行显示在屏幕上，其他的就丢弃。

　　在 CentOS 7 当中，默认已经将--color=auto 加入在 alias 当中了，用户就可以直接使用有关键词显色的 grep，非常方便。

11.2.3　基础正则表达式练习

　　要了解正则表达式最简单的方法就是由实际练习去感受。所以在集合正则表达式特殊符号前，我们先以下面这个文件的内容来进行正则表达式的理解吧！先说明一下，下面的练习大前提是：
- 语系已经使用【export LANG=C; export LC_ALL=C】的设置值
- grep 已经使用 alias 设置成为【grep --color=auto】

　　至于本章的练习文件请由下面的链接来下载。需要特别注意的是，下面这个文件是鸟哥在 Windows 系统下编辑的，并且已经特殊处理过，因此，它虽然是纯文本文件，但是内含一些 Windows 系统下的软件常常自行加入的一些特殊字符，例如换行符（^M）就是一例。所以，你可以直接将下面的文字以 vi 存储成 regular_express.txt 这个文件，不过，还是比较建议直接点下面的链接获取：

　　http://linux.vbird.org/linux_basic/0330regularex/regular_express.txt

　　如果你的 Linux 可以直接连上 Internet 的话，那么使用如下的命令来下载即可：
```
wget http://linux.vbird.org/linux_basic/0330regularex/regular_express.txt
```

　　至于这个文件的内容如下：
```
[dmtsai@study ~]$ vi regular_express.txt
"Open Source" is a good mechanism to develop programs.
apple is my favorite food.
Football game is not use feet only.
this dress doesn't fit me.
However, this dress is about $ 3183 dollars.^M
GNU is free air not free beer.^M
Her hair is very beauty.^M
I can't finish the test.^M
Oh! The soup taste good.^M
motorcycle is cheap than car.
This window is clear.
```

```
the symbol '*' is represented as start.
Oh!     My god!
The gd software is a library for drafting programs.^M
You are the best is mean you are the no. 1.
The world <Happy> is the same with "glad".
I like dog.
google is the best tools for search keyword.
goooooogle yes!
go! go! Let's go.
# I am VBird
```

这文件共有 22 行，最底下一行为空白行。现在开始我们一个案例一个案例的来介绍吧！

◆　例题一：查找特定字符串

查找特定字符串很简单吧？假设我们要从刚才的文件当中取得 the 这个特定字符串，最简单的方式就是这样：

```
[dmtsai@study ~]$ grep -n 'the' regular_express.txt
8:I can't finish the test.
12:the symbol '*' is represented as start.
15:You are the best is mean you are the no. 1.
16:The world <Happy> is the same with "glad".
18:google is the best tools for search keyword.
```

那如果想要反向选择？也就是说，当该行没有 'the' 这个字符串时才显示在屏幕上，那就直接使用：

```
[dmtsai@study ~]$ grep -vn 'the' regular_express.txt
```

你会发现，屏幕上出现的行列为除了第 8、12、15、16、18 行这 5 行之外的其他行列，接下来，如果你想要取得不论大小写的 the 这个字符串，则：

```
[dmtsai@study ~]$ grep -in 'the' regular_express.txt
8:I can't finish the test.
9:Oh! The soup taste good.
12:the symbol '*' is represented as start.
14:The gd software is a library for drafting programs.
15:You are the best is mean you are the no. 1.
16:The world <Happy> is the same with "glad".
18:google is the best tools for search keyword.
```

除了多两行（第 9 和 14 行）之外，第 16 行也多了一个 The 的关键词被选取到。

◆　例题二：利用中括号[]来查找集合字符

如果我想要查找 test 或 taste 这两个关键词时，可以发现到，其实它们有共通的 't?st' 存在，这个时候，我可以这样来查找：

```
[dmtsai@study ~]$ grep -n 't[ae]st' regular_express.txt
8:I can't finish the test.
9:Oh! The soup taste good.
```

了解了吧？其实[]里面不论有几个字符，它都仅代表某【一个】字符，所以，上面的例子说明了，我需要的字符串是【tast】或【test】两个字符串而已，而如果想要查找到有 oo 的字符时，则使用：

```
[dmtsai@study ~]$ grep -n 'oo' regular_express.txt
1:"Open Source" is a good mechanism to develop programs.
2:apple is my favorite food.
3:Football game is not use feet only.
9:Oh! The soup taste good.
18:google is the best tools for search keyword.
19:goooooogle yes!
```

但是，如果我不想要 oo 前面有 g 的话？此时，可以利用在集合字符的反向选择[^]来完成：

```
[dmtsai@study ~]$ grep -n '[^g]oo' regular_express.txt
2:apple is my favorite food.
3:Football game is not use feet only.
18:google is the best tools for search keyword.
19:goooooogle yes!
```

意思就是说，我需要的是 oo，但是 oo 前面不能是 g，仔细比较上面两个表格，你会发现，第 1、9 行不见了，因为 oo 前面出现了 g 所致。第 2、3 行没有疑问，因为 foo 与 Foo 均可被接受。但是第 18 行明明有 google 的 goo，别忘记了，因为该行后面出现了 tool 的 too。所以该行也被列出来，也就是说，18 行里面虽然出现了我们所不要的项目（goo）但是由于有需要的项目（too），因此是符合字符串查找。

至于第 19 行，同样的，因为 goooooogle 里面的 oo 前面可能是 o，例如：go（ooo）oogle，所以，这一行也是符合需求的。

再来，假设我 oo 前面不想要有小写字符，所以，我可以这样写 [^abcd....z]oo，但是这样似乎不怎么方便，由于小写字符的 ASCII 上编码的顺序是连续的，因此，我们可以将之简化为下面这样：

```
[dmtsai@study ~]$ grep -n '[^a-z]oo' regular_express.txt
3:Football game is not use feet only.
```

也就是说，当我们在一组集合字符中，如果该字符组是连续的，例如大写英文、小写英文、数字等，就可以使用[a-z]、[A-Z]、[0-9]等方式来书写，那么如果我们的要求字符串是数字与英文？呵呵，就将它全部写在一起，变成：[a-zA-Z0-9]。例如，我们要取得有数字的那一行，就这样：

```
[dmtsai@study ~]$ grep -n '[0-9]' regular_express.txt
5:However, this dress is about $ 3183 dollars.
15:You are the best is mean you are the no. 1.
```

但由于考虑到语系对于编码顺序的影响，因此除了连续编码使用减号【-】之外，你也可以使用如下的方法来取得前面两个测试的结果：

```
[dmtsai@study ~]$ grep -n '[^[:lower:]]oo' regular_express.txt
# 那个[:lower:]代表的就是 a-z 的意思，请参考前两小节的说明表格。
[dmtsai@study ~]$ grep -n '[[:digit:]]' regular_express.txt
```

啥？上面在写啥东西？不要害怕,分开来看一看。我们知道 [:lower:] 就是 a-z 的意思,那么 [a-z] 当然就是 [[:lower:]]。鸟哥第一次接触正则表达式的时候，看到两层中括号差点昏倒，完全看不懂。现在，请注意那是迭代的意义，自然就能够比较清楚了解。

这样对于 [] 以及 [^] 以及 [] 当中的 -，还有关于前面表格提到的特殊关键词有了解了吗？

◆ 例题三：行首与行尾字符 ^ $

我们在例题一当中，可以查询到一行字符串里面有 the 的，那如果我想要让 the 只在行首列出？这个时候就得要使用制表符了。我们可以这样做：

```
[dmtsai@study ~]$ grep -n '^the' regular_express.txt
12:the symbol '*' is represented as start.
```

此时，就只剩下第 12 行，因为只有第 12 行的行首是 the 开头，此外，如果我想要开头是小写字符的那一行就列出？可以这样：

```
[dmtsai@study ~]$ grep -n '^[a-z]' regular_express.txt
2:apple is my favorite food.
4:this dress doesn't fit me.
10:motorcycle is cheap than car.
12:the symbol '*' is represented as start.
18:google is the best tools for search keyword.
19:goooooogle yes!
20:go! go! Let's go.
```

你可以发现我们可以识别到第一个字符都不是大写的。上面的命令也可以用如下的方式来替换：

```
[dmtsai@study ~]$ grep -n '^[[:lower:]]' regular_express.txt
```

好，那如果我不想要开头是英文字母，则可以是这样：

```
[dmtsai@study ~]$ grep -n '^[^a-zA-Z]' regular_express.txt
1:"Open Source" is a good mechanism to develop programs.
21:# I am VBird
# 命令也可以是: grep -n '^[^[:alpha:]]' regular_express.txt
```

注意到了吧？那个 ^ 符号，在字符集合符号（括号[]）之内与之外是不同的。在 [] 内代表反向选择，在[]之外则代表定位在行首的意义，要分清楚，反过来思考，那如果我想要找出来，行尾结束为小数点（.）的那一行，该如何处理：

```
[dmtsai@study ~]$ grep -n '\.$' regular_express.txt
1:"Open Source" is a good mechanism to develop programs.
2:apple is my favorite food.
3:Football game is not use feet only.
4:this dress doesn't fit me.
10:motorcycle is cheap than car.
11:This window is clear.
12:the symbol '*' is represented as start.
15:You are the best is mean you are the no. 1.
16:The world <Happy> is the same with "glad".
17:I like dog.
18:google is the best tools for search keyword.
20:go! go! Let's go.
```

特别注意到，因为小数点具有其他意义（下面会介绍），所以必须要使用转义符（\）来加以解除其特殊意义。不过，你或许会觉得奇怪，但是第 5～9 行最后面也是.，怎么无法打印出来？这里就牵涉到 Windows 平台的软件对于换行符的判断问题了。我们使用 cat -A 将第 5 行拿出来看，你会发现：

```
[dmtsai@study ~]$ cat -An regular_express.txt | head -n 10 | tail -n 6
     5  However, this dress is about $ 3183 dollars.^M$
     6  GNU is free air not free beer.^M$
     7  Her hair is very beauty.^M$
     8  I can't finish the test.^M$
     9  Oh! The soup taste good.^M$
    10  motorcycle is cheap than car.$
```

我们在第 9 章内谈到过换行符在 Linux 与 Windows 上的差异，在上面的表格中我们可以发现第 5～9 行为 Windows 的换行符（^M$），而正常的 Linux 应该仅有第 10 行显示的那样（$），所以，那个.自然就不是紧接在$之前，也就识别不到第 5～9 行了。这样可以了解^与$的意义了吗？好了，先不要看下面的解答，自己想一想，那么如果我想要找出来，哪一行是【空白行】，也就是说，该行并没有输入任何数据，该如何查找？

```
[dmtsai@study ~]$ grep -n '^$' regular_express.txt
22:
```

因为只有行首跟行尾（^$），所以，这样就可以找出空白行。再来，假设你已经知道在一个程序脚本（shell 脚本）或是配置文件当中，空白行与开头为#的那一行是注释，因此如果你要将数据列出给别人参考时，可以将这些数据省略掉以节省保贵的纸张，那么你可以怎么做？我们以/etc/rsyslog.conf 这个文件来作范例，你可以自行参考一下输出的结果：

```
[dmtsai@study ~]$ cat -n /etc/rsyslog.conf
# 在 CentOS 7 中，结果可以发现有 91 行的输出，很多空白行与#开头的注释行。
[dmtsai@study ~]$ grep -v '^$' /etc/rsyslog.conf | grep -v '^#'
# 结果仅 14 行，其中第一个【-v '^$'】代表【不要空白行】，第二个【-v '^#'】代表【不要#开头的那行】。
```

是否节省很多版面？另外，你可能也会问，那为何不要出现 # 的符号的那行就直接舍弃？没办法，因为某些注释是与设置写在同一行的后面，如果你只是抓 # 就予以去除，那就会将某些设置也同时删除了，那错误就大了。

◆ 例题四：任意一个字符 . 与重复字符 *

在第 10 章 bash 当中，我们知道通配符 * 可以用来代表任意（0 或多个）字符，但是正则表达式并不是通配符，两者之间是不相同的。至于正则表达式当中的【.】则代表【绝对有一个任意字符】的意思，这两个符号在正则表达式的意义如下：

- . （小数点）：代表【一定有一个任意字符】的意思；
- * （星星号）：代表【重复前一个字符，0 到无穷多次】的意思，为组合形态；

这样讲不好懂，我们直接做个练习吧！假设我需要找出 g??d 的字符串，亦即共有四个字符，开头是 g 而结束是 d，我可以这样做：

```
[dmtsai@study ~]$ grep -n 'g..d' regular_express.txt
1:"Open Source" is a good mechanism to develop programs.
9:Oh! The soup taste good.
16:The world <Happy> is the same with "glad".
```

因为强调 g 与 d 之间一定要存在两个字符，因此，第 13 行的 god 与第 14 行的 gd 就不会被列出来。再来，如果我想要列出有 oo、ooo、oooo 等的数据，也就是说，至少要有两个（含）o 以上，该如何是好？是 o* 还是 oo* 还是 ooo*？虽然你可以看看结果，不过结果太占版面了，所以，我这里就直接说明。

因为 * 代表的是【重复 0 个或多个前面的 RE 字符】的意义，因此，【o*】代表的是：【拥有空字符或一个 o 以上的字符】，特别注意，因为允许空字符（就是有没有字符都可以的意思），因此，【grep – n 'o*' regular_express.txt】将会把所有的数据都打印到屏幕上。

那如果是【oo*】？则第一个 o 肯定必须要存在，第二个 o 则是可有可无的多个 o，所以，凡是含有 o、oo、ooo、oooo 等，都可以被列出来。

同理，当我们需要至少两个 o 以上的字符串时，就需要 ooo*，亦即是：

```
[dmtsai@study ~]$ grep -n 'ooo*' regular_express.txt
1:"Open Source" is a good mechanism to develop programs.
2:apple is my favorite food.
3:Football game is not use feet only.
9:Oh! The soup taste good.
18:google is the best tools for search keyword.
19:goooooogle yes!
```

这样理解 * 的意义了吗？好了，现在出个练习，如果我想要字符串开头与结尾都是 g，但是两个 g 之间仅能存在至少一个 o，即 gog、goog、gooog 等，那该如何处理？

```
[dmtsai@study ~]$ grep -n 'goo*g' regular_express.txt
18:google is the best tools for search keyword.
19:goooooogle yes!
```

如此了解了吗？再来一题，如果我想要找出 g 开头与 g 结尾的字符串，当中的字符可有可无，那该如何是好？是【g*g】吗？

```
[dmtsai@study ~]$ grep -n 'g*g' regular_express.txt
1:"Open Source" is a good mechanism to develop programs.
3:Football game is not use feet only.
9:Oh! The soup taste good.
13:Oh!  My god!
14:The gd software is a library for drafting programs.
16:The world <Happy> is the same with "glad".
17:I like dog.
18:google is the best tools for search keyword.
19:goooooogle yes!
20:go! go! Let's go.
```

但测试的结果竟然出现这么多行？太诡异了吧？其实一点也不诡异，因为 g*g 里面的 g* 代表空字符或一个以上的 g 在加上后面的 g，因此，整个 RE 的内容就是 g、gg、ggg、gggg，因此，只要该行当中拥有一个以上的 g 就符合所需了。

那该如何得到我们的 g....g 的需求？呵呵，就利用任意一个字符【.】，即【g.*g】的做法，因为*可以是 0 或多个重复前面的字符，而.是任意字符，所以：【.* 就代表零个或多个任意字符】的意思。

```
[dmtsai@study ~]$ grep -n 'g.*g' regular_express.txt
1:"Open Source" is a good mechanism to develop programs.
14:The gd software is a library for drafting programs.
18:google is the best tools for search keyword.
19:goooooogle yes!
20:go! go! Let's go.
```

因为是代表 g 开头与 g 结尾，中间任意字符均可接受，所以，第 1、14、20 行是可接受的。这个 .* 的 RE 表示任意字符是很常见的，希望大家能够理解并且熟悉。再出一题，如果我想要找出【任意数字】的行列？因为仅有数字，所以就成为：

```
[dmtsai@study ~]$ grep -n '[0-9][0-9]*' regular_express.txt
5:However, this dress is about $ 3183 dollars.
15:You are the best is mean you are the no. 1.
```

虽然使用 grep -n '[0-9]' regular_express.txt 也可以得到相同的结果，但鸟哥希望大家能够理解上面命令当中 RE 表示法的意义才好。

◆　例题五：限定连续 RE 字符范围 {}

在上个例题当中，我们可以利用 . 与 RE 字符及 * 来设置 0 个到无限多个重复字符，那如果我想要限制一个范围区间内的重复字符数？举例来说，我想要找出 2 个到 5 个 o 的连续字符串，该如何做？这时候就得要使用到限定范围的字符 {} 了。但因为 { 与 } 的符号在 shell 是有特殊意义的，因此，**我们必须要使用转义符 \ 来让它失去特殊意义才行**。至于 {} 的语法是这样的，假设我要找到两个 o 的字符串，可以是：

```
[dmtsai@study ~]$ grep -n 'o\{2\}' regular_express.txt
1:"Open Source" is a good mechanism to develop programs.
2:apple is my favorite food.
3:Football game is not use feet only.
9:Oh! The soup taste good.
18:google is the best tools for search keyword.
19:goooooogle yes!
```

这样看似乎与 ooo* 的字符没有什么差异？因为第 19 行有多个 o 依旧也出现了。好，那么换个查找的字符串，假设我们要找出 g 后面接 2 到 5 个 o，然后再接一个 g 的字符串，它会是这样：

```
[dmtsai@study ~]$ grep -n 'go\{2,5\}g' regular_express.txt
18:google is the best tools for search keyword.
```

嗯，很好，第 19 行终于没有被使用了（因为第 19 行有 6 个 o）。那么，如果我想要的是 2 个 o 以上的 goooo....g 呢？除了可以是 gooo*g，也可以是：

```
[dmtsai@study ~]$ grep -n 'go\{2,\}g' regular_express.txt
18:google is the best tools for search keyword.
19:goooooogle yes!
```

呵呵，就可以找出来了。

11.2.4　基础正则表达式字符集合（characters）

经过了上面的几个简单的范例，我们可以将基础的正则表达式特殊字符集合如下：

RE 字符	意义与范例
^word	意义：待查找的字符串（word）在行首 范例：查找行首为 # 开始的那一行，并列出行号。 grep −n '^#' regular_express.txt
word$	意义：待查找的字符串（word）在行尾 范例：将行尾为 ！的那一行打印出来，并列出行号。 grep −n '!$' regular_express.txt
.	意义：代表【一定有一个任意字符】的字符 范例：查找的字符串可以是（eve）、（eae）、（eee）、（e e），但不能仅有（ee），亦即 e 与 e 中间【一定】仅有一个字符，而空格符也是字符。 grep −n 'e.e' regular_express.txt
\	意义：转义符，将特殊符号的特殊意义去除 范例：查找含有单引号 ' 的那一行。 grep −n \' regular_express.txt
*	意义：重复零个到无穷多个的前一个 RE 字符 范例：找出含有（es）、（ess）、（esss）等的字符串，注意，因为 * 可以是 0 个，所以 es 也是符合带查找字符串。另外，因为 * 为重复【前一个 RE 字符】的符号，因此，在 * 之前必须要紧接着一个 RE 字符。例如任意字符则为【.*】。 grep −n 'ess*' regular_express.txt
[list]	意义：字符集合的 RE 字符，里面列出想要选取的字符 范例：查找含有（gl）或（gd）的那一行，需要特别留意的是，在 [] 当中【谨代表一个待查找的字符】，例如【a[afl]y】代表查找的字符串可以是 aay、afy、aly 即 [afl] 代表 a 或 f 或 l 的意思。 grep −n 'g[ld]' regular_express.txt
[n1−n2]	意义：字符集合的 RE 字符，里面列出想要选取的字符范围 范例：查找含有任意数字的那一行。需特别留意，在字符集合 [] 中的减号 − 是有特殊意义的，它代表两个字符之间的所有连续字符。但这个连续与否与 ASCII 编码有关，因此，你的编码需要设置正确(在 bash 当中，需要确定 LANG 与 LANGUAGE 的变量是否正确。)例如所有大写字符则为 [A−Z]。 grep −n '[A−Z]' regular_express.txt
[^list]	意义：字符集合的 RE 字符，里面列出不要的字符串或范围 范例：查找的字符串可以是（oog）、（ood）但不能是（oot），那个 ^ 在 [] 内时，代表的意义是【反向选择】的意思。例如，我不要大写字符，则为 [^A−Z]。但是，需要特别注意的是，如果以 grep −n [^A−Z] regular_express.txt 来查找，却发现该文件内的所有行都被列出，为什么呢？因为这个 [^A−Z] 是【非大写字符】的意思，因为每一行均有非大写字符，例如第一行的 "Open Source" 就有 p、e、n、o 等的小写。 grep −n 'oo[^t]' regular_express.txt
\{n,m\}	意义：连续 n 到 m 个的【前一个 RE 字符】 意义：若为 \{n\} 则是连续 n 个的前一个 RE 字符 意义：若是 \{n,\} 则是连续 n 个以上的前一个 RE 字符 范例：在 g 与 g 之间有 2 个到 3 个的 o 存在的字符串，亦即（goog）（gooog）。 grep −n 'go\{2,3\}g' regular_express.txt

再次强调：正则表达式的特殊字符与一般在命令行输入命令的通配符并不相同，例如，在通配符当中的 * 代表的是【0～ 无限多个字符】的意思，但是在正则表达式当中，* 则是【重复 0 到无穷多个的前一个 RE 字符】的意思，使用的意义并不相同，不要搞混了。

举例来说，不支持正则表达式的 ls 这个命令中，若我们使用【ls -l *】代表的是任意文件名的文件，而【ls -l a*】代表的是以 a 为开头的任何文件名的文件，但在正则表达式中，我们要找到含有以 a 为开头的文件，则必须要这样：（需搭配支持正则表达式的程序）

```
ls | grep -n '^a.*'
```

例题

以 ls -l 配合 grep 找出 /etc/ 下面文件类型为链接文件属性的文件名

答：由于 ls -l 列出链接文件时标头会是【lrwxrwxrwx】，因此使用如下的命令即可找出结果：

```
ls -l /etc | grep '^l'
```

若仅想要列出几个文件，再以【|wc -l】 来累加处理即可。

11.2.5　sed 工具

在了解了一些正则表达式的基础应用之后，再来？呵呵，两个东西可以玩一玩的，那就是 sed 跟下面会介绍的 awk，这两个家伙可是相当的有用的。举例来说，鸟哥写的 logfile.sh 分析日志文件的小程序（第 18 章会谈到），绝大部分的分析关键词的使用、统计等，就是用这两个工具来帮我完成的。那么你说，要不要玩一玩？

我们先来谈一谈 sed 好了，sed 本身也是一个管道命令，可以分析标准输入。而且 sed 还可以将数据进行替换、删除、新增、选取特定行等功能。很不错吧，我们先来了解一下 sed 的用法，再来聊它的用途。

```
[dmtsai@study ~]$ sed [-nefr] [操作]
选项与参数：
-n ：使用安静（silent）模式，在一般 sed 的用法中，所有来自 stdin 的数据一般都会被列出到屏幕上。
     但如果加上 -n 参数后，则只有经过 sed 特殊处理的那一行（或操作）才会被列出来。
-e ：直接在命令行模式上进行 sed 的操作编辑。
-f ：直接将 sed 的操作写在一个文件内，-f filename 则可以执行 filename 内的 sed 操作。
-r ：sed 的操作使用的是扩展型正则表达式的语法。（默认是基础正则表达式语法）
-i ：直接修改读取的文件内容，而不是由屏幕输出。
操作说明：  [n1[,n2]]function
n1, n2 ：不见得会存在，一般代表【选择进行操作的行数】举例来说，如果我的操作
         是需要在 10 到 20 行之间进行的，则【10,20[操作行为]】
function 有下面这些东西：
a  ：新增，a 的后面可以接字符，而这些字符会在新的一行出现（目前的下一行）；
c  ：替换，c 的后面可以接字符，这些字符可以替换 n1,n2 之间的行；
d  ：删除，因为是删除，所以 d 后面通常不接任何东西；
i  ：插入，i 的后面可以接字符，而这些字符会在新的一行出现（目前的上一行）；
p  ：打印，亦即将某个选择的数据打印出来。通常 p 会与参数 sed -n 一起运行；
s  ：替换，可以直接进行替换的工作，通常这个 s 的操作可以搭配正则表达式，例如 1,20s/old/new/g 就是。
```

◆ 以行为单位的新增/删除功能

sed 光是用看的是看不懂的，所以又要来练习了，先来玩玩删除与新增的功能吧！

```
范例一：将 /etc/passwd 的内容列出并且打印行号，同时，请将第 2~5 行删除。
[dmtsai@study ~]$ nl /etc/passwd | sed '2,5d'
     1  root:x:0:0:root:/root:/bin/bash
     6  sync:x:5:0:sync:/sbin:/bin/sync
     7  shutdown:x:6:0:shutdown:/sbin:/sbin/shutdown
……（后面省略）……
```

看到了吧？ sed 的操作为 '2,5d'，那个 d 就是删除。因为第 2~5 行给它删除了，所以显示的数据

就没有第 2～5 行，另外，注意一下，原本应该是要执行 sed−e 才对，没有−e 也行。同时也要注意的是 sed 后面接的操作，请务必以"两个单引号括住。

如果题型变化一下，举例来说，如果只要删除第 2 行，可以使用【nl /etc/passwd | sed '2d' 】来完成，至于若是要删除第 3 到最后一行，则是【nl /etc/passwd | sed '3,$d' 】，那个美元符号【 $ 】代表最后一行。

```
范例二：承上题，在第 2 行后（亦即是加在第 3 行）加上【drink tea?】字样。

[dmtsai@study ~]$ nl /etc/passwd | sed '2a drink tea'
     1  root:x:0:0:root:/root:/bin/bash
     2  bin:x:1:1:bin:/bin:/sbin/nologin
drink tea
     3  daemon:x:2:2:daemon:/sbin:/sbin/nologin
……（后面省略）……
```

嘿嘿，在 a 后面加上的字符串就已将出现在第 2 行后面，那如果是要在第 2 行前呢？【nl /etc/passwd |sed '2i drink tea' 】就对，就是将【a】变成【i】即可，增加一行很简单，那如果是要增将两行以上呢？

```
范例三：在第 2 行后面加入两行字，例如【Drink tea or .....】与【drink beer?】
[dmtsai@study ~]$ nl /etc/passwd | sed '2a Drink tea or ......\
> drink beer ?'
     1  root:x:0:0:root:/root:/bin/bash
     2  bin:x:1:1:bin:/bin:/sbin/nologin
Drink tea or ......
drink beer ?
     3  daemon:x:2:2:daemon:/sbin:/sbin/nologin
……（后面省略）……
```

这个范例的重点是【我们可以新增不只一行。可以新增好几行】但是每一行之间都必须要以反斜杠【\】来进行新行的增加。所以，上面的例子中，我们可以发现在第一行的最后面就有\存在，在多行新增的情况下，\是一定要的。

◆　以行为单位的替换与显示功能

刚刚是介绍如何新增与删除，那么如果要整行替换？看看下面的范例吧：

```
范例四：我想将第 2-5 行的内容替换成为【No 2-5 number】？
[dmtsai@study ~]$ nl /etc/passwd | sed '2,5c No 2-5 number'
     1  root:x:0:0:root:/root:/bin/bash
No 2-5 number
     6  sync:x:5:0:sync:/sbin:/bin/sync
……（后面省略）……
```

通过这个方法我们就能够将数据整行替换了，非常容易吧！sed 还有更好用的东东。我们以前想要列出第 11~20 行，得要通过【head −n 20 | tail −n 10】之类的方法来处理，很麻烦，sed 则可以简单的直接取出你想要的那几行，是通过行号来识别的，看看下面的范例先：

```
范例五：仅列出/etc/passwd 文件内的第 5-7 行。
[dmtsai@study ~]$ nl /etc/passwd | sed -n '5,7p'
     5  lp:x:4:7:lp:/var/spool/lpd:/sbin/nologin
     6  sync:x:5:0:sync:/sbin:/bin/sync
     7  shutdown:x:6:0:shutdown:/sbin:/sbin/shutdown
```

上述的命令中有个重要的选项【−n】，按照说明文件，这个 −n 代表的是【安静模式】。那么为什么要使用安静模式？你可以自行执行 sed '5,7p' 就知道了（第 5～7 行会重复输出）。有没有加上−n 的参数时，输出的数据可是差很多的。你可以通过这个 sed 以行为单位的显示功能，就能够将某一个文件内的某些行号识别出来查看。很棒的功能，不是吗？

◆　部分数据的查找并替换的功能

除了整行的处理模式之外，sed 还可以以行为单位进行部分数据的查找并替换的功能。基本上 sed 的查找与替换的与 vi 相当的类似，它有点像这样：

```
sed 's/要被替换的字符/新的字符/g'
```

上表中特殊字体的部分为关键词，请记下来，至于三个斜线分成两栏就是新旧字符串的替换。我们使用下面这个取得 IP 数据的范例，一段一段的来处理给您看看，让你了解一下什么是咱们所谓的查找并替换吧！

```
步骤一: 先观察原始信息，利用/sbin/ifconfig 查询 IP 是什么?
[dmtsai@study ~]$ /sbin/ifconfig eth0
eth0: flags=4163<UP,BROADCAST,RUNNING,MULTICAST>  mtu 1500
        inet 192.168.1.100  netmask 255.255.255.0  broadcast 192.168.1.255
        inet6 fe80::5054:ff:fedf:e174  prefixlen 64  scopeid 0x20<link>
        ether 52:54:00:df:e1:74  txqueuelen 1000  (Ethernet)
……（以下省略）……
# 因为我们还没有讲到 IP，这里你先有个概念即可，我们的重点在第二行，
# 也就是 192.168.1.100 那一行而已，先利用关键词识别出那一行。
步骤二: 利用关键字配合 grep 选取出关键的一行数据。
[dmtsai@study ~]$ /sbin/ifconfig eth0 | grep 'inet '
        inet 192.168.1.100  netmask 255.255.255.0  broadcast 192.168.1.255
# 当场仅剩下一行。要注意，CentOS 7 与 CentOS 6 以前的 ifconfig 命令输出结果不太相同，
# 鸟哥这个范例主要是针对 CentOS 7 以后的。接下来，我们要将开始到 addr: 通通删除，就是像下面这样:
# inet 192.168.1.100  netmask 255.255.255.0  broadcast 192.168.1.255
# 上面的删除关键在于【^.*inet】，正则表达式出现。
步骤三: 将 IP 前面的部分予以删除。
[dmtsai@study ~]$ /sbin/ifconfig eth0 | grep 'inet ' | sed 's/^.*inet //g'
192.168.1.100  netmask 255.255.255.0  broadcast 192.168.1.255
# 仔细与上个步骤比较一下，前面的部分不见了。接下来则是删除后续的部分，亦即:
192.168.1.100  netmask 255.255.255.0  broadcast 192.168.1.255
# 此时所需的正则表达式为:【' *netmask.*$】就是。
步骤四: 将 IP 后面的部分予以删除。
[dmtsai@study ~]$ /sbin/ifconfig eth0 | grep 'inet ' | sed 's/^.*inet //g' \
>  | sed 's/ *netmask.*$//g'
192.168.1.100
```

通过这个范例的练习也建议您依据此一步骤来研究你的命令。就是先观察，然后再一层一层地试做，如果有做不对的地方，就先予以修改，改完之后测试，成功后再往下继续测试。以鸟哥上面的介绍中，那一大串命令就做了四个步骤，对吧！

让我们再来继续研究 sed 与正则表达式的配合练习。假设我只要 MAN 存在的那几行数据，但是含有 # 在内的注释我不想要，而且空白行我也不要，此时该如何处理？可以通过这几个步骤来实践看看:

```
步骤一: 先使用 grep 将关键字 MAN 所在行取出来。
[dmtsai@study ~]$ cat /etc/man_db.conf | grep 'MAN'
# MANDATORY_MANPATH                     manpath_element
# MANPATH_MAP           path_element    manpath_element
# MANDB_MAP             global_manpath  [relative_catpath]
# every automatically generated MANPATH includes these fields
……（后面省略）……
步骤二: 删除掉注释之后的内容。
[dmtsai@study ~]$ cat /etc/man_db.conf | grep 'MAN'| sed 's/#.*$//g'
MANDATORY_MANPATH                     /usr/man
……（后面省略）……
# 从上面可以看出来，原本注释的内容都变成空白行，所以，接下来要删除掉空白行。
[dmtsai@study ~]$ cat /etc/man_db.conf | grep 'MAN'| sed 's/#.*$//g' | sed '/^$/d'
MANDATORY_MANPATH                     /usr/man
MANDATORY_MANPATH                     /usr/share/man
MANDATORY_MANPATH                     /usr/local/share/man
……（后面省略）……
```

◆　直接修改文件内容（危险操作）

你以为 sed 只有这样的能耐吗？那可不，sed 甚至可以直接修改文件的内容，而不必使用管道命令或数据流重定向。不过，由于这个操作会直接修改到原始的文件，所以请你千万不要随便拿系统配

置文件来测试。我们还是使用你下载的 regular_express.txt 文件来测试看看吧！

```
范例六：利用 sed 将 regular_express.txt 内每一行结尾若为.则换成！。
[dmtsai@study ~]$ sed -i 's/\.$/\!/g' regular_express.txt
# 上面的-i 选项可以让你的 sed 直接去修改后面接的文件内容而不是由屏幕输出。
# 这个范例是用在替换，请您自行 cat 该文件去查看结果。
范例七：利用 sed 直接在 regular_express.txt 最后一行加入【# This is a test】
[dmtsai@study ~]$ sed -i '$a # This is a test' regular_express.txt
# 由于$代表的是最后一行，而 a 的操作是新增，因此该文件最后新增。
```

sed 的【−i】选项可以直接修改文件内容，这功能非常有帮助。举例来说，如果你有一个 100 万行的文件，你要在第 100 行加某些文字，此时使用 vim 可能会疯掉，因为文件太大了。那怎么办？就利用 sed，通过 sed 直接修改与替换的功能，你甚至不需要使用 vim 去自定义，很棒吧！

总之，这个 sed 很不错，而且很多的 shell 脚本都会使用到这个命令的功能，sed 可以帮助系统管理员管理好日常的工作，要仔细的学习。

11.3 扩展正则表达式

事实上，一般读者只要了解基础型的正则表达式大概就已经相当足够了。不过，某些时刻为了要简化整个命令操作，了解一下使用范围更广的扩展正则表达式的表示式会更方便。举个简单的例子，在上节的例题三的最后一个例子中，我们要去除空白行与行首为 # 的行，使用的是

```
grep -v '^$' regular_express.txt | grep -v '^#'
```

需要使用到管道命令来查找两次，那么如果使用扩展正则表达式，我们可以简化为：

```
egrep -v '^$|^#' regular_express.txt
```

扩展正则表达式可以通过群组功能【|】来进行一次查找。那个在单引号内的管道意义为【或 or】，是否变的更简单？此外，grep 默认仅支持基础正则表达式，如果要使用扩展正则表达式，你可以使用 grep −E，不过更建议直接使用 egrep，直接区分命令比较好记忆。其实 egrep 与 grep −E 是类似命令别名的关系。

熟悉了正则表达式之后，到这个扩展型的正则表达式，你应该也会想到，不就是多几个重要的特殊符号吗？是的，所以，我们就直接来说明一下，扩展正则表达式有哪几个特殊符号？由于下面的范例还是有使用到 regular_express.txt，不巧的是刚刚我们可能将该文件修改过了，所以，请重新下载该文件来练习。

RE 字符	意义与范例
+	意义：重复【一个或一个以上】的前一个 RE 字符 范例：查找 god、good、goood 等的字符串。那个 o+ 代表【一个以上的 o】所以，下面的执行成果会将第 1、9、13 行列出来。 egrep −n 'go+d' regular_express.txt
?	意义：【零个或一个】的前一个 RE 字符 范例：查找 gd、god 这两个字符串。那个 o? 代表【空的或 1 个 o】所以，上面的执行成果会将第 13、14 行列出来。有没有发现到，这两个案例（'go+d' 与 'go?d'）的结果集合与 'go*d' 相同？想想看，这是为什么。 egrep −n 'go?d' regular_express.txt
|	意义：用或（ or ）的方式找出数个字符串 范例：查找 gd 或 good 这两个字符串，注意，是【或】，所以，第 1、9、14 这三行都可以被打印出来，那如果还想要找出 dog？ egrep −n 'gd|good' regular_express.txt egrep −n 'gd|good|dog' regular_express.txt

续表

RE 字符	意义与范例
( )	意义：找出【群组】字符串 范例：查找 glad 或 good 这两个字符串，因为 g 与 d 是重复的，所以，我就可以将 la 与 oo 列于 ( ) 当中，并以	来分隔开来，就可以。 egrep -n 'g (la|oo) d' regular_express.txt
( ) +	意义：多个重复群组的判别 范例：将【AxyzxyzxyzxyzC】用 echo 打印，然后再使用如下的方法查找一下。 echo 'AxyzxyzxyzxyzC' | egrep 'A (xyz) +C' 上面的例子意思是说，我要找开头是 A 结尾是 C，中间有一个以上的 "xyz" 字符串的意思

以上这些就是扩展型的正则表达式的特殊字符。另外，要特别强调的是，那个! 在正则表达式当中并不是特殊字符，所以，如果你想要查出来文件中含有! 与>的字行时，可以这样：

```
grep -n '[!>]' regular_express.txt
```

这样可以了解了吗? 常常看到有陷阱的题目写：反向选择这样对否? '[!a-z]'? 。呵呵，是错的呦，要 '[^a-z] 才是对的，至于更多关于正则表达式的高级应用，请参考文末的参考数据^(注2)。

11.4　文件的格式化与相关处理

接下来让我们来将文件进行一些简单的编排吧! 下面这些操作可以将你的信息进行排版的操作，不需要重新以 vim 去编辑，通过数据流重定向配合下面介绍的 printf 功能，以及 awk 命令，就可以让你的信息以你想要的模样来输出，试看看吧!

11.4.1　格式化打印：printf

在很多时候，我们可能需要将自己的数据格式化输出。举例来说，考试卷分数的输出，姓名与科目及分数之间，总是可以稍微作个比较漂亮的格式配置吧? 例如我想要输出下面的样式：

```
Name      Chinese   English   Math    Average
DmTsai      80        60        92     77.33
VBird       75        55        80     70.00
Ken         60        90        70     73.33
```

上表的数据主要分成 5 个字段，各个字段之间可使用 tab 或空格键进行分隔。请将上表的数据转存成为 printf.txt 文件名，等一下我们会利用这个文件来进行几个小练习。因为每个字段的原始数据长度其实并非是如此固定的 (中文长度就是比 Name 要多)，而我就是想要如此表示出这些数据，此时，就得需要打印格式管理员 printf 的帮忙了。printf 可以帮我们将数据输出的结果格式化，而且还支持一些特殊的字符，下面我们就来看看。

```
[dmtsai@study ~]$ printf '打印格式' 实际内容
选项与参数:
关于格式方面的几个特殊样式:
    \a    警告声音输出。
    \b    退格键 ( backspace )。
    \f    清除屏幕 ( form feed )。
    \n    输出新的一行。
    \r    亦即回车按键。
    \t    水平的 [tab] 按键。
    \v    垂直的 [tab] 按键。
    \xNN  NN 为两位数的数字，可以转换数字成为字符。
```

```
关于 C 语言程序内，常见的变量格式
    %ns     那个 n 是数字，s 代表 string，亦即多少个字符；
    %ni     那个 n 是数字，i 代表 integer，亦即多少整数位数；
    %N.nf   那个 n 与 N 都是数字，f 代表 floating（浮点），如果有小数位数，
            假设我共要十个位数，但小数点有两位，即为 %10.2f.
```

接下来我们来进行几个常见的练习。假设所有的数据都是一般文字（这也是最常见的状态），因此最常用来分隔数据的符号就是 [Tab]，因为 [Tab] 按键可以将数据作个整齐的排列，那么如何利用 printf 呢？参考下面这个范例：

```
范例一：将刚刚上面数据的文件（printf.txt）内容仅列出姓名与成绩。（用[tab]分隔）
[dmtsai@study ~]$ printf '%s\t %s\t %s\t %s\t %s\t \n' $(cat printf.txt)
Name    Chinese         English     Math    Average
DmTsai  80      60      92      77.33
VBird   75      55      80      70.00
Ken     60      90      70      73.33
```

由于 printf 并不是管道命令，因此我们得要通过类似上面的功能，将文件内容先提出来给 printf 作为后续的数据才行。如上所示，我们将每个数据都以[tab]作为分隔，但是由于中文长度太长，导致英文中间多了一个[Tab]来将数据排列整齐，就会看到数据对齐结果的差异了。

另外，在 printf 后续的那一段格式中，%s 代表一个不固定长度的字符串，而字符串与字符串中间就以\t 这个[Tab]分隔符来处理。你要记得的是，由于\t 与%s 中间还有空格，因此每个字符串间会有一个[Tab]与一个空格键的分隔。

既然每个字段的长度不固定会造成上述的困扰，那我将每个字段固定就好，没错没错，这样想非常好。所以我们就将数据给它进行固定字段长度的设置吧！

```
范例二：将上述数据关于第二行以后，分别以字符、整数、小数点来显示。
[dmtsai@study ~]$ printf '%10s %5i %5i %5i %8.2f \n' $(cat printf.txt | grep -v Name)
    DmTsai    80    60    92    77.33
     VBird    75    55    80    70.00
       Ken    60    90    70    73.33
```

上面这一串格式想必您看得很辛苦，没关系，一个一个来解释。上面的格式共分为 5 个字段，%10s 代表的是一个长度为 10 个字符的字符串字段，%5i 代表的是长度为 5 个字符的数字字段，至于那个 %8.2f 则代表长度为 8 个字符的具有小数点的字段，其中小数点有两个字符宽度。我们可以使用下面的说明来介绍%8.2f 的意义：

字符宽度：12345678
%8.2f 意义：00000.00

如上所述，全部的宽度仅有 8 个字符，整数部分占有 5 个字符，小数点本身（.）占一位，小数点下的位数则有两位，这种格式经常使用于数值程序的设计中。这样了解吗？自己试试看如果要将小数点位数变成 1 位又该如何处理？

printf 除了可以格式化处理之外，它还可以根据 ASCII 的数字与字符对应来显示数据[注3]。举例来说十六进制的 45 可以得到什么 ASCII 字符？

```
范例三：列出十六进制的数值 45 代表的字符是什么？
[dmtsai@study ~]$ printf '\x45\n'
E
# 这东西也很好玩，它可以将数值转换成字符，如果你会写脚本的话，
# 可以自行测试一下，由 20~80 之间的数值代表的字符是啥。
```

printf 的使用相当的广泛，包括等一下后面会提到的 awk 以及在 C 语言程序当中使用的屏幕输出，都是利用 printf。鸟哥这里也只是列出一些可能会用到的格式而已，有兴趣的话，可以自行多做一些测试与练习。

格式化打印这个 printf 命令，乍看之下好像也没有什么很重要的，不过，如果你需要自行编写一些软件，需要将一些数据在屏幕上面漂漂亮亮地输出的话，那么 printf 可也是一个很棒的工具。

11.4.2　awk：好用的数据处理工具

awk 也是一个非常棒的数据处理工具，相较于 sed 常常作用于一整个行的处理，awk 则比较倾向于一行当中分成数个字段来处理。因此，awk 相当适合处理小型的文本数据，awk 通常运行的模式是这样的：

```
[dmtsai@study ~]$ awk '条件类型 1{操作 1} 条件类型 2{操作 2} ...' filename
```

awk 后面接两个单引号并加上大括号{}来设置想要对数据进行的处理操作，awk 可以处理后续接的文件，也可以读取来自前个命令的标准输出。但如前面所说 awk **主要是处理每一行的字段内的数据，而默认的字段的分隔符为"空格键"或"[Tab]键"**。举例来说，我们用 last 可以将登录者的数据取出来，结果如下所示：

```
[dmtsai@study ~]$ last -n 5 <==仅取出前五行。
dmtsai   pts/0    192.168.1.100    Tue Jul 14 17:32   still logged in
dmtsai   pts/0    192.168.1.100    Thu Jul  9 23:36 - 02:58  (03:22)
dmtsai   pts/0    192.168.1.100    Thu Jul  9 17:23 - 23:36  (06:12)
dmtsai   pts/0    192.168.1.100    Thu Jul  9 08:02 - 08:17  (00:14)
dmtsai   tty1                      Fri May 29 11:55 - 12:11  (00:15)
```

若我想要取出账号与登录者的 IP，且账号与 IP 之间以 [Tab] 隔开，则会变成这样：

```
[dmtsai@study ~]$ last -n 5 | awk '{print $1 "\t" $3}'
dmtsai  192.168.1.100
dmtsai  192.168.1.100
dmtsai  192.168.1.100
dmtsai  192.168.1.100
dmtsai  Fri
```

上表是 awk 最常使用的操作，通过 print 的功能将字段数据列出来。字段的分隔则以空格键或 [Tab] 按键来隔开，因为不论哪一行我都要处理，因此，就不需要有 "条件类型" 的限制。我所想要的是第 1 栏以及第 3 栏，但是，第 5 行的内容怪怪的，这是因为数据格式的问题。所以，使用 awk 的时候，请先确认一下你的数据，如果是连续性的数据，请不要有空格或 [Tab] 在内，否则，就会像这个例子这样，会发生误判。

另外，由上面这个例子你也会知道，在 awk 的括号内，**每一行的每个字段都是有变量名称，那就是 $1, $2 等变量名称**。以上面的例子来说，dmtsai 是$1，因为它是第 1 栏嘛。至于 192.168.1.100 是第 3 栏，所以它就是$3，后面以此类推，呵呵，还有个变量，那就是$0，**$0 代表【一整列数据】的意思**，以上面的例子来说，第 1 行的$0 代表的就是【dmtsai ....】那一列，由此可知，刚刚上面 5 行当中，整个 awk 的处理流程是：

1. 读入第 1 行，并将第 1 行的数据写入$0、$1、$2 等变量当中。
2. 根据 "条件类型" 的限制，判断是否需要进行后面的 "操作"。
3. 完成所有操作与条件类型。
4. 若还有后续的【行】的数据，则重复上面 1～3 的步骤，直到所有的数据都读完为止。

经过这样的步骤，你会晓得 awk 是以行为一次处理的单位，而以字段为最小的处理单位。好了，那么 awk 怎么知道我到底这个数据有几行？有几列呢？这就需要 awk 的内置变量的帮忙。

变 量 名 称	代 表 意 义
NF	每一行（$0）拥有的字段总数
NR	目前 awk 所处理的是第几行数据
FS	目前的分隔字符，默认是空格键

我们继续以上面 last -n 5 的例子来做说明，如果我想要：

- 列出每一行的账号（就是$1）；
- 列出目前处理的行数（就是 awk 内的 NR 变量）；
- 并且说明，该行有多少字段（就是 awk 内的 NF 变量）；

则可以这样：

> 要注意，awk 后续的所有操作是以单引号【'】括住的，由于单引号与双引号都必须是成对的，所以，awk 的格式内容如果想要以 print 打印时，记得非变量的文字部分，包含上一小节 printf 提到的格式中，都需要使用双引号来定义出来，因为单引号已经是 awk 的命令固定用法了。

```
[dmtsai@study ~]$ last -n 5| awk '{print $1 "\t lines: " NR "\t columns: " NF}'
dmtsai    lines: 1         columns: 10
dmtsai    lines: 2         columns: 10
dmtsai    lines: 3         columns: 10
dmtsai    lines: 4         columns: 10
dmtsai    lines: 5         columns: 9
# 注意，在 awk 内的 NR、NF 等变量要用大写，且不需要有美元符号$。
```

这样可以了解 NR 与 NF 的差别了吧? 好了，下面来谈一谈所谓的"条件类型"了吧!

- awk 的逻辑运算字符

  既然有需要用到 "条件" 的类别，自然就需要一些逻辑运算，例如下面这些：

运 算 单 元	代 表 意 义
>	大于
<	小于
>=	大于或等于
<=	小于或等于
==	等于
!=	不等于

值得注意的是那个【 == 】的符号，因为：

- 逻辑运算上面即所谓的大于、小于、等于等判断式上面，习惯上是以【 == 】来表示。
- 如果是直接给予一个值，例如变量设置时，就直接使用 = 而已。

好了，我们实际来运用一下逻辑判断吧! 举例来说，在 /etc/passwd 当中是以冒号 ":" 来作为字段的分隔，该文件中第一字段为账号，第三字段则是 UID。那假设我要查看，第三栏小于 10 以下的数据，并且仅列出账号与第三列，那么可以这样做：

```
[dmtsai@study ~]$ cat /etc/passwd | awk '{FS=":"} $3 < 10 {print $1 "\t " $3}'
root:x:0:0:root:/root:/bin/bash
bin       1
daemon    2
……（以下省略）……
```

有趣吧！不过，怎么第一行没有正确的显示出来？这是因为我们读入第一行的时候，那些变量 $1、$2……默认还是以空格键为分隔，所以虽然我们定义了 FS=":"，但是却仅能在第二行后才开始生效。那怎么办？我们可以预先设置 awk 的变量，利用 BEGIN 这个关键词，这样做：

```
[dmtsai@study ~]$ cat /etc/passwd | awk 'BEGIN {FS=":"} $3 < 10 {print $1 "\t " $3}'
root     0
bin      1
daemon   2
……（以下省略）……
```

很有趣吧！而除了 BEGIN 之外，我们还有 END，另外，如果要用 awk 来进行计算功能？以下面的例子来看，假设我有一个薪资数据表文件名为 pay.txt，内容是这样的：

```
Name    1st     2nd     3th
VBird   23000   24000   25000
DMTsai  21000   20000   23000
Bird2   43000   42000   41000
```

如何帮我计算每个人的总额呢？而且我还想要格式化输出。我们可以这样考虑：
- 第一行只是说明，所以第一行不要进行求和（NR==1 时处理）。
- 第二行以后就会有求和的情况出现（NR>=2 以后处理）。

```
[dmtsai@study ~]$ cat pay.txt | \
> awk 'NR==1{printf "%10s %10s %10s %10s %10s\n",$1,$2,$3,$4,"Total" }
> NR>=2{total = $2 + $3 + $4
> printf "%10s %10d %10d %10d %10.2f\n", $1, $2, $3, $4, total}'
      Name      1st      2nd      3th     Total
     VBird    23000    24000    25000  72000.00
    DMTsai    21000    20000    23000  64000.00
     Bird2    43000    42000    41000 126000.00
```

上面的例子有几个重要事项应该要先说明的：
- awk 的命令间隔：所有 awk 的操作，亦即在{}内的操作，如果有需要多个命令辅助时，可利用分号【;】间隔，或直接以[Enter]按键来隔开每个命令，例如上面的范例中，鸟哥共按了三次[Enter]。
- 逻辑运算当中，如果是【等于】的情况，则务必使用两个等号【==】。
- 格式化输出时，在 printf 的格式设置当中，务必加上\n，才能进行分行。
- 与 bash shell 的变量不同，在 awk 当中，变量可以直接使用，不需加上$符号。

利用 awk 这个玩意儿，就可以帮我们处理很多日常工作。真是好用的很，此外，awk 的输出格式当中，常常会以 printf 来辅助，所以，最好你对 printf 也稍微熟悉一下比较好。另外，awk 的操作内 {} 也是支持 if（条件）的，举例来说，上面的命令可以自定义成为这样：

```
[dmtsai@study ~]$ cat pay.txt | \
> awk '{if (NR==1) printf "%10s %10s %10s %10s %10s\n",$1,$2,$3,$4,"Total"}
> NR>=2{total = $2 + $3 + $4
> printf "%10s %10d %10d %10d %10.2f\n", $1, $2, $3, $4, total}'
```

你可以仔细地比对一下上面两个输入有啥不同，从中去了解两种语法吧！我个人是比较倾向于使用第一种语法，因为会比较有统一性。

除此之外，awk 还可以帮我们进行循环计算，真是相当的好用。不过，那属于比较高级的单独课程了，我们这里就不再多加介绍。如果你有兴趣的话，请务必参考扩展阅读中的相关链接[注4]。

11.4.3　文件比对工具

什么时候会用到文件的比对？通常是同一个软件包的不同版本之间，比较配置文件与原始文件的差异。很多时候所谓的文件比对，通常是用在 ASCII 纯文本文件的比对上的，那么比对文件的命令有哪些? 最常见的就是 diff。另外,除了 diff 比对之外,我们还可以借由 cmp 来比对非纯文本文件。同时,也能够借由 diff 建立的分析文件,以处理补丁(patch)功能的文件,那就来玩玩先。

◆ diff

diff 就是用在比对两个文件之间的差异,并且是以行为单位来比对,一般是用在 ASCII 纯文本文件的比对上,由于是以行为比对的单位,因此 diff **通常是用在同一个文件(或软件)的新旧版本差异**上。举例来说,假如我们要将/etc/passwd 处理成为一个新的版本,处理方式为:将第 4 行删除,第 6 行则替换成为【no six line】,新的文件放置到 /tmp/test 里面,那么应该怎么做?

```
[dmtsai@study ~]$ mkdir -p /tmp/testpw <==先建立测试用的目录。
[dmtsai@study ~]$ cd /tmp/testpw
[dmtsai@study testpw]$ cp /etc/passwd passwd.old
[dmtsai@study testpw]$ cat /etc/passwd | sed -e '4d' -e '6c no six line' > passwd.new
# 注意一下,sed 后面如果要接超过两个以上的操作时,每个操作前面得加-e 才行。
# 通过这个操作,在/tmp/testpw 里面便有新旧的 passwd 文件存在了。
```

接下来讨论一下关于 diff 的用法。

```
[dmtsai@study ~]$ diff [-bBi] from-file to-file
选项与参数:
from-file : 一个文件名,作为原始比对文件的文件名;
to-file   : 一个文件名,作为目标比对文件的文件名;
注意,from-file 或 to-file 可以用-替换,那个-代表【标准输入】之意。
-b : 忽略一行当中,仅有多个空白的差异(例如"about me" 与 "about      me"视为相同。
-B : 忽略空白行的差异。
-i : 忽略大小写的不同。
范例一: 比对 passwd.old 与 passwd.new 的差异。
[dmtsai@study testpw]$ diff passwd.old passwd.new
4d3     <==左边第四行被删除(d)掉了,基准是右边的第三行。
< adm:x:3:4:adm:/var/adm:/sbin/nologin  <==这边列出左边(<)文件被删除的那一行内容。
6c5     <==左边文件的第六行被替换(c)成右边文件的第五行。
< sync:x:5:0:sync:/sbin:/bin/sync  <==左边(<)文件第六行内容。
---
> no six line                     <==右边(>)文件第五行内容。
# 很聪明吧! 用 diff 就把我们刚刚的处理给比对完毕了。
```

用 diff 比对文件真的是很简单。不过,你不要用 diff 去比对两个完全不相干的文件,因为比不出个啥东西,另外,diff 也可以比对整个目录下的差异。举例来说,我们想要了解一下不同的启动运行级别(runlevel)内容有啥不同? 假设你已经知道运行级别 0 与 5 的启动脚本分别放置到/etc/rc0.d 及 /etc/rc5.d,则我们可以将两个目录比对一下:

```
[dmtsai@study ~]$ diff /etc/rc0.d/ /etc/rc5.d/
Only in /etc/rc0.d/: K90network
Only in /etc/rc5.d/: S10network
```

我们的 diff 很聪明吧! 还可以比对不同目录下的相同文件名的内容,这样真的很方便。

◆ cmp

相对于 diff 的广泛用途,cmp 似乎就用的没有这么多了,cmp 主要也是在比对两个文件,它主要利用字节单位去比对,因此,当然也可以比对二进制文件,(diff 主要是以【行】为单位比对,cmp 则是以字节为单位去比对,这并不相同。)

```
[dmtsai@study ~]$ cmp [-l] file1 file2
选项与参数:
-l : 将所有不同点的字节处都列出来,因为 cmp 默认仅会输出第一个发现的不同点。
范例一: 用 cmp 比较一下 passwd.old 及 passwd.new
[dmtsai@study testpw]$ cmp passwd.old passwd.new
passwd.old passwd.new differ: char 106, line 4
```

看到了吗? 第一个发现的不同点在第 4 行,而且字节数是在第 106 个字节处,这个 cmp 也可以用来比对二进制文件。

◆　patch

patch 这个命令与 diff 可是有密不可分的关系。我们前面提到，diff 可以用来辨别两个版本之间的差异，举例来说，刚刚我们所建立的 passwd.old 及 passwd.new 之间就是两个不同版本的文件。那么，如果要升级？就是**将旧的文件升级成为新的文件**时，应该要怎么做？其实也不难。就是先比较新旧版本的差异，并将差异文件制作成为补丁文件，再由补丁文件更新旧文件即可。举例来说，我们可以这样做测试：

```
范例一：以/tmp/testpw 内的 passwd.old 与 passwd.new 制作补丁文件。
[dmtsai@study testpw]$ diff -Naur passwd.old passwd.new > passwd.patch
[dmtsai@study testpw]$ cat passwd.patch
--- passwd.old  2015-07-14 22:37:43.322535054 +0800   <==新旧文件的信息。
+++ passwd.new  2015-07-14 22:38:03.010535054 +0800
@@ -1,9 +1,8 @@   <==新旧文件要修改数据的界定范围，旧文件在 1-9 行，新文件在 1-8 行。
 root:x:0:0:root:/root:/bin/bash
 bin:x:1:1:bin:/bin:/sbin/nologin
 daemon:x:2:2:daemon:/sbin:/sbin/nologin
-adm:x:3:4:adm:/var/adm:/sbin/nologin        <==左侧文件删除。
 lp:x:4:7:lp:/var/spool/lpd:/sbin/nologin
-sync:x:5:0:sync:/sbin:/bin/sync             <==左侧文件删除。
+no six line                                 <==右侧新文件加入。
 shutdown:x:6:0:shutdown:/sbin:/sbin/shutdown
 halt:x:7:0:halt:/sbin:/sbin/halt
 mail:x:8:12:mail:/var/spool/mail:/sbin/nologin
```

一般来说，使用 diff 制作出来的比较文件通常使用扩展名为.patch，至于内容就如同上面介绍的样子。基本上就是以行为单位，看看那边有一样与不一样的，找到一样的地方，然后将不一样的地方替换。以上面表格为例，新文件看到−会删除，看到+会加入。好了，那么如何将旧的文件更新成为新的内容呢？就将 passwd.old 改成与 passwd.new 相同，可以这样做：

```
# 因为 CentOS 7 默认没有安装 patch 这个软件，因此得要根据之前介绍的方式来安装一下软件。
# 请记得拿出安装光盘并放入光驱当中，这时才能够使用下面的方式来安装软件。
[dmtsai@study ~]$ su -
[root@study ~]# mount /dev/sr0 /mnt
[root@study ~]# rpm -ivh /mnt/Packages/patch-2.*
[root@study ~]# umount /mnt
[root@study ~]# exit
# 通过上述的方式可以安装好所需要的软件，且无须上网，接下来让我们开始操作 patch。
[dmtsai@study ~]$ patch -pN < patch_file    <==更新。
[dmtsai@study ~]$ patch -R -pN < patch_file <==还原。
选项与参数：
-p ：后面可以接【取消几层目录】的意思。
-R ：代表还原，将新的文件还原成原来旧的版本。
范例二：将刚刚制作出来的 patch file 用来更新旧版数据。
[dmtsai@study testpw]$ patch -p0 < passwd.patch
patching file passwd.old
[dmtsai@study testpw]$ ll passwd*
-rw-rw-r--. 1 dmtsai dmtsai 2035 Jul 14 22:38 passwd.new
-rw-r--r--. 1 dmtsai dmtsai 2035 Jul 14 23:30 passwd.old   <==文件一模一样。
范例三：恢复旧文件的内容。
[dmtsai@study testpw]$ patch -R -p0 < passwd.patch
[dmtsai@study testpw]$ ll passwd*
-rw-rw-r--. 1 dmtsai dmtsai 2035 Jul 14 22:38 passwd.new
-rw-r--r--. 1 dmtsai dmtsai 2092 Jul 14 23:31 passwd.old
# 文件就这样恢复成为旧版本。
```

为什么这里会使用−p0？因为我们在比对新旧版的数据时是在同一个目录下，因此不需要减去目录。如果是使用整体目录比对（diff 旧目录新目录）时，就得要根据建立 patch 文件所在目录来进行目录的删减。

更详细的 patch 用法我们会在后续的第 5 篇的源代码编译（第 21 章）再跟大家介绍，这里仅是介绍给你，我们可以利用 diff 来比对两个文件之间的差异，更可进一步利用这个功能来制作补丁文件（patch 文件），让大家更容易进行比对与升级，很不错吧！

11.4.4　文件打印设置：pr

如果你曾经使用过一些图形用户界面模式的文字处理软件的话，那么很容易发现，当我们在打印的时候，可以同时选择与设置每一页打印时的标头，也可以设置页码，那么，如果我是在 Linux 下面打印纯文本文件时可不可以具有标题？可不可以加入页码？呵呵，当然可以，使用 pr 就能够达到这个功能了。不过，pr 的参数实在太多了，鸟哥也说不完，一般来说，鸟哥都仅使用最简单的方式来处理而已。举例来说，如果想要打印 /etc/man_db.conf 呢？

```
[dmtsai@study ~]$ pr /etc/man_db.conf

2014-06-10 05:35                /etc/man_db.conf                Page 1

#
#
# This file is used by the man-db package to configure the man and cat paths.
# It is also used to provide a manpath for those without one by examining
# configure script.
……（以下省略）……
```

上面特殊字体那一行，其实就是使用 pr 处理后加的标题。标题中会有【文件时间】、【文件文件名】及【页码】三个，更多的 pr 使用，请参考 pr 的说明。

11.5　重点回顾

- 正则表达式就是处理字符串的方法，它是以行为单位来进行字符串的处理操作；
- 正则表达式通过一些特殊符号的辅助，可以让用户轻易实现【查找、删除、替换】某特定字符串的处理过程；
- 只要工具程序支持正则表达式，那么该工具程序就可以用来作为正则表达式的字符串处理之用；
- 正则表达式与通配符是完全不一样的东西，通配符（wildcard）代表的是 bash 的一个功能，但正则表达式则是一种字符串处理的表示方式；
- 使用 grep 或其他工具进行正则表达式的字符串比对时，因为编码的问题会有不同的状态，因此，你最好将 LANG 等变量设置为 C 或 en 等英文语系；
- grep 与 egrep 在正则表达式里面是很常见的两个程序，其中，egrep 支持更严谨的正则表达式的语法；
- 由于编码系统的不同，不同的语系（LANG）会造成正则表达式选取数据的差异，因此可利用特殊符号如 [:upper:] 来替代编码范围较佳；
- 由于严谨度的不同，正则表达式之上还有更严谨的扩展正则表达式；
- 基础正则表达式的特殊字符有：*、.、[]、[-]、[^]、^、$ 等；
- 常见的支持正则表达式的工具软件有：grep、sed、vim 等；
- printf 可以通过一些特殊符号来将数据进行格式化输出；
- awk 可以使用【字段】为根据，进行数据的重新整理与输出；
- 文件的比对中，可利用 diff 及 cmp 进行比对，其中 diff 主要用在纯文本文件方面的新旧版本比对；
- patch 命令可以将旧版数据更新到新版（主要亦由 diff 建立 patch 的补丁源文件）；

11.6 本章习题

情境模拟题一

通过 grep 查找特殊字符串，并配合数据流重定向来处理大量的文件查找问题。

◆ 目标：正确地使用正则表达式；

◆ 前提：需要了解数据流重定向，以及通过子命令 $（command）来处理文件名的查找；

我们简单的以查找星号（*）来处理下面的任务：

1. 利用正则表达式找出系统中含有某些特殊关键词的文件，举例来说，找出在 /etc 下面含有星号（*）的文件与内容。

解决的方法必须要搭配通配符，但是星号本身就是正则表达式的字符，因此需要如此进行：

```
[dmtsai@study ~]$ grep '\*' /etc/* 2> /dev/null
```

你必须要注意的是，在单引号内的星号是正则表达式的字符，但我们要找的是星号，因此需要加上转义符（ \ ），但是在 /etc/* 的那个 * 则是 bash 的万用字符，代表的是文件的文件名喔。不过由上述的这个结果中，我们仅能找到 /etc 底下第一层子目录的数据，无法找到次目录的数据，如果想要连同完整的 /etc 次目录数据，就得要这样做：

```
[dmtsai@study ~]$ grep '\*' $（find /etc -type f ） 2> /dev/null
# 如果只想列出文件名而不要列出内容的话，使用下面的方式来处理即可。
[dmtsai@study ~]$ grep -l '\*' $（find /etc -type f ） 2> /dev/null
```

2. 但如果文件数量太多？如同上述的案例，如果要找的是全系统（ / ）？你可以这样做：

```
[dmtsai@study ~]$ grep '\*' $（find / -type f 2> /dev/null ）
-bash: /usr/bin/grep: Argument list too long
```

真要命。由于命令串的内容长度是有限制的，因此当搜寻的对象是整个系统时，上述的命令会发生错误。那该如何是好？此时我们可以通过管道命令以及 xargs 来处理。举例来说，让 grep 每次仅能处理 10 个文件名，此时你可以这样想：

a. 先用 find 去找出文件；

b. 用 xargs 将这些文件每次丢 10 个给 grep 来作为参数处理；

c. grep 实际开始查找文件内容；

所以整个做法就会变成这样：

```
[dmtsai@study ~]$ find / -type f 2> /dev/null | xargs -n 10 grep '\*'
```

3. 从输出的结果来看，数据量实在非常庞大。那如果我只是想要知道文件名而已？你可以通过 grep 的功能来找到如下的参数。

```
[dmtsai@study ~]$ find / -type f 2> /dev/null | xargs -n 10 grep -l '\*'
```

情境模拟题二

使用管道命令配合正则表达式建立新命令与新变量。我想要建立一个新的命令名为 myip，这个命令能够将我系统的 IP 识别出来显示。而我想要有个新变量，变量名为 MYIP，这个变量可以记录我的 IP。

处理的方式很简单，我们可以这样试看看：

1. 首先，我们根据本章内的 ifconfig、sed 与 awk 来取得我们的 IP，命令为：

```
[dmtsai@study ~]$ ifconfig eth0 | grep 'inet ' | sed 's/^.*inet //g'| sed 's/ *netmask.*$//g'
```

2. 再来，我们可以将此命令利用 alias 指定为 myip，如下所示：

```
[dmtsai@study ~]$ alias myip="ifconfig eth0 | grep 'inet ' | sed 's/^.*inet //g'| \
> sed 's/ *netmask.*$//g'
```

3. 最终，我们可以通过变量设置来处理 MYIP。

```
[dmtsai@study ~]$ MYIP=$( myip )
```

4. 如果每次登陆都要生效，可以将 alias 与 MYIP 的设置的那两行，写入你的~/.bashrc 即可。

简答题部分

◆ 我想要知道，在 /etc 下面，只要含有 XYZ 三个字符的任何一个字符的那一行就列出来，要怎样做？
◆ 将 /etc/kdump.conf 内容取出后，（1）去除开头为 # 的行（2）去除空白行（3）取出开头为英文字母的那几行（4）最终统计总行数该如何进行？

11.7　参考资料与扩展阅读

◆ 注 1：关于正则表达式与 POSIX 及特殊语法等可以参考如下链接内容。
  ● 维基百科中的说明
  https://en.wikipedia.org/wiki/Regular_expression
  ● ZYTRAX 网站介绍
  http://zytrax.com/tech/web/regex.htm
◆ 注 2：其他关于正则表达式的网站介绍。
  ● PCRE 官方网站
  http://perldoc.perl.org/perlre.html
◆ 注 3：关于 ASCII 编码对照表可参考维基百科中的介绍。
  https://en.wikipedia.org/wiki/ASCII
◆ 注 4：关于 awk 的高级应用，可参考如下链接中的内容。
  ● 中研院计算中心 ASPAC 计划之 awk 程序介绍：鸟哥备份 http://linux.vbird.org/linux_basic/0330regularex/awk.pdf
  ● Study Area 中非常棒的一篇文章，欢迎大家多多参考。
  http://www.study-area.org/linux/system/linux_shell.htm

12

第 12 章　学习 shell 脚本

　　如果你真的很想要走 IT 这条路,并且想要管理好属于你的主机,那么别说鸟哥不告诉你,可以自动管理系统的好工具——shell 脚本,这家伙真的是得要好好学习学习的。基本上,shell 脚本有点像是早期的批处理文件,即将一些命令集合起来一次执行。但是 shell 脚本拥有更强大的功能,那就是它可以进行类似程序(program)的编写,并且不需要经过编译(compile)就能够执行,真的很方便。加上我们可通过 shell 脚本来简化日常的任务管理,而且,整个 Linux 环境中,一些服务(services)的启动都是通过 shell 脚本完成,如果你对于脚本不了解,嘿嘿! 发生问题时,可真是会求助无门。所以,好好地学一学它吧!

12.1　什么是 shell 脚本

什么是 shell 脚本（shell script，程序化脚本）呢？就字面上的意义，我们将它分为两部分。对于【shell】部分，我们在第 10 章的 BASH 当中已经提过了，那是在命令行模式下面让我们与系统沟通的一个工具接口。那么【script】是啥？字面上，script 是【脚本、剧本】的意思，整句话是说，shell 脚本是针对 shell 所写的【剧本】。

什么东西？其实，shell 脚本是利用 shell 的功能所写的一个【程序（program）】。这个程序是使用纯文本文件，将一些 shell 的语法与命令（含外部命令）写在里面，搭配正则表达式、管道命令与数据流重定向等功能，以达到我们所想要的处理目的。

所以，简单地说 shell 脚本就像是早期 DOS 时代的批处理文件（.bat），最简单的功能就是将许多命令集合写在一起，让用户很轻易地就能够用 one touch 的方法去处理复杂的操作（执行一个文件 "shell 脚本"，就能够一次执行多个命令）。而且 shell 脚本更提供数组、循环、条件与逻辑判断等重要功能，让用户也可以直接用 shell 来编写程序，而不必使用类似 C 等传统程序语言来编写。

这么说你可以了解了吗？是的，shell 脚本可以简单地被看成是批处理文件，也可以被说成是一个程序语言，且这个程序语言由于都是利用 shell 与相关工具命令，所以不需要编译即可执行。此外，它还拥有不错的除错（debug）工具，能够帮助系统管理员快速地管理好主机。

12.1.1　为什么要学习 shell 脚本

这是个好问题：【我为什么一定要学 shell 脚本呢？我又不从事 IT 工作，没有写程序的概念，那我干嘛还要学 shell 脚本？不要学可不可以？】呵呵，如果对你而言，只是想要【会用】Linux 而已，那么，不需要学 shell 脚本也还无所谓，这部分先给它跳过去，等到有空的时候，再来好好地看一看。但是，如果你是真的想要玩清楚 Linux 的来龙去脉，那么 shell 脚本就不可不知，为什么呢？因为：

◆　**自动化管理的重要根据**

不用鸟哥说你也知道，管理一台主机真不是件简单的事情，每天要进行的任务就有查询日志文件、跟踪流量、监控用户使用主机状态、主机各项硬件设备状态、主机软件更新查询等，更不要说得应付其他用户的突然要求了。而这些工作的进行可以分为：（1）手动处理，或是（2）写个简单的程序来帮你每日【自动处理分析】。你觉得哪种方式比较好？当然是让系统自动工作比较好，对吧！这就需要良好的 shell 脚本来帮忙。

◆　**跟踪与管理系统的重要工作**

虽然我们还没有提到服务启动的方法，不过，这里可以先提一下，在 CentOS 6.x 以前的版本中，系统服务（services）启动的接口是在 /etc/init.d/ 这个目录下，目录下的所有文件都是脚本文件。另外，包括启动（booting）过程也都要利用 shell 脚本来帮忙查找系统的相关设置参数，然后再代入各个服务的设置参数。举例来说，如果我们想要重新启动系统日志文件，可以使用【/etc/init.d/rsyslogd-restart】，那个 rsyslogd 文件就是脚本。

另外，鸟哥曾经在某一代的 Fedora 上面发现，MySQL 这个数据库服务虽然是可以启动的，但是屏幕上却老是出现【failure】。后来才发现，原来是启动 MySQL 的那个脚本会主动以【空的密码】去尝试登录 MySQL，但为了安全性鸟哥曾经修改过 MySQL 的密码，于是导致登录失败。后来改了改脚本，就解决了这个问题。如此说来，脚本确实是需要学习的。

时至今日，虽然/etc/init.d/* 这个脚本启动的方式（System V）已经被新一代的 systemd 所替代（从 CentOS 7 开始），但是仍然有很多服务在管理服务启动方面，还是使用 shell 脚本的功能，所以，最好还是能够熟悉 shell 脚本。

- 简单入侵检测功能

当我们的系统有异常时，大多会将这些异常记录在系统记录器，也就是我们常提到的【系统日志文件】中。那么我们可以在固定的几分钟内主动地去分析系统日志文件，若察觉有问题，就立刻通知管理员或是立刻加强防火墙的设置规则，如此一来，你的主机就能够实现【自我保护】的聪明学习功能。举例来说，我们可以通过 shell 脚本去分析【当该封包尝试几次还是联机失败之后，就阻止该 IP 】之类的操作。鸟哥曾写过一个关于阻止网站复制软件的 shell 脚本，就是用这个想法去完成的。

- 连续命令单一化

其实，对于新手而言，脚本最简单的功能就是：【集合一些在命令行的连续命令，将它写入脚本文件当中，而由直接执行脚本来启动一连串的命令行命令输入。】例如，防火墙设置规则（ iptables ），启动加载程序的项目（ 就是在 /etc/rc.d/rc.local 里面的数据），等等，都是相似的功能。其实，说穿了，如果不考虑程序的部分，那么脚本文件也可以看成【仅是帮我们把一大串的命令集合在一个文件里面，而直接执行该文件就可以执行那一串又臭又长的命令段 】，就是这么简单。

- 简易的数据处理

由前一章正则表达式的 awk 说明中，你可以发现，awk 可以用来处理简单的数据，例如工资单的处理等。shell 脚本的功能更强大，例如鸟哥曾经用 shell 脚本直接处理数据的比对、文字数据的处理等，编写方便，速度又快（ 因为 Linux 性能较佳 ），真的是很不错。

举例来说，鸟哥每学期都要以学生的学号来建立它们能够操作 Linux 的系统账号，然后每个账号还得要能够有磁盘容量的使用限制（ 磁盘配额 ）以及相关的设置等。因为学校的校务系统提供的数据都是一整串学生信息，并没有单纯的学号字段，所以鸟哥就得要通过前几章的方法搭配 shell 脚本来自动处理相关设置流程，这样才不会每学期都头疼一次。

- 跨平台支持与学习历程较短

几乎所有的 UNIX-like 上面都可以运行 shell 脚本，连 Windows 系列也有相关的脚本模拟器可以用。此外，shell 脚本的语法是相当简洁明了，都是看得懂的文字（ 虽然是英文 ），而不是机器码，很容易学习。这些都是你可以加以考虑的学习点。

上面这些都是你考虑学习 shell 脚本的特点。此外，shell 脚本还可以简单地以 vim 来直接编写，实在是很方便的好东西。所以，还是建议你学习一下。

不过，虽然 shell 脚本号称是程序（ program ），但实际上，shell 脚本处理数据的速度是不太快的。因为 shell 脚本调用的是外部的命令和 bash shell 的一些默认工具，需要常常调用外部的函数库，因此运行速度当然比不上传统的程序语言。所以，shell **脚本用在系统管理上面是很好的一项工具，但是用在处理大量数值运算上，就不够好了**，原因在于 shell **脚本的速度较慢，且使用的 CPU 资源较多，会造成主机资源的分配不良**。还好，我们通常利用 shell 脚本来完成服务器的检测的工作，倒是没有进行大量运算的需求，所以不必担心。

12.1.2　第一个脚本的编写与执行

如同前面讲到的，shell 脚本其实就是纯文本文件，我们可以编辑这个文件，然后让这个文件来帮我们一次执行多个命令，或是利用一些运算与逻辑判断来帮我们完成某些功能。所以，要编辑这个文件的内容时，当然就需要具备执行 bash 命令的相关知识。执行命令需要注意的事项在第 4 章的开始执行命令小节内已经提过，有疑问请自行回去翻阅，在 shell 脚本的编写中还需要注意下面的事项：

1. 命令是从上而下、从左而右地分析与执行；
2. 命令的执行就如同第 4 章内提到的：命令、选项与参数间的多个空格都会被忽略掉；
3. 空白行也将被忽略掉，并且[Tab]按键所产生的空白同样视为空格键；
4. 如果读取到一个 Enter 符号（CR），就尝试开始执行该行（或该串）命令；
5. 至于如果一行的内容太多，则可以使用【 \[Enter] 】来扩展至下一行；

6.【#】可做为注释，任何加在 # 后面的数据将全部被视为注释文字而被忽略。

如此一来，我们在脚本内所编写的程序，就会被一行一行地执行。现在我们假设你写的这个程序文件名是/home/dmtsai/shell.sh，那如何执行这个文件？很简单，可以有下面几个方法：

- 直接命令执行：shell.sh 文件必须要具备可读与可执行（rx）的权限，然后：
- 绝对路径：使用 /home/dmtsai/shell.sh 来执行命令；
- 相对路径：假设工作目录在 /home/dmtsai/，则使用 ./shell.sh 来执行；
- 变量【PATH】功能：将 shell.sh 放在 PATH 指定的目录内，例如：~/bin/；
- 以 bash 程序来执行：通过【bash shell.sh】或【sh shell.sh】来执行。

反正重点就是要让那个 shell.sh 内的命令可以被执行的意思。咦？那我为何需要使用【./shell.sh】来执行命令？忘记了吗？回去查看一下第 10 章内的命令查找顺序，你就会知道原因了。同时，由于CentOS 默认用户家目录下的~/bin 目录会被设置到 ${PATH} 内，所以你也可以将 shell.sh 建立在/home/dmtsai/bin/下面（~/bin 目录需要自行设置），此时，若 shell.sh 在 ~/bin 内且具有 rx 的权限，那么直接输入 shell.sh 即可执行该脚本程序。

那为何【sh shell.sh】也可以执行呢？这是因为 /bin/sh 其实就是/bin/bash（链接文件），使用 sh shell.sh 亦即告诉系统，我想要直接以 bash 的功能来执行 shell.sh 这个文件内的相关命令的意思。所以此时你的 shell.sh 只要具有 r 的权限即可被执行，而我们也可以利用 sh 的参数，如 -n 及 -x 来检查与跟踪 shell.sh 的语法是否正确。

◆ 编写第一个脚本

在武侠世界中，不论是哪个门派，学武功都要从扫地与蹲马步做起，那么学程序呢？呵呵，肯定是由【显示 Hello World】这段文字开始。OK，那么鸟哥就先写一个脚本给大家看一看：

```
[dmtsai@study ~]$ mkdir bin; cd bin
[dmtsai@study bin]$ vim hello.sh
#!/bin/bash
# Program:
#       This program shows "Hello World!" in your screen.
# History:
# 2015/07/16       VBird          First release
PATH=/bin:/sbin:/usr/bin:/usr/sbin:/usr/local/bin:/usr/local/sbin:~/bin
export PATH
echo -e "Hello World! \a \n"
exit 0
```

在本章当中，请将所有编写的脚本放置到你的家目录的 ~/bin 内，未来比较好管理。上面的写法当中，鸟哥主要将整个程序的编写分成数段，大致是这样：

1. 第一行 #!/bin/bash 在声明这个脚本使用的 shell 名称

因为我们使用的是 bash，所以，必须要以【#!/bin/bash】来声明这个文件内使用 bash 的语法。这样以【#!】开头的行被称为 shebang 行。那么当这个程序被执行时，它就能够加载 bash 的相关环境配置文件（一般来说就是非登录 shell 的~/.bashrc），并且执行 bash 来使我们下面的命令能够执行。这很重要，在很多错误的情况中，如果没有设置好这一行，那么该程序很可能会无法执行，因为系统可能无法判断该程序需要使用什么 shell 来执行。

2. 程序内容的说明

整个脚本当中，除了第一行的【#!】是用来声明 shell 的之外，其他的 # 都是【注释】用途。所以上面的程序当中，第二行以下就是用来说明整个程序的基本数据。一般来说，建议你一定要养成习惯，说明该脚本的：1. 内容与功能；2. 版本信息；3. 作者与联络方式；4. 建文件日期；5. 历史记录等。这将有助于未来程序的改写与调试。

3. 主要环境变量的声明

建议务必要将一些重要的环境变量设置好，鸟哥个人认为，PATH 与 LANG（如果有使用到输出相关的信息时）是当中最重要的。如此一来，我们这个程序在进行时，可以直接执行一些外部命令，而不必写绝对路径，比较方便。

4. 主要程序部分

将主要的程序写好即可，在这个例子当中，就是 echo 那一行。

5. 执行结果告知（定义返回值）

是否记得我们在第 10 章里面要讨论一个命令的执行成功与否，可以使用 $? 这个变量来观察？**那么我们也可以利用 exit 这个命令来让程序中断，并且返回一个数值给系统**。在我们这个例子当中，鸟哥使用 exit 0，这代表**退出脚本并且返回一个 0 给系统**，所以我执行完这个脚本后，若接着执行 echo $? 则可得到 0 的值。聪明的读者应该也知道了，呵呵！利用这个 exit n（n 是数字）的功能，我们还可以自定义错误信息，让这个程序变得更加的聪明。

接下来通过上面介绍的执行方法来执行看看结果吧！

```
[dmtsai@study bin]$ sh hello.sh
Hello World !
```

你会看到屏幕是这样，而且应该还会听到【咚】的一声，为什么？还记得前一章提到的 printf 吧？用 echo 接着那些特殊的按键也可以发生同样的事情。不过，echo 必须要加上 -e 的选项才行。呵呵！在你写完这个小脚本之后，你就可以大声地说：【我也会写程序了！】哈哈很简单有趣吧！

另外，你也可以利用：【chmod a+x hello.sh; ./hello.sh】来执行这个脚本。

12.1.3　建立 shell 脚本的良好编写习惯

一个良好习惯的养成是很重要的。大家在刚开始编写程序的时候，最容易忽略这部分，认为程序写出来就好了，其他的不重要。其实，如果程序的说明能够更清楚，那么对你自己也会有很大的帮助。

举例来说，鸟哥为了自己的需求，曾经编写了不少的脚本来帮我进行主机 IP 的检测、日志文件分析与管理、自动上传下载重要配置文件等。不过，早期就是因为太懒了，管理的主机又太多，常常同一个程序在不同的主机上面进行更改，最后到底哪一个才是最新的都记不起来。而且，重点是我到底改了哪里？为什么做那样的修改？都忘得一干二净，真要命。

所以，后来鸟哥在写程序的时候，通常会比较仔细地将程序的设计过程给记录下来，而且还会记录一些历史记录。如此一来，好多了，至少很容易知道我修改了哪些数据，以及程序修改的理念与逻辑概念等，在维护上面是轻松很多很多的。

另外，在一些环境的设置上面，毕竟每个人的环境都不相同，为了取得较佳的执行环境，我都会自行先定义好一些一定会被用到的环境变量，例如 PATH 这个玩意儿。这样比较好，所以说，建议你一定要养成良好的脚本编写习惯，在每个脚本的文件头处记录好：

- 脚本的功能；
- 脚本的版本信息；
- 脚本的作者与联络方式；
- 脚本的版权声明方式；
- 脚本的 History（历史记录）；
- 脚本内较特殊的命令，使用【绝对路径】的方式来执行；
- 脚本运行时需要的环境变量预先声明与设置。

除了记录这些信息之外，在较为特殊的程序代码部分，个人建议务必要加上注释说明，可以帮助你非常非常多。此外，程序代码的编写最好使用缩进方式，在**包覆的内部程序代码最好能以 [Tab] 按键的空格向后推**，这样你的程序代码会显得非常的漂亮与有条理，在查看与 debug 上较为轻松愉快。另外，**编写脚本的工具最好使用 vim 而不是 vi**，因为 vim 会有额外的语法检验功能，能够在第一阶段编写时就发现语法方面的问题。

12.2　简单的 **shell** 脚本练习

在第一个 shell 脚本编写完毕之后，相信你应该具有基本的编写功力了。接下来，在开始更深入的程序概念之前，我们先来玩一些简单的小范例好了。下面的范例中，完成结果的方式相当的多，建议你先自行编写看看，写完之后再与鸟哥写的内容比对，这样才能更加深概念。好！我们就一个一个来玩吧！

12.2.1　简单范例

下面的范例都很简单，但在很多脚本程序中都会用到，值得参考看看。

◆　**交互式脚本：变量内容由用户决定**

很多时候我们需要用户输入一些内容，好让程序可以顺利运行。大家应该都有安装过软件的经验，安装的时候，它不是会问你【要安装到哪个目录去】吗？那个让用户输入数据的操作，就是让用户输入变量内容。

你应该还记得在第 10 章 bash 中，我们曾学到一个 read 命令吧？现在，请你以 read 命令的用途，编写一个脚本，它可以让用户输入：1. first name 与 2. last name，最后在屏幕上显示：【Your full name is: 】的内容：

```
[dmtsai@study bin]$ vim showname.sh
#!/bin/bash
# Program:
#       User inputs his first name and last name.  Program shows his full name.
# History:
# 2015/07/16     VBird     First release
PATH=/bin:/sbin:/usr/bin:/usr/sbin:/usr/local/bin:/usr/local/sbin:~/bin
export PATH
read -p "Please input your first name: " firstname      # 提示使用者输入。
read -p "Please input your last name:  " lastname        # 提示使用者输入。
echo -e "\nYour full name is: ${firstname} ${lastname}"  # 结果由屏幕输出。
```

将上面那个 showname.sh 执行一下，你就能够发现用户自己输入的变量可以让程序所使用，并且将它显示到屏幕上。接下来，如果想要制作一个每次执行都会根据日期而变化结果的脚本呢？

◆　**随日期变化：利用 date 建立文件**

想象一个状况，假设我的服务器内有数据库，数据库每天的数据都不太一样，因此当我备份时，希望将每天的数据都备份成不同的文件名，这样才能够让旧的数据也能够保存下来不被覆盖。哇！不同文件名，这真困扰？难道要我每天去修改脚本吗？

不需要，考虑到每天的【日期】并不相同，所以将文件名取成类似 backup.2015-07-16.data，不就可以每天一个不同文件名了吗？呵呵！确实如此。那个 2015-07-16 怎么来的？那就是重点。接下来出个相关的例子：假设我想要建立三个空文件（通过 touch），文件名最开头由用户输入决定，假设用户输入 filename，而今天的日期是 2015/07/16，我想要以前天、昨天、今天的日期来建立这些文件，即 filename_20150714、filename_20150715、filename_20150716，该如何是好？

```
[dmtsai@study bin]$ vim create_3_filename.sh
#!/bin/bash
# Program:
#       Program creates three files, which named by user's input and date command.
# History:
# 2015/07/16     VBird     First release
PATH=/bin:/sbin:/usr/bin:/usr/sbin:/usr/local/bin:/usr/local/sbin:~/bin
export PATH
```

```
# 1. 让使用者输入文件名称，并取得 fileuser 这个变量。
echo -e "I will use 'touch' command to create 3 files." # 纯粹显示信息。
read -p "Please input your filename: " fileuser          # 提示使用者输入。
# 2. 为了避免使用者随意按 Enter，利用变量功能分析文件名是否有设置？
filename=${fileuser:-"filename"}                         # 开始判断有否配置文件名。
# 3. 开始利用 date 命令来取得所需要的文件名了。
date1=$(date --date='2 days ago' +%Y%m%d)   # 前两天的日期。
date2=$(date --date='1 days ago' +%Y%m%d)   # 前一天的日期。
date3=$(date +%Y%m%d)                        # 今天的日期。
file1=${filename}${date1}                     # 下面三行在配置文件名。
file2=${filename}${date2}
file3=${filename}${date3}
# 4. 将文件名建立吧！
touch "${file1}"                              # 下面三行在建立文件。
touch "${file2}"
touch "${file3}"
```

在上面的范例中，鸟哥使用了很多在第 10 章介绍过的概念：包括【$ (command)】参数的信息获取、变量的设置功能、变量的累加以及利用 touch 命令辅助。这个 create_3_filename.sh，你可以执行两次：一次直接按 [Enter] 来查看文件名是啥？一次可以输入一些字符，这样可以判断你的脚本是否设计正确。

◆ 数值运算：简单的加减乘除

各位看官应该还记得，我们可以使用 declare 来定义变量的类型吧？当变量定义成为整数后才能够进行加减运算。此外，我们也可以利用【$((计算式))】来进行数值运算。可惜的是 bash shell 里面默认仅支持到整数的数据而已。OK！那我们来玩玩看，如果我们要用户输入两个变量，然后将两个变量的内容相乘，最后输出相乘的结果，那可以怎么做？

```
[dmtsai@study bin]$ vim multiplying.sh
#!/bin/bash
# Program:
#       User inputs 2 integer numbers; program will cross these two numbers.
# History:
# 2015/07/16     VBird          First release
PATH=/bin:/sbin:/usr/bin:/usr/sbin:/usr/local/bin:/usr/local/sbin:~/bin
export PATH
echo -e "You SHOULD input 2 numbers, I will multiplying them! \n"
read -p "first number:  " firstnu
read -p "second number: " secnu
total=$(( ${firstnu}*${secnu} ))
echo -e "\nThe result of ${firstnu} x ${secnu} is ==> ${total}"
```

在数值的运算上，我们既可以使用【 declare -i total=${firstnu}*${secnu} 】，也可以使用上面的方式来进行。基本上，鸟哥比较建议使用这样的方式来进行运算：

```
var=$( (运算内容) )
```

不但容易记忆，而且也方便得多，因为两个小括号内可以加上空格符，未来你可以使用这种方式来计算。至于数值运算上的处理，则有+、−、*、/、%。等。那个 % 是取余数，举例来说，13 对 3 取余数，结果是 13=4*3+1，所以余数是 1，就是：

```
[dmtsai@study bin]$ echo $(( 13 % 3 ))
1
```

这样了解了吧？另外，如果你想要计算含有小数点的数据时，其实可以通过 bc 这个命令的协助，例如可以这样做：

```
[dmtsai@study bin]$ echo "123.123*55.9" | bc
6882.575
```

了解了 bc 的妙用之后，来让我们测试一下如何计算 Pi 这个东西？

◆ **数值运算：通过 bc 计算 Pi（圆周率）**

其实计算 Pi 时，小数点以下位数可以无限制地扩展下去，而 bc 提供了一个运算 Pi 的函数，要使用该函数必须通过 bc -l 来调用才行。也因为这个小数点的位数可以无限扩展运算的特性存在，所以我们可以通过下面这个小脚本来让用户输入一个【小数点位数】，以让 Pi 能够更准确。

```
[dmtsai@study bin]$ vim cal_pi.sh
#!/bin/bash
# Program:
#       User input a scale number to calculate pi number.
# History:
# 2015/07/16      VBird         First release
PATH=/bin:/sbin:/usr/bin:/usr/sbin:/usr/local/bin:/usr/local/sbin:~/bin
export PATH
echo -e "This program will calculate pi value. \n"
echo -e "You should input a float number to calculate pi value.\n"
read -p "The scale number (10~10000) ? " checking
num=${checking:-"10"}            # 开始判断有否有输入数值。
echo -e "Starting calcuate pi value. Be patient."
time echo "scale=${num}; 4*a(1)" | bc -lq
```

上述数据中，那个 4*a（1）是 bc 主动提供的一个计算 Pi 的函数，至于 scale 就是要 bc 计算几个小数点位数的意思。scale 的数值越大，代表 Pi 要被计算得越精确，当然用掉的时间就会越多。因此，你可以尝试输入不同的数值看看，不过，最好不要超过 5000，因为会算很久。如果要让你的 CPU随时保持在高负载，这个程序运行下去你就会知道有多消耗 CPU。

> 鸟哥的实验室中，为了要确认虚拟机的效率问题，很多时候需要保持虚拟机在高负载的状态。鸟哥的学生就是让这个程序在系统中运行，但是将 scale 调高一些，这样计算就要花比较多的时间，用以达到 CPU 高负载的状态。

12.2.2 脚本的执行方式差异（source、sh script、./script）

不同的脚本执行方式会造成不一样的结果，尤其对 bash 的环境影响很大。脚本的执行除了前面小节谈到的方式之外，还可以利用 source 或小数点（.）来执行。那么这种执行方式有何不同？当然是不同的，让我们来说说。

◆ **利用直接执行的方式来执行脚本**

当使用前一小节提到的直接命令执行（不论是绝对路径/相对路径还是 ${PATH} 内），或是利用 bash（或 sh）来执行脚本时，该脚本都会使用一个新的 bash 环境来执行脚本内的命令。也就是说，使用这种执行方式时，其实脚本是在子进程的 bash 内执行的。我们在第 10 章 BASH 内谈到 export的功能时，曾经就父进程和子进程谈过一些概念性的问题，重点在于【当子进程完成后，在子进程内的各项变量或操作将会结束而不会传回到父进程中】，这是什么意思？

我们通过刚刚提到过的 showname.sh 这个脚本来说明。这个脚本可以让用户自行设置两个变量，分别是 firstname 与 lastname。想一想，如果你直接执行该命令时，该命令帮你设置的 firstname 会不会生效？看一下下面的执行结果：

```
[dmtsai@study bin]$ echo ${firstname} ${lastname}
   <==确认了，这两个变量都不存在。
[dmtsai@study bin]$ sh showname.sh
Please input your first name: VBird <==这个名字是鸟哥自己输入的。
Please input your last name: Tsai
Your full name is: VBird Tsai         <==看吧！在脚本运行中，这两个变量有生效。
```

```
[dmtsai@study bin]$ echo ${firstname} ${lastname}
    <==事实上，这两个变量在父进程的 bash 中还是不存在的。
```

上面的结果你应该会觉得很奇怪，怎么我已经利用 showname.sh 设置好的变量竟然在 bash 环境下面无效。怎么回事？如果将进程相关性绘制成图的话，我们以下图来说明，当你使用直接执行的方法来处理时，系统会给予一个新的 bash 让我们来执行 showname.sh 里面的命令，因此你的 firstname、lastname 等变量其实是在下图中的子进程 bash 内执行的，当 showname.sh 执行完毕后，子进程 bash 内的所有数据便被删除，因此上表的练习中，在父进程下面 echo ${firstname} 时，就看不到任何东西了，这样可以理解吗？

- 利用 source 来执行脚本：在父进程中执行

如果你使用 source 来执行命令那就不一样了，同样的脚本我们来执行看看：

```
[dmtsai@study bin]$ source showname.sh
Please input your first name: VBird
Please input your last name:  Tsai
Your full name is: VBird Tsai
[dmtsai@study bin]$ echo ${firstname} ${lastname}
VBird Tsai   <==嘿嘿，有数据产生。
```

竟然生效了，没错，因为 source 对脚本的执行方式可以使用下面的图例来说明，showname.sh 会在父进程中执行，因此各项操作都会在原本的 bash 内生效。这也是为啥你不注销系统而要让某些写入 ~/.bashrc 的设置生效时，需要使用【source ~/.bashrc】而不能使用【bash ~/.bashrc】是一样的。

图 12.2.1　showname.sh 在子进程当中运行的示意图　　图 12.2.2　showname.sh 在父进程当中运行的示意图

12.3　善用判断式

在第 10 章中，我们提到过 $? 这个变量所代表的意义，此外，也通过&&及||来作为前一个命令执行返回值对于后一个命令是否要进行的根据。第 10 章的讨论中，如果想要判断一个目录是否存在，当时我们使用的是 ls 这个命令搭配数据流重定向，最后配合$? 来决定后续的命令进行与否，但是否有更简单的方式可以来进行【条件判断】呢？有的，那就是【test】这个命令。

12.3.1　利用 test 命令的测试功能

当我要检测系统上面某些文件或是相关的属性时，利用 test 这个命令来工作真是好用得不得了。举例来说，我要检查 /dmtsai 是否存在时，使用：

```
[dmtsai@study ~]$ test -e /dmtsai
```

执行结果并不会显示任何信息，但最后我们可以通过$? 或&&及||来展现整个结果，例如我们将上面的例子改写成这样：

```
[dmtsai@study ~]$ test -e /dmtsai && echo "exist" || echo "Not exist"
Not exist   <==结果显示不存在。
```

最终的结果可以告知我们是【exist】还是【Not exist】，那我知道 -e 是测试一个【东西】在不在，如果还想要测试一下该文件名是啥玩意儿时，还有哪些参数可以来判断呢？呵呵，有下面这些东西。

测试的参数	代 表 意 义
1. 关于某个文件名的【文件类型】判断，如 test -e filename 表示存在否	
-e	该【文件名】是否存在（常用）
-f	该【文件名】是否存在且为文件（file）（常用）
-d	该【文件名】是否存在且为目录（directory）（常用）
-b	该【文件名】是否存在且为一个 block device 设备
-c	该【文件名】是否存在且为一个 character device 设备
-S	该【文件名】是否存在且为一个 socket 文件
-p	该【文件名】是否存在且为一个 FIFO（pipe）文件
-L	该【文件名】是否存在且为一个链接文件
2. 关于文件的权限检测，如 test -r filename 表示可读否（但 root 权限常有例外）	
-r	检测该文件名是否存在且具有【可读】的权限
-w	检测该文件名是否存在且具有【可写】的权限
-x	检测该文件名是否存在且具有【可执行】的权限
-u	检测该文件名是否存在且具有【SUID】的属性
-g	检测该文件名是否存在且具有【SGID】的属性
-k	检测该文件名是否存在且具有【Sticky bit】的属性
-s	检测该文件名是否存在且为【非空文件】
3. 两个文件之间的比较，如：test file1 -nt file2	
-nt	（newer than）判断 file1 是否比 file2 新
-ot	（older than）判断 file1 是否比 file2 旧
-ef	判断 file1 与 file2 是否为同一文件，可用在判断 hard link 的判定上。主要意义在判定，两个文件是否均指向同一个 inode
4. 关于两个整数之间的判定，例如 test n1 -eq n2	
-eq	两数值相等（equal）
-ne	两数值不等（not equal）
-gt	n1 大于 n2（greater than）
-lt	n1 小于 n2（less than）
-ge	n1 大于等于 n2（greater than or equal）
-le	n1 小于等于 n2（less than or equal）
5. 判定字符串的数据	
test -z string	判定字符串是否为 0？若 string 为空字符串，则为 true
test -n string	判定字符串是否非为 0？若 string 为空字符串，则为 false 注：-n 亦可省略
test str1 == str2	判定 str1 是否等于 str2，若相等，则返回 true
test str1 != str2	判定 str1 是否不等于 str2，若相等，则返回 false
6. 多重条件判定，例如：test -r filename -a -x filename	
-a	（and）两条件同时成立。例如 test -r file -a -x file，则 file 同时具有 r 与 x 权限时，才返回 true

续表

测试的参数	代 表 意 义
−o	（or）两条件任何一个成立。例如 test −r file −o −x file，则 file 具有 r 或 x 权限时，就可返回 true
!	反相状态，如 test ! −x file，当 file 不具有 x 时，返回 true

OK！现在我们就利用 test 来帮我们写几个简单的例子。首先，让用户输入一个文件名，我们判断：

1. 这个文件是否存在，若不存在则给予一个【Filename does not exist】的信息，并中断程序；

2. 若这个文件存在，则判断它是个文件或目录，结果输出【Filename is regular file】或【Filename is directory】；

3. 判断一下，执行者的身份对这个文件或目录所拥有的权限，并输出权限数据。

你可以先自行写写看，然后再跟下面的结果讨论讨论，注意利用 test 与 && 还有 || 等标志。

```
[dmtsai@study bin]$ vim file_perm.sh
#!/bin/bash
# Program:
#       User input a filename, program will check the flowing:
#       1.) exist? 2.) file/directory? 3.) file permissions
# History:
# 2015/07/16     VBird          First release
PATH=/bin:/sbin:/usr/bin:/usr/sbin:/usr/local/bin:/usr/local/sbin:~/bin
export PATH
# 1. 让使用者输入文件名，并且判断使用者是否真的有输入字符？
echo -e "Please input a filename, I will check the filename's type and permission. \n\n"
read -p "Input a filename : " filename
test -z ${filename} && echo "You MUST input a filename." && exit 0
# 2. 判断文件是否存在？若不存在则显示信息并结束脚本。
test ! -e ${filename} && echo "The filename '${filename}' DO NOT exist" && exit 0
# 3. 开始判断文件类型与属性。
test -f ${filename} && filetype="regulare file"
test -d ${filename} && filetype="directory"
test -r ${filename} && perm="readable"
test -w ${filename} && perm="${perm} writable"
test -x ${filename} && perm="${perm} executable"
# 4. 开始输出信息。
echo "The filename: ${filename} is a ${filetype}"
echo "And the permissions for you are : ${perm}"
```

执行这个脚本后，它会根据你输入的文件名来进行检查，先看是否存在，再看文件或目录类型，最后判断权限。但是必须要注意的是，由于 root 在很多权限的限制上面都是无效的，所以使用 root 执行这个脚本时，常常会发现与 ls-l 观察到的结果并不相同。所以，建议使用一般用户来执行这个脚本看看。

12.3.2　利用判断符号[ ]

除了我们很喜欢使用的 test 之外，其实，我们还可以利用判断符号【[ ]】（就是中括号）来进行数据的判断。举例来说，如果我想要知道 ${HOME} 这个变量是否为空，可以这样做：

```
[dmtsai@study ~]$ [ -z "${HOME}" ] ; echo $?
```

使用中括号必须要特别注意，因为中括号用在很多地方，包括通配符与正则表达式等。所以如果要在 bash 的语法当中使用中括号作为 shell 的判断式时，必须要注意中括号的两端需要有空格符来分隔。假设空格键使用【□】符号来表示，那么，在这些地方你都需要有空格：

```
[  "$HOME"  ==  "$MAIL"  ]
[□"$HOME"□==□"$MAIL"□]
 ↑      ↑ ↑       ↑
```

你会发现鸟哥在上面的判断式当中使用了两个等号【==】，其实在 bash 当中使用一个等号与两个等号的结果是一样的，不过在一般常用程序的写法中，一个等号代表【变量的设置】，两个等号则是代表【逻辑判断（是与否之意）】。由于我们在中括号内重点在于【判断】而非【设置变量】，因此鸟哥建议您还是使用两个等号较佳。

上面的例子在说明，两个字符串 ${HOME} 与 ${MAIL} 是否相同，相当于 test ${HOME} == ${MAIL}。而如果没有空白分隔，例如 [${HOME}==${MAIL}]，我们的 bash 就会显示错误信息，这可要很注意，所以说，你最好要注意：

- 在中括号[]内的每个组件都需要有空格来分隔；
- 在中括号内的变量，最好都以双引号括号起来；
- 在中括号内的常数，最好都以单或双引号括号起来。

为什么要这么麻烦？直接举例来说，假如我设置了 name="VBird Tsai"，然后这样判定：

```
[dmtsai@study ~]$ name="VBird Tsai"
[dmtsai@study ~]$ [ ${name} == "VBird" ]
bash: [: too many arguments
```

见鬼了，怎么会发生错误？bash 还跟我说错误是由于【太多参数（too many arguments）】所致，为什么？因为 ${name} 如果没有使用双引号括起来，那么上面的判定式会变成：

```
[ VBird Tsai == "VBird" ]
```

上面肯定不对嘛！因为一个判断式仅能有两个数据的比对，上面 VBird 与 Tsai 还有 "VBird" 就有三个数据，这不是我们要的，我们要的应该是下面这个样子：

```
[ "VBird Tsai" == "VBird" ]
```

这可是差很多的。另外，中括号的使用方法与 test 几乎一模一样，只是中括号比较常用在条件判断式 if...then...fi 的情况中。好，那我们也使用中括号的判断来做一个小案例好了，案例设置如下：

1. 当执行一个程序的时候，这个程序会让用户选择 Y 或 N；
2. 如果用户输入 Y 或 y 时，就显示【OK, continue】；
3. 如果用户输入 n 或 N 时，就显示【Oh, interrupt】；
4. 如果不是 Y/y/N/n 之内的其他字符，就显示【I don't know what your choice is】。

利用中括号、&&与|| 来继续吧！

```
[dmtsai@study bin]$ vim ans_yn.sh
#!/bin/bash
# Program:
#       This program shows the user's choice
# History:
# 2015/07/16       VBird         First release
PATH=/bin:/sbin:/usr/bin:/usr/sbin:/usr/local/bin:/usr/local/sbin:~/bin
export PATH
read -p "Please input (Y/N): " yn
[ "${yn}" == "Y" -o "${yn}" == "y" ] && echo "OK, continue" && exit 0
[ "${yn}" == "N" -o "${yn}" == "n" ] && echo "Oh, interrupt!" && exit 0
echo "I don't know what your choice is" && exit 0
```

由于输入正确（Yes）的方法有大小写之分，不论输入大写 Y 或小写 y 都是可以的，此时判断式内就得要有两个判断才行。由于是任何一个成立即可（大写或小写的 y），所以这里使用–o（或）连接两个判断，很有趣吧！利用这个字符串判别的方法，我们就可以很轻松地将用户想要进行的工作分门别类。接下来，我们再来谈一些其他有的没有的东西吧！

12.3.3　shell 脚本的默认变量（$0、$1...）

我们知道命令可以带有选项与参数，例如 ls –la 可以查看包含隐藏文件的所有属性与权限。那么 shell 脚本能不能在脚本文件名后面带有参数呢？很有趣，举例来说，如果你想要重新启动系统的网络，可以这样做：

```
[dmtsai@study ~]$ file /etc/init.d/network
/etc/init.d/network: Bourne-Again shell 脚本, ASCII text executable
# 使用 file 来查询后，系统告知这个文件是个 bash 的可执行脚本。
[dmtsai@study ~]$ /etc/init.d/network restart
```

restart 是重新启动的意思，上面的命令可以【重新启动 /etc/init.d/network 这个程序】。唔！那么如果你在 /etc/init.d/network 后面加上 stop 呢？没错，就可以直接关闭该服务了，这么神奇？没错，如果你要根据程序的执行给予一些变量去进行不同的任务时，本章一开始是使用 read 的功能，但 read 功能的问题是你得要手动由键盘输入一些判断式。如果通过命令后面接参数，那么一个命令就能够处理完毕而不需要手动再次输入一些变量操作，这样执行命令会比较简单方便。

脚本是怎么完成这个功能的呢？其实脚本针对参数已经设置好了一些变量名称，对应如下：

```
/path/to/scriptname opt1 opt2 opt3 opt4
     $0             $1   $2   $3   $4
```

这样够清楚了吧？执行的脚本文件名为 $0 这个变量，第一个接的参数就是 $1。所以，只要我们在脚本里面善用 $1 的话，就可以很简单地立即执行某些命令功能了。除了这些数字的变量之外，我们还有一些较为特殊的变量可以在脚本内使用来调用这些参数。

- $#：代表后接的参数【个数】，以上表为例这里显示为【4】；
- $@：代表【"$1" "$2" "$3" "$4"】之意，每个变量是独立的（用双引号括起来）；
- $*：代表【"$1c$2c$3c$4"】，其中 c 为分隔字符，默认为空格，所以本例中代表【"$1 $2 $3 $4"】之意；

那个 $@ 与 $* 基本上还是有所不同，不过，一般使用情况下可以直接记忆 $@。好了，来做个例子吧！假设我要执行一个可以携带参数的脚本，执行该脚本后屏幕会显示如下数据：

- 程序的文件名是什么；
- 共有几个参数；
- 若参数的个数小于 2 则告知用户参数数量太少；
- 全部的参数内容是什么；
- 第一个参数是什么；
- 第二个参数是什么。

```
[dmtsai@study bin]$ vim how_paras.sh
#!/bin/bash
# Program:
#       Program shows the script name, parameters...
# History:
# 2015/07/16     VBird          First release
PATH=/bin:/sbin:/usr/bin:/usr/sbin:/usr/local/bin:/usr/local/sbin:~/bin
export PATH
echo "The script name is       ==> ${0}"
echo "Total parameter number is ==> $#"
[ "$#" -lt 2 ] && echo "The number of parameter is less than 2. Stop here." && exit 0
echo "Your whole parameter is   ==> '$@'"
```

```
echo "The 1st parameter        ==> ${1}"
echo "The 2nd parameter        ==> ${2}"
```

执行结果如下：

```
[dmtsai@study bin]$ sh how_paras.sh theone haha quot
The script name is        ==> how_paras.sh        <==文件名。
Total parameter number is ==> 3                   <==果然有三个参数。
Your whole parameter is   ==> 'theone haha quot'  <==参数的内容全部。
The 1st parameter         ==> theone              <==第一个参数。
The 2nd parameter         ==> haha                <==第二个参数。
```

◆ shift：造成参数变量号码偏移

除此之外，脚本后面所接的变量是否能够进行偏移（shift）呢？什么是偏移啊？我们直接以下面的范例来说明好了，用范例说明比较好解释。我们将 how_paras.sh 的内容稍作变化一下，用来显示每次偏移后参数的变化情况：

```
[dmtsai@study bin]$ vim shift_paras.sh
#!/bin/bash
# Program:
#       Program shows the effect of shift function.
# History:
# 2009/02/17      VBird          First release
PATH=/bin:/sbin:/usr/bin:/usr/sbin:/usr/local/bin:/usr/local/sbin:~/bin
export PATH
echo "Total parameter number is ==> $#"
echo "Your whole parameter is   ==> '$@'"
shift   # 进行第一次【一个变量的 shift】
echo "Total parameter number is ==> $#"
echo "Your whole parameter is   ==> '$@'"
shift 3 # 进行第二次【三个变量的 shift】
echo "Total parameter number is ==> $#"
echo "Your whole parameter is   ==> '$@'"
```

这脚本的执行结果如下：

```
[dmtsai@study bin]$ sh shift_paras.sh one two three four five six <==给予六个参数。
Total parameter number is ==> 6   <==最原始的参数变量情况。
Your whole parameter is   ==> 'one two three four five six'
Total parameter number is ==> 5   <==第一次偏移，看下面发现第一个 one 不见了。
Your whole parameter is   ==> 'two three four five six'
Total parameter number is ==> 2   <==第二次偏移掉三个，two three four 不见了。
Your whole parameter is   ==> 'five six'
```

光看结果你就可以知道，那个 shift 会移动变量，而且 shift 后面可以接数字，代表拿掉最前面的几个参数的意思。上面的执行结果中，第一次进行 shift 后它的显示情况是【~~one~~ two three four five six】，所以就剩下五个。第二次直接拿掉三个，就变成【~~two three four~~ five six】。这样这个案例可以了解了吗？理解 shift 的功能了吗？

上面这几个例子都很简单吧？几乎都是利用 bash 的相关功能而已，不难！下面我们就要使用条件判断式来分别设置一些功能，好好看一看。

12.4 条件判断式

只要讲到【程序】，那么条件判断式，即【if then】这种判断就是一定要学习的。因为很多时候，我们都必须要根据某些数据来判断程序该如何进行。举例来说，我们在上面的 ans_yn.sh 讨论输入响应的范例中不是曾练习当用户输入 Y/N 时，必须要执行不同的信息输出吗？简单的方式可以利用&&与||，但如果我还想要执行一堆命令？那真的得要 if then 来帮忙，下面我们就来聊一聊。

12.4.1 利用 if...then

这个 if...then 是最常见的条件判断式了。简单地说，当符合某个条件判断的时候，就予以进行某项任务。这个 if ... then 的判断还有多层次的情况，我们分别介绍如下：

◆ 单层、简单条件判断式

如果你只有一个判断式要进行，那么我们可以简单地这样看：

```
if [ 条件判断式 ]; then
        当条件判断式成立时，可以进行的命令工作内容;
fi   <==将 if 反过来写，就成为 fi，结束 if 之意。
```

至于条件判断式的判断方法，与前一小节的介绍相同。较特别的是，如果我有多个条件要判别时，除了 ans_yn.sh 那个案例所写的，也就是【将多个条件写入一个中括号内的情况】之外，我还可以有多个中括号来隔开。而括号与括号之间，则以 && 或 || 来隔开，它们的意义是：

● && 代表 AND ；
● || 代表 or ；

所以，在使用中括号的判断式中，&& 及 || 就与命令执行的状态不同了。举例来说，ans_yn.sh 里面的判断式可以这样修改：

```
[ "${yn}" == "Y" -o "${yn}" == "y" ]
```

上式可替换为

```
[ "${yn}" == "Y" ] || [ "${yn}" == "y" ]
```

之所以这样改，有些人是习惯问题，有些人则是喜欢一个中括号仅有一个判断的原因。好了，现在我们来将 ans_yn.sh 这个脚本修改成为 if ... then 的样式来看看：

```
[dmtsai@study bin]$ cp ans_yn.sh ans_yn-2.sh   <==用复制来修改的比较快。
[dmtsai@study bin]$ vim ans_yn-2.sh
#!/bin/bash
# Program:
#       This program shows the user's choice
# History:
# 2015/07/16   VBird   First release
PATH=/bin:/sbin:/usr/bin:/usr/sbin:/usr/local/bin:/usr/local/sbin:~/bin
export PATH
read -p "Please input (Y/N): " yn
if [ "${yn}" == "Y" ] || [ "${yn}" == "y" ]; then
        echo "OK, continue"
        exit 0
fi
if [ "${yn}" == "N" ] || [ "${yn}" == "n" ]; then
        echo "Oh, interrupt!"
        exit 0
fi
echo "I don't know what your choice is" && exit 0
```

不过，由这个例子看起来，似乎也没有什么了不起吧？原本的 ans_yn.sh 还比较简单，但是如果以逻辑概念来看，其实上面的范例中，我们使用了两个条件判断，明明仅有一个 ${yn} 的变量，为何需要进行两次比对？此时，多重条件判断就能够用来测试。

◆ 多重、复杂条件判断式

在同一个数据的判断中，如果该数据需要进行多种不同的判断，应该怎么做？举例来说，上面的 ans_yn.sh 脚本中，我们只要执行一次 ${yn} 的判断就好（仅执行一次 if ），不想要做多次 if 的判断，此时你就得要知道下面的语法了：

```
# 一个条件判断，分成功执行与失败执行（else）
if [ 条件判断式 ]; then
```

```
        当条件判断式成立时，可执行的命令。
else
        当条件判断式不成立时，可执行的命令。
fi
```

如果考虑更复杂的情况，则可以使用这个语法：

```
# 多个条件判断（if ... elif ... elif ... else）分多种不同情况执行。
if [ 条件判断式一 ]; then
        当条件判断式一成立时，可执行的命令。
elif [ 条件判断式二 ]; then
        当条件判断式二成立时，可执行的命令。
else
        当条件判断式一与二均不成立时，可执行的命令。
fi
```

你得要注意的是，elif 也是个判断式，因此 elif 后面都要接 then 来处理。但是 else 已经是最后没有成立的结果了，所以 else 后面并没有 then。好，我们来将 ans_yn-2.sh 改写成这样：

```
[dmtsai@study bin]$ cp ans_yn-2.sh ans_yn-3.sh
[dmtsai@study bin]$ vim ans_yn-3.sh
#!/bin/bash
# Program:
#       This program shows the user's choice
# History:
# 2015/07/16    VBird   First release
PATH=/bin:/sbin:/usr/bin:/usr/sbin:/usr/local/bin:/usr/local/sbin:~/bin
export PATH
read -p "Please input (Y/N): " yn
if [ "${yn}" == "Y" ] || [ "${yn}" == "y" ]; then
        echo "OK, continue"
elif [ "${yn}" == "N" ] || [ "${yn}" == "n" ]; then
        echo "Oh, interrupt!"
else
        echo "I don't know what your choice is"
fi
```

程序是否变得很简单？而且依序判断，可以避免掉重复判断的状况，这样真的很容易设计程序。好了，让我们再来进行另外一个案例的设计。一般来说，如果你不希望用户由键盘输入额外的数据，则可以使用上一节提到的参数功能（$1），让用户在执行命令时就将参数带进去。现在我们想让用户输入【hello】这个关键词时，利用参数的方法可以这样依序设计：

1. 判断 $1 是否为 hello，如果是的话，就显示 "Hello, how are you ?"；
2. 如果没有加任何参数，就提示用户必须要使用的参数执行法；
3. 而如果加入的参数不是 hello，就提醒用户仅能使用 hello 为参数。

整个程序的编写可以是这样的：

```
[dmtsai@study bin]$ vim hello-2.sh
#!/bin/bash
# Program:
#       Check $1 is equal to "hello"
# History:
# 2015/07/16    VBird       First release
PATH=/bin:/sbin:/usr/bin:/usr/sbin:/usr/local/bin:/usr/local/sbin:~/bin
export PATH
if [ "${1}" == "hello" ]; then
        echo "Hello, how are you ?"
elif [ "${1}" == "" ]; then
        echo "You MUST input parameters, ex> {${0} someword}"
else
        echo "The only parameter is 'hello', ex> {${0} hello}"
fi
```

然后你可以执行这个程序，分别在 $1 的位置输入 hello——没有输入与随意输入，就可以看到不同的输出，是否还觉得挺简单的？事实上，学到这里也真的很厉害了。好了，下面我们继续来玩一些比较大一点的计划。

我们在第 10 章已经学会了 grep 这个好用的玩意儿，下面多学一个叫做 netstat 的命令。这个命令可以查询到目前主机开启的网络服务端口（service ports），相关的功能我们会在服务器架设篇继续介绍，这里你只要知道，我可以利用【netstat -tuln】来获取目前主机启动的服务，而且获取的信息有点像这样：

```
[dmtsai@study ~]$ netstat -tuln
Active Internet connections (only servers)
Proto Recv-Q Send-Q Local Address           Foreign Address         State
tcp        0      0 0.0.0.0:22              0.0.0.0:*               LISTEN
tcp        0      0 127.0.0.1:25            0.0.0.0:*               LISTEN
tcp6       0      0 :::22                   :::*                    LISTEN
tcp6       0      0 ::1:25                  :::*                    LISTEN
udp        0      0 0.0.0.0:123             0.0.0.0:*
udp        0      0 0.0.0.0:5353            0.0.0.0:*
udp        0      0 0.0.0.0:44326           0.0.0.0:*
udp        0      0 127.0.0.1:323           0.0.0.0:*
udp6       0      0 :::123                  :::*
udp6       0      0 ::1:323                 :::*
#封包格式          本地IP:端口             远端IP:端口             是否监听
```

上面的重点是【Local Address（本地主机的 IP 与端口对应）】那个字段，它代表的是本机所启动的网络服务，IP 的部分说明的是该服务位于哪个接口上。若为 127.0.0.1 则是仅针对本机开放，若是 0.0.0.0 或 ::: 则代表对整个 Internet 开放（更多信息请参考服务器架设篇的介绍）。每个端口都有其特定的网络服务，几个常见的端口与相关网络服务的关系是：

- 80: WWW
- 22: ssh
- 21: ftp
- 25: mail
- 111: RPC（远程过程调用）
- 631: CUPS（打印服务功能）

假设我的主机有兴趣要检测的是比较常见的 21、22、25 及 80 端口时，那我如何通过 netstat 去检测我的主机是否开启了这四个主要的网络服务端口？由于每个服务的关键词都是接在冒号【:】后面，所以可以使用类似【:80】的方式来检测，那我就可以简单地这样去写这个程序：

```
[dmtsai@study bin]$ vim netstat.sh
#!/bin/bash
# Program:
#       Using netstat and grep to detect WWW,SSH,FTP and Mail services.
# History:
# 2015/07/16     VBird        First release
PATH=/bin:/sbin:/usr/bin:/usr/sbin:/usr/local/bin:/usr/local/sbin:~/bin
export PATH
# 1. 先写一些告知的操作而已。
echo "Now, I will detect your linux server's services!"
echo -e "The www, ftp, ssh, and mail (smtp) will be detect! \n"
# 2. 开始进行一些测试的任务，并且也输出一些信息。
testfile=/dev/shm/netstat_checking.txt
netstat -tuln > ${testfile}          # 先转存数据到内存当中，不用一直执行 netstat。
testing=$(grep ":80 " ${testfile})   # 检测看 80 端口在否？
if [ "${testing}" != "" ]; then
     echo "WWW is running in your system."
fi
testing=$(grep ":22 " ${testfile})   # 检测看 22 端口在否？
if [ "${testing}" != "" ]; then
```

```
        echo "SSH is running in your system."
fi
testing=$(grep ":21 " ${testfile})    # 检测看 21 端口在否?
if [ "${testing}" != "" ]; then
        echo "FTP is running in your system."
fi
testing=$(grep ":25 " ${testfile})    # 检测看 25 端口在否?
if [ "${testing}" != "" ]; then
        echo "Mail is running in your system."
fi
```

实际执行这个程序就可以看到你的主机有没有启动这些服务。是否很有趣?条件判断式还可以搞得更复杂。举例来说,当兵是国民应尽的义务,不过,在当兵的时候总是很想要退伍,那你能不能写个脚本程序来跑,让用户输入它的退伍日期,帮他计算还有几天才退伍?

由于日期要用相减的方式来处置,所以我们可以通过使用 date 显示日期与时间,将它转为由 1970-01-01 累积而来的秒数,通过秒数相减来获取剩余的秒数后,再换算为日数即可。整个脚本的制作流程有点像这样:

1. 先让用户输入退伍日期。
2. 再由现在日期比对退伍日期。
3. 由两个日期的比较来显示【还需要几天】才能够退伍的字样。

似乎挺难的样子?其实也不会,利用【date --date="YYYYMMDD" +%s】转成秒数后,接下来的操作就容易得多了。如果你已经写完了程序,对照下面的写法试看看:

```
[dmtsai@study bin]$ vim cal_retired.sh
#!/bin/bash
# Program:
#       You input your demobilization date, I calculate how many days before you demobilize.
# History:
# 2015/07/16     VBird         First release
PATH=/bin:/sbin:/usr/bin:/usr/sbin:/usr/local/bin:/usr/local/sbin:~/bin
export PATH
# 1. 告知使用者这个程序的用途,并且告知应该如何输入日期格式。
echo "This program will try to calculate :"
echo "How many days before your demobilization date..."
read -p "Please input your demobilization date (YYYYMMDD ex>20150716): " date2
# 2. 测试一下,这个输入的内容是否正确?利用正则表达式。
date_d=$(echo ${date2} |grep '[0-9]\{8\}')    # 看看是否有八个数字。
if [ "${date_d}" == "" ]; then
        echo "You input the wrong date format...."
        exit 1
fi
# 3. 开始计算日期。
declare -i date_dem=$(date --date="${date2}" +%s)      # 退伍日期秒数。
declare -i date_now=$(date +%s)                        # 现在日期秒数。
declare -i date_total_s=$((${date_dem}-${date_now}))   # 剩余秒数统计。
declare -i date_d=$((${date_total_s}/60/60/24))        # 转为日数。
if [ "${date_total_s}" -lt "0" ]; then                 # 判断是否已退伍。
        echo "You had been demobilization before: "$((-1*${date_d}))" ago"
else
        declare -i date_h=$(($((${date_total_s}-${date_d}*60*60*24))/60/60))
        echo "You will demobilize after ${date_d} days and ${date_h} hours."
fi
```

看一看,这个程序可以帮你计算退伍日期。如果是已经退伍的朋友,还可以知道已经退伍多久了。哈哈,很可爱吧!脚本中的 date_d 变量声明那个/60/60/24 是来自于一天的总秒数(24 小时×60 分×60 秒)。看,全部的操作都没有超出我们所学的范围吧?还能够避免用户输入错误的数字,所以多了一个正则表达式的判断式。这个例子比较难,有兴趣想要一探究竟的朋友,可以做一下课后练习题关于计算生日的那一题,加油!

12.4.2　利用 case…esac 判断

上个小节提到的【if…then…fi】对于变量的判断是以【比对】的方式来分辨的，如果符合状态就进行某些操作，并且通过较多层次(就是 elif …)的方式来进行多个变量的程序代码编写。譬如 hello-2.sh 那个小程序，就是用这样的方式来编写的。好，那么万一我有多个既定的变量内容，例如 hello-2.sh 当中，我所需要的变量就是 "hello" 及空字符串两个，那么我只要针对这两个变量来设置状态就好了，对吧？那么可以使用什么方式来设计？呵呵！就用 case … in …esac 吧！它的语法如下：

```
case  $变量名称 in    <==关键字为 case，还有变量前有美元符号。
  "第一个变量内容")    <==每个变量内容建议用双引号括起来，关键字则为右圆括号。
      程序段
      ;;              <==每个类别结尾使用两个连续的分号来处理。
  "第二个变量内容")
      程序段
      ;;
  *)                  <==最后一个变量内容都会用*来代表所有其他值。
      不包含第一个变量内容与第二个变量内容的其他程序执行段。
      exit 1
      ;;
esac                  <==最终的 case 结尾，【反过来写】思考一下。
```

要注意的是，这个语法以 case(实际状态之意)为开头，结尾自然就是将 case 的英文反过来写，即 esac，不会很难背。另外，每一个变量内容的程序段最后都需要两个分号(;;)来代表该程序段落的结束，这挺重要的。至于为何需要有*这个变量内容在最后呢？这是因为，如果用户不是输入变量内容一或二时，我们可以告知用户相关的信息。废话少说，我们拿 hello-2.sh 的案例来修改一下，它应该会变成这样：

```
[dmtsai@study bin]$ vim hello-3.sh
#!/bin/bash
# Program:
#       Show "Hello" from $1.... by using case .... esac
# History:
# 2015/07/16     VBird        First release
PATH=/bin:/sbin:/usr/bin:/usr/sbin:/usr/local/bin:/usr/local/sbin:~/bin
export PATH
case ${1} in
  "hello")
      echo "Hello, how are you ?"
      ;;
  "")
      echo "You MUST input parameters, ex> {${0} someword}"
      ;;
  *)    # 其实就相当于通配符，0~无穷多个任意字符之意。
      echo "Usage ${0} {hello}"
      ;;
esac
```

在上面这个 hello-3.sh 的案例当中，如果你输入【sh hello-3.sh test】来执行，那么屏幕上就会出现【Usage hello-3.sh {hello}】的字样，告知执行者仅能够使用 hello，这样的方式对于需要某些固定字符串来执行的变量内容就显得更加的方便。这种方式你真的要熟悉，这是因为**早期系统的很多服务的启动脚本文件都是使用这种写法**（CentOS 6.x 以前）。虽然 CentOS 7 已经使用 systemd，不过仍有数个服务是放在 /etc/init.d/ 目录下。例如有个名为 netconsole 的服务在该目录下，那么你想要重新启动该服务，是可以这样做的（请注意，要成功执行，还是得要具有root 身份才行，一般账号能执行，但不会成功 ）：

```
/etc/init.d/netconsole restart
```

重点是那个 restart，如果你使用【less /etc/init.d/netconsole】去查看一下，就会看到它使用的是 case 语法，并且会规定某些既定的变量内容。你可以直接执行/etc/init.d/netconsole，该脚本就会告知你有哪些后续接的变量可以使用，方便吧！

一般来说，使用【case $变量 in】这个语法时，当中的那个【$变量】大致有两种获取方式：

◆ 直接执行式：例如上面提到的，利用【script.sh variable】的方式来直接给予 $1 这个变量的内容，这也是在/etc/init.d 目录下大多数程序的设计方式。

◆ 交互式：通过 read 这个命令来让用户输入变量的内容。

这么说或许你的感受还不深，好，我们直接写个程序来玩玩：让用户能够输入 one、two、three，并且将用户的变量显示到屏幕上；如果不是 one、two、three 时，就告知用户仅有这三种选择。

```
[dmtsai@study bin]$ vim show123.sh
#!/bin/bash
# Program:
#       This script only accepts the flowing parameter: one, two or three.
# History:
# 2015/07/17      VBird          First release
PATH=/bin:/sbin:/usr/bin:/usr/sbin:/usr/local/bin:/usr/local/sbin:~/bin
export PATH
echo "This program will print your selection !"
# read -p "Input your choice: " choice    # 暂时取消，可以替换。
# case ${choice} in                       # 暂时取消，可以替换。
case ${1} in                              # 现在使用，可以用上面两行替换。
  "one")
      echo "Your choice is ONE"
      ;;
  "two")
      echo "Your choice is TWO"
      ;;
  "three")
      echo "Your choice is THREE"
      ;;
  *)
      echo "Usage ${0} {one|two|three}"
      ;;
esac
```

此时，使用【sh show123.sh two】的方式来执行命令，就可以收到相对应的响应了。上面使用的是直接执行的方式，而如果使用的是交互式时，那么将上面第 10、11 行的 "#" 拿掉，并将第 12 行加上注释（#），就可以让用户输入参数，这样是否很有趣？

12.4.3 利用 function 功能

什么是【函数（function）】功能？简单地说，其实，函数可以在 shell 脚本当中做出一个类似自定义执行命令的东西，最大的功能是可以简化我们很多的程序代码。举例来说，上面的 show123.sh 当中，每个输入结果 one、two、three 其实输出的内容都一样，那么我就可以使用 function 来简化了，function 的语法是这样的：

```
function fname () {
     程序段
}
```

那个 fname 就是我们自定义的执行命令名称，而程序段就是我们要它执行的内容了。要注意的是，因为 shell 脚本的执行方式是由上而下、由左而右，因此在 shell 脚本当中的 function 的设置一定要在程序的最前面，这样才能够在执行时被找到可用的程序段（这一点与传统程序语言差异相当大，初次接触的朋友要小心）。好，我们将 show123.sh 改写一下，自定义一个名为 printit 的函数来使用：

```
[dmtsai@study bin]$ vim show123-2.sh
#!/bin/bash
# Program:
#       Use function to repeat information.
# History:
# 2015/07/17     VBird         First release
PATH=/bin:/sbin:/usr/bin:/usr/sbin:/usr/local/bin:/usr/local/sbin:~/bin
export PATH
function printit ( ) {
        echo -n "Your choice is "      # 加上-n 可以不换行继续在同一行显示。
}
echo "This program will print your selection !"
case ${1} in
  "one")
        printit; echo ${1} | tr 'a-z' 'A-Z'  # 将参数做大小写转换。
        ;;
  "two")
        printit; echo ${1} | tr 'a-z' 'A-Z'
        ;;
  "three")
        printit; echo ${1} | tr 'a-z' 'A-Z'
        ;;
  *)
        echo "Usage ${0} {one|two|three}"
        ;;
esac
```

以上面的例子来说，鸟哥做了一个函数名称为 printit，所以，当我在后续的程序段里面，只要执行 printit 的话，就表示我的 shell 脚本要去执行【function printit....】里面的那几个程序段落。当然，上面这个例子举得太简单了，所以你不会觉得 function 有什么好厉害的，不过，如果某些程序代码一再地在脚本当中重复时，这个 function 可就重要得多，不但可以简化程序代码，而且可以做成类似【模块】的玩意儿，真的很棒。

> 建议读者可以使用类似 vim 的编辑器到 /etc/init.d/ 目录下去查看一下你所看到的文件，并且自行跟踪一下每个文件的执行情况，相信会更有心得。

另外，function 也是拥有内置变量的，它的内置变量与 shell 脚本很类似，函数名称代表示 $0，而后续接的变量也是以 $1、$2...来替换，这里很容易搞错，因为【function fname ( ) { 程序段 }】内的 $0, $1...等与 shell 脚本的 $0 是不同的。以上面 show123-2.sh 来说，假如我执行【sh show123-2.sh one】，表示在 shell 脚本内的 $1 为"one" 这个字符串，但是在 printit ( ) 内的 $1 则与这个 one 无关。我们将上面的例子再次改写一下，让你更清楚。

```
[dmtsai@study bin]$ vim show123-3.sh
#!/bin/bash
# Program:
#       Use function to repeat information.
# History:
# 2015/07/17     VBird         First release
PATH=/bin:/sbin:/usr/bin:/usr/sbin:/usr/local/bin:/usr/local/sbin:~/bin
export PATH
function printit ( ) {
        echo "Your choice is ${1}"   # 这个$1 必须要参考下面命令的执行。
}
echo "This program will print your selection !"
case ${1} in
  "one")
        printit 1  # 请注意，printit 命令后面还有接参数。
```

```
        ;;
  "two")
        printit 2
        ;;
  "three")
        printit 3
        ;;
  *)
        echo "Usage ${0} {one|two|three}"
        ;;
esac
```

在上面的例子当中，如果输入【sh show123-3.sh one】就会出现【Your choice is 1】的字样。为什么是 1？因为在程序段落当中，我们写了【printit 1】，那个 1 就会成为 function 当中的$1，这样是否理解？function 本身其实比较困难一点，如果你还想要进行其他编写的话。不过，我们仅是想要更加了解 shell 脚本而已，所以，这里看看即可，了解原理就好。

12.5 循环（loop）

除了 if...then...fi 这种条件判断式之外，循环可能是程序当中最重要的一环了。循环可以不断地执行某个程序段落，直到用户设置的条件完成为止。所以，重点是那个【条件的完成】是什么，除了这种依据判断式完成与否的不定循环之外，还有另外一种已经固定要跑多少次的循环状态，可称为固定循环的状态，下面我们就来谈一谈。

12.5.1 while do done、until do done（不定循环）

一般来说，不定循环最常见的就是下面这两种状态了：

```
while [ condition ]      <==中括号内的状态就是判断式。
do            <==do 是循环的开始。
        程序段落
done          <==done 是循环的结束。
```

while 的中文是【当.... 时】，所以，这种方式说的是【当 condition 条件成立时，就进行循环，直到 condition 的条件不成立才停止】的意思，还有另外一种不定循环的方式：

```
until [ condition ]
do
        程序段落
done
```

这种方式恰恰与 while 相反，它说的是【当 condition 条件成立时，就终止循环，否则就持续进行循环的程序段。】是否刚好相反？我们以 while 来做个简单的练习。假设我要让用户输入 yes 或是 YES 才结束程序的执行，否则就一直告知用户输入字符串。

```
[dmtsai@study bin]$ vim yes_to_stop.sh
#!/bin/bash
# Program:
#       Repeat question until user input correct answer.
# History:
# 2015/07/17       VBird        First release
PATH=/bin:/sbin:/usr/bin:/usr/sbin:/usr/local/bin:/usr/local/sbin:~/bin
export PATH
while [ "${yn}" != "yes" -a "${yn}" != "YES" ]
do
        read -p "Please input yes/YES to stop this program: " yn
```

```
done
echo "OK! you input the correct answer."
```

上面这个例题的说明是【当 ${yn} 这个变量不是"yes"且${yn}也不是"YES" 时，才进行循环内的程序】，而如果 ${yn}是"yes" 或 "YES"时，就会退出循环。那如果使用 until 呢？呵呵！有趣，它的条件会变成这样：

```
[dmtsai@study bin]$ vim yes_to_stop-2.sh
#!/bin/bash
# Program:
#       Repeat question until user input correct answer.
# History:
# 2015/07/17       VBird           First release
PATH=/bin:/sbin:/usr/bin:/usr/sbin:/usr/local/bin:/usr/local/sbin:~/bin
export PATH
until [ "${yn}" == "yes" -o "${yn}" == "YES" ]
do
      read -p "Please input yes/YES to stop this program: " yn
done
echo "OK! you input the correct answer."
```

仔细比对一下这两个东西有啥不同。再来，如果我想要计算 1+2+3+……+100 的结果呢？利用循环，它是这样的：

```
[dmtsai@study bin]$ vim cal_1_100.sh
#!/bin/bash
# Program:
#       Use loop to calculate "1+2+3+...+100" result.
# History:
# 2015/07/17       VBird           First release
PATH=/bin:/sbin:/usr/bin:/usr/sbin:/usr/local/bin:/usr/local/sbin:~/bin
export PATH
s=0  # 这是求和的数值变量。
i=0  # 这是累计的数值，亦即是 1、2、3.....
while [ "${i}" != "100" ]
do
      i=$(($i+1))    # 每次 i 都会增加 1。
      s=$(($s+$i))   # 每次都会求和一次。
done
echo "The result of '1+2+3+...+100' is ==> $s"
```

嘿嘿！当你执行了【sh cal_1_100.sh】之后，就可以得到 5050 这个数据才对。这样了解了吧！那么让你自行做一下，如果想要让用户自行输入一个数字，让程序由 1+2+……直到你输入的数字为止，该如何编写？应该很简单吧？答案可以参考一下习题练习里面的第一题。

12.5.2　for...do...done（固定循环）

相对于 while、until 的循环方式是必须要【符合某个条件】的状态，for 这种语法，则是【已经知道要进行几次循环】的状态，它的语法是：

```
for var in con1 con2 con3 ...
do
      程序段
done
```

以上面的例子来说，这个 $var 的变量内容在循环工作时：

1. 第一次循环时，$var 的内容为 con1；
2. 第二次循环时，$var 的内容为 con2；
3. 第三次循环时，$var 的内容为 con3；
4. ……

我们可以做个简单的练习，假设我有三种动物，分别是 dog、cat、elephant，我想每一行都输出这样：【There are dogs...】之类的字样，则可以：

```
[dmtsai@study bin]$ vim show_animal.sh
#!/bin/bash
# Program:
#       Using for … loop to print 3 animals
# History:
# 2015/07/17        VBird        First release
PATH=/bin:/sbin:/usr/bin:/usr/sbin:/usr/local/bin:/usr/local/sbin:~/bin
export PATH
for animal in dog cat elephant
do
        echo "There are ${animal}s.... "
done
```

执行之后就能够发现这个程序的运行情况。让我们想象另外一种状况，由于系统上面的各种账号都是写在 /etc/passwd 内的第一个字段，你能不能通过管道命令的 cut 识别出单纯的账号名称后，以 id 分别检查用户的标识符与特殊参数？由于不同的 Linux 系统上面的账号都不一样，此时实际去识别 /etc/passwd 并使用循环处理，就是一个可行的方案，程序可以如下：

```
[dmtsai@study bin]$ vim userid.sh
#!/bin/bash
# Program
#       Use id, finger command to check system account's information.
# History
# 2015/07/17   VBird   first release
PATH=/bin:/sbin:/usr/bin:/usr/sbin:/usr/local/bin:/usr/local/sbin:~/bin
export PATH
users=$( cut -d ':' -f1 /etc/passwd)        # 选取账号名称。
for username in ${users}                # 开始循环进行。
do
        id ${username}
done
```

执行上面的脚本后，你的系统账号就会被识别出来检查，这个操作还可以用在每个账号的删除、重整上面。换个角度来看，如果我现在需要一连串的数字来进行循环？举例来说，要利用 ping 这个可以判断网络状态的命令，来进行网络状态的实际检测时，我想要检测的域名是本机所在的 192.168.1.1~192.168.1.100 网段，由于有 100 台主机，总不会要我在 for 后面输入 1 到 100 吧？此时你可以这样做。

```
[dmtsai@study bin]$ vim pingip.sh
#!/bin/bash
# Program
#       Use ping command to check the network's PC state.
# History
# 2015/07/17   VBird   first release
PATH=/bin:/sbin:/usr/bin:/usr/sbin:/usr/local/bin:/usr/local/sbin:~/bin
export PATH
network="192.168.1"                 # 先定义一个域名的前面部分。
for sitenu in $( seq 1 100)          # seq 为 sequence（连续）的缩写之意。
do
        # 下面的程序在获取 ping 的返回值是正确的还是错误的。
        ping -c 1 -w 1 ${network}.${sitenu} &> /dev/null && result=0 || result=1
        # 开始显示结果是正确的启动（UP）还是错误的没有连通（DOWN）。
        if [ "${result}" == 0 ]; then
                echo "Server ${network}.${sitenu} is UP."
        else
                echo "Server ${network}.${sitenu} is DOWN."
        fi
done
```

上面这一串命令执行之后就可以显示出 192.168.1.1~192.168.1.100 共 100 台主机目前是否能与你的机器连通。如果你的域名与鸟哥所在的位置不同，则直接修改上面那个 network 的变量内容即可。其实这个范例的重点在 $（seq） 那个位置，这个 seq 是连续（sequence）的缩写之意，代表后面接的两个数值是一直连续的，如此一来，就能够轻松地将连续数字代入程序中。

> 除了$（seq 1 100）之外，你也可以直接通过 bash 的内置机制来处理，可以使用 {1..100} 来替换$（seq 1 100）。那个大括号内的前面/后面用两个字符，中间以两个小数点来代表连续出现的意思。例如要持续输出 a、b、c...g 的话，就可以使用【echo {a..g}】这样的表示方式。

最后，让我们来玩玩判断式加上循环的功能。我想要让用户输入某个目录文件名，然后我找出某目录内的文件名的权限，该如何是好？呵呵！可以这样做。

```
[dmtsai@study bin]$ vim dir_perm.sh
#!/bin/bash
# Program:
#       User input dir name, I find the permission of files.
# History:
# 2015/07/17     VBird        First release
PATH=/bin:/sbin:/usr/bin:/usr/sbin:/usr/local/bin:/usr/local/sbin:~/bin
export PATH
# 1. 先看看这个目录是否存在。
read -p "Please input a directory: " dir
if [ "${dir}" == "" -o ! -d "${dir}" ]; then
      echo "The ${dir} is NOT exist in your system."
      exit 1
fi
# 2. 开始测试文件。
filelist=$(ls ${dir})        # 列出所有在该目录下的文件名称。
for filename in ${filelist}
do
      perm=""
      test -r "${dir}/${filename}" && perm="${perm} readable"
      test -w "${dir}/${filename}" && perm="${perm} writable"
      test -x "${dir}/${filename}" && perm="${perm} executable"
      echo "The file ${dir}/${filename}'s permission is ${perm} "
done
```

呵呵！很有趣的例子吧！利用这种方式，你可以很轻易地处理一些文件的特性。接下来，让我们来玩玩另一种 for 循环的功能吧！主要用在数值方面的处理。

12.5.3　for...do...done 的数值处理

除了上述方法之外，for 循环还有另外一种写法，语法如下：

```
for (( 初始值; 限制值; 赋值运算 ))
do
      程序段
done
```

这种语法适合于数值方面的运算当中，for 后面括号内的三串内容意义为：

● 初始值：某个变量在循环当中的起始值，直接以类似 i=1 设置好；
● 限制值：当变量的值在这个限制值的范围内，就继续进行循环，例如 i<=100；
● 赋值运算：每做一次循环时，变量也变化，例如 i=i+1。

值得注意的是，在【赋值运算】的设置上，如果每次增加 1，则可以使用类似【i++】的方式，即 i 每次循环都会增加 1 的意思。好，我们以这种方式来进行从 1 累加到用户输入的数值的循环吧！

```
[dmtsai@study bin]$ vim cal_1_100-2.sh
#!/bin/bash
# Program:
#       Try do calculate 1+2+....+${your_input}
# History:
# 2015/07/17        VBird          First release
PATH=/bin:/sbin:/usr/bin:/usr/sbin:/usr/local/bin:/usr/local/sbin:~/bin
export PATH
read -p "Please input a number, I will count for 1+2+...+your_input: " nu
s=0
for (( i=1; i<=${nu}; i=i+1 ))
do
        s=$(( ${s}+${i} ))
done
echo "The result of '1+2+3+...+${nu}' is ==> ${s}"
```

一样也是很简单吧！利用 for 可以直接限制循环要进行几次。

12.5.4　搭配随机数与数组的实验

现在你大概已经能够掌握 shell 脚本了。好了，让我们来做个小实验。假设你们公司的团队中，经常为了今天中午要吃啥搞到头很昏，每次都用猜拳的，好烦！有没有办法写个脚本，用脚本搭配随机数来告诉我们，今天中午吃啥好？呵呵！执行这个脚本后，直接跟你说要吃啥，那比猜拳好多了吧？哈哈！

要完成这个任务，首先你得要将全部的店家输入到一组数组当中，再通过随机数的处理，去获取可能的数值，再将搭配到该数值的店家显示来即可。其实也很简单，让我们来实验看看：

```
[dmtsai@study bin]$ vim what_to_eat.sh
#!/bin/bash
# Program:
#       Try do tell you what you may eat.
# History:
# 2015/07/17        VBird          First release
PATH=/bin:/sbin:/usr/bin:/usr/sbin:/usr/local/bin:/usr/local/sbin:~/bin
export PATH
eat[1]="卖当当汉堡"          # 写下你所收集到的店家。
eat[2]="肯爷爷炸鸡"
eat[3]="彩虹日式便当"
eat[4]="越油越好吃大雅"
eat[5]="想不出吃啥学餐"
eat[6]="太师父便当"
eat[7]="池上便当"
eat[8]="怀念火车便当"
eat[9]="一起吃泡面"
eatnum=9                          # 需要输入有几个可用的餐厅数。
check=$(( ${RANDOM} * ${eatnum} / 32767 + 1 ))
echo "your may eat ${eat[${check}]}"
```

立刻执行看看，你就知道该吃啥了，非常有趣吧！不过，这个例子中只选择一个样本，不够看。如果想要每次都显示 3 个店家呢？而且这个店家不能重复，重复当然就没啥意义了，所以，你可以这样做。

```
[dmtsai@study bin]$ vim what_to_eat-2.sh
#!/bin/bash
# Program:
#       Try do tell you what you may eat.
```

```
# History:
# 2015/07/17      VBird       First release
PATH=/bin:/sbin:/usr/bin:/usr/sbin:/usr/local/bin:/usr/local/sbin:~/bin
export PATH
eat[1]="卖当当汉堡"
eat[2]="肯爷爷炸鸡"
eat[3]="彩虹日式便当"
eat[4]="越油越好吃大雅"
eat[5]="想不出吃啥学餐"
eat[6]="太师父便当"
eat[7]="池上便当"
eat[8]="怀念火车便当"
eat[9]="一起吃泡面"
eatnum=9
eated=0
while [ "${eated}" -lt 3 ]; do
      check=$(( ${RANDOM} * ${eatnum} / 32767 + 1 ))
      mycheck=0
      if [ "${eated}" -ge 1 ]; then
             for i in $( seq 1 ${eated} )
             do
                    if [ ${eatedcon[$i]} == $check ]; then
                           mycheck=1
                    fi
             done
      fi
      if [ ${mycheck} == 0 ]; then
             echo "your may eat ${eat[${check}]}"
             eated=$(( ${eated} + 1 ))
             eatedcon[${eated}]=${check}
      fi
done
```

通过随机数、数组、循环与条件判断，你可以做出很多很特别的东西，还不用写传统程序语言。试看看，挺有趣的呦！

12.6　shell 脚本的跟踪与调试

脚本文件在执行之前，最怕的就是出现语法错误的问题。那么我们如何调试呢？有没有办法不需要通过直接执行脚本文件就可以判断是否有问题？呵呵！当然是有的，我们就直接用 bash 的相关参数来进行判断吧！

```
[dmtsai@study ~]$ sh [-nvx] scripts.sh
选项与参数：
-n ：不要执行脚本，仅查询语法的问题；
-v ：再执行脚本前，先将脚本文件的内容输出到屏幕上；
-x ：将使用到的脚本内容显示到屏幕上，这是很有用的参数；
范例一：测试 dir_perm.sh 有无语法的问题？
[dmtsai@study ~]$ sh -n dir_perm.sh
# 若语法没有问题，则不会显示任何信息。
范例二：将 show_animal.sh 的执行过程全部列出来。
[dmtsai@study ~]$ sh -x show_animal.sh
+ PATH=/bin:/sbin:/usr/bin:/usr/sbin:/usr/local/bin:/usr/local/sbin:/root/bin
+ export PATH
+ for animal in dog cat elephant
+ echo 'There are dogs.... '
There are dogs....
+ for animal in dog cat elephant
+ echo 'There are cats.... '
```

```
There are cats....
+ for animal in dog cat elephant
+ echo 'There are elephants.... '
There are elephants....
```

请注意，上面范例二中执行的结果并不会有颜色的显示，鸟哥为了方便说明所以在 + 号之后的数据都加上了颜色。在输出的信息中，在加号后面的数据其实都是命令串，由于 sh -x 的方式将命令执行过程也显示出来，这样用户就可以判断程序代码执行到哪一段时会出现相关的信息，这个功能非常的棒。通过显示完整的命令串，你就能够依据输出的错误信息来修正你的脚本了。

熟悉 sh 的用法，将可以使你在管理 Linux 的过程中得心应手，至于 shell 脚本的学习方法，【多看、多模仿并加以修改成自己的样式】是最快的学习手段。网络上有相当多的朋友在开发一些有用的脚本文件，若是你可以将对方的脚本拿来，并且改成适合自己主机的样子，那么学习的效果会是最快的。

另外，Linux 系统本来就有很多的服务启动脚本，如果你想要知道每个脚本所代表的功能是什么，可以直接用 vim 进入该脚本去查看一下，通常立刻就知道该脚本的目的了。举例来说，我们之前一直提到的 /etc/init.d/netconsole，这个脚本是干嘛用的呢？利用 vim 去查看最前面的几行字，它出现如下信息：

```
# netconsole    This loads the netconsole module with the configured parameters.
# chkconfig: - 50 50
# description: Initializes network console logging
# config: /etc/sysconfig/netconsole
```

意思是说，这个脚本用于设置网络终端来完成登录，且配置文件是 /etc/sysconfig/netconsole。所以，你写的脚本如果也能够很清楚地说明，那就太棒了。

另外，本章所有的范例都可以在 http://linux.vbird.org/linux_basic/0340bashshll-scripts/scripts-20150717.tar.bz2 里面找到，加油！

12.7　重点回顾

- shell 脚本是利用 shell 的功能所写的一个【程序（program）】，这个程序是使用纯文本文件，将一些 shell 的语法与命令（含外部命令）写在里面，搭配正则表达式、管道命令与数据流重定向等功能，以达到我们所想要的处理目的。
- shell 脚本用在系统管理上面是很好的一项工具，但是用在处理大量数值运算上，就不够好了。因为 shell 脚本的速度较慢，且使用的 CPU 资源较多，会造成主机资源的分配不良。
- 在 shell 脚本的文件中，命令是从上而下、从左而右地分析与执行。
- shell 脚本的执行，至少需要有 r 的权限；若需要直接执行命令，则需要拥有 r 与 x 的权限。
- 良好的程序编写习惯中，第一行要声明 shell （#!/bin/bash），第二行起声明程序的用途、版本、作者等信息。
- 交互式脚本可用 read 命令完成。
- 要每次执行脚本都有不同结果的数据，可使用 date 命令利用日期完成。
- 脚本若以 source 来执行，代表在父程序的 bash 内执行之意。
- 若需要进行判断式，可使用 test 或中括号（[]）来处理。
- 在脚本内，$0、$1、$2...$@ 是有特殊意义的。
- 条件判断式可使用 if...then 来判断，若是固定变量内容的情况下，可使用 case $var in ... esac 来处理。
- 循环主要分为不定循环（while 与 until）以及固定循环（for），配合 do、done 来完成所需任务。
- 我们可使用 sh -x script.sh 来进行程序的 debug。

12.8　本章习题

下面皆为实践题，请自行编写出程序。

◆ 请建立一个脚本，当你执行该脚本的时候，该脚本可以显示：（1）你目前的身份（用 whoami）；（2）你目前所在的目录（用 pwd）。

◆ 请自行编写一个程序，该程序可以用来计算【你还有几天可以过生日】？

◆ 让用户输入一个数字，程序可以由 1+2+3……一直累加到用户输入的数字为止。

◆ 编写一个程序，它的作用是：（1）先查看一下 /root/test/logical 这个名称是否存在；（2）若不存在，则建立一个文件，使用 touch 来建立，建立完成后退出；（3）如果存在的话，判断该名称是否为文件，若为文件则将之删除后建立一个名为 logical 的目录之后退出；（4）如果存在，而且该名称为目录，则删除此目录。

◆ 我们知道/etc/passwd 里面以：来分隔，第一栏为账号名称。请写一个程序，可以将/etc/passwd 的第一栏取出，而且每一栏都以一行字符串【The 1 account is "root"】来显示，那个 1 表示行数。

第四部分

Linux 使用者管理

第 13 章　Linux 账号管理与 ACL 权限设置

要登录 Linux 系统一定要有账号与密码才行，否则怎么登录，您说是吧？不过，不同的用户应该要拥有不同的权限才行吧？我们还可以通过 user 与 group 的特殊权限设置，规范不同的用户组来开发项目。在 Linux 的环境下，我们可以通过很多方式来限制用户能够使用的系统资源，包括第 10 章 bash 提到的 ulimit 限制，还有特殊权限限制，如 umask 等。通过这些操作，我们可以规范出不同用户的使用资源。另外，还记得系统管理员的账号吗？对，就是 root。请问一下，除了 root 之外，是否可以有其他的系统管理员账号？为什么大家都要尽量避免使用数字类型的账号？如何修改用户相关的信息？这些我们都需要了解。

13.1　Linux 的账号与用户组

管理员的工作中，相当重要的一环就是【管理账号】。因为整个系统都是你在管理，并且所有一般用户的账号申请，都必须要通过你的协助才行，所以你就必须要了解一下如何管理好一个服务器主机的账号。在管理 Linux 主机的账号时，我们必须先来了解一下 Linux 到底是如何辨别每一个用户的。

13.1.1　用户标识符：UID 与 GID

虽然我们登录 Linux 主机的时候，输入的是我们的账号，但是其实 Linux 主机并不会直接认识你的【账号名称】，它仅认识 ID（ID 就是一组号码）。由于计算机仅认识 0 与 1，所以主机对于数字比较有概念，账号只是为了让人们容易记忆而已，而你的 ID 与账号的对应就在 /etc/passwd 当中。

> 如果你曾经在网络上下载过 tarball 类型的文件，那么应该不难发现，在解压缩之后的文件中，文件拥有者的字段竟然显示【不明的数字】! 奇怪吧？这没什么好奇怪的，因为说实在话，Linux 它真的只认识代表你身份的号码而已。

那么到底有几种 ID 呢？还记得我们在第 5 章提到过，每一个文件都具有【拥有人与拥有人组】的属性吗？没错，每个登录的用户至少都会获取两个 ID，一个是用户 ID（User ID，简称 UID），一个是用户组 ID（Group ID，简称 GID）。

那么文件如何判别它的拥有者与用户组呢？其实就是利用 UID 与 GID。每一个文件都会有所谓的拥有者 ID 与拥有人组 ID,当我们有要显示文件属性的需求时,系统会根据 /etc/passwd 与 /etc/group 的内容，找到 UID 与 GID 对应的账号与组名再显示出来。我们可以做个小实验，你可以用 root 的身份 vim /etc/passwd，然后将你的一般身份的用户 ID 随便改一个号码，然后再到你的一般身份的目录下看看原先该账号拥有的文件，你会发现该文件的拥有人变成了【数字】。呵呵! 这样可以理解了吗？来看看下面的例子：

```
# 1. 先查看一下，系统里面有没有一个名为 dmtsai 的用户？
[root@study ~]# id dmtsai
uid=1000(dmtsai) gid=1000(dmtsai) groups=1000(dmtsai),10(wheel)  <==确定有这个账号。
[root@study ~]# ll -d /home/dmtsai
drwx------. 17 dmtsai dmtsai 4096 Jul 17 19:51 /home/dmtsai
# 看一看，使用者的栏位正是 dmtsai 本身。
# 2. 修改一下，将刚刚我们的 dmtsai 的 1000 UID 改为 2000 看看。
[root@study ~]# vim /etc/passwd
……（前面省略）……
dmtsai:x:2000:1000:dmtsai:/home/dmtsai:/bin/bash <==修改一下特殊字体部分，由 1000 改过来。
[root@study ~]# ll -d /home/dmtsai
drwx------. 17 1000 dmtsai 4096 Jul 17 19:51 /home/dmtsai
# 很害怕吧，怎么变成 1000 了？因为文件只会记录 UID 的数字而已。
# 因为我们乱改，所以导致 1000 找不到对应的账号，因此显示数字。
# 3. 记得将刚刚的 2000 改回来。
[root@study ~]# vim /etc/passwd
……（前面省略）……
dmtsai:x:1000:1000:dmtsai:/home/dmtsai:/bin/bash  <==【务必一定要】改回来。
```

你一定要了解的是，上面的例子仅是在说明 UID 与账号的对应性。在一台正常运行的 Linux 主机环境下，上面的操作不可随便进行，这是因为系统上已经有很多的数据被建立存在了，随意修改系统上某些账号的 UID 很可能会导致某些程序无法运行,甚至导致系统无法顺利运行——因为权限的问题。

所以，了解了之后，请赶快回到 /etc/passwd 里面，将数字改回来。

> 举例来说，如果上面的测试最后一个步骤没有将 2000 改回原本的 UID，那么当 dmtsai
> 下次登录时将没有办法进入自己的家目录。因为它的 UID 已经改为 2000，但是它的家目录
> （/home/dmtsai）却记录的是 1000，由于权限是 700，因此它将无法进入原本的家目录，是
> 否觉得非常严重啊？

13.1.2　用户账号

Linux 系统上面的用户如果需要登录主机以获取 shell 的环境来工作时，它需要如何进行呢？首先，它必须要在计算机前面利用 tty1~tty6 的终端提供的登录接口，并输入账号与密码后才能够登录。如果是通过网络的话，那至少用户就得要学习 ssh 这个功能（服务器篇再来谈）。那么你输入账号密码后，系统帮你处理了什么呢？

1. 先查找/etc/passwd 里面是否有你输入的账号？如果没有则退出，如果有的话则将该账号对应的 UID 与 GID（在 /etc/group 中）读出来，另外，该账号的家目录与 shell 设置也一并读出。

2. 再来则是核对密码表。这时 Linux 会进入 /etc/shadow 里面找出对应的账号与 UID，然后核对一下你刚刚输入的密码与里面的密码是否相符？

3. 如果一切都 OK 的话，就进入 shell 管理的阶段。

大致上的情况就像这样，所以当你要登录你的 Linux 主机的时候，那个 /etc/passwd 与 /etc/shadow 就必须要让系统读取（这也是很多攻击者会将特殊账号写到 /etc/passwd 里面去的缘故）。所以，如果你要备份 Linux 系统的账号的话，那么这两个文件就一定需要备份才行呦！

由上面的流程我们也知道，跟用户账号有关的有两个非常重要的文件，一个是管理用户 UID 与 GID 重要参数的 /etc/passwd，另一个则是专门管理密码相关数据的 /etc/shadow。那这两个文件的内容就非常值得进行研究。下面我们会简单地介绍这两个文件，详细的说明可以参考 man 5 passwd 及 man 5 shadow[注1]。

◆ /etc/passwd 文件结构

这个文件的构造是这样的：每一行都代表一个账号，有几行就代表有几个账号在你的系统中。不过需要特别留意的是，里面很多账号本来就是系统正常运行所必须的，我们可以简称它为系统账号，例如 bin、daemon、adm、nobody 等，这些账号请不要随意删除。这个文件的内容有点像这样：

> 鸟哥在接触 Linux 之前曾经碰过 Solaris 系统（1999 年），当时鸟哥啥也不清楚。由于
> 【听说】UNIX 上面的账号越复杂会导致系统越危险，所以鸟哥就将 /etc/passwd 上面的账号
> 全部删除到只剩下 root 与鸟哥自己用的一般账号,结果你猜发生什么事？那就是请 SUN 的
> 工程师来维护系统,糗到一个不行，大家不要学。

```
[root@study ~]# head -n 4 /etc/passwd
root:x:0:0:root:/root:/bin/bash  <==等一下作为下面说明用。
bin:x:1:1:bin:/bin:/sbin/nologin
daemon:x:2:2:daemon:/sbin:/sbin/nologin
adm:x:3:4:adm:/var/adm:/sbin/nologin
```

我们先来看一下每个 Linux 系统都会有的第 1 行，就是 root 这个系统管理员那一行。你可以明显

地看出来，每一行使用【:】分隔开，共有七个东西分别是：

1. 账号名称

就是账号，提供给对数字不太敏感的人类使用来登录系统的，需要用来对应 UID ，例如 root 的 UID 对应就是 0（第三字段）。

2. 密码

早期 UNIX 系统的密码就是放在这字段上，但是因为这个文件的特性是**所有的程序都能够读取**，这样一来很容易造成密码数据被窃取，因此后来就将这个字段的密码数据改放到/etc/shadow 中了，所以这里你会看到一个【x】，呵呵！

3. UID

这个就是用户标识符。通常 Linux 对于 UID 有几个限制需要说给您了解一下：

ID 范围	该 ID 用户特性
0 （系统管理员）	当 UID 是 0 时，代表这个账号是【系统管理员】，所以当你要让其他的账号名称也具有 root 的权限时，将该账号的 UID 改为 0 即可。这也就是说，一台系统上面的系统管理员不见得只有 root，不过，很不建议有多个账号的 UID 是 0，容易让系统管理员混乱
1~999 （系统账号）	保留给系统使用的 ID，其实除了 0 之外，其他的 UID 权限与特性并没有不一样。默认 1000 以下的数字留给系统作为保留账号只是一个习惯。 由于系统上面启动的网络服务或后台服务希望使用较小的权限去运行，因此不希望使用 root 的身份去执行这些服务，所以我们就得要提供这些运行中程序的拥有者账号才行。这些系统账号通常是不可登录的，所以才会有我们在第 10 章提到的 /sbin/nologin 这个特殊的 shell 存在。 根据系统账号的由来，通常这类账号又大概被区分为两种： ● 　1~200：由 Linux 发行版自行建立的系统账号； ● 　201~999：若用户有系统账号需求时，可以使用的账号 UID
1000~60000 （可登录账号）	给一般用户使用。事实上，目前的 Linux 内核（3.10.x 版）已经可以支持到 4294967295（$2^{32}-1$）这么大的 UID 号码

上面这样说明可以了解了吗？是的，UID 为 0 的时候，就是 root，所以请特别留意一下你的 /etc/passwd 文件。

4. GID

这个与 /etc/group 有关，其实/etc/group 的概念与/etc/passwd 差不多，只是它是用来规范组名与 GID 的对应而已。

5. 用户信息说明栏

这个字段基本上并没有什么重要用途，只是用来解释这个账号的意义而已。不过，如果您提供使用 finger 的功能时，这个字段可以提供很多的信息，本章后面的 chfn 命令会来解释这里的说明。

6. 家目录

这是用户的家目录，以上面为例，root 的家目录在/root，所以当 root 登录之后，就会立刻跑到 /root 目录里面。呵呵！如果你有个账号的使用空间特别的大，你想要将该账号的家目录移动到其他的硬盘去该怎么做？没有错，可以在这个字段进行修改。默认的用户家目录在/home/yourIDname。

7. shell

我们在第 10 章 BASH 中提到很多次，当用户登录系统后就会获取一个 shell 来与系统的内核沟通以进行用户的操作任务。那为何默认 shell 会使用 bash 呢？就是在这个字段指定的。这里比较需要注意的是，有一个 shell 可以使账号在登录时无法获得 shell 环境，那就是 /sbin/nologin 这个东西。这也可以用来制作纯 pop 邮件账号的数据。

◆ /etc/shadow 文件结构

我们知道很多程序的运行都与权限有关，而权限与 UID 和 GID 有关。因此各程序当然需要读取

/etc/passwd 来了解不同账号的权限，**因此/etc/passwd 的权限需设置为-rw-r--r-- 这样的情况。**虽然早期的密码也有加密过，但却放置到/etc/passwd 的第二个字段上，这样一来很容易被有心人士所窃取，加密过的密码也能够通过暴力破解法去 trial and error（试误）找出来。

因为这样的关系，所以后来发展出将密码移动到 /etc/shadow 这个文件分隔开来的技术，而且还加入很多的密码限制参数在/etc/shadow 里面。在这里，我们先来了解一下这个文件的构造。鸟哥的/etc/shadow 文件有点像这样：

```
[root@study ~]# head -n 4 /etc/shadow
root:$6$wtbCCce/PxMeE5wm$KE2IfSJr.YLP7Rcai6oa/T7KFhO...:16559:0:99999:7:::  <==下面说明用。
bin:*:16372:0:99999:7:::
daemon:*:16372:0:99999:7:::
adm:*:16372:0:99999:7:::
```

基本上，shadow 同样以【:】作为分隔符，如果数一数，会发现共有九个字段，这九个字段的用途是这样的：

1. 账号名称

由于密码也需要与账号对应，因此，这个文件的第一栏就是账号，必须要与/etc/passwd 相同才行。

2. 密码

这个字段内的数据才是真正的密码，而且是**经过编码的密码（摘要）**。你只会看到有一些特殊符号的字母。需要特别留意的是，虽然这些加密过的密码难被破解，但是【很难】不等于【不会】，所以这个文件的默认权限是【-rw-------】或是【----------】，即只有 root 才可以读写。你得随时注意，不要不小心修改了这个文件的权限。

另外，由于各种密码编码的技术不一样，因此不同的编码系统会造成这个字段的长度不相同。举例来说，旧式的 DES、MD5 摘要算法产生的密码长度就与目前常用的 SHA 不同[注2]。SHA 的密码长度明显比较长些。由于固定的摘要算法产生的密码是特定的，因此【当你修改这个字段后，该密码就会失效（算不出来）】。很多软件通过这个功能，**在此字段前加上 ! 或 * 修改密码字段，就会让密码【暂时失效】。**

3. 最近修改密码的日期

这个字段记录了【修改密码那一天】的日期，不过，很奇怪呀，在我的例子中怎么会是 16559 呢？呵呵！这个是因为计算 Linux 日期的时间是以 1970 年 1 月 1 日作为 1 而累加的日期，1971 年 1 月 1 日则为 366。得注意一下这个数据，上述的 16559 指的就是 2015-05-04 这一天。了解了么？而想要了解该日期可以使用本章后面的 chage 命令。至于想要知道某个日期的累积日数，可使用如下的程序计算：

```
[root@study ~]# echo $(($(date --date="2015/05/04" +%s)/86400+1))
16559
```

上述命令中，2015/05/04 为你想要计算的日期，86400 为每一天的秒数，%s 为 1970/01/01 以来的累积总秒数。由于 bash 仅支持整数，因此最终需要加上 1 补齐 1970/01/01 当天。

4. 密码不可被修改的天数（与第三字段相比）

第四个字段记录了这个账号的密码在最近一次被更改后需要经过几天才可以再被修改。如果是 0 的话，表示密码随时可以修改，这个限制是为了怕密码被某些人一改再改而设计的。如果设置为 20 天的话，那么当你设置了密码之后，20 天之内都无法再修改这个密码。

5. 密码需要重新修改的天数（与第三字段相比）

经常修改密码是个好习惯。为了强制要求用户修改密码，这个字段可以指定在最近一次更改密码后，在多少天数内需要再次修改密码才行。你必须要在这个天数内重新设置你的密码，否则这个账号的密码将会【变为过期特性】。而如果像上面的 99999（计算为 273 年）的话，那就表示密码的修改没有强制性之意。

6. **密码需要修改期限前的警告天数（与第五字段相比）**

当账号的密码有效期限快要到的时候（第五字段），系统会根据这个字段的设置，发出【警告】信息给这个账号，提醒它【再过 n 天你的密码就要过期了，请尽快重新设置你的密码】。如上面的例子，则是密码到期之前的 7 天之内，系统会警告该用户。

7. **密码过期后的账号宽限时间（密码失效日）（与第五字段相比）**

密码有效日期为【更新日期（第三字段）】+【重新修改日期（第五字段）】，过了该期限后用户依旧没有更新密码，那该密码就算过期了。虽然密码过期但是该账号还是可以用来执行其他的任务，包括登录系统获取 bash。不过如果密码过期了，那当你登录系统时，系统会强制要求你必须要重新设置密码才能登录继续使用，这就是密码过期特性。

那这个字段的功能是什么呢？是在密码过期几天后，如果用户还是没有登录更改密码，那么这个账号的密码将会【失效】，即该账号再也无法使用该密码登录。要注意密码过期与密码失效并不相同。

8. **账号失效日期**

这个日期跟第三个字段一样，都是使用 1970 年以来的总天数。这个字段表示：这个账号在此字段规定的日期之后，将无法再使用。就是所谓的【账号失效】，此时不论你的密码是否过期，这个【账号】都不能再被使用。这个字段会被使用通常应该是在【收费服务】的系统中，你可以规定一个日期让该账号不能再使用。

9. **保留**

最后一个字段是保留的，看以后有没有新功能加入。

举个例子来说好了，假如我的 dmtsai 这个用户的密码栏如下所示：

```
dmtsai:$6$M4IphgNP2TmlXaSS$B418YFroYxxmm....:16559:5:60:7:5:16679:
```

这表示什么呢？先要注意的是 16559 是 2015/05/04，所以 dmtsai 这个用户的密码相关意义是：

- 由于密码几乎仅能单向运算（由明码计算成为摘要密码，无法由密码反推回明码），因此由上表的数据我们无法得知 dmstai 的实际密码明文（第二个字段）；
- 此账号最近一次修改密码的日期是 2015/05/04（16559）；
- 能够再次修改密码的时间是 5 天以后，也就是 2015/05/09 以前 dmtsai 不能修改自己的密码；如果用户还是尝试要修改自己的密码，系统就会出现这样的信息：

```
You must wait longer to change your password
passwd: Authentication token manipulation error
```

画面中告诉我们：你必须要等待更久的时间才能够修改密码。

- 由于密码过期日期定义为 60 天后，即累积日数为 16559+60=16619，经过计算得到此日数代表日期为 2015/07/03。这表示：【用户必须要在 2015/05/09（前 5 天不能改）到 2015/07/03 之间的 60 天限制内去修改自己的密码，若 2015/07/03 之后还是没有修改密码，该密码就声明为过期】。
- 警告日期设为 7 天，即密码过期日前的 7 天，在本例中则代表 2015/06/26~2015/07/03 这 7 天。如果用户一直没有更改密码，那么在这 7 天中，只要 dmtsai 登录系统就会发现如下的信息：

```
Warning: your password will expire in 5 days
```

- 如果该账号一直到 2015/07/03 都没有更改密码，那么密码就过期了。但是由于有 5 天的宽限天数，因此 dmtsai 在 2015/07/08 前都还可以使用旧密码登录主机。不过登录时会出现强制更改密码的情况，画面有点像下面这样：

```
You are required to change your password immediately (password aged)
WARNING: Your password has expired.
You must change your password now and login again!
Changing password for user dmtsai.
Changing password for dmtsai
(current) UNIX password:
```

你必须要输入一次旧密码以及两次新密码后，才能够开始使用系统的各项资源。如果你是在 2015/07/08 以后尝试以 dmtsai 登录的话，那么就会出现如下的错误信息且无法登录，因为此时你的密码就失效了。

```
Your account has expired; please contact your system administrator
```

- 如果用户在 2015/07/03 以前修改过密码，那么第三个字段的那个 16559 的天数就会跟着修改，因此，所有的限制日期也会跟着相对变动。
- 无论用户如何操作，到了 16679（大约是 2015/09/01 左右）该账号就失效。

通过这样的说明，您应该会比较容易理解了吧？由于 shadow 有这样的重要性，因此可不能随意修改。但在某些情况下，你得要使用各种方法来处理这个文件。举例来说，常常听到人家说【我的密码忘记了】或是【我的密码不晓得被谁改过，跟原先的不一样了】，这个时候怎么办？

- **一般用户的密码忘记了**：这个最容易解决，请系统管理员帮忙，它会重新设置好你的密码而不需要知道你的旧密码，以 root 的身份使用 passwd 命令来处理即可。
- **root 密码忘记了**：这就麻烦了，因为你无法使用 root 的身份登录了嘛！但我们知道 root 的密码在/etc/shadow 当中，因此你可以使用各种可行的方法启动进入 Linux 再去修改。例如重新启动进入单人维护模式（第 19 章）后，系统会主动给予 root 权限的 bash 接口，此时再以 passwd 修改密码即可。或以 Live CD 启动后挂载根目录去修改/etc/shadow，将里面的 root 的密码字段清空，再重新启动后 root 不用密码即可登录，登录后再赶快以 passwd 命令去设置 root 密码即可。

> 曾经听过一则笑话，某位老师主要教授 Linux 操作系统，但是他是兼任的老师，因此对于该系的计算机环境不熟。由于当初安装该计算机教室 Linux 操作系统的人员已经离职且找不到联络方式了，也就是说 root 密码已经没有人知道了。此时该老师就对学生说:【在 Linux 里面 root 密码不见了，我们只能重新安装】。感觉有点无力，又是个被 Windows 制约的人才。

另外，由于 Linux 的新旧版本差异颇大，旧的版本（CentOS 5.x 以前）还活在很多服务器内。因此，如果你想要知道 shadow 是使用哪种加密的机制时，可以通过下面的方法去查询。

```
[root@study ~]# authconfig --test | grep hashing
 password hashing algorithm is sha512
# 这就是目前的密码加密机制。
```

13.1.3　关于用户组：有效与初始用户组, groups, newgr

认识了与账号相关的两个文件/etc/passwd 与/etc/shadow 之后，你或许还是会觉得奇怪，那么用户组的配置文件在哪里呢？还有，在/etc/passwd 的第四栏不是所谓的 GID 吗？那又是啥？呵呵！此时就需要了解/etc/group 与/etc/gshadow。

◆ /etc/group 文件结构

这个文件就是在记录 GID 与组名的对应记录，鸟哥测试机的 /etc/group 内容有点像这样：

```
[root@study ~]# head -n 4 /etc/group
root:x:0:
bin:x:1:
daemon:x:2:
sys:x:3:
```

这个文件每一行代表一个用户组，也是以冒号【:】作为字段的分隔符，共分为四栏，每一字段的意义是：

1. 组名

就是组名。同样用来给人使用，基本上需要与第三字段的 GID 对应。

2. 用户组密码

通常不需要设置，这个设置通常是给【用户组管理员】使用，目前很少有这个机会设置用户组管理员。同样，密码已经移动到 /etc/gshadow 中，因此这个字段只会存在一个【 x 】而已。

3. GID

就是用户组 ID。我们 /etc/passwd 第四个字段使用的 GID 对应的用户组名，就是由这里对应出来的。

4. 此用户组支持的账号名称

我们知道一个账号可以加入多个用户组，如果某个账号想要加入此用户组时，将该账号填入这个字段即可。举例来说，如果我想要让 dmtsai 与 alex 也加入 root 这个用户组，那么在第一行的最后面加上【 dmtsai,alex 】，注意不要有空格，使其成为【 root:x:0:dmtsai,alex 】就可以。

谈完了/etc/passwd、/etc/shadow、/etc/group 之后，我们可以使用一个简单的示意图来了解一下 UID/GID 与密码之间的关系，图例如右。其实重点 是/etc/passwd，其他相关的数据都是根据这个文件 的字段去找寻出来的。右图中，root 的 UID 是 0， 而 GID 也是 0，去找/etc/group 可以知道 GID 为 0 时的组名就是 root。至于密码的寻找中，会找到 /etc/shadow 与/etc/passwd 内同账号名称的那一 个，就是密码相关数据。

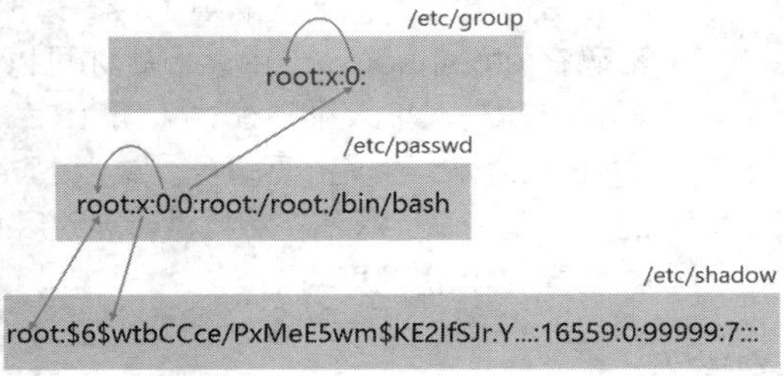

图 13.1.1 账号相关文件之间的 UID/GID 与密码相关性示意图

至于/etc/group 比较重要的特色在于第四栏，因为每个用户都可以拥有多个支持的用户组，这就好比在学校念书的时候，我们可以加入多个社团一样。不过这里你或许会觉得奇怪，那就是：【假如我同时加入多个用户组，那么我在作业的时候，到底是以哪个用户组为准呢？】下面我们就来谈一谈这个【有效用户组】的概念。

> 请注意，新版的 Linux 中，初始用户组的用户群已经不会加入第四个字段。例如我们知道 root 这个账号的主要用户组为 root，但是在上面的范例中，你已经不会看到 root 这个【用户】的名称在 /etc/group 的 root 那一行的第四个字段内，这点还请留意一下。

◆ 有效用户组（effective group）与初始用户组（initial group）

还记得每个用户在它的/etc/passwd 里面的第四栏有所谓的 GID 吧？那个 GID 就是所谓的【初始用户组（initial group）】。也就是说，当用户一登录系统，立刻就会拥有这个用户组的相关权限。举例来说，我们上面提到 dmtsai 这个用户的 /etc/passwd 与/etc/group 还有/etc/gshadow 相关的内容如下：

```
[root@study ~]# usermod -a -G users dmtsai   <==先设置好次要用户组。
[root@study ~]# grep dmtsai /etc/passwd /etc/group /etc/gshadow
/etc/passwd:dmtsai:x:1000:1000:dmtsai:/home/dmtsai:/bin/bash
/etc/group:wheel:x:10:dmtsai     <==次要用户组的设置、安装时指定的。
/etc/group:users:x:100:dmtsai    <==次要用户组的设置。
/etc/group:dmtsai:x:1000:        <==因为是初始用户组，所以第四栏位不需要填入账号。
/etc/gshadow:wheel:::dmtsai      <==次要用户组的设置。
/etc/gshadow:users:::dmtsai      <==次要用户组的设置。
/etc/gshadow:dmtsai:!!::
```

仔细看上面这个表格，在 /etc/passwd 里面，dmtsai 这个用户所属的用户组为 GID=1000，查找一下/etc/group 得到 1000 是那个名为 dmtsai 的用户组，这就是初始用户组。因为是初始用户组，用户一登录就会主动获取，不需要在 /etc/group 的第四个字段写入该账号。

但是非初始用户组的其他用户组可就不同了。举上面这个例子来说，我将 dmtsai 加入 users 这个用户组当中，由于 users 这个用户组并非是 dmtsai 的初始用户组，因此，我必须要在/etc/group 这个文件中，找到 users 那一行，并且将 dmtsai 这个账号加入第四栏，这样 dmtsai 才能够加入 users 这个用户组。

那么在这个例子当中，因为我的 dmtsai 账号同时支持 dmtsai、wheel 与 users 这三个用户组，因此，在读取、写入、执行文件时，针对用户组部分，只要是 users、wheel 与 dmtsai 这三个用户组拥有的功能，dmtsai 这个用户都能够拥有。这样了解了吗？不过，这是针对已经存在的文件而言，如果今天我要建立一个新的文件或是新的目录，请问一下，**新文件的用户组是** dmtsai、wheel **还是** users 呢？呵呵！这就要检查一下当时的有效用户组了（effective group）。

◆　groups: 有效与支持用户组的观察

如果我以 dmtsai 这个用户的身份登录后，该如何知道我所有支持的用户组？很简单，直接输入 groups 就可以了。注意，是 groups 有加 s，结果像这样：

```
[dmtsai@study ~]$ groups
dmtsai wheel users
```

在这个输出的信息中，可知道 dmtsai 这个用户同时属于 dmtsai、wheel 及 users 这三个用户组，而且，**第一个输出的用户组即为有效用户组**（effective group）。也就是说，我的有效用户组为 dmtsai，此时，如果我以 touch 去建立一个新文件，例如【touch test】，那么这个文件的拥有者为 dmtsai，而且用户组也是 dmtsai。

```
[dmtsai@study ~]$ touch test
[dmtsai@study ~]$ ll test
-rw-rw-r--. 1 dmtsai dmtsai 0 Jul 20 19:54 test
```

这样是否可以了解什么是有效用户组了呢？通常有效用户组的作用是新建文件。那么有效用户组是否能够变换？

◆　newgrp: 有效用户组的切换

那么如何修改有效用户组呢？要使用 newgrp。不过使用 newgrp 是有限制的，那就是你想要切换的用户组必须是你已经有支持的用户组。举例来说，dmtsai 可以在 dmtsai、wheel、users 这三个用户组间切换为有效用户组，但是 dmtsai 无法切换有效用户组成为 sshd，使用的方式如下：

```
[dmtsai@study ~]$ newgrp users
[dmtsai@study ~]$ groups
users wheel dmtsai
[dmtsai@study ~]$ touch test2
[dmtsai@study ~]$ ll test*
-rw-rw-r--. 1 dmtsai dmtsai 0 Jul 20 19:54 test
-rw-r--r--. 1 dmtsai users  0 Jul 20 19:56 test2
[dmtsai@study ~]$ exit    # 注意，记得退出 newgrp 的环境。
```

此时，dmtsai 的有效用户组就成为 users 了。我们额外来讨论一下 newgrp 这个命令。这个命令可以修改目前用户的有效用户组，而且**另外以一个 shell 来提供这个功能**。所以，以上面的例子来说，dmtsai 这个用户目前是以另一个 shell 登录的，而且新的 shell 给予 dmtsai 有效 GID 为 users。如果以图例来看就是如右图所示：

虽然用户的环境设置（例如环境变量等其他数据）不会有影响，但是用户的【用户组权限】将会重新被计算。需要注意，由于是新获取一个 shell，因此如果你想要回到原本的环境中，请输入 exit 回到原本

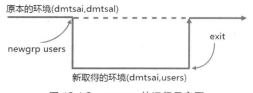

图 13.1.2　newgrp 的运行示意图

的 shell。

　　既然如此，也就是说，只要我的用户有支持的用户组就是能够切换成为有效用户组。好了，那么如何让一个账号加入不同的用户组就是问题的所在。你要加入一个用户组有两个方式，一个方式是通过系统管理员（root）利用 usermod 帮你加入；另一个方式，如果 root 太忙了而且你的系统有设置用户组管理员，那么你可以通过用户组管理员以 gpasswd 帮你加入它所管理的用户组中，详细的方法留待下一小节再来介绍。

◆　/etc/gshadow

　　刚刚讲了很多关于【有效用户组】的概念，也提到了 newgrp 这个命令的用法，但是如果 /etc/gshadow 这个设置没有搞懂的话，那么 newgrp 是无法操作的。鸟哥测试机的 /etc/gshadow 的内容有点像这样：

```
[root@study ~]# head -n 4 /etc/gshadow
root:::
bin:::
daemon:::
sys:::
```

　　这个文件内同样还是使用冒号【:】来作为字段的分隔字符，而且你会发现，这个文件几乎与 /etc/group 一模一样。是这样没错，不过，要注意的大概就是第二个字段吧，第二个字段是密码栏，如果密码栏上面是【!】或为空时，表示该用户组不具有用户组管理员。至于第四个字段也就是支持的账号名称，这四个字段的意义为：

1. 组名。
2. 密码栏，同样的，开头为! 表示无合法密码，所以无用户组管理员。
3. 用户组管理员的账号（相关信息在 gpasswd 中介绍）。
4. 有加入该用户组支持的所属账号（与/etc/group 内容相同）。

　　以系统管理员的角度来说，这个 gshadow 最大的功能就是建立用户组管理员。那么什么是用户组管理员呢？由于系统上面的账号可能会很多，但是我们 root 可能平时太忙碌，所以当有用户想要加入某些用户组时，root 或许会没有空管理。此时如果能够建立用户组管理员的话，那么该用户组管理员就能够将那个账号加入自己管理的用户组中，可以免去 root 的忙碌。不过，由于目前有类似 sudo 之类的工具，所以这个用户组管理员的功能已经很少使用了，我们会在后续的 gpasswd 中介绍这方面的内容。

13.2　账号管理

　　好，既然要管理账号，当然是由新增与删除用户开始。下面我们就分别来谈一谈如何新增、删除与修改用户的相关信息吧！

13.2.1　新增与删除用户：useradd、相关配置文件、passwd、usermod、userdel

　　要如何在 Linux 的系统新增一个用户呢？呵呵！真是太简单了，我们登录系统时会输入（1）账号与（2）密码，所以建立一个可用的账号同样的也需要这两个数据。账号可以使用 useradd 来新建，密码则使用 passwd 这个命令设置。这两个命令的执行方法如下：

◆　useradd

```
[root@study ~]# useradd [-u UID] [-g 初始用户组] [-G 次要用户组] [-mM]\
>  [-c 说明栏] [-d 家目录绝对路径] [-s shell] 使用者账号名
选项与参数：
-u ：后面接的是 UID，是一组数字，直接指定一个特定的 UID 给这个账号。
```

```
-g  : 后面接的用户组就是上面提到的初始用户组，该用户组的 GID 会被放到/etc/passwd 的第四个栏位内。
-G  : 后面接的用户组则是该账号还可加入的用户组，这个选项与参数会修改/etc/group 内的相关内容。
-M  : 强制，不要建立使用者家目录。( 系统账号默认值 )
-m  : 强制，要建立使用者家目录. ( 一般账号默认值 )
-c  : 这个就是/etc/passwd 的第五栏的说明内容，可以随便我们设置的。
-d  : 指定某个目录成为家目录，而不要使用默认值，务必使用绝对路径。
-r  : 建立一个系统的账号，这个账号的 UID 会有限制。( 参考/etc/login.defs )
-s  : 后面接一个 shell，若没有指定则默认是/bin/bash。
-e  : 后面接一个日期，格式为【YYYY-MM-DD】此选项可写入 shadow 第八栏位，亦即账号失效日的设置选项。
-f  : 后面接 shadow 的第七栏位选项，指定密码是否会失效，0 为立刻失效，
      -1 为永远不失效 ( 密码只会过期而强制于登录时重新设置而已 )。
范例一: 完全参考默认值建立一个使用者，名称为 vbird1。
[root@study ~]# useradd vbird1
[root@study ~]# ll -d /home/vbird1
drwx------. 3 vbird1 vbird1 74 Jul 20 21:50 /home/vbird1
# 默认会建立使用者家目录，且权限为 700，这是重点。
[root@study ~]# grep vbird1 /etc/passwd /etc/shadow /etc/group
/etc/passwd:vbird1:x:1003:1004::/home/vbird1:/bin/bash
/etc/shadow:vbird1:!!:16636:0:99999:7:::
/etc/group:vbird1:x:1004:        <==默认会建立一个与账号一模一样的用户组名。
```

其实系统已经帮我们规定好非常多的默认值了，所以我们可以简单地使用【 useradd 账号】来建立用户。CentOS 这些默认值主要会帮我们处理几个选项：

- 在/etc/passwd 里面建立一行与账号相关的数据，包括建立 UID/GID/家目录等；
- 在/etc/shadow 里面将此账号的密码相关参数写入，但是尚未有密码；
- 在/etc/group 里面加入一个与账号名称一模一样的组名；
- 在/home 下面建立一个与账号同名的目录作为用户家目录，且权限为 700。

由于在/etc/shadow 内仅会有密码参数而不会有加密过的密码数据，因此我们在建立用户账号时，还需要使用【 passwd 账号】来设置密码才算是完成了用户建立的流程。如果由于特殊需求而需要修改用户相关参数时，就得要通过上述表格中的选项来进行建立了，参考下面的案例：

```
范例二: 假设我已知道我的系统当中有个用户组名称为 users，且 UID 1500 并不存在，
      请用 users 为初始用户组，以及 uid 为 1500 来建立一个名为 vbird2 的账号。
[root@study ~]# useradd -u 1500 -g users vbird2
[root@study ~]# ll -d /home/vbird2
drwx------. 3 vbird2 users 74 Jul 20 21:52 /home/vbird2
[root@study ~]# grep vbird2 /etc/passwd /etc/shadow /etc/group
/etc/passwd:vbird2:x:1500:100::/home/vbird2:/bin/bash
/etc/shadow:vbird2:!!:16636:0:99999:7:::
# 看一下，UID 与初始用户组确实修改成我们需要的了。
```

在这个范例中，我们建立的是指定一个已经存在的用户组作为用户的初始用户组，因为用户组已经存在，所以在/etc/group 里面就不会主动建立与账号同名的用户组了。此外，我们也指定了特殊的 UID 来作为用户的专属 UID。了解了一般账号后，我们来看看啥是系统账号 (system account) 吧！

```
范例三: 建立一个系统账号，名称为 vbird3。
[root@study ~]# useradd -r vbird3
[root@study ~]# ll -d /home/vbird3
ls: cannot access /home/vbird3: No such file or directorya   <==不会主动建立家目录。
[root@study ~]# grep vbird3 /etc/passwd /etc/shadow /etc/group
/etc/passwd:vbird3:x:699:699::/home/vbird3:/bin/bash
/etc/shadow:vbird3:!!:16636::::::
/etc/group:vbird3:x:699:
```

我们在谈到 UID 的时候曾经说过一般账号应该是 1000 号以后，那用户自己建立的系统账号则一般是小于 1000 号以下。所以在这里我们加上 -r 这个选项以后，系统就会主动将账号与账号同名用户组的 UID/GID 都指定小于 1000 以下，在本案例中则是使用 699 (UID) 与 699 (GID)。此外，由于系统账号主要是用来执行系统所需服务的权限设置，所以系统账号默认都不会主动建立家目录。

由这几个范例我们也会知道，使用 useradd 建立用户账号时，其实会修改不少地方，至少我们就知道下面几个文件：

- 用户账号与密码参数方面的文件：/etc/passwd、/etc/shadow
- 用户用户组相关方面的文件：/etc/group、/etc/gshadow
- 用户的家目录：/home/账号名称

那请教一下，你有没有想过，为什么【useradd vbird1】会主动在/home/vbird1 建立起用户的家目录呢？家目录内有什么数据且来自哪里？为何默认使用的是/bin/bash 这个 shell 呢？为什么密码字段已经都规范好了（0:99999:7 那一串）？呵呵！这就得要说明一下 useradd 所使用的参考文件。

◆ useradd 参考文件

其实 useradd 的默认值可以使用下面的方法查看：

```
[root@study ~]# useradd -D
GROUP=100              <==默认的用户组。
HOME=/home            <==默认的家目录所在目录。
INACTIVE=-1           <==密码失效日，在 shadow 内的第 7 栏。
EXPIRE=               <==账号失效日，在 shadow 内的第 8 栏。
SHELL=/bin/bash       <==默认的 shell。
SKEL=/etc/skel        <==使用者家目录的内容数据参考目录。
CREATE_MAIL_SPOOL=yes <==是否主动帮使用者建立邮箱（mailbox）。
```

这些数据其实是由 /etc/default/useradd 调用出来的，你可以自行用 vim 去查看该文件的内容。搭配上面刚刚谈过的范例一的运行结果，上面这些设置选项所实现的目的分别是：

- **GROUP=100：新建账号的初始用户组使用 GID 为 100**

系统上面 GID 为 100 者即 users 这个用户组，此设置选项指的就是让新建用户账号的初始用户组为 users。但是我们知道 CentOS 上面并不是这样的，在 CentOS 上面默认的用户组为与账号名相同的用户组。举例来说，vbird1 的初始用户组为 vbird1。怎么会这样？这是因为针对用户组的角度有两种不同的机制，这两种机制分别是：

- 私有用户组机制

系统会建立一个与账号一样的用户组给用户作为初始用户组。这种用户组的设置机制会比较有保密性，这是因为用户都有自己的用户组，而且家目录权限将会设置为 700（仅有自己可进入自己的家目录），使用这种机制将不会参考 GROUP=100 这个设置值，代表性的发行版有 RHEL、Fedora、CentOS 等。

- 公共用户组机制

就是以 GROUP=100 这个设置值作为新建账号的初始用户组，因此每个账号都属于 users 这个用户组，且默认家目录通常的权限会是【drwxr-xr-x ... username users ...】，由于每个账号都属于 users 用户组，因此大家都可以互相共享家目录内的数据，代表发行版如 SUSE 等。

由于我们的 CentOS 使用私有用户组机制，因此这个设置选项是不会生效的，不要太紧张。

- **HOME=/home：用户家目录的基准目录（basedir）**

用户的家目录通常是与账号同名的目录，这个目录将会放置在此设置值的目录后，所以 vbird1 的家目录就会在 /home/vbird1/，很容易理解吧！

- **INACTIVE=-1：密码过期后是否会失效的设置值**

我们在 shadow 文件结构当中谈过，第七个字段的设置值将会影响到密码过期后，在多久时间内还可使用旧密码登录，这个选项就是在指定该天数。如果是 0 代表密码过期立刻失效；如果是 -1 则是代表密码永远不会失效；如果是数字如 30，则代表过期 30 天后才失效。

- **EXPIRE=：账号失效的日期**

就是 shadow 内的第八字段，你可以直接设置账号在哪个日期后就直接失效，而不理会密码的问题。通常不会设置此选项，但如果是付费的会员制系统，或许这个字段可以设置。

- **SHELL=/bin/bash：默认使用的 shell 程序文件名**

系统默认的 shell 就写在这里。假如你的系统为邮件服务器，你希望每个账号都只能使用收发邮件功能，而不许用户登录系统获取 shell，那么可以将这里设置为 /sbin/nologin，如此一来，新建的用户默认就无法登录，也免去后续使用 usermod 进行修改的操作。

- SKEL=/etc/skel：用户家目录参考基准目录

这个东西就是指定用户家目录的参考基准目录，以我们的范例一为例，vbird1 家目录 /home/vbird1 内的各项数据，都是由 /etc/skel 所复制过去的，所以，未来如果我想要新增用户时，该用户的环境变量 ~/.bashrc 设置妥当的话，您可以到 /etc/skel/.bashrc 去编辑一下，也可以建立 /etc/skel/www 这个目录，那么未来新增用户后，在它的家目录下就会有 www 那个目录了。这样了解了么？

- CREATE_MAIL_SPOOL=yes：建立用户的 mailbox

你可以使用【ll /var/spool/mail/vbird1】看一下，会发现有这个文件的存在，这就是用户的邮箱。

除了这些基本的账号设置值之外，UID/GID 的密码参数又是在哪里参考的呢？那就得要看一下 /etc/login.defs，这个文件的内容有点像下面这样：

```
MAIL_DIR        /var/spool/mail  <==使用者默认邮箱放置目录。
PASS_MAX_DAYS   99999    <==/etc/shadow 内的第 5 栏，多久需修改密码日数。
PASS_MIN_DAYS   0        <==/etc/shadow 内的第 4 栏，多久不可重新设置密码日数。
PASS_MIN_LEN    5        <==密码最短的字符长度，已被 pam 模块替换，已经弃用该参数。
PASS_WARN_AGE   7        <==/etc/shadow 内的第 6 栏，过期前会警告的日数。
UID_MIN         1000     <==使用者最小的 UID，意即小于 1000 的 UID 为系统保留。
UID_MAX         60000    <==使用者能够用的最大 UID。
SYS_UID_MIN     201      <==保留给使用者自行设置的系统账号最小值 UID。
SYS_UID_MAX     999      <==保留给使用者自行设置的系统账号最大值 UID。
GID_MIN         1000     <==使用者自定义用户组的最小 GID，小于 1000 为系统保留。
GID_MAX         60000    <==使用者自定义用户组的最大 GID。
SYS_GID_MIN     201      <==保留给使用者自行设置的系统账号最小值 GID。
SYS_GID_MAX     999      <==保留给使用者自行设置的系统账号最大值 GID。
CREATE_HOME     yes      <==在不加-M 及-m 时，是否主动建立使用者家目录？
UMASK           077      <==使用者家目录建立的 umask，因此权限会是 700。
USERGROUPS_ENAB yes      <==使用 userdel 删除时，是否会删除初始用户组。
ENCRYPT_METHOD SHA512    <==密码加密的机制使用的是 SHA-512。
```

这个文件规范的内容如下所示：

- mailbox 所在目录

用户的默认 mailbox 文件放置目录是 /var/spool/mail，所以 vbird1 的 mailbox 就是在 /var/spool/mail/vbird1。

- shadow 密码第 4、5、6 字段内容

通过 PASS_MAX_DAYS 等设置值来指定。所以你知道为何默认的 /etc/shadow 内每一行都会有【0:99999:7】的存在了吗？不过要注意的是，由于目前我们登录时改用 PAM 模块来进行密码检验，所以那个 PASS_MIN_LEN 是失效的。

- UID/GID 指定数值

虽然 Linux 内核支持的账号可高达 2^{32} 这么多个，不过一台主机要新建出这么多账号在管理上是很麻烦的，所以在这里就针对 UID/GID 的范围进行规范。上表中的 UID_MIN 指的就是可登录系统的一般账号的最小 UID，至于 UID_MAX 则是最大 UID 之意。

要注意的是，系统设置一个账号 UID 时，它是（1）先参考 UID_MIN 设置值获取最小数值；（2）由 /etc/passwd 查找最大的 UID 数值，将（1）与（2）相比，找出最大的那个再加 1 就是新账号的 UID 了。我们上面已经作出 UID 为 1500 的 vbird2，如果再使用【useradd vbird4】时，你猜 vbird4 的 UID 会是多少？答案是：1501。所以中间的 1004～1499 的号码就空下来了。

而如果我是想要建立系统用的账号，所以使用 useradd -r sysaccount 这个-r 的选项时，就会找【比 201 大但比 1000 小的最大的 UID】。

- 用户家目录设置值

为何系统默认会帮用户建立家目录？就是这个【CREATE_HOME = yes】的设置值。这个设置值会让你在使用 useradd 时，主动加入【-m】这个产生家目录的选项。如果不想要建立用户家目录，

就只能在 useradd 命令执行时强制加上【-M】的选项。如何建立家目录的权限设置？需要通过 umask 这个设置值。因为是 077 的默认设置，因此用户家目录默认权限才会是【drwx------】。

- 用户删除与密码设置值

使用【USERGROUPS_ENAB yes】这个设置值的功能是：如果使用 userdel 去删除一个账号，且该账号所属的初始用户组已经没有人隶属于该用户组了，那么就删除掉该用户组。举例来说，我们刚刚建立了 vbird4 这个账号，它会主动建立 vbird4 这个用户组。若 vbird4 这个用户组并没有其他账号将它加入支持，则使用 userdel vbird4 时，该用户组也会被删除。至于【ENCRYPT_METHOD SHA512】则表示使用 SHA-512 来加密明文密码，而不使用 MD5[注2]。

现在你知道，使用 useradd 这个程序在建立 Linux 上的账号时，至少会参考：

- /etc/default/useradd
- /etc/login.defs
- /etc/skel/*

这些文件，不过最重要的其实是建立 /etc/passwd、/etc/shadow、/etc/group、/etc/gshadow 还有用户家目录。所以，如果你了解整个系统运行的状态，也可以手动直接修改这几个文件。OK！账号建立了，接下来处理一下用户的密码吧！

◆ passwd

刚刚我们讲到了，使用 useradd 建立了账号之后，在默认的情况下，该账号是暂时被锁定的。也就是说，该账号是无法登录的。你可以去看一看/etc/shadow 内的第二个字段。那该如何是好？怕什么？直接给它设置新密码就好了嘛！对吧，设置密码就使用 passwd。

```
[root@study ~]# passwd [--stdin] [账号名称]    <==所有人均可使用来改自己的密码。
[root@study ~]# passwd [-l] [-u] [--stdin] [-S] \
> [-n 日数] [-x 日数] [-w 日数] [-i 日期] 账号 <==root 功能。
选项与参数：
--stdin ：可以通过来自前一个管道的数据，作为密码输入，对 shell 脚本有帮助。
-l ：是 Lock 的意思，会将/etc/shadow 第二栏最前面加上!使密码失效。
-u ：与-l 相对，是 Unlock 的意思。
-S ：列出密码相关参数，即 shadow 文件内的大部分信息。
-n ：后面接天数，shadow 的第 4 栏位，多久不可修改密码天数。
-x ：后面接天数，shadow 的第 5 栏位，多久内必须要修改密码。
-w ：后面接天数，shadow 的第 6 栏位，密码过期前的警告天数。
-i ：后面接【日期】，shadow 的第 7 栏位，密码失效日期。
范例一：请 root 设置 vbird2 密码。
[root@study ~]# passwd vbird2
Changing password for user vbird2.
New UNIX password: <==这里直接输入新的密码，屏幕不会有任何反应。
BAD PASSWORD: The password is shorter than 8 characters <==密码太简单或过短的错误。
Retype new UNIX password: <==再输入一次同样的密码。
passwd: all authentication tokens updated successfully. <==竟然还是成功修改了。
```

root 果然是最伟大的人物。当我们要设置用户密码时，通过 root 来设置即可。root 可以设置各式各样的密码，系统几乎一定会接受。所以您看看，如同上面的范例一，明明鸟哥输入的密码太短了，但是系统依旧可接受 vbird2 这样的密码设置。这个是 root 帮忙设置的结果，那如果是用户自己要改密码呢？包括 root 也是这样修改的。

```
范例二：用 vbird2 登录后，修改 vbird2 自己的密码。
[vbird2@study ~]$ passwd    <==后面没有加账号，就是改自己的密码。
Changing password for user vbird2.
Changing password for vbird2
（current）UNIX password: <==这里输入【原有的旧密码】。
New UNIX password: <==这里输入新密码。
BAD PASSWORD: The password is shorter than 8 characters <==密码太短，不可以设置。
New password: <==这里输入新设的密码。
BAD PASSWORD: The password fails the dictionary check - it is based on a dictionary word
# 同样的，密码设置在字典里面找的到该字符，所以也是不建议，无法通过。
```

```
New UNIX password: <==这里再想个新的密码来输入吧！
Retype new UNIX password: <==通过密码验证，所以要重复这个密码的输入。
passwd: all authentication tokens updated successfully. <==有无成功看关键字。
```

passwd 的使用真的要很注意，尤其是"root 先生"。鸟哥在课堂上每次讲到这里，说到要帮自己的一般账号建立密码时，经常有一小部分学生会忘记加上账号名，结果就变成修改 root 自己的密码，最后，root 密码就这样不见了。唉！要帮一般账号建立密码需要使用【passwd 账号】的格式，使用【passwd】表示修改自己的密码。拜托！千万不要改错。

与 root 不同的是，一般账号在修改密码时需要先输入自己的旧密码（即 current 那一行），然后再输入新密码（New 那一行）。要注意的是，密码的规范是非常严格的，尤其新的 Linux 发行版大多使用 PAM 模块来进行密码的检验，包括太短、密码与账号相同、密码为字典常见字符串等，都会被 PAM 模块检查出来而拒绝修改密码。此时会再重复出现【New】这个关键词，那时请再想个新密码。若出现【Retype】才是你的密码被接受了，重复输入新密码并且看到【successfully】这个关键词时才是修改密码成功。

> 与一般用户不同的是，root 不需要知道旧密码就能够帮用户或 root 自己建立新密码。但如此一来的困扰，就是如果你的亲密爱人老是告诉你【我的密码真难记，帮我设置简单一点】时，千万不要妥协，这是为了系统安全。

为何用户设置自己的密码会这么麻烦？这是因为密码的安全性。如果密码设置太简单，一些有心人士就能够很简单地猜到你的密码，如此一来人家就可能使用你的一般账号登录你的主机或使用其他主机资源，对主机的维护会造成困扰。所以新的 Linux 发行版使用较严格的 PAM 模块来管理密码，这个管理的机制写在 /etc/pam.d/passwd 当中。而该文件与密码有关的测试模块就是使用 pam_cracklib.so，这个模块会检验密码相关的信息，并且替换 /etc/login.defs 内的 PASS_MIN_LEN 的设置。关于 PAM，我们在本章后面继续介绍，这里先谈一下，理论上，你的密码最好符合如下要求：

- 密码不能与账号相同；
- 密码尽量不要选用字典里面会出现的字符串；
- 密码需要超过 8 个字符；
- 密码不要使用个人信息，如身份证、手机号码、其他电话号码等；
- 密码不要使用简单的关系式，如 1+1=2、Iamvbird 等；
- 密码尽量使用大小写字符、数字、特殊字符（$、-、_ 等）的组合。

为了方便系统管理，新版的 passwd 还加入了很多创意选项，鸟哥个人认为最好用的大概就是这个【--stdin】了。举例来说，你想要帮 vbird2 修改密码成为 abc543CC，可以这样执行命令。

```
范例三：使用 standard input 建立用户的密码。
[root@study ~]# echo "abc543CC" | passwd --stdin vbird2
Changing password for user vbird2.
passwd: all authentication tokens updated successfully.
```

这个操作会直接更新用户的密码而不用再次手动输入。好处是方便处理，缺点是这个密码会保留在命令历史中，未来若系统被攻击，人家可以在 /root/.bash_history 找到这个密码。所以这个操作通常仅在通过 shell 脚本大量建立用户账号时使用。要注意的是，这个选项并不存在于所有 Linux 发行版中，请通过 man passwd 确认你使用的 Linux 发行版是否支持此选项。

如果你想要让 vbird2 的密码具有相当的规则，举例来说你要让 vbird2 每 60 天需要修改密码，密码过期后 10 天未使用就声明账号失效，那该如何处理？

```
范例四：管理 vbird2 的密码使具有 60 天修改、密码过期 10 天后账号失效的设置。
[root@study ~]# passwd -S vbird2
```

第一部分	第二部分	第三部分	第四部分	第五部分
Linux 的规则与安装	Linux 文件、目录与磁盘格式	学习 shell 与 shell script	Linux 使用者管理	Linux 系统管理员

```
vbird2 PS 2015-07-20 0 99999 7 -1 (Password set, SHA512 crypt.)
# 上面说明密码建立时间（2015-07-20）、0 最小天数、99999 修改天数、7 警告日数与密码不会失效（-1）
[root@study ~]# passwd -x 60 -i 10 vbird2
[root@study ~]# passwd -S vbird2
vbird2 PS 2015-07-20 0 60 7 10 (Password set, SHA512 crypt.)
```

那如果我想要让某个账号暂时无法使用密码登录主机？举例来说，vbird2 这家伙最近老是在主机上乱来，所以我想要暂时让它无法登录的话，最简单的方法就是让它的密码变成不合法（shadow 第 2 字段长度变掉），处理的方法就更简单。

```
范例五：让 vbird2 的账号失效，查看完毕后再让它失效。
[root@study ~]# passwd -l vbird2
[root@study ~]# passwd -S vbird2
vbird2 LK 2015-07-20 0 60 7 10 (Password locked.)
# 嘿嘿，状态变成【LK, Lock】了，无法登录。
[root@study ~]# grep vbird2 /etc/shadow
vbird2:!!$6$iWWO6T46$uYStdkB7QjcUpJaCLB.OOp...:16636:0:60:7:10::
# 其实只是在这里加上!!而已。
[root@study ~]# passwd -u vbird2
[root@study ~]# grep vbird2 /etc/shadow
vbird2:$6$iWWO6T46$uYStdkB7QjcUpJaCLB.OOp...:16636:0:60:7:10::
# 密码栏位恢复正常。
```

是否很有趣？可以自行管理一下你的账号的密码相关参数，接下来让我们用更简单的方法来查看密码参数。

◆ chage

除了使用 passwd -S 之外，有没有更详细的密码参数显示功能呢？有的，那就是 chage 了，它的用法如下：

```
[root@study ~]# chage [-ldEImMW] 账号名
选项与参数：
-l ：列出该账号的详细密码参数；
-d ：后面接日期，修改 shadow 第三栏位（最近一次修改密码的日期），格式 YYYY-MM-DD；
-E ：后面接日期，修改 shadow 第八栏位（账号失效日），格式 YYYY-MM-DD；
-I ：后面接天数，修改 shadow 第七栏位（密码失效日期）；
-m ：后面接天数，修改 shadow 第四栏位（密码最短保留天数）；
-M ：后面接天数，修改 shadow 第五栏位（密码多久需要进行修改）；
-W ：后面接天数，修改 shadow 第六栏位（密码过期前警告日期）；
范例一：列出 vbird2 的详细密码参数。
[root@study ~]# chage -l vbird2
Last password change                                    : Jul 20, 2015
Password expires                                        : Sep 18, 2015
Password inactive                                       : Sep 28, 2015
Account expires                                         : never
Minimum number of days between password change          : 0
Maximum number of days between password change          : 60
Number of days of warning before password expires       : 7
```

我们在 passwd 的介绍中谈到了处理 vbird2 这个账号的密码属性流程，使用 passwd -S 却无法看到很清楚的说明，但使用 chage 可就明白多了。如上表所示，我们可以清楚地知道 vbird2 的详细参数。如果想要修改其他的设置值，就自己参考上面的选项，或自行 man chage 一下吧！

chage 有一个功能很不错，如果你想要让【用户在第一次登录时，强制它们一定要修改密码后才能够使用系统资源】，可以利用如下的方法来处理。

```
范例二：建立一个名为 agetest 的账号，该账号第一次登录后使用默认密码，但必须要修改过密码后，
        使用新密码才能够登录系统使用 bash 环境。
[root@study ~]# useradd agetest
[root@study ~]# echo "agetest" | passwd --stdin agetest
[root@study ~]# chage -d 0 agetest
[root@study ~]# chage -l agetest | head -n 3
Last password change                    : password must be changed
```

```
Password expires                        : password must be changed
Password inactive                       : password must be changed
# 此时此账号的密码建立时间会被改为 1970/1/1，所以会有问题。
范例三：尝试以 agetest 登录的情况
You are required to change your password immediately (root enforced)
WARNING: Your password has expired.
You must change your password now and login again!
Changing password for user agetest.
Changing password for agetest
(current) UNIX password: <==这个账号被强制要求必须要改密码。
```

　　非常有趣吧！你会发现 agetest 这个账号在第一次登录时可以使用与账号同名的密码登录，但登录时就会被要求立刻修改密码，修改密码完成后就会被踢出系统，再次登录时就能够使用新密码登录了。这个功能对学校老师非常有帮助。因为我们不想要知道学生的密码，那么在初次上课时就可以使用与学号相同的账号密码给学生，让他们登录时自行设置自己的密码，如此一来既能够避免其他同学随意使用别人的账号，也能够保证学生知道如何修改自己的密码。

◆　usermod

　　所谓【人有失手，马有乱蹄】，您说是吧！所以，当然有的时候会【不小心手滑了一下】在 useradd 的时候加入了错误的设置数据，或是在使用 useradd 后，发现某些地方还可以进行详细修改。此时，我们当然可以直接到/etc/passwd 或/etc/shadow 去修改相对应字段的数据，不过，Linux 也提供了相关的命令让大家来进行账号相关数据的微调，那就是 usermod。

```
[root@study ~]# usermod [-cdegGlsuLU] username
选项与参数：
-c ：后面接账号的说明，即/etc/passwd 第五栏的说明栏，可以加入一些账号的说明。
-d ：后面接账号的家目录，即修改/etc/passwd 的第六栏。
-e ：后面接日期，格式是 YYYY-MM-DD 也就是在/etc/shadow 内的第八个栏位的内容。
-f ：后面接天数，为 shadow 的第七栏位。
-g ：后面接初始用户组，修改/etc/passwd 的第四个栏位，亦即是 GID 的栏位。
-G ：后面接次要用户组，修改这个使用者能够支持的用户组，修改的是/etc/group。
-a ：与-G 合用，可【增加次要用户组的支持】而非【设置】。
-l ：后面接账号名称，亦即是修改账号名称，/etc/passwd 的第一栏。
-s ：后面接 shell 的实际文件，例如/bin/bash 或/bin/csh 等。
-u ：后面接 UID 数字，即/etc/passwd 第三栏的数据。
-L ：暂时将使用者的密码冻结，让它无法登录，其实仅改/etc/shadow 的密码栏。
-U ：将/etc/shadow 密码栏的感叹号（!）拿掉，解锁。
```

　　如果你仔细地比对，会发现 usermod 的选项与 useradd 非常类似，这是因为 usermod 也是用来微调 useradd 增加的用户参数。不过 usermod 还是有新增的选项，那就是-L 与-U。不过这两个选项其实与 passwd 的-l 以及-u 是相同的，而且也不见得会存在于所有的 Linux 发行版当中。接下来，让我们谈谈一些修改参数的实例吧！

```
范例一：修改使用者 vbird2 的说明栏，加上【VBird's test】的说明。
[root@study ~]# usermod -c "VBird's test" vbird2
[root@study ~]# grep vbird2 /etc/passwd
vbird2:x:1500:100:VBird's test:/home/vbird2:/bin/bash
范例二：使用者 vbird2 这个账号在 2015/12/31 失效。
[root@study ~]# usermod -e "2015-12-31" vbird2
[root@study ~]# chage -l vbird2 | grep 'Account expires'
Account expires                         : Dec 31, 2015
范例三：我们建立 vbird3 这个系统账号时并没有设置家目录，请建立它的家目录。
[root@study ~]# ll -d ~vbird3
ls: cannot access /home/vbird3: No such file or directory <==确认一下，确实没有家目录的存在。
[root@study ~]# cp -a /etc/skel /home/vbird3
[root@study ~]# chown -R vbird3:vbird3 /home/vbird3
[root@study ~]# chmod 700 /home/vbird3
[root@study ~]# ll -a ~vbird3
drwx------.  3 vbird3 vbird3   74 May  4 17:51 .  <==使用者家目录权限。
drwxr-xr-x. 10 root   root   4096 Jul 20 22:51 ..
```

```
-rw-r--r--. 1 vbird3 vbird3  18 Mar  6 06:06 .bash_logout
-rw-r--r--. 1 vbird3 vbird3 193 Mar  6 06:06 .bash_profile
-rw-r--r--. 1 vbird3 vbird3 231 Mar  6 06:06 .bashrc
drwxr-xr-x. 4 vbird3 vbird3  37 May  4 17:51 .mozilla
# 使用 chown -R 是为了连同家目录下面的使用者/用户组属性都一起修改的意思。
# 使用 chmod 没有-R，是因为我们仅要修改目录的权限而非内部文件的权限。
```

- ◆ userdel

    这个功能就太简单了，目的在删除用户的相关数据，而用户的数据有：
    - 用户账号/密码相关参数：/etc/passwd、/etc/shadow
    - 用户组相关参数：/etc/group、/etc/gshadow
    - 用户个人文件数据：/home/username、/var/spool/mail/username

    整个命令的语法非常简单：

```
[root@study ~]# userdel [-r] username
选项与参数：
-r ：连同使用者的家目录也一起删除。
范例一：删除 vbird2，连同家目录一起删除。
[root@study ~]# userdel -r vbird2
```

　　执行这个命令的时候要小心了。通常我们要删除一个账号的时候，可以手动将 /etc/passwd 与 /etc/shadow 里面的该账号取消。一般而言，如果该账号只是【暂时不启用】的话，那么将 /etc/shadow 里面的账号失效日期（第八字段）设置为 0 就可以让该账号无法使用，但是所有跟该账号相关的数据都会留下来。使用 userdel 的时机通常是【你真的确定不要让该用户在主机上面使用任何数据了】。

　　另外，如果用户在系统上面操作过一阵子了，那么该用户其实在系统内可能会含有其他的文件。举例来说，他的邮箱（mailbox）或是计划任务（crontab，第 15 章）之类的文件。所以，如果想要将某个账号完整删除，最好在执行 userdel -r username 之前，先用【find / -user username】查出整个系统内属于 username 的文件，然后再加以删除吧！

13.2.2　用户功能

　　useradd、usermod、userdel 都是系统管理员所能够使用的命令，如果我是一般身份用户，那么我是否除了密码之外，就无法修改其他的数据？当然不是。这里我们介绍几个一般身份用户常用的账号数据修改与查询命令。

- ◆ id

    id 这个命令可以查询某人或自己的相关 UID/GID 等信息，它的参数也不少，不过，都不需要记，反正使用 id 时就全部都列来出了。另外，也回想一下，我们在前一章谈到循环时，就用过这个命令。

```
[root@study ~]# id [username]
范例一：查看 root 自己的相关 ID 信息。
[root@study ~]# id
uid=0（root）gid=0（root）groups=0（root）context=unconfined_u:unconfined_r:unconfined_t:
s0-s0:c0.c1023
# 上面信息其实是同一行的数据，包括会显示 UID/GID 以及支持的所有用户组。
# 至于后面那个 context=...则是 SELinux 的内容，先不要理会它。
范例二：查看一下 vbird1 吧！
[root@study ~]# id vbird1
uid=1003（vbird1）gid=1004（vbird1）groups=1004（vbird1）
[root@study ~]# id vbird100
id: vbird100: No such user  <== id 这个命令也可以用来判断系统上面有无某账号。
```

- ◆ finger

    finger 的中文字面意义是【手指】或是【指纹】，这个 finger 可以查看很多用户相关的信息。大部分都是在 /etc/passwd 这个文件里面的信息。不过，这个命令有点危险，所以新的版本中已经默认不安装这个软件。好啦！现在继续先来安装软件，记得第 9 章 dos2unix 的安装方式。假设你已经将光驱或光盘镜像文件挂载在 /mnt 下面了，所以：

```
[root@study ~]# df -hT /mnt
Filesystem      Type     Size  Used Avail Use% Mounted on
/dev/sr0        iso9660  7.1G  7.1G    0 100% /mnt    # 先确定是有挂载光盘的。
[root@study ~]# rpm -ivh /mnt/Packages/finger-[0-9]*
```

我们就先来检查检查用户信息吧！

```
[root@study ~]# finger [-s] username
选项与参数：
-s ：仅列出使用者的账号、全名、终端代号与登录时间等。
-m ：列出与后面接的账号相同者，而不是利用部分比对（包括全名部分）。
范例一：查看 vbird1 的使用者相关账号属性。
[root@study ~]# finger vbird1
Login: vbird1                       Name:
Directory: /home/vbird1              Shell: /bin/bash
Never logged in.
No mail.
No Plan.
```

由于 finger 有类似指纹的功能，它会将用户的相关属性列出来。如上表所示，其实它列出来的几乎都是/etc/passwd 文件里面的东西，列出的信息说明如下：

- Login：为用户账号，即 /etc/passwd 内的第一字段；
- Name：为全名，即 /etc/passwd 内的第五字段（或称为注释）；
- Directory：就是家目录；
- Shell：就是使用的 Shell 文件所在；
- Never logged in.：figner 还会调查用户登录主机的情况；
- No mail.：调查/var/spool/mail 当中的邮箱数据；
- No Plan.：调查~vbird1/.plan 文件，并将该文件取出来说明。

不过是否能够查看到 Mail 与 Plan 则与权限有关。因为 Mail 和 Plan 都与用户自己的权限设置有关，root 当然可以查看到用户的这些信息，但是 vbird1 就不见得能够查到 vbird3 的信息，因为/var/spool/mail/vbird3 与/home/vbird3/的权限分别是 660 和 700，那 vbird1 当然就无法查看得到。这样解释可以理解吧？此外，我们可以建立自己想要执行的预定计划，当然，最多是给自己看，可以这样做：

```
范例二：利用 vbird1 建立自己的计划文件。
[vbird1@study ~]$ echo "I will study Linux during this year." > ~/.plan
[vbird1@study ~]$ finger vbird1
Login: vbird1                       Name:
Directory: /home/vbird1              Shell: /bin/bash
Last login Mon Jul 20 23:06 （CST） on pts/0
No mail.
Plan:
I will study Linux during this year.
范例三：找出目前在系统上面登录的使用者与登录时间。
[vbird1@study ~]$ finger
Login    Name     Tty     Idle Login Time   Office    Office Phone   Host
dmtsai   dmtsai   tty2    11d  Jul  7 23:07
dmtsai   dmtsai   pts/0        Jul 20 17:59
```

在范例三当中，我们发现输出的信息还会有 Office、Office Phone 等，那么这些信息要如何记录？下面我们会介绍 chfn 这个命令，来看看如何修改用户的 finger 数据吧！

- chfn

chfn 有点像是 change finger 的意思，这玩意的使用方法如下：

```
[root@study ~]# chfn [-foph] [账号名]
选项与参数：
-f ：后面接完整的大名。
```

```
-o  : 您办公室的房间号码。
-p  : 办公室的电话号码。
-h  : 家里的电话号码。
范例一：vbird1 自己修改一下自己的相关信息。
[vbird1@study ~]$ chfn
Changing finger information for vbird1.
Name []: VBird Tsai test        <==输入你想要呈现的全名。
Office []: DIC in KSU           <==办公室号码。
Office Phone []: 06-2727175#356  <==办公室电话。
Home Phone []: 06-1234567       <==家里电话号码。
Password:  <==确认身份，所以输入自己的密码。
Finger information changed.
[vbird1@study ~]$ grep vbird1 /etc/passwd
vbird1:x:1003:1004:VBird Tsai test,DIC in KSU,06-2727175#356,06-1234567:/home/vbird1:/bin/bash
# 其实就是改到第五个栏位，该栏位里面用多个【,】分隔。
[vbird1@study ~]$ finger vbird1
Login: vbird1                        Name: VBird Tsai test
Directory: /home/vbird1              Shell: /bin/bash
Office: DIC in KSU, 06-2727175#356    Home Phone: 06-1234567
Last login Mon Jul 20 23:12 (CST) on pts/0
No mail.
Plan:
I will study Linux during this year.
# 就是上面特殊字体呈现的那些地方是由 chfn 所修改出来的。
```

这个命令说实在的，除非是你的主机有很多的用户，否则倒真是用不着这个程序。这就有点像是 bbs 里面修改你【个人属性】的那一个数据，不过还是可以自己玩一玩，尤其是用来提醒自己的相关数据。

◆ chsh

这就是 change shell 的简写，使用方法就更简单了。

```
[vbird1@study ~]$ chsh [-ls]
选项与参数：
-l  : 列出目前系统上面可用的 shell，其实就是/etc/shells 的内容。
-s  : 设置修改自己的 Shell。
范例一：用 vbird1 的身份列出系统上所有合法的 shell，并且指定 csh 为自己的 shell。
[vbird1@study ~]$ chsh -l
/bin/sh
/bin/bash
/sbin/nologin   <==所谓：合法不可登录的 shell 就是这玩意。
/usr/bin/sh
/usr/bin/bash
/usr/sbin/nologin
/bin/tcsh
/bin/csh        <==这就是 C shell。
# 其实上面的信息就是我们在 bash 中谈到的/etc/shells。
[vbird1@study ~]$ chsh -s /bin/csh; grep vbird1 /etc/passwd
Changing shell for vbird1.
Password:  <==确认身份，请输入 vbird1 的密码。
Shell changed.
vbird1:x:1003:1004:VBird Tsai test,DIC in KSU,06-2727175#356,06-1234567:/home/vbird1:/bin/csh
[vbird1@study ~]$ chsh -s /bin/bash
# 测试完毕后，立刻改回来。
[vbird1@study ~]$ ll $(which chsh)
-rws--x--x. 1 root root 23856 Mar  6 13:59 /bin/chsh
```

不论是 chfn 与 chsh，都能够让一般用户修改 /etc/passwd 这个系统文件。所以你猜猜，这两个文件的权限是什么？一定是 SUID 的功能。看到这里，想到前面，这就是 Linux 的学习方法。

13.2.3　新增与删除用户组

OK！了解了账号的新增、删除、修改与查询后，再来我们可以聊一聊用户组的相关内容了。基本上，用户组的内容都与这两个文件有关：/etc/group、/etc/gshadow。用户组的内容其实很简单，都是上面两个文件的新增、修改与删除而已。不过，如果再加上有效用户组的概念，那么 newgrp 与 gpasswd 则不可不知。

◆　groupadd

```
[root@study ~]# groupadd [-g gid] [-r] 用户组名称
选项与参数：
-g ：后面接某个特定的 GID，用来直接设置某个 GID。
-r ：建立系统用户组，与/etc/login.defs 内的 GID_MIN 有关。
范例一：新建一个用户组，名称为 group1。
[root@study ~]# groupadd group1
[root@study ~]# grep group1 /etc/group /etc/gshadow
/etc/group:group1:x:1503:
/etc/gshadow:group1:!::
# 用户组的 GID 也是会由 1000 以上最大 GID+1 来决定。
```

曾经有某些版本的教育培训手册谈到，为了让用户的 UID/GID 成对，它们建议**新建与用户私有用户组无关的其他用户组时，使用小于 1000 的 GID 为宜**。也就是说，如果要建立用户组的话，最好能够使用【groupadd -r 用户组名】的方式。不过，这见仁见智，看你自己的抉择。

◆　groupmod

跟 usermod 类似的，这个命令仅是在进行 group 相关参数的修改而已。

```
[root@study ~]# groupmod [-g gid] [-n group_name] 用户组名
选项与参数：
-g ：修改既有的 GID 数字。
-n ：修改既有的用户组名称。
范例一：将刚刚上个命令建立的 group1 名称改为 mygroup，GID 为 201。
[root@study ~]# groupmod -g 201 -n mygroup group1
[root@study ~]# grep mygroup /etc/group /etc/gshadow
/etc/group:mygroup:x:201:
/etc/gshadow:mygroup:!::
```

不过，还是那句老话，不要随意修改 GID，容易造成系统资源的错乱。

◆　groupdel

呼呼！groupdel 自然就是用在删除用户组，用法很简单：

```
[root@study ~]# groupdel [groupname]
范例一：将刚刚的 mygroup 删除。
[root@study ~]# groupdel mygroup
范例二：若要删除 vbird1 这个用户组的话？
[root@study ~]# groupdel vbird1
groupdel: cannot remove the primary group of user 'vbird1'
```

为什么 mygroup 可以删除，但是 vbird1 就不能删除？原因很简单，【有某个账号（/etc/passwd）的初始用户组使用该用户组】。如果查看一下，你会发现在 /etc/passwd 内的 vbird1 第四栏的 GID 就是 /etc/group 内的 vbird1 那个用户组的 GID。所以，当然无法删除，否则 vbird1 这个用户登录系统后，就会找不到 GID，那可是会造成很大的困扰。那么如果硬要删除 vbird1 这个用户组呢？你【必须要确认 /etc/passwd 内的账号没有任何人使用该用户组作为初始用户组】才行。所以，你可以：

● 　修改 vbird1 的 GID。
● 　删除 vbird1 这个用户。

◆　gpasswd：用户组管理员功能

如果系统管理员太忙碌了，导致某些账号想要加入某个选项时找不到人帮忙，这个时候可以建立

【用户组管理员】。什么是用户组管理员？就是让某个用户组具有一个管理员，这个用户组管理员可以管理哪些账号可以加入/移出该用户组。那要如何【建立一个用户组管理员】？就得要通过 gpasswd。

```
# 关于系统管理员（root）做的操作。
[root@study ~]# gpasswd groupname
[root@study ~]# gpasswd [-A user1,...] [-M user3,...] groupname
[root@study ~]# gpasswd [-rR] groupname
选项与参数：
    ：若没有任何参数时，表示设置 groupname 密码（/etc/gshadow）。
-A ：将 groupname 的管理权交由后面的使用者管理（该用户组的管理员）。
-M ：将某些账号加入这个用户组当中。
-r ：将 groupname 的密码删除。
-R ：让 groupname 的密码栏失效。
# 关于用户组管理员（Group administrator）做的操作。
[someone@study ~]$ gpasswd [-ad] user groupname
选项与参数：
-a ：将某位使用者加入到 groupname 这个用户组当中。
-d ：将某位使用者删除出 groupname 这个用户组当中。
范例一：建立一个新用户组，名称为 testgroup 且用户组交由 vbird1 管理。
[root@study ~]# groupadd testgroup    <==先建立用户组。
[root@study ~]# gpasswd testgroup    <==给这个用户组一个密码。
Changing the password for group testgroup
New Password:
Re-enter new password:
# 输入两次密码就对了。
[root@study ~]# gpasswd -A vbird1 testgroup    <==加入用户组管理员为 vbird1。
[root@study ~]# grep testgroup /etc/group /etc/gshadow
/etc/group:testgroup:x:1503:
/etc/gshadow:testgroup:$6$MnmChP3D$mrUn.Vo.buDjObMm8F2emTkvGSeuWikhRzaKHxpJ...:vbird1:
# 很有趣吧！此时 vbird1 则拥有 testgroup 的控制权，身份有点像版主。
范例二：以 vbird1 登录系统，并且让它加入 vbird1、vbird3 成为 testgroup 成员。
[vbird1@study ~]$ id
uid=1003（vbird1）gid=1004（vbird1）groups=1004（vbird1）...
# 看得出来，vbird1 尚未加入 testgroup 用户组。
[vbird1@study ~]$ gpasswd -a vbird1 testgroup
[vbird1@study ~]$ gpasswd -a vbird3 testgroup
[vbird1@study ~]$ grep testgroup /etc/group
testgroup:x:1503:vbird1,vbird3
```

很有趣的一个小实验吧！我们可以让 testgroup 成为一个可以公开的用户组，然后建立起用户组管理员，用户组管理员可以有多个。在这个案例中，我将 vbird1 设置为 testgroup 的用户组管理员，所以 vbird1 就可以自行增加用户组成员。然后，该用户组成员就能够使用 newgrp。

13.2.4　账号管理实例

账号管理不是随意创建几个账号就算了，有时候我们需要考虑到一台主机上面可能有多个账号在协同工作。举例来说，在大学任教时，我们学校的实习生是需要分组的，这些同一组的同学间必须要能够互相修改对方的数据文件，但是同时这些同学又需要保留自己的私密数据，因此直接公开家目录是不适宜的。那该如何是好？为此，我们下面提供几个例子来让大家思考看看。

任务一：单纯完成上面交代的任务，假设我们需要的账号数据如下，你该如何做？

账号名称	账号全名	支持次要用户组	是否可登录主机	密　码
myuser1	1st user	mygroup1	可以	password
myuser2	2nd user	mygroup1	可以	password
myuser3	3rd user	无额外支持	不可以	password

处理的方法如下所示：

```
# 先处理账号相关属性的数据。
[root@study ~]# groupadd mygroup1
[root@study ~]# useradd -G mygroup1 -c "1st user" myuser1
[root@study ~]# useradd -G mygroup1 -c "2nd user" myuser2
[root@study ~]# useradd -c "3rd user" -s /sbin/nologin myuser3
# 再处理账号的密码相关属性的数据。
[root@study ~]# echo "password" | passwd --stdin myuser1
[root@study ~]# echo "password" | passwd --stdin myuser2
[root@study ~]# echo "password" | passwd --stdin myuser3
```

要注意的地方主要有：myuser1 与 myuser2 都支持次要用户组，但该用户组不见得会存在，因此需要先手动建立它。然后 myuser3 是【不可登录系统】的账号，因此需要使用 /sbin/nologin 这个 shell 来设置，这样该账号就无法登录。这样是否理解？接下来再来讨论比较难一些的环境。如果是实习环境该如何制作？

任务二：我的用户 pro1、pro2、pro3 是同一个项目计划的开发人员，我想要让这三个用户在同一个目录下面工作，但这三个用户还是拥有自己的家目录与基本的私有用户组。假设我要让这个项目计划在 /srv/projecta 目录下开发，可以如何进行？

```
# 1. 假设这三个账号都未建立，可先建立名为 projecta 的用户组，再让这三个用户加入其次要用户组即可。
[root@study ~]# groupadd projecta
[root@study ~]# useradd -G projecta -c "projecta user" pro1
[root@study ~]# useradd -G projecta -c "projecta user" pro2
[root@study ~]# useradd -G projecta -c "projecta user" pro3
[root@study ~]# echo "password" | passwd --stdin pro1
[root@study ~]# echo "password" | passwd --stdin pro2
[root@study ~]# echo "password" | passwd --stdin pro3
# 2. 开始建立此项目的开发目录。
[root@study ~]# mkdir /srv/projecta
[root@study ~]# chgrp projecta /srv/projecta
[root@study ~]# chmod 2770 /srv/projecta
[root@study ~]# ll -d /srv/projecta
drwxrws---. 2 root projecta 6 Jul 20 23:32 /srv/projecta
```

由于此项目计划只能够给 pro1、pro2、pro3 三个人使用，所以 /srv/projecta 的权限设置一定要正确才行。所以该目录用户组一定是 projecta，但是权限怎么会是 2770，还记得第 6 章谈到的 SGID 吧？为了让三个用户能够互相修改对方的文件，这个 SGID 是必须要存在的。如果连这里都能够理解，您对账号管理已经有一定程度的概念了。

但接下来有个困扰的问题发生了。假如任务一的 myuser1 是 projecta 这个项目的助理，它需要这个项目的内容，但是他【不可以修改】项目目录内的任何数据。那该如何是好？你或许可以这样做：

- 将 myuser1 加入 projecta 这个用户组的支持，但是这样会让 myuser1 具有完整的 /srv/projecta 的权限，myuser1 是可以删除该目录下的任何数据的，这样是有问题的。
- 将 /srv/projecta 的权限改为 2775，让 myuser1 可以进入查看数据，但此时会发生所有其他人均可进入该目录查看的困扰，这也不是我们要的环境。

真要命！传统的 Linux 权限无法针对某个特定账户设置专属的权限吗？其实是可以，接下来我们就来谈谈这个功能吧！

13.2.5 使用外部身份认证系统

在谈 ACL 之前，我们先来谈一个概念性的操作，因为我们目前没有服务器可供练习。

有时候，除了本机的账号之外，我们可能还会使用到其他外部的身份验证服务器所提供的验证身份的功能。举例来说，Windows 下面有个很有名的身份验证系统，称为活动目录（Active Directory，AD），还有 Linux 为了使不同主机使用同一组账号密码，也会使用到 LDAP、NIS 等服务器提供的身份验证等。

如果你的 Linux 主机要使用到上面提到的这些外部身份验证系统时，可能就得要额外设置一些数据了。为了简化用户的操作流程，CentOS 提供了一个名为 authconfig-tui 的命令给我们参考，这个命令的执行结果如下：

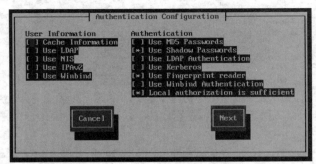

图 13.2.1　使用外部身份验证服务器的方式

你可以在该界面中使用[tab]按钮在各个选项中间切换。不过，因为我们没有合适的服务器可以测试，所以这里仅提供一个参考的依据，未来如果谈到服务器章节时，你要有印象，处理外部身份验证的方式可以通过 authconfig-tui 实现。上图中最多可供操作的大概仅有支持 MD5 这个早期的密码格式了。此外，不要随便将已经启用的选项（上面有星号*的选项）取消，可能某些账号会失效。

13.3　主机的详细权限规划：ACL 的使用

从第 5 章开始，我们就一直强调 Linux 的权限概念是非常重要的。但是传统的权限仅有三种（ owner、group、others ）身份搭配三种权限（ r、w、x ）而已，并没有办法单纯针对某一个用户或某一个用户组来设置特定的权限需求。例如前一小节最后的那个任务。此时就得要使用 ACL 这个机制，这玩意挺有趣的，下面我们就来谈一谈。

13.3.1　什么是 ACL 与如何支持启动 ACL

ACL 是 Access Control List 的英文缩写，中文译为访问控制列表，主要目的是提供传统的属主、所属群组、其他人的读、写、执行权限之外的详细权限设置。ACL 可以针对单一用户、单一文件或目录来进行 r、w、x 的权限设置，对于需要特殊权限的使用状况非常有帮助。

那 ACL 主要可以针对哪些方面来控制权限？它主要可以针对几个选项：

● 用户（ user ）：可以针对用户来设置权限；
● 用户组（ group ）：针对用户组为对象来设置其权限；
● 默认属性（ mask ）：还可以针对在该目录下建立新文件/目录时，规范新数据的默认权限。

也就是说，如果你有一个目录，需要给一堆人使用，每个人或每个用户组所需要的权限并不相同时，在过去，传统的 Linux 三种身份的三种权限是无法达到的，因为基本上传统的 Linux 权限只能针对一个用户、一个用户组及非此用户组的其他人设置权限而已，无法针对单一用户或个人来设计权限，而 ACL 就是为了要解决这个问题。好了！稍微了解之后，再来看看如何让你的文件系统可以支持 ACL 吧！

◆　如何启动 ACL

事实上，原本 ACL 是 UNIX-like 操作系统的额外支持选项，但因为近年以来 Linux 系统对权限设置的热切需求，目前 ACL 几乎已经默认加入了所有常见的 Linux 文件系统的挂载参数中（ ext2、ext3、ext4、xfs 等 ）。所以你无须进行任何操作，ACL 就可以被你使用。不过，如果你不确定系统是否真的支持 ACL 的话，那么就来检查一下内核挂载时显示的信息吧！

```
[root@study ~]# dmesg | grep -i acl
[    0.330377] systemd[1]: systemd 208 running in system mode. (+PAM +LIBWRAP +AUDIT
+SELINUX +IMA +SYSVINIT +LIBCRYPTSETUP +GCRYPT +ACL +XZ)
[    0.878265] SGI XFS with ACLs, security attributes, large block/inode numbers, no
debug enabled
```

看，至少 xfs 已经支持这个 ACL 的功能。

13.3.2　ACL 的设置技巧：getfacl、setfacl

好了，既然知道我们的文件系统支持 ACL 之后，接下来该如何设置与查看 ACL 呢？很简单，利用这两个命令就可以了：

- getfacl：获取某个文件/目录的 ACL 设置选项；
- setfacl：设置某个目录/文件的 ACL 规范。

先让我们来看一看如何使用 setfacl 吧!

◆　setfacl 命令用法介绍及最简单的【u:账号:权限】设置

```
[root@study ~]# setfacl [-bkRd] [{-m|-x} acl 参数] 目标文件名
选项与参数：
-m ：设置后续的 ACL 参数给文件使用，不可与-x 合用。
-x ：删除后续的 ACL 参数，不可与-m 合用。
-b ：删除【所有的】ACL 设置参数。
-k ：删除【默认的】ACL 参数，关于所谓的【默认】参数于后续范例中介绍。
-R ：递归设置 ACL，即包括子目录都会被设置起来。
-d ：设置【默认 ACL 参数】的意思，只对目录有效，在该目录新建的数据会引用此默认值。
```

上面谈到的是 ACL 的选项功能，那么如何设置 ACL 的特殊权限？特殊权限的设置方法有很多，我们先来谈谈最常见的，就是针对单一用户的设置方式：

```
# 1. 针对特定使用者的方式。
# 设置规范：【u:[使用者账号列表]:[rwx]】，例如针对 vbird1 的权限规范 rx。
[root@study ~]# touch acl_test1
[root@study ~]# ll acl_test1
-rw-r--r--. 1 root root 0 Jul 21 17:33 acl_test1
[root@study ~]# setfacl -m u:vbird1:rx acl_test1
[root@study ~]# ll acl_test1
-rw-r-xr--+ 1 root root 0 Jul 21 17:33 acl_test1
# 权限部分多了个+，且与原本的权限（644）看起来差异很大，但要如何查看？
[root@study ~]# setfacl -m u::rwx acl_test1
[root@study ~]# ll acl_test1
-rwxr-xr--+ 1 root root 0 Jul 21 17:33 acl_test1
# 设置值中的 u 后面无使用者列表，代表设置该文件拥有者，所以上面显示 root 的权限成为了 rwx。
```

上述操作为最简单的 ACL 设置，利用【u:用户:权限】的方式来设置，设置前请加上 -m 这个选项。一个文件设置了 ACL 参数后，它的权限部分就会多出一个 + 号，但是此时你看到的权限与实际权限可能会有点误差。那要如何查看？就通过 getfacl 吧!

◆　getfacl 命令用法

```
[root@study ~]# getfacl filename
选项与参数：
getfacl 的选项几乎与 setfacl 相同，所以乌哥这里就免去了选项的说明。
# 请列出刚刚我们设置的 acl_test1 的权限内容。
[root@study ~]# getfacl acl_test1
# file: acl_test1   <==说明文件名而已。
# owner: root       <==说明此文件的拥有者，亦即 ls -l 看到的第三使用者栏位。
# group: root       <==此文件的所属用户组，亦即 ls -l 看到的第四用户组栏位。
user::rwx           <==使用者列表栏是空的，代表文件拥有者的权限。
user:vbird1:r-x     <==针对 vbird1 的权限设置为 rx，与拥有者并不同。
```

```
group::r--              <==针对文件用户组的权限设置仅有 r。
mask::r-x               <==此文件默认的有效权限（mask）。
other::r--              <==其他人拥有的权限。
```

上面的数据非常容易查看吧？显示的数据前面有 # 号的，代表这个文件的默认属性，包括文件名、文件拥有者与文件所属用户组。下面出现的 user、group、mask、other 则是属于不同用户、用户组与有效权限（mask）的设置值。从上面的结果来看，我们刚刚设置的 vbird1 对于这个文件具有 r 与 x 的权限。这样看得懂吗？如果看得懂的话，接下来让我们再测试其他类型的 setfacl 设置吧！

◆ 特定的单一用户组的权限设置：【g:用户组名:权限】

```
# 2. 针对特定用户组的方式。
# 设置规范：【g:[用户组列表]:[rwx]】，例如针对 mygroup1 的权限规范 rx。
[root@study ~]# setfacl -m g:mygroup1:rx acl_test1
[root@study ~]# getfacl acl_test1
# file: acl_test1
# owner: root
# group: root
user::rwx
user:vbird1:r-x
group::r--
group:mygroup1:r-x    <==这里就是新增的部分，多了这个用户组的权限设置。
mask::r-x
other::r--
```

◆ 针对有效权限设置：【m:权限】

基本上，用户组与用户的设置并没有什么太大的差异。如上表所示，非常容易了解意义。不过，你应该会觉得奇怪的是，那个 mask 是什么东西？其实它有点像是【有效权限】的意思。它的意义是：**用户或用户组所设置的权限必须要存在于** mask **的权限设置范围内才会生效，此即【有效权限（effective permission）】**我们举个例子来看，如下所示：

```
# 3. 针对有效权限 mask 的设置方式。
# 设置规范：【m:[rwx]】，例如针对刚刚的文件规范为仅有 r。
[root@study ~]# setfacl -m m:r acl_test1
[root@study ~]# getfacl acl_test1
# file: acl_test1
# owner: root
# group: root
user::rwx
user:vbird1:r-x        #effective:r-- <==vbird1+mask 均存在者，仅有 r 而已，x 不会生效。
group::r--
group:mygroup1:r-x     #effective:r--
mask::r--
other::r--
```

您看，vbird1 与 mask 的集合发现仅有 r 存在，因此 vbird1 仅具有 r 的权限而已，并不存在 x 权限，这就是 mask 的功能了。我们可以通过使用 mask 来规范最大允许的权限，从而避免不小心开放某些权限给其他用户或用户组。不过，通常鸟哥都是将 mask 设置为 rwx，然后再分别依据不同的用户或用户组去规范它们的权限。

例题

对于前一小节任务二中的/srv/projecta 目录，让 myuser1 可以进入查看，但不具有修改的权力。

答：由于 myuser1 是独立的用户与用户组，因此无法使用传统的 Linux 权限设置，此时使用 ACL 的设置如下：

```
# 1. 先测试看看，使用 myuser1 能否进入该目录？
[myuser1@study ~]$ cd /srv/projecta
-bash: cd: /srv/projecta: Permission denied  <==确实不可进入。
# 2. 开始用 root 的身份来设置一下该目录的权限。
```

```
[root@study ~]# setfacl -m u:myuser1:rx /srv/projecta
[root@study ~]# getfacl /srv/projecta
# file: srv/projecta
# owner: root
# group: projecta
# flags: -s-
user::rwx
user:myuser1:r-x  <==还是要看看有没有设置成功。
group::rwx
mask::rwx
other::---
# 3. 还是得要使用 myuser1 去测试看看结果。
[myuser1@study ~]$ cd /srv/projecta
[myuser1@study projecta]$ ll -a
drwxrws---+ 2 root projecta 4096 Feb 27 11:29 .  <==确实可以查询文件名。
drwxr-xr-x  4 root root     4096 Feb 27 11:29 ..
[myuser1@study projecta]$ touch testing
touch: cannot touch `testing': Permission denied <==确实不可以写入。
```

请注意，上述的 1、3 步骤使用 myuser1 的身份，2 步骤才是使用 root 来设置的。

通过上面的设置我们就完成了之前任务二的后续需求，就这么简单。接下来让我们来测试一下，如果我用 root 或是 pro1 的身份去/srv/projecta 增加文件或目录时，该文件或目录是否能够具有 ACL 的设置？意思就是说，ACL 的权限设置是否能够被子目录所【继承】？先试试看：

```
[root@study ~]# cd /srv/projecta
[root@study ~]# touch abc1
[root@study ~]# mkdir abc2
[root@study ~]# ll -d abc*
-rw-r--r--. 1 root projecta 0 Jul 21 17:49 abc1
drwxr-sr-x. 2 root projecta 6 Jul 21 17:49 abc2
```

你可以明显地发现，权限后面都没有 +，代表这个 ACL 属性并没有继承，如果你想要让 ACL 在目录下面的数据都有继承的功能，那就得按照如下这样做了。

◆　使用默认权限设置目录未来文件的 ACL 权限继承【d:[u|g]:[user|group]:权限】

```
# 4. 针对默认权限的设置方式。
# 设置规范：【d:[ug]:使用者列表:[rwx]】
# 让 myuser1 在/srv/projecta 下面一直具有 rx 的默认权限。
[root@study ~]# setfacl -m d:u:myuser1:rx /srv/projecta
[root@study ~]# getfacl /srv/projecta
# file: srv/projecta
# owner: root
# group: projecta
# flags: -s-
user::rwx
user:myuser1:r-x
group::rwx
mask::rwx
other::---
default:user::rwx
default:user:myuser1:r-x
default:group::rwx
default:mask::rwx
default:other::---
[root@study ~]# cd /srv/projecta
[root@study projecta]# touch zzz1
[root@study projecta]# mkdir zzz2
[root@study projecta]# ll -d zzz*
-rw-rw----+ 1 root projecta 0 Jul 21 17:50 zzz1
drwxrws---+ 2 root projecta 6 Jul 21 17:51 zzz2
# 看吧，确实有继承，然后我们使用 getfacl 再次确认看看。
[root@study projecta]# getfacl zzz2
```

```
# file: zzz2
# owner: root
# group: projecta
# flags: -s-
user::rwx
user:myuser1:r-x
group::rwx
mask::rwx
other::---
default:user::rwx
default:user:myuser1:r-x
default:group::rwx
default:mask::rwx
default:other::---
```

通过这个【针对目录来设置的默认 ACL 权限设置值】的选项，我们可以让这些属性继承到子目录下面，非常方便。那如果想要让 ACL 的属性全部消失又要如何处理？通过【setfacl –b 文件名】即可，太简单了，鸟哥就不另外介绍了，请自行测试吧！

例题

针对刚刚的 /srv/projecta 目录的权限设置中，我需要（1）取消 myuser1 的设置（连同默认值），以及（2）我不能让 pro3 这个用户使用该目录，即 pro3 在该目录下无任何权限，该如何设置？

答：取消全部的 ACL 设置可以使用 –b 来处理，但单一设置值的取消，就得要通过 –x 才可以，所以你应该这样做：

```
# 1.1 找到针对 myuser1 的设置值。
[root@study ~]# getfacl /srv/projecta | grep myuser1
user:myuser1:r-x
default:user:myuser1:r-x
# 1.2 针对每个设置值来处理，注意，取消某个账号的 ACL 时，不需要加上权限选项。
[root@study ~]# setfacl -x u:myuser1 /srv/projecta
[root@study ~]# setfacl -x d:u:myuser1 /srv/projecta
# 2.1 开始让 pro3 这个用户无法使用该目录。
[root@study ~]# setfacl -m u:pro3:- /srv/projecta
```

只需要留意，在设置一个用户或用户组没有任何权限的 ACL 语法中，权限的字段不可留白，而是应该加上一个减号（–）。

13.4　用户身份切换

什么？在 Linux 系统当中还要作身份的切换？这是为啥？可能有下面几个原因。

◆ 使用一般账号：系统日常操作的好习惯

事实上，为了安全的缘故，一些老人家都会建议你，尽量以一般身份用户来进行 Linux 的日常作业。等到需要设置系统环境时，才切换身份成为 root 来进行系统管理，这样相对比较安全，避免操作错一些严重的命令，例如恐怖的【rm –rf /】（千万作不得）。

◆ 用较低权限启动系统服务

相对于系统安全，有的时候，我们必须要以某些系统账号来执行程序。举例来说，Linux 主机上面的一个软件，名称为 apache，我们可以额外建立一个名为 apache 的用户来启动 apache 软件，如此一来，如果这个程序被攻击，至少系统还不至于损坏。

◆ 软件本身的限制

在"远古"时代的 telnet 程序中，该程序默认是不许使用 root 身份登录的。telnet 会判断登录者的 UID，若 UID 为 0 的话，那就直接拒绝登录。所以，你只能使用一般用户来登录 Linux 服务器。此外，ssh[注3]也可以设置拒绝 root 直接登录。那如果你有系统设置需求该如何是好？就切换身份。

出于上述考虑，我们都是使用一般账号登录系统的，等有需要进行系统维护或软件更新时才转为 root 的身份来操作。那如何让一般用户转变身份成为 root 呢？主要有两种方式：

- 通过【su -】直接将身份变成 root 即可，但是**这个命令却需要 root 的密码**，也就是说，如果你要通过 su 变成 root 的话，你的一般用户就必须要有 root 的密码才行。
- 通过【sudo 命令】执行 root 的命令串，由于 sudo 需要事先设置妥当，且 sudo 需要输入用户自己的密码，因此多人共管同一台主机时，sudo 要比 su 来的好，至少 root 密码不会流出去。

下面我们就来说一说 su 跟 sudo 的用法。

13.4.1　su

su 是最简单的身份切换命令，它可以进行任何身份的切换，方法如下：

```
[root@study ~]# su [-lm] [-c 命令] [username]
选项与参数：
-   ：单纯使用-如【su -】代表使用 login-shell 的变量文件读取方式来登录系统。
    若使用者名称没有加上去，则代表切换为 root 的身份。
-l  ：与-类似，但后面需要加欲切换的使用者账号，也是 login-shell 的方式。
-m  ：-m 与-p 是一样的，表示【使用目前的环境设置，而不读取新使用者的配置文件】。
-c  ：仅进行一次命令，所以-c 后面可以加上命令。
```

上表的解释当中出现了之前第 10 章谈过的可登录 shell 配置文件读取方式，如果你忘记那是啥东西，请先去第 10 章看看再回来吧！这个 su 的用法当中，有没有加上那个减号【-】差很多，因为涉及可登录 shell 与非登录 shell 的变量读取方法。这里让我们以一个小例子来说明。

```
范例一：假设你原本是 dmtsai 的身份，想要使用 non-login shell 的方式变成 root。
[dmtsai@study ~]$ su         <==注意提示字符，是 dmtsai 的身份。
Password:                    <==这里输入 root 的密码。
[root@study dmtsai]# id       <==提示字符的目录是 dmtsai。
uid=0（root）gid=0（root）groups=0（root）context=unconf....  <==确实是 root 的身份。
[root@study dmtsai]# env | grep 'dmtsai'
USER=dmtsai                                      <==竟然还是 dmtsai 这家伙。
PATH=...:/home/dmtsai/.local/bin:/home/dmtsai/bin   <==这个影响最大。
MAIL=/var/spool/mail/dmtsai                      <==收到的 mailbox 是 vbird1。
PWD=/home/dmtsai                                 <==并非 root 的家目录。
LOGNAME=dmtsai
# 虽然你的 UID 已经是具有 root 的身份，但是看到上面的输出信息吗？
# 还是有一堆变量为原本 dmtsai 的身份，所以很多数据还是无法直接利用。
[root@study dmtsai]# exit    <==这样可以退出 su 的环境。
```

单纯使用【su】切换成为 root 的身份，**读取的变量设置方式为非登录 shell 的方式**，这种方式很多原本的变量不会被修改，尤其是我们之前谈过很多次的 PATH 这个变量。由于没有修改成为 root 的环境，因此很多 root 常用的命令就只能使用绝对路径来执行。其他的还有 MAIL 这个变量，你输入 mail 时，收到的邮件竟然还是 dmtsai 的，而不是 root 本身的邮件，是否觉得很奇怪？所以切换身份时，请务必使用如下的范例二：

```
范例二：使用 login shell 的方式切换为 root 的身份并查看变量。
[dmtsai@study ~]$ su -
Password:   <==这里输入 root 的密码。
[root@study ~]# env | grep root
USER=root
MAIL=/var/spool/mail/root
PATH=/usr/local/sbin:/usr/local/bin:/sbin:/bin:/usr/sbin:/usr/bin:/root/bin
PWD=/root
HOME=/root
LOGNAME=root
```

```
# 了解差异了吧? 下次切换成为 root 时, 记得最好使用 su -。
[root@study ~]# exit    <==这样可以退出 su 的环境。
```

上述的做法是让用户的身份变成 root 并开始使用系统, 如果想要退出 root 的身份则得要利用 exit 才行。那我如果只是想要执行【一个只有 root 才能进行的命令, 且执行完毕就恢复原本的身份】呢? 那就可以加上 -c 这个选项, 请参考下面范例三。

```
范例三: dmtsai 想要执行【head -n 3 /etc/shadow】一次, 且已知 root 密码。
[dmtsai@study ~]$ head -n 3 /etc/shadow
head: cannot open `/etc/shadow' for reading: Permission denied
[dmtsai@study ~]$ su - -c "head -n 3 /etc/shadow"
Password: <==这里输入 root 的密码。
root:$6$wtbCCce/PxMeE5wm$KE2IfSJr.YLP7Rcai6oa/T7KFhOYO62vDnqfLw85...:16559:0:99999:7:::
bin:*:16372:0:99999:7:::
daemon:*:16372:0:99999:7:::
[dmtsai@study ~]$ <==注意看, 身份还是 dmtsai, 继续使用旧的身份进行系统操作。
```

由于 /etc/shadow 权限的关系, 该文件仅 root 可以查看。为了查看该文件, 我们必须要使用 root 的身份。但我只想要进行一次该命令而已, 此时就可以使用类似上面的语法。好, 那接下来, 如果我是 root 或是其他人, 想要切换成为某些特殊账号, 可以使用如下的方法来切换。

```
范例四: 原本是 dmtsai 这个使用者, 想要切换身份成为 vbird1 时?
[dmtsai@study ~]$ su -l vbird1
Password: <==这里输入 vbird1 的密码。
[vbird1@study ~]$ su -
Password: <==这里输入 root 的密码。
[root@study ~]# id sshd
uid=74 (sshd) gid=74 (sshd) groups=74 (sshd) ... <==确实有存在此人。
[root@study ~]# su -l sshd
This account is currently not available.    <==竟然说此账户无法切换。
[root@study ~]# finger sshd
Login: sshd                         Name: Privilege-separated SSH
Directory: /var/empty/sshd          Shell: /sbin/nologin
[root@study ~]# exit    <==退出第二次的 su。
[vbird1@study ~]$ exit    <==退出第一次的 su。
[dmtsai@study ~]$ exit    <==这才是最初的环境。
```

su 就这样简单介绍完毕, 总结一下它的用法:
- 若要完整地切换到新用户的环境, 必须要使用【su - username】或【su -l username】, 才会连同 PATH、USER、MAIL 等变量都转成新用户的环境。
- 如果仅想要执行一次 root 的命令, 可以利用【su - -c "命令串"】的方式来处理。
- 使用 root 切换成为任何用户时, 并不需要输入新用户的密码。

虽然使用 su 很方便, 不过缺点是, 当我的主机是多人共用的环境时, 如果大家都要使用 su 来切换成为 root 的身份, 那么不就每个人都得要知道 root 的密码, 这样密码可能会流出去, 很不妥当。怎么办? 通过 sudo 来处理即可。

13.4.2 sudo

相对于 su 需要了解新切换的用户密码(常常是需要 root 的密码), sudo 的执行则仅需要自己的密码即可。甚至可以设置不需要密码即可执行 sudo。由于 sudo 可以让你以其他用户的身份执行命令(通常是使用 root 的身份来执行命令), 因此并非所有人都能够执行 sudo, 而是仅有规范到 /etc/sudoers 内的用户才能够执行 sudo 这个命令。说的这么神奇, 下面就来看看 sudo 如何使用?

事实上, 一般用户要具有 sudo 的使用权, 需管理员事先审核通过后才能开放。因此, 除非是信任用户, 否则一般用户默认是不能操作 sudo 的。

◆　sudo 的命令用法

由于一开始系统默认仅有 root 可以执行 sudo，因此下面的范例我们先以 root 的身份来执行，等谈到 visudo 时，再以一般用户来讨论其他 sudo 的用法。sudo 的语法如下：

> 还记得在第 3 章安装 CentOS 7 时，在设置一般账号的选项中，有个【让这位用户成为管理员】的选项，如果你勾选了该选项的话，那除了 root 之外，该一般用户确实是可以使用 sudo 的（以乌哥的例子来说，dmtsai 默认竟然可以使用 sudo）。这是因为建立账号的时候，默认将此用户加入 sudo 的支持中了，详情本章稍后介绍。

```
[root@study ~]# sudo [-b] [-u 新使用者账号]
选项与参数：
-b ：将后续的命令放到后台中让系统自行执行，而不与目前的 shell 产生影响。
-u ：后面可以接欲切换的使用者，若无此项则代表切换身份为 root。
范例一：你想要以 sshd 的身份在/tmp 下面建立一个名为 mysshd 的文件。
[root@study ~]# sudo -u sshd touch /tmp/mysshd
[root@study ~]# ll /tmp/mysshd
-rw-r--r--. 1 sshd sshd 0 Jul 21 23:37 /tmp/mysshd
# 特别留意，这个文件的权限是由 sshd 所建立的情况。
范例二：你想要以 vbird1 的身份建立~vbird1/www 并于其中建立 index.html 文件。
[root@study ~]# sudo -u vbird1 sh -c "mkdir ~vbird1/www; cd ~vbird1/www; \
> echo 'This is index.html file' > index.html"
[root@study ~]# ll -a ~vbird1/www
drwxr-xr-x. 2 vbird1 vbird1   23 Jul 21 23:38 .
drwx------. 6 vbird1 vbird1 4096 Jul 21 23:38 ..
-rw-r--r--. 1 vbird1 vbird1   24 Jul 21 23:38 index.html
# 要注意，建立者的身份是 vbird1，且我们使用 sh -c "一串命令"来执行。
```

sudo 可以让你切换身份来进行某项任务，例如上面的两个范例，范例一中我们的 root 使用 sshd 的权限去进行某项任务。要注意，因为我们无法使用【su - sshd】去切换系统账号（因为系统账号的 shell 是 /sbin/nologin），这个时候 sudo 真是好用，立刻以 sshd 的权限在 /tmp 下面建立文件。查看一下文件权限你就可以了解其意义。至于范例二则使用多重命令串（通过分号来延续命令进行），使用 sh -c 的方法来执行一连串的命令，如此真是很方便。

但是 sudo 默认仅有 root 能使用，为什么？因为 sudo 的执行是这样的流程：

1．当用户执行 sudo 时，系统于 /etc/sudoers 文件中查找该用户是否有执行 sudo 的权限。
2．若用户具有可执行 sudo 的权限后，便让用户【输入用户自己的密码】来确认。
3．若密码输入成功，便开始进行 sudo 后续接的命令（但 root 执行 sudo 时，不需要输入密码）。
4．若欲切换的身份与执行者身份相同，那也不需要输入密码。

所以说，sudo 执行的重点是：【能否使用 sudo 必须要看 /etc/sudoers 的设置值，而可使用 sudo 者是通过输入用户自己的密码来执行后续的命令串】。由于能否使用与 /etc/sudoers 有关，所以我们当然要去编辑 sudoers 文件。不过，因为该文件的内容有一定的规范，所以直接使用 vi 去编辑是不好的。此时，我们得要通过 visudo 去修改这个文件。

◆　visudo 与/etc/sudoers

从上面的说明我们可以知道，除了 root 之外的其他账号，若想要使用 sudo 执行属于 root 的权限命令，则 root 需要先使用 visudo 去修改 /etc/sudoers，让该账号能够使用全部或部分的 root 命令功能。为什么要使用 visudo 呢？这是因为 /etc/sudoers 是设置过语法的，如果设置错误就会造成无法使用 sudo 命令的后果。因此才会使用 visudo 去修改，并且在结束退出修改界面时，操作系统会去检验 /etc/sudoers 的语法是否正确。

一般来说，visudo 的设置有几种简单的方法，下面我们以几个简单的例子来分别说明：

- I. 单一用户可使用 root 所有命令，与 sudoers 文件语法。

假如我们要让 vbird1 这个账号可以使用 root 的任何命令，基本上有两种做法，第一种是直接修改 /etc/sudoers，方法如下：

```
[root@study ~]# visudo
……（前面省略）……
root    ALL=(ALL)        ALL   <==找到这一行，大约在第 98 行
vbird1  ALL=(ALL)        ALL   <==这一行是你要新增的。
……（下面省略）……
```

有趣吧？其实 visudo 只是利用 vi 将 /etc/sudoers 文件调用出来进行修改而已，所以这个文件就是 /etc/sudoers。这个文件的设置其实很简单，如上面所示，如果你找到第 98 行（有 root 设置的那行）左右，看到的数据就是：

```
使用者账号  登录者的来源主机名称=（可切换的身份）   可执行的命令
root                    ALL=（ALL）            ALL   <==这是默认值。
```

上面这一行的四个组件意义是：

1.【用户账号】：操作系统的哪个账号可以使用 sudo 这个命令。

2.【登录者的来源主机名】：当这个账号由哪台主机连接到本 Linux 主机，意思是这个账号可能是由哪一台网络主机连接过来的，这个设置值可以指定客户端计算机（信任的来源的意思），默认值 root 可来自任何一台网络主机。

3.【（可切换的身份）】：这个账号可以切换成什么身份来执行后续的命令，默认 root 可以切换成任何人。

4.【可执行的命令】：可用该身份执行什么命令？这个命令请务必使用绝对路径，默认 root 可以切换任何身份且进行任何命令。

那个 ALL 是特殊的关键词，代表任何身份、主机或命令的意思。所以，我想让 vbird1 可以进行任何身份的任何命令，就如同上表特殊字体写的那样，其实就是复制上述默认值那一行，再将 root 改成 vbird1 即可。此时【vbird1 不论来自哪台主机登录，它可以切换身份成为任何人，且可以进行系统上面的任何命令】。修改完请保存后退出 vi，并以 vbird1 登录系统后，进行如下的测试看看：

```
[vbird1@study ~]$ tail -n 1 /etc/shadow  <==注意，身份是 vbird1。
tail: cannot open `/etc/shadow' for reading: Permission denied
# 因为不是 root 嘛，所以当然不能查询/etc/shadow。
[vbird1@study ~]$ sudo tail -n 1 /etc/shadow <==通过 sudo。
We trust you have received the usual lecture from the local System
Administrator. It usually boils down to these three things:
#1) Respect the privacy of others.  <==这里仅是一些说明与警示选项。
    #2) Think before you type.
    #3) With great power comes great responsibility.
[sudo] password for vbird1: <==注意，这里输入的是【vbird1 自己的密码】。
pro3:$6$DMilzaKr$OeHeTDQPHzDOz/u5Cyhq1Q1dy...:16636:0:99999:7:::
# 看，vbird1 竟然可以查询 shadow。
```

注意到了吧！vbird1 输入自己的密码就能够执行 root 的命令。所以，系统管理员当然要了解 vbird1 这个用户的【操守】才行。否则随便设置一个用户，它恶搞系统怎么办？另外，一个一个设置太麻烦了，能不能使用用户组的方式来设置？参考下面的第二种方式。

- II. 利用 wheel 用户组以及免密码的功能处理 visudo

我们在本章前面曾经建立过 pro1、pro2、pro3，能否通过用户组的功能让这三个人可以管理系统？可以，而且很简单，同样我们使用实际案例来说明：

```
[root@study ~]# visudo  <==同样的，请使用 root 先设置。
……（前面省略）……
%wheel    ALL=（ALL）    ALL <==大约在第 106 行，请将这行的#拿掉。
# 在最左边加上 %，代表后面接的是一个【用户组】之意，改完请保存后退出。
[root@study ~]# usermod -a -G wheel pro1 <==将 pro1 加入 wheel 的支持。
```

　　上面的设置值会造成【任何加入 wheel 这个用户组的用户，就能够使用 sudo 切换任何身份来操作任何命令】，你当然可以将 wheel 换成你自己想要的用户组名。接下来，请分别切换身份成为 pro1 及 pro2 试看看 sudo 的运行。

```
[pro1@study ~]$ sudo tail -n 1 /etc/shadow <==注意身份是pro1。
……（前面省略）……
[sudo] password for pro1: <==输入pro1的密码。
pro3:$6$DMilzaKr$OeHeTDQPHzDOz/u5Cyhq1Q1dy...:16636:0:99999:7:::
[pro2@study ~]$ sudo tail -n 1 /etc/shadow <==注意身份是pro2。
[sudo] password for pro2: <==输入pro2的密码。
pro2 is not in the sudoers file.  This incident will be reported.
# 仔细看错误信息它是说这个pro2不在/etc/sudoers的设置中。
```

　　这样就理解用户组了吧？如果你想要让 pro3 也支持这个 sudo 的话，不需要重新使用 visudo，只要利用 usermod 去修改 pro3 的用户组支持，让 pro3 用户加入 wheel 用户组，那它就能够进行 sudo 了。那么现在你知道为啥在安装时建立的用户，就是那个 dmstai，默认可以使用 sudo 了吗？请使用【id dmtsai】看看，这个用户是否已加入 wheel 用户组？嘿嘿，了解了吗？

 　　从 CentOS 7 开始，在 sudoers 文件中，默认已经开放 %wheel 那一行，以前的 CentOS 旧版本都没有启用。

　　简单吧！不过，既然我们都信任这些 sudo 的用户了，能否实现【不需要密码即可使用 sudo】呢？可以通过如下的方式：

```
[root@study ~]# visudo  <==同样的，请使用root先设置。
……（前面省略）……
%wheel    ALL=(ALL)    NOPASSWD: ALL <==大约在第109行，请将#拿掉。
# 在最左边加上%，代表后面接的是一个【用户组】之意，改完请保存后退出。
```

　　重点是那个 NOPASSWD，该关键词是免除密码输入的意思。

● Ⅲ. 有限制的命令操作

　　上面两点都可以让用户能够利用 root 的身份进行任何事情。这样总是不太好，如果我想让用户仅能够进行部分系统任务。比方说，系统上面的 myuser1 仅能够帮 root 修改其他用户的密码时，即【当用户仅能使用 passwd 这个命令帮忙 root 修改其他用户的密码】时，你该如何编写？可以这样做：

```
[root@study ~]# visudo  <==注意是root身份。
myuser1    ALL=(root)    /usr/bin/passwd <==最后命令务必用绝对路径。
```

　　上面的设置值指的是【myuser1 可以切换成为 root 使用 passwd 这个命令】。其中要注意的是：**命令字段必须要填写绝对路径才行**，否则 visudo 会出现语法错误。此外，上面的设置是有问题的，我们使用下面的命令操作来让您了解：

```
[myuser1@study ~]$ sudo passwd myuser3 <==注意，身份是myuser1。
[sudo] password for myuser1: <==输入myuser1的密码。
Changing password for user myuser3. <==下面改的是myuser3的密码，这样是正确的。
New password:
Retype new password:
passwd: all authentication tokens updated successfully.
[myuser1@study ~]$ sudo passwd
Changing password for user root. <==见鬼，怎么会去改root的密码？
```

　　恐怖！我们竟然让 root 的密码被 myuser1 给修改了。下次 root 回来竟无法登录系统，欲哭无泪，怎么办？所以我们必须要限制用户的命令参数。修改的方法如下：

```
[root@study ~]# visudo  <==注意是root身份。
myuser1    ALL=(root)    !/usr/bin/passwd, /usr/bin/passwd [A-Za-z]*, !/usr/bin/passwd root
```

在设置值中加上感叹号【!】代表【不可执行】的意思。因此上面这一行会变成：可以执行【passwd 任意字符】，但是【passwd】与【passwd root】这两个命令例外，如此一来 myuser1 就无法修改 root 的密码了。这样这位用户可以具有 root 的能力，帮助你修改其他用户的密码，但却不能随意修改 root 的密码，很有用处。

- IV. 通过别名创建 visudo

如上述第三点，如果我有 15 个用户需要加入刚刚的管理员行列，那么我是否要将上述那长长的设置写入 15 行呢？而且如果想要修改命令或是新增命令时，如果每行都需要重新设置，则很麻烦。有没有更简单的方式？通过别名即可。visudo 的别名可以是【命令别名、账户别名、主机别名】等。不过这里我们仅介绍账户别名，对其他设置值有兴趣的话，可以自行玩玩。

假设我的 pro1、pro2、pro3 与 myuser1、myuser2 要加入上述的密码管理员的 sudo 列表中，那我可以创立一个账户，别名为 ADMPW，然后将这个名称处理一下，处理的方式如下：

```
[root@study ~]# visudo  <==注意是 root 身份。
User Alias ADMPW = pro1, pro2, pro3, myuser1, myuser2
Cmnd Alias ADMPWCOM = !/usr/bin/passwd, /usr/bin/passwd [A-Za-z]*, !/usr/bin/passwd root
ADMPW   ALL=(root)   ADMPWCOM
```

我通过 User_Alias 建立一个新账号，这个账号名称一定要使用大写字符来处理，包括 Cmnd_Alias（命令别名）、Host_Alias（来源主机名别名），都需要使用大写字符。这个 ADMPW 代表后面接的那些实际账号，而该账号能够进行的命令就如同 ADMPWCOM 后面所指定的那样。上表最后一行则写入这两个别名（账号与命令别名），未来要修改时，我只要修改 User_Alias 以及 Cmnd_Alias 这两行即可，设置方面会比较简单有弹性。

- V. sudo 的时间间隔问题

或许您已经发现了，那就是如果我使用同一个账号在短时间内重复操作 sudo 来运行命令的话，在第二次执行 sudo 时，并不需要输入自己的密码，sudo 还是会正确的运行。为什么？第一次执行 sudo 需要输入密码，是担心由于用户暂时离开座位，但有人跑来你的座位使用你的账号操作系统，所以需要你输入密码重新确认一次身份。

两次执行 sudo 的间隔在 5 分钟内，那么再次执行 sudo 时就不需要重新输入密码了，这是因为系统相信你在 5 分钟内不会离开，所以执行 sudo 的是同一个人，真是很人性化的设计。不过如果两次 sudo 操作的间隔超过 5 分钟，那就得要重新输入一次你的密码了[注4]。

- VI. sudo 搭配 su 的使用方式

很多时候我们需要大量执行很多 root 的工作，所以一直使用 sudo 觉得很烦。那有没有办法使用 sudo 搭配 su，一口气将身份转为 root，而且还用用户自己的密码来变成 root 呢？有！而且方法简单得会让你想笑。我们建立一个 ADMINS 账户别名，然后这样做：

```
[root@study ~]# visudo
User Alias  ADMINS = pro1, pro2, pro3, myuser1
ADMINS ALL=(root)  /bin/su -
```

接下来，上述 pro1、pro2、pro3、myuser1 四个人，只要输入【sudo su -】并且输入【自己的密码】后，立刻变成 root 的身份。不但 root 密码不会外流，用户的管理也变得非常方便。这也是实际环境中，多人共用一台主机常常使用的技巧。这样管理确实方便，不过还是要强调一下大前提，那就是【这些你加入的用户，全部都是你能够信任的用户】。

13.5 用户的特殊 shell 与 PAM 模块

我们前面一直谈到的大多是一般身份用户与系统管理员（root）的相关操作，而且大多是讨论关于可登录系统的账号。那么换个角度想，如果我今天想要建立的是一个【仅能使用邮件服务器相关邮件服务的账号，而该账号并不能登录 Linux 主机】呢？如果不能给予该账号一个密码，那么该账号就无法使用系统的各项资源，当然也包括 mail 的资源。而如果给予一个密码，那么该账号就可能可以登录 Linux 主机。呵呵，伤脑筋吧！所以，下面让我们来谈一谈这些有趣的话题。

在本章之前谈到过的/etc/login.defs 文件中，密码应该默认是 5 个字符长度。但是我们上面也谈到，该设置值已经被 PAM 模块所替换，那么 PAM 是什么？为什么它可以影响用户的登录呢？这里也要来谈谈。

13.5.1　特殊的 shell，/sbin/nologin

在本章一开头的 passwd 文件结构里面我们就谈过系统账号，它的 shell 就是使用/sbin/nologin，重点在于系统账号是不需要登录的。所以我们就给它这个无法登录的合法 shell。使用了这个 shell 的用户即使有了密码也无法登录，因为会出现如下的信息：

```
This account is currently not available.
```

我们所谓的【无法登录】指的仅是：【这个用户无法使用 bash 或其他 shell 来登录系统】而已，并不是说这个账号就无法使用其他的系统资源。举例来说，各个系统账号，打印作业由 IP 这个账号在管理，WWW 服务由 apache 这个账号在管理，它们都可以进行系统程序的工作，但是【就是无法登录主机获取交互的 shell】而已。

换个角度来想，如果我的 Linux 主机提供的是邮件服务，那么在这台 Linux 主机上面的账号，其实大部分都是用来收受主机的邮件而已，并不需要登录主机。这个时候，我们就可以考虑让单纯使用 mail 的账号以/sbin/nologin 做为它们的 shell。这样，最起码当我的主机被尝试想要登录系统以获取 shell 环境时，可以拒绝该账号。

另外，如果我想要让某个具有/sbin/nologin 的用户知道，它们不能登录主机时，其实我可以建立【/etc/nologin.txt】这个文件，并且在这个文件内说明不能登录的原因，那么下次当这个用户想要登录系统时，屏幕上出现的就会是 /etc/nologin.txt 这个文件的内容，而不是默认的内容。

例题

当用户尝试利用纯 mail 账号（例如 myuser3）时，利用/etc/nologin.txt 告知用户不要利用该账号登录系统。

答：直接以 vim 编辑该文件，内容可以是这样：

```
[root@study ~]# vim /etc/nologin.txt
This account is system account or mail account.
Please DO NOT use this account to login my Linux Server.
```

想要测试时，可以使用 myuser3（此账号的 shell 是 /sbin/nologin）来测试看看。

```
[root@study ~]# su - myuser3
This account is system account or mail account.
Please DO NOT use this account to login my Linux Server.
```

结果会发现与原本的默认信息不一样。

13.5.2　PAM 模块简介

在过去，我们想要对一个用户进行认证（authentication），得要求用户输入账号密码，然后通过自行编写的程序来判断该账号密码是否正确。也因为如此，我们常常得使用不同的机制来判断账号密码，所以搞的一台主机上面拥有多个不同的认证系统，也造成账号密码可能不同步的验证问题。为了解决这个问题，才有了 PAM（Pluggable Authentication Modules，插入式验证模块）的机制。

PAM 可以说是一套应用程序编程接口（Application Programming Interface，API），它提供了一连串的验证机制，只要用户将验证阶段的需求告知 PAM 后，PAM 就能够返回用户验证的结果（成功或失败）。由于 PAM 仅是一套验证的机制，又可以提供给其他程序所调用引用，因此不论你使用什么程序，都可以使用 PAM 来进行验证，如此一来，就能够让账号密码或是其他方式的验证具有一致的结果，也让程序员方便处理验证的问题[注5]。

如右侧的图例，PAM 以一个独立的 API 存在，任何程序有需求时，可以向 PAM 发出验证要求的通知，PAM 经过一连串的验证后，将验证的结果返回给该程序，然后该程序就能够利用验证的结果来允许登录或显示其他无法使用的信息。这也就是说，你可以在写程序的时候加入 PAM 模块的功能，从而利用 PAM 的验证功能。目前很多程序都会利用 PAM，所以我们才要来学习它。

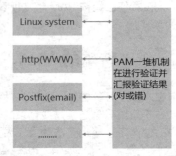

图 13.5.1 PAM 模块与其他程序的相关性

PAM 用来进行验证的数据称为模块（Modules），每个 PAM 模块的功能都不太相同。举例来说，还记得我们在本章使用 passwd 命令时，如果随便输入字典上面找得到的字符串，passwd 就会返回错误信息。这是为什么呢？这就是 PAM 的 pam_cracklib.so 模块的功能。它能够判断该密码是否在字典里面，并返回给密码修改程序，此时就能够了解你的密码强度了。

所以，当你有任何需要判断是否在字典当中的密码字符串时，就可以使用 pam_cracklib.so 这个模块来验证，并根据验证的返回结果来编写你的程序。这样说，可以理解 PAM 的功能了吧？

13.5.3　PAM 模块设置语法

PAM 借由一个与程序相同文件名的配置文件来完成一连串的认证分析需求，我们同样以 passwd 这个命令调用 PAM 来说明。当你执行 passwd 后，这个程序调用 PAM 的流程是：

1．用户开始执行 /usr/bin/passwd 这个程序，并输入密码。

2．passwd 调用 PAM 模块进行验证。

3．PAM 模块会到/etc/pam.d/找寻与程序（passwd）同名的配置文件。

4．根据/etc/pam.d/passwd 内的设置，引用相关的 PAM 模块逐步进行验证分析。

5．将验证结果（成功、失败以及其他信息）返回给 passwd 这个程序。

6．passwd 这个程序会根据 PAM 返回的结果决定下一个操作（重新输入新密码或通过验证）。

从上面的说明，我们会知道重点其实是/etc/pam.d/里面的配置文件，以及配置文件所调用的 PAM 模块进行的验证工作。既然一直谈到 passwd 这个密码修改命令，那我们就来看看 /etc/pam.d/passwd 这个配置文件的内容是怎样的吧！

```
[root@study ~]# cat /etc/pam.d/passwd
#%PAM-1.0   <==PAM 版本的说明而已。
auth        include      system-auth   <==每一行都是一个验证的过程。
account     include      system-auth
password    substack     system-auth
-password   optional     pam_gnome_keyring.so use_authtok
password    substack     postlogin
验证类别     控制标准     PAM 模块与该模块的参数
```

在这个配置文件当中，除了第一行声明 PAM 版本之外，其他任何【#】开头的都是注释，而每一行都是一个独立的验证流程，每一行可以区分为三个字段，分别是验证类别（type）、控制标准（flag）、PAM 的模块与该模块的参数。下面我们先来谈谈验证类别与控制标准这两项内容。

你会发现在我们上面的表格当中出现的是【include（包括）】这个关键词，它代表的是【请调用后面的文件来作为这个类别的验证】，所以，上述的每一行都要重复调用 /etc/pam.d/system-auth 那个文件来进行验证。

◆ 第一个字段：验证类别（Type）

验证类别主要分为四种，分别说明如下：

- auth

是 authentication（认证）的缩写，所以这种类别主要用来检验用户的身份，这种类别通常是需要密码来检验的，所以后续接的模块用来检验用户的身份。

- account

account（账号）大部分用于进行 authorization（授权），这种类别主要检验用户是否具有正确的权限。举例来说，当你使用一个过期的密码来登录时，当然就无法正确地登录了。

- session

session 是会话期间的意思，所以 session 管理的就是用户在这次登录（或使用这个命令）期间，PAM 所给予的环境设置。这个类别通常用于记录用户登录与注销时的信息。例如，如果你常常使用 su 或是 sudo 命令的话，那么应该可以在 /var/log/secure 日志里面发现很多关于 PAM 的说明，而且记载的数据是【session open, session close】的信息。

- password

password 就是密码，所以这种类别主要在提供验证的修订任务，举例来说就是修改密码。

这四个验证的类型通常是有顺序的，不过也有例外。会有顺序的原因是，（1）我们总是得要先验证身份（auth）后，（2）系统才能够借由用户的身份给予适当的授权与权限设置（account），（3）登录与注销期间的环境才需要设置，也才需要记录登录与注销的信息（session）。如果在运行期间需要密码自定义时，（4）才给予 password 的类别。这样说起来，自然是需要有点顺序吧！

◆ 第二个字段：验证的控制标识（control flag）

那么【验证的控制标识（control flag）】又是什么？简单地说，它就是【验证通过的标准】。这个字段用于管控该验证的控制方式，主要也分为四种：

- required

此验证若成功则带有 success（成功）的标志，若失败则带有 failure 的标志，但不论成功或失败都会继续后续的验证流程。由于后续的验证流程可以继续进行，因此相当有利于数据的记录（log），这也是 PAM 最常使用 required 的原因。

- requisite

若验证失败则立刻返回原程序 failure 的标志，并终止后续的验证流程。若验证成功则带有 success 的标志并继续后续的验证流程。这个选项与 required 最大的差异，就在于失败的时候还要不要继续验证下去？由于 requisite 是失败就终止，因此失败时所产生的 PAM 信息就无法通过后续的模块来记录。

- sufficient

若验证成功则立刻返回 success 给原程序，并终止后续的验证流程。若验证失败则带有 failure 标志并继续后续的验证流程。这个标识与 requisits 刚好相反。

- optional

这个模块控件大多是在显示信息而已，并不用在验证方面。

如果将这些控制标识以图的方式展示，并使用成功与否的条件，会有点像下面这样：

程序运行过程中遇到验证时才会去调用 PAM，而 PAM 验证又分很多类型与标识，不同的控制标识所返回的信息并不相同。如右图所示，requisite 失败就返回了并不会继续，而 sufficient 则是成功就返回了也不会继续。至于验证结束后所返回的信息通常是【success 或 failure】而已，后续的流程还需要该程序的判断来继续执行才行。

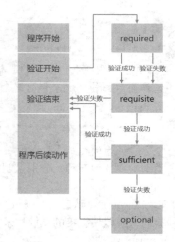

13.5.4　常用模块简介

谈完了配置文件的语法后，现在让我们来查看一下 CentOS 7.x 提供的 PAM 默认文件的内容是什么。由于我们常常需要通过各种方式登录（login）系统，因此就来看看登录所需要的 PAM 流程是什么。

图 13.5.2　PAM 控制标识所造成的返回流程

```
[root@study ~]# cat /etc/pam.d/login
#%PAM-1.0
auth [user_unknown=ignore success=ok ignore=ignore default=bad] pam_securetty.so
auth       substack     system-auth
auth       include      postlogin
account    required     pam_nologin.so
account    include      system-auth
password   include      system-auth
# pam_seLinux.so close should be the first session rule
session    required     pam_seLinux.so close
session    required     pam_loginuid.so
session    optional     pam_console.so
# pam_seLinux.so open should only be followed by sessions to be executed in the user context
session    required     pam_seLinux.so open
session    required     pam_namespace.so
session    optional     pam_keyinit.so force revoke
session    include      system-auth
session    include      postlogin
-session   optional     pam_ck_connector.so
# 我们可以看到，其实 login 也多次调用了 system-auth，所以下面列出该配置文件。
[root@study ~]# cat /etc/pam.d/system-auth
#%PAM-1.0
# This file is auto-generated.
# User changes will be destroyed the next time authconfig is run.
auth       required     pam_env.so
auth       sufficient   pam_fprintd.so
auth       sufficient   pam_unix.so nullok try_first_pass
auth       requisite    pam_succeed_if.so uid >= 1000 quiet_success
auth       required     pam_deny.so
account    required     pam_unix.so
account    sufficient   pam_localuser.so
account    sufficient   pam_succeed_if.so uid < 1000 quiet
account    required     pam_permit.so
password   requisite    pam_pwquality.so try_first_pass local_users_only retry=3
authtok_type=
password   sufficient   pam_unix.so sha512 shadow nullok try_first_pass use_authtok
password   required     pam_deny.so
session    optional     pam_keyinit.so revoke
session    required     pam_limits.so
-session   optional     pam_systemd.so
session    [success=1 default=ignore] pam_succeed_if.so service in crond quiet use_uid
session    required     pam_unix.so
```

上面这个表格当中使用到非常多的 PAM 模块，每个模块的功能都不太相同，详细的模块信息可以在你的系统中找到：

- /etc/pam.d/*：每个程序的 PAM 配置文件。
- /lib64/security/*：PAM 模块文件的实际放置目录。
- /etc/security/*：其他 PAM 环境的配置文件。
- /usr/share/doc/pam-*/：详细的 PAM 说明文件。

例如鸟哥使用未更新过的 CentOS 7.1，pam_nologin 说明文件在：/usr/share/doc/pam-1.1.8/txts/README.pam_nologin，你可以自行查看一下该模块的功能。鸟哥这里仅简单介绍几个较常使用的模块，详细的信息还得要您努力查看参考书。

- pam_securetty.so

限制系统管理员（root）只能够从安全的（secure）终端登录。那什么是终端？例如 tty1、tty2 等就是传统的终端设备名称。**安全的终端设置就写在 /etc/securetty 这个文件中**。你可以查看一下该文件，就知道为什么 root 可以从 tty1~tty7 登录，但却无法通过 telnet 登录 Linux 主机了。

- pam_nologin.so

这个模块可以限制一般用户是否能够登录主机。当 /etc/nologin **这个文件存在时，则所有一般用户均无法再登录系统了**。若 /etc/nologin 存在，则一般用户在登录时，在它们的终端上会将该文件的内容显示出来。所以，正常的情况下，这个文件应该是不能存在于系统中的。但这个模块对 root 以及已经登录系统中的一般账号并没有影响。（注意，这与/etc/nologin.txt 并不相同。）

- pam_seLinux.so

SELinux 是个针对程序来进行详细管理权限的功能，SELinux 我们会在第 16 章的时候再来详细谈论。由于 SELinux 会影响到用户执行程序的权限，因此我们利用 PAM 模块，将 SELinux 暂时关闭，等到验证通过后，再予以启动。

- pam_console.so

当系统出现某些问题，或是某些时刻你需要使用特殊的终端接口（例如 RS232 之类的终端设备）登录主机时，这个模块可以帮助处理一些文件权限的问题，让用户可以通过特殊终端接口（console）顺利地登录系统。

- pam_loginuid.so

我们知道系统账号与一般账号的 UID 是不同的，一般账号的 UID 均大于 1000 才合理。因此，为了验证用户的 UID 真的是我们所需要的数值，可以使用这个模块来进行规范。

- pam_env.so

用来设置环境变量的一个模块，如果你需要额外设置环境变量，可以参考 /etc/security/pam_env.conf 这个文件的详细说明。

- pam_unix.so

这是个很复杂且重要的模块，这个模块可以用在验证阶段的认证功能、授权阶段的账号许可证管理、会话阶段的日志文件记录等，甚至还可以用在密码更新阶段的检验。非常丰富的功能，这个模块在早期使用得相当频繁。

- pam_pwquality.so

可以用来检验密码的强度，包括密码是否在字典中、密码输入几次都失败就断掉此次连接等功能，都是这模块提供的。最早之前其实使用的是 pam_cracklib.so 这个模块，后来改成 pam_pwquality.so 这个模块，但此模块完全兼容于 pam_cracklib.so，同时提供了 /etc/security/pwquality.conf 这个文件可以额外指定默认值，比较容易处理修改。

- pam_limits.so

还记得我们在第 10 章谈到的 ulimit 吗？其实那就是这个模块提供的能力，还有更多详细的设置可以参考/etc/security/limits.conf 中的说明。

了解了这些模块的大致功能后，言归正传，讨论一下 login 的 PAM 验证机制流程：

1. 验证阶段（auth）：首先，（a）会先经过 pam_securetty.so 判断，如果用户是 root 时，则会参考/etc/securetty 的设置；接下来（b）经过 pam_env.so 设置额外的环境变量；再（c）通过 pam_unix.so 检验密码，若通过则返回 login 程序；若不通过则（d）继续往下以 pam_succeed_if.so 判断 UID 是否大于 1000，若小于 1000 则返回失败，否则再往下（e）以 pam_deny.so 拒绝连接。

2. 授权阶段（account）：（a）先以 pam_nologin.so 判断 /etc/nologin 是否存在，若存在则不许一般用户登录；（b）接下来以 pam_unix.so 及 pam_localuser.so 进行账号管理，再以（c）pam_succeed_if.so 判断 UID 是否小于 1000，若小于 1000 则不记录登录信息；（d）最后以 pam_permit.so 允许该账号登录。

3. 密码阶段（password）：（a）先以 pam_pwquality.so 设置密码仅能尝试错误 3 次；（b）接下来以 pam_unix.so 通过 sha512、shadow 等功能进行密码检验，若通过则返回 login 程序，若不通过则（c）以 pam_deny.so 拒绝登录。

4. 会话阶段（session）：（a）先以 pam_selinux.so 暂时关闭 SELinux；（b）使用 pam_limits.so 设置好用户能够操作的系统资源；（c）登录成功后开始记录相关信息在日志文件中；（d）以 pam_loginuid.so 规范不同的 UID 权限；（e）开启 pam_selinux.so 的功能。

总之，就是根据验证类别（type）来看，然后先由 login 的设置值去查看，如果出现【include system-auth】就转到 system-auth 文件中的相同类别，去获取额外的验证流程，然后再到下一个验证类别，最终将所有的验证跑完，就结束这次的 PAM 验证。

经过这样的验证流程，现在你知道为什么/etc/nologin 存在会有问题，也会知道为何你使用一些远程连接机制时，老是无法使用 root 登录的问题了吧？没错，这都是 PAM 模块提供的功能。

例题

为什么 root 无法以 telnet 直接登录系统，但是却能够使用 ssh 直接登录？
答：一般来说，telnet 会引用 login 的 PAM 模块，而 login 的验证阶段会有 /etc/securetty 的限制。由于远程连接属于 pts/n（n 为数字）的动态终端接口设备名称，并没有写入到 /etc/securetty，因此 root 无法以 telnet 登录远程主机。至于 ssh 使用的是 /etc/pam.d/sshd 这个模块，你可以查阅一下该模块，由于该模块的验证阶段并没有加入 pam_securetty，因此就没有/etc/securetty 的限制，故可以从远程直接连接到服务器端。

另外，关于 telnet 与 ssh 的详细说明，请参考鸟哥的 Linux 私房菜服务器篇。

13.5.5 其他相关文件

除了前一小节谈到的 /etc/securetty 会影响到 root 可登录的安全终端，/etc/nologin 会影响到一般用户是否能够登录的功能之外，我们也知道 PAM 相关的配置文件在 /etc/pam.d，说明文件在 /usr/share/doc/pam-（版本），模块实际在 /lib64/security/。那么还有没有相关的 PAM 文件呢？有！主要都在 /etc/security 这个目录内。我们下面介绍几个可能会用到的配置文件。

◆ limits.conf

我们在第 10 章谈到的 ulimit 功能中，除了修改用户的~/.bashrc 配置文件之外，其实系统管理员可以统一通过 PAM 来管理，那就是 /etc/security/limits.conf 这个文件的设置了。这个文件的设置很简单，你可以自行参考一下该文件内容，我们这里仅作个简单的介绍：

```
范例一：vbird1 这个用户只能建立 100MB 的文件，且大于 90MB 会警告。
[root@study ~]# vim /etc/security/limits.conf
vbird1          soft                fsize                    90000
vbird1          hard                fsize                    100000
#账号            限制根据             限制选项                  限制值
# 第一栏位为账号，或是用户组，若为用户组则前面需要加上@，例如@projecta。
# 第二栏位为限制的根据，是严格（hard），还是仅为警告（soft）。
# 第三栏位为相关限制，此例中限制文件容量。
```

```
# 第四栏位为限制的值，在此例中单位为 KB。
# 若以 vbird1 登录后，进行如下的操作则会有相关的限制出现。
[vbird1@study ~]$ ulimit -a
……（前面省略）……
file size                    (blocks, -f) 90000
……（后面省略）……
[vbird1@study ~]$ dd if=/dev/zero of=test bs=1M count=110
File size limit exceeded
[vbird1@study ~]$ ll --block-size=K test
-rw-rw-r--. 1 vbird1 vbird1 90000K Jul 22 01:33 test
# 果然有限制到了。
范例二：限制 pro1 这个用户组，每次仅能有一个使用者登录系统（maxlogins）。
[root@study ~]# vim /etc/security/limits.conf
@pro1    hard    maxlogins    1
# 如果要使用用户组功能的话，这个功能似乎对初始用户组才有效。而如果你尝试多个 pro1 的登录时，
# 第二个以后就无法登录了，而且在 /var/log/secure 文件中还会出现如下的信息:
# pam limits (login:session): Too many logins (max 1) for pro1
```

这个文件挺有趣的，而且是设置完成就生效，你不用重新启动任何服务。但是 PAM 有个特殊的地方，由于它是在程序调用时才予以设置的，因此你修改完成的数据，对于已登录系统中的用户是没有效果的，要等他再次登录时才会生效。另外，上述的设置请在测试完成后立刻注释掉，否则下次这两个用户登录时就会发生些许问题。

◆ /var/log/secure、/var/log/messages

如果发生任何无法登录或是产生一些你无法预期的错误时，由于 PAM 模块都会将数据记录在 /var/log/secure 当中，所以发生问题请务必到该文件内去查询一下问题点。举例来说，我们在 limits.conf 的介绍内的范例二，就谈到过多重登录的错误可以到 /var/log/secure 中查看。这样你也就知道为何第二个 pro1 无法登录了。

13.6　Linux 主机上的用户信息传递

谈了这么多的账号问题，总是该要谈一谈，如何针对系统上面的用户进行查询吧？想像几个状态，如果你在 Linux 上面操作时，刚好有其他的用户也登录主机，你想要跟他交谈，该如何是好？你想要知道某个账号的相关信息，该如何查看？呼呼！下面我们就来聊一聊。

13.6.1　查询用户：w、who、last、lastlog

如何查询一个用户的相关数据？这还不简单，我们之前就提过了 id、finger 等命令，都可以让您了解到一个用户的相关信息。那么想要知道用户到底啥时候登录？最简单的可以使用 last 检查，这个命令我们也在第 10 章 bash 提过了，您可以自行前往参考，简单得很。

> 早期的 Red Hat 系统的版本中，last 仅会列出当月的登录者信息，不过在我们的 CentOS 5.x 版以后，last 可以列出从系统建立之后到目前为止的所有登录者信息，这是因为日志文件替换的设置不同所致。详细的说明可以参考后续第 18 章的日志文件简介。

那如何知道目前已登录在系统上面的用户？可以通过 w 或 who 来查询，如下范例所示：

```
[root@study ~]# w
 01:49:18 up 25 days,  3:34,  3 users,  load average: 0.00, 0.01, 0.05
USER     TTY      FROM            LOGIN@   IDLE   JCPU   PCPU WHAT
dmtsai   tty2                     07Jul15 12days  0.03s  0.03s -bash
dmtsai   pts/0    172.16.200.254  00:18    6.00s  0.31s  0.11s sshd: dmtsai [priv]
```

```
# 第一行显示目前的时间、启动（up）多久，几个使用者在系统上平均负载等。
# 第二行只是各个选项的说明。
# 第三行以后，每行代表一个使用者，如上所示，dmtsai 登录并获得终端 tty2 之意。
[root@study ~]# who
dmtsai   tty2          2015-07-07 23:07
dmtsai   pts/0         2015-07-22 00:18 (192.168.1.100)
```

另外，如果您想要知道每个账号最近登录的时间，则可以使用 lastlog 这个命令，lastlog 会去读取 /var/log/lastlog 文件，并将数据输出如下表：

```
[root@study ~]# lastlog
Username        Port     From            Latest
root            pts/0                    Wed Jul 22 00:26:08 +0800 2015
bin                                      **Never logged in**
……（中间省略）……
dmtsai          pts/1    192.168.1.100   Wed Jul 22 01:08:07 +0800 2015
vbird1          pts/0                    Wed Jul 22 01:32:17 +0800 2015
pro3                                     **Never logged in**
……（以下省略）……
```

这样就能够知道每个账号最近登录的时间。

13.6.2　用户对谈：write、mesg、wall

那么我是否可以跟系统上面的用户谈天说地？当然可以，利用 write 这个命令，可以直接将信息传给接收者。举例来说，我们的 Linux 目前有 vbird1 与 root 两个人在线，我的 root 要跟 vbird1 讲话，可以这样做：

```
[root@study ~]# write 使用者账号 [使用者所在终端界面]
[root@study ~]# who
vbird1  tty3          2015-07-22 01:55 <==有看到 vbird1 在线上。
root    tty4          2015-07-22 01:56
[root@study ~]# write vbird1 pts/2
Hello, there:
Please don't do anything wrong...  <==这两行是 root 写的信息。
# 结束时，请按下[crtl]-d 来结束输入，此时在 vbird1 的画面中，会出现.
Message from root@study.centos.vbird on tty4 at 01:57 ...
Hello, there:
Please don't do anything wrong...
EOF
```

立刻会有信息发送给 vbird1，不过当时 vbird1 正在查数据。哇！这些信息会立刻中断 vbird1 原本的任务。所以，如果 vbird1 这个人不想要接受任何信息，直接执行这个操作：

```
[vbird1@study ~]$ mesg n
[vbird1@study ~]$ mesg
is n
```

不过，这个 mesg 的功能对 root 传送来的信息没有阻止的能力，所以如果是 root 传送信息，vbird1 还是得要收下。但是如果 root 的 mesg 是 n 的，那么 vbird1 写给 root 的信息会变这样：

```
[vbird1@study ~]$ write root
write: root has messages disabled
```

了解了吗？如果想要启用的话，再次执行【mesg y】就好。想要知道目前的 mesg 状态，直接执行【mesg】即可。了解了吗？相对于 write 是仅针对一个用户来发送【短信】，我们还可以【对所有系统上面的用户发送短信（广播）】，如何执行？用 wall 即可，它的语法也是很简单的。

```
[root@study ~]# wall "I will shutdown my Linux Server..."
```

然后你就会发现所有的人都会收到这个短信，连发送者自己也会收到。

13.6.3　用户邮箱：mail

使用 wall、write 毕竟要等到用户在线才能够进行，有没有其他方式来联络？不是说每个 Linux 主机上面的用户都具有一个 mailbox 吗？我们可否发邮件给用户？呵呵！当然可以。我们可以寄、收 mailbox 内的邮件。一般来说，mailbox 都会放置在/var/spool/mail 里面，一个账号一个 mailbox（文件）。举例来说，我的 vbird1 就具有/var/spool/mail/vbird1 这个 mailbox。

那么我该如何寄出邮件？直接使用 mail 这个命令即可。这个命令的用法很简单，直接执行【mail –s "邮件标题" username@localhost】即可。一般来说，如果是寄给本机上的用户，基本上连【@localhost】都不用写。举例来说，我以 root 寄信给 vbird1，邮件标题是【nice to meet you】，则：

```
[root@study ~]# mail -s "nice to meet you" vbird1
Hello, D.M. Tsai
Nice to meet you in the network.
You are so nice.  byebye!
.     <==这里很重要，结束时，最后一行输入小数点.即可。
EOT
[root@study ~]#  <==出现提示字符，提示输入完毕。
```

如此一来，你就已经寄出一封信给 vbird1 这位用户，而且，该邮件标题为 nice to meet you，邮件内容就如同上面提到的。不过，你或许会觉得 mail 这个程序不好用，因为在邮件编写的过程中，如果写错字而按下回车进入下一行，前一行的数据很难删除。那怎么办？没关系，我们使用数据流重定向，呵呵！利用那个小于符号（ < ）就可以达到替换键盘输入的要求了。也就是说，你可以先用 vi 将邮件内容编好，然后再以 mail –s "nice to meet you" vbird1 < filename 来传输文件内容即可。

> **例题**
>
> 请将你的家目录下的环境变量文件（~/.bashrc）寄给自己。
> 答：mail –s "bashrc file content" dmtsai < ~/.bashrc

> **例题**
>
> 通过管道命令直接将 ls –al ~ 的内容传给 root 自己。
> 答：ls –al ~ | mail –s "myfile" root

刚刚上面提到的是关于【发送邮件】的问题，那么如果是要接收邮件呢？呵呵！同样使用 mail。假设我以 vbird1 的身份登录主机，然后输入 mail 后，会得到什么？

```
[vbird1@study ~]$ mail
Heirloom Mail version 12.5 7/5/10.  Type ? for help.
"/var/spool/mail/vbird1": 1 message 1 new
>N  1 root                 Wed Jul 22 02:09  20/671   "nice to meet you"
&  <==这里可以输入很多的命令，如果要查看，输入?即可。
```

在 mail 当中的提示字符是 & 符号，别搞错了，输入 mail 之后，我可以看到我有一封邮件，这封邮件的前面那个 > 代表目前处理的邮件，而在大于符号的右边那个 N 代表该封邮件尚未读过。如果我想要知道这个 mail 内部的命令有哪些，在 & 之后输入【?】就可以看到如下的画面：

```
& ?
           mail commands
type <message list>             type messages
next                         goto and type next message
from <message list>           give head lines of messages
headers                      print out active message headers
```

```
delete <message list>              delete messages
undelete <message list>            undelete messages
save <message list> folder         append messages to folder and mark as saved
copy <message list> folder         append messages to folder without marking them
write <message list> file          append message texts to file, save attachments
preserve <message list>            keep incoming messages in mailbox even if saved
Reply <message list>               reply to message senders
reply <message list>               reply to message senders and all recipients
mail addresses                     mail to specific recipients
file folder                        change to another folder
quit                               quit and apply changes to folder
xit                                quit and discard changes made to folder
!                                  shell escape
cd <directory>                     chdir to directory or home if none given
list                               list names of all available commands
```

<message list> 指的是每封邮件的左边那个数字，而几个比较常见的命令是：

命　令	意　义
h	列出邮件标头，如果要查看 40 封邮件左右的邮件标头，可以输入【h 40】
d	删除后续接的邮件号码，删除单封是【d10】，删除 20~40 封则为【d20-40】。不过，这个操作要生效的话，必须要配合 q 这个命令才行（参考下面说明）
s	将邮件存储成文件。例如我要将第 5 封邮件的内容存成 ~/mail.file：【s 5 ~/mail.file】
x	或输入 exit 都可以，这个是【不做任何操作退出 mail 程序】的意思。不论你刚刚删除了什么邮件或读过什么，使用 exit 都会直接退出 mail，所以刚刚进行的删除与阅读工作都会无效。如果您只是查看一下邮件的话，一般来说，建议使用这个退出，除非你真的要删除某些邮件
q	相对于 exit 是不操作退出，q 则会实际进行你刚刚所执行的任何操作（尤其是删除）

旧版的 CentOS 在使用 mail 阅读后，通过 q 退出时，会将已读邮件移动到~/mbox 中。不过目前 CentOS 7 已经不这么做了，所以退出 mail 可以轻松愉快地使用 q 了。

13.7　CentOS 7 环境下大量创建账号的方法

系统上面如果有一堆账号存在，你怎么判断某些账号是否存在一些问题？这时需要哪些软件协助处理比较好？另外，如果你跟鸟哥一样，在开学之初或期末之后，经常需要大量建立账号、删除账号时，是否要使用 useradd 一行一行命令去建立？此外，如果还有需要使用到下一章会介绍到的磁盘配额时，那是否还要额外使用其他功能来建立这些限制值？既然已经学过 shell 脚本了，当然写个脚本让它将所有的操作做完最轻松吧！所以，下面我们就来聊一聊，如何检查账号以及建立这个脚本。

13.7.1　一些账号相关的检查工具

先来检查用户的家目录、密码等数据有没有问题？这时会使用到的主要有 pwck 以及 pwconv、pwuconv 等，让我们先来了解一下。

◆ pwck

pwck 这个命令会检查 /etc/passwd 这个账号配置文件内的信息，检查实际的家目录是否存在等信息，还可以比对 /etc/passwd 与/etc/shadow 的信息是否一致。另外，如果/etc/passwd 中的数据字段有误时，会提示用户修正。一般来说，我只是利用这个命令来检查我的输入是否正确。

```
[root@study ~]# pwck
user 'ftp': directory '/var/ftp' does not exist
user 'avahi-autoipd': directory '/var/lib/avahi-autoipd' does not exist
user 'pulse': directory '/var/run/pulse' does not exist
pwck: no changes
```

看，上面仅是告知我，这些账号并没有家目录，由于那些账号绝大部分都是系统账号，确实也不需要家目录，所以那是【正常的错误】。呵呵！不理它。相对应的用户组检查可以使用 grpck 这个命令。

◆　pwconv

这个命令主要的目的是在【将 /etc/passwd 内的账号与密码，移动到/etc/shadow 当中】。早期的 UNIX 系统当中并没有/etc/shadow，所以，用户的登录密码早期是在/etc/passwd 的第二栏。后来为了系统安全，才将密码数据移动到 /etc/shadow 内，使用 pwconv 后，可以：

- 比对/etc/passwd 及/etc/shadow，若/etc/passwd 内的账号并没有对应的/etc/shadow 密码时，则 pwconv 会去/etc/login.defs 读取相关的密码数据，并建立该账号的/etc/shadow 数据。
- 若/etc/passwd 中存在加密后的密码数据时，则 pwconv 会将该密码栏移动到 /etc/shadow 中，并将原本的 /etc/passwd 中相对应的密码栏变成 x。

一般来说，如果您正常使用 useradd 增加用户时，使用 pwconv 并不会有任何的操作，因为 /etc/passwd 与/etc/shadow 并不会有上述两点问题。不过，如果手动设置账号，这个 pwconv 就很重要。

◆　pwunconv

相对于 pwconv，pwunconv 则是【将 /etc/shadow 内的密码栏数据写回 /etc/passwd 当中，并且删除/etc/shadow 文件】。这个命令说实在的，最好不要使用，因为它会将你的 /etc/shadow 删除。如果你忘记备份，又不会使用 pwconv 的话就会很严重。

◆　chpasswd

chpasswd 是个挺有趣的命令，它可以【读入未加密前的密码，并且经过加密后，将加密后的密码写入/etc/shadow 当中】，这个命令在大量创建账号时经常被使用。它可以由标准输入读入数据，每条数据的格式是【username:password】。举例来说，我的系统当中有个用户账号为 vbird3，我想要更新它的密码（update），假如它的密码是 abcdefg 的话，那么我可以这样做：

```
[root@study ~]# echo "vbird3:abcdefg" | chpasswd
```

神奇吧？这样就可以更新了。在默认的情况中，chpasswd 会去读/etc/login.defs 文件中的加密机制。CentOS 7.x 用的是 SHA-512，因此 chpasswd 就默认会使用 SHA-512 来加密。如果你想要使用不同的加密机制，那就得要使用-c 以及-e 等方式来处理。不过从 CentOS 5.x 开始之后，passwd 已经默认加入了--stdin 的选项，因此这个 chpasswd 就变得英雄无用武之地了。不过，在其他非 Red Hat 衍生的 Linux 版本中，或许还是可以参考这个命令功能来大量创建账号。

13.7.2　大量创建账号模板（适用 passwd --stdin 选项）

由于 CentOS 7.x 的 passwd 已经提供了--stdin 的功能，因此如果我们可以提供账号密码的话，那么就能够很简单地创建起我们的账号密码了。下面鸟哥制作一个简单的 shell 脚本来执行新增用户的功能。

```
[root@study ~]# vim accountadd.sh
#!/bin/bash
# This shell script will create amount of Linux login accounts for you.
# 1. check the "accountadd.txt" file exist? you must create that file manually.
#    one account name one line in the "accountadd.txt" file.
# 2. use openssl to create users password.
# 3. User must change his password in his first login.
# 4. more options check the following url:
# http://linux.vbird.org/linux basic/0410accountmanager.php#manual amount
# 2015/07/22    VBird
export PATH=/bin:/sbin:/usr/bin:/usr/sbin
# 0. userinput
usergroup=""                    # if your account need secondary group, add here.
pwmech="openssl"                # "openssl" or "account" is needed.
homeperm="no"                   # if "yes" then I will modify home dir permission to 711
# 1. check the accountadd.txt file
action="${1}"                   # "create" is useradd and "delete" is userdel.
if [ ! -f accountadd.txt ]; then
      echo "There is no accountadd.txt file, stop here."
```

```
        exit 1
fi
[ "${usergroup}" != "" ] && groupadd -r ${usergroup}
rm -f outputpw.txt
usernames=$ (cat accountadd.txt)
for username in ${usernames}
do
    case ${action} in
        "create")
            [ "${usergroup}" != "" ] && usegrp=" -G ${usergroup} " || usegrp=""
            useradd ${usegrp} ${username}                # 新增账号
            [ "${pwmech}" == "openssl" ] && usepw=$ (openssl rand -base64 6) || usepw=${username}
            echo ${usepw} | passwd --stdin ${username}  # 建立密码
            chage -d 0 ${username}                       # 强制登录修改密码
            [ "${homeperm}" == "yes" ] && chmod 711 /home/${username}
            echo "username=${username}, password=${usepw}" >> outputpw.txt
            ;;
        "delete")
            echo "deleting ${username}"
            userdel -r ${username}
            ;;
        *)
            echo "Usage: $0 [create|delete]"
            ;;
    esac
done
```

接下来只要建立 accountadd.txt 这个文件即可。鸟哥建立的这个文件里面共有 5 行，你可以自行创建该文件，内容是每一行一个账号，对于是否需要修改密码，以及是否与账号相同等，则可以自由选择。若使用 openssl 自动猜密码时，用户的密码请由 outputpw.txt 去找。鸟哥最常用的方法，就是将该文件打印出来，然后裁剪为一个账号一条，交给同学即可。

```
[root@study ~]# vim accountadd.txt
std01
std02
std03
std04
std05
[root@study ~]# sh accountadd.sh create
Changing password for user std01.
passwd: all authentication tokens updated successfully.
……（后面省略）……
```

这个简单的脚本可以在如下的链接下载：

● http://linux.vbird.org/linux_basic/0410accountmanager/accountadd.sh

13.8 重点回顾

◆ Linux 操作系统上面，关于账号与用户组，其实记录的是 UID/GID 的数字而已；
◆ 用户的账号/用户组与 UID/GID 的对应，参考 /etc/passwd 及 /etc/group 两个文件；
◆ /etc/passwd 文件结构以冒号隔开，共分为七个字段，分别是【账号名称、密码、UID、GID、全名、家目录、shell】；
◆ UID 只有 0 与非为 0 两种，非为 0 则为一般账号，一般账号又分为系统账号（1~999）及可登录者账号（大于 1000）；
◆ 账号的密码已经移动到 /etc/shadow 文件中，该文件权限为仅有 root 可以修改。该文件分为九个字段，内容为【账号名称、加密密码、密码修改日期、密码最小可变动日期、密码最大需变动日期、密码过期前警告日数、密码失效天数、账号失效日、保留未使用】；

◆　用户可以支持多个用户组，其中在新建文件时会影响新文件用户组者，为有效用户组，而写入 /etc/passwd 的第四个字段者，称为初始用户组；

◆　与用户建立、更改参数、删除有关的命令为 useradd、usermod、userdel 等，密码建立则为 passwd；

◆　与用户组建立、修改、删除有关的命令为 groupadd、groupmod、groupdel 等；

◆　用户组的查看与有效用户组的切换分别为 groups 及 newgrp 命令；

◆　useradd 命令功能参考的文件有/etc/default/useradd、/etc/login.defs、/etc/skel/等；

◆　查看用户详细的密码参数，可以使用【chage -l 账号】来处理；

◆　用户自行修改参数的命令有 chsh、chfn 等，查看命令则有 id、finger 等；

◆　ACL 的功能需要有文件系统支持，CentOS 7 默认的 xfs 确实支持 ACL 功能；

◆　ACL 可进行单一个人或用户组的权限管理，但 ACL 的启动需要有文件系统的支持；

◆　ACL 的设置可使用 setfacl，查看则使用 getfacl；

◆　身份切换可使用 su，亦可使用 sudo，但使用 sudo 者，必须先以 visudo 设置可使用的命令；

◆　PAM 模块可进行某些程序的验证。与 PAM 模块有关的配置文件位于/etc/pam.d/*及 /etc/security/*；

◆　系统上面账号登录情况的查询，可使用 w、who、last、lastlog 等；

◆　与在线用户即时通讯可使用 write、wall，脱机状态下可使用 mail 发送邮件。

13.9　本章习题

情境模拟题

想将本服务器的账号分开管理，分为单纯邮件使用与可登录系统账号两种。其中若为纯邮件账号时，将该账号加入 mail 为初始用户组，且此账号不可使用 bash 等 shell 登录系统。若为可登录账号时，将该账号加入 youcan 这个次要用户组。

◆　目标：了解 /sbin/nologin 的用途。

◆　前提：可自行查看用户是否已经建立等。

◆　需求：需已了解 useradd、groupadd 等命令的用法。

解决方案如下：

1. 预先查看一下两个用户组是否存在？

```
[root@study ~]# grep mail /etc/group
[root@study ~]# grep youcan /etc/group
[root@study ~]# groupadd youcan
```

可发现 youcan 尚未被建立，因此如上表所示，我们主动去建立这个用户组。

2. 开始建立 3 个邮件账号，此账号名称为 pop1、pop2、pop3，且密码与账号相同，可使用如下的程序来处理：

```
[root@study ~]# vim popuser.sh
#!/bin/bash
for username in pop1 pop2 pop3
do
        useradd -g mail -s /sbin/nologin -M $username
        echo $username | passwd --stdin $username
done
[root@study ~]# sh popuser.sh
```

3. 开始建立一般账号，只是这些一般账号必须要能够登录，并且需要使用次要用户组的支持，所以：

```
[root@study ~]# vim loginuser.sh
#!/bin/bash
for username in youlog1 youlog2 youlog3
do
      useradd -G youcan -s /bin/bash -m $username
      echo $username | passwd --stdin $username
```

```
done
[root@study ~]# sh loginuser.sh
```

4. 这样就将账号分开管理了，非常简单吧！

简答题部分

◆ root 的 UID 与 GID 是多少？而基于这个理由，我要让 test 这个账号具有 root 的权限，应该怎么做？

◆ 假设我是一个系统管理员，有一个用户最近不乖，所以我想暂时将它的账号停掉，让他近期无法进行任何操作，等到未来他乖一点之后，我再将它的账号启用，请问：我可以怎么做比较好？

◆ 我在使用 useradd 的时候，新增的账号里面的 UID 与 GID 还有其他相关的密码管理，都是在哪几个文件里面设置的？

◆ 我希望我在设置每个账号的时候（使用 useradd），默认情况中，它们的家目录就含有一个名称为 www 的子目录，我应该怎么做比较好？

◆ 简单说明系统账号与一般用户账号的差别？

◆ 简单说明，为何 CentOS 建立用户时，它会主动帮用户建立一个用户组，而不是使用 /etc/default/useradd 的设置？

◆ 如何建立一个用户，名称为 alex，他所属用户组为 alexgroup，预计使用 csh，它的全名为 "Alex Tsai"，且还得要加入 users 用户组当中。

◆ 由于种种因素，你的用户家目录以后都需要被放置到 /account 这个目录下。请问，我该如何做，可以在使用 useradd 时，默认的家目录就指向 /account？

◆ 我想要让 dmtsai 这个用户，加入 vbird1、vbird2、vbird3 这三个用户组，且不影响 dmtsai 原本已经支持的次要用户组，该如何操作？

13.10　参考资料与扩展阅读

◆ 注 1：最完整与详细的密码文件说明，可参考各 Linux 发行版内部的 man page。本文中以 CentOS 7.x 的【man 5 passwd】及【man 5 shadow】的内容说明。

◆ 注 2：MD5、DES、SHA 均为加密算法，详细的解释可参考维基百科说明。
  ● MD5
  https://en.wikipedia.org/wiki/MD5
  ● DES
  https://en.wikipedia.org/wiki/Data_Encryption_Standard
  ● SHA 系列
  https://en.wikipedia.org/wiki/Secure_Hash_Algorithm
  在早期的 Linux 版本中，主要使用 MD5 算法，近期则使用 SHA-512 作为默认算法。

◆ 注 3：telnet 与 ssh 都是可以由远程用户连接到 Linux 服务器的一种功能。详细内容可查询鸟站文章：远程连接服务器：http://linux.vbird.org/linux_server/0310telnetssh.php。

◆ 注 4：详细的说明请参考 man sudo，然后以 5 作为关键词查找即可了解。

◆ 注 5：详细的 PAM 说明可以参考如下链接。
  ● 维基百科中有关 PAM 的说明
  https://en.wikipedia.org/wiki/Pluggable_Authentication_Modules
  ● Linux-PAM 链接地址
  https://www.kernel.org/pub/linux/libs/pam/

14

第 14 章　磁盘配额（Quota）与高级文件
系统管理

　　如果您的 Linux 服务器有多个用户经常存取数据，为了维护所有用户在使用硬盘容量时的公平，磁盘配额（Quota）就是一款非常有用的工具。另外，如果你的用户常常抱怨磁盘容量不够用，那么就得要学习学习更高级的文件系统。本章我们会介绍磁盘阵列（RAID）及逻辑卷管理器（LVM），这些工具都可以帮助你管理与维护用户可用的磁盘容量。

14.1 磁盘配额（**Quota**）的应用与实践

就字面上的意思来看，磁盘配额（Quota）这个玩意儿就是有多少【限制额度】的意思。如果是用在零用钱上面，就是类似【一个月有多少零用钱】之类的意思。如果是在计算机主机的磁盘使用量上呢？以 Linux 来说，就是有多少容量限制的意思。我们可以使用磁盘配额来让磁盘的容量使用较为公平。下面我们会介绍什么是磁盘配额，然后以一个完整的范例来介绍磁盘配额。

14.1.1 什么是磁盘配额

由于 Linux 系统是多人多任务的环境，所以会有多人共同使用一个硬盘空间的情况发生。如果其中有少数几个用户大量地占用了硬盘空间的话，那势必压缩其他用户的使用权力。因此管理员应该适当地限制用户的硬盘容量，以妥善分配系统资源，避免有人抗议。

举例来说，用户的默认家目录都是在 /home 下面，如果 /home 是个独立的分区，假设这个分区有 10GB，而 /home 下面共有 30 个账号，也就是说，每个用户平均应该会有 333MB 的空间才对。偏偏有个用户在它的家目录下面存放了好多影片，占了 8GB 的空间。想想看，是否造成其他用户的不便？如果想要让磁盘的容量公平地分配，这个时候就要靠磁盘配额帮忙。

◆ 磁盘配额的一般用途^{（注1）}

比较常使用磁盘配额的几种情况是：

● 针对网站服务器，例如：每个人的网页空间的容量限制。
● 针对邮件服务器，例如：每个人的邮件空间限制。
● 针对文件服务器，例如：每个人最大的可用网络硬盘空间（教学环境中最常见）。

上面讲的是针对网络服务的设计，如果是针对 Linux 系统主机上面的设置，那么使用的地方有下面这些：

● 限制某一用户组所能使用的最大磁盘配额（使用用户组限制）

可以将你的主机上的用户分类，有点像是目前很流行的付费与免费会员制的情况，你比较喜好的那一组的使用配额就可以给高一些。

● 限制某一用户的最大磁盘配额（使用用户限制）

在限制了用户组之后，你也可以再继续针对个人来进行限制，使得同一用户组之下还可以有更公平的分配。

● 限制某一目录（directory, project）的最大磁盘配额

在旧版的 CentOS 当中，使用的默认文件系统为 ext 系列，这种文件系统的磁盘配额主要是针对整个文件系统来处理，所以大多针对【挂载点】进行设计。新的 xfs 可以使用 project 这种模式，就能够针对个别的目录（非文件系统）来设计磁盘配额。

大概有这些实际的用途。基本上，磁盘配额就是为管理员提供磁盘使用率以及让管理员管理磁盘使用情况的一个工具。比较特别的是，xfs 的磁盘配额是整合到文件系统内的，并不是其他外置的程序来管理的，因此通过磁盘配额来直接报告磁盘使用率，要比 UNIX 工具快速。举例来说，du 这程序会重新计算目录下的磁盘使用率，但 xfs 可以通过 xfs_quota 来直接报告各目录的使用率，速度上是快很多。

◆ 磁盘配额的使用限制

虽然磁盘配额很好用，但是使用上还是有些限制要先了解：

● ext 文件系统仅能针对整个文件系统

ext 文件系统系列在进行磁盘配额限制的时候，它仅能针对整个文件系统来进行设计，无法针对某个单一的目录来设计它的磁盘配额。因此，如果你想要使用不同的文件系统进行磁盘配额时，请先

搞清楚该文件系统支持的情况，因为 xfs 已经可以使用 project 模式来设计不同目录的磁盘配额。

● **内核必须支持磁盘配额**

Linux 内核必须支持磁盘配额这个功能才行：如果你是使用 CentOS 7.x 的默认内核，那恭喜你了，你的系统已经默认支持磁盘配额这个功能。如果你是自行编译的内核，那么请特别留意是否已经【真的】开启了磁盘配额这个功能？否则下面的功夫将全部都视为【白做】。

● **只对一般身份用户有效**

这就有趣了，并不是所有在 Linux 上面的账号都可以设置磁盘配额，例如 root 就不能设置磁盘配额，因为整个系统所有的数据几乎都是它的。

● **若启用 SELinux，非所有目录均可设置磁盘配额**

新版的 CentOS 默认都启用 SELinux 这个内核功能，该功能会加强某些特殊的权限控制。由于担心管理员不小心设置错误，因此默认的情况下，磁盘配额似乎仅能针对 /home 进行设置而已，因此，如果你要针对其他不同的目录进行设置，请参考后续章节查看关闭 SELinux 限制的方法，这就不是磁盘配额的问题了。

新版的 CentOS 使用的 xfs 确实比较有趣。不但无须额外的磁盘配额记录文件，也能够针对文件系统内的不同目录进行配置。只是**不同的文件系统在磁盘配额的处理情况上不太相同，因此这里要特别强调，进行磁盘配额前，先确认你的文件系统。**

◆ **磁盘配额的规范设置选项**

磁盘配额这玩意儿针对 xfs 文件系统的限制选项主要分为下面几个部分：

● **分别针对用户、用户组或个别目录（user、group 与 project）**

xfs 文件系统的磁盘配额限制中，主要是针对用户组、个人或单独的目录进行磁盘使用率的限制。

● **容量限制或文件数量限制（block 或 inode）**

我们在第 7 章谈到文件系统时，说到文件系统主要规划为存放属性的 inode 与实际文件数据的 block 区块，磁盘配额既然是管理文件系统，所以当然也可以管理 inode 或 block，这两个管理的功能为：

● 限制 inode 使用量：管理用户可以建立的【文件数量】。

● 限制 block 使用量：管理用户磁盘容量的限制，这种方式较为常见。

● **软限制与硬限制（soft/hard）**

既然是规范，当然就有限制值。不管 inode 还是 block，限制值都有两个，分别是 soft 与 hard。通常 hard 限制值要比 soft 还要高。举例来说，若限制选项为 block，可以限制 hard 为 500MB，而 soft 为 400MB。这两个限制值的意义为：

● **hard**：表示用户的使用量绝对不会超过这个限制值，以上面的设置为例，用户所能使用的磁盘容量绝对不会超过 500MB，若超过这个值则系统会锁定该用户的磁盘使用权。

● **soft**：表示用户在低于 soft 限值时（此例中为 400MB），可以正常使用磁盘，但若超过 soft 但低于 hard 的限值（400～500MB 时），每次用户登录系统时，系统会主动发出磁盘容量即将耗尽的警告信息，且会给予一个宽限时间（grace time）。不过，若用户在宽限时间倒数期间就将容量再次降低于 soft 限值之下，则宽限时间会停止。

● **会倒数计时的宽限时间（grace time）**

刚刚上面就谈到宽限时间了，这个宽限时间只有在用户的磁盘使用量介于 soft 与 hard 之间时，才会出现。由于达到 hard 限值时，用户的磁盘使用权可能会被锁住。为了避免用户没有注意到这个磁盘配额的问题，因此设计了 soft。当你的磁盘使用量即将到达 hard 且超过 soft 时，系统会给予警告，但也会给一段时间让用户自行管理磁盘。一般默认的宽限时间为七天，如果七天内你都不进行任何磁盘管理，那么 **soft 限制值会即刻替换 hard 限制值来作为磁盘配额的配置。**

以上面设置的例子来说，假设你的容量高达 450MB 了，那七天的宽限时间就会开始倒数。若七天内你都不进行任何删除文件的操作来释放磁盘使用空间，那么七天后你的磁盘最大使用量将变成

400MB（那个 soft 的限制值），此时你的磁盘使用权就会被锁定而无法新增文件了。

整个 soft、hard、grace time 的相关性，我们可以用右面的图来说明：

图中的直方图为用户的磁盘容量，soft/hard 分别是限制值。只要小于 400MB 就一切 OK；若高于 soft 就出现 grace time 并倒数，等待用户自行处理；若到达 hard 的限制值，那我们就搬张小板凳等着看好戏。嘿嘿！这样看示意图是不是会清楚一点了呢？

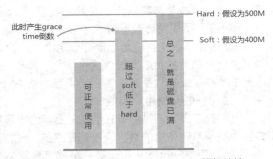

图 14.1.1　soft、hard、grace time 的相关性

14.1.2　一个 xfs 文件系统的磁盘配额实践范例

坐而言不如起而行，所以这里我们使用一个范例来设计一下如何处理磁盘配额的设置流程。

- 目的与账号：现在我想要让我的实习生五个为一组，这五个人的账号分别是 myquota1、myquota2、myquota3、myquota4、myquota5，这五个用户的密码都是 password，且这五个用户所属的初始用户组都是 myquotagrp，其他的账号属性则使用默认值。
- 账号的磁盘容量限制值：我想让这五个用户都能够获取 300MB 的磁盘使用量（hard），文件数量则不予限制。此外，只要容量使用率超过 250MB，就予以警告（soft）。
- 用户组的配额(option 1)：由于我的系统里面还有其他用户存在，因此我仅承认 myquotagrp 这个用户组最多使用 1GB 的容量。这也就是说，如果 myquota1、myquota2、myquota3 都用了 280MB 的容量，那么其他两人最多只能使用（1000MB − 280x3MB = 160MB）的磁盘容量，这就是用户与用户组同时设置时会产生的结果。
- 共享目录配额（ option 2 ）：另一种设置方式，每个用户还是具有自己独立的容量限制，但是这五个人的实习共享目录在 /home/myquota 这里,该目录设置为其他人没有任何权限的共享目录空间，仅有 myquotagrp 用户组拥有全部的权限。且无论如何该目录最多仅能够接受 500MB 的容量。请注意，用户组（group）与目录（directory/project）的限制无法同时并存。所以下面的流程中，我们会先以用户组来设计，然后再以目录限制来进一步说明。
- 宽限时间的限制：最后，我希望每个用户在超过 soft 限制值之后，都还能够有 14 天的宽限时间。

好了，那你怎么规范账号以及相关的磁盘配额设置呢？首先，在这个小节我们先来将账号相关的属性、参数及其他环境搞定再说。

```
# 制作账号环境时，由于有五个账号，因此鸟哥使用脚本来建立环境。
[root@study ~]# vim addaccount.sh
#!/bin/bash
# 使用脚本来建立实验磁盘配额所需的环境。
groupadd myquotagrp
for username in myquota1 myquota2 myquota3 myquota4 myquota5
do
        useradd -g myquotagrp $username
        echo "password" | passwd --stdin $username
done
mkdir /home/myquota
chgrp myquotagrp /home/myquota
chmod 2770 /home/myquota
[root@study ~]# sh addaccount.sh
```

接下来，就让我们实践磁盘配额的练习吧！

14.1.3　实践磁盘配额流程-1：文件系统的支持与查看

前面我们就谈到，要使用磁盘配额必须要内核与文件系统支持才行。假设你已经使用了默认支持磁盘配额的内核，那么接下来就是要启动文件系统的支持。但是要注意，本书是以 xfs 文件系统为例，如果你使用的是 ext 文件系统，请找前一版的书来看。此外，**不要在根目录下面进行磁盘配额设置**。因为文件系统会变得太复杂。因此，下面我们是以 /home 这个 xfs 文件系统为例。当然，首先就是要来检查看看。

```
[root@study ~]# df -hT /home
Filesystem             Type  Size  Used Avail Use% Mounted on
/dev/mapper/centos-home xfs  5.0G   67M 5.0G    2% /home
```

从上面的数据来看，鸟哥这台主机的 /home 确实是独立的文件系统，而且确实是使用了 xfs 文件系统，所以可以使用下面的流程。此外，由于 VFAT 文件系统并不支持 Linux 的磁盘配额功能，所以我们得要使用 mount 查询一下 /home 的文件系统是什么才行。

在过去的版本中，管理员似乎可以通过 mount -o remount 的机制来重新挂载启动磁盘配额功能，不过 xfs 文件系统的磁盘配额似乎是在挂载之初就声明了，因此无法使用 remount 来重新启动磁盘配额功能，一定得要写入/etc/fstab 当中，或是在初始挂载过程中加入这个选项，否则不会生效。那就来看看鸟哥如何修改 fstab 吧！

```
[root@study ~]# vim /etc/fstab
/dev/mapper/centos-home  /home  xfs  defaults,usrquota,grpquota  0 0
# 其他选项鸟哥并没有列出来，重点在于第四栏，于 default 后面加上两个参数。
[root@study ~]# umount /home
[root@study ~]# mount -a
[root@study ~]# mount | grep home
/dev/mapper/centos-home on /home type xfs
（rw,relatime,seclabel,attr2,inode64,usrquota,grpquota）
```

基本上，针对磁盘配额限制的选项主要有三项，如下所示：

- uquota/usrquota/quota：针对用户账号的设置。
- gquota/grpquota：针对用户组的设置。
- pquota/prjquota：针对单一目录的设置，但是不可与 grpquota 同时存在。

再次强调，修改/etc/fstab 后，务必要测试一下。若发生错误就要赶紧处理。因为这个文件如果修改错误，是会造成无法启动的情况，切记切记！最好使用 vim 来修改，因为会有语法的检验，就不会让你写错字了。此外，由于一般用户的家目录在 /home 目录，因此删除这个选项时，一定要将所有一般账号的身份注销，否则肯定无法删除，需要特别留意。

14.1.4　实践磁盘配额流程-2：查看磁盘配额报告数据

设置文件系统支持之后，当然得要来看一看到底有没有正确地将磁盘配额的管理数据列出来才好，这时我们得要使用 xfs_quota 这个命令。这个命令真的是挺复杂的，因为全部的磁盘配额实践都是使用这个命令，所以里面的参数有很多，不过稍微查看一下即可。先让我们来查看目前磁盘配额的设置信息。

```
[root@study ~]# xfs_quota -x -c "命令" [挂载点]
选项与参数：
-x  ：专家模式，后续才能够加入-c 的命令参数。
-c  ：后面加的就是命令，这个小节我们先来谈谈数据报告的命令。
命令：
   print ：单纯地列出目前主机内的文件系统参数等数据。
   df    ：与原本的 df 一样的功能，可以加上-b（block）、-i（inode）、-h（加上单位）等。
```

```
        report：列出目前的磁盘配额选项，有-ugr (user/group/project) 及-bi 等。
        state：说明目前支持磁盘配额的文件系统的信息，有没有使用相关选项等。
范例一：列出目前系统的各个文件系统，以及文件系统的磁盘配额挂载参数支持。
[root@study ~]# xfs_quota -x -c "print"
Filesystem          Pathname
/                   /dev/mapper/centos-root
/srv/myproject      /dev/vda4
/boot               /dev/vda2
/home               /dev/mapper/centos-home （uquota, gquota）  # 所以这里就有显示支持。
范例二：列出目前/home 这个支持磁盘配额的挂载点文件系统使用情况。
[root@study ~]# xfs_quota -x -c "df -h" /home
Filesystem   Size   Used  Avail Use% Pathname
/dev/mapper/centos-home
             5.0G  67.0M   4.9G   1% /home
# 如上所示，其实跟原本的 df 差不多，只是会更准确。
范例三：列出目前/home 的所有用户的磁盘配额限制值。
[root@study ~]# xfs_quota -x -c "report -ubih" /home
User quota on /home （/dev/mapper/centos-home）
                        Blocks                         Inodes
User ID    Used   Soft  Hard Warn/Grace   Used   Soft   Hard Warn/Grace
---------- ------------------------------ ------------------------------
root         4K      0     0 00 [------]      4      0      0 00 [------]
dmtsai    34.0M      0     0 00 [------]    432      0      0 00 [------]
……（中间省略）……
myquota1    12K      0     0 00 [------]      7      0      0 00 [------]
myquota2    12K      0     0 00 [------]      7      0      0 00 [------]
myquota3    12K      0     0 00 [------]      7      0      0 00 [------]
myquota4    12K      0     0 00 [------]      7      0      0 00 [------]
myquota5    12K      0     0 00 [------]      7      0      0 00 [------]
# 列出了所有用户的目前的文件使用情况，并且列出设置值。注意，最上面的 Block
# 代表的是 block 容量限制，而 inode 则是文件数量限制。另外，soft/hard 若为 0，代表没限制。
范例四：列出目前支持的磁盘配额文件系统是否有启动了磁盘配额功能？
[root@study ~]# xfs_quota -x -c "state"
User quota state on /home （/dev/mapper/centos-home）
  Accounting: ON   # 有启用计算功能。
  Enforcement: ON  # 有实际磁盘配额管理的功能。
  Inode: #1568 （4 blocks, 4 extents）  # 上面四行说明的是有启动 user 的限制能力。
Group quota state on /home （/dev/mapper/centos-home）
  Accounting: ON
  Enforcement: ON
  Inode: #1569 （5 blocks, 5 extents）  # 上面四行说明的是有启动 group 的限制能力。
Project quota state on /home （/dev/mapper/centos-home）
  Accounting: OFF
  Enforcement: OFF
  Inode: #1569 （5 blocks, 5 extents）  # 上面四行说明的是 project 并未支持。
Blocks grace time: [7 days 00:00:30]  # 下面则是 grace time 的选项。
Inodes grace time: [7 days 00:00:30]
Realtime Blocks grace time: [7 days 00:00:30]
```

在默认的情况下，xfs_quota 的 report 命令会将支持的 user、group、directory 相关信息显示出来。如果只是想要某个特定的选项，例如我们上面要求仅列出用户的信息时，则在 report 后面加上-u 即可，这样就能够查看目前的相关设置信息了。要注意，限制的选项有 block、inode 时，其同时可以针对每个选项来设置 soft 或 hard。接下来就实际设置看看吧！

14.1.5 实践磁盘配额流程-3：限制值设置方式

确认文件系统的磁盘配额支持顺利启用后，也能够查看到相关的磁盘配额限制，接下来就是要实际设置用户或用户组限制。回去看看，我们需要每个用户 250MB/300MB 的容量限制，用户组共 950MB/1GB 的容量限制，同时 grace time 设置为 14 天。实际的语法与设置流程如下：

```
[root@study ~]# xfs_quota -x -c "limit [-ug] b[soft|hard]=N i[soft|hard]=N name"
[root@study ~]# xfs_quota -x -c "timer [-ug] [-bir] Ndays"
```
选项与参数：
limit：实际限制的选项，可以针对 user/group 来限制，限制的选项有以下内容。
　　　 bsoft/bhard：block 的 soft/hard 限制值，可以加单位。
　　　 isoft/ihard：inode 的 soft/hard 限制值。
　　　 name　　　：就是用户/用户组的名称。
timer：用来设置 grace time 的选项，也是可以针对 user/group 以及 block/inode 设置。
范例一：设置好用户们的 block 限制值（题目中没有要限制 inode）。
```
[root@study ~]# xfs_quota -x -c "limit -u bsoft=250M bhard=300M myquota1" /home
[root@study ~]# xfs_quota -x -c "limit -u bsoft=250M bhard=300M myquota2" /home
[root@study ~]# xfs_quota -x -c "limit -u bsoft=250M bhard=300M myquota3" /home
[root@study ~]# xfs_quota -x -c "limit -u bsoft=250M bhard=300M myquota4" /home
[root@study ~]# xfs_quota -x -c "limit -u bsoft=250M bhard=300M myquota5" /home
[root@study ~]# xfs_quota -x -c "report -ubih" /home
User quota on /home (/dev/mapper/centos-home)
                        Blocks                          Inodes
User ID     Used  Soft  Hard Warn/Grace   Used  Soft   Hard Warn/Grace
---------- -------------------------------- --------------------------------
myquota1    12K   250M  300M 00 [------]      7     0      0 00 [------]
```
范例二：设置好 myquotagrp 的 block 限制值。
```
[root@study ~]# xfs_quota -x -c "limit -g bsoft=950M bhard=1G myquotagrp" /home
[root@study ~]# xfs_quota -x -c "report -gbih" /home
Group quota on /home (/dev/mapper/centos-home)
                        Blocks                          Inodes
Group ID    Used  Soft  Hard Warn/Grace   Used  Soft   Hard Warn/Grace
---------- -------------------------------- --------------------------------
myquotagrp  60K   950M   1G 00 [------]     36     0      0 00 [------]
```
范例三：设置一下 grace time 变成 14 天。
```
[root@study ~]# xfs_quota -x -c "timer -ug -b 14days" /home
[root@study ~]# xfs_quota -x -c "state" /home
User quota state on /home (/dev/mapper/centos-home)
……（中间省略）……
Blocks grace time: [14 days 00:00:30]
Inodes grace time: [7 days 00:00:30]
Realtime Blocks grace time: [7 days 00:00:30]
```
范例四：以 myquota1 用户测试磁盘配额是否真的实际运行？
```
[root@study ~]# su - myquota1
[myquota1@study ~]$ dd if=/dev/zero of=123.img bs=1M count=310
dd: error writing '123.img': Disk quota exceeded
300+0 records in
299+0 records out
314552320 Bytes（315 MB）copied, 0.181088 s, 1.7 GB/s
[myquota1@study ~]$ ll -h
-rw-r--r--. 1 myquota1 myquotagrp 300M Jul 24 21:38 123.img
[myquota1@study ~]$ exit
[root@study ~]# xfs_quota -x -c "report -ubh" /home
User quota on /home (/dev/mapper/centos-home)
                        Blocks
User ID     Used  Soft  Hard Warn/Grace
---------- --------------------------------
myquota1   300M   250M  300M 00 [13 days]
myquota2    12K   250M  300M 00 [------]
```
因为 myquota1 的磁盘使用量已经爆表，所以当然就会出现那个可怕的 grace time。

这样就直接制作好磁盘配额咯！看起来也是挺简单。

14.1.6　实践磁盘配额流程-4：project 的限制（针对目录限制）（Optional）

现在让我们来想一想，如果需要限制的是目录而不是用户组时，那该如何处理？举例来说，我们

要限制的是 /home/myquota 这个目录本身，而不是针对 myquotagrp 这个用户组。这两种设置方法的意义不同。例如，以前一个小节谈到的测试范例来说，myquota1 已经使用了 300MB 的容量，而 /home/myquota 其实还没有任何的使用量（因为是在 myquota1 的家目录做的 dd 命令）。不过如果你使用了 xfs_quota -x -c "report -h" /home 这个命令来查看，就会发现其实 myquotagrp 已经用掉了 300MB。如此一来，对于目录的限制来说，就不会有效果。

为了解决这个问题，我们这个小节就要来设置那个很有趣的 project 选项。只是这个选项不可以跟 group 同时设置，因此我们要先取消 group 设置然后再加入 project 设置，下面就来实验看看。

◆ 修改/etc/fstab 内的文件系统支持参数

首先，要将 grpquota 的参数取消，然后加入 prjquota，并且卸载 /home 再重新挂载。下面就来做做看看。

```
# 1. 先修改/etc/fstab 的参数，并启动文件系统的支持。
[root@study ~]# vim /etc/fstab
/dev/mapper/centos-home /home xfs  defaults,usrquota,grpquota,prjquota  0 0
# 记得，grpquota 与 prjquota 不可同时设置，所以上面删除 grpquota 加入 prjquota。
[root@study ~]# umount /home
[root@study ~]# mount -a
[root@study ~]# xfs quota -x -c "state"
User quota state on /home （/dev/mapper/centos-home）
  Accounting: ON
  Enforcement: ON
  Inode: #1568 （4 blocks, 4 extents）
Group quota state on /home （/dev/mapper/centos-home）
  Accounting: OFF         <==已经取消。
  Enforcement: OFF
  Inode: N/A
Project quota state on /home （/dev/mapper/centos-home）
  Accounting: ON          <==确实启动。
  Enforcement: ON
  Inode: N/A
Blocks grace time: [7 days 00:00:30]
Inodes grace time: [7 days 00:00:30]
Realtime Blocks grace time: [7 days 00:00:30]
```

◆ 规范目录、选项名称（project）与选项 ID

目录的设置比较奇怪，它必须要指定一个所谓的【选项名称、选项标识符】来规范才行，而且还需要用到两个配置文件，这个让鸟哥觉得比较怪一些。现在，我们要规范的目录是 /home/myquota，其选项名称为 myquotaproject 的选项名称，其标识符为 11，这些都是自己指定的，若不喜欢就可以指定另一个。鸟哥的指定方式如下：

```
# 2.1指定方案识别码与目录的对应在/etc/projects。
[root@study ~]# echo "11:/home/myquota" >> /etc/projects
# 2.2 规范方案名称与标识符的对应在/etc/projid。
[root@study ~]# echo "myquotaproject:11" >> /etc/projid
# 2.3初始化方案名称。
[root@study ~]# xfs_quota -x -c "project -s myquotaproject"
Setting up project myquotaproject （path /home/myquota）...
Processed 1 （/etc/projects and cmdline） paths for project myquotaproject with recursion
depth infinite （-1）。   # 会闪过这些信息，是 OK 的，别担心。
[root@study ~]# xfs_quota -x -c "print " /home
Filesystem        Pathname
/home             /dev/mapper/centos-home （uquota, pquota）
/home/myquota      /dev/mapper/centos-home （project 11, myquotaproject）
# 这个print功能很不错，可以完整的查看到相对应的各项文件系统与 project 目录对应。
[root@study ~]# xfs_quota -x -c "report -pbih " /home
Project quota on /home （/dev/mapper/centos-home）
                    Blocks                      Inodes
Project ID     Used  Soft  Hard Warn/Grace   Used  Soft  Hard Warn/Grace
---------- -------------------------------- --------------------------------
```

```
myquotaproject      0      0      0 00 [------]      1      0      0 00 [------]
# 确定有获取到这个方案名称，接下来准备设置吧！
```

◆　实际设置规范与测试

根据本章的说明，我们要将 /home/myquota 指定为 500MB 的容量限制，假设 450MB 为 soft 的限制。那么设置就会变成这样：

```
# 3.1 先来设置好这个 project，设置的方式同样使用 limit 的 bsoft/bhard。
[root@study ~]# xfs quota -x -c "limit -p bsoft=450M bhard=500M myquotaproject" /home
[root@study ~]# xfs quota -x -c "report -pbih " /home
Project quota on /home (/dev/mapper/centos-home)
                       Blocks                      Inodes
Project ID    Used  Soft  Hard Warn/Grace    Used  Soft  Hard Warn/Grace
---------- -------------------------------- --------------------------------
myquotaproject  0  450M  500M 00 [------]      1      0      0 00 [------]
[root@study ~]# dd if=/dev/zero of=/home/myquota/123.img bs=1M count=510
dd: error writing '/home/myquota/123.img': No space left on device
501+0 records in
500+0 records out
524288000 Bytes (524 MB) copied, 0.96296 s, 544 MB/s
# 你看，连 root 在该目录下面建立文件时，也会被阻止，这才是完整的针对目录的规范嘛，赞。
```

这样就设置好了，未来如果你还想要针对某些目录进行限制，那么就修改/etc/projects、/etc/projid 的配置，然后直接处理目录的初始化与设置，就完成了设置，好简单！

当鸟哥跟同事分享这个 project 的功能时，我同事蔡董大大说，刚刚好。他有些朋友要求在 WWW 的服务中，针对某些目录进行容量的限制。但是因为之前仅针对用户限制容量，如此一来，由于 WWW 服务都是一个名为 httpd 的账号管理，因此所有 WWW 服务产生的文件数据，就全部属于 httpd 这个账号，那就无法针对某些特定的目录进行限制了。有了这个 project 之后，**就能够针对不同的目录做容量限制，而不用管里面文件的所属者**。哇！这真是太棒了。

14.1.7　xfs 磁盘配额的管理与额外命令对照表

不管多完美的系统，都要为可能的突发状况准备应对方案。所以，接下来我们就来谈谈，万一需要暂停磁盘配额的限制，或是需要重新启动磁盘配额的限制时，该如何处理？还是使用 xfs_quota，使用下面几个内部命令即可：

- disable：暂时取消磁盘配额的限制，但其实系统还是在计算磁盘配额中，只是没有管制而已，应该算最有用的功能。
- enable：就是恢复到正常管制的状态中，与 disable 可以互相取消、启用。
- off：完全关闭磁盘配额的限制，使用了这个状态后，你只有卸载再重新挂载才能够再次启动磁盘配额。也就是说，用了 off 状态后，你无法使用 enable 再次恢复磁盘配额的管制。注意不要乱用这个状态，一般建议用 disable 即可，除非你需要执行 remove 的操作。
- remove：必须要在 off 的状态下才能够执行的命令，这个 remove 可以【删除】磁盘配额的限制设置，例如要取消 project 的设置，无须重新设置为 0，只要 remove -p 即可。

现在就让我们来测试一下管理的方式：

```
# 1. 暂时关闭 xfs 文件系统的磁盘配额限制功能。
[root@study ~]# xfs quota -x -c "disable -up" /home
[root@study ~]# xfs quota -x -c "state" /home
User quota state on /home (/dev/mapper/centos-home)
  Accounting: ON
  Enforcement: OFF    <== 意思就是有在计算，但没有强制管制的意思。
  Inode: #1568 (4 blocks, 4 extents)
Group quota state on /home (/dev/mapper/centos-home)
  Accounting: OFF
  Enforcement: OFF
  Inode: N/A
```

```
Project quota state on /home (/dev/mapper/centos-home)
  Accounting: ON
  Enforcement: OFF
  Inode: N/A
Blocks grace time: [7 days 00:00:30]
Inodes grace time: [7 days 00:00:30]
Realtime Blocks grace time: [7 days 00:00:30]
[root@study ~]# dd if=/dev/zero of=/home/myquota/123.img bs=1M count=520
520+0 records in
520+0 records out   # 见鬼，竟然没有任何错误地发生了。
545259520 Bytes (545 MB) copied, 0.308407 s, 180 MB/s
[root@study ~]# xfs_quota -x -c "report -pbh" /home
Project quota on /home (/dev/mapper/centos-home)
                      Blocks
Project ID      Used  Soft  Hard Warn/Grace
---------- --------------------------------
myquotaproject  520M   450M   500M  00 [-none-]
# 其实，还真的有超过，只是因为 disable 的关系，所以没有强制限制。
[root@study ~]# xfs_quota -x -c "enable -up" /home  # 重新启动磁盘配额限制。
[root@study ~]# dd if=/dev/zero of=/home/myquota/123.img bs=1M count=520
dd: error writing '/home/myquota/123.img': No space left on device
# 又开始有限制，这就是 enable/disable 参数的相关功能，暂时关闭/启动。
# 完全关闭磁盘配额的限制功能，同时取消 project 的功能。
[root@study ~]# xfs_quota -x -c "off -up" /home
[root@study ~]# xfs_quota -x -c "enable -up" /home
XFS_QUOTAON: Function not implemented
# 您看看，没有办法重新启动，因为已经完全的关闭了磁盘配额的功能，所以得要 umouont/mount 才行。
[root@study ~]# umount /home; mount -a
# 这个时候使用 report 以及 state 时，管理限制的内容又重新回来了，好，来看看如何删除 project。
[root@study ~]# xfs_quota -x -c "off -up" /home
[root@study ~]# xfs_quota -x -c "remove -p" /home
[root@study ~]# umount /home; mount -a
[root@study ~]# xfs_quota -x -c "report -phb" /home
Project quota on /home (/dev/mapper/centos-home)
                      Blocks
Project ID      Used  Soft   Hard Warn/Grace
---------- --------------------------------
myquotaproject  500M   0      0 00 [------]
# 嘿嘿，全部归零，就是【删除】所有限制值的意思。
```

请注意上表中最后一个练习，那个 remove -p 是【删除所有的 project 控制列表】的意思。也就是说，如果你在 /home 设置了多个 project 的限制，那么 remove 会删得一个也不留。如果想要恢复设置值，就只能一个一个重新设置回去了，没有好办法。

上面就是 xfs 文件系统的简易磁盘配额处理流程，那如果你是使用 ext 系列呢？能不能使用磁盘配额呢？除了参考上一版的资料之外，鸟哥这里也列出相关的参考命令与配置文件给你对照参考。没学过的可以看看流程，学过的则可以对照了解。

设置流程选项	xfs 文件系统	ext 系列文件系统
/etc/fstab 参数设置	usrquota/grpquota/prjquota	usrquota/grpquota
磁盘配额配置文件	不需要	quotacheck
设置用户/用户组限制值	xfs_quota -x -c "limit..."	edquota 或 setquota
设置 grace time	xfs_quota -x -c "timer..."	edquota
设置目录限制值	xfs_quota -x -c "limit..."	无
查看报告	xfs_quota -x -c "report..."	repquota 或 quota
启动与关闭磁盘配额限制	xfs_quota -x -c "[disable|enable]..."	quotaoff, quotaon
发送警告信息给用户	目前版本尚未支持	warnquota

14.1.8　不修改既有系统的磁盘配额实例

想一想，如果你的主机原先没有想到要设置成为邮件主机，所以并没有规划将邮件所在的 /var/spool/mail/ 目录独立成为一个分区，而目前你的主机已经没有办法新增或划分出任何新的分区。我们知道磁盘配额的支持与文件系统有关，所以并无法跨文件系统来设计磁盘配额的 project 功能。那么，是否就无法针对 mail 的使用量设置磁盘配额的限制呢？

此外，如果你想要让用户的邮件与家目录的总体磁盘使用量为固定，那又该如何是好？由于 /home 及 /var/spool/mail 根本不可能是同一个文件系统（除非是都不分区使用根目录，才有可能整合在一起），所以，该如何完成这样的磁盘配额限制呢？

其实没有那么难。既然磁盘配额是针对文件系统来进行限制，假设你又已经有 /home 这个独立的分区了，那么你只要：

1. 将 /var/spool/mail 这个目录完整地移动到 /home 下面。
2. 利用 ln −s /home/mail /var/spool/mail 来建立链接目录。
3. 对 /home 进行磁盘配额设置。

只要这样的一个小步骤，嘿嘿！您家主机的邮件就有一定的限制值了。当然，您也可以根据不同的用户与用户组来设置磁盘配额，然后同样地以上面的方式来进行链接的操作。嘿嘿嘿！就可以实现不同的限制值配置针对不同的用户了，很方便吧！

> 朋友们需要注意的是，由于目前新的 Linux 发行版大多使用 SELinux，因此你要进行上述目录迁移操作时，在许多情况下可能会有使用上的限制。或许你需要先暂时关闭 SELinux 才能测试，也或许你需要自行修改 SELinux 的规则才行。

14.2　软件磁盘阵列（Software RAID）

在鸟哥还年轻的时代，我们能使用的硬盘容量都不大，几十 GB 的容量就是大硬盘了。但是某些情况下，我们需要很大容量的存储空间，例如鸟哥在运行的空气质量模型所输出的数据文件，一个案例通常需要好几 GB，连续运行几个案例，磁盘容量就不够用了。此时我该如何是好？其实可以利用一种存储机制，即磁盘阵列（RAID）。这种机制的功能是什么？它有哪些级别？什么是硬件、软件磁盘阵列？Linux 支持什么样的软件磁盘阵列？下面就让我们来谈谈。

14.2.1　什么是 RAID

磁盘阵列全名是【Redundant Arrays of Inexpensive Disks，RAID】，中文意思是独立冗余磁盘阵列。RAID 可以通过技术（软件或硬件）将多个较小的磁盘整合成为一个较大的磁盘设备，而这个较大的磁盘功能可不止是存储而已，它还具有数据保护的功能。整个 RAID 由于选择的级别（level）不同，而使得整合后的磁盘具有不同的功能，基本常见的 level 有这几种[注2]：

◆　RAID 0（等量模式，stripe）：性能最佳

这种模式如果使用相同型号与容量的磁盘来组成时，效果较佳。这种模式的 RAID 会将磁盘先切出等量的数据块（名为 chunk，一般可设置 4KB ~ 1MB），然后当一个文件要写入 RAID 时，该文件会根据 chunk 的大小切割好，之后再依序放到各个磁盘里面去。由于每个磁盘会交错地存放数据，因此

当你的数据要写入 RAID 时，数据会被等量地放置在各个磁盘上面。举例来说，你有两块磁盘组成 RAID 0，当你有 100MB 的数据要写入时，每个磁盘会各被分配到 50MB 的存储量。RAID 0 的示意图如图 14.2.1 所示。

图 14.2.1 的意思是，在组成 RAID 0 时，每块磁盘（Disk A 与 Disk B）都会先被分隔成为小数据块（chunk）。当有数据要写入 RAID 时，数据会先被切割成符合小数据块的大小，然后再依序一个一个地放置到不同的磁盘中。由于数据已经先被切割并且依序放置到不同的磁盘上面，因此每块磁盘所负责的数据量都降低了。照这样的情况来看，**越多块磁盘组成的 RAID 0 性能会越好，因为每块负责的数据量就更低了**。这表示我的数据可以分散让多块磁盘来存储，当然性能会变得更好。此外，磁盘总容量也变大了，因为每块磁盘的容量最终会相加成为 RAID 0 的总容量。

只是在这种情况下，你必须要自行负担数据损坏的风险，由上图我们知道文件是被切割成为适合每块磁盘分区数据块的大小，然后再依序存储到各个磁盘中。想一想，如果某一块磁盘损坏了，那么文件数据将缺一块，此时这个文件就损坏了。由于每个文件都是这样存放的，因此 RAID 0 **只要有任何一块磁盘损坏，在 RAID 上面的所有数据都会遗失而无法读取**。

另外，如果使用不同容量的磁盘来组成 RAID 0 时，由于数据是一直等量地依序放置到不同磁盘中，当小容量磁盘的数据块被用完了，那么所有的数据都将被写入到最大的那块磁盘去。举例来说，我用 200GB 与 500GB 组成 RAID 0，那么最初的 400GB 数据可同时写入两块磁盘（各消耗 200GB 的容量），后来再加入的数据就只能写入 500GB 的那块磁盘中了。此时的性能就变差了，因为只剩下一块可以存放数据。

◆ RAID 1（镜像模式，mirror）：完整备份

这种模式也需要相同的磁盘容量，最好是一模一样的磁盘。如果是不同容量的磁盘组成 RAID 1 时，那么总容量将以最小的那一块磁盘为主。这种模式主要是【让同一份数据，完整地保存在两块磁盘上面】。举例来说，如果我有一个 100MB 的文件，且我仅有两块磁盘组成 RAID 1 时，那么这两块磁盘将会同步写入 100MB 到它们的存储空间中。因此，**整体 RAID 的容量几乎少了 50%**。由于两块硬盘内容一模一样，好像镜子映照出来一样，所以我们也称它为镜像模式。

如图 14.2.2 所示，一份数据传送到 RAID 1 之后会被分为两股，并分别写入到各个磁盘中。由于同一份数据会被分别写入到其他不同磁盘，因此如果要写入 100MB 时，数据传送到 I/O 总线后会被复制多份到各个磁盘，结果就是数据量感觉变大了。因此在大量写入 RAID 1 的情况下，写入的性能可能会变得非常差（因为我们只有一个南桥）。好在如果你使用的是硬件 RAID（磁盘阵列卡）时，磁盘阵列卡会主动地复制一份而不使用系统的 I/O 总线，性能方面则还可以。如果使用软件磁盘阵列，可能性能就不好了。

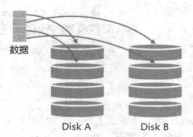

图 14.2.1　RAID 0 的磁盘写入示意图

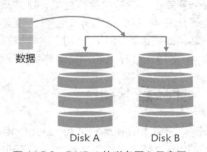

图 14.2.2　RAID 1 的磁盘写入示意图

由于两块磁盘内的数据一模一样，所以任何一块硬盘损坏时，你的数据还是可以完整地保留下来。所以我们可以说，**RAID 1 最大的优点大概就在于数据的备份**。不过由于磁盘容量有一半用在备份，因此总容量会是全部磁盘容量的一半而已。虽然 RAID 1 的写入性能不佳，不过读取的性能则还可以。这是因为数据有两份在不同的磁盘上面，如果多个进程在读取同一条数据时，RAID 会自动获取最佳的读写速度平衡。

◆　RAID 1+0，RAID 0+1

RAID 0 的性能佳但是数据不安全，RAID 1 的数据安全但是性能不佳，那么能不能将这两者整合起来设置 RAID 呢？可以，那就是 RAID 1+0 或 RAID 0+1。所谓的 RAID 1+0 就是：（1）先让两块磁盘组成 RAID 1，并且这样的设置共有两组;(2)将这两组 RAID 1 再组成一组 RAID 0，这就是 RAID 1+0。反过来说，RAID 0+1 就是先组成 RAID 0 再组成 RAID 1 的意思。

如图 14.2.3 所示，Disk A + Disk B 组成第一组 RAID 1，Disk C + Disk D 组成第二组 RAID 1，然后这两组再整合成为一组 RAID 0。如果我有 100MB 的数据要写入，则由于 RAID 0 的关系，两组 RAID 1 都会写入 50MB。又由于 RAID 1 的关系，因此每块磁盘就会写入 50MB 而已。如此一来，不论哪一组 RAID 1 的磁盘损坏，由于是 RAID 1 的镜像数据，因此就不会有任何问题发生，这也是目前存储设备厂商最推荐的方法。

> 为何会推荐 RAID 1+0 呢？想象你有 20 块磁盘组成的系统，每两块组成一个 RAID 1，因此你就有总共 10 组可以自己恢复的系统了。然后这 10 组再组成一个新的 RAID 0，速度立刻提升了 10 倍。同时要注意，因为每组 RAID 1 是独立存在的，所以任何一块磁盘损坏，数据都是从另一块磁盘直接复制过来重建，并不像 RAID 5/RAID 6 必须要整组 RAID 的磁盘共同重建一块独立的磁盘系统，性能上差得非常多。而且 RAID 1 与 RAID 0 是不需要经过计算的（striping），读写性能也比其他的 RAID 级别好太多了。

◆　RAID 5：性能与数据备份的均衡考虑

RAID 5 需要三块以上的磁盘才能够组成这种类型的磁盘阵列。这种磁盘阵列的数据写入有点类似 RAID 0，不过每个循环的写入过程中（striping），在每块磁盘还会加入一个奇偶校验数据（Parity），这个数据会记录其他磁盘的备份数据，用于当有磁盘损坏时的恢复。RAID 5 读写的情况有点像下面这样：

如图 14.2.4 所示，每个循环写入时，都会有部分的奇偶校验值（parity）被记录下来，并且每次都记录在不同的磁盘，因此，任何一个磁盘损坏时都能够借由其他磁盘的检查码来重建原本磁盘内的数据。不过需要注意的是，由于有奇偶校验值，因此 RAID 5 的总容量会是整体磁盘数量减一块。以上图为例，原本的 3 块磁盘只会剩下（3-1）=2 块磁盘的容量。而且当损坏的磁盘数量大于等于两块时，这整组 RAID 5 的数据就损坏了，因为 RAID 5 默认仅能支持一块磁盘的损坏情况。

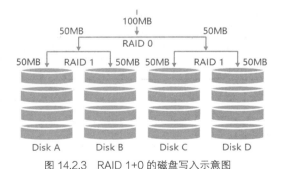

图 14.2.3　RAID 1+0 的磁盘写入示意图　　图 14.2.4　RAID 5 的磁盘写入示意图

在读写性能上，RAID 5 读取的性能还不赖，与 RAID 0 有得比，不过写的性能就不见得能够增加很多，这是因为要写入 RAID 5 的数据还得要经过计算奇偶校验值（parity）的关系。由于加上这个计算的操作，所以写入的性能与系统的硬件关系较大。尤其当使用软件磁盘阵列时，奇偶校验值是通过 CPU 去计算而非专职的磁盘阵列卡，因此性能方面还需要评估。

另外，由于 RAID 5 仅能支持一块磁盘的损坏，因此近来又发展出另外一种级别，即 RAID 6。这个

RAID 6 使用两块磁盘的容量存储奇偶校验值，因此整体的磁盘容量就会少两块，但是允许出错的磁盘数量就可以达到两块了。也就是在 RAID 6 的情况下，两块磁盘同时损坏时，数据还是可以救回来。

◆ Spare Disk：热备份磁盘

当磁盘阵列的磁盘损坏时，就需要将坏掉的磁盘拔除，然后换一块新的磁盘。换成新磁盘并且顺利启动磁盘阵列后，磁盘阵列就会开始主动重建（rebuild）原本坏掉的那块磁盘数据到新的磁盘上，然后你磁盘阵列上面的数据就恢复了，这就是磁盘阵列的优点。不过，我们还是得要动手拔插硬盘，除非你的系统支持热插拔，否则通常得要关机才能这么做。

为了让系统可以实时地在坏掉硬盘时主动地重建，就需要热备份磁盘（spare disk）的辅助。所谓的热备份磁盘就是一块或多块没有包含在原本磁盘阵列级别中的磁盘，这块磁盘平时并不会被磁盘阵列所使用，当磁盘阵列有任何磁盘损坏时，这块热备份磁盘就会被主动拉进磁盘阵列中，并将坏掉的那块硬盘移出磁盘阵列，然后立即重建数据系统，如此你的系统就可以永保安康。若你的磁盘阵列支持热插拔那就更完美了，直接将坏掉的那块磁盘拔除并换一块新的，再将那块新的设置成为热备份磁盘，就完成了。

举例来说，鸟哥之前所待的研究室有一个磁盘阵列最大允许有 16 块磁盘，不过我们只安装了 10 块磁盘作为 RAID 5。每块磁盘的容量为 250GB，我们用了一块磁盘作为热备份磁盘，并将其他 9 块设置为一个 RAID 5，因此这个磁盘阵列的总容量为：（9−1）*250GB=2000GB。运行了一两年后真的有一块磁盘坏掉了，我们后来看指示灯才发现，不过对系统没有影响。因为热备份磁盘自动加入磁盘阵列，坏掉的那块拔掉换块新的，并重新设置成为热备后，系统内的数据还是完整无缺。嘿嘿！真不错。

◆ 磁盘阵列的优点

说的口沫横飞，重点在哪里呢？其实你的系统如果需要磁盘阵列的话，重点在于：

1. **数据安全与可靠性**：指的并非网络信息安全，而是当硬件（指磁盘）损坏时，数据是否还能够安全地恢复或使用之意。

2. **读写性能**：例如 RAID 0 可以加强读写性能，让你的系统 I/O 部分得以改善。

3. **容量**：可以让多块磁盘组合起来，故单一文件系统可以有相当大的容量。

数据的可靠性与完整性是使用 RAID 的考虑重点。毕竟硬件坏了换掉就好，软件数据损坏那可不是闹着玩的。所以企业界为何需要大量的 RAID 来做为文件系统的硬件标准，现在您有点了解了吧？那根据这三个重点，我们来列表看看上面几个重要的 RAID 级别各有哪些优点。假设有 n 块磁盘组成的 RAID 设置。

项　　目	RAID 0	RAID 1	RAID 10	RAID 5	RAID 6
最少磁盘数	2	2	4	3	4
最大容错磁盘数（1）	无	n−1	n/2	1	2
数据安全性（1）	完全没有	最佳	最佳	好	比 RAID 5 好
理论写入性能（2）	n	1	n/2	<n−1	<n−2
理论读出性能（2）	n	n	n	<n−1	<n−2
可用容量（3）	n	1	n/2	n−1	n−2
一般应用	强调性能但数据不重要的环境	数据与备份	服务器、云系统常用	数据与备份	数据与备份

注：因为 RAID 5、RAID 6 读写都需要经过计算奇偶校验值，所以读写性能都不会刚好满足于使用的磁盘数量。

另外，根据使用的情况不同，一般推荐的磁盘阵列级别也不太一样。以鸟哥为例，运行空气质量模型之后的输出数据，是动辄几百 GB 的单一大文件数据，这些情况鸟哥会选择放在 RAID 6 的磁盘阵列环境下，这是考虑到数据安全与总容量的应用，因为 RAID 6 的性能已经足以应付模型读入所需的环境。

近年来鸟哥也比较积极在做一些云环境的设计，在云环境下，确保每个虚拟机能够快速地反应以及提供数据保护是最重要的部分。因此性能方面比较弱的 RAID 5、RAID 6 是不考虑的。总体来说，大概就剩下 RAID 10 能够满足云环境的性能需求了。在某些更特别的环境下，如果搭配 SSD 那才更具有性能上的优势。

14.2.2　硬件 RAID，软件 RAID

为何磁盘阵列又分为硬件与软件呢？所谓的硬件磁盘阵列（hardware RAID）是通过磁盘阵列卡来完成磁盘阵列的功能。磁盘阵列卡上面有一块专门的芯片用于处理 RAID 的任务，因此在性能方面会比较好。在很多任务（例如 RAID 5 的奇偶校验值计算）中，磁盘阵列并不会重复消耗原本系统的 I/O 总线，理论上性能会较佳。此外目前一般的中高级磁盘阵列卡都支持热插拔，即在不关机的情况下抽换损坏的磁盘，在系统的恢复与数据的可靠性方面非常的好用。

不过一块好的磁盘阵列卡动不动就上千块，便宜的在主板上面【附赠】的磁盘阵列功能可能又不支持某些高级功能。例如低端主板若有磁盘阵列芯片，通常仅支持到 RAID 0 与 RAID 1，而鸟哥喜欢的 RAID 6 却并没有支持。此外，操作系统也必须拥有磁盘阵列卡的驱动程序，才能够正确地识别到磁盘阵列所产生的磁盘驱动器。

由于磁盘阵列有很多优秀的功能，然而硬件磁盘阵列卡偏偏又贵得很，因此就发展出利用软件来模拟磁盘阵列的功能，这就是所谓的软件磁盘阵列（Software RAID）。软件磁盘阵列主要是通过软件来模拟磁盘阵列的任务，因此会损耗较多的系统资源，比如说 CPU 的运算与 I/O 总线的资源等。不过目前我们的个人计算机已经非常快了，以前的速度限制现在已经不存在，所以我们可以来玩一玩软件磁盘阵列。

我们的 CentOS 提供的软件磁盘阵列为 mdadm 这个软件，这个软件会以分区或 disk 为单位，也就是说，你不需要两块以上的磁盘，只要有两个以上的硬盘分区（partition）就能够设计你的磁盘阵列了。此外，mdadm 支持刚刚我们前面提到的 RAID 0、RAID 1、RAID 5、热备份磁盘等。而且提供的管理机制还可以达到类似热插拔的功能，可以在线（文件系统正常使用）进行分区的抽换，使用上也非常的方便。

另外你必须要知道的是，硬件磁盘阵列在 Linux 下面看起来就是一块实际的大磁盘，因此硬件磁盘阵列的设备文件名为 /dev/sd[a-p]，因为使用到 SCSI 的模块之故。至于**软件磁盘阵列则是系统模拟的，因此使用的设备文件名是系统的设备文件，文件名为** /dev/md0、/dev/md1 等，两者的设备文件名并不相同，不要搞混了。因为很多朋友常常觉得奇怪，怎么它的 RAID 文件名跟我们这里测试的软件 RAID 文件名不同，所以这里特别强调说明。

> Intel 的南桥具有的磁盘阵列功能，在 Windows 下面似乎是完整的磁盘阵列，但是在 Linux 下面则被视为软件磁盘阵列的一种。因此如果你设置过 Intel 的南桥芯片磁盘阵列，那在 Linux 下面反而还会是 /dev/md126、/dev/md127 等设备文件名，而它的分区竟然是 /dev/md126p1、/dev/md126p2 之类的。比较特别，所以这里特别说明一下。

14.2.3　软件磁盘阵列的设置

软件磁盘阵列的设置很简单，简单到让你很想笑，因为只要使用一个命令即可，那就是 mdadm 这个命令，这个命令在建立 RAID 的语法有点像这样：

```
[root@study ~]# mdadm --detail /dev/md0
[root@study ~]# mdadm --create /dev/md[0-9] --auto=yes --level=[015] --chunk=NK \
```

```
> --raid-devices=N --spare-devices=N /dev/sdx /dev/hdx...
选项与参数：
--create          ：为建立 RAID 的选项。
--auto=yes        ：决定建立后面接的软件磁盘阵列设备，亦即/dev/md0、dev/md1 等。
--chunk=Nk        ：决定这个设备的 chunk 大小，也可以当成 stripe 大小，一般是 64K 或 512K。
--raid-devices=N  ：使用几个磁盘分区（partition）作为磁盘阵列的设备。
--spare-devices=N ：使用几个磁盘作为备用（spare）设备。
--level=[015]     ：设置这组磁盘阵列的级别，支持很多，不过建议只要用 0、1、5 即可。
--detail          ：后面所接的那个磁盘阵列设备的详细信息。
```

上面的语法中，最后面会接许多的设备文件名，这些设备文件名可以是整块磁盘，例如 /dev/sdb，也可以是分区，例如 /dev/sdb1 之类。不过，这些设备文件名的总数必须要等于 --raid-devices 与 --spare-devices 的个数总和才行。鸟哥利用自己的测试机来创建一个 RAID 5 的软件磁盘阵列给您看看。下面是鸟哥希望做成的 RAID 5 环境：

- 利用 4 个分区组成 RAID 5。
- 每个分区约为 1GB 大小，需确定每个分区一样大较佳。
- 将 1 个分区设置为热备份磁盘。
- chunk 设置为 256KB 这么大即可。
- 这个热备份磁盘的大小与其他 RAID 所需分区一样大；
- 将此 RAID 5 设备挂载到 /srv/raid 目录下。

最终我需要 5 个 1GB 的分区。在鸟哥的测试机中，根据前面的章节实践下来，包括课后的情境模拟题目，目前应该还有 8GB 可供利用。因此就利用这台测试机的 /dev/vda 设置 5 个 1GB 的分区。实际的流程鸟哥就不一一展示了，自己通过 gdisk /dev/vda 实践一下。最终这台测试机的结果应该如下所示：

```
[root@study ~]# gdisk -l /dev/vda
Number  Start (sector)    End (sector)  Size       Code  Name
   1           2048            6143   2.0 MiB     EF02
   2           6144         2103295   1024.0 MiB  0700
   3        2103296        65026047   30.0 GiB    8E00
   4       65026048        67123199   1024.0 MiB  8300  Linux filesystem
   5       67123200        69220351   1024.0 MiB  FD00  Linux RAID
   6       69220352        71317503   1024.0 MiB  FD00  Linux RAID
   7       71317504        73414655   1024.0 MiB  FD00  Linux RAID
   8       73414656        75511807   1024.0 MiB  FD00  Linux RAID
   9       75511808        77608959   1024.0 MiB  FD00  Linux RAID
# 上面特殊字体的部分就是我们需要的那 5 个分区，注意注意。
[root@study ~]# lsblk
NAME             MAJ:MIN RM  SIZE RO TYPE MOUNTPOINT
vda              252:0    0   40G  0 disk
|-vda1           252:1    0    2M  0 part
|-vda2           252:2    0    1G  0 part /boot
|-vda3           252:3    0   30G  0 part
| |-centos-root  253:0    0   10G  0 lvm  /
| |-centos-swap  253:1    0    1G  0 lvm  [SWAP]
| `-centos-home  253:2    0    5G  0 lvm  /home
|-vda4           252:4    0    1G  0 part /srv/myproject
|-vda5           252:5    0    1G  0 part
|-vda6           252:6    0    1G  0 part
|-vda7           252:7    0    1G  0 part
|-vda8           252:8    0    1G  0 part
`-vda9           252:9    0    1G  0 part
```

◆ 以 mdadm 创建 RAID

接下来就简单了，通过 mdadm 先来建立磁盘阵列。

```
[root@study ~]# mdadm --create /dev/md0 --auto=yes --level=5 --chunk=256K \
> --raid-devices=4 --spare-devices=1 /dev/vda{5,6,7,8,9}
mdadm: /dev/vda5 appears to contain an ext2fs file system
    size=1048576K  mtime=Thu Jun 25 00:35:01 2015  # 某些时刻会出现这个东西，没关系的。
Continue creating array? y
```

```
mdadm: Defaulting to version 1.2 metadata
mdadm: array /dev/md0 started.
# 详细的参数说明请回去前面看看，这里我通过{}将重复的项目简化。
# 此外，因为鸟哥这个系统经常在创建测试环境，因此系统可能会识别之前的文件系统。
# 所以就会出现如上前两行的信息，那没关系的，直接按下 y 即可删除旧系统。
[root@study ~]# mdadm --detail /dev/md0
/dev/md0:                                          # RAID 的设备文件名。
        Version : 1.2
  Creation Time : Mon Jul 27 15:17:20 2015          # 创建 RAID 的时间。
     Raid Level : raid5                             # 这就是 RAID 5 级别。
     Array Size : 3142656 (3.00 GiB 3.22 GB)         # 整组 RAID 的可用容量。
  Used Dev Size : 1047552 (1023.17 MiB 1072.69 MB)  # 每块磁盘（设备）的容量。
   Raid Devices : 4                                 # 组成 RAID 的磁盘数量。
  Total Devices : 5                                 # 包括 spare 的总磁盘数。
    Persistence : Superblock is persistent
Update Time : Mon Jul 27 15:17:31 2015
          State : clean                             # 目前这个磁盘阵列的使用状态。
 Active Devices : 4                                 # 启动（active）的设备数量。
Working Devices : 5                                 # 目前使用于此阵列的设备数。
 Failed Devices : 0                                 # 损坏的设备数。
  Spare Devices : 1                                 # 热备份磁盘的数量。
Layout : left-symmetric
     Chunk Size : 256K                              # 就是 chunk 的小数据块容量。
Name : study.centos.vbird:0  (local to host study.centos.vbird)
           UUID : 2256da5f:4870775e:cf2fe320:4dfabbc6
         Events : 18
Number   Major   Minor   RaidDevice   State
    0      252       5        0            active sync   /dev/vda5
    1      252       6        1            active sync   /dev/vda6
    2      252       7        2            active sync   /dev/vda7
    5      252       8        3            active sync   /dev/vda8
    4      252       9        -            spare   /dev/vda9
# 最后五行就是这五个设备目前的情况，包括四个 active sync 一个 spare。
# 至于 RaidDevice 指的则是此 RAID 内的磁盘顺序。
```

由于磁盘阵列的创建需要一些时间，所以你最好等待数分钟后再使用【mdadm --detail /dev/md0】去查看你的磁盘阵列详细信息，否则有可能看到某些磁盘正在【spare rebuilding】之类的创建字样。通过上面的命令，你就能够建立一个 RAID 5 且含有一块热备份磁盘的磁盘阵列，非常简单吧！除了命令之外，你也可以查看如下的文件来看看系统软件磁盘阵列的情况：

```
[root@study ~]# cat /proc/mdstat
Personalities : [raid6] [raid5] [raid4]
md0 : active raid5 vda8[5] vda9[4](S) vda7[2] vda6[1] vda5[0]          <==第一行。
      3142656 blocks super 1.2 level 5, 256k chunk, algorithm 2 [4/4] [UUUU] <==第二行。
unused devices: <none>
```

上述数据的第一行与第二行部分[注3]比较重要：
- 第一行部分：指出 md0 为 RAID 5，且使用了 vda8、vda7、vda6、vda5 等四块磁盘设备。每个设备后面的中括号 [] 内的数字为此磁盘在 RAID 中的顺序（RaidDevice），至于 vda9 后面的 [S] 则代表 vda9 为 spare，热备份磁盘之意。
- 第二行：此磁盘阵列拥有 3142656 个区块（每个区块单位为 1KB），所以总容量约为 3GB，使用 RAID 5 级别，写入磁盘的小数据块（chunk）大小为 256KB，使用 algorithm 2 磁盘阵列算法。[m/n] 代表此磁盘阵列需要 m 个设备，且 n 个设备正常运行，因 md0 需要 4 个设备且这 4 个设备均正常运行。后面的 [UUUU] 代表的是四个所需的设备（就是[m/n]里面的 m）的启动情况，U 代表正常运行，若为_则代表不正常。

这两种方法都可以知道目前的磁盘阵列状态。

◆　格式化与挂载使用 RAID
接下来就是开始使用格式化工具，这部分需要注意，因为涉及 xfs 文件系统的优化。还记得第 7

章的内容吧？我们这里的参数为：

- srtipe（chunk）容量为 256KB，所以 su=256k。
- 共有 4 块组成 RAID 5，因此容量少一块，所以 sw=3。
- 由上面两项计算出数据宽度为：256K*3=768k。

所以整体来说，要优化这个 xfs 文件系统就变成这样：

```
[root@study ~]# mkfs.xfs -f -d su=256k,sw=3 -r extsize=768k /dev/md0
# 有趣吧！是/dev/md0 做为设备被格式化。
[root@study ~]# mkdir /srv/raid
[root@study ~]# mount /dev/md0 /srv/raid
[root@study ~]# df -Th /srv/raid
Filesystem      Type  Size  Used Avail Use% Mounted on
/dev/md0        xfs   3.0G   33M  3.0G   2% /srv/raid
# 看吧，多了一个/dev/md0 的设备，而且真的可以让你使用，还不赖。
```

14.2.4　模拟 RAID 错误的恢复模式

俗话说【天有不测风云，人有旦夕祸福】，谁也不知道你的磁盘阵列内的设备啥时会出差错，因此了解一下软件磁盘阵列的恢复还是有必要的。下面我们就来玩一玩恢复的功能吧！首先来了解一下 mdadm 在这方面的语法：

```
[root@study ~]# mdadm --manage /dev/md[0-9] [--add 设备] [--remove 设备] [--fail 设备]
选项与参数：
--add    ：会将后面的设备加入到这个 md 中。
--remove ：会将后面的设备由这个 md 中删除。
--fail   ：会将后面的设备设置成为出错的状态。
```

◆　设置磁盘为错误（fault）

首先，我们来处理一下，该如何让一个磁盘变成错误状态，然后让热备份磁盘自动开始重建系统？

```
# 0. 先复制一些东西到/srv/raid 去，假设这个 RAID 已经在使用。
[root@study ~]# cp -a /etc /var/log /srv/raid
[root@study ~]# df -Th /srv/raid ; du -sm /srv/raid/*
Filesystem      Type  Size  Used Avail Use% Mounted on
/dev/md0        xfs   3.0G  144M  2.9G   5% /srv/raid
28      /srv/raid/etc <==看吧，确实有数据在里面。
51      /srv/raid/log
# 1. 假设/dev/vda7 这个设备出错了，实际模拟的方式。
[root@study ~]# mdadm --manage /dev/md0 --fail /dev/vda7
mdadm: set /dev/vda7 faulty in /dev/md0      # 设置成为错误的设备。
/dev/md0:
……（中间省略）……
   Update Time : Mon Jul 27 15:32:50 2015
         State : clean, degraded, recovering
 Active Devices : 3
Working Devices : 4
 Failed Devices : 1      <==出错的磁盘有一个。
  Spare Devices : 1
……（中间省略）……
Number  Major  Minor  RaidDevice State
     0    252      5       0     active sync   /dev/vda5
     1    252      6       1     active sync   /dev/vda6
     4    252      9       2     spare rebuilding  /dev/vda9
     5    252      8       3     active sync   /dev/vda8
2    252      7       -     faulty   /dev/vda7
# 看到没，这个操作要快做才会看到，/dev/vda9 启动了而/dev/vda7 死掉了。
```

上面的画面你得要快速地连续输入那些 mdadm 的命令才看得到，因为你的 RAID 5 正在重建系统。若你等待一段时间再输入后面的观察命令，则会看到如下的画面了：

```
# 2. 已经借由热备份磁盘重建完毕的 RAID 5 情况。
[root@study ~]# mdadm --detail /dev/md0
……（前面省略）……
   Number   Major   Minor   RaidDevice State
      0      252       5         0      active sync   /dev/vda5
      1      252       6         1      active sync   /dev/vda6
      4      252       9         2      active sync   /dev/vda9
      5      252       8         3      active sync   /dev/vda8
  2      252       7         -      faulty        /dev/vda7
```

看吧，又恢复正常了，真好，我们的 /srv/raid 文件系统是完整的，并不需要卸载，很棒吧！

◆　将出错的磁盘删除并加入新磁盘

因为我们系统的 /dev/vda7 实际上没有坏掉，只是用来模拟而已。因此，如果有新的磁盘要替换，其实替换的名称会一样，也就是我们需要：

1. 先从 /dev/md0 磁盘阵列中删除 /dev/vda7 这块【磁盘】。

2. 整个 Linux 系统关机，拔出 /dev/vda7 这块【磁盘】，并安装上新的 /dev/vda7【磁盘】，之后启动。

3. 将新的 /dev/vda7 放入 /dev/md0 磁盘阵列当中。

```
# 3. 移除【旧的】/dev/vda7 磁盘。
[root@study ~]# mdadm --manage /dev/md0 --remove /dev/vda7
# 假设接下来你就进行了上面谈到的第 2、3 个步骤，然后重新启动成功了。
# 4. 安装【新的】/dev/vda7 磁盘。
[root@study ~]# mdadm --manage /dev/md0 --add /dev/vda7
[root@study ~]# mdadm --detail /dev/md0
……（前面省略）……
   Number   Major   Minor   RaidDevice State
      0      252       5         0      active sync   /dev/vda5
      1      252       6         1      active sync   /dev/vda6
      4      252       9         2      active sync   /dev/vda9
      5      252       8         3      active sync   /dev/vda8
  6      252       7         -      spare         /dev/vda7
```

嘿嘿！你的磁盘阵列内的数据不但一直存在，而且你可以一直顺利地运行 /srv/raid 内的数据。即使 /dev/vda7 损坏了，通过管理的功能也能够加入新磁盘且拔除坏掉的磁盘。注意，这一切都是在线（online）的情况下进行的。

14.2.5　开机自动启动 RAID 并自动挂载

新的 Linux 发行版大多会自己查找 /dev/md[0-9]，然后在启动的时候设置好所需要的功能。不过鸟哥还是建议你，修改一下配置文件吧！软件 RAID 也是有配置文件的，这个配置文件是 /etc/mdadm.conf，这个配置文件内容很简单，你只要知道 /dev/md0 的 UUID 就能够设置这个文件。这里鸟哥仅介绍它最简单的语法：

```
[root@study ~]# mdadm --detail /dev/md0 | grep -i uuid
        UUID : 2256da5f:4870775e:cf2fe320:4dfabbc6
# 后面那一串数据，就是这个设备向系统注册的 UUID 识别码。
# 开始设置 mdadm.conf。
[root@study ~]# vim /etc/mdadm.conf
ARRAY /dev/md0 UUID=2256da5f:4870775e:cf2fe320:4dfabbc6
#      RAID 设备        识别码内容
# 开始设置启动自动挂载并测试。
[root@study ~]# blkid /dev/md0
/dev/md0: UUID="494cb3e1-5659-4efc-873d-d0758baec523" TYPE="xfs"
[root@study ~]# vim /etc/fstab
UUID=494cb3e1-5659-4efc-873d-d0758baec523  /srv/raid xfs defaults 0 0
[root@study ~]# umount /dev/md0; mount -a
[root@study ~]# df -Th /srv/raid
Filesystem     Type  Size  Used Avail Use% Mounted on
```

```
/dev/md0        xfs  3.0G 111M 2.9G  4% /srv/raid
# 你得确定可以顺利挂载，并且没有发生任何错误。
```

如果到这里都没有出现任何问题，接下来就请重启你的系统并等待看看能否顺利启动吧！

14.2.6　关闭软件 RAID（重要）

除非你未来就是要使用这块软件 RAID(/dev/md0)，否则你势必要跟鸟哥一样，将这个 /dev/md0 关闭，因为它毕竟是我们在这个测试机上面的练习设备。为什么要关闭它呢？因为这个 /dev/md0 其实还是使用到我们系统的磁盘分区，在鸟哥的例子里面就是 /dev/vda{5,6,7,8,9}。如果你只是将 /dev/md0 卸载，然后忘记将 RAID 关闭，结果就是未来你在重新划分 /dev/vdaX 时可能会出现一些莫名的错误情况，所以才需要关闭软件 RAID。那如何关闭呢？也是非常简单。（请注意，确认你的 /dev/md0 确实不需要且要关闭了才进行下面的步骤。）

```
# 1. 先卸载且删除配置文件内与这个/dev/md0 有关的设置。
[root@study ~]# umount /srv/raid
[root@study ~]# vim /etc/fstab
UUID=494cb3e1-5659-4efe-873d-d0758baec523  /srv/raid xfs defaults 0 0
# 将这一行删除掉或是注释掉也可以。
# 2. 先覆盖掉 RAID 的 metadata 以及 XFS 的 superblock，才关闭/dev/md0 的方法。
[root@study ~]# dd if=/dev/zero of=/dev/md0 bs=1M count=50
[root@study ~]# mdadm --stop /dev/md0
mdadm: stopped /dev/md0  <==不多说了，这样就关闭了。
[root@study ~]# dd if=/dev/zero of=/dev/vda5 bs=1M count=10
[root@study ~]# dd if=/dev/zero of=/dev/vda6 bs=1M count=10
[root@study ~]# dd if=/dev/zero of=/dev/vda7 bs=1M count=10
[root@study ~]# dd if=/dev/zero of=/dev/vda8 bs=1M count=10
[root@study ~]# dd if=/dev/zero of=/dev/vda9 bs=1M count=10
[root@study ~]# cat /proc/mdstat
Personalities : [raid6] [raid5] [raid4]
unused devices: <none>  <==看吧！确实不存在任何磁盘阵列设备。
[root@study ~]# vim /etc/mdadm.conf
#ARRAY /dev/md0 UUID=2256da5f:4870775e:ef2fe320:4dfabbe6
# 一样，删除它或是注释它。
```

你可能会问，鸟哥，为啥上面会有数个 dd 的命令？这是因为 RAID 的相关数据其实也会存一份在磁盘当中，所以如果你只是将配置文件删除，同时关闭了 RAID，但是分区并没有重新规划过，那么重新启动过后，系统还是会将这块磁盘阵列建立起来，只是名称可能会变成 /dev/md127。因此，删除掉软件 RAID 时，上述的 dd 命令不要忘记。但是，千千万万不要 dd 到错误的磁盘，那可是会欲哭无泪。

在这个练习中，鸟哥使用同一块磁盘进行软件 RAID 的实验。不过朋友们要注意的是，如果真的要实践软件磁盘阵列，最好是由多块不同的磁盘来组成较佳。因为这样才能够使用到不同磁盘的读写速度，性能才会好。而数据分配在不同的磁盘，当某块磁盘损坏时数据才能够借由其他磁盘挽救回来，这点得特别留意。

14.3　逻辑卷管理器（**Logical Volume Manager**）

想象一个情况，你在当初规划主机的时候，只给了/home 50GB，等到用户众多之后，这个文件系统不够大，此时你能怎么做？多数的朋友都是这样：再加一块新硬盘，然后重新分区并格式化，将/home 的数据完整地复制过来，然后将原本的分区卸载重新挂载新的分区，好麻烦！

若是第二次分区却给的容量太多，导致很多磁盘容量被浪费。你想要将这个分区缩小时，又该如何做呢？将上述的流程再搞一遍？唉！烦死了，尤其复制很花时间，有没有更简单的方法？有的，那就是我们这个小节要介绍的 LVM 这玩意儿。

LVM 的重点在于【可以弹性地调整文件系统的容量】，而并不在于性能与数据安全上面。需要文件的读写性能或是数据的可靠性，请参考前面的 RAID 小节。LVM 可以整合多个物理分区，让这些分区看起来就像是一个磁盘一样。而且，未来还可以在这个 LVM 管理的磁盘当中新增或删除其他的物理分区。如此一来，整个磁盘空间的使用上，实在是相当具有弹性。既然 LVM 这么好用，那就让我们来看看这玩意吧！

14.3.1　什么是 LVM：PV、PE、VG、LV 的意义

LVM 的全名是 Logical Volume Manager，中文翻译为逻辑卷管理器。LVM 的做法是将几个物理的分区（或磁盘）通过软件组合成为一块看起来是独立的大磁盘（VG），然后将这块大磁盘再经过划分成为可使用的分区（LV），最终就能够挂载使用了。但是为什么这样的系统可以进行文件系统的扩充或缩小呢？其实与一个称为 PE 的东西有关。下面我们针对这几个东西来好好聊聊。

◆　物理卷（Physical Volume，PV）

我们实际的分区（或 Disk）需要调整系统标识符（system ID）成为 8e（LVM 的标识符），然后再经过 pvcreate 的命令将它转成 LVM 最底层的物理卷（PV），之后才能够将这些 PV 加以利用。调整 system ID 的方式就是通过 gdisk。

◆　卷组（Volume Group，VG）

所谓的 LVM 大磁盘就是将许多 PV 整合成这个 VG ，所以 VG 就是 LVM 组合起来的大磁盘，这么想就好了。那么这个大磁盘最大可以到多少容量呢？这与下面要说明的 PE 以及 LVM 的格式版本有关。在默认的情况下，使用 32 位的 Linux 系统时，基本上 LV 最大仅能支持到 65534 个 PE 而已；若使用默认的 PE 为 4MB 的情况下，最大容量则仅能达到约 256GB 而已。不过，这个问题在 64 位的 Linux 系统上面已经不存在了，LV 几乎没有啥容量限制了。

◆　物理扩展块（Physical Extent，PE）

LVM 默认使用 4MB 的 PE 数据块，而 LVM 的 LV 在 32 位系统上最多仅能含有 65534 个 PE（lvm1 的格式），因此默认的 LVM 的 LV 会有 4MB*65534/（1024M/G）=256GB。这个 PE 很有趣，它是整个 LVM 最小的存储数据单位，也就是说，其实我们的文件数据都是借由写入 PE 来完成的。简单地说，**这个 PE 就有点像文件系统里面的 block 大小**。这样说应该就比较好理解了吧？所以调整 PE 会影响到 LVM 的最大容量。不过，在 CentOS 6.x 以后，由于直接使用 lvm2 的各项格式功能，以及系统转为 64 位，因此这个限制已经不存在了。

◆　逻辑卷（Logical Volume，LV）

最终的 VG 还会被切成 LV，这个 LV 就是最后可以被格式化使用的类似分区的东西了。那么 LV 是否可以随意指定大小呢？当然不可以。既然 PE 是整个 LVM 的最小存储单位，那么 LV 的大小就与在此 LV 内的 PE 总数有关。为了方便用户利用 LVM 来管理其系统，LV 的设备文件名通常为【/dev/vgname/lvname】的样式。

此外，我们刚刚谈到 LVM 可弹性地修改文件系统的容量，那是如何办到的呢？其实它就是通过【交换 PE】来进行数据转换，将原本 LV 内的 PE 移转到其他设备中以降低 LV 容量，或将其他设备的 PE 加到此 LV 中以加大容量，VG、LV 与 PE 的关系有点像图 14.3.1。

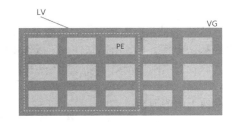

图 14.3.1　PE 与 VG 的相关性图示

如图 14.3.1 所示，VG 内的 PE 会分给虚线部分的 LV，如果未来这个 VG 要扩充的话，加上其他的 PV 即可。而最重要的 LV 如果要扩充的话，也是通过加入

VG 内没有使用到的 PE 来扩充。

◆　实践流程

通过 PV、VG、LV 的规划之后，再利用 mkfs 就可以将你的 LV 格式化成为可以利用的文件系统了。而且这个文件系统的容量在未来还能够进行扩充或减少，而且里面的数据还不会被影响，实在是很【福气】。那实际要如何进行？很简单，整个流程由基础到最终的结果可以这样看。

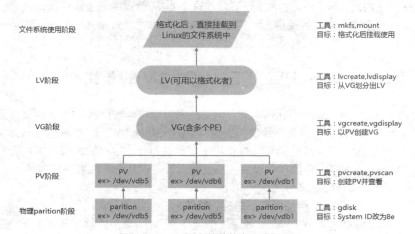

图 14.3.2　LVM 各组件的实现流程图示

如此一来，我们就可以利用 LV 这个玩意儿来进行系统的挂载了。不过，你应该要觉得奇怪的是，**那么我的数据写入这个 LV 时，到底它是怎么写入硬盘当中的呢？**呵呵！好问题，其实，根据写入机制，有两种方式：

- 线性模式（linear）：假如我将 /dev/vda1、/dev/vdb1 这两个分区加入到 VG 当中，并且整个 VG 只有一个 LV 时，那么所谓的线性模式就是当 /dev/vda1 的容量用完之后，/dev/vdb1 的硬盘才会被使用到，这也是我们所建议的模式。
- 交错模式（triped）：那什么是交错模式？很简单，就是我将一条数据拆成两部分，分别写入 /dev/vda1 与 /dev/vdb1 的意思，感觉上有点像 RAID 0，如此一来，一份数据用两块硬盘来写入，理论上，读写的性能会比较好。

基本上，LVM 最主要的用处是在实现一个可以弹性调整容量的文件系统上，而不是在建立一个性能为主的磁盘上。所以，我们应该利用的是 LVM 可以弹性管理整个分区大小的功能，而不是着眼于性能。因此，LVM 默认的读写模式是线性模式。如果你使用 triped 模式，要注意，当任何一个分区【归天】时，所有的数据都会【损坏】。所以，不是很适合使用这种模式。如果要强调性能与备份，那么直接使用 RAID 即可，不需要用到 LVM。

14.3.2　LVM 实践流程

LVM 必需要有内核支持且需要安装 lvm2 这个软件，不过，CentOS 与其他较新的 Linux 发行版已经默认安装了 lvm 所需软件。所以你不需要担心这方面的问题，用就对了。

假设你刚刚也是通过同样的方法完成 RAID 实践案例，那么现在应该有 5 个可用的分区才对。不过，建议你还是得要修改一下 system ID 比较好，将 RAID 的 fd 改为 LVM 的 8e。现在，我们实践 LVM 有点像下面的模样：

- 使用 4 个硬盘分区，每个分区的容量均为 1GB 左右，且 system ID 需要为 8e。
- 全部的分区整合成为一个 VG，VG 名称设置为 vbirdvg，且 PE 的大小为 16MB。
- 建立一个名为 vbirdlv 的 LV，容量大约 2GB。

● 最终这个 LV 格式化为 xfs 的文件系统，且挂载在 /srv/lvm 中。

◆ 0. Disk 阶段（实际的磁盘）

鸟哥就不仔细地介绍物理分区了，请您自行参考第 7 章的 gdisk 来完成下面的范例：

```
[root@study ~]# gdisk -l /dev/vda
Number  Start (sector)    End (sector)  Size        Code  Name
   1         2048             6143    2.0 MiB     EF02
   2         6144          2103295    1024.0 MiB  0700
   3      2103296         65026047    30.0 GiB    8E00
   4     65026048         67123199    1024.0 MiB  8300  Linux filesystem
   5     67123200         69220351    1024.0 MiB  8E00  Linux LVM
   6     69220352         71317503    1024.0 MiB  8E00  Linux LVM
   7     71317504         73414655    1024.0 MiB  8E00  Linux LVM
   8     73414656         75511807    1024.0 MiB  8E00  Linux LVM
   9     75511808         77608959    1024.0 MiB  8E00  Linux LVM
# 其实 system ID 不修改也没关系，只是为了让我们管理员清楚知道该分区的内容，
# 所以这里建议还是自定义成正确的磁盘内容较佳。
```

上面的 /dev/vda{5,6,7,8} 这 4 个分区就是我们的物理分区，也就是下面会实际用到的信息，至于 /dev/vda9 则先保留下来不使用。注意看，那个 8e 的出现会导致 system 变成【Linux LVM】。其实不设置成为 8e 也没关系，不过某些 LVM 的检测命令可能会检测不到该分区。接下来，就一个一个地处理各流程。

◆ 1. PV 阶段

要建立 PV 其实很简单，只要直接使用 pvcreate 即可。我们来谈一谈与 PV 有关的命令。

● pvcreate：将物理分区建立成为 PV。
● pvscan：查找目前系统里面任何具有 PV 的磁盘。
● pvdisplay：显示出目前系统上面的 PV 状态。
● pvremove：将 PV 属性删除，让该分区不具有 PV 属性。

那就直接来看一看。

```
# 1. 检查有无 PV 在系统上，然后将/dev/vda{5-8}建立成为 PV 格式。
[root@study ~]# pvscan
  PV /dev/vda3   VG centos   lvm2 [30.00 GiB / 14.00 GiB free]
  Total: 1 [30.00 GiB] / in use: 1 [30.00 GiB] / in no VG: 0 [0    ]
# 其实安装的时候，我们就有使用 LVM 了，所以会有/dev/vda3 存在的。
[root@study ~]# pvcreate /dev/vda{5,6,7,8}
  Physical volume "/dev/vda5" successfully created
  Physical volume "/dev/vda6" successfully created
  Physical volume "/dev/vda7" successfully created
  Physical volume "/dev/vda8" successfully created
# 这个命令可以一口气建立这四个分区成为 PV，注意大括号的用途。
[root@study ~]# pvscan
  PV /dev/vda3   VG centos   lvm2 [30.00 GiB / 14.00 GiB free]
  PV /dev/vda8               lvm2 [1.00 GiB]
  PV /dev/vda5               lvm2 [1.00 GiB]
  PV /dev/vda7               lvm2 [1.00 GiB]
  PV /dev/vda6               lvm2 [1.00 GiB]
  Total: 5 [34.00 GiB] / in use: 1 [30.00 GiB] / in no VG: 4 [4.00 GiB]
# 这就分别显示每个 PV 的信息与系统所有 PV 的信息，尤其最后一行，显示的是：
# 整体 PV 的量/已经被使用到 VG 的 PV 量/剩余的 PV 量。
# 2. 更详细地列示出系统上面每个 PV 的个别信息。
[root@study ~]# pvdisplay /dev/vda5
  "/dev/vda5" is a new physical volume of "1.00 GiB"
  --- NEW Physical volume ---
  PV Name               /dev/vda5   <==实际的分区设备名称。
  VG Name                           <==因为尚未分配出去，所以空白。
  PV Size               1.00 GiB    <==就是容量说明。
  Allocatable           NO          <==是否已被分配，结果是 NO。
  PE Size               0           <==在此 PV 内的 PE 大小。
  Total PE              0           <==共划分出几个 PE。
```

```
 Free PE                 0              <==没被 LV 用掉的 PE。
 Allocated PE            0              <==尚可分配出去的 PE 数量。
 PV UUID                 Cb717z-lShq-6WXf-ewEj-qg0W-MieW-oAZTR6
# 由于 PE 是在建立 VG 时才设置的参数，因此在这里看到的 PV 里面的 PE 都会是 0，
# 而且也没有多余的 PE 可供分配（allocatable）。
```

讲是很难，做是很简单，这样就将 PV 建立了起来，简单到不行，下面继续来玩 VG。

◆　2．VG 阶段

建立 VG 及 VG 相关的命令也不少，我们来看看：

- vgcreate：主要建立 VG 的命令，它的参数比较多，等一下介绍。
- vgscan：查找系统上面是否有 VG 存在。
- vgdisplay：显示目前系统上面的 VG 状态。
- vgextend：在 VG 内增加额外的 PV。
- vgreduce：在 VG 内删除 PV。
- vgchange：设置 VG 是否启动（active）。
- vgremove：删除一个 VG。

与 PV 不同的是，VG 的名称是自定义的。我们知道 PV 的名称其实就是分区的设备文件名，但是这个 VG 名称则可以随便你自己取。在下面的例子当中，我将 VG 名称取名为 vbirdvg。建立这个 VG 的流程是这样的：

```
[root@study ~]# vgcreate [-s N[mgt]] VG名称 PV名称
选项与参数：
-s ：后面接 PE 的大小（size），单位可以是 m、g、t（大小写均可）。
# 1. 将/dev/vda5-7 建立成为一个 VG，且指定 PE 为 16MB。
[root@study ~]# vgcreate -s 16M vbirdvg /dev/vda{5,6,7}
 Volume group "vbirdvg" successfully created
[root@study ~]# vgscan
 Reading all physical volumes.  This may take a while...
 Found volume group "vbirdvg" using metadata type lvm2 # 我们手动制作的。
 Found volume group "centos" using metadata type lvm2  # 之前系统安装时做的。
[root@study ~]# pvscan
 PV /dev/vda5   VG vbirdvg   lvm2 [1008.00 MiB / 1008.00 MiB free]
 PV /dev/vda6   VG vbirdvg   lvm2 [1008.00 MiB / 1008.00 MiB free]
 PV /dev/vda7   VG vbirdvg   lvm2 [1008.00 MiB / 1008.00 MiB free]
 PV /dev/vda3   VG centos    lvm2 [30.00 GiB / 14.00 GiB free]
 PV /dev/vda8                lvm2 [1.00 GiB]
 Total: 5 [33.95 GiB] / in use: 4 [32.95 GiB] / in no VG: 1 [1.00 GiB]
# 嘿嘿，发现没，有三个 PV 被用去，剩下 1 个/dev/vda8 的 PV 没被用掉。
[root@study ~]# vgdisplay vbirdvg
 --- Volume group ---
 VG Name                vbirdvg
 System ID
 Format                 lvm2
 Metadata Areas         3
 Metadata Sequence No  1
 VG Access              read/write
 VG Status              resizable
 MAX LV                 0
 Cur LV                 0
 Open LV                0
 Max PV                 0
 Cur PV                 3
 Act PV                 3
 VG Size                2.95 GiB        <==整体的 VG 容量有这么大。
 PE Size                16.00 MiB       <==内部每个 PE 的大小。
 Total PE               189             <==PE 数量共有这么多。
 Alloc PE / Size        0 / 0
 Free  PE / Size        189 / 2.95 GiB  <==尚可配置给 LV 的 PE 数量/总容量有这么多。
 VG UUID                Rx7zdR-y2cY-HuIZ-Yd2s-odU8-AkTW-okk4Ea
# 最后三行指的就是 PE 能够使用的情况，由于尚未划分出 LV，因此所有的 PE 均可自由使用。
```

这样就建立一个 VG 了。假设我们要增加这个 VG 的容量，因为我们还有/dev/vda8 嘛！此时你可以这样做：

```
# 2. 将剩余的 PV（/dev/vda8）丢给 vbirdvg。
[root@study ~]# vgextend vbirdvg /dev/vda8
  Volume group "vbirdvg" successfully extended
[root@study ~]# vgdisplay vbirdvg
……（前面省略）……
  VG Size               3.94 GiB
  PE Size               16.00 MiB
  Total PE              252
  Alloc PE / Size       0 / 0
  Free  PE / Size       252 / 3.94 GiB
# 基本上，不难，这样就可以抽换整个 VG 的大小。
```

我们多了一个设备，接下来为这个 vbirdvg 进行分区，通过 LV 来完成。

◆ 3. LV 阶段

创造出 VG 这个大磁盘之后，再来就是要建立分区，这个分区就是所谓的 LV。假设我要将刚刚那个 vbirdvg 磁盘，划分成为 vbirdlv，整个 VG 的容量都被分配到 vbirdlv 里面中。先来看看能使用的命令后，就直接工作。

- lvcreate：建立 LV。
- lvscan：查询系统上面的 LV。
- lvdisplay：显示系统上面的 LV 状态。
- lvextend：在 LV 里面增加容量。
- lvreduce：在 LV 里面减少容量。
- lvremove：删除一个 LV。
- lvresize：对 LV 进行容量大小的调整。

```
[root@study ~]# lvcreate [-L N[mgt]] [-n LV名称] VG名称
[root@study ~]# lvcreate [-l N] [-n LV名称] VG名称
选项与参数：
-L : 后面接容量，容量的单位可以是 M、G、T 等，要注意的是，最小单位为 PE，
     因此这个数量必须要是 PE 的倍数，若不相符，系统会自行计算最相近的容量。
-l : 后面可以接 PE 的【个数】，而不是数量。若要这么做，得要自行计算 PE 数。
-n : 后面接的就是 LV 的名称。
更多的说明应该可以自行查看man lvcreate。
# 1. 将 vbirdvg 分 2GB 给 vbirdlv。
[root@study ~]# lvcreate -L 2G -n vbirdlv vbirdvg
  Logical volume "vbirdlv" created
# 由于本案例中每个 PE 为 16M，如果要用 PE 的数量来处理的话，那使用下面的命令也 OK。
# lvcreate -l 128 -n vbirdlv vbirdvg
[root@study ~]# lvscan
  ACTIVE              '/dev/vbirdvg/vbirdlv' [2.00 GiB] inherit   <==新增加的一个 LV。
  ACTIVE              '/dev/centos/root' [10.00 GiB] inherit
  ACTIVE              '/dev/centos/home' [5.00 GiB] inherit
  ACTIVE              '/dev/centos/swap' [1.00 GiB] inherit
[root@study ~]# lvdisplay /dev/vbirdvg/vbirdlv
  --- Logical volume ---
  LV Path                /dev/vbirdvg/vbirdlv   # 这个是 LV 的全名。
  LV Name                vbirdlv
  VG Name                vbirdvg
  LV UUID                QJJrTC-66sm-878Y-o2DC-nN37-2nFR-0BwMmn
  LV Write Access        read/write
  LV Creation host, time study.centos.vbird, 2015-07-28 02:22:49 +0800
  LV Status              available
  # open                 0
  LV Size                2.00 GiB                # 容量就是这么大。
  Current LE             128
  Segments               3
  Allocation             inherit
  Read ahead sectors     auto
```

```
 - currently set to      8192
 Block device            253:3
```

如此一来，整个 LV 分区也准备好。接下来，就是针对这个 LV 来处理。要特别注意的是，VG 的名称为 vbirdvg，但是 LV 的名称**必须使用全名，即**/dev/vbirdvg/vbirdlv 才对，后续的处理都是这样的。这一点初次接触 LVM 的朋友很容易搞错。

◆　4. 文件系统阶段

这个部分鸟哥就不再多加解释了，直接来进行吧！

```
# 1. 格式化、挂载与查看我们的 LV。
[root@study ~]# mkfs.xfs /dev/vbirdvg/vbirdlv <==注意 LV 全名。
[root@study ~]# mkdir /srv/lvm
[root@study ~]# mount /dev/vbirdvg/vbirdlv /srv/lvm
[root@study ~]# df -Th /srv/lvm
Filesystem              Type  Size  Used Avail Use% Mounted on
/dev/mapper/vbirdvg-vbirdlv xfs  2.0G   33M  2.0G   2% /srv/lvm
[root@study ~]# cp -a /etc /var/log /srv/lvm
[root@study ~]# df -Th /srv/lvm
Filesystem              Type  Size  Used Avail Use% Mounted on
/dev/mapper/vbirdvg-vbirdlv xfs  2.0G  152M  1.9G   8% /srv/lvm  <==确定是可用的。
```

通过这样的功能，我们现在已经创建好了一个 LV，你可以自由使用 /srv/lvm 内的所有资源。

14.3.3　放大 LV 容量

我们不是说 LVM 最大的特色就是弹性调整磁盘容量吗？好，那我们就来处理一下。如果要放大 LV 的容量时，该如何进行完整的步骤呢？其实一点都不难。如果你回去看图 14.3.2 的话，就会知道放大文件系统时，需要下面这些流程的：

1. **VG 阶段需要有剩余的容量**：因为需要放大文件系统，所以需要放大 LV，但是若没有多的 VG 容量，那么更上层的 LV 与文件系统就无法放大。因此，你需要用尽各种方法来产生多的 VG 容量才行。一般来说，如果 VG 容量不足，最简单的方法就是再加硬盘。然后将该硬盘使用上面讲过的 pvcreate 及 vgextend 增加到该 VG 内即可。

2. **LV 阶段产生更多的可用容量**：如果 VG 的剩余容量足够，此时就可以利用 lvresize 这个命令来将剩余容量加入到所需要增加的 LV 设备内，过程相当简单。

3. **文件系统阶段的放大**：我们的 Linux 实际使用的其实不是 LV，而是 LV 这个设备内的文件系统，所以一切最终还是要以文件系统为依存。目前在 Linux 环境下，鸟哥测试过可以放大的文件系统有 xfs 以及 ext 系列。至于缩小仅有 ext 系列，目前 xfs 文件系统并不支持文件系统的容量缩小，要注意，要注意。xfs 放大文件系统通过简单的 xfs_growfs 命令即可。

其中最后一个步骤最重要。我们在第 7 章当中知道，整个文件系统在最初格式化的时候就建立了 inode、区块、超级区块 等信息，要修改这些信息是很难的。不过因为文件系统格式化的时候创建的是多个区块群组，所以我们可以通过在文件系统当中增加区块群组的方式来增减文件系统的量，而增减区块群组就是利用 xfs_growfs。所以最后一步是针对文件系统来处理的，前面几步则是针对 LVM 的实际容量大小。

> 严格说起来，放大文件系统并不是没有进行【格式化】。在放大文件系统时，格式化的位置在于该磁盘设备后来新增的部分，磁盘设备的前面已经存在的文件系统则没有变化。而新增的格式化过的数据，只是再反馈回原本的超级区块而已。

让我们来实践一个范例，假设我们想要针对/srv/lvm 再增加 500MB 的容量，该如何完成？

```
# 1. 由前面的过程我们知道/srv/lvm是/dev/vbirdvg/vbirdlv 这个设备，所以检查 vbirdvg。
[root@study ~]# vgdisplay vbirdvg
  --- Volume group ---
  VG Name               vbirdvg
  System ID
  Format                lvm2
  Metadata Areas        4
  Metadata Sequence No  3
  VG Access             read/write
  VG Status             resizable
  MAX LV                0
  Cur LV                1
  Open LV               1
  Max PV                0
  Cur PV                4
  Act PV                4
  VG Size               3.94 GiB
  PE Size               16.00 MiB
  Total PE              252
  Alloc PE / Size       128 / 2.00 GiB
  Free  PE / Size       124 / 1.94 GiB    # 看起来剩余容量确实超过 500M。
  VG UUID               Rx7zdR-y2cY-HuIZ-Yd2s-odU8-AkTW-okk4Ea
# 既然 VG 的容量够大了，所以直接来放大 LV。
# 2. 放大 LV, 利用 lvresize 的功能来增加。
[root@study ~]# lvresize -L +500M /dev/vbirdvg/vbirdlv
  Rounding size to boundary between physical extents: 512.00 MiB
  Size of logical volume vbirdvg/vbirdlv changed from 2.00 GiB (128 extents) to 2.50 GiB
(160 extents).
  Logical volume vbirdlv successfully resized
# 这样就增加了 LV, lvresize 的语法很简单，基本上同样通过-l 或-L 来增加。
# 若要增加则使用+，若要减少则使用-，详细的选项请参考 man lvresize。
[root@study ~]# lvscan
  ACTIVE              '/dev/vbirdvg/vbirdlv' [2.50 GiB] inherit
  ACTIVE              '/dev/centos/root' [10.00 GiB] inherit
  ACTIVE              '/dev/centos/home' [5.00 GiB] inherit
  ACTIVE              '/dev/centos/swap' [1.00 GiB] inherit
# 可以发现/dev/vbirdvg/vbirdlv 容量由 2G 增加到 2.5G。
[root@study ~]# df -Th /srv/lvm
Filesystem                    Type Size Used Avail Use% Mounted on
/dev/mapper/vbirdvg-vbirdlv xfs  2.0G 111M  1.9G   6% /srv/lvm
```

看到了吧？最终的结果中，LV 真的放大到 2.5GB, 但是文件系统却没有相对增加。而且，我们的 LVM 可以在线直接处理，并不需要特别给它 umount, 真是人性化，但是还是得要处理一下文件系统的容量。开始查看一下文件系统，然后使用 xfs_growfs 来处理。

```
# 3.1 先看一下原本的文件系统内的 superblock 记录情况。
[root@study ~]# xfs_info /srv/lvm
meta-data=/dev/mapper/vbirdvg-vbirdlv isize=256    agcount=4, agsize=131072 blks
        =                       sectsz=512   attr=2, projid32bit=1
        =                       crc=0        finobt=0
data    =                       bsize=4096   blocks=524288, imaxpct=25
        =                       sunit=0      swidth=0 blks
naming  =version 2              bsize=4096   ascii-ci=0 ftype=0
log     =internal               bsize=4096   blocks=2560, version=2
        =                       sectsz=512   sunit=0 blks, lazy-count=1
realtime =none                  extsz=4096   blocks=0, rtextents=0
[root@study ~]# xfs_growfs /srv/lvm    # 这一步骤才是最重要的。
[root@study ~]# xfs_info /srv/lvm
meta-data=/dev/mapper/vbirdvg-vbirdlv isize=256    agcount=5, agsize=131072 blks
        =                       sectsz=512   attr=2, projid32bit=1
        =                       crc=0        finobt=0
data    =                       bsize=4096   blocks=655360, imaxpct=25
```

```
                 =                      sunit=0      swidth=0 blks
naming   =version 2            bsize=4096   ascii-ci=0 ftype=0
log      =internal             bsize=4096   blocks=2560, version=2
         =                     sectsz=512   sunit=0 blks, lazy-count=1
realtime =none                 extsz=4096   blocks=0, rtextents=0
[root@study ~]# df -Th /srv/lvm
Filesystem               Type  Size  Used Avail Use% Mounted on
/dev/mapper/vbirdvg-vbirdlv xfs  2.5G  111M  2.4G   5% /srv/lvm
[root@study ~]# ls -l /srv/lvm
drwxr-xr-x. 131 root root 8192 Jul 28 00:12 etc
drwxr-xr-x. 16 root root 4096 Jul 28 00:01 log
# 刚刚复制进去的数据可还是存在的，并没有消失不见。
```

在上面中，注意看两次 xfs_info 的结果，你会发现到（1）整个区块群组（agcount）的数量增加一个，那个区块群组就是记录新的设备容量的文件系统所在。而你也会（2）发现整体的区块数量增加了，这样整个文件系统就给它放大了。同时，使用 df 去查看时，就真的看到增加的量了。文件系统的放大可以在在线的环境下进行，超棒的。

最后请注意，目前的 xfs 文件系统中，并没有缩小文件系统容量的功能。也就是说，文件系统只能放大不能缩小。如果你想要保有放大、缩小的本事，那还请回去使用 ext 系列最新的 ext4 文件系统，xfs 目前是办不到的。

14.3.4 使用 LVM thin Volume 让 LVM 动态自动调整磁盘使用率

想象一个情况，你有个目录未来会使用到大约 5TB 的容量，但是目前你的磁盘仅有 3TB，问题是接下来的两个月你的系统都还不会超过 3TB 的容量，不过你想要让用户知道，就是它最多有 5TB 可以使用。而且在一个月内你确实可以将系统提升到 5TB 以上的容量，你又不想要在提升容量后才放大到 5TB，那可以怎么办？呵呵！这时可以考虑【实际用多少才分配多少容量给 LV 的 LVM thin Volume】功能。

另外，再想象一个环境，如果你需要 3 个 10GB 的磁盘来进行某些测试，但你的环境仅有 5GB 的剩余容量。在传统的 LVM 环境下，LV 的容量是一开始就分配好的，因此你当然没有办法在这样的环境中产生出 3 个 10GB 的设备。而且更不合理的是，那 3 个 10GB 的设备其实每个实际使用率都没有超过 10%，也就是总使用量目前仅会到 3GB 而已，但我实际就有 5GB 的容量，为何不给我做出 3 个只用 1GB 的 10GB 设备呢？有，就是 LVM thin Volume。

什么是 LVM thin Volume 呢？这东西其实挺好玩的。它的概念是：先建立一个可以实用实取、用多少容量才分配实际写入多少容量的磁盘容量存储池（thin pool），然后再由这个 thin pool 去产生一个【指定要固定容量大小的 LV 设备】，这个 LV 就有趣了。虽然你会看到【声明上，它的容量可能有 10GB，但实际上，该设备用到多少容量时，才会从 thin pool 去实际获得所需要的容量】。就如同上面的环境说的，可能我们的 thin pool 仅有 1GB 的容量，但是可以分配给一个 10GB 的 LV 设备。而该设备实际使用到 500MB 时，整个 thin pool 才分配 500MB 给该 LV。当然，在所有由 thin pool 所分配出来的 LV 设备中，总实际使用量绝不能超过 thin pool 的最大实际容量。如这个案例说的，thin pool 仅有 1GB，那所有的由这个 thin pool 创建出来的 LV 设备内的实际用量，就绝不能超过 1GB。

我们来实践一下好了。刚刚鸟哥的 vbirdvg 应该还有剩余容量，那么请这样做看看：

1. 由 vbirdvg 的剩余容量取出 1GB 来做出一个名为 vbirdtpool 的 thin pool LV 设备，这就是所谓的磁盘容量存储池（thin pool）。

2. 由 vbirdvg 内的 vbirdtpool 产生一个名为 vbirdthin1 的 10GB LV 设备。

3. 将此设备实际格式化为 xfs 文件系统，并且挂载于 /srv/thin 目录内。

话不多说，我们来实验看看。

```
# 1. 先以 lvcreate 来建立 vbirdtpool 这个 thin pool 设备。
[root@study ~]# lvcreate -L 1G -T vbirdvg/vbirdtpool  # 最重要的创建命令。
[root@study ~]# lvdisplay /dev/vbirdvg/vbirdtpool
  --- Logical volume ---
```

```
  LV Name                vbirdtpool
  VG Name                vbirdvg
  LV UUID                p3sLAg-Z8jT-tBuT-wmEL-1wKZ-jrGP-0xmLtk
  LV Write Access        read/write
  LV Creation host, time study.centos.vbird, 2015-07-28 18:27:32 +0800
  LV Pool metadata       vbirdtpool_tmeta
  LV Pool data           vbirdtpool_tdata
  LV Status              available
  # open                 0
  LV Size                1.00 GiB     # 总共可分配出去的容量。
  Allocated pool data    0.00%        # 已分配的容量百分比。
  Allocated metadata     0.24%        # 已分配的元数据百分比。
  Current LE             64
  Segments               1
  Allocation             inherit
  Read ahead sectors     auto
  - currently set to     8192
  Block device           253:6
# 非常有趣，竟然在 LV 设备中还可以有再分配（Allocated）的选项，果然是存储池。
[root@study ~]# lvs vbirdvg    # 语法为 lvs VGname
  LV         VG      Attr       LSize Pool Origin Data% Meta%  Move Log Cpy%Sync Convert
  vbirdlv    vbirdvg -wi-ao---- 2.50g
  vbirdtpool vbirdvg twi-a-tz-- 1.00g                 0.00   0.24
# 这个 lvs 命令的输出更加简单明了，直接看着比较清晰。
# 2. 开始建立 vbirdthin1 这个有 10GB 的设备，注意，必须使用--thin 与 vbirdtpool 链接。
[root@study ~]# lvcreate -V 10G -T vbirdvg/vbirdtpool -n vbirdthin1
[root@study ~]# lvs vbirdvg
  LV         VG      Attr       LSize  Pool       Origin Data% Meta%  Move Log Cpy%Sync Convert
  vbirdlv    vbirdvg -wi-ao---- 2.50g
  vbirdthin1 vbirdvg Vwi-a-tz-- 10.00g vbirdtpool        0.00
  vbirdtpool vbirdvg twi-aotz-- 1.00g                    0.00   0.27
# 很有趣，明明连 vbirdvg 这个 VG 都没有足够大到 10GB 的容量，通过 thin pool
# 竟然产生了 10GB 的 vbirdthin 这个设备，好有趣。
# 3. 开始建立文件系统
[root@study ~]# mkfs.xfs /dev/vbirdvg/vbirdthin1
[root@study ~]# mkdir /srv/thin
[root@study ~]# mount /dev/vbirdvg/vbirdthin1 /srv/thin
[root@study ~]# df -Th /srv/thin
Filesystem                     Type  Size  Used Avail Use% Mounted on
/dev/mapper/vbirdvg-vbirdthin1 xfs    10G   33M   10G   1% /srv/thin
# 真的有 10GB。
# 4. 测试一下容量的使用，建立 500MB 的文件，但不可超过 1GB 的测试为宜。
[root@study ~]# dd if=/dev/zero of=/srv/thin/test.img bs=1M count=500
[root@study ~]# lvs vbirdvg
  LV         VG      Attr       LSize  Pool       Origin Data% Meta%  Move Log Cpy%Sync Convert
  vbirdlv    vbirdvg -wi-ao---- 2.50g
  vbirdthin1 vbirdvg Vwi-aotz-- 10.00g vbirdtpool        4.99
  vbirdtpool vbirdvg twi-aotz-- 1.00g                    49.93  1.81
# 很要命，这时已经分配出 49% 以上的容量，而 vbirdthin1 却只看到用掉 5% 而已。
# 所以鸟哥认为，这个 thin pool 非常好用，但是在管理上，得要特别特别的留意。
```

　　这就是用多少算多少的磁盘容量存储池的使用过程。基本上，用来骗人挺吓人的，小小的一个磁盘可以模拟出好多容量。但实际上，真的可用容量就是实际的磁盘存储池内的容量，如果突破该容量，这个磁盘容量存储池可是会损毁而让数据损坏的，要注意，要注意。

14.3.5　LVM 的 LV 磁盘快照

　　现在你知道 LVM 的好处咯！未来如果你想要增加某个 LVM 的容量时，就可以通过这个放大的功能来处理。那么 LVM 除了这些功能之外，还有什么能力？其实它还有一个重要的能力，那就是 LV 磁盘的快照（snapshot）。什么是 LV 磁盘快照？快照就是将当时的系统信息记录下来，就好像照相记录一般。未来若有任何数据修改，则原始数据会被搬移到快照区，没有被修改的区域则由快照区与文件系统共享。讲的好像很难懂，我们用图解说明一下好了：

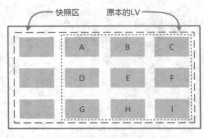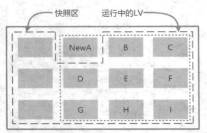

图 14.3.3　LVM 快照区域的备份示意图

左图为最初创建 LV 磁盘快照区的情况，LVM 会预留一个区域（左图的左侧三个 PE 数据块）作为数据存放处。此时快照区内并没有任何数据，而快照区与系统区共享所有的 PE 数据，因此你会看到快照区的内容与文件系统是一模一样的。等到系统运行一阵子后，假设 A 区域的数据被修改了（上面右图所示），则修改前系统会将该区域的数据移动到快照区，所以在右图的快照被占用了一块 PE 成为 A，而其他 B 到 I 的数据块则还是与文件系统共享。

照这样的情况来看，LVM 的磁盘快照是非常棒的【备份工具】，因为它只有备份有被修改到的数据，文件系统内没有被修改的数据依旧保持在原本的数据块内，但是 LVM 快照功能会知道哪些数据放置在哪里，因此【快照】当时的文件系统就得以【备份】下来，且快照所占用的容量又非常小。所以您说，这不是很棒的工具又是什么呢？

那么快照区要如何建立与使用？首先，由于快照区与原本的 LV 共享很多 PE 数据块，因此快照区与被快照的 LV 必须要在同一个 VG 上面。

另外，或许你跟鸟哥一样，会想到说：【咦，我们能不能使用磁盘容量存储池的功能来制作快照】呢？老实说，是可以的，不过使用上面的限制非常的多。包括最好要在同一个磁盘容量存储池内的原始 LV 磁盘，如果为非磁盘容量存储池内的原始 LV 磁盘快照，则该磁盘快照【不可以写入】，即 LV 磁盘要设置成只读才行。同时，使用磁盘容器存储池做出来的快照，通常都是默认不可启动（inactive）的情况，启动又有点麻烦，所以，至少目前（CentOS 7.x）的环境下，鸟哥还不是很建议你使用磁盘容量存储池快照。

下面我们针对传统 LV 磁盘创建快照，大致流程为：

- 预计被拿来备份的原始 LV 为 /dev/vbirdvg/vbirdlv 这个东西。
- 使用传统方式创建快照，原始盘为 /dev/vbirdvg/vbirdlv，快照名称为 vbirdsnap1，容量为 vbirdvg 的所有剩余容量。

◆ 传统快照区的建立

```
# 1. 先查看 VG 还剩下多少剩余容量。
[root@study ~]# vgdisplay vbirdvg
……（其他省略）……
 Total PE              252
 Alloc PE / Size       226 / 3.53 GiB
 Free  PE / Size       26 / 416.00 MiB
# 就只有剩下 26 个 PE 了，全部分配给 vbirdsnap1。
# 2. 利用 lvcreate 建立 vbirdlv 的快照区，快照被取名为 vbirdsnap1，且给予 26 个 PE。
[root@study ~]# lvcreate -s -l 26 -n vbirdsnap1 /dev/vbirdvg/vbirdlv
 Logical volume "vbirdsnap1" created
# 上述的命令中最重要的是那个-s 的选项。代表是 snapshot 快照功能之意。
# -n 后面接快照区的设备名称，/dev/....则是要被快照的 LV 完整文件名。
# -l 后面则是接使用多少个 PE 来被这个快照区使用。
[root@study ~]# lvdisplay /dev/vbirdvg/vbirdsnap1
 --- Logical volume ---
```

```
 LV Path                /dev/vbirdvg/vbirdsnap1
 LV Name                vbirdsnap1
 VG Name                vbirdvg
 LV UUID                I3m3Oc-RIvC-unag-DiiA-iQgI-I3z9-OOaOzR
 LV Write Access         read/write
 LV Creation host, time study.centos.vbird, 2015-07-28 19:21:44 +0800
 LV snapshot status     active destination for vbirdlv
 LV Status              available
 # open                 0
 LV Size                2.50 GiB    # 原始盘，就是 vbirdlv 的原始容量。
 Current LE             160
 COW-table size         416.00 MiB  # 这个快照能够记录的最大容量。
 COW-table LE           26
 Allocated to snapshot 0.00%        # 目前已经被用掉的容量。
 Snapshot chunk size   4.00 KiB
 Segments              1
 Allocation            inherit
 Read ahead sectors    auto
 - currently set to    8192
 Block device          253:11
```

您看看，这个 /dev/vbirdvg/vbirdsnap1 快照区就被建立起来了，而且它的 VG 量竟然与原本的 /dev/vbirdvg/vbirdlv 相同。也就是说，如果你真的挂载这个设备时，看到的数据会跟原本的 vbirdlv 相同。我们就来测试看看：

```
[root@study ~]# mkdir /srv/snapshot1
[root@study ~]# mount -o nouuid /dev/vbirdvg/vbirdsnap1 /srv/snapshot1
[root@study ~]# df -Th /srv/lvm /srv/snapshot1
Filesystem                    Type  Size  Used Avail Use% Mounted on
/dev/mapper/vbirdvg-vbirdlv    xfs   2.5G  111M  2.4G   5% /srv/lvm
/dev/mapper/vbirdvg-vbirdsnap1 xfs   2.5G  111M  2.4G   5% /srv/snapshot1
# 有没有看到，这两个东西竟然是一模一样，我们根本没有动过/dev/vbirdvg/vbirdsnap1 对吧！
# 不过这里面会主动记录原 vbirdlv 的内容。
```

因为 xfs 不允许相同的 UUID 文件系统的挂载，因此我们得要加上那个 nouuid 的参数，让文件系统忽略相同的 UUID 所造成的问题。没办法，因为快照出来的文件系统当然是会一模一样的。

◆ 利用快照区恢复系统

首先，我们来玩一下，如何利用快照区恢复系统。不过要注意的是，**你要恢复的数据量不能够高于快照区所能负载的实际容量**。由于原始数据会被迁移到快照区，如果你的快照区不够大，若原始数据被修改的实际数据量比快照大，那么快照区当然容纳不了，这时候快照功能会失效。

我们的 /srv/lvm 已经有 /srv/lvm/etc、/srv/lvm/log 等目录了，接下来我们将这个文件系统的内容做个修改，然后再以快照区数据还原看看：

```
# 1. 先将原本的/dev/vbirdvg/vbirdlv 内容做些修改，增增减减一些目录。
[root@study ~]# df -Th /srv/lvm /srv/snapshot1
Filesystem                    Type  Size  Used Avail Use% Mounted on
/dev/mapper/vbirdvg-vbirdlv    xfs   2.5G  111M  2.4G   5% /srv/lvm
/dev/mapper/vbirdvg-vbirdsnap1 xfs   2.5G  111M  2.4G   5% /srv/snapshot1
[root@study ~]# cp -a /usr/share/doc /srv/lvm
[root@study ~]# rm -rf /srv/lvm/log
[root@study ~]# rm -rf /srv/lvm/etc/sysconfig
[root@study ~]# df -Th /srv/lvm /srv/snapshot1
Filesystem                    Type  Size  Used Avail Use% Mounted on
/dev/mapper/vbirdvg-vbirdlv    xfs   2.5G  146M  2.4G   6% /srv/lvm
/dev/mapper/vbirdvg-vbirdsnap1 xfs   2.5G  111M  2.4G   5% /srv/snapshot1
[root@study ~]# ll /srv/lvm /srv/snapshot1
/srv/lvm:
total 60
drwxr-xr-x. 887 root root 28672 Jul 20 23:03 doc
drwxr-xr-x. 131 root root  8192 Jul 28 00:12 etc
/srv/snapshot1:
```

```
total 16
drwxr-xr-x. 131 root root 8192 Jul 28 00:12 etc
drwxr-xr-x.  16 root root 4096 Jul 28 00:01 log
# 两个目录的内容看起来已经不太一样了，检测一下快照 LV。
[root@study ~]# lvdisplay /dev/vbirdvg/vbirdsnap1
 --- Logical volume ---
 LV Path                /dev/vbirdvg/vbirdsnap1
……（中间省略）……
 Allocated to snapshot  21.47%
# 鸟哥仅列出最重要的部分，就是全部的容量已经被用掉了 21.4%。
# 2. 利用快照区将原本的文件系统备份，我们使用 xfsdump 来处理。
[root@study ~]# xfsdump -l 0 -L lvm1 -M lvm1 -f /home/lvm.dump /srv/snapshot1
# 此时你就会有一个备份文件，亦即是 /home/lvm.dump。
```

为什么要备份呢？为什么不可以直接格式化 /dev/vbirdvg/vbirdlv，然后将 /dev/vbirdvg/vbirdsnap1 直接复制给 vbirdlv 呢？要知道 vbirdsnap1 其实是 vbirdlv 的快照，因此如果你格式化整个 vbirdlv 时，原本的文件系统所有数据都会被迁移到 vbirdsnap1。那如果 vbirdsnap1 的容量不够大（通常也真的不够大），那么部分数据将无法复制到 vbirdsnap1 内，数据当然无法全部还原，所以才要在上面例子中制作出一个备份文件，了解了吗？

而快照还有另外一个功能，通过比对 /srv/lvm 与 /srv/snapshot1 的内容，就能够发现到最近你到底改了啥东西，这样也是很不赖，您说是吧！接下来让我们准备还原 vbirdlv 的内容。

```
# 3. 将 vbirdsnap1 卸载并删除（因为里面的内容已经备份起来了）。
[root@study ~]# umount /srv/snapshot1
[root@study ~]# lvremove /dev/vbirdvg/vbirdsnap1
Do you really want to remove active logical volume "vbirdsnap1"? [y/n]: y
 Logical volume "vbirdsnap1" successfully removed
[root@study ~]# umount /srv/lvm
[root@study ~]# mkfs.xfs -f /dev/vbirdvg/vbirdlv
[root@study ~]# mount /dev/vbirdvg/vbirdlv /srv/lvm
[root@study ~]# xfsrestore -f /home/lvm.dump -L lvm1 /srv/lvm
[root@study ~]# ll /srv/lvm
drwxr-xr-x. 131 root root 8192 Jul 28 00:12 etc
drwxr-xr-x.  16 root root 4096 Jul 28 00:01 log
# 是否与最初的内容相同，这就是通过快照来还原的一个简单方法。
```

◆ 利用快照区进行各项练习与测试的任务，再以原系统还原快照

换个角度来想想，我们将原本的 vbirdlv 当作备份数据，然后将 vbirdsnap1 当作实际在运行中的数据，任何测试的操作都在 vbirdsnap1 这个快照区当中测试，那么当测试完毕要将测试的数据删除时，只要将快照区删去即可。而要复制一个 vbirdlv 的系统，再作另外一个快照区即可。这样是否非常方便？这对于教学中每年都要帮学生制作一个练习环境非常有帮助。

以前鸟哥老是觉得使用 LVM 的快照来进行备份不太合理，因为还要制作一个备份文件。后来仔细研究并参考徐秉义老师的教材[注4]后，才发现 LVM 的快照实在是一个棒到不行的工具。尤其是在虚拟机当中创建多份给同学使用的测试环境时，你只要有一个基础的环境保持住，其他的环境使用快照来提供即可。即使同学将系统搞烂了，你只要将快照区删除，再重建一个快照区，这样环境就恢复了，天呐！实在是太棒了。

14.3.6 LVM 相关命令集合与 LVM 的关闭

好了，我们将上述用过的一些命令集合一下，提供给您参考参考：

任　　务	PV 阶段	VG 阶段	LV 阶段	文件系统（XFS / ext4）	
查找（scan）	pvscan	vgscan	lvscan	lsblk、blkid	
建立（create）	pvcreate	vgcreate	lvcreate	mkfs.xfs	mkfs.ext4
列出（display）	pvdisplay	vgdisplay	lvdisplay	df、mount	
增加（extend）		vgextend	lvextend（lvresize）	xfs_growfs	resize2fs
减少（reduce）		vgreduce	lvreduce（lvresize）	不支持	resize2fs
删除（remove）	pvremove	vgremove	lvremove	umount，重新格式化	
修改容量（resize）			lvresize	xfs_growfs	resize2fs
修改属性（attribute）	pvchange	vgchange	lvchange	/etc/fstab、remount	

至于文件系统阶段（文件系统的格式化处理）部分，还需要以 xfs_growfs 来自定义文件系统实际的大小才行行。至于虽然 LVM 可以弹性地管理你的磁盘容量，但是要注意，如果你想要使用 LVM 管理您的硬盘，那么在安装的时候就得要做好 LVM 的规划，否则未来还是需要先以传统的磁盘增加方式来增加，移动数据后，才能够使用 LVM。

会玩 LVM 还不行，你必须要会删除系统内的 LVM。因为你的物理分区已经被 LVM 使用，如果没有关闭 LVM 就直接将那些分区删除或转为其他用途的话，系统是会发生很大的问题的。所以，你必须要知道如何将 LVM 的设备关闭并删除才行。会不会很难？其实不会，根据以下的流程来处理即可：

1. 先卸载系统上面的 LVM 文件系统（包括快照与所有 LV）。
2. 使用 lvremove 删除 LV。
3. 使用 vgchange -a n VGname 让 VGname 这个 VG 不具有 Active 的标志。
4. 使用 vgremove 删除 VG。
5. 使用 pvremove 删除 PV。
6. 最后，使用 fdisk 修改 ID 回来。

好吧，下面就将我们之前建立的所有 LVM 数据给删除。

```
[root@study ~]# umount /srv/lvm /srv/thin /srv/snapshot1
[root@study ~]# lvs vbirdvg
  LV         VG      Attr       LSize  Pool        Origin Data% Meta% Move Log Cpy%Sync
  vbirdlv    vbirdvg -wi-a----- 2.50g
  vbirdthin1 vbirdvg Vwi-a-tz-- 10.00g vbirdtpool         4.99
  vbirdtpool vbirdvg twi-aotz-- 1.00g                     49.93 1.81
# 要注意，先删除 vbirdthin1-->vbirdtpool-->vbirdlv 比较好。
[root@study ~]# lvremove /dev/vbirdvg/vbirdthin1 /dev/vbirdvg/vbirdtpool
[root@study ~]# lvremove /dev/vbirdvg/vbirdlv
[root@study ~]# vgchange -a n vbirdvg
  0 logical volume(s) in volume group "vbirdvg" now active
[root@study ~]# vgremove vbirdvg
  Volume group "vbirdvg" successfully removed
[root@study ~]# pvremove /dev/vda{5,6,7,8}
```

最后再用 gdisk 将磁盘的 ID 改回 83，整个过程就这样的。

14.4　重点回顾

- 磁盘配额可公平地分配系统上面的磁盘容量给用户，分配的资源可以是磁盘容量（区块）或可建立文件数量（inode）；
- 磁盘配额的限制可以有 soft、hard、grace time 等重要选项；
- 磁盘配额是针对整个文件系统进行限制，xfs 文件系统可以限制目录；
- 磁盘配额的使用必须要内核与文件系统均支持，文件系统的参数必须含有 usrquota、grpquota、prjquota；

- 磁盘配额的 xfs_quota 实践的命令有 report、print、limit、timer 等；
- 磁盘阵列（RAID）有硬件与软件之分，Linux 操作系统可支持软件磁盘阵列，通过 mdadm 程序来完成；
- 磁盘阵列创建的考虑根据为【容量】【性能】【数据可靠性】等；
- 磁盘阵列所创建的等级常见有的 raid0、raid1、raid1+0、raid5 及 raid6；
- 硬件磁盘阵列的设备文件名与 SCSI 相同，至于 software RAID 则为 /dev/md[0-9]；
- 软件磁盘阵列的状态可借由/proc/mdstat 文件来了解；
- LVM 强调的是【弹性地变化文件系统的容量】；
- 与 LVM 有关的组件有 PV、VG、PE、LV 等，可以被格式化者为 LV；
- 新的 LVM 拥有 LVM thin Volume 的功能，能够动态调整磁盘的使用率；
- LVM 拥有快照功能，快照可以记录 LV 的数据内容，并与原有的 LV 共享未修改的数据，备份与还原就变得很简单；
- xfs 通过 xfs_growfs 命令，可以弹性地调整文件系统的大小。

14.5　本章习题

情境模拟题

由于 LVM 可以弹性调整文件系统的大小，但缺点是可能没有加速与硬件备份（与快照不同）的功能。而磁盘阵列则具有性能与备份的功能，但是无法提供类似 LVM 的优点。在此情境中，我们想利用【在 RAID 上面创建 LVM】的功能，以达到两者兼顾的能力。

- 目标：测试在 RAID 磁盘上面创建 LVM 系统。
- 需求：需要具有磁盘管理的能力，包括 RAID 与 LVM。
- 前提：会用到本章建立出来的 /dev/vda5、/dev/vda6、/dev/vda7 三个分区。

那要如何处理？如下的流程一个步骤一个步骤地实施看看：

1. 重新处理系统，我们在这个练习当中，需要 /dev/vda5、/dev/vda6、/dev/vda7 设置成一个 RAID 5 的/dev/md0 磁盘，详细的做法这里就不谈了。你得要使用 gdisk 来处理成为如下的模样：

```
[root@study ~]# gdisk -l /dev/vda
Number  Start (sector)    End (sector)  Size       Code  Name
   1        2048            6143      2.0 MiB     EF02
   2        6144         2103295    1024.0 MiB    0700
   3      2103296       65026047      30.0 GiB    8E00
   4     65026048       67123199    1024.0 MiB   8300   Linux filesystem
   5     67123200       69220351    1024.0 MiB   FD00   Linux RAID
   6     69220352       71317503    1024.0 MiB   FD00   Linux RAID
   7     71317504       73414655    1024.0 MiB   FD00   Linux RAID
```

2. 开始使用 mdadm 来建立一个简单的 RAID 5，简易的流程如下：

```
[root@study ~]# mdadm --create /dev/md0 --auto=yes --level=5 \
> --raid-devices=3 /dev/vda{5,6,7}
[root@study ~]# mdadm --detail /dev/md0 | grep -i uuid
        UUID : efc7add0:d12ee9ca:e5cb0baa:fbdae4e6
[root@study ~]# vim /etc/mdadm.conf
ARRAY /dev/md0 UUID=efc7add0:d12ee9ca:e5cb0baa:fbdae4e6
```

若没有出现任何错误信息,此时你已经具有/dev/md0 这个磁盘阵列设备了,接下来我们处理 LVM。

3. 开始处理 LVM，现在我们假设所有的参数都使用默认值，包括 PE，然后 VG 名为 raidvg，LV 名为 raidlv，下面为基本的流程：

```
[root@study ~]# pvcreate /dev/md0                <==建立 PV.
[root@study ~]# vgcreate raidvg /dev/md0         <==建立 VG.
```

```
[root@study ~]# lvcreate -L 1.5G -n raidlv raidvg  <==建立 LM。
[root@study ~]# lvscan
 ACTIVE              '/dev/raidvg/raidlv' [1.50 GiB] inherit
```

这样就搞定 LVM 了。而且这个 LVM 是架构在/dev/md0 上面的，然后就是文件系统的建立与挂载了。

4. 尝试建立为 xfs 文件系统，且挂载到 /srv/raidlvm 目录下：

```
[root@study ~]# mkfs.xfs /dev/raidvg/raidlv
[root@study ~]# blkid /dev/raidvg/raidlv
/dev/raidvg/raidlv: UUID="4f6a587d-3257-4049-afca-7da1d405117d" TYPE="xfs"
[root@study ~]# vim /etc/fstab
UUID="4f6a587d-3257-4049-afca-7da1d405117d" /srv/raidlvm xfs    defaults 0 0
[root@study ~]# mkdir /srv/raidlvm
[root@study ~]# mount -a
[root@study ~]# df -Th /srv/raidlvm
Filesystem              Type  Size  Used Avail Use% Mounted on
/dev/mapper/raidvg-raidlv xfs   1.5G  33M  1.5G   3% /srv/raidlvm
```

5. 上述就是 LVM 架构在 RAID 上面的技巧，之后的操作都能够使用本章的其他管理方式来管理，包括 RAID 热插拔功能、LVM 放大缩小功能等。

简答题部分

◆ 在前一章的第一个大量新增账号范例中，如果我想要让每个用户均具有 soft/hard 各为 40MB/50MB 的容量时，应该如何修改这个 shell 脚本？

◆ 如果我想要让 RAID 具有保护数据的功能，防止因为硬件损坏而导致数据的遗失，那我应该要选择的 RAID 等级可能有哪些？（请以本章谈到的等级来思考）

◆ 在默认的 LVM 设置中，请问 LVM 能否具有【备份】的功能？

◆ 如果你的计算机主机提供 RAID 0 的功能，你将你的三块硬盘全部在 BIOS 阶段使用 RAID 芯片整合成为一块大磁盘，则此磁盘在 Linux 系统当中的文件名是什么？

14.6　参考资料与扩展阅读

◆ 注 1：有关 xfs 文件系统的磁盘配额内容，可以参考 xfs 官网说明。
http://xfs.org/docs/xfsdocs-xml-dev/XFS_User_Guide/tmp/en-US/html/xfs-quotas.html

◆ 注 2：若想对 RAID 有更深入的认识，可以参考下面的链接。
http://www.tldp.org/HOWTO/Software-RAID-HOWTO.html

◆ 注 3：详细的 mdstat 说明可以参考如下网页。
https://raid.wiki.kernel.org/index.php/Mdstat

◆ 注 4：徐秉义老师在网管人杂志的文章，文章名分别是。
　● 磁盘管理：SoftRAID 与 LVM 综合实践应用（上）
http://www.babyface2.com/NetAdmin/16200705SoftRAIDLVM01/
　● 磁盘管理：SoftRAID 与 LVM 综合实践应用（下）
http://www.babyface2.com/NetAdmin/18200707SoftRAIDLVM02/

15

第 15 章　计划任务（crontab）

学习基础篇也有一阵子了，你会发现系统常常会主动地执行一些任务，这些任务到底是谁在设置工作的呢？如果你想要让自己设计的备份程序可以自动地在系统下面执行，而不需要手动来启动它，又该如何处置？这些计划型的任务可能又分为【单一】任务与【循环】任务，在系统内又是哪些服务在负责？还有还有，如果你想要每年在老婆的生日前一天就发出一封邮件提醒自己不要忘记，可以办得到吗？嘿嘿！这些种种要如何处理，就先看看这一章。

15.1　什么是计划任务

　　每个人或多或少都有一些约会或是工作，**有的工作是例行性的**，例如每年一次的加薪、每个月一次的工作报告、每周一次的午餐汇报、每天需要的打卡等。**有的工作则是临时发生的**，例如刚好总公司有高官来访，需要你准备演讲器材等。在生活上也有此类例行或临时发生的事，例如每年爱人的生日、每天起床的时间等，还有突发性的电子产品大降价（真希望天天都有）等。

　　像上面这些例行性工作，通常要记录在日历上面才能避免忘记。不过，由于我们常常在计算机前面，如果计算机系统能够主动通知我们的话，那就轻松多了。嘿嘿！这个时候 Linux 的计划任务就可以派上用场了。在不考虑硬件与我们服务器的连接状态下，我们的 Linux 可以帮你提醒很多任务，例如：每一天早上 8:00 要服务器连接上音响，并播放音乐来叫你起床；而中午 12:00 Linux 发一封信到你的邮箱，提醒你可以去吃午餐了；另外，在每年你爱人生日的前一天先发封信提醒你，以免忘记这么重要的一天。

　　那么 Linux 的例行性工作是如何实现的呢？咱们的 Linux 计划任务是通过 crontab 与 at 这两个东西完成的。这两个工具有啥异同？就让我们先来看看。

15.1.1　Linux 计划任务的种类：at、cron

　　从上面的说明当中，我们可以很清楚地发现两种计划任务的方式。

◆　一种是例行性的，就是每隔一定的周期要来办的事项。

◆　一种是突发性的，就是这次做完以后就没有的那一种。

　　那么在 Linux 下面如何实现这两个功能？那就得使用 at 与 crontab 这两个好东西。

◆　at：at 是个可以处理仅执行一次就结束的命令，不过执行 at 时，必须要有 atd 这个服务（第 17章）的支持才行。在某些新版的 Linux 发行版中，atd 可能默认并没有启动，那么 at 这个命令就会失效，不过我们的 CentOS 默认是启动的。

◆　crontab：crontab 这个命令所设置的任务将会循环地一直执行下去，可循环的时间为分钟、小时、每周、每月或每年等。crontab 除了可以使用命令执行外，亦可编辑/etc/crontab 来支持，至于让crontab 可以生效的服务则是 crond。

　　下面我们先来谈一谈 Linux 的系统到底在做什么事情，怎么有若干计划任务在执行呢？然后再回来谈一谈 at 与 crontab 这两个好东西。

15.1.2　CentOS Linux 系统上常见的例行性工作

　　如果你已经使用过 Linux 一阵子了，那么你大概会发现 Linux 会主动地帮我们执行一些任务。比方说自动地执行在线更新（online update）、自动地执行 updatedb（第 6 章谈到的 locate 命令）更新文件名数据库、自动地做日志文件分析（所以 root 常常会收到标题为 logwatch 的邮件）等。这是由于系统要正常运行的话，某些后台的任务必须要定时执行。基本上 Linux 系统常见的例行性任务有：

◆　**执行日志文件的论循**（logrotate）

　　Linux 会主动地将系统所发生的各种信息都记录下来，这就是日志文件（第 18 章）。由于系统会一直记录登录信息，所以日志文件将会越来越大。我们知道大型文件不但占容量还会影响读写性能，因此适时地将日志文件数据挪一挪，让旧的数据与新的数据分别存放，则可以更有效地记录登录信息。这就是 logrotate 的任务，也是系统必要的例行任务。

◆　**日志文件分析 logwatch 的任务**

　　如果系统发生了软件问题、硬件错误、信息安全问题等，绝大部分的错误信息都会被记录到日志文件中，因此系统管理员的重要任务之一就是分析日志文件。但你不可能手动通过 vim 等软件去查看日志文件，因为数据太复杂了。我们的 CentOS 提供了一个程序【logwatch】来主动分析登录信息，所以你会发现，你的 root 老是会收到标题为 logwatch 的邮件，那是正常的，你最好也能够看看该邮件的内容。

◆ **建立 locate 的数据库**

在第 6 章谈到 locate 命令时，我们知道该命令通过已经存在的文件名数据库来执行文件名的查询。我们的文件名数据库放置在/var/lib/mlocate/中。问题是，这个数据库怎么会自动更新呢？这就是系统的计划任务所产生的效果，系统会主动地执行 updatedb。

◆ **manpage 查询数据库的建立**

与 locate 数据库类似，可提供快速查询的 manpagedb 也是个数据库，但如果要使用 manpage 数据库时，就得要执行 mandb 才能够建立好，而这个 manpage 数据库也是通过系统的计划任务来自动执行的。

◆ **RPM 软件日志文件的建立**

RPM（第 22 章）是一种软件管理的机制。由于系统可能会常常变更软件，包括软件的全新安装、非经常性更新等，都会造成软件安装文件名的差异。为了方便未来追踪，系统会帮我们将文件名作个排序的记录。有时候系统也会通过计划任务来帮忙完成 RPM 数据库的重新创建。

◆ **删除缓存**

某些软件在运行中会产生一些缓存，但是当这个软件关闭时，这些缓存可能并不会主动地被删除。有些缓存有时间性，如果超过一段时间后，这个缓存就没有效用了，此时删除这些缓存就是一件重要的工作，否则磁盘容量会被耗光。系统通过计划任务执行名为 tmpwatch 的命令来删除这些缓存。

◆ **与网络服务有关的分析操作**

如果你安装了类似网站服务器的软件（如一个名为 apache 的软件），那么你的 Linux 系统通常就会主动地分析该软件的日志文件。同时某些凭证与认证的网络信息是否过期的问题，我们的 Linux 系统也会很友好地帮你执行自动检查。

其实你的系统会执行的计划任务与你安装的软件多少有关，如果你安装过多的软件，某些服务功能的软件都会附上分析工具，那么你的系统就会多出一些计划任务。像鸟哥的主机还多加了很多自己编写的分析工具，以及其他第三方辅助分析软件。嘿嘿！俺的 Linux 工作量可是非常大的。因为有这么多的任务需要执行，所以我们当然得要了解计划任务的工作方式。

15.2 仅执行一次的计划任务

首先，我们先来谈谈单一计划任务的运行，那就是 at 这个命令的运行。

15.2.1 atd 的启动与 at 运行的方式

要使用单一计划任务时，我们的 Linux 系统上面必须要有负责这类计划任务的服务，那就是 atd 这个服务。不过并非所有的 Linux 发行版都默认启动，所以，某些时刻我们必须要手动将它启动才行。启动的方法很简单，就是这样：

```
[root@study ~]# systemctl restart atd   # 重新启动 atd 这个服务。
[root@study ~]# systemctl enable atd    # 让这个服务开机就自动启动。
[root@study ~]# systemctl status atd    # 查看一下 atd 目前的状态。
atd.service - Job spooling tools
   Loaded: loaded (/usr/lib/systemd/system/atd.service; enabled)      # 是否开机启动。
   Active: active (running) since Thu 2015-07-30 19:21:21 CST; 23s ago # 是否正在运行中。
Main PID: 26503 (atd)
   CGroup: /system.slice/atd.service
```

```
      └─26503 /usr/sbin/atd -f
Jul 30 19:21:21 study.centos.vbird systemd[1]: Starting Job spooling tools...
Jul 30 19:21:21 study.centos.vbird systemd[1]: Started Job spooling tools.
```

重点就是要看到上表中的特殊字体，包括【enabled】以及【running】时，这才是 atd 真的在运行的意思，这部分我们在第 17 章会谈及。

◆　at 的运行方式

既然是计划任务，那么应该会有产生任务的方式，并且将这些任务排进计划表中。OK！那么产生任务的方式是怎么执行的呢？事实上，**我们使用 at 这个命令来产生所要运行的任务，并将这个任务以文本文件的方式写入/var/spool/at/目录内，该任务便能等待 atd 这个服务的使用与执行了**，就这么简单。

不过，并不是所有的人都可以执行 at 计划任务。为什么？因为安全的原因，很多主机被所谓【劫持】后，最常发现的就是它们的系统当中多了很多的骇客（Cracker）程序，这些程序非常可能使用计划任务来执行或搜集系统信息，并定时地返回给骇客团体。所以，除非是你认可的账号，否则先不要让它们使用 at 目录。那怎么实现对 at 的管控呢？

我们可以利用/etc/at.allow 与/etc/at.deny 这两个文件来实现对 at 的使用限制。加上这两个文件后，at 的工作情况其实是这样的：

1．先找寻/etc/at.allow 这个文件，写在这个文件中的用户才能使用 at，没有在这个文件中的用户则不能使用 at（即使没有写在 at.deny 当中）。

2．如果/etc/at.allow 不存在，就查找/etc/at.deny 这个文件，写在这个 at.deny 中的用户则不能使用 at，而没有在这个 at.deny 文件中的用户，就可以使用 at。

3．如果两个文件都不存在，那么只有 root 可以使用 at 这个命令。

通过这个说明，我们知道/etc/at.allow 是管理较为严格的方式，而/etc/at.deny 则较为松散（因为账号没有在该文件中，就能够执行 at 了）。在一般的 Linux 发行版当中，由于假设系统上的所有用户都是可信任的，因此系统通常会保留一个空的/etc/at.deny 文件，允许所有人使用 at 命令（您可以自行检查一下该文件）。不过，万一你不希望某些用户使用 at 的话，将那个用户的账号写入/etc/at.deny 即可，一个账号写一行。

15.2.2　实际运行单一计划任务

单一计划任务的执行使用 at 命令，这个命令的运行非常简单，将 at 加上一个时间即可。基本的语法如下：

```
[root@study ~]# at [-mldv] TIME
[root@study ~]# at -c 任务号码
选项与参数：
-m : 当 at 的任务完成后，即使没有输出信息，亦发 email 通知使用者该任务已完成。
-l : at -l 相当于 atq，列出目前系统上面的所有该使用者的 at 计划。
-d : at -d 相当于 atrm，可以取消一个在 at 计划中的任务。
-v : 可以使用较明显的时间格式列出 at 计划中的任务列表。
-c : 可以列出后面接的该项任务的实际命令内容。
TIME: 时间格式，这里可以定义出【什么时候要执行 at 这项任务】的时间，格式有:
 HH:MM                           ex> 04:00
      在今日的 HH:MM 时刻执行，若该时刻已超过，则明天的 HH:MM 执行此任务。
 HH:MM YYYY-MM-DD               ex> 04:00 2015-07-30
      强制规定在某年某月的某一天的特殊时刻执行该任务。
 HH:MM[am|pm] [Month] [Date]      ex> 04pm July 30
      也是一样，强制在某年某月某日的某时刻执行。
 HH:MM[am|pm] + number [minutes|hours|days|weeks]
      ex> now + 5 minutes          ex> 04pm + 3 days
      就是说，在某个时间点【再加几个时间后】才执行。
```

老实说，执行 at 命令最重要的地方在于指定【时间】。鸟哥喜欢使用【now+...】的方式来定义现在过多少时间再执行任务，但有时也需要定义特定的时间点来执行。先看看下面的范例。

```
范例一: 再过五分钟后, 将/root/.bashrc 发给 root 自己。
[root@study ~]# at now + 5 minutes  <==记得单位要加 s。
at> /bin/mail -s "testing at job" root < /root/.bashrc
at> <EOT>    <==这里输入[ctrl]+d 就会出现<EOF>的字样, 代表结束。
job 2 at Thu Jul 30 19:35:00 2015
# 上面这行信息在说明, 第2个 at 任务将在 2015/07/30 的 19:35 执行。
# 而执行 at 会进入所谓的 at shell 环境, 让你执行多重命令等待运行。
范例二: 将上述的第2项任务内容列出来查看。
[root@study ~]# at -c 2
#!/bin/sh          <==就是通过 bash shell 的。
# atrun uid=0 gid=0
# mail root 0
umask 22
······ (中间省略许多的环境变量项目) ······
cd /etc/cron\.d || {
        echo 'Execution directory inaccessible' >&2
        exit 1
}
${SHELL:-/bin/sh} << 'marcinDELIMITER410efc26'
/bin/mail -s "testing at job" root < /root/.bashrc      # 这一行最重要。
marcinDELIMITER410efc26
# 你可以看到命令执行的目录 (/root), 还有多个环境变量与实际的命令内容。
范例三: 由于机房预计于 2015/08/05 停电, 我想要在 2015/08/04 23:00 关机?
[root@study ~]# at 23:00 2015-08-04
at> /bin/sync
at> /bin/sync
at> /sbin/shutdown -h now
at> <EOT>
job 3 at Tue Aug 4 23:00:00 2015
# 您看看, at 还可以在一个任务内输入多个命令, 不错吧!
```

事实上, 当我们使用 at 时会进入一个 at shell 的环境来让用户执行任务命令。此时, **建议你最好使用绝对路径来执行你的命令, 避免出问题**。由于命令的执行与 PATH 变量有关, 同时与当时的工作目录也有关连 (如果牵涉文件的话), 因此使用绝对路径来执行命令, 会是一劳永逸的方法。为什么? 举例来说, 你在/tmp 执行【atnow】, 然后输入【 mail-s"test"root<.bashrc 】, 问一下, 那个.bashrc 的文件会存在哪里? 答案是【/tmp/.bashrc】。因为 at **在运行时, 会跑到当时执行 at 命令的那个工作目录**。

有些朋友希望【我要在某某时刻, 在我的终端显示出 Hello 的字样】, 然后就在 at 里面执行这样的信息【echo"Hello"】。等时间到了, 却发现没有任何信息在屏幕上显示, 这是啥原因? **这是因为 at 的执行与终端环境无关, 而所有标准输出/标准错误输出都会发送到执行者的 mailbox 中**, 所以在终端当然看不到任何信息。那怎么办? 没关系, 可以通过终端的设备来处理。假如你在 tty1 登录, 则可以使用【echo"Hello">/dev/tty1】来替换。

要注意的是, 如果在 at shell 内的命令并没有输出任何信息, 那么 at 默认不会发 email 给执行者。如果你想让 at 无论如何都发一封 email 告知你是否执行了命令, 那么可以使用【at -m 时间格式】来执行命令。这样 at 就会传送一个信息给执行者, 而不论该命令执行有无信息输出。

at 有另外一个很棒的优点, 那就是【后台执行】的功能。什么是后台执行? 很难了解吗? 其实与 bash 的 nohup (第16章) 类似。鸟哥举自己的几个例子来给您听听, 您就了解了解。

- **脱机继续执行的任务**: 鸟哥初次接触 UNIX 为的是要运行空气质量模型, 那是一种大型的程序, 这个程序在当时的硬件下面运行, 一个案例要运行3天。由于鸟哥也要执行其他研究工作, 因此常常使用 Windows 98 (你没看错, 鸟哥是老人) 来连接到 UNIX 工作站运行那个

3 天的案例。结果你也该知道，Windows 98 连开 3 天而不宕机的概率是很低的。而宕机时，所有在 Windows 上的连接都会中断。包括鸟哥在运行的那个程序也中断了，呜呜！明明再过 3 个小时就可以执行完的程序，由于宕机害我又得运行 3 天。

- 另一个常用的时刻则是如上面的范例三，某个突发状况导致你必须要执行某项任务时，这个 at 就很好用。

由于 at 计划任务的使用，系统会将该项 at 任务独立出你的 bash 环境，直接交给系统的 atd 程序来接管。因此，当你执行了 at 的任务之后就可以立刻脱机了，剩下的工作就完全交给 Linux 管理。所以，如果有长时间的网络任务时，使用 at 可以让你免除网络断线后的困扰。

- at 任务的管理

那么万一我执行了 at 之后，才发现命令输入错误，该如何是好？使用 atq 与 atrm 将它删除。

```
[root@study ~]# atq
[root@study ~]# atrm （jobnumber）
范例一：查询目前主机上面有多少的 at 计划任务？
[root@study ~]# atq
3       Tue Aug  4 23:00:00 2015 a root
# 上面说的是【在 2015/08/04 的 23:00 有一项任务，该项任务命令执行者为 root，
# 而且该项任务的任务号码（jobnumber）为 3 号。
范例二：将上述的第 3 个任务删除。
[root@study ~]# atrm 3
[root@study ~]# atq
# 没有任何信息，表示该任务被删除了。
```

如此一来，你可以利用 atq 来查询，利用 atrm 来删除错误的命令，利用 at 来直接执行单一计划任务，很简单。不过，有个问题需要处理一下。**如果你是在一个非常忙碌的系统下运行 at，能不能指定你的任务在系统较闲的时候才执行呢？** 这是可以的，那就使用 batch 命令。

- **batch：系统有空时才执行后台任务**

其实 batch 是利用 at 来执行命令的，只是加入一些控制参数而已。这个 batch 神奇的地方在于：它是在 CPU 的任务负载小于 0.8 的时候，才执行你的工作任务。那什么是任务负载 0.8 呢？这个任务负载的意思是：CPU 在单一时间点所负责的任务数量，而不是 CPU 的使用率。举例来说，如果我有一个程序需要一直使用 CPU 的运算功能，那么此时 CPU 的使用率可能到达 100%，但是 CPU 的任务负载则是趋近于【1】，因为 CPU 仅负责一个任务嘛。如果同时执行两个这样的程序呢？CPU 的使用率还是 100%，但是任务负载则变成了【2】，了解了吗？

所以也就是说，CPU 的任务负载大，代表 CPU 必须要在不同的任务之间执行频繁的任务切换。这样的 CPU 运行情况我们在第 0 章谈过，忘记的话请回去看看。因为一直切换任务，所以会导致系统忙碌。系统如果很忙碌，还要额外执行 at，不太合理，所以才有 batch 命令的产生。

在 CentOS 7 下面的 batch 已经不再支持时间参数了，因此 batch 可以拿来作为判断是否要立刻执行后台程序的根据。下面我们来实验一下 batch。为了产生 CPU 较高的任务负载，我们用了第 12 章里面计算 Pi 的脚本，连续执行 4 次这个程序，来模拟高负载，然后来玩一玩 batch：

```
范例一：请执行 Pi 的计算，然后在系统闲置时，执行 updatdb 的任务。
[root@study ~]# echo "scale=100000; 4*a (1) " | bc -lq &
[root@study ~]# echo "scale=100000; 4*a (1) " | bc -lq &
[root@study ~]# echo "scale=100000; 4*a (1) " | bc -lq &
[root@study ~]# echo "scale=100000; 4*a (1) " | bc -lq &
# 然后等待个大约数十秒的时间，之后再来确认一下任务负载的情况
[root@study ~]# uptime
 19:56:45 up 2 days, 19:54,  2 users,  load average: 3.93, 2.23, 0.96
[root@study ~]# batch
at> /usr/bin/updatedb
at> <EOT>
job 4 at Thu Jul 30 19:57:00 2015
[root@study ~]# date;atq
Thu Jul 30 19:57:47 CST 2015
```

```
4         Thu Jul 30 19:57:00 2015 b root
# 可以看得到，明明时间已经超过了，却没有实际执行 at 的任务。
[root@study ~]# jobs
[1]   Running                 echo "scale=100000; 4*a (1) " | bc -lq &
[2]   Running                 echo "scale=100000; 4*a (1) " | bc -lq &
[3]- Running                 echo "scale=100000; 4*a (1) " | bc -lq &
[4]+ Running                 echo "scale=100000; 4*a (1) " | bc -lq &
[root@study ~]# kill -9 %1 %2 %3 %4
# 这时先用 jobs 找出后台任务，再使用 kill 删除掉四个后台任务后，慢慢等待任务负载的下降。
[root@study ~]# uptime; atq
 20:01:33 up 2 days, 19:59,  2 users,  load average: 0.89, 2.29, 1.40
4         Thu Jul 30 19:57:00 2015 b root
[root@study ~]# uptime; atq
 20:02:52 up 2 days, 20:01,  2 users,  load average: 0.23, 1.75, 1.28
# 在 19:59 时，由于 loading 还是高于 0.8，因此 atq 可以看得到 at job 还是持续再等待当中。
# 但是到了 20:01 时，loading 降低到 0.8 以下，所以 atq 就执行完毕。
```

使用 uptime 可以查看到 1 分钟、5 分钟、15 分钟的【平均任务负载】量。因为是平均值，所以当我们如上表删除掉四个任务后，任务负载不会立即降低，需要一小段时间让这个 1 分钟平均值慢慢恢复到接近 0。当小于 0.8 之后的【整分钟时间】时，atd 就会执行 batch 的任务。

什么是【整分钟时间】呢？不论是 at 还是下面要介绍的 crontab，它们最小的时间单位都是【分钟】。所以，基本上，它们的任务是【每分钟检查一次】来处理的，就是整分（秒为 0 的时候），这样了解了吗？同时，你会发现其实 batch 也是使用 atq 与 atrm 来管理的。

15.3 循环执行的计划任务

相对于 at 是仅执行一次的任务，循环执行的计划任务则是由 cron（crond）这个系统服务来控制的。刚刚谈过 Linux 系统上面原本就有非常多的例行性计划任务，因此这个系统服务是默认启动的。另外，由于用户自己也可以执行计划任务，所以，Linux 也提供用户控制计划任务的命令（crontab）。下面我们分别来聊一聊。

15.3.1 用户的设置

用户想要建立循环型计划任务时，使用的是 crontab 这个命令。不过，为了避免安全性的问题，与 at 同样的，我们可以限制使用 crontab 的用户账号。可以使用的配置文件有：

◆ /etc/cron.allow
将可以使用 crontab 的账号写入其中，不在这个文件内的用户则不可使用 crontab。
◆ /etc/cron.deny
将不可以使用 crontab 的账号写入其中，未记录到这个文件当中的用户，就可以使用 crontab。
与 at 很像。同样的，以优先级来说，/etc/cron.allow 比/etc/cron.deny 要优先。而判断上面，这两个文件只选择一个来限制而已。因此，建议你只要保留一个即可，免得影响自己在设置上面的判断。一般来说，系统默认保留/etc/cron.deny，你可以将不想让它执行 crontab 的那个用户写入/etc/cron.deny 当中，一个账号一行。

当用户使用 crontab 这个命令来建立计划任务之后，该项任务就会被记录到/var/spool/cron/中，而且是以账号来作为判断根据的。举例来说，dmtsai 使用 crontab 后，它的任务会被记录到/var/spool/cron/dmtsai 中。但请注意，不要使用 vi 直接编辑该文件，因为可能由于输入语法错误，会导致无法执行 cron。另外，cron 执行的每一项任务都会被记录到/var/log/cron 这个日志文件中，所以，如果你的 Linux 不知道是否被植入木马时，也可以查找一下/var/log/cron 这个日志文件。

好了，那么我们就来聊一聊 crontab 的语法。

```
[root@study ~]# crontab [-u username] [-l|-e|-r]
选项与参数：
-u : 只有 root 才能执行这个任务，亦即帮其他使用者建立/删除 crontab 计划任务。
-e : 编辑 crontab 的任务内容。
-l : 查看 crontab 的任务内容。
-r : 删除所有的 crontab 的任务内容，若仅要删除一项，请用-e 去编辑。
范例一：用 dmtsai 的身份在每天的 12:00 发信给自己。
[dmtsai@study ~]$ crontab -e
# 此时会进入 vi 的编辑界面让您编辑任务，注意到，每项任务都是一行。
0  12  *  *  * mail -s "at 12:00" dmtsai < /home/dmtsai/.bashrc
#分 时 日 月 周 |<==============命令串==========================>|
```

默认情况下，任何用户只要不被列入/etc/cron.deny 当中，那么它就可以直接执行【crontab -e】去编辑自己的例行性命令。整个过程就如同上面提到的，会进入 vi 的编辑界面，然后以一个任务一行来编辑，编辑完毕之后输入【:wq】并存储后退出 vi 即可。而每项任务（每行）的格式都具有六个字段，这六个字段的意义为：

代表意义	分钟	小时	日期	月份	周	命令
数字范围	0~59	0~23	1~31	1~12	0~7	需要执行的命令

比较有趣的是那个【周】，周的数字为 0 或 7 时，都代表【星期天】的意思。另外，还有下面这些特殊字符：

特 殊 字 符	代 表 意 义
*（星号）	代表任何时刻都接受的意思。举例来说，范例一内那个日、月、周都是*，就代表着【不论何月、何日的星期几的 12:00 都执行后续命令】的意思
,（逗号）	代表分隔时段的意思。举例来说，如果要执行的任务是 3:00 与 6:00 时，就会是： 0 3,6 * * * command 时间参数还是有五栏，不过第二栏是 3、6，代表 3 与 6 都适用
-（减号）	代表一段时间范围内，举例来说，8 点到 12 点之间的每小时的 20 分都执行一项任务： 20 8-12 * * * command 仔细看到第二栏变成 8—12，代表 8、9、10、11、12 都适用的意思
/n（斜线）	那个 n 代表数字，亦即是【每隔 n 单位间隔】的意思，例如每五分钟执行一次，则： */5 * * * * command 很简单吧！用*与/5 来搭配，也可以写成 0-59/5，相同意思

我们就来搭配几个例子练习看看。下面的案例请实际用 dmtsai 这个账户做看看，后续的操作才能够搭配起来。

例题

假若你的女朋友生日是 5 月 2 日，你想要在 5 月 1 日的 23:59 发一封信给她，这封信的内容已经写在/home/dmtsai/lover.txt 内了，该如何执行？

答：直接执行 crontab -e 之后，编辑成为：

```
59 23 1 5 * mail kiki < /home/dmtsai/lover.txt
```

那样的话，每年 kiki 都会收到你的这封信。（当然，信的内容就要每年变一变。）

例题

假如每五分钟需要执行/home/dmtsai/test.sh 一次，又该如何？

答：同样使用 crontab -e 进入编辑：

```
*/5 * * * * /home/dmtsai/test.sh
```

那个 crontab 每个人都只有一个文件存在，就是在/var/spool/cron 里面。还有建议您：【命令执行时，最好使用绝对路径，这样比较不会找不到执行文件】。

例题

假如你每星期六都与朋友有约，那么想要每个星期五下午 4:30 告诉你朋友不要忘记星期六的约会，则：
答：还是使用 crontab -e。

```
30 16 * * 5 mail friend@his.server.name < /home/dmtsai/friend.txt
```

真的是很简单吧！呵呵！那么，该如何查询用户目前的 crontab 内容呢？我们可以这样来看看：

```
[dmtsai@study ~]$ crontab -l
0 12 * * * mail -s "at 12:00" dmtsai < /home/dmtsai/.bashrc
59 23 1 5 * mail kiki < /home/dmtsai/lover.txt
*/5 * * * * /home/dmtsai/test.sh
30 16 * * 5 mail friend@his.server.name < /home/dmtsai/friend.txt
# 注意，若仅要删除一项任务的话，必须用 crontab -e 去编辑，如果删除全部任务，才使用 crontab -r。
[dmtsai@study ~]$ crontab -r
[dmtsai@study ~]$ crontab -l
no crontab for dmtsai
```

看到了吗？crontab【整个内容都不见了】，所以请注意：【如果只是要删除某个 crontab 的任务选项，那么请使用 crontab -e 来重新编辑即可】。如果使用-r 的参数，是会将所有的 crontab 数据内容都删掉的，千万注意了。

15.3.2 系统的配置文件：/etc/crontab、/etc/cron.d/*

这个【crontab -e】是针对用户的 cron 来设计的，如果要执行【系统的例行性任务】时，该怎么办？是否还是需要用 crontab -e 来管理你的计划任务？当然不需要，你只要编辑 /etc/crontab 这个文件就可以。有一点需要特别注意，那就是 crontab -e 这个 crontab 其实是 /usr/bin/crontab 这个执行文件，但是 /etc/crontab 可是一个【纯文本文件】，你可以用 root 的身份编辑一下这个文件。

基本上，cron 这个服务的最低检测限制是【分钟】，所以【cron 会每分钟去读取一次 /etc/crontab 与 /var/spool/cron 里面的数据内容】。因此，只要你编辑完 /etc/crontab 这个文件，并且将它保存之后，那么 cron 的设置就自动地会来执行了。

> 在 Linux 下面的 crontab 会自动帮我们每分钟重新读取一次 /etc/crontab 的计划任务列表。但是由于某些原因或是在其他的 UNIX 系统中，由于 crontab 是读到内存当中的，所以在你修改完/etc/crontab 之后，可能并不会马上执行，这个时候请重新启动 crond 这个服务:【systemctl restart crond】。

废话少说，我们就来看一下这个 /etc/crontab 的内容。

```
[root@study ~]# cat /etc/crontab
SHELL=/bin/bash                    <==使用哪种 shell。
```

```
PATH=/sbin:/bin:/usr/sbin:/usr/bin  <==执行文件查找路径。
MAILTO=root                         <==若有额外 stdout，用 email 将数据送给谁。
# Example of job definition:
# .---------------- minute (0 - 59)
# | .-------------- hour (0 - 23)
# | | .----------- day of month (1 - 31)
# | | | .------- month (1 - 12) OR jan,feb,mar,apr ...
# | | | | .---- day of week (0 - 6) (Sunday=0 or 7) OR sun,mon,tue,wed,thu,fri,sat
# | | | | |
# * * * * * user-name  command to be executed
```

看到这个文件的内容你大概就了解了吧！呵呵！没错，这个文件与刚刚我们执行 crontab -e 的内容几乎一模一样，只有几个地方不太相同：

- MAILTO=root

这个选项是说，当 /etc/crontab 这个文件中的例行性工作的命令发生错误时，或是该任务的执行结果有标准输出/标准错误时，会将错误信息或是屏幕显示的信息传给谁？默认当然是由系统直接发一封 email 给 root。不过，由于 root 无法在客户端中以 POP3 之类的协议收信，因此，鸟哥通常都将这个 email 改成自己的账号，好让我随时了解系统的状况。例如：MAILTO=dmtsai@my.host.name

- PATH=....

还记得我们在第 10 章的 BASH 当中一直提到的执行文件路径问题吧？没错，这里就是输入执行文件的查找路径，使用默认的路径设置就已经足够了。

- 【分 时 日 月 周 身份 命令】7 个字段的设置

这个 /etc/crontab 里面可以设置的基本语法与 crontab -e 不太相同。前面同样是分、时、日、月、周 5 个字段，但是在 5 个字段后面接的并不是命令，而是一个新的字段，那就是【执行后面那串命令的用户身份】是什么，这与用户的 crontab -e 不相同。由于用户自己的 crontab 并不需要指定身份，但/etc/crontab 里面当然要指定身份。以上表的内容来说，系统默认的计划任务是以 root 的身份来执行的。

◆ crond 服务读取配置文件的位置

一般来说，crond 默认有 3 个地方会执行脚本配置文件，它们分别是：

- /etc/crontab
- /etc/cron.d/*
- /var/spool/cron/*

这三个地方中，跟系统的运行有关系的两个配置文件是/etc/crontab 文件以及 /etc/cron.d/* 目录内的文件，另外一个是跟用户自己的任务有关系的配置文件，就是放在 /var/spool/cron/ 里面的文件。我们已经知道了 /var/spool/cron 以及 /etc/crontab 的内容，那么现在就来看看 /etc/cron.d 里面的东西。

```
[root@study ~]# ls -l /etc/cron.d
-rw-r--r--. 1 root root 128 Jul 30  2014 0hourly
-rw-r--r--. 1 root root 108 Mar  6 10:12 raid-check
-rw-r--r--. 1 root root 235 Mar  6 13:45 sysstat
-rw-r--r--. 1 root root 187 Jan 28  2014 unbound-anchor
# 其实说真的，除了/etc/crontab 之外，crond 的配置文件还不少，上面就有四个设置。
# 先让我们来看看 0hourly 这个配置文件的内容。
[root@study ~]# cat /etc/cron.d/0hourly
# Run the hourly jobs
SHELL=/bin/bash
PATH=/sbin:/bin:/usr/sbin:/usr/bin
MAILTO=root
01 * * * * root run-parts /etc/cron.hourly
# 看一看，内容跟/etc/crontab 几乎一模一样，但实际上是有设置值，就是最后一行。
```

如果你想要自己开发新的软件，该软件要拥有自己的 crontab 定时命令时，就可以将【分、时、日、月、周、身份、命令】的配置文件放置到 /etc/cron.d/ 目录下。在此目录下的文件是【crontab

的配置文件脚本 】。

> 以鸟哥来说，现在鸟哥正在开发一些虚拟化教室的软件，该软件需要定时清除一些垃圾防火墙规则。那鸟哥就会将要执行的时间与命令设计好，然后直接将设置写入到 /etc/cron.d/newfile 即可。未来如果这个软件要升级，直接将该文件覆盖成新文件即可，比起手动去分析 /etc/crontab 要单纯得多。

另外，请注意一下上面表格中提到的最后一行，每个整点的一分会执行【 run-parts /etc/cron.hourly 】这个命令，咦？那什么是 run-parts 呢？如果你去分析一下这个执行文件，会发现它就是 shell 脚本，run-parts 脚本会在大约 5 分钟内随机选一个时间来执行 /etc/cron.hourly 目录内的所有执行文件。因此，放在 /etc/cron.hourly/ 的文件，必须是能被直接执行的命令脚本，而不是分、时、日、月、周的设置值，注意注意。

也就是说，除了自己指定分、时、日、月、周加上命令路径的 crond 配置文件之外，你也可以直接将命令放置到（或链接到）/etc/cron.hourly/ 目录下，这样该命令就会被 crond 在每小时的第 1 分钟开始后的 5 分钟内，随机取一个时间点来执行，你无须手动去指定分、时、日、月、周。

眼尖的朋友可能还会发现，除了可以直接将命令放到 /etc/cron.hourly/，让系统每小时定时执行之外，在 /etc/ 下面其实还有 /etc/cron.daily/、/etc/cron.weekly/、/etc/cron.monthly/，这三个目录是代表每日、每周、每月各执行一次的意思吗？嘿嘿！厉害。没错，是这样！不过跟 /etc/cron.hourly/ 不太一样的是，那三个目录是由 anacron 所执行的，而 anacron 的执行方式则是放在 /etc/cron.hourly/0anacron 里面，跟前几代 anacron 是单独的服务不太一样。这部分留待下个小节再来讨论。

最后，让我们总结一下吧：

- 个人化的操作使用【 crontab -e 】：如果你是根据个人需求来建立例行计划任务，建议直接使用 crontab -e 来建立你的计划任务较佳。这样也能保障你的命令操作不会被大家看到（ /etc/crontab 是大家都能读取的权限）。
- 系统维护管理使用【 vim /etc/crontab 】：如果你这个例行计划任务是系统的重要任务，为了让自己管理方便，同时容易追踪，建议直接写入 /etc/crontab 较佳。
- 自己开发软件使用【 vim /etc/cron.d/newfile 】：如果你是想要自己开发软件，那当然最好就是使用全新的配置文件，并且放置于 /etc/cron.d/ 目录内即可。
- 固定每小时、每日、每周执行的特别任务：如果与系统维护有关，还是建议放置到 /etc/crontab 中来集中管理较好。如果想要偷懒或是一定要在某个周期内执行的任务，也可以放置到上面谈到的几个目录中，直接写入命令即可。

15.3.3　一些注意事项

有的时候，我们以系统的 cron 来执行计划任务的建立时，要注意一些使用方面的特性。举例来说，如果我们有四个任务都是五分钟要执行一次的，那么是否这四个操作全部都在同一个时间点执行呢？如果同时执行，该四个操作又很耗系统资源，如此一来，每五分钟的某个时刻不是会让系统忙得要死？呵呵！此时好好地分配一些运行时间就 OK。所以，还需要注意以下内容：

◆ 资源分配不均的问题

大量使用 crontab 的时候，总是会有问题发生。最严重的问题就是【系统资源分配不均】。以鸟哥的系统为例，我会检测主机流量的信息，包括：

- 流量
- 区域内其他 PC 的流量监测

- CPU 使用率
- RAM 使用率
- 在线人数实时监测

如果每个流程都在同一个时间启动的话，那么在某个时段，系统会变得相当繁忙。所以，这个时候就必须要分别设置，我可以这样做：

```
[root@study ~]# vim /etc/crontab
1,6,11,16,21,26,31,36,41,46,51,56 * * * * root  CMD1
2,7,12,17,22,27,32,37,42,47,52,57 * * * * root  CMD2
3,8,13,18,23,28,33,38,43,48,53,58 * * * * root  CMD3
4,9,14,19,24,29,34,39,44,49,54,59 * * * * root  CMD4
```

看到了没？那个【,】分隔的时候，请注意，不要有空格符。（连续的意思）如此一来，则可以将每五分钟运行的流程分别在不同的时刻来执行，从而让系统的执行较为顺畅。

◆ 取消不要的输出选项

另外一个困扰发生在【当有执行成果或是执行的选项中有输出的数据时，该数据将会 mail 给 MAILTO 设置的账号】。好，那么当有一个任务一直出错（例如 DNS 的检测系统当中，若 DNS 上层主机挂掉，那么你就会一直收到错误信息），怎么办呢？呵呵！还记得第 10 章谈到的数据流重定向吧？直接用【数据流重定向】将结果输出到 /dev/null 这个垃圾桶当中就好。

◆ 安全的检验

很多时候木马都是以计划任务命令的方式植入的，所以可以借由检查 /var/log/cron 的内容来观察是否有【非您设置的 cron 被执行了？】这个时候就需要小心一点。

◆ 周与日月不可同时并存

另一个需要注意的地方在于：【你可以分别以周或是日月为单位作为循环，但你不可使用「几月几号且为星期几」的模式任务】。这个意思是说，你不可以这样编写一个计划任务：

```
30 12 11 9 5 root echo "just test"   <==这是错误的写法。
```

本来你以为 9 月 11 号且为星期五才会执行这项任务，无奈的是，系统可能会判定每个星期五做一次，或每年的 9 月 11 号分别执行，如此一来与你当初的规划就不一样了。所以，得要注意这个地方。

> 根据某些人的说法，这个月日、周不可并存的问题已经在新版中被解决了，不过，鸟哥并没有实际去验证它，目前也不打算验证它。因为，周就是周，月日就月日，单一执行点就是单一执行点，无须使用 crontab 去设置固定的日期，您说是吧？

15.4　可唤醒停机期间的工作任务

想象一个环境，你的 Linux 服务器有一个任务是需要在每周的星期天凌晨 2 点执行，但是很不巧，星期六停电了，所以你得要星期一才能进公司去启动服务器。那么请问，这个星期天的计划任务还要不要执行？因为你开机的时候已经是星期一，所以星期天的任务当然不会被执行，对吧！

问题是，若该任务非常重要（例如例行备份），所以其实你还是希望在下个星期天之前的某天执行一下比较好，那你该怎么办？自己手动执行？如果你跟鸟哥一样是个记忆力超差的家伙，那么肯定【记不起来某个重要任务要执行】的，这时候就要靠 anacron 这个命令的功能了。这个命令可以主动帮你执行时间到了但却没有执行的计划任务。

15.4.1   什么是 anacron

anacron 并不是用来替换 crontab 的，anacron 存在的目的就在于我们上面提到的，用于处理非 24 小时运行的 Linux 系统所执行的 crontab，以及因为某些原因导致的超过时间而没有被执行的任务。

其实 anacron 也是每小时被 crond 执行一次，然后 anacron 再去检测相关的计划任务有没有被执行，如果有超过期限的任务在，就执行该任务，执行完毕或无须执行任何任务时，anacron 就停止。

由于 anacron 默认会以一天、七天、一个月为期去检测系统未执行的 crontab 任务，因此对于某些特殊的使用环境非常有帮助。举例来说，如果你的 Linux 主机是放在公司给同事使用的，因为周末假日大家都不在从而没有必要开启，所以你的 Linux 每周末都会关机两天。但是 crontab 大多在每天的凌晨以及周日的早上执行各项任务，偏偏你又关机了，系统很多 crontab 的任务就无法执行，此时 anacron 刚好可以解决这个问题。

那么 anacron 又是怎么知道我们的系统啥时关机的呢？这就要使用 anacron 读取的时间记录文件（timestamps）了。anacron 会去分析现在的时间与时间记录文件所记载的上次执行 anacron 的时间，两者比较后若发现有差异，那就是在某些时刻没有执行 crontab，此时 anacron 就会开始执行未执行的 crontab 任务了。

15.4.2   anacron 与 /etc/anacrontab

anacron 其实是一个程序并非一个服务，这个程序在 CentOS 当中已经进入 crontab 的任务列表，同时 anacron 会每小时被主动执行一次。咦？每小时？所以 anacron 的配置文件应该放置在 /etc/cron.hourly 吗？嘿嘿！您真内行，赶紧来看一看：

```
[root@study ~]# cat /etc/cron.hourly/0anacron
#!/bin/sh
# Check whether 0anacron was run today already
if test -r /var/spool/anacron/cron.daily; then
    day=`cat /var/spool/anacron/cron.daily`
fi
if [ `date +%Y%m%d` = "$day" ]; then
    exit 0;
fi
# 上面的语法在检验前一次执行 anacron 时的时间戳。
# Do not run jobs when on battery power
if test -x /usr/bin/on_ac_power; then
    /usr/bin/on_ac_power >/dev/null 2>&1
    if test $? -eq 1; then
    exit 0
    fi
fi
/usr/sbin/anacron -s
# 所以其实也仅是执行 anacron -s 的命令，因此我们得来谈谈这个程序。
```

基本上，anacron 的语法如下：

```
[root@study ~]# anacron [-sfn] [job]..
[root@study ~]# anacron -u [job]..
选项与参数：
-s ：开始连续地执行各项任务（job），会根据时间记录文件的数据判断是否执行。
-f ：强制执行，而不去判断时间记录文件的时间戳。
-n ：立刻执行未执行的任务，而不延迟（delay）等待时间。
-u ：仅更新时间记录文件的时间戳，不执行任何任务。
job ：由 /etc/anacrontab 定义的各项任务名称。
```

在我们的 CentOS 中，anacron 其实每小时都会被抓出来执行一次，但是担心 anacron 误判时间参数，因此 /etc/cron.hourly/ 里面的 anacron 才会在文件名之前加个 0（0anacron），让 anacron 最先执行，就是为了让时间戳先更新，以避免 anacron 误判 crontab 尚未执行任何任务。

接下来我们看一下 anacron 的配置文件/etc/anacrontab 的内容：

```
[root@study ~]# cat /etc/anacrontab
SHELL=/bin/sh
PATH=/sbin:/bin:/usr/sbin:/usr/bin
MAILTO=root
RANDOM_DELAY=45          # 随机设置最大延迟时间，单位是分钟。
START_HOURS_RANGE=3-22   # 延迟多少小时内应该要执行的任务时间。
1        5          cron.daily         nice run-parts /etc/cron.daily
7        25         cron.weekly        nice run-parts /etc/cron.weekly
@monthly 45      cron.monthly        nice run-parts /etc/cron.monthly
天数     延迟时间  工作名称定义      实际要执行的命令串
# 天数单位为天；延迟时间单位为分钟；任务名称定义可自定义，命令串则通常与 crontab 的设置相同。
[root@study ~]# more /var/spool/anacron/*
::::::::::::::
/var/spool/anacron/cron.daily
::::::::::::::
20150731
::::::::::::::
/var/spool/anacron/cron.monthly
::::::::::::::
20150703
::::::::::::::
/var/spool/anacron/cron.weekly
::::::::::::::
20150727
# 上面则是三个任务名称的时间记录文件以及记录的时间戳。
```

我们拿 /etc/cron.daily/ 那一行的设置来说明好了，那四个字段的意义分别是：

- 天数：anacron 执行当前与时间戳（/var/spool/anacron/ 内的时间记录文件）相差的天数，若超过此天数，就准备开始执行；若没有超过此天数，则不予执行后续的命令。
- 延迟时间：若确定超过天数导致要执行计划任务了，那么请延迟执行的时间，因为担心立即启动会有其他资源冲突的问题。
- 工作名称定义：这个没啥意义，只是在 /var/log/cron 里面记录该项任务的名称而已，通常与后续的目录资源名称相同即可。
- 实际要执行的命令串：是不是跟 0hourly 很像？没错，相同的做法，通过 run-parts 来处理。

根据上面的配置文件内容，我们大概知道 anacron 的执行流程应该是这样的（以 cron.daily 为例）：

1. 由 /etc/anacrontab 分析到 cron.daily 这项任务名称的天数为 1 天。

2. 由 /var/spool/anacron/cron.daily 取出最近一次执行 anacron 的时间戳。

3. 由上个步骤与目前的时间比较，若差异天数为 1 天以上（含 1 天），就准备执行命令。

4. 若准备执行命令，根据/etc/anacrontab 的设置，将延迟 5 分钟+3 小时（看 START_HOURS_ RANGE 的设置）。

5. 延迟时间过后，开始执行后续命令，即【run-parts /etc/cron.daily】这串命令。

6. 执行完毕后，anacron 程序结束。

如此一来，放置在 /etc/cron.daily/ 内的任务就会在一天后一定会被执行的，因为 anacron 是每小时被执行一次。所以，现在你知道为什么隔了一阵子才将 CentOS 启动，启动过后约 1 小时系统会有一小段时间的忙碌，而且硬盘会跑个不停，那就是因为 anacron 正在执行过去 /etc/cron.daily/、/etc/cron.weekly/、/etc/cron.monthly/里面未执行的各项计划任务。这样对 anacron 有没有概念了？

最后，我们来总结一下本章谈到的许多配置文件与目录的关系，这样我们才能了解 crond 与 anacron 的关系：

1. crond 会主动地读取 /etc/crontab、/var/spool/cron/*、/etc/cron.d/*等配置文件，并根据【分、

时、日、月、周】的时间设置去配置各项计划任务。

2. 根据/etc/cron.d/0hourly 的设置，主动去/etc/cron.hourly/目录下，执行所有在该目录下的执行文件。

3. 因为/etc/cron.hourly/0anacron 这个脚本文件的缘故，主动地每小时执行 anacron，并调用/etc/anacrontab 的配置文件。

4. 根据/etc/anacrontab 的设置，根据每天、每周、每月去分析/etc/cron.daily/、/etc/cron.weekly/、/etc/cron.monthly/内的执行文件，以执行固定周期需要执行的命令。

也就是说，如果你每个周日需要执行的操作是放置于/etc/crontab 的话，那么该操作只要过期了就过期了，并不会被重新执行。但如果是放置在/etc/cron.weekly/目录下，那么该任务就会固定，几乎一定会在一周内执行一次。如果你关机超过一周，那么一开机后的数小时内，该任务就会主动地被执行。真的吗？对，因为 /etc/anacrontab 中有配置。

> 基本上，crontab 与 at 都是【定时】去执行，过了时间就过了，不会重新来一遍，那 anacron 则是【定期】去执行，某一段周期的执行，因此，两者可以并行，并不会互相冲突。

15.5　重点回顾

◆ 系统可以通过 at 这个命令来定时完成单一的工作任务，【at TIME】为命令执行的方法，当 at 进入计划任务后，系统执行该任务时，会到执行时的目录执行任务；

◆ at 的执行必须要有 atd 服务的支持，且/etc/at.deny 为控制是否能够执行的用户账号；

◆ 通过 atq、atrm 可以查询与删除 at 的计划任务；

◆ batch 与 at 相同，不过 batch 可在 CPU 任务负载小于 0.8 时才执行后续的计划任务；

◆ 系统的循环计划任务使用 crond 这个服务，同时利用 crontab −e 及/etc/crontab 执行计划任务；

◆ crontab−e 设置项目分为六栏，【分、时、日、月、周、命令】为其设置根据；

◆ /etc/crontab 设置分为七栏，【分、时、日、月、周、执行者、命令】为其设置根据；

◆ anacron 配合/etc/anacrontab 的设置，可以执行关机期间系统未执行的 crontab 任务。

15.6　本章习题

简答题部分

◆ 今天假设我有一个命令程序，名称为 ping.sh，我想要让系统每三分钟执行这个文件一次，但是偏偏这个文件会有很多的信息显示出来，所以我的 root 账号每天都会收到差不多四百多封的邮件，光是收信就差不多快要疯掉了。那么请问应该怎么设置比较好？

◆ 您预计要在 2016 年 2 月 14 日寄出一封信给 kiki，只有该年才寄出，该如何执行命令？

◆ 执行 crontab −e 之后，如果输入这一行，代表什么意思？
* 15 * * 1−5 /usr/local/bin/tea_time.sh

◆ 我用 vi 编辑 /etc/crontab 这个文件，我编辑的那一行是这样的：
25 00 * * 0 /usr/local/bin/backup.sh
这一行代表的意义是什么？

◆ 请问，您的系统每天、每周、每个月各执行什么任务？

◆ 每个星期六凌晨三点去系统查找一下内有 SUID 与 SGID 的任何文件，并将结果输出到/tmp/uidgid.files。

第 16 章　进程管理与 SELinux 初探

　　一个程序被加载到内存当中运行，那么内存中的那个数据就被称为进程（process）。进程是操作系统上非常重要的概念，所有系统上面运行的程序都会以进程的形式存在。那么系统的进程有哪些状态？不同的状态会如何影响系统的运行？进程之间是否可以互相管理？等等。这些都是我们所必须要知道的东西。另外与进程有关的还有 SELinux 这个加强文件存取安全性的东西，也必须要做个了解。

16.1 什么是进程（process）

在前面几章中，我们一直强调 Linux 下面所有的命令与你能够执行的操作都与权限有关，而系统如何判断你的权限呢？当然就是第 13 章账号管理当中提到的 UID/GID 的相关概念，以及文件的属性相关性。再进一步来解释，你现在大概知道，在 Linux 系统当中：【触发任何一个事件时，系统都会将它定义成为一个进程，并且给予这个进程一个 ID，称为 PID，同时根据触发这个进程的用户与相关属性关系，给予这个 PID 一组有效的权限设置】。从此以后，这个 PID 能够在系统上面执行的操作就与这个 PID 的权限有关。

看这个定义似乎没有什么很奇怪的地方，不过，您得要了解什么叫做【触发事件】才行。我们在什么情况下会触发一个事件？而同一个事件可否被触发多次？呵呵！先来了解了解吧！

16.1.1 进程与程序（process & program）

我们如何产生一个进程呢？其实很简单，【执行一个程序或命令】就可以触发一个事件而获取一个 PID。我们说过，系统应该只认识二进制文件，那么当我们要让系统工作的时候，当然就是需要启动一个二进制文件，这个二进制文件就是程序（program）。

那我们知道，每个进程都有三组权限，每组都具有 r、w、x 的权限，所以【不同的用户身份执行这个程序时，系统给予的权限也都不相同】。举例来说，我们可以利用 touch 来建立一个空文件，当 root 执行这个 touch 命令时，它获取的是 UID/GID = 0/0 的权限，而当 dmtsai（UID/GID=501/501）执行这个 touch 时，它的权限就跟 root 不同。我们将这个过程绘制成图 16.1.1 来解释其意义：

如图 16.1.1 所示，程序一般是放置在物理磁盘中，然后通过用户的执行来触发。触发后会加载到内存中成为一个个体，那就是进程。为了让操作系统可以管理这个进程，进程会给予执行者权限/属性等参数，以及进程所需的脚本或数据等，最后再给予一个 PID。操作系统通过这个 PID 来判断该进程是否具有执行权限，它是很重要的。

举个更常见的例子，我们要操作系统的时候，通常是利用连接程序或直接在主机上面登录，然后获取我们的 shell 对吧！那么，我们的 shell 是 bash 对吧！这个 bash 在/bin/bash 对吧！那么同时间的每个人登录都是执行/bin/bash 对吧！不过，每个人获取的权限就是不同，也就是说，我们可以这样看：

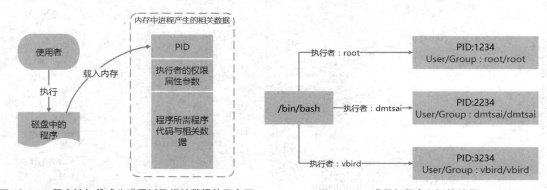

图 16.1.1　程序被加载成为进程以及相关数据的示意图　　　　图 16.1.2　进程与程序之间的差异

也就是说，当我们登录并执行 bash 时，系统已经给了我们一个 PID，这个 PID 就是根据登录者的 UID/GID（/etc/passwd）而来。用上面的图 16.1.2 配合图 16.1.1 来做说明的话，我们知道 /bin/bash 是一个程序，当 dmtsai 登录后，它获取一个 PID 为 2234 的进程，这个进程的 User/Group 都是 dmtsai，而当这个进程执行其他作业时，例如上面提到的 touch 这个命令时，那么由这个进程衍生出来的其他进程在一般状态下，也会沿用这个进程的相关权限。

让我们对程序与进程作个总结：

- 程序（program）：通常为二进制程序，放置在存储媒介中（如硬盘、光盘、软盘、磁带等），以物理文件的形式存在。
- 进程（process）：程序被触发后，执行者的权限与属性、程序的代码与所需数据等都会被加载到内存中，操作系统给予这个内存中的单元一个标识符（PID），可以说进程就是一个正在运行中的程序。

◆　子进程与父进程

在上面的说明里面，我们提到所谓的【衍生出来的进程】，那是什么？这样说好了，当我们登录系统后，会获取一个 bash 的 shell，然后我们用这个 bash 提供的接口去执行另一个命令，例如 /usr/bin/passwd 或是 touch 等，那些另外执行的命令也会被触发成为 PID，呵呵！那个后来执行命令所产生的 PID 就是【子进程】，而在我们原本的 bash 环境下，就称为【父进程】。借用我们在第 10 章 Bash 谈到 export 所用的示意图来说明好了：

所以你必须要知道，进程彼此之间是有相关性的。从图 16.1.3 来看，连续执行两个 bash 后，第二个 bash 的父进程就是前一个 bash。因为每个进程都有一个 PID，那某个进程的父进程该如何判断？就通过 Parent PID（PPID）来判断即可。此外，由第 10 章的 export 内容我们也探讨过环境变量的继承问题，子进程可以获取父进程的环境变量。让我们来执行下面的练习，以了解什么是子进程与父进程。

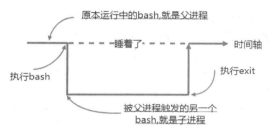

图 16.1.3　进程相关系之示意图

例题

请在目前的 bash 环境下，再触发一次 bash，并用【ps -l】这个命令查看进程相关的输出信息。

答：直接执行 bash，会进入到子进程的环境中，然后输入 ps -l 后，出现：

```
F S   UID   PID  PPID  C PRI  NI ADDR SZ WCHAN  TTY          TIME CMD
0 S  1000 13928 13927  0  80   0 - 29038 wait   pts/0    00:00:00 bash
0 S  1000 13970 13928  1  80   0 - 29033 wait   pts/0    00:00:00 bash
0 R  1000 14000 13970  0  80   0 - 30319 -      pts/0    00:00:00 ps
```

看到那个 PID 与 PPID 了吗？第一个 bash 的 PID 与第二个 bash 的 PPID 都是 13928，因为第二个 bash 是来自于第一个所产生的嘛！另外，每台主机的进程启动状态都不一样，所以在你的系统上面看到的 PID 与我这里的显示一定不同，那是正常的。详细的 ps 命令我们会在本章稍后介绍，这里你只要知道 ps -l 可以查看到相关的进程信息即可。

很多朋友常常会发现：【咦，明明我将有问题的进程关闭了，怎么过一阵子它又自动产生了？而且新产生的那个进程的 PID 与原先的还不一样，这是怎么回事？】不要怀疑，如果不是 crontab 计划任务的影响，肯定有一个父进程存在，所以你杀掉子进程后，父进程就会主动再生成一个。那怎么办？正所谓【擒贼先擒王】，找出那个父进程，然后将它删除就可以。

◆　fork and exec：程序调用的流程

其实子进程与父进程之间的关系还挺复杂的，最大的复杂点在于进程之间的调用。Linux 的程序调用通常称为 fork-and-exec 的流程[注1]。进程都会借由父进程以复制（fork）的方式产生一个一模一样的子进程，然后被复制出来的子进程再以 exec 的方式来执行实际要执行的进程，最终就成为一个子进程。整个流程有点像下面这张图：

（1）系统先以 fork 的方式复制一个与父进程相同的临时进程，这个进程与父进程唯一的差别就是

PID 不同。但是这个临时进程还会多一个 PPID 的
参数，PPID 如前所述，就是父进程的进程标识符。
然后（2）临时进程开始以 exec 的方式加载实际
要执行的进程，以右侧图例来讲，新的进程名称为
qqq，最终子进程的进程代码就会变成 qqq 了。
这样了解了吗？

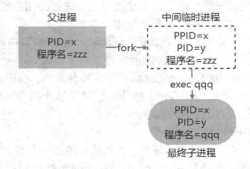

图 16.1.4　进程使用 fork and exec 调用的情况示意图

◆　系统或网络服务：常驻在内存的进程

　　如果就我们之前学到的一些命令内容来看，其
实我们执行的命令都很简单，包括用 ls 显示文件、
用 touch 建立文件、用 rm/mkdir/cp/mv 等命令管
理文件、用 chmod/chown/passwd 等命令来管理
权限等。不过，这些命令都是执行完就结束。也就是说，该项命令被触发后所产生的 PID 很快就会终
止。那有没有一直在执行的进程呢？当然有，而且很多。

　　举个简单的例子来说好了，我们知道系统每分钟都会去扫描/etc/crontab 以及相关的配置文件来
执行计划任务吧？那么这个计划任务是谁负责的呢？当然不是鸟哥。呵呵！而是由 crond 这个进程管
理的。我们将它在后台启动并一直持续不断地运行，套句鸟哥在 DOS 年代常常说的一句话，那就是
【常驻在内存当中的进程】。

　　常驻在内存当中的进程通常都是负责一些系统所提供的功能以服务用户的各项任务，因此这些常
驻进程就会被我们称为：服务（daemon）。系统的服务非常多，不过主要分成系统本身所需要的服务
（例如刚刚提到的 crond、atd 以及 rsyslogd 等）和负责网络连接的服务（例如 apache、named、postfix、
vsftpd 等）。网络服务比较有趣的地方在于，这些进程被执行后，它会启动一个可以负责网络监听的端
口（port），以提供外部客户端（client）的连接请求。

　　以 crontab 来说，它的主要执行进程名称应该是 cron 或 at 才对，为啥要加个 d 在后面
而成为 crond、atd 呢？就是因为 Linux 希望我们可以简单地判断该进程是否为 daemon。所
以，一般 daemon 类型的进程都会在文件名后面加上 d，包括在服务器篇我们会看到的 httpd、
vsftpd 等都是这样。

16.1.2　Linux 的多人多任务环境

　　我们现在知道了，其实在 Linux 下面执行一个命令时，系统会将相关的权限、属性、进程代码与
数据等均加载到内存，并给予这些进程一个进程标识符（PID），最终该命令可以执行的任务则与这个
PID 的权限有关。根据这个说明，我们就可以简单地了解为什么 Linux 这么多用户，但是却每个人都
可以拥有自己的环境了。下面我们来谈谈 Linux 多人多任务环境的特色：

◆　多人环境

　　Linux 最棒的地方就在于它的多人多任务环境了。那么什么是【多人多任务】呢？在 Linux 系统上
面有多种不同的账号，每种账号都有其特殊的权限，只有一个账户具有至高无上的权力，那就是 root
（系统管理员）。除了 root 之外，其他人都必须要受一些限制，而每个人进入 Linux 的环境设置都可以
随着每个人的喜好来设置（还记得我们在第 10 章 BASH 提过的~/.bashrc 吧？就是它）。现在知道为
什么了吧？因为每个人登录后获取的 shell 的 PID 不同嘛。

◆　多任务操作

　　我们在第 0 章谈到过 CPU 的频率，目前的 CPU 频率可高达几个 GHz，这代表 CPU 每秒可以运行 10^9
这么多次命令。我们的 Linux 可以让 CPU 在各个任务间切换，也就是说每个任务都仅占去 CPU 的几个命

令次数，所以 CPU 每秒都能够在各个进程之间切换。谁叫 CPU 可以在一秒执行这么多次的命令。

CPU 切换进程的任务，与这些任务进入到 CPU 运行的调度（CPU 调度，非 crontab 计划任务）会影响到系统的整体性能。目前 Linux 使用的多任务切换操作是非常棒的一个机制，几乎可以将 PC 的性能整个压榨出来。由于性能非常好，因此当多人同时登录系统时，其实会感受到整台主机好像就为了你存在一般，这就是多人多任务的环境。[注2]

◆　多重登录环境的七个基本终端界面

在 Linux 当中，默认提供了六个命令行登录界面，以及一个图形界面，你可以使用 [Alt]+[F1]……[F7] 来切换不同的终端界面，而且每个终端界面的登录者还可以不同，很炫吧！这个东西很有用，尤其是在某个进程死掉的时候。

其实，这也是多任务环境下所产生的一个情况。我们的 Linux 默认会启动六个终端登录环境的进程，所以我们就会有六个终端界面。您也可以减少，减少启动的终端进程就可以。未来我们在启动管理流程部分（第 19 章）会再仔细介绍。

◆　特殊的进程管理操作

以前的鸟哥笨笨的，总是以为使用 Windows 98 就可以。后来，因为工作的关系，需要使用 UNIX 系统，其实心里想我只要在工作机前面就好，才不要跑来跑去地到 UNIX 工作站前面去，所以就使用 Windows 连到我的 UNIX 工作站工作。好死不死，我一个进程跑下来要 2~3 天，唉！偏偏常常到了第 2.5 天的时候，Windows 98 就给挂掉了，当初真的是被它害死了。

后来因为换了新计算机，用了 OEM 版的 Windows 2000，呵呵！这东西真不错（指对单人而言），在宕机的时候，它可以仅将错误的进程踢掉，而不干扰其他进程的执行，呵呵！从此以后，就不用担心会宕机了！不过，Window s 2000 毕竟还不够好，因为有的时候还是会宕机。

那么 Linux 会有这样的问题吗？老实说，Linux 几乎不会宕机。因为它可以在任何时候，将某个被困住的进程杀掉，然后再重新执行该进程而不用重新启动，够炫吧！那么如果我在 Linux 下以命令行界面登录，在屏幕当中显示错误信息后就挂了，动都不能动，该如何是好？这个时候那默认的七个终端界面就帮上忙了。你可以随意再按 [Alt]+[F1]……[F7] 来切换到其他终端界面，用 ps -aux 找出刚刚的错误进程，然后给它 kill 一下，哈哈！回到刚刚的终端界面。嗯，又恢复正常。

为什么可以这样做？我们刚刚不是提过吗？每个进程之间可能是独立的，也可能有依赖性，只要到独立的进程当中，删除有问题的那个进程，当然它就可以被系统删除掉。

◆　bash 环境下的任务管理（job control）

我们在上一个小节提到了所谓的【父进程、子进程】的关系，我们登录 bash 之后，就获取了一个名为 bash 的 PID，而在这个环境下面所执行的其他命令，就几乎都是所谓的子进程。那么，在这个单一的 bash 界面下，我可不可以执行多个任务呢？当然可以，可以【同时】执行。举例来说，我可以这样做：

```
[root@study ~]# cp file1 file2 &
```

在这一串命令中，重点在那个 & 的功能，它表示将 file1 这个文件复制为 file2，且放置于后台中执行，也就是说执行这一个命令之后，在这一个终端界面仍然可以做其他任务。而当这一个命令（cp file1 file2）执行完毕之后，系统将会在你的终端界面显示完成的消息，很方便。

◆　多人多任务的系统资源分配问题考虑

多人多任务确实有很多的好处，但其实也有管理上的难题，因为用户越来越多会导致你管理上的困扰。另外，由于用户日渐增多，当用户达到一定的人数后，通常你的机器便需要升级了，因为 CPU 的计算能力与内存的大小可能就会不够用了。

举个例子来说，鸟哥之前的网站管理得有点不太好，因为使用了一个很复杂的人数统计程序，这个程序会一直读取 MySQL 数据库的数据，偏偏因为流量大，造成 MySQL 处于高负载状态。在这样的情况下，当鸟哥要登录去编写网页时，或要去使用讨论区的资源时，哇！慢的很，简直就是【龟速】。后来终于将这个程序废弃，用自己写的一个小程序来替换，呵呵！这样才让 CPU 的负载（loading）

整个降下来，用起来顺畅多了。

16.2 任务管理（job control）

这个任务管理（job control）是用在 bash 环境下的，也就是说：【当我们登录系统获取 bash shell 之后，在单一终端下同时执行多个任务的操作管理】。举例来说，我们在登录 bash 后，可以一边复制文件、一边查找文件、一边进行编译，还可以一边进行 vim 程序编写。当然我们也可以重复登录那六个命令行模式的终端来执行这些操作，不过，能不能在一个 bash 内完成呢？当然可以，这就需要使用任务管理。

16.2.1 什么是任务管理

从上面的说明当中，你应该了解的是：【执行任务管理的操作中，其实每个任务都是目前 bash 的子进程，即彼此之间是有相关性的，我们无法用任务管理的方式由 tty1 的环境去管理 tty2 的 bash。】这个概念请你先建立起来，后续的范例介绍之后，你就会清楚地了解。

或许你会觉得很奇怪，既然我可以在六个终端登录，那何必使用任务管理呢？不要忘记了，我们可以在/etc/security/limits.conf（第 13 章）里面设置用户同时可以登录的连接数，在这样的情况下，某些用户可能仅能以一个连接来工作。所以，你就要了解一下这种任务管理的模式了。此外，这个章节内容也会牵涉很多的数据流重定向，所以，如果忘记的话，务必回到第 10 章 BASH Shell 看一看。

由于假设我们只有一个终端，因此可以出现提示字符让你操作的环境就称为前台（foreground），至于其他任务就可以放入后台（background）去暂停或运行。要注意的是，放入后台的任务想要运行时，它必须不能够与用户进行交互。举例来说，vim 绝对不可能在后台里面执行（running），因为你没有输入数据它就不会运行，而且放入后台的任务是不可以使用[ctrl]+c 来终止的。

总之，要执行 bash 的任务管理必须要注意到的限制是：
● 这些任务所触发的进程必须来自于你 shell 的子进程（只管理自己的 bash）。
● 前台：可以控制与执行命令的这个环境称为前台的任务（foreground）。
● 后台：可以自动执行的任务，你无法使用 [ctrl]+c 终止它，可使用 bg、fg 调用该任务。
● 后台中【执行】的进程不能等待 terminal 或 shell 的输入（input）。
接下来让我们实际来管理这些任务吧！

16.2.2 job control 的管理

如前所述，bash 只能够管理自己的任务而不能管理其他 bash 的任务，所以即使你是 root 也不能够将别人 bash 下面的 job 拿过来执行。此外，在后台里面的任务状态又可以分为【暂停（stop）】与【运行（running）】。那实际执行 job 控制的命令有哪些？下面就来谈谈。

◆ 直接将命令丢到后台中【执行】的 &

如同前面提到的，我们在只有一个 bash 的环境下，如果想要同时执行多个任务，那么可以将某些任务直接丢到后台环境当中，让我们可以继续操作前台的任务。那么如何将任务丢到后台中呢？最简单的方法就是利用【&】这个符号。举个简单的例子，我们要将 /etc/ 整个备份成为 /tmp/etc.tar.gz 且不想要等待，那么可以这样做：

```
[root@study ~]# tar -zpcf /tmp/etc.tar.gz /etc &
[1] 14432   <== [job number] PID
[root@study ~]# tar: Removing leading '/' from member names
# 在中括号内的号码为任务号码（job number），该号码与 bash 的控制有关。
# 后续的 14432 则是这个任务在系统中的 PID，至于后续出现的数据是 tar 执行的数据流，
# 由于我们没有加上数据流重定向，所以会影响界面，不过不会影响前台的操作。
```

仔细看一看，输入一个命令后，在该命令的最后面加上一个【&】代表将该命令丢到后台中，此时 bash 会给予这个命令一个【任务号码 (job number)】，就是那个[1]。后面那个 14432 则是该命令所触发的【PID】。而且，有趣的是，我们可以继续操作 bash，很不赖吧！不过，丢到后台中的任务什么时候完成？完成的时候会显示什么？如果你输入几个命令后，突然出现这个提示：

```
[1]+  Done                        tar -zpcf /tmp/etc.tar.gz /etc
```

就代表 [1] 这个任务已经完成 (Done)，该任务的命令则是接在后面的那一串命令行，这样了解了吧！另外，这个 & 代表：【将任务丢到后台中去执行】，注意到那个【执行】的字眼。此外，这样的情况最大的好处是：不怕被 [ctrl]+c 中断。此外，将任务丢到后台当中要特别注意数据的流向，包括上面的信息就出现错误，导致我的前台被影响。虽然只要按下[Enter]就会出现提示字符，但如果我将刚刚那个命令改成：

```
[root@study ~]# tar -zpcvf /tmp/etc.tar.gz /etc &
```

情况会怎样？在后台当中执行的命令，如果有 stdout 及 stderr 时，它的数据依旧是输出到屏幕上面，所以，我们会无法看到提示字符，当然也就无法完好地掌握前台任务。同时由于是后台任务的 tar，此时你怎么按下 [ctrl]+c 也无法停止屏幕被搞得花花绿绿。所以，最佳的状况就是利用数据流重定向，将输出数据传送至某个文件中。举例来说，我可以这样做：

```
[root@study ~]# tar -zpcvf /tmp/etc.tar.gz /etc > /tmp/log.txt 2>&1 &
[1] 14547
[root@study ~]#
```

呵呵！如此一来，输出的信息都给它传送到 /tmp/log.txt 当中，当然就不会影响到我们前台的作业了。这样说，您应该可以更清楚数据流重定向的重要性了吧！

> 任务号码（ job number ）只与你这个 bash 环境有关，但是它既然是个命令触发的东西，所以一定是一个进程，因此你会观察到有 job number 也搭配一个 PID。

◆　将【目前】的任务丢到后台中【暂停】：[ctrl]-z

想象一个情况：如果我正在使用 vim，却发现有个文件不知道放在哪里了，需要到 bash 环境下执行查找，此时是否要结束 vim 呢？呵呵！当然不需要，只要暂时将 vim 丢到后台当中等待即可。例如以下的案例：

```
[root@study ~]# vim  ~/.bashrc
# 在 vim 的一般模式下，按下[ctrl]-z 组合键。
[1]+  Stopped                     vim ~/.bashrc
[root@study ~]#   <==顺利获取了前台的操控权。
[root@study ~]# find / -print
……（输出省略）……
# 此时屏幕会非常的忙碌，因为屏幕上会显示所有的文件名，请按下[ctrl]-z 暂停。
[2]+  Stopped                     find / -print
```

在 vim 的一般模式下，按下[ctrl]及 z 这两个按键，屏幕上会出现[1]，表示这是第一个任务，而那个 + 代表最近一个被丢到后台的任务，且是目前后台默认会被使用的那个任务（与 fg 这个命令有关），而那个 Stopped 则代表目前这个任务的状态。在默认的情况下，使用[ctrl]-z 丢到后台当中的任务都是【暂停】状态。

◆　查看目前的后台任务状态：jobs

```
[root@study ~]# jobs [-lrs]
选项与参数:
-l : 除了列出 job number 与命令串之外，同时列出 PID 的号码。
-r : 仅列出正在后台 run 的任务。
-s : 仅列出正在后台当中暂停（ stop ）的任务。
```

```
范例一: 查看目前的 bash 当中，所有的任务，与对应的 PID。
[root@study ~]# jobs -l
[1]- 14566 Stopped                 vim ~/.bashrc
[2]+ 14567 Stopped                 find / -print
```

如果想要知道目前有多少任务在后台当中，就用 jobs 这个命令吧！一般来说，直接执行 jobs 即可。不过，如果你还想要知道该 job number 的 PID 号码，可以加上 -l 这个参数。在输出的信息当中，例如上表，仔细看那个+、-号，那个+代表默认的使用任务。所以说：【目前我有两个任务在后台当中，两个任务都是暂停的，而如果我仅输入 fg 时，那么那个 [2] 会被拿到前台当中来处理】。

其实 + 代表最近被放到后台的任务号码，- 代表最近第二个被放置到后台中的任务号码。而第三个以后的任务，就不会有 +、- 符号存在了。

◆ 将后台任务拿到前台来处理：fg

刚刚提到的都是将任务丢到后台当中去执行，那么有没有可以将后台任务拿到前台来处理的呢？有，就是那个 fg (foreground)。举例来说，我们想要将上面范例当中的任务拿出来处理时：

```
[root@study ~]# fg %jobnumber
选项与参数:
%jobnumber : jobnumber 为任务号码（数字），注意，那个%是可有可无的。
范例一: 先以 jobs 查看任务，再将任务取出。
[root@study ~]# jobs -l
[1]- 14566 Stopped                 vim ~/.bashrc
[2]+ 14567 Stopped                 find / -print
[root@study ~]# fg       <==默认取出那个+的任务，亦即[2]，立即按下[ctrl]-z。
[root@study ~]# fg %1    <==直接规定取出的那个任务号码，再按下[ctrl]-z。
[root@study ~]# jobs -l
[1]+ 14566 Stopped                 vim ~/.bashrc
[2]- 14567 Stopped                 find / -print
```

经过 fg 命令就能够将后台任务拿到前台来处理。不过比较有趣的是前后显示的结果，我们会发现 + 出现在第一个任务后。怎么会这样？这是因为你刚刚利用 fg %1 将第一号任务拿到前台后又放回后台，此时最后一个被放入后台的将变成 vi 那个命令操作，所以当然[1]后面就会出现+了，了解了吗？另外，如果输入【fg -】则代表将-号的那个任务号码拿出来，上面就是[2]-那个任务号码。

◆ 让任务在后台下的状态变成运行中：bg

我们刚刚提到，那个[ctrl]-z 可以将目前的任务丢到后台下面去【暂停】，那么如何让一个任务在后台下面【运行】呢？我们可以在下面这个案例当中来测试。注意，下面的测试要执行得快一点。

```
范例一: 一执行 find / -perm /7000 > /tmp/text.txt 后，立刻丢到后台去暂停。
[root@study ~]# find / -perm /7000 > /tmp/text.txt
# 此时，请立刻按下[ctrl]-z 暂停。
[3]+ Stopped                 find / -perm /7000 > /tmp/text.txt
范例二: 让该任务在后台下执行，并且观察它。
[root@study ~]# jobs ; bg %3 ; jobs
[1]  Stopped                 vim ~/.bashrc
[2]- Stopped                 find / -print
[3]+ Stopped                 find / -perm /7000 > /tmp/text.txt
[3]+ find / -perm /7000 > /tmp/text.txt &
[1]- Stopped                 vim ~/.bashrc
[2]+ Stopped                 find / -print
[3]  Running                 find / -perm /7000 > /tmp/text.txt &
```

看到哪里有差异吗？呼呼，没错，就是那个状态栏，已经由 Stopping 变成了 Running，嘿嘿！命令行最后方多了一个 & 符号，代表该任务被启动到后台了。

◆ 管理后台当中的任务：kill

刚刚我们可以让一个已经在后台当中的任务继续工作，也可以让该任务以 fg 拿到前台来，那么如果想要将该任务直接删除呢？或是将该任务重新启动呢？这个时候就需要给予该任务一个信号 (signal)，让它知道该怎么做才好。此时，kill 这个命令就派上了用场。

```
[root@study ~]# kill -signal %jobnumber
[root@study ~]# kill -l
选项与参数:
-l  : 这个是 L 的小写, 列出目前 kill 能够使用的信号 (signal) 有哪些?
signal : 代表给予后面接的那个任务什么样的指示, 用 man 7 signal 可知。
  -1  : 重新读取一次参数的配置文件 (类似 reload)。
  -2  : 代表由键盘输入[ctrl]-c 同样的操作。
  -9  : 立刻强制删除一个任务。
  -15: 以正常的进程方式终止一项任务, 与-9 是不一样的。
范例一: 找出目前的 bash 环境下的后台任务, 并将该任务【强制删除】。
[root@study ~]# jobs
[1]+ Stopped               vim ~/.bashrc
[2]  Stopped               find / -print
[root@study ~]# kill -9 %2; jobs
[1]+ Stopped               vim ~/.bashrc
[2]  Killed                find / -print
# 再过几秒你再执行 jobs 一次, 就会发现 2 号任务不见了, 因为被删除了。
范例二: 找出目前的 bash 环境下的后台任务, 并将该任务【正常终止】掉。
[root@study ~]# jobs
[1]+ Stopped               vim ~/.bashrc
[root@study ~]# kill -SIGTERM %1
# -SIGTERM 与-15 是一样的, 您可以使用 kill -l 来查看。
# 不过在这个案例中, vim 的任务无法被结束, 因为它无法通过 kill 正常终止。
```

   特别留意一下, -9 这个信号通常是在【强制删除一个不正常的任务】时所使用的, -15 则是以正常步骤结束一项任务 (15 也是默认值), 两者之间并不相同。举上面的例子来说, 我用 vim 的时候, 不是会产生一个.filename.swp 文件吗? 那么, 当使用-15 这个信号时, vim 会尝试以正常的步骤来结束掉该 vi 的任务, 所以.filename.swp 会主动被删除。但若是使用-9 这个信号时, 由于该 vim 任务会被强制删除掉, 因此, .filename.swp 就会继续存在于文件系统当中。这样您应该可以稍微分辨一下了吧?

   不过, 毕竟正常的做法中, 你应该先使用 fg 来取回前台控制权, 然后再退出 vim 才对。因此, 以上面的范例二为例, 其实 kill 确实无法使用-15 正常地结束掉 vim 的操作。此时还是不建议使用 -9, 因为你知道如何正常结束该进程不是吗? 通常某些进程你真的不知道怎么通过正常手段去终止它时, 这才用到 -9 的。

   其实, kill 的妙用是无穷的。它搭配信号所详列的信息 (用 man 7 signal 去查看相关数据) 可以让您有效地管理任务与进程 (process)。此外, 那个 killall 也是同样的用法。至于常用的信号, 您至少需要了解 1、9、15 这三个信号的意义才好。此外, 信号除了以数值来表示之外, 也可以使用信号名称。举例来说, 上面的范例二就是一个例子。至于 signal number 与名称的对应, 呵呵! 使用 kill -l 就知道 (L 的小写)。

   另外, kill 后面接的数字默认会是 PID, 如果想要管理 bash 的任务, 就要使用%+数字这种方式了, 这点也要特别留意才行。

16.2.3 脱机管理问题

   要注意的是, 我们在任务管理当中提到的【后台】指的是在终端模式下可以避免[crtl]-c 中断的一个情境, 你可以说那个是 bash 的后台, 并不是放到系统的后台中。所以, **任务管理的后台依旧与终端有关**。在这样的情况下, 如果你是以远程连接方式连接到你的 Linux 主机, 并且将任务以 & 的方式放到后台中, 请问, 在任务尚未结束的情况下你脱机了, 该任务还会继续执行吗? 答案是【否】, 不会继续执行, 而会被中断。

   那怎么办? 如果我的任务需要执行一大段时间, 我又不能置在后台下面, 那该如何处理? 首先, 你可以参考前一章的 at 来处理。因为 at 是将任务放置到系统后台而与终端无关。如果不想使用 at, 你也可以尝试使用 nohup 这个命令来处理。这个 nohup 可以在脱机或注销系统后, 还能够让任务继续执行。它的语法有点像这样：

```
[root@study ~]# nohup [命令与参数]      <==在终端前台中任务。
[root@study ~]# nohup [命令与参数] &    <==在终端后台中任务。
```

够简单的命令吧！上述命令需要注意的是，nohup 并不支持 bash 内置的命令，因此你的命令必须是外部命令才行。我们来尝试玩一下下面的任务吧！

```
# 1. 先编辑一个会【睡著 500 秒】的进程。
[root@study ~]# vim sleep500.sh
#!/bin/bash
/bin/sleep 500s
/bin/echo "I have slept 500 seconds."
# 2. 丢到后台中去执行，并且立刻注销登录。
[root@study ~]# chmod a+x sleep500.sh
[root@study ~]# nohup ./sleep500.sh &
[2] 14812
[root@study ~]# nohup: ignoring input and appending output to `nohup.out'  <==会告知这个信息。
[root@study ~]# exit
```

如果你再次登录的话，再使用 pstree 去查看你的进程，会发现 sleep500.sh 还在执行中，并不会被中断。这样了解意思了吗？由于我们的进程最后会输出一个信息，但是 nohup 与终端其实无关，因此这个信息的输出就会被定向至【~/nohup.out】，所以在上述命令中，当你输入 nohup 后，才会出现那个提示信息。

如果想让后台的任务在你注销后还能够继续执行，那么使用 nohup 搭配 & 是不错的选择，可以参考看看。

16.3　进程管理

本章一开始就提到所谓的【进程】概念，包括进程的触发、子进程与父进程的相关性等。此外，还有那个【进程的依赖性】以及所谓的【僵尸进程】等需要说明。为什么进程管理这么重要呢？这是因为：

- 首先，本章一开始就谈到的，我们在操作系统时的各项任务其实都是经过某个 PID 来完成的（包括你的 bash 环境），因此，能不能执行某项任务，就与该进程的权限有关了。
- 再来，如果您的 Linux 系统是个很忙碌的系统，那么当整个系统资源快要被使用光时，您是否能够找出最耗系统的那个进程，然后删除该进程，让系统恢复正常？
- 此外，如果由于某个程序写的不好，导致在内存当中产生一个有问题的进程，您又该如何找出它，然后将它删除？
- 如果同时有五六项任务在您的系统当中运行，但其中有一项任务才是最重要的，该如何让那一项重要的任务被最优先执行？

所以，一个称职的系统管理员，必须要熟悉进程的管理流程才行，否则当系统发生问题时，还真是很难解决问题。下面我们会先介绍如何查看进程与进程的状态，然后再加以控制。

16.3.1　查看进程

既然进程这么重要，那么我们如何查看系统上面正在运行当中的进程呢？很简单，可以利用静态的 ps 或是动态的 top 命令，还可以利用 pstree 来查看进程树之间的关系。

◆　ps ：将某个时间点的进程运行情况撷取下来

```
[root@study ~]# ps aux  <==查看系统所有的进程。
[root@study ~]# ps -lA  <==也是能够查看所有系统的进程。
```

```
[root@study ~]# ps axjf <==连同部分进程树状态。
选项与参数:
-A  : 所有的进程均显示出来,与-e 具有同样的效果。
-a  : 不显示与终端有关的所有进程。
-u  : 有效用户(effective user)相关的进程。
x   : 通常与 a 这个参数一起使用,可列出较完整信息。
输出格式规划:
l   : 较长、较详细的将该 PID 的信息列出。
j   : 任务的格式(jobs format)。
-f  : 做一个更为完整的输出。
```

鸟哥个人认为 ps 这个命令的 man page 不是很好看,因为很多不同的 UNIX 都使用这个 ps 来查看进程状态。由于要符合不同版本的需求,所以这个 man page 写得非常庞大。因此,通常鸟哥都会建议你,直接背两个比较不同的选项,一个是只能查看自己 bash 进程的【ps -l】,另一个则是可以查看所有系统运行的进程的【ps aux】。注意,你没看错,是【ps aux】,没有那个减号(-)。先来看看如何查看自己 bash 进程的状态:

- **仅查看自己的** bash **相关进程:ps -l**

```
范例一:将目前属于您自己这次登录的 PID 与相关信息列示出来(只与自己的 bash 有关)。
[root@study ~]# ps -l
F S   UID   PID  PPID  C PRI  NI ADDR SZ WCHAN  TTY          TIME CMD
4 S     0 14830 13970  0  80   0 - 52686 poll_s pts/0    00:00:00 sudo
4 S     0 14835 14830  0  80   0 - 50511 wait   pts/0    00:00:00 su
4 S     0 14836 14835  0  80   0 - 29035 wait   pts/0    00:00:00 bash
0 R     0 15011 14836  0  80   0 - 30319 -      pts/0    00:00:00 ps
# 还记得鸟哥说过,非必要不要使用 root 直接登录吧? 从这个 ps -l 的分析,你也可以发现,
# 鸟哥其实是使用 sudo 才转成 root 的身份,否则连测试机,鸟哥都是使用一般账号登录。
```

系统整体运行的进程是非常多的,但使用 ps -l 仅会列出与你的操作环境(bash)有关的进程,即最上层的父进程会是你自己的 bash 而没有扩展到 systemd(后续会介绍)这个进程中。那么 ps -l 显示来的数据有哪些? 我们就来观查看看:

- **F**:代表这个进程标识(process flags),说明这个进程的权限,常见号码有:
  - 若为 4 表示此进程的权限为 root。
  - 若为 1 表示此子进程仅执行复制(fork)而没有实际执行(exec)。
- **S**:代表这个进程的状态(STAT),主要的状态有:
  - R(Running):该进程正在运行中。
  - S(Sleep):该进程目前正在睡眠状态(idle),但可以被唤醒(signal)。
  - D :不可被唤醒的睡眠状态,通常这个进程可能在等待 I/O 的情况(ex>打印)。
  - T :停止状态(stop),可能是在任务控制(后台暂停)或跟踪(traced)状态。
  - Z(Zombie):僵尸状态,进程已经终止但却无法被删除至内存外。
- **UID/PID/PPID**:代表【此进程被该 UID 所拥有/进程的 PID 号码/此进程的父进程 PID 号码】。
- **C**:代表 CPU 使用率,单位为百分比。
- **PRI/NI**:Priority/Nice 的缩写,代表此进程被 CPU 所执行的优先级,数值越小代表该进程越快被 CPU 执行。详细的 PRI 与 NI 将在下一小节说明。
- **ADDR/SZ/WCHAN**:都与内存有关,ADDR 是 kernel function,指出该进程在内存的哪个部分,如果是个 running 的进程,一般就会显示【-】;SZ 代表此进程用掉多少内存;WCHAN 表示目前进程是否运行,同样的,若为 - 表示正在运行中。
- **TTY**:登录者的终端位置,若为远程登录则使用动态终端接口名称(pts/n)。
- **TIME**:使用的 CPU 时间,注意,是此进程实际花费 CPU 运行的时间,而不是系统时间。
- **CMD**:就是 command 的缩写,表示造成此进程的触发进程的命令是什么。

所以你看到的 ps -l 输出信息中,它说明的是:【bash 的进程属于 UID 为 0 的用户,状态为睡眠(sleep),之所以为睡眠,是因为它触发了 ps(状态为 run)。此进程的 PID 为 14836,优先执行顺序

为 80，执行 bash 所获取的终端接口为 pts/0，运行状态为等待（wait）】，这样已经够清楚了吧？您自己尝试解析一下 ps 那一行代表的意义是什么？

接下来让我们使用 ps 来查看一下系统内所有的进程状态。

- **查看系统所有进程**：ps aux

```
范例二：列出目前所有的正在内存当中的进程。
[root@study ~]# ps aux
USER       PID %CPU %MEM    VSZ   RSS TTY      STAT START   TIME COMMAND
root         1  0.0  0.2  60636  7948 ?        Ss   Aug04   0:01 /usr/lib/systemd/systemd ...
root         2  0.0  0.0      0     0 ?        S    Aug04   0:00 [kthreadd]
……（中间省略）……
root     14830  0.0  0.1 210744  3988 pts/0    S    Aug04   0:00 sudo su -
root     14835  0.0  0.1 202044  2996 pts/0    S    Aug04   0:00 su -
root     14836  0.0  0.1 116140  2960 pts/0    S    Aug04   0:00 -bash
……（中间省略）……
root     18459  0.0  0.0 123372  1380 pts/0    R+   00:25   0:00 ps aux
```

你会发现 ps -l 与 ps aux 显示的项目并不相同。在 ps aux 显示的项目中，各字段的意义为：

- USER：该进程属于所属用户账号；
- PID：该进程的进程 ID；
- %CPU：该进程使用掉的 CPU 资源百分比；
- %MEM：该进程所占用的物理内存百分比；
- VSZ：该进程使用掉的虚拟内存量（KB）；
- RSS：该进程占用的固定的内存量（KB）；
- TTY：该进程是在哪个终端上面运行，若与终端无关则显示？（问号）？另外，tty1-tty6 是本机上面的登录进程，若为 pts/0 等，则表示是由网络连接进入主机的进程；
- STAT：该进程目前的状态，状态显示与 ps -l 的 S 标识相同（R/S/T/Z）；
- START：该进程被触发启动的时间；
- TIME：该进程实际使用 CPU 运行的时间；
- COMMAND：该进程的实际命令是什么；

一般来说，ps aux 会依照 PID 的顺序来排序显示，我们还是以 PID 为 14836 的那行来说明。该行的意义为【root 执行的 bash PID 为 14836，占用了 0.1%的内存容量，状态为休眠（S），该进程启动的时间为 8 月 4 号，因此启动太久了，所以没有列出实际的时间点，且获取的终端环境为 pts/0】，与 ps aux 看到的其实是同一个进程。这样可以理解吗？让我们继续使用 ps 来查看一下其他信息。

```
范例三：以范例一的显示内容，显示出所有的进程。
[root@study ~]# ps -lA
F S   UID   PID  PPID  C PRI  NI ADDR SZ WCHAN  TTY          TIME CMD
4 S     0     1     0  0  80   0 - 15159 ep_pol ?        00:00:01 systemd
1 S     0     2     0  0  80   0 -     0 kthrea ?        00:00:00 kthreadd
1 S     0     3     2  0  80   0 -     0 smpboo ?        00:00:00 ksoftirqd/0
……（以下省略）……
# 你会发现每个栏位与 ps -l 的输出情况相同，但显示的进程则包括系统所有的进程。
范例四：列出类似进程树的进程显示。
[root@study ~]# ps axjf
  PPID   PID  PGID   SID TTY      TPGID STAT   UID   TIME COMMAND
     0     2     0     0 ?           -1 S        0   0:00 [kthreadd]
     2     3     0     0 ?           -1 S        0   0:00  \_ [ksoftirqd/0]
……（中间省略）……
     1  1326  1326  1326 ?           -1 Ss       0   0:00 /usr/sbin/sshd -D
  1326 13923 13923 13923 ?          -1 Ss       0   0:00  \_ sshd: dmtsai [priv]
 13923 13927 13923 13923 ?          -1 S     1000   0:00      \_ sshd: dmtsai@pts/0
 13927 13928 13928 13928 pts/0    18703 Ss    1000   0:00          \_ -bash
```

```
13928 13970 13970 13928 pts/0     18703 S     1000    0:00              \_ bash
13970 14830 14830 13928 pts/0     18703 S        0    0:00               \_ sudo su -
14830 14835 14830 13928 pts/0     18703 S        0    0:00                \_ su -
14835 14836 14836 13928 pts/0     18703 S        0    0:00                 \_ -bash
14836 18703 18703 13928 pts/0     18703 R+       0    0:00                  \_ ps axjf
……（后面省略）……
```

看出来了吧？其实鸟哥是以网络连接进入虚拟机来执行一些测试的，所以你会发现其实进程之间是有相关性的。不过，其实还可以使用 pstree 来完全查看这个进程树。从上面的例子来看，鸟哥是通过 sshd 提供的网络服务获取一个进程，该进程提供 bash 给我使用，而我通过 bash 再去执行 ps axjf，这样可以看得懂了吗？其他各字段的意义请 man ps（虽然真的很难 man 出来）。

```
范例五：找出与 cron 与 rsyslog 这两个服务有关的 PID 号码。
[root@study ~]# ps aux | egrep '(cron|rsyslog)'
root       742  0.0  0.1 208012  4088 ?       Ssl  Aug04   0:00 /usr/sbin/rsyslogd -n
root      1338  0.0  0.0 126304  1704 ?       Ss   Aug04   0:00 /usr/sbin/crond -n
root     18740  0.0  0.0 112644   980 pts/0   S+   00:49   0:00 grep -E --color=auto (cron|rsy
slog)
# 所以号码是 742 及 1338 这两个，就是这样找的。
```

除此之外，我们必须要知道的是【僵尸（zombie）】进程是什么？通常，造成僵尸进程的原因在于该进程应该已经执行完毕，或是应该要终止了，但是该进程的父进程却无法完整地将该进程结束掉，而造成该进程一直存在内存当中。如果你发现在某个进程的 CMD 后面接上了 <defunct> 时，就代表该进程是僵尸进程，例如：

```
apache  8683  0.0  0.9 83384 9992 ?   Z  14:33   0:00 /usr/sbin/httpd <defunct>
```

系统不稳定的时候就容易造成所谓的僵尸进程，可能是因为程序写得不好，或是用户的操作习惯不良等所造成的。如果你发现系统中有很多僵尸进程时，记得，要找出该进程的父进程，然后好好做个追踪，好好进行主机的环境优化，看看有什么地方需要改善，不要只是直接将它 kill 掉。不然的话，万一它一直产生，那就麻烦了。

事实上，通常僵尸进程都已经无法管理，而直接交给 systemd 这个进程来负责，偏偏 systemd 是系统第一个执行的进程，它是所有进程的父进程。我们是无法杀掉该进程的（杀掉它，系统就死掉了），所以，如果产生僵尸进程，而系统过一阵子还没有办法通过内核非经常性的特殊处理来将该进程删除时，那你只好通过 reboot 的方式来将该进程 kill 掉。

◆　top：动态查看进程的变化

相对于 ps 是选取一个时间点的进程状态，top 则可以持续检测进程运行的状态。使用方式如下：

```
[root@study ~]# top [-d 数字] | top [-bnp]
选项与参数：
-d ：后面可以接秒数，就是整个进程界面更新的秒数。默认是 5 秒。
-b ：以批量的方式执行 top，还有更多的参数可以使用，通常会搭配数据流重定向来将批量的结果输出为文件。
-n ：与 -b 搭配，意义是，需要执行几次 top 的输出结果。
-p ：指定某些个 PID 来执行查看监测而已。
在 top 执行过程当中可以使用的按键命令：
    ? ：显示在 top 当中可以输入的按键命令。
    P ：以 CPU 的使用排序显示。
    M ：以 Memory 的使用排序显示。
    N ：以 PID 来排序。
    T ：由该进程使用的 CPU 时间累积（TIME+）排序。
    k ：给予某个 PID 一个信号（signal）。
    r ：给予某个 PID 重新制订一个 nice 值。
    q ：退出 top 的按键。
```

其实 top 的功能非常多，可以用的按键也非常多，可以参考 man top 的部分说明文件，鸟哥这里仅列出了一些自己常用的选项而已。接下来让我们实际查看一下如何使用 top 与 top 的界面。

```
范例一：每两秒钟更新一次 top，查看整体信息。
[root@study ~]# top -d 2
top - 00:53:59 up  6:07,  3 users,  load average: 0.00, 0.01, 0.05
Tasks: 179 total,   2 running, 177 sleeping,   0 stopped,   0 zombie
%Cpu(s):  0.0 us,  0.0 sy,  0.0 ni,100.0 id,  0.0 wa,  0.0 hi,  0.0 si,  0.0 st
KiB Mem :  2916388 total,  1839140 free,   353712 used,   723536 buff/cache
KiB Swap:  1048572 total,  1048572 free,        0 used.  2318680 avail Mem
     <==如果加入 k 或 r 时，就会有相关的字样出现在这里。
  PID USER      PR  NI    VIRT    RES    SHR S  %CPU %MEM     TIME+  COMMAND
18804 root      20   0  130028   1872   1276 R   0.5  0.1   0:00.02 top
    1 root      20   0   60636   7948   2656 S   0.0  0.3   0:01.70 systemd
    2 root      20   0       0      0      0 S   0.0  0.0   0:00.01 kthreadd
    3 root      20   0       0      0      0 S   0.0  0.0   0:00.00 ksoftirqd/0
```

　　top 也是个挺不错的进程查看工具，但与 ps 的静态结果输出不同，top 这个进程可以持续地监测整个系统的进程任务状态。在默认的情况下，每次更新进程资源的时间为 5 秒，不过，可以使用 −d 来执行修改。top 主要分为两部分界面，上面的界面为整个系统的资源使用状态，基本上总共有六行，显示的内容依序是：

- 第一行（top...）：这一行显示的信息分别为：
  - 目前的时间，即 00:53:59 这个项目；
  - 开机到目前为止所经过的时间，即 up 6:07，这个项目；
  - 已经登录系统的用户人数，即 3 users，这个项目；
  - 系统在 1、5、15 分钟的平均任务负载。我们在第 15 章谈到的 batch 任务方式为负载小于 0.8 就是这个负载。代表的是 1、5、15 分钟，系统平均要负责运行几个进程（任务）的意思。数值越小代表系统越闲置，若高于 1 就要注意你的系统进程是否太过频繁了。
- 第二行（Tasks...）：显示的是目前进程的总量与个别进程在什么状态（running、sleeping、stopped、zombie）。需要注意的是最后的 zombie 那个数值，如果不是 0，赶紧好好看看到底是哪个 process 变成僵尸了吧？
- 第三行（%Cpus...）：显示的是 CPU 的整体负载，每个项目可使用？（问号）查看。需要特别注意的是 wa 项目，那个项目代表的是 I/O wait，通常你的系统会变慢都是 I/O 产生的问题比较大。因此这里要注意这个项目耗用 CPU 的资源。另外，如果是多内核的设备，可以按下数字键【1】来切换成不同 CPU 的负载率。
- 第四行与第五行：表示目前的物理内存与虚拟内存（Mem/Swap）的使用情况。再次重申，要注意的是 swap 的使用量要尽量的少，如果 swap 被用得很多，表示系统的物理内存实在不足。
- 第六行：这个是当在 top 进程当中输入命令时，显示状态的地方。

至于 top 下半部分的画面，则是每个进程使用的资源情况，需要注意的是：

- PID：每个进程的 ID；
- USER：该进程所属的用户；
- PR：Priority 的简写，进程的优先执行顺序，越小则越早被执行；
- NI：Nice 的简写，与 Priority 有关，也是越小则越早被执行；
- %CPU：CPU 的使用率；
- %MEM：内存的使用率；
- TIME+：CPU 使用时间的累加；

top 默认使用 CPU 使用率（%CPU）作为排序的依据。如果你想要使用内存使用率排序，则可以按下【M】，若要恢复则按下【P】即可。如果想要退出 top，则按下【q】。如果想要将 top 的结果输出成为文件时，可以这样做：

```
范例二：将 top 的信息执行 2 次，然后将结果输出到/tmp/top.txt。
[root@study ~]# top -b -n 2 > /tmp/top.txt
# 这样一来，嘿嘿，就可以将 top 的信息存到/tmp/top.txt 文件中了。
```

这个命令很有趣，可以帮助你将某个时段 top 查看到的结果存成文件，可以在系统后台执行。由于是后台执行，与终端的屏幕大小无关，因此可以得到全部的进程界面。如果你想要查看的进程 CPU 与内存使用率都很低，结果老是无法在第一行显示时，该怎么办？我们可以仅查看单一进程。如下所示：

```
范例三：我们自己的 bash PID 可由$$变量获取，请使用 top 持续查看该 PID。
[root@study ~]# echo $$
14836    <==就是这个数字，它是我们 bash 的 PID。
[root@study ~]# top -d 2 -p 14836
top - 01:00:53 up  6:14,  3 users,  load average: 0.00, 0.01, 0.05
Tasks:   1 total,   0 running,   1 sleeping,   0 stopped,   0 zombie
%Cpu(s):  0.0 us,  0.1 sy,  0.0 ni, 99.9 id,  0.0 wa,  0.0 hi,  0.0 si,  0.0 st
KiB Mem : 2916388 total, 1839264 free,  353424 used,   723700 buff/cache
KiB Swap: 1048572 total, 1048572 free,        0 used. 2318848 avail Mem

  PID   USER PR  NI    VIRT    RES    SHR S  %CPU  %MEM     TIME+   COMMAND
14836   root 20   0  116272   3136   1848 S   0.0   0.1   0:00.07   bash
```

看到没？只会有一个进程给你看，很容易查看吧！好，那么如果我想要在 top 下面执行一些操作？比方说，修改 NI 这个数值，可以这样做：

```
范例四：承上题，上面的 NI 值是 0，想要改成 10 的话？
# 在范例三的 top 界面当中直接按下 r 之后，会出现如下的界面。
top - 01:02:01 up  6:15,  3 users,  load average: 0.00, 0.01, 0.05
Tasks:   1 total,   0 running,   1 sleeping,   0 stopped,   0 zombie
%Cpu(s):  0.1 us,  0.0 sy,  0.0 ni, 99.9 id,  0.0 wa,  0.0 hi,  0.0 si,  0.0 st
KiB Mem : 2916388 total, 1839140 free,  353576 used,   723672 buff/cache
KiB Swap: 1048572 total, 1048572 free,        0 used. 2318724 avail Mem
PID to renice [default pid = 14836] 14836
  PID   USER PR  NI    VIRT    RES    SHR S  %CPU  %MEM     TIME+   COMMAND
14836   root 20   0  116272   3136   1848 S   0.0   0.1   0:00.07   bash
```

完成上面的操作后，在状态栏会出现如下信息：

```
Renice PID 14836 to value 10    <==这是 nice 值。
  PID   USER PR  NI    VIRT    RES    SHR S  %CPU  %MEM     TIME+   COMMAND
```

接下来你就会看到如下显示的画面。

```
top - 01:04:13 up  6:17,  3 users,  load average: 0.00, 0.01, 0.05
Tasks:   1 total,   0 running,   1 sleeping,   0 stopped,   0 zombie
%Cpu(s):  0.0 us,  0.0 sy,  0.0 ni,100.0 id,  0.0 wa,  0.0 hi,  0.0 si,  0.0 st
KiB Mem : 2916388 total, 1838676 free,  354020 used,   723692 buff/cache
KiB Swap: 1048572 total, 1048572 free,        0 used. 2318256 avail Mem
  PID   USER PR  NI    VIRT    RES    SHR S  %CPU  %MEM     TIME+   COMMAND
14836   root 30  10  116272   3136   1848 S   0.0   0.1   0:00.07   bash
```

看到不同了吧？下面的地方就是修改之后所产生的效果。一般来说，如果鸟哥想要找出最消耗 CPU 资源的那个进程时，大多使用的就是 top 这个程序，然后强制以 CPU 使用资源来排序（在 top 当中按下 P 即可），就可以很快知道。一定要多多使用这个好用的东西。

◆ pstree

```
[root@study ~]# pstree [-A|U] [-up]
选项与参数：
-A  ：各进程树之间的连接以 ASCII 字符来连接。
-U  ：各进程树之间的连接以 Unicode 的字符来连接，在某些终端界面下可能会有错误。
-p  ：并同时列出每个进程的 PID。
-u  ：并同时列出每个进程的所属账号名称。
范例一：列出目前系统上面所有的进程树的相关性。
[root@study ~]# pstree -A
systemd-+-ModemManager---2*[{ModemManager}]       # 这行是 ModenManager 与其子进程。
        |-NetworkManager---3*[{NetworkManager}]    # 前面有数字，代表子进程的数量。
……（中间省略）……
        |-sshd---sshd---sshd---bash---bash---sudo---su---bash---pstree <==命令执行的依赖性。
……（下面省略）……
# 注意一下，为了节省版面，所以鸟哥已经删去很多进程了。
范例二：承上题，同时显示 PID 与 users。
```

```
[root@study ~]# pstree -Aup
systemd(1)-+-ModemManager(745)-+-{ModemManager}(785)
           |                    `-{ModemManager}(790)
           |-NetworkManager(870)-+-{NetworkManager}(907)
           |                     |-{NetworkManager}(911)
           |                     `-{NetworkManager}(914)
……（中间省略）……
           |-sshd(1326)---sshd(13923)---sshd(13927,dmtsai)---bash(13928)---bash(13970)
---
……（下面省略）……
# 在括号（）内的即是 PID 以及该进程的 owner，一般来说，如果该进程的拥有者与父进程相同，
# 就不会列出，但是如果与父进程不一样，那就会列出该进程的拥有者，看上面 13927 就转变成了 dmtsai。
```

　　如果要找进程之间的相关性，这个 pstree 真是好用到不行。直接输入 pstree 就可以查到进程相关性，如上表所示，还会使用线段将相关性进程连接起来。一般连接符号使用 ASCII 码即可，有时因为语系问题会主动以 Unicode 的符号来连接。但如果终端无法支持该编码，可能会造成乱码问题，可以加上 -A 选项来解决此类线段乱码问题。

　　由 pstree 的输出我们也可以很清楚地知道，**所有的进程都是依附在 systemd 这个进程下面的。仔细看一下，这个进程的 PID 是一号，因为它是由 Linux 内核所主动调用的第一个进程，所以 PID 就是一号了。**这也是我们刚刚讨论僵尸进程时提到的，为啥出现僵尸进程时需要重新启动？因为 systemd 要重新启动，而重新启动 systemd 就是 reboot。

　　如果还想知道 PID 与所属用户，加上 -u 及 -p 两个参数即可。我们前面不是一直提到，如果子进程挂掉或是总砍不掉子进程时，该如何找到父进程吗？呵呵！用这个 pstree 就对了。

16.3.2　进程的管理

　　进程之间是可以互相控制的。举例来说，你可以关闭、重新启动服务器软件，服务器软件本身是个进程，你既然可以让它关闭或启动，当然就可以控制该进程。那么进程是如何互相管理的呢？其实是通过给予该进程一个信号（signal）去告知该进程你想要让它做什么，因此这个信号就很重要。

　　我们也在本章之前的 bash 任务管理当中提到过，要给予某个已经存在于后台中的任务某些操作时，直接给予一个信号给该任务号码即可。那么到底有多少信号呢？你可以使用 kill -l（小写的 L）或 man 7 signal 来查询。主要信号的代号、名称及内容如下：

代　号	名　称	内　容
1	SIGHUP	启动被终止的进程，可让该 PID 重新读取自己的配置文件，类似重新启动
2	SIGINT	相当于用键盘输入[ctrl]-c 来中断一个进程的运行
9	SIGKILL	代表强制中断一个进程的执行，如果该进程执行到一半，那么尚未完成的部分可能会有【半成品】产生，类似 vim 会有 .filename.swp 保留下来
15	SIGTERM	以正常的方式结束进程来终止该进程。由于是正常的终止，所以后续的操作会将它完成。不过，如果该进程已经发生问题，就是无法使用正常的方法终止时，输入这个信号也是没有用的
19	SIGSTOP	相当于用键盘输入[ctrl]-z 来暂停一个进程的运行

　　上面仅是常见的信号而已，更多的信号信息请自行 man 7 signal 吧！一般来说，你只要记得【1、9、15】这三个号码的意义即可。那么我们如何发送一个信号给某个进程呢？就通过 kill 或 killall。下面分别来看看：

◆　kill -signal PID

　　kill 可以帮我们将这个信号传送给某个任务（%jobnumber）或是某个 PID（直接输入数字）。要再次强调的是：kill 后面直接加数字与加上 %number 的情况是不同的，这个很重要。因为任务管理中有 1 号任务，但是 PID 1 号则是专指【systemd】这个进程。你怎么可以将 systemd 关闭呢？关闭 systemd，

你的系统就宕掉了，所以务必记得那个%是专门用于进行任务管理的。我们就活用一下 kill 与刚刚上面提到的 ps 来做个简单的练习。

例题

以 ps 找出 rsyslogd 这个进程的 PID 后，再使用 kill 传送信息，使得 rsyslogd 可以重新读取配置文件。

答：由于需要重新读取配置文件，因此 signal 是 1 号。至于找出 rsyslogd 的 PID 可以这样做：

```
ps aux | grep 'rsyslogd' | grep -v 'grep'| awk '{print $2}'
```

接下来则是实际使用 kill −1 PID，因此，整串命令会是这样：

```
kill -SIGHUP $ (ps aux | grep 'rsyslogd' | grep -v 'grep'| awk '{print $2}')
```

如果要确认有没有重新启动 syslog，可以参考日志文件的内容，使用如下命令查看：

```
tail -5 /var/log/messages
```

如果看到类似【Aug 5 01:25:02 study rsyslogd: [origin software="rsyslogd" swVersion="7.4.7" x-pid="742" x-info="http://www.rsyslog.com"] rsyslogd was HUPed】的字样，就表示 rsyslogd 在 8/5 重新启动（restart）过了。

了解了这个用法以后，如果未来你想要将某个莫名其妙的登录者的连接删除的话，就可以使用 pstree-p 找到相关进程，然后再用 kill −9 删除该进程，该条连接就会被踢掉了。这样很简单吧!

◆ killall −signal 命令名称

由于 kill 后面必须要加上 PID（或是 job number），所以，通常 kill 都会配合 ps、pstree 等命令，因为我们必须要找到相对应的那个进程的 PID。但是，如此一来，很麻烦，有没有可以利用【执行命令的名称】来给予信号的呢？举例来说，能不能直接将 rsyslogd 这个进程给予一个 SIGHUP 的信号？当然可以，用 killall。

```
[root@study ~]# killall [-iIe] [command name]
选项与参数：
-i ： interactive 及互动的意思，若需要删除时，会出现提示字符给使用者。
-e ： exact 的意思，表示【后面接的 command name 要一致】，但整个完整的命令不能超过 15 个字符。
-I ： 命令名称（可能含参数）忽略大小写。
范例一：给予 rsyslogd 这个命令启动的 PID 一个 SIGHUP 的信号。
[root@study ~]# killall -1 rsyslogd
# 如果用 ps aux 仔细看一下，若包含所有参数，则/usr/sbin/rsyslogd -n 才是最完整的。
范例二：强制终止所有以 httpd 启动的进程（其实并没有此进程在系统内）。
[root@study ~]# killall -9 httpd
范例三：依次询问每个 bash 进程是否需要被终止运行。
[root@study ~]# killall -i -9 bash
Signal bash（13888）？（y/N）n <==这个不杀。
Signal bash（13928）？（y/N）n <==这个不杀。
Signal bash（13970）？（y/N）n <==这个不杀。
Signal bash（14836）？（y/N）y <==这个杀掉。
# 具有互动的功能，可以询问你是否要删除 bash 这个进程，要注意，若没有-i 的参数，
# 所有的 bash 都会被这个 root 给杀掉，包括 root 自己的 bash。
```

总之，要删除某个进程，我们可以使用 PID 或是启动该进程的命令名称，而如果要删除某个服务呢？呵呵! 最简单的方法就是利用 killall，因为它可以将系统当中所有以某个命令名称启动的进程全部删除。举例来说，上面的范例二当中，系统内所有以 httpd 启动的进程，就会通通被删除。

16.3.3　关于进程的执行顺序

我们知道 Linux 是多人多任务的环境，由 top 命令的输出结果我们也发现，系统同时间有非常多

的进程在运行，只是绝大部分的进程都在休眠（sleeping）状态。想一想，如果所有的进程同时被唤醒，那么 CPU 应该要先处理哪个进程呢？也就是说，哪个进程被执行的优先级比较高？这就要考虑到进程的优先级（Priority）与 CPU 调度。

> CPU 调度与前一章的计划任务并不一样。CPU 调度指的是每个进程被 CPU 运行的规则，而计划任务则是将某个进程安排在某个时间再交由系统执行。CPU 调度与操作系统较具有相关性。

◆ Priority 与 Nice 值

我们知道 CPU 一秒可以运行多达数 G 的指令次数，通过内核的 CPU 调度可以让各进程被 CPU 切换运行，因此每个进程在一秒钟内或多或少都会被 CPU 执行部分的指令。如果进程都是集中在一个队列中等待 CPU 的运行，而不具有优先级之分，也就是像我们去游乐场玩热门游戏需要排队一样，每个人都是照顺序来。你玩过一遍后还想再玩（没有执行完毕），请到后面继续排队等待。情况有点像图 16.3.1 这样：

图 16.3.1 中假设 pro1、pro2 是紧急的进程，pro3、pro4 是一般的进程。在这样的环境中，由于不具有优先级，唉！pro1、pro2 还是要继续等待而没有优待。如果 pro3、pro4 的任务又臭又长，那么紧急的 pro1、pro2 就要等待个老半天才能够完成，真麻烦。所以，我们要为进程分优先级。如果优先级较高则运行次数可以较多，而不需要与较低优先级的进程抢位置。我们可以将进程的优先级与 CPU 调度执行的关系用图 16.3.2 来解释：

图 16.3.1　并没有优先级的进程队列示意图　　　　图 16.3.2　具有优先级的进程队列示意图

如图 16.3.2 所示，高优先权的 pro1、pro2 可以被使用两次，而较不重要的 pro3、pro4 则运行次数较少，如此一来 pro1、pro2 就可以较快被完成。要注意，上图仅是示意图，并非较优先者一定会被运行两次。为了实现上述功能，我们 Linux 给予进程一个所谓的【优先级（priority，PRI）】，这个 PRI 值越低代表越优先的意思。不过这个 PRI 值是由内核动态调整的，用户无法直接调整 PRI 值。先来看看 PRI 在哪里出现。

```
[root@study ~]# ps -l
F S   UID   PID  PPID  C PRI  NI ADDR SZ WCHAN  TTY          TIME CMD
4 S     0 14836 14835  0  90  10 - 29068 wait   pts/0    00:00:00 bash
0 R     0 19848 14836  0  90  10 - 30319 -      pts/0    00:00:00 ps
# 你应该要好奇，怎么我的 NI 已经是 10 了？还记得刚刚 top 的测试吗？我们在那边就有改过一次。
```

由于 PRI 是内核动态调整的，我们用户也无权去干涉 PRI。如果要调整进程的优先级，就要通过 nice 值了，nice 值就是上表的 NI。一般来说，PRI 与 NI 的相关性如下：

```
PRI (new) = PRI (old) + nice
```

不过你要特别留意到，如果原本的 PRI 是 50，并不是我们给予一个 nice = 5，就会让 PRI 变成 55。因为 PRI 是系统【动态】决定的，所以，虽然 nice 值可以影响 PRI，但最终的 PRI 仍是要经过系统分析后才会决定的。另外，nice 值是有正负的，而既然 PRI 越小则越早被执行，所以，当 nice 值为负值时，那么该进程就会降低 PRI 值，即会变得较优先被处理。此外，你必须要留意到：

- nice 值可调整的范围为-20 ～ 19;
- root 可随意调整自己或它人进程的 nice 值，且范围为-20~19;
- 一般用户仅可调整自己进程的 nice 值，且范围仅为 0~19 (避免一般用户抢占系统资源);
- 一般用户仅可将 nice 值越调越高，例如本来 nice 为 5，则未来仅能调整到大于 5。

这也就是说，要调整某个进程的优先级，就是【调整该进程的 nice 值】。那么如何给予某个进程 nice 值呢？有两种方式，分别是：

- 一开始执行进程就立即给予一个特定的 nice 值：用 nice 命令;
- 调整某个已经存在的 PID 的 nice 值：用 renice 命令。

◆ nice : 新执行的命令即给予新的 nice 值

```
[root@study ~]# nice [-n 数字] command
选项与参数:
-n : 后面接一个数值，数值的范围-20 ～ 19。
范例一: 用 root 给一个 nice 值为-5，用于执行 vim，并查看该进程。
[root@study ~]# nice -n -5 vim &
[1] 19865
[root@study ~]# ps -l
F S  UID   PID  PPID C PRI  NI ADDR SZ WCHAN  TTY          TIME CMD
4 S    0 14836 14835 0  90  10 - 29068 wait   pts/0    00:00:00 bash
4 T    0 19865 14836 0  85   5 - 37757 signal pts/0    00:00:00 vim
0 R    0 19866 14836 0  90  10 - 30319 -      pts/0    00:00:00 ps
# 原本的 bash PRI 为 90，所以 vim 默认应为 90，不过由于给予 nice 为-5，
# 因此 vim 的 PRI 降低了，RPI 与 NI 各减 5。但不一定每次都是正好相同，因为内核会动态调整。
[root@study ~]# kill -9 %1 <==测试完毕将 vim 关闭。
```

如同前面所说，nice 用来调整进程的执行优先级，这里只是一个执行的范例罢了。通常什么时候要将 nice 值调大？举例来说，一般是系统的后台任务中，某些比较不重要的进程的运行：例如备份任务。由于备份任务相当地销耗系统资源，这个时候就可以将备份命令的 nice 值调大一些，可以使系统的资源分配得更为公平。

◆ renice : 已存在进程的 nice 重新调整

```
[root@study ~]# renice [number] PID
选项与参数:
PID : 某个进程的 ID。
范例一: 找出自己的 bash PID，并将该 PID 的 nice 调整到-5。
[root@study ~]# ps -l
F S  UID   PID  PPID C PRI  NI ADDR SZ WCHAN  TTY          TIME CMD
4 S    0 14836 14835 0  90  10 - 29068 wait   pts/0    00:00:00 bash
0 R    0 19900 14836 0  90  10 - 30319 -      pts/0    00:00:00 ps
[root@study ~]# renice -5 14836
14836 (process ID) old priority 10, new priority -5
[root@study ~]# ps -l
F S  UID   PID  PPID C PRI  NI ADDR SZ WCHAN  TTY          TIME CMD
4 S    0 14836 14835 0  75  -5 - 29068 wait   pts/0    00:00:00 bash
0 R    0 19910 14836 0  75  -5 - 30319 -      pts/0    00:00:00 ps
```

如果要调整的是已经存在的某个进程的话，就要使用 renice 了。使用的方法很简单，renice 后面接上数值及 PID 即可。因为后面接的是 PID，所以你务必要以 ps 或其他进程的查看命令去找出 PID 才行。

由上面这个范例当中我们也看得出来，虽然修改的是 bash 那个进程，但是该进程所触发的 ps 命令当中的 nice 也会继承而为-5，了解了吧！整个 nice 值可以在父进程-->子进程之间进行传递。另外，除了 renice 之外，其实那个 top 命令同样也可以调整 nice 值。

16.3.4　查看系统资源信息

除了系统的进程之外，我们还必须就系统的一些资源进行检查。举例来说，我们使用 top 可以看到很多系统的资源对吧！那么，还有没有其他工具可以查看？当然有，下面这些工具命令可以玩一玩。

◆ free ：查看内存使用情况

```
[root@study ~]# free [-b|-k|-m|-g|-h] [-t] [-s N -c N]
选项与参数:
-b : 直接输入 free 时，显示的单位是 KBytes，我们可以使用 b（Bytes）、m（MBytes）、
     k（KBytes）及 g（GBytes）来显示单位，也可以直接让系统自己指定单位（-h）。
-t : 在输出的最终结果，显示物理内存与 swap 的总量。
-s : 可以让系统不断刷新显示数据，对于系统查看挺有效。
-c : 与-s 同时处理，让 free 列出几次的意思。
范例一: 显示目前系统的内存容量。
[root@study ~]# free -m
              total        used        free      shared  buff/cache   available
Mem:           2848         346        1794           8         706        2263
Swap:          1023           0        1023
```

仔细看看，我的系统当中有 2848MB 左右的物理内存，我的 swap 有 1GB 左右，那我使用 free -m 以 MBytes 来显示时，就会出现上面的信息。Mem 那一行显示的是物理内存的量，Swap 则是内存交换分区的量。total 是总量，used 是已被使用的量，free 则是剩余可用的量。后面的 shared、buffers、cached 则是在已被使用的量当中，用来作为缓冲及缓存的。这些 shared、buffers、cached 的使用量中，在系统比较忙碌时，可以被发布而继续利用。因此后面就有一个 available（可用的）数值。

请看上面范例一的输出，我们可以发现这台测试机根本没有什么特别的服务，但是竟然有 706MB 左右的 cache，因为鸟哥在测试过程中还是读、写、执行了很多的文件嘛。这些文件就会被系统暂时缓存下来，等待下次运行时可以更快速地取出。也就是说，系统是【很有效率地将所有的内存用光光】，目的是为了让系统的读写性能加速。

很多朋友都会问到这个问题【我的系统明明很轻松，为何内存会被用光光？】现在了解了吧？被用光是正常的，而需要注意的反而是 swap 的量。一般来说，swap 最好不要被使用，尤其 swap 最好不要被使用超过 20%以上。如果您发现 swap 的用量超过 20%，那么，最好增加物理内存。因为，swap 的性能跟物理内存实在差很多，而系统会使用到 swap，绝对是因为物理内存不足了才会这样做的。如此，了解了吧!

Linux 系统为了提高系统性能，会将最常使用的或是最近使用到的文件数据缓存(cache)下来，这样未来系统要使用该文件时，就可以直接由内存中查找取出，而不需要重新读取硬盘，速度上面当然就加快了。因此，物理内存被用光是正常的。

◆ uname：查看系统与内核相关信息

```
[root@study ~]# uname [-asrmpi]
选项与参数:
-a : 所有系统相关的信息，包括下面的数据都会被列出来。
-s : 系统内核名称。
-r : 内核的版本。
-m : 本系统的硬件架构，例如 i686 或 x86-64 等。
-p : CPU 的类型，与-m 类似，只是显示的是 CPU 的类型。
-i : 硬件的平台（x86）。
范例一: 输出系统的基本信息。
[root@study ~]# uname -a
Linux study.centos.vbird 3.10.0-229.el7.x86_64 #1 SMP Fri Mar 6 11:36:42 UTC 2015
x86_64 x86_64 x86_64 GNU/Linux
```

这个东西我们前面使用过很多次了。uname 可以列出目前系统的内核版本、硬件架构以及 CPU 类型等信息。以上面范例一的状态来说，我的 Linux 主机使用的内核名称为 Linux，而主机名为 study.centos.vbird，内核的版本为 3.10.0-229.el7.x86-64，该内核版本建立的日期为 2015-3-6，适用于 x86-64 及以上等级的硬件架构平台。

◆ uptime：查看系统启动时间与任务负载

这个命令很单纯，就是显示出目前系统已经运行的时间，以及 1、5、15 分钟内的平均负载情况。还记得 top 吧？没错，这个 uptime 可以显示出 top 界面的最上面一行。

```
[root@study ~]# uptime
 02:35:27 up  7:48,  3 users,  load average: 0.00, 0.01, 0.05
# top 这个命令已经谈过相关信息，不再聊。
```

◆ netstat：追踪网络或 socket 文件

netstat 也是挺好玩的，其实这个命令经常被用在网络监控方面。不过，在进程管理方面也是需要了解的。基本上，netstat 的输出分为两大部分，分别是网络与系统自己的进程相关性部分。这个命令的执行如下所示：

```
[root@study ~]# netstat -[atunlp]
选项与参数：
-a  : 将目前系统上所有的连接、监听、socket 信息都列出来。
-t  : 列出 tcp 网络封包的信息。
-u  : 列出 udp 网络封包的信息。
-n  : 不以进程的服务名称，以端口号（port number）来显示。
-l  : 列出目前正在网络监听（listen）的服务。
-p  : 列出该网络服务的进程 PID。
范例一：列出目前系统已经建立的网络连接与 unix socket 状态。
[root@study ~]# netstat
Active Internet connections（w/o servers）<==与网络较相关的部分。
Proto Recv-Q Send-Q Local Address          Foreign Address          State
tcp       0      0 172.16.15.100:ssh      172.16.220.234:48300     ESTABLISHED
Active UNIX domain sockets（w/o servers）<==与本机进程的相关性（非网络）。
Proto RefCnt Flags       Type       State         I-Node  Path
unix  2      [ ]         DGRAM                     1902    @/org/freedesktop/systemd1/notify
unix  2      [ ]         DGRAM                     1944    /run/systemd/shutdownd
……（中间省略）……
unix  3      [ ]         STREAM     CONNECTED      25425   @/tmp/.X11-unix/X0
unix  3      [ ]         STREAM     CONNECTED      28893
unix  3      [ ]         STREAM     CONNECTED      21262
```

上面的结果显示了两个部分，分别是网络的连接以及 Linux 上面的 socket 进程相关性部分。我们先来看看因特网连接情况的部分：

- Proto：网络的封包协议，主要分为 TCP 与 UDP 封包，相关数据请参考服务器篇；
- Recv-Q：非由用户进程连接到此 socket 的复制的总 Bytes 数；
- Send-Q：非由远程主机传送过来的 acknowledged 总 Byte 数；
- Local Address：本地端的 IP:port 情况；
- Foreign Address：远程主机的 IP:port 情况；
- State：连接状态，主要要有建立（ESTABLISED）及监听（LISTEN）；

我们看上面仅有一条连接的数据，它的意义是：【通过 TCP 封包的连接，远程的 172.16.220.234:48300 连接到本地端的 172.16.15.100:ssh，这条连接状态是建立（ESTABLISHED）的状态】，至于更多的网络环境说明，就要到鸟哥的另一本书服务器篇查看。

除了网络上的连接之外，Linux 系统上面的进程还可以接收不同进程所发送来的信息，那就是 Linux 上面的 socket 文件（socket file）。我们在第 5 章的文件种类曾提到过 socket 文件，但当时未谈到进程的概念，所以没有深入谈论。socket 文件可以沟通两个进程之间的信息，因此进程可以获取对方传送过来的数据。由于有 socket 文件，因此类似 X Window 这种需要通过网络连接的软件，目前新的发行版就以 socket 来进行窗口接口的连接沟通了。上表中 socket 文件的输出字段有：

- Proto：一般就是 unix；
- RefCnt：连接到此 socket 的进程数量；
- Flags：连接的标识；

- Type：socket 存取的类型。主要有确认连接的 STREAM 与不需确认的 DGRAM 两种；
- State：若为 CONNECTED 则表示多个进程之间已经建立连接；
- Path：连接到此 socket 的相关进程的路径，或是相关数据输出的路径。

以上表的输出为例，最后那三行在 /tmp/.xx 下面的数据，就是 X Window 图形界面的相关进程。而 PATH 指向的就是这些进程要交换数据的 socket 文件。好，那么 netstat 可以帮我们执行什么任务呢？很多，我们先来看看，利用 netstat 去看看我们的哪些进程启动了哪些网络【后门】呢？

```
范例二：找出目前系统上已在监听的网络连接及其 PID。
[root@study ~]# netstat -tulnp
Active Internet connections (only servers)
Proto Recv-Q Send-Q Local Address       Foreign Address     State       PID/Program name
tcp      0      0 0.0.0.0:22           0.0.0.0:*           LISTEN      1326/sshd
tcp      0      0 127.0.0.1:25         0.0.0.0:*           LISTEN      2349/master
tcp6     0      0 :::22                :::*                LISTEN      1326/sshd
tcp6     0      0 ::1:25               :::*                LISTEN      2349/master
udp      0      0 0.0.0.0:123          0.0.0.0:*                       751/chronyd
udp      0      0 127.0.0.1:323        0.0.0.0:*                       751/chronyd
udp      0      0 0.0.0.0:57808        0.0.0.0:*                       743/avahi-daemon: r
udp      0      0 0.0.0.0:5353         0.0.0.0:*                       743/avahi-daemon: r
udp6     0      0 :::123               :::*                            751/chronyd
udp6     0      0 ::1:323              :::*                            751/chronyd
# 除了可以列出监听网络的界面与状态之外，最后一个栏位还能够显示此服务的
# PID 号码以及进程的命令名称，例如上面的 1326 就是该 PID。
范例三：将上述的 0.0.0.0:57808 那个网络服务关闭的话？
[root@study ~]# kill -9 743
[root@study ~]# killall -9 avahi-daemon
```

很多朋友常常有疑问，那就是，我的主机目前到底开了几个门（ports）。其实，不论主机提供什么样的服务，一定要有相对应的程序在主机上面执行才行。举例来说，我们鸟园的 Linux 主机提供的就是 WWW 服务，那么我的主机当然有一个进程在提供 WWW 的服务。那就是 Apache 这个软件所提供的。所以，当我执行了这个程序之后，我的系统自然就可以提供 WWW 的服务了。那如何关闭？关闭该程序所触发的那个进程就好了，例如上面的范例三所提供的例子。不过，这个是非正规的做法，正规的做法请查看下一章的说明。

◆ dmesg：分析内核产生的信息

系统在启动的时候，内核会去检测系统的硬件，你的某些硬件到底有没有被识别，就与这个时候的检测有关。但是这些检测的过程不是没有显示在屏幕上，就是在屏幕上一闪而逝。能不能把内核检测的信息识别出来看看？可以使用 dmesg。

不管是启动的时候还是系统运行过程中，只要是内核产生的信息，都会被记录到内存的某个保护区域中。dmesg 这个命令就能够将该区域的信息读出来。因为信息实在太多了，所以执行时可以加入这个管道命令【| more】来使界面暂停。

```
范例一：输出所有的内核启动时的信息。
[root@study ~]# dmesg | more
范例二：查找启动的时候，硬盘的相关信息是什么？
[root@study ~]# dmesg | grep -i vda
[    0.758551]  vda: vda1 vda2 vda3 vda4 vda5 vda6 vda7 vda8 vda9
[    3.964134] XFS (vda2): Mounting V4 Filesystem
……（下面省略）……
```

由范例二就知道我这台主机的硬盘是什么格式了。

◆ vmstat：检测系统资源变化

如果你想要动态地了解一下系统资源的运行，那么这个 vmstat 确实可以玩一玩。vmstat 可以检测【CPU/内存/磁盘 I/O 状态】等，如果你想要了解一个繁忙的系统到底是哪个环节最累人，可以使用 vmstat 分析看看。下面是常见的选项与参数说明：

```
[root@study ~]# vmstat [-a] [延迟 [总计检测次数]] <==CPU/内存等信息。
[root@study ~]# vmstat [-fs]                      <==内存相关。
```

```
[root@study ~]# vmstat [-S 单位]              <==设置显示数据的单位。
[root@study ~]# vmstat [-d]                   <==与磁盘有关。
[root@study ~]# vmstat [-p 分区]              <==与磁盘有关。
选项与参数:
-a : 使用 inactive/active (活动与否) 替换 buffer/cache 的内存输出信息。
-f : 开机到目前为止, 系统复制 (fork) 的进程数。
-s : 将一些事件 (启动至目前为止) 导致的内存变化情况列表说明。
-S : 后面可以接单位, 让显示的数据有单位, 例如 K/M 替换 Bytes 的容量。
-d : 列出磁盘的读写总量统计表。
-p : 后面列出分区, 可显示该分区的读写总量统计表。
范例一: 统计目前主机 CPU 状态, 每秒一次, 共计三次。
[root@study ~]# vmstat 1 3
procs -----------memory---------- ---swap-- -----io---- -system-- ------cpu-----
 r  b   swpd   free   buff  cache   si   so    bi    bo   in   cs us sy id wa st
 1  0      0 1838092   1504 722216    0    0     4     1    6    9  0  0 100  0  0
 0  0      0 1838092   1504 722200    0    0     0     0   13   23  0  0 100  0  0
 0  0      0 1838092   1504 722200    0    0     0     0   25   46  0  0 100  0  0
```

利用 vmstat 甚至可以执行追踪。你可以使用类似【vmstat 5】代表每 5 秒钟更新一次,且无穷地更新。直到你按下[ctrl]-c 为止。如果你想要实时地知道系统资源的运行状态,这个命令就必须知道。那么上面的表格各项字段的意义是什么? 基本说明如下:

● 进程字段 (procs) 的项目分别为:

r : 等待运行中的进程数量;

b:不可被唤醒的进程数量。

这两个项目越多,代表系统越忙碌 (因为系统太忙,所以很多进程就无法被执行或一直在等待而无法被唤醒之故)。

● 内存字段 (memory) 项目分别为:

swpd:虚拟内存被使用的容量;

free:未被使用的内存容量;

buff:用于缓冲存储器;

cache:用于高速缓存。

这部分则与 free 命令是相同的。

● 内存交换分区 (swap) 的项目分别为:

si:由磁盘中将进程取出的容量;

so:由于内存不足而将没用到的进程写入到磁盘的 swap 的容量;

如果 si/so 的数值太大,表示内存中的数据常常得在磁盘与内存之间传输,系统性能会很差。

● 磁盘读写 (I/O) 的项目分别为:

bi:由磁盘读入的区块数量;

bo:写入到磁盘中的区块数量;

这部分的值越高,代表系统的 I/O 越忙碌。

● 系统 (system) 的项目分别为:

in:每秒被中断的进程次数;

cs:每秒执行的事件切换次数。

这两个数值越大,代表系统与外接设备的沟通越频繁。这些接口设备包括磁盘、网卡等。

● CPU 的项目分别为:

us:非内核层的 CPU 使用状态;

sy:内核层所使用的 CPU 状态;

id:闲置的状态;

wa:等待 I/O 所耗费的 CPU 状态;

st:被虚拟机 (virtual machine) 所使用的 CPU 状态 (2.6.11 以后才支持)。

由于鸟哥的机器是测试机，所以并没有什么 I/O 或是 CPU 忙碌的情况。如果改天你的服务器非常忙碌时，记得使用 vmstat 去看看，到底是哪个部分的资源被使用的最为频繁。一般来说，如果 I/O 部分很忙碌的话，你的系统会变得非常慢。让我们再来看看，磁盘的部分该如何查看：

```
范例二：系统上面所有的磁盘的读写状态。
[root@study ~]# vmstat -d
disk- ------------reads------------ ------------writes----------- ------IO------
       total merged sectors    ms total merged sectors    ms   cur   sec
vda    21928      0  992587  47490  7239   2225  258449  13331     0    26
sda      395      1    3168    213     0      0       0      0     0     0
sr0        0      0       0      0     0      0       0      0     0     0
dm-0   19139      0  949575  44608  7672      0  202251  16264     0    25
dm-1     336      0    2688    327     0      0       0      0     0     0
md0      212      0    1221      0    14      0    4306      0     0     0
dm-2     218      0    9922    565    54      0    4672    128     0     0
dm-3     179      0     957    182    11      0    4306     68     0     0
```

详细的各字段就请诸位查看一下 man vmstat，反正与读写有关，这样了解了吗？

16.4 特殊文件与进程

我们在第 6 章曾经谈到特殊权限的 SUID、SGID、SBIT。虽然第 6 章已经将这三种特殊权限作了详细的解释，不过我们依旧要来探讨这些权限是如何影响你的【进程】的呢？此外，进程可能会使用到系统资源，举例来说，磁盘就是其中一项资源。哪天你在 umount 磁盘时，系统老是出现【device is busy】的字样，到底是怎么回事？我们下面就来谈一谈这些和进程有关系的细节部分。

16.4.1 具有 SUID/SGID 权限的命令执行状态

SUID 的权限其实与进程的相关性非常大。为什么呢？先来看看 SUID 的程序如何被一般用户执行，且具有什么特点？

- SUID 权限仅对二进制程序（binary program）有效。
- 执行者对于该程序需要具有 x 的可执行权限。
- 本权限仅在执行该程序的过程中有效（run-time）。
- 执行者将具有该程序拥有者（owner）的权限。

所以说，整个 SUID 的权限会生效是由于【具有该权限的程序被触发】，而我们知道一个程序被触发会变成进程，所以执行者可以具有程序拥有者的权限就是在该程序变成进程的那个时候。第 6 章我们还没谈到进程的概念，所以你或许那时候会觉得很奇怪，为啥执行了 passwd 后你就具有了 root 的权限呢？不都是一般用户执行的吗？这是因为你在触发 passwd 后，会获得一个新的进程与 PID，该 PID 产生时通过 SUID 来给予该 PID 特殊的权限设置。我们使用 dmtsai 登录系统且执行 passwd 后，通过任务管理来理解一下。

```
[dmtsai@study ~]$ passwd
Changing password for user dmtsai.
Changing password for dmtsai
 (current) UNIX password: <==这里按下[ctrl]-z 并且按下[enter].
[1]+  Stopped                 passwd
[dmtsai@study ~]$ pstree -uA
systemd-+-ModemManager---2*[{ModemManager}]
……（中间省略）……
        |-sshd---sshd---sshd(dmtsai)---bash-+-passwd(root)
        |                                   `-pstree
……（下面省略）……
```

从上表的结果我们可以发现，下划线的部分是属于 dmtsai 这个一般账号的权限，特殊字体的则是 root 的权限。但你看到 passwd 确实是由 bash 衍生出来的，不过就是权限不一样。通过这样的解释，你也会比较清楚为何不同程序所产生的权限不同了吧？这是由于【SUID 程序执行过程中产生的进程】的关系。

那么既然 SUID/SGID 的权限是比较可怕的，您该如何查询整个系统的 SUID/SGID 的文件呢？应该还不会忘记吧？使用 find 即可。

```
find / -perm /6000
```

16.4.2　/proc/* 代表的意义

其实，我们之前提到的所谓的进程都是在内存当中。而内存当中的数据又都是写入到 /proc/* 这个目录下的，所以，我们当然可以直接查看 /proc 这个目录当中的文件。如果你查看过 /proc 这个目录的话，应该会发现它有点像这样：

```
[root@study ~]# ll /proc
dr-xr-xr-x.  8 root        root        0 Aug  4 18:46 1
dr-xr-xr-x.  8 root        root        0 Aug  4 18:46 10
dr-xr-xr-x.  8 root        root        0 Aug  4 18:47 10548
……（中间省略）……
-r--r--r--.  1 root        root        0 Aug  5 17:48 uptime
-r--r--r--.  1 root        root        0 Aug  5 17:48 version
-r--------.  1 root        root        0 Aug  5 17:48 vmallocinfo
-r--r--r--.  1 root        root        0 Aug  5 17:48 vmstat
-r--r--r--.  1 root        root        0 Aug  5 17:48 zoneinfo
```

基本上，目前主机上面的各个进程的 PID 都以目录的形式存在于 /proc 当中。举例来说，我们启动所执行的第一个程序 systemd 的 PID 是 1，这个 PID 的所有相关信息都写入/proc/1/* 当中。那么我们直接查看 PID 为 1 的数据好了，它有点像这样：

```
[root@study ~]# ll /proc/1
dr-xr-xr-x. 2 root root 0 Aug  4 19:25 attr
-rw-r--r--. 1 root root 0 Aug  4 19:25 autogroup
-r--------. 1 root root 0 Aug  4 19:25 auxv
-r--r--r--. 1 root root 0 Aug  4 18:46 cgroup
--w-------. 1 root root 0 Aug  4 19:25 clear_refs
-r--r--r--. 1 root root 0 Aug  4 18:46 cmdline  <==就是命令串。
-r--------. 1 root root 0 Aug  4 18:46 environ  <==一些环境变量。
lrwxrwxrwx. 1 root root 0 Aug  4 18:46 exe
……（以下省略）……
```

里面的数据还挺多的，不过，比较有趣的其实是两个文件，分别是：

- cmdline：这个进程被启动的命令串。
- environ：这个进程的环境变量内容。

很有趣吧？如果你查看一下 cmdline 的话，就会发现：

```
[root@study ~]# cat /proc/1/cmdline
/usr/lib/systemd/systemd--switched-root--system--deserialize24
```

就是这个命令、选项与参数启动 systemd 的。这还是跟某个特定的 PID 有关的内容，如果是针对整个 Linux 系统相关的参数呢？那就是在/proc 目录下面的文件。相关的文件与对应的内容是这样的：[注3]

文 件 名	文 件 内 容
/proc/cmdline	加载内核时所执行的相关命令与参数，查看此文件，可了解命令是如何启动的
/proc/cpuinfo	本机的 CPU 的相关信息，包含频率、类型与功能等
/proc/devices	这个文件记录了系统各个主要设备的主要设备代号，与 mknod 有关

续表

文 件 名	文 件 内 容
/proc/filesystems	目前系统已经加载的文件系统
/proc/interrupts	目前系统上面的 IRQ 分配状态
/proc/ioports	目前系统上面各个设备所配置的 I/O 地址
/proc/kcore	这个就是内存的大小。好大对吧，但是不要读它
/proc/loadavg	还记得 top 以及 uptime 吧？没错，上面的三个平均数值就是记录在此
/proc/meminfo	使用 free 列出的内存信息，在这里也能够查看到
/proc/modules	目前我们的 Linux 已经加载的模块列表，也可以想成是驱动程序
/proc/mounts	系统已经挂载的数据，就是用 mount 这个命令调用出来的数据
/proc/swaps	到底系统挂载入的内存在哪里？使用的硬盘分区就记录在此
/proc/partitions	使用 fdisk -l 会出现目前所有的硬盘分区吧？在这个文件当中也有记录
/proc/uptime	就是用 uptime 的时候，会出现的信息
/proc/version	内核的版本，就是用 uname -a 显示的内容
/proc/bus/*	一些总线的设备，还有 USB 的设备也记录在此

　　其实，鸟哥在此建议您可以使用 cat 去看看上面这些文件，但不必深入了解。查看过文件内容后，就会比较有感觉。如果未来您想要自行编写某些工具软件，那么这个目录下面的相关文件可能会对您有点帮助。

16.4.3　查询已使用文件或已执行进程使用的文件

　　其实还有一些与进程相关的命令值得参考与应用，我们来谈一谈。

◆　fuser：借由文件（或文件系统）找出正在使用该文件的进程

　　有的时候我想要知道我的进程到底在这次启动过程中使用了多少文件，可以利用 fuser 来查看。举例来说，如果在卸载时发现系统通知【device is busy】，则表示此文件系统正在忙碌中，表示有某个进程正在使用该文件系统。那么你就可以利用 fuser 来查询。fuser 语法有点像这样：

```
[root@study ~]# fuser [-umv] [-k [i] [-signal]] file/dir
选项与参数：
-u ：除了进程的 PID 之外，同时列出该进程的拥有者。
-m ：后面接的那个文件名会主动地上提到该文件系统的最顶层，对 umount 不成功很有效。
-v ：可以列出每个文件与进程还有命令的完整相关性。
-k ：找出使用该文件/目录的 PID，并试图以 SIGKILL 这个信号给予该 PID。
-i ：必须与-k 配合，在删除 PID 之前会先询问使用者意愿。
-signal：例如-1、-15 等，若不加的话，默认是 SIGKILL（-9）。
范例一：找出目前所在目录的使用 PID/所属账号/权限是什么？
[root@study ~]# fuser -uv .
                USER        PID ACCESS COMMAND
/root:          root      13888 ..c.. （root）bash
                root      31743 ..c.. （root）bash
```

　　看到输出的结果没？它说【.】下面有两个 PID 分别为 13888 和 31743 的进程，该进程属于 root 且执行命令为 bash。比较有趣的是那个 ACCESS 的项目，那个项目代表的意义为：

- c：此进程在当前的目录下（非子目录）。
- e：可被触发为执行状态。
- f：是一个被开启的文件。
- r：代表顶层目录（root directory）。

- F：该文件被使用了，不过在等待响应中。
- m：可能为共享的动态函数库。

如果你想要查看某个文件系统下面有多少进程正在占用该文件系统时，那个 −m 的选项就很有帮助了。让我们来做几个简单的测试，包括物理的文件系统挂载与 /proc 这个虚拟文件系统的内容，看看进程对这些挂载点或其他目录的使用状态。

```
范例二：找到所有使用到/proc这个文件系统的进程。
[root@study ~]# fuser -uv /proc
/proc:              root        kernel mount （root）/proc
                    rtkit           768 .rc.. （rtkit）rtkit-daemon
# 数据量还不会很多，虽然这个目录很繁忙，没关系，我们可以继续这样做，看看其他的进程。
[root@study ~]# fuser -mvu /proc
                    USER        PID ACCESS COMMAND
/proc:              root        kernel mount （root）/proc
                    root            1 f.... （root）systemd
                    root            2 ...e. （root）kthreadd
……（下面省略）……
# 有这几个进程在进行/proc 文件系统的读取，这样清楚了吗？
范例三：找到所有使用到/home 这个文件系统的进程。
[root@study ~]# echo $$
31743  # 先确认一下，自己的 bash PID 号码。
[root@study ~]# cd /home
[root@study home]# fuser -muv .
                    USER        PID ACCESS COMMAND
/home:              root        kernel mount （root）/home
                    dmtsai    31535 ..c.. （dmtsai）bash
                    root      31571 ..c.. （root）passwd
                    root      31737 ..c.. （root）sudo
                    root      31743 ..c.. （root）bash      # 果然，自己的 PID 在。
[root@study home]# cd ~
[root@study ~]# umount /home
umount: /home: target is busy.
        (In some cases useful info about processes that use
        the device is found by lsof(8) or fuser(1))
# 从 fuser 的结果可以知道，总共有五个进程在该目录下运行，那即使 root 离开了/home，
# 当然还是无法 umount 的。那要怎么办？哈哈，可以通过如下方法一个一个删除。
[root@study ~]# fuser -mki /home
/home:         31535c 31571c 31737c  # 你会发现，PID 跟上面查到的相同。
Kill process 31535 ？（y/N） # 这里会问你要不要删除，当然不要乱删除，通通取消。
```

既然可以针对整个文件系统，那么能不能仅针对单一文件呢？当然可以。先看一下下面的案例：

```
范例四：找到/run 下面属于 FIFO 类型的文件，并且找出读取该文件的进程。
[root@study ~]# find /run -type p
……（前面省略）……
/run/systemd/sessions/165.ref
/run/systemd/sessions/1.ref
/run/systemd/sessions/c1.ref    # 随便找个选项，就是这个好了，来测试一下。
[root@study ~]# fuser -uv /run/systemd/sessions/c1.ref
                    USER        PID ACCESS COMMAND
/run/systemd/sessions/c1.ref:
                    root        763 f.... （root）systemd-logind
                    root       5450 F.... （root）gdm-session-wor
# 通常系统的 FIFO 文件都会放置到/run 下面，通过这个方式来追踪该文件被读取的进程。
# 也能够晓得系统有多忙碌，呵呵。
```

如何？很有趣的一个命令吧！通过这个 fuser 我们可以找出使用该文件、目录的进程，它的重点与 ps、pstree 不同。fuser 可以让我们了解到某个文件（或文件系统）目前正在被哪些进程所使用。

◆ lsof：列出被进程所使用的文件名称

相对于 fuser 是由文件或设备去找出使用该文件或设备的进程，反过来说，如何查出某个进程开启或使用的文件与设备呢？呼呼，那就是使用 lsof。

```
[root@study ~]# lsof [-aUu] [+d]
选项与参数:
-a : 多项数据需要【同时成立】才显示出结果时。
-U : 仅列出 UNIX-like 系统的 socket 文件类型。
-u : 后面接 username,列出该使用者相关进程所使用的文件。
+d : 后面接目录,亦即找出某个目录下面已经被使用的文件。
范例一: 列出目前系统上面所有已经被开启的文件与设备
[root@study ~]# lsof
COMMAND  PID  TID    USER  FD   TYPE  DEVICE  SIZE/OFF    NODE NAME
systemd  1           root  cwd  DIR   253,0   4096        128 /
systemd  1           root  rtd  DIR   253,0   4096        128 /
systemd  1           root  txt  REG   253,0   1230920     967763 /usr/lib/systemd/systemd
……(下面省略)……
# 注意到了吗?是的,在默认的情况下,lsof 会将目前系统上面已经打开的文件全部列出来,
# 所以,结果多的吓人。您可以注意到,第一个文件 systemd 执行的地方就在根目录,
# 而根目录,嘿嘿,所在的 inode 也有显示出来了。
范例二: 仅列出关于 root 的所有进程所使用的 socket 文件。
[root@study ~]# lsof -u root -a -U
COMMAND  PID  USER  FD   TYPE  DEVICE  SIZE/OFF   NODE NAME
systemd  1 root  3u  unix 0xffff8800b7756580  0t0 13715 socket
systemd  1 root  7u  unix 0xffff8800b7755a40  0t0 1902 @/org/freedesktop/systemd1/
notify
systemd  1 root  9u  unix 0xffff8800b7756d00  0t0 1903 /run/systemd/private
……(中间省略)……
Xorg   4496 root  1u  unix 0xffff8800ab107480  0t0 25981 @/tmp/.X11-unix/X0
Xorg   4496 root  3u  unix 0xffff8800ab107840  0t0 25982 /tmp/.X11-unix/X0
Xorg   4496 root  16u unix 0xffff8800b7754f00  0t0 25174 @/tmp/.X11-unix/X0
……(下面省略)……
# 注意到那个-a 了吧,如果你分别输入 lsof -u root 及 lsof -U,会有啥信息?
# 使用 lsof -u root -U 及 lsof -u root -a -U,呵呵,都不同。-a 的用途就是使两个参数同时成立。
范例三: 请列出目前系统上面所有的被使用的外接设备。
[root@study ~]# lsof +d /dev
COMMAND  PID         USER  FD   TYPE     DEVICE SIZE/OFF NODE NAME
systemd  1           root  0u   CHR      1,3    0t0 1028 /dev/null
systemd  1           root  1u   CHR      1,3    0t0 1028 /dev/null
# 看吧,因为设备都在/dev 里面嘛,所以,使用查找目录即可。
范例四: 显示属于 root 的 bash 这个程序所开启的文件。
[root@study ~]# lsof -u root | grep bash
ksmtuned  781 root txt  REG  253,0  960384    33867220 /usr/bin/bash
bash    13888 root cwd  DIR  253,0  4096      50331777 /root
bash    13888 root rtd  DIR  253,0  4096      128 /
bash    13888 root txt  REG  253,0  960384    33867220 /usr/bin/bash
bash    13888 root mem  REG  253,0 106065056  17331169 /usr/lib/locale/locale-archive
……(下面省略)……
```

这个命令可以找出您想要知道的某个进程是否正在使用某些文件。例如上面提到的范例四的执行结果。

◆ pidof:找出某个正在执行的进程的 PID

```
[root@study ~]# pidof [-sx] program_name
选项与参数:
-s : 仅列出一个 PID 而不列出所有的 PID。
-x : 同时列出该 program name 可能的 PPID 那个进程的 PID。
范例一: 列出目前系统上面 systemd 以及 rsyslogd 这两个程序的 PID。
[root@study ~]# pidof systemd rsyslogd
1 742
# 理论上,应该会有两个 PID 才对,上面的显示也是出现了两个 PID。
# 分别是 systemd 及 rsyslogd 这两个程序的 PID。
```

很简单的用法吧?通过这个 pidof 命令,配合 ps aux 与正则表达式,就可以很轻易地找到您所想要的进程内容了。如果要找的是 bash,那就 pidof bash,立刻就会显示一堆 PID 号码。

16.5　SELinux 初探

自 CentOS 5.x 之后的 CentOS 版本中（当然包括 CentOS 7），SELinux 已经是个非常完备的内核模块了。CentOS 提供了很多管理 SELinux 的命令与功能，因此在整体架构上面是单纯且容易操作管理的。所以，在没有自行开发网络服务软件以及使用其他第三方辅助软件的情况下，也就是全部利用 CentOS 官方提供的软件来使用我们服务器的情况下，建议大家不要关闭 SELinux。下面就让我们来仔细玩玩这家伙吧！

16.5.1　什么是 SELinux

什么是 SELinux 呢？其实它是【Security Enhanced Linux】的英文缩写，字面上的意义就是安全强化的 Linux 之意。那么所谓的【安全强化】是强化哪个部分？是网络安全还是权限管理？下面就让我们来看看吧！

◆　当初设计的目标：避免资源的误用

SELinux 是由美国国家安全局（NSA）开发的，当初开发这玩意儿的原因是很多企业发现，系统出现问题的原因大部分都在于【内部员工的资源误用】，实际由外部发动的攻击反而没有这么严重。那么什么是【员工资源误用】呢？举例来说，如果有个不是很懂系统的系统管理员为了自己设置的方便，将网页所在目录/var/www/html/的权限设置为 drwxrwxrwx，你觉得会有什么事情发生？

现在我们知道所有的系统资源都是通过进程来读写的，那么 /var/www/html/ 如果设置为 777，代表所有进程均可对该目录读写，万一你真的启动了 WWW 服务器软件，那么该软件所触发的进程将可以写入该目录，而该进程却是对整个 Internet 提供服务的。只要有心人接触到这个进程，而且该进程刚好又提供了用户进行写入的功能，那么外部的人很可能就会向你的系统写入些莫名其妙的东西。那可真是不得了，一个小小的 777 问题可是大大的。

为了管理这方面的权限与进程的问题，美国国家安全局开始着手处理操作系统这方面的管理。由于 Linux 是自由软件，程序代码都是公开的，因此它们便使用 Linux 来作为研究的目标，最后更将研究的结果整合到 Linux 内核中，那就是 SELinux。所以说，SELinux 是整合到内核的一个模块。更多与 SELinux 相关的说明可以参考：

- https://www.nsa.gov/what-we-do/research/selinux/

这也就是说：其实 SELinux 是在进行进程、文件等详细权限配置时依据的一个内核模块。由于启动网络服务的也是进程，因此刚好也是能够控制网络服务能否读写系统资源的一道关卡。所以，在讲到 SELinux 对系统的访问控制之前，我们得先来回顾一下之前谈到的系统文件权限与用户之间的关系，因为先谈完这个你才会知道为何需要 SELinux。

◆　传统的文件权限与账号的关系：自主访问控制（DAC）

我们知道系统的账号主要分为系统管理员（root）与一般用户，而这两种身份能否使用系统上面的文件资源则与 rwx 的权限设置有关。不过你要注意的是，各种权限设置对 root 是无效的。因此，当某个进程想要对文件进行读写时，系统就会根据该进程的拥有者和用户组，比对文件的权限，只有通过权限检查，才可以读写该文件。

这种读写文件系统的方式被称为【自主访问控制（Discretionary Access Control，DAC）】。基本上，就是依据进程的拥有者与文件资源的 rwx 权限来决定有无读写的权限。不过这种 DAC 的访问控制有几个缺点，那就是：

- root 具有最高的权限：如果不小心某个进程被有心人士获取，且该进程属于 root 权限，那么这个进程就可以在系统上执行任何资源的读写，真是要命。
- 用户可以获取进程来修改文件资源的访问权限：如果你不小心将某个目录的权限设置为

777，由于对任何人的权限会变成 rwx，因此该目录就会被任何人所任意读写。

这些问题是非常严重的，尤其是当你的系统被某些漫不经心的系统管理员所管理时，它们甚至觉得目录权限调为 777 也没有什么大的危险。

◆ 以策略规则制定特定进程读取特定文件：强制访问控制（MAC）

现在我们知道 DAC 的困扰就是当用户获取进程后，它可以借由这个进程与自己默认的权限来处理它自己的文件资源。万一这个用户对 Linux 系统不熟，就很可能会有资源误用的问题产生。为了避免 DAC 容易发生的问题，SELinux 引入了强制访问控制（Mandatory Access Control，MAC）的方法。

强制访问控制（MAC）很有趣，它可以针对特定的进程与特定的文件资源来管理权限。也就是说，即使你是 root，那么在使用不同的进程时，你所能获取的权限也并不一定是 root，而要根据当时该进程的设置而定。如此一来，我们针对控制的【主体】变成了【进程】而不是用户。此外，这个主体进程也不能任意使用系统文件资源，因为每个文件资源也针对该主体进程设置了可使用的权限。如此一来，控制项目就细得多了。但整个系统进程那么多、文件那么多，一项一项控制可就没完没了。所以 SELinux 也提供了一些默认的策略（Policy），并在该策略内提供多个规则（rule），让你可以选择是否启用该控制规则。

在强制访问控制的设置下，我们的进程能够活动的空间就变小了。举例来说，WWW 服务器软件的进程为 httpd 这个程序，而默认情况下，httpd 仅能在/var/www/这个目录下面读写文件。如果 httpd 这个进程想要到其他目录去读写数据时，除了规则设置要开放外，目标目录也要设置成 httpd 可读取的类型（type）才行，限制非常多。所以，即使不小心 httpd 被骇客（Cracker）获取了控制权，它也无权浏览/etc/shadow 等重要的配置文件。

简单地说，针对 apache 这个 WWW 网络服务使用 DAC 或 MAC 的结果，两者间的关系可以使用图 16.5.1 来说明。下面这个图取自 Red Hat 培训教材，真的是很不错，所以被鸟哥借用来说明一下。

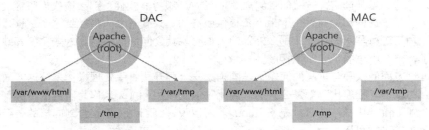

图 16.5.1 使用 DAC/MAC 产生的不同结果，以 Apache 为例说明

左图是没有 SELinux 的 DAC 读写结果，apache 这个 root 所主导的进程，可以在这三个目录内作任何文件的新建与修改，相当麻烦。右边则是加上 SELinux 的 MAC 管理的结果，SELinux 仅会针对 apache 这个【进程】开放部分目录的使用权，其他非正规目录就不会让 apache 使用。因此不管你是谁，就是不能穿透 MAC 的框框。这样可以了解了吗？

16.5.2 SELinux 的运行模式

再次重复说明一下，SELinux 是通过 MAC 的方式来管理进程的，它控制的主体是进程，而目标则是该进程能否读取的【文件资源】，所以先来说明一下这些东西的相关性。[注4]

● 主体（Subject）

SELinux 主要管理的就是进程，因此你可以将【主体】跟本章谈到的进程划上等号。

● 目标（Object）

主体进程能否读写的【目标资源】一般就是文件系统，因此这个目标选项可以与文件系统划上等号。

● 策略（Policy）

由于进程与文件数量庞大，因此 SELinux 会依据某些服务来制订基本的读写安全性策略，这些策

略内还会有详细的规则（rule）来指定不同的服务是否开放某些资源的读写。在目前的 CentOS 7.x 里面仅提供三个主要的策略，分别是：

- targeted：针对网络服务限制较多，针对本机限制较少，是默认的策略。
- minimum：由 target 自定义而来，仅针对选择的进程来保护。
- mls：完整的 SELinux 限制，限制方面较为严格。

建议使用默认的 targeted 策略即可。

- 安全上下文（security context）

我们刚刚谈到了主体、目标与策略，除了策略指定之外，**主体与目标的安全上下文必须一致才能够顺利读写**。这个安全上下文（security context）有点类似文件系统的 rwx。安全上下文的内容与设置是非常重要的，如果设置错误，你的某些服务（主体进程）就无法读写文件系统（目标资源），当然就会一直出现【权限不符】的错误信息了。

由于 SELinux 重点在保护进程读取文件系统的权限，因此我们将上述几个说明搭配起来，绘制成图 16.5.2，便于理解：

图 16.5.2　SELinux 运行的各组件之相关性（本图参考小州老师的上课讲义）

上图的重点在【主体】如何获取【目标】的资源访问权限。由上图我们可以发现，（1）主体进程必须要通过 SELinux 策略内的规则放行后，才可以与目标资源进行安全上下文的比对，（2）若比对失败则无法读写目标，若比对成功则可以开始读写目标。问题是，最终能否读写目标还是与文件系统的 rwx 权限设置有关。如此一来，加入 SELinux 之后，出现权限不符的情况时，你就要一步一步分析可能的问题了。

- 安全上下文（Security Context）

CentOS 7.x 的 target 策略已经帮我们制订好了非常多的规则，因此你只要知道如何开启/关闭某项规则的放行与否即可。那个安全上下文比较麻烦，因为你可能需要自行配置文件的安全上下文。为何需要自行设置？举例来说，你不也常常进行文件的 rwx 权限的重新设置吗？可以将这个**安全上下文当作 SELinux 内必备的 rwx**，这样就比较好理解了。

安全上下文存在于主体进程与目标文件资源中。进程在内存中，所以安全上下文可以存入是没问题的。那文件的安全上下文记录在哪里？事实上，**安全上下文是放置到文件的 inode 内的**，因此主体进程想要读取目标文件资源时，同样需要读取 inode，这 inode 内就可以比对安全上下文以及 rwx 等权限值是否正确，而给予适当的读取权限依据。

那么安全上下文到底是什么样的存在呢？我们先来看看 /root 目录下面的文件的安全上下文。查看安全上下文可使用【ls –Z】：（注意：你必须已经启动了 SELinux 才行，若尚未启动，这部分稍微看过一遍即可，下面会介绍如何启动 SELinux）

```
# 先来查看一下 root 家目录下面的【文件的 SELinux 相关信息】
[root@study ~]# ls -Z
-rw-------. root root system_u:object_r:admin_home_t:s0    anaconda-ks.cfg
-rw-r--r--. root root system_u:object_r:admin_home_t:s0    initial-setup-ks.cfg
-rw-r--r--. root root unconfined_u:object_r:admin_home_t:s0 regular_express.txt
# 上述特殊字体的部分，就是安全上下文的内容，鸟哥仅列出几个默认的文件而已，
# 本书学习过程中所写下的文件则没有列在上面。
```

如上所示，安全上下文主要用冒号分为三个字段，这三个字段的意义为：

```
Identify:role:type
身份识别:角色:类型
```

下面详细地说明一下这三个字段的意义：

● 身份识别（Identify）

相当于账号方面的身份识别，主要的身份识别有下面几种常见的类型：

● unconfined_u：不受限的用户，也就是说，该文件来自于不受限的进程。一般来说，我们使用可登录账号获取 bash 之后，默认的 bash 环境是不受 SELinux 管制的，因为 bash 并不是什么特别的网络服务。因此，这个不受 SELinux 限制的 bash 进程所产生的文件，其身份识别大多就是 unconfined_u 这个【不受限】用户。

● system_u：系统用户，大部分就是系统自己产生的文件。

基本上，如果是系统或软件本身所提供的文件，大多就是 system_u 这个身份名称；而如果是我们用户通过 bash 自己建立的文件，大多则是不受限的 unconfined_u 身份；如果是网络服务所产生的文件，或是系统服务运行过程产生的文件，则大部分的识别就会是 system_u。

鸟哥教大家使用命令行界面产生了许多数据，因此你看上面的三个文件中，操作系统安装自动产生的 anaconda-ks.cfs 及 initial-setup-ks.cfg 就会是 system_u，而我们自己从网络上面下载来的 regular_express.txt 就会是 unconfined_u 这个标识。

● 角色（Role）

通过角色字段，我们可以知道这个数据是属于进程、文件资源还是代表用户，一般的角色有：

■ object_r：代表的是文件或目录等资源，这应该是最常见的。

■ system_r：代表的就是进程，不过，一般用户也会被指定成为 system_r。

你也会发现角色的字段最后面使用【_r】来结尾，因为是 role 的意思。

● 类型（Type）（最重要）

在默认的 targeted 策略中，Identify 与 Role 字段基本上是不重要的，重要的是这个类型（type）字段。基本上，一个主体进程能不能读取到这个文件资源与类型字段有关，而类型字段在文件与进程方面的定义又不太相同，分别是：

■ type：在文件资源（Object）上面称为类型（Type）。

■ domain：在主体进程（Subject）则称为域（Domain）。

domain 需要与 type 搭配，则该进程才能够顺利读取文件资源。

◆ 进程与文件 SELinux 类型字段的相关性

那么这三个字段如何利用呢？首先我们来看看主体进程在这三个字段的意义是什么。通过身份识别与角色字段的定义，我们可以大概知道某个进程所代表的意义。先来动手看一看目前系统中的进程在 SELinux 下面的安全上下文是什么？

```
# 再来查看一下系统【进程的 SELinux 相关信息】
[root@study ~]# ps -eZ
LABEL                          PID TTY        TIME CMD
system_u:system_r:init_t:s0      1 ?         00:00:03 systemd
system_u:system_r:kernel_t:s0    2 ?         00:00:00 kthreadd
system_u:system_r:kernel_t:s0    3 ?         00:00:00 ksoftirqd/0
……（中间省略）……
unconfined_u:unconfined_r:unconfined_t:s0-s0:c0.c1023 31513 ? 00:00:00 sshd
unconfined_u:unconfined_r:unconfined_t:s0-s0:c0.c1023 31535 pts/0 00:00:00 bash
# 基本上进程主要就分为两大类，一种是系统有限的 system_u:system_r，另一种则可能是用户自己的，
# 比较不受限的进程（通常是本机用户自己执行的进程），亦即是 unconfined_u:unconfined_r 这两种。
```

基本上，这些数据在 targeted 策略下的对应如下：

身 份 识 别	角　色	该对应在 targeted 的意义
unconfined_u	unconfined_r	一般可登录用户的进程，比较没有受限的进程之意。大多数都是用户已经顺利登录系统（不论是网络还是本机登录来获取可用的 shell）后，所用来操作系统的进程。如 bash、X Window 相关软件等
system_u	system_r	由于为系统账号，因此是非交互式的系统运行进程，大多数的系统进程均是这种类型

但就如上所述，在默认的 target 策略下，**其实最重要的字段是类型字段（type），主体与目标之间是否具有可以读写的权限，与进程的 domain 及文件的 type 有关。**这两者的关系我们可以使用 crond 以及它的配置文件来说明。即通过 /usr/sbin/crond、/etc/crontab、/etc/cron.d 等文件来说明。首先，先看看这几个东西的安全上下文内容：

```
# 1. 先看看crond这个【进程】的安全上下文内容。
[root@study ~]# ps -eZ | grep cron
system_u:system_r:crond_t:s0-s0:c0.c1023 1338 ? 00:00:01 crond
system_u:system_r:crond_t:s0-s0:c0.c1023 1340 ? 00:00:00 atd
# 这个安全上下文的类型名称为 crond_t。
# 2. 再来看看执行文件、配置文件等的安全上下文内容是什么。
[root@study ~]# ll -Zd /usr/sbin/crond /etc/crontab /etc/cron.d
drwxr-xr-x. root root system_u:object_r:system_cron_spool_t:s0 /etc/cron.d
-rw-r--r--. root root system_u:object_r:system_cron_spool_t:s0 /etc/crontab
-rwxr-xr-x. root root system_u:object_r:crond_exec_t:s0 /usr/sbin/crond
```

当我们执行/usr/sbin/crond 之后，这个程序变成的进程的 domain 类型会是 crond_t，而这个 crond_t 能够读取的配置文件则为 system_cron_spool_t 这种的类型。因此不论/etc/crontab、/etc/cron.d 还是/var/spool/cron 都会是相关的 SELinux 类型（/var/spool/cron 为 user_cron_spool_t）。文字看起来不太容易理解，我们使用图来说明这几个东西的关系。

图 16.5.3　主体进程获取的 domain 与目标文件资源的 type 相互关系以 crond 为例

上图的意义我们可以这样看：

1. 首先，我们触发一个可执行的目标文件，即具有 crond_exec_t 这个类型的 /usr/sbin/crond 文件。

2. 该文件的类型会让这个文件所造成的主体进程（Subject）具有 crond 这个域（domain），我们的策略针对这个域已经制定了许多规则，其中包括这个域可以读取的目标资源类型。

3. 由于 crond domain 被设置为可以读取 system_cron_spool_t 这个类型的目标文件（Object），因此你的配置文件放到/etc/cron.d/ 目录下，就能够被 crond 那个进程所读取了。

4. 但最终能不能读到正确的数据，还要看 rwx 是否符合 Linux 权限的规范。

上述的流程告诉我们几个重点，第一个是策略内需要制订详细的 domain/type 相关性；第二个是若文件的 type 设置错误，那么即使权限设置为 rwx 全开的 777，该主体进程也无法读取目标文件资源。不过如此一来，也就可以避免用户将他的家目录设置为 777 时所造成的权限困扰。

真的是这样吗？没关系，让我们来做个测试练习吧！就是，万一你的 crond 配置文件的 SELinux 并不是 system_cron_spool_t，该配置文件真的可以顺利地被读取运行吗？来看看下面的范例。

```
# 1. 先假设你因为不熟的缘故，因此是在【root 家目录】建立一个如下的 cron 设置。
[root@study ~]# vim checktime
10 * * * * root sleep 60s
# 2. 检查后才发现文件放错了目录，又不想要保留副本，因此使用 mv 移动到正确目录。
[root@study ~]# mv checktime /etc/cron.d
[root@study ~]# ll /etc/cron.d/checktime
-rw-r--r--. 1 root root 27 Aug  7 18:41 /etc/cron.d/checktime
# 仔细看，权限是 644，确定没有问题，任何进程都能够读取。
# 3. 强制重新启动 crond，然后偷看一下日志文件，看看有没有问题发生。
[root@study ~]# systemctl restart crond
[root@study ~]# tail /var/log/cron
Aug  7 18:46:01 study crond[28174]: ((null)) Unauthorized SELinux context=system_u:system_r:
system_cronjob_t:s0-s0:c0.c1023 file_context=unconfined_u:object_r:admin_home_t:s0
(/etc/cron.d/checktime)
Aug  7 18:46:01 study crond[28174]: (root) FAILED (loading cron table)
# 上面的意思是，有错误，因为原本的安全上下文与文件的实际安全上下文无法匹配的缘故。
```

您看看，从上面的测试案例来看，我们的配置文件确实没有办法被 crond 这个服务所读取。而原因在日志文件内就有说明，主要就是来自 SELinux 安全上下文类型的不同所致。没办法读就没办法读，先放着，后面再来学怎么处理这问题。

16.5.3　SELinux 3 种模式的启动、关闭与查看

并非所有的 Linux 发行版都支持 SELinux，所以必须要先查看一下你的系统版本是什么。鸟哥这里介绍的 CentOS 7.x 本身支持 SELinux，所以你不需要自行编译 SELinux 到你的 Linux 内核中。目前 SELinux 依据启动与否，共有 3 种模式，分别如下：

- Enforcing：强制模式，代表 SELinux 运行中，且已经正确开始限制 domain/type。
- Permissive：宽容模式，代表 SELinux 运行中，不过仅会有警告信息并不会实际限制 domain/type 的读写。这种模式可以用来作为 SELinux 的 debug 之用。
- Disabled：关闭模式，SELinux 并没有实际运行。

这 3 种模式跟图 16.5.2 之间的关系如何呢？我们前面不是谈过主体进程需要经过策略规则、安全上下文比对之后，加上 rwx 的权限规范，若一切合理才会让进程顺利读取文件吗？那么这个 SELinux 的三种模式与上面谈到的策略规则、安全上下文的关系是什么呢？我们还是使用图例加上流程来让大家理解一下：

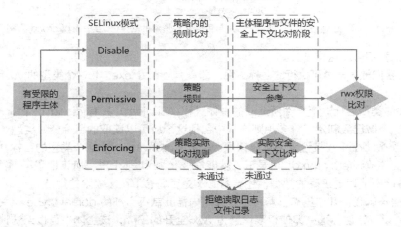

图 16.5.4　SELinux 的三种类型与实际运行流程图示意

如上图所示，首先，你要知道，并不是所有的进程都会被 SELinux 所管制，因此最左边会出现一个所谓的【有受限的进程主体】。那如何查看有没有受限（confined）？很简单，可以通过 ps -eZ 去

查看。举例来说，我们来找一找 crond 与 bash 这两个进程是否被限制吧？

```
[root@study ~]# ps -eZ | grep -E 'cron|bash'
system_u:system_r:crond_t:s0-s0:c0.c1023 1340 ? 00:00:00 atd
unconfined_u:unconfined_r:unconfined_t:s0-s0:c0.c1023 13888 tty2 00:00:00 bash
unconfined_u:unconfined_r:unconfined_t:s0-s0:c0.c1023 28054 pts/0 00:00:00 bash
unconfined_u:unconfined_r:unconfined_t:s0-s0:c0.c1023 28094 pts/0 00:00:00 bash
system_u:system_r:crond_t:s0-s0:c0.c1023 28174 ? 00:00:00 crond
```

如前所述，因为在目前 target 这个策略下面，只有第三个类型（type）字段会有影响，因此我们上表仅列出第三个字段的数据。我们可以看到，crond 确实是受限的主体进程，而 bash 因为是本机进程，就是不受限（unconfined_t）的类型。也就是说，bash 不需要经过图 16.5.4 的流程，而直接去判断 rwx。

了解了受限的主体进程的意义之后，再来了解一下，三种模式的运行状态。首先，如果是 Disabled 的模式，那么 SELinux 将不会运行，当然受限的进程也不会经过 SELinux，也是直接去判断 rwx。如果是宽容（Permissive）模式呢？这种模式也是不会阻止主体进程（所以箭头是可以直接穿透的），不过万一没有通过策略规则或安全上下文的比对时，那么该读写操作将会被记录起来（log），可作为未来检查问题的判断依据。

至于最终那个 Enforcing 模式，就是实际将受限主体进入规则比对、安全上下文比对的流程，若失败，就直接阻止主体进程的读写操作，并且将它记录下来。如果通通没问题，这才进入到 rwx 权限的判断。这样可以理解三种模式的运行模式了吗？

那你怎么知道目前的 SELinux 模式呢？可以使用 getenforce 来查看。

```
[root@study ~]# getenforce
Enforcing  <==就显示出目前的模式为 Enforcing。
```

另外，我们又如何知道 SELinux 的策略（Policy）是什么呢？这时可以使用 sestatus 来查看。

```
[root@study ~]# sestatus [-vb]
选项与参数：
-v ：检查列于/etc/sestatus.conf 内的文件与进程的安全上下文内容。
-b ：将目前策略的规则布尔值列出，亦即某些规则（rule）是否要启动（0/1）之意。
范例一：列出目前的 SELinux 使用哪个策略（Policy）？
[root@study ~]# sestatus
SELinux status:                 enabled        <==是否启动 SELinux。
SELinuxfs mount:                /sys/fs/selinux <==SELinux 的相关文件挂载点。
SELinux root directory:         /etc/selinux   <==SELinux 的根目录所在。
Loaded policy name:             targeted       <==目前的策略是什么？
Current mode:                   enforcing      <==目前的模式。
Mode from config file:          enforcing      <==目前配置文件内规范的 SELinux 模式。
Policy MLS status:              enabled        <==是否含有 MLS 的模式机制。
Policy deny_unknown status:     allowed        <==是否默认阻止未知的主体进程。
Max kernel policy version:      28
```

如上所示，目前是启动的而且是 Enforcing 模式，而由配置文件查询得知亦为 Enforcing 模式。此外，目前的默认策略为 targeted。你应该要有疑问的是，SELinux 的配置文件是哪个文件？其实就是 /etc/seLinux/config 这个文件。我们来看看内容：

```
[root@study ~]# vim /etc/selinux/config
SELINUX=enforcing       <==调整 enforcing、disabled、permissive。
SELINUXTYPE=targeted    <==目前仅有 targeted、mls、minimum 三种策略。
```

若有需要修改默认策略的话，直接修改 SELINUX=enforcing 那一行即可。

◆　SELinux 的启动与关闭

上面是默认的策略与启动的模式。你要注意的是，如果修改了策略则需要重新启动；如果由 Enforcing 或 Permissive 改成 Disabled，或由 Disabled 改成其他两个，那也必须要重新启动。这是因为 SELinux 是整合到内核中的，你只可以在 SELinux 运行下切换成为强制（Enforcing）或宽容

（Permissive）模式，不能够直接关闭 SELinux。如果刚刚你发现 getenforce 出现 Disabled 时，请到上述文件修改成为 Enforcing 然后重新启动。

不过你要注意的是，如果从 Disable 转到启动 SELinux 的模式时，由于系统必须要针对文件写入安全上下文的信息，因此启动过程会花费不少时间在等待重新写入 SELinux 安全上下文（有时也称为 SELinux Label），而且在写完之后还要再重新启动一次，你必须要等待很长一段时间。等到下次启动成功后，再使用 getenforce 或 sestatus 来查看是否成功启动到 Enforcing 模式。

如果你已经在 Enforcing 模式，但是可能由于一些设置的问题导致 SELinux 让某些服务无法正常地运行，此时可以将 Enforcing 的模式改为宽容（Permissive）的模式，让 SELinux 只会警告无法顺利连接的信息，而不是直接阻止主体进程的读取权限。让 SELinux 模式在 Enforcing 与 Permissive 之间切换的方法为：

```
[root@study ~]# setenforce [0|1]
选项与参数:
0 : 转成 Permissive 宽容模式。
1 : 转成 Enforcing 强制模式。
范例一: 将 SELinux 在 Enforcing 与 Permissive 之间切换与查看。
[root@study ~]# setenforce 0
[root@study ~]# getenforce
Permissive
[root@study ~]# setenforce 1
[root@study ~]# getenforce
Enforcing
```

不过请注意，setenforce 无法在 Disabled 模式下面切换模式。

> 在某些特殊的情况下，你从 Disabled 切换成 Enforcing 之后，竟然有一堆服务无法顺利启动，都会跟你说在 /lib/xxx 里面的数据没有权限读取，所以启动失败。这大多是重新写入 SELinux 类型（Relabel）出错之故，使用 Permissive 就没有这个错误。那如何处理呢？最简单的方法就是在 Permissive 的状态下，使用【restorecon -Rv /】重新还原所有 SELinux 的类型，就能够解决这个问题。

16.5.4 SELinux 策略内的规则管理

从图 16.5.4 里面，我们知道 SELinux 的三种模式会影响到主体进程的放行与否。如果是进入 Enforcing 模式，那么接着下来会影响到主体进程的，当然就是第二关：【target 策略内的各项规则（rules）】。好了，那么我们怎么知道目前这个策略里面到底有多少会影响到主体进程的规则呢？很简单，通过 getsebool 来看一看即可。

◆ SELinux 各个规则的布尔值查询 getsebool

要查询系统上面全部规则的启动与否（on/off，即布尔值），通过 sestatus −b 或 getsebool −a 均可。

```
[root@study ~]# getsebool [-a] [规则的名称]
选项与参数:
-a : 列出目前系统上面的所有 SELinux 规则的布尔值状态。
范例一: 查询本系统内所有的布尔值设置状况。
[root@study ~]# getsebool -a
abrt anon write --> off
abrt handle event --> off
……（中间省略）……
cron can relabel --> off                    # 这个跟 cornd 比较有关。
cron_userdomain_transition --> on
```

```
…… (中间省略) ……
httpd_enable_homedirs --> off                # 这当然就是跟网页,亦即 http 有关的。
…… (下面省略) ……
# 这么多的 SELinux 规则,每个规则后面都列出现在是允许放行还是不许放行的布尔值。
```

◆ SELinux 各个规则规范的主体进程能够读取的文件 SELinux 类型查询 seinfo、sesearch

我们现在知道有这么多的 SELinux 规则,但是每个规则内到底是在限制什么东西? 如果你想要知道的话,就要使用 seinfo 等工具。这些工具并没有默认安装,因此请拿出安装光盘并放到光驱,鸟哥假设你将安装光盘挂载到 /mnt 下面,那么接下来先安装好我们所需要的软件才行。

```
[root@study ~]# yum install /mnt/Packages/setools-console-*
```

很快地安装完毕之后,我们就可以使用 seinfo, sesearch 等命令了。

```
[root@study ~]# seinfo [-Atrub]
选项与参数:
-A  : 列出 SELinux 的状态、规则布尔值、身份识别、角色、类型等所有信息。
-u  : 列出 SELinux 的所有身份识别 (user) 种类。
-r  : 列出 SELinux 的所有角色 (role) 种类。
-t  : 列出 SELinux 的所有类型 (type) 种类。
-b  : 列出所有规则的种类 (布尔值)。
范例一: 列出 SELinux 在此策略下的统计状态。
[root@study ~]# seinfo
Statistics for policy file: /sys/fs/selinux/policy
Policy Version & Type: v.28 (binary, mls)
Classes:           83    Permissions:        255
  Sensitivities:    1    Categories:        1024
  Types:         4620    Attributes:         357
  Users:            8    Roles:               14
  Booleans:       295    Cond. Expr.:        346
  Allow:       102249    Neverallow:           0
  Auditallow:     160    Dontaudit:         8413
  Type_trans:   16863    Type_change:         74
  Type_member:     35    Role allow:          30
  Role_trans:     412    Range_trans:       5439
…… (下面省略) ……
# 从上面我们可以看到这个策略是 targeted,此策略的安全上下文类型有 4620 个。
# 而各种 SELinux 的规则 (Booleans) 共制订了 295 条。
```

我们在 16.5.2 小节里面简单谈到了几个身份识别 (user) 以及角色 (role),如果你想要查询目前所有的身份识别与角色,使用【seinfo -u】及【seinfo -r】就可以知道了。至于简单的统计数据,直接输入 seinfo 即可。但是上面还是没有谈到规则相关的东西,没关系,一个一个来,我们在 16.5.1 小节的最后面谈到 /etc/cron.d/checktime 的 SELinux 类型不太对,我们也知道 crond 这个进程的类型是 crond_t,能不能找一下 crond_t 能够读取的文件 SELinux 类型有哪些?

```
[root@study ~]# sesearch [-A] [-s 主体类型] [-t 目标类型] [-b 布尔值]
选项与参数:
-A  : 列出后面数据中,允许【读取或放行】的相关信息。
-t  : 后面还要接类型,例如 -t httpd_t。
-b  : 后面还要接 SELinux 的规则,例如 -b httpd_enable_ftp_server。
范例一: 找出 crond_t 这个主体进程能够读取的文件 SELinux 类型。
[root@study ~]# sesearch -A -s crond_t | grep spool
  allow crond_t system_cron_spool_t : file { ioctl read write create getattr ..
  allow crond_t system_cron_spool_t : dir { ioctl read getattr lock search op..
  allow crond_t user_cron_spool_t : file { ioctl read write create getattr se..
  allow crond_t user_cron_spool_t : dir { ioctl read write getattr lock add_n..
  allow crond_t user_cron_spool_t : lnk_file { read getattr } ;
# allow 后面接主体进程以及文件的 SELinux 类型,上面的数据是选取出来的,
# 意思是说,crond_t 可以读取 system_cron_spool_t 的文件/目录类型等。
范例二: 找出 crond_t 是否能够读取/etc/cron.d/checktime 这个我们自定义的配置文件?
[root@study ~]# ll -Z /etc/cron.d/checktime
-rw-r--r--. root root unconfined_u:object_r:admin_home_t:s0 /etc/cron.d/checktime
```

```
# 两个重点，一个是 SELinux 类型为 admin_home_t，一个是文件（file）。
[root@study ~]# sesearch -A -s crond_t | grep admin_home_t
  allow domain admin_home_t : dir { getattr search open } ;
  allow domain admin_home_t : lnk_file { read getattr } ;
  allow crond_t admin_home_t : dir { ioctl read getattr lock search open } ;
  allow crond_t admin_home_t : lnk_file { read getattr } ;
# 仔细看，看仔细，虽然有 crond_t admin_home_t 存在，但是这是总体的信息，并没有针对某些规则的寻找，
# 所以还是确定 checktime 能否被读取。但是，基本上就是 SELinux 的类型出问题，因此才会无法读取。
```

所以，现在我们知道/etc/cron.d/checktime 这个我们自己复制过去的文件会没有办法被读取的原因，就是因为 SELinux 类型错误。根本就无法被读取，好，现在我们来查一查，getsebool -a 里面看到的 httpd_enable_homedirs 到底是什么？又是规范了哪些主体进程能够读取的 SELinux 类型呢？

```
[root@study ~]# semanage boolean -l | grep httpd_enable_homedirs
SELinux boolean               State  Default Description
httpd_enable_homedirs         (off  ,  off)  Allow httpd to enable homedirs
# httpd_enable_homedirs 的功能是允许 httpd 进程去读取使用者家目录的意思。
[root@study ~]# sesearch -A -b httpd_enable_homedirs
范例三：列出 httpd_enable_homedirs 这个规则当中，主体进程能够读取的文件 SELinux 类型。
Found 43 semantic av rules:
  allow httpd_t home_root_t : dir { ioctl read getattr lock search open } ;
  allow httpd_t home_root_t : lnk_file { read getattr } ;
  allow httpd_t user_home_type : dir { getattr search open } ;
  allow httpd_t user_home_type : lnk_file { read getattr } ;
……（后面省略）……
# 从上面的数据才可以理解，在这个规则中，主要是放行 httpd_t 能否读取使用者家目录的文件。
# 所以，如果这个规则没有启动，基本上，httpd_t 这种进程就无法读取使用者家目录下的文件。
```

◆ 修改 SELinux 规则的布尔值 setsebool

那么如果查询到某个 SELinux 规则，并且以 sesearch 知道该规则的用途后，想要关闭或启动它，又该如何处置？

```
[root@study ~]# setsebool [-P] 【规则名称】 [0|1]
选项与参数：
-P ：直接将设置值写入配置文件，该设置信息未来会生效的。
范例一：查询 httpd_enable_homedirs 这个规则的状态，并且修改这个规则成为不同的布尔值。
[root@study ~]# getsebool httpd_enable_homedirs
httpd_enable_homedirs --> off  <==结果是 off，依题意给它启动看看。
[root@study ~]# setsebool -P httpd_enable_homedirs 1 # 会跑很久很久，请耐心等待。
[root@study ~]# getsebool httpd_enable_homedirs
httpd_enable_homedirs --> on
```

最好记得这个 setsebool 一定要加上-P 的选项，因为这样才能将此设置写入配置文件，这是非常棒的工具，你一定要知道如何使用 getsebool 与 setsebool 才行。

16.5.5 SELinux 安全上下文的修改

再次回到图 16.5.4，现在我们知道 SELinux 对受限的主体进程有没有影响，第一关考虑 SELinux 的三种类型，第二关考虑 SELinux 的策略规则是否放行，第三关则是开始比对 SELinux 类型。从 16.5.4 小节我们也知道可以通过 sesearch 来找到主体进程与文件的 SELinux 类型关系。好，现在总算要来修改文件的 SELinux 类型，以让主体进程能够读到正确的文件。这时就需要几个重要的小东西了，来看看吧！

◆ 使用 chcon 手动修改文件的 SELinux 类型

```
[root@study ~]# chcon [-R] [-t type] [-u user] [-r role] 文件
[root@study ~]# chcon [-R] --reference=范例文件 文件
选项与参数：
-R ：连同该目录下的子目录也同时修改。
-t ：后面接安全上下文的类型栏位，例如 httpd_sys_content_t。
```

```
-u  : 后面接身份识别，例如 system_u。（不重要）
-r  : 后面接角色，例如 system_r。（不重要）
-v  : 若有变化成功，请将变动的结果列出来。
--reference=范例文件: 拿某个文件当范例来修改后续接的文件的类型。
范例一: 查询一下/etc/hosts 的 SELinux 类型，并将该类型套用到/etc/cron.d/checktime 上。
[root@study ~]# ll -Z /etc/hosts
-rw-r--r--. root root system_u:object_r:net_conf_t:s0  /etc/hosts
[root@study ~]# chcon -v -t net_conf_t /etc/cron.d/checktime
changing security context of '/etc/cron.d/checktime'
[root@study ~]# ll -Z /etc/cron.d/checktime
-rw-r--r--. root root unconfined_u:object_r:net_conf_t:s0 /etc/cron.d/checktime
范例二: 直接以/etc/shadow 的 SELinux 类型套用到/etc/cron.d/checktime 上。
[root@study ~]# chcon -v --reference=/etc/shadow /etc/cron.d/checktime
[root@study ~]# ll -Z /etc/shadow /etc/cron.d/checktime
-rw-r--r--. root root system_u:object_r:shadow_t:s0    /etc/cron.d/checktime
----------. root root system_u:object_r:shadow_t:s0    /etc/shadow
```

上面的练习【都没有正确的解答】，因为正确的 SELinux 类型应该就是要以 /etc/cron.d/ 下面的文件为标准来处理才对。好了，既然如此，能不能让 SELinux 自己解决默认目录下的 SELinux 类型呢？可以，就用 restorecon。

◆　使用 restorecon 让文件恢复正确的 SELinux 类型

```
[root@study ~]# restorecon [-Rv] 文件或目录
选项与参数:
-R  : 连同子目录一起修改。
-v  : 将过程显示到屏幕。
范例三: 将 /etc/cron.d/ 下面的文件通通恢复成默认的 SELinux 类型。
[root@study ~]# restorecon -Rv /etc/cron.d
restorecon reset /etc/cron.d/checktime context system_u:object_r:shadow_t:s0->
system_u:object_r:system_cron_spool_t:s0
# 上面这两行其实是同一行，表示将 checktime 由 shadow_t 改为 system_cron_spool_t。
范例四: 重新启动 crond 看看有没有正确启动 checktime。
[root@study ~]# systemctl restart crond
[root@study ~]# tail /var/log/cron
# 再去看看这个/var/log/cron 的内容，应该就没有错误信息了。
```

其实，鸟哥几乎已经忘了 chcon 这个命令。因为 restorecon 主动地恢复默认的 SELinux 类型要简单很多。而且可以一口气恢复整个目录下的文件。所以，鸟哥建议你几乎只要记得 restorecon 搭配-Rv 同时加上某个目录这样的命令串即可，修改 SELinux 的类型就变得非常轻松。

◆　semanage 默认目录的安全上下文查询与修改

你应该觉得奇怪，为什么 restorecon 可以【恢复】原本的 SELinux 类型呢？那肯定就是有个地方在记录每个文件/目录的 SELinux 默认类型？没错，是这样。那要（1）如何查询默认的 SELinux 类型以及（2）如何增加/修改/删除默认的 SELinux 类型呢？很简单，通过 semanage 即可。它是这样使用的:

```
[root@study ~]# semanage {login|user|port|interface|fcontext|translation} -l
[root@study ~]# semanage fcontext -{a|d|m} [-frst] file_spec
选项与参数:
fcontext : 主要用在安全上下文方面的用途，-l 为查询的意思。
-a : 增加的意思，你可以增加一些目录的默认安全上下文类型设置。
-m : 修改的意思。
-d : 删除的意思。
范例一: 查询一下/etc /etc/cron.d 默认的 SELinux 类型是什么。
[root@study ~]# semanage fcontext -l | grep -E '^/etc |^/etc/cron'
SELinux fcontext        type            Context
/etc                    all files       system_u:object_r:etc_t:s0
/etc/cron\.d(/.*)?      all files       system_u:object_r:system_cron_spool_t:s0
```

看到上面输出的最后一行，那也是为啥我们直接使用 vim 去/etc/cron.d 下面建立新文件时，默认的 SELinux 类型就是正确的。同时，我们也会知道使用 restorecon 恢复正确的 SELinux 类型时，系统会去判断默认的类型为何依据。现在让我们来想一想，如果（当然是假的，不可能这么干）我们要建立一个/srv/mycron 目录，这个目录默认也需要变成 system_cron_spool_t 时，我们应该如何处理呢？基本上可以这样做：

```
# 1. 先建立/srv/mycron 同时在内部放入配置文件，同时查看 SELinux 类型。
[root@study ~]# mkdir /srv/mycron
[root@study ~]# cp /etc/cron.d/checktime /srv/mycron
[root@study ~]# ll -dZ /srv/mycron /srv/mycron/checktime
drwxr-xr-x. root root unconfined_u:object_r:var_t:s0    /srv/mycron
-rw-r--r--. root root unconfined_u:object_r:var_t:s0    /srv/mycron/checktime
# 2. 查看一下上层/srv 的 SELinux 类型。
[root@study ~]# semanage fcontext -l | grep '^/srv'
SELinux fcontext        type            Context
/srv                    all files       system_u:object_r:var_t:s0
# 怪不得 mycron 会是 var t.
# 3. 将 mycron 默认值改为 system_cron_spool_t.
[root@study ~]# semanage fcontext -a -t system_cron_spool_t "/srv/mycron(/.*)?"
[root@study ~]# semanage fcontext -l | grep '^/srv/mycron'
SELinux fcontext        type            Context
/srv/mycron(/.*)?       all files       system_u:object_r:system_cron_spool_t:s0
# 4. 恢复/srv/mycron 以及子目录相关的 SELinux 类型。
[root@study ~]# restorecon -Rv /srv/mycron
[root@study ~]# ll -dZ /srv/mycron /srv/mycron/*
drwxr-xr-x. root root unconfined_u:object_r:system_cron_spool_t:s0 /srv/mycron
-rw-r--r--. root root unconfined_u:object_r:system_cron_spool_t:s0 /srv/mycron/checktime
# 有了默认值，未来就不会不小心被乱改了，这样比较妥当些。
```

semanage 的功能很多，不过鸟哥主要用到的仅有 fcontext 这个选项的操作。如上所示，你可以使用 semanage 来查询所有的目录默认值，也能够使用它来增加默认值的设置。学会了这些基础的工具，那么 SELinux 对你来说，也不是什么太难的东西。

16.5.6　一个网络服务案例及日志文件协助

本章在 SELinux 小节当中谈到的各个命令中，尤其是 setsebool、chcon、restorecon 等，都是为了当你的某些网络服务无法正常提供相关功能时，才需要进行修改的一些命令操作。但是，我们怎么知道何时才需要进行这些命令的修改？我们怎么知道系统因为 SELinux 的问题导致网络服务不对劲？如果都要靠客户端连接失败才来哭诉，那也太没有效率了。所以，我们的 CentOS 7.x 提供了几个服务来记录 SELinux 产生的错误，那就是 auditd 与 setroubleshootd。

◆　setroubleshoot --> 错误信息写入/var/log/messages

几乎所有 SELinux 相关的进程都会以 se 为开头，这个服务也是以 se 为开头。而 troubleshoot 大家都知道是错误解决，因此这个 setroubleshoot 自然就要启动它。这个服务会将关于 SELinux 的错误信息与解决方法记录到 /var/log/messages 与 /var/log/setroubleshoot/* 中，所以你一定要启动这个服务才好。启动这个服务之前当然就是要安装它，这玩意儿总共需要两个软件，分别是 setroublshoot 与 setroubleshoot-server。如果你没有安装，请自行使用 yum 安装。

此外，原本的 SELinux 信息本来是以两个服务来记录的，分别是 auditd 与 setroubleshootd。既然是同样的信息，因此 CentOS 6.x（含 7.x）以后将两者整合在 auditd 当中。所以，现在并没有 setroubleshootd 服务存在了。因此，当你安装好了 setroubleshoot-server 之后，请记得要重新启动 auditd，否则 setroubleshootd 的功能是不会被启动的。

事实上，CentOS 7.x 对 setroubleshootd 的运行方式是：（1）先由 auditd 去调用 audispd 服务。（2）然后 audispd 服务去启动 sedispatch 程序。（3）sedispatch 再将原本的 auditd 信息转成 setroubleshootd 的信息，并进一步存储下来。

```
[root@study ~]# rpm -qa | grep setroubleshoot
setroubleshoot-plugins-3.0.59-1.el7.noarch
setroubleshoot-3.2.17-3.el7.x86-64
setroubleshoot-server-3.2.17-3.el7.x86-64
```

在默认的情况下，这个 setroubleshoot 应该都是会安装的。是否正确安装可以使用上述命令去查询，万一没有安装，请使用 yum install 去安装。再说一遍，安装完毕最好重新启动 auditd 这个服务。不过，刚刚装好且顺利启动后，setroubleshoot 还是不会有作用，为啥？因为我们并没有任何受限的网络服务主体进程在运行。所以，下面我们将使用一个简单的 FTP 服务器软件为例，让你了解到我们上面讲到的许多重点应用。

◆　实例情况说明：通过 vsftpd 这个 FTP 服务器来读写系统上的文件

现在的年轻小伙子们传文件都用 Line、FB、Dropbox、Google Drive 等，不过在网络早期要传送大容量的文件，还是以 FTP 为主。现在为了速度，经常有 p2p 的软件提供大容量文件的传输，但对鸟哥这个老人家来说，可能 FTP 传送数据还是比较有保障。在 CentOS 7.x 的环境下，默认 FTP 服务器软件主要是 vsftpd。

详细的 FTP 协议我们在服务器篇再来谈，这里只是简单地利用 vsftpd 这个软件与 FTP 的协议来讲解 SELinux 的问题与错误解决方法。不过既然要使用到 FTP 协议，一些简单的知识还是要存在才好，否则等一下我们没有办法了解为啥要这么做。首先，你要知道，客户端需要使用【FTP 账号登录 FTP 服务器】才行。而有一个称为【匿名（anonymous）】的账号可以登录系统。但是这个匿名的账号登录后，只能读写某一个特定的目录，而无法脱离该目录。

在 vsftpd 中，一般用户与匿名者的家目录说明如下：

● 匿名者：如果使用浏览器来连接到 FTP 服务器的话，那默认就是使用匿名者登录系统，而匿名者的家目录默认是在 /var/ftp 当中。同时，匿名者在家目录下只能下载数据，不能上传数据到 FTP 服务器。同时，匿名者无法退出 FTP 服务器的 /var/ftp 目录。

● 一般 FTP 账号：在默认的情况下，所有 UID 大于 1000 的账号，都可以使用 FTP 来登录系统。而登录系统之后，所有的账号都能够获取自己家目录下面的文件数据，当然默认可以上传下载文件。

为了避免跟之前章节的用户产生误解的情况，这里我们先建立一个名为 ftptest 的账号，且账号密码为 myftp123，先来建立一下吧！

```
[root@study ~]# useradd -s /sbin/nologin ftptest
[root@study ~]# echo "myftp123" | passwd --stdin ftptest
```

接下来当然就是安装 vsftpd 这个服务器软件，同时启动这个服务，另外，我们也希望未来开机都能够启动这个服务。因此需要这样做（鸟哥假设你的 CentOS 7.x 的安装光盘已经挂载于 /mnt 目录）：

```
[root@study ~]# yum install /mnt/Packages/vsftpd-3*
[root@study ~]# systemctl start vsftpd
[root@study ~]# systemctl enable vsftpd
[root@study ~]# netstat -tlnp
Active Internet connections (only servers)
Proto Recv-Q Send-Q Local Address    Foreign Address    State    PID/Program name
tcp      0      0 0.0.0.0:22        0.0.0.0:*          LISTEN  1326/sshd
tcp      0      0 127.0.0.1:25      0.0.0.0:*          LISTEN  2349/master
tcp6     0      0 :::21             :::*               LISTEN  6256/vsftpd
tcp6     0      0 :::22             :::*               LISTEN  1326/sshd
tcp6     0      0 ::1:25            :::*               LISTEN  2349/master
# 要注意看，上面的特殊字体那行有出现，才代表 vsftpd 这个服务有启动。
```

◆　匿名用户无法下载的问题

现在让我们来模拟一些 FTP 的常用情景。假设你想要将 /etc/securetty 以及主要的 /etc/sysctl.conf 放置给所有人下载，那么你可能会这样做。

```
[root@study ~]# cp -a /etc/securetty /etc/sysctl.conf /var/ftp/pub
[root@study ~]# ll /var/ftp/pub
-rw-------. 1 root root 221 Oct 29  2014 securetty      # 先假设你没有看到这个问题。
-rw-r--r--. 1 root root 225 Mar  6 11:05 sysctl.conf
```

一般来说，默认要给用户下载的 FTP 文件会放置到上面表格当中的 /var/ftp/pub 目录。现在让我们使用简单的终端浏览器 curl 来看看，看你能不能查询到上述两个文件的内容。

```
# 1. 先看看 FTP 根目录下面有什么文件存在。
[root@study ~]# curl ftp://localhost
drwxr-xr-x    2    0         0             40 Aug 08 00:51 pub
# 确实有存在一个名为 pub 的文件，那就是在/var/ftp 下面的 pub 目录。
# 2. 再往下看看，能不能看到 pub 内的文件。
[root@study ~]# curl ftp://localhost/pub/   # 因为是目录，要加上/才好。
-rw-------    1    0         0             221 Oct 29  2014 securetty
-rw-r--r--    1    0         0             225 Mar 06 03:05 sysctl.conf
# 3. 承上，继续看一下 sysctl.conf 的内容好了。
[root@study ~]# curl ftp://localhost/pub/sysctl.conf
# System default settings live in /usr/lib/sysctl.d/00-system.conf.
# To override those settings, enter new settings here, or in an /etc/sysctl.d/<name>.conf file
#
# For more information, see sysctl.conf(5) and sysctl.d(5).
# 真的有看到这个文件的内容，所以确定是可以让 vsftpd 读取到这文件的。
# 4. 再来看看 securetty 好了。
[root@study ~]# curl ftp://localhost/pub/securetty
curl: (78) RETR response: 550
# 看不到，但是，基本的原因应该是权限问题，因为 vsftpd 默认放在/var/ftp/pub 内的数据。
# 不论什么 SELinux 类型几乎都可以被读取的才对，所以要这样处理。
# 5. 自定义权限之后再一次查看 securetty。
[root@study ~]# chmod a+r /var/ftp/pub/securetty
[root@study ~]# curl ftp://localhost/pub/securetty
# 此时你就可以看到实际的文件内容。
# 6. 自定义 SELinux 类型的内容。（非必备）
[root@study ~]# restorecon -Rv /var/ftp
```

上面这个例子在告诉你，要先从权限的角度来看一看，如果无法被读取，可能就是因为没有 r 或没有 rx，并不一定是由 SELinux 引起的。了解了吗？好，再来看看如果是一般账号呢？如何登录？

◆ 无法从家目录下载文件的问题分析与解决

我们前面建立了 ftptest 账号，那如何使用命令行界面来登录呢？可以使用如下的方式来处理。同时请注意，因为命令行的 FTP 客户端软件，默认会将用户放置到根目录而不是家目录，因此，你的 URL 可能需要自定义一下。

```
# 0. 为了让 curl 这个工具可以传输文件，我们先建立一些文件在 ftptest 家目录。
[root@study ~]# echo "testing" > ~ftptest/test.txt
[root@study ~]# cp -a /etc/hosts /etc/sysctl.conf ~ftptest/
[root@study ~]# ll ~ftptest/
-rw-r--r--. 1 root root 158 Jun  7  2013 hosts
-rw-r--r--. 1 root root 225 Mar  6 11:05 sysctl.conf
-rw-r--r--. 1 root root   8 Aug  9 01:05 test.txt
# 1. 一般账号直接登录 FTP 服务器，同时变换目录到家目录中。
[root@study ~]# curl ftp://ftptest:myftp123@localhost/~/
-rw-r--r--    1    0         0             158 Jun 07  2013 hosts
-rw-r--r--    1    0         0             225 Mar 06 03:05 sysctl.conf
-rw-r--r--    1    0         0               8 Aug 08 17:05 test.txt
# 真的有数据，看文件最左边的权限也是没问题，所以，来看一下 test.txt 的内容。
# 2. 开始下载 test.txt、sysctl.conf 等有权限可以查看的文件。
[root@study ~]# curl ftp://ftptest:myftp123@localhost/~/test.txt
curl: (78) RETR response: 550
# 竟然说没有权限，明明我们的 rwx 是正常没问题，那是否有可能是 SELinux 造成的呢？
# 3. 先将 SELinux 从 Enforce 转成 Permissive 看看情况，同时查看日志文件。
```

```
[root@study ~]# setenforce 0
[root@study ~]# curl ftp://ftptest:myftp123@localhost/~/test.txt
testing
[root@study ~]# setenforce 1    # 确定问题后，一定要转成 Enforcing。
# 确定有数据内容，所以，确定就是 SELinux 造成无法读取的问题，那么么办？要改规则？还是改类型？
# 因为都不知道，所以，就检查一下日志文件看看有没有相关的信息可以提供给我们处理。
[root@study ~]# vim /var/log/messages
Aug  9 02:55:58 station3-39 setroubleshoot: SELinux is preventing /usr/sbin/vsftpd
 from lock access on the file /home/ftptest/test.txt. For complete SELinux messages.
 run sealert -l 3a57aad3-a128-461b-966a-5bb2b0ffa0f9
Aug  9 02:55:58 station3-39 python: SELinux is preventing /usr/sbin/vsftpd from
 lock access on the file /home/ftptest/test.txt.
***** Plugin catchall_boolean (47.5 confidence) suggests  *******************
If you want to allow ftp to home dir
Then you must tell SELinux about this by enabling the 'ftp_home_dir' boolean.
You can read 'None' man page for more details.
Do
setsebool -P ftp_home_dir 1
***** Plugin catchall_boolean (47.5 confidence) suggests  *******************
If you want to allow ftpd to full access
Then you must tell SELinux about this by enabling the 'ftpd_full_access' boolean.
You can read 'None' man page for more details.
Do
setsebool -P ftpd_full_access 1
***** Plugin catchall (6.38 confidence) suggests  *************************
……（下面省略）……
# 基本上，你会看到有个特殊字体的部分，就是 sealert 那一行。虽然下面已经列出可能的解决方案了，
# 就是一堆下划线那些东西。至少就有三个解决方案（最后一个没列出来），哪种才是正确的？
# 为了了解正确的解决方案，我们还是执行一下 sealert 那行，看看情况再说。
# 4. 通过 sealert 的解决方案来处理问题。
[root@study ~]# sealert -l 3a57aad3-a128-461b-966a-5bb2b0ffa0f9
SELinux is preventing /usr/sbin/vsftpd from lock access on the file /home/ftptest/test.txt.
# 下面说有 47.5% 的机率是由于这个原因所发生，并且可以使用 setsebool 去解决的意思。
***** Plugin catchall_boolean (47.5 confidence) suggests  *******************
If you want to allow ftp to home dir
Then you must tell SELinux about this by enabling the 'ftp_home_dir' boolean.
You can read 'None' man page for more details.
Do
setsebool -P ftp_home_dir 1
# 下面说也是有 47.5% 的机率是由此产生。
***** Plugin catchall_boolean (47.5 confidence) suggests  *******************
If you want to allow ftpd to full access
Then you must tell SELinux about this by enabling the 'ftpd_full_access' boolean.
You can read 'None' man page for more details.
Do
setsebool -P ftpd_full_access 1
# 下面说，仅有 6.38% 的可信度是由这个情况产生。
***** Plugin catchall (6.38 confidence) suggests  *************************
If you believe that vsftpd should be allowed lock access on the test.txt file by default.
Then you should report this as a bug.
You can generate a local policy module to allow this access.
Do
allow this access for now by executing:
# grep vsftpd /var/log/audit/audit.log | audit2allow -M mypol
# semodule -i mypol.pp
# 下面就重要了，是整个问题发生的主因，最好还是稍微看一看。
Additional Information:
Source Context              system_u:system_r:ftpd_t:s0-s0:c0.c1023
Target Context              unconfined_u:object_r:user_home_t:s0
Target Objects              /home/ftptest/test.txt [ file ]
Source                      vsftpd
Source Path                 /usr/sbin/vsftpd
Port                        <Unknown>
```

```
Host                      station3-39.gocloud.vm
Source RPM Packages        vsftpd-3.0.2-9.el7.x86-64
Target RPM Packages
Policy RPM                seLinux-policy-3.13.1-23.el7.noarch
SeLinux Enabled           True
Policy Type               targeted
Enforcing Mode            Permissive
Host Name                 station3-39.gocloud.vm
Platform                  Linux station3-39.gocloud.vm 3.10.0-229.el7.x86-64
                          #1 SMP Fri Mar 6 11:36:42 UTC 2015 x86-64 x86-64
Alert Count               3
First Seen                2015-08-09 01:00:12 CST
Last Seen                 2015-08-09 02:55:57 CST
Local ID                  3a57aad3-a128-461b-966a-5bb2b0ffa0f9
Raw Audit Messages
type=AVC msg=audit(1439060157.358:635): avc: denied { lock } for pid=5029 comm="vsftpd"
 path="/home/ftptest/test.txt" dev="dm-2" ino=141 scontext=system_u:system_r:ftpd_t:s0-s0:
 c0.c1023 tcontext=unconfined_u:object_r:user_home_t:s0 tclass=file
type=SYSCALL msg=audit(1439060157.358:635): arch=x86-64 syscall=fcntl success=yes exit=0
 a0=4 a1=7 a2=7fffceb8cbb0 a3=0 items=0 ppid=5024 pid=5029 auid=4294967295 uid=1001 gid=1001
 euid=1001 suid=1001 fsuid=1001 egid=1001 sgid=1001 fsgid=1001 tty=(none) ses=4294967295
 comm=vsftpd exe=/usr/sbin/vsftpd subj=system_u:system_r:ftpd_t:s0-s0:c0.c1023 key=(null)
Hash: vsftpd,ftpd_t,user_home_t,file,lock
```

经过上面的测试，现在我们知道主要的问题发生在 SELinux 的类型不是 vsftpd_t 所能读取的原因，经过仔细查看 test.txt 文件的类型，我们知道它原本就是家目录，因此是 user_home_t 也没啥了不起，是正确的。因此，分析两个比较可信（47.5%）的解决方案后，可能是与 ftp_home_dir 比较有关。所以，我们应该不需要修改 SELinux 类型，修改的应该是 SELinux 规则才对。所以，这样做看看：

```
# 1. 先确认一下 SELinux 的模式，然后再看一看能否下载 test.txt，最终使用处理方式来解决。
[root@study ~]# getenforce
Enforcing
[root@study ~]# curl ftp://ftptest:myftp123@localhost/~/test.txt
curl: (78) RETR response: 550
# 确定还是无法读取的。
[root@study ~]# setsebool -P ftp_home_dir 1
[root@study ~]# curl ftp://ftptest:myftp123@localhost/~/test.txt
testing
# OK，太赞了，处理完毕，现在使用者可以在自己的家目录上传或下载文件了。
# 2. 开始下载其他文件试看看。
[root@study ~]# curl ftp://ftptest:myftp123@localhost/~/sysctl.conf
# System default settings live in /usr/lib/sysctl.d/00-system.conf.
# To override those settings, enter new settings here, or in an /etc/sysctl.d/<name>.conf file
#
# For more information, see sysctl.conf (5) and sysctl.d (5).
```

没问题，通过修改 SELinux 规则的布尔值，现在我们就可以使用一般账号在 FTP 服务来上传与下载数据，非常愉快吧！那万一我们还有其他的目录也想要通过 FTP 来提供这个 ftptest 用户上传与下载呢？往下看。

◆ 一般账号用户从非正规目录上传/下载文件

假设我们还想要提供 /srv/gogogo 这个目录给 ftptest 用户使用，那又该如何处理呢？假设我们都没有考虑 SELinux，那就是这样的情况：

```
# 1. 先处理好所需要的目录文件。
[root@study ~]# mkdir /srv/gogogo
[root@study ~]# chgrp ftptest /srv/gogogo
[root@study ~]# echo "test" > /srv/gogogo/test.txt
# 2. 开始直接使用 ftp 查看一下文件。
[root@study ~]# curl ftp://ftptest:myftp123@localhost//srv/gogogo/test.txt
curl: (78) RETR response: 550
# 有问题，来看看日志文件怎么说。
```

```
[root@study ~]# grep sealert /var/log/messages | tail
Aug  9 04:23:12 station3-39 setroubleshoot: SELinux is preventing /usr/sbin/vsftpd from
 read access on the file test.txt. For complete SELinux messages. run sealert -l
 08d3c0a2-5160-49ab-b199-47a51a5fc8dd
[root@study ~]# sealert -l 08d3c0a2-5160-49ab-b199-47a51a5fc8dd
SELinux is preventing /usr/sbin/vsftpd from read access on the file test.txt.
# 虽然这个可信度比较高，不过，因为会全部放行 FTP，所以不太考虑。
*****  Plugin catchall_boolean (57.6 confidence) suggests  ********************
If you want to allow ftpd to full access
Then you must tell SELinux about this by enabling the 'ftpd_full_access' boolean.
You can read 'None' man page for more details.
Do
setsebool -P ftpd_full_access 1
# 因为是非正规目录的使用，所以这边加上默认 SELinux 类型恐怕会是比较正确的选择。
*****  Plugin catchall_labels (36.2 confidence) suggests  ********************
If you want to allow vsftpd to have read access on the test.txt file
Then you need to change the label on test.txt
Do
# semanage fcontext -a -t FILE_TYPE 'test.txt'
where FILE_TYPE is one of the following: NetworkManager_tmp_t, abrt_helper_exec_t, abrt_tmp_t,
 abrt_upload_watch_tmp_t, abrt_var_cache_t, abrt_var_run_t, admin_crontab_tmp_t, afs_cache_t,
 alsa_home_t, alsa_tmp_t, amanda_tmp_t, antivirus_home_t, antivirus_tmp_t, apcupsd_tmp_t, ...
Then execute:
restorecon -v 'test.txt'
*****  Plugin catchall (7.64 confidence) suggests  ***************************
If you believe that vsftpd should be allowed read access on the test.txt file by default.
Then you should report this as a bug.
You can generate a local policy module to allow this access.
Do
allow this access for now by executing:
# grep vsftpd /var/log/audit/audit.log | audit2allow -M mypol
# semodule -i mypol.pp
Additional Information:
Source Context                 system_u:system_r:ftpd_t:s0-s0:c0.c1023
Target Context                 unconfined_u:object_r:var_t:s0
Target Objects                 test.txt [ file ]
Source                         vsftpd
……（下面省略）……
```

因为是非正规目录，所以感觉上似乎与 semanage 那一行的解决方案比较相关，接下来就是要找到 FTP 的 SELinux 类型来解决。所以，让我们查一下 FTP 相关的数据。

```
# 3. 先查看一下/var/ftp 这个地方的 SELinux 类型。
[root@study ~]# ll -Zd /var/ftp
drwxr-xr-x. root root system_u:object_r:public_content_t:s0 /var/ftp
# 4. 以 sealert 建议的方法来处理好 SELinux 类型。
[root@study ~]# semanage fcontext -a -t public_content_t "/srv/gogogo(/.*)?"
[root@study ~]# restorecon -Rv /srv/gogogo
[root@study ~]# curl ftp://ftptest:myftp123@localhost//srv/gogogo/test.txt
test
# 终于再次搞定。
```

在这个范例中，我们修改了 SELinux 类型，与前一个修改 SELinux 规则不太一样，要理解理解。

◆　无法修改 FTP 连接端口问题的分析与解决

在某些情况下，可能你的服务器软件需要开放在非正规的端口。举例来说，如果因为某些策略问题，导致 FTP 启动的正常的 21 端口无法使用，因此你想要启用在 555 端口时，该如何处理？基本上，既然 SELinux 的主体进程大多是被受限的网络服务，没道理不限制放行的端口。所以，很可能会出问题，那就要想想办法才行。

```
# 1. 先处理 vsftpd 的配置文件，加入换端口的参数才行。
[root@study ~]# vim /etc/vsftpd/vsftpd.conf
```

```
# 请按下大写的 G 跑到最后一行，然后新增加下面这行设置，前面不可以留白。
listen port=555
# 2. 重新启动 vsftpd 并且查看日志文件的变化。
[root@study ~]# systemctl restart vsftpd
[root@study ~]# grep sealert /var/log/messages
Aug 9 06:34:46 station3-39 setroubleshoot: SELinux is preventing /usr/sbin/vsftpd from
 name bind access on the tcp socket port 555. For complete SELinux messages. run
 sealert -l 288118e7-c386-4086-9fed-2fe78865c704
[root@study ~]# sealert -l 288118e7-c386-4086-9fed-2fe78865c704
SELinux is preventing /usr/sbin/vsftpd from name bind access on the tcp socket port 555.
*****  Plugin bind ports（92.2 confidence）suggests  ************************
If you want to allow /usr/sbin/vsftpd to bind to network port 555
Then you need to modify the port type.
Do
# semanage port -a -t PORT TYPE -p tcp 555
    where PORT TYPE is one of the following: certmaster port t, cluster port t,
 ephemeral port t, ftp data port t, ftp port t, hadoop datanode port t, hplip port t,
 port t, postgrey port t, unreserved port t.
……（后面省略）……
# 看一下信任度，高达 92.2%，几乎就是这家伙，因此不必再看，就是它了。比较重要的是，
# 解决方案里面，那个 PORT TYPE 有很多选择，但我们们要开启 FTP 端口嘛。所以，
# 就由后续数据找到 ftp port t 那个选项，带入实验看看。
# 3. 实际带入 SELinux 端口自定义后，在重新启动 vsftpd 看看。
[root@study ~]# semanage port -a -t ftp port t -p tcp 555
[root@study ~]# systemctl restart vsftpd
[root@study ~]# netstat -tlnp
Active Internet connections（only servers）
Proto Recv-Q Send-Q Local Address      Foreign Address    State     PID/Program name
tcp      0      0 0.0.0.0:22         0.0.0.0:*          LISTEN    1167/sshd
tcp      0      0 127.0.0.1:25       0.0.0.0:*          LISTEN    1598/master
tcp6     0      0 :::555             :::*               LISTEN    8436/vsftpd
tcp6     0      0 :::22              :::*               LISTEN    1167/sshd
tcp6     0      0 ::1:25             :::*               LISTEN    1598/master
# 4. 实验看看这个端口能不能用。
[root@study ~]# curl ftp://localhost:555/pub/
-rw-r--r--   1 0        0             221 Oct 29  2014 securetty
-rw-r--r--   1 0        0             225 Mar 06 03:05 sysctl.conf
```

通过上面的几个小练习，你会知道在常规或非常规的环境下，如何处理你的 SELinux 问题。仔细研究看看。

16.6 重点回顾

- 程序（program）：通常为二进制程序，放置在存储媒介中（如硬盘、光盘、软盘、磁带等），为物理文件的形式存在；
- 进程（process）：程序被触发后，执行者的权限与属性、程序的代码与所需数据等都会被加载到内存中，操作系统并给予这个内存中的单元一个标识符（PID），可以说，进程就是一个正在运行中的程序。
- 进程彼此之间是有相关性的，故有父进程与子进程之分，而 Linux 系统所有进程的父进程就是 systemd 这个 PID 为 1 号的进程。
- Linux 的过程调用通常称为 fork-and-exec 的流程。进程都会借由父进程以复制（fork）的方式产生一个一模一样的子进程，然后被复制出来的子进程再以 exec 的方式来执行实际要执行的进程，最终就成为一个子进程的存在。
- 常驻在内存当中的进程通常都是负责一些系统所提供的功能以服务用户各项任务，因此这些常驻进程就会被我们称为：服务（daemon）。
- 在任务管理（job control）中，可以出现提示字符并让你操作的环境就称为前台（foreground），至于其他任务就可以让你放入后台（background）去暂停或运行。

- 与任务管理有关的按键和关键词有&、[ctrl]-z、jobs、fg、bg、kill %n 等；
- 进程管理的查看命令有 ps、top、pstree 等；
- 进程之间是可以互相控制的，传递的信息（signal）主要通过 kill 这个命令在处理；
- 进程是有优先级的，该项目为 Priority，但 PRI 是内核动态调整的，用户只能使用 nice 值去微调 PRI；
- nice 的给予可以有 nice、renice、top 等命令；
- vmstat 为相当好用的系统资源使用情况查看命令；
- SELinux 当初的设计是为了避免用户资源的误用，而 SELinux 使用的是 MAC 强制读写设置；
- SELinux 的运行中，重点在于主体进程（Subject）能否读写目标文件资源（Object），这中间牵涉策略（Policy）内的规则，以及实际的安全上下文类型（type）；
- 安全上下文的一般设置为【Identify:role:type】，其中又以 type 最重要；
- SELinux 的模式有 Enforcing、Permissive、Disabled 三种，而启动的策略（Policy）主要是 targeted；
- SELinux 启动与关闭的配置文件在/etc/selinux/config；
- SELinux 的启动与查看 getenforce、sestatus 等命令；
- 重设 SELinux 的安全上下文可使用 restorecon 与 chcon；
- 在 SELinux 有启动时，必备的服务至少要启动 auditd；
- 若要管理默认的 SELinux 布尔值，可使用 getsebool、setsebool。

16.7　本章习题

- 简单说明什么是程序（program），而什么是进程（process）？
- 我今天想要查询/etc/crontab 与 crontab 这个程序的用法与写法，请问我该如何在线查询？
- 我要如何查询 crond 这个 daemon 的 PID 与它的 PRI 值？
- 我要如何修改 crond 这个 PID 的优先级？
- 我是一般身份用户，我是否可以调整不属于我的进程的 nice 值呢？此外，如果我调整了我自己的进程的 nice 值到 10，是否可以将它调回 5？
- 我要怎么知道我的网卡在启动的过程中有没有被识别？

16.8　参考资料与扩展阅读

- 注 1：关于 fork-and-exec 的说明可以参考如下网页。
  - 吴贤明老师维护的网站
- 注 2：对 Linux 内核有兴趣的话，可以先看看下面的链接。
  https://linux.cn/article-6197-1.html
- 注 3：来自 Linux Journal 的关于/proc 的说明。
  http://www.linuxjournal.com/article/177
- 注 4：关于 SELinux 相关的网站与文件数据。
  - 美国国家安全局的 SELinux 简介
  https://www.nsa.gov/what-we-do/research/selinux/
  - Fedora SELinux 说明 https://fedoraproject.org/wiki/Security_context?rd=SELinux/SecurityContext

第五部分

Linux 系统管理员

第 17 章　认识系统服务（daemon）

在 UNIX-like 的系统中，你会常听到 daemon 这个字眼。那么什么是传说中的 daemon？这些 daemon 放在什么地方？它的功能是什么？该如何启动这些 daemon？又如何有效地管理这些 daemon？此外，要如何观察这些 daemon 开了多少个端口？这些端口要如何关闭？还有，了解你系统的这些端口各代表的是什么服务吗？这些都是最需要注意的。尤其是在架设网站之前，这些概念就显得更重要了。

从 CentOS 7.x 开始，传统的 init 已经被舍弃，取而代之的是 systemd，这家伙跟之前的 init 有什么差异？优缺点是什么？如何管理不同种类的服务类型？以及如何替换原本的【运行级别】等，都是很重要的改变。

17.1 什么是 daemon 与服务（service）

我们在第 16 章就曾经谈过"服务"这东西。当时的说明是：常驻内存中的进程且可以提供一些系统或网络功能，那就是服务，而服务一般的英文说法是"service"。

但如果你常常上网去查看一些数据的话，尤其是 UNIX-like 的相关操作系统，应该常常看到"请启动某某 daemon 来提供某某功能"，那么 daemon 与 service 有关？否则为什么都能够提供某些系统或网络功能？此外，这个 daemon 是什么东西？daemon 的字面上的意思就是"守护神、恶魔"还真是有点奇怪。

简单地说，系统为了某些功能必须要提供一些服务（不论是系统本身还是网络方面），这个服务就称为 service。但是 service 的提供总是需要程序的运行吧，否则如何执行？所以完成这个 service 的程序我们就称呼它为 daemon。举例来说，完成周期性计划任务服务（service）的程序为 crond 这个 daemon。这样说比较容易理解了吧！

> 你不必去区分什么是 daemon 与 service。事实上，你可以将这两者视为相同的东西。因为完成某个服务需要一个 daemon 在后台中运行，没有这个 daemon 就不会有 service，所以不需要分得太清楚。

一般来说，当我们以命令行或图形模式（非单人维护模式）完整启动进入 Linux 主机后，操作系统已经提供了很多的服务，包括打印服务、计划任务服务、邮件管理服务等。那么这些服务是如何被启动的呢？它们的工作状态如何？下面我们就来谈一谈。

> daemon 既然是一个程序执行后的进程，那么 daemon 所处的那个原本的程序通常是如何命名的（daemon 程序的命名方式）呢？每一个服务的开发者，在开发他们的服务时，都有特别的故事。不过，无论如何，这些服务的名称被建立之后，在 Linux 中使用时，通常在服务的名称之后会加上一个 d，例如计划任务命令建立的 at 与 cron 这两个服务，它的程序名会被取为 atd 与 crond，这个 d 代表的就是 daemon 的意思。所以，在第 16 章中，我们使用了 ps 与 top 来查看进程时，都会发现到很多的 {xxx}d 的进程，通常那就是一些 daemon 的进程。

17.1.1 早期 System V 的 init 管理操作中 daemon 的主要分类（Optional）

还记得我们在第一章谈到过 UNIX 的 System V 版本吧？那个很纯净的 UNIX 版本，在那个年代，我们启动系统服务的管理方式被称为 SysV 的 init 脚本程序的处理方式。亦即系统内核第一个调用的程序是 init，然后 init 去运行所有系统所需要的服务，不论是本地服务还是网络服务。

基本上 init 的管理机制有如下几个特色。

◆　服务的启动、关闭与查看等方式

　　所有的服务启动脚本放置于/etc/init.d/目录，基本上都是使用 bash shell 所写成的脚本程序，需要
启动、关闭、重新启动、查看状态时，可以通过如下的方式来处理。

- ● 启动：/etc/init.d/daemon start
- ● 关闭：/etc/init.d/daemon stop
- ● 重新启动：/etc/init.d/daemon restart
- ● 查看状态：/etc/init.d/daemon status

◆　服务启动的分类

　　init 服务的分类中，根据服务是独立启动或被一个总管程序管理而分为两大类。

- ● 独立启动模式（stand alone）：服务独立启动，该服务直接常驻于内存中，提供本机或用户
的服务操作，反应速度快。
- ● 超级守护进程（super daemon）：由特殊的 xinetd 或 inetd 这两个总管程序提供 socket 对应
或端口对应的管理。当没有用户要求某 socket 或端口时，所需要服务不会被启动。若有用户
要求时，xinetd 才会去唤醒相对应的服务程序。当该要求结束时，此服务也会被结束，因为
通过 xinetd 所总管，因此这个家伙就被称为 super daemon。好处是可以通过 super daemon
来执行服务的时程、连接需求等的控制，缺点是唤醒服务需要一点实际的延迟。

◆　服务的依赖性问题

　　服务可能会有依赖性，例如你要启动网络服务，但是系统没有网络，那怎么可能唤醒网络服务？
如果你需要连接到外部取得认证服务器的连接，但该连接需要另一个 A 服务的需求，问题是 A 服务没
有启动，因此，你的认证服务就不可能会成功启动，这就是所谓的服务依赖性问题。init **在管理员自己
手动处理这些服务时，是没有办法协助唤醒依赖服务的。**

◆　运行级别的分类

　　上面说到 init 是启动后内核主动调用的，然后 init 可以根据用户自定义的运行级别（runlevel）来
唤醒不同的服务，以进入不同的操作界面。基本上 Linux 提供 7 个运行级别，分别是 0、1、2、3、4、
5、6，比较重要的是 1）单人维护模式、3）纯命令行模式、5）图形界面。而各个运行级别的启动脚
本是通过/etc/rc.d/rc[0-6]/SXXdaemon 链接到/etc/init.d/daemon，链接文件名（SXXdaemon）的功
能为：S 为启动该服务，XX 是数字，为启动的顺序。由于有 SXX 的设置，因此在启动时可以【依序
执行】所有需要的服务，同时也能解决依赖服务的问题，这点与管理员自己手动处理不太一样。

◆　制定运行级别默认要启动的服务

　　若要建立如上提到的 SXXdaemon 的话，不需要管理员手动建立链接文件，通过如下的命令可以
来处理默认启动、默认不启动、查看默认启动与否的操作。

- ● 默认要启动：chkconfig daemon on
- ● 默认不启动：chkconfig daemon off
- ● 查看默认为启动与否：chkconfig --list daemon

◆　运行级别的切换操作

　　当你要从命令行界面（runlevel 3）切换到图形界面（runlevel 5），不需要手动启动、关闭该运行
级别的相关服务，只要【init 5】即可切换，init 会主动去分析/etc/rc.d/rc[35].d/ 这两个目录内的脚本，
然后启动转换运行级别中需要的服务，就完成整体的运行级别切换。

　　基本上 init 主要的功能都写在上面了，重要的命令包括 daemon 本身自己的脚本（/etc/init.d/
daemon）、xinetd 这个特殊的超级守护进程（super daemon）、设置默认开机启动的 chkconfig 以及
会影响到运行级别的 init N 等。虽然 CentOS 7 已经不使用 init 来管理服务了，不过因为考虑到某些脚
本没有办法直接使用 systemd 处理，因此这些脚本还是被保留下来，所以，我们在这里还是稍微介绍
了一下，更多更详细的数据就请自己查询旧版本，如下就是一个可以参考的版本：

◆　http://linux.vbird.org/linux_basic/0560daemons/0560daemons-centos5.php

17.1.2 systemd 使用的 unit 分类

从 CentOS 7.x 以后，Red Hat 系列的发行版放弃沿用多年的 System V 开机启动服务的流程，就是前一小节提到的 init 启动脚本的方法，改用 systemd 这个启动服务管理机制。那么，systemd 有什么好处呢？

- **并行处理所有服务，加速开机流程**

旧的 init 启动脚本是【一项一项任务依序启动】的模式，因此不依赖的服务也是得要一个一个的等待。但目前我们的硬件主机系统与操作系统几乎都支持多内核架构了，没道理不依赖的服务不能同时启动。systemd 就是可以让所有的服务同时启动，因此你会发现，操作系统启动的速度变快了。

- **一经要求就响应的 on-demand 启动方式**

systemd 全部就是仅有一个 systemd 服务搭配 systemctl 命令来处理，无须其他额外的命令来支持。不像 System V 还要 init、chkconfig、service 等命令。此外，systemd 由于常驻内存，因此任何要求（on-demand）都可以立即处理后续的 daemon 启动任务。

- **服务依赖性的自我检查**

由于 systemd 可以自定义服务依赖性的检查，因此如果 B 服务是架构在 A 服务上面启动的，当你在没有启动 A 服务的情况下仅手动启动 B 服务时，systemd 会自动帮你启动 A 服务。这样就可以免去管理员要一项一项服务去分析的麻烦。如果读者不是新手，应该会有印象，当你没有启动网络服务，但却启动 NIS/NFS 时，这个启动时的 timeout 甚至可达到 10~30 分钟。

- **依 daemon 功能分类**

systemd 旗下管理的服务非常多，为了梳理清楚所有服务的功能，因此，首先 systemd 先定义所有的服务为一个服务单位（unit），并将该 unit 归类到不同的服务类型（type）中。旧的 init 仅分为 stand alone 与 super daemon，实在不够好，systemd 将服务单位（unit）区分为 service、socket、target、path、snapshot、timer 等多种不同的类型（type），方便管理员的分类与记忆。

- **将多个 daemons 集合成为一个群组**

如同 System V 的 init 里面有个运行级别的特色，systemd 亦将许多的功能集合成为一个所谓的 target 项目，这个项目主要在设计操作环境的创建，所以是集合了许多的 daemons，亦即是执行某个 target 就是执行好多个 daemon 的意思。

- **向下兼容旧有的 init 服务脚本**

基本上，systemd 可以兼容 init 的启动脚本，因此，旧的 init 启动脚本也能够通过 systemd 来管理，只是更高级的 systemd 功能就没有办法支持。

虽然如此，不过 systemd 也是有些地方无法完全替换 init 的，包括：

- 在运行级别的对应上，大概仅有 runlevel 1、3、5 有对应到 systemd 的某些 target 类型而已，没有全部对应。
- 全部的 systemd 都用 systemctl 这个管理程序进行管理，而 systemctl 支持的语法有限制，不像/etc/init.d/daemon 就是纯脚本可以自定义参数，systemctl 不可自定义参数。
- 如果某个服务启动是管理员自己手动执行启动，而不是使用 systemctl 去启动（例如你自己手动输入 crond 以启动 crond 服务），那么 systemd 将无法检测到该服务，而无法进一步管理。
- systemd 启动过程中，无法与管理员通过标准输入传入信息。因此，自行编写 systemd 的启动设置时，务必要取消交互机制。（连通过启动时传进的标准输入信息也要避免。）

不过，光是同步启动服务脚本这个功能就可以节省你很多开机启动的时间，同时 systemd 还有很多特殊的服务类型（type）可以提供更多有趣的功能，确实值得学一学。而且 CentOS 7 已经使用了 systemd，想不学也不行。好，既然要学，首先就得要针对 systemd 管理的 unit 来了解一下。

- ◆ systemd 的配置文件放置目录

基本上，systemd 将过去所谓的 daemon 执行脚本通通称为一个服务单位（unit），而每种服务单位根据功能来区分时，就分类为不同的类型（type）。基本的类型包括系统服务、数据监听与交换的 socket 文件服务（socket）、存储系统状态的快照类型、提供不同类似运行级别分类的操作环境（target）等。这么多类型，那设置时会不会很麻烦？其实还好，因为配置文件都放置在下面的目录中。

- /usr/lib/systemd/system/：每个服务最主要的启动脚本设置，有点类似以前的 /etc/init.d 下面的文件。
- /run/systemd/system/：系统执行过程中所产生的服务脚本，这些脚本的优先级要比 /usr/lib/systemd/system/高。
- /etc/systemd/system/：管理员根据主机系统的需求所建立的执行脚本，其实这个目录有点像以前 /etc/rc.d/rc5.d/Sxx 之类的功能，执行优先级又比/run/systemd/system/ 高。

也就是说，到底操作系统启动会不会执行某些服务其实是看/etc/systemd/system/ 下面的设置，所以该目录下面是一大堆链接文件。而实际执行的 systemd 启动脚本配置文件，其实都是放置在/usr/lib/systemd/system/下面，因此如果你想要修改某个服务启动的设置，应该要去/usr/lib/systemd/system/下面修改才对，/etc/systemd/system/仅是链接到正确的执行脚本配置文件而已。所以想要看执行脚本设置，应该就得要到/usr/lib/systemd/system/下面去查看才对。

◆　systemd 的 unit 类型分类说明

/usr/lib/systemd/system/ 以下的数据如何区分上述所谓的不同的类型（type）呢？很简单，看扩展名。举例来说，我们来看看上一章谈到的 vsftpd 这个范例的启动脚本设置，还有 crond 与命令行模式的 multi-user 设置：

```
[root@study ~]# ll /usr/lib/systemd/system/ | grep -E '(vsftpd|multi|cron)'
-rw-r--r--. 1 root root  284 7月 30  2014 crond.service
-rw-r--r--. 1 root root  567 3月  6 06:51 multipathd.service
-rw-r--r--. 1 root root  524 3月  6 13:48 multi-user.target
drwxr-xr-x. 2 root root 4096 5月  4 17:52 multi-user.target.wants
lrwxrwxrwx. 1 root root   17 5月  4 17:52 runlevel2.target -> multi-user.target
lrwxrwxrwx. 1 root root   17 5月  4 17:52 runlevel3.target -> multi-user.target
lrwxrwxrwx. 1 root root   17 5月  4 17:52 runlevel4.target -> multi-user.target
-rw-r--r--. 1 root root  171 6月 10  2014 vsftpd.service
-rw-r--r--. 1 root root  184 6月 10  2014 vsftpd@.service
-rw-r--r--. 1 root root   89 6月 10  2014 vsftpd.target
# 比较重要的是上面提供的那三行特殊字体的部分。
```

所以我们知道 vsftpd 与 crond 其实算是系统服务（service），而 multi-user 要算是执行环境相关的类型（target type）。根据这些扩展名的类型，我们大概可以找到如下几种比较常见的 systemd 的服务类型。

扩展名	主要服务功能
.service	一般服务类型（service unit）：主要是系统服务，包括服务器本身所需要的本地服务以及网络服务等，经常被使用到的服务大多是这种类型。所以，这也是最常见的类型了
.socket	内部程序数据交换的 socket 服务（socket unit）：主要是 IPC（Inter-process communication）的传输信息 socket 文件（socket file）功能。这种类型的服务通常在监控信息传递的 socket 文件中，当通过此 socket 文件传递信息要链接服务时，就根据当时的状态将该用户的要求传送到对应的 daemon，若 daemon 尚未启动，则启动该 daemon 后再传送用户的要求。 使用 socket 类型的服务一般较少用到，因此在开机启动时通常会稍微延迟启动的时间（因为没有这么常用嘛）。一般用于本地服务比较多，例如我们的图形界面很多的软件都是通过 socket 来进行本机程序数据交换的操作。（这与早期的 xinetd 这个 super daemon 有部分的相似。）
.target	执行环境类型（target unit）：其实是一群 unit 的集合，例如上面表格中谈到的 multi-user.target 其实就是一堆服务的集合，也就是说，选择执行 multi-user.target 就是执行一堆其他.service 或（及）.socket 之类的服务
.mount .automount	文件系统挂载相关的服务（automount unit/mount unit）：例如来自网络的自动挂载、NFS 文件系统挂载等与文件系统相关性较高的进程管理

续表

扩 展 名	主要服务功能
.path	检测特定文件或目录类型（path unit）：某些服务需要检测某些特定的目录来提供队列服务，例如最常见的打印服务，就是通过检测打印队列目录来启动打印功能，这时就得要 .path 的服务类型支持
.timer	循环执行的服务（timer unit）：这个服务有点类似 anacrontab，不过是由 systemd 主动提供，比 anacrontab 更加有弹性

其中又以 .service 的系统服务类型最常见，因为我们一堆网络服务都是使用这种类型来设计的。接下来，让我们来谈谈如何管理这些服务的启动与关闭。

17.2 通过 systemctl 管理服务

基本上，systemd 这个启动服务的机制，主要是通过一个名为 systemctl 的命令来完成。跟以前 System V 需要 service、chkconfig、setup、init 等命令来协助不同，systemd 只有 systemctl 这个命令来处理而已，所以全部的操作都得要使用 systemctl。会不会很难？其实习惯了之后，鸟哥觉得 systemctl 还挺好用的。

17.2.1 通过 systemctl 管理单一服务（service unit）的启动/开机启动与查看状态

在开始本小节之前，鸟哥要先来跟大家报告一下，那就是：一般来说服务的启动有两个阶段，一个是【开机的时候设置要不要启动这个服务】，以及【你现在要不要启动这个服务】，这两者之间有很大的差异。举个例子，假如我们现在要【立刻停止 atd 这个服务】时，正确的方法（不要用 kill）要怎么处理？

```
[root@study ~]# systemctl [command] [unit]
command 主要有：
start    ：立刻启动后面接的 unit。
stop     ：立刻关闭后面接的 unit。
restart  ：立刻重新启动后面接的 unit，亦即执行 stop 再 start 的意思。
reload   ：不关闭后面接的 unit 的情况下，重新加载配置文件，让设置生效。
enable   ：设置下次开机时，后面接的 unit 会被启动。
disable  ：设置下次开机时，后面接的 unit 不会被启动。
status   ：目前后面接的这个 unit 的状态，会列出有没有正在执行、开机默认执行与否、登录等信息等。
is-active ：目前有没有正在运行中。
is-enable ：开机时有没有默认要启用这个 unit。
范例一：看看目前 atd 这个服务的状态是什么。
[root@study ~]# systemctl status atd.service
atd.service - Job spooling tools
   Loaded: loaded (/usr/lib/systemd/system/atd.service; enabled)
   Active: active (running) since Mon 2015-08-10 19:17:09 CST; 5h 42min ago
 Main PID: 1350 (atd)
   CGroup: /system.slice/atd.service
           └─1350 /usr/sbin/atd -f
Aug 10 19:17:09 study.centos.vbird systemd[1]: Started Job spooling tools.
# 重点在第二、三行，
# Loaded: 这行在说明，开机的时候这个 unit 会不会启动，enabled 为开机启动，disabled 开机不会启动。
# Active: 现在这个 unit 的状态是正在执行（running）或没有执行（dead）。
# 后面几行则是说明这个 unit 程序的 PID 状态以及最后一行显示这个服务的日志文件信息。
# 日志文件信息格式为：【时间】【信息发送主机】【哪一个服务的信息】【实际信息内容】
# 所以上面的显示信息是：这个 atd 默认开机就启动，而且现在正在运行的意思。
范例二：正常关闭这个 atd 服务。
[root@study ~]# systemctl stop atd.service
```

```
[root@study ~]# systemctl status atd.service
atd.service - Job spooling tools
   Loaded: loaded (/usr/lib/systemd/system/atd.service; enabled)
   Active: inactive (dead) since Tue 2015-08-11 01:04:55 CST; 4s ago
  Process: 1350 ExecStart=/usr/sbin/atd -f $OPTS (code=exited, status=0/SUCCESS)
 Main PID: 1350 (code=exited, status=0/SUCCESS)
Aug 10 19:17:09 study.centos.vbird systemd[1]: Started Job spooling tools.
Aug 11 01:04:55 study.centos.vbird systemd[1]: Stopping Job spooling tools...
Aug 11 01:04:55 study.centos.vbird systemd[1]: Stopped Job spooling tools.
# 目前这个 unit 下次开机还是会启动，但是现在处于关闭状态中。同时，
# 最后两行为新增加的登录信息，告诉我们目前的系统状态。
```

上面的范例中，我们已经关闭了 atd，这样做才是对的。不应该使用 kill 的方式来关闭一个正常的服务。否则 systemctl 会无法继续监控该服务，那就比较麻烦了。而使用 systemctl status atd 的输出结果中，第 2、3 两行很重要，因为那个是告知我们该 unit 下次开机会不会默认启动，以及目前启动的状态，相当重要。最下面是这个 unit 的日志文件，如果你的这个 unit 曾经出错过，查看这个地方也是相当重要的。

那么现在问个问题，你的 atd 现在是关闭的，未来重新启动后，这个服务会不会再次启动？答案是当然会。因为上面出现的第 2 行中，它是 enabled，这样理解所谓的【现在的状态】跟【开机时默认的状态】两者的差异了吗？

好，再回到 systemctl status atd.service 的第 3 行，不是有个 Active 的 daemon 现在状态吗？除了 running 跟 dead 之外，有没有其他的状态？有的，基本上有如下几个常见的状态。

- active (running)：正有一个或多个进程正在系统中运行的意思，举例来说，正在运行中的 vsftpd 就是这种模式。
- active (exited)：仅执行一次就正常结束的服务，目前并没有任何进程在系统中执行。举例来说，开机或是挂载时才会执行一次的 quotaon 功能，就是这种模式。quotaon 不需一直运行，只需执行一次之后，就交给文件系统去自行处理。通常用 bash shell 写的小型服务，大多是属于这种类型（无须常驻内存）。
- active (waiting)：正在运行当中，不过还需等待其他的事件发生才能继续运行。举例来说，打印的队列相关服务就是这种状态。虽然正在启动中，不过，也需要真的有队列进来（打印作业）这样它才会继续唤醒打印机服务来进行下一步的打印功能。
- inactive：这个服务目前没有运行的意思。

既然 daemon 目前的状态就有这么多种了，那么 daemon 的默认状态有没有可能除了 enable/disable 之外，还有其他的情况？当然有。

- enabled：这个 daemon 将在开机时被运行。
- disabled：这个 daemon 在开机时不会被运行。
- static：这个 daemon 不可以自己启动（不可 enable），不过可能会被其他的 enabled 的服务来唤醒（依赖属性的服务）。
- mask：这个 daemon 无论如何都无法被启动，因为已经被强制注销（非删除）。可通过 systemctl unmask 方式改回默认状态。

◆ 服务启动/关闭与查看的练习

例题

找到系统中名为 chronyd 的服务，查看此服务的状态，查看完毕后，将此服务设置为：（1）开机不会启动；（2）现在状况是关闭的情况。

答：我们直接使用命令的方式来查询与设置看看：

```
# 1. 查看一下状态，确认是否为关闭/未启动。
[root@study ~]# systemctl status chronyd.service
hronyd.service - NTP client/server
```

```
   Loaded: loaded (/usr/lib/systemd/system/chronyd.service; enabled)
   Active: active (running) since Mon 2015-08-10 19:17:07 CST; 24h ago
……（下面省略）……
# 2. 由上面知道目前是启动的，因此立刻将它关闭，同时开机不会启动才行。
[root@study ~]# systemctl stop chronyd.service
[root@study ~]# systemctl disable chronyd.service
rm '/etc/systemd/system/multi-user.target.wants/chronyd.service'
# 看得很清楚，其实就是从/etc/systemd/system 下面删除一条链接文件而已。
[root@study ~]# systemctl status chronyd.service
chronyd.service - NTP client/server
   Loaded: loaded (/usr/lib/systemd/system/chronyd.service; disabled)
   Active: inactive (dead)
# 如此则将 chronyd 这个服务完整的关闭了。
```

上面是一个很简单的练习，你先不用知道 chronyd 是啥东西，只要知道通过这个方式，可以将一个服务关闭即可。好，那再来一个练习，看看有没有问题？

例题

因为我根本没有安装打印机在服务器上，目前也没有网络打印机，因此我想要将 cups 服务整个关闭，是否可以？

答：同样的，眼见为实，我们就动手做看看：

```
# 1. 先看看 cups 的服务是开还是关。
[root@study ~]# systemctl status cups.service
cups.service - CUPS Printing Service
   Loaded: loaded (/usr/lib/systemd/system/cups.service; enabled)
   Active: inactive (dead) since Tue 2015-08-11 19:19:20 CST; 3h 29min ago
# 有趣得很，竟然是 enable 但是却是 inactive，相当特别。
# 2. 那就直接关闭，同时确认没有启动。
[root@study ~]# systemctl stop cups.service
[root@study ~]# systemctl disable cups.service
rm '/etc/systemd/system/multi-user.target.wants/cups.path'
rm '/etc/systemd/system/sockets.target.wants/cups.socket'
rm '/etc/systemd/system/printer.target.wants/cups.service'
# 也是非常特别，竟然一口气取消掉三个链接文件，也就是说，这三个文件可能是有依赖性的问题。
[root@study ~]# netstat -tlunp | grep cups
# 现在应该不会出现任何信息，因为根本没有 cups 的任务在运行当中，所以不会有端口产生。
# 3. 尝试启动 cups.socket 监听用户端的需求。
[root@study ~]# systemctl start cups.socket
[root@study ~]# systemctl status cups.service cups.socket cups.path
cups.service - CUPS Printing Service
   Loaded: loaded (/usr/lib/systemd/system/cups.service; disabled)
   Active: inactive (dead) since Tue 2015-08-11 22:57:50 CST; 3min 41s ago
cups.socket - CUPS Printing Service Sockets
   Loaded: loaded (/usr/lib/systemd/system/cups.socket; disabled)
   Active: active (listening) since Tue 2015-08-11 22:56:14 CST; 5min ago
cups.path - CUPS Printer Service Spool
   Loaded: loaded (/usr/lib/systemd/system/cups.path; disabled)
   Active: inactive (dead)
# 确定仅有 cups.socket 在启动，其他的并没有启动的状态。
# 4. 尝试使用 lp 这个命令来打印看看。
[root@study ~]# echo "testing" | lp
lp: Error - no default destination available. # 实际上就是没有打印机，所以有错误也没关系。
[root@study ~]# systemctl status cups.service
cups.service - CUPS Printing Service
   Loaded: loaded (/usr/lib/systemd/system/cups.service; disabled)
   Active: active (running) since Tue 2015-08-11 23:03:18 CST; 34s ago
[root@study ~]# netstat -tlunp | grep cups
tcp       0      0 127.0.0.1:631      0.0.0.0:*    LISTEN      25881/cupsd
```

```
tcp6       0       0 ::1:631           :::*          LISTEN      25881/cupsd
# 见鬼，竟然 cups 自动被启动了，明明我们都没有启动它，怎么回事？
```

上面这个范例的练习是让您了解一下，很多服务彼此之间是有依赖性的。cups 是一种打印服务，这个打印服务会启用 631 端口来提供网络打印机的功能。但是其实我们无需一直启动 631 端口吧？因此，多了一个名为 cups.socket 的服务，这个服务可以在【用户有需要打印时，才会主动唤醒 cups.service】的意思。因此，如果你仅是 disable/stop cups.service 而忘记了其他两个服务的话，那么当有用户向其他两个 cups.path、cups.socket 提出要求时，cups.service 就会被唤醒，所以，你关闭也没用。

◆　强迫服务注销（mask）的练习

比较正规的做法是，要关闭 cups.service 时，连同其他两个会唤醒 service 的 cups.socket 与 cups.path 通通关闭，就没事了。不正规的做法就是强制注销 cups.service，通过 mask 的方式来将这个服务注销。

```
# 1. 保持刚刚的状态，关闭 cups.service，启动 cups.socket，然后注销 cups.servcie。
[root@study ~]# systemctl stop cups.service
[root@study ~]# systemctl mask cups.service
ln -s '/dev/null' '/etc/systemd/system/cups.service'
# 其实这个 mask 注销的操作，只是让启动的脚本变成空的设备而已。
[root@study ~]# systemctl status cups.service
cups.service
  Loaded: masked (/dev/null)
  Active: inactive (dead) since Tue 2015-08-11 23:14:16 CST; 52s ago
[root@study ~]# systemctl start cups.service
Failed to issue method call: Unit cups.service is masked.  # 再也无法唤醒。
```

上面的范例你可以仔细推敲一下，原来整个启动的脚本配置文件被链接到 /dev/null 这个空设备，因此，无论如何你是再也无法启动这个 cups.service 了。通过这个 mask 功能，就可以不必管其他依赖服务可能会启动到这个想要关闭的服务了。虽然是非正规，不过很有效。

那如何取消注销？当然就是 unmask 即可。

```
[root@study ~]# systemctl unmask cups.service
rm '/etc/systemd/system/cups.service'
[root@study ~]# systemctl status cups.service
cups.service - CUPS Printing Service
  Loaded: loaded (/usr/lib/systemd/system/cups.service; disabled)
  Active: inactive (dead) since Tue 2015-08-11 23:14:16 CST; 4min 35s ago
# 好在有恢复正常。
```

17.2.2　通过 systemctl 查看系统上所有的服务

上一小节谈到的是单一服务的启动、关闭、查看，以及依赖服务要注销的功能。那系统上面有多少的服务存在？这个时候就得要通过 list-units 及 list-unit-files 来查看。详细用法如下：

```
[root@study ~]# systemctl [command] [--type=TYPE] [--all]
command:
   list-units     ：依据 unit 显示目前有启动的 unit，若加上 --all 才会列出没启动的。
   list-unit-files ：依据 /usr/lib/systemd/system/ 内的文件，将所有文件列表说明。
--type=TYPE：就是之前提到的 unit 类型，主要有 service、socket、target 等。
范例一：列出系统上面有启动的 unit。
[root@study ~]# systemctl
UNIT              LOAD   ACTIVE SUB      DESCRIPTION
proc-sys-fs-binfmt_mis... loaded active waiting   Arbitrary Executable File Formats File Syst
em
sys-devices-pc...:0:1:... loaded active plugged   QEMU_HARDDISK
sys-devices-pc...0:1-0... loaded active plugged   QEMU_HARDDISK
sys-devices-pc...0:0-1... loaded active plugged   QEMU_DVD-ROM
```

```
……（中间省略）……
vsftpd.service                loaded active running    Vsftpd ftp daemon
……（中间省略）……
cups.socket                   loaded failed failed     CUPS Printing Service Sockets
……（中间省略）……
LOAD   = Reflects whether the unit definition was properly loaded.
ACTIVE = The high-level unit activation state, i.e. generalization of SUB.
SUB    = The low-level unit activation state, values depend on unit type.
141 loaded units listed. Pass --all to see loaded but inactive units, too.
To show all installed unit files use 'systemctl list-unit-files'.
# 列出的项目中，主要的意义是：
# UNIT    : 项目的名称，包括各 unit 的类别（看副文件名）。
# LOAD    : 开机时是否会被加载，默认 systemctl 显示的是有加载的项目而已。
# ACTIVE  : 目前的状态，须与后续的 SUB 搭配，就是我们用 systemctl status 查看时，active 的项目。
# DESCRIPTION : 详细描述。
# cups 比较有趣，因为刚刚被我们玩过，所以 ACTIVE 竟然是 failed 的，被玩死了。
# 另外，systemctl 都不加参数，其实默认就是 list-units 的意思。
范例二：列出所有已经安装的 unit 有哪些。
[root@study ~]# systemctl list-unit-files
UNIT FILE                          STATE
proc-sys-fs-binfmt_misc.automount      static
dev-hugepages.mount                    static
dev-mqueue.mount                       static
proc-fs-nfsd.mount                     static
……（中间省略）……
systemd-tmpfiles-clean.timer           static
336 unit files listed.
```

使用 systemctl list-unit-files 会将系统上所有的服务通通显示出来，而不像 list-units 仅以 unit 分类作大致的说明。至于 STATE 状态就是前两个小节谈到的开机是否会加载的那个状态项目。主要有 enabled、disabled、mask、static 等。

假设我不想要知道这么多的 unit 项目，我只想要知道 service 这种类别的 daemon 而已，而且不论是否已经启动，通通要显示出来。那该如何是好？

```
[root@study ~]# systemctl list-units --type=service --all
# 只剩下 *.service 的项目才会出现。
范例一：查询系统上是否有以 cpu 为名的服务。
[root@study ~]# systemctl list-units --type=service --all | grep cpu
cpupower.service  loaded inactive dead    Configure CPU power related settings
# 确实有，可以改变 CPU 电源管理机制的服务。
```

17.2.3　通过 systemctl 管理不同的操作环境（target unit）

通过上个小节我们知道系统上所有的 systemd 的 unit 查看的方式，那么可否列出跟操作界面有关的 target 项目呢？很简单，就这样操作一下：

```
[root@study ~]# systemctl list-units --type=target --all
UNIT                   LOAD   ACTIVE   SUB    DESCRIPTION
basic.target             loaded active   active Basic System
cryptsetup.target        loaded active   active Encrypted Volumes
emergency.target         loaded inactive dead   Emergency Mode
final.target             loaded inactive dead   Final Step
getty.target             loaded active   active Login Prompts
graphical.target         loaded active   active Graphical Interface
local-fs-pre.target      loaded active   active Local File Systems (Pre)
local-fs.target          loaded active   active Local File Systems
multi-user.target        loaded active   active Multi-User System
network-online.target  loaded inactive dead   Network is Online
network.target           loaded active   active Network
nss-user-lookup.target loaded inactive dead   User and Group Name Lookups
```

```
paths.target            loaded active    active Paths
remote-fs-pre.target    loaded active    active Remote File Systems（Pre）
remote-fs.target        loaded active    active Remote File Systems
rescue.target           loaded inactive dead   Rescue Mode
shutdown.target         loaded inactive dead   Shutdown
slices.target           loaded active    active Slices
sockets.target          loaded active    active Sockets
sound.target            loaded active    active Sound Card
swap.target             loaded active    active Swap
sysinit.target          loaded active    active System Initialization
syslog.target           not-found inactive dead   syslog.target
time-sync.target        loaded inactive dead   System Time Synchronized
timers.target           loaded active    active Timers
umount.target           loaded inactive dead   Unmount All Filesystems
LOAD   = Reflects whether the unit definition was properly loaded.
ACTIVE = The high-level unit activation state, i.e. generalization of SUB.
SUB    = The low-level unit activation state, values depend on unit type.
26 loaded units listed.
To show all installed unit files use 'systemctl list-unit-files'.
```

在我们的 CentOS 7.1 的默认情况下，就有 26 个 target unit，而跟操作界面相关性比较高的 target 主要有下面几个。

- graphical.target：就是命令加上图形界面，这个项目已经包含了下面的 multi-user.target。
- multi-user.target：纯命令行模式。
- rescue.target：在无法使用 root 登陆的情况下，systemd 在启动时会多加一个额外的临时系统，与你原本的系统无关，这时你可以取得 root 的权限来维护你的系统。但是这是额外系统，因此可能需要用到 chroot 的方式来取得你原有的系统，在后续的章节我们再来谈。
- emergency.target：紧急处理系统的错误，还是需要使用 root 登录的情况，在无法使用 rescue.target 时，可以尝试使用这种模式。
- shutdown.target：就是关机的模式。
- getty.target：可设置你需要几个 tty 之类的操作，如果想要降低 tty 的数量，可以修改它的配置文件。

正常的模式是 multi-user.target 以及 graphical.target 两个，恢复方面的模式主要是 rescue.target 以及更紧急的 emergency.target。如果要修改可提供登陆的 tty 数量，则修改 getty.target 即可。基本上，我们最常使用的当然就是 multi-user 以及 graphical。那么我如何知道目前的模式是哪一种呢？又得要如何修改？下面来玩一玩吧！

```
[root@study ~]# systemctl [command] [unit.target]
选项与参数：
command:
   get-default : 取得目前的 target。
   set-default : 设置后面接的 target 成为默认的操作模式。
   isolate     : 切换到后面接的模式。
范例一：我们的测试机器默认是图形界面，先查看是否真为图形模式，再将默认模式转为命令行模式。
[root@study ~]# systemctl get-default
graphical.target  # 果然是图形界面。
[root@study ~]# systemctl set-default multi-user.target
[root@study ~]# systemctl get-default
multi-user.target
范例二：在不重新启动的情况下，将目前的操作环境改为纯命令行模式，关闭图形界面。
[root@study ~]# systemctl isolate multi-user.target
范例三：若需要重新取得图形界面。
[root@study ~]# systemctl isolate graphical.target
```

要注意，改变 graphical.target 以及 multi-user.target 是通过 isolate 来完成的。鸟哥刚刚接触到 systemd 的时候，在 multi-user.target 环境下转成 graphical.target 时，可以通过 systemctl start graphical.target，然后鸟哥就以为关闭图形界面即可回到 multi-user.target。但使用 systemctl stop

graphical.target 却完全不理鸟哥，这才发现错了，在 service 部分用 start、stop、restart 等参数，在
target 项目则请使用 isolate（隔离不同的操作模式）才对。

在正常的切换情况下，使用上述 isolate 的方式即可。不过为了方便起见，systemd 也提供了数个
简单的命令给我们切换操作模式之用。大致上如下所示：

```
[root@study ~]# systemctl poweroff   系统关机。
[root@study ~]# systemctl reboot     重新开机。
[root@study ~]# systemctl suspend    进入挂起模式。
[root@study ~]# systemctl hibernate  进入休眠模式。
[root@study ~]# systemctl rescue     强制进入恢复模式。
[root@study ~]# systemctl emergency  强制进入紧急恢复模式。
```

关机、重新启动、恢复与紧急模式这没啥问题，那么什么是暂停与休眠模式？
- suspend：挂起（暂停）模式会将系统的状态数据保存到内存中，然后关闭大部分的系统硬件，当然，并没有实际关机。当用户按下唤醒机器的按钮，系统数据会重内存中恢复，然后重新驱动被大部分关闭的硬件，就开始正常运行，唤醒的速度较快。
- hibernate：休眠模式则是将系统状态保存到硬盘当中，保存完毕后，将计算机关机。当用户尝试唤醒系统时，系统会开始正常运行，然后将保存在硬盘中的系统状态恢复回来。因为数据是由硬盘读出，因此唤醒的性能与你的硬盘速度有关。

17.2.4 通过 systemctl 分析各服务之间的依赖性

我们在本章一开始谈到 systemd 的时候就谈到依赖性的问题，那么，如何追踪某一个 unit 的依赖性
呢？举例来说好了，我们怎么知道 graphical.target 会用到 multi-user.target？那 graphical.target 下面
还有哪些东西？下面我们就来谈一谈。

```
[root@study ~]# systemctl list-dependencies [unit] [--reverse]
选项与参数：
--reverse ：反向追踪谁使用这个 unit 的意思。
范例一：列出目前的 target 环境下，用到了哪些 unit。
[root@study ~]# systemctl get-default
multi-user.target
[root@study ~]# systemctl list-dependencies
default.target
├─abrt-ccpp.service
├─abrt-oops.service
├─vsftpd.service
├─basic.target
│ ├─alsa-restore.service
│ ├─alsa-state.service
……（中间省略）……
│ ├─sockets.target
│ │ ├─avahi-daemon.socket
│ │ ├─dbus.socket
……（中间省略）……
│ ├─sysinit.target
│ │ ├─dev-hugepages.mount
│ │ ├─dev-mqueue.mount
……（中间省略）……
│ └─timers.target
│   └─systemd-tmpfiles-clean.timer
├─getty.target
│ └─getty@tty1.service
└─remote-fs.target
```

因为我们前一小节的练习将默认的操作模式变成了 multi-user.target，因此这边使用 list-
dependencies 时，所列出的 default.target 其实是 multi-user.target 的内容。根据线条连接的结构，我们

也能够知道，multi-user.target 其实还会用到 basic.target、getty.target、remote-fs.target 三大项目，而 basic.target 又用到了 sockets.target、sysinit.target、timers.target 等，所以，从这边就能够清楚的查询到每种 target 模式下面还有的依赖模式。如果要查出谁会用到 multi-user.target？就这么做。

```
[root@study ~]# systemctl list-dependencies --reverse
default.target
└─graphical.target
```

reverse 本来就是反向的意思，所以加上这个选项，代表【谁还会用到我的服务】的意思，所以看得出来，multi-user.target 主要是被 graphical.target 所使用。好，接下来，graphical.target 又使用了多少的服务？可以这样看：

```
[root@study ~]# systemctl list-dependencies graphical.target
graphical.target
├─accounts-daemon.service
├─gdm.service
├─network.service
├─rtkit-daemon.service
├─systemd-update-utmp-runlevel.service
└─multi-user.target
  ├─abrt-ccpp.service
  ├─abrt-oops.service
……（下面省略）……
```

可以看出来，graphical.target 就是在 multi-user.target 下面再加上 accounts-daemon、gdm、network、rtkit-deamon、systemd-update-utmp-runlevel 等服务而已。这样会看了吗？了解 daemon 之间的相关性也是很重要的，出问题时，可以找到正确的服务依赖流程。

17.2.5　与 systemd 的 daemon 运行过程相关的目录简介

我们在前几小节曾经谈过比较重要的 systemd 启动脚本配置文件在 /usr/lib/systemd/system/ 与 /etc/systemd/system/ 目录下，那还有哪些目录跟系统的 daemon 运行有关呢？

- /usr/lib/systemd/system/

使用 CentOS 官方提供的软件安装后，默认的启动脚本配置文件都放在这里，这里的数据尽量不要修改，要修改时，请到 /etc/systemd/system 下面修改比较好。

- /run/systemd/system/

系统执行过程中所产生的服务脚本，这些脚本的优先级要比 /usr/lib/systemd/system/ 高。

- /etc/systemd/system/

管理员依据主机系统的需求所建立的执行脚本，其实这个目录有点像以前 /etc/rc.d/rc5.d/Sxx 之类的功能，执行优先级又比 /run/systemd/system/ 高。

- /etc/sysconfig/*

几乎所有的服务都会将初始化的一些选项设置写入到这个目录，举例来说，mandb 所要更新的 man page 索引中，需要加入的参数就写入到此目录下的 man-db 当中。而网络的设置则写在 /etc/sysconfig/network-scripts/ 这个目录内，所以，这个目录内的文件也是挺重要的。

- /var/lib/

一些会产生数据的服务都会将它的数据写入到 /var/lib/ 目录中。举例来说，数据库管理系统 MariaDB 的数据库默认就写入 /var/lib/mysql/ 这个目录。

- /run/

放置了好多 daemon 的缓存，包括 lock 文件以及 PID 文件等。

我们知道 systemd 里面有很多的本机会用到的 socket 服务，里面可能会产生很多的 socket 文件，那你怎么知道这些 socket 文件放置在哪里？很简单，还是通过 systemctl 来管理。

```
[root@study ~]# systemctl list-sockets
```

```
LISTEN                          UNIT                        ACTIVATES
/dev/initctl                    systemd-initctl.socket      systemd-initctl.service
/dev/log                        systemd-journald.socket     systemd-journald.service
/run/dmeventd-client            dm-event.socket             dm-event.service
/run/dmeventd-server            dm-event.socket             dm-event.service
/run/lvm/lvmetad.socket         lvm2-lvmetad.socket          lvm2-lvmetad.service
/run/systemd/journal/socket     systemd-journald.socket      systemd-journald.service
/run/systemd/journal/stdout     systemd-journald.socket      systemd-journald.service
/run/systemd/shutdownd          systemd-shutdownd.socket     systemd-shutdownd.service
/run/udev/control               systemd-udevd-control.socket systemd-udevd.service
/var/run/avahi-daemon/socket    avahi-daemon.socket          avahi-daemon.service
/var/run/cups/cups.sock         cups.socket                  cups.service
/var/run/dbus/system_bus_socket dbus.socket                  dbus.service
/var/run/rpcbind.sock           rpcbind.socket               rpcbind.service
@ISCSIADM_ABSTRACT_NAMESPACE    iscsid.socket                iscsid.service
@ISCSID_UIP_ABSTRACT_NAMESPACE  iscsiuio.socket              iscsiuio.service
kobject-uevent 1                systemd-udevd-kernel.socket  systemd-udevd.service
16 sockets listed.
Pass --all to see loaded but inactive sockets, too.
```

这样很清楚地就能够知道正在监听本地服务需求的 socket 文件所在的位置了。

◆ 网络服务与端口对应简介

从第 16 章与前一小节对服务的说明后，你应该要知道的是系统所有的功能都是某些进程所提供的，而进程则是通过触发程序而产生的。同样，操作系统提供的网络服务当然也是这样的。只是由于网络牵涉到 TCP/IP 的概念，所以显得比较复杂一些。

玩过因特网（Internet）的朋友应该知道 IP，大家都说 IP 就是代表你的主机在因特网上面的【门牌号码】。但是你的主机总是可以提供非常多的网络服务而不止一项功能而已，但我们仅有一个 IP。当客户端连接我们的主机时，我们主机是如何辨别不同的服务请求的呢？那就是通过端口号（port number）来实现的。端口号简单地想象，它就是你家门牌上面的第几层楼。这个 IP 与端口就是因特网连接的最重要机制之一。我们拿下面的网址来说明：

- http://ftp.ksu.edu.tw/
- ftp://ftp.ksu.edu.tw/

有没有发现，两个网址都是指向 ftp.ksu.edu.tw 这个台湾昆山科大的 FTP 网站，但是浏览器上面显示的结果却是不一样的？是的，这是因为我们指向不同的服务。一个是 http 这个 WWW 的服务，一个则是 ftp 这个文件传输服务，当然显示的结果就不同了。

事实上，为了统一整个因特网的端口对应服务的功能，好让所有的主机都能够使用相同的机制来提供服务与要求服务，所以就有了"通讯协议"。也就是说，有些约定俗成的服务都放置在同一个端口上面。举例来说，网址中的 http

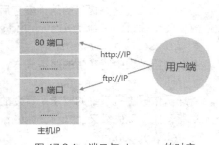

图 17.2.1　端口与 daemon 的对应

会让浏览器向 WWW 服务器的 80 端口进行连接的请求。而 WWW 服务器也会将 httpd 这个软件监听 80 端口，这样两者才能够完成连接。

嗯，那么想一想，操作系统上面有没有什么设置可以让服务与端口对应在一起？那就是 /etc/services。

```
[root@study ~]# cat /etc/services
……（前面省略）……
ftp             21/tcp
ftp             21/udp          fsp fspd
ssh             22/tcp                          # The Secure Shell (SSH) Protocol
ssh             22/udp                          # The Secure Shell (SSH) Protocol
……（中间省略）……
http            80/tcp          www www-http    # WorldWideWeb HTTP
http            80/udp          www www-http    # HyperText Transfer Protocol
```

```
...... ( 下面省略 ) ......
# 这个文件的内容是以下面的格式来显示的。
# <daemon name>   <port/封包协议>   <该服务的说明>
```

如上所说，第一栏为 daemon 的名称、第二栏为该 daemon 所使用的端口号与网络数据封包协议，封包协议主要为可靠连接的 TCP 封包以及较快速但为非面向连接的 UDP 封包。举个例子说，那个远程连接使用的是 ssh 这个服务，而这个服务使用的端口号为 22，就是这样。

请特别注意，虽然有的时候你可以借由修改 /etc/services 来更改一个服务的端口号，不过并不建议如此做，因为很有可能会造成一些协议出现错误的情况，这里特此说明一下。

17.2.6　关闭网络服务

当你第一次使用 systemctl 去查看本地服务器启动的服务时，不知道有没有被吓一跳？怎么随随便便 CentOS 7.x 就给我启动了几乎 100 多个以上的 daemon？会不会有事？没关系。因为 systemd 将许多原本不被列为 daemon 的进程都纳入到 systemd 自己的管辖监测范围内，因此就多了很多 daemon 存在。那些大部分都属于 Linux 系统基础运行所需要的环境，没有什么特别需求的话，最好都不要修改，除非你自己知道自己需要什么。

除了本地服务之外，其实你一定要查看的，反而是网络服务。虽然网络服务默认由 SELinux 管理，不过，在鸟哥的立场上，我还是建议非必要的网络服务就关闭它。那什么是网络服务？基本上，会产生一个网络监听端口（port）的进程，你就可以称它是网络服务。那么如何查看网络端口？

```
[root@study ~]# netstat -tlunp
Proto Recv-Q Send-Q Local Address    Foreign Address  State      PID/Program name
tcp      0      0 0.0.0.0:22         0.0.0.0:*        LISTEN     1340/sshd
tcp      0      0 127.0.0.1:25       0.0.0.0:*        LISTEN     2387/master
tcp6     0      0 :::555             :::*            LISTEN     29113/vsftpd
tcp6     0      0 :::22              :::*            LISTEN     1340/sshd
tcp6     0      0 ::1:25             :::*            LISTEN     2387/master
udp      0      0 0.0.0.0:5353       0.0.0.0:*                  750/avahi-daemon: r
udp      0      0 0.0.0.0:36540      0.0.0.0:*                  750/avahi-daemon: r
```

如上表所示，我们的操作系统上至少开了 22、25、555、5353、36540 这几个端口，而其中 5353、36540 是由 avahi-daemon 这个服务所启动，接下来我们使用 systemctl 去查看一下，到底有没有 avahi-daemon 为开头的服务？

```
[root@study ~]# systemctl list-units --all | grep avahi-daemon
avahi-daemon.service   loaded active   running   Avahi mDNS/DNS-SD Stack
avahi-daemon.socket    loaded active   running   Avahi mDNS/DNS-SD Stack Activation Socket
```

通过追查，知道这个 avahi-daemon 的功能是在局域网进行类似网络邻居的查找，因此这个服务可以协助你在局域网内随时了解即插即用的设备，包括笔记本电脑等，只要连上你的局域网，你就能够知道谁进来了。问题是，你可能不需要这个协议，所以，那就关闭它吧！

```
[root@study ~]# systemctl stop avahi-daemon.service
[root@study ~]# systemctl stop avahi-daemon.socket
[root@study ~]# systemctl disable avahi-daemon.service avahi-daemon.socket
[root@study ~]# netstat -tlunp
Proto Recv-Q Send-Q Local Address    Foreign Address  State      PID/Program name
tcp      0      0 0.0.0.0:22         0.0.0.0:*        LISTEN     1340/sshd
tcp      0      0 127.0.0.1:25       0.0.0.0:*        LISTEN     2387/master
tcp6     0      0 :::555             :::*            LISTEN     29113/vsftpd
tcp6     0      0 :::22              :::*            LISTEN     1340/sshd
```

```
tcp6      0      0 ::1:25           :::*           LISTEN    2387/master
```

一般来说，你的本地服务器至少需要 25 端口，而 22 端口则最好加上防火墙来管理远程连接登录比较妥当，因此，上面的端口中，除了 555 是我们上一章因为测试而产生的之外，这样的系统能够被攻击的机会已经少很多了。好了，现在如果你的系统里面有一堆网络端口在监听，而你根本不知道那是干什么用的，鸟哥建议你，现在就通过上面的方式关闭它吧！

17.3 systemctl 针对 service 类型的配置文件

以前，我们如果想要建立系统服务，就得要到 /etc/init.d/ 下面去建立相对应的 bash 脚本来完成。那么现在 systemd 的环境下面，如果我们想要设置相关的服务启动环境，那应该如何处理？这就是本小节的任务。

17.3.1 systemctl 配置文件相关目录简介

现在我们知道服务的管理是通过 systemd 来完成，而 systemd 的配置文件大部分放置于 /usr/lib/systemd/system/ 目录中。但是 Red Hat 官方文件指出，该目录的文件主要是原本软件所提供的设置，建议不要修改。而要修改的位置应该放置于 /etc/systemd/system/ 目录中。举例来说，如果你想要额外修改 vsftpd.service 的话，它们建议要放置到哪些地方呢？

- /usr/lib/systemd/system/vsftpd.service：官方发布的默认配置文件。
- /etc/systemd/system/vsftpd.service.d/custom.conf：在 /etc/systemd/system 下面建立与配置文件相同文件名的目录，但是要加上 .d 的扩展名，然后在该目录下建立配置文件即可。另外，配置文件的扩展名最好使用 .conf。在这个目录下的文件会【累加其他设置】到 /usr/lib/systemd/system/vsftpd.service 中。
- /etc/systemd/system/vsftpd.service.wants/*：此目录内的文件为链接文件，设置依赖服务的链接，意思是启动 vsftpd.service 之后，最好再加上该目录下面建议的服务。
- /etc/systemd/system/vsftpd.service.requires/*：此目录内的文件为链接文件，设置依赖服务的链接。意思是在启动 vsftpd.service 之前，需要事先启动哪些服务的意思。

基本上，在配置文件里你都可以自由设置依赖服务的检查，并且设置加入到哪些 target 里面。但是如果是已经存在的配置文件，或是官方提供的配置文件，Red Hat 建议你不要修改原设置，而是到上面提到的几个目录去进行额外的自定义设置比较好。当然，这见仁见智，如果你硬要修改原始的 /usr/lib/systemd/system 下面的配置文件，那也是没问题的。并且也能够减少增加许多配置文件，鸟哥自己认为，这样也不错，反正，完全是个人喜好。

17.3.2 systemctl 配置文件的设置项目简介

了解了配置文件的相关目录与文件之后，当然得要了解一下配置文件本身的内容了，让我们先来看一看 sshd.service 的内容。原本想拿 vsftpd.service 来讲解，不过该文件的内容比较普通，还是看一下设置项目多一些的 sshd.service 好了。

```
[root@study ~]# cat /usr/lib/systemd/system/sshd.service
[Unit]          # 这个项目与此 unit 的解释、执行服务依赖性有关。
Description=OpenSSH server daemon
After=network.target sshd-keygen.service
Wants=sshd-keygen.service
[Service]       # 这个项目与实际执行的命令参数有关。
EnvironmentFile=/etc/sysconfig/sshd
```

```
ExecStart=/usr/sbin/sshd -D $OPTIONS
ExecReload=/bin/kill -HUP $MAINPID
KillMode=process
Restart=on-failure
RestartSec=42s
[Install]        # 这个项目说明此 unit 要挂载哪个到 target 下面。
WantedBy=multi-user.target
```

分析上面的配置文件，我们大概能够将整个设置分为三个部分。

- [Unit]：unit 本身的说明，以及与其他依赖 daemon 的设置，包括在什么服务之后才启动此 unit 之类的设置值。
- [Service]、[Socket]、[Timer]、[Mount]、[Path]：不同的 unit 类型就得要使用相对应的设置项目。我们使用 sshd.service 来当模板，所以这边就使用 [Service] 来设置。这个项目主要用来规范服务启动的脚本、环境配置文件名、重新启动的方式等。
- [Install]：这个项目就是将此 unit 安装到那个 target 里面去的意思。

至于配置文件内有些设置规则还是得要说明一下。

- 设置项目通常是可以重复的，例如我可以重复设置两个 After 在配置文件中，不过，后面的设置会替换前面的。因此，如果你想要将设置值归零，可以使用类似【After=】的设置，亦即该项目的等号后面什么都没有，就将该设置归零了（reset）。
- 如果设置参数需要有【是/否】的项目（布尔值，boolean），你可以使用 1、yes、true、on 代表启动，用 0、no、false、off 代表关闭。随你喜好选择。
- 空白行、开头为 # 或 ；的那一行，都代表注释。

每个部分里面还有很多的设置，我们使用一个简单的表格来说明每个项目的内容。

[Unit] 部分	
设置参数	参数意义说明
Description	是当我们使用 systemctl list-units 时，会输出给管理员看的简易说明。当然，使用 systemctl status 输出的此服务的说明，也是这个项目
Documentation	这个项目在提供管理员能够进行进一步的文件查询的功能。提供的文件可以是如下的内容： - Documentation=http://www.... - Documentation=man:sshd（8） - Documentation=file:/etc/ssh/sshd_config
After	说明此 unit 是在哪个 daemon 启动之后才启动的意思。基本上仅是说明服务启动的顺序而已，并没有强制要求里面的服务一定要启动后，此 unit 才能启动。以 sshd.service 的内容为例，该文件提到 After 后面有 network.target 以及 sshd-keygen.service，但是若这两个 unit 没有启动而强制启动 sshd.service 的话，那么 sshd.service 应该还是能够启动的，这与 Requires 的设置是有差异的
Before	与 After 的意义相反，是在什么服务启动前最好启动这个服务的意思。不过这仅是规范服务启动的顺序，并非强制要求的意思
Requires	明确的定义此 unit 需要在哪个 daemon 启动后才能够启动，就是设置依赖服务。如果在此项设置的前导服务没有启动，那么此 unit 就不会被启动
Wants	与 Requires 刚好相反，规范的是这个 unit 之后最好还要启动什么服务比较好的意思。不过，并没有明确的规范，主要的目的是希望建立让用户比较好操作的环境。因此，这个 Wants 后面接的服务如果没有启动，其实不会影响到这个 unit 本身
Conflicts	代表冲突的服务。亦即这个项目后面接的服务如果有启动，那么我们这个 unit 本身就不能启动。我们 unit 有启动，则此项目后的服务就不能启动。反正就是冲突性的检查

接下来了解一下在 [Service] 当中有哪些项目可以使用。

[Service] 部分	
设置参数	参数意义说明
Type	说明这个 daemon 启动的方式，会影响到 ExecStart，一般来说，有下面几种类型： ● simple：默认值，这个 daemon 主要由 ExecStart 接的命令来启动，启动后常驻于内存。 ● forking：由 ExecStart 启动的程序通过 spawns 扩展出其他子程序来作为此 daemon 的主要服务，原生的父进程在启动结束后就会终止运行。传统的 unit 服务大多属于这种项目，例如 httpd 这个 WWW 服务，当 httpd 的进程因为运行过久因此即将关闭，则 systemd 会再重新生成一个子进程继续运行后，再将父进程删除。据说这样的性能比较好。 ● oneshot：与 simple 类似，不过这个进程在工作完毕后就关闭，不会常驻于内存。 ● dbus：与 simple 类似，但这个 daemon 必须要在获取一个 D-Bus 的名称后，才会继续运行，因此设置这个项目时，通常也要设置 BusName= 才行。 ● idle：与 simple 类似，意思是要执行这个 daemon 必须要所有的工作都顺利执行完毕后才会执行，这类的 daemon 通常是开机到最后才执行的服务。 比较重要的项目大概是 simple、forking 与 oneshot 了。毕竟很多服务需要子进程（forking），而有更多的操作只需要在启动的时候执行一次（oneshot），例如文件系统的检查与挂载等
EnvironmentFile	可以指定启动脚本的环境配置文件，例如 sshd.service 的配置文件写入到 /etc/sysconfig/sshd 当中。你也可以使用 Environment= 后面接多个不同的 Shell 变量来给予设置
ExecStart	就是实际执行此 daemon 的命令或脚本程序。你也可以使用 ExecStartPre（之前）以及 ExecStartPost（之后）两个设置项目来在实际启动服务前，进行额外的命令操作。但是要特别注意的是，命令串仅接受【命令 参数 参数...】的格式，不能接受 <、>、>>、|、& 等特殊字符，很多的 bash 语法也不支持。所以，要使用这些特殊的字符时，最好直接写入到命令脚本里面去。不过，上述的语法也不是完全不能用，若要支持比较完整的 bash 语法，那你得要使用 Type=oneshot 才行，其他的 Type 才不能支持这些字符
ExecStop	与 systemctl stop 的执行有关，关闭此服务时所运行的命令
ExecReload	与 systemctl reload 有关的命令操作
Restart	当设置 Restart=1 时，则当此 daemon 服务终止后，会再次启动此服务。举例来说，如果你在 tty2 使用命令行界面登录，操作完毕后注销，基本上这个时候 tty2 就已经结束服务了。但是你会看到屏幕又立刻产生一个新的 tty2 的登录画面等待你的登录，那就是 Restart 的功能。除非使用 systemctl 强制将此服务关闭，否则这个服务会源源不绝地一直重复产生
RemainAfterExit	当设置为 RemainAfterExit=1 时，则当这个 daemon 所属的所有进程都终止之后，此服务会再尝试启动，这对于 Type=oneshot 的服务很有帮助
TimeoutSec	若这个服务在启动或关闭时，因为某些缘故导致无法顺利【正常启动或正常结束】的情况下，则我们要等多久才进入【强制结束】的状态
KillMode	可以是 process、control-group、none 其中一种，如果是 process 则 daemon 终止时，只会终止主要的进程（ExecStart 接的后面那串命令）；如果是 control-group 时，则由此 daemon 所产生的其他 control-group 的进程，也都会被关闭；如果是 none，则没有进程会被关闭
RestartSec	与 Restart 有点相关性，如果这个服务被关闭，然后需要重新启动时，大概要 sleep 多少时间再重新启动的意思，默认是 100ms（毫秒）

最后，再来看看那么 Install 内还有哪些项目可用？

[Install] 部分	
设置参数	参数意义说明
WantedBy	这个设置后面接的大部分是 *.target unit，意思是这个 unit 本身是依附于哪一个 target unit。一般来说，大多服务性质的 unit 都是依附于 multi-user.target

续表

[Install] 部分	
设置参数	参数意义说明
Also	当目前这个 unit 本身被 enable 时，Also 后面接的 unit 也请 enable 的意思，也就是具有依赖性的服务可以写在这里
Alias	运行一个链接的别名的意思。当 systemctl enable 相关的服务时，则此服务会进行链接文件的建立。以 multi-user.target 为例，这个家伙是用来作为默认操作环境 default.target 的使用，因此当你设置用成 default.target 时，这个 /etc/systemd/system/default.target 就会链接到 /usr/lib/systemd/system/multi-user.target

大致的项目就是这些，接下来让我们根据上面这些数据来进行一些简易的操作吧！

17.3.3　两个 vsftpd 运行的实例

我们在上一章将 vsftpd 的端口改成了 555。不过，因为某些原因，所以你可能需要使用到两个端口，分别是正常的 21 以及特殊的 555。这两个 port 都启用的情况下，你可能就得要使用到两个配置文件以及两个启动脚本设置了。现在假设是这样：

- 默认的 21 端口：使用/etc/vsftpd/vsftpd.conf 配置文件，以及/usr/lib/systemd/system/ vsftpd. service 设置脚本。
- 特殊的 555 端口：使用/etc/vsftpd/vsftpd2.conf 配置文件，以及/etc/systemd/system/ vsftpd2. service 设置脚本。

我们可以这样做：

```
# 1. 先建立好所需要的配置文件。
[root@study ~]# cd /etc/vsftpd
[root@study vsftpd]# cp vsftpd.conf vsftpd2.conf
[root@study vsftpd]# vim vsftpd.conf
#listen_port=555
[root@study vsftpd]# diff vsftpd.conf vsftpd2.conf
128c128
< #listen_port=555
---
> listen_port=555
# 注意这两个配置文件的差别，只有这一行不同而已。
# 2. 开始处理启动脚本设置。
[root@study vsftpd]# cd /etc/systemd/system
[root@study system]# cp /usr/lib/systemd/system/vsftpd.service vsftpd2.service
[root@study system]# vim vsftpd2.service
[Unit]
Description=Vsftpd second ftp daemon
After=network.target
[Service]
Type=forking
ExecStart=/usr/sbin/vsftpd /etc/vsftpd/vsftpd2.conf
[Install]
WantedBy=multi-user.target
# 重点在改了 vsftpd2.conf 这个配置文件。
# 3. 重新加载 systemd 的脚本配置文件内容。
[root@study system]# systemctl daemon-reload
[root@study system]# systemctl list-unit-files --all | grep vsftpd
vsftpd.service                          enabled
vsftpd2.service                         disabled
vsftpd@.service                         disabled
vsftpd.target                           disabled
```

```
[root@study system]# systemctl status vsftpd2.service
vsftpd2.service - Vsftpd second ftp daemon
   Loaded: loaded (/etc/systemd/system/vsftpd2.service; disabled)
   Active: inactive (dead)
[root@study system]# systemctl restart vsftpd.service vsftpd2.service
[root@study system]# systemctl enable  vsftpd.service vsftpd2.service
[root@study system]# systemctl status  vsftpd.service vsftpd2.service
vsftpd.service - Vsftpd ftp daemon
   Loaded: loaded (/usr/lib/systemd/system/vsftpd.service; enabled)
   Active: active (running) since Wed 2015-08-12 22:00:17 CST; 35s ago
 Main PID: 12670 (vsftpd)
   CGroup: /system.slice/vsftpd.service
           └─12670 /usr/sbin/vsftpd /etc/vsftpd/vsftpd.conf
Aug 12 22:00:17 study.centos.vbird systemd[1]: Started Vsftpd ftp daemon.
vsftpd2.service - Vsftpd second ftp daemon
   Loaded: loaded (/etc/systemd/system/vsftpd2.service; enabled)
   Active: active (running) since Wed 2015-08-12 22:00:17 CST; 35s ago
 Main PID: 12672 (vsftpd)
   CGroup: /system.slice/vsftpd2.service
           └─12672 /usr/sbin/vsftpd /etc/vsftpd/vsftpd2.conf
[root@study system]# netstat -tlnp
Active Internet connections (only servers)
Proto Recv-Q Send-Q Local Address   Foreign Address   State   PID/Program name
tcp        0      0 0.0.0.0:22      0.0.0.0:*         LISTEN  1340/sshd
tcp        0      0 127.0.0.1:25    0.0.0.0:*         LISTEN  2387/master
tcp6       0      0 :::555          :::*              LISTEN  12672/vsftpd
tcp6       0      0 :::21           :::*              LISTEN  12670/vsftpd
tcp6       0      0 :::22           :::*              LISTEN  1340/sshd
tcp6       0      0 ::1:25          :::*              LISTEN  2387/master
```

很简单地将你的 systemd 所管理的 vsftpd 做了另一个相同的服务。未来如果有相同的需求，同样的方法做一遍即可。

17.3.4 多重的重复设置方式：以 getty 为例

我们的 CentOS 7 启动完成后，不是说有 6 个终端可以使用吗？就是 tty1~tty6，这个东西是由 agetty 命令完成。OK，那么这个终端的功能又是哪个项目所提供的呢？其实，这个东西涉及很多层面，主要管理的是 getty.target 这个 target unit，不过，实际产生 tty1~tty6 的则是由 getty@.service 所提供。咦，那个 @ 是啥东西？

先来查看一下 /usr/lib/systemd/system/getty@.service 的内容好了：

```
[root@study ~]# cat /usr/lib/systemd/system/getty@.service
[Unit]
Description=Getty on %I
Documentation=man:agetty(8) man:systemd-getty-generator(8)
Documentation=http://0pointer.de/blog/projects/serial-console.html
After=systemd-user-sessions.service plymouth-quit-wait.service
After=rc-local.service
Before=getty.target
ConditionPathExists=/dev/tty0
[Service]
ExecStart=-/sbin/agetty --noclear %I $TERM
Type=idle
Restart=always
RestartSec=0
UtmpIdentifier=%I
TTYPath=/dev/%I
TTYReset=yes
TTYVHangup=yes
```

```
TTYVTDisallocate=yes
KillMode=process
IgnoreSIGPIPE=no
SendSIGHUP=yes
[Install]
WantedBy=getty.target
```

比较重要的当然就是 ExecStart 项目。那么我们去 man agetty 时，发现到它的语法应该是【agetty --noclear tty1】之类的字样，因此，我们如果要启动 6 个 tty 的时候，基本上应该要有 6 个启动配置文件。亦即是可能会用到 getty1.service、getty2.service...getty6.service 才对。但这样管理很麻烦，所以，才会出现这个 @ 的项目。咦。这个@到底怎么回事？我们先来看看 getty@.service 的上游，也就是 getty.target 的内容好了。

```
[root@study ~]# systemctl show getty.target
# 那个 show 的命令可以将 getty.target 的默认设置值也显示出来。
Names=getty.target
Wants=getty@tty1.service
WantedBy=multi-user.target
Conflicts=shutdown.target
Before=multi-user.target
After=getty@tty1.service getty@tty2.service getty@tty3.service getty@tty4.service
  getty@tty6.service getty@tty5.service
……（后面省略）……
```

你会发现，咦，怎么会多出 6 个怪异的 service 呢？我们拿 getty@tty1.service 说明一下好了。当我们执行完 getty.target 之后，它会持续要求 getty@tty1.service 等 6 个服务继续启动。那我们的 systemd 就会这么做：

- 先看 /usr/lib/systemd/system/、/etc/systemd/system/ 有没有 getty@tty1.service 的设置，若有就执行，若没有则执行下一步。
- 找 getty@.service 的设置，若有则将@后面的数据带入成%I 的变量，进入 getty@.service 执行。

这也就是说，其实 getty@tty1.service 实际上是不存在的。它主要是通过 getty@.service 来执行，也就是说，getty@.service 的目的是为了要简化多个执行的启动设置，它的命名方式是这样的：

```
原始文件: 执行服务名称@.service
执行文件: 执行服务名称@范例名称.service
```

因此当有范例名称带入时，则会有一个新的服务名称产生。你再回头看看 getty@.service 的启动脚本：

```
ExecStart=-/sbin/agetty --noclear %I $TERM
```

上表中那个 %I 指的就是【范例名称】。根据 getty.target 的信息输出来看，getty@tty1.service 的 %I 就是 tty1，因此执行脚本就会变成【/sbin/agetty --noclear tty1】。所以我们才有办法以一个配置文件来启动多个 tty1 给用户登录。

◆ 将 tty 的数量由 6 个降低到 4 个

现在你应该要感到困扰的是，那么【6 个 tty 是谁规定的】？为什么不是 5 个或是 7 个？这是由 systemd 的登录配置文件 /etc/systemd/logind.conf 里面规范的。假如你想要让 tty 数量降低到剩下 4 个的话，那么可以这样实验看看：

```
# 1. 修改默认的 logind.conf 内容，将原本 6 个终端改成 4 个。
[root@study ~]# vim /etc/systemd/logind.conf
[Login]
NAutoVTs=4
ReserveVT=0
# 原本是 6 个而且还注释，请取消注释，然后改成 4。
# 2. 关闭不小心启动的 tty5、tty6 并重新启动 getty.target。
[root@study ~]# systemctl stop getty@tty5.service
```

```
[root@study ~]# systemctl stop getty@tty6.service
[root@study ~]# systemctl restart systemd-logind.service
```

现在你再到桌面环境下，按下 [Ctrl]+[Alt]+[F1]~[F6] 就会发现，只剩下 4 个可用的 tty，后面的 tty5、tty6 已经被废弃，不再被启动。好，那么我暂时需要启动 tty8 时，又该如何处理？需要重新建立一个脚本吗？不需要，可以这样做。

```
[root@study ~]# systemctl start getty@tty8.service
```

无须额外建立其他的启动服务配置文件。

◆ 暂时新增 vsftpd 到 2121 端口

不知道你有没有发现，其实在 /usr/lib/systemd/system 下面还有个特别的 vsftpd@.service。来看看它的内容：

```
[root@study ~]# cat /usr/lib/systemd/system/vsftpd@.service
[Unit]
Description=Vsftpd ftp daemon
After=network.target
PartOf=vsftpd.target
[Service]
Type=forking
ExecStart=/usr/sbin/vsftpd /etc/vsftpd/%i.conf
[Install]
WantedBy=vsftpd.target
```

根据前面 getty@.service 的说明，我们知道在启动的脚本设置当中，%i 或%I 就是代表@后面接的范例文件名的意思。那我能不能建立 vsftpd3.conf 文件，然后通过该文件来启动新的服务？下面试试看。

```
# 1. 根据 vsftpd@.service 的建议，于/etc/vsftpd/下面先建立新的配置文件。
[root@study ~]# cd /etc/vsftpd
[root@study vsftpd]# cp vsftpd.conf vsftpd3.conf
[root@study vsftpd]# vim vsftpd3.conf
listen port=2121
# 2. 暂时启动这个服务，不要永久启动它。
[root@study vsftpd]# systemctl start vsftpd@vsftpd3.service
[root@study vsftpd]# systemctl status vsftpd@vsftpd3.service
vsftpd@vsftpd3.service - Vsftpd ftp daemon
   Loaded: loaded (/usr/lib/systemd/system/vsftpd@.service; disabled)
   Active: active (running) since Thu 2015-08-13 01:34:05 CST; 5s ago
[root@study vsftpd]# netstat -tlnp
Active Internet connections (only servers)
Proto Recv-Q Send-Q Local Address  Foreign Address  State     PID/Program name
tcp6       0      0 :::2121         :::*             LISTEN    16404/vsftpd
tcp6       0      0 :::555          :::*             LISTEN    12672/vsftpd
tcp6       0      0 :::21           :::*             LISTEN    12670/vsftpd
```

因为我们启用了 vsftpd@vsftpd3.service，代表要使用的配置文件在 /etc/vsftpd/vsftpd3.conf 的意思，所以可以直接通过 vsftpd@.service 而无须重新设置启动脚本。这样是否比前几个小节的方法还要简便？通过这个方式，你就可以使用到新的配置文件，只是你得要注意到 @ 这个东西。

聪明的读者可能立刻发现一件事，为啥这次 FTP 增加了 2121 端口却不用修改 SELinux 呢？这是因为默认启动小于 1024 以下的端口时，需要使用到 root 的权限，因此小于 1024 以下端口的启动较可怕。而这次范例中，我们使用 2121 端口，它对于系统的影响可能小一些（其实一样可怕），所以就忽略了 SELinux 的限制。

17.3.5 自己的服务自己做

我们来自己作一个服务。假设我要制作一个可以备份自己系统的服务，这个脚本我放在 /backups 下面，内容有点像这样：

```
[root@study ~]# vim /backups/backup.sh
#!/bin/bash
source="/etc /home /root /var/lib /var/spool/{cron,at,mail}"
target="/backups/backup-system-$(date +%Y-%m-%d).tar.gz"
[ ! -d /backups ] && mkdir /backups
tar -zcvf ${target} ${source} &> /backups/backup.log
[root@study ~]# chmod a+x /backups/backup.sh
[root@study ~]# ll /backups/backup.sh
-rwxr-xr-x. 1 root root 220 Aug 13 01:57 /backups/backup.sh
# 记得要有可执行的权限才可以。
```

接下来，我们要如何设计一个名为 backup.service 的启动脚本设置？可以如下这样做。

```
[root@study ~]# vim /etc/systemd/system/backup.service
[Unit]
Description=backup my server
Requires=atd.service
[Service]
Type=simple
ExecStart=/bin/bash -c " echo /backups/backup.sh | at now"
[Install]
WantedBy=multi-user.target
# 因为 ExecStart 里面有用到 at 这个命令，因此，atd.service 就是一定要的服务。
[root@study ~]# systemctl daemon-reload
[root@study ~]# systemctl start backup.service
[root@study ~]# systemctl status backup.service
backup.service - backup my server
  Loaded: loaded (/etc/systemd/system/backup.service; disabled)
  Active: inactive (dead)
Aug 13 07:50:31 study.centos.vbird systemd[1]: Starting backup my server...
Aug 13 07:50:31 study.centos.vbird bash[20490]: job 8 at Thu Aug 13 07:50:00 2015
Aug 13 07:50:31 study.centos.vbird systemd[1]: Started backup my server.
# 为什么 Active 是 inactive？这是因为我们的服务仅是一个简单的脚本，
# 因此执行完毕就完毕了，不会继续常驻在内存中。
```

完成上述的操作之后，以后你都可以直接使用 systemctl start backup.service 进行系统的备份了。而且会直接放到 atd 服务的管理中，你就无须自己手动用 at 去执行这项任务，好像还不赖。

这样自己做一个服务好像也不难。自己动手玩玩看吧！

17.4 systemctl 针对 timer 的配置文件

有时候，你想要定期执行某些服务或是启动后执行，或是什么服务启动多久后执行等。在过去，我们都是使用 crond 这个服务来处理，不过，既然现在有一直常驻在内存当中的 systemd 这个好用的东西，加上 systemd 有个辅助服务，名为 timers.target 的家伙，这家伙可以协助定期处理各种任务。那么，除了 crond 之外，如何使用 systemd 内置的 timer 来处理各种任务？这就是本小节的重点。

◆ systemd.timer 的优势
  在 archLinux 的官网 wiki 上面有提到，为什么要使用 systemd.timer。
  ● 由于所有的 systemd 的服务产生的信息都会被记录（log），因此比 crond 在 debug 上面要更清楚方便。

- 各项 timer 的任务可以跟 systemd 的服务相结合。
- 各项 timer 的任务可以跟 control group（cgroup，用来替换/etc/secure/limit.conf 的功能）结合，来限制该任务的资源利用。

虽然还是有些弱点，例如 systemd 的 timer 并没有 email 通知的功能（除非自己写一个），也没有类似 anacron 的一段时间内的随机取样功能（random_delay），不过，总体来说还是挺不错的。此外，相对于 crond 最小的单位到分钟，systemd 是可以到秒甚至是毫秒，相当有趣。

◆ 任务需求

基本上，想要使用 systemd 的 timer 功能，你必须要有几个要件：

- 操作系统的 timer.target 一定要启动。
- 要有个 sname.service 的服务存在（sname 是你自己指定的名称）。
- 要有个 sname.timer 的时间启动服务存在。

满足上面的需求就可以。有没有什么案例可以来实践看看？这样说好了，我们上个小节不是才自己做了个 backup.service 的服务吗？那能不能将这个 backup.service 用在定期执行上面？好，那就来测试看看。

◆ sname.timer 的设置值

你可以到 /etc/systemd/system 下面去建立这个 *.timer 文件，那这个文件的内容有哪些东西呢？基本设置主要有下面这些（man systemd.timer & man systemd.time）。

[Timer] 部分	
设置参数	参数意义说明
OnActiveSec	当 timers.target 启动多久之后才执行这个 unit
OnBootSec	当启动完成后多久之后才执行
OnStartupSec	当 systemd 第一次启动之后过多久才执行
OnUnitActiveSec	这个 timer 配置文件所管理的那个 unit 服务在最后一次启动后，隔多久后再执行一次的意思
OnUnitInactiveSec	这个 timer 配置文件所管理的那个 unit 服务在最后一次停止后，隔多久后再执行一次的意思
OnCalendar	使用实际时间（非循环时间）的方式来启动服务的意思，至于时间的格式后续再来谈
Unit	一般来说不太需要设置，因此如同上面刚刚提到的，基本上我们设置都是 sname.server + sname.timer，那如果你的 sname 并不相同时，那在 .timer 的文件中，就得要指定是哪一个 service unit
Persistent	当使用 OnCalendar 的设置时，指定该功能要不要持续进行的意思，通常是设置为 yes，比较能够满足类似 anacron 的功能

基本的项目仅有这些而已，在设置上其实并不困难。

◆ 使用于 OnCalendar 的时间

如果你想要从 crontab 转成这个 timer 功能的话，那么要了解时间设置的格式，基本上的格式如下所示：

```
语法：英文周名  YYYY-MM-DD  HH:MM:SS
范例：Thu       2015-08-13  13:40:00
```

上面谈的是基本的语法，你也可以直接使用间隔时间来处理。常用的间隔时间单位有：

- us 或 usec：微秒（10^{-6} 秒）
- ms 或 msec：毫秒（10^{-3} 秒）
- s、sec、second、seconds
- m、min、minute、minutes
- h、hr、hour、hours
- d、day、days

- w、week、weeks
- month、months
- y、year、years

常见的使用范例有：

```
隔 3 小时：             3h 或 3hr 或 3hours
隔 300 分钟过 10 秒：   10s 300m
隔 5 天又 100 分钟：    100m 5day
# 通常英文的写法是，小单位写前面，大单位写后面，所以先秒、再分、再小时、再天数等。
```

此外，你也可以使用英文常用的口语化日期代表，例如 today, tomorrow 等。假设今天是 2015-08-13 13:50:00 的话，那么：

英 文 口 语	实际的时间格式代表
now	Thu 2015-08-13 13:50:00
today	Thu 2015-08-13 00:00:00
tomorrow	Thu 2015-08-14 00:00:00
hourly	*-*-* *:00:00
daily	*-*-* 00:00:00
weekly	Mon *-*-* 00:00:00
monthly	*-*-01 00:00:00
+3h10m	Thu 2015-08-13 17:00:00
2015-08-16	Sun 2015-08-16 00:00:00

◆ 一个循环时间运行的案例
现在假设这样：

- 启动后 2 小时开始执行一次这个 backup.service。
- 自从第一次执行后，未来我每两天要执行一次 backup.service。

好了，那么应该如何处理这个脚本？可以这样做。

```
[root@study ~]# vim /etc/systemd/system/backup.timer
[Unit]
Description=backup my server timer
[Timer]
OnBootSec=2hrs
OnUnitActiveSec=2days
[Install]
WantedBy=multi-user.target
# 只要这样设置就够了，保存退出吧！
[root@study ~]# systemctl daemon-reload
[root@study ~]# systemctl enable backup.timer
[root@study ~]# systemctl restart backup.timer
[root@study ~]# systemctl list-unit-files | grep backup
backup.service          disabled  # 这个不需要启动，只要 enable backup.timer 即可。
backup.timer            enabled
[root@study ~]# systemctl show timers.target
ConditionTimestamp=Thu 2015-08-13 14:31:11 CST      # timer 这个 unit 启动的时间。
[root@study ~]# systemctl show backup.service
ExecMainExitTimestamp=Thu 2015-08-13 14:50:19 CST   # backup.service 上次执行的时间。
[root@study ~]# systemctl show backup.timer
NextElapseUSecMonotonic=2d 19min 11.540653s         # 下一次距离距离 timers.target 的时间。
```

如上所示，我上次执行 backup.service 的时间是在 2015-08-13 14:50，由于设置 2 小时执行一次，因此下次应该是 2015-08-15 14:50 执行才对。由于 timer 是由 timers.target 这个 unit 所管理的，而这个 timers.target 的启动时间是在 2015-08-13 14:31，要注意，最终 backup.timer 所记录的下次运行时间，其实是与 timers.target 所记录的时间差，因此是【2015-08-15 14:50 − 2015-08-13 14:31】才对，所以时间差就是 2d 19min。

◆ 一个固定日期运行的案例

上面的案例是固定周期运行一次，那如果我希望不管上面如何运行，我都希望星期天凌晨 2 点运行这个备份程序一遍该怎么做？请注意，因为已经存在 backup.timer 了。所以，这里我用 backup2.timer 来做区别。

```
[root@study ~]# vim /etc/systemd/system/backup2.timer
[Unit]
Description=backup my server timer2
[Timer]
OnCalendar=Sun *-*-* 02:00:00
Persistent=true
Unit=backup.service
[Install]
WantedBy=multi-user.target
[root@study ~]# systemctl daemon-reload
[root@study ~]# systemctl enable backup2.timer
[root@study ~]# systemctl start backup2.timer
[root@study ~]# systemctl show backup2.timer
NextElapseUSecRealtime=45y 7month 1w 6d 10h 30min
```

与循环时间运行差异比较大的地方，在于这个 OnCalendar 的方法对照的时间并不是 times.target 的启动时间，而是 UNIX 标准时间，也就是与 1970-01-01 00:00:00 这个时间比较。因此，当你看到最后出现的 NextElapseUSecRealtime 时，哇！下一次执行还要 45 年 7 个月 1 周 6 天 10 小时过 30 分，刚看到的时候，鸟哥确实因此揉了揉眼睛，确定没有看错，这才知道原来比对的是【日历时间】而不是某个 unit 的启动时间。

通过这样的方式，你就可以使用 systemd 的 timer 来制作属于你的计划任务服务了。

17.5　CentOS 7.x 默认启动的服务概要

随着 Linux 上面的软件支持越来越多，加上自由软件的蓬勃发展，我们可以在 Linux 上面用的 daemons 真得越来越多了。所以，想要写完所有的 daemons 介绍几乎是不可能的，因此，鸟哥这里仅介绍几个很常见的 daemons，更多的信息，就得要麻烦你自己使用 systemctl list-unit-files --type=service 去查询。下面的建议主要是针对 Linux 服务器的角色来说明，不是桌面使用环境。

CentOS 7.x 默认启动的服务内容	
服务名称	功能简介
abrtd	（系统）abrtd 服务可以提供用户一些方式，让用户可以针对不同的应用软件去设计错误登录的机制，当软件产生问题时，用户就可以根据 abrtd 的日志文件来进行错误解决的操作。还有其他的 abrt-xxx.service 均是使用这个服务来加强应用程序的 debug 任务
accounts-daemon （可关闭）	（系统）使用 accountsservice 计划所提供的一系列 D-Bus 界面来进行用户账户信息的查询。基本上是与 useradd、usermod、userdel 等软件有关
alsa-X （可关闭）	（系统）开头为 alsa 的服务有不少，这些服务大部分都与音效有关。一般来说，服务器且不开图形界面的话，这些服务可以关闭
atd	（系统）单一的计划任务，详细说明请参考第 15 章。阻止机制的配置文件在 /etc/at.{allow,deny}

续表

CentOS 7.x 默认启动的服务内容	
服务名称	功能简介
Auditd	（系统）还记得前一章的 SELinux 所需服务吧？这就是其中一项，可以让系统需 SELinux 审核的信息写入 /var/log/audit/audit.log 中
avahi-daemon（可关闭）	（系统）也是一个客户端的服务，可以通过 Zeroconf 自动地分析与管理网络。Zeroconf 较常用在笔记本电脑与移动设备上，所以我们可以先关闭它
brandbot rhel-*	（系统）这些服务大多用于启动过程中所需要的各种检测环境的脚本，同时也提供网络界面的启动与关闭。基本上，不要关闭这些服务比较妥当
chronyd ntpd ntpdate	（系统）都是网络校正时间的服务。一般来说，你可能需要的仅有 chronyd 而已
cpupower	（系统）提供 CPU 的运行规范，可以参考 /etc/sysconfig/cpupower 得到更多的信息。这家伙与你的 CPU 使用情况有关
crond	（系统）系统配置文件为 /etc/crontab，详细数据可参考第 15 章的说明
cups（可关闭）	（系统/网络）用来管理打印机的服务，可以提供网络连接的功能，有点类似打印服务器的功能。你可以在 Linux 本机上面以浏览器的 http://localhost:631 来管理打印机。由于我们目前没有打印机，所以可以暂时关闭它
dbus	（系统）使用 D-Bus 的方式在不同的应用程序之间传送信息，使用的方向例如应用程序间的信息传递、每个用户登录时提供的信息数据等
dm-event multipathd	（系统）监控设备映射（device mapper）的主要服务，当然不能关闭。否则就无法让 Linux 使用我们的外围与存储设备了
dmraid-activation mdmonitor	（系统）用来启动 Software RAID 的重要服务。最好不要关闭，虽然你可能没有 RAID
dracut-shutdown	（系统）用来处理 initramfs 的相关操作，这与启动流程相关性较高
ebtables	（系统/网络）通过类似 iptables 这种防火墙规则的设置方式，设计网卡作为桥接时的封包分析策略。其实就是防火墙，不过与下面谈到的防火墙应用不太一样。如果没有使用虚拟化，或启用了 firewalld，这个服务可以不启动
emergency rescue	（系统）进入紧急模式或是恢复模式的服务
firewalld	（系统/网络）就是防火墙。以前有 iptables 与 ip6tables 等防火墙机制，新的 firewalld 搭配 firewall-cmd 命令，可以快速地创建好你的防火墙系统。因此，从 CentOS 7.1 以后，iptables 服务的启动脚本已经被忽略了。请使用 firewalld 来替换 iptables 服务
gdm	（系统）GNOME 的登录管理员，就是图形界面上一个很重要的登录管理服务
getty@	（系统）就是要在本机系统产生几个命令行界面（tty）登录的服务
hyper* ksm* libvirt* vmtoolsd	（系统）跟建立虚拟机有关的许多服务。如果你不玩虚拟机，那么这些服务可以先关闭。此外，如果你的 Linux 本来就在虚拟机的环境下，那这些服务对你就没有用，因为这些服务是让物理机器来建立虚拟机的
irqbalance	（系统）如果你的系统是多内核的硬件，那么这个服务要启动，因为它可以自动地分配系统中断（IRQ）之类的硬件资源
iscsi*	（系统）可以挂载来自网络驱动器的服务。这个服务可以在系统中模拟很贵的 SAN 网络驱动器。如果你确定系统上面没有挂载这种网络驱动器，也可以将它关闭的

续表

CentOS 7.x 默认启动的服务内容	
服务名称	**功能简介**
kdump（可关闭）	（系统）在安装 CentOS 的章节就谈过这东西，主要是 Linux 内核如果出错时，用来记录内存的东西。鸟哥觉得不需要启动它，除非你是内核黑客
lvm2-*	（系统）跟 LVM 相关性较高的许多服务，当然也不能关，不然系统上面的 LVM2 就没人管了
microcode	（系统）Intel 的 CPU 会提供一个外挂的微命令集提供系统运行，不过，如果你没有下载 Intel 相关的命令集文件，那么这个服务不需要启动的，也不会影响系统运行
ModemManager network NetworkManager*	（系统/网络）主要就是调制解调器、网络设置等服务。进入 CentOS 7 之后，操作系统似乎不太希望我们使用 network 服务，比较建议的是使用 NetworkManager 搭配 nmcli 命令来处理网络设置，所以，反而是 NetworkManager 要开，而 network 不用开
quotaon	（系统）启动磁盘配额要用到的服务
rc-local	（系统）兼容于 /etc/rc.d/rc.local 的调用方式。只是，你必须要让 /etc/rc.d/rc.local 具有 x 的权限后，这个服务才能真的运行。否则，你写入 /etc/rc.d/rc.local 的脚本还是不会运行的
rsyslog	（系统）这个服务可以记录系统所产生的各项信息，包括 /var/log/messages 内的几个重要的日志文件
smartd	（系统）这个服务可以自动检测硬盘状态，如果硬盘发生问题的话，还能够自动报告给系统管理员，是个非常有帮助的服务，不可关闭它
sysstat	（系统）事实上，我们的系统有个名为 sar 的命令会记载某些时间点下操作系统的资源使用情况，包括 CPU/流量/输入输出量等，当 sysstat 服务启动后，这些记录的数据才能够写入到记录文件（log）里面去
systemd-*	（系统）大概都是属于系统运行过程所需要的服务，没必要都不要修改它的默认状态
plymount* upower	（系统）与图形界面的使用相关性较高的一些服务。没启动图形界面时，这些服务可以暂时不管它

　　上面的服务是 CentOS 7.x 默认启动的，这些默认启动的服务很多是针对台式计算机所设计，所以，如果你的 Linux 主机用途是在服务器上面的话，那么有很多服务是可以关闭的。如果你还有某些不明白的服务想要关闭，请务必要搞清楚该服务的功能是什么。举例来说，那个 rsyslog 就不能关闭，如果你关闭它的话，系统就不会记录日志文件，那你的系统所产生的警告信息就无法记录，你将无法进行 debug。

　　下面鸟哥继续说明一些可能在你的系统当中的服务，只是默认并没有启动这个服务。只是说明一下，各服务的用途还是需要您自行查询相关的文章。

其他服务的简易说明	
服务名称	**功能简介**
dovecot	（网络）可以设置 POP3/IMAP 等收发邮件的服务，如果你的 Linux 主机是邮件服务器才需要这个服务，否则不需要启动它
httpd	（网络）这个服务可以让你的 Linux 服务器成为网站服务器
named	（网络）这是域名服务器（Domain Name System, DNS）的服务，这个服务非常重要，但是设置非常困难，目前应该不需要这个服务
nfs nfs-server	（网络）这就是 Network Filesystem，是 UNIX-like 之间互相作为网络驱动器的一个功能
smb nmb	（网络）这个服务可以让 Linux 模拟成为 Windows 上面的网络邻居。如果你的 Linux 主机想要作为 Windows 客户端的网络驱动器服务器，这玩意儿得要好好玩一玩

续表

其他服务的简易说明	
服务名称	功能简介
Vsftpd	（网络）作为文件传输服务器（FTP）的服务
sshd	（网络）这个是远程连接服务器的功能，这个通讯协议比 telnet 好的地方在于 sshd 在传送数据时可以进行加密，这个服务不要关闭它
rpcbind	（网络）完成 RPC 协议的重要服务，包括 NFS、NIS 等都需要这东西的协助
postfix	（网络）邮件发送主机，因为系统还是会产生很多 email 信息，例如 crond、atd 就会发送 email 给本机用户，所以这个服务千万不能关，即使你不是邮件服务器也是要启用这服务才行

17.6　重点回顾

- 早期的服务管理使用 System V 的机制，通过 /etc/init.d/*、service、chkconfig、setup 等命令来管理服务的启动/关闭/默认启动；
- 从 CentOS 7.x 开始采用 systemd 的机制，此机制最大功能为并行处理，并采用单一命令管理（systemctl），启动速度加快；
- systemd 将各服务定义为 unit，而 unit 又分类为 service、socket、target、path、timer 等不同的类别，方便管理与维护；
- 启动/关闭/重新启动的方式为：systemctl [start|stop|restart] unit.service；
- 设置默认启动/默认不启动的方式为：systemctl [enable|disable] unit.service；
- 查询系统所有启动的服务用 systemctl list-units --type=service 而查询所有的服务（含不启动）使用 systemctl list-unit-files --type=service；
- systemd 取消了以前的运行级别概念（虽然还是有兼容的 target），转而使用不同的 target 操作环境。常见操作环境为 multi-user.targer 与 graphical.target。不重新启动而转不同的操作环境使用 systemctl isolate unit.target，而设置默认环境则使用 systemctl set-default unit.target；
- systemctl 系统默认的配置文件主要放在 /usr/lib/systemd/system 目录，管理员若要修改或自行设计时，则建议放在 /etc/systemd/system/ 目录下；
- 管理员应使用 man systemd.unit、man systemd.service、man systemd.timer 查询 /etc/systemd/system/下面配置文件的语法，并使用 systemctl daemon-reload 加载后，才能自行编写服务与管理服务；
- 除了 atd 与 crond 之外，可以通过 systemd.timer 亦即 timers.target 的功能，来使用 systemd 的时间管理功能；
- 一些不需要的服务可以关闭。

17.7　本章习题

情境模拟题

通过设置、启动、查看等机制，完整地了解一个服务的启动与查看。

- 目标：了解 daemon 的管理机制，以 sshd daemon 为例。
- 前提：需要对本章已经了解，尤其是 systemd 的管理部分。
- 需求：已经有 sshd 这个服务，但没有修改过端口。

在本情境中，我们使用 sshd 这个服务来查看，主要是假设 sshd 要创建第二个服务，这个第二个服务的端口使用 222，那该如何处理？可以这样做做看。

1. 基本上 sshd 几乎是一定会安装的服务，只是我们还是来确认看看好了。

```
[root@study ~]# systemctl status sshd.service
sshd.service - OpenSSH server daemon
  Loaded: loaded (/usr/lib/systemd/system/sshd.service; enabled)
  Active: active (running) since Thu 2015-08-13 14:31:12 CST; 20h ago

[root@study ~]# cat /usr/lib/systemd/system/sshd.service
[Unit]
Description=OpenSSH server daemon
After=network.target sshd-keygen.service
Wants=sshd-keygen.service
[Service]
EnvironmentFile=/etc/sysconfig/sshd
ExecStart=/usr/sbin/sshd -D $OPTIONS
ExecReload=/bin/kill -HUP $MAINPID
KillMode=process
Restart=on-failure
RestartSec=42s

[Install]
WantedBy=multi-user.target
```

2. 通过查看 man sshd，我们可以查询到 sshd 的配置文件位于 /etc/ssh/sshd_config 这个文件内。再通过 man sshd_config 命令也能知道原来端口是使用 Port 来规范的。因此，我想要建立第二个配置文件，文件名假设为 /etc/ssh/sshd2_config。

```
[root@study ~]# cd /etc/ssh
[root@study ssh]# cp sshd_config sshd2_config
[root@study ssh]# vim sshd2_config
Port 222
# 随意找个地方加上这个设置值，你可以在文件的最下方加入这行也 OK。
```

3. 接下来开始修改启动脚本服务文件。

```
[root@study ~]# cd /etc/systemd/system
[root@study system]# cp /usr/lib/systemd/system/sshd.service sshd2.service
[root@study system]# vim sshd2.service
[Unit]
Description=OpenSSH server daemon 2
After=network.target sshd-keygen.service
Wants=sshd-keygen.service

[Service]
EnvironmentFile=/etc/sysconfig/sshd
ExecStart=/usr/sbin/sshd -f /etc/ssh/sshd2_config -D $OPTIONS
ExecReload=/bin/kill -HUP $MAINPID
KillMode=process
Restart=on-failure
RestartSec=42s

[Install]
WantedBy=multi-user.target

[root@study system]# systemctl daemon-reload
[root@study system]# systemctl enable sshd2
[root@study system]# systemctl start sshd2
[root@study system]# tail -n 20 /var/log/messages
# semanage port -a -t PORT_TYPE -p tcp 222
   where PORT_TYPE is one of the following: ssh_port_t, vnc_port_t, xserver_port_t.
# 认真地看，你会看到上面这两句，也就是 SELinux 的端口问题，请解决。
[root@study system]# semanage port -a -t ssh_port_t -p tcp 222
```

```
[root@study system]# systemctl start sshd2
[root@study system]# netstat -tlnp | grep ssh
tcp        0      0 0.0.0.0:22       0.0.0.0:*       LISTEN       1300/sshd
tcp        0      0 0.0.0.0:222      0.0.0.0:*       LISTEN       15275/sshd
tcp6       0      0 :::22            :::*            LISTEN       1300/sshd
tcp6       0      0 :::222           :::*            LISTEN       15275/sshd
```

简答题部分

◆　使用 netstat –tul 与 netstat –tunl 有什么差异？为何会这样？

◆　你能否找出来，启动 3306 这个端口的服务是什么？

◆　你可以通过哪些命令查询到目前系统默认开机会启动的服务？

◆　承上，那么哪些服务【目前】是在启动的状态？

17.8　参考资料与扩展阅读

◆　freedesktop.org 的重要介绍。
https://www.freedesktop.org/wiki/Software/systemd/

◆　Red Hat 官网的介绍。
https://access.redhat.com/documentation/en–US/Red_Hat_Enterprise_Linux/7
/html/System_Administrators_Guide/chap–Managing_Services_with_systemd.html

◆　man systemd.unit、man systemd.service、man systemd.kill、man systemd.timer、man systemd.time

◆　关于 timer 的相关介绍。

   ●　archLinux.org
https://wiki.archlinux.org/index.php/Systemd/Timers

   ●　Janson's Blog
https://jason.the–graham.com/2013/03/06/how–to–use–systemd–timers/

   ●　freedesktop.org
http://www.freedesktop.org/software/systemd/man/systemd.timer.html

18

第 18 章　认识与分析日志文件

　　当你的 Linux 系统出现不明原因的问题时，很多人都告诉你，你要查看一下日志文件才能够知道系统出了什么问题，所以，了解日志文件是很重要的事情。日志文件可以记录系统在什么时间、哪个主机、哪个服务、出现了什么信息等内容，这些信息也包括用户识别数据、系统故障排除须知等信息。如果你能够善用这些日志信息的话，你的系统出现错误时，你将可以在第一时间发现，而且也能够从中找到解决方案，而不是昏头转向地乱问人。此外，日志文件所记录的信息量非常大，要人眼分析实在很困难。此时利用 shell 脚本或是其他软件提供的分析工具来处理复杂的日志文件，可以帮助你很多。

18.1　什么是日志文件

【仔细而确实地分析以及备份系统的日志文件】是一个系统管理员应该要进行的任务之一。那什么是日志文件？简单说，就是记录系统活动信息的几个文件，例如：何时、何地（来源 IP）、何人（什么服务名称）、做了什么操作（信息登录）。换句话说就是记录系统在什么时候由哪个进程做了什么样的操作时，发生了何种的事件。

18.1.1　CentOS 7 日志文件简易说明

要知道的是，我们的 Linux 主机在后台有相当多的 daemons 同时在工作，这些工作中的进程总是会显示一些信息，这些显示的信息最终会被记录到日志文件当中。也就是说，记录这些系统的重要信息就是日志文件的工作。

◆　日志文件的重要性

为什么说日志文件很重要，重要到系统管理员需要随时要注意它？我们可以这么说：

●　解决系统方面的错误

用 Linux 这么久了，你应该偶而会发现系统可能会出现一些错误，包括硬件无法识别或是某些系统服务无法顺利启动等情况。此时你该如何是好？由于系统会将硬件检测过程记录在日志文件内，你只要通过查询日志文件就能够了解系统做了啥事。并且由第 16 章我们也知道 SELinux 与日志文件的关系更加紧密。所以，查询日志文件可以解决一些系统问题。

●　解决网络服务的问题

你可能在做完了某些网络服务的设置后，却一直无法顺利启动该服务，此时该怎么办？由于网络服务的各种问题通常都会被写入特别的日志文件，其实你只要查询日志文件就会知道出了什么差错。举例来说，如果你无法启动邮件服务器（postfix），那么查询一下 /var/log/maillog 通常可以得到不错的解答。

●　过往事件记事本

这个东西相当重要。例如：你发现 WWW 服务（httpd 软件）在某个时刻流量特别大，你想要了解为什么时，可以通过日志文件去找出该时段有哪些 IP 连接与查询的网页数据是什么，就能够知道原因。此外，万一哪天你的系统被入侵，并且被利用来攻击他人的主机，由于被攻击主机会记录攻击者，因此你的 IP 就会被对方记录。这个时候你要如何告知对方你的主机是由于被入侵所导致的问题，并且协助对方继续往恶意来源追查？呵呵，此时日志文件可是相当重要。

> 所以我们常说【天助自助者】是真的。你可以通过（1）查看屏幕上面的错误信息与（2）日志文件的错误信息，几乎可以解决大部分的 Linux 问题。

◆　Linux 常见的日志文件文件名

日志文件可以帮助我们了解很多系统重要的事件，包括登录者的部分信息，因此**日志文件的权限通常是设置为仅有 root 能够读取而已**。而由于日志文件可以记录系统这么多的详细信息，所以，一个有经验的主机管理员会随时随地查看一下自己的日志文件，以随时掌握系统的最新动态。那么常见的几个日志文件有哪些？一般而言，有下面几个：

●　/var/log/boot.log

开机启动的时候系统内核会去检测与启动硬件，接下来开始启动各种内核支持的功能等。这些流程都会记录在 /var/log/boot.log 里面。不过这个文件只会存储本次开机启动的信息，之前的启动信息并不会被保留下来。

● /var/log/cron

还记得第 15 章计划任务吧？你的 crontab 任务有没有实际被执行？执行过程有没有发生错误？你的 /etc/crontab 是否编写正确？在这个日志文件内查询看看。

● /var/log/dmesg

记录系统在开机的时候内核检测过程所产生的各项信息。由于 CentOS 默认将开机启动时内核的硬件检测过程取消显示，因此额外将数据记录一份在这个文件中。

● /var/log/lastlog

可以记录系统上面所有的账号最近一次登录系统时的相关信息。第 13 章讲到的 lastlog 命令就是利用这个文件的记录信息来显示的。

● /var/log/maillog 或 /var/log/mail/*

记录邮件的往来信息，其实主要是记录 postfix（SMTP 协议提供者）与 dovecot（POP3 协议提供者）所产生的信息。SMTP 是发送邮件所使用的通讯协议，POP3 则是接收邮件使用的通讯协议。postfix 与 dovecot 则分别是两个完成通讯协议的软件。

● /var/log/messages

这个文件相当重要，几乎系统发生的错误信息（或是重要的信息）都会记录在这个文件中，如果系统发生莫名的错误时，这个文件是一定要查看的日志文件之一。

● /var/log/secure

基本上，只要牵涉到【需要输入账号密码】的软件，那么当登录时（不管登录正确或错误）都会被记录在此文件中。包括系统的 login 程序、图形用户界面模式登录所使用的 gdm、su、sudo 等程序，还有网络连接的 ssh、telnet 等程序，登录信息都会被记录在这里。

● /var/log/wtmp、/var/log/faillog

这两个文件可以记录正确登录系统者的账户信息（wtmp）与错误登录时所使用的账户信息（faillog），我们在第 10 章谈到 last 就是来读取 wtmp 显示的，这对于检查一般账号者的使用操作很有帮助。

● /var/log/httpd/*、/var/log/samba/*

不同的网络服务会使用它们自己的日志文件来记录它们自己产生的各项信息，上述的目录则是个别服务所产生的日志文件。

常见的日志文件就是这几个，但是不同的 Linux 发行版，通常日志文件的文件名不会相同（除了 /var/log/messages 之外）。所以说，你还是得要查看你 Linux 主机上面的日志文件设置，才能知道你的日志文件主要名称。

◆ 日志文件所需相关服务（daemon）与程序

那么这些日志文件是怎么产生的？基本上有两种方式，一种是由软件开发商自行定义写入的日志文件与相关格式，例如 WWW 软件 apache 就是这样处理的。另一种则是由 Linux 发行版提供的日志文件管理服务来统一管理。你只要将信息丢给这个服务后，它就会自己分门别类地将各种信息放置到相关的日志文件中，CentOS 提供 rsyslog.service 这个服务来统一管理日志文件。

不过要注意的是，如果你任凭日志文件持续记录的话，由于系统产生的信息天天都有，那么日志文件的容量将会变大到无法无天，如果日志文件容量太大时，可能会导致大文件读写效率不佳的问题（因为要从磁盘读入内存，越大的文件消耗内存量越多）。所以，你需要对日志文件备份与更新。需要手动处理吗？当然不需要，我们可以通过 logrotate（日志文件轮循）工具来自动化处理日志文件容量与更新的问题。

所谓的 logrotate 基本上就是将旧的日志文件更改名称，然后建立一个空的日志文件，如此一来，新的日志文件将重新开始记录，然后只要将旧的日志文件留下一阵子，就可以达到将日志文件【轮替】的目的。此外，如果旧的记录（大概要保存几个月）保存了一段时间没有问题，那么就可以让系统自动地将它删除，免得占用很多宝贵的硬盘空间。

总结一下，针对日志文件所需的功能，我们需要的服务与程序有：

- systemd-journald.service：最主要的信息记录者，由 systemd 提供。
- rsyslog.service：主要收集登录系统与网络等服务的信息。
- logrotate：主要在进行日志文件的轮循功能。

由于我们着眼点在于想要了解系统上面软件所产生的各项信息，因此本章主要针对 rsyslog.service 与 logrotate 来介绍。接着下来我们来谈一谈怎么样规划这两项，就由 rsyslog.service 这个程序先谈起，毕竟得先有日志文件，才可以进行 logrotate，您说是吧！

◆ CentOS 7.x 使用 systemd 提供的 journalctl 日志管理

CentOS 7 除了既有的 rsyslog.service 之外，其实最上层还使用了 systemd 自己的日志文件管理功能，它使用的是 systemd-journald.service 这个服务。基本上，系统由 systemd 所管理，那所有经由 systemd 启动的服务，如果再启动或结束的过程中发生一些问题或是正常的信息，就会将该信息由 systemd-journald.service 以二进制的方式记录下来，之后再将这个信息发送给 rsyslog.service 作进一步的记录。

systemd-journald.service 的记录主要都放置于内存中，因此在读取方面性能比较好，我们也能够通过 journalctl 以及 systemctl status unit.service 来查看各个不同服务的日志文件。这有个好处，就是日志文件可以随着个别服务让你查看，在单一服务的处理上面，要比跑到 /var/log/messages 去大海捞针来得方便。不过，因为 system-journald.service 里面的很多概念还是沿用 rsyslog.service 相关的信息，所以，本章还是先从 rsyslog.service 先谈起，谈完之后再以 journalctl 进一步了解 systemd 是如何实现记录日志文件功能的。

18.1.2　日志文件内容的一般格式

一般来说，系统产生的信息并记录下来的内容中，每条信息均会记录下面的几个重要内容：

- 事件发生的日期与时间；
- 发生此事件的主机名；
- 启动此事件的服务名称（如 systemd、crond 等）或命令与函数名称（如 su、login..）；
- 该信息的实际内容。

当然，这些信息的【详细度】是可以修改的，而且，这些信息可以作为系统除错之用。我们拿登录时一定会记录账户信息的 /var/log/secure 为例：

```
[root@study ~]# cat /var/log/secure
Aug 17 18:38:06 study login: pam_unix(login:session): session opened for user root by LOGIN(uid=0)
Aug 17 18:38:06 study login: ROOT LOGIN ON tty1
Aug 17 18:38:19 study login: pam_unix(login:session): session closed for user root
Aug 18 23:45:17 study sshd[18913]: Accepted password for dmtsai from 192.168.1.200 port 41524 ssh2
Aug 18 23:45:17 study sshd[18913]: pam_unix(sshd:session): session opened for user dmtsai by (uid=0)
Aug 18 23:50:25 study sudo: dmtsai : TTY=pts/0 ; PWD=/home/dmtsai ; USER=root ; COMMAND=/bin/su -
Aug 18 23:50:25 study su: pam_unix(su-l:session): session opened for user root by dmtsai(uid=0)
|--日期/时间---|--H--|-服务与相关函数-|-----------信息说明------>
```

我们拿第一条数据（共两行）来说明，该数据是说：【在 08/17 的 18:38 左右，在名为 study 的这台主机系统上，由 login 这个程序产生的信息，内容显示 root 在 tty1 登录了，而相关的权限设置是通过 pam_unix 模块处理（共两行数据）】，够清楚吧！那请您自行翻译一下后面的几条信息内容是什么。

其实还有很多的信息值得查看，尤其是/var/log/messages 的内容。记得一个好的系统管理员，要常常去【巡视】日志文件的内容。尤其是发生下面几种情况时：

- 当你觉得系统似乎不太正常时；
- 某个 daemon 老是无法正常启动时；
- 某个用户老是无法登录时；
- 某个 daemon 执行过程老是不顺畅时；

还有很多，反正觉得系统不太正常，就得要查询查询日志文件了。

> 提供一个鸟哥常做的检查方式。当我老是无法成功地启动某个服务时，我会在最后一次启动该服务后，立即检查日志文件，（1）先找到现在时间所登录的信息【第一字段】；（2）找到我想要查询的那个服务【第三字段】；（3）最后再仔细查看【第四字段】的信息，来借以找到错误点。

另外，不知道你会不会觉得很奇怪？为什么日志文件就是登录本机的数据，那怎么日志文件格式中，第二个字段项目是【主机名】？这是因为日志文件可以做成日志文件服务器，可以收集来自其他服务器的日志文件数据。所以，为了了解到该信息主要是来自于哪一台主机，当然得要有第二个字段项目说明该信息来自哪一台主机名。

18.2 rsyslog.service：记录日志文件的服务

上一小节提到说 Linux 的日志文件主要是由 rsyslog.service 负责，那么你的 Linux 是否启动 rsyslog 呢？而且是否设置了开机时启动？呵呵。先检查一下：

```
[root@study ~]# ps aux | grep rsyslog
USER PID %CPU %MEM   VSZ   RSS TTY  STAT START  TIME COMMAND
root 750 0.0  0.1 208012  4732 ?    Ssl Aug17 0:00 /usr/sbin/rsyslogd -n
# 看，确实有启动的，daemon 执行文件名为 rsyslogd。
[root@study ~]# systemctl status rsyslog.service
rsyslog.service - System Logging Service
  Loaded: loaded (/usr/lib/systemd/system/rsyslog.service; enabled)
  Active: active (running) since Mon 2015-08-17 18:37:58 CST; 2 days ago
Main PID: 750 (rsyslogd)
  CGroup: /system.slice/rsyslog.service
        └─750 /usr/sbin/rsyslogd -n
# 也有启动这个服务，也有默认开机时也要启动这个服务，OK，正常没问题。
```

看到 rsyslog.service 这个服务名称了吧？所以知道它已经在系统中工作。好了，既然本章主要是讲日志文件的服务，那么 rsyslog.service 的配置文件在哪里？如何设置？如果你的 Linux 主机想要当作整个网络的日志文件服务器时，又该如何设置？下面就让我们来试试。

18.2.1 rsyslog.service 的配置文件：/etc/rsyslog.conf

什么？日志文件还有配置文件？不是，是 rsyslogd 这个 daemon 的配置文件。我们现在知道 rsyslogd 可以负责主机产生的各种信息的记录，而这些信息本身是有【严重等级】之分的，而且，这些配置最终要记录哪个文件是可以修改的，所以我们才会在一开头的地方说，每个 Linux 发行版放置的日志文件名可能会有所差异。

基本上，rsyslogd 针对各种服务与信息记录在某些文件的配置文件就是 /etc/rsyslog.conf，这个文件规定了【（1）什么服务（2）的什么等级信息（3）需要被记录在哪里（设备或文件）】这三个东西，所以设置的语法会是这样：

```
服务名称[.=!]信息等级        信息记录的文件名或设备或主机
# 下面以 mail 这个服务产生的 info 等级为例。
mail.info                       /var/log/maillog_info
# 这一行说明：mail 服务产生的大于等于 info 等级的信息，都记录到/var/log/maillog_info 文件中的意思。
```

我们将上面的数据简单的分为三部分来说明：

◆ 服务名称

rsyslogd 主要还是通过 Linux 内核提供的 syslog 相关规范来设置数据的分类，Linux 的 syslog 本身有规范一些服务信息，你可以通过这些服务来存储系统的信息。Linux 内核的 syslog 支持的服务类型主要有下面这些（可使用 man 3 syslog 查询到相关的信息或查询 syslog.h 这个文件来了解）。

相对序号	服务类别	说　　明
0	kern（kernel）	就是内核（kernel）产生的信息，大部分都是硬件检测以及内核功能的启用
1	user	在用户层级所产生的信息，例如后续会介绍到的，用户使用 logger 命令来记录日志文件的功能
2	mail	只要与邮件收发有关的信息记录都属于这个
3	daemon	主要是系统的服务所产生的信息，例如 systemd 的信息就与这个有关
4	auth	主要与认证/授权有关的机制，例如 login、ssh、su 等需要账号/密码的东西
5	syslog	就是由 syslog 相关协议产生的信息，其实就是 rsyslogd 这个程序本身产生的信息
6	lpr	亦即是打印相关的信息
7	news	与新闻组服务器有关的东西
8	uucp	全名为 UNIX to UNIX Copy Protocol，早期用于 UNIX 系统间的程序数据交换
9	cron	就是计划任务 cron、at 等产生信息记录的地方
10	authpriv	与 auth 类似，但记录较多账号的私人信息，包括 pam 模块的运行等
11	ftp	与 FTP 通讯协议有关的信息输出
16～23	local0 ~ local7	保留给本机用户使用的一些日志文件信息，较常与终端互动

上面谈到的都是 Linux 内核的 syslog 函数自行制订的服务名称，软件开发商可以通过调用上述的服务名称来记录它们的软件。举例来说，sendmail 与 postfix 及 dovecot 都是与邮件有关的软件，这些软件在设计日志文件记录时，都会主动调用 syslog 内的 mail 服务名称（LOG_MAIL）。所以上述三个软件（sendmail、postfix、dovecot）产生的信息在 syslog 看起来，就会【是 mail】类型的服务了。我们可以将这个概念绘制成如图 18.2.1 来理解：

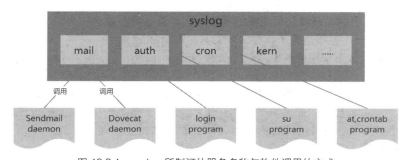

图 18.2.1　syslog 所制订的服务名称与软件调用的方式

另外，每种服务所产生的数据量其实差异是很大的，举例来说，mail 的日志文件信息多得要命，每一封邮件进入后，mail 至少需要记录【发信人的信息与收信者的信息】等。而如果是用来做为工作站主机的，那么登录者（利用 login 登录主机处理事情）的数量一定不少，那个 authpriv 所管辖的内容可就多得要命了。

为了让不同的信息放置到不同的文件当中，好让我们分门别类的进行日志文件的管理，所以，将各种类别服务的日志文件记录在不同的文件里面，就是我们 /etc/rsyslog.conf 所要做的规范了。

◆ 信息等级

同一个服务所产生的信息也是有差别的，有启动时仅通知系统而已的一般信息（information），有出现还不至于影响到正常运行的警告信息（warn），还有系统硬件发生严重错误时，所产生的重大问题信息（error）。信息到底有多少种严重的等级？基本上，Linux 内核的 syslog 将信息分为 8 个主要的等级，根据 syslog.h 的定义，信息名称与数值的对应如下：

等级数值	等级名称	说　　明
7	debug	用来 debug（除错）时产生的数据
6	info	仅是一些基本的信息说明而已
5	notice	虽然是正常信息，但比 info 还需要被注意到的一些信息内容
4	warning（warn）	警示的信息，可能有问题，但是还不至于影响到某个 daemon 运行的信息。基本上，info、notice、warn 这三个信息等级都是在告知一些基本信息而已，应该还不至于造成一些系统运行困扰
3	err（error）	一些重大的错误信息，例如配置文件的某些设置值造成该服务无法启动的信息说明，通常借由 err 的错误告知，应该可以了解到该服务无法启动的问题
2	crit	比 error 还要严重的错误信息，这个 crit 是临界点（critical）的缩写，这个错误已经很严重了
1	alert	警告，已经很有问题的等级，比 crit 还要严重
0	emerg（panic）	疼痛等级，意指系统已经几乎要宕机的状态，很严重的错误等级。通常大概只有硬件出问题，导致整个内核无法顺利运行，就会出现这样的等级的信息

基本上，在 0（emerg）到 6（info）的等级之间，等级数值越高代表越没事，等级靠近 0 则代表系统出现致命问题。除了 0 到 6 之外还有两个比较特殊的等级，那就是 debug（错误检测等级）与 none（不需登录等级）两个，当我们想要做一些错误检测，或是忽略掉某些服务的信息时，就用这两个东西。

特别留意一下在信息等级之前还有 [.=!] 的连接符号，它代表的意思是这样的：

● .：代表【比后面还要严重的等级（含该等级）都被记录下来】的意思，例如：mail.info 代表只要是 mail 的信息，而且该信息等级严重于 info（含 info 本身）时，就会被记录下来的意思。

● .=：代表所需要的等级就是后面接的等级而已，其他的不要。

● .!：代表不等于，亦即是除了该等级外的其他等级都记录。

一般来说，我们比较常使用的是【.】这个连接符号。

◆ 信息记录的文件名或设备或主机

再来则是这个信息要放置在哪里的设置。通常我们使用的都是记录的文件，但是也可以输出到设备。例如打印机之类的，也可以记录到不同的主机上面去。下面就是一些常见的放置处：

● 文件的绝对路径：通常就是放在 /var/log 里面的文件。

● 打印机或其他：例如 /dev/lp0 这个打印机设备。

● 用户名：显示给用户。

● 远程主机：例如 @study.vbird.tsai 当然，要对方主机也能支持才行。

● *：代表【目前在在线的所有人】，类似 wall 这个命令的意义。

◆ 服务、daemon 与函数名称

看完上面的说明，相信你一定会越来越迷糊。怎么会有 syslog、rsyslogd、rsyslog.service？ 名称都不相同。那是啥东西？基本上，这几个东西你应该要这样看：

syslog	这个是 Linux 内核所提供的日志文件设计指引，所有的要求大概都写入到一个名为 syslog.h 的头文件中。如果你想要开发与日志文件有关的软件，那你就得要依据这个 syslog 函数的要求去设计才行。可以使用 man 3 syslog 去查询一下相关信息
rsyslogd	为了要完成实际上进行信息的分类所开发的一个软件，所以，这就是最基本的 daemon 程序
rsyslog.service	为了加入 systemd 的控制，因此 rsyslogd 的开发者设计的启动服务脚本设置

这样简单的分类，应该比较容易了解名称上面的意义了吧？CentOS 5.x 以前，要完成 syslog 的功能是由一个名为 syslogd 的 daemon 来完成的，从 CentOS 6 以来（包含 CentOS 7），则是通过 rsyslogd 这个 daemon。

◆　rsyslog.conf 语法练习

基本上，整个 rsyslog.conf 配置文件的内容参数大概就只是这样而已，下面我们来思考一些例题，好让你可以更清楚地知道如何设置 rsyslogd。

例题

如果我要将我的 mail 相关的数据写入/var/log/maillog 当中，那么在/etc/rsyslog.conf 的语法如何设计？

答：基本的写法是这样的：

```
mail.info /var/log/maillog
```

注意到上面，当我们的等级使用 info 时，那么【任何严重于 info 等级（含 info 这个等级）之上的信息，都会被写入到后面接的文件之中。】这样可以了解吗？也就是说，我们可以将所有 mail 的登录信息都记录在/var/log/maillog 里面的意思。

例题

我要将新闻组数据（news）及计划任务（cron）的信息都写入到一个称为 /var/log/cronnews 的文件中，但是这两个程序的警告信息则额外地记录在 /var/log/cronnews.warn 中，那我该如何设置 rsyslog.conf ？

答：很简单,既然是两个程序，那么只好以分号来隔开了,此外，由于在第二个文件中我只要记录警告信息，因此设置上需要指定【.=】这个符号，所以语法成为了：

```
news.*;cron.* /var/log/cronnews
news.=warn;cron.=warn /var/log/cronnews.warn
```

上面那个【.=】就是指定等级的意思。由于指定了等级，因此，只有这个等级的信息才会被记录在这个文件里面。此外你也必须要注意，news 与 cron 的警告信息也会写入/var/log/cronnews 内。

例题

我的 messages 这个文件需要记录所有的信息,但是就是不想要记录 cron、mail 及 news 的信息,那么应该怎么写才好？

答：可以有两种写法，分别是：

```
*.*;news,cron,mail.none /var/log/messages
*.*;news.none;cron.none;mail.none /var/log/messages
```

使用【,】分隔时，那么等级只要接在最后一个即可，如果是以【;】来分的话，那么就需要将服务与等级都写上去，这样会设置了吧！

◆　CentOS 7.x 默认的 rsyslog.conf 内容

了解语法之后，我们来看一看 rsyslogd 有哪些系统服务已经记录了？就是看一看 /etc/rsyslog.conf 这个文件的默认内容了。（注意，如果需要将该行做为注释时，那么就加上#符号就可以。）

```
# 来自 CentOS 7.x 的相关内容。
[root@study ~]# vim /etc/rsyslog.conf
 1 #kern.*                                         /dev/console
 2 *.info;mail.none;authpriv.none;cron.none        /var/log/messages
 3 authpriv.*                                      /var/log/secure
 4 mail.*                                         -/var/log/maillog
 5 cron.*                                          /var/log/cron
 6 *.emerg                                         :omusrmsg:*
 7 uucp,news.crit                                  /var/log/spooler
 8 local7.*                                        /var/log/boot.log
```

上面总共仅有 8 行设置值，每一行的意义是这样的：

1. #kern.*：只要是内核产生的信息，全部都送到 console（终端）去。console 通常是由外部设备连接到系统而来，举例来说，很多封闭型主机（没有键盘、屏幕的系统）可以通过连接 RS232 接口将信息传输到外部的系统中，例如以笔记本电脑连接到封闭主机的 RS232 插口。这个项目通常应该是用在系统出现严重问题而无法使用默认的屏幕观察系统时，可以通过这个项目来连接获取内核的信息。[注1]

2. *.info;mail.none;authpriv.none;cron.none：由于 mail、authpriv、cron 等类别产生的信息较多，且已经写入到下面的数个文件中，因此在 /var/log/messages 里面就不记录这些项目，除此之外的其他信息都写入 /var/log/messages 中。这也是为啥我们说这个 messages 文件很重要的缘故。

3. authpriv.*：认证方面的信息均写入 /var/log/secure 文件。

4. mail.*：邮件方面的信息则均写入 /var/log/maillog 文件。

5. cron.*：计划任务均写入 /var/log/cron 文件。

6. *.emerg：当产生最严重的错误等级时，将该等级的信息以 wall 的方式广播给所有系统登录的账号，要这么做的原因是希望在线的用户能够赶紧通知系统管理员来处理这么可怕的错误问题。

7. uucp,news.crit：uucp 是早期 UNIX-like 系统进行数据传递的通讯协议，后来常用在新闻组，news 则是新闻组。当新闻组方面的信息有严重错误时就写入 /var/log/spooler 文件中。

8. local7.*：将本机启动时应该显示到屏幕的信息写入到 /var/log/boot.log 文件中。

在上面的第四行关于 mail 的记录中，在记录的文件 /var/log/maillog 前面还有个减号【-】是干什么用的？由于邮件所产生的信息比较多，因此我们希望邮件产生的信息先存储在速度较快的内存缓冲区中（buffer），等到数据量够大了才一次性地将所有数据都写入磁盘，这样将有助于日志文件的读取性能。只不过由于信息是暂存在内存中的，因此若不正常关机导致登录信息未回写到日志文件中，可能会造成部分数据的丢失。

此外，每个 Linux 发行版的 rsyslog.conf 设置差异是颇大的，如果你想要找到相对应的登录信息时，要查看一下 /etc/rsyslog.conf 这个文件才行，否则可能会分析到错误的信息。举例来说，鸟哥有自己写一个分析日志文件的脚本，这个脚本根据 Red Hat 系统默认的日志文件所写，因此不同的发行版想要使用这个程序时，就得要自行设计与修改一下 /etc/rsyslog.conf 才行，否则就可能会分析到错误的信息。那么如果你有自己的需要而得要自定义日志文件时，该如何进行？

◆　自行增加日志文件文件功能

如果你有其他的需求，所以需要特殊的文件来帮你记录时，呵呵，别客气，千万给它记录在 /etc/rsyslog.conf 当中，如此一来，你就可以重复将许多的信息记录在不同的文件当中，以方便你的管理。让我们来做个练习题吧！如果你想要让【所有的信息】都额外写入到 /var/log/admin.log 这个文件时，你该怎么做呢？先自己想一想，并且做一下，再来看看下面的做法。

```
# 1. 先设置好所要添加的参数。
[root@study ~]# vim /etc/rsyslog.conf
# Add by VBird 2015/08/19         <==再次强调，自己修改的时候加入一些说明。
```

```
*.info          /var/log/admin.log   <==有用的是这行。
# 2. 重新启动 rsyslogd。
[root@study ~]# systemctl restart rsyslog.service
[root@study ~]# ll /var/log/admin.log
-rw-r--r--. 1 root root 325 Aug 20 00:54 /var/log/admin.log
# 看吧！建立了这个日志文件。
```

很简单吧！如此一来，所有的信息都会写入 /var/log/admin.log 里面了。

18.2.2　日志文件的安全性设置

好了，由上一个小节里面我们知道了 rsyslog.conf 的设置，也知道了日志文件内容的重要性，所以，如果幻想你是一个很厉害的黑客，想利用他人的计算机干坏事，然后又不想留下证据，你该怎么呢？对，就是离开的时候将所有可能的信息都给它抹掉，所以**第一个动脑筋的地方就是日志文件的清除工作**，如果你的日志文件不见了，那该怎么办？

> 哇，鸟哥教人家干坏事……喂，不要乱讲话，我的意思是，如果某天你发现你的日志文件不翼而飞了，或是发现你的日志文件似乎不太对劲的时候，最常发现的就是网友常常会报告说，他的/var/log 这个目录【不见了】不要笑。这是真的事情，请记得【赶快检查你的系统】。

伤脑筋，有没有办法防止日志文件被删除？或是被 root 自己不小心修改？有呀，拔掉网线或电源线就好了。呵呵，别担心，基本上，我们可以通过一个隐藏的属性来设置你的日志文件，成为【只可以增加数据，但是不能被删除】的状态，那么或许可以达到些许的保护。不过，如果你的 root 账号被破解，那么下面的设置还是无法保护的，因为你要记得【root 是可以在系统上面进行任何事情的】，因此，请将你的 root 这个账号的密码设置得安全一些，千万不要忽视这个问题。

> 为什么日志文件还要防止被自己（root）不小心所修改过？鸟哥在教 Linux 的课程时，我的学生常常会举手说:【老师，我的日志文件不能记录信息了，糟糕，是不是被入侵了？】明明是计算机教室的主机，使用的是私有 IP 而且学校计算机中心还有隔离机制，不可能被攻击吧？查询了才知道原来同学很喜欢使用【:wq】来退出 vim 的环境，但是 rsyslogd 的日志文件只要【被编辑过】就无法继续记录，所以才会导致不能记录的问题。此时你得要（1）改变使用 vim 的习惯；（2）重新启动 rsyslog.service 让它再继续提供服务。

既然如此，那么我们就来处理一下隐藏属性吧！我们在第 6 章谈到过 lsattr 与 chattr 这两个程序。如果将一个文件以 chattr 设置 i 这个属性时，那么该文件连 root 都不能删除，而且也不能新增数据，嗯，真安全。但是，如此一来日志文件的功能岂不是也就消失了？因为没有办法写入。所以，**我们要使用的是 a 这个属性**。你的日志文件如果设置了这个属性的话，那么**它将只能被增加，而不能被删除**。这个属性就非常的符合我们对日志文件的需求。

> 请注意，下面的这个 chattr 的设置状态:【仅适合已经对 Linux 系统很有概念的朋友】来设置，对于新手来说，建议你直接使用系统的默认值就好，免得到最后日志文件无法写入。

```
[root@study ~]# chattr +a /var/log/admin.log
[root@study ~]# lsattr /var/log/admin.log
-----a---------- /var/log/admin.log
```

加入了这个属性之后，你的 /var/log/admin.log 日志文件从此就仅能被增加，而不能被删除，直到 root 以【chattr -a /var/log/admin.log】取消这个 a 的参数之后，才能被删除或移动。

虽然，为了日志文件的信息安全，这个 chattr 的 +a 标识可以帮助你维护好这个文件，不过，如果你的系统已经被取得了 root 权限，而既然 root 可以执行 chattr -a 来取消这个标识，所以，还是有风险的。此外，前面也提到，新手最好还是先不要增加这个标识，很容易由于自己的忘记，导致系统的重要信息无法记录。

鸟哥认为，这个标识最大的用处除了在保护你日志文件的数据外，它还可以帮助你避免不小心写入日志文件的状况。要注意的是，当【你不小心 "手动" 修改过日志文件后，例如 /var/log/messages，你不小心用 vi 打开它，离开却执行 :wq 的参数，那么该文件未来将不会再继续进行记录操作】，这个问题真的经常发生。由于你以 vi 存储了日志文件，则 rsyslogd 会误判为该文件已被修改过，将导致 rsyslogd 不再写入新内容到该文件，很伤脑筋。

要让该日志文件可以继续写入，你只要重新启动 rsyslogd.service 即可，不过，总是比较麻烦。所以，如果你针对日志文件执行 chattr +a 的参数，未来你就不需要害怕不小心修改到该文件了。因为无法写入嘛，除了可以新增之外。

不过，也因为这个 +a 的属性让该文件无法被删除与修改，所以，当我们进行日志文件轮循时（logrotate），将无法重命名日志文件，所以会造成很大的困扰。这个困扰虽然可以使用 logrotate 的配置文件来解决，但是，还是先将日志文件的 +a 标识拿掉吧！

```
[root@study ~]# chattr -a /var/log/admin.log
```

18.2.3　日志文件服务器的设置

我们在之前稍微提到，在 rsyslog.conf 文件当中，可以将登录数据传送到打印机或是远程主机。这样做有什么意义？如果你将登录信息直接传送到打印机上面的话，那么万一不小心你的系统被骇客（Cracker）所入侵，它也将你的 /var/log/ 删除了，怎么办？没关系，反正你已经将重要数据直接以打印机记录起来了，它是无法逃开的。

再想象一个环境，你的办公室内有 10 台 Linux 主机，每一台负责一个网络服务，为了要了解每台主机的状态，因此，你常常需要登录这十台主机去查看你的日志文件，哇，光想想每天要进入 10 台主机去查数据，就烦。没关系，这个时候我们可以让某一台主机当成【日志文件服务器】，用它来记录所有的 10 台 Linux 主机的信息，嘿嘿，这样我就直接进入一台主机就可以了，省时又省事，真方便。

那要怎么达到这样的功能？很简单，我们 CentOS 7.x 默认的 rsyslogd 本身就已经具有这个日志文件服务器的功能了，只是默认并没有启动该功能而已。你可以通过 man rsyslogd 去查询一下相关的选项就能够知道。既然是日志文件服务器，那么我们的 Linux 主机当然会启动一个端口来监听，这个默认的端口就是 UDP 或 TCP 的 514 端口。

如图 18.2.2 所示，服务器会启动监听的

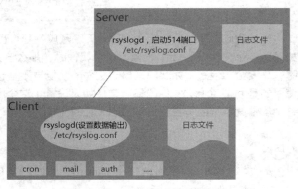

图 18.2.2　日志文件服务器的架构

端口，客户端则将日志文件再传出一份到服务器。而既然是日志文件【服务器】，所以当然有服务器与

客户端（client），这两者的设置分别是这样的：

```
# 1. Server 端: 修改 rsyslogd 的启动配置文件, 在/etc/rsyslog.conf 内。
[root@study ~]# vim /etc/rsyslog.conf
# 找到下面这几行。
# Provides UDP syslog reception
#$ModLoad imudp
#$UDPServerRun 514
# Provides TCP syslog reception
#$ModLoad imtcp
#$InputTCPServerRun 514
# 上面的是 UDP 端口, 下面的是 TCP 端口, 如果你的网络状态很稳定, 就用 UDP 即可。
# 不过, 如果你想要让数据比较稳定传输, 那么建议使用 TCP, 所以修改下面两行即可。
$ModLoad imtcp
$InputTCPServerRun 514
# 2. 重新启动与查看 rsyslogd。
[root@study ~]# systemctl restart rsyslog.service
[root@study ~]# netstat -ltnp | grep syslog
Proto Recv-Q Send-Q Local Address  Foreign Address    State    PID/Program name
tcp      0      0 0.0.0.0:514    0.0.0.0:*          LISTEN   2145/rsyslogd
tcp6     0      0 :::514         :::*               LISTEN   2145/rsyslogd
# 嘿嘿, 你的日志文件主机已经设置好了, 很简单吧!
```

通过这个简单的操作，你的 Linux 主机已经可以接收来自其他主机的登录信息了。当然，你必须要知道网络方面的相关基础，这里鸟哥只是先介绍，未来了解了网络相关信息后，再回头来这里看一看。

至于 client 端的设置就简单多了，只要指定某个信息传送到这台主机即可。举例来说，我们的日志文件服务器 IP 为 192.168.1.100，而 client 端希望所有的数据都送给主机，所以，可以在 /etc/rsyslog.conf 里面新增这样一行：

```
[root@study ~]# vim /etc/rsyslog.conf
*.*        @@192.168.1.100
#*.*        @192.168.1.100  # 若用 UDP 传输, 设置要变这样。
[root@study ~]# systemctl restart rsyslog.service
```

再重新启动 rsyslog.service 后，立刻就搞定了。而未来主机上面的日志文件当中，每一行的【主机名】就会显示来自不同主机的信息，很简单吧！不过你得要特别注意，使用 TCP 传输与 UDP 传输的设置不太一样，请根据你的日志文件服务器的设置值来选择你的客户端配置参数。接下来，让我们来谈一谈，如何针对日志文件来进行轮循（rotate）。

18.3　日志文件的轮循（**logrotate**）

假设我们已经将登录信息写入了记录文件，也已经利用 chattr 设置了 +a 这个属性，那么该如何执行 logrotate 的任务呢？这里请特别留意的是：【rsyslogd 使用 daemon 的方式来启动，当有需求的时候立刻就会被执行，但是 logrotate 却是在规定的时间到了之后才来进行日志文件的轮循，所以这个 logrotate 程序当然就是挂在 cron 下面进行的】。仔细看一下 /etc/cron.daily/ 里面的文件，嘿嘿，看到了吧，/etc/cron.daily/logrotate 就是记录了每天要进行的日志文件轮循的操作。rotate 为轮循、轮替之意，也比较符合 logrotate 功能之意，本书约定 rotate 即为轮循之意。下面我们就来谈一谈怎么样设计这个 logrotate 吧！

18.3.1　logrotate 的配置文件

既然 logrotate 主要是针对日志文件来进行轮循的操作，所以，它当然必须要记录【在什么状态下才将日志文件进行轮循】的设置。那么 logrotate 这个程序的参数配置文件在哪里？那就是：

- /etc/logrotate.conf
- /etc/logrotate.d/

其中 logrotate.conf 才是主要的参数文件，至于 logrotate.d 则是一个目录，该目录里面的所有文件都会被主动地读入 /etc/logrotate.conf 当中来使用。另外，在 /etc/logrotate.d/ 里面的文件中，如果没有规定到的一些详细设置，则以 /etc/logrotate.conf 这个文件的规定来指定为默认值。

好了，刚刚我们提到 logrotate 的主要功能就是将现有的日志文件重新命名以做备份，然后重新建立一个空文件来记录信息，它的执行结果有点类似图 18.3.1 图例：

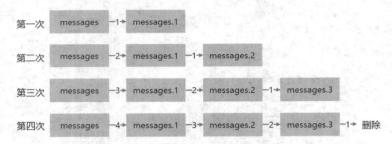

图 18.3.1　日志文件进行 logrotate 的结果

由上面的图例我们可以清楚地知道，当第一次执行完轮循之后，原本的 messages 会变成 messages.1，而且会新建一个空的 messages 给系统来存储日志文件。而第二次执行之后，则 messages.1 会变成 messages.2，而 messages 会变成 messages.1，又新建一个空的 messages 来存储日志文件。那么如果我们仅设置保留 3 个日志文件而已的话，那么执行第 4 次时，则 messages.3 这个文件就会被删除，并由后面的较新的保存日志文件所替换，基本的工作流程就是这样。

不过近年来磁盘空间容量比较大，加上管理员又担心日志文件数据有可能丢失，因此，你可能已经发现，最近的日志文件轮循后的文件名已经会加上日期参数，然后源源不断地保留在你的系统上，虽然这个设置是可以自定义的，不过，鸟哥也希望你保留日期的文件名扩展记录，这样不用担心未来要找问题时，日志文件却已经不在了。

那么多久进行一次这样的 logrotate 任务？ 这些都记录在 logrotate.conf 里面，我们来看一下默认的 logrotate 的内容吧！

```
[root@study ~]# vim /etc/logrotate.conf
# 下面的设置是"logrotate 的默认设置值"，如果个别的文件设置了其他的参数，
# 则将以个别的文件设置为主，若该文件没有设置到的参数则以这个文件的内容为默认值。
weekly      <==默认每个星期对日志文件进行一次轮循的任务。
rotate 4    <==保留几个日志文件，默认是保留 4 个。
create      <==由于日志文件被更名，因此建立一个新的来继续存储之意。
dateext     <==就是这个设置值，可以让被轮循的文件名称加上日期。
#compress   <==被修改的日志文件是否需要压缩，如果日志文件太大则可考虑使用此参数。
include /etc/logrotate.d
# 将 /etc/logrotate.d/ 这个目录中的所有文件都读进来执行轮循的任务。
/var/log/wtmp {          <==仅针对/var/log/wtmp 所设置的参数。
    monthly              <==每个月一次，替换每周。
    create 0664 root utmp <==指定新建文件的权限与所属账号/组。
    minsize 1M           <==文件容量一定要超过 1M 后才进行轮循（略过时间参数）。
    rotate 1             <==仅保留一个，亦即仅有 wtmp.1 保留而已。
}
# 这个 wtmp 可记录登录者与系统重新启动时的时间与来源主机及登录期间的时间。
# 由于具有 minsize 的参数，因此不见得每个月一定会进行一次，要看文件容量。
# 由于仅保留一个日志文件而已，不满意的话可以将它改成 rotate 5。
```

由这个文件的设置我们可以知道/etc/logrotate.d 其实就是由/etc/logrotate.conf 所规划出来的目录，所以，其实我们可以将所有的数据都写入/etc/logrotate.conf 即可，但是这样一来这个文件就实在是太复杂了，尤其是当我们使用很多的服务在系统上面时，每个服务都要去修改 /etc/logrotate.conf 的设

置也似乎不太合理。所以，如果独立出来一个目录，那么每个以 RPM 包方式安装的服务，其日志文件轮循设置就可以独自成为一个文件，并且放置到 /etc/logrotate.d/ 当中，真是方便又合理的做法。

　　一般来说，这个 /etc/logrotate.conf 是【默认的轮循状态】而已，我们的各个服务都可以拥有自己的日志文件轮循设置，你也可以自行修改成自己喜欢的样式。例如，如果你的系统的空间够大，并且担心除错以及黑客的问题，那么可以：

- 将 rotate 4 改成 rotate 9，以保存较多的备份文件。不过如果已经加上 dateext 参数，那这个项目就不用修改了。
- 大部分的日志文件不需要压缩，但是空间太小就需要压缩，尤其是很占硬盘空间的 httpd 更需要压缩。

　　好了，上面我们大致介绍了/var/log/wtmp 这个文件的设置，现在你知道了 logrotate.conf 的设置语法是：

```
日志文件的绝对路径与文件名 ... {
        个别的参数设置值，如 monthly, compress 等
}
```

　　下面我们再以 /etc/logrotate.d/syslog 这个轮循 rsyslog.service 服务的文件，来看看该如何设置它的轮循？

```
[root@study ~]# vim /etc/logrotate.d/syslog
/var/log/cron
/var/log/maillog
/var/log/messages
/var/log/secure
/var/log/spooler
{
    sharedscripts
    postrotate
        /bin/kill -HUP 'cat /var/run/syslogd.pid 2> /dev/null' 2> /dev/null || true
    endscript
}
```

　　在上面的语法当中，我们知道正确的 logrotate 的写法为：

◆ **文件名**：被处理的日志文件绝对路径文件名写在前面，可以使用空格符分隔多个日志文件；
◆ **参数**：上述文件名进行轮循的参数使用{ }包括起来；
◆ **执行脚本**：可调用外部命令来进行额外的命令执行,这个设置需与 sharedscripts……endscript 设置合用才行。至于可用的环境为：
　　● prerotate：在启动 logrotate 之前进行的命令，例如修改日志文件的属性等操作；
　　● postrotate：在做完 logrotate 之后启动的命令，例如重新启动（kill -HUP）某个服务；
　　● Prerotate 与 postrotate 对于已加上特殊属性的文件处理上面，是相当重要的执行程序；
　　那么 /etc/logrotate.d/syslog 内设置的 5 个文件的轮循功能就变成了：

◆ 该设置只对 /var/log/ 内的 cron、maillog、messages、secure、spooler 有效；
◆ 日志文件轮循每周一次，保留 4 个且轮循下来的日志文件不进行压缩（未更改默认值）；
◆ 轮循完毕后（postrotate）取得 syslog 的 PID 后，以 kill -HUP 重新启动 syslogd；

　　假设我们有针对/var/log/messages 这个文件增加 chattr +a 的属性时,依据 logrotate 的工作原理,我们知道，这个/var/log/messages 将会被更名成为 /var/log/messages.1。但是由于加上这个 +a 的参数，所以更名是不可能成功的。那怎么办？就利用 prerotate 与 postrotate 来进行日志文件轮循前、后所需要做的操作。果真如此时，那么你可以这样修改一下文件。

```
[root@study ~]# vim /etc/logrotate.d/syslog
/var/log/cron
/var/log/maillog
/var/log/messages
/var/log/secure
```

```
/var/log/spooler
{
    sharedscripts
    prerotate
        /usr/bin/chattr -a /var/log/messages
    endscript
    sharedscripts
    postrotate
        /bin/kill -HUP `cat /var/run/syslogd.pid 2> /dev/null` 2> /dev/null || true
        /usr/bin/chattr +a /var/log/messages
    endscript
}
```

　　看到了么? 就是先给它去掉 a 这个属性，让日志文件 /var/log/messages 可以进行轮循的操作，然后执行了轮循之后，再给它加入这个属性。请特别留意的是，那个 /bin/kill –HUP 的意义，这一行的目的在于将系统的 rsyslogd 重新以其参数文件(rsyslog.conf)的数据读入一次，也可以想成是 reload 的意思。由于我们建立了一个新的空的记录文件，如果不执行此行来重新启动服务的话，那么记录的时候将会发生错误。(请回到第 16 章读一下 kill 后面的 signal 的内容说明。)

18.3.2　实际测试 logrotate 的操作

　　好了，设置完成之后，我们来测试看看这样的设置是否可行? 给它执行下面的命令:

```
[root@study ~]# logrotate [-vf] logfile
选项与参数:
-v : 启动显示模式，会显示 logrotate 运行的过程。
-f : 不论是否符合配置文件的数据，强制每个日志文件都进行轮循的操作。
范例一: 执行一次 logrotate 看看整个流程是什么?
[root@study ~]# logrotate -v /etc/logrotate.conf
reading config file /etc/logrotate.conf   <==读取主要配置文件。
including /etc/logrotate.d                 <==调用外部的设置。
reading config file chrony                 <==就是外部设置。
……( 中间省略 )……
Handling 18 logs                           <==共有 18 个日志文件被记录。
……( 中间省略 )……
rotating pattern: /var/log/cron
/var/log/maillog
/var/log/messages
/var/log/secure
/var/log/spooler
 weekly ( 52 rotations )
empty log files are not rotated, old logs are removed
considering log /var/log/cron
  log does not need rotating
considering log /var/log/maillog
  log does not need rotating
considering log /var/log/messages          <==开始处理 messages。
  log does not need rotating               <==因为时间未到，不需要修改。
……( 下面省略 )……
范例二: 强制进行 logrotate 的操作。
[root@study ~]# logrotate -vf /etc/logrotate.conf
……( 前面省略 )……
rotating log /var/log/messages, log->rotateCount is 52
dateext suffix '-20150820'
glob pattern '-[0-9][0-9][0-9][0-9][0-9][0-9][0-9][0-9]'
compressing log with: /bin/gzip
……( 下面省略 )……
# 看到了么? 整个轮循的操作就是这样一步一步进行的。
[root@study ~]# ll /var/log/messages*; lsattr /var/log/messages
-rw-------. 1 root root   143 Aug 20 01:45 /var/log/messages
```

```
-rw-------. 1 root root 167125 Aug 20 01:40 /var/log/messages-20150820
-----a---------- /var/log/messages  <==主动加入 a 的隐藏属性。
```

　　上面那个-f 具有【强制执行】的意思，如果一切的设置都没有问题的话，那么理论上，你的 /var/log 这个目录就会起变化，而且应该不会出现错误信息才对。嘿嘿，这样就 OK 了，很棒不是吗？

　　由于 logrotate 的工作已经加入 crontab 里面，所以现在每天系统都会自动地给它查看 logrotate，不用担心。只是要注意一下那个/var/log/messages 里面是否常常有类似下面的字眼：

```
Aug 20 01:45:34 study rsyslogd: [origin software="rsyslogd" swVersion="7.4.7" x-pid="2145" x-
info="http://www.rsyslog.com"] rsyslogd was HUPed
```

　　这说明的是 rsyslogd 重新启动的时间（就是因为 /etc/logrotate.d/syslog 设置的缘故），下面我们来进行一些例题的练习，让你更详细地了解 logrotate 的功能。

18.3.3　自定义日志文件的轮循功能

　　假设前提是这样的，前一小节当中，假设你已经建立了 /var/log/admin.log 这个文件，现在，你想要将该文件加上 +a 这个隐藏属性，而且设置下面的相关信息：

- 日志文件轮循一个月进行一次；
- 该日志文件若大于 10MB 时，则主动进行轮循，不需要考虑一个月的期限；
- 保存 5 个备份文件；
- 备份文件需要压缩。

　　那你可以怎么样设置？呵呵，很简单，看看下面的操作吧！

```
# 1. 先增加+a 这个属性。
[root@study ~]# chattr +a /var/log/admin.log
[root@study ~]# lsattr /var/log/admin.log
-----a---------- /var/log/admin.log
[root@study ~]# mv /var/log/admin.log /var/log/admin.log.1
mv: cannot move `/var/log/admin.log' to `/var/log/admin.log.1': Operation not permitted
# 这里确定了加入 a 的隐藏属性，所以 root 无法移动此日志文件。
# 2. 开始建立 logrotate 的配置文件，增加一个文件到/etc/logrotate.d 目录就对了。
[root@study ~]# vim /etc/logrotate.d/admin
# This configuration is from VBird 2015/08/19
/var/log/admin.log {
        monthly   <==每个月进行一次。
        size=10M  <==文件容量大于 10M 则开始轮循。
        rotate 5  <==保留五个。
        compress  <==进行压缩工作。
        sharedscripts
        prerotate
                /usr/bin/chattr -a /var/log/admin.log
        endscript
        sharedscripts
        postrotate
                /bin/kill -HUP `cat /var/run/syslogd.pid 2> /dev/null` 2> /dev/null || true
                /usr/bin/chattr +a /var/log/admin.log
        endscript
}
# 3. 测试一下 logrotate 相关功能的信息显示。
[root@study ~]# logrotate -v /etc/logrotate.conf
……（前面省略）……
rotating pattern: /var/log/admin.log  10485760 Bytes （5 rotations）
empty log files are rotated, old logs are removed
considering log /var/log/admin.log
  log does not need rotating
not running prerotate script, since no logs will be rotated
not running postrotate script, since no logs were rotated
```

```
……（下面省略）……
# 因为还不足一个月，文件也没有大于 10MB，所以不需进行轮循。
# 4. 测试一下强制 logrotate 与相关功能的信息显示。
[root@study ~]# logrotate -vf /etc/logrotate.d/admin
reading config file /etc/logrotate.d/admin
reading config file /etc/logrotate.d/admin
Handling 1 logs
rotating pattern: /var/log/admin.log  forced from command line（5 rotations）
empty log files are rotated, old logs are removed
considering log /var/log/admin.log
  log needs rotating
rotating log /var/log/admin.log, log->rotateCount is 5
dateext suffix '-20150820'
glob pattern '-[0-9][0-9][0-9][0-9][0-9][0-9][0-9][0-9]'
renaming /var/log/admin.log.5.gz to /var/log/admin.log.6.gz（rotatecount 5, logstart 1, i 5），
old log /var/log/admin.log.5.gz does not exist
renaming /var/log/admin.log.4.gz to /var/log/admin.log.5.gz（rotatecount 5, logstart 1, i 4），
old log /var/log/admin.log.4.gz does not exist
renaming /var/log/admin.log.3.gz to /var/log/admin.log.4.gz（rotatecount 5, logstart 1, i 3），
old log /var/log/admin.log.3.gz does not exist
renaming /var/log/admin.log.2.gz to /var/log/admin.log.3.gz（rotatecount 5, logstart 1, i 2），
old log /var/log/admin.log.2.gz does not exist
renaming /var/log/admin.log.1.gz to /var/log/admin.log.2.gz（rotatecount 5, logstart 1, i 1），
old log /var/log/admin.log.1.gz does not exist
renaming /var/log/admin.log.0.gz to /var/log/admin.log.1.gz（rotatecount 5, logstart 1, i 0），
old log /var/log/admin.log.0.gz does not exist
log /var/log/admin.log.6.gz doesn't exist -- won't try to dispose of it
running prerotate script
fscreate context set to system_u:object_r:var_log_t:s0
renaming /var/log/admin.log to /var/log/admin.log.1
running postrotate script
compressing log with: /bin/gzip
[root@study ~]# lsattr /var/log/admin.log*
-----a---------- /var/log/admin.log
---------------- /var/log/admin.log.1.gz  <==有压缩过。
```

看到了吗？通过这个方式，我们可以建立起属于自己的 logrotate 配置文件，很简便吧！尤其要注意的是/etc/rsyslog.conf 与/etc/logrotate.d/* 文件常常要搭配起来，例如刚刚我们提到的两个案例中所建立的/var/log/admin.log 就是一个很好的例子，建立后，还要使用 logrotate 来轮循。

18.4 systemd-journald.service 简介

过去只有 rsyslogd 的年代中，由于 rsyslogd 必须要启动完成并且执行 rsyslogd 这个 daemon 之后，日志文件才会开始记录。所以，内核还得要自己产生一个 klogd 的服务，才能将系统在启动过程、启动服务的过程中的信息记录下来，然后等 rsyslogd 启动后才传送给它来处理。

现在有了 systemd 之后，由于它是内核唤醒的，然后又是第一个执行的软件，它可以主动调用 systemd-journald 来协助记录日志文件，因此在开机启动过程中的所有信息，包括启动服务与服务若启动失败的情况等，都可以直接被记录到 systemd-journald 里面。

不过 systemd-journald 由于是使用于内存的日志文件记录方式，因此重新启动过后，开机启动前的日志文件信息当然就不会被记录了。为此，我们还是建议启动 rsyslogd 来协助分类记录。也就是说，systemd-journald 用来管理与查询这次启动后的登录信息，而 rsyslogd 可以用来记录以前及现在的所有数据到磁盘文件中，方便未来进行查询。

虽然 systemd-journald 所记录的数据在内存中，但是系统还是利用文件的形式将它记录到 /run/log/ 下面。不过我们从前面几章也知道，/run 在 CentOS 7 其实是内存中的数据，所以重新启动后，这个 /run/log 下面的数据当然就被刷新，旧的就不存在了。

18.4.1　使用 journalctl 查看登录信息

那么 systemd-journald.service 的数据要如何查看？很简单，通过 journalctl 即可。让我们来看看这个命令可以做些什么事？

```
[root@study ~]# journalctl [-nrpf] [--since TIME] [--until TIME] _optional
选项与参数：
默认会显示全部的 log 内容，从旧的输出到最新的信息
-n  ：显示最近的几行的意思，找最新的信息相当有用。
-r  ：反向输出，从最新的输出到最旧的信息。
-p  ：显示后面所接的信息重要性排序。请参考前一小节的 rsyslogd 信息。
-f  ：类似 tail -f 的功能，持续显示 journal 日志的内容（即时监测时相当有帮助）。
--since --until: 设置开始与结束的时间，让在该期间的数据输出而已。
_SYSTEMD_UNIT=unit.service：只输出 unit.service 的信息而已。
_COMM=bash：只输出与 bash 有关的信息。
_PID=pid  ：只输出此 PID 号的信息。
_UID=uid  ：只输出此 UID 的信息。
SYSLOG_FACILITY=[0-23]：使用 syslog.h 规范的服务相对序号来调用出正确的数据。
范例一：显示目前系统中所有的 journal 日志数据。
[root@study ~]# journalctl
-- Logs begin at Mon 2015-08-17 18:37:52 CST, end at Wed 2015-08-19 00:01:01 CST. --
Aug 17 18:37:52 study.centos.vbird systemd-journal[105]: Runtime journal is using 8.0M（max
 142.4M, leaving 213.6M of free 1.3G, current limit 142.4M）.
Aug 17 18:37:52 study.centos.vbird systemd-journal[105]: Runtime journal is using 8.0M（max
 142.4M, leaving 213.6M of free 1.3G, current limit 142.4M）.
Aug 17 18:37:52 study.centos.vbird kernel: Initializing cgroup subsys cpuset
Aug 17 18:37:52 study.centos.vbird kernel: Initializing cgroup subsys cpu
……（中间省略）……
Aug 19 00:01:01 study.centos.vbird run-parts（/etc/cron.hourly）[19268]: finished 0anacron
Aug 19 00:01:01 study.centos.vbird run-parts（/etc/cron.hourly）[19270]: starting 0yum-hourly.cron
Aug 19 00:01:01 study.centos.vbird run-parts（/etc/cron.hourly）[19274]: finished 0yum-hourly.cron
# 从这次开机启动以来的所有数据都会显示出来，通过 less 一页页翻动给管理员查看，数据量相当大。
范例二：（1）仅显示出 2015/08/18 整天以及（2）仅今天及（3）仅昨天的日志数据内容。
[root@study ~]# journalctl --since "2015-08-18 00:00:00" --until "2015-08-19 00:00:00"
[root@study ~]# journalctl --since today
[root@study ~]# journalctl --since yesterday --until today
范例三：只找出 crond.service 的数据，同时只列出最新的 10 条即可。
[root@study ~]# journalctl _SYSTEMD_UNIT=crond.service -n 10
范例四：找出 su、login 执行的日志文件，同时只列出最新的 10 条即可。
[root@study ~]# journalctl _COMM=su _COMM=login -n 10
范例五：找出信息严重等级为错误（error）的信息。
[root@study ~]# journalctl -p err
范例六：找出与登录认证服务（auth、authpriv）有关的日志文件信息。
[root@study ~]# journalctl SYSLOG_FACILITY=4 SYSLOG_FACILITY=10
# 更多关于 syslog_facility 的内容，请参考 18.2.1 小节的内容。
```

基本上，有 journalctl 就可以搞定你的信息数据。全部的数据都在这里面，再来假设一下，你想要了解到日志文件的实时变化，那又该如何处置呢？现在，请开两个终端界面，让我们来处理一下。

```
# 第一个终端，请使用下面的方式持续检测系统。
[root@study ~]# journalctl -f
# 这时系统会好像卡住，其实不是卡住，是类似 tail -f 在持续地显示日志文件信息。
# 第二个终端，使用下面的方式随便发一封 email 给系统上的账号。
[root@study ~]# echo "testing" | mail -s 'tset' dmtsai
# 这时，你会发现到第一个终端竟然一直输出一些信息，没错，这就对了。
```

如果你有一些必须要检测的操作，可以使用这种方式来实时了解系统出现的信息，而取消 journalctl -f 的方法，就是 [crtl]+c。

18.4.2 logger 命令的应用

上面谈到的是调出日志文件给我们查看，那换个角度想，【如果你想要让你的数据存储到日志文件当中】？那该如何是好？这时就得要使用 logger 这个好用的命令了。这个命令可以传输很多信息，不过，我们只使用最简单的本机信息传递，更多的用法就请您自行 man logger。

```
[root@study ~]# logger [-p 服务名称.等级] "信息"
选项与参数:
服务名称.等级 ：这个项目请参考 rsyslogd 的本章后续小节的介绍。
范例一: 指定一下，让 dmtsai 使用 logger 来传送数据到日志文件中。
[root@study ~]# logger -p user.info "I will check logger command"
[root@study ~]# journalctl SYSLOG_FACILITY=1 -n 3
-- Logs begin at Mon 2015-08-17 18:37:52 CST, end at Wed 2015-08-19 18:03:17 CST. --
Aug 19 18:01:01 study.centos.vbird run-parts(/etc/cron.hourly)[29710]: starting 0yum-hourly.cron
Aug 19 18:01:01 study.centos.vbird run-parts(/etc/cron.hourly)[29714]: finished 0yum-hourly.cron
Aug 19 18:03:17 study.centos.vbird dmtsai[29753]: I will check logger command
```

现在，让我们来看一看，如果我们之前写的 backup.service 服务中，使用手动的方式来备份，亦即是使用 "/backups/backup.sh log" 来执行备份时，那么就通过 logger 来记录备份的开始与结束的时间，那该如何是好？这样做做看。

```
[root@study ~]# vim /backups/backup.sh
#!/bin/bash
if [ "${1}" == "log" ]; then
        logger -p syslog.info "backup.sh is starting"
fi
source="/etc /home /root /var/lib /var/spool/{cron,at,mail}"
target="/backups/backup-system-$(date +%Y-%m-%d).tar.gz"
[ ! -d /backups ] && mkdir /backups
tar -zcvf ${target} ${source} &> /backups/backup.log
if [ "${1}" == "log" ]; then
        logger -p syslog.info "backup.sh is finished"
fi
[root@study ~]# /backups/backup.sh log
[root@study ~]# journalctl SYSLOG_FACILITY=5 -n 3
Aug 19 18:09:37 study.centos.vbird dmtsai[29850]: backup.sh is starting
Aug 19 18:09:54 study.centos.vbird dmtsai[29855]: backup.sh is finished
```

通过这个命令，我们也能够将数据自行写入到日志文件当中。

18.4.3 保存 journal 的方式

再强调一次，这个 systemd-journald.servicd 的信息是不会放到下一次开机启动后的，所以，重新启动后，之前的记录会丢失。虽然我们大概都有启动 rsyslogd 这个服务来进行后续的日志文件放置，不过如果你比较喜欢 journalctl 的读写方式，那么可以将这些数据存储下来。

基本上，systemd-journald.service 的配置文件主要参考 /etc/systemd/journald.conf 的内容，详

细的参数你可以参考 man 5 journald.conf 的内容。因为默认的情况下，配置文件的内容应该已经符合了我们的需求，所以这边鸟哥就不再修改配置文件了。如果想要保存你的 journalctl 所读取的日志文件，那么就得要建立一个 /var/log/journal 的目录，并且设置一下该目录的权限，那么未来重新启动 systemd-journald.service 之后，日志文件就会主动地复制一份到 /var/log/journal 目录下。

```
# 1. 先处理所需要的目录与相关权限设置。
[root@study ~]# mkdir /var/log/journal
[root@study ~]# chown root:systemd-journal /var/log/journal
[root@study ~]# chmod 2775 /var/log/journal
# 2. 重新启动 systemd-journald 并且查看备份的日志数据。
[root@study ~]# systemctl restart systemd-journald.service
[root@study ~]# ll /var/log/journal/
drwxr-sr-x. 2 root systemd-journal 27 Aug 20 02:37 309eb890d09f440681f596543d95ec7a
```

要注意的是，因为现在整个日志文件的容量会持续增长，因此你最好还是查看一下系统能用的总容量，避免不小心文件系统的容量被填满。此外，未来在 /run/log 下面就没有相关的日志可以查看了，因为移动到了 /var/log/journal 下面。

鸟哥是这样想的，既然我们还有 rsyslog.service 以及 logrotate 的存在，因此这个 systemd-journald.service 产生的日志文件，个人建议最好还是放置到 /run/log 的内存当中，以加快读写的速度。而既然 rsyslog.service 可以存放我们的日志文件，似乎也没有必要再保存一份 journal 日志文件到系统当中。单纯的建议，如何处理，依照您的需求即可。

18.5　分析日志文件

日志文件的分析是很重要的。你可以自行以 vim 或是 journalctl 进入日志文件去查看相关的信息。而系统也提供一些软件可以让你从日志文件中获取数据，例如之前谈过的 last、lastlog、dmesg 等命令。不过，这些数据毕竟都非常分散，如果你想要一口气读取所有的登录信息，其实有点困扰。不过，好在 CentOS 有提供 logwatch 这个日志文件分析程序，你可以借由该程序来了解日志文件信息。此外，鸟哥也根据 Red Hat 系统的 journalctl 搭配 syslog 函数写了一个小程序给大家使用。

18.5.1　CentOS 默认提供的 logwatch

虽然有一些有用的系统命令，不过，要了解系统的状态，还是得要分析整个日志文件才行，事实上，目前已经有相当多的日志文件分析工具，例如 CentOS 7.x 上面默认的 logwatch 所提供的分析工具，它会每天分析一次日志文件，并且将数据以 email 的格式寄送给 root。你也可以直接到 logwatch 的官方网站上面看看：

- http://www.logwatch.org/

不过在我们的安装方式里面，默认并没有安装 logwatch，所以，我们先来安装一下 logwatch 这个软件再说。假设你已经将 CentOS 7.1 的安装光盘挂载至了/mnt 目录，那使用下面的方式来处理即可：

```
[root@study ~]# yum install /mnt/Packages/perl-5.*.rpm
> /mnt/Packages/perl-Date-Manip-*.rpm \
> /mnt/Packages/perl-Sys-CPU-*.rpm \
> /mnt/Packages/perl-Sys-MemInfo-*.rpm \
> /mnt/Packages/logwatch-*.rpm
# 得要安装数个软件才能够顺利的安装好 logwatch，当然，如果你有网络，直接安装就可以。
[root@study ~]# ll /etc/cron.daily/0logwatch
-rwxr-xr-x. 1 root root 434 Jun 10  2014 /etc/cron.daily/0logwatch
[root@study ~]# /etc/cron.daily/0logwatch
```

  安装完毕以后，logwatch 就已经写入到了 cron 的执行列表中。详细的执行方式你可以参考上表中 0logwatch 文件内容来处理，未来则每天会发送一封邮件给 root。因为我们刚刚安装，那可以来分析一下吗？很简单，你就直接执行 0logwatch 即可，如上表最后一个命令的示意。因为鸟哥的测试机目前的服务很少，所以产生的信息量也不多，执行的速度很快。比较忙的系统信息量比较大，分析过程会花去一小段时间。如果顺利执行完毕，那请用 root 身份去查看一下邮件。

```
[root@study ~]# mail
Heirloom Mail version 12.5 7/5/10.  Type ? for help.
"/var/spool/mail/root": 5 messages 2 new 4 unread
>N  4 root              Thu Jul 30 19:35  29/763   "testing at job"
 N  5 logwatch@study.cento Thu Aug 20 17:55  97/3045 "Logwatch for study.centos.vbird (Linux)"
& 5
Message  5:
From root@study.centos.vbird  Thu Aug 20 17:55:23 2015
Return-Path: <root@study.centos.vbird>
X-Original-To: root
Delivered-To: root@study.centos.vbird
To: root@study.centos.vbird
From: logwatch@study.centos.vbird
Subject: Logwatch for study.centos.vbird (Linux)
Auto-Submitted: auto-generated
Precedence: bulk
Content-Type: text/plain; charset="iso-8859-1"
Date: Thu, 20 Aug 2015 17:55:23 +0800 (CST)
Status: R
# logwatch 会先说明分析的时间与 logwatch 版本等信息。
 ################### Logwatch 7.4.0 (03/01/11) ####################
        Processing Initiated: Thu Aug 20 17:55:23 2015
        Date Range Processed: yesterday
                        ( 2015-Aug-19 )
                        Period is day.
        Detail Level of Output: 0
        Type of Output/Format: mail / text
        Logfiles for Host: study.centos.vbird
 ################################################################
# 开始一项一项的进行数据分析，分析得很有道理。
 -------------------- pam_unix Begin ------------------------
su-l:
    Sessions Opened:
      dmtsai -> root: 2 Time(s)
 -------------------- pam_unix End ------------------------
 -------------------- Postfix Begin ------------------------
    894   Bytes accepted                          894
    894   Bytes delivered                         894
 ========  ===============================================
     2   Accepted                            100.00%
 --------  ----------------------------------------------
     2   Total                               100.00%
 ========  ===============================================
     2   Removed from queue
     2   Delivered
 -------------------- Postfix End ------------------------
 -------------------- SSHD Begin ------------------------
Users logging in through sshd:
   dmtsai:
      192.168.1.200: 2 times
Received disconnect:
   11: disconnected by user : 1 Time(s)
 -------------------- SSHD End ------------------------
 -------------------- Sudo (secure-log) Begin ------------------------
dmtsai => root
```

```
--------------
/bin/su                      -  2 Time ( s ) .
-------------------- Sudo ( secure-log ) End ------------------------
# 当然也得说明一下目前系统的磁盘使用状况。
-------------------- Disk Space Begin ------------------------
Filesystem              Size  Used Avail Use% Mounted on
/dev/mapper/centos-root  10G  3.7G  6.3G  37% /
devtmpfs                1.4G    0  1.4G   0% /dev
/dev/vda2               1014M  141M  874M  14% /boot
/dev/vda4               1014M   33M  982M   4% /srv/myproject
/dev/mapper/centos-home  5.0G  642M  4.4G  13% /home
/dev/mapper/raidvg-raidlv 1.5G  33M  1.5G   3% /srv/raidlvm
-------------------- Disk Space End ------------------------
```

　　由于鸟哥的测试用主机尚未启动许多服务，所以分析的项目很少。若你的系统已经启动许多服务的话，那么分析的项目理应会多很多才对。

18.5.2　鸟哥自己写的日志文件分析工具

　　虽然已经有了类似 logwatch 的工具，但是鸟哥自己想要分析的数据毕竟与对方不同，所以，鸟哥就自己写了一个小程序（shell 脚本）用来分析自己的日志文件，这个程序分析的日志文件主要由 journalctl 所产生，而且只会抓前一天的日志文件来分析而已，若比对 rsyslog.service 所产生的日志文件，则主要用到下面几个对应的文件名（虽然真的没用到）：

- /var/log/secure
- /var/log/messages
- /var/log/maillog

　　当然，还不只这些，包括各个主要常见的服务，如 pop3、mail、ftp、su 等会使用到 pam 服务，都可以通过鸟哥写的这个小程序来分析与处理，整个数据还会输出一些系统信息。如果你想要使用这个程序的话，欢迎下载：

- http://linux.vbird.org/linux_basic/0570syslog/logfile_centos7.tar.gz

　　安装的方法也很简单，你只要将上述的文件在根目录下面解压缩，自然就会将 cron 与相对应的文件放到正确的目录中。基本上鸟哥会用到的目录有 /etc/cron.d 以及/root/bin/logfile 而已。鸟哥已经写了一个 crontab 在文件中，设置每日 00:10 去分析一次系统日志文件。不过请注意，这次鸟哥使用的日志文件是来自于 journalctl，所以 CentOS 6 以前的版本千万不要使用，现在假设我将下载的文件放在根目录，所以：

```
[root@study ~]# tar -zxvf /logfile_centos7.tar.gz -C /
[root@study ~]# cat /etc/cron.d/vbirdlogfile
10 0 * * * root /bin/bash /root/bin/logfile/logfile.sh &> /dev/null
[root@study ~]# sh /root/bin/logfile/logfile.sh
# 开始尝试分析系统的日志文件，根据你的日志文件大小，分析的时间不固定。
[root@study ~]# mail
# 自己找到刚刚输出的结果，该结果的输出有点像下面这样。
Heirloom Mail version 12.5 7/5/10.  Type ? for help.
"/var/spool/mail/root": 9 messages 4 new 7 unread
 N  8 root              Thu Aug 20 19:26  60/2653 "study.centos.vbird logfile analysis results"
>N  9 root              Thu Aug 20 19:37  59/2612 "study.centos.vbird logfile analysis results"
& 9
# 先看看你的硬件与操作系统的相关情况，尤其是硬盘分区的使用量更需要随时注意。
============== system summary ==================================
Linux kernel : Linux version 3.10.0-229.el7.x86-64 ( builder@kbuilder.dev.centos.org )
CPU informatin: 2 Intel ( R ) Xeon ( R ) CPU E5-2650 v3 @ 2.30GHz
CPU speed    : 2299.996 MHz
hostname is  : study.centos.vbird
```

```
Network IP    : 192.168.1.100
Check time    : 2015/August/20 19:37:25 ( Thursday )
Summary date  : Aug 20
Up times      : 3 days, 59 min,
Filesystem summary:
    Filesystem              Type   Size  Used Avail Use% Mounted on
    /dev/mapper/centos-root xfs      10G  3.7G  6.3G  37% /
    devtmpfs              devtmpfs 1.4G     0  1.4G   0% /dev
    tmpfs                   tmpfs  1.4G   48K  1.4G   1% /dev/shm
    tmpfs                   tmpfs  1.4G  8.7M  1.4G   1% /run
    tmpfs                   tmpfs  1.4G     0  1.4G   0% /sys/fs/cgroup
    /dev/vda2               xfs   1014M  141M  874M  14% /boot
    /dev/vda4               xfs   1014M   33M  982M   4% /srv/myproject
    /dev/mapper/centos-home xfs     5.0G  642M  4.4G  13% /home
    /dev/mapper/raidvg-raidlv xfs    1.5G   33M  1.5G   3% /srv/raidlvm
    /dev/sr0              iso9660  7.1G  7.1G     0 100% /mnt
# 这个程序会将针对互联网与内部监听的端口分开来显示。
================= Ports 的相关分析信息 =====================
主机启用的 port 与相关的 process owner:
对外部界面开放的 ports (PID|owner|command)
    tcp 21| (root) |/usr/sbin/vsftpd /etc/vsftpd/vsftpd.conf
    tcp 22| (root) |/usr/sbin/sshd -D
    tcp 25| (root) |/usr/libexec/postfix/master -w
    tcp 222| (root) |/usr/sbin/sshd -f /etc/ssh/sshd2_config -D
    tcp 514| (root) |/usr/sbin/rsyslogd -n
    tcp 555| (root) |/usr/sbin/vsftpd /etc/vsftpd/vsftpd2.conf
# 以下仅针对个别启动的服务进行分析。
================= SSH 的日志文件信息汇整 =====================
今日没有使用 SSH 的记录
================= Postfix 的日志文件信息汇整 =====================
使用者邮箱接收邮件次数:
```

目前鸟哥都是通过这个程序去分析自己管理的主机，然后再以此了解系统状况，如果有特殊情况则实时进行系统处理。而且鸟哥都是将上述的 email 设置成自己可以在互联网上面使用的邮箱，这样我每天都可以收到正确的日志文件分析信息。

18.6　重点回顾

◆ 日志文件可以记录一个事件的何时、何地、何人、何事等 4 大信息，故系统有问题时务必查询日志文件；

◆ 系统的日志文件默认都集中放置到/var/log/目录内，其中又以 messages 记录的信息最多；

◆ 日志文件记录的主要服务与程序为：systemd-journald.service、rsyslog.service、rsyslogd；

◆ rsyslogd 的配置文件在/etc/rsyslog.conf，内容语法为：【服务名称.等级　记录设备或文件】；

◆ 通过 Linux 的 syslog 函数查询，了解上述服务名称有 kernel、user、mail 等，从 0 到 23 的服务序号；

◆ 承上，等级从不严重到严重依序有 info、notice、warning、error、critical、alert、emergency 等；

◆ rsyslogd 本身有提供日志文件服务器的功能，通过修改/etc/rsyslog.conf 内容即可完成；

◆ logrotate 程序利用 crontab 来进行日志文件的轮循功能；

◆ logrotate 的配置文件为/etc/logrotate.conf，而额外的设置则可写入/etc/logrotate.d/*内；

◆ 新的 CentOS 7 由于内置 systemd-journald.service 的功能，可以使用 journalctl 直接从内存读出日志文件，查询性能较好；

◆ logwatch 为 CentOS 7 默认提供的一个日志文件分析软件。

18.7　本章习题

实践题部分

◆　请在你的 CentOS 7.x 上面，依照鸟哥提供的 logfile.sh 去安装，并将结果取出分析看看。

简答题部分

◆　如果你想要将 auth 这个服务的日志中，只要信息等级高于 warn 就发送邮件到 root 的邮箱，该如
　　何完成？

◆　启动系统日志信息时，需要启动哪两个 daemon？

◆　rsyslogd 以及 logrotate 通过什么机制来执行？

18.8　参考资料与扩展阅读

◆　注 1：维基百科中有关 console 的说明。
　　https://en.wikipedia.org/wiki/Console

◆　网友翻译的 logfile 英文版。
　　http://phorum.vbird.org/viewtopic.php?f=10&t=34996&p=148198

19

第 19 章　启动流程、模块管理与 Loader

　　系统启动其实是一项非常复杂的过程，因为内核得要检测硬件并加载适当的驱动程序，接下来则必须要调用程序来准备好系统运行的环境，以让用户能够顺利地使用整个主机系统。如果你能够理解启动的原理，那么将有助于你在系统出问题时能够很快速地修复系统，而且还能够顺利地配置多重操作系统的多重引导问题。为了多重引导的问题，你就不能不学学 grub2 这个 Linux 下面优秀的启动引导程序（boot loader）。而在系统运行期间，你也得要学会管理内核模块。

19.1　Linux 的启动流程分析

如果想要多重引导，那要怎么安装系统？如果你的 root 密码忘记了，那要如何恢复？如果你的默认登录模式为图形界面，那要如何在启动时直接指定进入纯命令行模式？如果你因为/etc/fstab 设置错误，导致无法顺利挂载根目录，那要如何在不重新安装的情况下自定义你的/etc/fstab 让它变正常？这些都需要了解启动流程，那你说，这东西重不重要呢？

19.1.1　启动流程一览

既然启动是很严肃的一件事，那我们就来了解一下整个启动的过程，好让大家比较容易发现启动过程里面可能会发生问题的地方，以及出现问题后的解决之道。不过，由于启动的过程中启动引导程序（boot loader）使用的软件可能不一样，例如目前各大 Linux 发行版的主流为 grub2，但早期 Linux 默认是使用 grub1 或 LILO，台湾地区则很多朋友喜欢使用 spfdisk。但无论如何，我们总是得要了解整个启动引导程序的工作情况，才能了解为何进行多重引导的设置时，老是听人家讲要先安装 Windows 再安装 Linux 的原因。

假设以个人计算机使用的 Linux 为例（先回到第 0 章"计算机概论"看看相关的硬件常识），当你按下电源按键后计算机硬件会主动地读取 BIOS 或 UEFI BIOS 来加载硬件信息及进行硬件系统的自我测试，之后系统会主动去地读取第一个可启动的设备（由 BIOS 设置），此时就可以读入启动引导程序了。

启动引导程序可以指定使用哪个内核文件来启动，并实际加载内核到内存当中解压缩与执行。此时内核就能够开始在内存中活动，并检测所有硬件信息与加载适当的驱动程序来使整台主机开始运行，等到内核检测硬件与加载驱动程序完毕后，一个最普通的操作系统就开始在你的 PC 上面运行了。

主机系统开始运行后，此时 Linux 才会调用外部程序开始准备软件执行的环境，并且加载所有操作系统运行所需要的软件程序，最后系统就会开始等待你的登录与操作。简单来说，操作系统启动的经过可以集合成下面的流程：

- 加载 BIOS 的硬件信息与进行自我检测（自检），并根据设置取得第一个可启动的设备；
- 读取并执行第一个启动设备内 MBR 的启动引导程序（亦即是 grub2、spfdisk 等程序）；
- 根据启动引导程序的设置加载 Kernel，Kernel 会开始检测硬件与加载驱动程序；
- 在硬件驱动成功后，Kernel 会主动调用 systemd 程序，并以 default.target 流程启动：
  - systemd 执行 sysinit.target 初始化系统及 basic.target 准备操作系统；
  - systemd 启动 multi-user.target 下的本机与服务器服务；
  - systemd 执行 multi-user.target 下的 /etc/rc.d/rc.local 文件；
  - systemd 执行 multi-user.target 下的 getty.target 及登录服务；
  - systemd 执行 graphical 需要的服务。

大概的流程就是上面写的，你会发现 systemd 占的比重非常重。所以我们才会在第 16 章的 pstree 命令中谈到它。那每一个程序的内容主要是在干什么？下面就分别来谈一谈吧！

19.1.2　BIOS、boot loader 与 kernel 加载

我们在第 2 章曾经谈过简单的启动流程与 MBR 的功能，以及大容量磁盘需要使用的 GPT 分区表格式等。详细的内容请再次回到第 2 章好好的阅读一下，我们这里为了讲解方便起见，将后续会用到的专有名词先做个综合解释：

- BIOS：不论传统 BIOS 还是 UEFI BIOS 都会被简称为 BIOS；
- MBR：虽然分区表有传统 MBR 以及新式 GPT，不过 GPT 也有保留一块兼容 MBR 的区块，

因此，下面的说明在安装 boot loader 的部分，鸟哥还是简称为 MBR。总之，MBR 就代表该磁盘的最前面可安装 boot loader 的那个区块。

◆ BIOS，启动自我测试与 MBR/GPT

我们在第 0 章的 "计算机概论" 就曾谈过计算机主机架构，在个人计算机架构下，你想要启动整个系统首先就得要让系统去加载 BIOS（Basic Input Output System），并通过 BIOS 程序去加载 CMOS 的信息，并且借由 CMOS 内的设置值取得主机的各项硬件配置，例如 CPU 与接口设备的沟通频率、启动设备的查找顺序、硬盘的大小与类型、系统时间、各周边总线是否启动 Plug and Play（PnP，即插即用设备）、各接口设备的 I/O 地址，以及与 CPU 沟通的 IRQ 中断等的信息。

在取得这些信息后，BIOS 还会进行启动自我检测（Power-on Self Test，POST）[注1]。然后开始执行硬件检测的初始化，并设置 PnP 设备，之后再定义出可启动的设备顺序，接下来就会开始进行启动设备的数据读取了。

由于我们的系统软件大多放置到硬盘中，所以 BIOS 会指定启动的设备好让我们可以读取磁盘中的操作系统内核文件。但由于不同的操作系统它的文件系统格式不相同，因此我们必须要以一个启动引导程序来处理内核文件加载（load）的问题，因此这个启动引导程序就被称为 boot loader。那这个 boot loader 程序安装在哪里？就在启动设备的第一个扇区（sector）中，也就是我们一直谈到的 MBR（Master Boot Record，主引导记录）。

你会不会觉得很奇怪？既然内核文件需要 loader 来读取，那每个操作系统的 loader 都不相同，这样的话 BIOS 又是如何读取 MBR 内的 loader？很有趣的问题吧！其实 BIOS 是通过硬件的 INT 13 中断功能来读取的 MBR，也就是说，只要 BIOS 能够检测到你的磁盘（不论该磁盘是 SATA 还是 SAS 接口），那它就有办法通过 INT 13 这条通道来读取该磁盘的第一个扇区内的 MBR[注2]，这样 boot loader 也就能够被执行了。

我们知道每块硬盘的最前面区块含有 MBR 或 GPT 分区表所提供的 loader 区块，那么如果我的主机上面有两块硬盘的话，系统会去哪块硬盘的最前面区块读取 boot loader？这个就得要看 BIOS 的设置了。基本上，我们常常讲的【系统的 MBR】其实指的是第一个启动设备的 MBR 才对。所以，改天如果你要将启动引导程序安装到某块硬盘的 MBR 时，要特别注意当时系统的【第一个启动设备】是哪个，否则会安装到错误的硬盘上面的 MBR，记住这很重要。

◆ boot loader 的功能

刚刚说到 loader 的最主要功能是要识别操作系统的文件格式，并据以加载内核到内存中去执行。由于不同操作系统的文件格式不一致，因此每种操作系统都有自己的 boot loader，用自己的 loader 才有办法加载内核文件。那问题就来了，你应该听说过多重操作系统吧？也就是在一台主机上面安装多种不同的操作系统。既然（1）**必须要使用自己的 loader 才能够加载属于自己的操作系统内核，而（2）系统的 MBR 只有一个，那你怎么会有办法同时在一台主机上面安装 Windows 与 Linux 呢？**

这就得要回到第 7 章的 "磁盘文件系统" 去回忆一下文件系统功能了。其实每个文件系统（filesystem 或 partition）都会保留一块启动扇区（boot sector）提供操作系统安装 boot loader，而通常操作系统默认都会安装一份 loader 到它根目录所在的文件系统的 boot sector 上。如果我们在一台主机上面安装 Windows 与 Linux 后，该 boot sector、boot loader 与 MBR 的相关性会有点像下图。

如图 19.1.1 所示，每个操作系统默认会安装一个 boot loader 到它自己的文件系统中（就是每个 filesystem 左下角的方框），而在 Linux 系统安装时，你可以选择将 boot loader 安装到 MBR，也可以选择不安装。如果选择安装到 MBR 的话，那理论上你在 MBR 与 boot sector 都会保有一份 boot loader 程序。至于 Windows 安装时，它默认会主动地将 MBR 与 boot sector 都装上一份 boot loader。所以，你会发现安装多重操作系统时，你的 MBR 常常会被不同的操作系统的 boot loader 所覆盖。

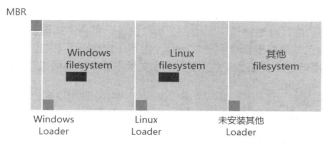

图 19.1.1　boot loader 安装在 MBR、boot sector 与操作系统的关系

　　我们刚刚提到的两个问题还是没有解决。虽然各个操作系统都可以安装一份 boot loader 到它的 boot sector 中，这样操作系统可以通过自己的 boot loader 来加载内核。问题是系统的 MBR 只有一个。你要怎么执行 boot sector 里面的 loader 呢？这个我们得要回忆一下第 2 章提过的 boot loader 的功能了。boot loader 主要的功能如下：

- 提供选项：用户可以选择不同的启动选项，这也是多重引导的重要功能；
- 加载内核文件：直接指向可启动的程序区域来启动操作系统；
- 转交其他 loader：将启动管理功能转交给其他 loader 负责。

　　由于具有选项功能，因此我们可以选择不同的内核来启动，而由于具有控制权转交的功能，因此我们可以加载其他 boot sector 内的 loader。不过 Windows 的 loader 默认不具有控制权转交的功能，因此你不能使用 Windows 的 loader 来加载 Linux 的 loader。这也是为啥第 2 章谈到 MBR 与多重引导时，会特别强调先装 Windows 再装 Linux 的缘故。我们将上述的三个功能以图 19.1.2 例来解释你就看懂了。(与第 2 章的图例也非常类似。)

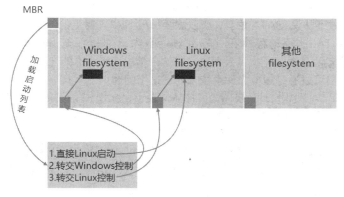

图 19.1.2　启动引导程序的选项功能与控制权转交功能示意图

　　如上图所示，我的 MBR 使用 Linux 的 grub2 这个启动引导程序，并且里面假设已经有了三个选项，第一个选项可以直接指向 Linux 的内核文件并且直接加载内核来启动；第二个选项可以将启动管理权交给 Windows 来管理，此时 Windows 的 loader 会接管启动流程，这个时候它就能够启动 Windows了；第三个选项则是使用 Linux 在 boot sector 内的启动引导程序，此时就会跳出另一个 grub2 的选项。了解了吗？

- 选项一：MBR (grub2)　--> kernel file --> booting
- 选项二：MBR(grub2) --> boot sector(Windows loader) --> Windows kernel --> booting
- 选项三：MBR (grub2)　--> boot sector (grub2)　--> kernel file --> booting

而最终 boot loader 的功能就是【加载内核文件】。

◆ 加载内核检测硬件与 initramfs 的功能

当我们借由 boot loader 的管理而开始读取内核文件后，接下来 Linux 就会将内核解压缩到内存当中，并且利用内核的功能，开始测试与驱动各个周边设备，包括存储设备、CPU、网卡、声卡等。此时 Linux 内核会以自己的功能重新检测一次硬件，而不一定会使用 BIOS 检测到的硬件信息。也就是说，内核此时才开始接管 BIOS 后的工作。那么内核文件在哪里？一般来说，它会被放置到 /boot 里面，并且取名为 /boot/vmlinuz。

```
[root@study ~]# ls --format=single-column -F /boot
config-3.10.0-229.el7.x86_64          <==此版本内核被编译时，选择功能与模块的配置文件。
grub/                                 <==旧版 grub1，不需要理会这目录。
grub2/                                <==就是启动引导程序 grub2 相关数据目录。
initramfs-0-rescue-309eb890d3d95ec7a.img  <==下面几个为虚拟文件系统文件，这一个是用来恢复的。
initramfs-3.10.0-229.el7.x86_64.img   <==正常启动会用到的虚拟文件系统。
initramfs-3.10.0-229.el7.x86_64kdump.img  <==内核出问题时会用到的虚拟文件系统。
System.map-3.10.0-229.el7.x86_64      <==内核功能放置到内存地址的对应表。
vmlinuz-0-rescue-309eb890d09543d95ec7a*  <==恢复用的内核文件。
vmlinuz-3.10.0-229.el7.x86_64*        <==就是内核文件，最重要者。
```

从上表中的特殊字体，我们也可以知道 CentOs 7.x 的 Linux 内核版本为 3.10.0-229.el7.x86_64。为了硬件开发商与其他内核功能开发者的便利，Linux 内核是可以通过动态加载内核模块的（就请想成驱动程序即可），这些内核模块就放置在 /lib/modules/ 目录内。由于模块放置到磁盘根目录内（要记得 /lib 不可以与 / 分别放在不同的硬盘分区），因此在启动的过程中内核必须要挂载根目录，这样才能够读取内核模块提供的加载驱动程序功能。而且由于担心影响到磁盘内的文件系统，因此启动过程中根目录是以只读的方式来挂载的。

一般来说，目前的 Linux 发行版都会将非必要的功能且可以编译成为模块的内核功能，编译成为模块，因此 USB、SATA、SCSI 等磁盘设备的驱动程序通常都是以模块的方式来存在的。现在来思考一种情况，假设你的 Linux 安装在 SATA 磁盘上面，你可以通过 BIOS 的 INT 13 取得 boot loader 与内核文件来启动，然后内核会开始接管系统并且检测硬件及尝试挂载根目录来取得额外的驱动程序。

问题是，内核根本不认识 SATA 磁盘，所以需要加载 SATA 磁盘的驱动程序，否则根本就无法挂载根目录。但是 SATA 的驱动程序在 /lib/modules 内，你根本无法挂载根目录又怎么读取到 /lib/modules/ 内的驱动程序？是吧，真是两难。在这个情况之下，你的 Linux 是无法顺利启动的。那怎么办？没关系，我们可以通过虚拟文件系统来处理这个问题。

虚拟文件系统（Initial RAM Disk 或 Initial RAM Filesystem）一般使用的文件名为 /boot/initrd 或 /boot/initramfs，这个文件的特色是它也能够通过 boot loader 来加载到内存中，然后这个文件会被解压缩并且在内存当中模拟成一个根目录，且此模拟在内存当中的文件系统能够提供一个可执行的程序，通过该程序来加载启动过程中所最需要的内核模块，通常这些模块就是 USB、RAID、LVM、SCSI 等文件系统与磁盘接口的驱动程序。等加载完成后，会帮助内核重新调用 systemd 来开始后续的正常启动流程。

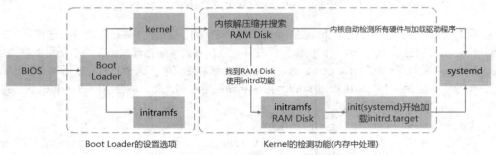

图 19.1.3 BIOS 与 boot loader 及内核加载流程示意图

如上图所示，boot loader 可以加载 kernel 与 initramfs，然后在内存中让 initramfs 解压缩成为根目录，内核就能够借此加载适当的驱动程序，最终释放虚拟文件系统，并挂载实际的根目录文件系统，从而开始后续的正常启动流程。更详细的 initramfs 说明，你可以自行使用 man initrd 去查看。下面让我们来了解一下 CentOS 7.x 的 initramfs 文件内容有什么。

```
# 1. 先来直接看一下 initramfs 里面的内容有些啥内容。
[root@study ~]# lsinitrd /boot/initramfs-3.10.0-229.el7.x86_64.img
# 首先会调用 initramfs 最前面文件头的许多内容介绍，这部分会占用一些容量。
Image: /boot/initramfs-3.10.0-229.el7.x86_64.img: 18M
========================================================================
Early CPIO image
========================================================================
drwxr-xr-x   3 root     root            0 May  4 17:56 .
-rw-r--r--   1 root     root            2 May  4 17:56 early_cpio
drwxr-xr-x   3 root     root            0 May  4 17:56 kernel
drwxr-xr-x   3 root     root            0 May  4 17:56 kernel/x86
drwxr-xr-x   2 root     root            0 May  4 17:56 kernel/x86/microcode
-rw-r--r--   1 root     root        10240 May  4 17:56 kernel/x86/microcode/GenuineIntel.bin
========================================================================
Version: dracut-033-240.el7
Arguments: -f
dracut modules:  # 开始一堆模块的加载操作。
bash
nss-softokn
……（中间省略）……
========================================================================
drwxr-xr-x  12 root     root            0 May  4 17:56 .
crw-r--r--   1 root     root         5,  1 May  4 17:56 dev/console
crw-r--r--   1 root     root         1, 11 May  4 17:56 dev/kmsg
crw-r--r--   1 root     root         1,  3 May  4 17:56 dev/null
……（中间省略）……
lrwxrwxrwx   1 root     root           23 May  4 17:56 init -> usr/lib/systemd/systemd
……（中间省略）……
drwxr-xr-x   2 root     root            0 May  4 17:56 var/lib/lldpad
lrwxrwxrwx   1 root     root           11 May  4 17:56 var/lock -> ../run/lock
lrwxrwxrwx   1 root     root           10 May  4 17:56 var/log -> ../run/log
lrwxrwxrwx   1 root     root            6 May  4 17:56 var/run -> ../run
========================================================================
# 最后则会列出这个 initramfs 里面的所有文件。也就是说，这个 initramfs 文件大概存着两部分，
# 先是文件头声明的许多文件部分，再来才是真的会被内核使用的全部附加的数据。
```

从上面我们大概知道了这个 initramfs 里面含有两大区块，一个是事先声明的一些数据，包括 kernel/x86/microcode/GenuineIntel.bin 这些东西。在这些数据后面，才是我们的内核会去读取的重要文件。如果看一下文件的内容，你会发现到 init 程序已经被 systemd 所替换。这样理解了吗？好，如果你想要进一步将这个文件解开的话，那得要先将前面的 kernel/x86/microcode/GenuineIntel.bin 之前的文件先移除掉，这样才能够顺利解开。因此，得要这样进行：

```
# 1. 先将/boot 下面的文件移除前面不需要的文件头内容部分。
[root@study ~]# mkdir /tmp/initramfs
[root@study ~]# cd /tmp/initramfs
[root@study initramfs]# dd if=/boot/initramfs-3.10.0-229.el7.x86_64.img of=initramfs.gz \
> bs=11264 skip=1
[root@study initramfs]# ll initramfs.gz; file initramfs.gz
-rw-r--r--. 1 root root 18558166 Aug 24 19:38 initramfs.gz
initramfs.gz: gzip compressed data, from UNIX, last modified: Mon May  4 17:56:47 2015,
 max compression
# 2. 从上面看到文件是 gzip 压缩文件，所以将它解压缩后，再查看一下文件的类型。
[root@study initramfs]# gzip -d initramfs.gz
[root@study initramfs]# file initramfs
initramfs: ASCII cpio archive （SVR4 with no CRC）
# 3. 解开后又产生一个 cpio 文件，得要将它用 cpi 解开，加上不要绝对路径的参数较保险。
[root@study initramfs]# cpio -i -d -H newc --no-absolute-filenames < initramfs
```

```
[root@study initramfs]# ll
lrwxrwxrwx.  1 root root        7 Aug 24 19:40 bin -> usr/bin
drwxr-xr-x.  2 root root       42 Aug 24 19:40 dev
drwxr-xr-x. 12 root root     4096 Aug 24 19:40 etc
lrwxrwxrwx.  1 root root       23 Aug 24 19:40 init -> usr/lib/systemd/systemd
-rw-r--r--.  1 root root 42263552 Aug 24 19:38 initramfs
lrwxrwxrwx.  1 root root        7 Aug 24 19:40 lib -> usr/lib
lrwxrwxrwx.  1 root root        9 Aug 24 19:40 lib64 -> usr/lib64
drwxr-xr-x.  2 root root        6 Aug 24 19:40 proc
drwxr-xr-x.  2 root root        6 Aug 24 19:40 root
drwxr-xr-x.  2 root root        6 Aug 24 19:40 run
lrwxrwxrwx.  1 root root        8 Aug 24 19:40 sbin -> usr/sbin
-rwxr-xr-x.  1 root root     3041 Aug 24 19:40 shutdown
drwxr-xr-x.  2 root root        6 Aug 24 19:40 sys
drwxr-xr-x.  2 root root        6 Aug 24 19:40 sysroot
drwxr-xr-x.  2 root root        6 Aug 24 19:40 tmp
drwxr-xr-x.  7 root root       61 Aug 24 19:40 usr
drwxr-xr-x.  3 root root       47 Aug 24 19:40 var
# 看吧, 上面几乎就像是一个小型的文件系统根目录, 这样就能让内核去挂载了。
# 4. 接下来看一看到底这个小型的文件系统中, systemd 是要以哪个 target 来启动。
[root@study initramfs]# ll usr/lib/systemd/system/default.target
lrwxrwxrwx. 1 root root 13 Aug 24 19:40 usr/lib/systemd/system/default.target -> initrd.target
# 5. 最终, 让我们看一看系统内默认的 initrd.target 依赖的所有服务。
[root@study initramfs]# systemctl list-dependencies initrd.target
initrd.target
├─dracut-cmdline.service
······ (中间省略) ······
├─basic.target
│ ├─alsa-restore.service
······ (中间省略) ······
│ ├─slices.target
│ │ ├─-.slice
│ │ └─system.slice
│ ├─sockets.target
│ │ ├─dbus.socket
······ (中间省略) ······
│ │ └─systemd-udevd-kernel.socket
│ ├─sysinit.target
│ │ ├─dev-hugepages.mount
······ (中间省略) ······
│ │ ├─local-fs.target
│ │ │ ├─-.mount
│ │ │ ├─boot.mount
······ (中间省略) ······
│ │ └─swap.target
│ │   ├─dev-centos-swap.swap
······ (中间省略) ······
│ │   └─dev-mapper-centos\x2dswap.swap
│ └─timers.target
│   └─systemd-tmpfiles-clean.timer
├─initrd-fs.target
└─initrd-root-fs.target
# 依旧通过 systemd 的方式, 一个一个地将所有的检测与服务加载系统中。
```

　　通过上面解开 initramfs 的结果, 你会知道其实 initramfs 就是一个小型的根目录, 这个小型根目录里面也是通过 systemd 来进行管理, 同时查看 default.target 的链接, 会发现其实这个小型系统就是通过 initrd.target 来启动, 而 initrd.target 也是需要读入一堆例如 basic.target、sysinit.target 等硬件检测、内核功能启用的流程, 然后开始让系统顺利运行。最终才又卸载 initramfs 的小型文件系统, 实际挂载系统的根目录。

　　此外, initramfs 并没有大包大揽, 它仅是带入启动过程会用到的内核模块而已。所以如果你在

initramfs 里面去找 modules 这个关键词的话，就可以发现主要的内核模块大概就是 SCSI、virtio、RAID 等跟磁盘相关性比较高的模块。现在由于磁盘大部分都是使用 SATA，并没有 IDE 接口，所以没有 initramfs 的话，你的 Linux 几乎就是不能顺利启动的，除非你将 SATA 的模块直接编译到内核中。

　　在内核完整地加载后，您的主机应该就开始正确地运行了，接下来，要开始执行系统的第一个程序：systemd。

19.1.3　第一个程序 systemd 及使用 default.target 进入启动程序分析

　　在内核加载完毕、进行完硬件检测与驱动程序加载后，此时你的主机硬件应该已经准备就绪了（ ready ）。此时内核会主动地调用第一个程序，那就是 systemd。这也是为啥第 16 章的 pstree 命令介绍时，你会发现 systemd 的 PID 号码是一号。systemd 最主要的功能就是准备软件执行的环境，包括系统的主机名、网络设置、语言设置、文件系统格式及其他服务的启动等。而所有的操作都会通过 systemd 的默认启动服务集合，亦即是 /etc/systemd/system/default.target 来规划。另外，systemd 已经舍弃了沿用多年的 System V 的运行级别（ runlevel ）。

◆　常见的操作环境 target 与兼容于 runlevel 的级别

　　可以作为默认的操作环境（ default.target ）的主要项目有：multi-user.target 以及 graphical.target 这两个。当然还有某些比较特殊的操作环境，包括在第 17 章里面谈到的 rescue.target、emergency.target、shutdown.target 等，以及本章在 initramfs 里面谈到的 initrd.target。

　　但是过去的 System V 使用的是一个称为 runlevel（ 运行级别 ）的概念来启动系统，systemd 为了兼容于旧式的 System V 操作行为，所以也将 runlevel 与操作环境做个结合。你可以使用下面的方式来查询两者间的对应：

```
[root@study ~]# ll -d /usr/lib/systemd/system/runlevel*.target | cut -c 28-
May  4 17:52 /usr/lib/systemd/system/runlevel0.target -> poweroff.target
May  4 17:52 /usr/lib/systemd/system/runlevel1.target -> rescue.target
May  4 17:52 /usr/lib/systemd/system/runlevel2.target -> multi-user.target
May  4 17:52 /usr/lib/systemd/system/runlevel3.target -> multi-user.target
May  4 17:52 /usr/lib/systemd/system/runlevel4.target -> multi-user.target
May  4 17:52 /usr/lib/systemd/system/runlevel5.target -> graphical.target
May  4 17:52 /usr/lib/systemd/system/runlevel6.target -> reboot.target
```

　　如果你之前已经使用过 System V 的方式来管理系统的话，那应该会知道切换运行级别可以使用【 init 3 】转成命令行界面，【 init 5 】转成图形界面吧？这个 init 程序依旧是保留下来的，只是 init 3 会相当于 systemctl isolate multi-user.target 就是了。如果做个完整的迭代，这两个程序的对应为：

SystemV	systemd
init 0	systemctl poweroff
init 1	systemctl rescue
init [234]	systemctl isolate multi-user.target
init 5	systemctl isolate graphical.target
init 6	systemctl reboot

◆　systemd 的处理流程

　　如前所述，当我们取得了 /etc/systemd/system/default.target 这一个默认操作界面的设置之后，接下来系统帮我们做了什么？首先，它会链接到 /usr/lib/systemd/system/ 这个目录下去取得 multi-user.target 或 graphical.target 这两个其中的一个（ 当然，鸟哥说的是正常进入 Linux 操作环境的情况下 ），假设我们使用 graphical.target，接下来 systemd 会去找两个地方的设置，即如下目录：

- /etc/systemd/system/graphical.target.wants/：用户设置加载的 unit；
- /usr/lib/systemd/system/graphical.target.wants/：系统默认加载的 unit。

然后再由 /usr/lib/systemd/system/graphical.target 这个配置文件内发现如下的数据：

```
[root@study ~]# cat /usr/lib/systemd/system/graphical.target
[Unit]
Description=Graphical Interface
Documentation=man:systemd.special(7)
Requires=multi-user.target
After=multi-user.target
Conflicts=rescue.target
Wants=display-manager.service
AllowIsolate=yes
[Install]
Alias=default.target
```

这 表 示 graphical.target 必 须 要 完 成 multi-user.target 之后才能够进行，而进行完 graphical.target 之后，还得要启动 display-manager.service 才行的意思。好了，那么通过同样的方式，我们来找找 multi-user.target 要执行完毕得要加载的项目有哪些？

```
# 先来看看multi-user.target 配置文件内规范了依赖的操作环境有哪些。
[root@study ~]# cat /usr/lib/systemd/system/multi-user.target
[Unit]
Description=Multi-User System
Documentation=man:systemd.special(7)
Requires=basic.target
Conflicts=rescue.service rescue.target
After=basic.target rescue.service rescue.target
AllowIsolate=yes
[Install]
Alias=default.target
# 然后看看系统默认要加载的 unit 有哪些。
[root@study ~]# ls /usr/lib/systemd/system/multi-user.target.wants
brandbot.path     plymouth-quit.service          systemd-logind.service
dbus.service      plymouth-quit-wait.service     systemd-user-sessions.service
getty.target      systemd-ask-password-wall.path
# 使用者自定义要加载的 unit 又有哪些。
[root@study ~]# ls /etc/systemd/system/multi-user.target.wants
abrt-ccpp.service     crond.service         mdmonitor.service      sshd.service
abrtd.service         hypervkvpd.service    ModemManager.service   sysstat.service
abrt-oops.service     hypervvssd.service    NetworkManager.service tuned.service
abrt-vmcore.service   irqbalance.service    postfix.service        vmtoolsd.service
abrt-xorg.service     kdump.service         remote-fs.target       vsftpd2.service
atd.service           ksm.service           rngd.service           vsftpd.service
auditd.service        ksmtuned.service      rsyslog.service
backup2.timer         libstoragemgmt.service smartd.service
backup.timer          libvirtd.service      sshd2.service
```

通过上面的结果，我们又能知道 multi-usre.target 需要在 basic.target 运行完毕才能够加载上述的许多 unit，然后再去 basic.target 里面找数据等，最终这些数据就可以通过【 systemctl list-dependencies graphical.target 】这个命令来列出所有的相关性的服务，这就是 systemd 的调用所需要服务的流程。

> 要知道系统服务的启用流程，最简单的方法就是【 systemctl list-dependencies graphical.target 】这个命令。只是，如果你想要知道背后的配置文件意义，那就是分别去找出 /etc 与 /usr/lib 下面的 graphical.target.wants/ 目录下的数据。当然，配置文件脚本里面的 Requires 这个设置值所代表的服务，也是需要先加载。

大概分析一下【 systemctl list-dependencies graphical.target 】所输出的依赖属性服务，基本上

我们 CentOS 7.x 的 systemd 启动流程是这样：

（1）local-fs.target + swap.target：这两个 target 主要在挂载本机 /etc/fstab 里面所规范的文件系统与相关的内存交换分区。

（2）sysinit.target：这个 target 主要是检测硬件，加载所需要的内核模块等操作。

（3）basic.target：加载主要的外围硬件驱动程序与防火墙相关任务。

（4）multi-user.target：其他一般系统或网络服务的加载。

（5）图形界面相关服务如 gdm.service 等其他服务的加载。

除了第一步骤 local-fs.target、swap.target 是通过 /etc/fstab 来进行挂载的操作之外，那其他的 target 有做啥操作呢？简单介绍一下。

19.1.4　systemd 执行 sysinit.target 初始化系统、basic.target 准备系统

如果你自己使用【 systemctl list-dependencies sysinit.target 】来看看的话，那就会看到很多依赖的服务。这些服务你应该要一个一个去查询看看设置脚本的内容，就能够大致理解每个服务的意义。基本上，我们可以将这些服务归类成几个大项：

- 特殊文件系统设备的挂载：包括 dev-hugepages.mount、dev-mqueue.mount 等挂载服务，主要在挂载跟内存分页使用与消息队列的功能。挂载成功后，会在 /dev 下面建立 /dev/hugepages/、/dev/mqueue/ 等目录；
- 特殊文件系统的启用：包括磁盘阵列、网络驱动器（ iscsi ）、LVM 文件系统、文件系统对照服务（ multipath ）等，也会在这里被检测与使用到；
- 启动过程的信息传递与动画执行：使用 plymouthd 服务搭配 plymouth 命令来传递动画与信息；
- 日志式日志文件的使用：就是 systemd-journald 这个服务的启用；
- 加载额外的内核模块：通过 /etc/modules-load.d/*.conf 文件的设置，让内核额外加载管理员所需要的内核模块；
- 加载额外的内核参数设置：包括 /etc/sysctl.conf 以及 /etc/sysctl.d/*.conf 内部设置；
- 启动系统的随机数生成器：随机数生成器可以帮助系统进行一些密码加密演算的功能；
- 设置终端（ console ）字体；
- 启动动态设备管理器：就是 udevd 这个程序。用在动态对应实际设备读写与设备文件名的一个服务。相当重要，也是在这里启动。

不论你即将使用哪种操作环境来使用系统，这个 sysinit.target 几乎都是必要的工作。从上面你也可以看出来，基本的内核功能、文件系统、文件系统设备的驱动等，都在这个时刻处理完毕，所以，这个 sysinit.target 的阶段是挺重要的。

执行完 sysinit.target 之后，再来则是 basic.target 这个项目了。sysinit.target 在初始化系统，而这个 basic.target 则是一个最普通的操作系统。这个 basic.target 的阶段主要启动的服务大概有这些：

- 加载 alsa 音效驱动程序：这个 alsa 是个音效相关的驱动程序，会让你的系统有音效产生；
- 加载 firewalld 防火墙：CentOS 7.x 以后使用 firewalld 替换了 iptables，虽然最终都是使用 iptables 的架构，不过在设置上面差很多；
- 加载 CPU 的微指令功能；
- 启动与设置 SELinux 的安全上下文：如果由 disable 的状态改成 enable 的状态，或是管理员设置强制重新设置一次 SELinux 的安全上下文，也在这个阶段处理；
- 将目前的启动过程所产生的启动信息写入到 /var/log/dmesg 当中；
- 由 /etc/sysconfig/modules/*.modules 及 /etc/rc.modules 加载管理员指定的模块；
- 加载 systemd 支持的 timer 功能。

在这个阶段完成之后，你的系统已经可以顺利地运行了。就差一堆你需要的登录服务、网络服务、本机认证服务等的 service 类别，于是就可以进入下个服务启动的阶段。

19.1.5 systemd 启动 multi-user.target 下的服务

在加载内核驱动硬件后，经过 sysinit.target 的初始化流程让系统可以读写之后，加上 basic.target 让系统成为操作系统的基础，之后就是服务器要顺利运行时，需要的各种主机服务以及提供服务器功能的网络服务的启动。这些服务的启动则大多是附属于 multi-user.target 这个操作环境下面，你可以到 /etc/systemd/system/multi-user.target.wants/ 里面去看看默认要被启动的服务。

也就是说，一般服务的启动脚本设置都是放在下面的目录内：

- /usr/lib/systemd/system（系统默认的服务启动脚本设置）；
- /etc/systemd/system（管理员自己开发与设置的脚本设置）。

而用户针对主机的本地服务与服务器网络服务的各项 unit 若要 enable 的话，就是将它放到 /etc/systemd/system/multi-user.target.wants/ 这个目录下面做个链接，这样就可以在启动的时候去启动它。这时回想一下，你在第 17 章使用 systemctl enable/disable 时，系统的反应是什么？再次回想一下：

```
# 将 vsftpd.service 先 disable 再 enable 看看输出的信息是什么。
[root@study ~]# systemctl disable vsftpd.service
rm '/etc/systemd/system/multi-user.target.wants/vsftpd.service'
[root@study ~]# systemctl enable vsftpd.service
ln -s '/usr/lib/systemd/system/vsftpd.service' '/etc/systemd/system/multi-user.target.
 wants/vsftpd.service'
```

有没有发现亮点了？不是从 /etc/systemd/system/multi-user.target.wants/ 里面删除链接文件，就是建立链接文件，这样说，理解吧？你当然不需要手动处理这些链接，而是使用 systemctl 来处理即可。另外，这些程序除非在脚本设置里面原本就有规范服务的依赖性，这样才会有顺序的启动之外，大多数的服务都是同时启动的，这就是 systemd 的多任务。

- 兼容 System V 的 rc-local.service

另外，过去用过 Linux 的朋友大概都知道，当系统完成启动后，还想要让系统额外执行某些程序的话，可以将该程序命令或脚本的绝对路径名称写入到 /etc/rc.d/rc.local 这个文件。新的 systemd 机制中，它建议直接写一个 systemd 的启动脚本配置文件到 /etc/systemd/system 下面，然后使用 systemctl enable 的方式来设置启用它，而不要直接使用 rc.local 这个文件。

但是像鸟哥这样的"老人家"就是喜欢将启动后要立刻执行的许多管理员自己的脚本，将它写入到 /etc/rc.d/rc.local 中，那新版的 systemd 有没有支持？当然有，那就是 rc-local.service 这个服务的功能了。这个服务不需要启动，它会自己判断 /etc/rc.d/rc.local 是否具有可执行的权限来决定要不要启动这个服务。你可以这样检查看看：

```
# 1. 先看一下 /etc/rc.d/rc.local 的权限，然后检查 multi-user.target 有没有这个服务。
[root@study ~]# ll /etc/rc.d/rc.local
-rw-r--r--. 1 root root 473 Mar  6 13:48 /etc/rc.d/rc.local
[root@study ~]# systemctl status rc-local.service
rc-local.service - /etc/rc.d/rc.local Compatibility
  Loaded: loaded (/usr/lib/systemd/system/rc-local.service; static）
  Active: inactive （dead）
[root@study ~]# systemctl list-dependencies multi-user.target | grep rc-local
# 明明就有这个服务，但是 rc.local 不具有可执行（x）的权限，因此这个服务不会被执行。
# 2. 加入可执行权限后，再看一下 rc-local 是否可被启用。
[root@study ~]# chmod a+x /etc/rc.d/rc.local; ll /etc/rc.d/rc.local
-rwxr-xr-x. 1 root root 473 Mar  6 13:48 /etc/rc.d/rc.local
[root@study ~]# systemctl daemon-reload
[root@study ~]# systemctl list-dependencies multi-user.target | grep rc-local
├─rc-local.service    # 这个服务确实被记录到启动的环境下。
```

通过这个 chmod a+x /etc/rc.d/rc.local 的步骤，你的许多脚本就可以放在 /etc/rc.d/rc.local 这个文件内，系统在每次启动都会去执行这文件内的命令，非常简单。

◆ 提供 tty 界面与登录的服务

在 multi-user.target 下面还有个 getty.target 的操作界面选项。这个选项就是我们在第 17 章用来举例的 tty 终端界面的案例。能不能提供适当的登录服务也是 multi-user.target 下面的内容。包括 systemd-logind.service、systemd-user-sessions.service 等服务。

比较有趣的是，由于服务都是同步运行，不一定哪个服务先启动完毕。如果 getty 服务先启动完毕时，你会发现到有可用的终端尝试让你登录系统了。问题是，如果 systemd-logind.service 或 systemd-user-sessions.service 服务尚未执行完毕的话，那么你还是无法登录系统的。

> 有些比较急性子的伙伴在启动 CentOS 7.x 时，看到屏幕出现 tty1 可以让它登录了，但是一开始输入正确的账户密码却无法登录系统，总要隔了数十秒之后才能够顺利登录，知道原因了吗？

19.1.6　systemd 启动 graphical.target 下面的服务

如果你的 default.target 是 multi-user.target 的话，那么这个步骤就不会进行。反之，如果是 graphical.target 的话，那么 systemd 就会开始加载用户管理服务与图形界面管理程序（window display manager，WDM）等，启动图形界面来让用户以图形界面登录系统。如果你对于 graphical.target 多了哪些服务有兴趣，那就来检查看看：

```
[root@study ~]# systemctl list-dependencies graphical.target
graphical.target
├─accounts-daemon.service
├─gdm.service
├─network.service
├─rtkit-daemon.service
├─systemd-update-utmp-runlevel.service
└─multi-user.target
  ├─abrt-ccpp.service
……（下面省略）……
```

事实上就是多了上面列出来的这些服务而已，大多数都是图形界面账号管理的功能，至于实际让用户可以登录的服务，倒是那个 gdm.service 而已。如果你去看看 gdm.service 的内容，就会发现最重要的执行文件是 /usr/sbin/gdm，就是让用户可以利用图形界面登录的最重要服务。我们未来讲到 X 窗口界面时再来聊聊 gdm 这个软件。

到此为止，systemd 就已经完整地处理完毕，你可以使用图形界面或命令行界面的方式来登录系统，系统也顺利地启动完毕，也能够将你写入到 /etc/rc.d/rc.local 的脚本实际执行一次。那如果默认是图形界面（graphical.target）但是想要关闭而进入命令行界面（multi-user.target）？很简单。19.1.3 小节就谈过了，使用【systemctl isolate multi-user.target】即可。如果使用【init 3】呢？也是可以，只是系统实际执行的还是【systemctl isolate multi-user.target】。

19.1.7　启动过程会用到的主要配置文件

基本上，systemd 有自己的配置文件处理方式，不过为了兼容 System V，其实很多的服务脚本设置还是会读取位于 /etc/sysconfig/ 下面的环境配置文件。下面我们就来谈谈几个常见的比较重要的配置文件。

◆ 关于模块：/etc/modprobe.d/*.conf 及 /etc/modules-load.d/*.conf

还记得我们在 sysinit.target 系统初始化当中谈到的加载用户自定义模块的地方吗？其实有两个地方可以处理模块加载的问题，包括：

- /etc/modules-load.d/*.conf：单纯要内核加载模块的位置；
- /etc/modprobe.d/*.conf：可以加上模块参数的位置。

基本上 systemd 已经帮我们将启动会用到的驱动程序全部加载了，因此这个部分你应该无须修改才对。不过，如果你有某些特定的参数要处理时，应该就需要在这里进行。举例来说，我们在第 17 章曾经谈过 vsftpd 这个服务对吧，而且当时将这个服务的端口修改为 555。那我们可能需要修改防火墙设置，其中一个针对 FTP 很重要的防火墙模块为 nf_conntrack_ftp。因此，你可以将这个模块写入到系统启动流程中，例如：

```
[root@study ~]# vim /etc/modules-load.d/vbird.conf
nf_conntrack_ftp
```

一个模块（驱动程序）写一行，然后，上述的模块基本上是针对默认 FTP 端口，亦即 21 端口所设置，如果需要调整到 555 端口的话，得要外带参数才行，模块外加参数的设置方式得要写入到另一个地方。

```
[root@study ~]# vim /etc/modprobe.d/vbird.conf
options nf_conntrack_ftp ports=555
```

之后重新启动就能够顺利地加载并且处理好这个模块了。不过，如果你不想启动测试，想现在处理，有个方式可以来进行看看：

```
[root@study ~]# lsmod | grep nf_conntrack_ftp
# 没东西，因为还没有加载这个模块，所以不会出现任何信息。
[root@study ~]# systemctl restart systemd-modules-load.service
[root@study ~]# lsmod | grep nf_conntrack_ftp
nf_conntrack_ftp        18638  0
nf_conntrack           105702  1 nf_conntrack_ftp
```

通过上述的方式，你就可以在启动的时候将你所需要的驱动程序加载或是调整这些模块的外加参数。

- /etc/sysconfig/*

  还有哪些常见的环境配置文件？我们找几个比较重要的来谈谈。

  - authconfig

  这个文件主要在规范用户的身份认证的功能，包括是否使用本机的 /etc/passwd、/etc/shadow 等，以及/etc/shadow 密码记录使用何种加密算法，还有是否使用外部认证服务器提供的账号验证（NIS、LDAP）等。系统默认使用 SHA-512 加密算法，并且不使用外部的身份验证功能。另外，不建议手动修改这个文件，你应该使用【authconfig-tui】命令来修改较佳。

  - cpupower

  你启动 cpupower.service 服务时，它就会读取这个配置文件。主要是 Linux 内核如何操作 CPU 的原则。一般来说，启动 cpupower.service 之后，系统会让 CPU 以最大性能的方式来运行，否则默认就是用多少算多少的模式来处理。

  - Firewalld、iptables-config、iptables-config、ebtables-config

  与防火墙服务的启动外带的参数有关，这些内容我们会在服务器篇慢慢再来讨论。

  - network-scripts/

  至于network-scripts 里面的文件，则是主要用在设置网卡方面，这部分我们在服务器篇才会提到。

19.2　内核与内核模块

谈完了整个启动的流程，您应该会知道，在整个启动的过程当中，是否能够成功地驱动我们主机的硬件设备是内核（kernel）的工作。而内核一般都是压缩文件，因此在使用内核之前，就得要将它解压缩后，才能加载内存当中。

另外，为了应付日新月异的硬件，目前的内核都是具有【可读取模块化驱动程序】的功能，亦即是所谓的【modules（模块化）】的功能。所谓的模块化可以将它想成是一个【插件】，该插件可能由硬件开发厂商提供，也有可能我们的内核本来就支持，不过，较新的硬件通常都需要硬件开发商提供驱动程序模块。

那么内核与内核模块放在哪？

- 内核：/boot/vmlinuz 或 /boot/vmlinuz-version；
- 内核解压缩所需 RAM Disk：/boot/initramfs（/boot/initramfs-version）；
- 内核模块：/lib/modules/version/kernel 或 /lib/modules/$（uname -r）/kernel；
- 内核源代码：/usr/src/linux 或 /usr/src/kernels/（要安装才会有，默认不安装）。

如果该内核被顺利的加载系统当中了，那么就会有几个信息记录下来：

- 内核版本：/proc/version
- 系统内核功能：/proc/sys/kernel/

问题来了，如果我有个新的硬件，偏偏我的操作系统不支持，该怎么办？很简单。

- 重新编译内核，并加入最新的硬件驱动程序源代码；
- 将该硬件的驱动程序编译成为模块，在启动时加载该模块。

上面第一点还很好理解，反正就是重新编译内核就是了。不过，内核编译很不容易，我们会在后续章节大概介绍内核编译的整个过程。比较有趣的则是将该硬件的驱动程序编译成为模块，关于编译的方法，可以参考后续的第 21 章源代码与 tarball 的介绍。我们这个章节仅是说明一下，如果想要加载一个已经存在的模块时，该如何处理呢？

19.2.1　内核模块与依赖性

既然要处理内核模块，自然就得要了解我们内核提供的模块之间的相关性。基本上，内核模块的放置处是在 /lib/modules/$（uname -r）/kernel 当中，里面主要还分成几个目录：

```
arch      ：与硬件平台有关的选项，例如 CPU 的等级等。
crypto    ：内核所支持的加密技术，例如 md5 或是 des 等。
drivers   ：一些硬件的驱动程序，例如显卡、网卡、PCI 相关硬件等。
fs        ：内核所支持的文件系统，例如 vfat、reiserfs、nfs 等。
lib       ：一些函数库。
net       ：与网络有关的各项协议数据，还有防火墙模块（net/ipv4/netfilter/*）等。
sound     ：与音效有关的各项模块。
```

如果要我们一个一个地去检查这些模块的主要信息，然后定义出它们的依赖性，我们可能会疯掉。所以说，我们的 Linux 当然会提供一些模块依赖性的解决方案。对，那就是检查/lib/modules/$（uname -r）/modules.dep 这个文件，它记录了内核支持的模块的各项依赖性。

那么这个文件如何建立？挺简单，利用 depmod 这个命令就可以达到建立该文件的需求。

```
[root@study ~]# depmod [-Ane]
选项与参数：
-A ：不加任何参数时，depmod 会主动地去分析目前内核的模块，并且重新写入
      /lib/modules/$（uname -r）/modules.dep 当中。若加入-A 数时，则 depmod
      会去查找比 modules.dep 内还要新的模块，如果真找到新模块，才会更新。
-n ：不写入 modules.dep，而是将结果输出到屏幕上（standard out）。
-e ：显示出目前已加载的不可执行的模块名称。
范例一：若我做好一个网卡驱动程序，文件名为 a.ko，该如何更新内核依赖性。
[root@study ~]# cp a.ko /lib/modules/$（uname -r）/kernel/drivers/net
[root@study ~]# depmod
```

以上面的范例一为例，我们的内核模块扩展名一定是 .ko 结尾的，当你使用 depmod 之后，该程序会跑到模块标准放置目录 /lib/modules/$（uname -r）/kernel，并依据相关目录的定义将全部的模块读出来分析，最终才将分析的结果写入 modules.dep 文件中。这个文件很重要，因为它会影响到本章稍后会介绍的 modprobe 命令的应用。

19.2.2 查看内核模块

那你到底知不知道目前内核加载了多少的模块？很简单，利用 lsmod 即可。

```
[root@study ~]# lsmod
Module                  Size  Used by
nf_conntrack_ftp        18638  0
nf_conntrack           105702  1 nf_conntrack_ftp
……（中间省略）……
qxl                     73766  1
drm_kms_helper          98226  1 qxl
ttm                     93488  1 qxl
drm                    311588  4 qxl,ttm,drm_kms_helper  # drm 还被 qxl, ttm..等模块使用。
……（下面省略）……
```

使用 lsmod 之后，系统会显示出目前已经存在于内核当中的模块，显示的内容包括有：

● 模块名称（Module）；
● 模块的大小（size）；
● 此模块是否被其他模块所使用（Used by）。

也就是说，模块其实真的有依赖性。以上表为例，nf_conntrack 先被加载后，nf_conntrack_ftp 这个模块才能够进一步地加载到系统中，这两者间是有依赖性的。包括鸟哥测试机使用的是虚拟机，用到的显卡是 qxl 这个模块，该模块也同时使用了好多额外的附属模块。那么，那个 drm 是什么？要如何了解？就用 modinfo 命令。

```
[root@study ~]# modinfo [-adln] [module name|filename]
选项与参数：
-a  ：仅列出作者名称。
-d  ：仅列出该 modules 的说明（description）。
-l  ：仅列出授权（license）。
-n  ：仅列出该模块的详细路径。
范例一：由上个表格当中，请列出 drm 这个模块的相关信息。
[root@study ~]# modinfo drm
filename:       /lib/modules/3.10.0-229.el7.x86_64/kernel/drivers/gpu/drm/drm.ko
license:        GPL and additional rights
description:    DRM shared core routines
author:         Gareth Hughes, Leif Delgass, José Fonseca, Jon Smirl
rhelversion:    7.1
srcversion:     66683E37FDD905C9FFD7931
depends:        i2c-core
intree:         Y
vermagic:       3.10.0-229.el7.x86_64 SMP mod_unload modversions
signer:         CentOS Linux kernel signing key
sig_key:        A6:2A:0E:1D:6A:6E:48:4E:9B:FD:73:68:AF:34:08:10:48:E5:35:E5
sig_hashalgo:   sha256
parm:           edid_fixup:Minimum number of valid EDID header Bytes （0-8, default 6）（int）
……（下面省略）……
# 可以看到这个模块的来源，以及该模块的简易说明。
范例二：我有一个模块名称为 a.ko，请问该模块的相关信息是什么。
[root@study ~]# modinfo a.ko
……（省略）……
```

事实上，这个 modinfo 除了可以【查看在内核中的模块】之外，还可以检查【某个模块文件】，因此，如果你想要知道某个文件代表的意义是什么，利用 modinfo 加上完整文件名，看看就知道了。

19.2.3 内核模块的加载与删除

好了，如果我想要自行手动加载模块，又该如何是好？有很多方法，最简单而且建议的是使用 modprobe 这个命令来加载模块，这是因为 modprobe 会主动地去查找 modules.dep 的内容，先解决了模块的依赖性后，才决定需要加载的模块有哪些，很方便。至于 insmod 则完全由用户自行加载一个完整文件名的模块，并不会主动地分析模块依赖性。

```
[root@study ~]# insmod [/full/path/module_name] [parameters]
范例一：请尝试加载 cifs.ko 这个【文件系统】模块。
[root@study ~]# insmod /lib/modules/$(uname -r)/kernel/fs/fat/fat.ko
[root@study ~]# lsmod | grep fat
fat                    65913  0
```

insmod 立刻就将该模块加载，但是 insmod 后面接的模块必须要是完整的【文件名】才行。那如何删除这个模块？

```
[root@study ~]# rmmod [-fw] module_name
选项与参数：
-f ：强制将该模块删除，不论是否正被使用。
范例一：将刚刚加载的 fat 模块删除。
[root@study ~]# rmmod fat
范例二：请加载 vfat 这个【文件系统】模块。
[root@study ~]# insmod /lib/modules/$(uname -r)/kernel/fs/vfat/vfat.ko
insmod: ERROR: could not load module /lib/modules/3.10.0-229.el7.x86_64/kernel/fs/vfat/
 vfat.ko: No such file or directory
# 无法加载 vfat 这个模块。
```

使用 insmod 与 rmmod 的问题就是，你必须要自行找到模块的完整文件名才行，而且如同上述范例二的结果，万一模块有依赖属性的问题时，你将无法直接加载或删除该模块。所以近年来我们都建议直接使用 modprobe 来处理模块加载的问题，这个命令的用法是：

```
[root@study ~]# modprobe [-cfr] module_name
选项与参数：
-c ：列出目前系统所有的模块。（更详细的代号对应表。）
-f ：强制加载该模块。
-r ：类似 rmmod，就是删除某个模块。
范例一：加载 vfat 模块。
[root@study ~]# modprobe vfat
# 很方便吧，不需要知道完整的模块文件名，这是因为该完整文件名已经记录到。
# /lib/modules/`uname -r`/modules.dep 当中的缘故，如果要删除的话如下操作即可。
[root@study ~]# modprobe -r vfat
```

使用 modprobe 真得是要比 insmod 方便很多。因为它是直接去查找 modules.dep 的记录，所以，当然可以解决模块的依赖性问题，而且还不需要知道该模块的详细路径，很方便。

例题

尝试使用 modprobe 加载 cifs 这个模块，并且查看该模块的相关模块是哪个？
答：我们使用 modprobe 来加载，再以 lsmod 来查看与 grep 截取关键词看看：

```
[root@study ~]# modprobe cifs
[root@study ~]# lsmod | grep cifs
cifs                  456500  0
dns_resolver           13140  1 cifs    <==竟然还有使用到 dns_resolver。
[root@study ~]# modprobe -r cifs <==测试完删除此模块。
```

19.2.4　内核模块的额外参数设置：/etc/modprobe.d/*conf

如果有某些特殊的需求导致你必须要让内核模块加上某些参数时，请回到 19.1.7 小节看一看，应该会有启发。重点就是要自己建立扩展名为 .conf 的文件，通过 options 来带入内核模块参数。

19.3 Boot Loader:Grub2

在看完了前面的整个启动流程，以及内核模块的整理之后，你应该会发现一件事情，那就是【boot loader 是加载内核的重要工具】。没有 boot loader 的话，那么内核根本就没有办法被系统加载。所以，下面我们会先谈一谈 boot loader 的功能，然后再讲一讲现阶段 Linux 里面最主流的 grub2 这个 boot loader。

另外，你也得要知道，目前新版的 CentOS 7.x 已经将沿用多年的 grub 换成了 grub2。这个 grub2 版本在设置与安装上面跟之前的 grub 有点不那么相同。所以，在后续的章节中，得要了解一下新的 grub2 的设置方式才行。如果你是新接触者，那没关系，直接看就好。

19.3.1 boot loader 的两个 stage

我们在第一小节启动流程的地方曾经讲过，在 BIOS 读完信息后，接下来就是会到第一个启动设备的 MBR 去读取 boot loader 了。这个 boot loader 可以具有选项功能、直接加载内核文件以及控制权移交的功能等，操作系统必须要有 loader 才有办法加载该操作系统的内核。但是我们都知道，MBR 是整个硬盘的第一个扇区中的一个区块，充其量整个大小也才 446 B 而已。即使是 GPT 也没有很大的扇区来存储 loader 的数据。我们的 loader 功能这么强，光是程序代码与设置数据不可能只占这么一点点的容量吧？那如何安装？

为了解决这个问题，Linux 将 boot loader 的程序代码执行与设置值加载分成两个阶段（stage）来完成：

● Stage 1：**执行 boot loader 主程序**

第一阶段为执行 boot loader 的主程序，这个主程序必须要被安装在启动区，亦即是 MBR 或启动扇区（boot sector）。但如前所述，因为 MBR 实在太小了，所以 MBR 或启动扇区通常仅安装 boot loader 的最小主程序，并没有安装 loader 的相关配置文件。

● Stage 2：**主程序加载配置文件**

第二阶段为通过 boot loader 加载所有配置文件与相关的环境参数文件（包括文件系统定义与主要配置文件 grub.cfg），一般来说，配置文件都在 /boot 下面。

那么这些配置文件是放在哪里？这些与 grub2 有关的文件都放置到 /boot/grub2 中，那我们就来看看有哪些文件吧！

```
[root@study ~]# ls -l /boot/grub2
-rw-r--r--.  device.map              <==grub2 的设备对应文件（下面会谈到）。
drwxr-xr-x.  fonts                   <==启动过程中的画面会使用到的字体文件。
-rw-r--r--.  grub.cfg                <==grub2 的主配置文件，相当重要。
-rw-r--r--.  grubenv                 <==一些环境区块的符号。
drwxr-xr-x.  i386-pc                 <==针对一般 x86 计算机所需要的 grub2 的相关模块。
drwxr-xr-x.  locale                  <==就是语系相关的文件。
drwxr-xr-x.  themes                  <==一些启动主题界面文件。
[root@study ~]# ls -l /boot/grub2/i386-pc
-rw-r--r--.  acpi.mod                <==电源管理有关的模块。
-rw-r--r--.  ata.mod                 <==磁盘有关的模块。
-rw-r--r--.  chain.mod               <==进行 loader 控制权移交的相关模块。
-rw-r--r--.  command.lst             <==一些命令相关性的列表。
-rw-r--r--.  efiemu32.o              <==下面几个则是与 UEFI BIOS 相关的模块。
-rw-r--r--.  efiemu64.o
-rw-r--r--.  efiemu.mod
-rw-r--r--.  ext2.mod                <==ext 文件系统系列相关模块。
-rw-r--r--.  fat.mod                 <==FAT 文件系统模块。
-rw-r--r--.  gcry_sha256.mod         <==常见的加密模块。
-rw-r--r--.  gcry_sha512.mod
```

```
-rw-r--r--.   iso9660.mod        <==光盘文件系统模块。
-rw-r--r--.   lvm.mod            <==LVM 文件系统模块。
-rw-r--r--.   mdraid09.mod       <==软件磁盘阵列模块。
-rw-r--r--.   minix.mod          <==MINIX 相关文件系统模块。
-rw-r--r--.   msdospart.mod      <==一般 MBR 分区表。
-rw-r--r--.   part_gpt.mod       <==GPT 分区表。
-rw-r--r--.   part_msdos.mod     <==MBR 分区表。
-rw-r--r--.   scsi.mod           <==SCSI 相关模块。
-rw-r--r--.   usb_keyboard.mod   <==下面两个为 USB 相关模块。
-rw-r--r--.   usb.mod
-rw-r--r--.   vga.mod            <==VGA 显卡相关模块。
-rw-r--r--.   xfs.mod            <==xfs 文件系统模块。
# 鸟哥这里只拿一些模块作说明，没有将全部的文件都列出来。
```

从上面的说明你可以知道 /boot/grub2/ 目录下最重要的就是配置文件（grub2.cfg）以及各种文件系统的定义。我们的 loader 读取了这种文件系统定义数据后，就能够识别文件系统并读取在该文件系统中的内核文件。

所以从上面的文件来看，grub2 识别的文件系统与磁盘分区格式真得非常多。正因为如此，所以 grub2 才会替换 Lilo、grub 这个老牌的 boot loader。好了，接下来就来看看配置文件内有什么设置。

19.3.2　grub2 的配置文件/boot/grub2/grub.cfg 初探

grub2 的优点挺多，包括：

- 识别与支持较多的文件系统，并且可以使用 grub2 的主程序直接在文件系统中查找内核文件。
- 启动时可以【自行编辑与修改启动设置选项】，类似 bash 的命令模式。
- 可以动态查找配置文件，而不需要在修改配置文件后重新安装 grub2 ，亦即是我们只要修改完 /boot/grub2/grub.cfg 里面的设置后，下次启动就生效。

上面第三点其实就是 Stage 1、Stage 2 分别安装在 MBR（主程序）与文件系统当中（配置文件与定义文件）的原因。好了，接下来，让我们好好了解一下 grub2 的配置文件：/boot/grub2/grub.cfg 吧！

◆　磁盘与分区在 grub2 中的代号

安装在 MBR 的 grub2 主程序，最重要的任务之一就是**从磁盘当中加载内核文件**，以让内核能够顺利地驱动整个系统的硬件。所以，grub2 必须要识别硬盘才行。那么 grub2 到底是如何识别硬盘的呢？嘿嘿，grub2 对硬盘的代号设置与传统的 Linux 磁盘代号可完全是不同的。grub2 对硬盘的识别使用的是如下的代号：

```
(hd0,1)        # 一般的默认语法，由 grub2 自动判断分区格式。
(hd0,msdos1)   # 此磁盘的分区为传统的 MBR 模式。
(hd0,gpt1)     # 此磁盘的分区为 GPT 模式。
```

够神了吧？跟 /dev/sda1 风马牛不相干，怎么办？其实只要注意几个东西即可，那就是：

- 硬盘代号以小括号（）包起来；
- 硬盘以 hd 表示，后面会接一组数字；
- 以【查找顺序】做为硬盘的编号；（这个重要）
- 第一个查找到的硬盘为 0 号，第二个为 1 号，以此类推；
- 每块硬盘的第一个分区代号为 1，依序类推。

所以说，第一块【查找到的硬盘】代号为：【(hd0)】，而该块硬盘的第一号分区为【(hd0,1)】，这样说了解了吧？另外，为了区分不同的分区格式，因此磁盘后面的分区号码可以使用类似 msdos1 与 gpt1 的方式来调整。最终要记得的是，磁盘的号码是由 0 开始编号，分区的号码则与 Linux 一样，是由 1 号开始编号，两者不同。

跟旧版的 grub 有点不一样，因为旧版的 grub 不论磁盘还是分区的起始号码都是 0 号，而 grub2 在分区的部分是以 1 号开始。此外，由于 BIOS 可以调整磁盘的启动顺序，因此上述的磁盘对应的（hdN）那个号码 N 是可能会变动的，这要先有概念才行。

所以说，整个硬盘代号为：

硬盘查找顺序	在 Grub2 当中的代号
第一块（MBR）	（hd0）（hd0,msdos1）（hd0,msdos2）（hd0,msdos3）....
第二块（GPT）	（hd1）（hd1,gpt1）（hd1,gpt2）（hd1,gpt3）....
第三块	（hd2）（hd2,1）（hd2,2）（hd2,3）....

这样应该比较好看出来了吧？ 第一块硬盘的 MBR 安装处的硬盘代号就是【（hd0）】，而第一块硬盘的第一个分区的启动扇区代号就是【（hd0,msdos1）】第一块硬盘的第一个逻辑分区的启动扇区代号为【（hd0,msdos5）】。

例题

假设你的系统仅有一块 SATA 硬盘，请说明该硬盘的第一个逻辑分区在 Linux 与 grub2 当中的文件名与代号。

答：因为是 SATA 磁盘，加上使用逻辑分区，因此 Linux 当中的文件名为 /dev/sda5 才对（1~4 保留给主要分区与扩展分区使用）。至于 grub2 当中的磁盘代号则由于仅有一块磁盘，因此代号会是【（hd0,msdos5）】或简易的写法【（hd0,5）】才对。

◆ /boot/grub2/grub.cfg 配置文件（重点在于了解，不要随便改）
了解了 grub2 当中最麻烦的硬盘代号后，接下来，我们就可以看一看配置文件的内容了。先看一下鸟哥的 CentOS 内的 /boot/grub2/grub.cfg 好了：

```
[root@study ~]# vim /boot/grub2/grub.cfg
# 开始是/etc/grub.d/00_header 这个脚本执行的结果展示，主要与基础设置与环境有关。
### BEGIN /etc/grub.d/00_header ###
set pager=1
if [ -s $prefix/grubenv ]; then
  load_env
fi
……（中间省略）……
if [ x$feature_timeout_style = xy ] ; then
  set timeout_style=menu
  set timeout=5
# Fallback normal timeout code in case the timeout_style feature is
# unavailable.
else
  set timeout=5
fi
### END /etc/grub.d/00_header ###
# 开始执行/etc/grub.d/10_linux，主要针对实际的 Linux 内核文件的启动环境。
### BEGIN /etc/grub.d/10_linux ###
menuentry 'CentOS Linux 7 (Core), with Linux 3.10.0-229.el7.x86_64' --class rhel fedora \
  --class gnu-linux --class gnu --class os --unrestricted $menuentry_id_option \
  'gnulinux-3.10.0-229.el7.x86_64-advanced-299bdc5b-de6d-486a-a0d2-375402aaab27' {
      load_video
      set gfxpayload=keep
```

```
        insmod gzio
        insmod part_gpt
        insmod xfs
        set root='hd0,gpt2'
        if [ x$feature_platform_search_hint = xy ]; then
          search --no-floppy --fs-uuid --set=root --hint='hd0,gpt2'  94ac5f77-cb8a-495e-a65b-...
        else
          search --no-floppy --fs-uuid --set=root 94ac5f77-cb8a-495e-a65b-2ef7442b837c
        fi
        linux16 /vmlinuz-3.10.0-229.el7.x86_64 root=/dev/mapper/centos-root ro  \
              rd.lvm.lv=centos/root rd.lvm.lv=centos/swap crashkernel=auto rhgb quiet \
              LANG=zh_TW.UTF-8
        initrd16 /initramfs-3.10.0-229.el7.x86_64.img
}
### END /etc/grub.d/10_linux ###
……（中间省略）……
### BEGIN /etc/grub.d/30_os-prober ###
### END /etc/grub.d/30_os-prober ###
### BEGIN /etc/grub.d/40_custom ###
### END /etc/grub.d/40_custom ###
……（下面省略）……
```

基本上，grub2 不希望你自己修改 grub.cfg 这个配置文件，取而代之的是修改几个特定的配置文件之后，由 grub2-mkconfig 这个命令来产生新的 grub.cfg 文件。不过，你还是得要了解一下 grub2.cfg 的大致内容。

在 grub.cfg 最开始的部分，其实大多是环境设置与默认值设置等，比较重要的当然是默认由哪个选项启动（set default）以及默认的秒数（set timeout）。再来则是每一个选项的设置，就是在【menuentry】这个设置值之后的选项。在鸟哥默认的配置文件当中，其实是有两个 menuentry 的，也就是说，鸟哥的测试机在启动的时候应该就会有两个可以选择的选项之意思。

在 menuentry 之后会有几个选项的规范，包括【--class、--unrestricted --id】等指定选项，之后通过【{ }】将这个选项会将用到的命令框起来，在选择这个选项之后就会执行括号中命令的意思。如果点选了这个选项，那 grub2 首先会加载模块，例如上表中的【load_video、insmod gzio、insmod part_gpt、insmod xfs】等，都是在加载要读取内核文件所需的磁盘、分区、文件系统、解压缩等的驱动程序，之后就是三个比较重要的选项参数：

◆　set root='hd0,gpt2'

该 root 是指定 grub2 配置文件所在的那个设备。以我们的测试机来说，当初安装的时候划分出 / 与 /boot 两个分区，而 grub2 是在/boot/grub2 目录中，而这个位置的磁盘文件名为 /dev/vda2，因此完整的 grub2 磁盘名称就是（hd0,2），因为我们的系统用的是 GTP 的磁盘分区格式，因此全名就是【hd0,gpt2】。这样说，有没有明白？

◆　linux16 /vmlinuz-... root=/dev/mapper/centos-root ...

这个就是 Linux 内核文件以及内核执行时所带的参数。你应该会觉得比较怪的是，我们的内核文件不是 /boot/vmlinuz-xxx 吗？怎么这里的设置会是在根目录？这个跟上面的 root 有关。大部分的系统大多有 /boot 这个分区，如果 /boot 没有划分，那会是怎么回事？我们用下面的迭代来说明一下：

●　如果没有 /boot 分区，仅有 / 分区，文件名会这样变化：

```
/boot/vmlinuz-xxx --> (/)/boot/vmlinuz-xxx --> (hd0,msdos1)/boot/vmlinuz-xxx
```

●　如果 /boot 是独立分区，则文件名的变化会是这样：

```
/boot/vmlinuz-xxx --> (/boot)/vmlinuz-xxx --> (hd0,msdos1)/vmlinuz-xxx
```

因此，这个 linux16 后面接的文件名得要跟上面的 root 搭配在一起，才是完整的绝对路径文件名。看懂了吗？至于 linux16 /vmlinuz-xxx root=/file/name 那个 root 指的是【Linux 文件系统中，根目录是在哪个设备上】的意思。从本章一开始的启动流程中，我们就知道内核会主动去挂载根目录，并且从根目录中读取配置文件，再进一步开始启动流程。所以，内核文件后面一定要接根目录的设备。这样理解了吧？我们从/etc/fstab 里面也知道根目录的挂载可以是设备文件名、UUID 与 LABEL 名称，因此这个 root 后面也是可以带入类似 root=UUID=1111.2222.33... 之类的模式。

◆ initrd16 /initramfs-3.10...

这个就是 initramfs 所在的文件名，跟 linux16 那个 vmlinuz-xxx 相同，这个文件名也是需要搭配【set root=xxx】那个选项的设备，才会得到正确的位置，切记。

19.3.3 grub2 配置文件维护/etc/default/grub 与/etc/grub.d

前一个小节我们谈到的是 grub2 的主配置文件 grub.cfg 大致的内容，但是因为该文件的内容太过复杂，数据量非常庞大，grub2 官方说明不建议我们手动修改，而是应该要通过 /etc/default/grub 这个环境配置文件与 /etc/grub.d/ 目录内的相关配置文件来处理比较妥当。我们先来聊聊 /etc/default/grub 这个环境配置文件。

◆ /etc/default/grub 主要环境配置文件

这个主配置文件的内容大概是长这样：

```
[root@study ~]# cat /etc/default/grub
GRUB_TIMEOUT=5                    # 指定默认倒数读秒的秒数。
GRUB_DEFAULT=saved               # 指定默认由哪一个选项来启动，默认启动选项之意。
GRUB_DISABLE_SUBMENU=true        # 是否要隐藏次选项，通常是藏起来的好。
GRUB_TERMINAL_OUTPUT="console"   # 指定数据输出的终端格式，默认是通过命令行界面。
GRUB_CMDLINE_LINUX="rd.lvm.lv=centos/root rd.lvm.lv=centos/swap crashkernel=auto rhgb quiet"
                                 # 就是在 menuentry 括号内的 linux16 后接的内核参数。
GRUB_DISABLE_RECOVERY="true"     # 取消恢复选项的制作。
```

有兴趣的伙伴请自行 info grub 并且找到 6.1 节阅读一下，我们下面主要谈的是几个重要的设置选项。

● **倒数时间参数：GRUB_TIMEOUT**

这个设置值相当简单，后面就是接你要倒数的秒数即可，例如要等待 30 秒，就在这边改成【GRUB_TIMEOUT=30】即可。如果不想等待则输入 0，如果一定要用户选择，则填 -1 即可。

● **是否隐藏选项：GRUB_TIMEOUT_STYLE**

这个选项可选择的设置值有 menu、countdown、hidden 等。如果没有设置，默认是 menu 的意思。这个选项主要是在设置要不要显示启动选项。如果你不想要让用户看到启动选项，这里可以设置为 countdown。那 countdown 与 hidden 有啥差异？countdown 会在屏幕上显示剩余的等待秒数，而hidden 则空空如也，除非你有特定的需求，否则这里一般鸟哥建议设置为 menu 较佳。

● **信息输出的终端模式：GRUB_TERMINAL_OUTPUT**

这个选项是指定输出的画面应该使用哪一个终端来显示的意思，主要的设置值有【console、serial、gfxterm、vga_text】等。除非有特别的需求，否则一般使用 console 即可。

● **默认启动选项：GRUB_DEFAULT**

这个选项在指定要用哪一个选项（menuentry）来作为默认启动选项的意思。能使用的设置值包括有【saved、数字、title 名、ID 名】等。假设你有三条 menuentry 的选项大约像这样：

```
menuentry '1st linux system' --id 1st-linux-system { ...}
menuentry '2nd linux system' --id 2nd-linux-system { ...}
menuentry '3rd win system' --id 3rd-win-system { ...}
```

几个常见的设置值是这样的：

```
[root@study ~]#
GRUB_DEFAULT=1
    代表使用第二个 menuentry 启动，因为数字的编号是以 0 号开始。
GRUB_DEFAULT=3rd-win-system
```

　　代表使用第三个 menuentry 启动，因为里面代表的是 ID 的选项，它会找到 --id。
GRUB_DEFAULT=saved
　　代表使用 grub2-set-default 来设置哪一个 menuentry 为默认值的意思，通常默认为 0。

　　一般来说，默认就是以第一个启动选项来作为默认选项，如果想要有不同的选项设置，可以在这个选项填选所需要的 --id 即可。当然，你的 id 就应该不要重复。

- 内核的外加参数功能：GRUB_CMDLINE_LINUX

　　如果你的内核在启动的时候还需要加入额外的参数，就在这里加入。举例来说，如果你除了默认的内核参数之外，还需要让你的磁盘读写功能为 deadline 时，可以这样处理：

```
GRUB_CMDLINE_LINUX="..... crashkernel=auto rhgb quiet elevator=deadline"
```

　　在既有的选项之后加上如同上表的设置，这样就可以在启动时额外地加入磁盘读写的机制选项设置了。

　　这个主要环境配置文件编写完毕之后，必须要使用 grub2-mkconfig 来重建 grub.cfg 才行。因为主配置文件就是 grub.cfg 而已，我们是通过许多脚本的辅助来完成 grub.cfg 的自动创建。当然，额外自己设置的选项，就是写入 /etc/default/grub 文件内。我们来测试一下调整选项，看看你会不会自定义主要环境配置文件？

例题

　　假设你需要（1）启动选项等待 40 秒；（2）默认用第一个选项启动；（3）选项请显示出来不要隐藏；（4）内核外带【elevator=deadline】的参数值，那应该要如何处理 grub.cfg ？
　　答：直接编辑主要环境配置文件后，再以 grub2-mkconfig 来重建 grub.cfg。

```
# 1. 先编辑主要环境配置文件。
[root@study ~]# vim /etc/default/grub
GRUB_TIMEOUT=40
GRUB_DEFAULT=0
GRUB_TIMEOUT_STYLE=menu
GRUB_DISABLE_SUBMENU=true
GRUB_TERMINAL_OUTPUT="console"
GRUB_CMDLINE_LINUX="rd.lvm.lv=centos/root rd.lvm.lv=centos/swap crashkernel=auto rhgb
  quiet elevator=deadline"
GRUB_DISABLE_RECOVERY="true"
# 2. 开始重新创建 grub.cfg。
[root@study ~]# grub2-mkconfig -o /boot/grub2/grub.cfg
Generating grub configuration file ...
Found linux image: /boot/vmlinuz-3.10.0-229.el7.x86_64
Found initrd image: /boot/initramfs-3.10.0-229.el7.x86_64.img
Found linux image: /boot/vmlinuz-0-rescue-309eb890d09f440681f596543d95ec7a
Found initrd image: /boot/initramfs-0-rescue-309eb890d09f440681f596543d95ec7a.img
done
# 3. 检查看看 grub.cfg 的内容是否真的是改变了。
[root@study ~]# grep timeout /boot/grub2/grub.cfg
  set timeout_style=menu
  set timeout=40
[root@study ~]# grep default /boot/grub2/grub.cfg
  set default="0"
[root@study ~]# grep linux16 /boot/grub2/grub.cfg
      linux16 /vmlinuz-3.10.0-229.el7.x86_64 root=/dev/... elevator=deadline
      linux16 /vmlinuz-0-rescue-309eb890d09f440681f5965... elevator=deadline
```

- 选项创建的脚本 /etc/grub.d/*

　　你应该会觉得很奇怪，grub2-mkconfig 执行之后，屏幕怎么会主动地去获取到 Linux 的内核，还能够找到对应内核版本的 initramfs 呢？怎么这么厉害？其实 grub2-mkconfig 会去分析 /etc/grub.d/* 里面的文件，然后执行该文件来创建 grub.cfg。所以，/etc/grub.d/* 里面的文件就显得很重要了。一般来说，该目录下会有这些文件存在：

- **00_header**：主要在建立初始的显示项目，包括需要加载的模块分析、屏幕终端的格式、倒数秒数、选项是否需要隐藏等，大部分在 /etc/default/grub 里面所设置的变量，大概都会在这个脚本当中被利用来重建 grub.cfg。
- **10_linux**：根据分析/boot 下面的文件，尝试找到正确的 Linux 内核与读取这个内核需要的文件系统模块与参数等，都在这个脚本运行后找到并设置到 grub.cfg 当中。因为这个脚本会将所有在/boot 下面的每一个内核文件都对应到一个选项，因此内核文件数量越多，你的启动选项就越多。如果未来你不想要旧的内核出现在选项上，那可以通过删除旧内核来处理即可。
- **30_os-prober**：这个脚本默认会到系统上找其他分区的里面可能含有的操作系统，然后将该操作系统做成启动选项来处理。如果你不想要让其他的操作系统被检测到并拿来启动，那可以在 /etc/default/grub 里面加上【GRUB_DISABLE_OS_PROBER=true】取消这个文件的执行。
- **40_custom**：如果你还有其他想要自己手动加上去的选项项目或是其他的需求，那么建议在这里补充即可。

所以，一般来说，我们会修改到的就是仅有 40_custom 这个文件即可。那这个文件内容也大多在放置管理员自己想要加进来的选项项目。好了，那问题来了，我们知道 menuentry 就是一个选项，那后续的项目有哪些东西呢？简单说，就是这个 menuentry 有几种常见的设置？亦即是 menuentry 的功能，常见的有这几样：

- **直接指定内核启动**

基本上如果是 Linux 的内核要直接被用来启动，那么你应该要通过 grub2-mkconfig 去获取 10_Linux 这个脚本直接制作即可，因此这个部分你不太需要记忆。因为在 grub.cfg 当中就已经是系统能够识别到的正确的内核启动选项了。如果你有比较特别的参数需要执行，这时候你可以这样做：
（1）先到 grub.cfg 当中取得你要制作的那个内核的选项项目，然后将它复制到 40_custom 当中；
（2）再到 40_custom 当中根据你的需求修改即可。

这么说或许你很纳闷，我们来做个实际练习好了：

例题

如果你想要使用第一个原有的 menuentry 取出来后增加一个选项，该选项可以强制 systemd 使用 graphical.target 来启动 Linux 系统，让该选项一定可以使用图形界面而不用理会 default.target 的链接，该如何设计？

答：当内核外带参数中，有个【systemd.unit=???】的外带参数可以指定特定的 target 启动，因此我们先到 grub.cfg 当中，去复制第一个 menuentry，然后进行如下的设置：

```
[root@study ~]# vim /etc/grub.d/40_custom
menuentry 'My graphical CentOS, with Linux 3.10.0-229.el7.x86_64' --class rhel fedora
    --class gnu-linux --class gnu --class os --unrestricted --id 'mygraphical' {
    load_video
    set gfxpayload=keep
    insmod gzio
    insmod part_gpt
    insmod xfs
    set root='hd0,gpt2'
    if [ x$feature_platform_search_hint = xy ]; then
      search --no-floppy --fs-uuid --set=root --hint='hd0,gpt2'  94ac5f77-cb8a-495e-a65b-...
    else
      search --no-floppy --fs-uuid --set=root 94ac5f77-cb8a-495e-a65b-2ef7442b837c
    fi
    linux16 /vmlinuz-3.10.0-229.el7.x86_64 root=/dev/mapper/centos-root ro rd.lvm.lv=
        centos/root rd.lvm.lv=centos/swap crashkernel=auto rhgb quiet
        elevator=deadline systemd.unit=graphical.target
    initrd16 /initramfs-3.10.0-229.el7.x86_64.img
```

```
}
# 请注意，上面的数据都是从 grub.cfg 里面复制过来的，增加的项目仅有特殊字体的部分而已。
# 同时考虑画面宽度，该项目稍微被变动过，请根据您的环境来设置。
[root@study ~]# grub2-mkconfig -o /boot/grub2/grub.cfg
```

当你再次重启时，系统就会多出一个选项给你选择。而且选择该选项之后，你的系统就可以直接进入图形界面（如果有安装相关的 X Window 软件时），而不必考虑 default.target 是啥东西了。了解了么?

- **通过 chainloader 的方式移交 loader 控制权**

所谓的 chainloader（启动引导程序的链结）仅是在将控制权交给下一个 boot loader 而已，所以 grub2 并不需要识别与找出内核的文件名,【它只是将 boot 的控制权交给下一个启动扇区或 MBR 内的 boot loader 而已】所以通常它也不需要去检查下一个 boot loader 的文件系统。

一般来说，chainloader 的设置只要两个就够了，一个是预计要前往的启动扇区所在的分区代号，另一个则是设置 chainloader 在那个分区的启动扇区（第一个扇区）上。假设我的 Windows 分区在 /dev/sda1，且我又只有一块硬盘，那么要 grub 将控制权交给 Windows 的 loader 只要这样就够了:

```
menuentry "Windows" {
        insmod chain       # 你得要先加载 chainloader 的模块对吧?
        insmod ntfs        # 建议加入 Windows 所在的文件系统模块较佳。
        set root=(hd0,1)   # 是在哪一个分区，最重要的项目。
        chainloader +1     # 请去启动扇区将 loader 软件读出来的意思。
}
```

通过这个项目我们就可以让 grub2 交出控制权了。

例题

假设你的测试系统上面使用 MBR 分区，并且出现如下的数据:

```
[root@study ~]# fdisk -l /dev/vda
  Device Boot     Start        End      Blocks   Id  System
/dev/vda1          2048    10487807    5242880   83  Linux
/dev/vda2    *  10487808   178259967   83886080    7  HPFS/NTFS/exFAT
/dev/vda3     178259968   241174527   31457280   83  Linux
```

其中 /dev/vda2 使用的是 Windows 7 操作系统。现在我需要增加两个启动选项，一个是取得 Windows 7 的启动选项，一个是回到 MBR 的默认环境，应该如何处理?

答: Windows 7 在 /dev/vda2 亦即是 hd0,msdos2 这个地方，而 MBR 则是 hd0 即可，不需要加上分区。因此整个设置会变这样:

```
[root@study ~]# vim /etc/grub.d/40 custom
menuentry 'Go to Windows 7' --id 'win7' {
        insmod chain
        insmod ntfs
        set root=(hd0,msdos2)
        chainloader +1
}
menuentry 'Go to MBR' --id 'mbr' {
        insmod chain
        set root=(hd0)
        chainloader +1
}
[root@study ~]# grub2-mkconfig -o /boot/grub2/grub.cfg
```

另外，如果每次都想要让 Windows 变成默认的启动选项，那么在/etc/default/grub 当中设置好【GRUB_DEFAULT=win7】然后再次 grub2-mkconfig 这样即可，不要去算 menuentry 的顺序，通过 --id 来处理即可。

19.3.4　initramfs 的重要性与建立新 initramfs 文件

我们在本章稍早之前【boot loader 与 kernel 加载】的地方已经提到过 initramfs，它的目的在于提供启动过程中所需要的最重要内核模块，以让系统启动过程可以顺利完成。需要 initramfs 的原因，是因为内核模块放置于 /lib/modules/$（uname -r）/kernel/ 当中，这些模块必须要根目录（/）被挂载时才能够被读取。但是如果内核本身不具备磁盘的驱动程序时，当然无法挂载根目录，也就没有办法取得驱动程序，因此造成两难的地步。

initramfs 可以将 /lib/modules/内的【启动过程当中一定需要的模块】包成一个文件（文件名就是 initramfs），然后在启动时通过主机的 INT 13 硬件中断功能将该文件读出来解压缩，并且 initramfs 在内存内会模拟成为根目录，由于此虚拟文件系统（Initial RAM Disk）主要包含磁盘与文件系统的模块，因此我们的内核最后就能够识别实际的磁盘，那就能够进行实际根目录的挂载。所以说：【initramfs 内所包含的模块大多是与启动过程有关，而主要以文件系统及硬盘模块（如 USB、SCSI 等）为主】。

一般来说，需要 initramfs 的时刻为：

- 根目录所在磁盘为 SATA、USB 或 SCSI 等接口设备；
- 根目录所在文件系统为 LVM、RAID 等特殊格式；
- 根目录所在文件系统为非传统 Linux 支持的文件系统时；
- 其他必须要在内核加载时提供的模块。

> 之前鸟哥忽略 initrd 这个文件的重要性，是因为鸟哥很穷。因为鸟哥的 Linux 主机都是较早期的硬件，使用的是 IDE 接口的硬盘，而且并没有使用 LVM 等特殊格式的文件系统，而 Linux 内核本身就支持 IDE 接口的磁盘，因此不需要 initramfs 也可以顺利启动完成。自从 SATA 硬盘流行起来后，没有 initramfs 就没办法启动了。因为 SATA 硬盘使用的是 SCSI 模块来驱动，而 Linux 默认将 SCSI 功能编译成为模块。

一般来说，各发行版提供的内核都会附上 initramfs 文件，但如果你有特殊需要，所以想重制 initramfs 文件的话，可以使用 dracut、mkinitrd 来完成。这个文件的处理方式很简单，man dracut 或 man mkinitrd 就知道了。CentOS 7 应该要使用 dracut 才对，不过 mkinitrd 还是有保留下来，两者随便你玩。鸟哥这里主要是介绍 dracut 好了。

```
[root@study ~]# dracut [-fv] [--add-drivers 列表] initramfs 文件名 内核版本
选项与参数：
-f    : 强制编译 initramfs，如果 initramfs 文件已经存在，则覆盖旧文件。
-f    : 显示 dracut 的运行过程。
--add-drivers 列表：在原本的默认内核模块中，增加某些你想要的模块，模块位于内核所在目录
                /lib/modules/$（uname -r）/kernel/*.
initramfs 文件名    : 就是你需要的文件名，开头最好就是 initramfs，后面接版本与功能。
内核版本   : 默认当然是目前运行中的内核版本，不过你也可以手动输入其他不同版本。
其实 dracut 还有很多功能，例如下面的几个参数也可以参考看看：
--modules   : 将 dracut 所提供的启动所需模块（内核模块）加载，可用的模块目录为
/usr/lib/dracut/modules.d/.
--gzip|--bzip2|--xz: 尝试使用哪一种压缩方式来进行 initramfs 压缩，默认使用 gzip。
--filesystems : 加入某些额外的文件系统支持。
范例一：以 dracut 的默认功能建立一个 initramfs 虚拟磁盘文件。
[root@study ~]# dracut -v initramfs-test.img $（uname -r）
Executing: /sbin/dracut -v initramfs-test.img 3.10.0-229.el7.x86 64
*** Including module: bash ***                    # 先加载 dracut 本身的支持模块。
*** Including module: nss-softokn ***
*** Including modules done ***
……（中间省略）…… # 下面两行在处理内核模块。
```

```
*** Installing kernel module dependencies and firmware ***
*** Installing kernel module dependencies and firmware done ***
……（中间省略）……
*** Generating early-microcode cpio image ***        # 建立指令集。
*** Constructing GenuineIntel.bin ****
*** Store current command line parameters ***
*** Creating image file ***                           # 开始建立 initramfs。
*** Creating image file done ***
范例二：额外加入 e1000e 网卡驱动与 ext4/nfs 文件系统模块在新的 initramfs 中。
[root@study ~]# dracut -v --add-drivers "e1000e" --filesystems "ext4 nfs" \
>  initramfs-new.img $(uname -r)
[root@study ~]# lsinitrd initramfs-new.img | grep -E '(e1000|ext4|nfs)'
 usr/lib/modules/3.10.0-229.el7.x86_64/kernel/drivers/net/ethernet/intel/e1000e
 usr/lib/modules/3.10.0-229.el7.x86_64/kernel/drivers/net/ethernet/intel/e1000e/e1000e.ko
 usr/lib/modules/3.10.0-229.el7.x86_64/kernel/fs/ext4
 usr/lib/modules/3.10.0-229.el7.x86_64/kernel/fs/ext4/ext4.ko
 usr/lib/modules/3.10.0-229.el7.x86_64/kernel/fs/nfs
 usr/lib/modules/3.10.0-229.el7.x86_64/kernel/fs/nfs/nfs.ko
# 你可以看得到，新增的模块现在正在新的 initramfs 当中了，很愉快。
```

　　initramfs 建立完成之后，同时内核也处理完毕后，我们就可以使用 grub2 来建立相关选项了。下面继续看一看吧！

19.3.5　测试与安装 grub2

　　如果你的 Linux 主机本来就是使用 grub2 作为 loader 的话，那么你就不需要重新安装 grub2 了，因为 grub2 本来就会主动去读取配置文件。您说是吧！但如果你的 Linux 原来使用的并非 grub2，那么就需要来安装。如何安装？首先，你必须要使用 grub-install 将一些必要的文件复制到 /boot/grub2 里面，你应该这样做：

```
[root@study ~]# grub2-install [--boot-directory=DIR] INSTALL_DEVICE
选项与参数：
--boot-directory=DIR 那个 DIR 为实际的目录，使用 grub2-install 默认会将 grub2 所有的文件都复制
到 /boot/grub2/*，如果想要复制到其他目录与设备去，就得要用这个参数。
INSTALL_DEVICE 为安装的设备代号。
范例一：将 grub2 安装在目前系统的 MBR 下面，我的系统为 /dev/vda。
[root@study ~]# grub2-install /dev/vda
# 因为原本 /dev/vda 就使用 grub2，所以似乎不会出现什么特别的信息。如果去查看一下 /boot/grub2 的内容，
# 会发现所有的文件都更新了，因为我们重装了。但是注意到，我们并没有配置文件，那要自己建立。
```

　　基本上，grub2-install 大概仅能安装 grub2 主程序与相关软件到 /boot/grub2/ 那个目录中，如果后面的设备填的是整个系统（/dev/vda、/dev/sda...），那 loader 的程序才会写入到 MBR 里面中。如果是 xfs 文件系统的 /dev/vda2 设备的话（个别分区），那 grub2-install 就会告诉你，该文件系统并不支持 grub2 的安装。也就是你不能用 grub2-install 将你的主程序写入到启动扇区里面去的意思。那怎么办？没关系，来强制写入一下看看。

```
# 尝试看一下你的系统中有没有其他的 xfs 文件系统，且为传统的分区类型。
[root@study ~]# df -T |grep -i xfs
/dev/mapper/centos-root    xfs       10475520 4128728   6346792  40% /
/dev/mapper/centos-home    xfs        5232640  665544   4567096  13% /home
/dev/mapper/raidvg-raidlv xfs         1558528   33056   1525472   3% /srv/raidlvm
/dev/vda2                  xfs        1038336  144152    894184  14% /boot
/dev/vda4                  xfs        1038336   63088    975248   7% /srv/myproject
# 看起来仅有 /dev/vda4 比较适合做个练习的模样了，来看看先。
# 将 grub2 的主程序安装到 /dev/vda4 中看看。
[root@study ~]# grub2-install /dev/vda4
Installing for i386-pc platform.
grub2-install: error: hostdisk//dev/vda appears to contain a xfs filesystem which isn't
 known to reserve space for DOS-style boot.  Installing GRUB there could result in
```

```
  FILESYSTEM DESTRUCTION if valuable data is overwritten by grub-setup (--skip-fs-probe
  disables this check, use at your own risk).
# 说是 xfs 恐怕不能支持你的启动扇区，这个应该是误判，所以我们还是给它强制装一下。
[root@study ~]# grub2-install --skip-fs-probe /dev/vda4
Installing for i386-pc platform.
grub2-install: warning: File system 'xfs' doesn't support embedding.
grub2-install: warning: Embedding is not possible.  GRUB can only be installed in this
 setup by using blocklists.  However, blocklists are UNRELIABLE and their use is
 discouraged..
grub2-install: error: will not proceed with blocklists.
# 还是失败，因为还是担心 xfs 被搞死，好，没问题，加个--force 与--recheck 重新处理一遍。
[root@study ~]# grub2-install --force --recheck --skip-fs-probe /dev/vda4
Installing for i386-pc platform.
grub2-install: warning: File system 'xfs' doesn't support embedding.
grub2-install: warning: Embedding is not possible.  GRUB can only be installed in this
 setup by using blocklists.  However, blocklists are UNRELIABLE and their use is
 discouraged..
Installation finished. No error reported.
# 注意看，原本是无法安装的错误，现在仅有 warning 警告信息，所以这样就安装到分区上了。
```

上面这样就将 grub2 的主程序安装到/dev/vda4 以及重新安装到 MBR 里面去了。现在来思考一下，我们知道 grub2 主程序会去找 grub.cfg 这个文件，大多是在/boot/grub2/grub.cfg 里面。那就有趣了，我们的 MBR 与/dev/vda4 都是到/boot/grub2/grub.cfg 去获取设置吗？如果是多重操作系统那怎么办？这就需要重新进入新系统才能够安装，举个例子来说。

例题

假设你的测试系统上面使用 MBR 分区，并且出现如下的数据：

```
[root@study ~]# fdisk -l /dev/vda
  Device Boot      Start         End      Blocks   Id  System
/dev/vda1          2048    10487807     5242880   83  Linux
/dev/vda2   *   10487808   178259967    83886080    7  HPFS/NTFS/exFAT
/dev/vda3      178259968   241174527    31457280   83  Linux
```

其中 /dev/vda1、/dev/vda3 是两个 CentOS 7 系统，而 /dev/vda2 则是 Windows 7 系统。安装的流程是依序 /dev/vda1 --> /dev/vda2 --> /dev/vda3。因此，安装好而且重新启动后，系统其实是默认进入 /dev/vda3 这个 CentOS 7 系统的。此时 MBR 会去读取的配置文件在（/dev/vda3）/boot/grub2/grub.cfg 才对。

因为 /dev/vda1 应该是用来管理启动选项的，而 /dev/vda2 及 /dev/vda3 在规划中就是用来让学生操作的，因此默认情况下，/dev/vda1 内的 CentOS 系统应该只会在启动的时候用到而已，或是出问题时会找它来使用。至于 /dev/vda3 及 /dev/vda2 则可能因为学生的误用，因此未来可能会升级或删除或重新安装等。那你如何让系统永远都是使用 /dev/vda1 启动？

答：因为 MBR 的 boot loader 应该要去（/dev/vda1）/boot/grub2/grub.cfg 读取相关设置才正常。所以，你可以使用几种基本的方式来处理：

- 因为 CentOS 7 会主动找到其他操作系统，因此你可以在 /dev/vda3 的启动选项中找到 /dev/vda1 的启动选项，请用该选项进入系统，你就能够进入 /dev/vda1 了；
- 假设没能识别到 /dev/vda1，那你可以在 /dev/vda3 下面使用 chroot 来进入/dev/vda1；
- 使用恢复光盘去识别正确的 /dev/vda1，然后取得 /dev/vda1 的系统。

等到进入系统后，修改/etc/default/grub 及/etc/grub.d/40_custom 之后，使用 grub2-mkconfig -o /boot/grub2/grub.cfg，然后重新 grub2-install /dev/vda 就能够让你的 MBR 去取得/dev/vda1 内的设置文件了。

例题

　　问：根据 19.3.3 小节的第一个练习，我们的测试机目前为 40 秒倒数，且有一个强制进入图形界面的【My graphical CentOS7】选项。现在我们想要多加两个选项，一个是回到 MBR 的 chainloader，一个是使用 /dev/vda4 的 chainloader，该如何处理？

　　答：因为没有必要重新安装 grub2，直接修改即可。修改 40_custom 成为这样：

```
[root@study ~]# vim /etc/grub.d/40_custom
# 最下面加入这两个项目即可。
menuentry 'Goto MBR' {
      insmod chain
      insmod part_gpt
      set root=(hd0)
      chainloader +1
}
menuentry 'Goto /dev/vda4' {
      insmod chain
      insmod part_gpt
      set root=(hd0,gpt4)
      chainloader +1
}
[root@study ~]# grub2-mkconfig -o /boot/grub2/grub.cfg
```

最后总结一下：

1. 如果是从其他 boot loader 转成 grub2 时，得先使用 grub2-install 安装 grub2 配置文件；
2. 承上，如果安装到分区时，可能需要加上额外的许多参数才能够顺利安装上去；
3. 开始编辑 /etc/default/grub 及 /etc/grub.d/* 这几个重要的配置文件；
4. 使用 grub2-mkconfig -o /boot/grub2/grub.cfg 来建立启动的配置文件。

19.3.6　启动前的额外功能修改

　　事实上，前几个小节设置好之后，你的 grub2 就已经在你的 Linux 系统上面了，而且同时存在于 MBR 与启动扇区当中。所以，我们已经可以重新启动来查看。另外，如果你正在进行启动，那么请注意，我们可以在默认选项上（鸟哥的范例当中是 40 秒）按下任意键，还可以进行 grub2 的【在线编辑】功能，真是棒。先来看看启动画面吧！

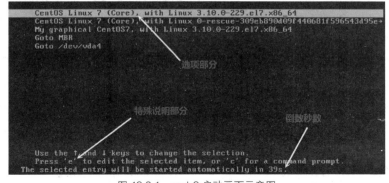

图 19.3.1　grub2 启动画面示意图

　　由于默认选项就没有隐藏，因此你会直接看到这 5 个选项而已，同时会有读秒的东西在倒数。选项部分的画面其实就是 menuentry 后面的文字。你现在知道如何修改 menuentry 后面的文字了吧！然后如果你点选了【Goto MBR】与【Goto /dev/vda4】时，怪了，怎么发现到选项又重新回来了？这是因为这两个 Goto 的选项都是重新读取主配置文件，而 MBR 与/dev/vda4 配置文件的读取都是来自（/dev/vda2）/boot/grub2/grub.cfg 的缘故，因此这个画面就会重复出现。这样了解了吗？

另外，如果你再仔细看的话，会发现到上图中底部还有一些详细的选项，似乎有个'e' edit 的样子。没错，grub2 支持在线编辑命令，这是个很有用的功能。假如刚刚你将 grub.cfg 的内容写错了，导致出现无法启动的问题时，我们可以查看该 menuentry 选项的内容并加以修改。举例来说，我想要知道第一个选项的实际内容时，将反白光标移动到第一个选项，再按下'e'会进入如下画面：

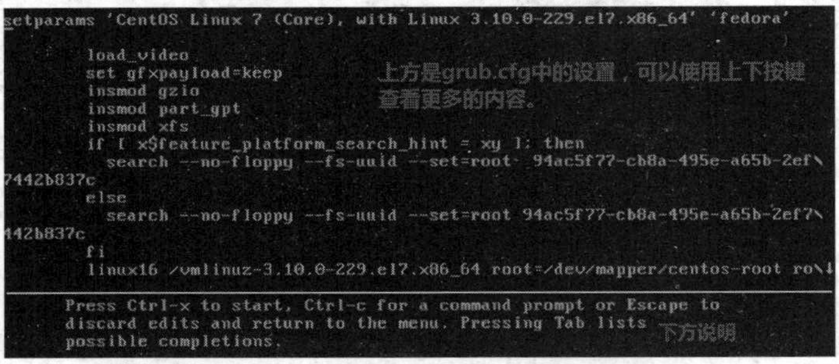

图 19.3.2　grub2 额外的命令编辑模式

因为 CentOS 7 默认没有提供漂亮的背景图给我们使用，因此这里会看到无法分辨的两个区块。事实上它真得是两个区块，上方是实际你可以编辑的内容区段，仔细看，这不就是我们在 grub.cfg 里面设置的东西吗？没错，此时你还可以继续进一步修改。用上/下/左/右键到你想要编辑的地方，直接删除新增即可。

至于下方画面则仅是一些编辑说明，重点在告诉你，编辑完毕之后，若想要取消而回到前一个画面，请使用 [crtl]+c 或 [esc] 键，若是修改完毕，想要直接启动时，请使用 [crtl]+x 来启动。

例题

现在我想要让系统启动的过程中，让这个系统进入恢复模式（rescue），而不想要进入系统后使用 systemctl rescue 时，该如何处理？

答：仔细看图 19.3.2 的画面，按下【向下】的箭头键，直到出现 linux16 那一行，然后在那一行的最后面加上 systemd.unit=rescue.target，画面如下：

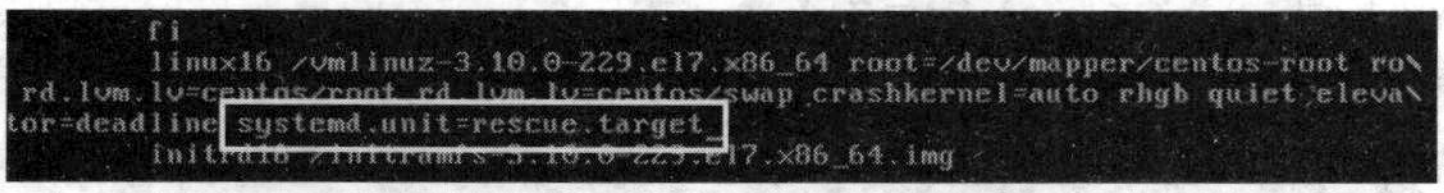

然后再按下[crtl]+x 来进入系统，就能够取得 rescue 的环境了。登录后画面如下：

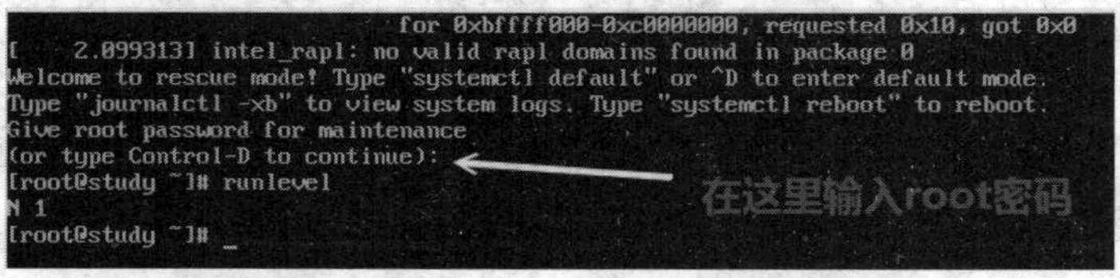

接着下来你就可以开始恢复系统。

你可能会觉得很讶异，早期 System V 的系统中，进入 runlevel 1 的状态是不需要输入 root 密码的。在 systemd 的年代，竟然需要密码才能够进入恢复模式，而且是强制要有 root 密码。如果你是 root 密码忘记要恢复，还是需要 root 密码，那怎么办？没关系，本章稍后会告诉你应该要如何处理。

19.3.7　关于启动画面与终端画面的图形显示方式

如果你想要让启动画面使用图形显示方式，例如使用中文来显示你的画面，因为我们默认的 locale 语系就是 zh_CN.utf8，所以理论上 grub2 会显示中文出来才对。有没有办法完成呢？是有的，通过图形显示的方法即可。不过，我们得要重新修改 grub.cfg 才行。根据下面的方式来处理：

```
# 先改重要的配置文件。
[root@study ~]# vim /etc/default/grub
……（前面省略）……
GRUB_TERMINAL=gfxterm          # 设置主要的终端显示为图形界面。
GRUB_GFXMODE=1024x768x24       # 图形界面的分辨率及色深。
GRUB_GFXPAYLOAD_LINUX=keep     # 保留图形界面，不要使用 text。
# 重新建立配置文件。
[root@study ~]# grub2-mkconfig -o /boot/grub2/grub.cfg
```

再次重新启动，这时你会看到如下的画面。

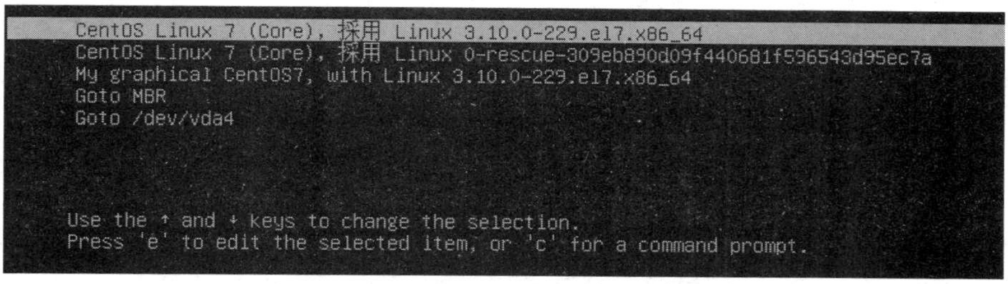

图 19.3.3　使用图形显示模式的启动画面

看到没有？上图中有中文，真是开心。未来如果有需要在你的启动选项当中加入许多属于你自己的公司或企业的画面，那就太容易了。

19.3.8　为个别选项设置密码

想象一个环境，如果你管理的是一间计算机教室，这间计算机教室因为可对外开放，但是你又担心某些分区被学生不小心弄乱，因此你可能会想要将某些启动选项作个保护。这个时候，为每个选项作个加密的密码就是个可行的方案。

另外，从本章前面的 19.3.6 小节介绍的启动过程中，你会知道用户可以在启动的过程中于 grub2 内选择进入某个选项，以及进入 grub2 命令模式去修改选项的参数等。也就是说，主要的 grub2 控制有：（1）grub2 的选项命令修改；（2）进入选择的选项启动流程。好了，如刚刚谈到的计算机教室案例，你要怎么让某些密码可以完整地掌控 grub2 的所有功能，某些密码则只能进入个别的选项启动？这就牵涉到 grub2 的账号机制了。

◆　grub2 的账号、密码与选项设置

grub2 有点在模拟 Linux 的账号管理方案。因为在 grub2 的选项管理中，有针对两种身份进行密码设置：

● superusers：设置系统管理员与相关参数还有密码等，使用这个密码的用户，将可在 grub2 内具有所有修改的权限。但一旦设置了这个 superusers 的参数，则所有的命令修改将会被变成受限制的。

● users：设置一般账号的相关参数与密码，可以设置多个用户。使用这个密码的用户可以选择要进入某些选项。不过，选项也得要搭配相应的账号才行。（一般来说，使用这种密码的账号并不能修改选项的内容，仅能选择进入选项去启动而已。）

这样说可能你不是很容易看得懂，我们使用下面的一个范例来说明你就知道怎么处理了。另外，下面的范例是单纯给读者们看看而已的，不能够直接用在我们的测试机器里面。

例题

假设你的系统有三个不同的操作系统，分别安装在(hd0,1)、(hd0,2)、(hd0,3)当中。假设(hd0,1)是所有人都可以选择进入的系统，(hd0,2)是只有系统管理员可以进入的系统，(hd0,3)则是另一个一般用户与系统管理员可以进入的系统。另外，假设系统管理员的账号/密码设置为 vbird/abcd1234，而一般账号为 dmtsai/dcba4321，那该如何设置？

答：如果根据上述的说明，其实没有用到 Linux 的 linux16 与 initrd16 的项目，只需要 chainloader 的项目而已。因此，整个 grub.cfg 会有点像下面这样：

```
# 第一个部分是先设置好管理员与一般账号的账号名称与密码项目。
set superusers="vbird"      # 这里是设置系统管理员的账号名称。
password vbird abcd1234      # 当然要设置这个账号密码。
password dmtsai dcba4321     # 没有输入 superuses 的其他账号，当然就是判定为一般账号。
menuentry "大家都可以选择我来启动。" --unrestricted {
        set root=( hd0,1 )
        chainloader +1
}
menuentry "只有管理员的密码才有办法使用" --users "" {
        set root=( hd0,2 )
        chainloader +1
}
menuentry "只有管理员与 dmtsai 才有办法使用。" --users dmtsai {
        set root=( hd0,3 )
        chainloader +1
}
```

如上表所示，你得要使用 superuses 来指定哪个账号是管理员。另外，这个账号与 Linux 的物理账号无关，这仅是用来判断密码所代表的意义而已。而密码的给予有两种语法（注意空格）：

- password_pbkdf2 账号【使用 grub2-mkpasswd-pbkdf2 所产生的密码】；
- password 账号【没加密的明文密码】。

有了账号与密码之后，再来就是在个别的选项上面加上是否要取消限制（--unrestricted）或是给予哪个用户（--users）的设置选项。同时请注意，所有的系统管理员所属的密码应该是能够修改所有的选项，因此你无须在第三个选项上面加入 vbird 这个管理员账号。这样说你就可以了解了吧？

你很可能会这样说：【怎么可能会了解？前面不是才说过："不要手动去修改 grub.cfg"吗？这里怎么直接列出 grub.cfg 的内容？上面这些选项我是要在哪些环境配置文件里面修改？】呵呵，您真内行，没有被骗，好厉害，好厉害！

◆ grub2 密码设置的文件位置与加密的密码

还记得我们在前几小节谈到主要的环境设置是在/etc/grub.d/*里面吧？里面的文件名有用数字开头，那些数字照顺序，就是 grub.cfg 的来源顺序。因此最早被读的应该是 00_header，但是那个文件的内容挺重要的，所以 CentOS 7 不建议你修改它，那要改谁？就自己建立一个名为 01_users 的文件即可。要注意的是两个数字开头接着下划线的文件名才行，然后将账号与密码参数给它加进去。

现在让我们将 vbird 与 dmtsai 的密码加密，实际在我们的测试机器上面创建起来吧！

```
# 1. 先取得 vbird 与 dmtsai 的密码，下面我仅以 vbird 来说明而已。
[root@study ~]# grub2-mkpasswd-pbkdf2
Enter password:     # 这里输入你的密码。
Reenter password:   # 再一次输入密码。
PBKDF2 hash of your password is grub.pbkdf2.sha512.10000.9A2EBF7A1F484...
# 上面特殊字体从 grub.pbkdf2.... 的那一行，全部数据就是你的密码，复制下来。
# 2. 将密码与账号写入到 01_users 文件内。
```

```
[root@study ~]# vim /etc/grub.d/01_users
cat << eof
set superusers="vbird"
password_pbkdf2 vbird grub.pbkdf2.sha512.10000.9A2EBF7A1F484904FF3681F97AE22D58DFBFE65A...
password_pbkdf2 dmtsai grub.pbkdf2.sha512.10000.B59584C33BC12F3C9DB8B18BE9F557631473AED...
eof
# 请特别注意，在/etc/grub.d/*下面的文件是【执行脚本】文件，是要被执行的。
# 因此不能直接写账户密码，而是通过 cat 或 echo 等命令方式来将账户密码显示出来才行。
# 3. 因为/etc/grub.d/下面应该是执行文件，所以刚刚建立的 01_users 当然要给予执行权限。
[root@study ~]# chmod a+x /etc/grub.d/01_users
[root@study ~]# ll /etc/grub.d/01_users
-rwxr-xr-x. 1 root root 649 Aug 31 19:42 /etc/grub.d/01_users
```

很快，你就已经将密码创建妥当了。接下来就来讲一讲，每个 menuentry 要如何修改?

◆ 为个别的选项设置账号密码的使用模式

回想一下我们之前的设置，目前测试机器的 Linux 系统选项应该有 5 个:

● 来自 /etc/grub.d/10_linux 这个文件主动检测两个 menuentry;
● 来自 /etc/grub.d/40_custom 这个我们自己设置的三个 menuentry。

在 40_custom 内的设置，我们可以针对每个 menuentry 去调整，而且该调整是固定的，不会随便被更改。至于 10_linux 文件中，则每个 menuentry 的设置都会根据 10_linux 的设置去改变，也就是由 10_linux 检测到的内核启动选项都会是相同的意思。

因为我们已经在 01_users 文件内设置了 set superusers="vbird" 这个设置值，因此每个选项内的参数除了知道 vbird 密码的人之外，已经不能随便修改了。所以，选择 10_linux 制作出来的选项启动，应该就算正常启动，所以，我们默认不要使用密码。刚刚好 10_linux 的 menuentry 设置值就是下面这样:

```
[root@study ~]# vim /etc/grub.d/10_linux
……（前面省略）……
CLASS="--class gnu-linux --class gnu --class os --unrestricted"
# 这一行大约在 29 行左右，你可以利用 unrestricted 去查找即可。
# 默认已经不受限制（--unrestricted）了。如果想要受限制，在这里将--unrestricted
# 改成你要使用的--users "账号名称"即可。不过，还是不建议修改。
```

现在我们假设在 40_custom 里面要增加一个可以进入恢复模式（rescue）的环境，并且放置到最后一个选项中，同时仅有知道 dmtsai 的密码者才能够使用，那你应该这样做:

```
[root@study ~]# vim /etc/grub.d/40_custom
……（前面省略）……
menuentry 'Rescue CentOS7, with Linux 3.10.0-229.el7.x86_64' --users dmtsai {
        load_video
        set gfxpayload=keep
        insmod gzio
        insmod part_gpt
        insmod xfs
        set root='hd0,gpt2'
        if [ x$feature_platform_search_hint = xy ]; then
          search --no-floppy --fs-uuid --set=root --hint='hd0,gpt2'  94ac5f77-cb8a-...
        else
          search --no-floppy --fs-uuid --set=root 94ac5f77-cb8a-495e-a65b-2ef7442b837c
        fi
        linux16 /vmlinuz-3.10.0-229.el7.x86_64 root=/dev/mapper/centos-root ro rd.lvm.lv
            =centos/root rd.lvm.lv=centos/swap crashkernel=auto rhgb quiet
            systemd.unit=rescue.target
        initrd16 /initramfs-3.10.0-229.el7.x86_64.img
}
[root@study ~]# grub2-mkconfig -o /boot/grub2/grub.cfg
```

最后一步当然不要忘记重建你的 grub.cfg，然后重新启动测试一下，如果一切顺利，你会发现如下的画面:

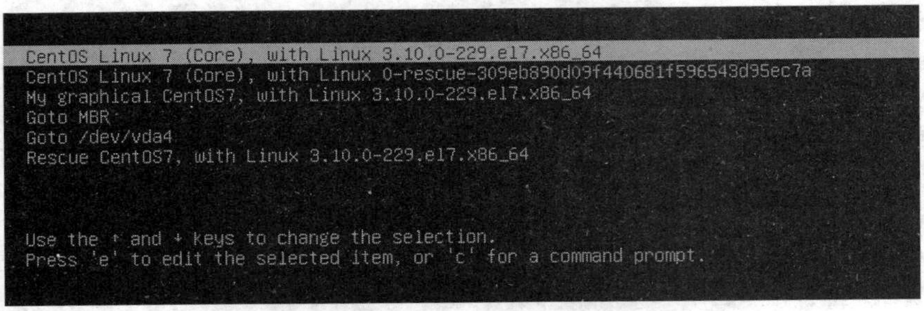

```
CentOS Linux 7 (Core), with Linux 3.10.0-229.el7.x86_64
CentOS Linux 7 (Core), with Linux 0-rescue-309eb890d09f440681f596543d95ec7a
My graphical CentOS7, with Linux 3.10.0-229.el7.x86_64
Goto MBR
Goto /dev/vda4
Rescue CentOS7, with Linux 3.10.0-229.el7.x86_64




Use the ↑ and ↓ keys to change the selection.
Press 'e' to edit the selected item, or 'c' for a command prompt.
```

图 19.3.4　默认的选项环境

你直接在 1、2、3 选项上面按下[Enter]就可以顺利地继续启动，而不用输入任何的密码，这是因为有 --unrestricted 参数的关系。第 4、5 选项中，如果你按下[Enter]键的话，就会出现如下画面：

你可能会怀疑，怪了。为啥 4、5 需要输入密码才行？而且一定要 vbird 这个系统管理员的密码才可接受呢？使用 dmstai 就不可以，这是因为我们在 4、5 忘记加上—users，也忘记加上--restricted 了，因此这两个选项【一定要系统管理员】才能够进入与修改。

图 19.3.5　需要输入账号密码的环境

最后，你在第 6 个选项上面输入 e 来想要修改参数时，输入的账户密码确实是 dmtsai 的账户密码，但是，就是无法修改参数。怎么回事？我们前面讲过了，grub2 两个基本的功能（1）修改参数；（2）进入选项启动模式。只有系统管理员能够修改参数，一般用户只能选择可用的启动选项。这样说，终于理解了吧？

例题

问：我的默认选项里面没有加上 --unrestricted 选项，同时已经设置了 set superusers="vbird"，那请教一下，启动的时候能不能顺利启动（没有输入账户密码的情况下）？

答：因为没有写上 --unrestricted 的选项，同时又加上了 superusers="vbird" 的设置选项，这表示【grub.cfg 内的所有参数都已经受到了限制】，所以，当倒数读秒结束后，系统会显示账号密码输入的窗口给你填写，如果没有填写就会一直卡住，因此无法顺利启动。

19.4　启动过程的问题解决

很多时候，我们可能因为做了某些设置，或是因为不正常关机（例如未经通知的停电等）而导致文件系统的错乱，此时，Linux 可能无法顺利启动成功，那么办？难道要重新安装？当然不需要。进入 rescue 模式去处理处理，应该就行了。下面我们就来谈一谈如何处理几个常见的问题。

19.4.1　忘记 root 密码的解决之道

大家都知道鸟哥的记忆力不佳，容易忘东忘西的，那如果连 root 的密码都忘记了，怎么办？其实在 Linux 环境中 root 密码忘记时还是可以救回来的。只要能够进入并且挂载，然后重新设置一下 root 的密码，就救回来了。

只是在新版的 systemd 的管理机制中，默认的 rescue 模式是无法直接获取 root 权限的，还是得要使用 root 的密码才能够登录 rescure 环境。那怎么办？没关系，还是有办法的，通过一个名为

【rd.break】的内核参数来处理即可。只是需要注意的是，rd.break 是 RAM disk 里面的操作系统状态，因此你不能直接获取原本的 Linux 系统操作环境。所以，还需要 chroot 的支持。更由于 SELinux 的问题，你可能还得要加上某些特殊的操作才能顺利搞定root 密码的恢复。

现在就让我们来实践一下吧！（1）按下 systemctl reboot 来重新启动，（2）进入到启动画面，在可启动的选项上按下 e 进入编辑模式，然后就在 linux16 的那个内核项目上面使用这个参数来处理：

图 19.4.1　通过 rd.break 尝试恢复 root 密码

改完之后按下[crtl]+x 开始启动，启动完成后屏幕会出现如下的类似画面，此时请注意，你应该是在 RAM disk 的环境，并不是原本的环境，因此根目录下面的东西跟你原本的系统无关。而且，你的系统应该会被挂载到 /sysroot 目录下，因此，你得要这样做：

```
Generating "/run/initramfs/rdsosreport.txt"
Enter emergency mode. Exit the shell to continue.
Type "journalctl" to view system logs.
You might want to save "/run/initramfs/rdsosreport.txt" to a USB stick or /boot
after mounting them and attach it to a bug report.
switch_root:/#            # 无须输入密码即可获取 root 权限。
switch_root:/# mount   # 检查一下挂载点，一定要发现/sysroot 才是对的。
……（前面省略）……
/dev/mapper/centos-root on /sysroot type xfs （ro,relatime,attr,inode64,noquota）
switch_root:/# mount -o remount,rw /sysroot # 要先让它挂载成可读写属性。
switch_root:/# chroot /sysroot           # 实际切换根目录为你的系统。
sh-4.2# echo "your_root_new_pw" | passwd --stdin root
sh-4.2# touch /.autorelabel              # 很重要，使用 SELinux 的安全上下文。
sh-4.2# exit
switch_root:/# reboot
```

上述的流程你应该没啥大问题才对,不容易理解的应该是(1)chroot 是啥? (2)为何需要 /.autorelabel 这个文件?

- chroot 目录：代表将你的根目录【暂时】切换到 chroot 之后所接的目录。因此，以上表为例，那个 /sysroot 将会被暂时作为根目录，而我们知道那个目录其实就是最原先的系统根目录，所以你当然就能够用来处理你的文件系统与相关的账号管理。
- 为何需要 /.autorelabel：在 rd.break 的 RAM disk 环境下，系统是没有 SELinux 的，而你刚刚修改了/etc/shadow（因为改密码），所以【这个文件的 SELinux 安全上下文的特性将会被取消】。如果你没有让系统于启动时自动地恢复 SELinux 的安全上下文，你的系统将产生【无法登录】的问题（在 SELinux 为 Enforcing 的模式下），加上 /.autorelabel 就是要让系统在启动的时候自动使用默认的 SELinux 类型重新写入 SELinux 安全上下文到每个文件中。

不过加上 /.autorelabel 之后，系统重新启动就会重新写入 SELinux 的类型到每个文件，因此会花不少的时间。如果你不想要花太多时间，还有个方法可以处理：

- 在 rd.break 模式下，修改完 root 密码后，将/etc/seLinux/config 内的 SELinux 运行模式改为 permissive；
- 重新启动后，使用 root 的身份执行【restorecon –Rv /etc】仅修改 /etc 下面的文件；
- 重新修改 /etc/selinux/config 改回 enforcing，然后【setenforce 1】即可。

19.4.2　直接启动就以 root 执行 bash 的方法

除了上述的 rd.break 之外，我们还可以直接启动取得系统根目录后，让系统直接提供一个 bash 给我们使用。使用的方法很简单，就同样在启动的过程中，同在 linux16 的那一行，最后面不要使用 rd.break 而是使用【init=/bin/bash】即可。最后启动完成就会提供一个 bash 给我们，同样不需要 root 密码而具有 root 权限。

但是要完整地使用该系统是不可能的，因为我们将 PID 更改为了 bash，所以，最多还是用在修复方面。而且，同样地要使用该系统你还是得要 remount 根目录才行，否则无法更改文件系统。基本上，这个系统的处理方法应该是要这样做：

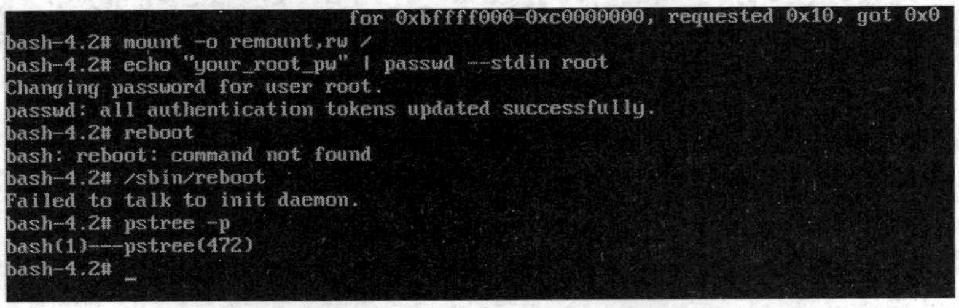

```
                                    for 0xbffff000-0xc0000000, requested 0x10, got 0x0
bash-4.2# mount -o remount,rw /
bash-4.2# echo "your_root_pw" | passwd --stdin root
Changing password for user root.
passwd: all authentication tokens updated successfully.
bash-4.2# reboot
bash: reboot: command not found
bash-4.2# /sbin/reboot
Failed to talk to init daemon.
bash-4.2# pstree -p
bash(1)---pstree(472)
bash-4.2#
```

图 19.4.2　直接启动使用 bash 的方法

如上图的完整截图，你会发现由于是默认的 bash 环境，所以连 PATH 都仅有 /bin 而已，所以你不能执行 reboot。同时，由于没有 systemd 或是 init 的存在，所以真得使用绝对路径来执行 reboot 时，系统也是无法协助你重新启动。此时只能按下 reset 或是强制关机后，才能再次启动。所以，感觉上还是 rd.break 比较保险。

同时请注意，鸟哥上面刻意忘记处理 /.autorelabel 的文件创建，你如果按照鸟哥上述的方法实践的话，此时应该是无法登录的。请重新启动进入 rd.break 模式，然后修改 SELinux 运行模式改为 permissive 的方法来实验看看。等到可以顺利以 root 登录系统后，使用 restorecon -Rv /etc 来看一看，应该会像下面这样：

```
[root@study ~]# getenforce
Permissive
[root@study ~]# restorecon -Rv /etc
restorecon reset /etc/shadow context system_u:object_r:unlabeled_t:s0
  ->system_u:object_r:shadow_t:s0
restorecon reset /etc/selinux/config context system_u:object_r:unlabeled_t:s0
  ->system_u:object_r:selinux_config_t:s0
[root@study ~]# vim /etc/selinux/config
SELINUX=enforcing
[root@study ~]# setenforce 1
```

19.4.3　因文件系统错误而无法启动

如果因为设置错误导致无法启动时，要怎么办？这就更简单了。最容易出错的设置而导致无法顺利启动的步骤，通常就是/etc/fstab 这个文件了，尤其是用户在实践磁盘配额、LVM、RAID 时，最容易写错参数，又没有经过 mount -a 来测试挂载，就立刻直接重新启动，真要命。无法启动成功怎么办？这种情况的问题大多如图 19.4.3 所示。

看到最后两行，它说可以输入 root 的密码继续加以恢复。那请输入 root 的密码来获取 bash 并以 mount -o remount,rw /将根目录挂载成可读写后，继续处理吧。其实会造成上述画面可能的原因除了 /etc/fstab 编辑错误之外，如果你曾经有不正常关机后，也可能导致文件系统不一致（Inconsistent）的情况发生，也有可能会出现相同的问题。如果是扇区错乱的情况，请看到图 19.4.3 中的第二行处，fsck 告知其实是/dev/md0 出错，此时你就应该要利用 fsck.ext3 去检测/dev/md0 才是，等到系统发现错误，并且出现【clear [Y/N]】时，输入【y】。

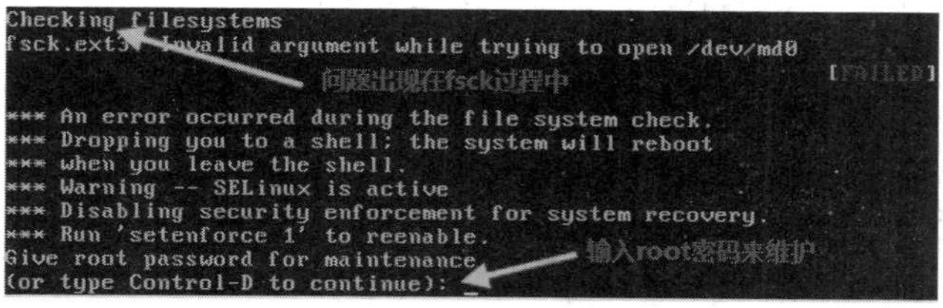

图 19.4.3　文件系统错误的示意图

　　当然，如果是 xfs 文件系统的话，可能就得要使用 xfs_repair 这个命令来处理。这个 fsck/xfs_repair 的过程可能会很长，而且如果你的分区上面的文件系统有过多的数据损坏时，即使 fsck/xfs_repair 完成后，可能因为伤到系统分区，导致某些关键系统文件数据的损坏，那么依旧是无法进入 Linux 的。此时，最好就是将系统当中的重要数据复制出来，然后重新安装，并且检验一下是否物理硬盘有损伤的情况才好。不过一般来说，不太可能会有这种情况，通常都是文件系统处理完毕后，就能够顺利再次进入 Linux。

19.5　重点回顾

◆　Linux 不可随意关机，否则容易造成文件系统错乱或是其他无法启动的问题；
◆　启动流程主要是：BIOS、MBR、loader、kernel+initramfs、systemd 等；
◆　loader 具有提供选项、加载内核文件、转交控制权给其他 loader 等功能；
◆　boot loader 可以安装在 MBR 或是每个分区的启动扇区中；
◆　initramfs 可以提供内核在启动过程中所需要的最重要的模块，通常与磁盘及文件系统有关的模块；
◆　systemd 的配置文件为主要来自 /etc/systemd/system/default.target；
◆　额外的设备与模块对应，可写入 /etc/modprobe.d/*.conf 中；
◆　内核模块的管理可使用 lsmod、modinfo、rmmod、insmod、modprobe 等命令；
◆　modprobe 主要参考 /lib/modules/$（uanem -r）/modules.dep 的设置来加载与卸载内核模块；
◆　grub2 的配置文件与相关文件系统定义文件大多放置于 /boot/grub2 目录中，配置文件名为 grub.cfg；
◆　grub2 对磁盘的代号设置与 Linux 不同，主要通过检测的顺序来给予设置。例如（hd0）及（hd0,1）等；
◆　grub.cfg 内每个选项与 menuentry 有关，而直接指定内核启动时，至少需要 linux16 及 initrd16 两个选项；
◆　grub.cfg 内设置 loader 控制权移交时，最重要者为 chainloader +1 这个选项；
◆　若想要重建 initramfs，可使用 dracut 或 mkinitrd 处理；
◆　重新安装 grub2 到 MBR 或 boot sector 时，可以利用 grub2-install 来处理；
◆　若想要进入恢复模式，可于启动选项过程中，在 linux16 选项的后面加入【rd.break】或【init=/bin/bash】等方式来进入恢复模式；
◆　我们可以对 grub2 的个别选项设置不同的访问密码。

19.6　本章习题

情境模拟题
利用恢复光盘来处理系统的错误导致无法启动的问题。

◆ 目标：了解恢复光盘的功能。

◆ 前提：了解 grub 的原理，并且知道如何使用 chroot 功能。

◆ 需求：打字可以再加快一点。

假设你的系统出问题而无法顺利启动，此时拿出安装光盘，然后重新以光盘来启动你的系统，然后你应该要这样做：

1. 利用光盘启动时，看到启动选项后，请选择【Troubleshooting】选项 -->【Rescue a CentOS system】选项，按下回车就开始启动程序。

2. 然后就进入恢复光盘模式的文件系统查找了。恢复光盘会去找出目前你的主机里面与 CentOS 7.x 相关的操作系统，并将该操作系统集合成为一个 chroot 的环境等待你的处理。但是它会有三个模式可以选择，分别是【continue】继续成为可读写挂载；【Read-Only】将检测到的操作系统变成只读挂载；【Skip】略过这次的恢复操作。在这里我们选择【Continue】。

3. 如果你有安装多个 CentOS 7.x 的操作系统（多重操作系统的实践），那就会出现选项让你选择想要处理的根目录是哪个，选择完毕就请按回车。

4. 然后系统会将检测到的信息通知你。一般来说，可能会在屏幕上显示类似这样的信息：【chroot /mnt/sysimage】，此时请按下 OK。

5. 按下 OK，系统会丢给你一个 Shell 使用，先用 df 看一下挂载情况是否正确？若不正确请手动挂载其他未被挂载的分区。等到一切搞定后，利用 chroot /mnt/sysimage 来转成你原本的操作系统环境。等到你将一切出问题的地方都搞定，请重启系统，并且取出光盘用硬盘启动。

简答题部分

◆ 因为 root 密码忘记，我使用 rd.break 的内核参数重新启动，并且修改完 root 密码，重新启动后可以顺利启动完毕，但是我使用所有的账号却都无法登录系统。为何会如此？可能原因是什么？

◆ 万一不幸，我的一些模块没有办法让 Linux 的内核识别，但是偏偏这个内核明明就支持该模块，我要让该模块在启动的时候就被加载，那么应该写入哪个文件？

◆ 如何在 grub2 启动过程当中，指定以【multi-user.target】来启动？

◆ 如果你不小心先安装 Linux 再安装 Windows 导致 boot loader 无法找到 Linux 的启动选项，该如何解决？

19.7　参考资料与扩展阅读

◆ 注 1：维基百科中有关 BIOS 的 POST 功能说明。
https://en.wikipedia.org/wiki/Power-on_self-test

◆ 注 2：维基百科中有关 BIOS 的 INT 13 硬件中断说明。
https://en.wikipedia.org/wiki/INT_13

◆ 一些 grub 出错时的解决方案。
http://wiki.linuxquestions.org/wiki/GRUB_boot_menu
http://forums.gentoo.org/viewtopic.php?t=122656&highlight=grub+error+collection

◆ info grub（尤其是 6.1 的段落，在讲解/etc/default/grub 的设置选项）

◆ GNU 官方网站关于 grub 的说明文档。
http://www.gnu.org/software/grub/manual/html_node/

20

第 20 章　基础系统设置与备份策略

　　新的 CentOS 7 针对不同的服务提供了相当多的命令行设置模式，因此过去那个 setup 似乎没有什么用了。取而代之的是许多加入了 bash-complete 提供了不少参数补全的设置工具，甚至包括网络设置也是通过这个机制。本章主要介绍如何通过这些基本的命令来设置系统。另外，万一不幸你的 Linux 被黑客入侵了或是你的 Linux 系统由于硬件关系（不论是天灾还是人祸）而挂掉了。这个时候，请问如何快速恢复你的系统？当然，如果有备份数据的话，那么恢复系统所花费的时间与成本将降低相当得多。平时最好就养成备份的习惯，以免突然间的系统损坏造成手足无措。此外，哪些文件最需要备份？另外备份是需要完整的备份还是仅备份重要数据即可？这些问题确实需要考虑。

20.1　系统基本设置

我们的 CentOS 7 系统其实有很多需要设置，包括之前提到过的语系、日期、时间、网络设置等。CentOS 6.x 以前有个名为 setup 的软件将许多的设置做成类图形界面，连防火墙都可以这样搞定。不过这个功能在 CentOS 7 已经日渐式微，这是因为 CentOS 7 已经将很多的软件命令做得还不错，又加入了 bash-complete 的功能，命令执行确实还不错。如果不习惯命令，很多的图形界面也可以使用，因此，setup 的需求就减少很多了。下面我们会介绍基本的系统设置需求，其实也是将之前章节里面谈过的内容做个集合。

20.1.1　网络设置（手动设置与 DHCP 自动获取）

网络其实是又可爱又麻烦的玩意儿，如果你是网络管理员，那么你必须要了解局域网络内的 IP、gateway、netmask 等参数，如果还想要连上 Internet，那么就得要理解 DNS 代表的意义是什么。如果你的单位想要拥有自己的域名，那么架设 DNS 服务器则是不可或缺的。总之，要设置网络服务器之前，你得要先理解网络基础。没有人愿意自己的服务器老是被攻击或是网络问题层出不穷吧！

但鸟哥这里的网络介绍仅止于当你是一台单机的 Linux 客户端，而非服务器。所以你的各项网络参数只要找到网络管理员，或是找到你的 ISP（Internet Service Provider），向它询问**网络参数的获取方式以及实际的网络参数**即可。通常网络参数的获取方式在台湾常见的有下面这几种：

1. **手动设置固定 IP**

常见于学术网络的服务器设置、公司内部特定网络设置等。这种方式你必须要获取下面的几个参数才能够让你的 Linux 上网：

- IP。
- 子网掩码（netmask）。
- 网关（gateway）。
- DNS 主机的 IP（通常会有两个，若记不住的话，硬背 119.29.29.29 即可）。

2. **网络参数可自动获取（DHCP 协议自动获取）**

常见于 IP 路由器后端的主机，或是利用电视线路的电缆调制解调器（cable modem），或是学校宿舍的网络环境等。这种网络参数获取方式就被称为 DHCP，你啥事都不需要知道，只要知道设置上网方式为 DHCP 即可。

3. **光纤到户与 ADSL 宽带拨号**

不论你的 IP 是固定的还是每次拨号都不相同（被称为动态 IP），只要是通过光纤到户或宽带调制解调器【拨号上网】的，就是使用这种方式。拨号上网虽然还是使用网卡连接到调制解调器上，不过，系统最终会产生一个替代调制解调器的网络接口（ppp0），这个 ppp0 也是一个物理网络接口。

不过，因为目前所谓的【光纤】宽带上网的方式所提供的调制解调器中，内部已经涵盖了 IP 共享与自动拨号功能，因此，其实你在调制解调器后面也还是只需要【自动获取 IP】的方式来获取网络参数即可。

了解了网络参数的获取方法后，你还得要知道一下我们通过什么硬件连上 Internet？其实就是网卡。目前的主流网卡为使用以太网络协议所开发出来的以太网卡（Ethernet），因此 Linux 就称呼这种网络接口为 ethN（N 为数字）。举例来说，鸟哥的这台测试机上面有一块以太网卡，因此鸟哥这台主机的网络接口就是 eth0（第一块为 0 号开始）。

不过新的 CentOS 7 开始对于网卡的编号则有另一套规则，网卡的名称现在与网卡的来源有关，基本上的网卡名称会是这样分类的：

- eno1：代表由主板 BIOS 内置的网卡。

- ens1：代表由主板 BIOS 内置的 PCI-E 接口的网卡。
- enp2s0：代表 PCI-E 接口的独立网卡，可能有多个插孔，因此会有 s0, s1……的编号。
- eth0：如果上述的名称都不适用，就回到原本的默认网卡编号。

其实不管什么网卡名称，想要知道你有多少网卡，直接执行【ifconfig -a】全部列出来即可。此外，CentOS 7 也希望我们不要手动修改配置文件，直接使用所谓的 nmcli 这个命令来设置网络参数即可，因为鸟哥的测试机器是虚拟机，所以上述的网卡名称只有 eth0 能够支持，你得要自己看自己的系统上面的网卡名称才行。

◆ 手动设置 IP 网络参数

假设你已经向你的 ISP 获取了你的网络参数，基本上的网络参数需要这些信息：
- method: manual（手动设置）
- IP: 172.16.1.1
- netmask: 255.255.0.0
- gateway: 172.16.200.254
- DNS: 172.16.200.254
- hostname: study.centos.vbird

上面的数据除了 hostname 是可以暂时不理会之外，如果你要上网，就得要有上面的这些信息才行。然后通过 nmcli 来处理。你得要先知道的是，nmcli 是通过一个名为【连接代号】的名称来设置是否要上网，而每个【连接代号】会有个【网卡名称】，这两个东西通常设置成相同名称。那就来先查查看目前系统上默认有什么连接代号。

```
[root@study ~]# nmcli connection show [网卡名称]
[root@study ~]# nmcli connection show
NAME  UUID                                  TYPE          DEVICE
eth0  505a7445-2aac-45c8-92df-dc10317cec22  802-3-ethernet eth0
# NAME    就是连接代号，通常与后面的网卡 DEVICE 会一样。
# UUID    这个是特殊的设备代码，保留就好不要理它。
# TYPE    就是网卡的类型，通常就是以太网卡。
# DEVICE  当然就是网卡名称。
# 从上面我们会知道有个 eth0 的连接代号，那么来查一下这个连接代号都有哪些配置。
[root@study ~]# nmcli connection show eth0
connection.id:                    eth0
connection.uuid:                  505a7445-2aac-45c8-92df-dc10317cec22
connection.interface-name:        eth0
connection.type:                  802-3-ethernet
connection.autoconnect:           yes
……（中间省略）……
ipv4.method:                      manual
ipv4.dns:
ipv4.dns-search:
ipv4.addresses:                   192.168.1.100/24
ipv4.gateway:                     --
……（中间省略）……
IP4.ADDRESS[1]:                   192.168.1.100/24
IP4.GATEWAY:
IP6.ADDRESS[1]:                   fe80::5054:ff:fedf:e174/64
IP6.GATEWAY:
```

如上表的输出，最下面的大写的 IP4、IP6 指的是目前实际使用的网络参数，最上面的 connection 开头的部分则指的是连接的状态。比较重要的参数鸟哥将它列出来如下：
- connection.autoconnect [yes|no]：是否于开机时启动这个连接，默认通常是 yes。
- ipv4.method [auto|manual]：自动还是手动设置网络参数的意思。
- ipv4.dns [dns_server_ip]：就是填写 DNS 的 IP 地址。
- ipv4.addresses [IP/Netmask]：就是 IP 与 netmask 的集合，中间用斜线 / 来隔开。

- ipv4.gateway [gw_ip]：就是 gateway 的 IP 地址。

所以，根据上面的设置选项，我们来将网络参数设置好！

```
[root@study ~]# nmcli connection modify eth0 \
>  connection.autoconnect yes \
>  ipv4.method manual \
>  ipv4.addresses 172.16.1.1/16 \
>  ipv4.gateway 172.16.200.254 \
>  ipv4.dns 172.16.200.254
# 上面只是【修改了配置文件】而已，要实际生效还得要启动（up）这个 eth0 才行。
[root@study ~]# nmcli connection up eth0
[root@study ~]# nmcli connection show eth0
……（前面省略）……
IP4.ADDRESS[1]:                         172.16.1.1/16
IP4.GATEWAY:                            172.16.200.254
IP4.DNS[1]:                             172.16.200.254
IP6.ADDRESS[1]:                         fe80::5054:ff:fedf:e174/64
IP6.GATEWAY:
```

最终执行【nmcli connection show eth0】然后看最下方，是否为正确的设置值？如果是的话，那就万事大吉。

◆ 自动获取 IP 参数

如果你的网络是由自动获取的 DHCP 协议所分配，那就太棒了。上述的所有功能你通通不需要背，只需要知道 ipv4.method 那个项目填成 auto 即可。所以来看看，如果变成自动获取，网络设置要如何处理？

```
[root@study ~]# nmcli connection modify eth0 \
>  connection.autoconnect yes \
>  ipv4.method auto
[root@study ~]# nmcli connection up eth0
[root@study ~]# nmcli connection show eth0
IP4.ADDRESS[1]:                         172.16.2.76/16
IP4.ADDRESS[2]:                         172.16.1.1/16
IP4.GATEWAY:                            172.16.200.254
IP4.DNS[1]:                             172.16.200.254
```

自动获取 IP 要简单太多了。同时执行 modify 之后，整个配置文件就写入了，因此你无须使用 vim 去重新改写与设置。鸟哥认为，nmcli 确实不错。另外，上面的参数中，那个 connection、ipv4 等，你也可以使用[tab]去调用出来。也就是说，nmcli 有支持 bash-complete 的功能，所以命令执行也很方便。

◆ 修改主机名

主机名的修改就得要通过 hostnamectl 这个命令来处理。

```
[root@study ~]# hostnamectl [set-hostname 你的主机名]
# 1. 显示目前的主机名称与相关信息。
[root@study ~]# hostnamectl
   Static hostname: study.centos.vbird              # 这就是主机名称。
         Icon name: computer
           Chassis: n/a
        Machine ID: 309eb890d09f440681f596543d95ec7a
           Boot ID: b2de392ff1f74e568829c716a7166ecd
    Virtualization: kvm
  Operating System: CentOS Linux 7 (Core)           # 操作系统名称。
       CPE OS Name: cpe:/o:centos:centos:7
            Kernel: Linux 3.10.0-229.el7.x86 64      # 内核版本也提供。
      Architecture: x86 64                           # 硬件架构也提供。
# 2. 尝试修改主机名称为 www.centos.vbird 之后再改回来。
[root@study ~]# hostnamectl set-hostname www.centos.vbird
[root@study ~]# cat /etc/hostname
www.centos.vbird
[root@study ~]# hostnamectl set-hostname study.centos.vbird
```

20.1.2　日期与时间设置

在第 4 章的 date 命令解释中,我们曾经谈过该命令可以进行日期、时间的设置。不过,如果要改时区?例如中国时区改成日本时区之类的,该如何处理?另外,设置了时间,那么下次开机可以是正确的时间吗?还是旧的时间?我们也知道有【网络校时】这个功能,那如果有网络的话,可以通过它来校时吗?

◆　时区的显示与设置

因为地球是圆的,每个时刻每个地区的时间可能都不一样。为了统一时间,所以有个所谓的【GMT、格林威治时间】这个国际标准时间。同时,在太平洋上面还有一条看不见的【国际日期变更线】。中国地区时间就比格林威治时间多了 8 小时,因为我们会比较早看到太阳。那我怎么知道目前的时区设置是正确的呢?就使用 timedatectl 这个命令。

```
[root@study ~]# timedatectl [commamd]
选项与参数:
list-timezones : 列出系统上所有支持的时区名称。
set-timezone　: 设置时区位置。
set-time　　　: 设置时间。
set-ntp　　　 : 设置网络校时系统。
# 1. 显示目前的时区与时间等信息。
[root@study ~]# timedatectl
      Local time: Tue 2015-09-01 19:50:09 CST  # 本地时间。
  Universal time: Tue 2015-09-01 11:50:09 UTC  # UTC 时间,可称为格林威治标准时间。
        RTC time: Tue 2015-09-01 11:50:12
        Timezone: Asia/Shanghai  (CST, +0800)  # 就是时区。
     NTP enabled: no
NTP synchronized: no
 RTC in local TZ: no
      DST active: n/a
# 2. 显示出是否有 New_York 时区?若有,则请将目前的时区更新一下。
[root@study ~]# timedatectl list-timezones | grep -i new
America/New_York
America/North_Dakota/New_Salem
[root@study ~]# timedatectl set-timezone "America/New_York"
[root@study ~]# timedatectl
      Local time: Tue 2015-09-01 07:53:24 EDT
  Universal time: Tue 2015-09-01 11:53:24 UTC
        RTC time: Tue 2015-09-01 11:53:28
        Timezone: America/New_York  (EDT, -0400)
[root@study ~]# timedatectl set-timezone "Asia/Shanghai"
# 最后还是要记得改回时区,不要忘记了。
```

◆　时间的调整

由于鸟哥的测试机使用的是虚拟机,默认虚拟机使用的是 UTC 时间而不是本地时间,所以在默认的情况下,测试机每次开机都会快上 8 小时,所以就需要来调整一下时间。时间的格式可以是【yyyy-mm-dd HH:MM】,比较方便记忆。

```
# 1. 将时间调整到正确的时间点上。
[root@study ~]# timedatectl set-time "2015-09-01 12:02"
```

过去我们使用 date 去修改日期后,还得要使用 hwclock 去修正 BIOS 记录的时间,现在通过 timedatectl 一口气帮我们全部搞定,方便又轻松。

◆　用 ntpdate 手动网络校时

其实鸟哥不太喜欢系统自动网络校时,比较喜欢自己手动网络校时。当然,写入 crontab 也是不错的想法,因为系统默认的自动校时会启动 NTP 协议相关的软件,会多开好几个端口,想到就不喜欢的缘故。没啥特别的意思,那如何手动网络校时?很简单,通过 ntpdate 这个命令即可。

```
[root@study ~]# ntpdate s2m.time.edu.cn
 1 Sep 13:15:16 ntpdate[21171]: step time server 211.22.103.157 offset -0.794360 sec
[root@study ~]# hwclock -w
```

上述的 s2m.time.edu.cn 指的是北京大学提供的时间服务器，建议使用当地的时间服务器来更新你的服务器时间，速度会比较快些，至于 hwclock 则是将正确的时间写入你的 BIOS 时间记录内。如果确认可以执行，未来应该可以使用 crontab 来更新系统时间。

20.1.3 语系设置

我们在第 4 章知道有个 LANG 与 locale 的命令能够查询目前的语系信息与变量，也知道 /etc/locale.conf 其实就是语系的配置文件。此外，你还得要知道的是，系统的语系与你目前软件的语系数据可能是不一样的。如果想要知道目前【系统语系】的话，除了调用配置文件之外，也能够使用 localectl 来查看：

```
[root@study ~]# localectl
   System Locale: LANG=zh_CN.utf8          # 下面这些信息就是【系统语系】。
                  LC_NUMERIC=zh_CN.UTF-8
                  LC_TIME=zh_CN.UTF-8
                  LC_MONETARY=zh_CN.UTF-8
                  LC_PAPER=zh_CN.UTF-8
                  LC_MEASUREMENT=zh_CN.UTF-8
      VC Keymap: cn
     X11 Layout: cn
     X11 Options: grp:ctrl_shift_toggle
[root@study ~]# locale
LANG=zh_CN.utf8              # 下面的则是【当前这个软件的语系】信息。
LC_CTYPE="en_US.utf8"
LC_NUMERIC="en_US.utf8"
……（中间省略）……
LC_ALL=en_US.utf8
```

从上面的两个命令结果你会发现到，系统的语系其实是中文的 Unicode（zh_CN.UTF8）这个语系。不过鸟哥为了目前的教学文件制作，需要取消中文的显示，而以较为单纯的英文语系来处理，因此使用 locale 命令时，就可以发现【鸟哥的 bash 使用的语系环境为 en_US.utf8】这一个。我们知道直接输入的 locale 查询到的语系，就是目前这个 bash 默认显示的语言，那你应该会觉得怪，那系统语系（localectl）显示的语系用在哪呢？

其实鸟哥一登录系统时，获取的语系确实是 zh_CN.utf8，只是通过【export LC_ALL=en_US.utf8】来切换为英文语系而已。此外，如果你有启用图形界面登录的话，那么默认的显示语系也是通过这个 localectl 所输出的内容。

例题

问：如果你跟着鸟哥的测试机器一路走来，图形界面将会是中文 Unicode 的提示登录字符。如何改成英文语系的登录界面？

答：就是将 locale 改成 en_US.utf8 之后，再转成图形界面即可。

```
[root@study ~]# localectl set-locale LANG=en_US.utf8
[root@study ~]# systemctl isolate multi-user.target
[root@study ~]# systemctl isolate graphical.target
```

接下来你就可以看到英文的登录画面提示了，未来的默认语系也都会是英文界面。

20.1.4　防火墙简易设置

有网络没有防火墙还挺奇怪的，所以本小节我们简单地来谈谈防火墙的内容。

防火墙其实是一种网络数据的过滤方式，它可以根据你服务器启动的服务来设置是否开放，也能够针对你信任的用户来开放。这部分应该要对网络有点概念之后才来谈比较好，所以详细的内容会在服务器篇介绍。由于目前 CentOS 7 的默认防火墙机制为 firewalld，它的管理界面主要是通过命令行 firewall-cmd 这个详细的命令，既然我们还没有谈到更多的防火墙与网络规则，想要了解 firewall-cmd 有点难，所以这个小节我们仅使用图形界面来介绍防火墙的相关内容。

要启动防火墙的图形管理界面，你当然就得要先登录 X 才行。然后到【应用程序】-->【杂项】-->【防火墙】给它点下去，如图 20.1.1 所示：

之后出现的图形管理界面会有点像下面这样：

图 20.1.1　防火墙启动的步骤

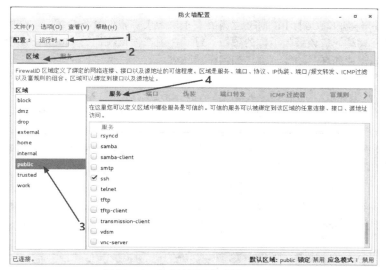

图 20.1.2　防火墙图形管理界面示意图

◆　配置：【运行时】与【永久】的差异

如图 20.1.2 的箭头 1 处，基本上，防火墙的规则拟定大概有两种情况，一种是【暂时用来执行】的规则，一种则是【永久】的规则。一般来说，刚刚启动防火墙时，这两种规则会一模一样。不过，后来可能你会暂时测试而加上几条规则，如果该规则没有写入【永久】区的话，那下次重新加载防火墙时，该规则就会消失。所以请特别注意：【不要只是在运行时记录区增加规则设置，而是必须要在永久记录区增加规则才行。】

◆　区域（zone）：根据不同的环境所设计的网络区域（zone）

玩过网络后，你可能会听过所谓的本机网络、NAT 与 DMZ 等域名，同时，可能还有可信任的（trusted）域名，或是应该被阻止（drop/block）的域名等。这些域名各有其功能，早期的 iptables 防火墙服务，所有的规则你都得要自己手动来编写，然后规则的细节得要自己去规划，所以很可能会导致一堆无法理解的规则。

新的 firewalld 服务就预先设计这些可能会被用到的网络环境,里面的规则除了 public(公开域名)这个区域(zone)之外,其他的区域则暂时为没有启动的需求。因此,在默认的情况下,如图 20.1.2 当中的 2 号箭头与 3 号箭头处,你只要考虑 public 那个项目即可,其他的域等到读完《服务器篇》之后再来讨论。所以,再说一次,你只要考虑 public 这个 zone 即可。

◆ 相关设置项目

接下来图 20.1.2 中 4 号箭头的地方就是重点。防火墙规则通常需要设置的地方有:

- 服务:一般来说,如果你的 Linux 服务器是作为 Internet 服务器,提供的是比较一般的服务,那么只要处理【服务】项目即可。默认你的服务器已经开放了 ssh 与 dhcpv6-client 的服务端口。
- 端口:如果你提供的服务所启用的端口并不是常规的端口,举例来说,为了玩 systemd 与 SELinux 我们曾经将 ssh 的端口调整到 222,同时也曾经将 ftp 的端口调整到 555 对吧! 那如果你想要让人家连进来,就不能只开放上面的【服务】项目,连这个【端口】的地方也需要调整才行。另外,如果有某些比较特别的服务是 CentOS 默认没有提供的,所以【服务】当然也就没有存在,这时你也可以直接通过端口来搞定它。
- 富规则(rich rule):如果你有【整个域名】需要开放或是拒绝的时候,那么前两个项目就没有办法适用,这时就得要这个项目来处理。不过鸟哥测试了 7.1 这一版的设置,似乎怪怪的,因此,下面我们会以 firewall-cmd 来增加这一个项目的设置。
- 接口:就是这个区域主要是针对哪一个网卡来做规范的意思,我们只有一块网卡,所以当然就是 eth0。

至于【伪装】、【端口转发】、【ICMP 过滤器】、【来源】等我们就不介绍了。毕竟那个是网络的东西,还不是在《基础篇》应该要告诉你的项目。好了,现在假设我们的 Linux 服务器是要作为下面的几个重要的服务与相关的域名功能,你该如何设置防火墙?

- 要开放 ssh、www、ftp、https 等服务的常规端口。
- 同时与前几章搭配,还需要开放 222 端口与 555 端口。
- 局域网络 192.168.1.0/24 是我们目前想要直接开放这段域名对我们服务器的连接。

请注意,因为未来都要持续生效,所以请一定要去到【永久】的防火墙设置项目里面去处理。不然只有这次开机期间会生效而已。好了,首先就来处理一下常规的服务端口的开放吧! 不过因为永久的设置比较重要,因此你得要先经过授权认证才行,如图 20.1.3 所示。

注意如图 20.1.4 所示,你要先确认箭头 1、2、3 的地方是正确的,然后再直接勾选 ftp、http、https、ssh 即可。因为 ssh 默认已经被勾选,所以鸟哥仅截图上面的项目而已。比较特别的是,勾选就生效,没有【确认】按钮,相当有趣。

图 20.1.3 永久的设置需要权限的认证

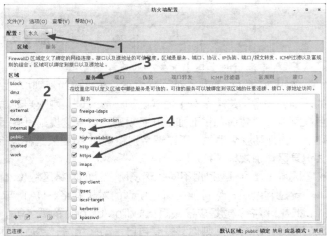

图 20.1.4 以图形界面的方式开放常规服务

接下来按下【端口】的页面，如图 20.1.5 所示，按下【添加】之后在出现的窗口当中填写你需要的端口号，通常也就是 tcp 协议保留它不动，之后按下【确定】即可。

因为我们有两个端口要增加，所以请将 222 与 555 端口也添加，如图 20.1.6 所示：

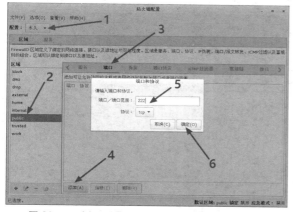
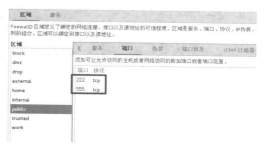

图 20.1.5　以图形界面的方式开放部分非正规端口　　图 20.1.6　以图形界面的方式开放部分非常规端口

最后一个要处理的是局域网络的开放，我们刚刚谈到这个部分恐怕目前的图形界面软件有点怪异，所以，这时你可以这样执行命令即可。注意，下列的命令全部都是必要参数，只有 IP 网段的部分可以变动。

```
[root@study ~]# firewall-cmd --permanent --add-rich-rule='rule family="ipv4" \
>  source address="192.168.1.0/24" accept'
success
[root@study ~]# firewall-cmd --reload
```

最后一行很重要。我们上面的图例通通是作用于【永久】设置中，只是修改配置文件，要让这些设置实际生效，那么就得要使用上面的 reload，让防火墙系统整个完整的再加载一下就行了。这样你会使用简易的防火墙设置了吗？

20.2　服务器硬件数据的收集

"工欲善其事，必先利其器"这是一句大家耳熟能详的俗语，在我们的信息设备上面也是一样的。在现在（2015）正好是 DDR3 切换到 DDR4 的时间点，假设你的服务器硬件刚刚好内存不太够，想要加内存，那请教一下，你的内存插槽还够吗？你的内存需要 DDR3 还是 DDR4？你的主机能不能使用 8G 以上的单条内存？这就需要检查一下系统。不想拆机吧？那怎么办？用软件去查。此外，磁盘会不会出问题？你怎么知道哪一块磁盘出问题了？这就重要了。

20.2.1　使用 dmidecode 查看硬件设备

系统有个名为 dmidecode 的软件，这个软件挺有趣的，它可以查看 CPU 型号、主板型号与内存相关的型号等，相当有帮助，尤其是在升级设备上面。现在让我们来查一查鸟哥的虚拟机里面有什么。

```
[root@study ~]# dmidecode -t type
选项与参数：
详细的 type 选项请 man dmidecode 查询更多的内容，这里仅列出比较常用的项目。
1：详细的系统信息，含主板的型号与硬件的基础信息等。
4：CPU 的相关信息，包括倍频、外频、内核数、内核线程数等。
9：系统的相关插槽格式，包括 PCI、PCI-E 等的插槽规格说明。
```

17: 每一个内存插槽的规格，若有内存，则列出该内存的容量与型号。
范例一: 显示整个系统的硬件信息，例如主板型号等。

```
[root@study ~]# dmidecode -t 1
# dmidecode 2.12
SMBIOS 2.4 present.
Handle 0x0100, DMI type 1, 27 Bytes
System Information
        Manufacturer: Red Hat
        Product Name: KVM
        Version: RHEL 6.6.0 PC
        Serial Number: Not Specified
        UUID: AA3CB5D1-4F42-45F7-8DBF-575445D3887F
        Wake-up Type: Power Switch
        SKU Number: Not Specified
        Family: Red Hat Enterprise Linux
```
范例二: 那内存相关的信息。
```
[root@study ~]# dmidecode -t 17
# dmidecode 2.12
SMBIOS 2.4 present.
Handle 0x1100, DMI type 17, 21 Bytes
Memory Device
        Array Handle: 0x1000
        Error Information Handle: 0x0000
        Total Width: 64 bits
        Data Width: 64 bits
        Size: 3072 MB
        Form Factor: DIMM
        Set: None
        Locator: DIMM 0
        Bank Locator: Not Specified
        Type: RAM
        Type Detail: None
```

因为我们的系统是虚拟机，否则的话，你的主板型号、每一条安插的内存容量等，都会被显示出来。这样可以让你了解系统的所有主要硬件设备是什么了吧！

因为某些缘故，鸟哥获得了一台机架式的服务器，不过该服务器就是内存不够。又因为某些缘故有朋友要送 ECC 的低电压内存给鸟哥，太开心了。不过担心内存与主板不兼容，所以就使用了 dmidecode 去查主板型号，再到原厂网站查询相关主板规格，这才确认可以使用，感谢各位亲爱的朋友。

20.2.2 硬件资源的收集与分析

现在我们知道系统硬件是由操作系统内核所管理的。由第 19 章的启动流程分析中，我们也知道 Linux 内核在启动时就能够检测主机硬件并加载适当的模块来驱动硬件。而内核所检测到的各项硬件设备，后来就会被记录在/proc 与/sys 当中，包括/proc/cpuinfo、/proc/partitions、/proc/interrupts 等。更多的/proc 内容介绍，先回到第 16 章的进程管理看一看。

其实内核所检测到的硬件可能并非完全正确，因为它仅是【使用最适当的模块来驱动这个硬件】而已，所以有时候难免会误判（虽然机率非常之低）。那你可能想要以最新最正确的模块来驱动你的硬件，此时，重新编译内核是一条可以完成的道路。不过，现在的 Linux 系统并没有很建议你一定要重新编译内核。

除了直接调用出/proc 下面的文件内容之外，其实 Linux 有提供几个简单的命令来将内核所检测到的硬件显示出来，常见的命令有下面这些：

- gdisk：第 7 章曾经谈过，可以使用 gdisk -l 将分区表列出；
- dmesg：第 16 章谈过，查看内核运行过程当中所显示的各项信息记录；
- vmstat：第 16 章谈过，可分析系统（CPU/RAM/IO）目前的状态；
- lspci：列出整个 PC 系统的 PCI 接口设备，很有用的命令；
- lsusb：列出目前系统上面各个 USB 端口的状态，与连接的 USB 设备；
- iostat：与 vmstat 类似，可实时列出整个 CPU 与接口设备的输入/输出状态。

lspci、lsusb、iostat 是本章新谈到的命令，尤其如果你想要知道主板与各周边相关设备时，那个 lspci 真是不可多得的好工具。而如果你想要知道目前 USB 插槽的使用情况以及检测到的 USB 设备，那个 lsusb 则非常好用。至于 iostat 则是一个实时分析软件，与 vmstat 有异曲同工之妙。

基本上，想要知道你 Linux 主机的硬件设备，最好的方法还是直接拆开机箱去查看上面的信息（这也是为何第 0 章会谈计算机概论）。如果环境因素导致您无法直接拆开主机的话，那么直接 lspci 是很棒的一的方法：

◆ lspci

```
[root@study ~]# lspci [-vvn]
选项与参数：
-v  : 显示更多的 PCI 设备的详细信息。
-vv : 比-v 还要更详细的详细信息。
-n  : 直接查看 PCI 的 ID 而不是厂商名称。
范例一：查看您系统内的 PCI 相关设备。
[root@study ~]# lspci
00:00.0 Host bridge: Intel Corporation 440FX - 82441FX PMC [Natoma] （rev 02）
00:01.0 ISA bridge: Intel Corporation 82371SB PIIX3 ISA [Natoma/Triton II]
00:01.1 IDE interface: Intel Corporation 82371SB PIIX3 IDE [Natoma/Triton II]
00:01.2 USB controller: Intel Corporation 82371SB PIIX3 USB [Natoma/Triton II] （rev 01）
00:01.3 Bridge: Intel Corporation 82371AB/EB/MB PIIX4 ACPI （rev 03）
00:02.0 VGA compatible controller: Red Hat, Inc QXL paravirtual graphic card （rev 04）
00:03.0 Ethernet controller: Red Hat, Inc Virtio network device
00:04.0 SCSI storage controller: Red Hat, Inc Virtio block device
00:05.0 RAM memory: Red Hat, Inc Virtio memory balloon
00:06.0 Audio device: Intel Corporation 82801FB/FBM/FR/FW/FRW （ICH6 Family） High Definition Audio
      Controller （rev 01）
00:1d.0 USB controller: Intel Corporation 82801I（ICH9 Family）USB UHCI Controller #1（rev 03）
00:1d.1 USB controller: Intel Corporation 82801I（ICH9 Family）USB UHCI Controller #2（rev 03）
00:1d.2 USB controller: Intel Corporation 82801I（ICH9 Family）USB UHCI Controller #3（rev 03）
00:1d.7 USB controller: Intel Corporation 82801I （ICH9 Family） USB2 EHCI Controller #1 （rev 03）
# 不必加任何的参数，就能够显示出目前主机上面的各个 PCI 设备。
```

不必加上任何选项，就能够显示出目前的硬件设备是什么。上面就是鸟哥的测试机所使用的主机设备，包括使用 Intel 芯片的模拟主板、南桥使用 ICH9 的控制芯片、集成 QXL 的显卡、使用虚拟化的 Virtio 网卡等。您看看，很清楚，不是嘛！

如果你还想想要了解某个设备的详细信息时，可以加上-v 或-vv 来显示更多的信息。举例来说，鸟哥想要知道那个以太网卡更详细的信息时，可以使用如下的选项来处理：

```
[root@study ~]# lspci -s 00:03.0 -vv
```

-s 后面接的那个是每个设备的总线、插槽与相关函数功能，那个是我们硬件检测所得到的数据。你可以对照下面这个文件来了解该串数据的意义：

- /usr/share/hwdata/pci.ids

其实那个就是 PCI 的标准 ID 与品牌名称的对应表。此外，刚刚我们使用 lspci 时，其实所有的数据都是从 /proc/bus/pci/ 目录中获取。了解了吧！不过，由于硬件的发展太过迅速，所以你的 pci.ids

文件可能会落伍了，那怎么办？没关系，可以使用下面的方式来在线更新你的对应文件：

```
[root@study ~]# update-pciids
```

◆ lsusb

刚刚谈到的是 PCI 接口设备，如果是想要知道系统接了多少个 USB 设备？那就使用 lsusb。这个命令也是很简单的。

```
[root@study ~]# lsusb [-t]
选项与参数：
-t  ：使用类似树状目录来显示各个 USB 端口的相关性。
范例一：列出目前鸟哥的测试用主机 USB 各端口状态。
[root@study ~]# lsusb
Bus 002 Device 002: ID 0627:0001 Adomax Technology Co., Ltd
Bus 001 Device 001: ID 1d6b:0002 Linux Foundation 2.0 root hub
Bus 002 Device 001: ID 1d6b:0001 Linux Foundation 1.1 root hub
# 如上所示，鸟哥的主机在 Bus 002 有接了一个设备，该设备的 ID 是 0627:0001,
# 对应的厂商与产品为 Adomax 的设备。
```

确实非常清楚，其中比较有趣的就属那个 ID 号码与厂商型号对照了。那也是写入在 /usr/share/hwdata/pci.ids 中的东西，你也可以自行去查询一下。

◆ iostat

刚刚那个 lspci 找到的是目前主机上面的硬件设备，那么整台机器的存储设备，主要是磁盘对吧！请问，您磁盘由开机到现在，已经读写了多少数据？这个时候就得要 iostat 这个命令的帮忙了。

 默认 CentOS 并没有安装这个软件，因此你必须要先安装它才行。如果你已经有网络了，那么使用【yum install sysstat】先来安装此软件，否则无法进行如下的测试。

```
[root@study ~]# iostat [-c|-d] [-k|-m] [-t] [间隔秒数] [检测次数]
选项与参数：
-c  ：仅显示 CPU 的状态。
-d  ：仅显示存储设备的状态，不可与-c 一起用。
-k  ：默认显示的是 block，这里可以改成 KBytes 的大小来显示。
-m  ：与-k 类似，只是以 MB 的单位来显示结果。
-t  ：显示日期出来。
范例一：显示一下目前整个系统的 CPU 与存储设备的状态。
[root@study ~]# iostat
Linux 3.10.0-229.el7.x86_64 (study.centos.vbird)  09/02/2015  _x86_64_   (4 CPU)
avg-cpu:  %user  %nice %system %iowait  %steal   %idle
           0.08   0.01    0.02    0.00    0.01   99.88
Device:            tps    kB_read/s    kB_wrtn/s    kB_read    kB_wrtn
vda                0.46         5.42         3.16     973670     568007
scd0               0.00         0.00         0.00        154          0
sda                0.01         0.03         0.00       4826          0
dm-0               0.23         4.59         3.09     825092     555621
# 看，上面数据总共分为上下两部分，上半部显示的是 CPU 的当前信息。
# 下面数据则是显示存储设备包括/dev/vda 的相关数据，它的数据意义：
# tps      ：平均每秒钟的传送次数。与数据传输【次数】有关，非容量。
# kB_read/s  ：开机到现在平均的读取单位。
# kB_wrtn/s  ：开机到现在平均的写入单位。
# kB_read   ：开机到现在，总共读出来的数据。
# kB_wrtn   ：开机到现在，总共写入的数据。
范例二：仅针对 vda，每两秒钟检测一次，并且共检测三次存储设备。
[root@study ~]# iostat -d 2 3 vda
Linux 3.10.0-229.el7.x86_64 (study.centos.vbird)  09/02/2015  _x86_64_   (4 CPU)
Device:            tps    kB_read/s    kB_wrtn/s    kB_read    kB_wrtn
vda                0.46         5.41         3.16     973682     568148
Device:            tps    kB_read/s    kB_wrtn/s    kB_read    kB_wrtn
```

```
vda              1.00         0.00         0.50          0          1
Device:           tps     kB_read/s    kB_wrtn/s     kB_read    kB_wrtn
vda              0.00         0.00         0.00          0          0
# 仔细看一下，如果是有检测次数的情况，那么第一次显示的是【从开机到现在的数据】，
# 第二次以后所显示的数据则代表两次检测之间的系统传输值。举例来说，上面的信息中，
# 第二次显示的数据，则是两秒钟内（本案例）系统的总传输量与平均值。
```

通过 lspci 及 iostat 可以大概地了解到目前系统的状态还有目前的主机硬件信息。

20.2.3　了解磁盘的健康状态

其实 Linux 服务器最重要的就是【数据安全】，而数据都是放在磁盘当中的，所以，无时无刻了解一下你的磁盘健康状况，应该是个好习惯。问题是，你怎么知道你的磁盘是好是坏？这时就得要来谈一个 smartd 的服务了。

SMART 其实是【Self-Monitoring, Analysis and Reporting Technology System】的缩写，主要用来监测目前常见的 ATA 与 SCSI 接口的磁盘，只是，要被监测的磁盘也必须要支持 SMART 的协议才行。否则 smartd 就无法去执行命令，让磁盘进行自我健康检查，比较可惜的是，我们虚拟机的磁盘格式并不支持 smartd，所以无法用来作为测试。不过刚刚好鸟哥还有另外一块使用 IDE 接口的 2G 磁盘，这个就能够用来做测试了。

smartd 提供一个命令名为 smartctl，这个命令功能非常多。不过我们下面只想要介绍数个基本的操作，让各位了解一下如何确认你的磁盘是好是坏。

```
# 1. 用 smartctl 来显示完整的 /dev/sda 的信息。
[root@study ~]# smartctl -a /dev/sda
smartctl 6.2 2013-07-26 r3841 [x86_64-Linux-3.10.0-229.el7.x86_64] (local build)
Copyright (C) 2002-13, Bruce Allen, Christian Franke, www.smartmontools.org
# 首先显示这个磁盘的整体信息，包括制造商、序号、格式、SMART 支持度等。
=== START OF INFORMATION SECTION ===
Device Model:     QEMU HARDDISK
Serial Number:    QM00002
Firmware Version: 0.12.1
User Capacity:    2,148,073,472 Bytes [2.14 GB]
Sector Size:      512 Bytes logical/physical
Device is:        Not in smartctl database [for details use: -P showall]
ATA Version is:   ATA/ATAPI-7, ATA/ATAPI-5 published, ANSI NCITS 340-2000
Local Time is:    Wed Sep  2 18:10:38 2015 CST
SMART support is: Available - device has SMART capability.
SMART support is: Enabled
=== START OF READ SMART DATA SECTION ===
SMART overall-health self-assessment test result: PASSED
# 接下来则是一堆基础说明，鸟哥这里先略过这段内容。
General SMART Values:
Offline data collection status:  (0x82) Offline data collection activity
                                        was completed without error.
                                        Auto Offline Data Collection: Enabled.
……（中间省略）……
# 再来则是有没有曾经发生过磁盘错乱的登录问题。
SMART Error Log Version: 1
No Errors Logged
# 当你执行过磁盘自我检测的过程，就会被记录在这里。
SMART Self-test log structure revision number 1
Num  Test_Description   Status                  Remaining  LifeTime(hours)  LBA_of_first_error
# 1  Short offline      Completed without error   00%        4660            -
# 2  Short offline      Completed without error   00%        4660            -
# 2. 命令磁盘进行一次自我检测的操作，然后再次查看磁盘状态。
[root@study ~]# smartctl -t short /dev/sda
[root@study ~]# smartctl -a /dev/sda
……（前面省略）……
```

```
# 下面会多出一个第三条的测试信息，看一下 Status 的状态，没有问题就是好消息。
SMART Self-test log structure revision number 1
Num  Test_Description    Status                    Remaining  LifeTime(hours)  LBA_of_first_error
# 1  Short offline       Completed without error   00%        4660             -
# 2  Short offline       Completed without error   00%        4660             -
# 3  Short offline       Completed without error   00%        4660             -
```

不过要特别强调的是，因为进行磁盘自我检查时，可能磁盘的 I/O 状态会比较忙碌，因此不建议在系统忙碌的时候进行，否则系统的性能是可能会被影响的。要注意。

20.3　备份要点

备份是个很重要的工作，很多人总是在系统损坏的时候才在哀嚎说："我的数据，天呐！"此时才会发现备份数据的好处。但是备份其实也非常可怕，因为你的重要数据都在备份文件里面，如果这个备份被窃取或遗失，其实对你的系统信息安全影响也非常大。同时，备份使用的媒介选择也非常多样，但是各种存储媒介各有其功能与优劣，所以当然得要选择。闲话少说，来谈谈备份吧！

20.3.1　备份数据的考虑

老实说，备份是系统损坏时等待恢复的救星。因为你需要重新安装系统时，备份的好坏会影响到你系统恢复的进度。不过，我们想先知道的是，系统为什么会损坏？是人为的还是怎样产生的？事实上，**系统有可能由于不可预期的伤害而导致系统发生错误**。什么是不可预期的伤害？这是由于系统可能因为不可预期的硬件损坏，例如硬盘坏掉等，或是软件问题导致系统出错，包括人为操作不当或是其他不明因素等所致。下面我们就来谈谈系统损坏的情况与为何需要备份吧！

◆　造成系统损坏的问题–硬件问题

基本上，【计算机是一个相当不可靠的机器】这句话在大部分的时间内还是成立的。常常会听到说【要计算机正常的工作，最重要的是要去拜一拜】。不要笑，这还是真的。尤其是在日前一些计算机周边硬件的成品率（就是将硬件产生出来之后，经过测试，发现可正常工作的与不能正常工作的硬件总数之比值）越来越差的情况之下，计算机的不稳定状态实在是越来越严重。

一般来说，会造成系统损坏的硬件组件应该要算硬盘。因为其他的组件坏掉时，虽然会影响到系统的运行，不过至少我们的数据还是存在硬盘当中的。为了避免这个困扰，于是乎有可备份用的 RAID1、RAID5、RAID6 等磁盘阵列的应用。但是如果是 RAID 控制芯片坏掉？这就麻烦了，所以说，如果有 RAID 系统时，鸟哥个人还是觉得需要进行额外的备份才好，如果数据够重要的话。

◆　造成系统损坏的问题–软件与人的问题

根据分析，**其实系统的软件伤害最严重的就属用户的操作不当**。像以前 Google 还没有这么厉害时，人们都到讨论区去问问题，某些高手被小白烦得不胜其扰，总是会回答："你的系统有问题，那请rm -rf / 看看出现什么情况，做完再回来。"你真做下去就死定了。如果你的系统有这种小白管理员？敢不备份？

软件伤害除了来自主机上的用户操作不当之外，最常见的可能是信息安全攻击事件了。假如你的Linux 系统上面某些 Internet 的服务软件是最新的。这也意味着可能是【相对最安全的】，但是，这个世界目前的闲人是相当多的，你不知道什么时候会有所谓的【黑客软件】被提供出来，万一你在 Internet上面的服务程序被攻击，导致你的 Linux 系统全毁，这个时候怎么办？当然是要恢复系统。

那如何恢复被伤害的系统？【重新安装就好】，或许你会这么说，但是，像鸟哥管理的几个网站的数据，尤其是 MySQL 数据库的数据，这些都是弥足珍贵的使用数据，万一被损坏而救不回来的时候，不是很可惜吗？这个还好，万一是某家银行的话，那么数据的损坏可就不是能够等闲视之的，关系的可是上万人的身家财产，这就是备份的重要性了。它可以最起码地稍微保障我们的数据由另外一份复制的备份以达到【安全恢复】的基本要求。

◆　主机角色不同，备份任务也不同

由于软硬件的问题都可能造成系统的损坏，所以备份当然就很重要。问题是，每一台主机都需要备份吗？多久备份一次？要备份什么数据？

类似 Ghost 这样的单机备份软件的共同特性就是可以将你系统上面的磁盘数据完整地复制起来，变成一个大文件，你可以通过现在非常便宜的 USB 外接磁盘来备份出来，未来恢复时，只要将 USB 磁盘连接到主机，就几乎可以进行裸机恢复了。

但是，万一你的主机提供了 Internet 方面的服务？又该如何备份？举个例子来说，像是我们 Study Area 团队的讨论区网站提供的是类似 BBS 的讨论文章，虽然数据量不大，但是由于讨论区的文件是天天在增加的，每天都有相当多的信息流入，由于某些信息都是属于重要的人物的留言，这个时候，我们能够让机器死掉吗？或是能够一季三个月才备份一次吗？这个备份频率需求的考虑是非常重要的。

再提到 2002 年左右鸟哥的讨论区曾经挂掉的问题，以及 2003 年年初 Study-Area 讨论区挂掉的问题，讨论区一旦挂掉的话，该数据库内容如果损坏到无法救回来，要知道讨论区可不是一个人的心血。有的时候（像 Study-Area 讨论区）是一群热心 Linux 的朋友们互相建立交流起来的数据流通网，如果挂掉了，那么不是让这些热血青年的热情付之一炬了吗？所以，建立备份的策略（频率、媒介、方法等）是相当重要的。

◆　备份因素考虑

由于计算机（尤其是目前的计算机，操作频率太高、硬件良率太差、用户操作习惯不良、某些操作系统的宕机率太高等）的稳定性较差，所以，备份的工作就越来越重要了。那么一般我们在备份时考虑的因素有哪些？

●　备份哪些文件

哪些数据对系统或用户来说是重要的？这些数据就是值得备份的数据。例如 /etc/*及/home/* 等。

●　选择什么备份的媒介

是可擦写光盘、另一块硬盘、同一块硬盘的不同分区，还是使用网络备份系统？哪一种的速度最快，最便宜，可将数据保存最久？这都需要考虑。

●　考虑备份的方式

是以完整备份（类似 Ghost）来备份所有数据，还是使用差异备份仅备份有被修改过的数据即可？

●　备份的频率

例如 MariaDB 数据库是否天天备份、若完整备份，需要多久进行一次？

●　备份使用的工具是什么

是利用 tar、cpio、dd 还是 dump 等的备份工具？

下面我们就来谈一谈这些问题的解决之道吧！

20.3.2　哪些 Linux 数据具有备份的意义

一般来说，鸟哥比较喜欢备份最重要的文件（关键数据备份），而不是整个系统都备份起来（完整备份，Full backup）。那么哪些文件是有必要备份的呢？具有备份意义的文件通常可以粗分为两大类，**一类是系统基本设置信息，一类则是类似网络服务的内容数据。**那么各有哪些文件需要备份？我们就来稍微分析一下。

◆　操作系统本身需要备份的文件

这方面的文件主要跟【账号与系统配置文件】有关系。主要有哪些账号的文件需要备份？就是 /etc/passwd、/etc/shadow、/etc/group、/etc/gshadow 以及/home 下面的用户家目录等，而由于 Linux 默认的重要参数文件都在 /etc/ 下面，所以只要将这个目录备份下来的话，那么几乎所有的配置文件都可以被保存。

至于/home 目录是一般用户的家目录，自然也需要来备份一番。再来，由于用户会有邮件，所以，这个/var/spool/mail/内容也需要备份。另外，由于如果你曾经自行修改过内核，那么 /boot 里面的信息也就很重要。所以，这方面的内容你必须要备份下述文件。

- /etc/ 整个目录
- /home/ 整个目录
- /var/spool/mail/
- /var/spoll/{at|cron}/
- /boot/
- /root/
- 如果你自行安装过其他的软件，那么 /usr/local/ 或 /opt 也最好备份一下

◆ 网络服务的数据库方面

这部分的数据可就多而且复杂了，首先是这些网络服务软件的配置文件部分，如果你的网络软件安装都是以原厂提供的为主，那么你的配置文件大多是在 /etc 下面，所以这个就没啥大问题。但若你的软件大多来自于自行的安装，那么 /usr/local 这个目录可就相当重要了。

再来，每种服务提供的数据都不相同，这些数据很多都是人们提供的。举例来说，你的 WWW 服务器总是需要有人提供网页文件吧？否则浏览器来是要看啥东西？你的讨论区总是得要写入数据库系统吧？否则讨论的数据如何更新与记载。所以，用户主动提供的文件，以及服务运行过程会产生的数据，都需要被考虑来备份。若假设我们提供的服务软件都是使用原厂的 RPM 安装。所以要备份的数据文件如下。

- 软件本身的配置文件，例如：/etc/ 整个目录，/usr/local/ 整个目录；
- 软件服务提供的数据，以 WWW 及 MariaDB 为例：
WWW 数据：/var/www 整个目录或 /srv/www 整个目录，及系统的用户家目录；
MariaDB ：/var/lib/mysql 整个目录；
- 其他在 Linux 主机上面提供的服务的数据库文件。

◆ 推荐需要备份的目录

由上面的介绍来看，如果你的硬件或是由于经费的关系而无法全部的数据都予以备份时，鸟哥建议你至少需要备份下面这些目录。

- /etc
- /home
- /root
- /var/spool/mail/、/var/spool/cron/、/var/spool/at/
- /var/lib/

◆ 不需要备份的目录

有些数据是不需要备份的。例如我们在第 5 章文件权限与目录配置里面提到的/proc 这个目录是在记录目前系统上面正在运行的程序，这个数据根本就不需要备份。此外，外挂的设备，例如 /mnt 或 /media 里面都是挂载了其他的硬盘设备、光驱、软盘驱动器等，这些也不需要备份。所以，下面有些目录可以不需要备份。

- /dev：这个随便你要不要备份；
- /proc、/sys、/run：这个真不需要备份；
- /mnt、/media：如果没有在这个目录内放置你自己系统的东西，也不需要备份；
- /tmp ：临时目录，不需要备份。

20.3.3 备份用存储媒介的选择

用来存储备份数据的媒介非常多样化，那该如何选择？在选择之前我们先来讲个小故事。

◆　一个实际发生的故事

在备份的时候，选择一个【数据存放的地方】也是需要考虑的一个因素。什么叫做数据存放的地方？讲个最简单的例子好了，我们知道，较为大型的机器都会使用 tape 这一种磁带机来备份数据，早期如果是一般个人计算机的话，很可能是使用类似 MO 这一种可擦写式光盘来读写数据。近年来因为 USB 接口的大容量磁盘驱动器越来越便宜且速度越来越快，所以几乎替换了上述的存储媒介。但是你不要忘记了几个重要的因素，那就是万一你的 Linux 主机被偷了呢？

这不是不可能的，之前鸟哥在成大念书时（2000 年前后），隔壁校区的研究室曾经遭小偷，里面所有的计算机都被偷走了。包括【MO 片】，当发现的时候，一开始以为是硬件被偷走了，还好，它们都有习惯进行备份，但是很不幸的，这一次连【备份的 MO 都被拿走了】。

◆　异地备份系统

这个时候，所谓的【异地备份系统】就显得相当重要了。什么是异地备份？说得太专业了。简单地说，就是将你的系统数据【备份】到其他的地方去，例如说我的机器在台南，但是我还有另一台机器在高雄老家，这样的话，我可以将台南机器上面重要的数据都给它定期地自动地通过网络传输回去，也可以将家里重要的数据给它丢到台南来。这样的最大优点是可以在台南的机器"死掉"的时候，即使是遭小偷，也可以有一个【万一】的备份所在。

有没有缺点？有，缺点就是，**带宽严重不足**。在这种状态下，所能采取的策略大概就是【**仅将最重要的数据给它传输回去**】。至于一些只要系统重新安装就可以恢复的东西，那就没有这个必要了。当然，如果你的网络是属于双向 100Mbit/s 或 300Mbit/s 那就另当一回事，想完整备份将数据丢到另一地去，也是很可行的。只是鸟哥没有那么好的命，住家附近连 100/40 Mbit/s 的网络带宽都没有。

◆　存储媒介的考虑

在此同时，我们再来谈一谈，那么除了异地备份这个【相对较为安全的备份】方法之外，还有没有其他的方法可以存储备份的？毕竟这种网络备份系统实在是太耗带宽了。那怎么办呢？那就只好使用近端的设备来备份，这也是目前我们最常见到的备份方法。

在过去我们使用的存储媒介可能有 Tape、MO、Zip、CD-RW、DVD-RW、外接式磁盘等，近年来由于磁盘容量不断上提，加上已经有便宜的桌面 NAS 存储设备，这些 NAS 存储设备就等于是一台小型 Linux 服务器，里面还能够提供定制化的服务，包括不同的接口与传输协议，因此，你只要记得，就是买还能够容错的 NAS 设备来备份就对了。

在**经费充足**的情况考虑之下，鸟哥建议您使用外接式的 NAS 设备，所谓的 NAS 其实就是一台内嵌 Linux 或类 UNIX 的小型服务器，可能提供硬件或软件的磁盘阵列，让你可以架设 RAID 10 或 RAID 5、6 等的级别，所以 NAS 本身的数据就已经有保障。然后跟你预计要备份的 Linux 服务器通过网络连接，你的数据就可以直接传输到 NAS 上面去了。其他以前需要考虑的注意事项，几乎都不再有限制，最多就是担心 NAS 的硬件坏掉而已。

若经费不足怎么办？现在磁盘都有 4TB 以上的容量,拿一块磁盘通过外接式 USB 接口,搭配 USB 3.0 来传输，随便都能够进行备份了。虽然这样的处理方式最怕的是单块磁盘损坏，不过，如果担心的话，买两三块来互相轮流备份，也能够处理掉这个问题。因为目前的数据量越来越大，实在没啥意义再使用类似 DVD 之类的存储设备来备份了。

如果你想要有比较长时间的备份存储，同时也比较担心碰撞的问题，目前企业界还是很多人会喜欢使用磁带来存储。不过听业界的朋友说，磁带就是比较怕被消磁以及发霉的问题，否则，这家伙倒是很受企业备份的喜好需求。

20.4　备份的种类、频率与工具的选择

讲了好多口水了，还是没有讲到重点。好了，再来提到那个备份的种类，因为想要选择什么存储媒介与相关备份工具，都与备份使用的方式有关。那么备份有哪些方式？一般可以粗略分为【累积备

份】与【差异备份】这两种[注1]。当然，如果你在系统出错时想要重新安装到更新的系统时，仅备份关键数据也就可以了。

20.4.1 完整备份之累积备份（Incremental backup）

备份不就是将重要数据复制出来即可吗？干嘛需要完整备份（Full backup）？如果你的主机是负责相当重要的服务，因此如果有不明原因的宕机事件造成系统损坏时，你希望在最短的时间内恢复系统。此时，如果仅备份关键数据时，那么你得要在系统出错后，再去找新的 Linux 发行版来安装，安装完毕后还得要考虑到数据新旧版本的差异问题，还得要进行数据的移植与系统服务的重新建立等，等到建立妥当后，还得要进行相关测试。这种种的工作可至少得要花上一个星期以上的工作日才能够处理妥当，所以，仅有关键数据是不够的。

◆ 还原的考虑

但反过来讲，如果是完整备份的话？若硬件出问题导致系统损坏时，只要将完整备份拿出来，整个给它填回硬盘，所有事情就搞定了。有些时候（例如使用 dd 命令）甚至连系统都不需要重新安装。反正整个系统都给它倒回去，连同重要的 Linux 系统文件等，所以当然也就不需要重新安装。因此，很多企业用来提供重要服务的主机都会使用完整备份，若所提供的服务非常重要时，甚至会再架设一台一模一样的机器。如此一来，若是原本的机器出问题，那就立刻将备份的机器拿出来接管，以使企业的网络服务不会中断。

那你知道完整备份的定义了吧？没错，完整备份就是将根目录(/)整个系统通通备份下来的意思。不过，在某些场合下面，完整备份也可以是备份一个文件系统(filesystem)，例如 /dev/sda1、/dev/md0 或 /dev/myvg/mylv 之类的文件系统。

◆ 累积备份的原则

虽然完整备份在还原方面有相当良好的表现，但是我们都知道系统用得越久，数据量就会越大。如此一来，完整备份所需要花费的时间与存储媒介的使用就会相当麻烦，所以，完整备份并不会也不太可能每天都进行。那你想要每天都备份数据该如何进行？有两种方式，一种是本小节会谈到的累积备份，一种则是下个小节谈到的差异备份。

所谓的累积备份，指的是在系统在进行完第一次完整备份后，经过一段时间的运行，比较系统与备份文件之间的差异，仅备份有差异的文件而已。而第二次累积备份则与第一次累积备份的数据比较，也是仅备份有差异的数据而已。如此一来，由于仅备份有差异的数据，因此备份的数据量小且快速，备份也很有效率。我们可以以图 20.4.1 来说明：

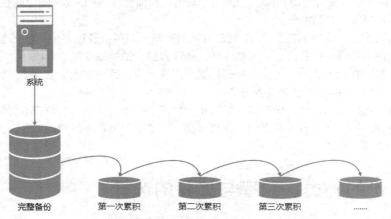

图 20.4.1 累积备份（incremental backup）操作示意图

假如我在星期一做好完整备份，则星期二的累积备份是系统与完整备份间的差异数据；星期三的备份是系统与星期二的差异数据，星期四的备份则是系统与星期三的差异数据。那你得要注意的是，星期二的数据是完整备份加第一次累积备份，星期三的数据是完整备份加第一次累积与第二次累积备份，星期四的数据则是星期一的完整备份加第一次加第二次加第三次累积备份。由于每次都仅与前一次的备份数据比较而已，因此备份的数据量就会少很多。

那如何还原？经过上面的分析，我们也会知道累积备份的还原方面比较麻烦。假设你的系统在星期五的时候挂掉了，那你要如何还原？首先，你必须要还原星期一的完整备份，然后还原星期二的累积备份，再依序还原星期三、星期四的累积备份才算完全恢复。那如果你是经过了 9 次的累积备份，就得要还原到第 9 次的阶段才是最完整的还原程序。

◆　累积备份使用的备份软件

完整备份常用的工具有 dd、cpio、xfsdump/xfsrestore 等，因为这些工具都能够备份设备与特殊文件。dd 可以直接读取磁盘的扇区（sector）而不理会文件系统，是相当良好的备份工具，不过缺点就是慢很多。cpio 能够备份所有文件名，不过，得要配合 find 或其他找文件名的命令才能够处理妥当。以上两个都能够进行完整备份，但累积备份就得要额外使用脚本程序来处理。可以直接进行累积备份的就是 xfsdump 这个命令，详细的命令与参数用法，请前往第 8 章查看，这里仅列出几个简单的范例。

```
# 1. 用 dd 来将/dev/sda 备份到完全一模一样的/dev/sdb 硬盘中。
[root@study ~]# dd if=/dev/sda of=/dev/sdb
# 由于 dd 是读取扇区，所以/dev/sdb 这块磁盘可以不必格式化，非常的方便。
# 只是你会等非常非常久，因为 dd 的速度比较慢。
# 2. 使用 cpio 来备份与还原整个系统，假设存储媒介为 SATA 磁带机。
[root@study ~]# find / -print | cpio -covB > /dev/st0    <==备份到磁带机。
[root@study ~]# cpio -iduv < /dev/st0                     <==还原。
```

假设 /home 为一个独立的文件系统，而 /backupdata 也是一个独立的用来备份的文件系统，那如何使用 dump 将 /home 完整的备份到 /backupdata 上？可以像下面这样进行看看：

```
# 1. 完整备份。
[root@study ~]# xfsdump -l 0 -L 'full' -M 'full' -f /backupdata/home.dump /home
# 2. 第一次进行累积备份。
[root@study ~]# xfsdump -l 1 -L 'full-1' -M 'full-1' -f /backupdata/home.dump1 /home
```

除了这些命令之外，其实 tar 也可以用来进行完整备份。举例来说，/backupdata 是个独立的文件系统，若想要将整个系统通通备份起来时，可以这样考虑：将不必要的 /proc、/mnt、/tmp 等目录不备份，其他的数据则予以备份：

```
[root@study ~]# tar --exclude /proc --exclude /mnt --exclude /tmp \
> --exclude /backupdata -jcvp -f /backupdata/system.tar.bz2 /
```

20.4.2　完整备份之差异备份（Differential backup）

差异备份与累积备份有点类似，也是需要进行第一次的完整备份后才能够进行。只是差异备份指的是：每次的备份都是与原始的完整备份比较的结果。所以系统运行得越久，离完整备份时间越长，那么该次的差异备份数据可能就会越大。差异备份的示意图如图 20.4.2 所示。

差异备份常用的工具与累积备份差不多，因为都需要完整备份嘛。如果使用 xfsdump 来备份的话，那么每次备份的等级（level）就都会是 level 1 的意思。当然，你也可以通过 tar 的 -N 选项来备份。如下所示：

```
[root@study ~]# tar -N '2015-09-01' -jpcv -f /backupdata/home.tar.bz2 /home
# 只有在比 2015-09-01 还要新的文件，在/home 下面的文件才会被打包进 home.bz2 中。
# 有点奇怪的是，目录还是会被记录下来，只是目录内的旧文件就不会备份。
```

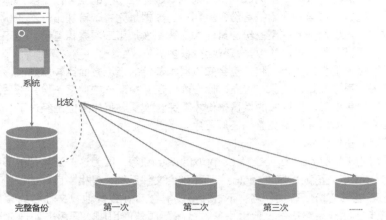

图 20.4.2　差异备份（differential backup）操作示意图

此外，你也可以通过 rsync 进行镜像备份，这个 rsync 可以对两个目录进行镜像（mirror），算是一个非常快速的备份工具。简单的命令语法为：

```
[root@study ~]# rsync -av 来源目录 目标目录
# 1. 将/home/镜像至/backupdata/home/中。
[root@study ~]# rsync -av /home /backupdata/
# 此时会在/backupdata 下面产生 home 这个目录。
[root@study ~]# rsync -av /home /backupdata/
# 再次进行会快很多，如果数据没有修改，几乎不会进行任何操作。
```

根据分析[注2]，差异备份所使用的磁盘容量可能会比累积备份来得大，但是差异备份的还原较快，因为只需要还原完整备份与最近一次的差异备份即可。无论如何，请根据你自己的喜好来选择备份的方式。

20.4.3　关键数据备份

完整备份虽然有许多好处，但就是需要花费很多时间。所以，如果主机提供的服务并不是一定要24 小时提供的前提下，我们可以仅备份重要的关键数据即可。由于主机即使宕机个一两天可能也不会影响到你的正常生活时，仅备份关键数据就好，不需要整个系统都备份，仅备份关键数据是有许多好处的。由于完整备份可能是在系统运行期间进行，不但会花费非常多的时间，而且**如果备份当时系统已经被攻击，那么备份的数据是有问题的，那还原回去也是有问题的系统**。

如果仅是备份关键数据而已，那么由于系统的绝大部分执行文件都可以后来重新安装，因此若你的系统不是因为硬件问题，而是因为软件问题而导致系统被攻击或损坏时，直接使用最新的 Linux 发行版，然后重新安装，然后再将系统数据（如账号/密码与家目录等）与服务数据（如www/email/crontab/ftp 等）一个一个地填回去，那你的系统不但保持在最新的状态，同时也可以趁机操作一下与重新温习一下系统设置，是很不错的。

不过，备份关键数据最麻烦的地方其实就是在还原。上述的还原方式是你必须要很熟悉系统运行，否则还原要花费很多时间的。尤其近来的 Linux 强调安全性，所以加入了 SELinux，你如果要从旧版的 Linux 升级到新版时，原本若没有 SELinux 而换成新版则需要启动 SELinux 时，那个除错的时间会花很长一段日子。鸟哥认为这是仅备份关键数据的一些优缺点。

备份关键数据鸟哥最爱使用 tar 来处理。如果想要分门别类地将各种不同的服务在不同的时间备份使用不同文件名，配合 date 命令是非常好用的工具。例如下面的案例是根据日期来备份 MariaDB 的数据库。

```
[root@study ~]# tar -jpcvf mysql.`date +%Y-%m-%d`.tar.bz2 /var/lib/mysql
```

　　备份是非常重要的工作，你可不希望想到才进行吧？交给系统自动处理就对。请自己编写脚本，配合 crontab 去执行，这样子，备份会很轻松。

20.5　鸟哥的备份策略

　　每台主机的任务都不相同，重要的数据也不相同，重要性也不一样，因此，每个人的备份思考角度都不一样。有些备份策略是非常有趣的，包括使用多个磁带机与磁带来自动备份企业数据[注3]。

　　就鸟哥的想法来说，鸟哥并没有想要将整个系统完整地备份下来，因为太耗时间了。而且就鸟哥的立场而言，似乎也没有这个必要，所以通常鸟哥只备份较为重要的文件而已。不过，由于鸟哥需要备份 /home 与网页数据，如果天天都备份，我想系统迟早会受不了（因为这两个部分就已经占去数 10 GB 的硬盘空间），所以鸟哥就将备份分为两大部分，一个是每日备份经常性变动的重要数据，一个则是每周备份就不常变动的信息。这个时候我就写了两个简单的脚本，分别来存储这些数据。

　　所以针对鸟哥的"鸟站"来说，我的备份策略是这样的：

1．主机硬件：使用一个独立的文件系统来存储备份数据，将此文件系统挂载到 /backup 当中；
2．每日进行：目前仅备份 MySQL 数据库；
3．每周进行：包括 /home、/var、/etc、/boot、/usr/local 等目录与特殊服务的目录；
4．自动处理：这方面利用 /etc/crontab 来自动进行备份；
5．异地备份：每月定期的将数据分别（a）刻录到光盘上面（b）使用网络传输到另一台机器上面。

那就来看看鸟哥是怎么备份的吧！

20.5.1　每周系统备份的脚本

　　下面提供鸟哥的备份的脚本，希望对大家有点帮助。鸟哥假设你已经知道如何挂载一个新的文件系统到 /backup 去，所以格式化与挂载这里就不再强调。

```
[root@study ~]# vi /backup/backupwk.sh
#!/bin/bash
# =======================================================================
# 使用者参数输入位置:
# basedir=你用来存储此脚本所预计备份数据的目录(请独立文件系统)。
basedir=/backup/weekly   <==您只要改这里就好了。
# =======================================================================
# 下面请不要修改了, 用默认值即可。
PATH=/bin:/usr/bin:/sbin:/usr/sbin; export PATH
export LANG=C
# 设置要备份的服务的配置文件, 以及备份的目录。
named=$basedir/named
postfixd=$basedir/postfix
vsftpd=$basedir/vsftp
sshd=$basedir/ssh
sambad=$basedir/samba
wwwd=$basedir/www
others=$basedir/others
userinfod=$basedir/userinfo
# 判断目录是否存在, 若不存在则予以建立。
for dirs in $named $postfixd $vsftpd $sshd $sambad $wwwd $others $userinfod
do
      [ ! -d "$dirs" ] && mkdir -p $dirs
done
# 1. 将系统主要服务的配置文件分别备份下来, 同时也备份/etc全部。
cp -a /var/named/chroot/{etc,var}        $named
cp -a /etc/postfix /etc/dovecot.conf     $postfixd
```

```
cp -a /etc/vsftpd/*                      $vsftpd
cp -a /etc/ssh/*                         $sshd
cp -a /etc/samba/*                       $sambad
cp -a /etc/{my.cnf,php.ini,httpd}        $wwwd
cd /var/lib
 tar -jpc -f $wwwd/mysql.tar.bz2         mysql
cd /var/www
 tar -jpc -f $wwwd/html.tar.bz2          html cgi-bin
cd /
 tar -jpc -f $others/etc.tar.bz2         etc
cd /usr/
 tar -jpc -f $others/local.tar.bz2       local
# 2. 关于使用者参数方面。
cp -a /etc/{passwd,shadow,group} $userinfod
cd /var/spool
 tar -jpc -f $userinfod/mail.tar.bz2     mail
cd /
 tar -jpc -f $userinfod/home.tar.bz2     home
cd /var/spool
 tar -jpc -f $userinfod/cron.tar.bz2     cron at
[root@study ~]# chmod 700 /backup/backupwk.sh
[root@study ~]# /backup/backupwk.sh <==记得自己试着运行看看。
```

上面的脚本主要均使用 CentOS 7.x（理论上 Red Hat 系列的 Linux 都适用）默认的服务与目录，如果你设置了某些服务的数据在不同的目录时，那么上面的脚本是还需要修改的。不要只是拿来用而已，上面的脚本可以在下面的链接获取。

- http://linux.vbird.org/linux_basic/0580backup/backupwk-0.1.sh

20.5.2 每日备份数据的脚本

再来，继续提供一下每日备份数据的脚本程序。请注意，鸟哥这里仅有提供 MariaDB 的数据库备份目录，与 WWW 的类似留言版程序使用的 CGI 程序和写入的数据而已。如果你还有其他的数据需要每日备份，请自行照样编写。

```
[root@study ~]# vi /backup/backupday.sh
#!/bin/bash
# =========================================================
# 请输入，你想让备份数据放置到哪个独立的目录中。
basedir=/backup/daily/  <==你只要改这里就可以了。
# =========================================================
PATH=/bin:/usr/bin:/sbin:/usr/sbin; export PATH
export LANG=C
basefile1=$basedir/mysql.$(date +%Y-%m-%d).tar.bz2
basefile2=$basedir/cgi-bin.$(date +%Y-%m-%d).tar.bz2
[ ! -d "$basedir" ] && mkdir $basedir

# 1.MySQL（数据库目录在/var/lib/mysql）。
cd /var/lib
 tar -jpc -f $basefile1 mysql

# 2.WWW 的 CGI 程序（如果有使用 CGI 程序的话）。
cd /var/www
 tar -jpc -f $basefile2 cgi-bin

[root@study ~]# chmod 700 /backup/backupday.sh
[root@study ~]# /backup/backupday.sh <==记得自己试着运行看看。
```

上面的脚本可以在下面的链接获取。这样一来每天的 MariaDB 数据库就可以自动地被记录在 /backup/daily/ 目录里面，而且文件名会自动修改。呵呵，我很喜欢。再来就是开始让系统自己运行，怎么运行呢？就是 /etc/crontab 呀！提供一下我的相关设置。

- http://linux.vbird.org/linux_basic/0580backup/backupday.sh

```
[root@study ~]# vi /etc/crontab
# 加入这两行即可（请注意你的文件目录，不要照抄）。
30 3 * * 0 root /backup/backupwk.sh
30 2 * * * root /backup/backupday.sh
```

这样系统就会自动地在每天的 2:30 进行 MariaDB 数据库的备份，而在每个星期日的 3:30 进行重要文件的备份。呵呵，你说是不是很容易？但是请千万记得，还要将 /backup/ 当中的数据复制出来才行，否则整个系统死掉的时候，那可不是闹着玩的。所以鸟哥在一个月到两个月之间，会将 /backup 目录内的数据使用 DVD 复制一下，然后将 DVD 放置在家中保存。这个 DVD 很重要的，不可以遗失，否则系统的重要数据（尤其是账户信息）流出去可不是闹着玩的。

> 有些时候，你在进行备份时，被备份的文件可能同时被其他的网络服务所修改。举例来说，当你备份 MariaDB 数据库时，刚好有人利用你的数据库发表文章，此时，可能会发生一些错误的信息。要避免这类的问题时，可以在备份前，将该服务先关闭，备份完成后，再启动该服务即可。感谢讨论区 duncanlo 提供这个方法。

20.5.3　远程备份的脚本

如果管理两台以上的 Linux 主机时，那么互相将对方的重要数据保存一份在自己的系统中也是个不错的想法。那么怎么保存？使用 USB 硬盘复制来去吗？当然不是，你可以通过网络来处理。我们假设你已经有一台主机，这台主机的 IP 是 192.168.1.100，而且这台主机已经提供了 sshd 这个网络服务了，接下来你可以这样做。

◆ 使用 rsync 上传备份数据

要使用 rsync 你必须要在你的服务器上面获取某个账号使用权，并让该账号可以不用密码也可登录才行。这部分得要先参考服务器篇的远程连接服务器才行。假设你已经设置好 dmtsai 这个账号可以不用密码即可登录远程服务器，而同样的，你要让 /backup/weekly/ 整个备份到 /home/backup/weekly 下面时，可以简单地这样做：

```
[root@study ~]# vi /backup/rsync.sh
#!/bin/bash
remotedir=/home/backup/
basedir=/backup/weekly
host=127.0.0.1
id=dmtsai

# 下面为程序，不需要修改。
rsync -av -e ssh $basedir ${id}@${host}:${remotedir}
```

由于 rsync 可以通过 ssh 来进行镜像备份，所以没有修改的文件将不需要上传，相当好用。好了，大家赶紧写一个适合自己的备份脚本来进行备份的操作吧！

> 因为 rsync 配合 sshd 真的很好用，加上它本身就有加密，近期以来大家对于数据在网络上面跑都非常在乎安全性，所以鸟哥就取消了 FTP 的传输方式。

20.6　灾难恢复的考虑

之所以要备份当然就是预防系统挂掉！如果系统真的挂掉的话，那么你该如何还原系统？

◆　硬件损坏，且具有完整备份的数据时

由于是硬件损坏，所以我们不需要考虑系统软件的不稳定问题，所以可以直接将完整的系统恢复回去即可。首先，你必须要先处理好你的硬件，举例来说，将你的硬盘作个适当的处理，例如创建成为磁盘阵列之类的，然后根据你的备份状态来恢复。举例来说，如果是使用差异备份，那么将完整备份恢复后，将最后一次的差异备份恢复回去，你的系统就恢复了，非常简单吧！

◆　由于软件的问题产生的被攻击信息安全事件

由于系统的损坏是因为被攻击，此时即使你恢复到正常的系统，那么这个系统既然会被攻击，没道理你还原成旧系统就不会被再次攻击。所以，此时完整备份的恢复可能不是个好方式。最好是需要这样进行：

1. 先拔除网线，最好将系统进行完整备份到其他媒介上，以备未来查验；
2. 开始查看日志文件，尝试找出各种可能的问题；
3. 开始安装新系统（最好找最新的发行版）；
4. 进行系统的升级，与防火墙相关规则的制订；
5. 根据 2 的错误，在安装完成新系统后，将那些 bug 修复；
6. 进行各项服务与相关数据的恢复；
7. 正式上线提供服务，并且开始测试。

软件信息安全事件造成的问题可大可小，一般来说，标准流程都是建议你将出问题的系统备份下来，如果被追踪到你的主机曾经攻击过别人的话，那么你至少可以拿出备份数据来佐证说，你是被攻击者，而不是主动攻击别人的坏人。然后，记得一定要找出问题点并予以解决，不然的话你的系统将一再地被攻击，那样可就伤脑筋。

20.7　重点回顾

◆　因特网（Internet）就是 TCP/IP，而 IP 的获取需与 ISP 要求。一般常见的获取 IP 的方法有：（1）手动直接设置；（2）自动获取（dhcp）；（3）拨号获取；（4）cable 宽带等方式。

◆　主机的网络设置要成功，必须要有下面的数据：（1）IP；（2）Netmask；（3）gateway；（4）DNS服务器等项目。

◆　本章新增硬件信息的收集命令有：lspci、lsusb、iostat 等。

◆　备份是系统损坏时等待恢复的救星，但造成系统损坏的因素可能有硬件与软件等原因。

◆　由于主机的任务不同，备份的数据与频率等参数也不相同。

◆　常见的备份考虑因素有：关键文件、存储媒介、备份方式（完整/关键）、备份频率、使用的备份工具等。

◆　常见的关键数据有：/etc、/home、/var/spool/mail、/boot、/root 等。

◆　存储媒介的选择方式，需要考虑的地方有：备份速度、媒介的容量、费用与媒介的可靠性等。

◆　与完整备份有关的备份策略主要有：累积备份与差异备份。

◆　累积备份可具有较小的存储数据量、备份速度快速等，但是在还原方面则比差异备份的还原慢。

◆　完整备份的策略中，常用的工具有 dd、cpio、tar、xfsdump 等。

20.8　本章习题

简答题部分

◆　如果你想要知道整个系统的周边硬件设备，可以使用哪个命令查询？

◆　承上题，那么如果单纯只想要知道 USB 设备？又该如何查询？

◆　（挑战题）如果你的网络设置妥当了，但是却老是发现网络不通，你觉得应该如何进行测试？

◆　挑战题：尝试将你在学习本书所进行的各项任务备份下来，然后删除你的系统，接下来重新安装最新的 CentOS 7.x，再将你备份的数据恢复回来，看看能否成功地让你的系统恢复到之前的状态。

◆　（挑战题）查询一下何谓再生龙软件，讨论一下该软件的还原机制是属于累积备份，还是完整备份。

◆　常用的完整备份（full backup）工具命令有哪些？

◆　你所看到的常见的存储设备有哪些？

20.9　参考资料与扩展阅读

◆　注 1：维基百科中有关备份的说明。
https://en.wikipedia.org/wiki/Incremental_backup

◆　注 2：关于 differential 与 incremental 备份的优缺点说明。
http://www.backupschedule.net/databackup/differentialbackup.html

◆　注 3：维基百科中的一些备份计划方案。
https://en.wikipedia.org/wiki/Backup_rotation_scheme

21

第 21 章　软件安装：源代码与 Tarball

　　我们在"第 1 章 Linux 是什么"当中提到了 GNU 计划与 GPL 授权所产生的自由软件与开放源代码等东西。不过，前面的章节没有提到真正的开放源代码是什么。在这一章里，我们将借由 Linux 操作系统里面的执行文件，来理解什么是可执行的程序，以及了解什么是编译器。另外，与程序息息相关的函数库（library）的内容也需要了解一番。不过，在这个章节当中，鸟哥并不是要你成为一个开放源代码的程序员，而是希望你可以了解如何将开放源代码的程序设计、加入函数库的原理、通过编译而成为可以执行的二进制程序，最后该执行文件可被我们所使用的一连串过程。

了解上面的内容有什么好处？因为在 Linux 的世界里，由于定制化的关系，有时候我们需要在 Linux 系统中自行安装软件，所以如果你有简单的程序编译概念，那么将很容易进行软件的安装。甚至在软件编译过程中发生错误时，你也可以自行做一些简易的操作，而最传统的软件安装过程，自然就是由源代码编译而来的。所以，在这里我们将介绍最原始的软件管理方式：使用 Tarball 来安装与升级管理我们的软件。

21.1　开放源码的软件安装与升级简介

如果鸟哥想要在自己的 Linux 服务器上面运行 Web 服务器（WWW server）这项服务，那么我应该要做些什么事？当然就一定需要【安装 Web 服务器的软件】。如果鸟哥的服务器上面没有这个软件的话，那当然也就无法启用 WWW 的服务。所以，想要在你的 Linux 上面实现一些功能，学会【如何安装软件】是很重要的一个课题。

咦，安装软件有什么难的？在 Windows 操作系统上面安装软件时，不是只要一直给它按【下一步】就可以安装好了吗？话是这样说没错，不过，也由于如此，所以在 Windows 操作系统上面的软件都是一模一样的，也就是说，你【无法修改该软件的源代码】，因此，万一你想要增加或减少该软件的某些功能时，大概只能求助于当初发行该软件的厂商了。（这就是所谓的商机吗？）

或许你会说："我不过是一般人，不会用到多余的功能，所以不太可能会修改到程序代码的部分吧？"如果你这么想的话，很抱歉，是有问题的。为什么？像目前网络上面的病毒、黑客软件、木马程序等，都可能对你的主机上面的某些软件造成影响，导致主机宕机或是其他数据损坏等的伤害。如果你可以借由安全信息单位所提供的自定义方式进行修改，那么你将可以很快速地自行修补好该软件的漏洞，而不必一定要等到软件开发商提供修补的程序包。要知道，**提早补洞是很重要的一件事**。

并不是软件开发商故意要搞出一个有问题的软件，而是某些程序代码当初设计时可能没有考虑周全，或是程序代码与操作系统的权限设置并不相同，所导致的一些漏洞。当然，也有可能是入侵者通过某些攻击程序测试到程序缺陷所致。无论如何，只要有网络存在的一天，程序的漏洞就永远补不完，能补多少就补多少吧！

这样说可以了解 Linux 的优点了吗？没错，因为 Linux 上面的软件几乎都是经过 GPL 的授权，所以每个软件几乎均提供源代码，并且你可以自行修改该程序代码，以符合你个人的需求，这就是开放源码的优点。不过，到底什么是开放源代码呢？这些程序代码是什么东西？Linux 上面可以执行的相关软件的安装文件与开放源码之间是如何转换的？不同版本的 Linux 之间能不能使用同一个执行文件？还是该执行文件需要在源代码的部分重新进行转换？这些都是需要梳理清楚的概念。下面我们先就源代码与可执行文件来进行说明。

21.1.1　什么是开放源码、编译器与可执行文件

在讨论程序代码是什么之前，我们先来谈论一下什么是可执行文件？我们说过，在 Linux 系统上面，一个文件能不能被执行看的是有没有可执行的那个权限（具有 x permission），不过，Linux 系统上真正识别的可执行文件其实是二进制程序（binary program），例如/usr/bin/passwd、/bin/touch 这些文件即为二进制程序。

或许你会说 shell 脚本不是也可以执行吗？其实 shell 脚本只是利用 shell（例如 bash）这个程序的功能进行一些判断，而最终执行的除了 bash 提供的功能外，仍是调用一些已经编译好的二进制程

序。当然，bash 本身也是一个二进制程序。那么我怎么知道一个文件是否为二进制呢？还记得我们在第 6 章里面提到的 file 这个命令的功能吗？对，用它就是了。我们现在来测试一下：

```
# 先以系统的文件测试看看。
[root@study ~]# file /bin/bash
/bin/bash: ELF 64-bit LSB executable, x86_64, version 1 (SYSV), dynamically linked
 (uses shared libs), for GNU/Linux 2.6.32, BuildID[sha1]=0x7e60e35005254...stripped
# 如果是系统提供的/etc/init.d/network。
[root@study ~]# file /etc/init.d/network
/etc/init.d/network: Bourne-Again shell script, ASCII text executable
```

看到了吧？如果是二进制而且是可以执行的时候，它就会显示执行文件类别（ELF 64-bit LSB executable），同时会说明是否使用**动态函数库**（shared libs），而如果是一般的脚本，那它就会显示出 text executables 之类的字样。

> 事实上，network 的数据显示出 Bourne-Again 那一行，是因为你的脚本上面第一行声明了#!/bin/bash。如果你将脚本的第一行拿掉，那么不管/etc/init.d/network 的权限是什么，它其实显示的是 ASCII 文本文件的信息。

既然 Linux 操作系统真正认识的其实是二进制程序，那么我们是如何做出这样的一个二进制程序的呢？首先，我们必须要写程序，用什么东西写程序？就是一般的文本编辑器。鸟哥喜欢使用 vim 来进行程序的编写，写完的程序就是所谓的源代码。这个程序代码文件其实就是一般的纯文本文件。在完成这个源代码文件的编写之后，再来就是要将这个文件【编译】成为操作系统看得懂的二进制程序。而要编译自然就需要【编译器】来操作，经过编译器的编译与链接之后，就会产生一个可以执行的二进制程序。

举个例子，在 Linux 上面最标准的程序语言为 C，所以我使用 C 的语法进行源代码的编写，写完之后，以 Linux 上标准的 C 语言编译器 gcc 这个程序来编译，就可以制作一个可以执行的二进制程序。整个的流程有点像这样：

图 21.1.1　利用 gcc 编译器进行程序的编译流程示意图

事实上，在编译的过程当中还会产生所谓的**目标文件**（object file），这些文件是以*.o 的扩展名样式存在的，至于 C 语言的源代码文件通常以*.c 作为扩展名。此外，有的时候，我们会在程序当中【引用、调用】其他的外部子程序，或是利用其他软件提供的【函数功能】，这个时候，我们就必须在编译的过程中，将该函数库加进去，如此一来，编译器就可以将所有的程序代码与函数库作一个链接（link）以产生正确的执行文件。

总之，我们可以这么说：

- 开放源代码：就是程序代码，写给人类看的程序语言，但机器并不认识，所以无法执行；
- 编译器：将程序代码转译成为机器看得懂的语言，就类似翻译者的角色；

- 可执行文件：经过编译器变成的二进制程序，机器看得懂所以可以执行。

21.1.2 什么是函数库

在前一小节的图 21.1.1 示意图中，在编译的过程里面提到了函数库。什么是函数库？先举个例子来说：我们的 Linux 系统上通常已经提供一个可以进行身份验证的模块，就是在第 13 章提到的 PAM 模块。这个 PAM 提供的功能可以让很多程序在被执行的时候，除了可以验证用户的信息外，还可以将身份确认的数据记录在日志文件里面，以方便系统管理员的追踪。

既然有这么好用的功能，那如果我要编写具有身份认证功能的程序时，直接引用该 PAM 的功能就好，如此一来，我就不需要重新设计认证机制。也就是说，只要在我写的程序代码里面，设置去调用 PAM 的函数功能，我的程序就可以利用 Linux 原本就有的身份认证的程序咯。除此之外，其实我们的 Linux 内核也提供了相当多的函数库来给硬件开发者使用。

函数库又分为动态与静态函数库，这两个东西我们在后面的小节再加以说明。这里我们以一个简单的流程图，来示意一个调用了外部函数库的程序的执行情况。

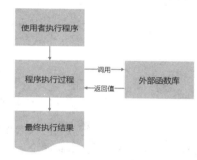

很简单的示意图。而如果要在程序里面加入引用的函数库，就需要如图 21.1.2 所示，即在编译的过程当中，加入函数库的相关设置。事实上，Linux 内核提供了很多与内核相关的函数库与外部参数，这些内核功能在设计硬件的驱动程序的时候是相当有用的信息，这些内核相关信息大多放置在 /usr/include、/usr/lib、/usr/lib64 里面，我们在本章的后续小节再来探讨。反正我们可以简单地这么想：

图 21.1.2　程序执行时引用外部动态函数库的示意图

- 函数库：就类似子程序的角色，是可以被调用来执行的一段功能函数。

21.1.3 什么是 make 与 configure

事实上，使用类似 gcc 的编译器来进行编译的过程并不简单，因为一个软件并不会仅有一个程序文件，而是有一堆程序代码文件。所以除了每个主程序与子程序均需要写上一条编译过程的命令外，还需要写上最终的链接程序。程序代码短的时候还好，如果是类似 WWW 服务器软件（例如 Apache），或是类似内核的源代码，动辄数百 MB 的数据量，编译命令会写到疯掉，这个时候，我们就可以使用 make 这个命令的相关功能来进行编译过程的简化。

当执行 make 时，make 会在当前的目录下查找 Makefile（or makefile）这个文本文件，而 Makefile 里面则记录了源代码如何编译的详细信息。make 会自动地判别源代码是否经过变动了，而自动更新执行文件，是软件工程师相当好用的一个辅助工具。

咦，make 是一个程序，会去找 Makefile，那 Makefile 怎么写？通常软件开发商都会写一个检测程序来检测用户的操作环境，以及该操作环境是否有软件开发商所需要的其他功能，该检测程序检测完毕后，就会主动地建立这个 Makefile 的规则文件，通常这个检测程序的文件名为 configure 或是 config。

咦，那为什么要检测操作环境？在第 1 章当中，不是曾经提过其实每个 Linux 发行版都使用同样的内核吗？但你得要注意，不同版本的内核所使用的系统调用可能不相同，而且每个软件所需要依赖的函数库也不相同，同时，软件开发商不会仅针对 Linux 开发，而是会针对整个 UNIX-like 做开发，所以它也必须要检测该操作系统平台有没有提供合适的编译器才行，因此当然要检测环境。一般来说，检测程序会检测的内容大约有下面这些：

- 是否有适合的编译器可以编译本软件的程序代码；
- 是否已经存在本软件所需要的函数库，或其他需要的依赖软件；

- 操作系统平台是否适合本软件，包括 Linux 的内核版本；
- 内核的头文件（header include）是否存在（驱动程序必须要的检测）。

至于 make 与 configure 运行流程的相关性，我们可以使用下面的图来表示一下。下图中，你要进行的任务其实只有两个，一个是执行 configure 来建立 Makefile，这个步骤一定要成功。成功之后再以 make 来调用所需要的数据进行编译即可，非常简单。

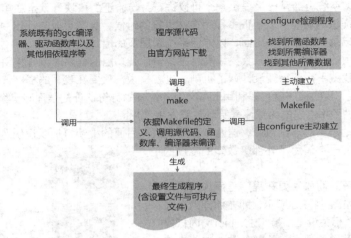

图 21.1.3　通过 configure 与 make 进行编译示意图

由于不同的 Linux 发行版的函数库文件所放置的路径、函数库的文件名或是默认安装的编译器，以及内核的版本都不相同，因此理论上，你无法在 CentOS 7.x 上面编译出二进制程序后，还将它拿到 SUSE 上面执行，这个操作通常是不可能成功的。因为调用的目标函数库位置可能不同（参考图 21.1.2），内核版本更不可能相同，所以能够执行的情况是微乎其微。同一个软件要在不同的平台上面执行时，必须要重新编译，所以才需要源代码嘛。了解了么？详细的 make 用法与 Makefile 规则，在后续的小节里面再探讨。

21.1.4　什么是 Tarball 的软件

从前面几个小节的说明来看，我们知道所谓的源代码，其实就是一些写满了程序代码的纯文本文件。那我们在第 8 章压缩命令的介绍当中，也了解了纯文本文件在网络上其实是很浪费带宽的一种文件格式。所以，如果能够将这些源代码通过文件的打包与压缩技术来将文件的数量与容量减小，不但让用户容易下载，软件开发商的网站带宽也能够节省很多很多。这就是 Tarball 文件的由来。

> 想一想，一个内核的源代码文件大约要 300~500 MB 左右，如果每个人都去下载这样的一个内核文件，呵呵，那么网络带宽不被耗尽才怪。

所谓的 Tarball 文件，其实就是将软件的所有源代码文件先以 tar 打包，然后再以压缩技术来压缩，通常最常见的就是以 gzip 来压缩。因为利用了 tar 与 gzip 的功能，所以 Tarball 文件一般的扩展名就会写成*.tar.gz 或是简写为*.tgz，不过，近来由于 bzip2 与 xz 的压缩率较佳，所以 Tarball 渐渐地以 bzip2 及 xz 的压缩技术来替换 gzip，因此文件名也会变成*.tar.bz2、*.tar.xz 之类的。所以说 Tarball 是一个软件包，你将它解压缩之后，里面的文件通常就会有：

- 源代码文件；
- 检测程序文件（可能是 configure 或 config 等文件）；

- 本软件的简易说明与安装说明（INSTALL 或 README）。

其中最重要的是那个 INSTALL 或是 README 这两个文件，通常你只要能够参考这两个文件，Tarball 软件的安装是很简单的。我们在后面的章节会再继续介绍 Tarball 这个玩意儿。

21.1.5　如何安装与升级软件

将源代码作了一个简单的介绍，也知道了系统其实认识的可执行文件是二进制程序之后，好了，得要聊一聊，那么怎么安装与升级一个 Tarball 的软件？为什么要安装一个新的软件呢？当然是因为我们的主机上面没有该软件。那么，为何要升级？原因可能有下面这些：

- 需要新的功能，但旧有主机的旧版软件并没有，所以需要升级到新版的软件；
- 旧版本的软件上面可能有信息安全上的缺陷，所以需要更新到新版的软件；
- 旧版的软件执行性能不佳，或是功能不能让管理者满足。

在上面的需求当中，尤其需要注意的是第二点，当一个软件有安全上的顾虑时，千万不要怀疑，赶紧更新软件吧，否则造成网络危机，那可不是闹着玩的。那么更新的方法有哪些呢？基本上更新的方法可以分为两大类，分别是：

- 直接以源代码通过编译来安装与升级；
- 直接以编译好的二进制程序来安装与升级。

上面第一点很简单，就是直接以 Tarball 在自己的机器上面进行检测、编译、安装与设置等操作来升级。不过，这样的操作虽然让用户在安装过程当中具有很高的弹性，但毕竟是比较麻烦一点，如果 Linux 发行版厂商能够针对自己的操作平台先进行编译等过程，再将编译好的二进制程序发布的话，那由于我的系统与该 Linux 发行版的环境是相同的，所以它所发布的二进制程序就可以在我的机器上面直接安装，省略了检测与编译等繁杂的过程。

这个预先编译好程序的机制存在于很多发行版，包括有 Red Hat 系列（含 Fedora/CentOS 系列）使用的 RPM 软件管理机制与 yum 在线更新模式；Debian 使用的 dpkg 软件管理机制与 APT 在线更新模式等。

由于 CentOS 系统依循标准的 Linux 发行版，所以可以使用 Tarball 直接进行编译安装与升级，当然也可以使用 RPM 相关的机制来进行安装与升级。本章节主要针对 Tarball，至于 RPM 则留待下个章节再来介绍。

好了，那么一个软件的 Tarball 是如何安装的呢？基本流程是这样的：

1. 将 Tarball 由厂商的网站下载；
2. 将 Tarball 解开，产生很多的源代码文件；
3. 开始以 gcc 进行源代码的编译（会产生目标文件 object files）；
4. 然后以 gcc 进行函数库、主、子程序的链接，以形成主要的二进制文件；
5. 将上述的二进制文件以及相关的配置文件安装至自己的主机上面。

上面第 3、4 步骤当中，我们可以通过 make 这个命令的功能来简化它，所以整个步骤其实是很简单的，只不过你就得需要至少有 gcc 以及 make 这两个软件在你的 Linux 系统里面才行。详细的过程以及需要的软件我们在后面的章节继续来介绍。

21.2　使用传统程序语言进行编译的简单范例

经过上面的介绍之后，你应该比较清楚地知道源代码、编译器、函数库与执行文件之间的相关性了。不过，详细的流程可能还不很清楚，所以，在这里我们以一个简单的程序范例来说明整个编译的过程。赶紧进入 Linux 系统，实际操作一下下面的范例。

21.2.1 单一程序：打印 Hello World

我们以 Linux 上面最常见的 C 语言来编写第一个程序。第一个程序最常做的就是在屏幕上面打印【Hello World】的字样，当然，这里我们是以简单的 C 语言来编写，如果你对于 C 有兴趣的话，那么请自行购买相关的书籍。好了，不啰嗦，立刻编辑第一个程序吧！

> 请先确认你的 Linux 系统里面已经安装了 gcc，如果尚未安装 gcc 的话，请先参考下一节的 RPM 安装法，先安装好 gcc 之后，再回来阅读本章。如果你已经有了网络，那么直接使用【yum groupinstall "Development Tools"】预安装好所需的所有软件即可。rpm 与 yum 均会在下一章介绍。

◆ 编辑程序代码，亦即源代码

```
[root@study ~]# vim hello.c    <==用 C 语言写的源码文件名建议用.c 扩展名。
#include <stdio.h>
int main(void)
{
        printf("Hello World\n");
}
```

上面是用 C 语言写的一个程序文件，第一行的那个【#】并不是注释。如果你担心输入错误，请到下面的链接下载这个文件：

● http://linux.vbird.org/linux_basic/0520source/hello.c

◆ 开始编译与测试执行

```
[root@study ~]# gcc hello.c
[root@study ~]# ll hello.c a.out
-rwxr-xr-x. 1 root root 8503 Sep  4 11:33 a.out    <==此时会产生这个文件。
-rw-r--r--. 1 root root   71 Sep  4 11:32 hello.c
[root@study ~]# ./a.out
Hello World  <==呵呵，成果出现了。
```

在默认的状态下，如果我们直接以 gcc 编译源代码，并且没有加上任何参数，则执行文件的文件名会被自动设置为 a.out，所以你就能够直接执行./a.out 这个执行文件。上面的例子很简单吧！那个 hello.c 就是源代码，而 gcc 就是编译器，至于 a.out 就是编译成功的可执行二进制程序。咦，那如果我想要产生目标文件（object file）来进行其他的操作，而且执行文件的文件名也不要用默认的 a.out，那该如何是好？其实你可以将上面的第 2 个步骤改成这样：

```
[root@study ~]# gcc -c hello.c
[root@study ~]# ll hello*
-rw-r--r--. 1 root root   71 Sep  4 11:32 hello.c
-rw-r--r--. 1 root root 1496 Sep  4 11:34 hello.o  <==就是被产生的目标文件。
[root@study ~]# gcc -o hello hello.o
[root@study ~]# ll hello*
-rwxr-xr-x. 1 root root 8503 Sep  4 11:35 hello   <==这就是可执行文件，-o 的结果。
-rw-r--r--. 1 root root   71 Sep  4 11:32 hello.c
-rw-r--r--. 1 root root 1496 Sep  4 11:34 hello.o
[root@study ~]# ./hello
Hello World
```

这个步骤主要是利用 hello.o 这个目标文件制作出一个名为 hello 的执行文件，详细的 gcc 语法我们会在后续章节中继续介绍。通过这个操作后，我们可以得到 hello 及 hello.o 两个文件，真正可以执行的是 hello 这个二进制程序。或许你会觉得，咦，只要一个生成 a.out 就好了，干嘛还要先制作目标文件再做成执行文件？呵呵，通过下个范例，你就可以知道为什么了。

21.2.2　主、子程序链接：子程序的编译

如果我们在一个主程序里面又调用了另一个子程序？这是很常见的一个程序写法，因为可以提高整个程序的易读性。在下面的例子当中，我们以 thanks.c 这个主程序去调用 thanks_2.c 这个子程序，写法很简单：

◆　编写所需要的主、子程序

```
# 1. 编辑主程序。
[root@study ~]# vim thanks.c
#include <stdio.h>
int main(void)
{
        printf("Hello World\n");
        thanks_2();
}
# 上面的 thanks_2();那一行就是调用子程序。
[root@study ~]# vim thanks_2.c
#include <stdio.h>
void thanks_2(void)
{
        printf("Thank you!\n");
}
```

上面这两个文件你可以到下面下载：

- http://linux.vbird.org/linux_basic/0520source/thanks.c
- http://linux.vbird.org/linux_basic/0520source/thanks_2.c

◆　进行程序的编译与链接（link）

```
# 2. 开始将源代码编译成为可执行的二进制文件。
[root@study ~]# gcc -c thanks.c thanks_2.c
[root@study ~]# ll thanks*
-rw-r--r--. 1 root root   75 Sep  4 11:43 thanks_2.c
-rw-r--r--. 1 root root 1496 Sep  4 11:43 thanks_2.o   <==编译产生的。
-rw-r--r--. 1 root root   91 Sep  4 11:42 thanks.c
-rw-r--r--. 1 root root 1560 Sep  4 11:43 thanks.o     <==编译产生的。
[root@study ~]# gcc -o thanks thanks.o thanks_2.o
[root@study ~]# ll thanks*
-rwxr-xr-x. 1 root root 8572 Sep  4 11:44 thanks       <==最终结果会产生这玩意儿。
# 3. 执行一下这个文件。
[root@study ~]# ./thanks
Hello World
Thank you!
```

知道为什么要制作出目标文件了吗？由于我们的源代码文件有时并非仅只有一个文件，所以我们无法直接进行编译。这个时候就需要先产生目标文件，然后再以链接制作成为二进制可执行文件。另外，如果有一天，你更新了 thanks_2.c 这个文件的内容，则你只要重新编译 thanks_2.c 来产生新的 thanks_2.o，然后再以链接制作出新的二进制可执行文件即可，而不必重新编译其他没有修改过的源代码文件。这对于软件开发者来说，是一个很重要的功能，因为有时候要将偌大的源代码全部编译完成，会花很长的一段时间。

此外，如果你想要让程序在执行的时候具有比较好的性能，或是其他的除错功能时，可以在编译的过程里面加入适当的参数，例如下面的例子：

```
[root@study ~]# gcc -O -c thanks.c thanks_2.c   <==-O 为产生最佳化的参数。
[root@study ~]# gcc -Wall -c thanks.c thanks_2.c
thanks.c: In function 'main':
```

```
thanks.c:5:9: warning: implicit declaration of function 'thanks_2' [-Wimplicit-function-decl
aration]
        thanks_2();
        ^
thanks.c:6:1: warning: control reaches end of non-void function [-Wreturn-type]
 }
 ^
# 使用-Wall 参数会生成更详细的编译过程信息，上面的信息为警告信息（warning）所以不用理会也没有关系。
```

至于更多的 gcc 额外参数功能，就得要 man gcc，呵呵，多的跟天书一样。

21.2.3　调用外部函数库：加入链接的函数库

刚刚我们都仅只是在屏幕上面打印一些文字而已，如果说要计算数学公式？例如我们想要计算出三角函数里面的 sin（90 度角）。要注意的是，大多数的程序语言都是使用弧度而不是一般我们在计算的【角度】，180 度角约等于 3.14 弧度，嗯，那我们就来写一下这个程序吧！

```
[root@study ~]# vim sin.c
#include <stdio.h>
#include <math.h>
int main(void)
{
    float value;
    value = sin ( 3.14 / 2 );
    printf("%f\n",value);
}
```

上面这个文件的内容可以在下面获取。

- http://linux.vbird.org/linux_basic/0520source/sin.c

那要如何编译这个程序？我们先直接编译看看：

```
[root@study ~]# gcc sin.c
# 新的 gcc 会主动将函数放进来给你，所以只要加上 include <math.h>就好了。
```

新版的 gcc 会主动帮你将所需要的函数库放进来编译，所以不会出现怪异的错误信息。事实上，数学函数库使用的是 libm.so 这个函数库，你最好在编译的时候将这个函数库包含进去，另外要注意，这个函数库放置的地方是系统默认的/lib 与/lib64，所以你无需使用下面的-L 去加入查找的目录。而 libm.so 在编译的写法上，使用的是-lm（lib 简写为 l）。因此就变成：

◆ 编译时加入额外函数库链接的方式

```
[root@study ~]# gcc sin.c -lm -L/lib -L/lib64   <==重点在-lm。
[root@study ~]# ./a.out                         <==尝试执行新文件。
1.000000
```

特别注意，使用 gcc 编译时所加入的那个-lm 是有意义的，它可以拆开成两部分来看：

- -l：是【加入某个函数库（library）】的意思；
- m：则是 libm.so 这个函数库，其中，lib 与扩展名（.a 或.so）不需要写。

所以-lm 表示使用 libm.so（或 libm.a）这个函数库的意思，至于那个-L 后面接的路径？这表示：【我要的函数库 libm.so 请到/lib 或/lib64 里面查找】。

上面的说明很清楚了吧！不过，要注意的是，由于 Linux 默认是将函数库放置在/lib 与/lib64 当中，所以你没有写-L/lib 与-L/lib64 也没有关系的。不过，万一哪天你使用的函数库并非放置在这两个目录下，那么-L/path 就很重要了，否则会找不到函数库。

除了链接的函数库之外，你或许已经发现一个奇怪的地方，那就是在我们的 sin.c 当中第一行【#include <stdio.h>】，这行说的是要将一些定义数据由 stdio.h 这个文件读入，这包括 printf 等相关函数。这个函数其实是在/usr/include/stdio.h 当中的。那么万一这个文件并非放置在这里？那么我们就可以使用下面的方式来定义出要读取的 include 文件放置的目录：

```
[root@study ~]# gcc sin.c -lm -I/usr/include
```

　　-I/path 后面接的路径（Path）就是设置要去查找相关的 include 文件的目录。不过，同样的，默认值是放置在/usr/include 下面，除非你的 include 文件放置在其他路径，否则也可以略过这个选项。

　　通过上面的几个小范例，你应该对于 gcc 以及源代码有一定程度的认识了，再接下来，我们来稍微整理一下 gcc 的简易使用方法吧！

21.2.4　gcc 的简易用法（编译、参数与连接）

　　前面说过，gcc 为 Linux 上面最标准的编译器，这个 gcc 是由 GNU 计划所维护的，有兴趣的朋友请自行前往参考。既然 gcc 对于 Linux 上的 Open Source 是这么样的重要，下面我们就列举几个 gcc 常见的参数，如此一来大家就应该更容易了解源代码的各项功能了。

```
# 仅将源代码编译成为目标文件。
[root@study ~]# gcc -c hello.c
# 会自动产生 hello.o 这个文件，但是并不会产生二进制执行文件。
# 在编译的时候，根据操作环境给予最佳化执行速度。
[root@study ~]# gcc -O hello.c -c
# 会自动产生 hello.o 这个文件，并且执行速度最佳。
# 在进行二进制文件制作时，将链接的函数库与相关的路径加入。
[root@study ~]# gcc sin.c -lm -L/lib -I/usr/include
# 这个命令较常使用在最终链接成二进制文件的时候。
# -lm 指的是 libm.so 或 ibm.a 这个函数库文件。
# -L 后面接的路径是刚刚上面那个函数库的查找目录。
# -I 后面接的是源代码内的 include 文件之所在目录。
# 将编译的结果输出成某个特定文件名。
[root@study ~]# gcc -o hello hello.c
# -o 后面接的是要输出的二进制文件名
# 在编译的时候，输出较多的信息说明。
[root@study ~]# gcc -o hello hello.c -Wall
# 加入 -Wall 之后，程序的编译会变的较为严谨一点，所以警告信息也会显示出来。
```

　　比较重要的大概就是这一些。另外，我们通常称-Wall 或-O 这些非必要的参数为标识（FLAGS），因为我们使用的是 C 程序语言，所以有时候也会简称这些标识为 CFLAGS，这些变量偶尔会被使用，尤其是在后面会介绍的 make 相关的用法时，更是重要得很。

21.3　用 make 进行宏编译

　　在本章一开始我们提到过 make 的功能是可以简化编译过程里面所执行的命令，同时还具有很多很方便的功能。那么下面咱们就来看看使用 make 简化执行编译命令的流程。

21.3.1　为什么要用 make

　　先来想象一个案例，假设我的执行文件里面包含了 4 个源代码文件，分别是 main.c、haha.c、sin_value.c、cos_value.c，这 4 个文件的目的是：

- main.c：主要的目的是让用户输入角度与调用其他 3 个子程序；
- haha.c：输出一堆有的没有的信息而已；
- sin_value.c：计算用户输入的角度（360）的 sin 值；
- cos_value.c：计算用户输入的角度（360）的 cos 值。

这四个文件你可以到 http://linux.vbird.org/linux_basic/0520source/main.tgz 下载。由于这四个文

件里面包含了相关性，并且还用到数学函数，所以如果想让这个程序可以运行，那么就需要这样编译：

```
# 1. 先进行目标文件的编译，最终会有四个*.o的文件名出现。
[root@study ~]# gcc -c main.c
[root@study ~]# gcc -c haha.c
[root@study ~]# gcc -c sin_value.c
[root@study ~]# gcc -c cos_value.c
# 2. 再进行链接成为执行文件，并加入 libm 的数学函数，以产生 main 执行文件。
[root@study ~]# gcc -o main main.o haha.o sin_value.o cos_value.o -lm
# 3. 本程序的执行结果，必须输入姓名、360 度角的角度值来计算。
[root@study ~]# ./main
Please input your name: VBird    <==这里先输入名字。
Please enter the degree angle（ex> 90）: 30    <==输入以 360 度角为主的角度。
Hi, Dear VBird, nice to meet you.    <==这三行为输出的结果。
The Sin is:  0.50
The Cos is:  0.87
```

编译的过程需要进行好多操作，而且如果要重新编译，则上述的流程得要重新来一遍，光是找出这些命令就够烦人的了。如果可以的话，能不能一个步骤就完成上面所有的操作？那就利用 make 这个工具。先试着在这个目录下建立一个名为 makefile 的文件，内容如下：

```
# 1. 先编辑 makefile 这个规则文件，内容只要有 main 这个执行文件。
[root@study ~]# vim makefile
main: main.o haha.o sin_value.o cos_value.o
        gcc -o main main.o haha.o sin_value.o cos_value.o -lm
# 注意：第二行的 gcc 之前是<tab>按键产生的空格。
# 2. 尝试使用 makefile 制订的规则进行编译操作。
[root@study ~]# rm -f main *.o    <==先将之前的目标文件去除。
[root@study ~]# make
cc   -c -o main.o main.c
cc   -c -o haha.o haha.c
cc   -c -o sin_value.o sin_value.c
cc   -c -o cos_value.o cos_value.c
gcc -o main main.o haha.o sin_value.o cos_value.o -lm
# 此时 make 会去读取 makefile 的内容，并根据内容直接去给它编译相关的文件。
# 3. 在不删除任何文件的情况下，重新执行一次编译的操作。
[root@study ~]# make
make: `main' is up to date.
# 看到了吧! 是否很方便? 只会进行更新（update）的操作而已。
```

或许你会说：【如果我建立一个 shell 脚本来将上面的所有操作都集合在一起，不是具有同样的效果吗？】呵呵，效果当然不一样，以上面的测试为例，我们仅写出 main 需要的目标文件，结果 make 会主动判断每个目标文件相关的源代码文件，并直接予以编译，最后再直接进行链接的操作。真的是很方便。此外，如果我们修改过某些源代码文件，则 make 也可以主动判断哪一个源代码与相关的目标文件有修改过，并仅更新该文件，如此一来，将可节省很多编译的时间。要知道，某些程序在进行编译的操作时，会消耗很多的 CPU 资源。所以说 make 有这些好处：

- 简化编译时所需要执行的命令；
- 若在编译完成之后，修改了某个源代码文件，则 make 仅会针对被修改了的文件进行编译，其他的目标文件不会被修改；
- 最后可以依照依赖性来更新（update）执行文件。

既然 make 有这么多的优点，那么我们当然就得好好了解一下 make 这个令人关心的家伙。而 make 里面最需要注意的大概就是那个规则文件，也就是 makefile 这个文件的语法。所以下面我们就针对 makefile 的语法来加以介绍。

21.3.2 makefile 的基本语法与变量

make 的语法既多又复杂，有兴趣的话可以到 GNU[注1]去查看相关的说明，鸟哥这里仅列出一些基本的规则，重点在于让读者们未来接触源代码时，不会太紧张。好了，基本的 makefile 规则是这样的：

```
目标（target）：目标文件 1 目标文件 2
<tab>   gcc -o 欲建立的执行文件 目标文件 1 目标文件 2
```

那个目标（target）就是我们想要建立的信息，而目标文件就是所有具有相关性的目标文件，那建立执行文件的语法就是以<tab>按键开头的那一行。特别给它留意，【命令行必须要以 Tab **键作为开头**】才行。它的规则基本上是这样的：

- 在 makefile 当中的#代表注释；
- <tab>需要在命令行（例如 gcc 这个编译器命令）的第一个字符；
- 目标（target）与依赖文件（就是目标文件）之间需以【：】隔开。

同样的，我们以刚刚上一个小节的范例进一步说明，如果我想要有两个以上的操作时，例如执行一个命令就直接清除掉所有的目标文件与执行文件，该如何制作？

```
# 1. 先编辑 makefile 来建立新的规则，此规则的标的名称为 clean。
[root@study ~]# vi makefile
main: main.o haha.o sin_value.o cos_value.o
        gcc -o main main.o haha.o sin_value.o cos_value.o -lm
clean:
        rm -f main main.o haha.o sin_value.o cos_value.o
# 2. 以新的目标（clean）测试看看执行 make 的结果。
[root@study ~]# make clean   <==就是这里，通过 make 以 clean 为目标。
rm -rf main main.o haha.o sin_value.o cos_value.o
```

如此一来，我们的 makefile 里面就具有至少两个目标，分别是 main 与 clean；如果我们想要建立 main 的话，输入【make main】；如果想要清除所有文件，输入【make clean】即可。而如果想要先清除目标文件再编译 main 这个程序的话，就可以输入【make clean main】，如下所示：

```
[root@study ~]# make clean main
rm -rf main main.o haha.o sin_value.o cos_value.o
cc    -c -o main.o main.c
cc    -c -o haha.o haha.c
cc    -c -o sin_value.o sin_value.c
cc    -c -o cos_value.o cos_value.c
gcc -o main main.o haha.o sin_value.o cos_value.o -lm
```

这样就很清楚了吧！但是，你是否会觉得，咦，makefile 里面怎么重复的数据这么多。没错，所以我们可以再借由 shell 脚本那时学到的【变量】来更简化 makefile：

```
[root@study ~]# vi makefile
LIBS = -lm
OBJS = main.o haha.o sin_value.o cos_value.o
main: ${OBJS}
        gcc -o main ${OBJS} ${LIBS}
clean:
        rm -f main ${OBJS}
```

与 bash shell 脚本的语法有点不太相同，变量的基本语法为：

1. 变量与变量内容以【=】隔开，同时两边可以具有空格；
2. 变量左边不可以有<tab>，例如上面范例的第一行 LIBS 左边不可以是<tab>；
3. 变量与变量内容在【=】两边不能具有【:】；
4. 在习惯上，变量最好是以【大写字母】为主；
5. 运用变量时，以${变量}或$（变量）使用；
6. 在该 shell 的环境变量是可以被套用，例如提到的 CFLAGS 这个变量；
7. 在命令行模式也可以设置变量。

由于 gcc 在进行编译的操作时，会主动读取 CFLAGS 这个环境变量，所以，你可以直接在 shell

中定义出这个环境变量，也可以在 makefile 文件里面去定义，更可以在命令行当中设置这个东西，例如：

```
[root@study ~]# CFLAGS="-Wall" make clean main
# 这个操作在使用 make 进行编译时，会去读取 CFLAGS 的变量内容。
```

也可以这样：

```
[root@study ~]# vi makefile
LIBS = -lm
OBJS = main.o haha.o sin_value.o cos_value.o
CFLAGS = -Wall
main: ${OBJS}
        gcc -o main ${OBJS} ${LIBS}
clean:
        rm -f main ${OBJS}
```

咦，我可以利用命令行进行环境变量的输入，也可以在文件内直接指定环境变量，那万一这个 CFLAGS 的内容在命令行与 makefile 里面并不相同，以哪个方式输入的为主呢？呵呵！问了个好问题。环境变量使用的规则是这样的：

1. make 命令行后面加上的环境变量为优先；
2. makefile 里面指定的环境变量第二；
3. shell 原本具有的环境变量第三。

此外，还有一些特殊的变量需要了解：

● $@：代表目前的目标（target）

所以我也可以将 makefile 改成：

```
[root@study ~]# vi makefile
LIBS = -lm
OBJS = main.o haha.o sin_value.o cos_value.o
CFLAGS = -Wall
main: ${OBJS}
        gcc -o $@ ${OBJS} ${LIBS}    <==那个 $@ 就是 main。
clean:
        rm -f main ${OBJS}
```

这样是否稍微了解 makefile（也可能是 Makefile）的基本语法呢？这对于自行修改源代码的编译规则是很有帮助的。

21.4 Tarball 的管理与建议

在我们知道了源代码的相关信息之后，再来要了解的自然就是如何使用具有源代码的 Tarball 来建立一个属于自己的软件。从前面几个小节的说明当中，我们知道其实 Tarball 的安装是可以跨平台的，因为 C 语言的程序代码在各个平台上面是可以通用的，只是需要的编译器可能并不相同而已。例如 Linux 上面用 gcc 而 Windows 上面也有相关的 C 编译器，所以，同样的一组源代码，既可以在 CentOS Linux 上面编译，也可以在 SUSE Linux 上面编译，当然，也可以在大部分的 UNIX 平台上面编译成功。

如果万一没有编译成功怎么办？很简单，通过修改小部分的程序代码（通常是因为很小部分的改动而已）就可以进行跨平台移植了。也就是说，刚刚我们在 Linux 下面写的程序【理论上是可以在 Windows 上面编译的】，这就是源代码的好处。所以说，如果朋友们想要学习程序语言的话，鸟哥个人是比较建议学习【具有跨平台能力的程序语言】，例如 C 就是很不错的一个。

唉，又扯远了，赶紧拉回来继续说明我们的 Tarball。

21.4.1　使用源代码管理软件所需要的基础软件

从源代码的说明我们知道要制作一个二进制程序需要很多东西，这包括下面这些基础的软件。

◆ gcc 或 cc 等 C 语言编译器（compiler）

没有编译器怎么进行编译的操作？所以 C 编译器是一定要有的。不过 Linux 上面有众多的编译器，其中 GNU 的 gcc 是首选的自由软件编译器。事实上很多在 Linux 平台上面发展的软件的源代码，原本就是以 gcc 为基础来设计的。

◆ make 及 autoconfig 等软件

一般来说，以 Tarball 方式发布的软件当中，为了简化编译的流程，通常都是配合前几个小节提到的 make 这个命令来根据目标文件的依赖性而进行编译。但是我们也知道说 make 需要 makefile 这个文件的规则，那由于不同的系统里面可能具有的基础软件环境并不相同，所以就需要检测用户的操作环境，好自行建立一个 makefile 文件。这个自行检测的小程序也必须要借由 autoconfig 这个相关的软件来辅助才行。

◆ 需要内核提供的 Library 以及相关的 include 文件

从前面的源代码编译过程，我们知道函数库（library）的重要性，同时也知道有 include 文件的存在。很多软件在发展的时候都是直接使用操作系统内核提供的函数库与 include 文件，这样才可以与这个操作系统兼容。尤其是在【驱动程序方面的模块】，例如网卡、声卡、USB 等驱动程序在安装的时候，常常需要内核提供的相关信息。在 Red Hat 的系统当中（包含 Fedora/CentOS 等系列），这个内核相关的功能通常都是被包含在 kernel-source 或 kernel-header 这些软件名称当中，所以记得要安装这些软件。

虽然 Tarball 的安装相当简单，如同我们前面几个小节的例子，只要顺着开发商提供的 README 与 INSTALL 文件所写的步骤来进行，安装是很容易的。但是我们却还是常常会在 BBS 或是新闻组当中发现这些留言：【我在执行某个程序的检测文件时，它都会告诉我没有 gcc 这个软件，这是怎么回事？】【我没有办法使用 make，这是什么问题？】呵呵！这就是因为没有安装上面提到的那些基础软件。

咦？为什么用户不安装这些软件？这是因为目前的 Linux 发行版大多已经偏向用于桌面计算机（非服务器端），它们希望用户能够按照厂商自己的希望来安装相关的软件，所以通常【默认】是没有安装 gcc 或 make 等软件。所以，**如果你希望未来可以自行安装一些以 Tarball 方式发布的软件时，记得请自行选择想要安装的软件名称**。例如在 CentOS 或 Red Hat 中记得选择 Development Tools 以及 Kernel Source Development 等相关的软件包。

那万一我已经安装好一台 Linux 主机，但是使用的是默认所安装的软件，所以没有 make、gcc 等东西，该如何是好？呵呵！问题其实不大，目前使用最广泛的 CentOS/Fedora 或是 Red Hat 大多是以 RPM（下一章会介绍）来安装软件的，所以，你只要拿当初安装 Linux 时的安装光盘，然后以下一章介绍的 RPM 来一个一个地加入到你的 Linux 主机里面就好，很简单的，尤其现在又有 YUM 这玩意儿，更方便了。

在 CentOS 当中，如果你已经有网络可以连上 Internet 的话，那么就可以使用下一章会谈到的 YUM。通过 YUM 的软件群组安装功能，你可以这样做：

● 如果是要安装 gcc 等软件开发工具，请使用【yum groupinstall "Development Tools"】；
● 若待安装的软件需要图形用户界面模式支持，一般还需要【yum groupinstall "X Software Development"】；
● 若安装的软件较旧，可能需要【yum groupinstall "Legacy Software Development"】。

大概就是这样，更多的信息请参考下一章的介绍。

21.4.2　Tarball 安装的基本步骤

我们提过以 Tarball 方式发布的软件是需要重新编译可执行的二进制程序。而 Tarball 是以 tar 这个命令来打包与压缩的文件，所以，当然就需要先将 Tarball 解压缩，然后到源代码所在的目录下进行 makefile 的建立，再以 make 来进行编译与安装的操作。所以整个安装的基础操作大多是这样的：

1．获取原始文件：将 tarball 文件在/usr/local/src 目录下解压缩；

2．获取步骤流程：进入新建立的目录下面，去查看 INSTALL 与 README 等相关文件内容（很重要的步骤）；

3．依赖属性软件安装：根据 INSTALL/README 的内容查看并安装好一些依赖的软件（非必要）；

4．建立 makefile：以自动检测程序（configure 或 config）检测操作环境，并建立 Makefile 这个文件；

5．编译：用 make 这个程序，并使用该目录下的 Makefile 做为它的参数配置文件，来进行 make（编译或其他）的操作；

6．安装：以 make 这个程序，并以 Makefile 这个参数配置文件，根据 install 这个目标（target）的指定来安装到正确的路径。

注意到上面的第二个步骤，通常每个软件在发布的时候，都会附上名为 INSTALL 或是 README 的说明文件，这些说明文件请【确实详细地】阅读过一遍，通常这些文件会记录这个软件的安装要求、软件的工作项目与软件的安装参数设置及技巧等，只要仔细读完这些文件，基本上，要安装好 Tarball 的文件，都不会有什么大问题。

至于 makefile 在制作出来之后，里面会有相当多的目标（target），最常见的就是 install 与 clean，通常【make clean】代表着将目标文件清除掉，【make】则是将源代码进行编译而已。注意，编译完成的可执行文件与相关的配置文件还在源代码所在的目录当中。因此，最后要进行【make install】来将编译完成的所有东西都安装到正确的路径中，这样就可以使用该软件。

OK，我们下面大概提一下大部分的 Tarball 软件安装的命令执行方式：

1．./configure

这个步骤就是在建立 Makefile 这个文件。通常程序开发者会写一个脚本来检查你的 Linux 系统、相关的软件属性等，这个步骤相当的重要，因为未来你的安装信息都是在这一步骤内完成的。另外，这个步骤的相关信息应该要参考一下该目录下的 README 或 INSTALL 相关的文件。

2．make clean

make 会读取 Makefile 中关于 clean 的工作。这个步骤不一定会有，但是希望执行一下，因为它可以移除目标文件。因为谁也不确定源代码里面到底有没有包含上次编译过的目标文件（*.o）存在，所以当然还是清除一下比较妥当，至少等一下新编译出来的执行文件我们可以确定是自己的机器所编译完成的嘛！

3．make

make 会根据 Makefile 当中的默认设置进行编译的操作。编译的操作主要是使用 gcc 来将源代码编译成为可以被执行的目标文件，但是这些目标文件通常还需要链接一些函数库之类后，才能产生一个完整的执行文件。使用 make 就是要将源代码编译成为可以被执行的文件，而这个可执行文件会放置在目前所在的目录之下，尚未被安装到预定安装的目录中。

4．make install

通常这就是最后的安装步骤了，make 会根据 Makefile 这个文件里面关于 install 的选项，将上一个步骤所编译完成的内容安装到预定的目录中，从而完成安装。

请注意，上面的步骤是一步一步来进行的，而其中只要一个步骤无法成功，那么后续的步骤就完全没有办法进行，因此，要确定每个步骤都是成功的才可以。举个例子来说，万一今天你在./configure 就不成功了，那么就表示 Makefile 无法被建立起来，要知道，后面的步骤都是根据 Makefile 来进行的，既然无法建立 Makefile，后续的步骤当然无法成功。

另外，如果在 make 无法成功的话，那就表示源文件无法被编译成可执行文件，那么 make install 主要是将编译完成的文件放置到文件系统中，既然都没有可用的执行文件了，怎么进行安装？所以，要每一个步骤都正确无误才能往下继续做。此外，如果安装成功，并且是安装在独立的一个目录中，例如在/usr/local/packages 这个目录中，那么你就必须手动将这个软件的 man page 写入/etc/man_db.conf 中。

21.4.3　一般 Tarball 软件安装的建议事项（如何删除？升级？）

或许你已经发现了也说不定，那就是为什么前一个小节里面，Tarball 要在/usr/local/src 里面解压缩？基本上，在默认的情况下，原本的 Linux 发行版发布安装的软件大多是在/usr 里面，而用户自行安装的软件则建议放置在/usr/local 里面，这是考虑到管理用户所安装软件的便利性。

为什么？我们知道几乎每个软件都会提供联机帮助的服务，那就是 info 与 man 的功能。在默认的情况下，man 会去查找/usr/local/man 里面的说明文件，因此，如果我们将软件安装在/usr/local 下面的话，那么自然安装完成之后，该软件的说明文件就可以被找到了。此外，如果你所管理的主机其实是由多人共同管理的，或是如同学校里面，一台主机是由学生管理的，但是学生总会毕业吧？所以需要进行交接，如果大家都将软件安装在/usr/local 下面，那么管理上不就显得特别容易吗？

所以，通常我们会建议大家将自己安装的软件放置在/usr/local 下，至于源代码（Tarball）则建议放置在/usr/local/src（src 为 source 的缩写）下面。

再来，让我们先看一看 Linux 发行版默认安装软件的路径会用到哪些？我们以 apache 这个软件来说明的话（apache 是网站服务器软件，详细的数据请参考服务器架设篇，你的系统不见得有装这个软件）：

- /etc/httpd
- /usr/lib
- /usr/bin
- /usr/share/man

我们会发现软件的内容大致上是在 etc、lib、bin、man 等目录当中，分别代表【配置文件、函数库、执行文件、联机帮助文件】。好了，那么你是以 tarball 来安装的？如果是放在默认的/usr/local 里面，由于/usr/local 原本就默认这几个目录了，所以你的数据就会被放在：

- /usr/local/etc
- /usr/local/bin
- /usr/local/lib
- /usr/local/man

但是如果你每个软件都选择在这个默认的路径下安装的话，那么所有软件的文件都将放置在这四个目录当中，因此，如果你都安装在这个目录下的话，那么未来再想要升级或删除的时候，就会比较难以追查文件的来源。而如果你在安装的时候选择的是单独的目录，例如我将 apache 安装在/usr/local/apache 当中，那么你的文件目录就会变成：

- /usr/local/apache/etc
- /usr/local/apache/bin
- /usr/local/apache/lib
- /usr/local/apache/man

呵呵！单一软件的文件都在同一个目录之下，那么要删除该软件就简单得多了，只要将该目录删除即可视为该软件已经被删除。以上面为例，我想要删除 apache，只要执行【rm -rf /usr/local/apache】就算删除这个软件了。当然，实际安装的时候还是得视该软件的 Makefile 里面的 install 信息才能知道到底它的安装情况是什么，因为例如 sendmail 的安装就很麻烦。

这个方式虽然有利于软件的删除，但不知道你有没有发现，我们在执行某些命令的时候，与该命令是否在PATH这个环境变量所记录的路径有关，以上面为例,我的/usr/local/apache/bin肯定是不在PATH里面的，所以执行 apache 的命令就得要利用绝对路径了，否则就得将这个/usr/local/ apache/bin 加入PATH 里面。另外，那个/usr/local/apache/man 也需要加入 man page 查找的路径当中。

除此之外，Tarball 在升级的时候也是挺困扰的，为什么？我们还是以 apache 来说明好了。WWW 服务器为了考虑互动性，通常会将 PHP+MySQL+Apache 一起安装起来（详细的信息请参考服务器篇），果真如此的话，由于软件【都有一定的顺序与程序】，因为它们三者之间具有相关性，所以安装时必需要同时考虑三者的函数库与相关的编译参数。

假设今天我只要升级 PHP？有的时候因为只涉及动态函数库的升级，那么我只要升级 PHP 即可。其他的部分或许影响不大。但是如果今天 PHP 需要重新编译的模块比较多，那么可能会连带 apache 这个程序也需要重新编译才行，真是有点头痛，没办法。使用 Tarball 确实有它的优点，但是在这方面，确实也有它一定的伤脑筋程度。

由于 Tarball 在升级与安装上面具有这些特色，亦即 Tarball 在反安装上面具有比较高的难度（如果你没有好好规划的话），所以，为了方便 Tarball 的管理，通常鸟哥会这样建议用户：

1. 最好将 Tarball 的原始数据解压缩到/usr/local/src 当中；
2. 安装时，最好安装到/usr/local 这个默认路径下；
3. 考虑未来的反安装步骤，最好可以将每个软件单独安装在/usr/local 下面；
4. 为安装到单独目录的软件的 man page 加入 man path 查找：

如果你安装的软件放置到/usr/local/software/，那么在 man page 查找的设置中，可能就要在/etc/man_db.conf 内的 40~50 行左右处，写入如下的一行：

MANPATH_MAP /usr/local/software/bin /usr/local/software/man

这样才可以使用 man 来查询该软件的在线文件。

> 时至今日，老实说，真的不太需要 Tarball 的安装。CentOS/Fedora 有个 RPM 补充计划，就是俗称的 EPEL 计划，相关网址为 https://fedoraproject.org/wiki/EPEL，一般会用到的软件都在里面，除非你要用的软件是专属软件（要钱的）或是比较冷门的软件，否则都有好心的网友帮我们打包好了。

21.4.4　一个简单的范例、利用 ntp 来示范

读万卷书不如行万里路。所以我们就来测试看看，看你是否真的了解了如何利用 Tarball 来安装软件。我们利用时间服务器（network time protocol）的 ntp 这个软件来测试安装。先请到 http://www.ntp.org/downloads.html 这个地址下载文件，下载最新版本的文件即可，或直接到鸟哥的网站下载 2015/06 发布的稳定版本：

http://linux.vbird.org/linux_basic/0520source/ntp-4.2.8p3.tar.gz

假设我对这个软件的要求是这样的：

- 假设 ntp-4.*.*.tar.gz 这个文件放置在/root 这个目录下；
- 源代码请解压到/usr/local/src 下面；
- 我要安装到/usr/local/ntp 这个目录中。

那么你可以依照下面的步骤来安装测试看看（如果可以的话，请你不要参考下面的内容，先自行安装过一遍这个软件，然后再来对照一下鸟哥的步骤）。

◆ 解压缩下载的 tarball，并参阅 README/INSTALL 文件

```
[root@study ~]# cd /usr/local/src   <==切换目录。
[root@study src]# tar -zxvf /root/ntp-4.2.8p3.tar.gz  <==解压缩到此目录。
ntp-4.2.8p3/          <==会建立这个目录。
ntp-4.2.8p3/CommitLog
……（下面省略）……
```

```
[root@study src]# cd ntp-4.2.8p3
[root@study ntp-4.2.8p3]# vi INSTALL   <==记得 README 也要看一下。
# 特别看一下 28 行到 54 行之间的安装简介，可以了解如何进行安装的说明。
```

◆　检查 configure 支持参数，并实际创建 makefile 规则文件

```
[root@study ntp*]# ./configure --help | more  <==查询可用的参数有哪些。
  --prefix=PREFIX       install architecture-independent files in PREFIX
  --enable-all-clocks   + include all suitable non-PARSE clocks:
  --enable-parse-clocks - include all suitable PARSE clocks:
# 上面列出的是比较重要的，或是你可能需要的参数功能。
[root@study ntp*]# ./configure --prefix=/usr/local/ntp \
> --enable-all-clocks --enable-parse-clocks  <==开始建立 makefile。
checking for a BSD-compatible install... /usr/bin/install -c
checking whether build environment is sane... yes
……（中间省略）……
checking for gcc... gcc          <==也有找到了 gcc 编译器。
……（中间省略）……
config.status: creating Makefile  <==现在知道这个的重要性了吧!
config.status: creating config.h
config.status: creating evconfig-private.h
config.status: executing depfiles commands
config.status: executing libtool commands
```

一般来说 configure 设置参数较重要的就是那个--prefix=/path，--prefix 后面接的路径就是【这个软件未来要安装到的目录】如果你没有指定--prefix=/path 这个参数，通常默认参数就是/usr/local。至于其他参数的意义就要参考./configure --help 了，这个操作完成之后会产生 makefile 或 Makefile 这个文件。当然，这个检查的过程会显示在屏幕上，**特别留意关于 gcc 的检查**，还有最重要的是最后**需要成功地创建 Makefile 才行**。

◆　最后开始编译与安装

```
[root@study ntp*]# make clean; make
[root@study ntp*]# make check
[root@study ntp*]# make install
# 将其安装到/usr/local/ntp 中。
```

整个操作就这么简单，你完成了吗? 完成之后到/usr/local/ntp 你发现了什么?

21.4.5　利用 patch 更新源代码

我们在本章一开始介绍了为何需要进行软件的升级，这是很重要的。那假如我是以 Tarball 来进行某个软件的安装，那么是否当我要升级这个软件时，就得要下载这个软件的完整全新的 Tarball? 举个例子来说，鸟哥的讨论区 http://phorum.vbird.org 这个网址，这个讨论区是以 phpBB 这个软件来搭建的，而鸟哥的讨论区版本为 3.1.4，目前（2015/09）最新发布的版本则是 phpbb 3.1.5。那我是否需要下载全新的 phpbb3.1.5.tar.gz 这个文件来更新原本的旧程序呢?

事实上，一些软件的漏洞通常是某一段程序代码写的不好所致。因此，所谓的【更新源代码】常常是只有更改部分文件的小部分内容而已。既然如此的话，那么我们是否可以就那些被修改的文件来进行修改? 也就是说，旧版本到新版本间没有修改过的文件就不要理它，仅处理自定义过的文件部分即可。

这有什么好处? 首先，没有修改过的文件的目标文件根本就不需要重新编译，而且修改过的文件又可以利用 make 来自动 update（更新），如此一来，我们原先的设置（makefile 文件里面的规则）将不需要重新改写或检测，可以节省很多宝贵的时间。（例如后续章节会提到的内核的编译。）

从上面的说明当中，我们可以发现，如果可以将旧版的源代码修改为新的版本，那么就能直接编译了，而不需要将全部的新版 Tarball 重新下载一次，可以节省带宽与时间。那么如何改写源代码呢? 难道要我们一个文件一个文件去参考然后自定义吗? 当然没有这么麻烦。

我们在第 11 章介绍正则表达式的时候提到过一个比对文件的命令，那就是 diff，这个命令可以将【两个文件之间的差异性列出来】。我们也知道新旧版本的文件之间，其实只是修改了一些程序代码而已。那么我们可以通过 diff 比对出新旧版本之间的文字差异，然后再以相关的命令来将旧版的文件更新吗？呵呵！当然可以，那就是 patch 这个命令。很多的软件开发商在更新了源代码之后，几乎都会发布所谓的 patch 文件，也就是直接将源代码 update 的一个方式。我们下面以一个简单的范例来说明。

关于 diff 与 patch 的基本用法我们在第 11 章都谈过了，所以这里不再就这两个命令的语法进行介绍，请回去参阅该章的内容，这里我们通过案例解释一下好了。假设我们刚刚计算三角函数的程序（main）历经多次改版，0.1 版仅会简单输出，0.2 版的输出就会含有角度值，因此这两个版本的内容不相同。如下所示，两个文件的意义为：

- http://linux.vbird.org/linux_basic/0520source/main-0.1.tgz：main 的 0.1 版；
- http://linux.vbird.org/linux_basic/0520source/main_0.1_to_0.2.patch：main 由 0.1 升级到 0.2 的 patch 文件；

请您先下载这两个文件，并且解压缩到你的/root 下面，你会发现系统产生一个名为 main-0.1 的目录。该目录内含有五个文件，就是刚刚的程序加上一个 Makefile 的规则文件。你可以到该目录下去看看 Makefile 的内容，在这一版当中含有 main 与 clean 两个目标功能而已，至于 0.2 版则加入了 install 与 uninstall 的规则设置。接下来，请看一下我们的做法：

◆ 测试旧版程序的功能

```
[root@study ~]# tar -zxvf main-0.1.tgz
[root@study ~]# cd main-0.1
[root@study main-0.1]# make clean main
[root@study main-0.1]# ./main
version 0.1
Please input your name: VBird
Please enter the degree angle (ex> 90): 45
Hi, Dear VBird, nice to meet you.
The Sin is: 0.71
The Cos is: 0.71
```

与之前的结果非常类似，只是鸟哥将 Makefile 直接给您了。但如果你执行 make install 时，系统会告知没有 install 的 target。而且版本 0.1 也告知了。那么如何更新到 0.2 版？就使用这个 patch 文件吧！这个文件的内容有点像这样：

◆ 查看 patch 文件内容

```
[root@study main-0.1]# vim ~/main_0.1_to_0.2.patch
diff -Naur main-0.1/cos_value.c main-0.2/cos_value.c
--- main-0.1/cos_value.c        2015-09-04 14:46:59.200444001 +0800
+++ main-0.2/cos_value.c        2015-09-04 14:47:10.215444000 +0800
@@ -7,5 +7,5 @@
 {
     float value;
……（下面省略）……
```

上面表格内有个下划线的部分，代表使用 diff 去比较时，被比较的两个文件所在的路径，这个路径非常重要。因为 patch 的基本语法如下：

```
patch -p 数字 < patch_file
```

特别留意那个【-p 数字】，那是与 patch_file 里面列出的文件名有关的信息。假如在 patch_file 第一行写的是这样：

```
/home/guest/example/expatch.old
```

那么当我执行【patch -p0 < patch_file】时，则更新的文件是【/home/guest/example/expatch.old】，如果【patch -p1 < patch_file】，则更新的文件为【home/guest/example/expatch.old】，如果【patch -p4

<patch_file】则更新【expatch.old】，也就是说，-pxx 那个 xx 代表【拿掉几个斜线（/）】的意思。这样可以理解了吗？好了,根据刚刚上面的内容，我们可以发现比较的文件是在 main-0.1/xxx 与 main-0.2/xxx，所以说，如果你是在 main-0.1 下面，并且想要完成更新时，就得要拿掉一个目录（因为并没有 main-0.2 这个目录存在，我们是在当前的目录进行更新的），因此使用的是-p1 才对，所以：

◆ 更新源代码，并且重新编译器

```
[root@study main-0.1]# patch -p1 < ../main_0.1_to_0.2.patch
patching file cos_value.c
patching file main.c
patching file Makefile
patching file sin_value.c
# 请注意，鸟哥目前所在目录是在 main-0.1 下面，注意与 patch 文件的相对路径。
# 虽有五个文件，但其实只有四个文件有修改过，上面显示有改过的文件。
[root@study main-0.1]# make clean main
[root@study main-0.1]# ./main
version 0.2
Please input your name: VBird
Please enter the degree angle (ex> 90): 45
Hi, Dear VBird, nice to meet you.
The sin(45.000000) is: 0.71
The cos(45.000000) is: 0.71
# 你会发现，输出的结果中版本变了，输出信息多了括号()。
[root@study main-0.1]# make install    <==将它安装至/usr/local/bin。
cp -a main /usr/local/bin
[root@study main-0.1]# main             <==直接输入命令执行此程序。
[root@study main-0.1]# make uninstall <==删除此软件。
rm -f /usr/local/bin/main
```

很有趣的练习吧！所以你只要下载 patch 文件就能够将你的软件源代码更新了。只不过更新了源代码并非软件也完成更新，还要将该软件编译后，才会是最终正确的软件，因为 patch 的功能主要只是更新源代码文件而已，切记切记。此外，如果你 patch 错误？没关系，我们的 patch 是可以还原的。通过【patch -R < ../main_0.1_to_0.2.patch】就可以还原，很有趣吧！

例题

如果我有一个很旧的软件，这个软件已经更新到很新的版本了，例如内核，那么我可以使用 patch 文件来更新吗？

答：这个问题挺有趣的，首先，你必须要确定旧版本与新版本之间【确实有发布 patch 文件】才行，以 kernel 2.2.xx 及 2.4.xx 来说，这两者基本架构已经不同了，所以两者间是无法以 patch 文件来更新的，不过，2.4.xx 与 2.4.yy 就可以更新了。此外，因为内核每次发布的 patch 文件都仅针对前一个版本而已，所以假设要由 kernel 2.4.20 升级到 2.4.26，就必须要使用 patch 2.4.21、2.4.22、2.4.23、2.4.24、2.4.25、2.4.26 六个文件来【依序更新】才行，当然，如果有朋友帮你比对过 2.4.20 与 2.4.26，那你自然就可以使用该 patch 文件来直接进行一次更新。

21.5 函数库管理

在我们的 Linux 操作系统当中，函数库是很重要的一个东西。因为很多软件之间都会互相使用彼此提供的函数库来使用其特殊的功能，例如很多需要验证身份的程序都习惯利用 PAM 这个模块提供的验证机制来实践，而很多网络连接机制则习惯利用 SSL 函数库来实现连接加密的机制。所以说，函数库的利用是很重要的。不过，函数库又依照是否被编译到程序内部而分为动态与静态函数库，这两者之间有何差异？哪一种函数库比较好？下面我们就来谈一谈。

21.5.1　动态与静态函数库

首先我们要知道的是，函数库的类型有哪些？函数库根据被使用的类型而分为两大类，分别是静态（Static）与动态（Dynamic）函数库。下面我们来谈一谈这两种类型的函数库。

◆　静态函数库的特色
  ●　扩展名
这类的函数库通常扩展名为 libxxx.a。
  ●　编译操作
这类函数库在编译的时候会直接整合到执行程序当中，所以利用静态函数库编译成的文件会比较大一些。
  ●　独立执行的状态
这类函数库最大的优点，就是编译成功的可执行文件可以独立运行，而不需要再向外部要求读取函数库的内容（请参照动态函数库的说明）。
  ●　升级难易度
虽然执行文件可以独立执行，但因为函数库是直接整合到执行文件中，所以若函数库升级时，整个执行文件必须要重新编译才能将新版的函数库整合到程序当中。也就是说，在升级方面只要函数库升级了，所有使用此函数库的程序都需要重新编译。

◆　动态函数库的特色
  ●　扩展名
这类函数库通常扩展名为 libxxx.so。
  ●　编译操作
动态函数库与静态函数库的编译操作差异挺大的。与静态函数库被整个整合到程序中不同的是，动态函数库在编译的时候，在程序里面只有一个【指针（Pointer）】的位置而已。也就是说，动态函数库的内容并没有被整合到执行文件当中，而是当执行文件要使用到函数库的功能时，程序才会去读取函数库来使用。由于执行文件当中仅具有指向动态函数库所在的指针而已，并不包含函数库的内容，所以它的文件会比较小一点。
  ●　独立执行的状态
这类型的函数库所编译出来的程序不能被独立执行，因为当我们使用到函数库的功能时，程序才会去读取函数库，所以函数库文件【必须要存在】才行，而且，函数库的【所在目录也不能改变】，因为我们的可执行文件里面仅有【指针】，亦即当要使用该动态函数库时，程序会主动去某个路径下读取，所以动态函数库可不能随意移动或删除，会影响很多依赖的程序软件。
  ●　升级难易度
虽然这类型的执行文件无法独立运行，然而由于是具有指向的功能，所以，当函数库升级后，执行文件根本不需要进行重新编译的操作，因为执行文件会直接指向新的函数库文件（前提是函数库新旧版本的文件名相同）。

目前的 Linux 发行版比较倾向于使用动态函数库，因为如同上面提到的最重要的一点，就是函数库的升级方便。由于 Linux 系统里面的软件依赖性太复杂了，如果使用太多的静态函数库，那么升级某一个函数库时，就会对整个系统造成很大的冲击。因为其他依赖的执行文件也要同时重新编译，这个时候动态函数库可就有用多了，因为只要动态函数库升级就好，其他的软件根本无须变动。

那么这些函数库放置在哪里？绝大多数的函数库都放置在/lib64 与/lib 目录中。此外，Linux 系统里面很多的函数库其实内核就提供了，那么内核的函数库放在哪里？呵呵！就是在/lib/modules 里面，里面的内容可多着。不过要注意的是，不同版本的内核提供的函数库差异性是挺大的，所以 kernel 2.4.xx 版本的系统不要想将内核换成 2.6.xx，很容易由于函数库的不同而导致很多原本可以执行的软件无法顺利运行。

21.5.2　ldconfig 与/etc/ld.so.conf

在了解了动态与静态函数库，也知道我们目前的 Linux 大多是将函数库做成动态函数库之后，还要知道的就是，有没有办法增强函数库的读取性能呢？我们知道内存的访问速度是硬盘的好几倍，所以，如果我们将常用到的动态函数库先加载到内存当中（缓存，cache），如此一来，当软件要使用动态函数库时，就不需要从头由硬盘里面读出，这样不就可以提高动态函数库的读取速度？没错，是这样的。这个时候就需要 ldconfig 与/etc/ld.so.conf 的协助了。

如何将动态函数库加载到高速缓存当中呢？

1. 首先，我们必须要在/etc/ld.so.conf 里面写入【想要读入高速缓存当中的动态函数库所在的目录】，注意，是目录而不是文件；

2. 接下来则是利用 ldconfig 这个执行文件将/etc/ld.so.conf 的数据读入缓存当中；

3. 同时也将数据记录一份至/etc/ld.so.cache 这个文件当中。

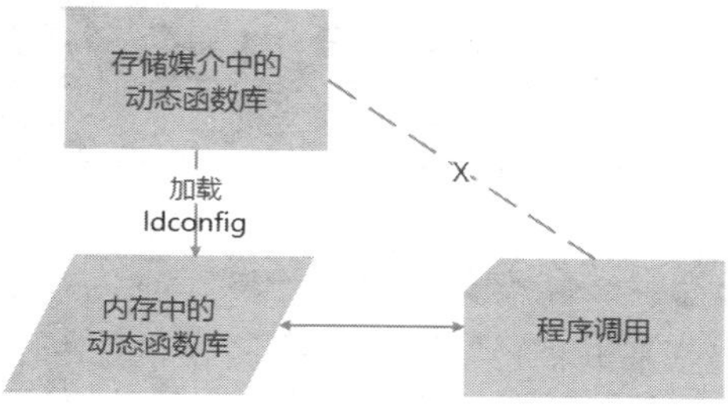

事实上，ldconfig 还可以用来判断动态函数库的

图 21.5.1　使用 ldconfig 预加载动态函数库到内存中

链接信息。赶紧利用 CentOS 来测试看看，假设你想要将目前你系统下的 mariadb 函数库加入到缓存当中时，可以这样做：

```
[root@study ~]# ldconfig [-f conf] [ -C cache]
[root@study ~]# ldconfig [-p]
选项与参数：
-f conf : 那个 conf 指的是某个文件名称，也就是说使用 conf 作为 libarary
函数库的获取路径，而不以/etc/ld.so.conf 为默认值。
-C cache: 那个 cache 指的是某个文件名称，也就是说使用 cache 作为高速缓存
  的函数库数据，而不以/etc/ld.so.cache 为默认值。
-p       : 列出目前有的所有函数库数据内容（在/etc/ld.so.cache 内的数据）。
范例一：假设我的 MariaDB 数据库函数库在/usr/lib64/mysql 当中，如何读进 cache。
[root@study ~]# vim /etc/ld.so.conf.d/vbird.conf
/usr/lib64/mysql   <==这一行新增的。
[root@study ~]# ldconfig  <==执行之后不会显示任何的信息，不要太紧张，正常的。
[root@study ~]# ldconfig -p
924 libs found in cache `/etc/ld.so.cache'
        p11-kit-trust.so (libc6,x86-64) => /lib64/p11-kit-trust.so
        libzapojit-0.0.so.0 (libc6,x86-64) => /lib64/libzapojit-0.0.so.0
……（下面省略）……
#       函数库名称 => 该函数库实际路径。
```

通过上面的操作，我们可以将 MariaDB 的相关函数库读入缓存当中，这样可以提高函数库读取的效率。在某些时候，你可能会自行加入某些 Tarball 安装的动态函数库，而你想要让这些动态函数库的相关链接可以被读入到缓存当中，这个时候你可以将动态函数库所在的目录名称写入/etc/ld.so.conf.d/yourfile.conf 当中，然后执行 ldconfig 就可以。

21.5.3　程序的动态函数库解析：ldd

说了这么多，那么我如何判断某个可执行的二进制文件含有什么动态函数库？很简单，利用 ldd 就可以了。例如我想要知道/usr/bin/passwd 这个程序含有的动态函数库有哪些，可以这样做：

```
[root@study ~]# ldd [-vdr] [filename]
选项与参数：
-v : 列出所有内容信息。
-d : 重新将数据有遗失的链接点显示出来。
```

```
-r：将 ELF 有关的错误内容显示出来。
范例一：找出/usr/bin/passwd 这个文件的函数库信息。
[root@study ~]# ldd /usr/bin/passwd
……（前面省略）……
        libpam.so.0 => /lib64/libpam.so.0 (0x00007f5e683dd000)              <==PAM 模块。
        libpam_misc.so.0 => /lib64/libpam_misc.so.0 (0x00007f5e681d8000)
        libaudit.so.1 => /lib64/libaudit.so.1 (0x00007f5e67fb1000)
        libseLinux.so.1 => /lib64/libseLinux.so.1 (0x00007f5e67d8c000)      <==SELinux。
……（下面省略）……
# 我们前言的部分不是一直提到 passwd 有使用到 pam 的模块吗？怎么知道？
# 利用 ldd 查看一下这个文件，看到 libpam.so 了吧？这就是 pam 提供的函数库。
范例二：找出/lib64/libc.so.6 这个函数的相关函数库。
[root@study ~]# ldd -v /lib64/libc.so.6
        /lib64/ld-Linux-x86-64.so.2 (0x00007f7acc68f000)
        Linux-vdso.so.1 =>  (0x00007fffa975b000)
Version information: <==使用-v 选项，增加显示其他版本信息。
        /lib64/libc.so.6:
                ld-Linux-x86-64.so.2 (GLIBC_2.3) => /lib64/ld-Linux-x86-64.so.2
                ld-Linux-x86-64.so.2 (GLIBC_PRIVATE) => /lib64/ld-Linux-x86-64.so.2
```

未来如果你常常升级安装 RPM 的软件时（下一章会介绍），应该常常会发现那个【依赖属性】的问题。没错，我们可以先以 ldd 来查看【依赖函数库】之间的相关性，以获取相关信息。例如上面的例子中，我们检查了 libc.so.6 这个在/lib64 当中的函数库，结果发现它其实还跟 ld-Linux-x86-64.so.2 有关。所以我们就需要来了解一下，那个文件到底是什么软件的函数库？使用-v 这个参数还可以得知该函数库来自于哪一个软件。像上面的内容中，就可发现 libc.so.6 其实可以支持 GLIBC_2.3 等。

21.6　校验软件正确性

前面提到很多升级与安装需要注意的事项，因为我们需要解决很多的程序漏洞，所以需要前往 Linux 发行版或是某些软件开发商的网站，下载最新并且较安全的软件安装文件来安装才行。好了，那么【有没有可能我们下载的文件本身就有问题？】是可能的，因为骇客（Cracker）无所不在，很多的软件开发商已经公布过它们的网页所放置的文件曾经被篡改过。那怎么办？连下载原版的数据都可能有问题了？难道没有办法判断文件的正确性吗？

这个时候我们就要通过每个文件独特的校验特征数据来判断。因为每个文件的内容与文件大小都不相同，所以如果一个文件被修改之后，必然会有部分的信息不一样。利用这个特性，我们可以使用 MD5、SHA-1 或更严格的 SHA-256 等加密算法来判断该文件有没有被修改过。举个例子来说，在每个 CentOS 7.x 安装光盘的下载点都会提供几个特别的文件，你可以先到下面的链接看看：

- http://centos.ustc.edu.cn/centos/7/isos/x86_64/

仔细看，上述的 URL 里面除了有所有光盘的下载链接之外，还有提供刚刚说到的使用 MD5、SHA-1、SHA-256 等算法生成的校验值文件，然后比对该校验值，我们就可以知道下载的文件是否有问题。那么万一 CentOS 提供的光盘镜像文件被下载之后，让有心人士偷偷修改过，再转到 Internet 上面流传，那么你下载的这个文件偏偏不是原厂提供的，呵呵！你能保证该文件的内容完全没有问题吗？当然不能，对不对？是的，这个时候就有 md5sum、sha1sum、sha256sum 这几文件校验工具的出现，说说它的用法吧！

md5sum、sha1sum、sha256sum

目前有多种算法可以计算文件的校验值，我们选择使用较为广泛的 MD5、SHA-1、SHA-256 加密算法来处理，例如上面链接中 CentOS 7.x 的相关校验值等。不过 ISO 文件实在太大了，下载来确认实在很浪费带宽。所以我们拿前一个小节谈到的 NTP 软件来检查看看好了。记得我们下载的 NTP

软件版本为 4.2.8p3，在官网上面仅提供 md5sum 的数据，在下载页面的 MD5 数据为：

```
b98b0cbb72f6df04608e1dd5f313808b  ntp-4.2.8p3.tar.gz
```

如何确认我们下载的文件是没问题的？这样处理一下：

```
[root@study ~]# md5sum/sha1sum/sha256sum [-bct] filename
[root@study ~]# md5sum/sha1sum/sha256sum [--status|--warn] --check filename
选项与参数：
-b ： 使用二进制文件的读取方式，默认使用 Windows/DOS 文件格式的读取方式。
-c ： 检验文件校验值。
-t ： 以文本方式来读取文件校验值。
范例一：将刚刚的文件下载后，测试看看校验值。
[root@study ~]# md5sum ntp-4.2.8p3.tar.gz
b98b0cbb72f6df04608e1dd5f313808b  ntp-4.2.8p3.tar.gz
# 看，显示的编码是否与上面相同？赶紧测试看看。
```

一般而言，每个系统里面的文件内容大概都不相同，例如你的系统中的/etc/passwd 这个登陆信息文件与我的一定不一样，因为我们的用户与密码、shell 及家目录等大概都不相同，所以由 md5sum 这个文件校验值校验程序所自行计算出来的校验值当然就不相同。

好了，那么如何应用这个东西？基本上，你必须要在你的 Linux 系统上，创建保存这些重要文件的校验值文件（好像在查户口），下面是建议的重要文件列表：

- /etc/passwd
- /etc/shadow（假如你不让用户改密码了）
- /etc/group
- /usr/bin/passwd
- /sbin/rpcbind
- /bin/login（这个也很容易被破坏）
- /bin/ls
- /bin/ps
- /bin/top

这几个文件最容易被修改了。因为很多木马程序执行的时候，还是会有所谓的【PID】，为了怕被 root 查出来，所以它们都会修改这些检查调度的文件，如果你可以替这些文件建立校验数据库（就是使用 md5sum 检查一次，将该文件校验值记录下来，然后常常以 shell 脚本的方式由程序自行来检查校验表是否不同），那么对于文件系统会比较安全。

21.7　重点回顾

- 源代码其实大多是纯文本文件，需要通过编译器的编译操作后，才能够制作出 Linux 系统能够识别的可执行的二进制文件；
- 开放源代码可以加速软件的更新速度，让软件性能更快、漏洞修补更及时；
- 在 Linux 系统当中，最标准的 C 语言编译器为 gcc；
- 在编译的过程当中，可以借由其他软件提供的函数库来使用该软件的相关机制与功能；
- 为了简化编译过程当中的复杂的命令输入，可以借由 make 与 makefile 来定义编译规则，来简化程序的更新、编译与链接等操作；
- Tarball 为使用 tar 与 gzip、bzip2、xz 压缩功能所打包压缩的、具有源代码的文件；
- 一般而言，要使用 Tarball 管理 Linux 系统上的软件，最好需要 gcc、make、autoconfig、kernel source、kernel header 等辅助软件才行，所以在安装 Linux 之初，最好就能够选择 Software development 以及 kernel development 之类的软件包；

◆ 函数库有动态函数库与静态函数库，动态函数库在升级上具有较佳的优势，动态函数库的扩展名为*.so 而静态则是*.a；

◆ patch 的主要功能在更新源代码，所以更新源代码之后，还需要进行重新编译的操作才行；

◆ 可以利用 ldconfig 与/etc/ld.so.conf、/etc/ld.so.conf.d/*.conf 来制作动态函数库的链接与缓存；

◆ 通过 MD5、SHA-1、SHA-256 的编码可以判断下载的文件是否为原厂商所发布的文件。

21.8   本章习题

情境模拟题

请依照下面的方式来创建你系统的重要文件校验值，并每日进行比对。

1. 将/etc/{passwd,shadow,group} 以及系统上面所有的 SUID/SGID 文件建立文件列表，该列表文件名为【important.file】；

```
[root@study ~]# ls /etc/{passwd,shadow,group} > important.file
[root@study ~]# find /usr/sbin /usr/bin -perm /6000 >> important.file
```

2. 通过这个文件名列表，以名为 md5.checkfile.sh 的文件名去建立校验值，并将该校验值文件【finger1.file】设置成为不可修改的属性；

```
[root@study ~]# vim md5.checkfile.sh
#!/bin/bash
for filename in $(cat important.file)
do
      md5sum $filename >> finger1.file
done

[root@study ~]# sh md5.checkfile.sh
[root@study ~]# chattr +i finger1.file
```

3. 通过相同的机制去建立后续的分析数据为 finger_new.file，并将两者进行比对，若有问题则发送 email 给 root：

```
[root@study ~]# vim md5.checkfile.sh
#!/bin/bash
if [ "$1" == "new" ]; then
   for filename in $(cat important.file)
   do
      md5sum $filename >> finger1.file
   done
   echo "New file finger1.file is created."
   exit 0
fi
if [ ! -f finger1.file ]; then
   echo "file: finger1.file NOT exist."
   exit 1
fi

[ -f finger_new.file ] && rm finger_new.file
for filename in $(cat important.file)
do
   md5sum $filename >> finger_new.file
done

testing=$(diff finger1.file finger_new.file)
if [ "$testing" != "" ]; then
   diff finger1.file finger_new.file | mail -s 'finger trouble..' root
```

```
fi

[root@study ~]# vim /etc/crontab
30 2 * * * root cd /root; sh md5.checkfile.sh
```

　　如此一来，每天系统会主动地去分析你认为重要的文件的校验值，然后再加以分析，看看有没有被修改过。不过，如果该变动是正常的，例如 CentOS 的自动升级时，那么你就要删除 finger1.file，再重新创建一个新的校验值数据库才行，否则你每天都会收到提示邮件。

21.9　参考资料与扩展阅读

◆　注 1：GNU 的 make 网页。
http://www.gnu.org/software/make/manual/make.html
◆　几种常见加密算法介绍。
　　●　MD5（Message-Digest algorithm 5）
http://en.wikipedia.org/wiki/MD5
　　●　SHA（Secure Hash Algorithm）
https://en.wikipedia.org/wiki/SHA_hash_functions
　　●　DES（Data Encryption Standard）
https://en.wikipedia.org/wiki/Data_Encryption_Standard

22

第 22 章　软件安装 RPM、SRPM 与 YUM

虽然使用源代码进行软件编译可以对其进行定制化，但对于提供 Linux 发行版的公司或社区来说，软件的管理是个不易的问题，毕竟不是每个人都会进行源代码的编译。如果能够将软件预先在相同的硬件与操作系统上面编译好才发布的话，不就能够让相同的 Linux 发行版具有完全一致的软件版本吗？如果再加上简易的安装、删除、管理等功能的话，软件管理就会简易得多。有这种东西吗？有的，那就是 RPM 与 YUM 这两个好用的东西。既然这么好用，我们当然不能错过学习机会，赶紧来学习一下。

22.1　软件管理器简介

在前一章我们提到以源代码的方式来安装软件，也就是利用厂商发布的 Tarball 来进行软件的安装。不过，你应该很容易发现，每次安装软件都需要检测操作系统环境、设置编译参数、实际的编译，最后还要依据个人喜好的方式来安装软件到特定位置。这过程是真的很麻烦，而且对于不熟整个系统的朋友来说，还真是累人。

那有没有想过，如果我的 Linux 系统与厂商的系统一模一样，那么在厂商的系统上面编译出来的执行文件，自然也就可以在我的系统上面运行。也就是说，**厂商先在它们的系统上面编译好了我们用户所需要的软件，然后将这个编译好的可执行的软件直接发布给用户来安装**，如此一来，由于我们本来就使用厂商的 Linux 发行版，所以系统（硬件与操作系统）是一样的，那么使用厂商提供的编译过的可执行文件就没有问题。说的比较直接一些，那就是利用类似 Windows 的安装方式，由程序开发者直接在已知的系统上面编译好，再将该程序直接给用户来安装，如此而已。

那么如果在安装的时候还可以加上一些与这些程序相关的信息，将它建立成为数据库，那不就可以进行安装、反安装、升级与验证等的相关功能（类似 Windows 下面的【卸载与更改程序】）？确实如此，在 Linux 上面至少就有两种常见的这方面的软件管理器，分别是 RPM 与 Debian 的 dpkg。我们的 CentOS 主要是以 RPM 为主，但也不能不知道 dpkg，所以下面就来大概介绍一下这两个机制。

22.1.1　Linux 界的两大主流：RPM 与 DPKG

由于自由软件的蓬勃发展，加上大型 UNIX-like 主机的强大性能，很多软件开发者将他们的软件使用 Tarball 来发布。后来 Linux 发展起来后，一些企业或社区将这些软件收集起来制作成为 Linux 发行版以便大家使用。但后来发现到，这些 Linux 发行版的软件管理实在伤脑筋，软件有漏洞时，又该如何修补？使用 Tarball 的方式来管理吗？又常常不晓得到底我们安装过了哪些程序？因此，一些社区与企业就开始思考 Linux 的软件管理方式。

如同刚刚谈过的方式，Linux 开发商先在固定的硬件平台与操作系统平台上面将需要安装或升级的软件编译好，然后将这个软件的所有相关文件打包成为一个特殊格式的文件，在这个软件安装文件内还包含了预先检测系统与依赖软件的脚本，并提供记录该软件提供的所有文件信息等，最终将这个软件安装文件发布。**客户端获取这个文件后，只需通过特定的命令来安装，那么该文件就会依照内部的脚本来检测依赖的辅助软件是否存在，若安装的环境符合需求，那就会开始安装**，安装完成后还会将该软件的信息写入软件管理机制中，以便未来可以进行升级、删除等操作。

目前在 Linux 界软件安装方式最常见的有两种，分别是：

◆　dpkg

这个机制最早是由 Debian Linux 社区所开发，通过 dpkg 的机制，Debian 提供的软件就能够简单地进行安装，同时还能提供安装后的软件信息，非常不错。只要是衍生于 Debian 的 Linux 发行版 大多使用 dpkg 这个机制来管理软件，包括 B2D、Ubuntu 等。

◆　RPM

这个机制最早是由 Red Hat 这家公司开发，后来实在很好用，因此很多发行版就使用这个机制来作为软件安装的管理方式。包括 Fedora、CentOS、SUSE 等知名的开发商都是用这东西。

如前所述，不论 dpkg 与 RPM 这些机制或多或少都会有软件属性依赖的问题，那该如何解决？其实前面不是谈到过每个软件的安装文件都有提供依赖属性的检查吗？那么如果我们将依赖属性的数据做成列表，等到实际软件安装时，若发生有依赖属性的软件情况时，例如安装 A 需要先安装 B 与 C，而安装 B 则需要安装 D 与 E 时，那么当你要安装 A，通过依赖属性列表，管理机制自动去获取 B、C、D、E 来同时安装，不就解决了属性依赖的问题吗？

没错，您真聪明。目前新的 Linux 开发商都有提供这样的【在线升级】功能，通过这个功能，安装光盘就只有第一次安装时需要用到而已，其他时候只要有网络，你就能够获取原本开发商所提供的任何软件了。在 dpkg 管理机制上就开发出 APT 的在线升级功能，RPM 则依开发商的不同，有 Red Hat 系统的 YUM 和 SUSE 系统的 YaST Online Update（YOU）等。

发行版代表	软件管理机制	使用命令	在线升级功能（命令）
Red Hat/Fedora	RPM	rpm、rpmbuild	YUM（yum）
Debian/Ubuntu	DPKG	dpkg	APT（apt-get）

我们这里使用的是 CentOS 系统。所以说：**使用的软件管理机制为 RPM，而用来作为在线升级的方式则为 YUM。** 下面就让我们来看看 RPM 与 YUM 的相关说明。

22.1.2 什么是 RPM 与 SRPM

RPM 全名是【RedHat Package Manager】缩写则为 RPM。顾名思义，当初这个软件管理的机制是由 Red Hat 这家公司发展出来的。RPM 是以一种数据库记录的方式来将你所需要的软件安装到你的 Linux 系统的一套软件管理机制。

它最大的特点就是将你要安装的软件先编译过，并且打包成为 RPM 机制的文件，通过打包好的软件里面默认的数据库，记录这个软件要安装的时候必须具备的依赖属性软件。当在你的 Linux 主机安装时，RPM 会先依照软件里面的数据查询 Linux 主机的依赖属性软件是否满足，若满足则予以安装，若不满足则不予安装。那么安装的时候就将该软件的信息整个写入 RPM 的数据库中，以便未来的查询、验证与反安装。这样一来的优点是：

1. 由于已经编译完成并且打包完毕，所以软件传输与安装上很方便（不需要再重新编译）。
2. 由于软件的信息都已经记录在 Linux 主机的数据库上，很方便查询、升级与反安装。

但是这也造成些许的困扰，由于 RPM 文件是已经打包好的数据，也就是说，里面的数据已经都【编译完成】了，所以，该软件安装文件几乎只能安装在原本默认的硬件与操作系统版本中。也就是说，你的主机系统环境必须要与当初建立这个软件安装文件的主机环境相同才行。举例来说，rp-pppoe 这个 ADSL 拨号软件，它必须要在 ppp 这个软件存在的环境下才能进行安装。如果你的主机并没有 ppp 这个软件，那么很抱歉，除非你先安装 ppp 否则 rp-pppoe 就是不让你安装的（当然你可以强制安装，但是通常都会有点问题发生）。

所以，通常不同的 Linux 发行版所发布的 RPM 文件，并不能用在其他的 Linux 发行版上。举例来说，Red Hat 发布的 RPM 文件，通常无法直接在 SUSE 上面进行安装。更有甚者，相同 Linux 发行版的不同版本之间也无法互通，例如 CentOS 6.x 的 RPM 文件就无法直接用在 CentOS 7.x。因此，这样可以发现这些软件管理机制的问题是：

1. 软件安装的环境必须与打包时的环境需求一致或相当；
2. 需要满足软件的依赖属性需求；
3. 反安装时需要特别小心，最底层的软件不可先删除，否则可能造成整个系统的问题。

那怎么办？如果我真的想要安装其他 Linux 发行版提供的 RPM 软件包时？呵呵，还好，还有 SRPM 这个东西。SRPM 是什么？顾名思义，它是 Source RPM 的意思，也就是这个 RPM 文件里面含有源代码。特别注意的是，这个 SRPM 所提供的软件内容【并没有经过编译】，它提供的是源代码。

通常 SRPM 的扩展名是 ***.src.rpm 这种格式。不过，既然 SRPM 提供的是源代码，那么为什么我们不使用 Tarball 直接来安装呢？这是因为 SRPM 虽然内容是源代码，但是它仍然含有该软件所需要的依赖性软件说明以及所有 RPM 文件所提供的数据。同时，它与 RPM 不同的是，它也提供了参数配置文件（就是 configure 与 makefile）。所以，如果我们下载的是 SRPM，那么要安装该软件时，你就必须要：

- 先将该软件以 RPM 管理的方式编译，此时 SRPM 会被编译成为 RPM 文件。
- 然后将编译完成的 RPM 文件安装到 Linux 系统当中。

怪了，怎么 SRPM 这么麻烦，还要重新编译一次，那么我们直接使用 RPM 来安装不就好了？通常一个软件在发布的时候，都会同时发布该软件的 RPM 与 SRPM。我们现在知道 RPM 文件必须要在相同的 Linux 环境下才能够安装，而 SRPM 既然是源代码的格式，自然我们就可以通过修改 SRPM 内的参数配置文件，然后重新编译产生能适合我们 Linux 环境的 RPM 文件，如此一来，就可以将该软件安装到我们的系统当中，而不必与原作者打包的 Linux 环境相同，这就是 SRPM 的用处了。

文件格式	文件名格式	直接安装与否	内含程序类型	可否修改参数并编译
RPM	xxx.rpm	可	已编译	不可
SRPM	xxx.src.rpm	不可	未编译的源代码	可

　为何说 CentOS 是【社区维护的企业版】？　Red Hat 公司的 RHEL 发布后，连带会将 SRPM 发布。社区的朋友就将这些 SRPM 收集起来并重新编译成为所需要的软件，再重新发布成为 CentOS，所以才能号称与 Red Hat 的 RHEL 企业版同步，真要感谢 SRPM。如果你想要理解 CentOS 是如何编译一个程序的，也能够通过 SRPM 内含的编译参数来学习。

22.1.3　什么是 i386、i586、i686、noarch、x86_64

从上面的说明，现在我们知道 RPM 与 SRPM 的格式分别为：

```
xxxxxxxxxx.rpm     <==RPM 的格式，已经经过编译且打包完成的 rpm 文件。
xxxxx.src.rpm      <==SRPM 的格式，包含未编译的源代码信息。
```

那么我们怎么知道这个软件的版本、适用的平台、编译发布的次数？只要通过文件名就可以知道了。例如 rp-pppoe-3.11-5.el7.x86_64.rpm 这文件的意义为：

```
rp-pppoe      -3.11-        5        .el7.x86_64      .rpm
软件名称    软件的版本信息   发布的次数    适合的硬件平台      扩展名
```

除了后面适合的硬件平台与扩展名外，主要是以【-】来隔开各个部分，这样子可以很清楚地发现该软件的名称、版本信息、打包次数与操作的硬件平台。好了，来谈一谈每个不同的地方吧。

- 软件名称

当然就是每一个软件的名称了。上面的范例就是 rp-pppoe。

- 版本信息

每一次更新版本就需要有一个版本的信息，否则如何知道这一版是新是旧？这里通常又分为主版本跟次版本。以上面为例，主版本为 3，在主版本的架构下修改部分源代码内容，而发布一个新的版本，就是次版本。以上面为例，就是 11，所以版本名就为 3.11。

- 发布版本次数

通常就是编译的次数。那么为何需要重复编译？这是由于同一版的软件中，可能由于有某些 bug 或是安全上的顾虑，所以必须要进行小幅度的 patch 或重设一些编译参数，设置完成之后重新编译并打包成 RPM 文件，因此就有不同的打包数出现。

- 操作硬件平台

这是个很好玩的地方，RPM 可以适用在不同的操作平台上，但是不同的平台设置的参数还是有所差异性。并且，我们可以针对比较高级的 CPU 来进行优化参数的设置，这样才能够使用高级 CPU 所带来的硬件加速功能，所以就有所谓的 i386、i586、i686、x86_64、noarch 等版本的文件出现了。

平 台 名 称	适合平台说明
i386	几乎适用于所有的 x86 平台，不论是旧的 Pentium 或是新的 Intel Core i 与 AMD K10 系列的 CPU 等，都可以正常地工作。那个 i 指的是 Intel 兼容的 CPU 的意思，至于 386 不用说，就是 CPU 的等级
i586	就是针对 586 级别的计算机进行优化编译。那是哪些 CPU？包括 Pentium 第一代 MMX CPU，AMD 的 K5、K6 系列 CPU（socket 7 插槽）等 CPU 都算是这个级别
i686	在 Pentium II 以后的 Intel 系列 CPU，及 K7 以后级别的 CPU 都属于这个 686 级别。由于目前市面上几乎仅剩 P-II 以后级别的硬件平台，因此很多 Linux 发行版都直接发布这种级别的 RPM 文件
x86_64	针对 64 位的 CPU 进行优化编译设置，包括 Intel Core 2 以上等级 CPU，以及 AMD 的 Athlon 64 以后等级的 CPU，都属于这一类型的硬件平台
noarch	就是没有任何硬件等级上的限制。一般来说，这种类型的 RPM 文件，里面应该没有二进制程序存在，较常出现的就是属于 shell 脚本方面的软件

　　到 2015 年为止，就算是旧的个人计算机，堪用与能用的设备大概都至少是 Intel Core 2 以上等级的计算机，大多数都是 64 位的系统。因此目前 CentOS 7 仅推出 x86_64 的软件版本，并没有提供 i686 以下级别的软件。如果你的系统还是很老旧的机器，那才有可能不支持 64 位的 Linux 系统。此外，目前仅存的软件版本大概也只剩下 i686 及 x86_64 还有不分版本的 noarch 而已 i386 只有在某些很特别的软件上才看到。

　　受惠于目前 x86 系统的支持方面，新的 CPU 都能够执行旧型 CPU 所支持的软件，也就是说硬件方面都可以向下兼容的，因此最低级别的 i386 软件可以安装在所有的 x86 硬件平台上面，不论是 32 位还是 64 位，但是反过来就不行了。举例来说，目前硬件大多是 64 位的，因此你可以在该硬件上面安装 x86_64 或 i386 级别的 RPM 软件。但在你的旧型主机，例如 Pentium III/Pentium 4 32 位机器上面，就不能够安装 x86_64 的软件。

　　根据上面的说明，其实我们只要选择 i686 版本来安装在你的 x86 硬件上面就肯定没问题。但是如果强调性能的话，还是选择搭配你硬件的 RPM 文件吧！毕竟该软件才有针对你的 CPU 硬件平台进行过参数优化的编译嘛。

22.1.4　RPM 的优点

　　由于 RPM 是通过预先编译并打包成为 RPM 文件格式后，再加以安装的一种方式，并且还能够进行数据库的记录。所以 RPM 有以下的优点：

- RPM 内包含已经编译过的程序与配置文件等数据，用户不需重新编译；
- RPM 在被安装之前，会先检查系统的硬盘容量、操作系统版本等，可避免文件被错误安装；
- RPM 文件本身提供软件版本信息、依赖属性检查、软件用途说明、软件所含文件等信息，便于了解软件；
- RPM 管理的方式使用数据库记录 RPM 文件的相关参数，便于升级、删除、查询与验证。

　　为什么 RPM 在使用上很方便呢？我们前面提过，RPM 这个软件管理器所处理的软件，是由软件提供者在特定的 Linux 平台上面将该软件编译完成并且打包好。用户只要拿到这个打包好的软件，然后将里面的文件放置到应该要存放的目录，不就完成安装吗？对，就是这样。

　　但是有没有想过，我们在前一章里面提过的，有些软件是有相关性的，例如要安装网卡驱动程序，就得要有内核源码与 gcc 及 make 等软件。那么我们的 RPM 软件是否一定可以安装完成？如果该软件安装之后，却找不到它相关的依赖软件，那不是挺麻烦的吗？因为安装好的软件也无法使用。

　　为了解决这种具有相关性的软件之间的问题（就是所谓的软件依赖属性），RPM 就在提供打包的软件时，同时加入一些信息记录的功能，这些信息包括软件的版本、软件打包者、依赖的其他软件、本软件的功能说明、本软件的所有文件记录等，然后在 Linux 系统上面亦建立一个 RPM 软件数据库，如此一来，当你要安装某个以 RPM 形式提供的软件时，在安装的过程中，RPM 会去检验一下数据库里面是否已经存在相关的软件，如果数据库显示不存在，那么这个 RPM 文件【默认】就不能安装，呵呵！没有错，这个就是 RPM 类型的文件最为人所诟病的【**软件的属性依赖**】问题。

22.1.5　RPM 属性依赖的解决方式：YUM 在线升级

为了重复利用既有的软件功能，很多软件都会以函数库的方式发布部分功能，以方便其他软件调用，例如 PAM 模块的验证功能。此外，为了节省用户的数据量，目前的 Linux 发行版在发布软件时，都会将软件的内容分为一般使用与开发使用（development）两大类。所以你才会常常看到有类似 pam-x.x.rpm 与 pam-devel-x.x.rpm 之类的文件名。而默认情况下，大部分的 software-devel-x.x.rpm 都不会安装，因为终端用户大部分不会去开发软件。

因为有上述的现象，所以 RPM 文件就会有所谓的属性依赖的问题产生（其实所有的软件管理几乎都有这方面的情况存在）。那有没有办法解决？前面不是谈到 RPM 文件内部会记录依赖属性的数据吗？那想一想，要是我将这些依赖属性的软件先建立一份清单列表，在有要安装软件需求的时候，先到这个列表去找，同时与系统内已安装的软件相比较，没安装到的依赖软件就一口气同时安装，那不就解决了依赖属性的问题了吗？有没有这种机制？有，那就是 YUM 机制的由来。

图 22.1.1　YUM 使用的流程示意图

CentOS（1）先将发布的软件放置到 YUM 服务器内，然后（2）分析这些软件的依赖属性问题，将软件内的记录信息记录下来（header），然后再将这些信息分析后记录成软件相关性的列表，这些列表数据与软件所在的本机或网络上的位置可以称为软件源或软件仓库（repository）。当客户端有软件安装的需求时，客户端主机会主动地向网络上面的 YUM 服务器的软件源地址下载列表，然后通过列表的数据与本机 RPM 数据库已存在的软件数据相比较，就能够一口气安装所有需要的具有依赖属性的软件了。整个流程可以简单的如图 22.1.1 说明。

> 所以软件源内的软件列表会记录每个软件的依赖属性关系，以及所有软件的网络位置（URL）。由于记录了详细的软件网络位置，所以有需要的时候，当然就会自动地从网络下载该软件。

当客户端有升级、安装的需求时，YUM 会向软件源要求更新软件列表，等到软件列表更新到本机的 /var/cache/yum 中后，然后更新时就会用这个本机软件源列表与本机的 RPM 数据库进行比较，这样就知道该下载什么软件。接下来 YUM 会跑到软件源服务器（YUM server）下载所需要的软件（因为有记录软件所在的网址），然后再通过 RPM 的机制开始安装软件，这就是整个流程。谈到最后，还是需要使用到 RPM，所以下个小节就让我们来谈谈 RPM 这东西吧！

> 为什么要做出【软件源】呢？由于 YUM 服务器提供的 RPM 文件内容可能有所差异，举例来说，原厂发布的数据有（1）原版数据；（2）更新数据（update）；（3）特殊数据（例如第三方辅助软件或某些特殊功能的软件）。这些软件的安装文件基本上不会放置到一起，那如何分辨这些软件功能？就用【软件源】的概念来处理。不同的【软件源】地址，可以放置不同功能的软件。

22.2　RPM 软件管理程序：rpm

RPM 的使用其实不难，只要使用 rpm 这个命令即可。鸟哥最喜欢的就是 rpm 命令的查询功能了，可以让我很轻易地知道某个系统有没有安装鸟哥要的软件。此外，我们最好还是要知道一下，到底 RPM 类型的文件将软件的相关文件放置在哪里？还有，我们说的这个 RPM 的数据库又是放置在哪里？

 事实上，下一小节要讲的 YUM 就可以直接用来进行安装的操作，基本上 rpm 这个命令真的就只剩下查询与检验的功能。所以，查询与检验还是要学的，至于安装，通过 YUM 就好了。

22.2.1　RPM 默认安装的路径

一般来说，在安装 RPM 类型的文件时，会先去读取文件内记录的设置参数内容，然后将该数据用来比对 Linux 系统的环境，以找出是否有属性依赖的软件尚未安装的问题。例如 openssh 这个远程连接软件需要通过 openssl 这个加密软件的帮忙，所以得先安装 openssl 才能装 openssh 的意思。那你的环境如果没有 openssl，你就无法安装 openssh 的意思。

若环境检查合格了，那么 RPM 文件就开始被安装到你的 Linux 系统上。安装完毕后，该软件相关的信息就会被写入/var/lib/rpm/目录下的数据库文件中了。上面这个目录内的数据很重要，因为未来如果我们有任何软件升级的需求，版本之间的比较就是来自于这个数据库，而如果你想要查询系统已经安装的软件，也是从这里查询的。同时，目前的 RPM 也提供数字签名信息，这些数字签名也是在这个目录内记录的，所以说，这个目录要注意不能被删除了。

那么软件内的文件到底是放置到哪里去呢？当然与文件系统有关对吧！我们在第 5 章的目录配置章节谈过每个目录的意义，这里再次强调如下。

/etc	一些配置文件放置的目录，例如/etc/crontab
/usr/bin	一些可执行文件
/usr/lib	一些程序使用的动态函数库
/usr/share/doc	一些基本的软件使用手册与说明文件
/usr/share/man	一些 man page 文件

好了，下面我们就来针对每个 RPM 的相关命令来进行说明。

22.2.2　RPM 安装（install）

因为安装软件是 root 的工作，所以你得要是 root 的身份才能够使用 rpm 这个命令，用 rpm 来安装很简单。假设我要安装一个文件名为 rp-pppoe-3.11-5.el7.x86_64.rpm 的文件，那么我可以这样：（假设 CentOS 7 安装光盘已经放在/mnt 下面了）

```
[root@study ~]#rpm-i /mnt/Packages/rp-pppoe-3.11-5.el7.x86_64.rpm
```

不过，这样的参数其实无法显示安装的进度，所以，通常我们会这样执行安装命令：

```
[root@study ~]#rpm-ivh package_name
选项与参数:
-i : install 安装的意思。
-v : 查看更详细的安装信息。
```

```
-h：显示安装进度。
范例一：使用安装光盘安装 rp-pppoe 软件。
[root@study ~]#rpm-ivh /mnt/Packages/rp-pppoe-3.11-5.el7.x86_64.rpm
Preparing...                      ################################# [100%]
Updating / installing...
  1:rp-pppoe-3.11-5.el7            ################################# [100%]
范例二：一口气安装两个以上的软件时。
[root@study ~]#rpm-ivh a.i386.rpm b.i386.rpm *.rpm
# 后面直接接上多个安装文件。
范例三：直接由网络上的某个文件地址来安装。
[root@study ~]#rpm-ivh http://website.name/path/pkgname.rpm
```

　　另外，如果我们在安装的过程当中发现问题，或已经知道会发生的问题，而还是【执意】要安装这个软件时，可以使用如下的参数【强制】安装上去。

可执行的选项	代 表 意 义
--nodeps	使用时机：当发生软件属性依赖问题而无法安装，但你执意安装时； 危险性：软件会有依赖性的原因是因为彼此会使用到对方的机制或功能，如果强制安装而不考虑软件的属性依赖，则可能会造成该软件无法正常使用
--replacefiles	使用时机：如果在安装的过程当中出现了【某个文件已经被安装在你的系统上面】的信息，又或许出现版本不合的信息（confilcting files）时，可以使用这个参数来直接覆盖文件。 危险性：覆盖的操作是无法恢复的，所以，你必须要很清楚的知道被覆盖的文件是真的可以被覆盖，否则会欲哭无泪
--replacepkgs	使用时机：重新安装某个已经安装过的软件。如果你要安装一堆 RPM 文件时，可以使用 rpm-ivh *.rpm，但若某些软件已经安装过了，此时系统会出现【某软件已安装】的信息，导致无法继续安装，此时可使用这个选项来重复安装
--force	使用时机：这个参数其实就是--replacefiles 与--replacepkgs 的综合体
--test	使用时机：想要测试一下该软件是否可以被安装到用户的 Linux 环境当中，可找出是否有属性依赖的问题。范例为：rpm -ivh pkgname.i386.rpm --test
--justdb	使用时机：由于 RPM 数据库损坏或是某些缘故产生错误时，可使用这个选项来更新软件在数据库内的相关信息
--nosignature	使用时机：想要跳过数字签名的检查时，可以使用这个选项
--prefix 新路径	使用时机：要将软件安装到其他非正规目录时。举例来说，你想要将某软件安装到/usr/local 而非正规的/bin、/etc 等目录，就可以使用【--prefix /usr/local】来处理
--noscripts	使用时机：不想让该软件在安装过程中自行执行某些系统命令。 说明：RPM 的优点除了可以将文件放置到特定位置之外，还可以自动执行一些初始化操作的命令，例如数据库的初始化。如果你不想要让 RPM 帮你自动执行这一类型的命令，就加上它

rpm 安装时常用的选项与参数说明

　　一般来说，rpm 的安装选项与参数大约就是这些了。通常鸟哥建议直接使用-ivh 就好，如果安装的过程中发现问题，一个一个去将问题找出来，尽量不要使用【暴力安装法】，就是通过--force 去强制安装。因为可能会发生很多不可预期的问题，除非你很清楚地知道使用上面的参数后，安装的结果是你预期的。

例题

　　在没有网络的前提下，你想要安装一个名为 pam-devel 的软件，你手边只有安装光盘，该如何是好？

　　答：你可以通过挂载安装光盘来进行软件的查询与安装。请将安装光盘放入光驱，下面我们尝试将光盘挂载到/mnt 当中，并安装软件：

- 挂载光盘使用：mount /dev/sr0 /mnt
- 找出文件的实际路径：find /mnt -name 'pam-devel*'

- 测试此软件是否具有依赖性：rpm –ivh pam-devel... --test
- 直接安装：rpm –ivh pam-devel...
- 卸载光盘：umount /mnt

在鸟哥的系统中，刚好这个软件并没有属性依赖的问题，因此最后一个步骤可以顺利地进行下去。

22.2.3　RPM 升级与更新（upgrade/freshen）

使用 RPM 来升级真是太简单了，就以-Uvh 或-Fvh 来升级即可，而-Uvh 与-Fvh 可以用的选项与参数，跟 install 是一样的。不过，–U 与 –F 的意义还是不太一样的，基本的差别是这样的：

–Uvh	后面接的软件即使没有安装过，则系统将予以直接安装；若后面接的软件有安装过旧版，则系统自动更新至新版
–Fvh	如果后面接的软件并未安装到你的 Linux 系统上，则该软件不会被安装；亦即只有已安装至你 Linux 系统内的软件会被【升级】

由上面的说明来看，如果你想要大量地升级系统旧版本的软件时，使用-Fvh 是比较好的做法，因为没有安装的软件才不会被不小心安装进系统中。但是需要注意的是，如果你使用的是-Fvh，偏偏你的机器上尚无这一个软件，那么很抱歉，该软件并不会被安装在你的 Linux 主机上面，所以请重新以ivh 来安装。

早期没有 YUM 的环境时，如果网络带宽也很糟糕，通常有的朋友在修补整个操作系统的旧版软件时，喜欢这么进行：

1. 先到各开发商的网站或是国内的 FTP 镜像站下载最新的 RPM 文件；
2. 使用-Fvh 来将你的系统内曾安装过的软件进行修补与升级。

所以，在不了解 YUM 功能的情况下，你依旧可以到 CentOS 的镜像站下载 updates 数据，然后利用上述的方法来一口气升级。当然，升级也是可以利用--nodeps 与--force 等参数。不过，现在既然有 YUM 在，这个笨方法当然也就不再需要了。

22.2.4　RPM 查询（query）

RPM 在查询的时候，其实查询的地方是在/var/lib/rpm/这个目录下的数据库文件。另外，RPM 也可以查询未安装的 RPM 文件内的信息。那如何去查询？我们先来谈谈可用的选项有哪些？

```
[root@study ~]#rpm-qa                              <==已安装软件。
[root@study ~]#rpm-q[licdR] 已安装的软件名称         <==已安装软件。
[root@study ~]#rpm-qf 存在于系统上面的某个文件名      <==已安装软件。
[root@study ~]#rpm-qp[licdR] 未安装的某个文件名称    <==查看 RPM 文件。
选项与参数:
查询已安装软件的信息:
-q  : 仅查询，后面接的软件名称是否有安装;
-qa : 列出已经安装在本机 Linux 系统上面的所有软件名称;
-qi : 列出该软件的详细信息（information），包含开发商、版本与说明等;
-ql : 列出该软件所有的文件与目录所在完整文件名（list）;
-qc : 列出该软件的所有配置文件（找出在/etc/下面的文件名而已）;
-qd : 列出该软件的所有说明文件（找出与 man 有关的文件而已）;
-qR : 列出与该软件有关的依赖软件所含的文件（Required 的意思）;
-qf : 由后面接的文件名，找出该文件属于哪一个已安装的软件;
-q --scripts: 列出是否含有安装后需要执行的脚本文件,可用以 debug;
查询某个 RPM 文件内含有的信息:
-qp[icdlR]: 注意-qp 后面接的所有参数以上面的说明一致，但用途仅在于找出某个 RPM 文件内的信息，而非已安装的软件信息，注意。
```

在查询的部分，所有的参数之前都需要加上-q 才是所谓的查询。查询主要分为两部分：一个是查找已安装到系统上面的的软件信息，这部分的信息都是由/var/lib/rpm/所提供；另一个则是查找某个rpm 文件内容，等于是由 RPM 文件内找出一些要写入数据库内的信息，这部分就得要使用-qp（p 是 package 的意思）。那就来看看几个简单的范例。

```
范例一：找出你的 Linux 是否有安装 logrotate 这个软件。
[root@study ~]#rpm-q logrotate
logrotate-3.8.6-4.el7.x86_64
[root@study ~]#rpm-q logrotating
package logrotating is not installed
# 系统会去找是否有安装后面接的软件。注意，不必要加上版本，至于显示的结果，一看就知道有没有安装。
范例二：列出上题当中，属于该软件所提供的所有目录与文件。
[root@study ~]#rpm-ql logrotate
/etc/cron.daily/logrotate
/etc/logrotate.conf
……（以下省略）……
# 可以看出该软件到底提供了多少的文件与目录，也可以查找软件的数据。
范例三：列出 logrotate 这个软件的相关说明信息。
[root@study ~]#rpm-qi logrotate
Name       : logrotate                    # 软件名称。
Version    : 3.8.6                         # 软件的版本。
Release    : 4.el7                         # 发布的版本。
Architecture: x86_64                       # 编译时所针对的硬件架构。
Install Date: Mon 04 May 2015 05:52:36 PM CST  # 这个软件安装到本系统的时间。
Group      : System Environment/Base      # 软件是放在哪一个软件群组中。
Size       : 102451                        # 软件的大小。
License    : GPL+                          # 发布的授权方式。
Signature  : RSA/SHA256, Fri 04 Jul 2014 11:34:56 AM CST, Key ID 24c6a8a7f4a80eb5
Source RPM : logrotate-3.8.6-4.el7.src.rpm  # 这就是 SRPM 的文件名。
Build Date : Tue 10 Jun 2014 05:58:02 AM CST  # 软件编译打包的时间。
Build Host : worker1.bsys.centos.org       # 在哪一台主机上面编译的。
Relocations : (not relocatable)
Packager   : CentOS BuildSystem <http://bugs.centos.org>
Vendor     : CentOS
URL        : https://fedorahosted.org/logrotate/
Summary    : Rotates, compresses, removes and mails system log files
Description :                              # 这个是详细的描述。
The logrotate utility is designed to simplify the administration of
log files on a system which generates a lot of log files.  Logrotate
allows for the automatic rotation compression, removal and mailing of
log files.  Logrotate can be set to handle a log file daily, weekly,
monthly or when the log file gets to a certain size.  Normally,
logrotate runs as a daily cron job.
Install the logrotate package if you need a utility to deal with the
log files on your system.
# 列出该软件的详细信息，里面的信息有很多，包括了软件名称、版本、开发商、SRPM 文件名称、打包次数、
# 简单说明信息、软件打包者、安装日期等。如果想要详细地知道该软件的信息，用这个参数来了解一下。
范例四：分别仅找出 logrotate 的配置文件与说明文件。
[root@study ~]#rpm-qc logrotate
[root@study ~]#rpm-qd logrotate
范例五：若要成功安装 logrotate，它还需要什么文件。
[root@study ~]#rpm-qR logrotate
/bin/sh
config(logrotate) = 3.8.6-4.el7
coreutils >= 5.92
……（以下省略）……
# 由这里看起来，呵呵，还需要很多文件的支持才行。
范例六：由上面的范例五，找出/bin/sh 是哪个软件提供的。
[root@study ~]#rpm-qf /bin/sh
bash-4.2.46-12.el7.x86_64
# 这个参数后面接的可是【文件】，不像前面都是接软件，这个功能在查询系统的某个文件属于哪一个软件所有。
范例七：假设我有下载一个 RPM 文件，想要知道该文件的还依赖哪些文件。
```

```
[root@study ~]#rpm-qpR filename.i386.rpm
# 加上-qpR，找出该文件依赖的文件信息。
```

常见的查询就是这些了。要特别说明的是，在查询本机上面的 RPM 软件相关信息时，不需要加上版本的名称，只要加上软件名称即可。因为它会由/var/lib/rpm 这个数据库里面去查询，所以我们可以不需要加上版本名称。但是查询某个 RPM 文件就不同了，我们必须要列出整个文件的完整文件名才行，这一点朋友们常常会搞错。下面我们就来做几个简单的练习。

例题

1. 我想要知道我的系统当中，以 c 开头的软件有几个，如何查？
2. 我的 WWW 服务器为 Apache，我知道它使用的 RPM 文件为 httpd。现在，我想要知道这个软件的所有配置文件放置在何处，如何做？
3. 承上题，如果查出来的配置文件已经被我改过，但是我忘记了曾经修改过哪些地方，所以想要直接重新安装一次该软件，该如何操作呢？
4. 如果我误删除了某个重要文件，例如/etc/crontab，偏偏不晓得它属于哪一个软件，该怎么办？

答：

1. rpm –qa | grep ^c | wc –l
2. rpm –qc httpd
3. 假设该软件的网址为：http://web.site.name/path/httpd-x.x.xx.i386.rpm

则我可以这样做：

```
rpm -ivh http://web.site.name/path/httpd-x.x.xx.i386.rpm --replacepkgs
```

4. 虽然已经没有这个文件了，不过没有关系，因为 RPM 将其记录在/var/lib/rpm 的数据库中，所以直接执行：

```
rpm -qf /etc/crontab
```

就可以知道是什么软件，重新安装一次该软件即可。

22.2.5 RPM 验证与数字签名（Verify/signature）

验证（Verify）的功能主要在于提供系统管理员一个有用的管理机制。作用的方式是【使用/var/lib/rpm 下面的数据库内容来比对目前 Linux 系统的环境下的所有安装文件】也就是说，当你有数据不小心丢失或是因为你误删了某个软件的文件，或是不小心不知道修改到某一个软件的文件内容，就用这个简单的方法来验证一下原本的文件，好让你了解这一阵子到底是修改到哪些文件内容。验证的方式很简单：

```
[root@study ~]#rpm-Va
[root@study ~]#rpm-V   已安装的软件名称
[root@study ~]#rpm-Vp 某个 RPM 文件的文件名
[root@study ~]#rpm-Vf 在系统上面的某个文件
选项与参数:
-V   后面跟软件名，若该软件所含的文件被修改过才会显示。
-Va: 列出目前系统上面所有可能被修改过的文件。
-Vp: 后面跟文件名，列出该软件内可能被修改过的文件。
-Vf: 显示某个文件是否被修改过。
范例一: 列出你的 Linux 内的 logrotate 这个软件是否被修改过。
[root@study ~]#rpm-V logrotate
# 如果没有出现任何信息，恭喜你，该软件所提供的文件没有被修改过。如果有出现任何信息，才是有出现状况。
范例二: 查询一下，你的/etc/crontab 是否有被修改过。
[root@study ~]#rpm-Vf /etc/crontab
.......T.   c /etc/crontab
# 看，因为有被修改过，所以会显示被修改过的信息类型。
```

好了，那么我怎么知道到底我的文件被修改过的内容是什么？例如上面的范例二。呵呵！简单地说明一下吧！例如，我们检查一下 logrotate 这个软件：

```
[root@study ~]#rpm-ql logrotate
/etc/cron.daily/logrotate
/etc/logrotate.conf
/etc/logrotate.d
/usr/sbin/logrotate
/usr/share/doc/logrotate-3.8.6
/usr/share/doc/logrotate-3.8.6/CHANGES
/usr/share/doc/logrotate-3.8.6/COPYING
/usr/share/man/man5/logrotate.conf.5.gz
/usr/share/man/man8/logrotate.8.gz
/var/lib/logrotate.status
# 呵呵，共有10个文件，请修改/etc/logrotate.conf 内的 rotate 变成 5。
[root@study ~]#rpm-V logrotate
..5....T.  c /etc/logrotate.conf
```

你会发现在文件名之前有个 c，然后就是一堆奇怪的内容了。这个 c 代表的是 configuration，就是配置文件的意思。至于最前面的几个信息是：

- S：（file Size differs）文件的容量大小是否被改变；
- M：（Mode differs）文件的类型或属性（rwx）是否被改变？如是否可执行等参数已被改变；
- 5：（MD5 sum differs）MD5 这一种校验值的内容已经不同；
- D：（Device major/minor number mis-match）设备的主/次代码已经改变；
- L：（readLink（2） path mis-match）链接（Link）路径已被改变；
- U：（User ownership differs）文件的所属用户已被改变；
- G：（Group ownership differs）文件的所属用户组已被改变；
- T：（mTime differs）文件的建立时间已被改变；
- P：（caPabilities differ）功能已经被改变。

所以，如果当一个配置文件所有的信息都被修改过，那么它的显示就会是：

```
SM5DLUGTP c filename
```

这个 c 代表的则是【Config file】的意思，也就是文件的类型，其有下面这几类：

- c：配置文件（config file）；
- d：数据文件（documentation）；
- g：幽灵文件（ghost file），通常是该文件不被某个软件所包含，较少发生；
- l：许可证文件（license file）；
- r：自述文件（read me）。

经过验证的功能，你就可以知道哪个文件被修改过。那么如果该文件的变更是【预期中的】，那么就没有什么大问题，但是如果该文件是【非预期的】，那么是否被入侵了？呵呵，得注意了。一般来说，配置文件（configure）被修改是很正常的，万一你的二进制程序被修改过？那就得要特别特别小心。

> 虽说家丑不可外扬，不过有件事情还是跟大家分享一下的好。乌哥之前的主机曾经由于安装一个软件，导致被攻击成为跳板。会发现的原因是系统中只要出现*.patch 的扩展名时，使用 ls -l 就是显示不出来该文件名（该文件名确实存在）。找了好久，用了好多工具都找不出问题，最终利用 rpm-Va 找出来，原来好多二进制程序被修改过，连 init 都被修改了。此时，赶紧重新安装 Linux 并删除该软件，之后就比较正常了，所以说，这个 rpm-Va 是个好功能。

◆ 数字签名（digital signature）

谈完了软件的验证后，不知道你有没有发现一个问题，那就是，验证只能验证软件内的信息与 /var/lib/rpm/里面的数据库信息而已，如果该软件安装文件所提供的数据本身就有问题，那你使用验证的手段也无法确定该软件的正确性。那如何解决？在 Tarball 与文件的验证方面，我们可以使用前一章谈到的 md5 校验值来检查，不过，连校验值也可能会被修改的嘛。那怎么办？没关系，我们可以通过数字签名来检验软件的来源。

就像你自己的签名一样，我们的软件开发商原厂所推出的软件也会有一个厂商自己的签名系统，只是这个签名被数字化了而已。厂商可以以数字签名系统产生一个专属于该软件的签名，并将该签名的公钥（public key）发布。当你要安装一个 RPM 文件时：

1. 首先你必须要先安装原厂发布的公钥文件；
2. 实际安装 RPM 软件时，rpm 命令会读取 RPM 文件的签名信息并与本机系统内的签名信息比对；
3. 若签名相同则予以安装，若找不到相关的签名信息时，则给予警告并且停止安装。

我们 CentOS 使用的数字签名系统为 GNU 计划的 GnuPG（GNU Privacy Guard，GPG）[注1]。GPG 可以通过哈希运算，算出独一无二的专属密钥或是数字签名，有兴趣的朋友可以参考文末的扩展阅读，去了解一下 GPG 加密的功能，这里我们仅简单地说明数字签名在 RPM 文件上的应用而已。而根据上面的说明，我们也会知道首先必须要安装原厂发布的 GPG 数字签名的公钥文件。CentOS 的数字签名位于：

```
[root@study ~]# ll /etc/pki/rpm-gpg/RPM-GPG-KEY-CentOS-7
-rw-r--r--. 1 root root 1690 Apr  1 06:27 /etc/pki/rpm-gpg/RPM-GPG-KEY-CentOS-7
[root@study ~]# cat /etc/pki/rpm-gpg/RPM-GPG-KEY-CentOS-7
-----BEGIN PGP PUBLIC KEY BLOCK-----
Version: GnuPG v1.4.5 (GNU/Linux)
mQINBFOn/0sBEADLDyZ+DQHkcTHDQSE0a0B2iYAEXwpPvs67cJ4tmhe/iMOyVMh9
……（中间省略）……
-----END PGP PUBLIC KEY BLOCK-----
```

从上面的输出，你会知道该数字签名值其实仅是一个随机数而已，这个随机数对于数字签名有意义而已，我们看不懂。那么这个文件如何安装？通过下面的方式来安装即可。

```
[root@study ~]#rpm --import /etc/pki/rpm-gpg/RPM-GPG-KEY-CentOS-7
```

由于不同版本 GPG 密钥文件放置的位置可能不同，不过文件名大多是包含 GPG-KEY 字样，因此你可以简单地使用 locate 或 find 来查找，如使用以下方式来查找：

```
[root@study ~]# locate GPG-KEY
[root@study ~]# find /etc -name '*GPG-KEY*'
```

那安装完成之后，这个密钥的内容会以什么方式呈现？基本上都是使用 pubkey 作为软件的名称字段。那我们先找出该软件具体名称后，再以-qi 的方式来查询看看该软件的信息是什么：

```
[root@study ~]#rpm-qa | grep pubkey
gpg-pubkey-f4a80eb5-53a7ff4b
[root@study ~]#rpm-qi gpg-pubkey-f4a80eb5-53a7ff4b
Name        : gpg-pubkey
Version     : f4a80eb5
Release     : 53a7ff4b
Architecture: (none)
Install Date: Fri 04 Sep 2015 11:30:46 AM CST
Group       : Public Keys
Size        : 0
License     : pubkey
Signature   : (none)
Source RPM  : (none)
Build Date  : Mon 23 Jun 2014 06:19:55 PM CST
Build Host  : localhost
Relocations : (not relocatable)
Packager    : CentOS-7 Key (CentOS 7 Official Signing Key) <security@centos.org>
Summary     : gpg (CentOS-7 Key (CentOS 7 Official Signing Key) <security@centos.org>)
```

```
Description :
-----BEGIN PGP PUBLIC KEY BLOCK-----
Version: rpm-4.11.1 (NSS-3)
……（下面省略）……
```

重点就是最后面出现的那一串乱码，那可是作为数字签名非常重要的地方。如果你忘记加上数字签名，很可能很多原版软件就不能让你安装，除非你使用 rpm 时选择忽略数字签名检查。

22.2.6　RPM 反安装与重建数据库（erase/rebuilddb）

反安装就是将软件卸载。要注意的是【卸载安装的过程一定要由最上层往下解除】，以 rp-pppoe 为例，这个软件主要是根据 ppp 这个软件来安装的，所以当你要卸载 ppp 的时候，就必须要先卸载 rp-pppoe 才行，否则就会发生结构上的问题。这个可以由建筑物来说明，如果你要拆除五、六楼，那么当然要由六楼拆起，否则先拆五楼，那么上面的楼层难道会悬空？

删除的选项很简单，就通过-e 即可删除。不过，经常发生软件属性依赖导致无法删除某些软件的问题。我们以下面的例子来说明：

```
# 1. 找出与 pam 有关的软件名称，并尝试删除 pam 这个软件。
[root@study ~]#rpm-qa | grep pam
fprintd-pam-0.5.0-4.0.el7_0.x86_64
pam-1.1.8-12.el7.x86_64
gnome-keyring-pam-3.8.2-10.el7.x86_64
pam-devel-1.1.8-12.el7.x86_64
pam_krb5-2.4.8-4.el7.x86_64
[root@study ~]#rpm-e pam
error: Failed dependencies:   <==这里提到的是依赖性的问题。
        libpam.so.0()(64bit) is needed by (installed) systemd-libs-208-20.el7.x86_64
        libpam.so.0()(64bit) is needed by (installed) libpwquality-1.2.3-4.el7.x86_64
……（以下省略）……
# 2. 若仅删除 pam-devel 这个之前安装的软件。
[root@study ~]#rpm-e pam-devel   <==不会出现任何信息。
[root@study ~]#rpm-q pam-devel
package pam-devel is not installed
```

从范例一我们知道 pam 所提供的函数库是让非常多其他软件使用的，因此你不能删除 pam，除非将其他依赖软件一口气也全部删除。你当然也能加--nodeps 来强制删除，不过，如此一来所有会用到 pam 函数库的软件，都将成为无法运行的程序，我想，你的主机也只好准备停机休假了吧！至于范例二中，由于 pam-devel 是依附于 pam 的开发工具，你可以单独安装与单独删除。

由于 RPM 文件常常会安装、删除、升级等，某些操作或许可能会导致 RPM 数据库/var/lib/rpm/内的文件损坏。果真如此的话，那你该如何是好呢？别担心，我们可以使用--rebuilddb 这个选项来重建一下数据库。做法如下：

```
[root@study ~]#rpm--rebuilddb   <==重建数据库。
```

22.3　YUM 在线升级功能

我们在本章一开始的地方谈到过 YUM，这个 YUM 是通过分析 RPM 的标头数据后，根据各软件的相关性制作出属性依赖时的解决方案，然后可以自动处理软件的依赖属性问题，以解决软件安装或删除与升级的问题。详细的 YUM 服务器与客户端之间的沟通，可以再回到前面的部分查看一下图 22.1.1 的说明。

由于 Linux 发行版必须要先发布软件，然后将软件放置于 YUM 服务器上面，以提供客户端来安装与升级之用。因此我们想要使用 YUM 的功能时，必须要先找到适合的 YUM 服务器才行。而每个 YUM

服务器可能都会提供许多不同的软件功能，那就是我们之前谈到的【软件源】。因此，你必须要前往 YUM 服务器查询到相关的软件源网址后，再继续处理后续的设置事宜。

　　事实上 CentOS 在发布软件时已经制作出多个镜像站（mirror site）提供全世界的软件更新之用。所以，理论上我们不需要处理任何设置值，只要能够连上互联网，就可以使用 YUM，下面就让我们来玩玩看吧！

22.3.1　利用 YUM 进行查询、安装、升级与删除功能

　　YUM 的使用真是非常简单，就是通过 yum 这个命令。那么这个命令怎么用？用法很简单，就让我们来简单地谈谈：

◆　查询功能：yum [list|info|search|provides|whatprovides] 参数

　　如果想要使用 yum 来查询原版 Linux 发行版所提供的软件或已知某软件的名称，想知道该软件的功能，可以利用 yum 相关的参数：

```
[root@study ~]# yum [option] [查询工作选项] [相关参数]
选项与参数：
[option]：主要的选项包括有：
  -y ：当 yum 要等待使用者输入时，这个选项可以自动提供 yes 的回应；
  --installroot=/some/path ：将该软件安装在/some/path 而不使用默认路径
[查询工作选项] [相关参数]：这方面的参数有：
  search ：查找某个软件名称或是描述（description）的重要关键字；
  list   ：列出目前 yum 所管理的所有的软件与版本，有点类似 rpm -qa；
  info   ：同上，不过有点类似 rpm -qai 的执行结果；
  provides：从文件去查找软件，类似 rpm -qf 的功能；
范例一：查找磁盘阵列（raid）相关的软件有哪些。
[root@study ~]# yum search raid
Loaded plugins: fastestmirror, langpacks      # yum 自己找出最近的 yum 服务器。
Loading mirror speeds from cached hostfile     # 找出速度最快的那一台 yum 服务器。
 * base: ftp.twaren.net                            # 下面三个软件源，且来源为该服务器。
 * extras: ftp.twaren.net
 * updates: ftp.twaren.net
……（前面省略）……
dmraid-events-logwatch.x86_64 : dmraid logwatch-based email reporting
dmraid-events.x86_64 : dmevent_tool （Device-mapper event tool） and DSO
iprutils.x86_64 : Utilities for the IBM Power Linux RAID adapters
mdadm.x86_64 : The mdadm program controls Linux md devices （software RAID arrays）
……（后面省略）……
# 在冒号（:）左边的是软件名称，右边的则是在 RPM 内的 name 设置（软件名）
# 看，上面的结果，这不就是与 RAID 有关的软件吗？如果想了解 mdadm 的软件内容？
范例二：找出 mdadm 这个软件的功能是什么
[root@study ~]# yum info mdadm
Installed Packages       <==这说明该软件是已经安装了。
Name        : mdadm       <==这个软件的名称。
Arch        : x86_64      <==这个软件的硬件架构。
Version     : 3.3.2       <==此软件的版本。
Release     : 2.el7       <==发布的版本。
Size        : 920 k       <==此软件的文件总容量。
Repo        : installed   <==软件源的安装状态。
From repo   : anaconda
Summary     : The mdadm program controls Linux md devices （software RAID arrays）
URL         : http://www.kernel.org/pub/Linux/utils/raid/mdadm/
License     : GPLv2+
Description : The mdadm program is used to create, manage, and monitor Linux MD （software
            : RAID） devices.  As such, it provides similar functionality to the raidtools
            : package.  However, mdadm is a single program, and it can perform
            : almost all functions without a configuration file, though a configuration
            : file can be used to help with some common tasks.
# 不要跟我说，上面说些啥？自己找字典翻一翻吧！拜托拜托。
```

范例三：列出 YUM 服务器上面提供的所有软件名称。

```
[root@study ~]# yum list
Installed Packages    <==已安装软件。
GConf2.x86_64                            3.2.6-8.el7                    @anaconda
LibRaw.x86_64                            0.14.8-5.el7.20120830git98d925 @base
ModemManager.x86_64                      1.1.0-6.git20130913.el7        @anaconda
……（中间省略）……
Available Packages    <==还可以安装的其他软件。
389-ds-base.x86_64                       1.3.3.1-20.el7_1              updates
389-ds-base-devel.x86_64                 1.3.3.1-20.el7_1              updates
389-ds-base-libs.x86_64                  1.3.3.1-20.el7_1              updates
……（下面省略）……
# 上面提供的意义为:【 软件名称    版本    在哪个软件源内】。
```

范例四：列出目前服务器上可供本机进行升级的软件有哪些。

```
[root@study ~]# yum list updates  <==一定要是 updates。
Updated Packages
NetworkManager.x86_64          1:1.0.0-16.git20150121.b4ea599c.el7_1    updates
NetworkManager-adsl.x86_64     1:1.0.0-16.git20150121.b4ea599c.el7_1    updates
……（下面省略）……
# 上面就列出在哪些软件源内可以提供升级的软件与版本。
```

范例五：列出提供 passwd 这个命令的软件有哪些。

```
[root@study ~]# yum provides passwd
passwd-0.79-4.el7.x86_64 : An utility for setting or changing passwords using PAM
Repo        : base
passwd-0.79-4.el7.x86_64 : An utility for setting or changing passwords using PAM
Repo        : @anaconda
# 找到了，就是上面的这个软件提供了 passwd 这个命令。
```

通过上面的查询，你应该大致知道 yum 如何用在查询上面了吧? 那么实际来应用一下:

例题

利用 yum 的功能，找出以 pam 为开头的软件有哪些? 而其中尚未安装的又有哪些?
答：可以通过如下的方法来查询:

```
[root@study ~]# yum list pam*
Installed Packages
pam.x86_64                        1.1.8-12.el7              @anaconda
pam_krb5.x86_64                   2.4.8-4.el7               @base
Available Packages <==下面则是【可升级】的或【未安装】的。
pam.i686                          1.1.8-12.el7_1.1          updates
pam.x86_64                        1.1.8-12.el7_1.1          updates
pam-devel.i686                    1.1.8-12.el7_1.1          updates
pam-devel.x86_64                  1.1.8-12.el7_1.1          updates
pam_krb5.i686                     2.4.8-4.el7               base
pam_pkcs11.i686                   0.6.2-18.el7              base
pam_pkcs11.x86_64                 0.6.2-18.el7              base
```

如上所示，所以可升级的有 pam 这两个软件，完全没有安装的则是 pam-devel 等其他几个软件。

◆　安装/升级功能：yum [install|update] 软件

既然可以查询，那么安装与升级? 很简单，利用 install 与 update 这两个参数来处理即可。

```
[root@study ~]# yum [option] [安装与升级的工作选项] [相关参数]
选项与参数:
  install : 后面接要安装的软件。
  update  : 后面接要升级的软件，若要整个系统都升级，就直接 update 即可。
```

范例一：将前一个练习找到的未安装的 pam-devel 安装一下。

```
[root@study ~]# yum install pam-devel
Loaded plugins: fastestmirror, langpacks    # 初始的 5 行在找到最快的 YUM 服务器。
Loading mirror speeds from cached hostfile
 * base: ftp.twaren.net
```

```
 * extras: ftp.twaren.net
 * updates: ftp.twaren.net
Resolving Dependencies                       # 接下来先处理【属性依赖】的软件问题。
--> Running transaction check
---> Package pam-devel.x86_64 0:1.1.8-12.el7_1.1 will be installed
--> Processing Dependency: pam(x86_64) = 1.1.8-12.el7_1.1 for package: pam-devel-
      1.1.8-12.el7_1.1.x86_64
--> Running transaction check
---> Package pam.x86_64 0:1.1.8-12.el7 will be updated
---> Package pam.x86_64 0:1.1.8-12.el7_1.1 will be an update
--> Finished Dependency Resolution
Dependencies Resolved
# 由上面的检查发现到 pam 这个软件也需要同步升级，这样才能够安装新版 pam-devel，
# 至于下面则是一个总结的表格显示。

==============================================================================
 Package          Arch          Version               Repository        Size
==============================================================================
Installing:
 pam-devel         x86_64        1.1.8-12.el7_1.1      updates           183 k
Updating for dependencies:
 pam               x86_64        1.1.8-12.el7_1.1      updates           714 k
Transaction Summary
==============================================================================
Install  1 Package                    # 要安装的是一个软件。
Upgrade          ( 1 Dependent package )  # 因为依赖属性问题，需要额外安装一个软件。
Total size: 897 k
Total download size: 183 k             # 总共需要下载大小。
Is this ok [y/d/N]: y   # 你得要自己决定是否要下载与安装，当然是 y。
Downloading packages:                  # 开始下载。
warning: /var/cache/yum/x86_64/7/updates/packages/pam-devel-1.1.8-12.el7_1.1.x86_64.rpm:
      Header V3 RSA/SHA256 Signature, key ID f4a80eb5: NOKEY
Public key for pam-devel-1.1.8-12.el7_1.1.x86_64.rpm is not installed
pam-devel-1.1.8-12.el7_1.1.x86_64.rpm                      | 183 kB  00:00:00
Retrieving key from file:///etc/pki/rpm-gpg/RPM-GPG-KEY-CentOS-7
Importing GPG key 0xF4A80EB5:
 Userid   : "CentOS-7 Key (CentOS 7 Official Signing Key) <security@centos.org>"
 Fingerprint: 6341 ab27 53d7 8a78 a7c2 7bb1 24c6 a8a7 f4a8 0eb5
 Package  : centos-release-7-1.1503.el7.centos.2.8.x86_64 (@anaconda)
 From     : /etc/pki/rpm-gpg/RPM-GPG-KEY-CentOS-7
Is this ok [y/N]: y  # 只有在第一次安装才会出现这个选项【确定要安装数字签名】才能继续。
Running transaction check
Running transaction test
Transaction test succeeded
Running transaction
Warning: RPMDB altered outside of yum.
 Updating   : pam-1.1.8-12.el7_1.1.x86_64                              1/3
 Installing : pam-devel-1.1.8-12.el7_1.1.x86_64                          2/3
 Cleanup    : pam-1.1.8-12.el7.x86_64                                 3/3
 Verifying  : pam-1.1.8-12.el7_1.1.x86_64                             1/3
 Verifying  : pam-devel-1.1.8-12.el7_1.1.x86_64                         2/3
 Verifying  : pam-1.1.8-12.el7.x86_64                                 3/3
Installed:
 pam-devel.x86_64 0:1.1.8-12.el7_1.1
Dependency Updated:
 pam.x86_64 0:1.1.8-12.el7_1.1
Complete!
```

　　有没有觉得很高兴？你不必知道软件在哪里，你不必手动下载软件，你也不必拿出安装光盘 mount 之后查询再安装。全部不需要，只要有了 yum 这个家伙，你的安装、升级再也不是什么难事。而且还能主动地完成软件的属性依赖处理流程，如上所示，一口气帮我们处理好了所有事情，是不是很过瘾，而且整个操作完全免费，够酷吧！

◆　删除功能：yum [remove] 软件

那能不能用 yum 删除软件？将刚刚的软件删除看看，会出现啥状况？

```
[root@study ~]# yum remove pam-devel
Loaded plugins: fastestmirror, langpacks
Resolving Dependencies     <==同样的，先解决属性依赖的问题。
--> Running transaction check
---> Package pam-devel.x86_64 0:1.1.8-12.el7_1.1 will be erased
--> Finished Dependency Resolution
Dependencies Resolved

================================================================================
 Package           Arch            Version              Repository        Size
================================================================================
Removing:
 pam-devel         x86_64          1.1.8-12.el7_1.1     @updates          528 k
Transaction Summary

================================================================================
Remove  1 Package        # 还好，没有依赖属性的问题，仅删除一个软件。
Installed size: 528 k
Is this ok [y/N]: y
Downloading packages:
Running transaction check
Running transaction test
Transaction test succeeded
Running transaction
  Erasing    : pam-devel-1.1.8-12.el7_1.1.x86_64                          1/1
  Verifying  : pam-devel-1.1.8-12.el7_1.1.x86_64                          1/1
Removed:
  pam-devel.x86_64 0:1.1.8-12.el7_1.1
Complete!
```

连删除也这么简单，看来似乎不需要 rpm 这个命令也能够快乐地安装所有的软件了。虽然是如此，但是 yum 毕竟是基于 rpm 所发展起来的，所以，鸟哥认为你还是得需要了解 rpm 才行，不要学了 yum 之后就将 rpm 的功能忘记了。切记切记。

22.3.2　YUM 的配置文件

虽然 yum 是你的主机能够连接上互联网就可以直接使用的，不过，由于 CentOS 的镜像站可能会选错，举例来说，我们在台湾地区，但是 CentOS 的镜像站却选择到了北京。有没有可能发生？有，鸟哥教学方面就常常发生这样的问题，要知道，我们连接到北京的速度是非常慢的。那怎么办？当然就是手动修改一下 yum 的配置文件。

在台湾，CentOS 的镜像站主要有高速网络中心与义守大学，鸟哥近来比较偏好高速网络中心，似乎更新的速度比较快，而且连接台湾学术网络也非常快速。因此，鸟哥下面建议台湾地区的朋友使用高速网络中心的 ftp 主机资源来作为 yum 服务器来源。不过因为鸟哥也在昆大工作，昆大目前也加入了 CentOS 的镜像站，如果在昆山或台南地区，也能够选择昆大的 FTP，目前高速网络中心与昆大对于 CentOS 所提供的相关网址如下：

- http://ftp.twaren.net/Linux/CentOS/7/
- http://ftp.ksu.edu.tw/FTP/CentOS/7/

对于大陆地区的用户，可以使用中国科技大学或清华大学的镜像站。

- http://centos.ustc.edu.cn/centos/7/os/x86_64/
- https://mirrors.tuna.tsinghua.edu.cn/centos/7/os/x86_64/

如果你连接到上述的网址后，就会发现里面有一堆链接，那些链接就是这个 yum 服务器所提供的软件源了。所以高速网络中心也提供了 centosplus、cloud、extras、fasttrack、os、updates 等软件源，最好认的软件源就是 os（系统默认的软件）与 updates（软件升级版本）。由于鸟哥在我的测试用主机是使用 x86_64 的版本，因此那个 os 再点进去就会得到如下的可提供安装的网址：

- http://centos.ustc.edu.cn/centos/7/os/x86_64/

为什么在上述的网址内？有什么特色。**最重要的特色就是那个【repodata】的目录**，该目录就是分析 RPM 软件后所产生的软件属性依赖数据存放处。因此，当你要找软件源所在地址时，最重要的就是该地址下面一定要有个名为 repodata 的目录存在，那就是软件源的地址了。其他的软件源地址，就请各位看官自行寻找一下。现在让我们修改配置文件吧！

```
[root@study ~]# vim /etc/yum.repos.d/CentOS-Base.repo
[base]
name=CentOS-$releasever - Base
mirrorlist=http://mirrorlist.centos.org/?release=$releasever&arch=$basearch&repo=os&infra=$
infra
#baseurl=http://mirror.centos.org/centos/$releasever/os/$basearch/
gpgcheck=1
gpgkey=file:///etc/pki/rpm-gpg/RPM-GPG-KEY-CentOS-7
```

如上所示，鸟哥仅列出 base 这个软件源内容而已，其他的软件源内容请自行查看。上面的数据需要注意的是：

- [base]：代表软件源的名字，中括号一定要存在，里面的名称则可以随意取。但是不能有两个相同的软件源名称，否则 yum 会不知道该到哪里去找软件源相关的软件列表；
- name：只是说明一下这个软件源的意义而已，重要性不高；
- mirrorlist=：列出这个软件源可以使用的镜像站，如果不想使用，可以注释掉这行；
- baseurl=：这个最重要，因为后面接的就是软件源的实际地址，mirrorlist 是由 YUM 程序自行去识别镜像站，baseurl 则是指定固定的一个软件源网址，我们刚刚找到的网址放到这里来；
- enable=1：就是让这个软件源被启用，如果不想启动可以使用 enable=0；
- gpgcheck=1：还记得 RPM 的数字签名吗？这就是指定是否需要查看 RPM 文件内的数字签名；
- gpgkey=：就是数字签名的公钥文件所在位置，使用默认值即可。

了解这个配置文件之后，接下来让我们修改整个文件的内容，让我们这台主机可以直接使用中国科技大学镜像站的资源。修改的方式鸟哥仅列出 base 这个软件源而已，其他的项目请您自行依照上述的做法来处理即可。

```
[root@study ~]# vim /etc/yum.repos.d/CentOS-Base.repo
[base]
name=CentOS-$releasever - Base
baseurl=http://centos.ustc.edu.cn/centos/7/os/x86_64/
gpgcheck=1
gpgkey=file:///etc/pki/rpm-gpg/RPM-GPG-KEY-CentOS-7
[updates]
name=CentOS-$releasever - Updates
baseurl=http://centos.ustc.edu.cn/centos/7/updates/x86_64/
gpgcheck=1
gpgkey=file:///etc/pki/rpm-gpg/RPM-GPG-KEY-CentOS-7
[extras]
name=CentOS-$releasever - extras
baseurl=http://centos.ustc.edu.cn/centos/7/extras/x86_64/
gpgcheck=1
gpgkey=file:///etc/pki/rpm-gpg/RPM-GPG-KEY-CentOS-7
# 默认情况下，软件源仅有这三个有启用，所以鸟哥仅修改这三个软件源的 baseurl 而已。
```

接下来当然就是测试一下这些软件源是否正常运行，如何测试？再次使用 YUM 即可。

```
范例一：列出目前 YUM 服务器所使用的软件源有哪些。
[root@study ~]# yum repolist all
repo id                        repo name                    status
C7.0.1406-base/x86_64            CentOS-7.0.1406 - Base         disabled
C7.0.1406-centosplus/x86_64       CentOS-7.0.1406 - CentOSPlus     disabled
C7.0.1406-extras/x86_64           CentOS-7.0.1406 - extras        disabled
```

```
C7.0.1406-fasttrack/x86_64        CentOS-7.0.1406 - CentOSPlus     disabled
C7.0.1406-updates/x86_64          CentOS-7.0.1406 - Updates        disabled
base                              CentOS-7 - Base              enabled: 8,652
base-debuginfo/x86_64             CentOS-7 - Debuginfo             disabled
base-source/7                     CentOS-7 - Base Sources          disabled
centosplus/7/x86_64               CentOS-7 - Plus                  disabled
centosplus-source/7               CentOS-7 - Plus Sources          disabled
cr/7/x86_64                       CentOS-7 - cr                    disabled
extras                            CentOS-7 - extras            enabled:   181
extras-source/7                   CentOS-7 - extras Sources        disabled
fasttrack/7/x86_64                CentOS-7 - fasttrack             disabled
updates                           CentOS-7 - Updates           enabled: 1,302
updates-source/7                  CentOS-7 - Updates Sources       disabled
repolist: 10,135
# 上面最右边有写 enabled 才是有启用的，由于/etc/yum.repos.d/有多个配置文件，
# 所以你会发现还有其他的软件源存在。
```

◆ 修改软件源产生的问题与解决之道

由于我们是修改系统默认的配置文件，事实上我们应该要在/etc/yum.repos.d/下面新建一个文件，该扩展名必须是.repo 才行。但因为我们使用的是特定的镜像站，而不是其他软件开发商提供的软件源，所以才修改系统默认配置文件。但是可能由于使用的软件源版本有新旧之分，你得要知道 YUM 会先下载软件源的列表到本机的/var/cache/yum 里面去。那我们修改了网址却没有修改软件源名称（中括号内的文字），可能就会造成本机的列表与 YUM 服务器的列表不同步，此时就会出现无法更新的问题了。

那怎么办？很简单，清除掉本机上面的旧数据即可。需要手动处理吗？不需要，通过 yum 的 clean 选项来处理即可。

```
[root@study ~]# yum clean [packages|headers|all]
选项与参数：
 packages: 将已下载的安装文件删除。
 headers : 将下载的安装文件头删除。
 all     : 将所有软件源数据都删除。
范例一：删除已下载过的所有软件源的相关数据（含软件本身与清单）。
[root@study ~]# yum clean all
```

22.3.3 YUM 的软件群组功能

通过 yum 来在线安装一个软件是非常的简单，但是，如果要安装的是一个大型软件？举例来说，鸟哥使用默认安装的方式安装了测试机，这台主机就只有 GNOME 这个窗口管理器，那我如果想要安装 KDE？难道需要重新安装？当然不需要，通过 yum 的软件群组功能即可，先来看看命令：

```
[root@study ~]# yum [群组功能] [软件群组]
选项与参数：
   grouplist   : 列出所有可使用的【软件群组组】，例如 Development Tools 之类的；
   groupinfo   : 后面接 group name，则可了解该 group 内含的所有软件名；
   groupinstall: 这个好用。可以安装一整组的软件群组，相当的不错；
   groupremove : 删除某个软件群组；
范例一：查看目前软件源与本机上面的可用与安装过的软件群组有哪些。
[root@study ~]# yum grouplist
Installed environment groups:            # 已经安装的系统环境软件群组。
   Development and Creative Workstation
Available environment groups:            # 还可以安装的系统环境软件群组。
   Minimal Install
   Compute Node
   Infrastructure Server
   File and Print Server
   Basic Web Server
   Virtualization Host
   Server with GUI
   GNOME Desktop
```

```
   KDE Plasma Workspaces
Installed groups:                        # 已经安装的软件群组。
   Development Tools
Available Groups:                        # 还能额外安装的软件群组。
   Compatibility Libraries
   Console Internet Tools
   Graphical Administration Tools
   Legacy UNIX Compatibility
   Scientific Support
   Security Tools
   Smart Card Support
   System Administration Tools
   System Management
Done
```

　　你会发现系统上面的软件大多是群组的方式来提供安装的。还记全新安装 CentOS 时，不是可以选择所需要的软件吗？而那些软件不是使用 GNOME、KDE、X Window 之类的名称存在吗？其实那就是软件群组。如果你执行上述的命令后，在【Available Groups】下面应该会看到一个【Scientific Support】的软件群组，想知道那是啥吗？就这样做：

```
[root@study ~]# yum groupinfo "Scientific Support"
Group: Scientific Support
 Group-Id: scientific
 Description: Tools for mathematical and scientific computations, and parallel computing.
 Optional Packages:
  atlas
  fftw
  fftw-devel
  fftw-static
  gnuplot
  gsl-devel
  lapack
  mpich
……（以下省略）……
```

　　你会发现那就是一个科学计算、并行计算会用到的各种工具，而下方则列出许多应该会在该群组安装时被下载与安装的软件。让我们直接来安装看看。

```
[root@study ~]# yum groupinstall "Scientific Support"
```

　　正常情况下系统是会帮你安装好各项软件的。只是伤脑筋的是，刚刚好 Scientific Support 里面的软件都是【可选择的】，而不是【主要的（mandatory）】，因此默认情况下，上面这些软件通通不会帮你安装。如果你想要安装上述的软件，可以使用 yum install atlas fftw 一个一个去安装，如果想要让 groupinstall 默认安装好所有的 optional 软件？那就得要修改配置文件，更改 groupinstall 选择的软件选项即可，如下所示：

```
[root@study ~]# vim /etc/yum.conf
……（前面省略）……
distroverpkg=centos-release    # 找到这一行，下面新增一行。
group package types=default, mandatory, optional
……（下面省略）……
[root@study ~]# yum groupinstall "Scientific Support"
```

　　你就会发现系统开始进行了一大堆软件的安装。这个 group 功能真是非常的方便，这个功能请一定要记下来，对你未来安装软件是非常有帮助的。

22.3.4　EPEL/ELRepo 外挂软件以及自定义配置文件

　　鸟哥因为工作的关系，在 Linux 上面经常需要安装第三方辅助软件，这包括 NetCDF 以及 MPICH 等软件。现在由于并行计算的函数库需求大增，所以 MPICH 已经纳入默认的 CentOS 7 软件源中。但是 NetCDF 这个软件就没有包含在里面了，同时，Linux 上面还有些很棒的统计软件，这个软件名称为【R】。默认也是不在 CentOS 的软件源内，唉，那么办？要使用前一章介绍的 Tarball 去编译与安装吗？这倒不需要，因为有很多我们好棒的网友提供预先编译版本了。

在 Fedora 基金会里面发展了一个扩展软件计划（extra Packages for Enterprise Linux，EPEL），这个计划主要针对 Red Hat Enterprise Linux 来开发，刚刚好 CentOS 也是基于 RHEL 重新编译发布的，所以该计划也能够支持 CentOS 操作系统。这个计划的主网站链接如下：

- https://fedoraproject.org/wiki/EPEL

而我们的 CentOS 7 主要可以使用的软件源地址为：

- https://dl.fedoraproject.org/pub/epel/7/x86_64/

除了上述的 Fedora 计划所提供的额外软件源之外，其实社区里面也有朋友针对 CentOS 与 EPEL 的不足而提供的许多软件源。下面鸟哥列出当初鸟哥为了要处理 PCI passthrough（直通）虚拟化而使用到的 ELRepo 这个软件源，若有其他的需求，你就要自己查找了。这个 ELRepo 软件源与提供给 CentOS 7.x 的网址如下：

- http://elrepo.org/tiki/tiki-index.php
- http://elrepo.org/linux/elrepo/el7/x86_64
- http://elrepo.org/linux/kernel/el7/x86_64

这个 ELRepo 的软件源跟其他软件源比较不同的地方在于其提供的数据大多是与内核、内核模块与虚拟化相关软件有关，例如 NVIDIA 的驱动程序也在里面。尤其提供了最新的内核（名为 kernel-ml 的软件名称，其实就是最新的 Linux 内核），如果你的系统像鸟哥的某些服务器一样，那就有可能会使用到这个软件源。

好了，根据上面的说明，来玩一玩下面这个案例看看：

例题

我的系统上面想要通过上述的 CentOS 7 的 EPEL 计划来安装 netcdf 以及 R 这两个软件，该如何处理？
答：

- 首先，你的系统应该要针对 epel 进行 yum 的配置文件处理，处理方式如下：

```
[root@study ~]# vim /etc/yum.repos.d/epel.repo
[epel]
name = epel packages
baseurl = https://dl.fedoraproject.org/pub/epel/7/x86 64/
gpgcheck = 0
enabled = 0
```

鸟哥故意不启用这个软件源，只是未来有需要的时候才进行安装，默认不要去找这个软件源。

- 接下来使用这个软件源来进行安装 netcdf 与 R 的操作。

```
[root@study ~]# yum --enablerepo=epel install netcdf R
```

这样就可以安装起来了。未来你没有加上--enablerepo=epel 时，这个 EPEL 的软件并不会更新。

◆ 使用本机的安装光盘

万一你的主机并没有网络，但是你却有很多软件安装的需求，假设你的系统也都还没有任何升级的操作过，这个时候我能不能用本机的安装光盘来作为主要的软件来源？答案当然是可以。那要怎么做？很简单，将你的光盘挂载到某个目录，我们这里还是继续假设在/mnt 目录，然后设置如下的 yum 配置文件：

```
[root@study ~]# vim /etc/yum.repos.d/cdrom.repo
[mycdrom]
name = mycdrom
baseurl = file:///mnt
gpgcheck = 0
enabled = 0
[root@study ~]# yum --enablerepo=mycdrom install software name
```

这个设置功能在你没有网络但是却需要解决很多软件依赖性的情况时，相当好用。

22.3.5 全系统自动升级

我们可以手动选择是否需要升级，那能不能让系统自动升级，让我们的系统随时保持在最新的状态？当然可以。通过【yum –y update】来自动升级，那个–y 很重要，因为可以自动回答 yes 来开始下载与安装，然后再通过 crontab 的功能来处理即可。假设我每天在 3:00am 网络带宽比较好的时候进行升级，你可以这样做：

```
[root@study ~]# echo '10 1 * * * root /usr/bin/yum -y --enablerepo=epel update' > /etc/cron.d/
yumupdate
[root@study ~]# vim /etc/crontab
```

从此你的系统就会自动升级，很棒吧！此外，你还是得要分析日志文件与收集 root 的邮件，因为如果升级的是内核（kernel），那么你还是得要重新启动才会让安装的软件顺利运行。所以还是得分析日志文件，若有新内核安装就重新启动，否则就让系统自动维持在最新较安全的环境吧！真是轻松愉快的管理。

22.3.6 管理的抉择：RPM 还是 Tarball

这一直是个有趣的问题：【如果我要升级的话或是全新安装一个新的软件，那么该选择 RPM 还是 Tarball 来安装？】事实上考虑的因素很多，不过鸟哥通常是这样建议的。

1. 优先选择原厂的 RPM 功能

由于原厂发布的软件通常具有一段时间的维护期，举例来说，RHEL 与 CentOS 每一个版本至少提供五年以上的维护期限。这对于我们的系统安全性来说，实在是非常好的。何解？既然 yum 可以自动升级，加上原厂会持续维护软件更新，那么我们的系统就能够自己保持在软件最新的状态，对于信息安全来说当然会比较好一些。此外，由于 RPM 与 YUM 具有容易安装、删除、升级等特点，且还提供查询与验证的功能，安装时更有数字签名的保护，让你的软件管理变得更轻松自在。因此，当然首选就是利用 RPM 来处理。

2. 选择软件官网发布的 RPM 或是提供的软件源地址

不过，原厂并不会包罗万象，因此你的原版厂商并不会提供某些特殊软件。举例来说 CentOS 就没有提供 NTFS 的相关驱动模块。此时你可以自行到官网去查看，看看有没有提供相关的 RPM 文件，如果有提供软件源网址，那就更好。可以修改 YUM 配置文件来加入该软件源，就能够自动安装与升级该软件，你说方不方便。

3. 使用 Tarball 安装特殊软件

某些特殊用途的软件并不会特别帮你制作 RPM 文件，此时建议你也不要妄想自行制作 SRPM 来转成 RPM。因为你只有区区一台主机而已，若是你要管理相同的 100 台主机，那么将源代码转制作成 RPM 就有价值。单机版的特殊软件，例如学术网络常会用到的 MPICH、PVM 等并行计算函数库，这种软件建议使用 Tarball 来安装即可，不需要特别去查找 RPM。

4. 用 Tarball 测试新版软件

某些时刻你可能需要使用到新版的某个软件，但是原版厂商仅提供旧版软件，举例来说，我们的 CentOS 主要是定位于企业版，因此很多软件的要求是【稳】而不是【新】，但你就是需要新软件。然后又担心新软件装好后产生问题，回不到旧软件，那就惨了。此时你可以用 Tarball 安装新软件到 /usr/local 下面，那么该软件就能够同时安装两个版本在系统上面了。而且大多数软件安装数种版本时还不会互相干扰的。嘿嘿！用来作为测试新软件是很不错的呦！只是你就得要知道你使用的命令是新版软件还是旧版软件了。

所以说，RPM 与 Tarball 各有其优缺点，不过，如果有 RPM 的话，那么优先权还是在于 RPM 安装上面，毕竟管理上比较便利，但是如果软件的架构差异性太大或是无法解决依赖属性的问题，那么与其花大把的时间与精力在解决属性依赖的问题上，还不如直接以 Tarball 来安装，轻松又惬意。

22.3.7　基础服务管理：以 Apache 为例

我们在第 17 章谈到 systemd 的服务管理，那个时候仅使用 vsftpd 这个比较简单的服务来做个说明，那是因为还没有谈到 yum 这个东东的缘故。现在，我们已经处理好了网络问题（第 20 章的内容），这个 yum 也能够顺利的使用。那么有没有其他的服务可以拿来做个测试？有的，我们就拿网站服务器来说明吧！

一般来说，WWW 网站服务器需要的有 WWW 服务器软件+网页程序语言+数据库系统+程序语言与数据库的连接软件等，在 CentOS 上面，我们需要的软件就有【httpd + php + mariadb-server + php-mysql】这些软件。不过我们默认仅启用 httpd 而已，因此等一下虽然上面的软件都要安装，不过仅有 httpd 默认要启动而已。

另外，在默认的情况下，你无需修改服务的配置文件，都通过系统默认值来处理你的服务即可。那么有个江湖口诀你可以将它背下来，这样你在处理服务的时候就不会窘迫了。

1. 安装：yum install （你的软件）；
2. 启动：systemctl start （你的软件）；
3. 开机启动：systemctl enable （你的软件）；
4. 防火墙：firewall-cmd --add-service="（你的服务）"; firewall-cmd --permanent --add-service="（你的服务）";
5. 测试：用软件去查看你的服务正常与否。

下面就让我们一步一步来实验吧！

```
# 0. 先检查一下有哪些软件没有安装或已安装，这个不太需要进行，单纯是鸟哥比较细心要先查看看而已。
[root@study ~]# rpm -q httpd php mariadb-server php-mysql
httpd-2.4.6-31.el7.centos.1.x86 64          # 只有这个安装好了，下面三个都没装。
package php is not installed
package mariadb-server is not installed
package php-mysql is not installed
# 1. 安装所需要的软件。
[root@study ~]# yum install httpd php mariadb-server php-mysql
# 当然，大前提是你的网络没问题，这样就可以直接在线安装或升级。
# 2. 3. 启动与开机启动，这两个步骤要记得一定得进行。
[root@study ~]# systemctl daemon-reload
[root@study ~]# systemctl start httpd
[root@study ~]# systemctl enable httpd
[root@study ~]# systemctl status httpd
httpd.service - The Apache HTTP Server
  Loaded: loaded (/usr/lib/systemd/system/httpd.service; enabled)
  Active: active (running) since Wed 2015-09-09 16:52:04 CST; 9s ago
 Main PID: 8837 (httpd)
  Status: "Total requests: 0; Current requests/sec: 0; Current traffic:  0 B/sec"
  CGroup: /system.slice/httpd.service
          └─8837 /usr/sbin/httpd -DFOREGROUND
# 4. 防火墙
[root@study ~]# firewall-cmd --add-service="http"
[root@study ~]# firewall-cmd --permanent --add-service="http"
[root@study ~]# firewall-cmd --list-all
public (default, active)
  interfaces: eth0
  sources:
  services: dhcpv6-client ftp http https ssh     # 这个是否有启动才是重点。
  ports: 222/tcp 555/tcp
  masquerade: no
  forward-ports:
  icmp-blocks:
  rich rules:
      rule family="ipv4" source address="192.168.1.0/24" accept
```

在最后的测试中，进入图形界面，打开你的浏览器，在网址列输入【http://localhost】就会出现如下的界面，那就代表成功了。你的 Linux 已经是 Web 服务器了，就是这么简单。

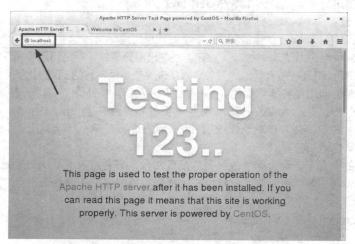

图 22.3.1　测试一下有没有成功

22.4　SRPM 的使用：rpmbuild（Optional）

谈完了 RPM 类型的软件之后，再来我们谈一谈包含了源代码的 SRPM 该如何使用？假如今天我们从网络上面下载了一个 SRPM 的文件，该如何安装它呢？又如果我想要修改这个 SRPM 里面源代码的相关设置值，又该如何修改与重新编译？此外，最需要注意的是，新版的 rpm 已经将 RPM 与 SRPM 的命令分开了，SRPM 使用的是 rpmbuild 这个命令，而不是 rpm。

22.4.1　利用默认值安装 SRPM 文件（--rebuid/--recompile）

假设我下载了一个 SRPM 的文件，又不想要自定义这个文件中的源代码与相关的设置值，那么我可以直接编译并安装吗？当然可以，利用 rpmbuild 配合选项即可。选项主要有下面两个。

--rebuild	这个选项会将后面的 SRPM 进行【编译】与【打包】的操作，最后会产生 RPM 的文件，但是产生的 RPM 文件并没有安装到系统上。当你使用--rebuild 的时候，最后通常会发现一行文字： Wrote: /root/rpmbuild/RPMS/x86_64/pkgname.x86_64.rpm 这个就是编译完成的 RPM 文件，这个文件就可以用来安装，安装的时候请加绝对路径来安装即可
--recompile	这个操作会直接【编译】【打包】并且【安装】，请注意，rebuild 仅【编译并打包】而已，而 recompile 不但进行编译与打包，还同时进行了【安装】

不过，要注意的是，这两个选项都没有修改过 SRPM 内的设置值，仅是通过再次编译来产生 RPM 可直接安装的文件而已。一般来说，如果编译的操作顺利的话，那么编译过程所产生的中间缓存都会被自动删除，如果发生任何错误，则该中间文件会被保留在系统中并等待用户的除错操作。

例题

请由 http://vault.centos.org/下载正确的 CentOS 版本，在 updates 软件源当中的 ntp 软件 SRPM，请下载最新的那个版本即可，然后进行编译的操作。

答：目前（2015/09）最新的版本为：ntp-4.2.6p5-19.el7.centos.1.src.rpm，所以我是这样做的：

- 先下载软件

```
wget http://vault.centos.org/7.1.1503/updates/Source/SPackages/ntp-4.2.6p5-19.el7.centos.1.src.rpm
```

- 再尝试直接编译看看

```
rpmbuild --rebuild ntp-4.2.6p5-19.el7.centos.1.src.rpm
```

- 上面的操作会告诉我还有一堆依赖软件没有安装，所以我得要安装起来才行：

```
yum install libcap-devel openssl-devel libedit-devel pps-tools-devel autogen autogen-libopts-devel
```

- 再次尝试编译的操作

```
rpmbuild --rebuild ntp-4.2.6p5-19.el7.centos.1.src.rpm
```

- 最终的软件就会被放置到

```
/root/rpmbuild/RPMS/x86_64/ntp-4.2.6p5-19.el7.centos.1.x86_64.rpm
```

上面的测试案例是将一个 SRPM 文件下载下来之后，根据你的系统重新进行编译。一般来说，因为该编译可能会根据你的系统硬件而优化，所以可能性能会好一些，但是，人类根本感受不到那种性能优化的效果，所以并不建议你这么做。此外，这种情况也可能发生在你从不同的 Linux 发行版所下载的 SRPM 拿来想要安装在你的系统上，这样做才算是有点意义。

一般来说，如果你有需要用到 SRPM 的文件，大部分的原因就是你需要重新修改里面的某些设置，让软件加入某些特殊功能等。所以，此时就得要将 SRPM 解开，编辑一下编译配置文件，然后再予以重新编译，下个小节我们来玩玩修改设置的方式。

22.4.2　SRPM 使用的路径与需要的软件

SRPM 既然含有源代码，那么其中必定有配置文件，所以首先我们必需要知道，这个 SRPM 在进行编译的时候会使用到哪些目录？这样一来才能够来修改嘛！不过从 CentOS 6.x 开始（当然包含我们的 CentOS 7.x），因为每个用户应该都有能力自己安装自己的软件，因此 SRPM 安装、设置、编译、最终结果所使用的目录都与操作者的家目录有关，鸟哥假设你用 root 的身份来进行 SRPM 的操作，那么你应该就会使用到下列的目录。

/root/rpmbuild/SPECS	这个目录当中放置的是该软件的配置文件，例如这个软件的参数、设置选项等都放置在这里
/root/rpmbuild/SOURCES	这个目录当中放置的是该软件的原始文件（*.tar.gz 的文件）以及 config 这个配置文件
/root/rpmbuild/BUILD	在编译的过程中，有些缓存数据都会放置在这个目录当中
/root/rpmbuild/RPMS	经过编译之后，并且顺利地编译成功之后，将打包完成的文件放置在这个目录当中，里面有包含了 x86_64、noarch 等子目录
/root/rpmbuild/SRPMS	与 RPMS 中相似的，这里放置的就是 SRPM 封装的文件。有时候你想要将你的软件用 SRPM 的方式发布时，你的 SRPM 文件就会放置在这个目录中

> 早期要使用 SRPM 时，必须是 root 的身份才能够使用编译操作，同时源代码都会被放置到/usr/src/redhat/目录中，跟目前放置到/~username/rpmbuild/的情况不太一样。

此外，在编译的过程当中，可能会发生不明的错误或是设置的错误，这个时候就会在/tmp 下面产生一个相对应的错误文件，你可以根据该错误文件进行除错的工作。等到所有的问题都解决之后，也编译成功了，那么刚刚解压缩之后的文件，就是在/root/rpmbild/{SPECS、SOURCES、BUILD}等目录中的文件都会被删除，而只剩下放置在/root/rpmbuild/RPMS 下面的文件了。

由于 SRPM 需要重新编译，而编译的过程当中，我们至少需要有 make 与其相关的程序以及 gcc、c、c++等其他的编译用的程序语言来进行编译，更多说明请参考第 21 章源代码编译所需基础环境。

所以，如果你在安装的过程当中没有选择安装软件开发工具之类的软件，这时就得要使用上一小节介绍的 yum 来安装。当然，那个 Development Tools 的软件群组请不要忘记安装。

例题

尝试将上个练习下载的 ntp 的 SRPM 文件直接安装到系统中（不要编译），然后查看一下所有用到的目录是什么？

答：

```
# 1. 鸟哥这里假设你用 root 的身份来进行安装的操作。
[root@study ~]#rpm-ivh ntp-4.2.6p5-19.el7.centos.1.src.rpm
Updating / installing...
   1:ntp-4.2.6p5-19.el7.centos.1     ################################# [100%]
warning: user mockbuild does not exist - using root
warning: group mockbuild does not exist - using root
# 会有一堆 warning 的问题，那个不要理它，可以忽略。
# 2. 查看一下/root/rpmbuild 目录的内容。
[root@study ~]# ll -l /root/rpmbuild
drwxr-xr-x. 3 root root   39 Sep  8 16:16 BUILD
drwxr-xr-x. 2 root root    6 Sep  8 16:16 BUILDROOT
drwxr-xr-x. 4 root root   32 Sep  8 16:16RPMS
drwxr-xr-x. 2 root root 4096 Sep  9 09:43 SOURCES
drwxr-xr-x. 2 root root   39 Sep  9 09:43 SPECS       # 这个家伙最重要。
drwxr-xr-x. 2 root root    6 Sep  8 14:51SRPMS
[root@study ~]# ll -l /root/rpmbuild/{SOURCES,SPECS}
/root/rpmbuild/SOURCES:
-rw-rw-r--. 1 root root     559 Jun 24 07:44 ntp-4.2.4p7-getprecision.patch
-rw-rw-r--. 1 root root     661 Jun 24 07:44 ntp-4.2.6p1-cmsgalign.patch
……（中间省略）……
/root/rpmbuild/SPECS:
-rw-rw-r--. 1 root root  41422 Jun 24 07:44 ntp.spec  # 这就是重点。
```

22.4.3 配置文件的主要内容（*.spec）

如前一个小节的练习，我们知道在/root/rpmbuild/SOURCES 里面会放置原始文件（tarball）以及相关的补丁文件（patch file），而我们也知道编译需要的步骤大概就是./configure、make、make check、make install等，那这些操作写入在哪里呢？就在 SPECS 目录中。让我们来看一看 SPECS 里面的文件说些什么吧！

```
[root@study ~]# cd /root/rpmbuild/SPECS
[root@study SPECS]# vim ntp.spec
# 1. 首先，这个部分在介绍整个软件的基本信息，不论是版本还是发布次数等。
Summary: The NTP daemon and utilities           # 简易地说明这个软件的功能。
Name: ntp                                        # 软件的名称。
Version: 4.2.6p5                                 # 软件的版本。
Release: 19%{?dist}.1                            # 软件的发布版次。
# primary license (COPYRIGHT) : MIT              # 下面有很多#的注释说明。
……（中间省略）……
License: (MIT and BSD and BSD with advertising) and GPLv2
Group: System Environment/Daemons
Source0: http://www.eecis.udel.edu/~ntp/ntp spool/ntp4/ntp-4.2/ntp-%{version}.tar.gz
Source1: ntp.conf                                # 写 SourceN 的就是源代码。
Source2: ntp.keys                                # 源代码可以有很多个。
……（中间省略）……
Patch1: ntp-4.2.6p1-sleep.patch                  # 接下来则是补丁文件，就是 PatchN 的目的。
Patch2: ntp-4.2.6p4-droproot.patch
……（中间省略）……
# 2. 这部分则是在设置依赖属性需求的地方。
URL: http://www.ntp.org                          # 下面则是说明这个软件的依赖性。
Requires (post): systemd-units                   # 还有编译过程需要的软件有哪些等。
Requires (preun): systemd-units
```

```
Requires (postun) : systemd-units
Requires: ntpdate = %{version}-%{release}
BuildRequires: libcap-devel openssl-devel libedit-devel perl-HTML-Parser
BuildRequires: pps-tools-devel autogen autogen-libopts-devel systemd-units
······（中间省略）······
%package -n ntpdate                          # 其实这个软件包含有很多依赖软件。
Summary: Utility to set the date and time via NTP
Group: Applications/System
Requires (pre) : shadow-utils
Requires (post) : systemd-units
Requires (preun) : systemd-units
Requires (postun) : systemd-units
······（中间省略）······
```
3. 编译前的预处理，以及编译过程当中所需要的命令，都写在这里尤其%build 下面的数据，几乎就是 makefile 里面的信息。
```
%prep                                        # 这部分大多在处理补丁的操作。
%setup -q -a 5
%patch1 -p1 -b .sleep                        # 这些 patch 当然与前面的 PatchN 有关。
%patch2 -p1 -b .dproroot
······（中间省略）······
%build                                       # 其实就是./configure、make 等操作。
sed -i 's|$CFLAGS -Wstrict-overflow|$CFLAGS|' configure sntp/configure
export CFLAGS="$RPM OPT FLAGS -fPIE -fno-strict-aliasing -fno-strict-overflow"
export LDFLAGS="-pie -Wl,-z,relro,-z,now"
%configure \                                 # 不就是./configure 的意思吗？
        --sysconfdir=%{ sysconfdir}/ntp/crypto \
        --with-openssl-libdir=%{ libdir} \
        --without-ntpsnmpd \
        --enable-all-clocks --enable-parse-clocks \
        --enable-ntp-signd=%{ localstatedir}/run/ntp signd \
        --disable-local-libopts
echo '#define KEYFILE "%{ sysconfdir}/ntp/keys"' >> ntpdate/ntpdate.h
echo '#define NTP VAR "%{ localstatedir}/log/ntpstats/"' >> config.h
make %{? smp mflags}                         # 不就是 make 了吗？
······（中间省略）······
%install                                     # 就是安装过程所进行的各项操作。
make DESTDIR=$RPM BUILD ROOT bindir=%{ sbindir} install
mkdir -p $RPM BUILD ROOT%{ mandir}/man{5,8}
sed -i 's/sntp\.1/sntp\.8/' $RPM BUILD ROOT%{ mandir}/man1/sntp.1
mv $RPM BUILD ROOT%{ mandir}/man{1/sntp.1,8/sntp.8}
rm -rf $RPM BUILD ROOT%{ mandir}/man1
······（中间省略）······
```
4. 这里列出，这个软件发布的文件有哪些的意思。
```
%files                                       # 此软件所属的文件有哪些的意思。
%dir %{ntpdocdir}
%{ntpdocdir}/COPYRIGHT
%{ntpdocdir}/ChangeLog
······（中间省略）······
```
5. 列出这个软件的修改历史记录文件。
```
%changelog
* Tue Jun 23 2015 CentOS Sources <bugs@centos.org> - 4.2.6p5-19.el7.centos.1
- rebrand vendorzone
* Thu Apr 23 2015 Miroslav Lichvar <mlichvar@redhat.com> 4.2.6p5-19.el7 1.1
- don't step clock for leap second with -x option (#1191122)
······（后面省略）······
```

  要注意到的是 ntp.sepc 这个文件，其就是将 SRPM 编译成 RPM 的主要配置文件，它的基本规则可以这样看：

  1. 整个文件的开头以 Summary 为开始，这部分的设置都是最基础的说明内容；

  2. 然后每个不同的段落之间，都以%来做为开头，例如%prep 与%install 等。

  我们来谈一谈几个常见的 SRPM 设置段落：

◆ 系统整体信息方面

  刚刚你看到的就有下面这些重要的东西：

参　　数	参 数 意 义
Summary	本软件的主要说明，例如上表中说明了本软件是针对 NTP 的软件功能与工具等
Name	本软件的软件名称（最终会是 RPM 文件的文件名构成之一）
Version	本软件的版本（也会是 RPM 文件名的构成之一）
Release	这个是该版本打包的次数说明（也会是 RPM 文件名的构成之一）。由于我们想要动点手脚，所以请将【19%{?dist}.1】修改为【20.vbird】看看
License	这个软件的授权模式，看起来涵盖了所有知名的开源授权
Group	这个软件在安装的时候，主要是放置于哪一个软件群组当中（yum grouplist 的特点）
URL	这个源代码的主要官方网站
SourceN	这个软件的来源，如果是网络上下载的软件，通常一定会有这个信息来告诉大家这个原始文件的来源。此外，如果有多个软件来源，就会以 Source0、Source1 来处理源代码
PatchN	就是作为补丁的 patch file，也是可以有好多个
BuildRoot	设置作为编译时，该使用哪个目录来缓存中间文件（如编译过程的目标文件/链接文件等）
上述为必须要存在的项目，下面为可使用的额外设置值	
Requires	如果你这个软件还需要其他软件的支持，那么这里就必须写上来，则当你制作成 RPM 之后，系统就会自动的去检查，这就是【依赖属性】的主要来源
BuildRequires	编译过程中所需要的软件。Requires 指【安装时需要检查】，因为与实际运行有关，这个 BuildRequires 指【编译时】所需要的软件，只有在 SRPM 编译成为 RPM 时才会检查的项目

上面几个数据通常都必需要写，但是如果你的软件没有依赖属性的关系，那么就可以不需要那个 Requires。根据上面的设置，最终的文件名就会是【{Name}-{Version}-{Release}.{Arch}.rpm】的样式，以我们上面的设置来说，文件名应该会是【ntp-4.2.6p5-20.vbird.x86_64.rpm】的样子。

◆ %description

将你的软件做一个简短的说明，这个也是必需要的。还记得使用【rpm-qi 软件名称】会出现一些基础的说明吗？上面这些东西，包括 Description，就是在显示这些重要的信息，所以，这里记得要详加解释。

◆ %prep

pre 这个关键词原本就有【在... 之前】的意思，因此这个项目在这里指的就是【尚未进行设置或安装之前，你要编译完成的 RPM 帮你事先做的事情】，就是 prepare 的简写。那么它的用途主要有：

1. 进行软件的补丁（patch）等相关工作；
2. 查找软件所需要的目录是否已经存在，确认用的；
3. 事先建立你的软件所需要的目录或事先需要进行的任务；
4. 如果待安装的 Linux 系统内已经有安装的时候可能会被覆盖掉的文件时，那么就必须进行备份（backup）的工作了。

在本案例中，你会发现程序会使用 patch 去进行补丁的操作，所以程序的源代码才会更新到最新。

◆ %build

build 就是建立。所以当然，这个段落就是在谈怎么 make 编译成为可执行的程序。你会发现在此部分的程序代码方面就是./configure、make 等项目。一般来说，如果你会使用 SRPM 来进行重新编译的操作，通常就是要重新./configure 并给予新的参数设置，于是这部分就可能会修改到。

◆ %install

编译完成（build）之后，就是要安装。安装就是写在这里，也就是类似 Tarball 里面的 make install 的意思。

◆ %files

这个软件安装的文件都需要写到这里来，当然包括了【目录】，所以连同目录请一起写到这个段落当中以备查验。此外，你也可以指定每个文件的类型，包括文档（%doc 后面接的）与配置（%config

后面接的）等。

◆　%changelog

这个项目主要则是在记录这个软件曾经的更新记录。星号（ * ）后面应该要以时间、修改者、email 与软件版本来作为说明，减号（ − ）后面则是你要做的详细说明。在这部分鸟哥就新增了两行，内容如下：

```
%changelog
* Wed Sep 09 2015 VBird Tsai <vbird@mail.vbird.idv.tw>- 4.2.6p5-20.vbird
- only rbuild thisSRPMtoRPM
* Tue Jun 23 2015 CentOS Sources <bugs@centos.org> - 4.2.6p5-19.el7.centos.1
- rebrand vendorzone
……（下面省略）……
```

修改到这里也差不多了，您也应该要了解到这个 ntp.spec 有多么重要。我们用 rpm-q 去查询一堆信息时，其实都是在这里写入的。这样了解了么？接下来，就让我们来了解一下如何将 SRPM 给它编译出 RPM 来。

22.4.4　SRPM 的编译命令（ −ba/−bb ）

要将在/root/rpmbuild 下面的数据编译或是单纯地打包成为 RPM 或 SRPM 时，就需要 rpmbuild 命令与相关选项的帮忙了。我们只介绍两个常用的选项给您了解一下：

```
[root@study ~]# rpmbuild -ba ntp.spec  <==编译并同时产生 RPM 与 SRPM 文件。
[root@study ~]# rpmbuild -bb ntp.spec  <==仅编译成 RPM 文件。
```

这个时候系统就会这样做：

1．先进入到 BUILD 这个目录中，亦即：/root/rpmbuild/BUILD 这个目录；

2．依照*.spec 文件内的 Name 与 Version 定义出工作目录，以我们上面的例子为例，那么系统就会在 BUILD 目录中先删除 ntp-4.2.6p5 的目录，再重新建立一个 ntp-4.2.6p5 的目录，并进入该目录；

3．在新建的目录里面，针对 SOURCES 目录下的源文件，也就是*.spec 里面的 Source 设置的那个文件，以 tar 进行解压缩，以我们这个例子来说，则会在/root/rpmbuild/BUILD/ntp-4.2.6p5 当中，将/root/rpmbuild/SOURCES/ntp-*等多个源代码文件进行解压缩；

4．再来开始%build 及%install 的设置与编译；

5．最后将完成打包的文件给它放置到该放置的地方，如果你的系统是 x86_64 的话，那么最后编译成功的*.x86_64.rpm 文件就会被放置在/root/rpmbuild/RPMS/x86_64 里面。如果是 noarch 那么自然就是/root/rpmbuild/RPMS/noarch 目录下。

整个步骤大概就是这样子，最后的结果数据会放置在 RPMS 那个目录下。我们这个案例中想要同时打包 RPM 与 SRPM，因此请您自行完成一下【rpmbuild −ba ntp.spec】。

```
[root@study ~]# cd /root/rpmbuild/SPECS
[root@study SPECS]# rpmbuild -ba ntp.spec
……（前面省略）……
Wrote: /root/rpmbuild/SRPMS/ntp-4.2.6p5-20.vbird.src.rpm
Wrote: /root/rpmbuild/RPMS/x86 64/ntp-4.2.6p5-20.vbird.x86 64.rpm
Wrote: /root/rpmbuild/RPMS/noarch/ntp-perl-4.2.6p5-20.vbird.noarch.rpm
Wrote: /root/rpmbuild/RPMS/x86 64/ntpdate-4.2.6p5-20.vbird.x86 64.rpm
Wrote: /root/rpmbuild/RPMS/x86 64/sntp-4.2.6p5-20.vbird.x86 64.rpm
Wrote: /root/rpmbuild/RPMS/noarch/ntp-doc-4.2.6p5-20.vbird.noarch.rpm
Wrote: /root/rpmbuild/RPMS/x86 64/ntp-debuginfo-4.2.6p5-20.vbird.x86 64.rpm
Executing(%clean): /bin/sh -e /var/tmp/rpm-tmp.xZh6yz
+ umask 022
+ cd /root/rpmbuild/BUILD
+ cd ntp-4.2.6p5
+ /usr/bin/rm -rf /root/rpmbuild/BUILDROOT/ntp-4.2.6p5-20.vbird.x86 64
+ exit 0
[root@study SPECS]# find /root/rpmbuild -name 'ntp*rpm'
/root/rpmbuild/RPMS/x86 64/ntp-4.2.6p5-20.vbird.x86 64.rpm
```

```
/root/rpmbuild/RPMS/x86 64/ntpdate-4.2.6p5-20.vbird.x86 64.rpm
/root/rpmbuild/RPMS/x86 64/ntp-debuginfo-4.2.6p5-20.vbird.x86 64.rpm
/root/rpmbuild/RPMS/noarch/ntp-perl-4.2.6p5-20.vbird.noarch.rpm
/root/rpmbuild/RPMS/noarch/ntp-doc-4.2.6p5-20.vbird.noarch.rpm
/root/rpmbuild/SRPMS/ntp-4.2.6p5-20.vbird.src.rpm
# 上面分别是 RPM 与 SRPM 文件。
```

您看，有 vbird 的软件出现了，相当有趣吧！另外，有些程序是与硬件等级无关的（因为是单纯的文件），所以如上表所示，你会发现 ntp-doc-4.2.6p5-20.vbird.noarch.rpm 是 noarch，有趣吧！

22.4.5　一个打包自己软件的范例

这个就有趣了，我们来编辑一下自己制作的 RPM 怎么样？会很难吗？完全不会。我们这里就举个例子来玩玩。还记得我们在前一章谈到 Tarball 与 make 时，曾经谈到的 main 这个程序吗？现在我们将这个程序加上 Makefile 后，将它制作成为 main-0.1-1.x86_64.rpm 好吗？那该如何进行？下面就让我们来处理处理。

◆　制作源代码 Tarball 文件

因为鸟哥的网站并没有直接发布 main-0.2，所以假设官网提供的是 main-0.1 版本之外，同时提供了一个 patch 文件，那我们就得要这样作：

- main-0.1.tar.gz 放在/root/rpmbuild/SOURCES/
- main_0.1_to_0.2_patch 放在/root/rpmbuild/SOURCES/
- main.spec 自行编写放在/root/rpmbuild/SPECS/

```
# 1. 先来处理源代码的部分，假设你的/root/rpmbuild/SOURCES 已经存在了。
[root@study ~]# cd /root/rpmbuild/SOURCES
[root@study SOURCES]# wget http://linux.vbird.org/linux basic/0520source/main-0.1.tgz
[root@study SOURCES]# wget http://linux.vbird.org/linux basic/0520source/main 0.1 to 0.2.patch
[root@study SOURCES]# ll main*
-rw-r--r--. 1 root root  703 Sep  4 14:47 main-0.1.tgz
-rw-r--r--. 1 root root 1538 Sep  4 14:51 main 0.1 to 0.2.patch
```

接下来就是 spec 文件的建立。

◆　建立*.spec 配置文件

这个文件的创建是所有 RPM 制作里面最重要的步骤。你必须要仔细地设置，不要随便处理，仔细看看吧！有趣的是 CentOS 7.x 会主动地将必要的设置参数列出来，相当有趣。

```
[root@study ~]# cd /root/rpmbuild/SPECS
[root@study SPECS]# vim main.spec
Name:           main
Version:        0.1
Release:        1%{?dist}
Summary:        Shows sin and cos value.
Group:          Scientific Support
License:        GPLv2
URL:            http://Linux.vbird.org/
Source0:        main-0.1.tgz              # 这两个文件名要正确。
Patch0:         main 0.1 to 0.2.patch
%description
This package will let you input your name and calculate sin cos value.
%prep
%setup -q
%patch0 -p1                               # 要用来作为 patch 的操作。
%build
make clean main                           # 编译就好，不要安装。
%install
mkdir -p %{buildroot}/usr/local/bin
install -m 755 main %{buildroot}/usr/local/bin # 这才是顺利的安装操作。
%files
```

```
/usr/local/bin/main
%changelog
* Wed Sep 09 2015 VBird Tsai <vbird@mail.vbird.idv.tw> 0.2
- build the program
```

◆ 编译成为 RPM 与 SRPM

老实说，那个 spec 文件创建妥当后，后续的操作就非常简单了，那就开始来编译吧！

```
[root@study SPECS]# rpmbuild -ba main.spec
……（前面省略）……
Wrote: /root/rpmbuild/SRPMS/main-0.1-1.el7.centos.src.rpm
Wrote: /root/rpmbuild/RPMS/x86 64/main-0.1-1.el7.centos.x86 64.rpm
Wrote: /root/rpmbuild/RPMS/x86 64/main-debuginfo-0.1-1.el7.centos.x86 64.rpm
```

很快，我们就已经建立了几个 RPM 文件。接下来让我们好好测试一下打包起来的成果。

◆ 安装/测试/查询

```
[root@study ~]# yum install /root/rpmbuild/RPMS/x86 64/main-0.1-1.el7.centos.x86 64.rpm
[root@study ~]#rpm-ql main
/usr/local/bin/main    <==自己尝试执行 main 看看。
[root@study ~]#rpm-qi main
Name        : main
Version     : 0.1
Release     : 1.el7.centos
Architecture: x86 64
Install Date: Wed 09 Sep 2015 04:29:08 PM CST
Group       : Scientific Support
Size        : 7200
License     : GPLv2
Signature   : (none)
SourceRPM   : main-0.1-1.el7.centos.src.rpm
Build Date  : Wed 09 Sep 2015 04:27:29 PM CST
Build Host  : study.centos.vbird
Relocations : (not relocatable)
URL         : http://linux.vbird.org/
Summary     : Shows sin and cos value.
Description :
This package will let you input your name and calculate sin cos value.
# 看到没？属于你自己的软件，真是很愉快的。
```

用很简单的方式，就可以将自己的软件或程序修改与设置妥当，以后你就可以自行设置你的 RPM 文件了。当然，也可以手动修改你的 SRPM 文件内容。

22.5 重点回顾

◆ 为了避免用户自行编译的困扰，开发商自行在特定的硬件与操作系统平台上面预先编译好软件，并将软件以特殊格式封装成文件，提供终端用户直接安装到固定的操作系统上，并提供简单的查询、安装、删除等功能，此称为软件管理器。常见的软件管理器有 RPM 与 DPKG 两大主流产品；

◆ RPM 的全名是 RedHat Package Manager，原本是由 Red Hat 公司所使用发展，流传甚广；

◆ RPM 类型的软件中，所含有的软件是经过编译后的二进制程序，所以可以直接安装在用户端的系统上，不过，也由于如此，所以 RPM 对于安装环境要求相当严格；

◆ RPM 除了将软件安装至用户的系统上之外，还会将该软件的版本、名称、文件与目录配置、系统需求等均记录于数据库（/var/lib/rpm）当中，方便未来的查询与升级、删除；

◆ RPM 可针对不同的硬件等级来加以编译，制作出来的文件可用特殊关键词（i386、i586、i686、x86_64、noarch）来识别；

◆ RPM 最大的问题为软件之间的依赖性问题；

◆ SRPM 为 SourceRPM，内含的文件为程序源代码而非为二进制文件，所以安装 SRPM 时还需要经过编译，不过，SRPM 最大的优点就是可以让用户自行修改设置参数（makefile/configure 的参数），以符合用户自己的 Linux 环境；

- RPM 软件的属性依赖问题，已经可以借由 YUM 或是 APT 等方式解决，CentOS 使用的就是 YUM。
- YUM 服务器提供多个不同的软件源放置不同的软件，以提供客户端分别管理软件类别。

22.6 本章习题

情境模拟题

通过 EPEL 安装 NTFS 文件系统所需要的软件

- 目标：利用 EPEL 提供的软件来查找是否有 NTFS 所需要的各项模块。
- 目标：你的 Linux 必须要已经接入互联网才行。
- 需求：最好了解磁盘容量是否够用，以及如何启动服务等。

  其实这个任务非常简单，因为我们在前面各小节的说明当中已经说明了如何设置 EPEL 的 yum 配置文件，此时你只要通过下面的方式来处理即可；
- 使用 yum --enablerepo=epel search ntfs 找出所需要的软件名称。
- 再使用 yum --enablerepo=epel install ntfs-3g ntfsprogs 来安装即可。

简答题部分

- 如果你曾经修改过 yum 配置文件内的软件源设置（/etc/yum.repos.d/*.repo），导致下次使用 yum 进行安装时总是发生错误，此时你该如何是好？
- 简单说明 RPM 与 SRPM 的异同。
- 假设我想要安装一个软件，例如 pkgname.i386.rpm，但却总是发生无法安装的问题，请问我可以加入哪些参数来强制安装它？
- 承上题，你认为强制安装之后，该软件是否可以正常执行？为什么？
- 有些人使用 CentOS 7.x 安装在自己的 Atom CPU 上面，却发现无法安装，在查询了该安装光盘的内容，发现里面的文件名为***.x86_64.rpm。请问，无法安装的可能原因是什么？
- 请问我使用 rpm-Fvh *.rpm 及 rpm-Uvh *.rpm 来升级时，两者有何不同？
- 假设有一个厂商推出软件时，自行处理了数字签名，你想要安装它们的软件所以需要使用数字签名，假设数字签名的文件名为 signe，那你该如何安装？
- 承上，假设该软件厂商提供了 yum 的安装网址为 http://their.server.name/path/，那你该如何处理 yum 的配置文件？

22.7 参考资料与扩展阅读

- 注 1：GNU Privacy Guard（GPG）官方网站。
  https://www.gnupg.org/
- RPM 文件管理程序。
  http://www.study-area.org/tips/rpm.htm

第 23 章　X Window 设置介绍

　　Linux 上面的图形用户界面模式称为 X Window System，简称为 X 或 X11。为何称之为系统？这是因为 X Window System 又分为 X Server 与 X Client，既然是 Server/Client（主从架构），就表示其实 X Window System 是可以跨网络且跨平台的。X Window System 对于 Linux 来说仅是一个软件，只是这个软件日趋重要。因为 Linux 是否能够在桌面计算机上面流行，与这个 X Window System 有关。好在，目前 X Window System 已经可以很完美地集成至 Linux 了，而且也能具有 3D 加速的功能，只是，我们还是要了解一下 X Window System 才好，这样如果出问题，我们才有办法处理。

23.1　什么是 X Window System

UNIX-like 操作系统不是只能进行服务器的架设而已，在美化、排版、制图、多媒体应用上也是有其需要的。这些需求都需要用到图形用户接口（Graphical User Interface，GUI），所以后来才有所谓的 X Window System。那么为啥图形窗口接口要称为 X 呢？因为就英文字母来看，X 在 W（indow）后面，因此，人们就戏称这一版的窗口接口为 X（有下一代的新窗口之意）。

事实上，X Window System 是个非常大的架构，它还用到网络功能。也就是说，其实 X Window System 是能够跨网络与跨操作系统平台的。而鸟哥这个基础篇是还没有谈到服务器与网络主从架构，因此 X 在这里并不容易理解。不过，没关系，我们还是谈谈 X 是怎么来的，然后再来谈谈这 X Window System 的组件有哪些，慢慢来，应该还是能够理解 X 的。

23.1.1　X Window System 的发展简史

X Window System 最早是由 MIT（Massachusetts Institute of Technology，麻省理工学院）在 1984 年发展出来的，当初 X 就是在 UNIX 的 System V 这个操作系统上面开发而来。在开发 X 时，开发者就希望这个窗口接口不要与硬件有强烈的相关性，这是因为如果与硬件的相关性高，那就等于是一个操作系统了，如此一来的应用性会比较局限。因此 X 在当初就是以应用程序的概念来开发的，而非以操作系统来开发。

由于这个 X 希望能够通过网络进行图形用户界面的读写，因此发展出许多的 X 通讯协议，这些网络架构非常的有趣，所以吸引了很多厂商加入研发，因此 X 的功能一直持续在加强。一直到 1987 年更改 X 版本到 X11，这一版 X 取得了明显的进步，后来的窗口接口改进都是基于此版本，因此后来 X Window System 也被称为 X11。这个版本持续在进步当中，到了 1994 年发布了新版的 X11R6，后来的架构都是沿用此一发布版本，所以后来的版本定义就变成了类似 1995 年的 X11R6.3 之类的样式。[注1]

1992 年 XFree86（http://www.xfree86.org/）计划顺利展开，该计划持续在维护 X11R6 的功能性，包括对新硬件的支持以及更多新增的功能等。当初定名为 XFree86 其实是根据【X + Free software + x86 硬件】而来。早期 Linux 所使用的 X Window System 的主要内核都是由 XFree86 这个计划所提供的，因此，我们常常将 X 与 XFree86 画上等号。

不过由于一些授权的问题，XFree86 无法继续提供类似 GPL 的自由软件，后来 Xorg 基金会就接手 X11R6 的维护。Xorg（https://www.x.org/）利用当初 MIT 发布的类似自由软件的授权，将 X11R6 拿来进行维护，并且在 2004 年发布了 X11R6.8 版本，更在 2005 年后发表了 X11R7.x 版。现在我们 CentOS 7.x 使用的 X 就是 Xorg 提供的 X11R7. X。而这个 X11R6/X11R7 的版本是自由软件，因此很多组织都利用这个架构去设计它们的图形用户界面模式，包括 Mac OS X v10.3 也曾利用过这个架构来设计他们的窗口。我们的 CentOS 也是利用 Xorg 提供的 X11。

从上面的说明，我们可以知道的是：

- 在 UNIX-like 上面的图形用户接口（GUI）被称为 X 或 X11；
- X11 是一个【软件】而不是一个操作系统；
- X11 是利用网络架构来进行图形用户接口的执行与绘制；
- 较著名的 X 版本为 X11R6 这一版，目前大部分的 X 都是这一版本演化而来（包括 X11R7）。
- 现在大部分的 Linux 发行版使用的 X 都是由 Xorg 基金会所提供的 X11；
- X11 使用的是 MIT 授权，为类似 GPL 的开放源代码授权方式。

23.1.2　主要组件：X Server/X Client/Window Manager/Display Manager

如同前面谈到的，X Window System 是个基于网络架构的图形用户接口软件，那到底这个架构可以分成多少个组件呢？基本上是分成 X Server 与 X Client 两个组件而已，其中 X Server 在管理硬件，而 X Client 则是应用程序。在运行上，X Client 应用程序会将所想要呈现的图形告知 X Server，最终由 X Server 来将结果通过它所管理的硬件绘制出来。整体的架构我们大约可以使用如下图来做个介绍。[注2]

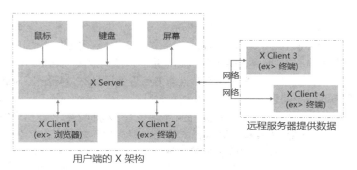

图 23.1.1　X Window System 的架构

上面的图非常有趣，我们在客户端想要取得来自服务器的图形数据时，客户端使用的当然是客户端的硬件设备，所以，X Server 的重点就是在管理客户端的硬件，包括接受键盘/鼠标等设备的输入信息，并且将图形绘制到屏幕上（请注意上图的所有组件之间的箭头指示）。但是到底要绘制什么？绘图总是需要一些数据才可以吧？此时 X Client（就是 X 应用程序）就很重要。它主要提供的就是告知 X Server 要绘制什么。那照这样的想法来思考，我们是想要取得远程服务器的绘图数据来我们的计算机上面显示，所以，远程服务器提供的是 X Client 软件。

下面就让我们来更深入地聊一聊这两个组件吧！

◆　X Server：硬件管理、屏幕绘制与提供字体功能

既然 X Window System 是要显示图形界面，因此理所当然的需要一个组件来管理我主机上面的所有硬件设备才行，这个任务就是 X Server 所负责的。而我们在 X 发展简史当中提到的 XFree86 计划及 Xorg 基金会，主要提供的就是这个 X Server。那么 X Server 管理的设备主要有哪些？其实与输入/输出有关，包括**键盘、鼠标、手写板、显示器（monitor）、屏幕分辨率与色彩深度、显卡（包含驱动程序）与显示的字体**等，都是 X Server 管理的。

咦？显卡、屏幕以及键盘鼠标的设置，不是在启动的时候 Linux 系统以 systemd 的相关设置处理好了吗？为何 X Server 还要重新设置？这是因为 X Window System 在 Linux 里面仅能算是【一个很棒的软件】，所以 X Window System 有自己的配置文件，你必须要针对它的配置文件设置妥当才行。也就是说，Linux 的设置与 X Server 的设置不一定要相同。因此，你在 CentOS 7 的 multi-user.target 想要玩图形用户界面时，就得要加载 X Window System 需要的驱动程序才行，总之，X Server 的主要功能就是在管理【主机】上面的显示硬件与驱动程序。

既然 X Window System 通过网络取得图形用户界面的一个架构，那么客户端如何取得服务器端提供的图形界面？由于服务器与客户端的硬件不可能完全相同，因此我们客户端当然不可能使用到服务器端的硬件显示功能。举例来说，你的客户端计算机并没有 3D 图形加速功能，那么你的界面可能呈现出服务器端提供的 3D 加速吗？当然不可能，所以 X Server 的目的在管理客户端的硬件设备。也就是说【每台客户端主机都需要安装 X Server，而服务器端则是提供 X Client 软件，以提供客户端绘图所需要的数据】。

X Server 与 X Client 的互动并非仅有 client -->server，两者其实有互动的。从图 23.1.1 我们也可以发现，X Server 还有一个重要的工作，那就是将来自输入设备（如键盘、鼠标等）的操作告知 X

Client，你知道，X Server 既然是管理这些周边硬件，那么周边硬件的操作当然是由 X Server 来管理，但是 X Server 本身并不知道接口设备这些操作会造成什么显示上的效果，因此 X Server 会将接口设备的这些操作行为告知 X Client，让 X Client 去完成。

◆ X Client：负责 X Server 要求的【事件】之处理

前面提到的 X Server 主要是管理显示接口与在屏幕上绘图，同时将输入设备的操作告知 X Client，此时 X Client 就会根据这个输入设备的操作来进行处理，最后 X Client 会得到【嗯，这个输入设备的操作会产生某个图形】，然后将这个图形的显示数据返回给 X Server，X Server 再根据 X Client 传来的绘图数据将它显示在自己的屏幕上，来得到显示的结果。

也就是说，X Client 最重要的工作就是处理来自 X Server 的操作，将该操作处理成为绘图数据，再将这些绘图数据传回给 X Server。由于 X Client 的目的在产生绘图的数据，因此我们也称呼 X Client 为 X Application（X 应用程序）。而且，每个 X Client 并不知道其他 X Client 的存在，意思是说，如果有两个以上的 X Client 同时存在时，两者并不知道对方到底传了什么数据给 X Server，因此 X Client 的绘图常常会互相重叠而产生问题。

举个例子来说，当我们在 X Window System 的界面中，将鼠标向右移动，那它是怎么告知 X Server 与 X Client 的呢？首先，X Server 会检测到鼠标的移动，但是它不知道应该怎么绘图。此时，它将鼠标的这个操作告知 X Client，X Client 就会去运算，得到结果，嘿嘿！其实要将鼠标指针向右移动几个像素，然后将这个结果告知 X Server，接下来，您就会看到 X Server 将鼠标指针向右移动。

这样做有什么好处？最大的好处是，X Client 不需要知道 X Server 的硬件设备与操作系统。因为 X Client 单纯就是在处理绘图的数据而已，本身是不绘图的。所以，在客户端的 X Server 用的是什么硬件？用的是哪个操作系统？服务器端的 X Client 根本不需要知道，相当的先进与优秀。整个运行流程可以参考下图，Linux 主机端是不在乎客户端用的是什么操作系统。

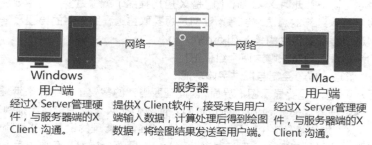

Windows
用户端
经过 X Server 管理硬件，与服务器端的 X Client 沟通。

服务器
提供 X Client 软件，接受来自用户端输入数据，计算处理后得到绘图数据，将绘图结果发送至用户端。

Mac
用户端
经过 X Server 管理硬件，与服务器端的 X Client 沟通。

图 23.1.2　X Server 客户端的操作系统与 X Client 的沟通示意图

◆ X Window Manager：特殊的 X Client，负责管理所有的 X Client 软件

刚刚前面提到，X Client 的主要任务是将来自 X Server 的数据处理成为绘图数据，再返回给 X Server 而已，所以 X Client 本身是不知道它在 X Server 当中的位置、大小以及其他相关信息，这也是上面我们谈到的 X Client 彼此不知道对方在屏幕的哪个位置。为了解决这个问题，因此就有 Window Manager（WM，窗口管理器）的产生。窗口管理器也是 X Client，只是它主要在负责全部 X Client 的管理，还包括提供某些特殊的功能，例如：

● 提供许多的控制元素，包括任务栏、后台桌面的设置等；
● 管理虚拟桌面（virtual desktop）；
● 提供窗口控制参数，这包括窗口的大小、窗口的重叠显示、窗口的移动、窗口的最小化等。

我们常常听到的 KDE、GNOME、Xfce 还有普通的 twm 等，都是一些窗口管理器的项目。这些项目中，每种窗口管理器所用以开发的显示引擎都不太相同，所着重的方向也不一样，因此我们才会说，在 Linux 下面，每个 Window Manager 都是独特存在，不是换了桌面与显示效果而已，而是连显示引擎都不会一样。下面是这些常见的窗口管理器全名与相关链接：

● GNOME（GNU Network Object Model Environment）：https://www.gnome.org/

- KDE（K Desktop Enviroment）：https://kde.org/
- twm（Tab Window Manager）：http://www.xwinman.org/vtwm.php
- Xfce（XForms Common Environment）：http://www.xfce.org/

由于 Linux 越来越朝向桌面计算机使用方向走，因此窗口管理器的角色会越来越重要。目前我们 CentOS 默认提供的有 GNOME 与 KDE，这两个窗口管理器上面还提供了非常多的 X Client 软件，包括办公软件（Open Office）以及常用的网络功能（Firefox 浏览器、Thunderbird 邮件客户端）等。现在用户想要接触 Linux 其实真的越来越简单了，如果不需要架设服务器，那么 Linux 桌面的使用与 Windows 可以说是一模一样的，不需要学习也能够入门。

那么你知道 X Server、X Client、Window Manager 的关系了吗？我们举 CentOS 默认的 GNOME 为例好了，由于我们要在本机端启动 X Window System，因此，在我们的 CentOS 主机上面必须要有 Xorg 的 X Server 内核，这样才能够提供屏幕的绘制功能，然后为了让窗口管理更方便，于是就加装了 GNOME 这个计划的 Window Manager，然后为了让自己的使用更方便，于是就在 GNOME 上面加上更多的窗口应用软件包括输入法等，最后就构建出我们的 X Window System 了。所以你也会知道，X Server、X Client、Window Manager 是同时存在于 Linux 主机上的。

◆　Display Manager：提供登录需求

谈完了上述的数据后，我们要了解一下如何取得 X Window System 的控制。在本机的命令行模式下面你可以输入 startx 来启动 X，此时由于你已经登录系统了，因此不需要重新登录即可取得 X 环境。但如果是 graphical.target 的环境？你会发现在 tty1 或其他 tty 的地方有个可以让你使用图形用户界面模式登录（输入账号密码）的东西，那是？是 X Server、X Client 还是什么的？其实那是个 Display Manager。这个 Display Manager 最大的任务就是提供登录环境，并且加载用户选择的 Window Manager 与语系等数据。

几乎所有的大型窗口管理器项目计划都会提供 Display Manager，在 CentOS 上面我们主要利用的是 GNOME 的 GNOME Display Manager（gdm）这个程序来提供 tty1 的图形用户界面模式登录。至于登录后取得的 Window Manager，则可以在 gdm 上面进行选择。我们在第 4 章介绍的登录环境，那个环境其实就是 gdm 提供的，再回去参考看看图吧！所以说，并非 gdm 只能提供 GNOME 的登录而已。

23.1.3　X Window System 的启动流程

现在我们知道要启动 X Window System 时，必须要先启动管理硬件与绘图的 X Server，然后才加载 X Client。基本上，目前都是使用窗口管理器来管理窗口界面的。那么如何取得这样的窗口系统呢？你可以进入本机的命令行模式后，输入 startx 来启动 X 窗口；也能够通过 Display Manager（如果有启动 graphical.target）提供的登录界面，输入你的账号密码来登录与启动 X 窗口。

问题是，你的 X Server 配置文件是什么？如何修改分辨率与显示器？你能不能自己设置默认启动的窗口管理器？如何设置默认的用户环境（与 X Client 有关）等，这些内容都需要通过了解 X 的启动流程才能得知。所以，下面我们就来谈谈启动 X 的流程。

◆　在命令行模式启动 X：通过 startx 命令

我们都知道 Linux 是个多人多任务的操作系统，所以，X 窗口也可以根据不同的用户而有不同的设置。这也就是说，每个用户启动 X 时，X Server 的分辨率、启动 X Client 的相关软件及窗口管理器的选择可能都不一样。但是，如果你是首次登录 X？也就是说，你自己还没有建立自己的专属 X 界面时，系统又是从哪里给你这个 X 默认界面？而如果你已经设置好相关的信息，这些信息又是存放于何处？

事实上，当你在纯命令行模式且并没有启动 X 窗口的情况下输入 startx 时，这个 startx 的作用就是在帮你设置好上面提到的这些操作。startx 其实是一个 shell 脚本，它是一个比较易用的程序，会主动地帮忙用户建立起他们的 X 所需要引用的配置文件而已。你可以自行研究一下 startx 这个脚本的内容，鸟哥在这里仅就 startx 的作用做个介绍。

startx 最重要的任务就是找出用户或是系统默认的 X Server 与 X Client 的配置文件，而用户也能够使用 startx 外接参数来替换配置文件的内容。这个意思是说：startx 可以直接启动，也能够外接参数，例如下面格式的启动方式：

```
[root@study ~]# startx [X Client 参数] -- [X Server 参数]
# 范例：以 16 位的色彩深度启动 X。
[root@study ~]# startx -- -depth 16
```

startx 后面接的参数以两个减号【--】隔开，前面的是 X Client 的设置，后面的是 X Server 的设置。上面的范例是让 X Server 以 16bit 色（即每一像素占用 16bit，也就是 65536 色）显示，因为色彩深度是与 X Server 有关的，所以参数当然是写在 -- 后面，于是就成了上面的模样。

你会发现，鸟哥上面谈到的 startx 都提到如何找出 X Server 与 X Client 的设置值。没错，事实上启动 X 的是 xinit 这个程序，startx 仅是在帮忙找出设置值而已。那么 startx 找到的设置值可用顺序是什么？基本上是这样的：

- X Server 的参数方面：
- 使用 startx 后面接的参数。
- 若无参数，则查找用户家目录的文件，亦即 ~/.xserverrc。
- 若无上述两者，则以 /etc/X11/xinit/xserverrc。
- 若无上述三者，则单纯执行 /usr/bin/X（此即 X Server 执行文件）。
- X Client 的参数方面：
- 使用 startx 后面接的参数。
- 若无参数，则查找用户家目录的文件，亦即 ~/.xinitrc。
- 若无上述两者，则以 /etc/X11/xinit/xinitrc。
- 若无上述三者，则单纯执行 xterm（此为 X 下面的终端软件）。

根据上述的流程找到启动 X 时所需要的 X Server、X Client 的参数，接下来 startx 会去调用 xinit 这个程序来启动我们所需要的 X Window System 整体。接下来当然就是要谈谈 xinit 。

◆ 由 startx 调用执行的 xinit

事实上，当 startx 找到需要的设置值后，就调用 xinit 实际启动 X 。它的语法是：

```
[root@study ~]#xinit[client option] -- [server or display option]
```

那个 client option 与 server option 如何执行？其实那两个东西就是由刚刚 startx 去找出来的。在我们通过 startx 找到适当的 xinitrc 与 xserverrc 后，就交给 xinit 来执行。在默认的情况下（用户尚未有 ~/.xinitrc 等文件时），你输入 startx，就等于进行 xinit /etc/X11/xinit/xinitrc -- /etc/X11/xinit/xserverrc 这个命令一般。但由于 xserverrc 也不存在，参考上一小节的参数查找顺序，因此实际上的命令是 xinit /etc/X11/xinit/xinitrc--/usr/bin/X，这样了解了吗？

那为什么不直接执行 xinit 而是使用 startx 来调用 xinit？这是因为我们必须要取得一些参数嘛！startx 可以帮我们快速找到这些参数而不必手动输入。因为单纯只是执行 xinit 的时候，系统默认的 X Client 与 X Server 的内容是这样的：[注3]

```
xinit xterm -geometry +1+1 -n login -display :0 -- X :0
```

在 X Client 方面：那个 xterm 是 X Window System 下面的虚拟终端，后面接的参数则是这个终端的位置与是否登录。最后面会接一个【-display :0】表示这个虚拟终端是启动在【第:0 号的 X 显示接口】的意思。至于 X Server 方面，而我们启动的 X Server 程序就是 X。其实 X 就是 Xorg 的链接文件，亦即是 X Server 的主程序。所以我们启动 X 还挺简单的，直接执行 X 而已，同时还指定 X 启动在第:0 个 X 显示接口。如果单纯以上面的内容来启动你的 X 系统时，你就会发现 tty2 以后的终端有界面了。只是，很丑，因为我们还没有启动窗口管理器。

从上面的说明我们可以知道，xinit 主要在启动 X Server 与加载 X Client，但这个 xinit 所需要的参数则是由 startx 去帮忙查找的。因此，最重要就是 startx 找到的那些参数。所以，重点当然就是 /etc/X11/xinit/ 目录下的 xinitrc 与 xserverrc 这两个文件的内容是啥，虽然 xserverrc 默认是不存在的。

下面我们就分别来谈一谈这两个文件的主要内容与启动的方式。

◆　启动 X Server 的文件：xserverrc

　　X Window System 最先需要启动的就是 X Server，那 X Server 启动的脚本与参数是通过 /etc/X11/xinit/里面的 xserverrc，不过我们的 CentOS 7.x 根本就没有 xserverrc 这个文件。那用户家目录目前也没有~/.xserverrc，这个时候系统会怎么做？其实就是执行/usr/bin/X 这个命令，这个命令也是系统最原始的 X Server 执行文件。

　　在启动 X Server 时，Xorg 会去读取/etc/X11/xorg.conf 这个配置文件。针对这个配置文件的内容，我们会在下个小节介绍。如果一切顺利，那么 X 就会顺利地在 tty2 以后终端环境中启动了。单纯的 X 启动时，你只会看到界面一片漆黑，并且中心有个鼠标的光标而已。

　　由前一小节的说明中，你可以发现到其实 X 启动的时候还可以指定启动的接口。那就是:0 这个参数，这是啥？事实上我们的 Linux 可以【同时启动多个 X】，第一个 X 的界面会在:0 亦即是 tty2，第二个 X 则是:1 亦即是 tty3，后续还可以有其他的 X 存在。因此，上一小节我们也有发现，xterm 在加载时，也必须要使用-display 来说明，这个 X 应用程序需要在哪个 X 加载使用。其中比较有趣的是，X Server 未注明加载的接口时，默认是使用:0，但是 X Client 未注明时，则无法执行。

> 　　CentOS 7 的 tty 非常有趣。如果你在分析 systemd 的章节中仔细看的话，会发现其实 tty 是在用到时才会启动的，这与之前 CentOS 6 以前的版本默认启用 6 个 tty 给你是不同的。因此，如果你只有用到 tty1 的话，那么启动 X 就会默认丢到 tty2，而 X :1 就会丢到 tty3 这样，以此类推。

　　启动了 X Server 后，接下来就是加载 X Client 到这个 X Server 上面。

◆　启动 X Client 的文件：xinitrc

　　假设你的家目录并没有~/.xinitrc，则此时 X Client 会以/etc/X11/xinit/xinitrc 来作为启动 X Client 的默认脚本。xinitrc 这个文件会将很多其他的文件参数引进来，包括/etc/X11/xinit/xinitrc-common 与/etc/X11/xinit/Xclients 还有/etc/sysconfig/desktop。你可以参考 xinitrc 后去查找各个文件来了解彼此的关系。

　　不过分析到最后，其实最终就是加载 KDE 或是 GNOME 而已。你也可以发现最终在 X Client 文件当中会查找两个命令，包括 startkde 与 gnome-session 这两个，这也是 CentOS 默认会提供的两个主要的 Window Manager。而你也可以通过修改/etc/sysconfig/desktop 内的 DESKTOP=GNOME 或 DESKTOP=KDE 来决定默认使用哪个窗口管理器。如果你并没有安装这两个大家伙，那么 X 就会去使用普通的 twm 这个窗口管理器来管理你的环境。

> 　　不论怎么说，鸟哥还是希望大家可以通过解析 startx 这个脚本的内容去找到每个文件，再根据分析每个文件来找到您 Linux 发行版上面的 X 相关文件，毕竟每个版本的 Linux 还是有所差异的。

　　另外，如果有特殊需求，你当然可以自定义 X Client 的参数，这就要修改你家目录下的~/.xinitrc 这个文件。不过要注意的是，如果你的.xinitrc 配置文件里面启动了很多 X Client 的时候，千万注意将除了最后一个窗口管理器或 X Client 之外的其他 X Client，都放到后台去执行。举例来说，像下面这样：

```
xclock -geometry 100x100-5+5 &
xterm -geometry 80x50-50+150 &
exec /usr/bin/twm
```

　　意思就是说，我启动了 X，并且同时启动 xclock、xterm、twm 这三个 X Client。如此一来，你的

X 就有这三个东西可以使用了。如果忘记加上&的符号，那就会让系统等待，而无法一次就登录 X 。

◆ X 启动的端口

好了，根据上面的说明，我们知道要在命令行模式下面启动 X 时，直接使用 startx 来找到 X Server 与 X Client 的参数或配置文件，然后再调用 xinit 来启动 X Window System。xinit 先加载 X Server 到默认的:0 这个显示接口，然后再加载 X Client 到这个 X 显示接口上。而 X Client 通常就是 GNOME 或 KDE，这两个设置选项也能够在/etc/sysconfig/desktop 里面作好设置。最后我们想要了解的是，既然 X 是可以跨网络的，那 X 启动的端口是什么呢？

其实，CentOS 由于考虑 X 窗口是在本机上面运行，从而将端口改为了 socket 文件（socket），因此你无法观察到 X 启动的端口。事实上，X Server 应该是要启动一个 6000 端口来与 X Client 进行沟通的。由于系统上面也可能有多个 X 存在，因此我们就会有 6001、6002 等端口。这也就是说【假设为 multi-user.target 模式，且用户仅曾经切换到 tty1 而已】。

X Window System	显示接口号	默认终端	网络监听端口
第一个 X	hostname:0	tty2	6000
第二个 X	hostname:1	tty3	6001

在 X Window System 的环境下，我们称 6000 端口为第 0 个显示接口，亦即为 hostname:0，那个主机名通常可以不写，所以就成了:0 即可。在默认的情况下，第一个启动的 X（不论是启动在第几个端口号）是在 tty2，亦即按下[ctrl]+[Alt]+[F2]那个界面。而启动的第二个 X（注意到了吧，可以有多个 X 同时启动在您的系统上）则默认在 tty3 亦即[ctrl]+[Alt]+[F3]那个界面，很神奇吧！

如前所述，因为主机上的 X 可能有多个同时存在，因此，当我们在启动 X Server 与 X Client 时，应该都要注明该 X Server 与 X Client 主要是提供或接受来自哪个 display 的端口才行。

23.1.4 X 启动流程测试

好了，我们可以针对 X Server 与 X Client 的架构来做个简单的测试。这里鸟哥假设你的 tty1 是 multi-user.target，而且你也曾经在 tty2 测试过相关的命令，所以你的 X :1 将会启用在 tty3。而且，下面的命令都是在 tty1 中执行的，至于下面的界面则是在 tty3 中显示。因此，请自行切换至 tty1 执行命令与去 tty3 查看结果。

```
1. 先来启动第一个 X 在:1 界面中。
[dmtsai@study ~]$ X :1 &
```

上述的 X 是大写，那个:1 是写在一起的，至于&则是放到后台去执行。此时系统会主动地跳到第二个图形用户界面终端，亦即 tty8 上。所以如果一切顺利的话，你应该可以看到一个 X 的鼠标光标可以让你移动了，如上图所示。该界面就是 X Server 启动的界面，丑丑的，而且没有什么 client 可以用。接下来，请按下[ctrl]+[alt]+[F1]回到刚刚执行命令的终端。（若没有 xterm 请自行 yum 安装它。）

```
2. 启动数个可以在 X 当中执行的虚拟终端。
[dmtsai@study ~]$ xterm -display :1 &
[dmtsai@study ~]$ xterm -display :1 &
```

图 23.1.3　单纯启动 X Server 的情况

图 23.1.4　在 X 上面启动 xterm 终端显示的结果

那个 xterm 是必须要在 X 下面才能够执行的终端接口，加入的参数-display 则是指定这个 xterm 要在哪个 display 上使用。这两个命令请不要一次下完，先执行一次，然后按下[ctrl]+[alt]+[F3]进入到 X 界面中，你会发现多了一个终端，不过，可惜的是，你无法看到终端的标题、也无法移动终端，当然也无法调整终端的大小。我们回到刚刚的 tty1 然后再次执行 xterm 命令，理论上应该多一个终端，去到 tty3 查看一下。唉，没有多出一个终端？这是因为两个终端重叠了，我们又无法移动终端，所以只看到一个。接下来，请再次回到 tty1 去执行命令。（可能需要 yum install xorg-x11-apps。）

```
3. 在输入不同的 X Client 观察观察，分别去到 tty3 观察。
[dmtsai@study ~]$ xclock -display :1  &
[dmtsai@study ~]$ xeyes -display :1  &
```

跟前面一样的，我们又多执行了两个 X Client，其中 xclock 会显示时钟，而 xeyes 则是会出现一双大眼睛来跟随光标移动。不过，目前的四个 X Client 通通不能够移动与放大缩小。如此一来，你怎么在 xterm 下面执行命令？当然就很有问题，所以让我们来加载最普通的窗口管理器吧！

```
4. 我们先以 root 来安装 twm。
[root@study ~]# yum install https://mirrors4.tuna.tsinghua.edu.cn/centos/6/os/x86_64/\
> Packages/xorg-x11-twm-1.0.3-5.1.el6x.x86_64.rpm
# 真要命，CentOS 7 说 twm 已经没有在维护，所以没有提供这玩意儿了，鸟哥只好拿旧版的 twm 来安装。
# 请您自行到相关的网站上查找这个 twm，因为版本可能会不一样。
[root@study ~]# yum install xorg-x11-fonts-{100dpi,75dpi,Type1}
5. 接下来就可以开始用 dmtsai 用户来玩一下 twm。
[dmtsai@study ~]$ twm -display :1  &
```

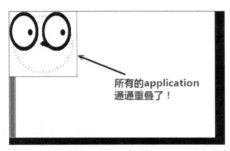

图 23.1.5　分别启动 xclock 时钟与 xeyes 眼睛的结果

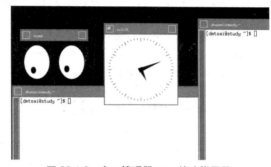

图 23.1.6　窗口管理器 twm 的功能显示

回到 tty1 后，用最简单的 twm 这个窗口管理器来管理我们的 X。启动之后，去到 tty3 看看，用鼠标移动一下终端看看？可以移动了吧？也可以缩小放大窗口，同时也出现了标题提示，也看到两个终端。现在终于知道窗口管理器的重要性了吧！在黑屏幕地方按下鼠标右键，就会出现类似上面界面最右边的选项，你就可以进行额外的管理，玩玩看先。

```
6. 将所有刚刚建立的 X 相关任务全部杀掉。
[dmtsai@study ~]# kill %6 %5 %4 %3 %2 %1
```

很有趣的一个小实验吧？通过这个实验，你应该会对 X Server 与窗口管理器及 tty3 以后的终端接口使用方式有比较清楚的了解，加油！

23.1.5　我是否需要启用 X Window System

谈了这么多 X Window System 方面的内容后，再来聊聊，你的 Linux 主机是否需要默认启动 X 呢？一般来说，如果你的 Linux 主机定位为网络服务器的话，那么由于 Linux 里面的主要服务的配置文件都是纯文本格式文件，相当容易设置，所以，根本就是不需要 X Window System 存在，因为 X Window System 仅是 Linux 系统内的一个软件而已。

但是万一你的 Linux 主机是用来作为你的桌面计算机使用，那么 X Window System 对你而言，就是相当重要的一个东西了。因为我们日常使用的办公软件，都需要使用到 X Window System 图形的功能。此外，以鸟哥的例子来说，俺之前接触到的数值分析模型，需要利用图形处理软件来将数据读取出来，所以在那台 Linux 主机上面，我一定需要 X Window System。

由于目前的主机系统设备已经很不错，除非你使用的是单板计算机，否则桌面计算机、笔记本电脑等设备要拿来运行 X Window System 大概都不是问题。所以，是否默认要启用你的 X Window System，完全取决于你的服务器用途。

23.2　X Server 配置文件解析与设置

从前面的说明来看，我们知道一个 X Window System 能不能成功启动，其实与 X Server 有很大的关系。因为 X Server 负责的是整个界面的描绘，所以没有成功启动 X Server 的话，即使有启动 X Client 也无法将图形显示出来。所以，下面我们就针对 X Server 的配置文件来做个简单的说明，好让大家可以成功地启动 X Window System。

基本上，X Server 管理的是显卡、屏幕分辨率、鼠标按键对应等，尤其是显卡的识别，真的很重要。此外，还有显示的字体也是 X Server 管理的一环。基本上，X Server 的配置文件都是默认放置在 /etc/X11 目录下，而相关的显示模块或上面提到的总管模块，则主要放置在/usr/lib64/xorg/modules 下面。比较重要的是字体文件与显卡驱动模块，它们主要放置在：

- 提供的显示字体:/usr/share/X11/fonts/
- 显卡驱动模块:/usr/lib64/xorg/modules/drivers/

在 CentOS 下面，这些都要通过一个统一的配置文件来规范，那就是 X Server 的配置文件，这个配置文件就是/etc/X11/xorg.conf。

23.2.1　解析 xorg.conf 设置

如同前几个小节谈到的，在 Xorg 基金会里面的 X11 版本为 X11R7. N，那如果你想要知道到底你用的 X Server 版本是第几版，可以使用 X 命令来检查。(你必须以 root 的身份执行下列命令)

```
[root@study ~]# X -version
X.OrgX Server1.15.0
Release Date: 2013-12-27
X Protocol Version 11, Revision 0
Build Operating System: 2.6.32-220.17.1.el6.
Current Operating System: Linux study.centos.vbird 3.10.0-229.el7. #1 SMP Fri Mar
 6 11:36:42 UTC 2015
Kernel command line: BOOT_IMAGE=/vmlinuz-3.10.0-229.el7. root=/dev/mapper/centos-
 root ro rd.lvm.lv=centos/root rd.lvm.lv=centos/swap crashkernel=auto rhgb quiet
Build Date: 10 April 2015  11:44:42AM
Build ID: xorg-x11-server 1.15.0-33.el7_1
Current version of pixman: 0.32.4
	Before reporting problems, check http://wiki.x.org
	to make sure that you have the latest version.
```

由上面的几个关键词我们可以知道，目前鸟哥的这台测试机使用的 X Server 是 Xorg 计划所提供的 X11，不过看起来 Xorg 已经将所谓的 X11R7 那个 R7 给删除了，使用的是 Xorg 自己的版本，所以是 Xorg1.15.0 版本。此外，若有问题则可以到 http://wiki.x.org 去查询，因为是 Xorg 这个 X Server，因此我们的配置文件为/etc/X11/xorg.conf。所以，理解这个文件的内容对于 X Server 的功能来说，是很重要的。

比较需要留意的是，从 CentOS 6 以后（当然包含 CentOS 7），X Server 在每次启动的时候都会自行

检测系统上面的显卡、屏幕类型等，然后自行搭配优化的驱动程序加载。因此，这个/etc/X11/xorg.conf
已经不再被需要了。不过，如果你不喜欢 X 系统自行检测的设置值，那也可以自行创建 xorg.conf。

　　此外，如果你只想要加入或是修改部分的设置，并不是每个组件都要自行设置的话，那么可以在
/etc/X11/xorg.conf.d/这个目录下建立文件名为.conf 的文件，将你需要的额外选项加进去即可。那就不
会每个设置都以你的 xorg.conf 为主了，了解了么？

> 那我怎么知道系统用的是哪一个设置？可以参考/var/log/Xorg.0.log 的内容，该文件前
> 几行会告诉你使用的配置文件是来自于哪里的。

　　注意一下，在修改这个文件之前，务必将这个文件备份下来，免得改错了什么东西导致连 X Server
都无法启动。这个文件的内容是分成数个段落的，每个段落以 Section 开始，以 EndSection 结束，里
面含有该 Section（段落）的相关设置值，例如：

```
Section  "section name"
...... <== 与这个 section name 有关的设置选项。
......
EndSection
```

　　至于常见的 section name 主要有：

1. Module：被加载到 X Server 当中的模块（某些功能的驱动程序）；
2. InputDevice：包括输入的 1.键盘的格式 2.鼠标的格式，以及其他相关输入设备；
3. Files：设置字体所在的目录位置等；
4. Monitor：显示器的格式，主要是设置水平、垂直的刷新频率，与硬件有关；
5. Device：这个重要，就是显卡的相关设置；
6. Screen：这个是在屏幕上显示的相关分辨率与色彩深度的设置选项，与显示设置有关；
7. ServerLayout：上述的每个选项都可以重复设置，这里则是 X Server 要使用哪个选项值的设置。

　　前面说了，xorg.conf 这个文件已经不存在，那我们怎么学习？没关系，Xorg 有提供一个简单的
方式可以让我们来重建这个 xorg.conf 文件。同时，这可能也是 X 自行检测 GPU 所生成的优化设置。
怎么处理？假设你是在 multi-user.target 的环境下，那就可以这样作来生成 xorg.conf。

```
[root@study ~]#Xorg-configure
......（前面省略）......
Markers: (--) probed, (**) from config file, (==) default setting,
        (++) from command line, (!!) notice, (II) informational,
        (WW) warning, (EE) error, (NI) not implemented, (??) unknown.
(==) Log file: "/var/log/Xorg.0.log", Time: Wed Sep 16 10:13:57 2015
List of video drivers:     # 说明目前此系统上面有哪些显卡驱动程序的意思。
        qxl
        vmware
        v4l
        ati
        radeon
        intel
        nouveau
        dummy
        modesetting
        fbdev
        vesa
(++) Using config file: "/root/xorg.conf.new"        # 使用的配置文件。
(==) Using config directory: "/etc/X11/xorg.conf.d"  # 额外设置项目的位置。
(==) Using system config directory "/usr/share/X11/xorg.conf.d"
(II) [KMS] Kernel modesetting enabled.
......（中间省略）......
Yourxorg.conffile is /root/xorg.conf.new             # 最终新的文件出现了。
To test the server, run 'X -config /root/xorg.conf.new' # 测试手段。
```

这样就在你的 root 家目录生成了一个新的 xorg.conf.new。好了，直接来看看这个文件的内容吧！这个文件默认的情况是取消很多设置值，所以你的配置文件可能不会看到这么多的设置选项。不要紧，后续的章节会交代如何设置这些选项。

```
[root@study ~]# vimxorg.conf.new
Section "ServerLayout"                              # 目前 X 决定使用的设置选项。
        Identifier     "X.org Configured"
        Screen      0  "Screen0" 0 0                # 使用的屏幕为 Screen0 这一个（后面会解释）。
        InputDevice    "Mouse0" "CorePointer"       # 使用的鼠标设置为 Mouse0。
        InputDevice    "Keyboard0" "CoreKeyboard"   # 使用的键盘设置为 Keyboard0。
EndSection
# 系统可能有多个的设置值，包括多种不同的键盘、鼠标、显卡等，而最终 X 使用的设置，
# 就是由 ServerLayout 选项来处理。因此，你还得要去下面找出 Screen0 是啥。
Section "Files"
        ModulePath     "/usr/lib64/xorg/modules"
        FontPath       "catalogue:/etc/X11/fontpath.d"
        FontPath       "built-ins"
EndSection
# 我们的 X Server 很重要的一点就是必须要提供字体，这个 Files 的项目就是在设置字体，
# 当然，你的主机必须要有字体文件才行。一般字体文件在/usr/share/X11/fonts/目录中。
# 但是 Xorg 会去读取的则是在/etc/X11/fontpath.d 目录下的设置。
Section "Module"
        Load  "glx"
EndSection
# 上面这些模块是 X Server 启动时，希望能够额外获得的相关支持的模块。
# 关于更多模块可以看一下/usr/lib64/xorg/modules/extensions/这个目录
Section "InputDevice"
        Identifier  "Keyboard0"
        Driver      "kbd"
EndSection
# 就是键盘，在 ServerLayout 选项中有出现这个 Keyboard0，主要是设置驱动程序。
Section "InputDevice"
        Identifier  "Mouse0"
        Driver      "mouse"
        Option      "Protocol" "auto"
        Option      "Device" "/dev/input/mice"
        Option      "ZAxisMapping" "4 5 6 7"  # 支持滚轮功能。
EndSection
# 这个则主要在设置鼠标功能，重点在那个 Protocol 选项，
# 那个是可以指定鼠标界面的设置值，我这里使用的是自动检测，不论是 USB/PS2。
Section "Monitor"
        Identifier   "Monitor0"
        VendorName   "Monitor Vendor"
        ModelName    "Monitor Model"
EndSection
# 显示器的设置仅有一个地方要注意，那就是垂直与水平的刷新频率，常见设置如下。
#        HorizSync    30.0 - 80.0
#        VertRefresh  50.0 - 100.0
# 在上面的 HorizSync 与 VerRefresh 的设置上，要注意，不要设置太高，
# 这设置与实际的显示器功能有关，请查询你的显示器手册说明来设置。
# 传统 CRT 屏幕设置太高的话，据说会让显示器烧毁，要注意。
Section "Device"        # 显卡（GPU）的驱动程序，很重要的设置。
        Identifier  "Card0"
        Driver      "qxl"          # 实际使用的显卡驱动程序。
        BusID       "PCI:0:2:0"
EndSection
# 这地方重要了，这就是显卡的驱动模块加载的设置区域，由于鸟哥使用 Linux KVM 虚拟机搭建这个测试环境，
# 因此这个地方显示的驱动程序为 qxl 模块。
# 更多的显示模块可以参考/usr/lib64/xorg/modules/drivers/。
Section "Screen"            # 与显示的界面有关，分辨率与色彩深度。
        Identifier "Screen0"    # 就是 ServerLayout 里面用到的那个屏幕设置。
        Device      "Card0"      # 使用哪一个显卡的意思。
```

```
        Monitor      "Monitor0"    # 使用哪一个屏幕的意思。
        SubSection "Display"        # 此阶段的附属设置选项。
                Viewport   0 0
                Depth      1       # 就是色彩深度的意思。
        EndSubSection
        SubSection "Display"
                Viewport   0 0
                Depth      16
        EndSubSection
        SubSection "Display"
                Viewport   0 0
                Depth      24
        EndSubSection
EndSection
# Monitor 与实际的显示器有关，而 Screen 则是与显示的分辨率、色彩深度有关。
# 我们可以设置多个分辨率，实际应用时可以让使用者自行选择想要的分辨率来使用，设置如下：
#                Modes   "1024x768" "800x600" "640x480" <==分辨率
# 上述的 Modes 是在"Display"下面的子设置。不过，为了避免困扰，鸟哥通常只指定一到两个分辨率而已。
```

上面设置完毕之后，就等于将整个 X Server 设置妥当了，很简单吧？如果你想要更新其他如显卡驱动模块的话，就要去硬件开发商的网站下载原始文件来编译才行。设置完毕之后，你就可以启动 X Server 试看看。然后，请将 xorg.conf.new 更名成类似 00-vbird.conf 的文件名，再将该文件移动到 /etc/X11/xorg.conf.d/里面去，这样就 OK 了。

```
# 测试 X Server 的配置文件是否正常。
[root@study ~]# startx    <==直接在 multi-user.target 启动 X 看看。
[root@study ~]#Xorg:1   <==在 tty3 单独启动 X Server 看看。
```

当然，你也可以利用 systemctl isolate graphical.target 这个命令直接切换到图形用户界面模式来登录看看。

> 经由讨论区网友的说明，如果你发现明明识别到了显卡驱动程序，却总是无法顺利启动 X 的话，可以尝试去官网获取驱动程序来安装，也可以将【Device】段的【Driver】修改成默认的【Driver "vesa"】，使用该驱动程序来暂时启动 X 中的显卡。

23.2.2　字体管理

我们 Xorg 所使用的字体大部分都是放置于下面的目录中：
- /usr/share/X11/fonts/
- /usr/share/fonts/

不过 Xorg 默认会加载的字体存储于/etc/X11/fontpath.d/目录中，使用链接文件的形式来进行链接的操作而已。你应该还记得 xorg.conf 里面有个【Flies】的设置项目吧？该项目里面就有指定到【FontPath "catalogue:/etc/X11/fontpath.d"】对吧，也就是说，我们默认的 Xorg 使用的字体就是取自于/etc/X11/fontpath.d。

鸟哥查了一下 CentOS 7，针对中文字体（chinese）来说，有楷体与宋体，宋体默认安装了，不过楷体却没有安装，那我们能不能安装了楷体之后，将楷体也列为默认的字体之一？来看一看我们怎么做好了：

```
# 1. 检查中文字体，并且安装中文字体并检验有没有存放到 fontpath.d 目录中。
[root@study ~]# ll -d /usr/share/fonts/cjk*
drwxr-xr-x. 2 root root 22 May  4 17:54 /usr/share/fonts/cjkuni-uming
[root@study ~]# yum install cjkuni-ukai-fonts
[root@study ~]# ll -d /usr/share/fonts/cjk*
drwxr-xr-x. 2 root root 21 Sep 16 11:48 /usr/share/fonts/cjkuni-ukai  # 这就是楷书。
```

```
drwxr-xr-x. 2 root root 22 May  4 17:54 /usr/share/fonts/cjkuni-uming
[root@study ~]# ll /etc/X11/fontpath.d/
lrwxrwxrwx. 1 root root 29 Sep 16 11:48 cjkuni-ukai-fonts -> /usr/share/fonts/cjkuni-ukai/
lrwxrwxrwx. 1 root root 30 May  4 17:54 cjkuni-uming-fonts -> /usr/share/fonts/cjkuni-uming/
lrwxrwxrwx. 1 root root 36 May  4 17:52 default-ghostscript -> /usr/share/fonts/default/ghost
script
lrwxrwxrwx. 1 root root 30 May  4 17:52 fonts-default -> /usr/share/fonts/default/Type1
lrwxrwxrwx. 1 root root 27 May  4 17:51 liberation-fonts -> /usr/share/fonts/liberation
lrwxrwxrwx. 1 root root 27 Sep 15 17:10 xorg-x11-fonts-100dpi:unscaled:pri=30 -> /usr/share/X
11/fonts/100dpi
lrwxrwxrwx. 1 root root 26 Sep 15 17:10 xorg-x11-fonts-75dpi:unscaled:pri=20 -> /usr/share/X1
1/fonts/75dpi
lrwxrwxrwx. 1 root root 26 May  4 17:52 xorg-x11-fonts-Type1 -> /usr/share/X11/fonts/Type1
# 竟然会自动将该字体加入到 fontpath.d 当中，太好了。
# 2. 建立该字体的字体缓存数据，并检查是否使用。
[root@study ~]# fc-cache -v | grep ukai
/usr/share/fonts/cjkuni-ukai: skipping, existing cache is valid: 4 fonts, 0 dirs
[root@study ~]# fc-list | grep ukai
/usr/share/fonts/cjkuni-ukai/ukai.ttc: AR PL UKai TW:style=Book
/usr/share/fonts/cjkuni-ukai/ukai.ttc: AR PL UKai HK:style=Book
/usr/share/fonts/cjkuni-ukai/ukai.ttc: AR PL UKai CN:style=Book
/usr/share/fonts/cjkuni-ukai/ukai.ttc: AR PL UKai TW MBE:style=Book
# 3. 重新启动 Xorg 或是强制重新进入 graphical.target。
[root@study ~]# systemctl isolate multi-user.target; systemctl isolate graphical.target
```

如果上述操作没有问题的话，现在你可以在图形界面下面，通过【应用程序】-->【工具】-->【字体查看器】当中找到一个名为【AR PL UKai CN Book】字样的字体，点下去就会看到图 23.2.1，那就代表该字体已经可以被使用了，不过某些程序可能还要额外的设置。

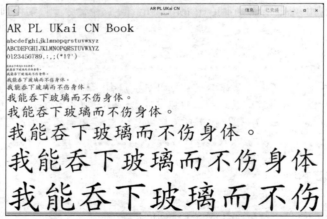

图 23.2.1　安装楷书字体的结果

鸟哥比较好奇的是，这个字体的开发者怎么举这个示例，显示的示意字体竟然是吃了玻璃会不受伤，这会不会教坏小孩？请勿模仿。

◆ 让窗口管理器可以使用额外的字体

如果想要使用其他字体的话，你可以自行获取某些字体来安装。鸟哥使用从 Windows 中获取的微软雅黑、Times new Roman 两种字体加上粗、斜体等共 6 个文件来完成字体的安装，这边得注明一下是纯粹的测试，测试完毕后文件就给它删掉，并没有持续使用，大家参考看看就好了。那就来看看如何增加字体。（假设上述的字体文件是放置在/root/font 中。）

```
# 1. 将字体文件放置到系统设置目录，亦即下面的目录中。
[root@study ~]# cd /usr/share/fonts/
[root@study ~]# mkdir Windows
[root@study ~]# cp /root/font/*.ttf /usr/share/fonts/Windows/
# 2. 使用 fc-cache 将上述的文件加入字体的支持中列表。
```

```
[root@study ~]# fc-cache -f -v
······（前面省略）······
/usr/share/fonts/Windows: caching, new cache contents: 6 fonts, 0 dirs
······（后面省略）······
# -v 仅是列出目前的字体数据，-f 则是强制重新建立字体缓存。
# 3. 通过 fc-list 列出已经被使用的字体文件。
[root@study ~]# fc-list : file | grep window  <==找出被缓存的文件。
/usr/share/fonts/Windows/timesbi.ttf:
/usr/share/fonts/Windows/timesi.ttf:
/usr/share/fonts/Windows/msjh.ttf:
/usr/share/fonts/Windows/times.ttf:
/usr/share/fonts/Windows/msjhbd.ttf:
/usr/share/fonts/Windows/timesbd.ttf:
```

之后在字体查看器里面就会发现有多了【Microsoft JhengHei、Times New Roman】等字体。

23.2.3　显示器参数微调

有些朋友偶而会这样问：【我的显示器明明还不错，但是屏幕分辨率却永远只能达到 800x600 而已，这该如何处理？】屏幕的分辨率应该与显卡相关性不高，而是与显示器的刷新频率有关。

所谓的刷新频率，指的是在一段时间内屏幕重新绘制界面的速度。举例来说，60Hz 的刷新频率，指的是每秒钟界面刷新 60 次。那么关于显示器的刷新频率该如何调整？你得要去找到你的显示器的使用说明书（或是网站会有规格介绍），获取最高的刷新率后，接下来选择你想要的分辨率，然后通过这个 gtf 的命令功能来调整。

> 基本上，现在新的 Linux 发行版的 X Server 大多使用自行检测方式来处理所有的设置，因此，除非你的屏幕特别新或是特别怪，否则应该不太需要使用到 gtf 的功能。

```
# 1. 先来测试一下你目前的屏幕使用的显卡所能够处理的分辨率与刷新频率（须在 X 环境下）。
[root@study ~]# xrandr
Screen 0: minimum 320 x 200, current 1440 x 900, maximum 8192 x 8192
Virtual-0 connected primary 1440x900+0+0 0mm × 0mm
   1024x768      59.9 +
   1920x1200     59.9
   1920x1080     60.0
   1600x1200     59.9
   1680x1050     60.0
   1400x1050     60.0
   1280x1024     59.9
   1440x900      59.9*
   1280x960      59.9
   1280x854      59.9
   1280x800      59.8
   1280x720      59.9
   1152x768      59.8
   800x600       59.9
   848x480       59.7
   720x480       59.7
   640x480       59.4
# 上面显示现在的环境中，测试过最高分辨率大概是 1920×1200，但目前是 1440×900（*）。
# 若需要调整成 1280*800 的话，可以使用下面的方式来调整。
[root@study ~]# xrandr -s 1280*800
# 2. 若想强制 X Server 更改屏幕的分辨率与刷新频率，则需要自定义 xorg.conf 的设置，先来检测。
[root@study ~]# gtf 水平像素 垂直像素 刷新频率 [-xv]
选项与参数：
水平像素：就是分辨率的 X 轴。
垂直像素：就是分辨率的 Y 轴。
刷新频率：与显示器有关，一般可以选择 60、75、80、85 等频率。
-x    : 使用 Xorg 配置文件的模式输出，这是默认值。
-v    : 显示检测的过程。
```

```
# 1. 使用 1024x768 的分辨率，使用 75Hz 的刷新频率。
[root@study ~]# gtf 1024 768 75 -x
# 1024x768 @ 75.00 Hz (GTF) hsync: 60.15 kHz; pclk: 81.80 MHz
Modeline "1024x768_75.00"  81.80  1024 1080 1192 1360  768 769 772 802  -HSync +Vsync
# 重点是 Modeline 那一行，那行给它抄下来。
# 2. 将上述的信息输入 xorg.conf.d/*.conf 中的 Monitor 选项中。
[root@study ~]# vim /etc/X11/xorg.conf.d/00-vbird.conf
Section "Monitor"
    Identifier    "Monitor0"
    VendorName    "Monitor Vendor"
    ModelName     "Monitor Model"
    Modeline "1024x768_75.00"  81.80  1024 1080 1192 1360  768 769 772 802  -HSync +Vsync
EndSection
# 就是新增上述的那行特殊字体部分到 Monitor 的选项中即可。
```

然后重新启动你的 X，这样就能够选择新的分辨率。那如何重新启动 X？两个方法，一个是【systemctl isolate multi-user.target; systemctl isolate graphical.target】从命令行模式与图形模式的运行级别去切换。另一个比较简单，如果原本就是 graphical.target 的话，那么在 X 的界面中按下【[alt]+[crtl]+[backspace]】三个组合按键，就能够重新启动 X。

23.3 显卡驱动程序安装范例

虽然你的 X Window System 已经顺利地启动了，也调整到你想要的分辨率了，不过在某些场合下面，你想要使用显卡提供的 3D 图形加速功能时，却发现 X 提供的默认驱动程序并不支持。此时真是欲哭无泪，那该如何是好？没关系，安装官方网站提供的驱动程序即可。目前（2015）世界上针对 x86 提供显卡的厂商最大的应该是 NVIDIA、AMD（ATI）、Intel 这三家（没有照市占率排列），以下下面鸟哥就针对这三家的显卡驱动程序安装，做个简单的介绍。

由于硬件驱动程序与内核有关，因此你想要安装这个驱动程序之前，请务必先参考第 21 章与第 22 章的介绍，才能够顺利的编译出显卡驱动程序。建议可以直接使用 yum 去安装【Development Tools】这个软件群组以及 kernel-devel 这个软件即可。

 因为你得要有实际的硬件才办法安装这些驱动程序，因此下面鸟哥使用的则是物理机器上面装有显卡的设备，就不是使用虚拟机了。

23.3.1 NVIDIA

虽然 Xorg 已经针对 NVIDIA 公司的显卡提供了【nouveau】这个驱动模块，不过这个模块无法提供很多额外的功能。因此，如果你想要使用新的显卡功能时，就得要额外安装 NVIDIA 提供的给 Linux 的驱动程序才行。

至于 NVIDIA 虽然提供了驱动程序给大家使用，不过它们并没有完全发布，因此自由软件圈不能直接拿人家的东西来重新开发，不过还是有很多好心人士有提供相关的软件源给大家使用，你可以自行 Google 查看相关的软件源（比较可惜的是，EPEL 里面并没有 NVIDIA 官网发布的驱动程序）。所以，下面我们还是使用从 NVIDIA 官网下载相关驱动来安装。

◆ 查询硬件与下载驱动程序

你要先确认你的硬件是什么才可以下载到正确的驱动程序。简单查询的方法可以使用 lspci，还不需要拆主机查看。

```
[root@study ~]# lspci | grep -Ei '(vga|display)'
00:02.0 Display controller: Intel Corporation Xeon E3-1200 v3/4th Gen Core Processor Integrated
    Graphics Controller (rev 06)
```

```
01:00.0 VGA compatible controller: NVIDIA Corporation GF119 [GeForce GT 610] (rev a1)
# 鸟哥选的这台物理机器测试中，其实有内置 Intel 显卡以及 NVIDIA GeForece GT610。
# 显示器则是接在 NVIDIA 显卡上面。
```

建议你可以到 NVIDIA 的官网（http://www.nvidia.cn）自行去下载最新的驱动程序，你也可以到下面的链接直接查看给 Linux 用的驱动程序：

- http://www.nvidia.cn/object/unix_cn.html

请自行选择与你的系统相关的环境。现在 CentOS 7 都仅有 64 位，所以不要怀疑，就是选择 Linux /AMD64/EM64T 的版本就对了。不过还是要注意你的 GPU 是旧的还是新，像鸟哥刚刚查到上面使用的是 GT610 的显卡，那使用最新长期稳定版就好。鸟哥下载的版本文件名有点像：NVIDIA-Linux-x86_64-352.41.run，我将这文件名放置在/root 下面。接下来就是这样做：

◆ 系统升级与取消 nouveau 模块的加载

因为这个系统是新安装的，所以没有我们虚拟机里面已经安装好的所需环境。因此，我们建议你最好是做好系统升级的操作，然后安装所需要的编译环境，最后还要将 nouveau 模块取消使用。因为强制系统不要使用 nouveau 这个驱动，这样才能够完整地让 NVIDIA 的驱动程序运行。那就来看看怎么做。

```
# 1. 先来全系统升级与安装所需要的编译器与环境。
[root@study ~]# yum update
[root@study ~]# yum groupinstall "Development Tools"
[root@study ~]# yum install kernel-devel kernel-headers
# 2. 开始处理不许加载 nouveau 模块的操作。
[root@study ~]# vim /etc/modprobe.d/blacklist.conf    # 这文件默认应该不存在。
blacklist nouveau
options nouveau modeset=0
[root@study ~]# vim /etc/default/grub
GRUB_CMDLINE_LINUX="vconsole.keymap=us crashkernel=auto  vconsole.font=latarcyrheb-sun16
  rhgb quiet rd.driver.blacklist=nouveau nouveau.modeset=0"
# 在 GRUB_CMDLINE_LINUX 设置里面加上 rd.driver.blacklist=nouveau nouveau.modeset=0 的意思。
[root@study ~]# grub2-mkconfig -o /boot/grub2/grub.cfg
[root@study ~]# reboot
[root@study ~]# lsmod | grep nouveau
# 最后要没有出现任何模块才是对的。
```

◆ 安装驱动程序

要完成上述操作之后才能够处理下面的操作。（文件名依照你的环境去下载与执行）：

```
[root@study ~]# systemctl isolate multi-user.target
[root@study ~]# sh NVIDIA-Linux--352.41.run
# 接下来会出现下面的内容，请自行参考图示内容处理。
```

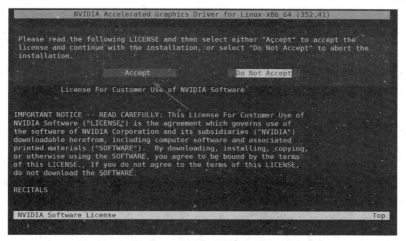

图 23.3.1 a　NVIDIA 官网驱动程序相关设置界面示意

上面说的是授权，你必须要接受（Accept）才能继续。

要不要安装 32 位兼容的函数库？鸟哥个人是认为还是装一下比较好。

图 23.3.1 b　NVIDIA 官网驱动程序相关设置界面示意　　图 23.3.1 c　NVIDIA 官网驱动程序相关设置界面示意

让这个安装程序主动的去修改 xorg.conf，比较轻松愉快，就按下 Yes 即可。

最后按下 OK 就结束安装，这个时候如果你去查看一下/etc/X11/xorg.conf 的内容，会发现 Device 的 Driver 设置会成为 nvidia，这样就搞定，很简单吧！而且这个时候你的/usr/lib64/xorg/modules/drivers 目录中，会多出一个 nvidia_drv.so 的驱动程序文件。同时这个软件还提供了一个很有用的程序来帮助我们进行驱动程序升级。

```
[root@study ~]# nvidia-installer --update
# 可以进行驱动程序的升级检查。
```

好，那你就赶紧试试看新的显卡功能吧！而如果有什么疑问的话，查看一下/var/log/NVIDIA*开头的日志文件。

23.3.2　AMD（ATI）

AMD 的显卡（ATI）型号也很多，不过因为 AMD 的显卡驱动程序有发布源代码，目前有个名为 ELrepo 的网站有主动提供 AMD 的显卡驱动。而且是针对我们 CentOS 7，好像还不赖，其实 ELrepo 也提供了 NVIDIA 的驱动程序，只是型号太多，所以鸟哥还是使用 NVIDIA 官网的文件来演示而已。

那如何获取 ELrepo？这个网站家目录在下面，你可以自己看一看，至于安装 ELrepo 的 yum 配置文件方式如下：

- http://elrepo.org

```
[root@study ~]# rpm --import https://www.elrepo.org/RPM-GPG-KEY-elrepo.org
[root@study ~]# rpm -Uvh http://www.elrepo.org/elrepo-release-7.0-2.el7.elrepo.noarch.rpm
[root@study ~]# yum clean all
[root@study ~]# yum --enablerepo elrepo-testing search fglrx
kmod-fglrx. : fglrx kernel module(s)
fglrx-x11-drv. : AMD's proprietary driver for ATI graphic cards # 这就对了。
fglrx-x11-drv-32bit. : Compatibility 32-bit files for the 64-bit Proprietary AMD driver
fglrx-x11-drv-devel. : Development files for AMD OpenGL X11 display driver.
[root@study ~]# yum --enablerepo elrepo-testing install fglrx-x11-drv
# 很快的，这样就安装好了 AMD 的显卡驱动程序了，超开心的吧！
```

安装完毕后，系统就会在/usr/lib64/xorg/modules/drivers/里面出现 fglrx_drv.so 这个新的驱动程序。与 NVIDIA 相同，ATI 也提供一个名为 aticonfig 的命令来协助设置 xorg.conf，你可以直接输入【aticonfig -v】来看看处理的方式。然后你就可以重新启动 X 来使用新的驱动程序功能，非常简单。

23.3.3　Intel

老实说，由于 Intel 针对 Linux 的图形驱动程序已经公布了源代码，所以理论上你不需要重新安装 Intel 的显卡驱动程序。除非你想要使用比默认的更新的驱动程序，那么才需要重新安装下面的驱动程序。Intel 对 Linux 的显卡驱动程序已经有独立的网站在提供，如下的链接就是安装说明：

- https://01.org/zh/linuxgraphics

其实 Intel 的显卡用的地方非常多。只要是集成主板芯片组，用的是 Intel 的芯片，通常都整合了 Intel 的显卡，鸟哥使用的一组服务器集群用的就是 Intel 的芯片，所以，这家伙也是用得到的。

一般来说，Intel 的显卡常常会使用 i910 等驱动程序，而不是这个较新的 Intel 驱动程序。你可以查看一下你系统是否存在这些文件：

```
[root@study ~]# locate libdrm
/usr/lib64/libdrm.so.2
/usr/lib64/libdrm.so.2.4.0
/usr/lib64/libdrm_intel.so.1          # 就是这几个怪东西。
/usr/lib64/libdrm_intel.so.1.0.0
……（下面省略）……
[root@study ~]# locate intel | grep xorg
/usr/lib64/xorg/modules/drivers/intel_drv.so
# 上面这个就是 Intel 的显卡驱动程序了。
```

呼呼！我们的 CentOS 提供了新的 Intel 显卡驱动程序，所以不需要重新安装，只是可能需要修改 xorg.conf 这个配置文件的内容。基本上，要修改的地方有：

```
[root@study ~]# vi /etc/X11/xorg.conf
Section "Device"
        Identifier  "Videocard0"
        Driver      "intel"  <==原本可能会是使用 i91x.
EndSection
Section "Module"
        ……（中间省略）……
        Load  "glx"   <==这两个很重要，务必要加载。
        Load  "dri"
        ……（中间省略）……
EndSection
Section "DRI"           <==这三行是新增的，让大家都能使用 DRI。
        Mode 0666       <==基本上，就是权限的设置。
EndSection
```

如果一切顺利的话，接下来就是重新启动 X，使用新的 Intel 驱动程序，加油。

老实说，CentOS 7 的 Xorg 自动检测程序做的其实还不错，在鸟哥这次物理机的测试系统上面安装图形界面时，几乎 Xorg 都可以正确的获取到驱动程序，连双屏幕功能也都可以顺利的启用没问题。所以除非必要，否则您应该不需要重新设置 xorg.conf。

23.4　重点回顾

◆ UNIX-like 操作系统上面的 GUI 使用的是最初由 MIT 所开发的 X Window System，在 1987 发布 X11 版，并于 1994 更改为 X11R6，故此 GUI 接口也被称为 X 或 X11。
◆ X Window System 的 X Server 最初由 XFree86 计划所开发，后来则由 Xorg 基金会所持续开发。
◆ X Window System 主要分为 X Server 与 X Client，其中 X Server 在管理硬件，而 X Client 则是应用程序。
◆ 在运行上，X Client 应用程序会将所想要呈现的界面告知 X Server，最终由 X Server 来将结果通过它所管理的硬件绘制出来。
◆ 每一个 X Client 都不知道对方的存在，必须要通过特殊的 X Client，称为窗口管理器（Window Manager）的程序来管理各窗口的重叠、移动、最小化等操作。
◆ 若有需要登录图形用户界面模式，有时会有 Display Manager 来管理这方面的操作。
◆ startx 可以检测 X Server 与 X Client 的启动脚本，并调用 xinit 来分别执行。

- X 可以启动多个，各个 X 显示的位置使用-display 来处理，显示位置为:0、:1 等。
- Xorg 是一个 X Server，配置文件位于/etc/X11/xorg.conf，里面含有 Module、Files、Monitor、Device 等设置选项。目前较新的设置中，会将额外的设置放置于/etc/X11/xorg.conf.d/*.conf 中。

23.5　本章习题

- 在 X 设置没问题的情况下，你在 Linux 主机如何获取 X 窗口接口？
- 利用 startx 可以在 multi-user.target 的环境下进入 X Window System。请问 startx 的主要功能是什么？
- 如何知道你系统当中 X 系统的版本等信息？
- 要了解为何 X 系统可以允许不同硬件、主机、操作系统之间的通信，需要知道 X Server 与 X Client 的相关知识。请问 X Server、X Client、窗口管理器的主要用途功能是什么？
- 如何重新启动 X？
- 试说明~/.xinitrc 这个文件的用途？
- 我在 CentOS 的系统中，默认使用 GNOME 登录 X。但我想要改以 KDE 登录，该怎么办？
- X Server 的默认端口是什么？
- Linux 主机是否可以有两个以上的 X。
- X Server 的配置文件是 xorg.conf，在该文件中，Section Files 是干嘛用的？
- 我发现我的 X 系统键盘总是打不出我所需要的字母，可能原因该如何自定义？
- 当我的系统内安装了 GNOME 及 KDE 两个 X 的窗口管理器，我原本是以 KDE 为默认的 WM，若想改为 GNOME 时，应该如何修改？

23.6　参考资料与扩展阅读

- 注 1：维基百科中有关 X Window System 的说明。
  https://en.wikipedia.org/wiki/X_Window_System
- 注 2：X Server 与 X Client 以及网络的相关性参考图。
  https://en.wikipedia.org/wiki/File:X_client_sever_example.svg
- 注 3：系统的 man page 帮助信息。
  man xinit、manXorg、man startx
- X 相关的官方网站。
  - X.org 官方网站
  https://www.x.org/
  - XFree86 官方网
  http://www.xfree86.org/

24

第 24 章　Linux 内核编译与管理

我们说的 Linux 其实指的就是内核（kernel）而已。这个内核控制主机的所有硬件并提供系统所有的功能，你说，它重不重要？我们开机的时候其实就是利用启动引导程序加载这个内核文件来检测硬件，在内核加载适当的驱动程序后，你的系统才能够顺利运行。现今的系统由于强调在线升级功能，因此不建议自定义内核。但是，如果你想要将 Linux 安装到 U 盘、想要在淘汰的笔记本电脑上安装自己的 Linux，想让你的 Linux 可以驱动你的小家电，此时，内核编译就是相当重要的一个任务了。本章内容比较进阶，如果你对系统移植没有兴趣的话，可以先略过。

24.1　编译前的任务：认识内核与获取内核源代码

我们在第 1 章里面就谈过 Linux 其实指的是内核。这个【内核（kernel）】是整个操作系统的最底层，它负责了整个硬件的驱动，以及提供各种系统所需的内核功能，包括防火墙功能、是否支持 LVM或磁盘配额等文件系统功能，这些都是内核所负责的。所以，在第 19 章的启动流程中，我们也会看到 MBR 中的 loader 加载内核文件来驱动整个系统的硬件。也就是说，如果你的内核不识别某个最新的硬件，那么该硬件也就无法被驱动，你当然也就无法使用该硬件。

24.1.1　什么是内核（Kernel）

这已经是整个 Linux 基础的最后一章了，所以，下面这些内容你应该都要【很有概念】才行，不能只是【好像有印象】。好了，下面就来复习一下内核的相关知识。

◆ Kernel

还记得我们在第 10 章的 BASH shell 提到过：计算机真正在工作的其实是【硬件】，例如数值运算要使用到 CPU、数据存储要使用到硬盘、图形显示会用到显卡、播放音乐要有声卡、连接互联网可能需要网卡等。那么如何控制这些硬件呢？那就是内核的工作了，也就是说，计算机帮你完成的各项工作，都需要通过【内核】的帮助才行，当然，如果你想要完成的工作是内核所没有提供的，那么你自然就没有办法通过内核来控制计算机让它工作。

举例来说，如果你想要有某个网络功能（例如内核防火墙机制），但是你的内核偏偏忘记加进去这项功能，那么不论你如何卖力地设置该网络组件，很抱歉，没有用。换句话说，你想要让计算机完成的工作，都必须要【内核支持】才可以。这个标准不论在 Windows 或 Linux 操作系统上都相同。如果有人开发出一个【全新的硬件】，目前的内核不论 Windows 或 Linux 都不支持，那么不论你用什么系统，这个硬件都是英雄无用武之地。现在你是否了解了【内核】的重要呢？接下来我们需要了解一下如何编译我们的内核。

那么内核到底是什么？其实内核就是系统上面的一个文件而已，这个文件包含了驱动主机各项硬件的检测程序与驱动模块。在第 19 章的启动流程分析中，我们也提到这个文件被读入内存，当系统读完 BIOS 并加载 MBR 内的启动引导程序后，就能够加载内核到内存当中。然后内核开始检测硬件，挂载根目录并获取内核模块来驱动所有的硬件，之后调用 systemd 就能够依序启动全部操作系统所需要的服务了。

这个内核文件通常被命名为/boot/vmlinuz-xxx，有时也不一定，因为**一台主机上面可以拥有多个内核文件，只是启动的时候仅能选择一个来加载而已**。甚至我们也可以在一个 Linux 发行版上面放置多个内核，然后以这些内核来做成多重引导。

◆ 内核模块（kernel module）的用途

既然内核文件已经包含了硬件检测与驱动模块，那么什么是内核模块？要注意的是，现在的硬件更新速度太快了，如果我的内核比较旧，但我换了新的硬件，那么这个内核肯定无法支持。怎么办？重新拿一个新的内核来处理吗？开玩笑，内核的编译过程可是很麻烦的。

由于这个缘故，我们的 Linux 很早之前就已经开始使用所谓的模块化设置了。亦即是将一些不常用的类似驱动程序的东西独立出内核，编译成为模块，然后内核可以在系统正常运行的过程当中加载这个模块。如此一来，我在不需要修改内核的前提之下，只要编译出适当的内核模块，并且加载它，我的 Linux 就可以使用这个硬件，简单又方便。

那我的模块放在哪里？就是/lib/modules/$（uname -r）/kernel/当中。

◆ 自制内核-内核编译

上面谈到的内核其实是一个文件，那么这个文件怎么来的呢？当然是通过源代码（source code）编译而成。因为内核是直接被读入到内存当中的，所以当然要将它编译成为系统可以识别的数据才行。

也就是说，我们必须要获取内核的源代码，然后利用第 21 章 Tarball 安装方式提到的编译概念来完成内核的编译才行。（这也是本章的重点。）

◆　关于驱动程序——是厂商的责任还是内核的责任？

现在我们知道硬件的驱动程序可以编译成为内核模块，所以可以在不修改内核的前提下驱动你的新硬件。但是，很多朋友还是常常感到困惑，就是 Linux 上面针对最新硬件的驱动程序总是慢了几个脚步，所以觉得好像 Linux 的支持度不足。其实不可以这么说的，为什么？因为在 Windows 上面，对于最新硬件的驱动程序需求，基本上也都是厂商提供的驱动程序才能让该硬件工作的。因此，在【驱动程序开发】工作上面来说，应该是属于硬件厂商的问题，因为它要我们买它的硬件，自然就要提供消费者能够使用的驱动程序。

所以，如果大家想要让某个硬件能够在 Linux 上面运行，那么可以不断地向硬件开发商提出请求，强烈要求其开发 Linux 上面的驱动程序，这样一来，也可以促进 Linux 的发展。

24.1.2　更新内核的目的

除了 BIOS（或 UEFI）之外，内核是操作系统中最早被加载到内存的东西，它包含了所有可以让硬件与软件工作的信息，所以，如果没有搞定内核的话，那么你的系统肯定会有点小问题。好了，那么是不是将【所有目前内核支持的东西都编译进我的内核中，那就可以支持目前所有的硬件与可执行的工作】？

这话说的是没错，但是你是否看过一个为了怕自己今天出门会口渴、会饿、会冷、会热、会被车撞、会摔跤，而在自己的大包包里面放了大瓶矿泉水、便当、厚外套、短裤、防撞钢梁、止滑垫等一大堆东西，结果却累死在半路上的案例吗？当然有，但是很少，我相信不太有人会这样做。取而代之的是会看一下天气，冷了就只带外套，热了就只带短衣，出远门到没有便利商店的地方才多带矿泉水……说这个干什么？对，就是要你了解到，内核的编译重点在于【你要你的 Linux 做什么？】是的，如果没有必要的工作，就干脆不要加在你的内核当中，这样才能让你的 Linux 运行得更稳、更顺畅，这也是为什么我们要编译内核的最主要原因。

◆　Linux 内核特色，与默认内核对终端用户的角色

Linux 的内核有几个主要的特色，除了【内核可以随时、随各人喜好而修改】之外，内核的【版本修改次数太频繁】也是一个特点。所以，除非你有特殊需求，否则一次编译成功就可以，不需要随时保持最新的内核版本，而且也没有必要（编译一次内核要很久）。

那么是否【我就一定需要在安装好了 Linux 之后就赶紧给它编译内核】，老实说【并不需要】。这是因为几乎每一个 Linux 发行版都已经默认编译好了相当多的模块，所以用户常常（或可能）会使用到的驱动都已经被编译成为模块，也因此，我们用户确实不太需要重新编译内核。尤其是【由于系统已经将内核编译得相当适合一般用户使用了，因此一般入门的用户基本上不需要编译内核】。

◆　内核编译的可能目的

那么鸟哥闲来没事干跑来写个什么东西？既然都不需要编译内核还写编译内核的分享文章，鸟哥卖弄才学呀？很抱歉，鸟哥虽然是个【不学有术】的混混，却也不会平白无故地写东西请您来指教，当然是有需要才会来编译内核。编译内核的时机可以归纳为几大类。

●　新功能的需求

我需要新的功能，而这个功能只有在新的内核里面才有，那么为了获得这个功能，只好来重新编译我的内核。例如 iptables 这个防火墙只有在 2.4.xx 以后的版本里面才有，而新的主板芯片组，很多也需要新的内核支持之后，才能正常而且有效率的工作。

●　原本内核太过臃肿

如果你是那种对于系统【稳定性】要求高的人，对于内核多编译了很多莫名其妙的功能而不太喜欢的时候，那么就可以重新编译内核来取消掉该功能。

- 与硬件搭配的稳定性

由于原本 Linux 内核大多是针对 Intel 的 CPU 来开发的，所以如果你的 CPU 是 AMD 的，有可能（注意，只是有可能，不见得一定会如此）会让系统跑得【不太稳定】。此外，内核也可能没有正确地驱动新的硬件，此时就得重新编译内核让系统获取正确的模块。

- 其他需求（如嵌入式系统）

你需要特殊的环境需求时，就得自行设计你的内核。像是一些商业的软件系统，由于需要较为小而优良的操作系统，那么它们的内核就需要更简洁有力。

 话说，2014 年鸟哥为了要搞定 Banana Pi（一种单片机，或可以称为手机的硬件拿来作 Linux 安装的硬件）的 CPU 最高频率限制，因为该限制是直接写入到 Linux 内核当中，这时就只好针对该硬件的 Linux 内核修改不到 10 行的程序代码之后，重新编译。才能将原本限制到 900MHz 的频率提升到 1.2GHz。

另外，需要注意重新编译内核虽然可以针对你的硬件做优化的步骤（例如刚刚提到的 CPU 的问题），不过由于这些优化的步骤对于整体性能的影响是很小的，因此如果是为了增加性能来编译内核的话，基本上效益不大。然而，如果是针对【系统稳定性】来考虑的话，那么就有充分的理由来支持你重新编译内核。

【如果系统已经运行了很久，而且也没有什么大问题，加上我又不增加冷门的硬件设备，那么建议就不需要重新编译内核了】，因为重新编译内核的最主要目的是【想让系统变得更稳定】。既然你的 Linux 主机已经达到了这个目的，何必再编译内核？不过，就如同前面提到的，由于默认的内核不见得适合你的需要，加上默认的内核可能无法与你的硬件设备相配合，此时才需要考虑重新编译内核。

早期鸟哥是强调最好重新编译内核的一群人。不过，这个想法改变好久了，既然原本的 Linux 发行版都已经帮我们考虑好如何使用内核了，那么，我们也不需要再重新编译内核。尤其是 Linux 发行版都会主动地发布新版的内核 RPM 文件，所以，实在不需要自己重新编译。当然，如同前面提到的，如果你有特殊需求的话，那就另当别论。

由于【内核的主要工作是在控制硬件】，所以编译内核之前，请先了解一下你的硬件设备与你这台主机的未来功能。由于内核是【越简单越好】，所以只要将这台主机的未来功能给它编译进去就好了，其他的就不用去理它。

24.1.3 内核的版本

内核的版本问题，我们在第一章已经谈论过，目前 CentOS 7 使用的 3.10.x 版本为长期维护版本，不过理论上我们也可以升级到后续的主线版本。不会像以前 2.6.x 只能升级到 2.6.x 的后续版本，而不能改成其他主线版本。不过这也只是理论上而已，因为目前许多的软件依旧与内核版本有关，例如虚拟化软件 qemu 之类的，与内核版本之间是有搭配性的关系，所以，除非你要一口气连同内核依赖的软件通通升级，否则最好使用长期维护版本的最新版来处理。

举例来说，CentOS 7 使用的是 3.10.0 这个长期版本，而目前（2015/09）这个 3.10 长期版本，最新的版本为 3.10.89，意思是说，你最好拿 3.10.89 来升级内核，而不是拿最新的 4.2.1 来升级。

虽然理论上还是拿自家长期维护版本的最新版本来处理更好，不过鸟哥因为需要研究虚拟化的 PCI passthrough（直通）技术，确实也曾经在 CentOS 7.1 的系统中将 3.10.x 版本升级到 4.2.3 版本，这样才完成了 VGA 的 PCI passthrough（直通）功能。所以说，如果你真想要使用较新的版本来升级，也不是不可以，只是结果会发生什么状况，就得要自行负责。

24.1.4　内核源代码的获取方式

既然内核是个文件，要制作这个文件给系统使用则需要编译，既然要有编译，当然就得要有源代码。那么源代码怎么来？基本上，根据你的 Linux 发行版去选择的内核源代码来源主要有。

◆　原 Linux 发行版提供的内核源代码文件

事实上，各主要 Linux 发行版在推出它们的产品时，其实已经附上了内核源代码，不过因为目前数据量太庞大，因此 SRPM 默认已经不给镜像站下载了，主要的源代码都放置于下面的网站中。

- 全部的 CentOS 原始 SRPM：http://vault.centos.org/
- CentOS 7.1 的 SRPM：http://vault.centos.org/7.1.1503/

CentOS 7.x 开始的版本中，其版本后面会接上发布的日期，因为 CentOS 7.1 是 2015/03 发布的，因此它的下载点就会是在 7.1.1503，1503 指的就是 2015/03 的意思，你可以进入上述的网站后，到 updates 目录下，一层一层地往下找，就可以找到内核相关的 SRPM。

你或许会说，既然要重新编译，那么干嘛还要使用原 Linux 发行版发布的源代码？话不是这么说，因为原本的 Linux 发行版发布的源代码当中，含有他们设置好的默认设置值，所以，我们可以轻易地就了解到当初它们是如何选择与内核及模块有关的各项设置的参数值，那么就可以利用这些配合我们 Linux 系统的默认参数来加以修改，如此一来，我们就可以【修改内核，调整到自己喜欢的样子】，而且编译的难度也会低一点。

◆　获取最新的稳定版内核源代码

虽然使用 Linux 发行版发布的内核源代码来重新编译比较方便，但是，如此一来，新硬件所需要的新驱动程序，也就无法借由原本的内核源代码来编译，所以，如果是站在要更新驱动程序的立场来看，当然使用最新的内核可能会比较好。

Linux 的内核目前是由其发明者 Linus Torvalds 所属团队在负责维护，而其网站地址下面有提供，在该网站上可以找到最新的内核信息，不过，美中不足的是目前的内核越来越大了（Linux-3.10.89.tar.gz 这一版，这一个文件大约 105MB），所以如果你的网络访问很慢的话，那么使用镜像站来下载不失为一个好方法：

- 内核官网：http://www.kernel.org/
- 中国科技大学镜像站：http://centos.ustc.edu.cn/linux-kernel/
- 清华大学镜像站：https://mirrors.tuna.tsinghua.edu.cn/kernel/

◆　保留原本设置：利用 patch 升级内核源代码

如果（1）你曾经自行编译过内核，那么你的系统当中应该已经存在前几个版本的内核源代码，以及上次你自行编译的参数设置值；（2）如果你只是想要在原本的内核下面加入某些特殊功能，而该功能已经针对内核源代码推出 patch 补丁文件时，那么你该如何进行内核源代码的更新，以便后续的编译呢？

其实每一次内核发布时，除了发布完整的内核压缩文件之外，也会发布【该版本与前一版本的差异性 patch 文件】，关于 patch 的制作我们已经在第 21 章当中提及，你可以自行前往参考。这里仅是要提供给你的信息是，每个内核的 patch 仅有针对前一版的内核来分析而已，所以，万一你想要由 3.10.85 升级到 3.10.89 的话，那么你就得要下载 patch-3.10.86、patch-3.10.87、patch-3.10.88、patch-3.10.89 等文件，然后【依序】一个一个地去进行 patch 的操作后，才能够升级到 3.10.89，这个非常重要，不要忘记了。

同样的，如果是某个硬件或某些非官方认定的网站推出的内核功能 patch 文件时，你也必须要了解该 patch 文件所适用的内核版本，然后才能够进行 patch，否则容易出现重大错误，这点对于某些商业公司的工程师来说是很重要的。举例来说，鸟哥的一个高中同学在业界服务，它主要是进行类似 Eee PC 开发的项目，然而该项目的硬件是该公司自行推出的。因此，该公司必须要自行搭配内核版本来设计它们自己的驱动程序，而该驱动程序并非 GPL 授权，因此它们就得要自行将驱动程序整合进内核。如果改天它们要将这个驱动程序发布，那么就得要利用 patch 的方式，将硬件驱动程序文件发布，我们就得要自行以 patch 来更新内核。

在进行完 patch 之后，你可以直接检查一下原本的设置值，如果没有问题，就可以直接编译，而不需要再重新选择内核的参数值，这也是一个省时间的方法。至于 patch 文件的下载，同样是在内核的相同目录下，查找文件名是 patch 开头的即可。

24.1.5　内核源代码的解压缩、安装、查看

其实，不论是从 CentOS 官网获取的 SRPM 或是从 Linux 内核官网获取的 tarball 内核源代码，最终都会有一个 tarball 的内核源代码。因此，鸟哥从 Linu 内核官网获取 linux-3.10.89.tar.xz 这个内核文件，这个内核文件的源代码是从下面的网址获取的：

- ftp://ftp.twaren.net/pub/UNIX/Kernel/linux/kernel/v3.x/linux-3.10.89.tar.xz

◆　内核源代码的解压缩与放置目录

鸟哥假设你也是从上述地址下载的文件，然后该文件放置到/root 下面。由于 Linux 内核源代码一般建议放置于/usr/src/kernels/目录下面，因此你可以这样处理：

```
[root@study ~]# tar -Jxvf linux-3.10.89.tar.xz -C /usr/src/kernels/
```

此时会在/usr/src/kernels 下面产生一个新的目录，那就是 Linux-3.10.89 这个目录。我们在下个小节会谈到的各项编译与设置，都必须要在这个目录下面进行才行。好了，那么这个目录下面的相关文件有哪些？下面就来谈谈。

◆　内核源代码下的子目录

在上述内核目录下含有哪些重要数据？基本上有下面这些东西。

- arch：与硬件平台有关的项目，大部分指的是 CPU 功能，例如 x86、x86_64、Xen 虚拟化支持等。
- block：与块设备较相关的设置数据，块数据通常指的是大容量存储媒介，还包括是否支持类似 ext3 等文件系统。
- crypto：内核所支持的加密技术，例如 md5 或是 des 等。
- Documentation：与内核有关的一堆说明文件，若对内核有极大的兴趣，要看看这里。
- drivers：一些硬件的驱动程序，例如显卡、网卡、PCI 相关硬件等。
- firmware：一些旧硬件的固件。
- fs：内核所支持的文件系统，例如 vfat、reiserfs、nfs 等。
- include：一些可让其他程序调用的头（header）文件。
- init：一些内核初始化的功能，包括挂载与 init 程序的调用等。
- ipc：定义 Linux 操作系统内各程序间的通信。
- kernel：定义内核的进程、内核状态、线程、进程的调度（schedule）、进程的信号（signle）等。
- lib：一些函数库。
- mm：与内存单元有关的各项数据，包括 swap 与虚拟内存等。
- net：与网络有关的各项协议数据，还有防火墙模块（net/ipv4/netfilter/*）等。
- security：包括 SELinux 等在内的安全性设置。
- sound：与音效有关的各项模块。
- virt：与虚拟化有关的信息，目前内核支持的是 KVM（Kernel base Virtual Machine）。

这些数据先大致有个印象即可，至少未来如果你想要使用 patch 方法加入额外的新功能时，你要将你的源代码放置于何处？这里就能够提供一些指引了。当然，最好还是跑到 Documentation 那个目录下面去看看正确的说明，对你的内核编译会更有帮助。

24.2　内核编译前的预处理与内核功能选择

什么？内核编译还要进行预处理？没错。事实上，内核的目的在管理硬件与提供系统内核功能，因此你必须要先找到你的系统硬件，并且规划你的主机未来的任务，这样才能够编译出适合你这台主机的内核。所以，整个内核编译的重要工作就是【选择你想要的功能】。下面鸟哥就以自己的一台主机软硬件环境来说明，解释一下如何处理内核编译。

24.2.1　硬件环境查看与内核功能要求

鸟哥的一台主机硬件环境如下（在虚拟机中，通过/proc/cpuinfo 及 lspci 查看）。
- CPU：Intel Xeon（R）CPU E5-2650
- 主板芯片组：KVM 虚拟化的主版（Intel 440FX 兼容）
- 显卡：Red Hat, Inc. QXL paravirtual graphic card
- 内存：2.0GB
- 硬盘：KVM Virtio 接口磁盘 40GB（非 IDE/SATA/SAS）
- 网卡：Red Hat, Inc Virtio network device

硬件大致如上，这台主机是作为未来鸟哥上课时，可以通过虚拟化功能来制作学生练习用的虚拟机。这台主机也是鸟哥用来放置学校上课教材的机器，因此，这台主机的 I/O 功能须要好一点，未来还需要开启防火墙、WWW 服务器功能、FTP 服务器功能等，基本上，用途就是一台小型的服务器环境，大致上需要这样的功能。

24.2.2　保持干净源代码：make mrproper

了解了硬件相关的情况后，我们还得要处理一下内核源代码下面的残留文件才行。假设我们是第一次编译，但是我们不清楚到底下载下来的源代码当中有没有保留目标文件（*.o）以及相关的配置文件存在，此时我们可以通过下面的方式来处理掉这些【编译过程的目标文件以及配置文件】：

```
[root@study ~]# cd /usr/src/kernels/linux-3.10.89/
[root@study Linux-3.10.89]# make mrproper
```

请注意，这个操作会将你以前进行过的内核功能选择文件也删除掉，所以几乎只有第一次执行内核编译前才进行这个操作，其余的时刻，你想要删除前一次编译过程的残留数据，只要执行：

```
[root@study Linux-3.10.89]# make clean
```

因为 make clean 仅会删除类似目标文件之类的编译过程产生的中间文件，而不会删除配置文件，这点很重要，千万不要搞乱了。好了，既然我们是第一次进行编译，因此，请执行【make mrproper】。

24.2.3　开始选择内核功能：make XXconfig

不知道你有没有发现/boot/下面存在一个名为 config-xxx 的文件？那个文件其实就是内核功能列表文件。我们下面要进行的操作，其实就是制作出该文件。而我们后续小节所要进行的编译操作，其实也就是通过这个文件来处理的。内核功能的选择，最后会在/usr/src/kernels/linux-3.10.89/下面产生一个名为.config 的隐藏文件，这个文件就是/boot/config-xxx 的文件。那么这个文件如何建立？你可以通过非常多的方法来建立这个文件。常见的方法有。[注1]
- make menuconfig
最常使用的是命令行模式下面可以显示纯文本界面的方式，不需要启动 X Window 就能够选择内核功能选项。

- make oldconfig

通过使用已存在的./.config 文件内容，使用该文件内的设置值为默认值，只将新版本内核中的新功能选项列出让用户选择，可以简化内核功能的选择过程。对于作为升级内核源代码后的功能选择来说，是非常好用的一个选项。

- make xconfig

通过以 Qt 为图形界面基础功能的图形化接口显示，需要具有 X Window 的支持。例如 KDE 就是通过 Qt 来设计的 X Window，因此如果你使用 KDE，可以使用此选项。

- make gconfig

通过以 Gtk 为图形界面基础功能的图形化接口显示，需要具有 X Window 的支持。例如，GNOME就是通过 Gtk 来设计的 X Window，因此如果你使用 GNOME，可以使用此选项。

- make config

最原始的功能选择方法，每个选项都以列表方式一条一条地列出让你选择，如果设置错误只能够再次选择，很不人性化。

大致的功能选择有上述的方法，更多的方式可以参考内核目录下的 README 文件。鸟哥个人比较偏好 make menuconfig 这种方式。如果你喜欢使用图形用户界面模式，然后使用鼠标去选择所需要的功能时，也能使用 make xconfig 或 make gconfig，不过需要有相关的图形用户界面模式支持。如果你是升级内核源代码并且需要重新编译，那么使用 make oldconfig 会比较适当。

◆ 通过既有的设置来完成内核选项与功能的选择

如果你跟鸟哥一样懒，那可以这样思考一下。既然我们的 CentOS 7 已经提供了它的内核设置值，我们也只是想要修改一些小细节而已，那么能不能以 CentOS 7 的内核功能为基础，然后来详细微调其他的设置呢？当然可以。你只要这样做即可。

```
[root@study Linux-3.10.89]# cp /boot/config-3.10.0-229.11.1.el7.x86_64 .config
# 上面那个版本请根据你自己的环境来填写。
```

接下来要开始调整。那么如何选择？以 make menuconfig 来说，出现的界面会有点像这样：

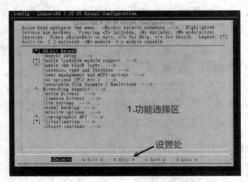

图 24.2.1　make menuconfig 内核功能选项示意图

注意，你可能会被要求安装好多软件，请自行使用 yum 来安装，这里不再介绍了。另外：【不要再使用 make mrproper】，因为我们已经复制了.config，使用 make mrproper 会将.config 删除。

看到上面的图之后，你会发现界面主要分为两大部分，一个是大框框内的反白光条，另一个则是下面的小框框，里面有 select、exit 与 help 3 个选项的内容。这几个组件的大致用法如下。

- 【左右箭头键】：可以移动最下面的<Select>、<Exit>、<Help>选项。
- 【上下箭头键】：可以移动上面大框框部分的反白光条，若该行有箭头（--->）则表示该行内部还有其他详细选项需要设置的意思。

- 选定选项：以【上下键】选择好想要设置的选项之后，并以【左右键】选择<Select>之后，按下【Enter】就可以进入该选项去做更进一步的设置。
- 可选择的功能：在详细选项的设置当中，如果前面有[ ]或< >符号时，该选项才可以选择，而选择可以使用【空格】键来选择。
- 若为[*]、<*>则表示编译进内核；若为<M>则表示编译成模块。尽量在不知道该选项是什么时，有模块可以选，那么就可以直接选择为模块。
- 选择<Exit>后，并按下[Enter]，就可以退出了。

基本上建议只要【上下左右的箭头键、空格键、Enter】这 6 个按键就好了。不要使用[Esc]，否则一不小心就有可能按错。另外，关于整个内核功能的选择，建议你可以这样思考。

- 【肯定】内核一定要的功能，直接编译进内核中。
- 【可能在未来会用到】的功能，那么尽量编译成为模块。
- 【不知道那个功能，看 Help 也看不懂】的话，那么就保留默认值或将它编译成为模块。

总之，尽量保持内核小而优良，剩下的功能就编译成为模块，尤其是【需要考虑到未来扩充性】，像鸟哥之前认为"螃蟹"卡就够我用的了，结果，后来网站流量大增，鸟哥只好改换 3Com 的网卡。不过，我的内核却没有相关的模块可以使用，因为，鸟哥自己编译的内核忘记加入这个模块了。最后，只好重新编译一次内核的模块，真是惨痛的教训。

24.2.4　内核功能详细选项选择

由上面的图中，我们知道内核可以选择的选项有很多。光是第一页，就有 17 个选项，每个选项内还有不同的详细选项，真是很麻烦。每个选项其实都可能有<Help>的说明，所以，如果看到不懂的选项，务必要使用 Help 查看。好了，下面我们就通过一个一个选项来看看如何选择。

> 在下面的案例中，鸟哥使用的是 CentOS 7.1 的内核配置文件来进行默认的设置，所以基本上许多默认的设置都不用重新调整。下面只列出几个鸟哥认为比较重要的设置选项，其他更详细的内核功能选项，还请自行参考 help 的说明。

◆ General setup

与 Linux 最相关的程序交互、内核版本说明、是否使用开发中程序代码等信息都在这里设置。这里的选项主要都是针对内核与程序之间的相关性来设计，基本上，保留默认值即可。不要随便取消下面的任何一个选项，因为可能会造成某些程序无法同时执行的问题。不过下面有非常多新的功能，如果你有不清楚的地方，可以按<Help>进入查看，里面会有一些建议。你可以根据 Help 的建议来选择新功能的启动与否。

```
(vbird)  Local version - append to kernel release
[*] Automatically append version information to the version string
   # 我希望我的内核版本成为 3.10.89.vbird，那这里可以就这样设置。
   Kernel compression mode (Bzip2)  --->
   # 建议选择成为 Bzip2 即可，因为压缩比较好。
.....（其他保留默认值）.....
<M> Kernel .config support
[ ]  Enable access to .config through /proc/config.gz （NEW）
   # 让.config 这个内核功能列表可写入实际的内核文件中，所以就不需要保留.config 文件。
(20) Kernel log buffer size (16 => 64KB, 17 => 128KB)
   # CentOS 7 增加了内核的日志文件容量，占用了 2 的 20 次方，大概用了 1MB 的容量。
.....（其他保留默认值）.....
[*] Initial RAM filesystem and RAM disk （initramfs/initrd） support
()    Initramfs source file（s）
```

```
     # 这是一定要的，因为要支持启动时加载 initail RAM disk。
[ ] Optimize for size
     # 降低内核的文件大小，其实 gcc 参数使用-Os 而不是-O2，不过我们不是嵌入式系统，不太需要。
[ ] Configure standard kernel features（expert users）  --->
[ ] Embedded system
     # 上面两个选项是决定是否支持嵌入式系统。我们这里是台式机，所以这个不用选择了。
.....（其他保留默认值）.....
```

◆ loadable module + block layer

要让你的内核能够支持动态的内核模块，那么下面的第一个设置就得要启动才行。至于第二个 block layer 则默认是启动的，你也可以进入该选项的详细选项设置界面，选择其中你认为需要的功能即可。

```
[*] Enable loadable module support  ---> <==下面为详细选项。
 --- Enable loadable module support
 [*]   Forced module loading
 [*]   Module unloading
 [*]     Forced module unloading   # 其实鸟哥认为这个选项是可以选择的，免得常常无法卸载模块。
 [*]   Module versioning support
 [*]   Source checksum for all modules
 [*]   Module signature verification
 [ ]     Require modules to be validly signed
 [*]     Automatically sign all modules
       Which hash algorithm should modules be signed with? # 可以选择 SHA-256 即可。
================================================================================
 -*- Enable the block layer  --->  <==看吧，默认就是已经选择了，下面为详细选项。
 -*-   Block layer SG support v4
 -*-   Block layer SG support v4 helper lib
 [*]   Block layer data integrity support
 [*]   Block layer bio throttling support
       Partition Types  --->  # 至少下面的数个选项要选择。
 [*]   Macintosh partition map support
 [*]   PC BIOS（MS-DOS partition tables）support
 [*]   Windows Logical Disk Manager（Dynamic Disk）support
 [*]   SGI partition support
 [*]   EFI GUID Partition support
.....（其他保留默认值）.....
IO Schedulers  --->  # 磁盘阵列的处理方式。
 <*>     Deadline I/O scheduler      # 鸟哥非常建议将此选项设置为内核功能。
 <*>     CFQ I/O scheduler
 [*]       CFQ Group Scheduling support
         Default I/O scheduler（Deadline）  ---> # 相当建议改为 Deadline。
```

◆ CPU 的类型与功能选择

进入【Processor type and features】后，请选择主机实际的 CPU 类型。鸟哥这里使用的是 Intel E5 的 CPU，而且鸟哥的主机还有启动 KVM 这个虚拟化服务(在一台主机上面同时启动多个操作系统)，因此，下面的选择是这样的。

```
.....（其他保留默认值）.....
 [*] Linux guest support  --->      # 提供 Linux 虚拟化功能。
 [*]   Enable paravirtualization code   # 至少下面这几样一定要有选择才好。
 [*]     Paravirtualization layer for spinlocks
 [*]     Xen guest support
 [*]   KVM Guest support（including kvmclock）
 [*]   Paravirtual steal time accounting
.....（其他保留默认值）.....
Processor family（Generic-x86 64）  ---> # 除非你是旧系统，否则就用它。
 [*] Enable Maximum number of SMP Processors and NUMA Nodes
 [*] Multi-core scheduler support
     Preemption Model（No Forced Preemption（Server）  ---> # 调整成 server，原本是 desktop。
.....（其他保留默认值）.....
Timer frequency（300 HZ）  ---> # server 设置成 300 即可。
   # 这个选项则与内核针对某个事件立即响应的速度有关。Server 用途可以调整到 300Hz 即可，
   # 如果是桌面电脑使用，需要调整高一点，例如 1000Hz 较好。
.....（其他保留默认值）.....
```

◆　电源管理功能

如果选择了【Power management and ACPI options】后，就会进入系统的电源管理机制中。其实电源管理机制还需要搭配主板以及 CPU 的相关省电功能，才能够实际达到省电的目的。不论是 Server 还是 Desktop 的使用，在目前电费高昂的情况下，能省电就尽量省电。

```
.....（其他保留默认值）.....
 [*] ACPI（Advanced Configuration and Power Interface）Support  --->
   # 对嵌入式系统来说，由于可能会增加内核体积故需要考虑一下，至于 desktop/server 当然就选择。
   # 至于详细选项大致保持默认值即可。
   CPU Frequency scaling  --->
   # 决定 CPU 频率的一个重要选项，基本上的选项是 ondemand 与 performance 两者。
   <M>   CPU frequency translation statistics
   [*]      CPU frequency translation statistics details
         Default CPUFreq governor（ondemand）--->  # 现在大家都建议用这个。
   -*-   'performance' governor
   <*>   'powersave' governor
   <*>   'userspace' governor for userspace frequency scaling
   -*-   'ondemand' cpufreq policy governor
   <*>   'conservative' cpufreq governor
         x86 CPU frequency scaling drivers  --->
         # 这个子选项中全部都是省电功能，能编成模块的全部选择，要加入内核的都加入就对了。
```

◆　一些总线（bus）的选项

这个【Bus options（PCI etc.）】选项则与总线有关。分为最常见的 PCI 与 PCI-express 的支持，还有笔记本电脑常见的 PCMCIA 卡。要记住的是 PCI-E 的接口务必要选取，不然你的新显卡可能会无法识别。

```
[*] PCI support
[*]   Support mmconfig PCI config space access
[*]   PCI Express support
<*>     PCI Express Hotplug driver
.....（其他在 PCI Express 下面的选项大多保留默认值）.....
-*- Message Signaled Interrupts（MSI and MSI-X）
<*> PCI Stub driver   # 如果要玩虚拟化，这个部分建议编进内核。
.....（其他保留默认值）.....
```

◆　编译后执行文件的格式

选择【Executable file formats / Emulations】会见到如下选项，下面的选项必须要勾选才行，因为是给 Linux 内核执行文件用的模块。通常是与编译操作有关。

```
-*- Kernel support for ELF binaries
[*] Write ELF core dumps with partial segments
<*> Kernel support for scripts starting with #!
<M> Kernel support for MISC binaries
[*] IA32 Emulation
<M>   IA32 a.out support
[*]   x32 ABI for 64-bit mode
# 因为我们的 CentOS 已经是纯 64 位的环境，所以个人建议这里还是要选择模拟 32 位的功能。
# 不然者有些比较旧的软件，恐怕会无法被你的系统执行。
```

◆　内核的网络功能

【Networking support】是相当重要的选项，因为它还包含了防火墙相关的选项。就是未来在服务器篇会谈到的防火墙 iptables。所以，千万注意了。在这个设置选项当中，很多东西其实我们在基础篇还没有讲到，因为大部分的参数都与网络、防火墙有关。由于防火墙是在启动网络之后再设置即可，所以**绝大部分的内容都可以被编译成为模块，而且也建议你编成模块**，有用再加载到内核即可。

```
--- Networking support
   Networking options  --->
      # 这里面的内容全部都是重要的防火墙选项，尽量编译成模块。
      # 至于不了解的部分，就尽量保留默认值即可。
```

```
    # 下面的内容中，鸟哥只有列出原本没有选择，后来建议选择的部分。
    [*] Network packet filtering framework（Netfilter）--->
    # 这个就是我们一直讲的防火墙部分，里面详细选项几乎全选择成为模块。
        --- Network packet filtering framework（Netfilter）
            Core Netfilter Configuration --->
            <M> Transparent proxying support
============================================================================
    [*] QoS and/or fair queueing ---> <==内容同样全为模块。
        Network testing ---> <==保留成模块默认值。
============================================================================
# 下面的则是一些特殊的网络设备，例如红外线、蓝牙。
# 如果不清楚的话，就使用模块，除非你真的知道不要该选项。
<M>  Bluetooth subsystem support --->
    # 这个是蓝牙支持，同样的，里面除了必选之外，其他都选择成为模块。
[*]  Wireless --->
    # 这个则是无线网络设备，里面保留默认值，但可编成模块的就选模块。
<M>  WiMAX Wireless Broadband support --->
    # 新一代的无线网络，也请勾选成为模块。
<M>  NFC subsystem support --->
    # 这个跟 NFC（近场通信）芯片支持有关，建议编译成模块，内部选项也是编译成模块为佳。
```

◆ 各项设备的驱动程序

进入【Device Drivers】这个是所有硬件设备的驱动程序库。光是看到里面这么多内容，鸟哥头都昏了，不过，为了你自己的主机好，建议你还是得要一个选项一个选项地去选择才行，这里面的数据就与你主机的硬件有绝对的关系了。

这里面的内容很重要，因为很多驱动都与你的硬件有关。内核推出时的默认值是符合常规状态的，所以很多数据其实保留默认值就可以编得很不错了。不过，也因为较符合一般状态，所以内核额外地编译进来很多跟你的主机系统不符合的驱动，例如网卡设备，你可以针对你的主板与相关硬件来进行编译。不过，还是要记得有【扩充性】的考虑。之前鸟哥不是谈过吗，我的网卡由"螃蟹"卡换成 3Com 时，内核无法识别，因为，鸟哥并没有将 3Com 的网卡编译成为模块。

```
# 大部分都保留默认值，鸟哥只是就比较重要的部分拿出来做说明而已。
    <M> Serial ATA and Parallel ATA drivers ---> # 就是 SATA/IDE 磁盘，大多数选择为模块。
    [*] Multiple devices driver support（RAID and LVM）---> # 就是 LVM 与 RAID，要选。
    -*- Network device support ---> # 网络方面的设备，网卡与相关设备。
      -*-   Network core driver support
      <M>     Bonding driver support              # 与网卡整合有关的选项，要选。
      <M>     Ethernet team driver support ---> # 与 bonding 差不多的功能，要选。
      <M>     Virtio network driver             # 虚拟网卡驱动程序，要选。
      -*-   Ethernet driver support --->        # 以太网卡，里面的一堆 10Gb 卡要选。
        <M>     Chelsio 10Gb Ethernet support
        <M>     Intel（R）PRO/10GbE support
      <M>   PPP（point-to-point protocol）support# 与拨号有关的协议。
            USB Network Adapters --->           # 当然全部编译为模块。
      [*]     Wireless LAN --->                 # 无线网卡也相当重要，里面全部变成模块。
============================================================================
    [ ] GPIO Support --->            # 若有需要，使用类似树莓派、香蕉派才需要这东西。
    <M> Multimedia support --->      # 多媒体设备，如摄像头、调频广播设备等。
        Graphics support --->        # 显卡，如果是作为桌面电脑使用，这里就重要了。
    <M> Sound card support --->      # 声卡，同样的，桌面电脑使用时，比较重要。
    [*] USB support --->             # 就是 USB，下面几个内部的详细选项要注意勾选。
      <*>    xHCI HCD（USB 3.0）support
      <*>    EHCI HCD（USB 2.0）support
      <*>    OHCI HCD support
      <*>    UHCI HCD（most Intel and VIA）support
    <M> InfiniBand support --->      # 较高级的网络设备，速度通常达到 40Gb 以上。
    <M> VFIO Non-Privileged userspace driver framework ---> # 作为 VGA passthrought 用。
      [*]     VFIO PCI support for VGA devices
    [*] Virtualization drivers ---> # 虚拟化的驱动程序。
        Virtio drivers --->          # 在虚拟机里面很重要的驱动程序选项。
    [*] IOMMU Hardware Support ---> # 同样的与虚拟化相关性较高。
```

至于【Firmware Drivers】的选项，请视你的需求来选择，基本上就保留设置值即可，所以鸟哥这里就不做介绍了。

◆　文件系统的支持

文件系统的支持也是很重要的一项内核功能。因为如果不支持某个文件系统，那么我们的 Linux 内核就无法识别，当然也就无法使用，例如磁盘配额、NTFS 等特殊的文件系统。这部分也是够麻烦的，因为涉及内核是否能够支持某些文件系统，以及某些操作系统支持的分区表选项。在进行选择时，也务必要特别小心在意。尤其是我们常常用到的网络操作系统（NFS/Samba 等），以及基础篇谈到的磁盘配额等，你都得要勾选，否则是无法被支持的。如果你有兴趣，也可以将 NTFS 的文件系统设置为可擦写。

```
# 下面仅有列出比较重要与默认值不同的选项而已，所以选项少很多。
 <M> Second Extended fs support              # 默认已经不支持 ext2/ext3，这里我们将它加回来。
 <M> ext3 journalling file system support
 [*]   Default to 'data=ordered' in ext3 (NEW)
 [*]   ext3 Extended attributes (NEW)
 [*]      ext3 POSIX Access Control Lists
 <M> The Extended 4 (ext4) filesystem        # 一定要有的支持。
 <M> Reiserfs support
 <M> XFS filesystem support                  # 一定要有的支持。
 [*]   XFS Quota support
 [*]   XFS POSIX ACL support
 [*]   XFS Realtime subvolume support        # 增加这一项。
 <M> Btrfs filesystem support                # 最好有支持。
 [*] Quota support
 <*> Quota format vfsv0 and vfsv1 support
 <*> Kernel automounter version 4 support (also supports v3)
 <M> FUSE (Filesystem in Userspace) support
     DOS/FAT/NT Filesystems  --->
 <M> MS-DOS fs support
 <M> VFAT (Windows-95) fs support
 (950) Default codepage for FAT              # 要改成这样，中文支持。
 (utf8) Default iocharset for FAT            # 要改成这样，中文支持。
 <M> NTFS file system support                # 建议加上 NTFS。
 [*]   NTFS write support                    # 让它可读写。
     Pseudo filesystems  --->                # 类似/proc，保留默认值
-*- Miscellaneous filesystems  --->          # 其他文件系统的支持，保留默认值。
[*] Network File Systems  --->               # 网络文件系统，很重要，也要挑选。
 <M>   NFS client support
 <M>   NFS server support
 [*]    NFS server support for NFS version 4
 <M>   CIFS support (advanced network filesystem, SMBFS successor)
 [*]        Extended statistics
 [*]    Provide CIFS client caching support
-*- Native language support  --->            # 选择默认的语系。
 (utf8) Default NLS Option
 <M>   Traditional Chinese charset (Big5)
```

◆　内核开发、信息安全、密码应用

再接下来有个【Kernel hacking】的选项，那是与内核开发者有关的部分，这部分建议保留默认值即可，应该不需要去修改它，除非你想要进行内核方面的研究。然后下面有个【Security Options】，那是属于信息安全方面的设置，包括 SELinux 这个权限强化模块也在这里编入内核。这个部分只要记得 SELinux 作为默认值，且务必要将 NSA SELinux 编进内核即可，其他的详细请保留默认值。

另外还有【Cryptographic API】这个密码 API 工具选项，以前的默认加密算法为 MD5，近年来则改用了 SHA 这种算法。不过，默认已经将所有的加密算法编译进来了，所以也可以保留默认值，不需要额外修改。

◆　虚拟化与函数库

虚拟化是近年来非常热门的一个议题，因为计算机的能力太强，所以时常闲置在那边，此时，我

们可以通过虚拟化技术在一台主机上面同时启动多个操作系统来运行，这就是所谓的虚拟化。Linux 内核已经主动地集成了虚拟化功能，而 Linux 认可的虚拟化使用的机制为 KVM（Kernel base Virtual Machine）。至于常用的内核函数库也可以全部编为模块。

```
[*] Virtualization  --->
    --- Virtualization
  <M>   Kernel-based Virtual Machine (KVM) support
  <M>     KVM for Intel processors support
  <M>     KVM for AMD processors support
  [*]     Audit KVM MMU
  [*]     KVM legacy PCI device assignment support    # 虽然已经有 VFIO，不过建议还是选起来。
  <M>   Host kernel accelerator for virtio net
=============================================================================
Library routines  --->
    # 这部分全部保留默认值即可。
```

现在请回到如图 24.2.1 的界面中，在下方设置处移动到【Save】，点击该选项，在出现的窗口中确认文件为.config 之后，直接按下【OK】，这样就将刚刚处理完毕的选项记录下来了。接下来可以选择退出选项界面，准备让我们来进行编译的操作。

要请你注意的是，上面的数据主要是适用在鸟哥的个人电脑上面，目前鸟哥比较习惯使用原 Linux 发行版提供的默认内核，因为它们也会主动地进行更新，所以鸟哥就懒得自己重编内核了。

此外，因为鸟哥重视的地方在于【网络服务器与虚拟化服务器】上面，所以里面去掉了相当多桌面 Linux 的常用硬件的编译设置。所以，如果你想要编译出一个适合你机器的内核，那么可能还有相当多的地方需要修改。不论如何，请随时用 Help 那个选项来看一看内容，反正内核重新编译的机率不大，多花一点时间重新编译一次。然后将该编译完成的参数文件存储下来，未来就可以直接将该文件拿出来读入了。所以多花一点时间安装一次就好，也是相当值得的。

24.3 内核的编译与安装

将最复杂的内核功能选择完毕后，接下来就是进行这些内核模块的编译了。而编译完成后，当然就是需要使用了，如何使用新内核？就得要考虑 grub 了。下面我们就来介绍。

24.3.1 编译内核与内核模块

内核与内核模块需要先编译，而编译的过程其实非常简单，你可以先使用【make help】去查看一下所有可用编译参数，就会知道有下面这些基本功能。

```
[root@study Linux-3.10.89]# make vmLinux   <==未经压缩的内核。
[root@study Linux-3.10.89]# make modules    <==仅内核模块。
[root@study Linux-3.10.89]# make bzImage     <==经压缩过的内核（默认）。
[root@study Linux-3.10.89]# make all       <==进行上述的 3 个操作。
```

我们常见的在/boot/下面的内核文件，都是经过压缩过的内核文件，因此，上述的操作中比较常用的是 modules 与 bzImage 这两个，其中 bzImage 第 3 个字母是英文大写的 I，bzImage 可以制作出压缩过后的内核，也就是一般我们拿来进行系统启动的信息。所以，基本上我们会进行的操作是：

```
[root@study Linux-3.10.89]# make -j 4 clean      <==先清除缓存文件。
[root@study Linux-3.10.89]# make -j 4 bzImage   <==先编译内核。
[root@study Linux-3.10.89]# make -j 4 modules   <==再编译模块。
[root@study Linux-3.10.89]# make -j 4 clean bzImage modules   <==连续操作。
```

上述的操作会花费非常长的时间，编译的操作根据你选择的选项以及你主机硬件的性能而不同。此外，为啥要加上–j 4？因为鸟哥的系统上面有 4 个 CPU 内核，这几个内核可以同时进行编译的操作，这样在编译时速度会比较快。如果你的 CPU 内核数（包括超线程）有多个，那这个地方请加上你的可用 CPU 数量。

最后制作出来的数据是被放置在/usr/src/kernels/linux-3.10.89/这个目录下，还没有被放到系统的相关路径中。在上面的编译过程当中，如果发生任何错误的话，很可能是由于内核选项的设置选择的不好，可能你需要重新以 make menuconfig 再次地检查一下你的相关设置。如果还是无法成功的话，那么或许将原本的内核数据内的.config 文件，复制到你的内核原始文件目录下，然后加以修改，应该就可以顺利地编译出你的内核了。最后注意到执行了 make bzImage 后，最终的结果应该会像这样：

```
Setup is 16752 Bytes (padded to 16896 Bytes).
System is 4404 kB
CRC 30310acf
Kernel: arch/x86/boot/bzImage is ready  (#1)
[root@study Linux-3.10.89]# ll arch/x86/boot/bzImage
-rw-r--r--. 1 root root 4526464 Oct 20 09:09 arch/x86/boot/bzImage
```

可以发现你的内核已经编译好了，而且放置在/usr/src/kernels/linux-3.10.89/arch/x86/boot/bzImage，那个就是我们的内核文件，最重要就是它，我们等一下就会安装这个文件。然后就是编译模块的部分，make modules 进行完毕后，就等着安装。

24.3.2　实际安装模块

安装模块前有个地方得要特别强调。我们知道模块是放置到/lib/modules/$（uname -r）目录下的，那如果同一个版本的模块被反复编译，后来安装时，会不会产生冲突？举例来说，鸟哥这个 3.10.89 的版本第一次编译完成且安装妥当后，发现有个小细节想要重新处理，因此又重新编译过一次，那两个版本一模一样时，模块放置的目录一样，此时就会产生冲突了。如何是好呢？有两个解决方法。

● 先将旧的模块目录更名，然后才安装内核模块到目标目录。
● 在 make menuconfig 时，那个 General setup 内的 Local version 修改成新的名称。

鸟哥建议使用第二个方式，因为如此一来，你的模块放置的目录名称就不会相同，这样也就能略过上述的目录同名问题。好，那么如何安装模块到正确的目标目录？很简单，同样使用 make 的功能即可：

```
[root@study Linux-3.10.89]# make modules_install
[root@study Linux-3.10.89]# ll /lib/modules/
drwxr-xr-x. 7 root root 4096 Sep  9 01:14 3.10.0-229.11.1.el7.x86-64
drwxr-xr-x. 7 root root 4096 May  4 17:56 3.10.0-229.el7.x86-64
drwxr-xr-x. 3 root root 4096 Oct 20 14:29 3.10.89vbird  # 这就是刚刚装好的内核模块。
```

看到了吗？最终会在/lib/modules 下面建立起这个内核的相关模块，不错吧！模块这样就已经处理妥当，接下来，就是准备要进行内核的安装了。哈哈，这又跟 grub2 有关。

24.3.3　开始安装新内核与多重内核选项（grub）

现在我们知道内核文件放置在/usr/src/kernels/linux-3.10.89/arch/x86/boot/bzImage，但是其实系统内核理论上都是放在/boot 下面，且为 vmlinuz 开头的文件。此外，我们也知道一台主机是可以做成多重引导系统的。这样说，应该知道鸟哥想要干嘛了吧？对，我们将同时保留旧版的内核，并且在我们的主机上面新增新版的内核。

此外，与 grub1 不一样，grub2 建议我们不要直接修改配置文件，而是通过让系统自动检测来处理 grub.cfg 这个配置文件的内容。所以，在处理内核文件时，可能得要知道内核文件的命名规则。

◆ 移动内核到/boot 且保留旧内核文件

保留旧内核有什么好处？最大的好处是可以确保系统能够顺利启动。因为内核虽然被编译成功，但是并不保证我们刚刚设置的内核选项完全适合于目前这台主机系统，可能有某些地方我们忘记选择了，这将导致新内核无法顺利驱动整个主机系统，更差的情况是，你的主机无法成功启动。此时，如果我们保留旧的内核，若新内核测试不通过，就用旧内核来启动。另外，内核文件通常以 vmlinuz 开头，接上内核版本则根据文件名格式，因此可以这样做看看：

```
[root@study Linux-3.10.89]# cp arch/x86/boot/bzImage /boot/vmlinuz-3.10.89vbird <==实际内核.
[root@study Linux-3.10.89]# cp .config /boot/config-3.10.89vbird    <==建议配置文件也复制备份.
[root@study Linux-3.10.89]# chmod a+x /boot/vmlinuz-3.10.89vbird
[root@study Linux-3.10.89]# cp System.map /boot/System.map-3.10.89vbird
[root@study Linux-3.10.89]# gzip -c Module.symvers > /boot/symvers-3.10.89vbird.gz
[root@study Linux-3.10.89]# restorecon -Rv /boot
```

◆ 建立相对应的 Initial Ram Disk（initrd）

还记得第 19 章谈过的 initramf 吗？由于鸟哥的系统使用 SATA 磁盘，加上刚刚 SATA 磁盘支持的功能并没有直接编译到内核中，所以当然要使用 initramfs 来加载才行。使用如下的方法来建立 initramfs，记得搭配正确的内核版本。

```
[root@study ~]# dracut -v /boot/initramfs-3.10.89vbird.img 3.10.89vbird
```

◆ 编辑启动选项（grub）

前面的文件大致上都存放妥当之后，同时得要根据你的内核版本来处理文件名。接下来就直接使用 grub2-mkconfig 来处理你的 grub2 启动选项设置。

```
[root@study ~]# grub2-mkconfig -o /boot/grub2/grub.cfg
Generating grub configuration file ...
Found Linux image: /boot/vmlinuz-3.10.89vbird      # 应该要最早出现.
Found initrd image: /boot/initramfs-3.10.89vbird.img
……（下面省略）……
```

因为默认较新版本的内核会放在最前面，成为默认的启动选项，所以你得要确认上述的结果中，第一个被发现的内核为你刚刚编译好的内核文件，否则等一下启动可能就会出现使用旧内核启动的问题。现在让我们重新启动来测试一下。

◆ 重新以新内核启动、测试、修改

如果上述的操作都成功后，接下来就是重新启动并选择新内核来启动系统。如果系统顺利启动之后，你使用 uname -a 会出现类似下面的内容：

```
[root@study ~]# uname -a
Linux study.centos.vbird 3.10.89vbird #1 SMP Tue Oct 20 09:09:11 CST 2015 x86-64
x86-64 x86-64 GNU/Linux
```

包括内核版本与支持的硬件平台都没有问题，那你所编译的内核就是差不多成功的。如果运行一阵子后，你的系统还很稳定的情况下，那就能够将 default 值使用这个新的内核来作为默认启动选项。这就是内核编译，那你也可以自己完成嵌入式系统的内核编译。

24.4 额外（单一）内核模块编译

我们现在知道内核所支持的功能当中，有直接编译到内核内部的，也有使用外挂模块的，外挂模块可以简单地想成是驱动程序。那么也知道这些内核模块根据不同的版本，被分别放置到/lib/modules/$(uname -r)/kernel/目录中，各个硬件的驱动程序则是放置到/lib/modules/$(uname -r)/kernel/drivers/当中。换个角度再来思考一下，如果刚刚我自己编译的内核中，有些驱动程序忘记编译成为模块了，那是否需要重新进行上述的所有操作？又如果我想要使用硬件厂商发布的新驱动程序，那该如何是好？

24.4.1 编译前注意事项

由于我们的内核原本就提供了很多的内核工具给硬件开发商来使用，而硬件开发商也需要针对内核所提供的功能来设计它们的驱动程序模块，因此，如果我们想要自行使用硬件开发商所提供的模块来进行编译时，就需要使用到内核所提供的原始文件中的头文件（header include file）来获取驱动模块所需要的一些函数库或头文件的定义。也因此我们常常会发现，如果想要自行编译内核模块，就得要拥有内核源代码。

我们知道内核源代码可能放置在/usr/src/下面，早期的内核源代码被要求一定要放置到/usr/src/Linux/目录下，不过，如果在一个 Linux 系统当中你有多个内核，而且使用的源代码并不相同时，问题可就大了。所以，在 2.6 版以后，内核使用比较有趣的方法来设计它的源代码放置目录，那就是以/lib/modules/$（uname −r）/build 及/lib/modules/$（uname −r）/source 这两个链接文件来指向正确的内核源代码放置目录。如果以我们刚刚由 kernel 3.10.89vbird 建立的内核模块来说，那么它的内核模块目录下面有什么东西？

```
[root@study ~]# ll -h /lib/modules/3.10.89vbird/
lrwxrwxrwx.  1 root root   30 Oct 20 14:27 build -> /usr/src/kernels/Linux-3.10.89
drwxr-xr-x. 11 root root 4.0K Oct 20 14:29 kernel
-rw-r--r--.  1 root root 668K Oct 20 14:29 modules.alias
-rw-r--r--.  1 root root 649K Oct 20 14:29 modules.alias.bin
-rw-r--r--.  1 root root 5.8K Oct 20 14:27 modules.builtin
-rw-r--r--.  1 root root 7.5K Oct 20 14:29 modules.builtin.bin
-rw-r--r--.  1 root root 208K Oct 20 14:29 modules.dep
-rw-r--r--.  1 root root 301K Oct 20 14:29 modules.dep.bin
-rw-r--r--.  1 root root  316 Oct 20 14:29 modules.devname
-rw-r--r--.  1 root root  81K Oct 20 14:29 modules.order
-rw-r--r--.  1 root root  131 Oct 20 14:29 modules.softdep
-rw-r--r--.  1 root root 269K Oct 20 14:29 modules.symbols
-rw-r--r--.  1 root root 339K Oct 20 14:29 modules.symbols.bin
lrwxrwxrwx.  1 root root   30 Oct 20 14:27 source -> /usr/src/kernels/Linux-3.10.89
```

除了那两个链接文件之外，那个 modules.dep 文件也挺有趣的，此文件是记录了内核模块的依赖属性的地方，根据该文件，我们可以简单地使用 modprobe 这个命令来加载模块。至于内核源代码提供的头文件，在上面的案例当中，则是放置到/usr/src/kernels/linux-3.10.89/include/目录中，当然就是借由 build/source 这两个链接文件来获取目录所在路径。

由于内核模块的编译其实与内核原本的源代码有点关系，因此如果你需要重新编译模块时，除了make、gcc 等主要的编译软件工具外，你还需要的就是 kernel-devel 这个软件，记得一定要安装。而如果你想要在默认的内核下面新增模块的话，那么就得要找到内核的 SRPM 文件了。将该文件安装，并且获取源代码后，才能够顺利地编译。

24.4.2　单一模块编译

想象两种情况。

- 如果我的默认内核忘记加入某个功能，而且该功能可以编译成为模块，但默认内核没有将该项功能编译成为模块，害得我不能使用时，该如何是好？
- 如果 Linux 内核源代码并没有某个硬件的驱动程序（module），但是开发该硬件的厂商提供了 Linux 使用的驱动程序源代码，那么我又该如何将该项功能编进内核模块？

很有趣对吧！不过，在这样的情况下其实没有什么好说的，反正就是【去获取源代码后，重新编译成为系统可以加载的模块】。很简单，对吧！但是，上面那两种情况的模块编译操作是不太一样的，不过，都是需要 make、gcc 以及内核所提供的 include 头文件与函数库等。

◆ 硬件开发商提供的额外模块

很多时候，可能由于内核默认的内核驱动模块提供的功能你不满意，或是硬件开发商所提供的内核模块具有更强大的功能，又或者该硬件是新的，所以默认的内核并没有该硬件的驱动模块时，那你只好自行由硬件开发商处获取驱动模块，然后自行编译。

如果你的硬件开发商提供了驱动程序的话，那么真的很好解决，直接下载该源代码，重新编译，将它放置到内核模块该放置的地方后就能够使用了。举个例子来说，鸟哥在 2014 年年底帮厂商制作一个服务器的环境时，发现对方喜欢使用的磁盘阵列卡（RAID）当时并没有被 Linux 内核支持，所以就得要帮厂商针对该磁盘阵列卡来编译成为模块，处理的方式当然就是使用磁盘阵列卡官网提供的驱动程序来编译。

- Highpoint 的 RocketRAID RR640L 驱动程序。

http://www.highpoint-tech.com/USA_new/series_rr600-download.htm

虽然你可以选择【RHEL/CentOS 7 x86-64】这个已编译的版本来处理，不过因为我们的内核已经做成自定义的版本（变成 3.10.89vbird 这样），忘记加上 x86-64 的版本名，会导致该版本的自动安装脚本失败。所以，算了，我们自己来重新编译吧！请先下载【Open Source Driver】的版本，同时，鸟哥假设你将下载的文件放置到/root/raidcard 目录内。

```
# 1. 将文件解压缩并且开始编译。
[root@study ~]# cd /root/raidcard
[root@study raidcard]# ll
-rw-r--r--. 1 root root 501477 Apr 23 07:42 RR64xl_Linux_Src_v1.3.9_15_03_07.tar.gz
[root@study raidcard]# tar -zxvf RR64xl_Linux_Src_v1.3.9_15_03_07.tar.gz
[root@study raidcard]# cd rr64xl-Linux-src-v1.3.9/product/rr64xl/Linux/
[root@study Linux]# ll
-rw-r--r--. 1 dmtsai dmtsai 1043 Mar  7 2015 config.c
-rwxr-xr-x. 1 dmtsai dmtsai  395 Dec 27 2013 Makefile        # 要有该文件存在才行。
[root@study Linux]# make
make[1]: Entering directory `/usr/src/kernels/Linux-3.10.89'
  CC [M]  /root/raidcard/rr64xl-Linux-src-v1.3.9/product/rr64xl/Linux/.build/os_Linux.o
  CC [M]  /root/raidcard/rr64xl-Linux-src-v1.3.9/product/rr64xl/Linux/.build/osm_Linux.o
……（中间省略）……
  LD [M]  /root/raidcard/rr64xl-Linux-src-v1.3.9/product/rr64xl/Linux/.build/rr640l.ko
make[1]: Leaving directory `/usr/src/kernels/Linux-3.10.89'
[root@study Linux]# ll
-rw-r--r--. 1 dmtsai dmtsai    1043 Mar  7 2015 config.c
-rwxr-xr-x. 1 dmtsai dmtsai     395 Dec 27 2013 Makefile
-rw-r--r--. 1 root   root   1399896 Oct 21 00:59 rr640l.ko  # 就是产生该文件。
# 2. 将模块放置到正确的位置。
[root@study Linux]# cp rr640l.ko /lib/modules/3.10.89vbird/kernel/drivers/scsi/
[root@study Linux]# depmod -a    # 产生模块依赖性文件。
[root@study Linux]# grep rr640 /lib/modules/3.10.89vbird/modules.dep
kernel/drivers/scsi/rr640l.ko:  # 确定模块在依赖性的配置文件中。
[root@study Linux]# modprobe rr640l
modprobe: ERROR: could not insert 'rr640l': No such device
# 要测试加载一下才行，不过，实际上虚拟机没有这个 RAID 卡，所以出现错误是正常的。
# 3. 若启动过程中就得要加载此模块，则需要将模块放入 initramfs 才行。
[root@study Linux]# dracut --force -v --add-drivers rr640l \
> /boot/initramfs-3.10.89vbird.img 3.10.89vbird
[root@study Linux]# lsinitrd /boot/initramfs-3.10.89vbird.img | grep rr640
```

通过这样的操作，我们就可以轻易地将模块编译起来，并且还可以将它直接放置到内核模块目录中，同时用 depmod 将模块建立相关性，未来就能够利用 modprobe 来直接使用。需要提醒你的是，**当自行编译模块时，若你的内核有更新（例如利用自动更新功能进行在线更新），你必须要重新编译该模块一次，重复上面的步骤才行。因为这个模块仅针对目前的内核来编译的，对吧！**

◆ 利用旧有的内核源代码进行编译

如果后来发现忘记加入某个模块功能，那该如何是好？其实如果仅是重新编译模块的话，那么整个过程就会变得非常简单。我们先到目前的内核源代码所在目录执行 make menuconfig，然后将 NTFS 的选项设置成为模块，之后直接执行：

```
make fs/ntfs/
```

那么 NTFS 的模块（ntfs.ko）就会自动地被编译出来了，然后将该模块复制到/lib/modules/3.10.89vbird/kernel/fs/ntsf/目录，再执行 depmod -a，就可以在原来的内核下面新增某个想要加入的模块功能。

24.4.3　内核模块管理

内核与内核模块是分不开的，至于驱动程序模块在编译的时候，更与内核的源代码功能分不开，因此，你必须要先了解到：内核、内核模块、驱动程序模块、内核源代码与头文件的相关性，然后才有办法了解到是什么原因编译驱动程序的时候老是需要找到内核的源代码才能够顺利编译。然后也才会知道，为何当内核更新之后，自己之前所编译的内核模块会失效。

此外，与内核模块相关的，还有那个经常被使用的 modprobe 命令，以及启动的时候会读取到的模块定义文件/etc/modprobe.conf，这些内容你也必须要了解才行，相关的命令说明我们已经在第 19 章谈过，你应该加以掌握。

24.5　以最新内核版本编译 CentOS 7.x 的内核

如果你跟鸟哥一样，因为某些缘故需要最新的 4.x.y 的内核版本来实践某些特定的功能，那该如何是好？没办法，只好使用最新的内核版本来编译。你可以依照上面的程序来一个一个处理，你也可以根据 ELRepo 网站提供的 SRPM 来重新编译打包，当然你可以直接使用 ELRepo 提供的 CentOS 7.x 专属的内核来直接安装。

下面我们使用 ELRepo 网站提供的 SRPM 文件来实践内核编译。而要这么重新编译的原因是，鸟哥需要将 VFIO 的 VGA 直接支持的内核功能打开。因此整个程序会变成类似这样：

1. 先从 ELRepo 网站下载不含源代码的 SRPM 文件，并且安装该文件；
2. 从 www.kernel.org 网站下载满足 ELRepo 网站所需要的内核版本；
3. 修改内核功能；
4. 通过 SRPM 的 rpmbuild 重新编译打包内核。

就让我们来测试一下。（注意，鸟哥使用的是 2015/10/20 当下最新的 4.2.3 这一版本的内核，由于内核版本的升级太快，因此在你实践的时间，可能已经有更新的内核版本了，此时你应该要前往 ELRepo 查看最新的 SRPM 之后，再决定你想使用的版本。）

```
1. 先下载 ELRepo 上面的 SRPM 文件。同时安装它。
[root@study ~]# wget http://elrepo.org/linux/kernel/el7/SRPMS/kernel-ml-4.2.3-1.el7.elrepo.nosrc.rpm
[root@study ~]# rpm -ivh kernel-ml-4.2.3-1.el7.elrepo.nosrc.rpm
2. 根据上述的文件，下载正确的内核源代码。
[root@study ~]# cd rpmbuild/SOURCES
[root@study SOURCES]# wget https://cdn.kernel.org/pub/linux/kernel/v4.x/Linux-4.2.3.tar.xz
[root@study SOURCES]# ll -tr
……（前面省略）……
-rw-r--r--. 1 root root 85523884 Oct  3 19:58 linux-4.2.3.tar.xz   # 内核源代码。
-rw-rw-r--. 1 root root      294 Oct  3 22:04 cpupower.service
-rw-rw-r--. 1 root root      150 Oct  3 22:04 cpupower.config
-rw-rw-r--. 1 root root   162752 Oct  3 22:04 config-4.2.3-x86-64 # 主要的内核功能。
3. 修改内核功能设置。
[root@study SOURCES]# vim config-4.2.3-x86-64
# 大约在 5623 行找到下面这一行，并在下面新增一行设置值。
# CONFIG VFIO PCI VGA is not set
CONFIG VFIO PCI VGA=y
[root@study SOURCES]# cd ../SPECS
[root@study SPECS]# vim kernel-ml-4.2.spec
# 大概在 145 左右找到下面这一行。
Source0: ftp://ftp.kernel.org/pub/linux/kernel/v4.x/linux-%{LKAver}.tar.xz
# 将它改成如下的模样。
Source0: linux-%{LKAver}.tar.xz
4. 开始编译并打包。
[root@study SPECS]# rpmbuild -bb kernel-ml-4.2.spec
# 接下来会有很长的一段时间在进行编译操作，鸟哥的机器曾经跑过两个小时左右才编译完，所以，请耐心等候。
```

```
Wrote: /root/rpmbuild/RPMS/x86-64/kernel-ml-4.2.3-1.el7.centos.x86-64.rpm
Wrote: /root/rpmbuild/RPMS/x86-64/kernel-ml-devel-4.2.3-1.el7.centos.x86-64.rpm
Wrote: /root/rpmbuild/RPMS/x86-64/kernel-ml-headers-4.2.3-1.el7.centos.x86-64.rpm
Wrote: /root/rpmbuild/RPMS/x86-64/perf-4.2.3-1.el7.centos.x86-64.rpm
Wrote: /root/rpmbuild/RPMS/x86-64/python-perf-4.2.3-1.el7.centos.x86-64.rpm
Wrote: /root/rpmbuild/RPMS/x86-64/kernel-ml-tools-4.2.3-1.el7.centos.x86-64.rpm
Wrote: /root/rpmbuild/RPMS/x86-64/kernel-ml-tools-libs-4.2.3-1.el7.centos.x86-64.rpm
Wrote: /root/rpmbuild/RPMS/x86-64/kernel-ml-tools-libs-devel-4.2.3-1.el7.centos.x86-64.rpm
```

如上表最后的状态，你会发现竟然已经有 kernel-ml 的软件包产生了。接下来你也不需要像手动安装内核一样，得要一个一个文件移动到正确的位置去，只要使用 yum install 新的内核版本，4.2.3 版的内核在你的 CentOS 7.x 当中了，相当神奇。

```
[root@study ~]# yum install /root/rpmbuild/RPMS/x86-64/kernel-ml-4.2.3-1.el7.centos.x86-64.rpm
[root@study ~]# reboot
[root@study ~]# uname -a
Linux study.centos.vbird 4.2.3-1.el7.centos.x86-64 #1 SMP Wed Oct 21 02:31:18 CST 2015 x86-64
x86-64 x86-64 GNU/Linux
```

这样就让我们的 CentOS 7.x 具有最新的内核，与内核官网相同版本，够帅气吧！

24.6　重点回顾

- 其实内核就是系统上面的一个文件而已，这个文件包含了驱动主机各项硬件的检测程序与驱动模块。
- 上述的内核模块放置于：/lib/modules/$（uname -r）/kernel/。
- 【驱动程序开发】的工作，应该是属于硬件开发厂商要解决的问题。
- 由于系统已经将内核编译得相当适合一般用户使用了，因此一般入门的用户，不太需要编译内核。
- 编译内核的常规目的：新功能的需求、原本的内核太过臃肿、与硬件搭配的稳定性、其他需求（如嵌入式系统）。
- 编译内核前，最好先了解您主机的硬件配置以及主机的用途，才能选择好内核功能。
- 编译前若想要保持内核源代码的干净，可使用 make mrproper 来清除缓存与配置文件。
- 选择内核功能与模块可用 make 配合：menuconfig、oldconfig、xconfig、gconfig 等。
- 内核功能选择完毕后，一般常见的编译过程为：make bzImage、make modules。
- 模块编译成功后的安装方式为：make modules_install。
- 内核的安装过程中，需要移动 bzImage、建立 initramfs、重建 grub.cfg 等操作。
- 我们可以从硬件开发商的官网上下载驱动程序，自行编译内核模块。

24.7　本章习题

- 简单说明内核编译的步骤是什么？
- 如果你利用新编译的内核来运行系统，发现系统并不稳定，你想要删除这个自行编译的内核该如何处理？

24.8　参考资料与扩展阅读

- 注 1：通过在/usr/src/kernels/linux-3.10.89 下的 README 以及【make help】可以查看更多的说明。
- 内核编译的功能：可以用来测试 CPU 性能，因为编译非常耗系统资源。